计算机科学丛书

Java编程思想

（美） Bruce Eckel 著 陈昊鹏 译

Thinking in Java
(Fourth Edition)

第4版

机械工业出版社
China Machine Press

从本书获得的各项大奖以及来自世界各地的读者评论中，不难看出这是一本经典之作。本书的作者拥有多年教学经验，对C、C++以及Java语言都有独到、深入的见解，以通俗易懂及小而直接的示例解释了一个个晦涩抽象的概念。本书共22章，包括操作符、控制执行流程、访问权限控制、复用类、多态、接口、通过异常处理错误、字符串、泛型、数组、容器深入研究、Java I/O系统、枚举类型、并发以及图形化用户界面等内容。这些丰富的内容，包含了Java语言基础语法以及高级特性，适合各个层次的Java程序员阅读，同时也是高等院校讲授面向对象程序设计语言以及Java语言的绝佳教材和参考书。

北京市版权局著作权合同登记　图字：01-2006-3149号。

图书在版编目（CIP）数据

Java编程思想（第4版）/（美）埃克尔（Eckel, B.）著；陈昊鹏译. —北京：机械工业出版社，2007.6（2025.1重印）
（计算机科学丛书）
书名原文：Thinking in Java, Fourth Edition

ISBN 978-7-111-21382-6

Ⅰ. J…　Ⅱ. ① 埃…　② 陈…　Ⅲ. Java语言−程序设计　Ⅳ. TP312

中国版本图书馆CIP数据核字（2007）第060047号

机械工业出版社（北京市西城区百万庄大街22号　邮政编码　100037）
责任编辑：姚蕾
保定市中画美凯印刷有限公司印刷
2025年1月第1版第59次印刷
184mm×260mm · 57.25印张
标准书号：ISBN 978-7-111-21382-6
定价：108.00元

客服电话：（010）68326294　88361066

读者评论

每个Java程序员都应该反复研读《Think in Java》，并且随身携带以便随时参考。书中的练习颇具挑战性，而有关集合的章节已臻化境！本书不仅帮助我通过了Sun Certified Java Programmer考试，而且它还是我遇到Java问题时，求助的首选书籍。

Jim Pleger, Loudoun郡（弗吉尼亚）政府

这本书比我见过的所有Java书都要好得多。循序渐进……非常完整，并搭配恰到好处的范例，睿智而不呆板的解说……这使本书的品质比别的书“超出了一个数量级”。与其他Java书相比，我发现本书考虑非常周全、前后一致、理性坦诚、文笔流畅、用词准确。恕我直言，这是一本学习Java的理想书籍。

Anatoly Vorobey, 以色列海法Technion大学

在我所见过的程序设计指南中（无论何种语言），这绝对是最好的一本。

Joakim Ziegler, FIX系统管理员

感谢您这本精彩的、令人愉快的Java书。

Dr. Gavin Pillay, 登记员, 南非爱德华八世医院

再次感谢您这本杰出的书。作为一名不用C语言的程序员，我曾经感到（学习Java）步履维艰，但是您的书让我一目了然。能够一开始就理解底层的概念和原理，而不是通过反复试验来自己建立概念模型，真是太棒了。我希望能在不久的将来参加您的讨论课。

Randall R. Hawley, 自动化工程师, Eli Lilly公司

我见过的计算机著作中，这是最好的一本。

Tom Holland

这是我读过的编程语言书中最棒的一本……有关Java的书中最棒的一本。

Ravindra Pai, Oracle 公司, SUNOS 产品线部门

我见过的最好的Java书！您做了一项了不起的工作。您的深度令人赞叹，出版的时候，我一定会购买一本。我从1996年10月就开始学习Java，其间也读过好几本这方面的书，但我觉得您这本才是“必读书”。最近几个月，我一直集中精力于一个完全用Java开发的产品。您的书帮我夯实了某些不牢固的知识点，并拓展了我的知识面。我甚至在面试签约者时引用书中的内容，作为参考的依据。通过问一些我从书中学到的知识，来判断他们对Java的理解程度（例如，数组与Vector的区别）。您的书真是伟大！

Steve Wilkinson, 资深专家, MCI 电信公司

伟大的书。迄今为止我见过的最佳Java书籍。

Jeff Sinclair, 软件工程师, Kestral 计算技术公司

感谢您的《Thinking in Java》。早就应该有人把仅仅介绍语言的教程编写成富有思想、分析

透彻的入门指南，而不是局限于“某个公司”的语言。我阅读过许多这方面的书，但只有您和Patrick Winston的作品给我印象深刻。我已经向客户推荐这本书。再次谢谢您。

Richard Brooks, Java 咨询顾问, 达拉斯Sun专业服务部门

Bruce，您的书真是太棒了！您的讲解清晰明确。通过这本迷人的书，我获得了大量Java知识。练习题也同样令人着迷，它们对巩固各章阐述的知识起到了很好的效果。我期待您的更多作品。对您的这本著作致以谢意。阅读了《Thinking in Java》之后，我的代码质量大有改善。为此我要感激您，我相信，维护我的代码的程序员同样也会感激您。

Yvonne Watkins, Discover 技术公司

其他书籍只涵盖Java 的WHAT（探讨语法和相关程序库），或者只包含Java的HOW（实际的程序范例）。《Thinking in Java》则是我知道的书籍中唯一对Java的WHY做出讲解的一本。为什么要这样设计，为什么它会那样运作，为什么有时候会发生问题，为什么它在某些方面比C++好而某些方面不会。虽然它在教授程序语言的WHAT和HOW方面也很成功，但《Thinking in Java》更是爱钻研者的首选Java书籍。

Robert S. Stephenson

感谢您写了一本伟大的书。我越看越喜欢。我的学生也很喜欢。

Chuck Iverson

我要赞美您在《Thinking in Java》一书上的表现。正是有了您这样的人，才使得因特网充满前景，而我想感谢您的付出与努力。真是感激不尽。

Patrick Barrell, Network Officer Mamco, QAF Mfg. Inc.

我真的非常感激您的热情与您的作品。我下载了你的在线书籍的每一个修订版本，我正在深入钻研语言，并探索那些以前从来不敢碰的内容（对于C#、C++、Python和Ruby也有作用）。我至少还有15本Java书（为了工作，我还要掌握JavaScript和PHP语言），并且订阅了《Dr. Dobbs》、《JavaPro》、《JDJ》、《JavaWorld》等杂志。在深入钻研Java（包括Java企业版）之后，我对您的书更加尊敬。它的确是一本有思想的书。我订阅了您的邮件列表，并希望有一天，我所探讨和解决的问题能被您扩展到解题指导中（我将购买解题指导！）。同时，非常感激。

Joshua Long, www.starbuxman.com

市面上的Java书籍，大多比较适合初学者。它们大多数也就只具备基础内容，范例也大同小异。在我见过的富有思想性并讲解高级主题的书籍中，您的是最好的。快点出版吧！……鉴于《Thinking in Java》带给我的深刻印象，我也购买了《Thinking in C++》。

George Laframboise, LightWorx 技术咨询公司

关于您的《Thinking in C++》（我工作的时候，它总在书架上占据最显眼的位置），我曾经写信告诉过您我对它的喜爱。现在，我通过您的电子书仔细钻研Java，我还得说“我喜欢！”本书内容广博，讲解详细，阅读起来不像是无味的教科书。您的书中涵盖了Java 开发工作中最重要、却很少被提及的概念——“原理”。

Sean Brady

我同时用Java和C++进行开发，您的这两本书是我的救星。如果我被某个问题难住了，我知道可以靠您的书来：a) 清楚地解释原因；b) 找到符合我所遇问题的具体例子。我还没找到另一

位能令我如此反复热情推荐的作者（如果有人愿意听我推荐的话）。

Josh Asbury, A^3 软件咨询公司, 辛辛那提, 俄亥俄

您的例子不仅清楚，而且容易理解。Java中的许多重要细节您都考虑到了，这些内容在编排较差的Java文档中很难找到。您假设程序员已经具有了基本知识，这就节约了读者的时间。

Kai Engert, 德国Innovative 软件公司

我是《Thinking in C++》一书的忠实书迷，我已经将它推荐给了我的同事们。当我读完您的Java书籍电子版时，我觉得，您总能保持高水准的写作水平。感谢您！

Peter R. Neuwald

写得非常好的Java书……我认为您在此书上取得了非常出色的成就。作为芝加哥地区Java兴趣小组的领导人，我已经多次在我们最近的聚会中赞扬您的这本书和您的网站。我想将《Thinking in Java》作为我们每月聚会讨论的主要内容。这样我们可以在聚会中对书中的章节进行复习和讨论。

Mark Ertes

顺便提一下，《Thinking in Java 2nd Edition》俄语版依旧畅销。阅读此书已经与学习Java成为同义词，真是太好了。

Ivan Porty（《Thinking In Java 2nd Edition》俄语版的译者及出版商）

对于您的辛勤工作，我由衷感激。您的书是佳作，我将这本书推荐给我们这儿的使用者和博士班学生。

Hugues Leroy // Irisa-Inria Rennes France,
Head of Scientific Computing and Industrial Tranfert

虽然我只读了约40 页的《Thinking in Java》，却已经发现本书是我所见过的讲述最为清晰、编排最为合理的程序设计书籍……作为一名作者，我可能会有些挑剔。我已经订购了《Thinking in C++》，迫不及待地想钻研一番。对于程序设计，我还算是新手，因此事事都得学习。这不过是一篇向您的绝佳作品致谢的简短书信。在痛苦地遍览大多数语言艰涩、内容散乱的计算机书籍（包括那些有着极佳口碑的书籍）后，我对计算机书籍的阅读热情一度消退。不过，现在我又重拾信心。

Glenn Becker, Educational Theatre Association

感谢您提供了这么一本精彩的书。当我遇到那些令人困惑的Java 和C++问题时，这本书对我最终理解问题提供了极大帮助。阅读您的书令人如沐春风。

Felix Bizaoui, Twin Oaks Industries, Louisa, Va.

对于这部优秀的作品，我必须向您道贺。鉴于阅读《Thinking in C++》的经验，我决定读一读《Thinking in Java》，而事实证明它的确未让人失望。

Jaco van der Merwe, 南非DataFusion系统公司软件专家

本书无疑是我所见过的最佳的Java书籍之一。

E.F. Pritchard, 英国剑桥动画系统公司高级软件工程师

您的书使那些我曾经读过或草草翻过的Java书显得更加无用、该骂。

Brett g Porter, Art & Logic公司高级程序员

我阅读您这本书已经一两个星期了。与以前我曾读过的Java书籍比较，您的书似乎更能给我一个绝佳的开始。我已经把此书推荐给我的朋友们，他们对此书也评价甚高。对于您写出的这本著作，请接受我的恭喜。

Rama Krishna Bhupathi, 加州圣何塞TCSI公司软件工程师

只是很想告诉您，您这本书是多么杰出的作品。我已将它作为公司内部Java工作的主要参考书。我发现目录的安排恰如其分，可以很快找到需要的章节。能够看到这么一本既不拿API炒冷饭，也不把程序员当傻瓜的书，真是太棒了。

Grant Sayer, 澳大利亚Ceedata系统私人有限公司，Java组件组长

哇！这是一本可读性强、极富深度的Java书籍。市面上已经有太多质量低劣的Java书籍。其中虽然也有少数不错的，但在看过您的大作之后，我认为它当然是最好的。

John Root, 伦敦社会安全局Web开发人员

我才刚开始阅读《Thinking in Java》。我想它一定相当不错，因为我很喜欢《Thinking in C++》（我以一名熟悉C++、同时希望提升自身能力的程序员身份来阅读这本书）。尽管我不太熟悉Java，但本书想必能令我满意。您是一位伟大的作家。

Kevin K. Lewis, ObjectSpace公司技术专家

我想这是一本了不起的书。我所有的Java知识都学自这本书。感谢您让大家可以从Internet上免费取得这本书。如果没有您的付出，我至今恐怕仍然对Java一无所知。本书最棒的一点，莫过于它同时也说明了Java不好的一面，而不像那些商业宣传资料。您的表现真是优秀。

Frederik Fix, 比利时

我始终热中读您的著作。几年以前，当我开始学习C++时，是《C++ Inside & Out》带领我进入C++的迷人世界。那本书帮助我得到了更好的机会。现在，为了更进一步钻研知识，我兴起了学习Java的念头，我无意中又碰见了《Thinking in Java》。毫无疑问，我认为自己不再需要其他书籍。它是那么的令人难以置信。阅读此书的过程，就像重新发掘自我一样。我学习Java至今只有一个月，现在对Java的体会日益加深，这一切都不得不由衷感谢您。

Anand Kumar S., 印度Computervision公司软件工程师

您的书作为综合性的导论，是如此出色。

Peter Robinson, 剑桥大学计算机实验室

在帮助我学习Java的书籍中，这一本显然是最好的。我只是想让您知道，我觉得自己能够读到这本书是多么幸运。谢谢！

Chuck Peterson, IVIS国际公司Internet产品线产品组长

了不起的一本书。自从我开始学习Java，这已经是第三本了。目前我大概阅读了三分之二，并打算把它读完。我能够找到这本书，是因为这本书被用于Lucent技术公司的某些内部课程，而且有个朋友告诉我这本书可以在网络上找到。很棒的作品。

Jerry Nowlin, Lucent技术公司MTS部门

在我所读过的六本Java书籍中，您的《Thinking in Java》显然最好，也最清晰易懂。

Michael Van Waas博士, TMR Associates公司总裁

感谢您的《Thinking in Java》。您的作品真是精彩！更不必说它可以免费从网络下载了！作为一名学生，我觉得您的书籍是无价之宝（我也有一本《C++ Inside & Out》，它同样是一本伟大的C++书籍），因为您的书不仅教导我应该怎么做，也教导我这么做的原因所在，这一点对C++或Java学习者建立起坚固基础非常重要。我有许多和我一样喜爱程序设计的朋友，我也对他们提起您的书。他们觉得真是太棒了！再次谢谢您！顺道一提，我是印度尼西亚人，就住在“爪哇”（Java）。

Ray Frederick Djajadinata, 印度尼西亚雅加达Trisakti 大学学生

单是将作品免费放在网络上这种气度，就令我震惊不已。我想，我应该让您知道，对于您的工作，我是多么感激与尊敬。

Shane LeBouthillier, 加拿大 Alberta大学计算机工程系学生

我得告诉您，每个月我都在期待您的专栏。作为面向对象程序设计领域的新手，我要感谢您花在那些基础主题上的时间和思考。我已经下载了您的这本书，而且我一定会在本书出版的时候购买一本。感谢您对我的帮助。

Dan Cashmer, B. C. Ziegler公司

能够完成这么了不起的作品，恭喜您。开始，我偶然发现了《Thinking in Java》的PDF版本。甚至在我读完之前，我又跑到书店找到了《Thinking in C++》。我已经在计算机领域工作了八年多，做过顾问、软件工程师、教师/教练，最近则从事自由职业。所以我觉得自己也算是见多识广了（注意，不是“无所不知”，而只是“见多识广”）。不过，这些书使得我的女朋友称我为“呆子”。我并不反对，只不过我发现自己已经远远超过这个阶段。我发现自己如此喜爱这两本书，我以前接触过或购买过的其他计算机书籍，都无法与之相比。这两本书都有极佳的写作风格，对于每个新主题都有很好的介绍，书中充满了睿智的见解。干得好。

Simon Goland, simonsez@smartt.com, Simon Says 咨询公司

我得说，您的《Thinking in Java》真是了不起。它正是我要找的那种书。尤其那些讨论优秀与拙劣的Java 软件设计的章节，完全就是我想要的。

Dirk Duehr, 德国贝塔斯曼集团 Lexikon 公司

感谢您写了两本著作：《Thinking in C++》和《Thinking in Java》。在面向对象程序设计的学习过程中，您带给我巨大帮助。

Donald Lawson, DCL Enterprises公司

感谢您花时间来撰写这么一本很有用的Java书籍。如果是教学让您明白了某些事情的话，到如今您一定极为满意自己的成就。

Dominic Turner, GEAC Support

我曾读过的最棒的Java 书籍——我真的读过不少。

Jean-Yves MENGANT, 法国巴黎 NAT-SYSTEM公司首席系统架构师

《Thinking in Java》涵盖全面，讲解清晰。本书极易阅读，而且程序代码也是如此。

Ron Chan博士，匹兹堡 Expert Choice公司

您的书真好。我读过许多程序设计书籍，但是这本书中您对程序设计的深刻见解依然深深触动了我。

Ningjian Wang, Vanguard 集团信息系统工程师

《Thinking in Java》是一本既优秀，又容易阅读的书籍。我向所有的学生推荐它。

Dr. Paul Gorman, 新西兰 Otago大学计算机科学系

依靠您的书，我现在已经理解了面向对象程序设计的含义……我相信，Java比Perl更直接，甚至更容易。

Torsten Römer, Orange 丹麦公司

您打破了"天下没有白吃的午餐"这句谚语。不是那种施舍性质的午餐，而是连美食家都觉得美味的午餐。他们都会为此感激您。

Jose Suriol, Scylax 公司

感谢有机会看到这本书成为一部杰作！在这个主题上，本书绝对是我所读过的最佳书籍。

Jeff Lapchinsky, Net Results 技术公司程序员

您的书简明扼要，容易理解，而且读起来充满乐趣。

Keith Ritchie, KL 集团公司Java研发组

确实是我所读过的最好的Java 书籍！

Daniel Eng

生平所见最好的Java 书籍！

Rich Hoffarth, West 集团高级架构师

感谢您带来了如此精彩的一本好书。通读各个章节带给我极大的乐趣。

Fred Trimble, Actium 公司

您一定掌握了艺术的精髓，使我们得以循序渐进地成功掌握细节知识。您也让学习过程变得非常简单，同时令人愉快。感谢您这本真正精彩的指南。

Rajesh Rau, 软件顾问

《Thinking in Java》撼动了整个自由世界！

Miko O'Sullivan, Idocs 公司总裁

关于《Thinking in C++》⊖

最好的书！1995年《Software Development》杂志Jolt大奖得主！

"本书成就非凡。您应该在书架上也摆一本。其中讨论输入、输出流的章节，在我所见过的有关此主题的论著中，它是表述最全面、也最容易理解的。"

Al Stevens，《Dr. Dobbs Journal》的特约编辑

"对于如何重新认识面向对象程序的构造，Eckel的这本书是唯一能做出如此清晰解释的书籍。同时，它也是透彻讲解C++的优秀教程。"

Andrew Binstock，《Unix Review》的编辑

"Bruce对C++的洞察力，不断令我感到惊讶。《Thinking in C++》则是他迄今为止所有绝妙想法的最佳合集。有关C++的种种难题，如果您需要清楚的解答，请买下这本杰作。"

Gary Entsminger，《The Tao of Objects》的作者

《Thinking in C++》耐心而系统地对C++种种特性的使用时机与方式进行了探讨。包括：内联函数、引用、操作符重载、继承、动态对象。也包括了许多高级主题，比如模板、异常、多重继承的恰当用法。对这些交织在一起，最后形成了Eckel对对象和程序设计的独特看法。它是每个C++开发者书架上的必备好书。如果您正以C++从事严肃的开发工作，那么《Thinking in C++》是您的必备书籍之一。

Richard Hale Shaw，《PC Magazine》的特约编辑

⊖ 本书第1卷与第2卷的中文版与英文版均已由机械工业出版社出版。——编辑注

译 者 序

时隔两年多，《Java编程思想（第4版）》的中文版又要和广大Java程序员和爱好者们见面了。这是Java语言本身不断发展和完善的必然要求，也是本书作者Bruce Eckel孜孜不倦的创作激情和灵感所结出的硕果。

《Java编程思想（第4版）》以Java最新的版本JDK5.0为基础，在第3版的基础上，添加了最新的语言特性，并且对第3版的结构进行了调整，使得所有章节的安排更加遵照循序渐进的特点，同时每一章的内容在分量上也都更加均衡，这使读者能够更加容易地阅读本书并充分了解每章所讲述的内容。在这里我们再次向Bruce Eckel致敬，他不但向我们展示了什么样的书籍才是经典书籍，而且还展示了经典书籍怎样才能精益求精，长盛不衰。

Java已经成为了编程语言的骄子。我们可以看到，越来越多的大学在教授数据结构、程序设计和算法分析等课程时，选择以Java语言为载体。这说明Java语言已经是人们构建软件系统时主要使用的一种编程语言。但是，掌握好Java语言并不是一件可以轻松完成的任务，如何真正掌握Java语言，从而编写出健壮的、高效的以及灵活的程序是Java程序员们面临的重大挑战。

《Java编程思想（第4版）》就是一本能够让Java程序员轻松面对这一挑战，并最终取得胜利的经典书籍。本书深入浅出、循序渐进地把我们领入Java的世界，让我们在不知不觉中就学会了用Java的思想去考虑问题、解决问题。本书不仅适合Java的初学者，更适合于有经验的Java程序员，这正是本书的魅力所在。但是，书中并没有涵盖Java所有的类、接口和方法，因此，如果你希望将它当作Java的字典来使用，那么显然就要失望了。

我们在翻译本书的过程中力求忠于原著，为了保持连贯性，对原书第3版中仍然保持不变的部分，我们对译文除了个别地方之外，也没做修改。对于本书中出现的大量的专业术语尽量遵循标准的译法，并在有可能引起歧义之处注有英文原文，以方便读者对照与理解。

全书由陈昊鹏翻译，郭嘉也参与了部分翻译工作。由于水平有限，书中出现错误与不妥之处在所难免，恳请读者批评指正。

译 者

2007年5月

译者简介

陈昊鹏，1975年生，2001年毕业于西北工业大学计算机科学与工程系，获工学博士学位，2004年从上海交通大学计算机科学与技术博士后流动站出站后，在上海交通大学软件学院软件工程中心任教至今。主要从事软件工程和分布式计算方面的研究。

主要翻译的译著有：

[1] Bruce Eckel. Java编程思想（第3版）[M]. 3版. 陈昊鹏，饶若楠，译. 北京：机械工业出版社，2005.

[2] Cay S. Horstmann，Gary Cornell. Java 2核心技术，卷II：高级特性（原书第7版）[M]. 陈昊鹏，王浩，姚建平，等译. 北京：机械工业出版社，2006.

[3] Ted Neward. Effective Enterprise Java中文版[M]. 陈昊鹏，薛翔，郭嘉，等译. 北京：机械工业出版社，2005.

[4] Ken Arnold，James Gosling，David Holmes. Java程序设计语言（第4版）[M]. 4版. 陈昊鹏，章程，张思博，等译. 北京：人民邮电出版社，2006.

[5] Joshua Bloch, Neal Gafter. Java解惑 [M]. 陈昊鹏，译. 北京：人民邮电出版社，2006.

题　献

献给 Dawn

前　言

一开始，我只是将Java看作“又一种程序设计语言”。从许多方面看，它也的确如此。

但随着时间流逝，以及对Java的深入研究，我渐渐发现，与我所见过的其他编程语言相比，Java有着完全不同的核心目的。

程序设计其实是对复杂性的管理：待解决问题的复杂性，以及用来解决该问题的工具的复杂性。正是这种复杂性，导致多数程序设计项目失败。在我所知的所有程序设计语言中，几乎没有哪个将自己的设计目标专注于克服开发与维护程序的复杂性⊖。当然，有些编程语言在设计决策时也曾考虑到复杂性的问题，然而，总是会有其他议题被认为更有必要加入到该语言中。于是不可避免地，正是这些所谓更必要的议题导致程序员最终“头撞南墙”。例如，C++选择向后兼容C（以便更容易吸引C程序员），以及具备C一样的高效率。这两点都是非常有益的设计目标，也确实促成了C++的成功，然而它们却暴露出更多的复杂性问题，而这也使得很多项目不得善终（你自然可以责怪程序员或者项目管理，但是，如果一种语言能够帮助你解决错误，那何乐而不为呢？）。再看一个例子，Visual Basic（VB）选择与Basic绑在一起，而Basic并未被设计为具备可扩展性的程序设计语言，结果呢，建立在VB之上的所有扩展都导致了无法维护的语法。还有Perl，它向后兼容awk、sed、grep，以及所有它打算替代的Unix工具，结果呢，人们开始指责Perl程序成了“不可阅读（write-only）的代码”（即，只要稍过一会儿，你就读不懂刚完成的程序了）。从另一个角度看，在设计C++、VB、Perl以及Smalltalk之类的程序设计语言时，设计
1 师也都为解决复杂性问题做了某种程度的工作。并且，正是解决某类特定问题的能力，成就了它们的成功。

随着对Java的了解越来越深，Sun对Java的设计目标给我留下了最深刻印象，那就是：为程序员减少复杂性。用他们的话说就是：“我们关心的是，减少开发健壮代码所需的时间以及困难。”在早期，这个目标使得代码的运行并不快（Java程序的运行效率已经改善了），但它确实显著地缩短了代码的开发时间。与用C++开发相同的程序相比，采用Java只需一半甚至更少的开发时间。仅此一项，就已经能节约无法估量的时间与金钱了。然而Java并未止步于此。它开始着手解决日渐变得重要的各种复杂任务，例如多线程与网络编程，并将其作为语言特性或以工具库的形式纳入Java，这使得开发此类应用变得倍加简单。最终，Java解决了一些相当大的复杂性问题：跨平台编程、动态代码修改，甚至是安全的议题。它让你在面对其中任何一个问题时，都能从“举步维艰”到“起立鼓掌”。抛去我们都能看到的性能问题，Java确实非常精彩地履行了它的诺言：极大地提升程序员的生产率。

同时，Java正从各个方面提升人们相互通讯的带宽。它使得一切都变得更容易：编写程序，团队合作，创建与用户交户的用户界面，在不同类型的机器上运行程序，以及编写通过因特网通信的程序。

我认为，通讯变革的成果并不见得就是传输巨量的比特。我们所看到的真正变革是人与人

⊖ 不过，我相信Python语言非常接近该目标了。参见www.python.org。

之间的通讯变得更容易了：无论是一对一的通信，还是群体与群体之间，甚至整个星球之间的通信。我曾听闻，在足够多的人之间的相互联系之上，下一次变革将是一种全球意识的形成。Java说不定就是促进该变革的工具，至少，它所具备的可能性使我觉得，教授这门语言是非常有意义的一件事情。

Java SE5与SE6

本书的第4版得益于Java语言的升级。Sun起初称其为JDK1.5，稍后改作JDK5或J2SE5，最终Sun弃用了过时的“2”，将其改为Java SE5。Java SE5的许多变化都是为了改善程序员的体验。你 2
将会看到，Java语言的设计者们并未完全成功地完成该任务，不过，总的来说，他们已经向正确的方向迈出了一大步。

新版的一个重要目标就是完整地吸收Java SE5/6的改进，并通过本书介绍以及应用这些变化。这意味着本书基本可以称之为“只限Java SE5/6”。并且，书中的多数代码并没有经过老版本的Java编译测试，所以如果你使用的是老版本的Java，编译可能会报错并中止。不过，我觉得这样利大于弊。

如果你不得不采用老版本的Java，我仍然为你在https://www.mindviewllc.com提供了本书早期版本的免费下载。基于某些原因，我决定不提供本书当前版本的免费电子版。

Java SE6

本书是一个非常耗时的，且具有里程碑意义的一个项目。就在本书出版之前，Java SE6（代号野马mustang）已经发布了beta版。虽然Java SE6中的一些小变化，对书中的代码示例有一点影响，但其主要的改进对本书的绝大部分内容并没有影响。因为Java SE6主要关注于提升速度，以及改进一些（不在本书讨论范围之内）类库的特性。

本书中代码全部用Java SE6的一个发布候选版（RC）进行过测试，因此我不认为Java SE6正式发布时会有什么变化能够影响本书的内容。如果到时真的有什么重要的改变，我将更新本书中的代码，你可以通过https://www.mindviewllc.com下载。

本书的封面已经指出，本书面向“Java SE5/6”。也就是说本书的撰写“面向Java SE5及其为Java语言引入的重大变化，同时也适用于Java SE6”。

第4版

为一本书写作新版时，作者最满意的是：把事情做得“恰如其分”。这是我从本书上一个版本发布以来所学到的东西。通常而言，这种见识正如谚语所云，“学习就是从失败中汲取教训。”
并且，我也借机进行了一些修订。与往常一样，一个新的版本必将带来引人入胜的新思想。此 3
时，新发现带来的喜悦，采用比以往更好的形式表达思想的能力，已经远远超过了可能引入的小错误。

这也是对不断在我脑中盘旋低语着的一种挑战，那就是让持有本书老版本的读者也愿意购买新的版本。这些促使着我尽可能改进，重写，以及重新组织内容，为热忱的读者们献上一本全新的，值得拥有的书。

改变

此版本中将不再包含以往本书中所携带的CD光盘。该CD中的重要部分《Thinking in C》的多媒体教程（由Chuck Allison为MindView创建），现在提供了可下载的Flash版本。该教程是为不熟悉C语法的读者所准备的。虽然，本书用了两章对语法做了较为完整的介绍，然而对于没有相应背景知识的读者而言，这也许仍然不够。而《Thinking in C》正是为了帮助这些读者提升到必要的程度。

完全重写了“并发”这一章（以前称为“多线程”），以符合Java SE5并发类库的重大改变。它将为读者了解并发的核心思想打下基础。如果没有这些核心的基础知识，读者很难理解关于线程的更复杂的议题。我花了很多个月撰写这一章，深陷“并发”的地狱之中，最终，这一章不仅涵盖了基础知识，而且大胆地引入了一些高级议题。

而对于Java SE5所具有的每一个重大的新特性，本书都有一个新的章节与之对应。其他的新特性则加入到了原有的章节中。我还一直在研究设计模式，因此在本书中，也介绍了设计模式的相关内容。

本书经历了重大的重组。这大多源自教授Java的过程，以及我对于“章节”的意义的重新思考。以前，我会不假思索地认为，每个“章节”应该包含一个“足够大的”主题。但是，在我
4 教授设计模式的时候，我发现，如果每次只介绍一个模式（即使讲课的时间很短），然后立刻组织大家做练习，此时那些学员们的表现是最好的（我发现，这种节奏对于我这个老师而言也更有乐趣）。因此，在这一版中，我试着打破按主题划分章节的做法，也不理会章节的长度。我想，这也是一个改进。

我同样也认识到代码测试的重要性。必须要有一个内建的测试框架，并且每次你开发系统时都必须进行测试。否则，根本没有办法知道代码可靠与否。为了做到这一点，我开发了一个测试框架以显示和验证本书中每一个程序的输出结果。（该框架是用Python编写的，你可以在https://www.mindviewllc.com找到可下载的代码。）关于测试的话题在附录中有讨论。其中还包含了其他一些基本技术，我认为所有程序员都应该将它们加入到自己的工具箱中。

此外，我还仔细检查了书中的每一个示例，并且问我自己，“我为什么采用这种方式实现？”对大多数的示例，我都做了一定程度的修订与改进，使得这些示例更加贴切。同时，也传达出我所认为的Java编程中的最佳实践（至少起到抛砖引玉的作用）。许多以前的示例都经过了重新设计与重新编写，同时，删除了不再有意义的示例，也添加了新的示例。

读者们为此书的前三个版本提出了许多许多精彩的意见。这自然使我觉得非常高兴。不过，偶尔读者也会有抱怨，例如有读者埋怨“本书太长了”。对我而言，如果“页数太多”是你唯一的苦恼，那这真令人哭笑不得。（据说奥地利皇帝曾抱怨莫扎特的音乐“音符太多”！我可不是想把自己比作莫扎特。）此外，我只能猜测，发出这种抱怨的读者还不了解Java语言的博大精深，而且也没有看过这一领域的其他书籍。无论如何，在这一版中，我已经删减了过时无用，或不再重要的内容。总的来说，我已经尽我所能仔细复查了全书，进行了必要的增删与改进。对于
5 删除旧的章节，我还是挺放心的。因为原始的材料在网站上都有（https://www.mindviewllc.com）。

对于仍然不能接受本书篇幅的读者，我向你们道歉。请相信，我已经尽我所能精简本书的长度了。

封面图片的故事

《Thinking in Java》的封面创作灵感来自于美国的 Arts & Crafts运动。该运动始于世纪之交，并在1900 到1920年间达到顶峰。它起源于英格兰，是对工业革命带来的机器产品和维多利亚时

代高度装饰化风格的回应。Arts & Crafts强调简洁设计，而回归自然是其整个运动的核心，注重手工制造及推崇个性化设计，可是它并不回避使用现代工具。这和我们现今的情形有很多相似之处：世纪之交，从计算机革命的最初起源到对个人来说更精简、更意味深长的事物的演变，以及对软件开发技能而不仅是生产程序代码的强调。

我以同样的眼光看待Java：尝试将程序员从操作系统机制中解放出来，朝着“软件艺师”的方向发展。

我和封面设计者自孩提时代就是朋友，我们从这次运动中获得灵感，并且都拥有源自那个时期的（或受那个时期启发而创作的）家具、台灯和其他作品。

这个封面暗示的另一主题是一个收集盒，博物学家可以用它来展示他们保存的昆虫标本。这些昆虫可以看作是对象，并放置到“盒”这个对象当中，而盒对象又放置到“封面对象”当中，这形象地说明了面向对象程序设计中最为基本的“集合”概念。当然，程序员可能会不禁联想到“程序缺陷（bug）”；这些虫子被捕获，并假设在标本罐中被杀死，最后禁闭于一个展示盒中，似乎暗示Java有能力发现、显示和制服程序缺陷（事实上，这也是它最为强大的属性之一）。

在本版中，我创造了一幅水彩画，你可以在封面的背景中看到它。 6

致谢

首先感谢和我一起开研讨课、提供咨询和开发教学计划的这些合作者：Dave Bartlett、Bill Venners、Chuck Allison、Jeremy Meyer和 Jamie King。在我转而不停地竭力为那些像我们一样的独立人群开发在一起协同工作的最佳模式的时候，你们的耐心让我感激不已。

最近，无疑是因为有了Internet，我可以和极其众多的人一起合作，他们协助我一起努力，他们通常是在家办公。过去，我可能必须为这些人提供相当大的办公空间，不过由于现在有了网络、传真以及电话，我不需要额外的开销就可以从他们的帮助中受益。在我尽力学习更好地与其他人相处的过程中，你们都对我很有帮助，并且我希望继续学习怎样使我的工作能够通过借鉴他人的成果而变得更出色。Paula Steuer在接管我偶尔的商务活动时发挥了不可估量的价值，他使它们变得井井有条（Paula，感谢你在我懈怠时对我的鞭笞）。Jonathan Wilcox, Esq.详细审视了我公司的组织结构，推翻了每一块可能隐藏祸害的石头，并且使所有事情都条理化和合法化了，这让我们心服口服。感谢你的细心和耐心。Sharlynn Cobaugh使自己成为声音处理的专家，她是创建多媒体培训CD ROM和解决其他问题的精英成员之一。感谢你在面临难于处理的计算机问题时的坚定不移。在布拉格Amaio的人们也提出了一些方案来帮助我。Daniel Will-Harris最先受到在网上工作的启发，因此他当然是我所有设计方案的主要人物。

多年以来，Gernal Weinberg通过他的学术会议和研讨会，已经成为了我非正式的教练和导师，我十分感谢他。

Ervin Varga在第4版的技术纠正方面提供了巨大的帮助——尽管其他人在各个章节和示例方面也帮助良多，但是Ervin是本书最主要的技术复审者，他还承担了第4版的解决方案指南的重写任务。Ervin发现的错误和对本书所作的完善对本书来说价值连城。他对细节的投入和关注程度令人惊异，他是我所见过的远远超过其他人的最好的技术读者。感谢你，Ervin。 7

我在Bill Venners的www.Artima.com上的weblog，已经成为了当我需要交流思想时的一种解决之道。感谢那些通过提交评论帮助我澄清概念的人们，包括James Watson、Howard Lovatt、Michael Barker以及其他一些人，特别是那些在泛型方面提供帮助的人。

感谢Mark Welsh不懈的帮助。

Evan Cofsky一如既往地提供了有力的支持，他埋头处理了大量晦涩的细节，从而建立和维护了基于Linux的Web服务器，并保持MindView服务器始终处于协调和安全的状态。

一份特别的感谢要送给我的新朋友，咖啡，它为本项目产生了几乎无穷无尽的热情。当人们来到MindView研讨课时，科罗拉多州Crested Butte的Camp4 Coffee已经成为了标准住所，并且在研讨课中间休息期间，它是我所遇到的最好的饮食场所。感谢我的密友Al Smith，是他使这里成为如此好的一个地方，成为Crested Butte培训期间一个如此有趣和愉快的场所。还要感谢Camp4的所有泡吧常客们，很高兴他们总是为我们提供一些饮料。

感谢Prentice Hall的人们不断地为我提供我所需要的一切，并容忍我所有的特殊需求，而且不厌其烦地帮我把所有事情都搞定。

在我的开发过程中，有些工具已经被证明是无价的；但每次使用它们时都会非常感激它们的创建者。Cygwin (http://www.cygwin.com)为我解决了无数Windows不能解决的问题，并且每天我都会变得更加依赖它（如果在15年前当我的头脑因使用Gnu Emacs而搞得发懵的时候，能有这些该多好啊）。IBM的Eclipse (http://www.eclipse.org)对开发社区做出了真正杰出的贡献，并且随着它的不断升级，我期望能看到它的更伟大之处（IBM是怎样成为潮流所向的？我肯定错过了一份备忘录）。而JetBrains IntelliJ Idea则继续开阔着开发工具的创新之路。

我一开始就将Sparxsystems的Enterprise Architecture用于本书，并且它很快就成为了我选择的UML工具。Marco Hunsicker的Jalopy代码格式化器（www.triemax.com）在大量的场合都派上了
8 用场，而且Marco在将其配置成满足我的特殊需求方面也提供了大量的帮助。我还发现Slava Pestov的JEdit及其插件经常会显得很有用（www.jedit.org），并且对于研讨课来说，它是非常适合初学者的编辑器。

当然，如果我在其他地方强调得还不够的话，我得再次重申，我经常使用Python（www.Python.org）解决问题，在我的密友Guido Van Rossum和PythonLabs那些身材臃肿愚笨的天才人物的智慧结晶的基础上，我花费了好几天的时间进行冲刺（Tim Peters，我现在已经把你借的鼠标加了个框，正式命名为TimBotMouse）。你们这伙人必须到更健康的地方去吃午餐。（还要感谢整个Python社区，他们是一帮令人吃惊的群体。）

很多人向我发送修正意见，我感激所有这些人，第1版特别要感谢：Kevin Raulerson（发现无数的程序缺陷），Bob Resendes（简直难以置信），John Pinto、Joe Dante、Joe Sharp（三位都难以置信），David Combs（校正了许多语法和声明），Dr. Robert Stephenson、John Cook、Franklin Chen、Zev Griner、David Karr、Leander A. Stroschein、Steve Clark、Charles A、Lee、Austin Maher、Dennis P. Roth、Roque Oliveira、Douglas Dunn、Dejan Ristic、Neil Galarneau、David B. Malkovsky、Steve Wilkinson以及许许多多的人。本书第1版在欧洲发行时，Marc Meurrens在电子版宣传和制作方面做出了巨大的努力。

感谢在本书第2版中使用Swing类库帮助我重新编写示例的人们，以及其他助手—Jon Shvarts、Thomas Kirsch、Rahim Adatia、Rajesh Jain、Ravi Manthena、Banu Rajamani、Jens Brandt、Nitin Shivaram、Malcolm Davis，还有所有表示支持的人。

在第4版中，Chris Grindstaff对SWT一节的撰写提供很多帮助，而Sean Neville为我撰写了Flex一节的第一稿。

每当我认为我已经理解了并发编程时，又会有新的奇山险峰等待我去征服。感谢Brian Goetz

帮助我克服了在撰写新版本的“并发”一章时遇到的种种艰难险阻，并发现了其中所有的缺陷（我希望如此！）

对Delphi的理解使我更容易理解Java，这一点儿都不奇怪，因为它们有许多概念和语言设计决策是相通的。我的懂Delphi的朋友们给我提供了许多帮助，使我能够洞察一些非凡的编程环境。 9
他们是Marco Cantu（另一个意大利人-难道会说拉丁语的人在学习Java时有得天独厚的优势？）、Neil Rubenking（直到发现喜欢计算机之前，他一直都在做瑜珈／素食／禅道），当然还有Zack Urlocker（最初的Delphi产品经理），他是我游历世界时的好伙伴。我们都很感激Anders Hejlsberg的卓越才华，他在C#领域不懈地奋斗着（正如你将在本书中看到的，C#是 Java SE5主要的灵感之一）。

我的朋友Richard Hale Shaw（以及Kim）的洞察力和支持都很有帮助。Richard和我花了数月时间将教学内容合并到一起，并为参加学习的学生设计出一套完美的学习体验。

书籍设计、封面设计以及封面照片是由我的朋友Daniel Will-Harris制作的。他是一位著名的作家和设计家（http://www.WillHarris.com），在计算机和桌面排版发明之前，他在初中的时候就常常摆弄刮擦信（rub-on letter），他总是抱怨我的代数含糊不清。然而，要声明的是，是我自己制作的照排好的（camera-ready）页面，所以所有排字错误都应该算到我这里。我是用Microsoft Word XP for Windows来编写这本书的，并使用Adobe Acrobat制作照排页面的。本书是直接从Acrobat PDF文件创建而来的。电子时代给我们带来了厚礼，我恰巧是在海外创作了本书第1版和第2版的最终稿—第1版是在南非的开普敦送出的，而第2版却是在布拉格寄出的。第3版和第4版则来自科罗拉多州的Crested Butte。正文字体是Georgia，而标题是Verdana。封面字体是ITC Rennie Machintosh。

特别感谢我的所有老师和我的所有学生（他们也是我的老师）。

Molly，在我从事这一版的写作时总是坐在我腿上，为我提供了她特有的温软而毛茸茸的支持。

曾向我提供过支持的朋友包括（当然还不止他们）：Patty Gast(Masseuse extraordinary)，Andrew Binstock，SteveSinofsky，JD Hildebrandt，Tom Keffer，Brian McElhinney，Brinkley Barr，《Midnight Engineering》杂志社的Bill Gates，Larry Constantine和Lucy Lockwood，Gene Wang，Dave Mayer，David Intersimone，Chris和Laura Strand，Almquists，Brad Jerbic，Marilyn Cvitanic，Mark Mabry，Dave Stoner，Cranstons，Larry Fogg，Mike Sequeira，Gary Entsminger，Kevin 和
Sonda Donovan，Joe Lordi，Dave和Brenda Bartlett，Patti Gast，Blake，Annette&Jade， 10
Rentschlers，Sudeks，Dick，Patty和Lee Eckel，Lynn和Todd以及他们的家人。当然还有我的父亲 11~12
和母亲。

绪 论

“上帝赋予人类说话的能力，而言语又创造了思想，思想是人类对宇宙的量度。”

——摘自《Prometheus Unbound》，Shelley

人类……极其受那些已经成为社会表达工具的特定语言的支配。想像一下，如果一个人可以不使用语言就能够从本质上适应现实世界，语言仅仅是解决具体的交流和反映问题时偶尔才用到的方式，我们会发现，这只能是一种幻想。事实上，“真实世界”在很大程度上是不知不觉地基于群体的语言习惯形成的。

——摘自《The Status of Linguistics As A Science》，1929, Edward Sapir

如同任何人类语言一样，Java提供了一种表达概念的方式。如果使用得当，随着问题变得更庞大更复杂，这种表达工具将会比别的可供选择的语言更为简单、灵活。

我们不应该将Java仅仅看作是一些特性的集合——有一些特性在孤立状态下没有任何意义。只有在考虑到设计，而不仅仅是编码时，才能完整地运用Java的各部分。而且，要按照这种方式来理解Java，必须理解在语言和编程中经常碰到的问题。这本书讨论的是编程问题，它们为什么成为问题，以及Java已经采取什么样的方案来解决它们。因此，每章所阐述的特性集，都是基于我所看到的这一语言在解决特定类型问题时的方式。按照这种方式，我希望能够每次引导读者前进一点，直到Java思想意识成为你最自然不过的语言。

自始至终，我一直持这样的观点：你需要在头脑中创建一个模型，以加强对这种语言的深
13 入理解；如果你遇到了疑问，就将它反馈到头脑中的模型并推断出答案。

前提条件

本书假定你对程序设计有一定程度的熟悉：你已经知道程序是一些语句的集合，知道子程序/函数/宏的概念，知道像“if”这样的控制语句和像“while”这样的循环结构，等等。不过，你可能在许多地方已经学到过这些，例如使用宏语言进行程序设计，或者使用像Perl这样的工具工作。只要你已经达到能够自如地运用程序设计基本思想的程度，你就能够顺利阅读本书。当然，本书对C程序员来说更容易，对于C++程序员更是如此，但是，即使你没有实践过这两种语言，也不要否定自己—而应该更加努力学习。并且，从https://www.mindviewllc.com处可下载的《Thinking in C》多媒体研讨课能够带领你快速学习所必需的Java基础知识）。不过，我还会介绍面向对象（OOP）的概念和Java的基本控制机制。

尽管本书可能会经常引用、参考C和C++语言的特性，但这并不是打算让它们成为内部注释，而是要帮助所有的程序员正确看待这些语言，毕竟Java是从这些语言衍生而来的。我会努力简化这些引用、参考，并且对那些我认为一个非C/C++程序员可能不太熟悉的地方加以解释。

学习Java

大概在我的第一本书《Using C++》（Osborne/McGraw-Hill，1989）出版发行的同一时候，我

就开始教授这种语言了。讲授程序设计语言已经成为我的职业了；自1987年以来，我在世界各地的听众中看到，有的昏昏欲睡，有的面无表情，有的表情迷茫。当我开始给一些小团体进行室内培训时，在这些实践中我发现了一些事情。即使那些面带微笑频频点头的人也对很多问题心存困惑。我发现，多年来在软件开发会议上由我主持的C++分组讨论会（后来变成Java分组讨论会）中，我和其他的演讲者往往是在极短的时间内告诉听众许多话题。因此，最后由于听众的水平不同和讲授教材的方式这两方面的原因，我可能最终会失去一部分听众。可能这样要求得太多了，但因为我是传统演讲的反对者之一（而且对于大多数人来说，我相信这种抵制是因为厌倦），因此我想尽力让每个人都可以跟得上演讲的进度。 14

我曾经一度在相当短的时间内做了一系列不同的演讲。因此，我结束了"实践和迭代"（一项在Java程序设计中也得到很好运用的技术）的学习。最后，我根据自己在教学实践中学到的东西发展出一门课程。我的公司—MindView有限公司现在提供公开的室内"Thinking in Java"研讨课；这是我们主要的初级研讨课，为以后更高级的研讨课提供基础。读者可以到网站https://www.mindviewllc.com上了解详细情况。（初级研讨课在"Hands-On Java"光盘上也能找到。上述网站也可以找到相关信息。）

从每个研讨课获得的反馈信息都可以帮助我去修改和重新制定课程教材，直到我认为它能够成为一个良性运转的教学工具为止。不过不能将本书视为一般的研讨课笔记；我努力在本书中放入尽可能多的信息，并且合理地组织本书结构，从而引导读者顺利进入下一主题。最重要的是，本书面向那些孤军奋战一门新的程序设计语言的读者。

目标

就像我前一本书《Thinking in C++》那样，在设计本书时，我脑子里始终思考的一件事情就是：人们学习语言的方式。当我思索书中的一章时，我思索的是如何在研讨课上教好一堂课。研讨课听众的反馈意见帮助我理解了哪些是需要详细阐明的有难度的部分。在某些领域，我一开始雄心勃勃，在其中一下子囊括了过多的特性，后来通过在讲解这些材料的过程中，我逐渐意识到如果要囊括过多的特性，就必须对它们全部解释清楚，而这很容易使学生产生混淆。

因此，本书的每一章都设法只教授一个特性，或者一小组互相关联的特性，并且不会依赖于还未介绍的概念。通过这种方式，你可以在你当前所掌握的知识背景下，在继续向前学习之前，消化吸收每一部分内容。

在这本书中我想达到的目标是：

1) 每一次只演示一个步骤的材料，以便读者在继续后面的学习之前可以很容易地消化吸收每一个观念。仔细地对特性的讲解进行排序，以使得你在看到对某个特性的运用之前，会先了解它。当然，这并非总是可行的，在那些不可行的情况下，会给出一个简短的介绍性描述。 15

2) 使用的示例尽可能简单、短小。这样做有时会妨碍我们解决"真实世界"的问题，但是，我发现对于初学者，能够理解例子的每一个细节，而不是理解它所能够解决的问题范畴，前者通常更能为他们带来愉悦。同样，适合在教室内学习的代码数量也有严格限制。正因为如此，我将毫无疑问地会遭到批评-批评我使用"玩具般的示例"，但是我乐意接受那些有利于为教育带来益处的种种事物。

3) 向读者提供"我认为对理解这种程序设计语言来说很重要"的部分，而不是提供我所知道的所有事情。我相信信息在重要性上存在层次差别，有一些事实对于95%的程序员来说永远不必知道—那些只会困扰他们并且使他们对程序复杂性平添许多感触。举一个C语言的例子，如果能够记住操作符优先表（我从未记住过），那么可以写出灵巧的代码。但是你要再想一想，这样做会给读者/维护者带来困惑。因此忘掉优先权，在不是很清楚的时候使用圆括号就行了。

4) 使每部分的重点足够明确，以便缩短教学和练习之间的时间。这样做不仅使听众在亲身参与研讨课时思维更为活跃和集中，而且还可以让读者更具有成就感。

5) 给读者打下坚实的基础，使读者能够充分理解问题，以便转入更难的课程学习和书籍阅读中。

根据本书教学

本书最初的版本是从一个为期一周的研讨课演变而来的，当时Java还处于初级阶段，因此一周已经足以覆盖Java的语言特性了。随着Java的成长，有越来越多的特性和类库不断地添加了进来，我固执地试图仍旧在一周内教授所有的内容。那时，有一位顾客请我讲课，内容“只包括基础知识”，我教授的过程中，我发现在一周的时间内填鸭式的教授所有的内容，对于我自己和参加研讨课的人来说，都是一种痛苦。Java已经不再是一种可以在一周内教授的“简单”语
16 言了。

这份精力和感悟在极大程度上促使我对本书进行了重新的组织，现在它已经被设计为可以支撑一个两周的研讨课，或者是一门两学期的大学课程。介绍性的部分在“通过异常处理错误”一章就结束了，但是你可能还想补充了解一些对JDBC、Servlet和JSP的介绍，这些内容构成了另外一门基础课程，即Hands-on Java 光盘的核心内容。本书剩余部分可以组成一门中级课程，即Intermediate Thinking in Java光盘中所包含的材料。

通过www.prenhallprofessional.com与Prentice-Hall联系，可以得到能够教授本书这些材料的教师信息。

JDK的HTML文档

Sun公司的Java语言及其类库（可以从java.sun.com免费下载）配套提供了电子版文档，可使用Web浏览器阅读。许多出版的Java书籍中也都有这份文档的备份。你可能已经拥有了它，或者能够下载；所以除非必要，本书不会再重复那份文档。因为一般来说，用Web浏览器查找类的描述比在书中查找要快得多（并且在线文档更能保持更新）。你仅需要参考“JDK文档”。只有当需要对文档进行补充，以便你能够理解特定实例时，本书才会提供有关类的一些附加说明。

练习

在研讨课上，我发现一些简单的练习非常利于学生们理解掌握有关概念，因此在每一章的最后都安排了一些习题。

大多数练习设计得都很简单，可以让学生在课堂上在合理的时间内完成这些作业，以便指导老师检查辅导以确保所有的学生都吸收了教材的内容。有一些题目具有挑战性，但并没有难度很高的题目。

一些经过挑选的练习答案可以在名为The Thinking in Java Annotated Solution Guide的电子文
17 档中找到，仅需少许费用便可以从https://www.mindviewllc.com下载得到。

Java基础

本书还附送可从https://www.mindviewllc.com处下载的免费的多媒体研讨课。这是《Thinking in C》的研讨课，它介绍了Java语法沿用的C语言中的语法、操作符及函数。在本书以前的版本中，这部分内容收录在随书附送的“Java基础”CD中，但是现在这个研讨课可以免费下载了。

我原本打算让Chuck Allison把“Thinking in C”创建成一个独立产品，不过我还是决定将它和第2版的《Thinking in C++》，以及第2版和第3版的《Thinking in Java》包含在一起，这样做是为了让参加研讨课的、没有太多C语言基本语法背景的人们能够很方便地找到相关资料。应该抛开这种思想：“我是一个聪明的程序员，我不想学习C，而想学习C++或Java，因此我会跳过C直接到C++/Java。”在到了研讨课上后，这些人渐渐明白，很好地理解C语言语法这个先决条件很必要。

技术在不断发生变化，将《Thinking in C》重新制作为可下载的Flash形式比将其收录在CD中要更具实际意义。通过在线提供这个研讨课，我可以保证每个人都可以事先做好充足的准备。

《Thinking in C》研讨课也让本书获得了更多的读者。尽管本书中“操作符”和“控制执行流程”两章覆盖了Java继承自C的基本部分，但是在线研讨课仍旧是更好的介绍，而且它要求学生所具备的程序设计背景比这本书要求的还要少。

源代码

本书的所有源代码都能以保留版权的免费软件的形式得到，它们是以单一包的形式发布的，访问https://www.mindviewllc.com网站便可获取。为了确保你获得的是最新版本，这个发布这些源代码和本书电子版的网站是一个官方网站。你可以在课堂或其他教育场所发布这些代码。

保留版权的主要目的是为了确保源代码能够被正确地引用，并且防止在未经许可的情况下，在出版媒体中重新发布这些代码（只要说明是引用了这些代码，那么在大多数媒介中使用本书中的示例通常不是问题）。 18

在每个源码文件中，都包含下述版权声明文字：

```
//:! Copyright.txt
This computer source code is Copyright ©2006 MindView, Inc.
All Rights Reserved.

Permission to use, copy, modify, and distribute this
computer source code (Source Code) and its documentation
without fee and without a written agreement for the
purposes set forth below is hereby granted, provided that
the above copyright notice, this paragraph and the
following five numbered paragraphs appear in all copies.

1. Permission is granted to compile the Source Code and to
include the compiled code, in executable format only, in
personal and commercial software programs.

2. Permission is granted to use the Source Code without
modification in classroom situations, including in
presentation materials, provided that the book "Thinking in
Java" is cited as the origin.

3. Permission to incorporate the Source Code into printed
media may be obtained by contacting:

MindView, Inc. 5343 Valle Vista La Mesa, California 91941
```

```
Wayne@MindView.net

4. The Source Code and documentation are copyrighted by
MindView, Inc. The Source code is provided without express
or implied warranty of any kind, including any implied
warranty of merchantability, fitness for a particular
purpose or non-infringement. MindView, Inc. does not
warrant that the operation of any program that includes the
Source Code will be uninterrupted or error-free. MindView,
Inc. makes no representation about the suitability of the
Source Code or of any software that includes the Source
Code for any purpose. The entire risk as to the quality
19 and performance of any program that includes the Source
Code is with the user of the Source Code. The user
understands that the Source Code was developed for research
and instructional purposes and is advised not to rely
exclusively for any reason on the Source Code or any
program that includes the Source Code. Should the Source
Code or any resulting software prove defective, the user
assumes the cost of all necessary servicing, repair, or
correction.

5. IN NO EVENT SHALL MINDVIEW, INC., OR ITS PUBLISHER BE
LIABLE TO ANY PARTY UNDER ANY LEGAL THEORY FOR DIRECT,
INDIRECT, SPECIAL, INCIDENTAL, OR CONSEQUENTIAL DAMAGES,
INCLUDING LOST PROFITS, BUSINESS INTERRUPTION, LOSS OF
BUSINESS INFORMATION, OR ANY OTHER PECUNIARY LOSS, OR FOR
PERSONAL INJURIES, ARISING OUT OF THE USE OF THIS SOURCE
CODE AND ITS DOCUMENTATION, OR ARISING OUT OF THE INABILITY
TO USE ANY RESULTING PROGRAM, EVEN IF MINDVIEW, INC., OR
ITS PUBLISHER HAS BEEN ADVISED OF THE POSSIBILITY OF SUCH
DAMAGE. MINDVIEW, INC. SPECIFICALLY DISCLAIMS ANY
WARRANTIES, INCLUDING, BUT NOT LIMITED TO, THE IMPLIED
WARRANTIES OF MERCHANTABILITY AND FITNESS FOR A PARTICULAR
PURPOSE. THE SOURCE CODE AND DOCUMENTATION PROVIDED
HEREUNDER IS ON AN "AS IS" BASIS, WITHOUT ANY ACCOMPANYING
SERVICES FROM MINDVIEW, INC., AND MINDVIEW, INC. HAS NO
OBLIGATIONS TO PROVIDE MAINTENANCE, SUPPORT, UPDATES,
ENHANCEMENTS, OR MODIFICATIONS.

Please note that MindView, Inc. maintains a Web site which
is the sole distribution point for electronic copies of the
Source Code, http://www.MindView.net (and official mirror
sites), where it is freely available under the terms stated
above.

If you think you've found an error in the Source Code,
please submit a correction using the feedback system that
you will find at http://www.MindView.net.
///:~
```

你可以在自己的项目中引用这些代码，也可以在课堂上引用它们（包括你的演示材料），只
20 要保留每个源文件中出现的保留版权声明即可。

编码标准

在本书的正文中，标识符（方法、变量和类名）排为粗体。大多数关键字也排为粗体，但是不包括那些频繁使用的关键字，例如“class”，因为如果将它们也设为粗体会令人十分厌烦。

对于本书中的示例，我使用了一种特定的编码格式，此格式尽可能地遵循了Sun自己在所有代码中实际使用的格式，在它的网站上你会发现这些代码（见java.sun.com/docs/codeconv/index.html），并且似乎大多数Java开发环境都支持这种格式。如果你已经读过我的其他著作，你会注意到Sun的编码格式与我的一致-尽管这与我没什么关系（我了解这一点），但我还是很高兴。

对代码进行格式化这个议题常常会招致几个小时的热烈争论，因此我不会试图通过自己的示例来规定正确的格式；我对自己使用的格式有自己的想法。因为Java是一种自由形式的程序设计语言，所以你可以继续使用自己喜欢的格式。编码风格问题的一种解决方案是使用像Jalopy(www.triemax.com)这样的工具来将格式转变为适合你的形式，该工具帮助我撰写了此书。

本书中打印的代码文件都用一个自动系统进行过测试，应该全部都能够运行，而且无编译错误。

本书聚焦于Java SE5/6，并用它们进行过测试。

错误

无论作者使用多少技巧去查找错误，但是有些错误还是悄悄地潜藏了起来，并且经常对新读者造成困扰。如果你发现了任何你确信是错误的东西，请使用在https://www.mindviewllc.com处可以找到的为本书专设的链接来提交错误以及你建议的修正。对你的帮助我将不胜感激。 21~22

目　录

第1章 对象导论

"我们之所以将自然界分解，组织成各种概念，并按其含义分类，主要是因为我们是整个口语交流社会共同遵守的协定的参与者，这个协定以语言的形式固定下来……除非赞成这个协定中规定的有关语言信息的组织和分类，否则我们根本无法交谈。"

——Benjamin Lee Whorf (1897～1941)

计算机革命起源于机器，因此，编程语言的产生也始于对机器的模仿。

但是，计算机并非只是机器那么简单。计算机是头脑延伸的工具（就像Steve Jobs常喜欢说的"头脑的自行车"一样），同时还是一种不同类型的表达媒体。因此，这种工具看起来已经越来越不像机器，而更像我们头脑的一部分，以及一种如写作、绘画、雕刻、动画、电影等一样的表达形式。面向对象程序设计（Object-oriented Programming, OOP）便是这种以计算机作为表达媒体的大趋势中的组成部分。

本章将向读者介绍包括开发方法概述在内的OOP的基本概念。本章，乃至本书中，都假设读者已经具备了某些编程经验（当然不一定是C的）。如果读者认为在阅读本书之前还需要在程序设计方面多做些准备，那么就应该去研读可以从https://www.mindviewllc.com网站上下载的《C编程思想》（Thinking in C）的多媒体资料。

本章介绍的是背景性的和补充性的材料。许多人在没有了解面向对象程序设计的全貌之前，感觉无法轻松自在地从事此类编程。因此，此处将引入许多概念，以期帮助读者扎实地了解OOP。然而，还有些人可能在看到具体结构之前，无法了解面向对象程序设计的全貌，这些人 23
如果没有代码在手，就会陷于困境并最终迷失方向。如果你属于后面这个群体，并且渴望尽快获取Java语言的细节，那么可以先越过本章——在此处越过本章并不会妨碍你编写程序和学习语言。但是，你最终还是要回到本章来补充所学知识，这样才能够了解到对象的重要性，以及怎样使用对象进行设计。

1.1 抽象过程

所有编程语言都提供抽象机制。可以认为，人们所能够解决的问题的复杂性直接取决于抽象的类型和质量。所谓的"类型"是指"所抽象的是什么？"汇编语言是对底层机器的轻微抽象。接着出现的许多所谓"命令式"语言（如FORTRAN、BASIC、C等）都是对汇编语言的抽象。这些语言在汇编语言基础上有了大幅的改进，但是它们所作的主要抽象仍要求在解决问题时要基于计算机的结构，而不是基于所要解决的问题的结构来考虑。程序员必须建立起在机器模型（位于"解空间"内，这是你对问题建模的地方，例如计算机）和实际待解问题的模型（位于"问题空间"内，这是问题存在的地方，例如一项业务）之间的关联。建立这种映射是费力的，而且这不属于编程语言所固有的功能，这使得程序难以编写，并且维护代价高昂，同时也产生了作为副产物的整个"编程方法"行业。

另一种对机器建模的方式就是只针对待解问题建模。早期的编程语言，如LISP和APL，都选择考虑世界的某些特定视图（分别对应于"所有问题最终都是列表"或者"所有问题都是算法形式的"）。PROLOG则将所有问题都转换成决策链。此外还产生了基于约束条件编程的语言和专门通过对图形符号操作来实现编程的语言（后者被证明限制性过强）。这些方式对于它们所要解决的特定类型的问题都是不错的解决方案，但是一旦超出其特定领域，它们就力不从心了。

24 面向对象方式通过向程序员提供表示问题空间中的元素的工具而更进了一步。这种表示方式非常通用，使得程序员不会受限于任何特定类型的问题。我们将问题空间中的元素及其在解空间中的表示称为“对象”。（你还需要一些无法类比为问题空间元素的对象。）这种思想的实质是：程序可以通过添加新类型的对象使自身适用于某个特定问题。因此，当你在阅读描述解决方案的代码的同时，也是在阅读问题的表述。相比以前我们所使用的语言⊖，这是一种更灵活和更强有力的语言抽象。所以，OOP允许根据问题来描述问题，而不是根据运行解决方案的计算机来描述问题。但是它仍然与计算机有联系：每个对象看起来都有点像一台微型计算机——它具有状态，还具有操作，用户可以要求对象执行这些操作。如果要对现实世界中的对象作类比，那么说它们都具有特性和行为似乎不错。

Alan Kay曾经总结了第一个成功的面向对象语言、同时也是Java所基于的语言之一的Smalltalk的五个基本特性，这些特性表现了一种纯粹的面向对象程序设计方式：

1) **万物皆为对象**。将对象视为奇特的变量，它可以存储数据，除此之外，你还可以要求它在自身上执行操作。理论上讲，你可以抽取待求解问题的任何概念化构件（狗、建筑物、服务等），将其表示为程序中的对象。

2) **程序是对象的集合，它们通过发送消息来告知彼此所要做的**。要想请求一个对象，就必须对该对象发送一条消息。更具体地说，可以把消息想像为对某个特定对象的方法的调用请求。

25 3) **每个对象都有自己的由其他对象所构成的存储**。换句话说，可以通过创建包含现有对象的包的方式来创建新类型的对象。因此，可以在程序中构建复杂的体系，同时将其复杂性隐藏在对象的简单性背后。

4) **每个对象都拥有其类型**。按照通用的说法，“每个对象都是某个类（class）的一个实例（instance）”，这里“类”就是“类型”的同义词。每个类最重要的区别于其他类的特性就是“可以发送什么样的消息给它”。

5) **某一特定类型的所有对象都可以接收同样的消息**。这是一句意味深长的表述，你在稍后便会看到。因为“圆形”类型的对象同时也是“几何形”类型的对象，所以一个“圆形”对象必定能够接受发送给“几何形”对象的消息。这意味着可以编写与“几何形”交互并自动处理所有与几何形性质相关的事物的代码。这种*可替代性*（substitutability）是OOP中最强有力的概念之一。

Booch 对对象提出了一个更加简洁的描述：*对象具有状态、行为和标识*。这意味着每一个对象都可以拥有内部数据（它们给出了该对象的状态）和方法（它们产生行为），并且每一个对象都可以唯一地与其他对象区分开来，具体说来，就是每一个对象在内存中都有一个唯一的地址⊜。

1.2 每个对象都有一个接口

亚里士多德大概是第一个深入研究*类型*（type）的哲学家，他曾提出过鱼类和鸟类这样的概念。所有的对象都是唯一的，但同时也是具有相同的特性和行为的对象所归属的类的一部分。

⊖ 某些编程语言的设计者认为面向对象编程本身不足以轻松地解决所有编程问题，所以他们提倡将不同的方式结合到多聚合编程语言（multipleparadigm programming language）中。读者可以查阅Timothy Budd的《Multipleparadigm Programming in Leda》一书（Addison-Wesley 1995）。

⊜ 这确实显得有一点过于受限了，因为对象可以存在于不同的机器和地址空间中，它们还可以被存储在硬盘上。在这些情况下，对象的标识就必须由内存地址之外的某些东西来确定了。

这种思想被直接应用于第一个面向对象语言Simula-67，它在程序中使用基本关键字**class**来引入新的类型。

Simula，就像其名字一样，是为了开发诸如经典的“银行出纳员问题”（bank teller problem）这样的仿真程序而创建的。在银行出纳员问题中，有出纳、客户、账户、交易和货币单位等许 26
多“对象”。在程序执行期间具有不同的状态而其他方面都相似的对象会被分组到对象的类中，这就是关键字**class**的由来。创建抽象数据类型（类）是面向对象程序设计的基本概念之一。抽象数据类型的运行方式与内置（built-in）类型几乎完全一致：你可以创建某一类型的变量（按照面向对象的说法，称其为*对象*或*实例*），然后操作这些变量（称其为*发送消息*或*请求*；发送消息，对象就知道要做什么）。每个类的成员或元素都具有某种共性：每个账户都有结余金额，每个出纳都可以处理存款请求等。同时，每个成员都有其自身的状态：每个账户都有不同的结余金额，每个出纳都有自己的姓名。因此，出纳、客户、账户、交易等都可以在计算机程序中被表示成唯一的实体。这些实体就是对象，每一个对象都属于定义了特性和行为的某个特定的类。

所以，尽管我们在面向对象程序设计中实际上进行的是创建新的数据类型，但事实上所有的面向对象程序设计语言都使用class这个关键词来表示数据类型。当看到类型一词时，可将其作为类来考虑，反之亦然[⊖]。

因为类描述了具有相同特性（数据元素）和行为（功能）的对象集合，所以一个类实际上就是一个数据类型，例如所有浮点型数字具有相同的特性和行为集合。二者的差异在于，程序员通过定义类来适应问题，而不再被迫只能使用现有的用来表示机器中的存储单元的数据类型。可以根据需求，通过添加新的数据类型来扩展编程语言。编程系统欣然接受新的类，并且像对待内置类型一样地照管它们和进行类型检查。

面向对象方法并不是仅局限于构建仿真程序。无论你是否赞成以下观点，即任何程序都是你所设计的系统的一种仿真，面向对象技术的应用确实可以将大量的问题很容易地降解为一个简单的解决方案。

一旦类被建立，就可以随心所欲地创建类的任意个对象，然后去操作它们，就像它们是存在于你的待求解问题中的元素一样。事实上，面向对象程序设计的挑战之一，就是在问题空间 27
的元素和解空间的对象之间创建一对一的映射。

但是，怎样才能获得有用的对象呢？必须有某种方式产生对对象的请求，使对象完成各种任务，如完成一笔交易、在屏幕上画图、打开开关等等。每个对象都只能满足某些请求，这些请求由对象的*接口*（interface）所定义，决定接口的便是类型。以电灯泡为例来做一个简单的比喻（如右图所示）：

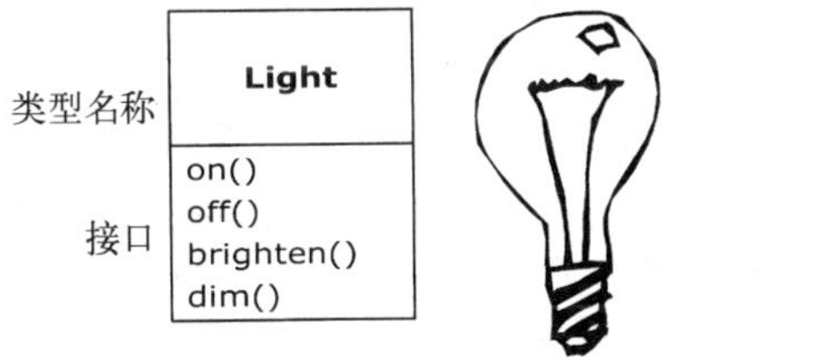


```
Light lt = new Light();
lt.on();
```

接口确定了对某一特定对象所能发出的*请求*。但是，在程序中必须有满足这些请求的代码。这些代码与隐藏的数据一起构成了*实现*。从过程型编程的观点来看，这并不太复杂。在类型中，每一个可能的请求都有一个方法与之相关联，当向对象发送请求时，与之相关联的方法就会被调用。此过程通常被概括为：向某个对象“发送消息”（产生请求），这个对象便知道此消息的目的，然后执行对应的程序代码。

上例中，类型/类的名称是**Light**，特定的**Light**对象的名称是**lt**，可以向**Light**对象发出的请求是：打开它、关闭它、将它调亮、将它调暗。你以下列方式创建了一个Light对象：定义这个

⊖ 有些人对此会区别对待，他们认为：类型决定了接口，而类是该接口的一个特定实现。

对象的“引用”(**lt**)，然后调用**new**方法来创建该类型的新对象。为了向对象发送消息，需要声明对象的名称，并以圆点符号连接一个消息请求。从预定义类的用户观点来看，这些差不多就
28 是用对象来进行设计的全部。

前面的图是UML（Unified Modelling Language，统一建模语言）形式的图，每个类都用一个方框表示，类名在方框的顶部，你所关心的任何数据成员都描述在方框的中间部分，*方法*（隶属于此对象的、用来接收你发给此对象的消息的函数）在方框的底部。通常，只有类名和公共方法被示于UML设计图中，因此，方框的中部就像本例一样并未给出。如果只对类型感兴趣，那么方框的底部甚至也不需要给出。

1.3 每个对象都提供服务

当正在试图开发或理解一个程序设计时，最好的方法之一就是将对象想像为“服务提供者”。程序本身将向用户提供服务，它将通过调用其他对象提供的服务来实现这一目的。你的目标就是去创建（或者最好是在现有代码库中寻找）能够提供理想的服务来解决问题的一系列对象。

着手从事这件事的一种方式就是问一下自己：“如果我可以将问题从表象中抽取出来，那么什么样的对象可以马上解决我的问题呢？”例如，假设你正在创建一个簿记系统，那么可以想像，系统应该具有某些包括了预定义的簿记输入屏幕的对象，一个执行簿记计算的对象集合，以及一个处理在不同的打印机上打印支票和开发票的对象。也许上述对象中的某些已经存在了，但是对于那些并不存在的对象，它们看起来像什么样子？它们能够提供哪些服务？它们需要哪些对象才能履行它们的义务？如果持续这样做，那么最终你会说“那个对象看起来很简单，可以坐下来写代码了”，或者会说“我肯定那个对象已经存在了”。这是将问题分解为对象集合的一种合理方式。

将对象看作是服务提供者还有一个附带的好处：它有助于提高对象的内聚性。高内聚是软件设计的基本质量要求之一：这意味着一个软件构件（例如一个对象，当然它也有可能是指一个方法或一个对象库）的各个方面“组合”得很好。人们在设计对象时所面临的一个问题是，将过多的功能都塞在一个对象中。例如，在检查打印模式的模块中，你可以这样设计一个对象，让它
29 了解所有的格式和打印技术。你可能会发现，这些功能对于一个对象来说太多了，你需要的是三个甚至更多个对象，其中，一个对象可以是所有可能的支票排版的目录，它可以被用来查询有关如何打印一张支票的信息；另一个对象（或对象集合）可以是一个通用的打印接口，它知道有关所有不同类型的打印机的信息（但是不包含任何有关簿记的内容，它更应该是一个需要购买而不是自己编写的对象）；第三个对象通过调用另外两个对象的服务来完成打印任务。这样，每个对象都有一个它所能提供服务的内聚的集合。在良好的面向对象设计中，每个对象都可以很好地完成一项任务，但是它并不试图做更多的事。就像在这里看到的，不仅允许通过购买获得某些对象（打印机接口对象），而且还可以创建能够在别处复用的新对象（支票排版目录对象）。

将对象作为服务提供者看待是一件伟大的简化工具，这不仅在设计过程中非常有用，而且当其他人试图理解你的代码或重用某个对象时，如果他们看出了这个对象所能提供的服务的价值，它会使调整对象以适应其设计的过程变得简单得多。

1.4 被隐藏的具体实现

将程序开发人员按照角色分为*类创建者*（那些创建新数据类型的程序员）和*客户端程序员*⊖

⊖ 关于这个术语的表述，我感谢我的朋友Scott Meyers。

（那些在其应用中使用数据类型的类消费者）是大有裨益的。客户端程序员的目标是收集各种用来实现快速应用开发的类。类创建者的目标是构建类，这种类只向客户端程序员暴露必需的部分，而隐藏其他部分。为什么要这样呢？因为如果加以隐藏，那么客户端程序员将不能够访问它，这意味着类创建者可以任意修改被隐藏的部分，而不用担心对其他任何人造成影响。被隐藏的部分通常代表对象内部脆弱的部分，它们很容易被粗心的或不知内情的客户端程序员所毁坏，因此将实现隐藏起来可以减少程序bug。

在任何相互关系中，具有关系所涉及的各方都遵守的边界是十分重要的事情。当创建一个类库时，就建立了与客户端程序员之间的关系，他们同样也是程序员，但是他们是使用你的类库来构建应用、或者构建更大的类库的程序员。如果所有的类成员对任何人都是可用的，那么 30
客户端程序员就可以对类做任何事情，而不受任何约束。即使你希望客户端程序员不要直接操作你的类中的某些成员，但是如果没有任何访问控制，将无法阻止此事发生。所有东西都将赤裸裸地暴露于世人面前。

因此，访问控制的第一个存在原因就是让客户端程序员无法触及他们不应该触及的部分——这些部分对数据类型的内部操作来说是必需的，但并不是用户解决特定问题所需的接口的一部分。这对客户端程序员来说其实是一项服务，因为他们可以很容易地看出哪些东西对他们来说很重要，而哪些东西可以忽略。

访问控制的第二个存在原因就是允许库设计者可以改变类内部的工作方式而不用担心会影响到客户端程序员。例如，你可能为了减轻开发任务而以某种简单的方式实现了某个特定类，但稍后发现你必须改写它才能使其运行得更快。如果接口和实现可以清晰地分离并得以保护，那么你就可以轻而易举地完成这项工作。

Java用三个关键字在类的内部设定边界：**public**、**private**、**protected**。这些*访问指定词*（access specifier）决定了紧跟其后被定义的东西可以被谁使用。**public**表示紧随其后的元素对任何人都是可用的，而**private**这个关键字表示除类型创建者和类型的内部方法之外的任何人都不能访问的元素。**private**就像你与客户端程序员之间的一堵砖墙，如果有人试图访问**private**成员，就会在编译时得到错误信息。**protected**关键字与**private**作用相当，差别仅在于继承的类可以访问**protected**成员，但是不能访问**private**成员。稍后将会对继承进行介绍。

Java还有一种默认的访问权限，当没有使用前面提到的任何访问指定词时，它将发挥作用。这种权限通常被称为*包访问权限*，因为在这种权限下，类可以访问在同一个包（库构件）中的
其他类的成员，但是在包之外，这些成员如同指定了**private**一样。 31

1.5 复用具体实现

一旦类被创建并被测试完，那么它就应该（在理想情况下）代表一个有用的代码单元。事实证明，这种复用性并不容易达到我们所希望的那种程度，产生一个可复用的对象设计需要丰富的经验和敏锐的洞察力。但是一旦你有了这样的设计，它就可供复用。代码复用是面向对象程序设计语言所提供的最了不起的优点之一。

最简单地复用某个类的方式就是直接使用该类的一个对象，此外也可以将那个类的一个对象置于某个新的类中。我们称其为“创建一个成员对象”。新的类可以由任意数量、任意类型的其他对象以任意可以实现新的类中想要的功能的方式所组成。因为是在使用现有的类合成新的类，所以这种概念被称为*组合*（composition），如果组合是动态发生的，那么它通常被称为*聚合*（aggregation）。组合经常被视为“has-a”（拥有）关系，就像我们常说的“汽车拥有引擎”一样。

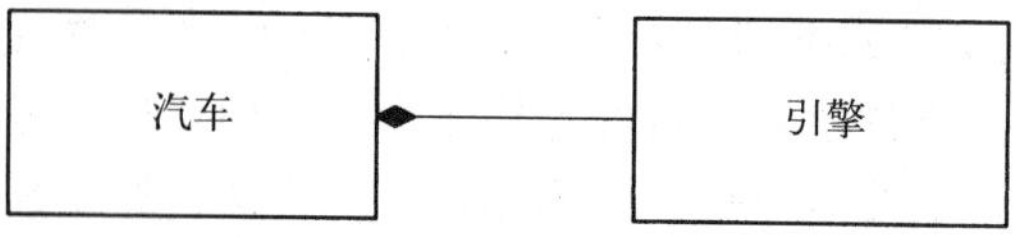

（上面这张UML图用实心菱形表明了组合关系。我通常采用最简单的形式：仅仅用一条没有菱形的线来表示关联⊖）。

组合带来了极大的灵活性。新类的成员对象通常都被声明为**private**，使得使用新类的客户端程序员不能访问它们。这也使得你可以在不干扰现有客户端代码的情况下，修改这些成员。也可以在运行时修改这些成员对象，以实现动态修改程序的行为。下面将要讨论的继承并不具
32 备这样的灵活性，因为编译器必须对通过继承而创建的类施加编译时的限制。

由于继承在面向对象程序设计中如此重要，所以它经常被高度强调，于是程序员新手就会有这样的印象：处处都应该使用继承。这会导致难以使用并过分复杂的设计。实际上，在建立新类时，应该首先考虑组合，因为它更加简单灵活。如果采用这种方式，设计会变得更加清晰。一旦有了一些经验之后，便能够看出必须使用继承的场合了。

1.6 继承

对象这种观念，本身就是十分方便的工具，使得你可以通过概念将数据和功能封装到一起，因此可以对问题空间的观念给出恰当的表示，而不用受制于必须使用底层机器语言。这些概念用关键字**class**来表示，它们形成了编程语言中的基本单位。

遗憾的是，这样做还是有很多麻烦：在创建了一个类之后，即使另一个新类与其具有相似的功能，你还是得重新创建一个新类。如果我们能够以现有的类为基础，复制它，然后通过添加和修改这个副本来创建新类那就要好多了。通过继承便可以达到这样的效果，不过也有例外，当源类（被称为基类、超类或父类）发生变动时，被修改的“副本”（被称为导出类、继承类或子类）也会反映出这些变动（如右图所示）。

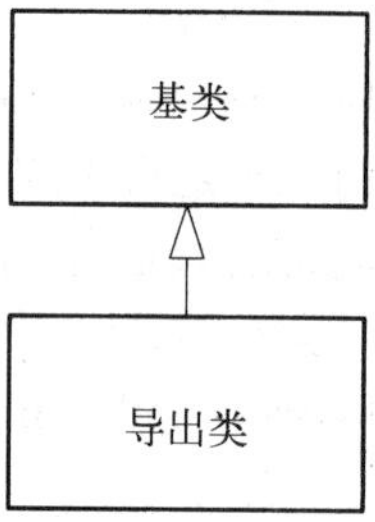

（这张UML图中的箭头从导出类指向基类，就像稍后你会看到的，通常会存在一个以上的导出类。）

类型不仅仅只是描述了作用于一个对象集合上的约束条件，同时还有与其他类型之间的关系。两个类型可以有相同的特性和行为，但是其中一个类型可能比另一个含
33 有更多的特性，并且可以处理更多的消息（或以不同的方式来处理消息）。继承使用基类型和导出类型的概念表示了这种类型之间的相似性。一个基类型包含其所有导出类型所共享的特性和行为。可以创建一个基类型来表示系统中某些对象的核心概念，从基类型中导出其他类型，来表示此核心可以被实现的各种不同方式。

以垃圾回收机为例，它用来归类散落的垃圾。“垃圾”是基类型，每一件垃圾都有重量、价值等特性，可以被切碎、熔化或分解。在此基础上，可以通过添加额外的特性（例如瓶子有颜色）或行为（例如铝罐可以被压碎，铁罐可以被磁化）导出更具体的垃圾类型。此外，某些行为可能不同（例如纸的价值取决于其类型和状态）。可以通过使用继承来构建一个类型层次结构，以此来表示待求解的某种类型的问题。

第二个例子是经典的几何形的例子，这在计算机辅助设计系统或游戏仿真系统中可能被用到。基类是几何形，每一个几何形都具有尺寸、颜色、位置等，同时每一个几何形都可以被绘制、擦

⊖ 通常对于大多数图来说，这样表示已经足够了，你并不需要关心所使用的是聚合还是组合。

除、移动和着色等。在此基础上，可以导出（继承出）具体的几何形状——圆形、正方形、三角形等——每一种都具有额外的特性和行为，例如某些形状可以被翻转。某些行为可能并不相同，例如计算几何形状的面积。类型层次结构同时体现了几何形状之间的相似性和差异性（如右上图所示）。

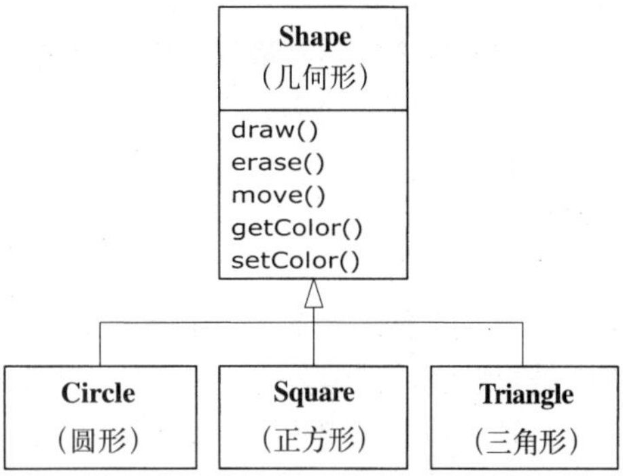

以同样的术语将解决方案转换成问题是大有裨益的，因为不需要在问题描述和解决方案描述之间建立许多中间模型。通过使用对象，类型层次结构成为了主要模型，因此，可以直接从真实世界中对系统的描述过渡到用代码对系统进行描述。事实 34
上，对使用面向对象设计的人们来说，困难之一是从开始到结束过于简单。对于训练有素、善于寻找复杂的解决方案的头脑来说，可能会在一开始被这种简单性给难倒。

当继承现有类型时，也就创造了新的类型。这个新的类型不仅包括现有类型的所有成员（尽管**private**成员被隐藏了起来，并且不可访问），而且更重要的是它复制了基类的接口。也就是说，所有可以发送给基类对象的消息同时也可以发送给导出类对象。由于通过发送给类的消息的类型可知类的类型，所以这也就意味着导出类与*基类具有相同的类型*。在前面的例子中，“一个圆形也就是一个几何形”。通过继承而产生的类型等价性是理解面向对象程序设计方法内涵的重要门槛。

由于基类和导出类具有相同的基础接口，所以伴随此接口的必定有某些具体实现。也就是说，当对象接收到特定消息时，必须有某些代码去执行。如果只是简单地继承一个类而并不做其他任何事，那么在基类接口中的方法将会直接继承到导出类中。这意味着导出类的对象不仅与基类拥有相同的类型，而且还拥有相同的行为，这样做没有什么特别意义。

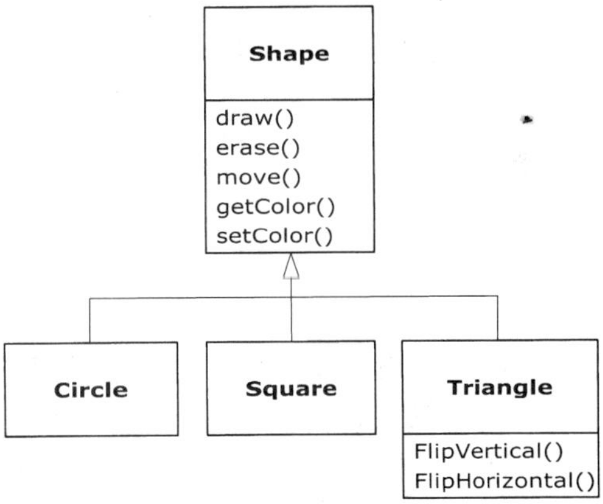

有两种方法可以使基类与导出类产生差异。第一种方法非常直接：直接在导出类中添加新方法。这些新方法并不是基类接口的一部分。这意味着基类不能直接满足你的所有需求，因此必需添加更多 35
的方法。这种对继承简单而基本的使用方式，有时对问题来说确实是一种完美的解决方式。但是，应该仔细考虑是否存在基类也需要这些额外方法的可能性。这种设计的发现与迭代过程在面向对象程序设计中会经常发生（如右中图所示）。

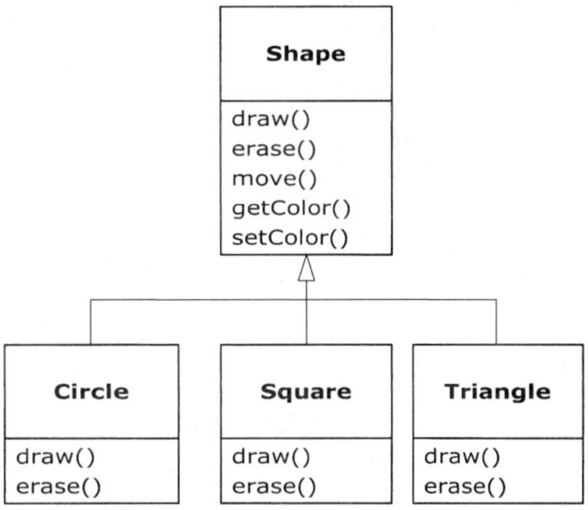

虽然继承有时可能意味着在接口中添加新方法（尤其是在以**extends**关键字表示继承的Java中），但并非总需如此。第二种也是更重要的一种使导出类和基类之间产生差异的方法是*改变现有基类的方法的行为*，这被称之为*覆盖*（overriding）那个方法（如右下图所示）。

要想覆盖某个方法，可以直接在导出类中创 36

建该方法的新定义即可。你可以说："此时，我正在使用相同的接口方法，但是我想在新类型中做些不同的事情。"

1.6.1 "是一个"与"像是一个"关系

对于继承可能会引发某种争论：继承应该只覆盖基类的方法（而并不添加在基类中没有的新方法）吗？如果这样做，就意味着导出类和基类是完全相同的类型，因为它们具有完全相同的接口。结果可以用一个导出类对象来完全替代一个基类对象。这可以被视为纯粹替代，通常称之为替代原则。在某种意义上，这是一种处理继承的理想方式。我们经常将这种情况下的基类与导出类之间的关系称为is-a（是一个）关系，因为可以说"一个圆形就是一个几何形状"。判断是否继承，就是要确定是否可以用is-a来描述类之间的关系，并使之具有实际意义。

有时必须在导出类型中添加新的接口元素，这样也就扩展了接口。这个新的类型仍然可以替代基类，但是这种替代并不完美，因为基类无法访问新添加的方法。这种情况我们可以描述为is-like-a（像是一个）关系。新类型具有旧类型的接口，但是它还包含其他方法，所以不能说它们完全相同。以空调为例，假设房子里已经布线安装好了所有的冷气设备的控制器，也就是说，房子具备了让你控制冷气设备的接口。想像一下，如果空调坏了，你用一个既能制冷又能制热的热力泵替换了它，那么这个热力泵就is-like-a空调，但是它可以做更多的事。因为房子的控制系统被设计为只能控制冷气设备，所以它只能和新对象中的制冷部分进行通信。尽管新对
37 象的接口已经被扩展了，但是现有系统除了原来接口之外，对其他东西一无所知。

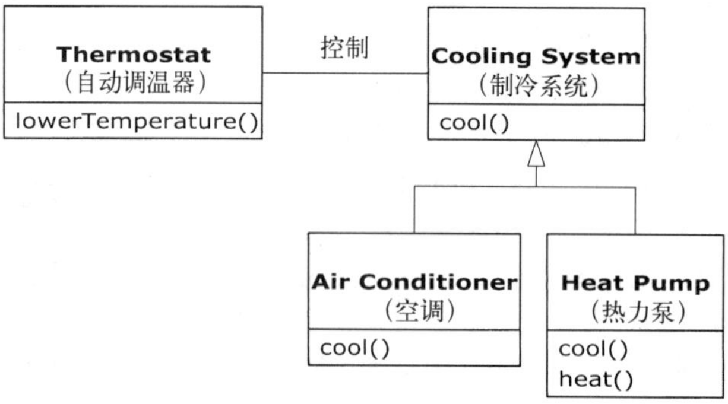

当然，在看过这个设计之后，很显然会发现，制冷系统这个基类不够一般化，应该将其更名为"温度控制系统"，使其可以包括制热功能，这样我们就可以套用替代原则了。这张图说明了在真实世界中进行设计时可能会发生的事情。

当你看到替代原则时，很容易会认为这种方式（纯粹替代）是唯一可行的方式，而且事实上，用这种方式设计是很好的。但是你会时常发现，同样显然的是你必须在导出类的接口中添加新方法。只要仔细审视，两种方法的使用场合应该是相当明显的。

1.7 伴随多态的可互换对象

在处理类型的层次结构时，经常想把一个对象不当作它所属的特定类型来对待，而是将其当作其基类的对象来对待。这使得人们可以编写出不依赖于特定类型的代码。在"几何形"的例子中，方法操作的都是泛化（generic）的形状，而不关心它们是圆形、正方形、三角形还是其他什么尚未定义的形状。所有的几何形状都可以被绘制、擦除和移动，所以这些方法都是直接对一个几何形对象发送消息；它们不用担心对象将如何处理消息。

38 这样的代码是不会受添加新类型影响的，而且添加新类型是扩展一个面向对象程序以便处

理新情况的最常用方式。例如，可以从“几何形”中导出一个新的子类型“五角形”，而并不需要修改处理泛化几何形状的方法。通过导出新的子类型而轻松扩展设计的能力是对改动进行封装的基本方式之一。这种能力可以极大地改善我们的设计，同时也降低软件维护的代价。

但是，在试图将导出类型的对象当作其泛化基类型对象来看待时（把圆形看作是几何形，把自行车看作是交通工具，把鸬鹚看作是鸟等等），仍然存在一个问题。如果某个方法要让泛化几何形状绘制自己、让泛化交通工具行驶，或者让泛化的鸟类移动，那么编译器在编译时是不可能知道应该执行哪一段代码的。这就是关键所在：当发送这样的消息时，程序员并不想知道哪一段代码将被执行；绘图方法可以被等同地应用于圆形、正方形、三角形，而对象会依据自身的具体类型来执行恰当的代码。

如果不需要知道哪一段代码会被执行，那么当添加新的子类型时，不需要更改调用它的方法，它就能够执行不同的代码。因此，编译器无法精确地了解哪一段代码将会被执行，那么它该怎么办呢？例如，在下面的图中，**BirdController**对象仅仅处理泛化的**Bird**对象，而不了解它们的确切类型。从**BirdController**的角度看，这么做非常方便，因为不需要编写特别的代码来判定要处理的**Bird**对象的确切类型或其行为。当**move()**方法被调用时，即便忽略**Bird**的具体类型，也会产生正确的行为（**Goose**（鹅）走、飞或游泳，**Penguin**（企鹅）走或游泳），那么，这是如何发生的呢？ 39

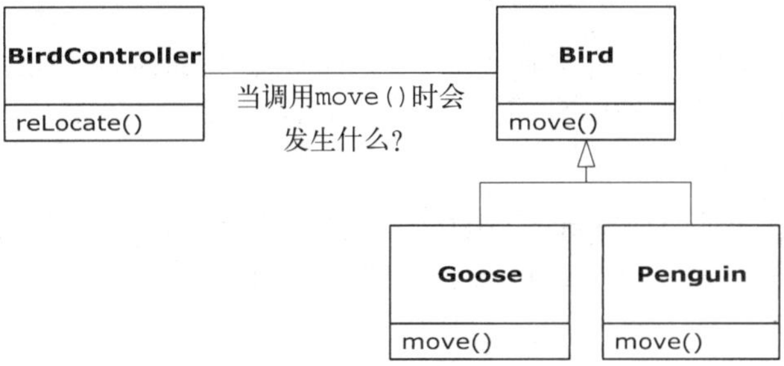

这个问题的答案，也是面向对象程序设计的最重要的妙诀：编译器不可能产生传统意义上的函数调用。一个非面向对象编程的编译器产生的函数调用会引起所谓的*前期绑定*，这个术语你可能以前从未听说过，可能从未想过函数调用的其他方式。这么做意味着编译器将产生对一个具体函数名字的调用，而运行时将这个调用解析到将要被执行的代码的绝对地址。然而在OOP中，程序直到运行时才能够确定代码的地址，所以当消息发送到一个泛化对象时，必须采用其他的机制。

为了解决这个问题，面向对象程序设计语言使用了*后期绑定*的概念。当向对象发送消息时，被调用的代码直到运行时才能确定。编译器确保被调用方法的存在，并对调用参数和返回值执行类型检查（无法提供此类保证的语言被称为是弱类型的），但是并不知道将被执行的确切代码。

为了执行后期绑定，Java使用一小段特殊的代码来替代绝对地址调用。这段代码使用在对象中存储的信息来计算方法体的地址（这个过程将在第8章中详述）。这样，根据这一小段代码的内容，每一个对象都可以具有不同的行为表现。当向一个对象发送消息时，该对象就能够知道对这条消息应该做些什么。

在某些语言中，必须明确地声明希望某个方法具备后期绑定属性所带来的灵活性（C++是使用**virtual**关键字来实现的）。在这些语言中，方法在默认情况下不是动态绑定的。而在Java中，动态绑定是默认行为，不需要添加额外的关键字来实现多态。 40

再来看看几何形状的例子。整个类族（其中所有的类都基于相同的一致接口）在本章前面已有图示。为了说明多态，我们要编写一段代码，它忽略类型的具体细节，仅仅和基类交互。这段代码和具体类型信息是分离的（decoupled），这样做使代码编写更为简单，也更易于理解。而且，如果通过继承机制添加一个新类型，例如**Hexagon**（六边形），所编写的代码对**Shape**（几何形）的新类型的处理与对已有类型的处理会同样出色。正因为如此，可以称这个程序是可扩展的。

如果用Java来编写一个方法（后面很快你就会学习如何编写）：

```
void doSomething(Shape shape) {
  shape.erase();
  // ...
  shape.draw();
}
```

这个方法可以与任何**Shape**对话，因此它是独立于任何它要绘制和擦除的对象的具体类型的。如果程序中其他部分用到了**doSomething()**方法：

```
Circle circle = new Circle();
Triangle triangle = new Triangle();
Line line = new Line();
doSomething(circle);
doSomething(triangle);
doSomething(line);
```

对**doSomething()**的调用会自动地正确处理，而不管对象的确切类型。

这是一个相当令人惊奇的诀窍。看看下面这行代码：

```
doSomething(circle);
```

当**Circle**被传入到预期接收**Shape**的方法中，究竟会发生什么。由于**Circle**可以被**doSomething()**看作是**Shape**，也就是说，**doSomething()**可以发送给**Shape**的任何消息，Circle都可以接收，那
41 么，这么做是完全安全且合乎逻辑的。

把将导出类看做是它的基类的过程称为向上转型（upcasting）。转型（cast）这个名称的灵感来自于模型铸造的塑模动作；而向上（up）这个词来源于继承图的典型布局方式：通常基类在顶部，而导出类在其下部散开。因此，转型为一个基类就是在继承图中向上移动，即“向上转型”（如右图所示）。

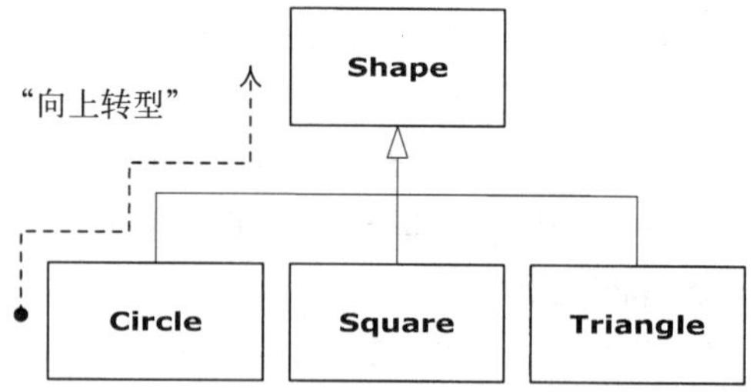

一个面向对象程序肯定会在某处包含向上转型，因为这正是将自己从必须知道确切类型中解放出来的关键。让我们再看看**doSomething()**中的代码：

```
shape.erase();
// ...
shape.draw();
```

注意这些代码并不是说“如果是**Circle**，请这样做；如果是**Square**，请那样做……”。如果编写了那种检查**Shape**所有实际可能类型的代码，那么这段代码肯定是杂乱不堪的，而且在每次添加了Shape的新类型之后都要去修改这段代码。这里所要表达的意思仅仅是“你是一个**Shape**，我知道你可以**erase()**和**draw()**你自己，那么去做吧，但是要注意细节的正确性。”

doSomething()的代码给人印象深刻之处在于，不知何故，它总是做了该做的。调用**Circle**的**draw()**方法所执行的代码与调用**Square**或**Line**的**draw()**方法所执行的代码是不同的，而且当

draw()消息被发送给一个匿名的**Shape**时，也会基于该**Shape**的实际类型产生正确的行为。这相当神奇，因为就像在前面提到的，当Java编译器在编译**doSomething()**的代码时，并不能确切知道**doSomething()**要处理的确切类型。所以通常会期望它的编译结果是调用基类**Shape**的**erase()**
和**draw()**版本，而不是具体的**Circle**、**Square**或**Line**的相应版本。正是因为多态才使得事情总是 42
能够被正确处理。编译器和运行系统会处理相关的细节，你需要马上知道的只是事情会发生，更重要的是怎样通过它来设计。当向一个对象发送消息时，即使涉及向上转型，该对象也知道要执行什么样的正确行为。

1.8 单根继承结构

在OOP中，自C++面世以来就已变得非常瞩目的一个问题就是，是否所有的类最终都继承自单一的基类。在Java中（事实上还包括除C++以外的所有OOP语言），答案是yes，这个终极基类的名字就是**Object**。事实证明，单根继承结构带来了很多好处。

在单根继承结构中的所有对象都具有一个共用接口，所以它们归根到底都是相同的基本类型。另一种（C++所提供的）结构是无法确保所有对象都属于同一个基本类型。从向后兼容的角度看，这么做能够更好地适应C模型，而且受限较少，但是当要进行完全的面向对象程序设计时，则必须构建自己的继承体系，使得它可以提供其他OOP语言内置的便利。并且在所获得的任何新类库中，总会用到一些不兼容的接口，需要花力气（有可能要通过多重继承）来使新接口融入你的设计之中。这么做来换取C++额外的灵活性是否值得呢？如果需要的话——如果在C上面投资巨大，这么做就很有价值。如果是刚刚从头开始，那么像Java这样的选择通常会有更高的生产率。

单根继承结构保证所有对象都具备某些功能。因此你知道，在你的系统中你可以在每个对象上执行某些基本操作。所有对象都可以很容易地在堆上创建，而参数传递也得到了极大的简化。

单根继承结构使垃圾回收器的实现变得容易得多，而垃圾回收器正是Java相对C++的重要改进之一。由于所有对象都保证具有其类型信息，因此不会因无法确定对象的类型而陷入僵局。
这对于系统级操作（如异常处理）显得尤其重要，并且给编程带来了更大的灵活性。 43

1.9 容器

通常说来，如果不知道在解决某个特定问题时需要多少个对象，或者它们将存活多久，那么就不可能知道如何存储这些对象。如何才能知道需要多少空间来创建这些对象呢？答案是你不可能知道，因为这类信息只有在运行时才能获得。

对于面向对象设计中的大多数问题而言，这个问题的解决方案似乎过于轻率：创建另一种对象类型。这种新的对象类型持有对其他对象的引用。当然，你可以用在大多数语言中都有的数组类型来实现相同的功能。但是这个通常被称为容器（也称为集合，不过Java类库以不同的含义使用“集合”这个术语，所以本书将使用“容器”这个词）的新对象，在任何需要时都可扩充自己以容纳你置于其中的所有东西。因此不需要知道将来会把多少个对象置于容器中，只需要创建一个容器对象，然后让它处理所有细节。

幸运的是，好的OOP语言都有一组容器，它们作为开发包的一部分。在C++中，容器是标准C++类库的一部分，经常被称为标准模板类库（Standard Template Library, STL）。Object Pascal在其可视化构件库（Visual Component Library, VCL）中有容器；Smalltalk提供了一个非常完备的容器集；Java在其标准类库中也包含有大量的容器。在某些类库中，一两个通用容器足够满足所有的需要；但是在其他类库（例如Java）中，具有满足不同需要的各种类型的容器，例如

List（用于存储序列），Map（也被称为关联数组，用来建立对象之间的关联），Set（每种对象类型只持有一个），以及诸如队列、树、堆栈等更多的构件。

从设计的观点来看，真正需要的只是一个可以被操作，从而解决问题的序列。如果单一类型的容器可以满足所有需要，那么就没有理由设计不同种类的序列了。然而还是需要对容器有所选择，这有两个原因。第一，不同容器提供了不同类型的接口和外部行为。堆栈相比于队列就具备不同的接口和行为，也不同于集合和列表的接口和行为。它们之中的某种容器提供的解决方案可能比其他容器要灵活得多。第二，不同的容器对于某些操作具有不同的效率。最好的例子就是两种List的比较：ArrayList和LinkedList。它们都是具有相同接口和外部行为的简单的
44 序列，但是它们对某些操作所花费的代价却有天壤之别。在ArrayList中，随机访问元素是一个花费固定时间的操作；但是，对LinkedList来说，随机选取元素需要在列表中移动，这种代价是高昂的，访问越靠近表尾的元素，花费的时间越长。而另一方面，如果想在序列中间插入一个元素，LinkedList的开销却比ArrayList要小。上述操作以及其他操作的效率，依序列底层结构的不同而存在很大的差异。我们可以在一开始使用LinkedList构建程序，而在优化系统性能时改用ArrayList。接口List所带来的抽象，把在容器之间进行转换时对代码产生的影响降到最小限度。

1.9.1 参数化类型

在Java SE5出现之前，容器存储的对象都只具有Java中的通用类型：Object。单根继承结构意味着所有东西都是Object类型，所以可以存储Object的容器可以存储任何东西[⊖]。这使得容器很容易被复用。

要使用这样的容器，只需在其中置入对象引用，稍后还可以将它们取回。但是由于容器只存储Object，所以当将对象引用置入容器时，它必须被向上转型为Object，因此它会丢失其身份。当把它取回时，就获取了一个对Object对象的引用，而不是对置入时的那个类型的对象的引用。所以，怎样才能将它变回先前置入容器中时的具有实用接口的对象呢？

这里再度用到了转型，但这一次不是向继承结构的上层转型为一个更泛化的类型，而是向下转型为更具体的类型。这种转型的方式称为向下转型。我们知道，向上转型是安全的，例如Circle是一种Shape类型；但是不知道某个Object是Circle还是Shape，所以除非确切知道所要处理的对象的类型，否则向下转型几乎是不安全的。

然而向下转型并非彻底是危险的，因为如果向下转型为错误的类型，就会得到被称为异常
45 的运行时错误，稍后会介绍什么是异常。尽管如此，当从容器中取出对象引用时，还是必须要以某种方式记住这些对象究竟是什么类型，这样才能执行正确的向下转型。

向下转型和运行时的检查需要额外的程序运行时间，也需要程序员付出更多的心血。那么创建这样的容器，它知道自己所保存的对象的类型，从而不需要向下转型以及消除犯错误的可能，这样不是更有意义吗？这种解决方案被称为参数化类型机制。参数化类型就是一个编译器可以自动定制作用于特定类型上的类。例如，通过使用参数化类型，编译器可以定制一个只接纳和取出Shape对象的容器。

Java SE5的重大变化之一就是增加了参数化类型，在Java中它称为泛型。一对尖括号，中间包含类型信息，通过这些特征就可以识别对泛型的使用。例如，可以用下面这样的语句来创建一个存储Shape的ArrayList：

```
ArrayList<Shape> shapes = new ArrayList<Shape>();
```

⊖ 它们不能持有基本类型，但是Java SE5的自动包装功能使得这项限制几乎不成什么问题了。有关这一点将在本书后面的章节中进行详细讨论。

为了利用泛型的优点，很多标准类库构件都已经进行了修改。就像我们将要看到的那样，泛型对本书中的许多代码都产生了重要的影响。

1.10 对象的创建和生命期

在使用对象时，最关键的问题之一便是它们的生成和销毁方式。每个对象为了生存都需要资源，尤其是内存。当我们不再需要一个对象时，它必须被清理掉，使其占有的资源可以被释放和重用。在相对简单的编程情况下，怎样清理对象看起来似乎不是什么挑战：你创建了对象，根据需要使用它，然后它应该被销毁。然而，你很可能会遇到相对复杂的情况。

例如，假设你正在为某个机场设计空中交通管理系统（同样的模型在仓库货柜管理系统、录像带出租系统或宠物寄宿店也适用）。一开始问题似乎很简单：创建一个容器来保存所有的飞机，然后为每一架进入空中交通控制区域的飞机创建一个新的飞机对象，并将其置于容器中。对于清理工作，只需在飞机离开此区域时删除相关的飞机对象即可。 46

但是，可能还有别的系统记录着有关飞机的数据，也许这些数据不需要像主要控制功能那样立即引人注意。例如，它可能记录着所有飞离机场的小型飞机的飞行计划。因此你需要有第二个容器来存放小型飞机；无论何时，只要创建的是小型飞机对象，那么它同时也应该置入第二个容器内。然后某个后台进程在空闲时对第二个容器内的对象进行操作。

现在问题变得更困难了：怎样才能知道何时销毁这些对象呢？当处理完某个对象之后，系统某个其他部分可能还在处理它。在其他许多场合中也会遇到同样的问题，在必须明确删除对象的编程系统中（例如C++），此问题会变得十分复杂。

对象的数据位于何处？怎样控制对象的生命周期？C++认为效率控制是最重要的议题，所以给程序员提供了选择的权力。为了追求最大的执行速度，对象的存储空间和生命周期可以在编写程序时确定，这可以通过将对象置于堆栈（它们有时被称为自动变量（automatic variable）或限域变量（scoped variable））或静态存储区域内来实现。这种方式将存储空间分配和释放置于优先考虑的位置，某些情况下这样控制非常有价值。但是，也牺牲了灵活性，因为必须在编写程序时知道对象确切的数量、生命周期和类型。如果试图解决更一般化的问题，例如计算机辅助设计、仓库管理或者空中交通控制，这种方式就显得过于受限了。

第二种方式是在被称为堆（heap）的内存池中动态地创建对象。在这种方式中，直到运行时才知道需要多少对象，它们的生命周期如何，以及它们的具体类型是什么。这些问题的答案只能在程序运行时相关代码被执行到的那一刻才能确定。如果需要一个新对象，可以在需要的时刻直接在堆中创建。因为存储空间是在运行时被动态管理的，所以需要大量的时间在堆中分配存储空间，这可能要远远大于在堆栈中创建存储空间的时间。在堆栈中创建存储空间和释放存储空间通常各需要一条汇编指令即可，分别对应将栈顶指针向下移动和将栈顶指针向上移动。创建堆存储空间的时间依赖于存储机制的设计。 47

动态方式有这样一个一般性的逻辑假设：对象趋向于变得复杂，所以查找和释放存储空间的开销不会对对象的创建造成重大冲击。动态方式所带来的更大的灵活性正是解决一般化编程问题的要点所在。

Java完全采用了动态内存分配方式⊖。每当想要创建新对象时，就要使用new关键字来构建此对象的动态实例。

还有一个议题，就是对象生命周期。对于允许在堆栈上创建对象的语言，编译器可以确定

⊖ 稍候你将看到，基本类型只是一种特例。

对象存活的时间，并可以自动销毁它。然而，如果是在堆上创建对象，编译器就会对它的生命周期一无所知。在像C++这样的语言中，必须通过编程方式来确定何时销毁对象，这可能会因为不能正确处理而导致内存泄漏（这在C++程序中是常见的问题）。Java提供了被称为“垃圾回收器”的机制，它可以自动发现对象何时不再被使用，并继而销毁它。垃圾回收器非常有用，因为它减少了所必须考虑的议题和必须编写的代码。更重要的是，垃圾回收器提供了更高层的保障，可以避免暗藏的内存泄漏问题，这个问题已经使许多C++项目折戟沉沙。

Java的垃圾回收器被设计用来处理内存释放问题（尽管它不包括清理对象的其他方面）。垃圾回收器“知道”对象何时不再被使用，并自动释放对象占用的内存。这一点同所有对象都是继承自单根基类Object以及只能以一种方式创建对象（在堆上创建）这两个特性结合起来，使得
48 用Java编程的过程较之用C++编程要简单得多，所要做出的决策和要克服的障碍也要少得多。

1.11 异常处理：处理错误

自从编程语言问世以来，错误处理就始终是最困难的问题之一。因为设计一个良好的错误处理机制非常困难，所以许多语言直接略去这个问题，将其交给程序库设计者处理，而这些设计者也只是提出了一些不彻底的方法，这些方法可用于许多很容易就可以绕过此问题的场合，而且其解决方式通常也只是忽略此问题。大多数错误处理机制的主要问题在于，它们都依赖于程序员自身的警惕性，这种警惕性来源于一种共同的约定，而不是编程语言所强制的。如果程序员不够警惕——通常是因为他们太忙，这些机制就很容易被忽视。

异常处理将错误处理直接置于编程语言中，有时甚至置于操作系统中。异常是一种对象，它从出错地点被“抛出”，并被专门设计用来处理特定类型错误的相应的异常处理器“捕获”。异常处理就像是与程序正常执行路径并行的、在错误发生时执行的另一条路径。因为它是另一条完全分离的执行路径，所以它不会干扰正常的执行代码。这往往使得代码编写变得简单，因为不需要被迫定期检查错误。此外，被抛出的异常不像方法返回的错误值和方法设置的用来表示错误条件的标志位那样可以被忽略。异常不能被忽略，所以它保证一定会在某处得到处理。最后需要指出的是：异常提供了一种从错误状况进行可靠恢复的途径。现在不再是只能退出程序，你可以经常进行校正，并恢复程序的执行，这些都有助于编写出更健壮的程序。

Java的异常处理在众多的编程语言中格外引人注目，因为Java一开始就内置了异常处理，而且强制你必须使用它。它是唯一可接受的错误报告方式。如果没有编写正确的处理异常的代码，那么就会得到一条编译时的出错消息。这种有保障的一致性有时会使得错误处理非常容易。

值得注意的是，异常处理不是面向对象的特征——尽管在面向对象语言中异常常被表示成
49 为一个对象。异常处理在面向对象语言出现之前就已经存在了。

1.12 并发编程

在计算机编程中有一个基本概念，就是在同一时刻处理多个任务的思想。许多程序设计问题都要求，程序能够停下正在做的工作，转而处理某个其他问题，然后再返回主进程。有许多方法可以实现这个目的。最初，程序员们用所掌握的有关机器底层的知识来编写中断服务程序，主进程的挂起是通过硬件中断来触发的。尽管这么做可以解决问题，但是其难度太大，而且不能移植，所以使得将程序移植到新型号的机器上时，既费时又费力。

有时中断对于处理时间性强的任务是必需的，但是对于大量的其他问题，我们只是想把问题切分成多个可独立运行的部分（任务），从而提高程序的响应能力。在程序中，这些彼此独立运行的部分称之为线程，上述概念被称为“并发”。并发最常见的例子就是用户界面。通过使用

任务，用户可以在揿下按钮后快速得到一个响应，而不用被迫等待到程序完成当前任务为止。

通常，线程只是一种为单一处理器分配执行时间的手段。但是如果操作系统支持多处理器，那么每个任务都可以被指派给不同的处理器，并且它们是在真正地并行执行。在语言级别上，多线程所带来的便利之一便是程序员不用再操心机器上是有多个处理器还是只有一个处理器。由于程序在逻辑上被分为线程，所以如果机器拥有多个处理器，那么程序不需要特殊调整也能执行得更快。

所有这些都使得并发看起来相当简单，但是有一个隐患：共享资源。如果有多个并行任务都要访问同一项资源，那么就会出问题。例如，两个进程不能同时向一台打印机发送信息。为了解决这个问题，可以共享的资源，例如打印机，必须在使用期间被锁定。因此，整个过程是：某个任务锁定某项资源，完成其任务，然后释放资源锁，使其他任务可以使用这项资源。

Java的并发是内置于语言中的，Java SE5已经增添了大量额外的库支持。 50

1.13 Java与Internet

如果Java仅仅只是众多的程序设计语言中的一种，你可能就会问：为什么它如此重要？为什么它促使计算机编程语言向前迈进了革命性的一步？如果从传统的程序设计观点看，问题的答案似乎不太明显。尽管Java对于解决传统的单机程序设计问题非常有用，但同样重要的是，它解决了在万维网（WWW）上的程序设计问题。

1.13.1 Web是什么

Web一词乍一看有点神秘，就像“网上冲浪”、“表现”、“主页”一样。回头审视它的真实面貌有助于对它的理解，但是要这么做就必须先理解客户/服务器系统，它是计算技术中另一个充满了诸多疑惑的话题。

1. 客户/服务器计算技术

客户/服务器系统的核心思想是：系统具有一个中央信息存储池（central repository of information），用来存储某种数据，它通常存在于数据库中，你可以根据需要将它分发给某些人员或机器集群。客户/服务器概念的关键在于信息存储池的位置集中于中央，这使得它可以被修改，并且这些修改将被传播给信息消费者。总之，信息存储池、用于分发信息的软件以及信息与软件所驻留的机器或机群被总称为服务器。驻留在用户机器上的软件与服务器进行通信，以获取信息、处理信息，然后将它们显示在被称为*客户机*的用户机器上。

客户/服务器计算技术的基本概念并不复杂。问题在于你只有单一的服务器，却要同时为多个客户服务。通常，这会涉及数据库管理系统，因此设计者把数据“均衡”分布于数据表中，以取得最优的使用效果。此外，系统通常允许客户在服务器中插入新的信息。这意味着必须保证一个客户插入的新数据不会覆盖另一个客户插入的新数据，也不会在将其添加到数据库的过程中丢失（这被称为*事务处理*）。如果客户端软件发生变化，那么它必须被重新编译、调试并安装到客户端机器上，事实证明这比想像的要更加复杂与费力。如果想支持多种不同类型的计算 51
机和操作系统，问题将更麻烦。最后还有一个最重要的性能问题：可能在任意时刻都有成百上千的客户向服务器发出请求，所以任何小的延迟都会产生重大影响。为了将延迟最小化，程序员努力减轻处理任务的负载，通常是分散给客户端机器处理，但有时也会使用所谓的*中间件*将负载分散给在服务器端的其他机器。（中间件也被用来提高可维护性。）

分发信息这个简单思想的复杂性实际上是有很多不同层次的，这使得整个问题可能看起来高深莫测。但是它仍然至关重要：算起来客户/服务器计算技术大概占了所有程序设计行为的一半，从制定订单、信用卡交易到包括股票市场、科学计算、政府、个人在内的任意类型的数据分发。过去我们所做的，都是针对某个问题发明一个单独的解决方案，所以每一次都要发明一个新的方案。这些方案难以开发且难以使用，而且用户对每一个方案都要学习新的接口。因此，整个客户/服务器问题需要彻底解决。

2. Web就是一台巨型服务器

Web实际上就是一个巨型客户/服务器系统，但稍微差一点，因为所有的服务器和客户机都同时共存于同一个网络中。你不需要了解这些，因为你所要关心的只是在某一时刻怎样连接到一台服务器上，并与之进行交互（即便你可能要满世界地查找你想要的服务器）。

最初只有一种很简单的单向过程：你对某个服务器产生一个请求，然后它返回给你一个文件，你的机器（也就是客户机）上的浏览器软件根据本地机器的格式来解读这个文件。但是很快人们就希望能够做得更多，而不仅仅是从服务器传递回页面。人们希望实现完整的客户/服务器能力，使得客户可以将信息反馈给服务器。例如，在服务器上进行数据库查找，将新信息添加到服务器以及下订单（这需要特殊的安全措施）。这些变革，正是我们在Web发展过程中所目睹的。

Web浏览器向前跨进了一大步，它包含了这样的概念：一段信息不经修改就可以在任意型号的计算机上显示。然而，最初的浏览器仍然相当原始，很快就因为加诸于其上的种种需要而
52 陷入困境。浏览器并不具备显著的交互性，而且它趋向于使服务器和Internet阻塞，因为在任何时候，只要你需要完成通过编程来实现的任务，就必须将信息发回到服务器去处理。这使得即便是发现你的请求中的拼写错误也要花去数秒甚至是数分钟的时间。因为浏览器只是一个观察器，因此它甚至不能执行最简单的计算任务。（另一方面，它却是安全的，因为它在你的本地机器上不会执行任何程序，而这些程序有可能包含bug和病毒。）

为了解决这个问题，人们采用了各种不同的方法。首先，图形标准得到了增强，使得在浏览器中可以播放质量更好的动画和视频。剩下的问题通过引入在客户端浏览器中运行程序的能力就可以解决。这被称为“客户端编程”。

1.13.2 客户端编程

Web最初的“服务器-浏览器”设计是为了能够提供交互性的内容，但是其交互性完全由服务器提供。服务器产生静态页面，提供给只能解释并显示它们的客户端浏览器。基本的HTML（HyperText Markup Language，*超文本标记语言*）包含有简单的数据收集机制：文本输入框、复选框、单选框、列表和下拉式列表以及按钮——它只能被编程来实现复位表单上的数据或提交表单上的数据给服务器。这种提交动作通过所有的Web服务器都提供的*通用网关接口*（common gateway interface，CGI）传递。提交内容会告诉CGI应该如何处理它。最常见的动作就是运行一个在服务器中常被命名为“cgi-bin”的目录下的一个程序。（当点击了网页上的按钮时，如果观察浏览器窗口顶部的地址，有时可以看见“cgi-bin”的字样混迹在一串冗长和不知所云的字符中。）几乎所有的语言都可以用来编写这些程序，Perl已经成为最常见的选择，因为它被设计用来处理文本，并且是解释型语言，因此无论服务器的处理器和操作系统如何，它都适于安装。然而，Python（www.Python.org）已对其产生了重大的冲击，因为它更强大且更简单。

当今许多有影响力的网站完全构建于CGI之上的，实际上你几乎可以通过CGI做任何事。然而，构建于CGI程序之上的网站可能会迅速变得过于复杂而难以维护，并同时产生响应时间过长的问题。CGI程序的响应时间依赖于所必须发送的数据量的大小，以及服务器和Internet的负载。
53 （此外，启动CGI程序也相当慢。）Web的最初设计者们并没有预见到网络带宽被人们开发的各种应用迅速耗尽。例如，任何形式的动态图形处理几乎都不可能连贯地执行，因为图形交互格式

(graphic interchange format，GIF）的文件必须在服务器端创建每一个图形版本，并发送给客户端。再比如，你肯定经历过对Web输入表单进行数据验证的过程：你按下网页上的提交按钮；数据被发送回服务器；服务器启动一个CGI程序来检查、发现错误，并将错误组装为一个HTML页面，然后将这个页面发回给你；之后你必须回退一个页面，然后重新再试。这个过程不仅很慢，而且不太优雅。

问题的解决方法就是客户端编程。大多数运行Web浏览器的机器都是能够执行大型任务的强有力的引擎。在使用原始的静态HTML方式的情况下，它们只是闲在那里，等着服务器送来下一个页面。客户端编程意味着Web浏览器能用来执行任何它可以完成的工作，使得返回给用户的结果更加迅捷，而且使得你的网站更加具有交互性。

客户端编程的问题是：它与通常意义上的编程十分不同，参数几乎相同，而平台却不同。Web浏览器就像一个功能受限的操作系统。最终，你仍然必须编写程序，而且还得处理那些令人头晕眼花的成堆的问题，并以客户端编程的方式来产生解决方案。本节剩下的部分对客户端编程的问题和方法作一概述。

1. 插件

客户端编程所迈出的最重要的一步就是插件（plug-in）的开发。通过这种方式，程序员可以下载一段代码，并将其插入到浏览器中适当的位置，以此来为浏览器添加新功能。它告诉浏览器：从现在开始，你可以采取这个新行动了（只需要下载一次插件即可）。某些更快更强大的行为都是通过插件添加到服务器中的。但是编写插件并不是件轻松的事，也不是构建某特定网站的过程中所要做的事情。插件对于客户端编程的价值在于：它允许专家级的程序员不需经过浏览器生产厂商的许可，就可以开发某种语言扩展，并将它们添加到服务器中。因此，插件提供了一个“后门”，使得可以创建新的客户端编程语言（但是并不是所有的客户端编程语言都是以插件的形式实现的）。 54

2. 脚本语言

插件引发了浏览器脚本语言（scripting language）的开发。通过使用某种脚本语言，你可以将客户端程序的源代码直接嵌入到HTML页面中，解释这种语言的插件在HTML页面被显示时自动激活。脚本语言先天就相当易于理解，因为它们只是作为HTML页面一部分的简单文本，当服务器收到要获取该页面的请求时，它们可以被快速加载。此方法的缺点是代码会暴露给任何人去浏览（或窃取）。但是，通常不会使用脚本语言去做相当复杂的事情，所以这个缺点并不太严重。

如果你期望有一种脚本语言在Web浏览器不需要任何插件的情况下就可以得到支持，那它非JavaScript莫属（它与Java之间只存在表面上的相似，要想使用它，你必须在额外的学习曲线上攀爬。它之所以这样被命名只是因为想赶上Java潮流）。遗憾的是，大多数Web浏览器最初都是以彼此相异的方式来实现对JavaScript的支持的，这种差异甚至存在于同一种浏览器的不同版本之间。以ECMAScript的形式实现的JavaScript的标准化有助于此问题的解决，但是不同的浏览器为了跟上这一标准化趋势已经花费了相当长的时间（并且这种努力由于微软一直在推进它自己的VBScript形式的标准化日程而显得无所帮助，VBScript与JavaScript之间也存在着暧昧的相似性）。通常，你必须以JavaScript的某种最小公分母形式来编程，以使得你的程序可以在所有的浏览器上运行。JavaScript的错误处理的调试只能一团糟来形容。作为其使用艰难的证据，我们可以看到直到最近才有人创建了真正复杂的JavaScript脚本片段，并且编写这样的脚本需要超然的奉献精神和超高的专业技巧。

这也表明，在Web浏览器内部使用的脚本语言实际上总是被用来解决特定类型的问题，主要是用来创建更丰富、更具有交互性的图形化用户界面（graphic user interface, GUI）。但是，脚本语言可以解决客户端编程中所遇到的百分之八十的问题。你的问题可能正好落在这百分之八十的范围之内，由于脚本语言提供了更容易、更快捷的开发方式，因此你应该在考虑诸如Java
55 这样的更复杂的解决方案之前，先考虑脚本语言。

3. Java

如果脚本语言可以解决客户端编程百分之八十的问题的话，那么剩下那百分之二十（那才是真正难啃的硬骨头）又该怎么办呢？Java是处理它们最流行的解决方案。Java不仅是一种功能强大的、安全的、跨平台的、国际化的编程语言，而且它还在不断地被扩展，以提供更多的语言功能和类库，能够优雅地处理在传统编程语言中很难解决的问题，例如并发、数据库访问、网络编程和分布式计算。Java是通过applet以及使用Java Web Start来进行客户端编程的。

applet是只在Web浏览器中运行的小程序，它是作为网页的一部分而自动下载的（就像网页中的图片被自动下载一样）。当applet被激活时，它便开始执行一个程序，这正是它优雅之处：它提供一种分发软件的方法，一旦用户需要客户端软件时，就自动从服务器把客户端软件分发给用户。用户获取最新版本的客户端软件时不会产生错误，而且也不需要很麻烦的重新安装过程。Java的这种设计方式，使得程序员只需创建单一的程序，而只要一台计算机有浏览器，且浏览器具有内置的Java解释器（大多数的机器都如此），那么这个程序就可以自动在这台计算机上运行。由于Java是一种成熟的编程语言，所以在提出对服务器的请求之前和之后，可以在客户端尽可能多地做些事情。例如，不必跨网络地发送一张请求表单来检查自己是否填写了错误的日期或其他参数，客户端计算机就可以快速地标出错误数据，而不用等待服务器作出标记并给你传回图片。这不仅立即就获得了高速度和快速的响应能力，而且也降低了网络流量和服务器负载，从而不会使整个Internet的速度都慢了下来。

4. 备选方案

老实说，Java applet没有达到当初它所吹嘘的境界。当Java首度出现时，似乎大家最欢欣鼓舞的莫过于applet了，因为它们最终将解决严峻的客户端可编程性问题，从而提高基于互联网的
56 应用的可响应性，同时降低它们对带宽的需求。人们展望到了大量的可能性。

实际上，你可以发现在Web上确实存在一些非常灵巧的applet，但是压倒性的向applet的迁移却始终未发生。这其中最大的问题可能在于安装Java运行时环境（JRE）所必需的10MB带宽对于一般的用户来说过于恐怖了，而微软没有选择在IE（Internet Explorer）中包含JRE这一事实也许就此已经封杀了applet的命运。无论怎样，Java applet始终没有得到大规模应用。

尽管如此，applet和Java Web Start应用在某些情况下仍旧很有价值。无论何时，只要你想控制用户的机器，例如在一个公司的内部，使用这些技术来发布和更新客户端应用就显得非常恰当，并且这可以节省大量的时间、人力和财力，特别是你需要频繁地更新的时候。

在“图形化用户界面”一章中，我们将看到一种折中的新技术，Macromedia的Flex，它允许你创建基于Flash的与applet相当的应用。因为Flash Player在超过98%的Web浏览器上都可用（包含Windows, Linux和Mac操作系统上的浏览器），因此它被认为是事实上已被接受的标准。安装和更新Flash Player都十分快捷。ActionScript语言是基于ECMAScript的，因此我们对它应该很熟悉，但是Flex使得我们在编程时无需担心浏览器相关性，因此，它远比JavaScript要吸引人得多。对于客户端编程而言，这是一种值得考虑的备选方案。

5. .NET和C#

曾几何时，Java applet的主要竞争对手是微软的ActiveX——尽管它要求客户端必须运行Windows平台。从那以后，微软以.NET平台和C#编程语言的形式推出了与Java全面竞争的对

手。.NET平台大致相当于Java虚拟机（JVM，即执行Java程序的软件平台）和Java类库，而C#毫无疑问与Java有类似之处。这当然是微软在编程语言与编程环境这块竞技场上所做出的最出色的成果。当然，他们有相当大的有利条件：他们可以看得到Java在什么方面做得好，在什么方面做得还不够好，然后基于此去构建，并要具备Java不具备的优点。这是自从Java出现以来，Java所碰到的真正的竞争。因此，Sun的Java设计者们已经认真仔细地去研究了C#，以及为什么程序员们可能会转而使用它，然后通过在Java SE5中对Java做出的重大改进而做出了回应。 57

目前，.NET主要受攻击的地方和人们所关心的最重要的问题就是，微软是否会允许将它完全地移植到其他平台上。微软宣称这么做没有问题，而且Mono项目（www.go-mono.com）已经有了一个在Linux上运行的.NET的部分实现；但是，在该实现完成及微软不会排斥其中的任何部分之前，.NET作为一种跨平台的解决方案仍旧是一场高风险的赌博。

6. Internet与Intranet

Web是最常用的解决客户/服务器问题的方案，因此，即便是解决这个问题的一个子集，特别是公司内部的典型的客户/服务器问题，也一样可以使用这项技术。如果采用传统的客户/服务器方式，可能会遇到客户端计算机有多种型号的问题，也可能会遇到安装新的客户端软件的麻烦，而它们都可以很方便地通过Web浏览器和客户端编程得以解决。当Web技术仅限用于特定公司的信息网络时，它就被称为Intranet（企业内部网）。Intranet比Internet提供了更高的安全性，因为可以物理地控制对公司内部服务器的访问。从培训的角度看，似乎一旦人们理解了浏览器的基本概念后，对他们来说，处理网页和applet的外观差异就会容易得多，因此对新型系统的学习曲线也就减缓了。

安全问题把我们带到了一个领域，这似乎是在客户端编程世界自动形成的。如果程序运行在Internet之上，那么就不可能知道它将运行在什么样的平台之上，因此，要格外小心，不要传播有bug的代码。你需要跨平台的、安全的语言，就像脚本语言和Java。

如果程序运行与Intranet上，那么可能会受到不同的限制。企业内所有的机器都采用Intel/Windows平台并不是什么稀奇的事。在Intranet上，你可以对你自己的代码质量负责，并且在发现bug之后可以修复它们。此外，你可能已经有了以前使用更传统的客户/服务器方式编写的遗留代码，因此，你必须在每一次升级时都要物理地重装客户端程序。在安装升级程序时所浪费的时间是迁移到浏览器方式上的最主要的原因，因为在浏览器方式下，升级是透明的、自 58
动的（Java Web Start也是解决此问题的方式之一）。如果你身处这样的Intranet之中，那么最有意义的方式就是选择一条能够使用现有代码库的最短的捷径，而不是用一种新语言重新编写你的代码。

当面对各种令人眼花缭乱的解决客户端编程问题的方案时，最好的方法就是进行性价比分析。认真考虑问题的各种限制，然后思考哪种解决方案可以成为最短的捷径。既然客户端编程仍然需要编程，那么针对自己的特殊应用选取最快的开发方式总是最好的做法。为那些在程序开发中不可避免的问题提早作准备是一种积极的态度。

1.13.3 服务器端编程

前面的讨论忽略了服务器端编程的话题，它是Java已经取得巨大成功的因素之一。当提出对服务器的请求后，会发生什么呢？大部分时间，请求只是要求“给我发送一个文件”，之后浏览器会以某种适当的形式解释这个文件，例如将其作为HTML页面、图片、Java applet或脚本程序等来解释。

更复杂的对服务器的请求通常涉及数据库事务。常见的情形是复杂的数据库搜索请求，然后服务器将结果进行格式编排，使其成为一个HTML页面发回给客户端。（当然，如果客户端通过Java或脚本程序具备了更多的智能，那么服务器可以将原始的数据发回，然后在客户端进行格式编排，这样会更快，而且服务器的负载将更小。）另一种常见情形是，当你要加入一个团体或下订单时，可能想在数据库中注册自己的名字，这将涉及对数据库的修改。这些数据库请求必须通过服务器端的某些代码来处理，这就是所谓的服务器端编程。过去，服务器端编程都是通过使用Perl、Python、C++或其他某种语言编写CGI程序而实现的，但却造成了从此之后更加复杂的系统。其中就包括基于Java的Web服务器，它让你用Java编写被称为servlet的程序来实现服务器端编程。servlet及其衍生物JSP，是许多开发网站的公司迁移到Java上的两个主要的原因，尤其是因为它们消除了处理具有不同能力的浏览器时所遇到的问题。服务器端编程的话题在
59 《企业Java编程思想》（Thinking in Enterprise Java）一书中有所论述。

1.14 总结

你知道过程型语言看起来像什么样子：数据定义和函数调用。想了解此类程序的含义，你必须忙上一阵，需要通读函数调用和低层概念，以在脑海里建立一个模型。这正是我们在设计过程式程序时，需要中间表示形式的原因。这些程序总是容易把人搞糊涂，因为它们使用的表示术语更加面向计算机而不是你要解决的问题。

因为OOP在你能够在过程型语言中找到的概念的基础上，又添加了许多新概念，所以你可能会很自然地假设：由此而产生的Java程序比等价的过程型程序要复杂得多。但是，你会感到很惊喜：编写良好的Java程序通常比过程型程序要简单得多，而且也易于理解得多。你看到的只是有关下面两部分内容的定义：用来表示问题空间概念的对象（而不是有关计算机表示方式的相关内容），以及发送给这些对象的用来表示在此空间内的行为的消息。面向对象程序设计带给人们的喜悦之一就是：对于设计良好的程序，通过阅读它就可以很容易地理解其代码。通常，其代码也会少很多，因为许多问题都可以通过重用现有的类库代码而得到解决。

OOP和Java也许并不适合所有的人。重要的是要正确评估自己的需求，并决定Java是否能够最好地满足这些需求，还是使用其他编程系统（包括你当前正在使用的）才是更好的选择。如果知道自己的需求在可预见的未来会变得非常特殊化，并且Java可能不能满足你的具体限制，那么就应该去考察其他的选择（我特别推荐读者看看Python，参见www.Python.org）。即使最终仍旧选择Java作为编程语言，至少也要理解还有哪些选项可供选择，并且对为什么选择这个方
60 向要有清楚的认识。

第2章 一切都是对象

"如果我们说另一种不同的语言，那么我们就会发觉一个有些不同的世界。"

—Luduing Wittgerstein (1889-1951)

尽管Java是基于C++的，但是相比之下，Java是一种更"纯粹"的面向对象程序设计语言。

C++和Java都是混合/杂合型语言。但是，Java的设计者认为这种杂合性并不像在C++中那么重要。杂合型语言允许多种编程风格；C++之所以成为一种杂合型语言主要是因为它支持与C语言的向后兼容。因为C++是C的一个超集，所以势必包括许多C语言不具备的特性，这些特性使C++在某些方面显得过于复杂。

Java语言假设我们只进行面向对象的程序设计。也就是说，在开始用Java进行设计之前，必须将思想转换到面向对象的世界中来。这个入门基本功，可以使你具备使用这样一种编程语言编程的能力，这种语言学习起来更简单，也比许多其他OOP语言更易用。在本章，我们将看到Java程序的基本组成部分，并体会到在Java中（几乎）一切都是对象。

2.1 用引用操纵对象

每种编程语言都有自己的操纵内存中元素的方式。有时候，程序员必须注意将要处理的数据是什么类型。你是直接操纵元素，还是用某种基于特殊语法的间接表示（例如C和C++里的指针）来操纵对象？ 61

所有这一切在Java里都得到了简化。一切都被视为对象，因此可采用单一固定的语法。尽管一切都看作对象，但操纵的标识符实际上是对象的一个"引用"（reference）[⊖]。可以将这一情形想像成用遥控器（引用）来操纵电视机（对象）。只要握住这个遥控器，就能保持与电视机的连接。当有人想改变频道或者减小音量时，实际操控的是遥控器（引用），再由遥控器来调控电视机（对象）。如果想在房间里四处走走，同时仍能调控电视机，那么只需携带遥控器（引用）而不是电视机（对象）。

此外，即使没有电视机，遥控器亦可独立存在。也就是说，你拥有一个引用，并不一定需要有一个对象与它关联。因此，如果想操纵一个词或句子，则可以创建一个**String**引用：

```
String s;
```

但这里所创建的只是引用，并不是对象。如果此时向s发送一个消息，就会返回一个运行时

⊖ 这可能会引起争论。有人认为："很明显，它是一个指针。"但是这种说法是基于底层实现的某种假设。并且，Java中的引用，在语法上更接近C++的引用而不是指针。本书的第1版中，我选择发明一个新术语"句柄（handle）"来表示这一概念，因为，Java的引用和C++的引用毕竟存在一些重大差异。我当时正在脱离C++阵营，而且也不想使那些已经习惯C++语言的程序员（我想他们将来会是最大的、热衷于Java的群体）感到迷惑。在第2版中，我决定换回这个最为广泛使用的术语——"引用"。并且，那些从C++阵营转换过来的人们，理应更会处理引用，而不是仅仅理解"引用"这个术语，因而他们也会全心全意投入其中的。尽管如此，还是有人不同意用"引用"这个术语。我曾经读到的一本书这样说："Java所支持的'按址传递'是完全错误的"，因为Java对象标识符（按那位作者所说）实际上是"对象引用"。并且他接着说任何事物都是"按值传递"的。也许有人会赞成这种精确却让人费解的解释，但我认为我的这种方法可以简化概念上的理解并且不会伤害到任何事物。（好了，那些语言专家可能会说我在撒谎，但我认为我只是提供了一个合适的抽象罢了。）

错误。这是因为此时s实际上没有与任何事物相关联（即，没有电视机）。因此，一种安全的做法是：创建一个引用的同时便进行初始化。

62

```
String s = "asdf";
```

但这里用到了Java语言的一个特性：字符串可以用带引号的文本初始化。通常，必须对对象采用一种更通用的初始化方法。

2.2 必须由你创建所有对象

一旦创建了一个引用，就希望它能与一个新的对象相关联。通常用**new**操作符来实现这一目的。**new** 关键字的意思是"给我一个新对象。"所以前面的例子可以写成：

```
String s = new String("asdf");
```

它不仅表示"给我一个新的字符串"，而且通过提供一个初始字符串，给出了怎样产生这个**String**的信息。

当然，除了**String**类型，Java提供了大量过剩的现成类型。重要的是，你可以自行创建类型。事实上，这是Java程序设计中一项基本行为，你会在本书以后章节中慢慢学到。

2.2.1 存储到什么地方

程序运行时，对象是怎么进行放置安排的呢？特别是内存是怎样分配的呢？对这些方面的了解会对你有很大的帮助。有五个不同的地方可以存储数据：

1) **寄存器**。这是最快的存储区，因为它位于不同于其他存储区的地方——处理器内部。但是寄存器的数量极其有限，所以寄存器根据需求进行分配。你不能直接控制，也不能在程序中感觉到寄存器存在的任何迹象（另一方面，C和C++允许您向编译器建议寄存器的分配方式）。

2) **堆栈**。位于通用RAM（随机访问存储器）中，但通过堆栈指针可以从处理器那里获得直接支持。堆栈指针若向下移动，则分配新的内存；若向上移动，则释放那些内存。这是一种快
63 速有效的分配存储方法，仅次于寄存器。创建程序时，Java系统必须知道存储在堆栈内所有项的确切生命周期，以便上下移动堆栈指针。这一约束限制了程序的灵活性，所以虽然某些Java数据存储于堆栈中——特别是对象引用，但是Java对象并不存储于其中。

3) **堆**。一种通用的内存池（也位于RAM区），用于存放所有的Java对象。堆不同于堆栈的好处是：编译器不需要知道存储的数据在堆里存活多长时间。因此，在堆里分配存储有很大的灵活性。当需要一个对象时，只需用**new**写一行简单的代码，当执行这行代码时，会自动在堆里进行存储分配。当然，为这种灵活性必须要付出相应的代价：用堆进行存储分配和清理可能比用堆栈进行存储分配需要更多的时间（如果确实可以在Java中像在C++中一样在栈中创建对象）。

4) **常量存储**。常量值通常直接存放在程序代码内部，这样做是安全的，因为它们永远不会被改变。有时，在嵌入式系统中，常量本身会和其他部分隔离开，所以在这种情况下，可以选择将其存放在ROM（只读存储器）中[⊖]。

5) **非RAM存储**。如果数据完全存活于程序之外，那么它可以不受程序的任何控制，在程序没有运行时也可以存在。其中两个基本的例子是流对象和持久化对象。在流对象中，对象转化成字节流，通常被发送给另一台机器。在"持久化对象"中，对象被存放于磁盘上，因此，即使程序终止，它们仍可以保持自己的状态。这种存储方式的技巧在于：把对象转化成可以存放

⊖ 这种存储区的一个例子是字符串池。所有字面常量字符串和具有字符串值的常量表达式都自动是内存限定的，并且会置于特殊的静态存储区中。

在其他媒介上的事物，在需要时，可恢复成常规的、基于RAM的对象。Java提供了对轻量级持久化的支持，而诸如JDBC和Hibernate这样的机制提供了更加复杂的对在数据库中存储和读取对象信息的支持。 64

2.2.2 特例：基本类型

在程序设计中经常用到一系列类型，它们需要特殊对待。可以把它们想像成"基本"类型。之所以特殊对待，是因为**new**将对象存储在"堆"里，故用**new**创建一个对象——特别是小的、简单的变量，往往不是很有效。因此，对于这些类型，Java采取与C和C++相同的方法。也就是说，不用**new**来创建变量，而是创建一个并非是引用的"自动"变量。这个变量直接存储"值"，并置于堆栈中，因此更加高效。

Java要确定每种基本类型所占存储空间的大小。它们的大小并不像其他大多数语言那样随机器硬件架构的变化而变化。这种所占存储空间大小的不变性是Java程序比用其他大多数语言编写的程序更具可移植性的原因之一。

基本类型	大小	最小值	最大值	包装器类型
boolean	—	—	—	**Boolean**
char	16-bit	Unicode 0	Unicode $2^{16}-1$	**Character**
byte	8 bits	-128	+127	**Byte**
short	16 bits	-2^{15}	$+2^{15}-1$	**Short**
int	32 bits	-2^{31}	$+2^{31}-1$	**Integer**
long	64 bits	-2^{63}	$+2^{63}-1$	**Long**
float	32 bits	IEEE754	IEEE754	**Float**
double	64 bits	IEEE754	IEEE754	**Double**
void	—	—	—	**Void**

所有数值类型都有正负号，所以不要去寻找无符号的数值类型。

boolean类型所占存储空间的大小没有明确指定，仅定义为能够取字面值**true**或**false**。

基本类型具有的包装器类，使得可以在堆中创建一个非基本对象，用来表示对应的基本类型。例如：

65

```
char c = 'x';
Character ch = new Character(c);
```

也可以这样用：

```
Character ch = new Character('x');
```

Java SE5的自动包装功能将自动地将基本类型转换为包装器类型：

```
Character ch = 'x';
```

并可以反向转换：

```
char c = ch;
```

包装基本类型的原因将在以后的章节中说明。

高精度数字

Java提供了两个用于高精度计算的类：**BigInteger** 和**BigDecimal**。虽然它们大体上属于"包装器类"的范畴，但二者都没有对应的基本类型。

不过，这两个类包含的方法，提供的操作与对基本类型所能执行的操作相似。也就是说，能作用于**int** 或**float**的操作，也同样能作用于**BigInteger**或 **BigDecimal**。只不过必须以方法调用方式取代运算符方式来实现。由于这么做复杂了许多，所以运算速度会比较慢。在这里，我们以速度换取了精度。

BigInteger支持任意精度的整数。也就是说，在运算中，可以准确地表示任何大小的整数值，而不会丢失任何信息。

BigDecimal支持任何精度的定点数，例如，可以用它进行精确的货币计算。

关于调用这两个类的构造器和方法的详细信息，请查阅JDK文档。

2.2.3 Java中的数组

几乎所有的程序设计语言都支持数组。在C和C++中使用数组是很危险的，因为C和C++中
66 的数组就是内存块。如果一个程序要访问其自身内存块之外的数组，或在数组初始化前使用内存（程序中常见的错误），都会产生难以预料的后果。

Java的主要目标之一是安全性，所以许多在C和C++里困扰程序员的问题在Java里不会再出现。Java确保数组会被初始化，而且不能在它的范围之外被访问。这种范围检查，是以每个数组上少量的内存开销及运行时的下标检查为代价的。但由此换来的是安全性和效率的提高，因此付出的代价是值得的（并且Java有时可以优化这些操作）。

当创建一个数组对象时，实际上就是创建了一个引用数组，并且每个引用都会自动被初始化为一个特定值，该值拥有自己的关键字**null**。一旦Java看到**null**，就知道这个引用还没有指向某个对象。在使用任何引用前，必须为其指定一个对象；如果试图使用一个还是**null**的引用，在运行时将会报错。因此，常犯的数组错误在Java中就可以避免。

还可以创建用来存放基本数据类型的数组。同样，编译器也能确保这种数组的初始化，因为它会将这种数组所占的内存全部置零。

数组将在以后的章节中详细讨论。

2.3 永远不需要销毁对象

在大多数程序设计语言中，变量生命周期的概念，占据了程序设计工作中非常重要的部分。变量需要存活多长时间？如果想要销毁对象，那什么时刻进行呢？变量生命周期的混乱往往会导致大量的程序bug，本节将介绍Java是怎样替我们完成所有的清理工作，从而大大地简化这个问题的。

2.3.1 作用域

大多数过程型语言都有作用域（scope）的概念。作用域决定了在其内定义的变量名的可见性和生命周期。在C、C++和Java中，作用域由花括号的位置决定。例如：

67

```
{
  int x = 12;
  // Only x available
  {
    int q = 96;
    // Both x & q available
  }
  // Only x available
  // q is "out of scope"
}
```

在作用域里定义的变量只可用于作用域结束之前。

任何位于“//”之后到行末的文字都是注释。

缩排格式使Java代码更易于阅读。由于Java是一种自由格式（free-form）的语言，所以，空格、制表符、换行都不会影响程序的执行结果。

尽管以下代码在C和C++中是合法的，但是在Java中却不能这样书写：

```
{
  int x = 12;
  {
    int x = 96; // Illegal
  }
}
```

编译器将会报告变量**x**已经定义过。所以，在C和C++里将一个较大作用域的变量“隐藏”起来的做法，在Java里是不允许的。因为Java设计者认为这样做会导致程序混乱。

2.3.2 对象的作用域

Java对象不具备和基本类型一样的生命周期。当用**new**创建一个Java对象时，它可以存活于作用域之外。所以假如你采用代码

```
{
  String s = new String("a string");
} // End of scope
```

引用**s**在作用域终点就消失了。然而，**s**指向的**String**对象仍继续占据内存空间。在这一小段代码中，我们无法在这个作用域之后访问这个对象，因为对它唯一的引用已超出了作用域的范围。 68
在后继章节中，读者将会看到：在程序执行过程中，怎样传递和复制对象引用。

事实证明，由**new**创建的对象，只要你需要，就会一直保留下去。这样，许多C++编程问题在Java中就完全消失了。在C++中，你不仅必须要确保对象的保留时间与你需要这些对象的时间一样长，而且还必须在你使用完它们之后，将其销毁。

这样便带来一个有趣的问题。如果Java让对象继续存在，那么靠什么才能防止这些对象填满内存空间，进而阻塞你的程序呢？这正是C++里可能会发生的问题。这也是Java神奇之所在。Java有一个*垃圾回收器*，用来监视用**new**创建的所有对象，并辨别那些不会再被引用的对象。随后，释放这些对象的内存空间，以便供其他新的对象使用。也就是说，你根本不必担心内存回收的问题。你只需要创建对象，一旦不再需要，它们就会自行消失。这样做就消除了这类编程问题（即“内存泄漏”），这是由于程序员忘记释放内存而产生的问题。

2.4 创建新的数据类型：类

如果一切都是对象，那么是什么决定了某一类对象的外观与行为呢？换句话说，是什么确定了对象的类型？你可能期望有一个名为“type”的关键字，当然它必须还要有相应的含义。然而，从历史发展角度来看，大多数面向对象的程序设计语言习惯用关键字**class**来表示“我准备告诉你一种新类型的对象看起来像什么样子”。**class**这个关键字（以后会频繁使用，本书以后就不再用粗体字表示）之后紧跟着的是新类型的名称。例如：

```
class ATypeName { /* Class body goes here */ }
```

这就引入了一种新的类型，尽管类主体仅包含一条注释语句（星号和斜杠以及其中的内容就是注释，本章后面再讨论）。因此，你还不能用它做太多的事情。然而，你已经可以用**new**来创建这种类型的对象：

```
ATypeName a = new ATypeName();
```

69

但是，在定义它的所有方法之前，还没有办法能让它去做更多的事情（也就是说，不能向它发送任何有意义的消息）。

2.4.1 字段和方法

一旦定义了一个类（在Java中你所做的全部工作就是定义类，产生那些类的对象，以及发送消息给这些对象），就可以在类中设置两种类型的元素：字段（有时被称作数据成员）和方法（有时被称作成员函数）。字段可以是任何类型的对象，可以通过其引用与其进行通信；也可以是基本类型中的一种。如果字段是对某个对象的引用，那么必须初始化该引用，以便使其与一个实际的对象（如前所述，使用**new**来实现）相关联。

每个对象都有用来存储其字段的空间；普通字段不能在对象间共享。下面是一个具有某些字段的类：

```
class DataOnly {
  int i;
  double d;
  boolean b;
}
```

尽管这个类除了存储数据之外什么也不能做，但是仍旧可以像下面这样创建它的一个对象：

```
DataOnly data = new DataOnly();
```

可以给字段赋值，但首先必须知道如何引用一个对象的成员。具体的实现为：在对象引用的名称之后紧接着一个句点，然后再接着是对象内部的成员名称：

```
objectReference.member
```

例如：

```
data.i = 47;
data.d = 1.1;
data.b = false;
```

想修改的数据也有可能位于对象所包含的其他对象中。在这种情况下，只需要再使用连接句点即可。例如：

70
```
myPlane.leftTank.capacity = 100;
```

DataOnly类除了保存数据外没别的用处，因为它没有任何成员方法。如果想了解成员方法的运行机制，就得先了解参数和返回值的概念，稍后将对此作简略描述。

基本成员默认值

若类的某个成员是基本数据类型，即使没有进行初始化，Java也会确保它获得一个默认值，如右表所示：

基本类型	默认值
boolean	**false**
char	**'\u0000' (null)**
byte	**(byte)0**
short	**(short)0**
int	**0**
long	**0L**
float	**0.0f**
double	**0.0d**

当变量作为类的成员使用时，Java才确保给定其默认值，以确保那些是基本类型的成员变量得到初始化（C++没有此功能），防止产生程序错误。但是，这些初始值对你的程序来说，可能是不正确的，甚至是不合法的。所以最好明确地对变量进行初始化。

然而上述确保初始化的方法并不适用于“局部”变量（即并非某个类的字段）。因此，如果在某个方法定义中有

```
int x;
```

那么变量**x**得到的可能是任意值（与C 和C++中一样），而不会被自动初始化为零。所以在使用**x**前，应先对其赋一个适当的值。如果忘记了这么做，Java会在编译时返回一个错误，告诉你此变量没有初始化，这正是Java优于C++的地方。（许多C++编译器会对未初始化变量给予警告，
71 而Java则视为是错误）。

2.5 方法、参数和返回值

许多程序设计语言（像C和C++）用*函数*这个术语来描述命名子程序；而在Java里却常用*方法*这个术语来表示“做某些事情的方式”。实际上，继续把它看作是函数也无妨。尽管这只是用词上的差别，但本书将沿用Java的惯用法，即用术语“方法”而不是“函数”来描述。

Java的方法决定了一个对象能够接收什么样的消息。方法的基本组成部分包括：名称、参数、返回值和方法体。下面是它最基本的形式：

```
ReturnType methodName( /* Argument list */ ) {
  /* Method body */
}
```

返回类型描述的是在调用方法之后从方法返回的值。参数列表给出了要传给方法的信息的类型和名称。方法名和参数列表（它们合起来被称为“方法签名”）唯一地标识出某个方法。

Java中的方法只能作为类的一部分来创建。方法只有通过对象才能被调用⊖，且这个对象必须能执行这个方法调用。如果试图在某个对象上调用它并不具备的方法，那么在编译时就会得到一条错误消息。通过对象调用方法时，需要先列出对象名，紧接着是句点，然后是方法名和参数列表。如：

```
objectName.methodName(arg1, arg2, arg3);
```

例如，假设有一个方法**f()**，不带任何参数，返回类型是**int**。如果有个名为**a**的对象，可以通过它调用**f()**，那么就可以这样写：

```
int x = a.f();
```

返回值的类型必须要与**x**的类型兼容。 72

这种调用方法的行为通常被称为*发送消息给对象*。在上面的例子中，消息是**f()**，对象是**a**。面向对象的程序设计通常简单地归纳为“向对象发送消息”。

2.5.1 参数列表

方法的参数列表指定要传递给方法什么样的信息。正如你可能料想的那样，这些信息像Java中的其他信息一样，采用的都是对象形式。因此，在参数列表中必须指定每个所传递对象的类型及名字。像Java中任何传递对象的场合一样，这里传递的实际上也是引用⊜，并且引用的类型必须正确。如果参数被设为**String**类型，则必须传递一个**String**对象；否则，编译器将抛出错误。

假设某个方法接受**String**为其参数，下面是其具体定义，它必须置于某个类的定义内才能被正确编译。

```
int storage(String s) {
  return s.length() * 2;
}
```

此方法告诉你，需要多少个字节才能容纳一个特定的**String**对象中的信息（字符串中的每个字符的尺寸都是16位或2个字节，以此来提供对Unicode字符集的支持）。此方法的参数类型是**String**，参数名是**s**。一旦将**s**传递给此方法，就可以把他当作其他对象一样进行处理（可以给它传递消息）。在这里，**s**的**length()**方法被调用，它是**String**类提供的方法之一，会返回字符串包

⊖ 稍后将会学到**static**方法，它是针对类调用的，并不依赖于对象的存在。

⊜ 对于前面所提到的特殊数据类型 **boolean**、**char**、**byte**、**short**、**int**、**long**、**float**和**double**来说是一个例外。通常，尽管传递的是对象，而实际上传递的是对象的引用。

含的字符数。

通过上面的例子，还可以了解到**return**关键字的用法，它包括两方面：首先，它代表“已经做完，离开此方法”。其次，如果此方法产生了一个值，这个值要放在**return**语句后面。在这个
73 例子中，返回值是通过计算**s.length() * 2**这个表达式得到的。

你可以定义方法返回任意想要的类型，如果不想返回任何值，可以指示此方法返回**void**（空）。下面是一些例子：

```
boolean flag() { return true; }
double naturalLogBase() { return 2.718; }
void nothing() { return; }
void nothing2() {}
```

若返回类型是**void**，**return**关键字的作用只是用来退出方法。因此，没有必要到方法结束时才离开，可在任何地方返回。但如果返回类型不是**void**，那么无论在何处返回，编译器都会强制返回一个正确类型的返回值。

到此为止，读者或许觉得：程序似乎只是一系列带有方法的对象组合，这些方法以其他对象为参数，并发送消息给其他对象。大体上确实是这样，但在以后章节中，读者将会学到怎样在一个方法内进行判断，做一些更细致的底层工作。至于本章，读者只需要理解消息发送就足够了。

2.6 构建一个Java程序

在构建自己的第一个Java程序前，还必须了解其他一些问题。

2.6.1 名字可见性

名字管理对任何程序设计语言来说，都是一个重要问题。如果在程序的某个模块里使用了一个名字，而其他人在这个程序的另一个模块里也使用了相同的名字，那么怎样才能区分这两个名字并防止二者互相冲突呢？这个问题在C语言中尤其严重，因为程序往往包含许多难以管理的名字。C++类（Java类基于此）将函数包于其内，从而避免了与其他类中的函数名相冲突。然而，C++仍允许全局数据和全局函数的存在，所以还是有可能发生冲突。为了解决这个问题，C++通过几个关键字引入了*名字空间*的概念。

Java采用了一种全新的方法来避免上述所有问题。为了给一个类库生成不会与其他名字混淆的名字，Java设计者希望程序员反过来使用自己的Internet域名，因为这样可以保证它们肯定是独
74 一无二的。由于我的域名是**MindView.net**，所以我的各种奇奇怪怪的应用工具类库就被命名为**net.mindview.utility.foibles**。反转域名后，句点就用来代表子目录的划分。

在Java 1.0和Java 1.1中，扩展名**com**、**edu**、**org**、**net**等约定为大写形式。所以上面的库名应该写成**NET.mindview.utility.foibles**。然而，在Java 2开发到一半时，设计者们发现这样做会引起一些问题，因此，现在整个包名都是小写了。

这种机制意味着所有的文件都能够自动存活于它们自己的名字空间内，而且同一个文件内的每个类都有唯一的标识符——Java语言本身已经解决了这个问题。

2.6.2 运用其他构件

如果想在自己的程序里使用预先定义好的类，那么编译器就必须知道怎么定位它们。当然，这个类可能就在发出调用的那个源文件中；在这种情况下，就可以直接使用这个类——即使这个类在文件的后面才会被定义（Java消除了所谓的“向前引用”问题）。

如果那个类位于其他文件中，又会怎样呢？你可能会认为编译器应该有足够的智慧，能够

直接找到它的位置，但事实并非如此。想像下面的情况，如果你想使用某个特定名字的类，但其定义却不止一份（假设这些定义各不相同）。更糟糕的是，假设你正在写一个程序，在构建过程中，你想将某个新类添加到类库中，但却与已有的某个类名冲突。

为了解决这个问题，必须消除所有可能的混淆情况。为实现这个目的，可以使用关键字**import**来准确地告诉编译器你想要的类是什么。**import**指示编译器导入一个包，也就是一个类库（在其他语言中，一个库不仅包含类，还可能包括方法和数据；但是Java中所有的代码都必须写在类里）。

大多时候，我们使用与编译器附在一起的Java标准类库里的构件。有了这些构件，你就不必写一长串的反转域名。举例来说，只须像下面这么书写就行了：

```
import java.util.ArrayList;
```
75

这行代码告诉编译器，你想使用Java的**ArrayList**类。但是，**util**包含了数量众多的类，有时你想使用其中的几个，同时又不想明确地逐一声明；那么你很容易使用通配符“*”来达到这个目的：

```
import java.util.*;
```

这种一次导入一群类的方式比一个一个地导入类的方式更常用。

2.6.3 static 关键字

通常来说，当创建类时，就是在描述那个类的对象的外观与行为。除非用**new**创建那个类的对象，否则，实际上并未获得任何对象。执行**new**来创建对象时，数据存储空间才被分配，其方法才供外界调用。

有两种情形用上述方法是无法解决的。一种情形是，只想为某特定域分配单一存储空间，而不去考虑究竟要创建多少对象，甚至根本就不创建任何对象。另一种情形是，希望某个方法不与包含它的类的任何对象关联在一起。也就是说，即使没有创建对象，也能够调用这个方法。

通过**static**关键字可以满足这两方面的需要。当声明一个事物是**static**时，就意味着这个域或方法不会与包含它的那个类的任何对象实例关联在一起。所以，即使从未创建某个类的任何对象，也可以调用其**static**方法或访问其**static**域。通常，你必须创建一个对象，并用它来访问数据或方法。因为非**static**域和方法必须知道它们一起运作的特定对象[⊖]。

有些面向对象语言采用*类数据*和*类方法*两个术语，代表那些数据和方法只是作为整个类，而不是类的某个特定对象而存在的。有时，一些Java文献里也用到这两个术语。 76

只须将**static**关键字放在定义之前，就可以将字段或方法设定为**static**。例如，下面的代码就生成了一个**static**字段，并对其进行了初始化：

```
class StaticTest {
  static int i = 47;
}
```

现在，即使你创建了两个**StaticTest**对象，**StaticTest.i**也只有一份存储空间，这两个对象共享同一个**i**。再看看下面代码：

```
StaticTest st1 = new StaticTest();
StaticTest st2 = new StaticTest();
```

在这里，**st1.i** 和 **st2.i**指向同一存储空间，因此它们具有相同的值47。

引用**static**变量有两种方法。如前例所示，可以通过一个对象去定位它，如**st2.i**；也可以通

⊖ 当然，由于在用static方法前不需要创建任何对象；所以对于static方法，不能简单地通过调用其他非static域或方法而没有指定某个命名对象，来直接访问非static域或方法（因为非static域或方法必须与某一特定对象关联）。

过其类名直接引用，而这对于非静态成员则不行。

```
StaticTest.i++;
```

其中，++运算符对变量进行递加操作。此时，**st1.i** 和 **st2.i**仍具有相同的值48。

使用类名是引用static变量的首选方式，这不仅是因为它强调了变量的static结构，而且在某些情况下它还为编译器进行优化提供了更好的机会。

类似逻辑也应用于静态方法。既可以像其他方法一样，通过一个对象来引用某个静态方法，也可以通过特殊的语法形式**ClassName.method()**加以引用。定义静态方法的方式也与定义静态变量的方式相似：

```
class Incrementable {
  static void increment() { StaticTest.i++; }
}
```

可以看到，**Incrementable** 的**increment()**方法通过++运算符将静态数据**i**递加。可以采用典
77 型的方式，通过对象来调用**increment()**：

```
Incrementable sf = new Incrementable();
sf.increment();
```

或者，因为**increment()**是一个静态方法，所以也可以通过它的类直接调用：

```
Incrementable.increment();
```

尽管当**static**作用于某个字段时，肯定会改变数据创建的方式（因为一个**static**字段对每个类来说都只有一份存储空间，而非**static**字段则是对每个对象有一个存储空间），但是如果**static**作用于某个方法，差别却没有那么大。**static**方法的一个重要用法就是在不创建任何对象的前提下就可以调用它。正如我们将会看到的那样，这一点对定义**main()**方法很重要，这个方法是运行一个应用时的入口点。

和其他任何方法一样，**static**方法可以创建或使用与其类型相同的被命名对象，因此，**static**方法常常拿来做“牧羊人”的角色，负责看护与其隶属同一类型的实例群。

2.7 你的第一个Java程序

最后，让我们编写第一个完整的程序。此程序开始是打印一个字符串，然后是打印当前日期，这里用到了Java标准库里的**Date**类。

```
// HelloDate.java
import java.util.*;

public class HelloDate {
  public static void main(String[] args) {
    System.out.println("Hello, it's: ");
    System.out.println(new Date());
  }
}
```

在每个程序文件的开头，必须声明**import**语句，以便引入在文件代码中需要用到的额外类。注意，在这里说它们“额外”，是因为有一个特定类会自动被导入到每一个Java文件中：**java.lang**。打开你的Web浏览器，查找Sun公司提供的文档（若没有从http://java.sun.com[⊖]下载
78 JDK文档，现在开始下载。注意，这个文档并没有随JDK一起打包，你必须专门去下载它）。在包列表里，可以看到Java配套提供的各种类库。请点击其中的**java.lang**，就会显示出这个类库所

⊖ Sun提供的Java编译器和文档总是在定期地变化，所以获取它们的最佳方式就是直接从Sun处获得。通过自己下载这些资料，你可以获得最新的版本。

包含的全部类的列表。由于**java.lang**是默认导入到每个Java文件中的，所以它的所有类都可以被直接使用。**java.lang**里没有**Date**类，所以必须导入另外一个类库才能使用它。若不知某个特定类在哪个类库里，可在Java文档中选择“Tree”，便可以看到Java配套提供的每一个类。接下来，用浏览器的“查找”功能查找**Date**。这样就可以发现它以**java.util.Date**的形式被列了出来。于是我们知道它位于**util**类库中，并且必须书写**import java.util.*** 才能使用**Date**类。

现在返回文档最开头的部分，选择**java.lang**，接着是**system**，可以看到**system**类有许多属性；若选择**out**，就会发现它是一个静态 **PrintStream**对象。因为是静态的，所以不需要创建任何东西，**out**对象便已经存在了，只须直接使用即可。但我们能够用**out**对象做些什么事情，是由它的类型**PrintStream**决定的。**PrintStream**在描述文档中是以超链接形式显示，所以很方便进行查看，只须点击它，就可以看到能够为**PrintStream**调用的所有方法。方法的数量不少，本书后面再详加讨论。现在我们只对**println()**方法感兴趣，它的实际作用是“将我给你的数据打印到控制台，完成后换行”。因此，在任何Java程序中，一旦需要将某些数据打印到控制台，就可以这样写：

```
System.out.println("A String of things");
```

类的名字必须和文件名相同。如果你像现在这样创建一个独立运行的程序，那么文件中必须存在某个类与该文件同名（否则，编译器会报错），且那个类必须包含一个名为**main()**的方法，形式如下所示：

```
public static void main(String[] args) {
```

其中，**public**关键字意指这是一个可由外部调用的方法（第5章将详细描述）。**main()**方法的参数是一个**String**对象的数组。在这个程序中并未用到**args**，但是Java编译器要求必须这样做，因为**args**要用来存储命令行参数。

打印日期的这行代码很是有趣的： 79

```
System.out.println(new Date());
```

在这里，传递的参数是一个**Date**对象，一旦创建它之后，就可以直接将它的值（它被自动转换为**String**类型）发送给**println()**。当这条语句执行完毕后，**Date**对象就不再被使用，而垃圾回收器会发现这一情况，并在任意时候将其回收。因此，我们就没必要去关心怎样清理它了。

当你阅读从http://java.sun.com下载的JDK文档时，将会发现**System**有许多其他的方法，使得你可以去创造很多有趣的效果（Java最强大的优势之一就是它具有庞大的标准类库集）。例如：

```
//: object/ShowProperties.java

public class ShowProperties {
  public static void main(String[] args) {
    System.getProperties().list(System.out);
    System.out.println(System.getProperty("user.name"));
    System.out.println(
      System.getProperty("java.library.path"));
  }
} ///:~
```

main()的第一行将显示从运行程序的系统中获取的所有“属性”，因此它可以向你提供环境信息。**list()**方法将结果发送给它的参数：**System.out**。在本书后面的章节中你将会看到，你可以把结果发送到任何地方，例如发送到文件中。你还可以询问具体的属性，例如在本例中，我们查询了用户名和**java.library.path**（在程序开头和结尾处不同寻常的注释将在稍后进行解释。）

2.7.1 编译和运行

要编译、运行这个程序以及本书中其他所有的程序，首先必须要有一个Java开发环境。目前，有相当多的第三方厂商提供开发环境，但是在本书中，我假设使用的是Sun免费提供的JDK 80

(Java Developer's Kit, Java开发人员工具包）开发环境。若使用其他的开发系统⊖，请查找该系统的相应文档，以便决定怎样编译和运行程序。

请登录到http://java.sun.com网站，那里会有相关的信息和链接，引导读者下载和安装与自己的机器平台相兼容的JDK。

安装好JDK后，还需要设定好路径信息，以确保计算机能找到**javac**和 **java**这两个文件。然后请下载并解压本书提供的源代码（从https://www.mindviewllc.com处可以获得），它会为书中每一章自动创建一个子目录。请转到**object**子目录下，并键入：

```
javac HelloDate.java
```

正常情况下，这行命令不会产生任何响应。如果有任何错误消息返回给你，就说明还没能正确安装好JDK，需进一步检查并找出问题所在。

如果没有返回任何回应消息，在命令提示符下键入：

```
java HelloDate
```

接着，便可看到程序中的消息和当天日期被输出。

这个过程也是本书中每一个程序的编译和运行过程。然而，读者还会看到在本书所附源代码中，每一章都有一名为**build.xml**的文件，该文件提供一个“ant”命令，用于自动构建该章的所有文件。Build文件和Ant（以及在哪里下载）在http://MindView.net/Books/BetterJava所提供的补充材料中进行了完备而详细的讨论。一旦安装好Ant（可从http://jakarta.apache.org/ant下载），便可直接在命令行提示符下键入**ant**来编译和运行每一章的程序了。如果尚未安装Ant，只要手工键入javac和java命令即可安装。

2.8 注释和嵌入式文档

Java里有两种注释风格。一种是传统的C语言风格的注释——C++也继承了这种风格。此种
81 注释以“/*”开始，随后是注释内容，并可跨越多行，最后以“*/”结束。注意，许多程序员在连续的注释内容的每一行都以一个“*”开头，所以经常看到像下面的写法：

```
/* This is a comment
 * that continues
 * across lines
 */
```

但请记住，进行编译时，/*和*/之间的所有东西都会被忽略，所以上述注释与下面这段注释并没有什么两样：

```
/* This is a comment that
continues across lines */
```

第二种风格的注释也源于C++。这种注释是“单行注释”，以一个“//”起头，直到句末。这种风格的注释因为书写容易，所以更方便、更常用。你无需在键盘上寻找“/”，再寻找“*”（而只需按两次同样的键），而且不必考虑结束注释。下面是这类注释的例子：

```
// This is a one-line comment
```

2.8.1 注释文档

代码文档撰写的最大问题，大概就是对文档的维护了。如果文档与代码是分离的，那么在

⊖ IBM的jikes编译器也是一种常用的编译器，它比Sun的 javac快得多（尽管你可以用Ant来构建一组文件，但是这不会有太大的差异）。另外还有很多创建Java编译器、运行时环境和类库的开源项目。

每次修改代码时，都需要修改相应的文档，这会成为一件相当乏味的事情。解决的方法似乎很简单：将代码同文档“链接”起来。为达到这个目的，最简单的方法是将所有东西都放在同一个文件内。然而，为实现这一目的，还必须使用一种特殊的注释语法来标记文档；此外还需一个工具，用于提取那些注释，并将其转换成有用的形式。这正是Java所做的。

javadoc便是用于提取注释的工具，它是JDK安装的一部分。它采用了Java编译器的某些技术，查找程序内的特殊注释标签。它不仅解析由这些标签标记的信息，也将毗邻注释的类名或方法名抽取出来。如此，我们就可以用最少的工作量，生成相当好的程序文档。

javadoc输出的是一个HTML文件，可以用Web浏览器查看。这样，该工具就使得我们只需创建和维护单一的源文件，并能自动生成有用的文档。有了javadoc，就有了创建文档的简明直观的标准；我们可以期望、甚至要求所有的Java类库都提供相关的文档。 82

此外，如果想对javadoc处理过的信息执行特殊的操作（例如，产生不同格式的输出），那么可以通过编写你自己的被称为“doclets”的javadoc处理器来实现。关于doclets在http//MindView.net/Books/Better Java所提供的补充材料中进行了介绍。

下面仅对基本的javadoc进行简单介绍和概述。全面翔实的描述可从java.sun.com提供的、可下载的JDK文档中找到。（注意此文档并没有与JDK一块打包，需单独下载。）解压缩该文档之后，查阅“tooldocs”子目录（或点击“tooldocs”链接）。

2.8.2 语法

所有javadoc命令都只能在“/**”注释中出现，和通常一样，注释结束于“*/”。使用javadoc的方式主要有两种：嵌入HTML，或使用“文档标签”。独立文档标签是一些以“@”字符开头的命令，且要置于注释行的最前面（但是不算前导“*”之后的最前面）。而“行内文档标签”则可以出现在javadoc注释中的任何地方，它们也是以“@”字符开头，但要括在花括号内。

共有三种类型的注释文档，分别对应于注释位置后面的三种元素：类、域和方法。也就是说，类注释正好位于类定义之前；域注释正好位于域定义之前；而方法注释也正好位于方法定义的前面。如下面这个简单的例子所示：

```
//: object/Documentation1.java
/** A class comment */
public class Documentation1 {
  /** A field comment */
  public int i;
  /** A method comment */
  public void f() {}
} ///:~
```

注意，javadoc只能为**public**（公共）和**protected**（受保护）成员进行文档注释。**private**（私有）和包内可访问成员（参阅第5章）的注释会被忽略掉，所以输出结果中看不到它们（不过可以用-**private**进行标记，以便把**private**成员的注释也包括在内）。这样做是有道理的，因为只有**public**和**protected**成员才能在文件之外被使用，这是客户端程序员所期望的。 83

上述代码的输出结果是一个HTML文件，它与其他Java文档具有相同的标准格式。因此，用户会非常熟悉这种格式，从而方便地导航到用户自己设计的类。输入上述代码，然后通过javadoc处理产生HTML文件，最后通过浏览器观看生成的结果，这样做是非常值得的。

2.8.3 嵌入式HTML

javadoc通过生成的HTML文档传送HTML命令，这使你能够充分利用HTML。当然，其主要目的还是为了对代码进行格式化，例如：

```
//: object/Documentation2.java
```

```
/**
* <pre>
* System.out.println(new Date());
* </pre>
*/
///:~
```

也可以像在其他Web文档中那样运用HTML，对普通文本按照你自己所描述的进行格式化：

```
//: object/Documentation3.java
/**
* You can <em>even</em> insert a list:
* <ol>
* <li> Item one
* <li> Item two
* <li> Item three
* </ol>
*/
///:~
```

注意，在文档注释中，位于每一行开头的星号和前导空格都会被javadoc丢弃。javadoc会对所有内容重新格式化，使其与标准的文档外观一致。不要在嵌入式HTML中使用标题标签，例
84 如**<h1>**或**<hr>**，因为javadoc会插入自己的标题，而你的标题可能同它们发生冲突。

所有类型的注释文档——类、域和方法——都支持嵌入式HTML。

2.8.4 一些标签示例

这里将介绍一些可用于代码文档的javadoc标签。在使用javadoc处理重要事情之前，应该先到JDK文档那里查阅javadoc参考，以学习javadoc的各种不同的使用方法。

1. @see：引用其他类

@see标签允许用户引用其他类的文档。javadoc会在其生成的HTML文件中，通过**@see**标签链接到其他文档。格式如下：

```
@see classname
@see fully-qualified-classname
@see fully-qualified-classname#method-name
```

上述每种格式都会在生成的文档中加入一个具有超链接的“See Also”（参见）条目。但是javadoc不会检查你所提供的超链接是否有效。

2. {@link package.class#member label}

该标签与@see极其相似，只是它用于行内，并且是用“label”作为超链接文本而不用“See Also”。

3. {@docRoot}

该标签产生到文档根目录的相对路径，用于文档树页面的显式超链接。

4. {@inheritDoc}

该标签从当前这个类的最直接的基类中继承相关文档到当前的文档注释中。

5. @version

该标签的格式如下：

85
```
@version version-information
```

其中，“**version-information**”可以是任何你认为适合包含在版本说明中的重要信息。如果javadoc命令行使用了“**-version**”标记，那么就从生成的HTML文档中特别提取出版本信息。

6. @author

该标签的格式如下：

```
@author author-information
```

其中，**author-information**一看便知是你的姓名，但是也可以包括电子邮件地址或者其他任何适宜的信息。如果javadoc命令行使用了**-author**标记，那么就从生成的HTML文档中特别提取作者信息。

可以使用多个标签，以便列出所有作者，但是它们必须连续放置。全部作者信息会合并到同一段落，置于生成的HTML中。

7. @since

该标签允许你指定程序代码最早使用的版本，可以在HTML Java文档中看到它被用来指定所用的JDK版本的情况。

8. @param

该标签用于方法文档中，形式如下：

```
@param parameter-name description
```

其中，**parameter-name**是方法的参数列表中的标识符，**description**是可延续数行的文本，终止于新的文档标签出现之前。可以使用任意多个这种标签，大约每个参数都有一个这样的标签。

9. @return

该标签用于方法文档，格式如下：

```
@return description
```

其中，"**description**"用来描述返回值的含义，可以延续数行。 86

10. @throws

"异常"将在第9章论述。简言之，它们是由于某个方法调用失败而"抛出"的对象。尽管在调用一个方法时，只出现一个异常对象，但是某个特殊方法可能会产生任意多个不同类型的异常，所有这些异常都需要进行说明。所以，异常标签的格式如下：

```
@throws fully-qualified-class-name description
```

其中**fully-qualified-class-name**给出一个异常类的无歧义的名字，而该异常类在别处定义。**description**（同样可以延续数行）告诉你为什么此特殊类型的异常会在方法调用中出现。

11. @deprecated

该标签用于指出一些旧特性已由改进的新特性所取代，建议用户不要再使用这些旧特性，因为在不久的将来它们很可能会被删除。如果使用一个标记为**@deprecated**的方法，则会引起编译器发布警告。

在Java SE5中，Javadoc标签@deprecated已经被@Deprecated注解所替代（我们将在第20章中学习相关的知识。）

2.8.5 文档示例

下面再回到第一个Java程序，但是这次加上了文档注释：

```
//: object/HelloDate.java
import java.util.*;

/** The first Thinking in Java example program.
 * Displays a string and today's date.
 * @author Bruce Eckel
 * @author www.MindView.net
 * @version 4.0
*/
public class HelloDate {
  /** Entry point to class & application.
```

87

```
  * @param args array of string arguments
  * @throws exceptions No exceptions thrown
  */
  public static void main(String[] args) {
    System.out.println("Hello, it's: ");
    System.out.println(new Date());
  }
} /* Output: (55% match)
Hello, it's:
Wed Oct 05 14:39:36 MDT 2005
*///:~
```

第一行采用我自己独特的方法，用一个“:”作为特殊记号说明这是包含源文件名的注释行。该行包含文件的路径信息（此时，**object**代表本章），随后是文件名。最后一行也是一行注释，这个“///:~”标志源代码清单的结束。自此，在通过编译器和执行检查后，文档就可以自动更新成本书的文本。

/***Output**标签表示输出的开始部分将由这个文件生成，通过这种形式，它会被自动地测试以验证其准确性。在本例中，(55% match) 在向测试系统说明程序的每一次运行和下一次运行的输出存在着很大的差异，因此它们与这里列出的输出预期只有55%的相关性。本书中能够产生输出的大部分示例都包含这种注释方式的输出，因此你可以查看它们的运行输出，并知晓其正确性。

2.9 编码风格

在“Java编程语言编码约定”⊖中，代码风格是这样规定的：类名的首字母要大写；如果类名由几个单词构成，那么把它们并在一起（也就是说，不要用下划线来分隔名字），其中每个内部单词的首字母都采用大写形式。例如：

```
class AllTheColorsOfTheRainbow { // ...
```

88

这种风格有时称作“驼峰风格”。几乎其他所有内容——方法、字段（成员变量）以及对象引用名称等，公认的风格与类的风格一样，只是标识符的第一个字母采用小写。例如：

```
class AllTheColorsOfTheRainbow {
  int anIntegerRepresentingColors;
  void changeTheHueOfTheColor(int newHue) {
    // ...
  }
  // ...
}
```

当然，用户还必须键入所有这些长名字，并且不能输错，因此，一定要格外仔细。

Sun程序库中的Java代码也采用本书摆放开、闭花括号的方式。

2.10 总结

通过本章的学习，大家已接触相当多的关于如何编写一个简单程序的Java编程知识。此外，对Java语言及它的一些基本思想也有了一个总体认识。然而到目前为止，所有示例都是“这样做，再那样做，接着再做另一些事情”这种形式。如果想让程序做出选择，例如，“假如所做的结果是红色，就那样做；否则，就做另一些事情”。这将又怎样进行呢？Java对此种基本编程行为所提供的支持，将会在下一章讲述。

⊖ 网址是：http://java.sun.com/docs/codeconv/index.html。为了节省本书和课堂演示的篇幅，没有遵循约定中的全部条款，但是你将会看到我在这里所使用的风格尽可能地与Java标准相匹配。

2.11 练习

所选习题的答案都可以在名为“The Thinking in Java Annotated Solution Guide”的电子文档中找到，读者可以从https://www.mindviewllc.com处购买此文档。

练习1：(2) 创建一个类，它包含一个**int**域和一个**char**域，它们都没有被初始化，将它们的值打印出来，以验证Java执行了默认初始化。

练习2：(1) 参照本章的**HelloDate.java**这个例子，创建一个“Hello，World”程序，该程序只要输出这句话即可。你所编写的类里只需一个方法（即“main”方法，在程序启动时被执行）。 89
记住要把它设为**static**形式，并指定参数列表－即使根本不会用到这个列表。用**javac**进行编译，再用**java**运行它。如果你使用的是不同于JDK的开发环境，请了解如何在你的环境中进行编译和运行。

练习3：(1) 找出含有**ATypeName**的代码段，将其改写成完整的程序，然后编译、运行。

练习4：(1) 将**DataOnly**代码段改写成一个程序，然后编译、运行。

练习5：(1) 修改前一个练习，将**DataOnly**中的数据在**main()**方法中赋值并打印出来。

练习6：(2) 编写一个程序，让它含有本章所定义的**storage()**方法的代码段，并调用之。

练习7：(1) 将**Incrementable**的代码段改写成一个完整的可运行程序。

练习8：(3) 编写一个程序，展示无论你创建了某个特定类的多少个对象，这个类中的某个特定的static域只有一个实例。

练习9：(2) 编写一个程序，展示自动包装功能对所有的基本类型和包装器类型都起作用。

练习10：(2) 编写一个程序，打印出从命令行获得的三个参数。为此，需要确定命令行数组中String的下标。

练习11：(1) 将**AllTheColorsOfTheRainbow**这个示例改写成一个程序，然后编译、运行。

练习12：(2) 找出**HelloDate.java**的第二版本，也就是那个简单注释文档的示例。对该文件执行**javadoc**，然后通过Web浏览器观看运行结果。

练习13：(1) 通过**Javadoc**运行**Documentation1.java**，**Documentation2.java**和**Documentation3.java**，然后通过Web浏览器验证所产生的文档。

练习14：(1) 在前一个练习的文档中加入各项的HTML列表。 90

练习15：(1) 使用练习2的程序，加入注释文档。用javadoc提取此注释文档，并产生一个HTML文件，然后通过Web浏览器查看结果。

练习16：(1) 找到第5章中的**Overloading.java**示例，并为它加入javadoc文档。然后用**javadoc**提取此注释文档，并产生一个HTML文件，最后，通过Web浏览器查看结果。 91～92

第3章 操 作 符

在最底层，Java中的数据是通过使用操作符来操作的。

Java是建立在C++基础之上的，所以C和C++程序员应该非常熟悉Java的大多数操作符。当然，Java也做了一些改进与简化。

如果读者熟悉C或C++的语法，那么只需快速浏览本章和下一章，看看Java与这些语言之间的差异。但是，如果读者觉得很难理解这两章的内容，那就请您先阅读可以从www.MindView.net上免费下载的多媒体课程《Thinking in C》，其中包括精心设计的有声讲解、幻灯片、练习以及解答，这些能带领读者快速掌握学习Java所必需的基础知识。

3.1 更简单的打印语句

在前一章中，我们介绍了Java的打印语句：

```
System.out.println("Rather a lot to type");
```

你可以看到，这条语句不仅涉及许多类型（因此有许多多余的连接），而且它读起来也颇为费劲。在Java之前和之后出现的大多数语言都已经采取了一种简单得多的方式来提供这种常用语句。

在第6章中将介绍静态导入（static import）这个在Java SE5中新增加的概念，并将创建一个小类库来简化打印语句的编写。但是，在开始使用这个类库之前，不必先去了解其中的细节。通过使用这个新类库，可以把上一章中的程序改写如下：

93

```
//: operators/HelloDate.java
import java.util.*;
import static net.mindview.util.Print.*;

public class HelloDate {
  public static void main(String[] args) {
    print("Hello, it's: ");
    print(new Date());
  }
} /* Output: (55% match)
Hello, it's:
Wed Oct 05 14:39:05 MDT 2005
*///:~
```

改写后的程序清爽了许多。请注意，我们在第二个**import**语句中插入了**static**关键字。

要想使用这个类库，必须从https://www.mindviewllc.com或其镜像之一下载本书的代码包，然后解压代码目录树，并在你的计算机的CLASSPATH环境变量中添加该代码目录树的根目录。（你最终会获得有关类路径的完整介绍，但是你也应该尽早习惯它带来的麻烦。唉，它是你在使用Java时最常见的问题之一。）

尽管使用**net.mindview.util.Print**可以很好地简化大多数的代码，但是它并非在任何场合都显得很恰当。如果在代码中只有少量的打印语句，我还是先用**import**然后编写完整的**System.out.println()**。

练习1：(1) 使用“简短的”和正常的打印语句来编写一个程序。

3.2 使用Java操作符

操作符接受一个或多个参数，并生成一个新值。参数的形式与普通的方法调用不同，但效果是相同的。加号和一元的正号（+）、减号和一元的负号（-）、乘号（*）、除号（/）以及赋值号（=）的用法与其他编程语言类似。

操作符作用于操作数，生成一个新值。另外，有些操作符可能会改变操作数自身的值，这被称为“副作用”。那些能改变其操作数的操作符，最普遍的用途就是用来产生副作用；但要记住，使用此类操作符生成的值，与使用没有副作用的操作符生成的值，没有什么区别。 94

几乎所有的操作符都只能操作“基本类型”。例外的操作符是“=”、“==”和“!=”，这些操作符能操作所有的对象（这也是对象易令人糊涂的地方）。除此以外，**String**类支持“+”和“+=”。

3.3 优先级

当一个表达式中存在多个操作符时，操作符的优先级就决定了各部分的计算顺序。Java对计算顺序做了特别的规定。其中，最简单的规则就是先乘除后加减。程序员经常会忘记其他优先级规则，所以应该用括号明确规定计算顺序。例如，以下语句中的(1)和(2)：

```
//: operators/Precedence.java

public class Precedence {
  public static void main(String[] args) {
    int x = 1, y = 2, z = 3;
    int a = x + y - 2/2 + z;          // (1)
    int b = x + (y - 2)/(2 + z);      // (2)
    System.out.println("a = " + a + " b = " + b);
  }
} /* Output:
a = 5 b = 1
*///:~
```

这两个语句看起来大体相同，但是从输出就可以看出它们具有迥然不同的含义，而这正是使用括号的结果。

请注意，**System.out.println()**语句中包含“+”操作符。在这种上下文环境中，“+”意味着“字符串连接”，并且如果必要，它还要执行“字符串转换”。当编译器观察到一个**String**后面紧跟一个“+”，而这个“+”的后面又紧跟一个非**String**类型的元素时，就会尝试着将这个非String类型的元素转换为**String**。正如在输出中所看到的，它成功地将**a**和**b**从**int**转换为**String**了。

3.4 赋值

赋值使用操作符“=”。它的意思是“取右边的值（即右值），把它复制给左边（即左值）”。右值可以是任何常数、变量或者表达式（只要它能生成一个值就行）。但左值必须是一个明确的、已命名的变量。也就是说，必须有一个物理空间可以存储等号右边的值。举例来说，可将一个常数赋给一个变量： 95

```
a = 4;
```

但是不能把任何东西赋给一个常数，常数不能作为左值（比如不能说**4=a**；）。

对基本数据类型的赋值是很简单的。基本类型存储了实际的数值，而并非指向一个对象的引用，所以在为其赋值的时候，是直接将一个地方的内容复制到了另一个地方。例如，对基本数据类型使用**a=b**，那么**b**的内容就复制给**a**。若接着又修改了**a**，而**b**根本不会受这种修改的影响。

作为程序员，这正是大多数情况下我们所期望的。

但是在为对象“赋值”的时候，情况却发生了变化。对一个对象进行操作时，我们真正操作的是对对象的引用。所以倘若“将一个对象赋值给另一个对象”，实际是将“引用”从一个地方复制到另一个地方。这意味着假若对对象使用**c=d**，那么**c**和**d**都指向原本只有**d**指向的那个对象。下面这个例子将向大家阐示这一点。

```
//: operators/Assignment.java
// Assignment with objects is a bit tricky.
import static net.mindview.util.Print.*;

class Tank {
  int level;
}

public class Assignment {
  public static void main(String[] args) {
    Tank t1 = new Tank();
    Tank t2 = new Tank();
    t1.level = 9;
    t2.level = 47;
    print("1: t1.level: " + t1.level +
          ", t2.level: " + t2.level);
    t1 = t2;
    print("2: t1.level: " + t1.level +
          ", t2.level: " + t2.level);
    t1.level = 27;
    print("3: t1.level: " + t1.level +
          ", t2.level: " + t2.level);
  }
} /* Output:
1: t1.level: 9, t2.level: 47
2: t1.level: 47, t2.level: 47
3: t1.level: 27, t2.level: 27
*///:~
```

96

Tank类非常简单，它的两个实例（**t1**和**t2**）是在**main()**里创建的。对每个**Tank**类对象的**level**域都赋予了一个不同的值，然后，将**t2**赋给**t1**，接着又修改了**t1**。在许多编程语言中，我们可能会期望**t1**和**t2**总是相互独立的。但由于赋值操作的是一个对象的引用，所以修改**t1**的同时也改变了**t2**！这是由于**t1**和**t2**包含的是相同的引用，它们指向相同的对象。（原本**t1**包含的对对象的引用，是指向一个值为9的对象。在对**t1**赋值的时候，这个引用被覆盖，也就是丢失了；而那个不再被引用的对象会由“垃圾回收器”自动清理。）

这种特殊的现象通常称作“别名现象”，是Java操作对象的一种基本方式。在这个例子中，如果想避免别名问题应该怎么办呢？可以这样写：

```
t1.level = t2.level;
```

这样便可以保持两个对象彼此独立，而不是将**t1**和**t2**绑定到相同的对象。但你很快就会意识到，直接操作对象内的域容易导致混乱，并且，违背了良好的面向对象程序设计的原则。这可不是一个小问题，所以从现在开始大家就应该留意，为对象赋值可能会产生意想不到的结果。

练习2：(1) 创建一个包含一个**float**域的类，并用这个类来展示别名机制。

3.4.1 方法调用中的别名问题

将一个对象传递给方法时，也会产生别名问题：

```
//: operators/PassObject.java
// Passing objects to methods may not be
// what you're used to.
import static net.mindview.util.Print.*;
```

```
class Letter {
  char c;
}

public class PassObject {
  static void f(Letter y) {
    y.c = 'z';
  }
  public static void main(String[] args) {
    Letter x = new Letter();
    x.c = 'a';
    print("1: x.c: " + x.c);
    f(x);
    print("2: x.c: " + x.c);
  }
} /* Output:
1: x.c: a
2: x.c: z
*///:~
```

97

在许多编程语言中，方法**f()**似乎要在它的作用域内复制其参数**Letter y**的一个副本；但实际上只是传递了一个引用。所以代码行

```
y.c = 'z';
```

实际改变的是**f()**之外的对象。

别名引起的问题及其解决办法是很复杂的话题，本书的在线补充材料涵盖了此话题。但是你现在就应该知道它的存在，并在使用中注意这个陷阱。

练习3：(1) 创建一个包含一个**float**域的类，并用这个类来展示方法调用时的别名机制。

3.5 算术操作符

Java的基本算术操作符与其他大多数程序设计语言是相同的。其中包括加号（+）、减号（-）、除号（/）、乘号（*）以及取模操作符（%，它从整数除法中产生余数）。整数除法会直接去掉结果的小数位，而不是四舍五入地圆整结果。

Java也使用一种来自C和C++的简化符号同时进行运算与赋值操作。这用操作符后紧跟一个等号来表示，它对于Java中的所有操作符都适用，只要其有实际意义就行。例如，要将**x**加4，并将结果赋回给**x**，可以这么写：**x+=4**。 98

下面这个例子展示了各种算术操作符的用法：

```
//: operators/MathOps.java
// Demonstrates the mathematical operators.
import java.util.*;
import static net.mindview.util.Print.*;

public class MathOps {
  public static void main(String[] args) {
    // Create a seeded random number generator:
    Random rand = new Random(47);
    int i, j, k;
    // Choose value from 1 to 100:
    j = rand.nextInt(100) + 1;
    print("j : " + j);
    k = rand.nextInt(100) + 1;
    print("k : " + k);
    i = j + k;
    print("j + k : " + i);
    i = j - k;
    print("j - k : " + i);
    i = k / j;
```

```
        print("k / j : " + i);
        i = k * j;
        print("k * j : " + i);
        i = k % j;
        print("k % j : " + i);
        j %= k;
        print("j %= k : " + j);
        // Floating-point number tests:
        float u, v, w; // Applies to doubles, too
        v = rand.nextFloat();
        print("v : " + v);
        w = rand.nextFloat();
        print("w : " + w);
        u = v + w;
        print("v + w : " + u);
        u = v - w;
        print("v - w : " + u);
        u = v * w;
        print("v * w : " + u);
99      u = v / w;
        print("v / w : " + u);
        // The following also works for char,
        // byte, short, int, long, and double:
        u += v;
        print("u += v : " + u);
        u -= v;
        print("u -= v : " + u);
        u *= v;
        print("u *= v : " + u);
        u /= v;
        print("u /= v : " + u);
    }
} /* Output:
j : 59
k : 56
j + k : 115
j - k : 3
k / j : 0
k * j : 3304
k % j : 56
j %= k : 3
v : 0.5309454
w : 0.0534122
v + w : 0.5843576
v - w : 0.47753322
v * w : 0.028358962
v / w : 9.940527
u += v : 10.471473
u -= v : 9.940527
u *= v : 5.2778773
u /= v : 9.940527
*///:~
```

要生成数字，程序首先会创建一个**Random**类的对象。如果在创建过程中没有传递任何参数，那么Java就会将当前时间作为随机数生成器的种子，并由此在程序每一次执行时都产生不同的输出。但是，在本书的示例中，示例末尾所展示的输出都尽可能一致，这一点很重要，因为这样就使得这些输出可以用外部工具来验证。通过在创建**Random**对象时提供种子（用于随机数生成器的初始化值，随机数生成器对于特定的种子值总是产生相同的随机数序列），
100 就可以在每一次执行程序时都生成相同的随机数，因此其输出是可验证的⊖。要想生成更多的各种不同的输出，可以随意移除本书示例中的种子。

⊖ 数字47在我加盟的一家学院里被认为是“魔幻数字”，至今仍是这样。

通过**Random**类的对象，程序可生成许多不同类型的随机数字。做法很简单，只需调用方法**nextInt()**和**nextFloat()**即可（也可以调用**nextLong()**或者**nextDouble()**）。传递给**nextInt()**的参数设置了所产生的随机数的上限，而其下限为0，但是这个下限并不是我们想要的，因为它会产生除0的可能性，因此我们对结果做了加1操作。

练习4：(2) 编写一个计算速度的程序，它所使用的距离和时间都是常量。

3.5.1 一元加、减操作符

一元减号（-）和一元加号（+）与二元减号和加号都使用相同的符号。根据表达式的书写形式，编译器会自动判断出使用的是哪一种。例如语句

```
x = -a;
```

的含义是显然的。编译器能正确识别下述语句：

```
x = a * -b;
```

但读者会被搞糊涂，所以有时更明确地写成：

```
x = a * (-b);
```

一元减号用于转变数据的符号，而一元加号只是为了与一元减号相对应，但是它唯一的作用仅仅是将较小类型的操作数提升为**int**。

3.6 自动递增和递减

和C类似，Java提供了大量的快捷运算。这些快捷运算使编码更方便，同时也使得代码更容易阅读，但是有时可能使代码阅读起来更困难。

递增和递减运算是两种相当不错的快捷运算（常称为“自动递增”和“自动递减”运算）。其中，递减操作符是“--”，意为“减少一个单位”；递增操作符是“++”，意为“增加一个单位”。举个例子来说，假设**a**是一个**int**（整数）值，则表达式**++a**就等价于（**a = a + 1**）。递增和递减操作符不仅改变了变量，并且以变量的值作为生成的结果。 101

这两个操作符各有两种使用方式，通常称为“前缀式”和“后缀式”。“前缀递增”表示“++”操作符位于变量或表达式的前面；而“后缀递增”表示“++”操作符位于变量或表达式的后面。类似地，“前缀递减”意味着“--”操作符位于变量或表达式的前面；而“后缀递减”意味着“--”操作符位于变量或表达式的后面。对于前缀递增和前缀递减（如 **++a** 或 **--a**），会先执行运算，再生成值。而对于后缀递增和后缀递减（如**a++**或**a--**），会先生成值，再执行运算。下面是一个例子：

```
//: operators/AutoInc.java
// Demonstrates the ++ and -- operators.
import static net.mindview.util.Print.*;

public class AutoInc {
  public static void main(String[] args) {
    int i = 1;
    print("i : " + i);
    print("++i : " + ++i); // Pre-increment
    print("i++ : " + i++); // Post-increment
    print("i : " + i);
    print("--i : " + --i); // Pre-decrement
    print("i-- : " + i--); // Post-decrement
    print("i : " + i);
  }
} /* Output:
i : 1
++i : 2
i++ : 2
```

```
i : 3
--i : 2
i-- : 2
i : 1
*///:~
```

从中可以看到，对于前缀形式，我们在执行完运算后才得到值。但对于后缀形式，则是在
102 运算执行之前就得到值。它们是除那些涉及赋值的操作符以外，唯一具有“副作用”的操作符。也就是说，它们会改变操作数，而不仅仅是使用自己的值。

递增操作符正是对C++这个名字的一种解释，暗示着“超越C一步”。在早期的一次有关Java的演讲中，Bill Joy（Java创始人之一）声称“Java=C++--”（C加加减减）意味着Java已去除了C++中一些很困难而又没必要的东西，成为了一种更精简的语言。正如大家会在这本书中学到的，Java的许多地方更精简了，然而并不是说Java在其他方面也比C++ 容易很多。

3.7 关系操作符

关系操作符生成的是一个**boolean**（布尔）结果，它们计算的是操作数的值之间的关系。如果关系是真实的，关系表达式会生成**true**（真）；如果关系不真实，则生成**false**（假）。关系操作符包括小于（<）、大于（>）、小于或等于（<=）、大于或等于（>=）、等于（==）以及不等于（!=）。等于和不等于适用于所有的基本数据类型，而其他比较符不适用于**boolean**类型。因为**boolean**值只能为**true**或**false**，“大于”和“小于”没有实际意义。

3.7.1 测试对象的等价性

关系操作符==和!=也适用于所有对象，但这两个操作符通常会使第一次接触Java的程序员感到迷惑。下面是一个例子：

```
//: operators/Equivalence.java

public class Equivalence {
  public static void main(String[] args) {
    Integer n1 = new Integer(47);
    Integer n2 = new Integer(47);
    System.out.println(n1 == n2);
    System.out.println(n1 != n2);
  }
} /* Output:
false
true
*///:~
```

语句**System.out.println(n1 == n2)**将打印出括号内的比较式的布尔值结果。读者可能认为输
103 出结果肯定先是true，再是false，因为两个**Integer**对象都是相同的。但是尽管对象的内容相同，然而对象的引用却是不同的，而==和!=比较的就是对象的引用。所以输出结果实际上先是false，再是true。这自然会使第一次接触关系操作符的人感到惊奇。

如果想比较两个对象的实际内容是否相同，又该如何操作呢？此时，必须使用所有对象都
104 适用的特殊方法**equals()**。但这个方法不适用于“基本类型”，基本类型直接使用==和!=即可。下面举例说明如何使用：

```
//: operators/EqualsMethod.java

public class EqualsMethod {
  public static void main(String[] args) {
    Integer n1 = new Integer(47);
    Integer n2 = new Integer(47);
    System.out.println(n1.equals(n2));
```

```
  }
} /* Output:
true
*///:~
```

结果正如我们所预料的那样。但事情并不总是这么简单！假设你创建了自己的类，就像下面这样：

```
//: operators/EqualsMethod2.java
// Default equals() does not compare contents.

class Value {
  int i;
}

public class EqualsMethod2 {
  public static void main(String[] args) {
    Value v1 = new Value();
    Value v2 = new Value();
    v1.i = v2.i = 100;
    System.out.println(v1.equals(v2));
  }
} /* Output:
false
*///:~
```

事情再次变得令人费解了：结果又是**false**！这是由于**equals()**的默认行为是比较引用。所以除非在自己的新类中覆盖**equals()**方法，否则不可能表现出我们希望的行为。

遗憾的是，我们要到第7章才学习覆盖，到第17章才学习如何恰当地定义**equals()**。但在这之前，请留意**equals()**的这种行为表现方式，这样或许能够避免一些"灾难"。

大多数Java类库都实现了**equals()**方法，以便用来比较对象的内容，而非比较对象的引用。

练习5：(2) 创建一个名为**Dog**的类，它包含两个**String**域：**name**和**says**。在**main()**方法中，创建两个Dog对象，一个名为spot（它的叫声为"Ruff！"），另一个名为scruffy（它的叫声为"Wurf！"）。然后显示它们的名字和叫声。

练习6：(3) 在练习5的基础上，创建一个新的**Dog**索引，并对其赋值为spot对象。测试用==和**equals()**方法来比较所有引用的结果。

3.8 逻辑操作符

逻辑操作符"与"（&&）、"或"（||）、"非"（!）能根据参数的逻辑关系，生成一个布尔值（**true**或**false**）。下面这个例子就使用了关系操作符和逻辑操作符。

```
//: operators/Bool.java
// Relational and logical operators.
import java.util.*;
import static net.mindview.util.Print.*;

public class Bool {
  public static void main(String[] args) {
    Random rand = new Random(47);
    int i = rand.nextInt(100);
    int j = rand.nextInt(100);
    print("i = " + i);
    print("j = " + j);
    print("i > j is " + (i > j));
    print("i < j is " + (i < j));
    print("i >= j is " + (i >= j));
    print("i <= j is " + (i <= j));
    print("i == j is " + (i == j));
    print("i != j is " + (i != j));
```

```
    // Treating an int as a boolean is not legal Java:
105 //! print("i && j is " + (i && j));
//! print("i || j is " + (i || j));
//! print("!i is " + !i);
    print("(i < 10) && (j < 10) is "
       + ((i < 10) && (j < 10)) );
    print("(i < 10) || (j < 10) is "
       + ((i < 10) || (j < 10)) );
  }
} /* Output:
i = 58
j = 55
i > j is true
i < j is false
i >= j is true
i <= j is false
i == j is false
i != j is true
(i < 10) && (j < 10) is false
(i < 10) || (j < 10) is false
*///:~
```

“与”、“或”、“非”操作只可应用于布尔值。与在C及C++中不同的是：不可将一个非布尔值当作布尔值在逻辑表达式中使用。在前面的代码中用“//!”注释掉的语句，就是错误的用法(这种注释语法使得注释能够被自动移除以方便测试)。后面的两个表达式先使用关系比较运算，生成布尔值，然后再对产生的布尔值进行逻辑运算。

注意，如果在应该使用**String**值的地方使用了布尔值，布尔值会自动转换成适当的文本形式。

在上述程序中，可将整数类型替换成除布尔型以外的其他任何基本数据类型。但要注意，对浮点数的比较是非常严格的。即使一个数仅在小数部分与另一个数存在极微小的差异，仍然认为它们是“不相等”的。即使一个数只比零大一点点，它仍然是“非零”值。

练习7：(3)编写一个程序，模拟扔硬币的结果。

3.8.1 短路

当使用逻辑操作符时，我们会遇到一种“短路”现象。即一旦能够明确无误地确定整个表
106 达式的值，就不再计算表达式余下部分了。因此，整个逻辑表达式靠后的部分有可能不会被运算。下面是演示短路现象的例子：

```
//: operators/ShortCircuit.java
// Demonstrates short-circuiting behavior
// with logical operators.
import static net.mindview.util.Print.*;

public class ShortCircuit {
  static boolean test1(int val) {
    print("test1(" + val + ")");
    print("result: " + (val < 1));
    return val < 1;
  }
  static boolean test2(int val) {
    print("test2(" + val + ")");
    print("result: " + (val < 2));
    return val < 2;
  }
  static boolean test3(int val) {
    print("test3(" + val + ")");
    print("result: " + (val < 3));
    return val < 3;
  }
```

```
  public static void main(String[] args) {
    boolean b = test1(0) && test2(2) && test3(2);
    print("expression is " + b);
  }
} /* Output:
test1(0)
result: true
test2(2)
result: false
expression is false
*///:~
```

每个测试都会比较参数，并返回**true**或**false**。它也会打印信息告诉你正在调用测试。这些测试都作用于下面这个表达式：

```
test1(0) && test2(2) && test3(2)
```

你会很自然地认为所有这三个测试都会得以执行。但输出显示却并非这样。第一个测试生成结果**true**，所以表达式计算会继续下去。然而，第二个测试产生了一个**false**结果。由于这意味着 107 整个表达式肯定为**false**，所以没必要继续计算剩余的表达式，那样只是浪费。"短路"一词的由来正源于此。事实上，如果所有的逻辑表达式都有一部分不必计算，那将获得潜在的性能提升。

3.9 直接常量

一般说来，如果在程序里使用了"直接常量"，编译器可以准确地知道要生成什么样的类型，但有时候却是模棱两可的。如果发生这种情况，必须对编译器加以适当的"指导"，用与直接量相关的某些字符来额外增加一些信息。下面这段代码向大家展示了这些字符。

```
//: operators/Literals.java
import static net.mindview.util.Print.*;

public class Literals {
  public static void main(String[] args) {
    int i1 = 0x2f; // Hexadecimal (lowercase)
    print("i1: " + Integer.toBinaryString(i1));
    int i2 = 0X2F; // Hexadecimal (uppercase)
    print("i2: " + Integer.toBinaryString(i2));
    int i3 = 0177; // Octal (leading zero)
    print("i3: " + Integer.toBinaryString(i3));
    char c = 0xffff; // max char hex value
    print("c: " + Integer.toBinaryString(c));
    byte b = 0x7f; // max byte hex value
    print("b: " + Integer.toBinaryString(b));
    short s = 0x7fff; // max short hex value
    print("s: " + Integer.toBinaryString(s));
    long n1 = 200L; // long suffix
    long n2 = 200l; // long suffix (but can be confusing)
    long n3 = 200;
    float f1 = 1;
    float f2 = 1F; // float suffix
    float f3 = 1f; // float suffix
    double d1 = 1d; // double suffix
    double d2 = 1D; // double suffix
    // (Hex and Octal also work with long)
  }
} /* Output:
i1: 101111
i2: 101111
i3: 1111111
c: 1111111111111111
b: 1111111
s: 111111111111111
*///:~
```

108

直接常量后面的后缀字符标志了它的类型。若为大写（或小写）的**L**，代表**long**（但是，使用小写字母**l**容易造成混淆，因为它看起来很像数字**1**）。大写（或小写）字母**F**，代表**float**；大写（或小写）字母**D**，则代表**double**。

十六进制数适用于所有整数数据类型，以前缀**0x**（或**0X**），后面跟随**0-9**或小写（或大写）的**a-f**来表示。如果试图将一个变量初始化成超出自身表示范围的值（无论这个值的数值形式如何），编译器都会向我们报告一条错误信息。注意在前面的代码中，已经给出了**char**、**byte**以及**short**所能表示的最大的十六进制值。如果超出范围，编译器会将值自动转换成**int**型，并告诉我们需要对这次赋值进行“窄化转型”（转型将在本章稍后部分定义）。这样我们就可清楚地知道自己的操作是否越界了。

八进制数由前缀0以及后续的0～7的数字来表示。

在C、C++或者Java中，二进制数没有直接常量表示方法。但是，在使用十六进制和八进制记数法时，以二进制形式显示结果将非常有用。通过使用**Integer**和**Long**类的静态方法**toBinaryString()**可以很容易地实现这一点。请注意，如果将比较小的类型传递给**Integer.toBinaryString()**方法，则该类型将自动被转换为int。

练习8：(2) 展示用十六进制和八进制记数法来操作long值，用**Long.toBinaryString()**来显示结果。

3.9.1 指数记数法

Java采用了一种很不直观的记数法来表示指数，例如：

109

```
//: operators/Exponents.java
// "e" means "10 to the power."

public class Exponents {
  public static void main(String[] args) {
    // Uppercase and lowercase 'e' are the same:
    float expFloat = 1.39e-43f;
    expFloat = 1.39E-43f;
    System.out.println(expFloat);
    double expDouble = 47e47d; // 'd' is optional
    double expDouble2 = 47e47; // Automatically double
    System.out.println(expDouble);
  }
} /* Output:
1.39E-43
4.7E48
*///:~
```

在科学与工程领域，“e”代表自然对数的基数，约等于2.718（Java中的**Math.E**给出了更精确的**double**型的值）。例如$1.39 \times e^{-43}$这样的指数表达式意味着1.39×2.718^{-43}。然而，设计FORTRAN语言的时候，设计师们很自然地决定e代表“10的幂次”。这种做法很奇怪，因为FORTRAN最初是面向科学与工程设计领域的，它的设计者们对引入这样容易令人混淆的概念应该很敏感才对⊖。但不管怎样，这种惯例在C、C++以及Java中被保留了下来。所以倘若习惯将e

⊖ John Kirkham写道：“我开始用计算机是在1962年，使用的是IBM 1620机器上的FORTRAN II。那时候，从60年代到70年代，FORTRAN一直都是使用大写字母。之所以会出现这一情况，可能是由于早期的输入设备大多是老式电传打字机，使用5位Baudot码，那是不包括小写字母的。乘幂表达式中的“E”也肯定是大写的，所以不会与自然对数的基数“e”发生冲突，后者必然是小写的。“E”这个字母的含义其实很简单，就是“Exponential”的意思，即“指数”或“幂数”，代表数字系统的基数——一般都是10。当时，八进制也在程序员中广泛使用。尽管我自己未看到它的使用，但假若我在乘幂表达式中看到一个八进制数字，我就会认为基数是8。我记得第一次看到用小写“e”表示指数是在70年代末期。我当时也觉得它极易产生混淆。产生这个问题是因为FORTRAN已经渐渐引入了小写字母，但并非一开始就有。如果你真的想使用自然对数的基数，有现成的函数可供利用，但它们都是大写的。”

作为自然对数的基数使用，那么在Java中看到像**1.39e**$^{-43}$f这样的表达式时，请转换思维，它真正的含义是1.39×10^{-43}。

注意如果编译器能够正确地识别类型，就不必在数值后附加字符。例如语句

```
long n3 = 200;
```

它不存在含混不清的地方，所以200后面的**L**是用不着的。然而，对于语句 110

```
float f4 = 1e-43f; // 10 to the power
```

编译器通常会将指数作为双精度数（double）处理，所以假如没有这个尾随的**f**，就会收到一条出错提示，告诉我们必须使用类型转换将**double**转换成**float**。

练习9：(1) 分别显示用**float**和**double**指数记数法所能表示的最大和最小的数字。

3.10 按位操作符

按位操作符用来操作整数基本数据类型中的单个“比特”（bit），即二进制位。按位操作符会对两个参数中对应的位执行布尔代数运算，并最终生成一个结果。

按位操作符来源于C语言面向底层的操作，在这种操作中经常需要直接操纵硬件，设置硬件寄存器内的二进制位。Java的设计初衷是嵌入电视机机顶盒内，所以这种面向底层的操作仍被保留了下来。但是，人们可能不会过多地用到位操作符。

如果两个输入位都是1，则按位“与”操作符（**&**）生成一个输出位1；否则生成一个输出位0。如果两个输入位里只要有一个是1，则按位“或”操作符（|）生成一个输出位1；只有在两个输入位都是0的情况下，它才会生成一个输出位0。如果输入位的某一个是1，但不全都是1，那么按位“异或”操作（^）生成一个输出位1。按位“非”（~），也称为取反操作符，它属于一元操作符，只对一个操作数进行操作（其他按位操作符是二元操作符）。按位“非”生成与输入位相反的值——若输入0，则输出1；若输入1，则输出0。

按位操作符和逻辑操作符都使用了同样的符号，因此我们能方便地记住它们的含义：由于位是非常“小”的，所以按位操作符仅使用了一个字符。

按位操作符可与等号（=）联合使用，以便合并运算和赋值：**&=**、|=和^=都是合法的（由于“~”是一元操作符，所以不可与“=”联合使用）。

我们将布尔类型作为一种单比特值对待，所以它多少有些独特。我们可对它执行按位“与”、 111
按位“或”和按位“异或”运算，但不能执行按位“非”（大概是为了避免与逻辑NOT混淆）。对于布尔值，按位操作符具有与逻辑操作符相同的效果，只是它们不会中途“短路”。此外，针对布尔值进行的按位运算为我们新增了一个“异或”逻辑操作符，它并未包括在“逻辑”操作符的列表中。在移位表达式中，不能使用布尔运算，原因将在后面解释。

练习10：(3) 编写一个具有两个常量值的程序，一个具有交替的二进制位1和0，其中最低有效位为0，另一个也具有交替的二进制位1和0，但是其最低有效位为1（提示：使用十六进制常量来表示是最简单的方法）。取这两个值，用按位操作符以所有可能的方式结合运算它们，然后用**Integer.toBinaryString()**显示。

3.11 移位操作符

移位操作符操作的运算对象也是二进制的“位”。移位操作符只可用来处理整数类型（基本类型的一种）。左移位操作符（<<）能按照操作符右侧指定的位数将操作符左边的操作数向左移动（在低位补0）。“有符号”右移位操作符（>>）则按照操作符右侧指定的位数将操作符左边的

操作数向右移动。"有符号"右移位操作符使用"符号扩展"：若符号为正，则在高位插入0；若符号为负，则在高位插入1。Java中增加了一种"无符号"右移位操作符（>>>），它使用"零扩展"：无论正负，都在高位插入0。这一操作符是C或C++中所没有的。

如果对**char**、**byte**或者**short**类型的数值进行移位处理，那么在移位进行之前，它们会被转换为**int**类型，并且得到的结果也是一个**int**类型的值。只有数值右端的低5位才有用。这样可防止我们移位超过**int**型值所具有的位数。（译注：因为2的5次方为32，而int型值只有32位。）若对一个**long**类型的数值进行处理，最后得到的结果也是**long**。此时只会用到数值右端的低6位，以防止移位超过**long**型数值具有的位数。

"移位"可与"等号"（<<=或>>=或>>>=）组合使用。此时，操作符左边的值会移动由右边的值指定的位数，再将得到的结果赋给左边的变量。但在进行"无符号"右移位结合赋值操作时，可能会遇到一个问题：如果对**byte**或**short**值进行这样的移位运算，得到的可能不是正确的
112 结果。它们会先被转换成**int**类型，再进行右移操作，然后被截断，赋值给原来的类型，在这种情况下可能得到-1的结果。下面这个例子演示了这种情况：

```
//: operators/URShift.java
// Test of unsigned right shift.
import static net.mindview.util.Print.*;

public class URShift {
  public static void main(String[] args) {
    int i = -1;
    print(Integer.toBinaryString(i));
    i >>>= 10;
    print(Integer.toBinaryString(i));
    long l = -1;
    print(Long.toBinaryString(l));
    l >>>= 10;
    print(Long.toBinaryString(l));
    short s = -1;
    print(Integer.toBinaryString(s));
    s >>>= 10;
    print(Integer.toBinaryString(s));
    byte b = -1;
    print(Integer.toBinaryString(b));
    b >>>= 10;
    print(Integer.toBinaryString(b));
    b = -1;
    print(Integer.toBinaryString(b));
    print(Integer.toBinaryString(b>>>10));
  }
} /* Output:
11111111111111111111111111111111
1111111111111111111111
1111111111111111111111111111111111111111111111111111111111111111
111111111111111111111111111111111111111111111111111111
11111111111111111111111111111111
11111111111111111111111111111111
11111111111111111111111111111111
11111111111111111111111111111111
11111111111111111111111111111111
1111111111111111111111
*///:~
```

113 在最后一个移位运算中，结果没有赋给**b**，而是直接打印出来，所以其结果是正确的。

下面这个例子向大家展示了如何应用涉及"按位"操作的所有操作符：

```
//: operators/BitManipulation.java
// Using the bitwise operators.
import java.util.*;
import static net.mindview.util.Print.*;
```

```
public class BitManipulation {
  public static void main(String[] args) {
    Random rand = new Random(47);
    int i = rand.nextInt();
    int j = rand.nextInt();
    printBinaryInt("-1", -1);
    printBinaryInt("+1", +1);
    int maxpos = 2147483647;
    printBinaryInt("maxpos", maxpos);
    int maxneg = -2147483648;
    printBinaryInt("maxneg", maxneg);
    printBinaryInt("i", i);
    printBinaryInt("~i", ~i);
    printBinaryInt("-i", -i);
    printBinaryInt("j", j);
    printBinaryInt("i & j", i & j);
    printBinaryInt("i | j", i | j);
    printBinaryInt("i ^ j", i ^ j);
    printBinaryInt("i << 5", i << 5);
    printBinaryInt("i >> 5", i >> 5);
    printBinaryInt("(~i) >> 5", (~i) >> 5);
    printBinaryInt("i >>> 5", i >>> 5);
    printBinaryInt("(~i) >>> 5", (~i) >>> 5);

    long l = rand.nextLong();
    long m = rand.nextLong();
    printBinaryLong("-1L", -1L);
    printBinaryLong("+1L", +1L);
    long ll = 9223372036854775807L;
    printBinaryLong("maxpos", ll);
    long lln = -9223372036854775808L;
    printBinaryLong("maxneg", lln);
    printBinaryLong("l", l);
    printBinaryLong("~l", ~l);
    printBinaryLong("-l", -l);
    printBinaryLong("m", m);                                    114
    printBinaryLong("l & m", l & m);
    printBinaryLong("l | m", l | m);
    printBinaryLong("l ^ m", l ^ m);
    printBinaryLong("l << 5", l << 5);
    printBinaryLong("l >> 5", l >> 5);
    printBinaryLong("(~l) >> 5", (~l) >> 5);
    printBinaryLong("l >>> 5", l >>> 5);
    printBinaryLong("(~l) >>> 5", (~l) >>> 5);
  }
  static void printBinaryInt(String s, int i) {
    print(s + ", int: " + i + ", binary:\n   " +
      Integer.toBinaryString(i));
  }
  static void printBinaryLong(String s, long l) {
    print(s + ", long: " + l + ", binary:\n    " +
      Long.toBinaryString(l));
  }
} /* Output:
-1, int: -1, binary:
   11111111111111111111111111111111
+1, int: 1, binary:
   1
maxpos, int: 2147483647, binary:
   1111111111111111111111111111111
maxneg, int: -2147483648, binary:
   10000000000000000000000000000000
i, int: -1172028779, binary:
   10111010001001000100001010010101
~i, int: 1172028778, binary:
   1000101110110111011110101101010
-i, int: 1172028779, binary:
```

```
   1000101110110111011110101101011
j, int: 1717241110, binary:
   1100110010110110000010100010110
i & j, int: 570425364, binary:
   100010000000000000000000010100
i | j, int: -25213033, binary:
   11111110011111110100011110010111
i ^ j, int: -595638397, binary:
   11011100011111110100011110000011
i << 5, int: 1149784736, binary:
   1000100100010000101001010100000
i >> 5, int: -36625900, binary:
```
115
```
   11111101110100010010001000010100
(~i) >> 5, int: 36625899, binary:
   10001011101101110111101011
i >>> 5, int: 97591828, binary:
   101110100010010001000010100
(~i) >>> 5, int: 36625899, binary:
   10001011101101110111101011
...
*///:~
```

程序末尾调用了两个方法：**printBinaryInt()**和**printBinaryLong()**。它们分别接受**int**或**long**型的参数，并用二进制格式输出，同时附有简要的说明文字。上面的例子还展示了对**int**和**long**的所有按位操作符的作用，还展示了**int**和**long**的最小值、最大值、+1和−1值，以及它们的二进制形式，以使大家了解它们在机器中的具体形式。注意最高位表示符号：0为正，1为负。关于**int**部分的输出正如上面所示。

数字的二进制表示形式称为“有符号的二进制补码”。

练习11：(3) 以一个最高有效位为1的二进制数字开始（提示：使用十六进制常量），用有符号右移操作符对其进行右移，直至所有的二进制位都被移出为止，每移一位都要使用**Integer.toBinaryString()**显示结果。

练习12：(3) 以一个所有位都为1的二进制数字开始，先左移它，然后用无符号右移操作符对其进行右移，直至所有的二进制位都被移出为止，每移一位都要使用**Integer.toBinaryString()**显示结果。

练习13：(1) 编写一个方法，它以二进制形式显示**char**类型的值。使用多个不同的字符来展示它。

3.12 三元操作符 if-else

三元操作符也称为条件操作符，它显得比较特别，因为它有三个操作数；但它确实属于操作符的一种，因为它最终也会生成一个值，这与本章下一节中介绍的普通**if-else**语句是不同的。其表达式采取下述形式：

116
```
boolean-exp ? value0 : value1
```

如果boolean-exp（布尔表达式）的结果为**true**，就计算value0，而且这个计算结果也就是操作符最终产生的值。如果boolean-exp的结果为**false**，就计算value1，同样，它的结果也就成为了操作符最终产生的值。

当然，也可以换用普通的**if-else**语句（在后面介绍），但三元操作符更加简洁。尽管C（C中发明了该操作符）引以为傲的就是它是一种简练的语言，而且三元操作符的引入多半就是为了体现这种高效率的编程，但假如你打算频繁使用它，还是要多作思量，因为它很容易产生可读性极差的代码。

条件操作符与**if-else**完全不同，因为它会产生一个值。下面是这两者进行比较的示例：

```
//: operators/TernaryIfElse.java
import static net.mindview.util.Print.*;

public class TernaryIfElse {
  static int ternary(int i) {
    return i < 10 ? i * 100 : i * 10;
  }
  static int standardIfElse(int i) {
    if(i < 10)
      return i * 100;
    else
      return i * 10;
  }
  public static void main(String[] args) {
    print(ternary(9));
    print(ternary(10));
    print(standardIfElse(9));
    print(standardIfElse(10));
  }
} /* Output:
900
100
900
100
*///:~
```

可以看出，上面的**ternary()**中的代码与**standardIfElse()**中不用三元操作符的代码相比，显得更加紧凑；但**standardIfElse()**更易理解，而且不需要太多的录入。所以在选择使用三元操作符时，请务必仔细考虑。 117

3.13 字符串操作符 + 和 +=

这个操作符在Java中有一项特殊用途：连接不同的字符串。这一点已经在前面的例子中展示过了。尽管与 + 和 += 的传统使用方式不太一样，但我们还是很自然地使用这些操作符来做这件事情。

这项功能用在C++中似乎是个不错的主意，所以引入了操作符重载（operator overloading）机制，以便C++程序员可以为几乎所有操作符增加功能。但非常遗憾，与C++的另外一些限制结合在一起，使得操作符重载成为了一种非常复杂的特性，程序员在设计自己的类时必须对此有非常周全的考虑。与C++相比，尽管操作符重载在Java中更易实现（就像在C#语言中所展示的那样，它具有相当简单直接的操作符重载机制），但仍然过于复杂。所以Java程序员不能像C++和C# 程序员那样实现自己的重载操作符。

字符串操作符有一些很有趣的行为。如果表达式以一个字符串起头，那么后续所有操作数都必须是字符串型（请记住，编译器会把双引号内的字符序列自动转成字符串）：

```
//: operators/StringOperators.java
import static net.mindview.util.Print.*;

public class StringOperators {
  public static void main(String[] args) {
    int x = 0, y = 1, z = 2;
    String s = "x, y, z ";
    print(s + x + y + z);
    print(x + " " + s); // Converts x to a String
    s += "(summed) = "; // Concatenation operator
    print(s + (x + y + z));
    print("" + x); // Shorthand for Integer.toString()
  }
} /* Output:
x, y, z 012
```

```
0 x, y, z
x, y, z (summed) = 3
0
*///:~
```

118

请注意，第一个打印语句的输出是**012**而不是**3**，而**3**正是将这些整数求和之后应该得到的结果，之所以出现这种情况，是因为Java编译器会将**x**、**y**和**z**转换成它们的字符串形式，然后连接这些字符串，而不是先把它们加到一起。第二个打印语句把先导的变量转换为**String**，因此这个字符串转换将不依赖于第一个变量的类型。最后，可以看到使用+=操作符将一个字符串追加到了**s**上，并且使用了括号来控制表达式的赋值顺序，以使得**int**类型的变量在显示之前确实进行了求和操作。

请注意**main()**中的最后一个示例：有时会看到这种一个空的**String**后面跟随+和一个基本类型变量，以此作为不调用更加麻烦的显式方法（在本例中应该是**Integer.toString()**）而执行字符串转换的方式。

3.14 使用操作符时常犯的错误

使用操作符时一个常犯的错误就是，即使对表达式如何计算有点不确定，也不愿意使用括号。这个问题在Java中仍然存在。

在C和C++中，一个特别常见的错误如下：

```
while(x = y) {
  // ....
}
```

程序员很明显是想测试是否“相等”（==），而不是进行赋值操作。在C和C++中，如果y是一个非零值，那么这种赋值的结果肯定是true，而这样便会得到一个无穷循环。在Java中，这个表达式的结果并不是布尔值，而编译器期望的是一个布尔值。由于Java不会自动地将**int**数值转换成布尔值，所以在编译时会抛出一个编译时错误，从而阻止我们进一步去运行程序。所以这种错误在Java中永远不会出现（唯一不会得到编译时错误的情况是**x**和**y**都为布尔值。在这种情况下，**x = y**属于合法表达式。而在前面的例子中，则可能是一个错误）。

119

Java中有一个与C和C++中类似的问题，即使用按位“与”和按位“或”代替逻辑“与”和逻辑“或”。按位“与”和按位“或”使用单字符（**&**或**|**），而逻辑“与”和逻辑“或”使用双字符（**&&**或**||**）。就像“=”和“==”一样，键入一个字符当然要比键入两个简单。Java编译器可防止这个错误发生，因为它不允许我们随便把一种类型当作另一种类型来用。

3.15 类型转换操作符

类型转换（cast）的原意是“模型铸造”。在适当的时候，Java会将一种数据类型自动转换成另一种。例如，假设我们为某浮点变量赋以一个整数值，编译器会将**int**自动转换成**float**。类型转换运算允许我们显式地进行这种类型的转换，或者在不能自动进行转换的时候强制进行类型转换。

要想执行类型转换，需要将希望得到的数据类型置于圆括号内，放在要进行类型转换的值的左边，可以在下面的示例中看到它：

```
//: operators/Casting.java

public class Casting {
  public static void main(String[] args) {
    int i = 200;
```

```
    long lng = (long)i;
    lng = i; // "Widening," so cast not really required
    long lng2 = (long)200;
    lng2 = 200;
    // A "narrowing conversion":
    i = (int)lng2; // Cast required
  }
} ///:~
```

正如所看到的，既可对数值进行类型转换，亦可对变量进行类型转换。请注意，这里可能会引入“多余的”转型，例如，编译器在必要的时候会自动进行**int**值到**long**值的提升。但是你仍然可以做这样“多余的”事，以提醒自己需要留意，也可以使代码更清楚。在其他情况下，可能只有先进行类型转换，代码编译才能通过。

在C和C++中，类型转换有时会让人头痛。但是在Java中，类型转换则是一种比较安全的操作。然而，如果要执行一种名为*窄化转换*（narrowing conversion）的操作（也就是说，将能容纳更多信息的数据类型转换成无法容纳那么多信息的类型），就有可能面临信息丢失的危险。此时，编译器会强制我们进行类型转换，这实际上是说：“这可能是一件危险的事情，如果无论如何要这么做，必须显式地进行类型转换。”而对于*扩展转换*（widening conversion），则不必显式地进行类型转换，因为新类型肯定能容纳原来类型的信息，不会造成任何信息的丢失。 120

Java允许我们把任何基本数据类型转换成别的基本数据类型，但布尔型除外，后者根本不允许进行任何类型的转换处理。“类”数据类型不允许进行类型转换。为了将一种类转换成另一种，必须采用特殊的方法（本书后面会讲到，对象可以在其所属类型的类族之间可以进行类型转换；例如，“橡树”可转型为“树”；反之亦然。但不能把它转换成类族以外的类型，如“岩石”）。

3.15.1 截尾和舍入

在执行窄化转换时，必须注意截尾与舍入问题。例如，如果将一个浮点值转换为整型值，Java会如何处理呢？例如，将29.7转换为**int**，结果是30还是29？在下面的示例中可以找到答案：

```
//: operators/CastingNumbers.java
// What happens when you cast a float
// or double to an integral value?
import static net.mindview.util.Print.*;

public class CastingNumbers {
  public static void main(String[] args) {
    double above = 0.7, below = 0.4;
    float fabove = 0.7f, fbelow = 0.4f;
    print("(int)above: " + (int)above);
    print("(int)below: " + (int)below);
    print("(int)fabove: " + (int)fabove);
    print("(int)fbelow: " + (int)fbelow);
  }
} /* Output:
(int)above: 0
(int)below: 0
(int)fabove: 0
(int)fbelow: 0
*///:~
```

121

因此答案是在将**float**或**double**转型为整型值时，总是对该数字执行截尾。如果想要得到舍入的结果，就需要使用**java.lang.Math**中的**round()**方法：

```
//: operators/RoundingNumbers.java
// Rounding floats and doubles.
import static net.mindview.util.Print.*;

public class RoundingNumbers {
  public static void main(String[] args) {
```

```
    double above = 0.7, below = 0.4;
    float fabove = 0.7f, fbelow = 0.4f;
    print("Math.round(above): " + Math.round(above));
    print("Math.round(below): " + Math.round(below));
    print("Math.round(fabove): " + Math.round(fabove));
    print("Math.round(fbelow): " + Math.round(fbelow));
  }
} /* Output:
Math.round(above): 1
Math.round(below): 0
Math.round(fabove): 1
Math.round(fbelow): 0
*///:~
```

由于**round()**是**java.lang**的一部分，因此在使用它时不需要额外地导入。

3.15.2 提升

如果对基本数据类型执行算术运算或按位运算，大家会发现，只要类型比**int**小（即**char**、**byte**或者**short**），那么在运算之前，这些值会自动转换成int。这样一来，最终生成的结果就是**int**类型。如果想把结果赋值给较小的类型，就必须使用类型转换（既然把结果赋给了较小的类型，就可能出现信息丢失）。通常，表达式中出现的最大的数据类型决定了表达式最终结果的数据类型。如果将一个**float**值与一个**double**值相乘，结果就是**double**；如果将一个**int**和一个**long**值相加，则结果为**long**。

3.16 Java没有sizeof

在C和C++中，**sizeof()**操作符可以告诉你为数据项分配的字节数。在C和C++中，需要使用
122 **sizeof()**的最大原因是为了"移植"。不同的数据类型在不同的机器上可能有不同的大小，所以在进行一些与存储空间有关的运算时，程序员必须获悉那些类型具体有多大。例如，一台计算机可用32位来保存整数，而另一台只用16位保存。显然，在第一台机器中，程序可保存更大的值。可以想像，移植是令C和C++程序员颇为头痛的一个问题。

Java不需要**sizeof()**操作符来满足这方面的需要，因为所有数据类型在所有机器中的大小都是相同的。我们不必考虑移植问题——它已经被设计在语言中了。

3.17 操作符小结

下面这个例子向大家展示了哪些基本数据类型能进行哪些特定的运算。基本上这是同一个不断重复的程序，只是每次使用了不同的基本数据类型。文件编译时不会报错，因为那些会导致编译失败的行已用//!注释掉了。

```
//: operators/AllOps.java
// Tests all the operators on all the primitive data types
// to show which ones are accepted by the Java compiler.

public class AllOps {
  // To accept the results of a boolean test:
  void f(boolean b) {}
  void boolTest(boolean x, boolean y) {
    // Arithmetic operators:
    //! x = x * y;
    //! x = x / y;
    //! x = x % y;
    //! x = x + y;
    //! x = x - y;
    //! x++;
    //! x--;
```

```
    //! x = +y;
    //! x = -y;
    // Relational and logical:
    //! f(x > y);
    //! f(x >= y);
    //! f(x < y);
    //! f(x <= y);                                    123
    f(x == y);
    f(x != y);
    f(!y);
    x = x && y;
    x = x || y;
    // Bitwise operators:
    //! x = ~y;
    x = x & y;
    x = x | y;
    x = x ^ y;
    //! x = x << 1;
    //! x = x >> 1;
    //! x = x >>> 1;
    // Compound assignment:
    //! x += y;
    //! x -= y;
    //! x *= y;
    //! x /= y;
    //! x %= y;
    //! x <<= 1;
    //! x >>= 1;
    //! x >>>= 1;
    x &= y;
    x ^= y;
    x |= y;
    // Casting:
    //! char c = (char)x;
    //! byte b = (byte)x;
    //! short s = (short)x;
    //! int i = (int)x;
    //! long l = (long)x;
    //! float f = (float)x;
    //! double d = (double)x;
  }
  void charTest(char x, char y) {
    // Arithmetic operators:
    x = (char)(x * y);
    x = (char)(x / y);
    x = (char)(x % y);
    x = (char)(x + y);
    x = (char)(x - y);
    x++;
    x--;
    x = (char)+y;                                     124
    x = (char)-y;
    // Relational and logical:
    f(x > y);
    f(x >= y);
    f(x < y);
    f(x <= y);
    f(x == y);
    f(x != y);
    //! f(!x);
    //! f(x && y);
    //! f(x || y);
    // Bitwise operators:
    x= (char)~y;
    x = (char)(x & y);
    x  = (char)(x | y);
    x = (char)(x ^ y);
```

```
    x = (char)(x << 1);
    x = (char)(x >> 1);
    x = (char)(x >>> 1);
    // Compound assignment:
    x += y;
    x -= y;
    x *= y;
    x /= y;
    x %= y;
    x <<= 1;
    x >>= 1;
    x >>>= 1;
    x &= y;
    x ^= y;
    x |= y;
    // Casting:
    //! boolean bl = (boolean)x;
    byte b = (byte)x;
    short s = (short)x;
    int i = (int)x;
    long l = (long)x;
    float f = (float)x;
    double d = (double)x;
  }
  void byteTest(byte x, byte y) {
    // Arithmetic operators:
    x = (byte)(x* y);
    x = (byte)(x / y);
125 x = (byte)(x % y);
    x = (byte)(x + y);
    x = (byte)(x - y);
    x++;
    x--;
    x = (byte)+ y;
    x = (byte)- y;
    // Relational and logical:
    f(x > y);
    f(x >= y);
    f(x < y);
    f(x <= y);
    f(x == y);
    f(x != y);
    //! f(!x);
    //! f(x && y);
    //! f(x || y);
    // Bitwise operators:
    x = (byte)~y;
    x = (byte)(x & y);
    x = (byte)(x | y);
    x = (byte)(x ^ y);
    x = (byte)(x << 1);
    x = (byte)(x >> 1);
    x = (byte)(x >>> 1);
    // Compound assignment:
    x += y;
    x -= y;
    x *= y;
    x /= y;
    x %= y;
    x <<= 1;
    x >>= 1;
    x >>>= 1;
    x &= y;
    x ^= y;
    x |= y;
    // Casting:
    //! boolean bl = (boolean)x;
```

```
    char c = (char)x;
    short s = (short)x;
    int i = (int)x;
    long l = (long)x;
    float f = (float)x;
    double d = (double)x; 126
  }
  void shortTest(short x, short y) {
    // Arithmetic operators:
    x = (short)(x * y);
    x = (short)(x / y);
    x = (short)(x % y);
    x = (short)(x + y);
    x = (short)(x - y);
    x++;
    x--;
    x = (short)+y;
    x = (short)-y;
    // Relational and logical:
    f(x > y);
    f(x >= y);
    f(x < y);
    f(x <= y);
    f(x == y);
    f(x != y);
    //! f(!x);
    //! f(x && y);
    //! f(x || y);
    // Bitwise operators:
    x = (short)~y;
    x = (short)(x & y);
    x = (short)(x | y);
    x = (short)(x ^ y);
    x = (short)(x << 1);
    x = (short)(x >> 1);
    x = (short)(x >>> 1);
    // Compound assignment:
    x += y;
    x -= y;
    x *= y;
    x /= y;
    x %= y;
    x <<= 1;
    x >>= 1;
    x >>>= 1;
    x &= y;
    x ^= y;
    x |= y;
    // Casting:
    //! boolean bl = (boolean)x; 127
    char c = (char)x;
    byte b = (byte)x;
    int i = (int)x;
    long l = (long)x;
    float f = (float)x;
    double d = (double)x;
  }
  void intTest(int x, int y) {
    // Arithmetic operators:
    x = x * y;
    x = x / y;
    x = x % y;
    x = x + y;
    x = x - y;
    x++;
    x--;
    x = +y;
```

```
      x = -y;
      // Relational and logical:
      f(x > y);
      f(x >= y);
      f(x < y);
      f(x <= y);
      f(x == y);
      f(x != y);
      //! f(!x);
      //! f(x && y);
      //! f(x || y);
      // Bitwise operators:
      x = ~y;
      x = x & y;
      x = x | y;
      x = x ^ y;
      x = x << 1;
      x = x >> 1;
      x = x >>> 1;
      // Compound assignment:
      x += y;
      x -= y;
      x *= y;
      x /= y;
      x %= y;
      x <<= 1;
128   x >>= 1;
      x >>>= 1;
      x &= y;
      x ^= y;
      x |= y;
      // Casting:
      //! boolean bl = (boolean)x;
      char c = (char)x;
      byte b = (byte)x;
      short s = (short)x;
      long l = (long)x;
      float f = (float)x;
      double d = (double)x;
    }
    void longTest(long x, long y) {
      // Arithmetic operators:
      x = x * y;
      x = x / y;
      x = x % y;
      x = x + y;
      x = x - y;
      x++;
      x--;
      x = +y;
      x = -y;
      // Relational and logical:
      f(x > y);
      f(x >= y);
      f(x < y);
      f(x <= y);
      f(x == y);
      f(x != y);
      //! f(!x);
      //! f(x && y);
      //! f(x || y);
      // Bitwise operators:
      x = ~y;
      x = x & y;
      x = x | y;
      x = x ^ y;
      x = x << 1;
```

```
    x = x >> 1;
    x = x >>> 1;
    // Compound assignment:
    x += y;                                              129
    x -= y;
    x *= y;
    x /= y;
    x %= y;
    x <<= 1;
    x >>= 1;
    x >>>= 1;
    x &= y;
    x ^= y;
    x |= y;
    // Casting:
    //! boolean bl = (boolean)x;
    char c = (char)x;
    byte b = (byte)x;
    short s = (short)x;
    int i = (int)x;
    float f = (float)x;
    double d = (double)x;
  }
  void floatTest(float x, float y) {
    // Arithmetic operators:
    x = x * y;
    x = x / y;
    x = x % y;
    x = x + y;
    x = x - y;
    x++;
    x--;
    x = +y;
    x = -y;
    // Relational and logical:
    f(x > y);
    f(x >= y);
    f(x < y);
    f(x <= y);
    f(x == y);
    f(x != y);
    //! f(!x);
    //! f(x && y);
    //! f(x || y);
    // Bitwise operators:
    //! x = ~y;
    //! x = x & y;
    //! x = x | y;                                       130
    //! x = x ^ y;
    //! x = x << 1;
    //! x = x >> 1;
    //! x = x >>> 1;
    // Compound assignment:
    x += y;
    x -= y;
    x *= y;
    x /= y;
    x %= y;
    //! x <<= 1;
    //! x >>= 1;
    //! x >>>= 1;
    //! x &= y;
    //! x ^= y;
    //! x |= y;
    // Casting:
    //! boolean bl = (boolean)x;
    char c = (char)x;
```

```
    byte b = (byte)x;
    short s = (short)x;
    int i = (int)x;
    long l = (long)x;
    double d = (double)x;
  }
  void doubleTest(double x, double y) {
    // Arithmetic operators:
    x = x * y;
    x = x / y;
    x = x % y;
    x = x + y;
    x = x - y;
    x++;
    x--;
    x = +y;
    x = -y;
    // Relational and logical:
    f(x > y);
    f(x >= y);
    f(x < y);
    f(x <= y);
    f(x == y);
    f(x != y);
131 //! f(!x);
    //! f(x && y);
    //! f(x || y);
    // Bitwise operators:
    //! x = ~y;
    //! x = x & y;
    //! x = x | y;
    //! x = x ^ y;
    //! x = x << 1;
    //! x = x >> 1;
    //! x = x >>> 1;
    // Compound assignment:
    x += y;
    x -= y;
    x *= y;
    x /= y;
    x %= y;
    //! x <<= 1;
    //! x >>= 1;
    //! x >>>= 1;
    //! x &= y;
    //! x ^= y;
    //! x |= y;
    // Casting:
    //! boolean bl = (boolean)x;
    char c = (char)x;
    byte b = (byte)x;
    short s = (short)x;
    int i = (int)x;
    long l = (long)x;
    float f = (float)x;
  }
} ///:~
```

注意，能够对布尔型值进行的运算非常有限。我们只能赋予它**true**和**false**值，并测试它为真还是为假，而不能将布尔值相加，或对布尔值进行其他任何运算。

在**char**、**byte**和**short**中，我们可看到使用算术操作符中数据类型提升的效果。对这些类型的任何一个进行算术运算，都会获得一个**int**结果，必须将其显式地类型转换回原来的类型（窄化转换可能会造成信息的丢失），以将值赋给原本的类型。但对于**int**值，却不必进行类型转化，
132 因为所有数据都已经属于**int**类型。但不要放松警惕，认为一切事情都是安全的，如果对两个足

够大的**int**值执行乘法运算，结果就会溢出。下面这个例子向大家展示了这一点：

```
//: operators/Overflow.java
// Surprise! Java lets you overflow.

public class Overflow {
  public static void main(String[] args) {
    int big = Integer.MAX_VALUE;
    System.out.println("big = " + big);
    int bigger = big * 4;
    System.out.println("bigger = " + bigger);
  }
} /* Output:
big - 2147483647
bigger = -4
*///:~
```

你不会从编译器那里收到出错或警告信息，运行时也不会出现异常。这说明Java虽然是好东西，但也没有那么好！

对于**char**、**byte**或者**short**，复合赋值并不需要类型转换。尽管它们执行类型提升，但也会获得与直接算术运算相同的结果。而在另一方面，省略类型转换可使代码更加简练。

可以看到，除**boolean**以外，任何一种基本类型都可通过类型转换变为其他基本类型。再一次提醒读者，当类型转换成一种较小的类型时，必须留意"窄化转换"的结果；否则会在类型转化过程中不知不觉地丢失了信息。

练习14：(3) 编写一个接收两个字符串参数的方法，用各种布尔值的比较关系来比较这两个字符串，然后把结果打印出来。做==和 != 比较的同时，用**equals()**作测试。在**main()**里面用几个不同的字符串对象调用这个方法。

3.18 总结

如果你拥有编程语言的经验，那么只要它的语法类似于C，你就会发现Java中的操作符与它们是多么地相似，以至于对你来说没有任何学习困难。如果你发现本章颇具挑战性，那么你应该先阅读从https://www.mindviewllc.com上可获得的Thinking in C多媒体材料。

所选习题的答案都可以在名为The Thinking in Java Annotated Solution Guide的电子文档中找到，读者可以从https://www.mindviewllc.com上购买此文档。 133~134

第4章 控制执行流程

就像有知觉的生物一样，程序必须在执行过程中控制它的世界，并做出选择。在Java中，你要使用执行控制语句来做出选择。

Java使用了C的所有流程控制语句，所以如果读者以前用过C或C++ 编程，那么应该非常熟悉了。大多数过程型编程语言都具有某些形式的控制语句，它们通常在各种语言间是交迭的。在Java中，涉及的关键字包括**if-else**、**while**、**do-while**、**for**、**return**、**break**以及选择语句**switch**。然而，Java并不支持**goto**语句（该语句引起许多反对意见，但它仍是解决某些特殊问题的最便利的方法）。在Java中，仍然可以进行类似**goto**那样的跳转，但比起典型的**goto**，有了很多限制。

4.1 true和false

所有条件语句都利用条件表达式的真或假来决定执行路径。这里有一个条件表达式的例子：**a==b**。它用条件操作符“==”来判断**a**值是否等于**b**值。该表达式返回**true**或**false**。本章前面介绍的所有关系操作符，都可拿来构造条件语句。注意Java不允许我们将一个数字作为布尔值使用，虽然这在C和C++里是允许的（在这些语言里，“真”是非零，而“假”是零）。如果想在布尔测试中使用一个非布尔值，比如在**if(a)**中，那么首先必须用一个条件表达式将其转换成布尔值，例如**if(a!=0)**。

4.2 if-else

if-else语句是控制程序流程的最基本的形式。其中的**else**是可选的，所以可按下述两种形式

135 来使用**if**：

```
if(Boolean-expression)
  statement
```

或

```
if(Boolean-expression)
  statement
else
  statement
```

布尔表达式必须产生一个布尔结果，statement指用分号结尾的简单语句，或复合语句——封闭在花括号内的一组简单语句。在本书任何地方，只要提及“语句”这个词，就指的是简单语句或复合语句。

作为**if-else**的一个例子，下面这个**test()**方法可以告诉您，您猜的数是大于、小于还是等于目标数：

```
//: control/IfElse.java
import static net.mindview.util.Print.*;

public class IfElse {
  static int result = 0;
  static void test(int testval, int target) {
    if(testval > target)
      result = +1;
    else if(testval < target)
```

```
      result = -1;
    else
      result = 0; // Match
  }
  public static void main(String[] args) {
    test(10, 5);
    print(result);
    test(5, 10);
    print(result);
    test(5, 5);
    print(result);
  }
} /* Output:
1
-1
0
*///:~
```
136

在**test()**的中间部分，可以看到一个“**else if**”，那并非新的关键字，而仅仅只是一个**else**后面紧跟另一个新的**if**语句。

尽管Java与它之前产生的C和C++一样，都是“格式自由”的语言，但是习惯上还是将流程控制语句的主体部分缩进排列，使读者能方便地确定起始与终止。

4.3 迭代

while、**do-while**和**for**用来控制循环，有时将它们划分为*迭代语句*（iteration statement）。语句会重复执行，直到起控制作用的*布尔表达式*（Booleanexpression）得到“假”的结果为止。**while**循环的格式如下：

```
while(Boolean-expression)
  statement
```

在循环刚开始时，会计算一次布尔表达式的值；而在语句的下一次迭代开始前会再计算一次。

下面这个简单的例子可产生随机数，直到符合特定的条件为止：

```
//: control/WhileTest.java
// Demonstrates the while loop.

public class WhileTest {
  static boolean condition() {
    boolean result = Math.random() < 0.99;
    System.out.print(result + ", ");
    return result;
  }
  public static void main(String[] args) {
    while(condition())
      System.out.println("Inside 'while'");
    System.out.println("Exited 'while'");
  }
} /* (Execute to see output) *///:~
```

condition()方法用到了**Math**库里的**static**（静态）方法**random()**，该方法的作用是产生0和1之间（包括0，但不包括1）的一个**double**值。**result**的值是通过比较操作符<而得到它，这个操作符将产生**boolean**类型的结果。在打印**boolean**类型的值时，将自动地得到适合的字符串true或false。**while**的条件表达式意思是说：“只要**condition()**返回**true**，就重复执行循环体中的 137
语句”。

4.3.1 do-while

do-while的格式如下：

```
do
  statement
while(Boolean-expression);
```

while和**do-while**唯一的区别就是**do-while**中的语句至少会执行一次，即便表达式第一次就被计算为**false**。而在**while**循环结构中，如果条件第一次就为**false**，那么其中的语句根本不会执行。在实际应用中，**while**比**do-while**更常用一些。

4.3.2 for

for循环可能是最经常使用的迭代形式，这种在第一次迭代之前要进行初始化。随后，它会进行条件测试，而且在每一次迭代结束时，进行某种形式的“步进”。**for**循环的格式如下：

```
for(initialization; Boolean-expression; step)
  statement
```

初始化（initialization）表达式、*布尔表达式*（Boolean-expression），或者*步进*（step）运算，都可以为空。每次迭代前会测试布尔表达式。若获得的结果是**false**，就会执行**for**语句后面的代码行。每次循环结束，会执行一次步进。

for循环常用于执行“计数”任务：

```
//: control/ListCharacters.java
// Demonstrates "for" loop by listing
// all the lowercase ASCII letters.

public class ListCharacters {
  public static void main(String[] args) {
    for(char c = 0; c < 128; c++)
      if(Character.isLowerCase(c))
        System.out.println("value: " + (int)c +
          " character: " + c);
  }
138 } /* Output:
value: 97 character: a
value: 98 character: b
value: 99 character: c
value: 100 character: d
value: 101 character: e
value: 102 character: f
value: 103 character: g
value: 104 character: h
value: 105 character: i
value: 106 character: j
...
*///:~
```

注意，变量**c**是在程序用到它的地方被定义的，也就是在for循环的控制表达式里，而不是在**main()**开始的地方定义的。**c**的作用域就是**for**控制的表达式的范围内。

这个程序也使用了**java.lang.Character**包装器类，这个类不但能把**char**基本类型的值包装进对象，还提供了一些别的有用的方法。这里用到了**static isLowerCase()**方法来检查问题中的字符是否为小写字母。

对于像C语言那样的传统的过程型语言，要求所有变量都在一个块的开头定义，以便编译器在创建这个块的时候，可以为那些变量分配空间。而在Java和C++中，则可在整个块的范围内分散变量声明，在真正需要的地方才加以定义。这样便可形成更自然的编程风格，也更易理解。

练习1：(1) 写一个程序，打印从1到100的值。

练习2：(2) 写一个程序，产生25个**int**类型的随机数。对于每一个随机值，使用**if-else**语句来将其分类为大于、小于，或等于紧随它而随机生成的值。

练习3：(1) 修改练习2，把代码用一个**while**无限循环包括起来。然后运行它直至用键盘中断其运行（通常是通过按Ctrl-C）。

练习4：(3) 写一个程序，使用两个嵌套的**for**循环和取余操作符（%）来探测和打印素数（只能被其自身和1整除，而不能被其他数字整除的整数）。 139

练习5：(4) 重复第3章中的练习10，不要用**Integer.toBinaryString()**方法，而是用三元操作符和按位操作符来显示二进制的1和0。

4.3.3 逗号操作符

本章前面已经提到了逗号操作符（注意不是逗号分隔符，逗号用作分隔符时用来分隔函数的不同参数），Java里唯一用到逗号操作符的地方就是**for**循环的控制表达式。在控制表达式的初始化和步进控制部分，可以使用一系列由逗号分隔的语句；而且那些语句均会独立执行。

通过使用逗号操作符，可以在**for**语句内定义多个变量，但是它们必须具有相同的类型。

```
//: control/CommaOperator.java

public class CommaOperator {
  public static void main(String[] args) {
    for(int i = 1, j = i + 10; i < 5; i++, j = i * 2) {
      System.out.println("i = " + i + " j = " + j);
    }
  }
} /* Output:
i = 1 j = 11
i = 2 j = 4
i = 3 j = 6
i = 4 j = 8
*///:~
```

for语句中的**int**定义涵盖了**i**和**j**，在初始化部分实际上可以拥有任意数量的具有相同类型的变量定义。在一个控制表达式中，定义多个变量的这种能力只限于**for**循环适用，在其他任何选择或迭代语句中都不能使用这种方式。

可以看到，无论在初始化还是在步进部分，语句都是顺序执行的。此外，初始化部分可以有任意数量的同一类型的定义。

4.4 Foreach语法

Java SE5引入了一种新的更加简洁的**for**语法用于数组和容器（在第16章与第17章中将更多地讨论这种语法），即foreach语法，表示不必创建**int**变量去对由访问项构成的序列进行计数，foreach将自动产生每一项。 140

例如，假设有一个**float**数组，我们要选取该数组中的每一个元素：

```
//: control/ForEachFloat.java
import java.util.*;

public class ForEachFloat {
  public static void main(String[] args) {
    Random rand = new Random(47);
    float f[] = new float[10];
    for(int i = 0; i < 10; i++)
      f[i] = rand.nextFloat();
    for(float x : f)
      System.out.println(x);
  }
} /* Output:
0.72711575
0.39982635
```

```
0.5309454
0.0534122
0.16020656
0.57799757
0.18847865
0.4170137
0.51660204
0.73734957
*///:~
```

这个数组是用旧式的**for**循环组装的，因为在组装时必须按索引访问它。在下面这行中可以看到foreach语法：

```
for(float x : f) {
```

这条语句定义了一个**float**类型的变量x，继而将每一个**f**的元素赋值给**x**。

任何返回一个数组的方法都可以使用foreach。例如，**String**类有一个方法**toCharArray()**，它返回一个**char**数组，因此可以很容易地像下面这样迭代在字符串里面的所有字符：

141

```
//: control/ForEachString.java
public class ForEachString {
  public static void main(String[] args) {
    for(char c : "An African Swallow".toCharArray() )
      System.out.print(c + " ");
  }
} /* Output:
A n   A f r i c a n   S w a l l o w
*///:~
```

就像在第11章中所看到的，foreach还可以用于任何**Iterable**对象。

许多**for**语句都会在一个整型值序列中步进，就像下面这样：

```
for(int i = 0; i < 100; i++)
```

对于这些语句，foreach语法将不起作用，除非先创建一个**int**数组。为了简化这些任务，我在**net.mindview.util.Range**包中创建了一个名为**range()**的方法，它可以自动地生成恰当的数组。我的目的是将**range()**用做**static**导入：

```
//: control/ForEachInt.java
import static net.mindview.util.Range.*;
import static net.mindview.util.Print.*;

public class ForEachInt {
  public static void main(String[] args) {
    for(int i : range(10)) // 0..9
      printnb(i + " ");
    print();
    for(int i : range(5, 10)) // 5..9
      printnb(i + " ");
    print();
    for(int i : range(5, 20, 3)) // 5..20 step 3
      printnb(i + " ");
    print();
  }
} /* Output:
0 1 2 3 4 5 6 7 8 9
5 6 7 8 9
5 8 11 14 17
*///:~
```

142

range()方法已经被重载，重载表示相同的方法名可以具有不同的参数列表（你将很快学习重载）。**range()**的第一种重载形式是从0开始产生值，直至范围的上限，但不包括该上限。第二种形式从第一个值开始产生值，直至比第二个值小1的值为止。第三种形式有一个步进值，因此它每次的增量为该值。**range()**是所谓生成器的一个非常简单的版本，有关生成器的内容将在本书稍后进行介绍。

请注意，尽管**range()**使得foreach语法可以适用于更多的场合，并且这样做似乎可以增加可读性，但是它的效率会稍许降低，因此如果您在做性能调优，也许应该使用仿真器来做评价，它是一种可以度量代码性能的工具。

你会注意到，除了**print()**之外，我们还使用了**printnb()**。**printnb()**方法不会换行，因此可以使用它将一行拆分成多个片断输出。

foreach语法不仅在录入代码时可以节省时间，更重要的是，它阅读起来也要容易得多，它说明您正在努力做什么（例如获取数组中的每一个元素），而不是给出你正在如何做的细节（例如正在创建索引，因此可以使用它来选取数组中的每一个元素）。在本书中，我们只要有可能就会使用foreach语法。

4.5 return

在Java中有多个关键词表示无条件分支，它们只是表示这个分支无需任何测试即可发生。这些关键词包括**return**、**break**、**continue**和一种与其他语言中的goto类似的跳转到标号语句的方式。

return关键词有两方面的用途：一方面指定一个方法返回什么值（假设它没有**void**返回值），另一方面它会导致当前的方法退出，并返回那个值。可据此改写上面的**test()**方法，使其利用这些特点：

```
//: control/IfElse2.java
import static net.mindview.util.Print.*;

public class IfElse2 {
  static int test(int testval, int target) {
    if(testval > target)
      return +1;
    else if(testval < target)
      return -1;
    else
      return 0; // Match
  }
  public static void main(String[] args) {
    print(test(10, 5));
    print(test(5, 10));
    print(test(5, 5));
  }
} /* Output:
1
-1
0
*///:~
```

143

不必加上**else**，因为方法在执行了**return**后不再继续执行。

如果在返回**void**的方法中没有**return**语句，那么在该方法的结尾处会有一个隐式的**return**，因此在方法中并非总是必须要有一个**return**语句。但是，如果一个方法声明它将返回void之外的其他东西，那么必须确保每一条代码路径都将返回一个值。

练习6：(2) 修改前两个程序中的两个**test()**方法，让它们接受两个额外的参数**begin**和**end**，这样在测试**testval**时将判断它是否在**begin**和**end**之间（包括**begin**和**end**）的范围内。

4.6 break和 continue

在任何迭代语句的主体部分，都可用**break**和**continue**控制循环的流程。其中，**break**用于强行退出循环，不执行循环中剩余的语句。而**continue**则停止执行当前的迭代，然后退回循环起始处，开始下一次迭代。

下面这个程序向大家展示了**break**和**continue**在**for**和**while**循环中的例子：

144

```
//: control/BreakAndContinue.java
// Demonstrates break and continue keywords.
import static net.mindview.util.Range.*;

public class BreakAndContinue {
  public static void main(String[] args) {
    for(int i = 0; i < 100; i++) {
      if(i == 74) break; // Out of for loop
      if(i % 9 != 0) continue; // Next iteration
      System.out.print(i + " ");
    }
    System.out.println();
    // Using foreach:
    for(int i : range(100)) {
      if(i == 74) break; // Out of for loop
      if(i % 9 != 0) continue; // Next iteration
      System.out.print(i + " ");
    }
    System.out.println();
    int i = 0;
    // An "infinite loop":
    while(true) {
      i++;
      int j = i * 27;
      if(j == 1269) break; // Out of loop
      if(i % 10 != 0) continue; // Top of loop
      System.out.print(i + " ");
    }
  }
} /* Output:
0 9 18 27 36 45 54 63 72
0 9 18 27 36 45 54 63 72
10 20 30 40
*///:~
```

在这个**for**循环中，**i**的值永远不会达到100；因为一旦**i**到达74，**break**语句就会中断循环。通常，只有在不知道中断条件何时满足时，才需要这样使用**break**。只要**i**不能被9整除，**continue**语句就会使执行过程返回到循环的最开头（这使i值递增）。如果能够整除，则将值显示出来。

第二种for循环展示了foreach用法，它将产生相同的结果。

145 最后，可以看到一个“无穷**while**循环”的情况。然而，循环内部有一个**break**语句，可中止循环。除此以外，大家还会看到**continue**语句执行序列移回到循环的开头，而没有去完成**continue**语句之后的所有内容。（只有在**i**值能被10整除时才打印出值。）输出结果之所以显示0，是由于0%9等于0。

无穷循环的第二种形式是**for(;;)**。编译器将**while(true)**与**for(;;)**看作是同一回事。所以具体选用哪个取决于自己的编程习惯。

练习7：(1) 修改本章练习1，通过使用**break**关键词，使得程序在打印到99时退出。然后尝试使用**return**来达到相同的目的。

4.7 臭名昭著的goto

编程语言中一开始就有**goto**关键词了。事实上，**goto**起源于汇编语言的程序控制：“若条件A成立，则跳到这里；否则跳到那里”。如果阅读由编译器最终生成的汇编代码，就会发现程序控制里包含了许多跳转。(Java编译器生成它自己的"汇编代码"，但是这个代码是运行在Java虚拟机上的，而不是直接运行在CPU硬件上。)

goto语句是在源码级上的跳转，这使其招致了不好的声誉。若一个程序总是从一个地方跳到另一个地方，还有什么办法能识别程序的控制流程呢？自从Edsger Dijkstra发表了著名论文《Goto considered harmful》(Goto有害)，众人开始痛斥**goto**的不是，甚至建议将它从关键词集合中扫地出门。

对于这个问题，中庸之道是最好解决方法。真正的问题并不在于使用**goto**，而在于**goto**的滥用；而且少数情况下，**goto**还是组织控制流程的最佳手段。

尽管**goto**仍是Java中的一个保留字，但在语言中并未使用它；Java没有**goto**。然而，Java也能完成一些类似于跳转的操作，这与**break**和**continue**这两个关键词有关。它们其实不是一个跳转，而是中断迭代语句的一种方法。之所以把它们纳入**goto**问题中一起讨论，是由于它们使用了相同的机制：标签。

标签是后面跟有冒号的标识符，就像下面这样： 146

```
label1:
```

在Java中，标签起作用的唯一的地方刚好是在迭代语句之前。"刚好之前"的意思表明，在标签和迭代之间置入任何语句都不好。而在迭代之前设置标签的唯一理由是：我们希望在其中嵌套另一个迭代或者一个开关（你很快就会学习到它）。这是由于**break**和**continue**关键词通常只中断当前循环，但若随同标签一起使用，它们就会中断循环，直到标签所在的地方：

```
label1:
outer-iteration {
  inner-iteration {
    //...
    break; // (1)
    //...
    continue;  // (2)
    //...
    continue label1; // (3)
    //...
    break label1;  // (4)
  }
}
```

在(1)中，**break**中断内部迭代，回到外部迭代。在(2)中，**continue**使执行点移回内部迭代的起始处。在(3)中，**continue label1**同时中断内部迭代以及外部迭代，直接转到**label1**处；随后，它实际上是继续迭代过程，但却从外部迭代开始。在(4)中，**break label1**也会中断所有迭代，并回到**label1**处，但并不重新进入迭代。也就是说，它实际是完全中止了两个迭代。

下面是标签用于**for**循环的例子：

```
//: control/LabeledFor.java
// For loops with "labeled break" and "labeled continue."
import static net.mindview.util.Print.*;

public class LabeledFor {
  public static void main(String[] args) {
    int i = 0;
    outer: // Can't have statements here
    for(; true ;) { // infinite loop
      inner: // Can't have statements here
      for(; i < 10; i++) {
        print("i = " + i);
        if(i == 2) {
          print("continue");
```

147

```
            continue;
          }
          if(i == 3) {
            print("break");
            i++; // Otherwise i never
                 // gets incremented.
            break;
          }
          if(i == 7) {
            print("continue outer");
            i++; // Otherwise i never
                 // gets incremented.
            continue outer;
          }
          if(i == 8) {
            print("break outer");
            break outer;
          }
          for(int k = 0; k < 5; k++) {
            if(k == 3) {
              print("continue inner");
              continue inner;
            }
          }
        }
      }
      // Can't break or continue to labels here
    }
} /* Output:
i = 0
continue inner
i = 1
continue inner
i = 2
continue
i = 3
break
i = 4
continue inner
i = 5
continue inner
i = 6
continue inner
i = 7
continue outer
i = 8
break outer
*///:~
```

148

注意，**break**会中断**for**循环，而且在抵达**for**循环的末尾之前，递增表达式不会执行。由于**break**跳过了递增表达式，所以在**i==3**的情况下直接对i执行递增运算。在**i==7**的情况下，**continue outer**语句会跳到循环顶部，而且也会跳过递增，所以这里也对**i**直接递增。

如果没有**break outer**语句，就没有办法从内部循环里跳出外部循环。这是由于**break**本身只能中断最内层的循环（**continue**同样也是如此）。

当然，如果想在中断循环的同时退出，简单地用一个**return**即可。

下面这个例子向大家展示了带标签的**break**以及**continue**语句在**while**循环中的用法：

```
//: control/LabeledWhile.java
// While loops with "labeled break" and "labeled continue."
import static net.mindview.util.Print.*;

public class LabeledWhile {
  public static void main(String[] args) {
    int i = 0;
```

```
      outer:
      while(true) {
        print("Outer while loop");
        while(true) {
          i++;
          print("i = " + i);
          if(i == 1) {
            print("continue");
            continue;
          }
          if(i == 3) {
            print("continue outer");
            continue outer;
          }
          if(i == 5) {
            print("break");
            break;
          }
          if(i == 7) {
            print("break outer");
            break outer;
          }
        }
      }
    }
} /* Output:
Outer while loop
i = 1
continue
i = 2
i = 3
continue outer
Outer while loop
i = 4
i = 5
break
Outer while loop
i = 6
i = 7
break outer
*///:~
```

149

同样的规则亦适用于**while**：

1) 一般的**continue**会退回最内层循环的开头（顶部），并继续执行。

2) 带标签的**continue**会到达标签的位置，并重新进入紧接在那个标签后面的循环。

3) 一般的**break**会中断并跳出当前循环。

4) 带标签的**break**会中断并跳出标签所指的循环。 150

要记住的重点是：在Java里需要使用标签的唯一理由就是因为有循环嵌套存在，而且想从多层嵌套中**break**或**continue**。

在Dijkstra的《Goto有害》的论文中，他最反对的就是标签，而非**goto**。他发现在一个程序里随着标签的增多，产生的错误也会越来越多，并且标签和**goto**使得程序难以分析。但是，Java的标签不会造成这种问题，因为它们的应用场合已经受到了限制，没有特别的方式用于改变程序的控制。由此也引出了一个有趣的现象：通过限制语句的能力，反而能使一项语言特性更加有用。

4.8 switch

switch有时也被划归为一种选择语句。根据整数表达式的值，**switch**语句可以从一系列代码中选出一段去执行。它的格式如下：

```
switch(integral-selector) {
  case integral-value1 : statement; break;
  case integral-value2 : statement; break;
  case integral-value3 : statement; break;
  case integral-value4 : statement; break;
  case integral-value5 : statement; break;
  // ...
  default: statement;
}
```

其中，Integral-selector（整数选择因子）是一个能够产生整数值的表达式，**switch**能将这个表达式的结果与每个integral-value（整数值）相比较。若发现相符的，就执行对应的语句（单一语句或多条语句，其中并不需要括号）。若没有发现相符的，就执行**default**（默认）语句。

在上面的定义中，大家会注意到每个**case**均以一个**break**结尾，这样可使执行流程跳转至**switch**主体的末尾。这是构建**switch**语句的一种传统方式，但**break**是可选的。若省略**break**，会继续执行后面的**case**语句，直到遇到一个**break**为止。尽管通常不想出现这种情况，但对有经验
151 的程序员来说，也许能够善加利用这种情况。注意最后的**default**语句没有**break**，因为执行流程已到了**break**的跳转目的地。当然，如果考虑到编程风格方面的原因，完全可以在**default**语句的末尾放置一个**break**，尽管它并没有任何实际的用处。

switch语句是实现多路选择（也就是说从一系列执行路径中挑选一个）的一种干净利落的方法。但它要求使用一个选择因子，并且必须是**int**或**char**那样的整数值。例如，假若将一个字符串或者浮点数作为选择因子使用，那么它们在**switch**语句里是不会工作的。对于非整数类型，则必须使用一系列**if**语句。在下一章的末尾，你将看到Java SE5的新特性**enum**，它可以帮助我们减弱这种限制，因为**enum**可以和**switch**协调工作。

下面这个例子可随机生成字母，并判断它们是元音还是辅音字母：

```
//: control/VowelsAndConsonants.java
// Demonstrates the switch statement.
import java.util.*;
import static net.mindview.util.Print.*;

public class VowelsAndConsonants {
  public static void main(String[] args) {
    Random rand = new Random(47);
    for(int i = 0; i < 100; i++) {
      int c = rand.nextInt(26) + 'a';
      printnb((char)c + ", " + c + ": ");
      switch(c) {
        case 'a':
        case 'e':
        case 'i':
        case 'o':
        case 'u': print("vowel");
                  break;
        case 'y':
        case 'w': print("Sometimes a vowel");
                  break;
        default:  print("consonant");
      }
    }
  }
} /* Output:
y, 121: Sometimes a vowel
```
152
```
n, 110: consonant
z, 122: consonant
b, 98: consonant
r, 114: consonant
n, 110: consonant
```

```
y, 121: Sometimes a vowel
g, 103: consonant
c, 99: consonant
f, 102: consonant
o, 111: vowel
w, 119: Sometimes a vowel
z, 122: consonant
...
*///:~
```

由于**Random.nextInt(26)**会产生0到26之间的一个值，所以在其上加上一个偏移量“a”，即可产生小写字母。在case语句中，使用单引号引起的字符也会产生用于比较的整数值。

请注意**case**语句能够堆叠在一起，为一段代码形成多重匹配，即只要符合多种条件中的一种，就执行那段特别的代码。这时也应注意将**break**语句置于特定**case**的末尾，否则控制流程会简单地下移，处理后面的**case**。

在下面的语句中：

```
int c = rand.nextInt(26) + 'a';
```

Random.nextInt()将产生0～25之间的一个随机**int**值，它将被加到“**a**”上。这表示“**a**”将自动被转换为**int**以执行加法。为了把**c**当作字符打印，必须将其转型为**char**；否则，将产生整型输出。

练习8：(2) 写一个**switch**开关语句，为每个**case**打印一个消息。然后把这个**switch**放进**for**循环来测试每个**case**。先让每个**case**后面都有**break**，测试一下会怎样；然后把break删了，看看会怎样。

练习9：(4) 一个斐波那契数列是由数字1、1、2、3、5、8、13、21、34等等组成的，其中每一个数字（从第三个数字起）都是前两个数字的和。创建一个方法，接受一个整数参数，并显示从第一个元素开始总共由该参数指定的个数所构成的所有斐波那契数字。例如，如果运行 153
java Fibonacci 5（其中**Fibonacci**是类名），那么输出就应该是1、1、2、3、5。

练习10：(5) 吸血鬼数字是指位数为偶数的数字，可以由一对数字相乘而得到，而这对数字各包含乘积的一半位数的数字，其中从最初的数字中选取的数字可以任意排序。以两个0结尾的数字是不允许的，例如，下列数字都是“吸血鬼”数字：

1260 = 21 * 60

1827 = 21 * 87

2187 = 27 * 81

写一个程序，找出4位数的所有吸血鬼数字（Dan Forhan推荐）。

4.9 总结

本章介绍了大多数编程语言都具有的基本特性：运算、操作符优先级、类型转换以及选择和循环等等。现在，我们已经做好了准备，以使自己更靠近面向对象的程序设计的世界。在下一章里，我们将讨论对象的初始化与清理，再后面则讲述隐藏实现细节（implementation hiding）这一核心概念。

所选习题的答案都可以在名为The Thinking in Java Annotated Solution Guide的电子文档中找到，读者可以从https://www.mindviewllc.com处购买此文档。 154

第5章 初始化与清理

随着计算机革命的发展，“不安全”的编程方式已逐渐成为编程代价高昂的主因之一。

*初始化*和*清理*（cleanup）正是涉及安全的两个问题。许多C程序的错误都源于程序员忘记初始化变量。特别是在使用程序库时，如果用户不知道如何初始化库的构件（或者是用户必须进行初始化的其他东西），更是如此。清理也是一个特殊问题，当使用完一个元素时，它对你也就不会有什么影响了，所以很容易把它忘记。这样一来，这个元素占用的资源就会一直得不到释放，结果是资源（尤其是内存）用尽。

C++引入了*构造器*（constructor）的概念，这是一个在创建对象时被自动调用的特殊方法。Java中也采用了构造器，并额外提供了“垃圾回收器”。对于不再使用的内存资源，垃圾回收器能自动将其释放。本章将讨论初始化和清理的相关问题，以及Java对它们提供的支持。

5.1 用构造器确保初始化

可以假想为编写的每个类都定义一个**initialize()**方法。该方法的名称提醒你在使用其对象之前，应首先调用**initialize()**。然而，这同时意味着用户必须记得自己去调用此方法。在Java中，通过提供构造器，类的设计者可确保每个对象都会得到初始化。创建对象时，如果其类具有构造器，Java就会在用户有能力操作对象之前自动调用相应的构造器，从而保证了初始化的进行。

接下来的问题就是如何命名这个方法。有两个问题：第一，所取的任何名字都可能与类的
155 某个成员名称相冲突；第二，调用构造器是编译器的责任，所以必须让编译器知道应该调用哪个方法。C++语言中采用的解决方案看来最简单且更符合逻辑，所以在Java中也采用了这种方案：即构造器采用与类相同的名称。考虑到在初始化期间要自动调用构造器，这种做法就顺理成章了。

以下就是一个带有构造器的简单类：

```
//: initialization/SimpleConstructor.java
// Demonstration of a simple constructor.

class Rock {
  Rock() { // This is the constructor
    System.out.print("Rock ");
  }
}

public class SimpleConstructor {
  public static void main(String[] args) {
    for(int i = 0; i < 10; i++)
      new Rock();
  }
} /* Output:
Rock Rock Rock Rock Rock Rock Rock Rock Rock Rock
*///:~
```

现在，在创建对象时：

```
new Rock();
```

将会为对象分配存储空间，并调用相应的构造器。这就确保了在你能操作对象之前，它已经被

恰当地初始化了。

请注意，由于构造器的名称必须与类名完全相同，所以“每个方法首字母小写”的编码风格并不适用于构造器。

不接受任何参数的构造器叫做*默认构造器*，Java文档中通常使用术语*无参构造器*，但是默认构造器在Java出现之前已经使用许多年了，所以我仍旧倾向于使用它。但是和其他方法一样，构造器也能带有形式参数，以便指定如何创建对象。对上述例子稍加修改，即可使构造器接受一个参数： 156

```
//: initialization/SimpleConstructor2.java
// Constructors can have arguments.

class Rock2 {
  Rock2(int i) {
    System.out.print("Rock " + i + " ");
  }
}

public class SimpleConstructor2 {
  public static void main(String[] args) {
    for(int i = 0; i < 8; i++)
      new Rock2(i);
  }
} /* Output:
Rock 0 Rock 1 Rock 2 Rock 3 Rock 4 Rock 5 Rock 6 Rock 7
*///:~
```

有了构造器形式参数，就可以在初始化对象时提供实际参数。例如，假设类**Tree**有一个构造器，它接受一个整型变量来表示树的高度，就可以这样创建一个**Tree**对象：

```
Tree t = new Tree(12);  // 12-foot tree
```

如果**Tree(int)**是**Tree**类中唯一的构造器，那么编译器将不会允许你以其他任何方式创建**Tree**对象。

构造器有助于减少错误，并使代码更易于阅读。从概念上讲，“初始化”与“创建”是彼此独立的，然而在上面的代码中，你却找不到对**initialize()**方法的明确调用。在Java中，“初始化”和“创建”捆绑在一起，两者不能分离。

构造器是一种特殊类型的方法，因为它没有返回值。这与返回值为空（**void**）明显不同。对于空返回值，尽管方法本身不会自动返回什么，但仍可选择让它返回别的东西。构造器则不会返回任何东西，你别无选择（**new**表达式确实返回了对新建对象的引用，但构造器本身并没有任何返回值）。假如构造器具有返回值，并且允许人们自行选择返回类型，那么势必得让编译器知道该如何处理此返回值。 157

练习1：(1) 创建一个类，它包含一个未初始化的**String**引用。验证该引用被Java初始化成了**null**。

练习2：(2) 创建一个类，它包含一个在定义时就被初始化了的**String**域，以及另一个通过构造器初始化的**String**域。这两种方式有何差异？

5.2 方法重载

任何程序设计语言都具备的一项重要特性就是对名字的运用。当创建一个对象时，也就给此对象分配到的存储空间取了一个名字。所谓方法则是给某个动作取的名字。通过使用名字，你可以引用所有的对象和方法。名字起得好可以使系统更易于理解和修改。就好比写散文——目的是让读者易于理解。

将人类语言中存在细微差别的概念“映射”到程序设计语言中时，问题随之而生。在日常生活中，相同的词可以表达多种不同的含义——它们被“重载”了。特别是含义之间的差别很小时，这种方式十分有用。你可以说“清洗衬衫”、“清洗车”、“清洗狗”。但如果硬要这样说就显得很愚蠢：“以洗衬衫的方式洗衬衫”、“以洗车的方式洗车”、“以洗狗的方式洗狗”。这是因为听众根本不需要对所执行的动作做出明确的区分。大多数人类语言具有很强的“冗余”性，所以即使漏掉了几个词，仍然可以推断出含义。不需要对每个概念都使用不同的词汇——从具体的语境中就可以推断出含义。

大多数程序设计语言（尤其是C）要求为每个方法（在这些语言中经常称为函数）都提供一个独一无二的标识符。所以绝不能用名为**print()**的函数显示了整数之后，又用一个名为**print()**的函数显示浮点数——每个函数都要有唯一的名称。

在Java（和C++）里，构造器是强制重载方法名的另一个原因。既然构造器的名字已经由类名所决定，就只能有一个构造器名。那么要想用多种方式创建一个对象该怎么办呢？假设你要创建一个类，既可以用标准方式进行初始化，也可以从文件里读取信息来初始化。这就需要两个构造器：一个*默认构造器*，另一个取字符串作为形式参数——该字符串表示初始化对象所需
158 的文件名称。由于都是构造器，所以它们必须有相同的名字，即类名。为了让方法名相同而形式参数不同的构造器同时存在，必须用到*方法重载*。同时，尽管方法重载是构造器所必需的，但它亦可应用于其他方法，且用法同样方便。

下面这个例子同时示范了重载的构造器和重载的方法：

```
//: initialization/Overloading.java
// Demonstration of both constructor
// and ordinary method overloading.
import static net.mindview.util.Print.*;

class Tree {
  int height;
  Tree() {
    print("Planting a seedling");
    height = 0;
  }
  Tree(int initialHeight) {
    height = initialHeight;
    print("Creating new Tree that is " +
      height + " feet tall");
  }
  void info() {
    print("Tree is " + height + " feet tall");
  }
  void info(String s) {
    print(s + ": Tree is " + height + " feet tall");
  }
}

public class Overloading {
  public static void main(String[] args) {
    for(int i = 0; i < 5; i++) {
      Tree t = new Tree(i);
      t.info();
      t.info("overloaded method");
    }
    // Overloaded constructor:
    new Tree();
  }
} /* Output:
Creating new Tree that is 0 feet tall
Tree is 0 feet tall
```
159

```
overloaded method: Tree is 0 feet tall
Creating new Tree that is 1 feet tall
Tree is 1 feet tall
overloaded method: Tree is 1 feet tall
Creating new Tree that is 2 feet tall
Tree is 2 feet tall
overloaded method: Tree is 2 feet tall
Creating new Tree that is 3 feet tall
Tree is 3 feet tall
overloaded method: Tree is 3 feet tall
Creating new Tree that is 4 feet tall
Tree is 4 feet tall
overloaded method: Tree is 4 feet tall
Planting a seedling
*///:~
```

创建**Tree**对象的时候，既可以不含参数，也可以用树的高度当参数。前者表示一棵树苗，后者表示已有一定高度的树木。要支持这种创建方式，得有一个默认构造器和一个采用现有高度作为参数的构造器。

或许你还想通过多种方式调用**info()**方法。例如，你想显示额外信息，可以用**info(String)**方法；没有的话就用**info()**。要是对明显相同的概念使用了不同的名字，那一定会让人很纳闷。好在有了方法重载，可以为两者使用相同的名字。

5.2.1 区分重载方法

要是几个方法有相同的名字，Java如何才能知道你指的是哪一个呢？其实规则很简单：每个重载的方法都必须有一个独一无二的参数类型列表。

稍加思考，就会觉得这是合理的。毕竟，对于名字相同的方法，除了参数类型的差异以外，还有什么办法能把它们区别开呢？

甚至参数顺序的不同也足以区分两个方法。不过，一般情况下别这么做，因为这会使代码难以维护：

160

```
//: initialization/OverloadingOrder.java
// Overloading based on the order of the arguments.
import static net.mindview.util.Print.*;
public class OverloadingOrder {
  static void f(String s, int i) {
    print("String: " + s + ", int: " + i);
  }
  static void f(int i, String s) {
    print("int: " + i + ", String: " + s);
  }
  public static void main(String[] args) {
    f("String first", 11);
    f(99, "Int first");
  }
} /* Output:
String: String first, int: 11
int: 99, String: Int first
*///:~
```

上例中两个**print()**方法虽然声明了相同的参数，但顺序不同，因此得以区分。

5.2.2 涉及基本类型的重载

基本类型能从一个“较小”的类型自动提升至一个“较大”的类型，此过程一旦牵涉到重载，可能会造成一些混淆。以下例子说明了将基本类型传递给重载方法时发生的情况：

```
//: initialization/PrimitiveOverloading.java
// Promotion of primitives and overloading.
import static net.mindview.util.Print.*;
```

```
public class PrimitiveOverloading {
  void f1(char x) { printnb("f1(char) "); }
  void f1(byte x) { printnb("f1(byte) "); }
  void f1(short x) { printnb("f1(short) "); }
  void f1(int x) { printnb("f1(int) "); }
  void f1(long x) { printnb("f1(long) "); }
  void f1(float x) { printnb("f1(float) "); }
  void f1(double x) { printnb("f1(double) "); }

  void f2(byte x) { printnb("f2(byte) "); }
  void f2(short x) { printnb("f2(short) "); }
  void f2(int x) { printnb("f2(int) "); }
  void f2(long x) { printnb("f2(long) "); }
161  void f2(float x) { printnb("f2(float) "); }
  void f2(double x) { printnb("f2(double) "); }

  void f3(short x) { printnb("f3(short) "); }
  void f3(int x) { printnb("f3(int) "); }
  void f3(long x) { printnb("f3(long) "); }
  void f3(float x) { printnb("f3(float) "); }
  void f3(double x) { printnb("f3(double) "); }

  void f4(int x) { printnb("f4(int) "); }
  void f4(long x) { printnb("f4(long) "); }
  void f4(float x) { printnb("f4(float) "); }
  void f4(double x) { printnb("f4(double) "); }

  void f5(long x) { printnb("f5(long) "); }
  void f5(float x) { printnb("f5(float) "); }
  void f5(double x) { printnb("f5(double) "); }

  void f6(float x) { printnb("f6(float) "); }
  void f6(double x) { printnb("f6(double) "); }

  void f7(double x) { printnb("f7(double) "); }

  void testConstVal() {
    printnb("5: ");
    f1(5);f2(5);f3(5);f4(5);f5(5);f6(5);f7(5); print();
  }
  void testChar() {
    char x = 'x';
    printnb("char: ");
    f1(x);f2(x);f3(x);f4(x);f5(x);f6(x);f7(x); print();
  }
  void testByte() {
    byte x = 0;
    printnb("byte: ");
    f1(x);f2(x);f3(x);f4(x);f5(x);f6(x);f7(x); print();
  }
  void testShort() {
    short x = 0;
    printnb("short: ");
    f1(x);f2(x);f3(x);f4(x);f5(x);f6(x);f7(x); print();
  }
  void testInt() {
    int x = 0;
162    printnb("int: ");
    f1(x);f2(x);f3(x);f4(x);f5(x);f6(x);f7(x); print();
  }
  void testLong() {
    long x = 0;
    printnb("long: ");
    f1(x);f2(x);f3(x);f4(x);f5(x);f6(x);f7(x); print();
  }
  void testFloat() {
    float x = 0;
```

```
    printnb("float: ");
    f1(x);f2(x);f3(x);f4(x);f5(x);f6(x);f7(x); print();
  }
  void testDouble() {
    double x = 0;
    printnb("double: ");
    f1(x);f2(x);f3(x);f4(x);f5(x);f6(x);f7(x); print();
  }
  public static void main(String[] args) {
    PrimitiveOverloading p =
      new PrimitiveOverloading();
    p.testConstVal();
    p.testChar();
    p.testByte();
    p.testShort();
    p.testInt();
    p.testLong();
    p.testFloat();
    p.testDouble();
  }
} /* Output:
5: f1(int) f2(int) f3(int) f4(int) f5(long) f6(float)
f7(double)
char: f1(char) f2(int) f3(int) f4(int) f5(long) f6(float)
f7(double)
byte: f1(byte) f2(byte) f3(short) f4(int) f5(long)
f6(float) f7(double)
short: f1(short) f2(short) f3(short) f4(int) f5(long)
f6(float) f7(double)
int: f1(int) f2(int) f3(int) f4(int) f5(long) f6(float)
f7(double)
long: f1(long) f2(long) f3(long) f4(long) f5(long)
f6(float) f7(double)
float: f1(float) f2(float) f3(float) f4(float) f5(float)
f6(float) f7(double)
double: f1(double) f2(double) f3(double) f4(double)
f5(double) f6(double) f7(double)
*///:~
```

163

你会发现常数值5被当作**int**值处理，所以如果有某个重载方法接受**int**型参数，它就会被调用。至于其他情况，如果传入的数据类型（实际参数类型）小于方法中声明的形式参数类型，实际数据类型就会被提升。**char**型略有不同，如果无法找到恰好接受**char**参数的方法，就会把**char**直接提升至**int**型。

如果传入的实际参数大于重载方法声明的形式参数，会出现什么情况呢？修改上述程序，就能得到答案：

```
//: initialization/Demotion.java
// Demotion of primitives and overloading.
import static net.mindview.util.Print.*;

public class Demotion {
  void f1(char x) { print("f1(char)"); }
  void f1(byte x) { print("f1(byte)"); }
  void f1(short x) { print("f1(short)"); }
  void f1(int x) { print("f1(int)"); }
  void f1(long x) { print("f1(long)"); }
  void f1(float x) { print("f1(float)"); }
  void f1(double x) { print("f1(double)"); }

  void f2(char x) { print("f2(char)"); }
  void f2(byte x) { print("f2(byte)"); }
  void f2(short x) { print("f2(short)"); }
  void f2(int x) { print("f2(int)"); }
  void f2(long x) { print("f2(long)"); }
```

```
  void f2(float x) { print("f2(float)"); }

  void f3(char x) { print("f3(char)"); }
  void f3(byte x) { print("f3(byte)"); }
  void f3(short x) { print("f3(short)"); }
  void f3(int x) { print("f3(int)"); }
  void f3(long x) { print("f3(long)"); }

  void f4(char x) { print("f4(char)"); }
  void f4(byte x) { print("f4(byte)"); }
  void f4(short x) { print("f4(short)"); }
164  void f4(int x) { print("f4(int)"); }
  void f5(char x) { print("f5(char)"); }
  void f5(byte x) { print("f5(byte)"); }
  void f5(short x) { print("f5(short)"); }

  void f6(char x) { print("f6(char)"); }
  void f6(byte x) { print("f6(byte)"); }

  void f7(char x) { print("f7(char)"); }

  void testDouble() {
    double x = 0;
    print("double argument:");
    f1(x);f2((float)x);f3((long)x);f4((int)x);
    f5((short)x);f6((byte)x);f7((char)x);
  }
  public static void main(String[] args) {
    Demotion p = new Demotion();
    p.testDouble();
  }
} /* Output:
double argument:
f1(double)
f2(float)
f3(long)
f4(int)
f5(short)
f6(byte)
f7(char)
*///:~
```

在这里，方法接受较小的基本类型作为参数。如果传入的实际参数较大，就得通过类型转换来执行窄化转换。如果不这样做，编译器就会报错。

5.2.3 以返回值区分重载方法

读者可能会想："在区分重载方法的时候，为什么只能以类名和方法的形参列表作为标准呢？能否考虑用方法的返回值来区分呢？"比如下面两个方法，虽然它们有同样的名字和形式参数，但却很容易区分它们：

```
void f() {}
165 int f() { return 1; }
```

只要编译器可以根据语境明确判断出语义，比如在**int x=f()**中，那么的确可以据此区分重载方法。不过，有时你并不关心方法的返回值，你想要的是方法调用的其他效果（这常被称为"为了副作用而调用"），这时你可能会调用方法而忽略其返回值。所以，如果像下面这样调用方法：

```
f();
```

此时Java如何才能判断该调用哪一个**f()**呢？别人该如何理解这种代码呢？因此，根据方法的返回值来区分重载方法是行不通的。

5.3 默认构造器

如前所述，默认构造器（又名“无参”构造器）是没有形式参数的——它的作用是创建一个“默认对象”。如果你写的类中没有构造器，则编译器会自动帮你创建一个默认构造器。例如：

```
//: initialization/DefaultConstructor.java

class Bird {}

public class DefaultConstructor {
  public static void main(String[] args) {
    Bird b = new Bird(); // Default!
  }
} ///:~
```

表达式

```
new Bird()
```

行创建了一个新对象，并调用其默认构造器——即使你没有明确定义它。没有它的话，就没有方法可调用，就无法创建对象。但是，如果已经定义了一个构造器（无论是否有参数），编译器就不会帮你自动创建默认构造器：

```
//: initialization/NoSynthesis.java

class Bird2 {
  Bird2(int i) {}
  Bird2(double d) {}
}

public class NoSynthesis {
  public static void main(String[] args) {
    //! Bird2 b = new Bird2(); // No default
    Bird2 b2 = new Bird2(1);
    Bird2 b3 = new Bird2(1.0);
  }
} ///:~
```

166

要是你这样写：

```
new Bird2()
```

编译器就会报错：没有找到匹配的构造器。这就好比，要是你没有提供任何构造器，编译器会认为“你需要一个构造器，让我给你制造一个吧”；但假如你已写了一个构造器，编译器则会认为“啊，你已写了一个构造器，所以你知道你在做什么；你是刻意省略了默认构造器。”

练习3：(1) 创建一个带默认构造器（即无参构造器）的类，在构造器中打印一条消息。为这个类创建一个对象。

练习4：(1) 为前一个练习中的类添加一个重载构造器，令其接受一个字符串参数，并在构造器中把你自己的消息和接收的参数一起打印出来。

练习5：(2) 创建一个名为**Dog**的类，它具有重载的**bark()**方法。此方法应根据不同的基本数据类型进行重载，并根据被调用的版本，打印出不同类型的狗吠（barking）、咆哮（howling）等信息。编写**main()**来调用所有不同版本的方法。

练习6：(1) 修改前一个练习的程序，让两个重载方法各自接受两个类型的不同的参数，但二者顺序相反。验证其是否工作。

练习7：(1) 创建一个没有构造器的类，并在**main()**中创建其对象，用以验证编译器是否真的自动加入了默认构造器。

5.4 this关键字

如果有同一类型的两个对象，分别是**a**和**b**。你可能想知道，如何才能让这两个对象都能调
167 用**peel()**方法呢：

```
//: initialization/BananaPeel.java

class Banana { void peel(int i) { /* ... */ } }

public class BananaPeel {
  public static void main(String[] args) {
    Banana a = new Banana(),
           b = new Banana();
    a.peel(1);
    b.peel(2);
  }
} ///:~
```

如果只有一个**peel()**方法，它如何知道是被**a**还是被**b**所调用的呢？

为了能用简便、面向对象的语法来编写代码——即“发送消息给对象”，编译器做了一些幕后工作。它暗自把“所操作对象的引用”作为第一个参数传递给**peel()**。所以上述两个方法的调用就变成了这样：

```
Banana.peel(a, 1);
Banana.peel(b, 2);
```

这是内部的表示形式。我们并不能这样书写代码，并试图通过编译；但这种写法的确能帮你了解实际所发生的事情。

假设你希望在方法的内部获得对当前对象的引用。由于这个引用是由编译器“偷偷”传入的，所以没有标识符可用。但是，为此有个专门的关键字：**this**。**this**关键字只能在方法内部使用，表示对“调用方法的那个对象”的引用。**this**的用法和其他对象引用并无不同。但要注意，如果在方法内部调用同一个类的另一个方法，就不必使用**this**，直接调用即可。当前方法中的**this**引用会自动应用于同一类中的其他方法。所以可以这样写代码：

```
//: initialization/Apricot.java
public class Apricot {
  void pick() { /* ... */ }
  void pit() { pick(); /* ... */ }
} ///:~
```

168

在**pit()**内部，你可以写**this.pick()**，但无此必要⊖。编译器能帮你自动添加。只有当需要明确指出对当前对象的引用时，才需要使用this关键字。例如，当需要返回对当前对象的引用时，就常常在**return**语句里这样写：

```
//: initialization/Leaf.java
// Simple use of the "this" keyword.

public class Leaf {
  int i = 0;
  Leaf increment() {
    i++;
    return this;
  }
```

⊖ 有些人执意将**this**放在每一个方法调用和字段引用前，认为这样“更清楚更明确”。但是，千万别这么做。我们使用高级语言的原因之一就是它们能帮我们做一些事情。要是你把**this**放在一些没必要的地方，就会使读你程序的人不知所措，因为别人写的代码不会到处使用**this**。人们期望只在必要处使用**this**。遵循一种一致而直观的编程风格能节省时间和金钱。

```
  void print() {
    System.out.println("i = " + i);
  }
  public static void main(String[] args) {
    Leaf x = new Leaf();
    x.increment().increment().increment().print();
  }
} /* Output:
i = 3
*///:~
```

由于**increment()**通过**this**关键字返回了对当前对象的引用，所以很容易在一条语句里对同一个对象执行多次操作。

this关键字对于将当前对象传递给其他方法也很有用：

169

```
//: initialization/PassingThis.java

class Person {
  public void eat(Apple apple) {
    Apple peeled = apple.getPeeled();
    System.out.println("Yummy");
  }
}

class Peeler {
  static Apple peel(Apple apple) {
    // ... remove peel
    return apple; // Peeled
  }
}

class Apple {
  Apple getPeeled() { return Peeler.peel(this); }
}

public class PassingThis {
  public static void main(String[] args) {
    new Person().eat(new Apple());
  }
} /* Output:
Yummy
*///:~
```

Apple需要调用**Peeler.peel()**方法，它是一个外部的工具方法，将执行由于某种原因而必须放在**Apple**外部的操作(也许是因为该外部方法要应用于许多不同的类，而你却不想重复这些代码)。为了将其自身传递给外部方法，**Apple**必须使用**this**关键字。

练习8：(1) 编写具有两个方法的类，在第一个方法内调用第二个方法两次：第一次调用时不使用**this**关键字，第二次调用时使用**this**关键字——这里只是为了验证它是起作用的，你不应该在实践中使用这种方式。

5.4.1 在构造器中调用构造器

可能为一个类写了多个构造器，有时可能想在一个构造器中调用另一个构造器，以避免重复代码。可用**this**关键字做到这一点。

通常写**this**的时候，都是指“这个对象”或者“当前对象”，而且它本身表示对当前对象的引用。在构造器中，如果为**this**添加了参数列表，那么就有了不同的含义。这将产生对符合此参 170
数列表的某个构造器的明确调用；这样，调用其他构造器就有了直接的途径：

```
//: initialization/Flower.java
// Calling constructors with "this"
import static net.mindview.util.Print.*;
```

```
public class Flower {
  int petalCount = 0;
  String s = "initial value";
  Flower(int petals) {
    petalCount = petals;
    print("Constructor w/ int arg only, petalCount= "
      + petalCount);
  }
  Flower(String ss) {
    print("Constructor w/ String arg only, s = " + ss);
    s = ss;
  }
  Flower(String s, int petals) {
    this(petals);
//!    this(s); // Can't call two!
    this.s = s; // Another use of "this"
    print("String & int args");
  }
  Flower() {
    this("hi", 47);
    print("default constructor (no args)");
  }
  void printPetalCount() {
//! this(11); // Not inside non-constructor!
    print("petalCount = " + petalCount + " s = "+ s);
  }
  public static void main(String[] args) {
    Flower x = new Flower();
    x.printPetalCount();
  }
} /* Output:
Constructor w/ int arg only, petalCount= 47
String & int args
default constructor (no args)
petalCount = 47 s = hi
*///:~
```

171

构造器**Flower(String s,int petals)**表明：尽管可以用**this**调用一个构造器，但却不能调用两个。此外，必须将构造器调用置于最起始处，否则编译器会报错。

这个例子也展示了**this**的另一种用法。由于参数**s**的名称和数据成员**s**的名字相同，所以会产生歧义。使用**this.s**来代表数据成员就能解决这个问题。在Java程序代码中经常出现这种写法，本书中也常这么写。

printPetalCount()方法表明，除构造器之外，编译器禁止在其他任何方法中调用构造器。

练习9：(1)编写具有两个（重载）构造器的类，并在第一个构造器中通过**this**调用第二个构造器。

5.4.2 static的含义

了解**this**关键字之后，就能更全面地理解**static**（静态）方法的含义。**static**方法就是没有**this**的方法。在**static**方法的内部不能调用非静态方法[⊖]，反过来倒是可以的。而且可以在没有创建任何对象的前提下，仅仅通过类本身来调用**static**方法。这实际上正是**static**方法的主要用途。它很像全局方法。Java中禁止使用全局方法，但你在类中置入**static**方法就可以访问其他**static**方法和**static**域。

有些人认为**static**方法不是“面向对象”的，因为它们的确具有全局函数的语义；使用**static**

⊖ 这不是完全不可能。如果你传递一个对象的引用到静态方法里（静态方法可以创建其自身的对象），然后通过这个引用（和**this**效果相同），你就可以调用非静态方法和访问非静态数据成员了。但通常要达到这样的效果，你只需写一个非静态方法即可。

方法时，由于不存在**this**，所以不是通过“向对象发送消息”的方式来完成的。的确，要是在代码中出现了大量的**static**方法，就该重新考虑自己的设计了。然而，**static**的概念有其实用之处，许多时候都要用到它。至于它是否真的“面向对象”，就留给理论家去讨论吧。事实上，Smalltalk语言里的“类方法”就是与**static**方法相对应的。 172

5.5 清理：终结处理和垃圾回收

程序员都了解初始化的重要性，但常常会忘记同样也重要的清理工作。毕竟，谁需要清理一个int呢？但在使用程序库时，把一个对象用完后就“弃之不顾”的做法并非总是安全的。当然，Java有垃圾回收器负责回收无用对象占据的内存资源。但也有特殊情况：假定你的对象（并非使用new）获得了一块“特殊”的内存区域，由于垃圾回收器只知道释放那些经由new分配的内存，所以它不知道该如何释放该对象的这块“特殊”内存。为了应对这种情况，Java允许在类中定义一个名为**finalize()**的方法。它的工作原理“假定”是这样的：一旦垃圾回收器准备好释放对象占用的存储空间，将首先调用其**finalize()**方法，并且在下一次垃圾回收动作发生时，才会真正回收对象占用的内存。所以要是你打算用**finalize()**，就能在垃圾回收时刻做一些重要的清理工作。

这里有一个潜在的编程陷阱，因为有些程序员（特别是C++程序员）刚开始可能会误把**finalize()**当作C++中的*析构函数*（C++中销毁对象必须用到这个函数）。所以有必要明确区分一下：在C++中，对象一定会被销毁（如果程序中没有缺陷的话）；而Java里的对象却并非总是被垃圾回收。或者换句话说：

1. *对象可能不被垃圾回收。*

2. *垃圾回收并不等于“析构”。*

牢记这些，就能远离困扰。这意味着在你不再需要某个对象之前，如果必须执行某些动作，那么你得自己去做。Java并未提供“析构函数”或相似的概念，要做类似的清理工作，必须自己动手创建一个执行清理工作的普通方法。例如，假设某个对象在创建过程中会将自己绘制到屏幕上，如果不是明确地从屏幕上将其擦除，它可能永远得不到清理。如果在**finalize()**里加入某种擦除功能，当“垃圾回收”发生时（不能保证一定会发生），**finalize()**得到了调用，图像就 173
会被擦除。要是“垃圾回收”没有发生，图像就会一直保留下来。

也许你会发现，只要程序没有濒临存储空间用完的那一刻，对象占用的空间就总也得不到释放。如果程序执行结束，并且垃圾回收器一直都没有释放你创建的任何对象的存储空间，则随着程序的退出，那些资源也会全部交还给操作系统。这个策略是恰当的，因为垃圾回收本身也有开销，要是不使用它，那就不用支付这部分开销了。

5.5.1 finalize()的用途何在

此时，读者已经明白了不该将**finalize()**作为通用的清理方法。那么，**finalize()**的真正用途是什么呢？

这引出了要记住的第三点：

3. *垃圾回收只与内存有关。*

也就是说，使用垃圾回收器的唯一原因是为了回收程序不再使用的内存。所以对于与垃圾回收有关的任何行为来说（尤其是**finalize()**方法），它们也必须同内存及其回收有关。

但这是否意味着要是对象中含有其他对象，**finalize()**就应该明确释放那些对象呢？不，无论对象是如何创建的，垃圾回收器都会负责释放对象占据的所有内存。这就将对**finalize()**的需求限制到一种特殊情况，即通过某种创建对象方式以外的方式为对象分配了存储空间。不过，读者也看到了，Java中一切皆为对象，那这种特殊情况是怎么回事呢？

看来之所以要有**finalize()**，是由于在分配内存时可能采用了类似C语言中的做法，而非Java中的通常做法。这种情况主要发生在使用“本地方法”的情况下，本地方法是一种在Java中调用非Java代码的方式（关于本地方法的讨论见本书电子版第2版，在https://www.mindviewllc.com网站上有收录）。本地方法目前只支持C和C++，但它们可以调用其他语言写的代码，所以实际上可以调用任何代码。在非Java代码中，也许会调用C的**malloc()**函数系列来分配存储空间，而
174 且除非调用了**free()**函数，否则存储空间将得不到释放，从而造成内存泄露。当然，**free()**是C和C++中的函数，所以需要在**finalize()**中用本地方法调用它。

至此，读者或许已经明白了不要过多地使用**finalize()**的道理了⊖。对，它确实不是进行普通的清理工作的合适场所。那么，普通的清理工作应该在哪里执行呢？

5.5.2 你必须实施清理

要清理一个对象，用户必须在需要清理的时刻调用执行清理动作的方法。这听起来似乎很简单，但却与C++中的“析构函数”的概念稍有抵触。在C++中，所有对象都会被销毁，或者说，应该被销毁。如果在C++中创建了一个局部对象（也就是在堆栈上创建，这在Java中行不通），此时的销毁动作发生在以“右花括号”为边界的、此对象作用域的末尾处。如果对象是用**new**创建的（类似于Java中），那么当程序员调用C++的delete操作符时（Java没有这个命令），就会调用相应的析构函数。如果程序员忘记调用**delete**，那么永远不会调用析构函数，这样就会出现内存泄露，对象的其他部分也不会得到清理。这种缺陷很难跟踪，这也是让C++程序员转向Java的一个主要因素。

相反，Java不允许创建局部对象，必须使用**new**创建对象。在Java中，也没有用于释放对象的**delete**，因为垃圾回收器会帮助你释放存储空间。甚至可以肤浅地认为，正是由于垃圾收集机制的存在，使得Java没有析构函数。然而，随着学习的深入，读者就会明白垃圾回收器的存在并不能完全代替析构函数。（而且绝对不能直接调用**finalize()**，所以这也不是一种解决方案。）如果希望进行除释放存储空间之外的清理工作，还是得明确调用某个恰当的Java方法。这就等同于使用析构函数了，只是没有它方便。

记住，无论是“垃圾回收”还是“终结”，都不保证一定会发生。如果Java虚拟机（JVM）
175 并未面临内存耗尽的情形，它是不会浪费时间去执行垃圾回收以恢复内存的。

5.5.3 终结条件

通常，不能指望**finalize()**，必须创建其他的“清理”方法，并且明确地调用它们。看来，**finalize()**只能存在于程序员很难用到的一些晦涩用法里了。不过，**finalize()**还有一个有趣的用法，它并不依赖于每次都要对**finalize()**进行调用，这就是对象终结条件⊜的验证。

当对某个对象不再感兴趣——也就是它可以被清理了，这个对象应该处于某种状态，使它占用的内存可以被安全地释放。例如，要是对象代表了一个打开的文件，在对象被回收前程序员应该关闭这个文件。只要对象中存在没有被适当清理的部分，程序就存在很隐晦的缺陷。**finalize()**可以用来最终发现这种情况——尽管它并不总是会被调用。如果某次**finalize()**的动作使得缺陷被发现，那么就可据此找出问题所在——这才是人们真正关心的。

以下是个简单的例子，示范了**finalize()**可能的使用方式：

⊖ Joshua Bloch在题为“避免使用终结函数”一节中走的更远，他提到：“终结函数无法预料，常常是危险的，总之是多余的。”《Effective Java》,第20页，(Addison-Wesley 2001)。

⊜ 这个术语是在由Bill Venners (www.artima.com)和我一同开的培训班上发明的。

```
//: initialization/TerminationCondition.java
// Using finalize() to detect an object that
// hasn't been properly cleaned up.

class Book {
  boolean checkedOut = false;
  Book(boolean checkOut) {
    checkedOut = checkOut;
  }
  void checkIn() {
    checkedOut = false;
  }
  protected void finalize() {
    if(checkedOut)
      System.out.println("Error: checked out");
    // Normally, you'll also do this:
    // super.finalize(); // Call the base-class version
  }
}

public class TerminationCondition {
  public static void main(String[] args) {
    Book novel = new Book(true);
    // Proper cleanup:
    novel.checkIn();
    // Drop the reference, forget to clean up:
    new Book(true);
    // Force garbage collection & finalization:
    System.gc();
  }
} /* Output:
Error: checked out
*///:~
```

176

本例的终结条件是：所有的**Book**对象在被当作垃圾回收前都应该被签入（check in）。但在**main()**方法中，由于程序员的错误，有一本书未被签入。要是没有**finalize()**来验证终结条件，将很难发现这种缺陷。

注意，**System.gc()**用于强制进行终结动作。即使不这么做，通过重复地执行程序（假设程序将分配大量的存储空间而导致垃圾回收动作的执行），最终也能找出错误的**Book**对象。

你应该总是假设基类版本的**finalize()**也要做某些重要的事情，因此要使用super来调用它，就像在**Book.finalize()**中看到的那样。在本例中，它被注释掉了，因为它需要进行异常处理，而我们还没有介绍过这部分内容。

练习10：(2) 编写具有**finalize()**方法的类，并在方法中打印消息。在**main()**中为该类创建一个对象。试解释这个程序的行为。

练习11：(4) 修改前一个练习的程序，让你的**finalize()**总会被调用。

练习12：(4) 编写名为**Tank**的类，此类的状态可以是“满的”或“空的”。其终结条件是：对象被清理时必须处于空状态。请编写**finalize()**以检验终结条件是否成立。在**main()**中测试**Tank** 可能发生的几种使用方式。 177

5.5.4 垃圾回收器如何工作

在以前所用过的程序语言中，在堆上分配对象的代价十分高昂，因此读者自然会觉得Java中所有对象（基本类型除外）都在堆上分配的方式也非常高昂。然而，垃圾回收器对于提高对象的创建速度，却具有明显的效果。听起来很奇怪——存储空间的释放竟然会影响存储空间的分配，但这确实是某些Java虚拟机的工作方式。这也意味着，Java从堆分配空间的速度，可以和其他语言从堆栈上分配空间的速度相媲美。

打个比方，你可以把C++里的堆想像成一个院子，里面每个对象都负责管理自己的地盘。一段时间以后，对象可能被销毁，但地盘必须加以重用。在某些Java虚拟机中，堆的实现截然不同：它更像一个传送带，每分配一个新对象，它就往前移动一格。这意味着对象存储空间的分配速度非常快。Java的“堆指针”只是简单地移动到尚未分配的区域，其效率比得上C++在堆栈上分配空间的效率。当然，实际过程中在簿记工作方面还有少量额外开销，但比不上查找可用空间开销大。

读者也许已经意识到了，Java中的堆未必完全像传送带那样工作。要真是那样的话，势必会导致频繁的内存页面调度——将其移进移出硬盘，因此会显得需要拥有比实际需要更多的内存。页面调度会显著地影响性能，最终，在创建了足够多的对象之后，内存资源将耗尽。其中的秘密在于垃圾回收器的介入。当它工作时，将一面回收空间，一面使堆中的对象紧凑排列，这样“堆指针”就可以很容易移动到更靠近传送带的开始处，也就尽量避免了页面错误。通过垃圾回收器对对象重新排列，实现了一种高速的、有无限空间可供分配的堆模型。

要想更好地理解Java中的垃圾回收，先了解其他系统中的垃圾回收机制将会很有帮助。引用记数是一种简单但速度很慢的垃圾回收技术。每个对象都含有一个引用计数器，当有引用连接至对象时，引用计数加1。当引用离开作用域或被置为**null**时，引用计数减1。虽然管理引用记数的开销不大，但这项开销在整个程序生命周期中将持续发生。垃圾回收器会在含有全部对象的列表上遍历，当发现某个对象的引用计数为0时，就释放其占用的空间（但是，引用记数模式
178 经常会在记数值变为0时立即释放对象）。这种方法有个缺陷，如果对象之间存在循环引用，可能会出现“对象应该被回收，但引用计数却不为零”的情况。对垃圾回收器而言，定位这样的交互自引用的对象组所需的工作量极大。引用记数常用来说明垃圾收集的工作方式，但似乎从未被应用于任何一种Java虚拟机实现中。

在一些更快的模式中，垃圾回收器并非基于引用记数技术。它们依据的思想是：对任何“活”的对象，一定能最终追溯到其存活在堆栈或静态存储区之中的引用。这个引用链条可能会穿过数个对象层次。由此，如果从堆栈和静态存储区开始，遍历所有的引用，就能找到所有“活”的对象。对于发现的每个引用，必须追踪它所引用的对象，然后是此对象包含的所有引用，如此反复进行，直到“根源于堆栈和静态存储区的引用”所形成的网络全部被访问为止。你所访问过的对象必须都是“活”的。注意，这就解决了“交互自引用的对象组”的问题——这种现象根本不会被发现，因此也就被自动回收了。

在这种方式下，Java虚拟机将采用一种*自适应*的垃圾回收技术。至于如何处理找到的存活对象，取决于不同的Java虚拟机实现。有一种做法名为*停止-复制*（stop-and-copy）。显然这意味着，先暂停程序的运行（所以它不属于后台回收模式），然后将所有存活的对象从当前堆复制到另一个堆，没有被复制的全部都是垃圾。当对象被复制到新堆时，它们是一个挨着一个的，所以新堆保持紧凑排列，然后就可以按前述方法简单、直接地分配新空间了。

当把对象从一处搬到另一处时，所有指向它的那些引用都必须修正。位于堆或静态存储区的引用可以直接被修正，但可能还有其他指向这些对象的引用，它们在遍历的过程中才能被找到（可以想像成有个表格，将旧地址映射至新地址）。

对于这种所谓的“复制式回收器”而言，效率会降低，这有两个原因。首先，得有两个堆，
179 然后得在这两个分离的堆之间来回倒腾，从而得维护比实际需要多一倍的空间。某些Java虚拟机对此问题的处理方式是，按需从堆中分配几块较大的内存，复制动作发生在这些大块内存之间。

第二个问题在于复制。程序进入稳定状态之后，可能只会产生少量垃圾，甚至没有垃圾。

尽管如此，复制式回收器仍然会将所有内存自一处复制到另一处，这很浪费。为了避免这种情形，一些Java虚拟机会进行检查：要是没有新垃圾产生，就会转换到另一种工作模式（即“自适应”）。这种模式称为*标记－清扫*（mark-and-sweep），Sun公司早期版本的Java虚拟机使用了这种技术。对一般用途而言，“标记－清扫”方式速度相当慢，但是当你知道只会产生少量垃圾甚至不会产生垃圾时，它的速度就很快了。

“标记－清扫”所依据的思路同样是从堆栈和静态存储区出发，遍历所有的引用，进而找出所有存活的对象。每当它找到一个存活对象，就会给对象设一个标记，这个过程中不会回收任何对象。只有全部标记工作完成的时候，清理动作才会开始。在清理过程中，没有标记的对象将被释放，不会发生任何复制动作。所以剩下的堆空间是不连续的，垃圾回收器要是希望得到连续空间的话，就得重新整理剩下的对象。

“停止－复制”的意思是这种垃圾回收动作不是在后台进行的；相反，垃圾回收动作发生的同时，程序将会被暂停。在Sun 公司的文档中会发现，许多参考文献将垃圾回收视为低优先级的后台进程，但事实上垃圾回收器在Sun公司早期版本的Java虚拟机中并非以这种方式实现的。当可用内存数量较低时，Sun版本的垃圾回收器会暂停运行程序，同样，“标记－清扫”工作也必须在程序暂停的情况下才能进行。

如前文所述，在这里所讨论的Java虚拟机中，内存分配以较大的“块”为单位。如果对象较大，它会占用单独的块。严格来说，“停止－复制”要求在释放旧有对象之前，必须先把所有存活对象从旧堆复制到新堆，这将导致大量内存复制行为。有了块之后，垃圾回收器在回收的时候就可以往废弃的块里拷贝对象了。每个块都用相应的*代数*（generation count）来记录它是否还存活。通常，如果块在某处被引用，其代数会增加；垃圾回收器将对上次回收动作之后新分配的块进行整理。这对处理大量短命的临时对象很有帮助。垃圾回收器会定期进行完整的清理动作——大型对象仍然不会被复制（只是其代数会增加），内含小型对象的那些块则被复制并整理。Java虚拟机会进行监视，如果所有对象都很稳定，垃圾回收器的效率降低的话，就切换到 180
“标记－清扫”方式；同样，Java虚拟机会跟踪“标记－清扫”的效果，要是堆空间出现很多碎片，就会切换回“停止－复制”方式。这就是“自适应”技术，你可以给它个罗嗦的称呼：“自适应的、分代的、停止－复制、标记－清扫”式垃圾回收器。

Java虚拟机中有许多附加技术用以提升速度。尤其是与加载器操作有关的，被称为“即时”（Just-In-Time，JIT）编译器的技术。这种技术可以把程序全部或部分翻译成本地机器码（这本来是Java虚拟机的工作），程序运行速度因此得以提升。当需要装载某个类（通常是在为该类创建第一个对象）时，编译器会先找到其 **.class** 文件，然后将该类的字节码装入内存。此时，有两种方案可供选择。一种是就让即时编译器编译所有代码。但这种做法有两个缺陷：这种加载动作散落在整个程序生命周期内，累加起来要花更多时间；并且会增加可执行代码的长度（字节码要比即时编译器展开后的本地机器码小很多），这将导致页面调度，从而降低程序速度。另一种做法称为*惰性评估*（lazy evaluation），意思是即时编译器只在必要的时候才编译代码。这样，从不会被执行的代码也许就压根不会被JIT所编译。新版JDK中的Java HotSpot技术就采用了类似方法，代码每次被执行的时候都会做一些优化，所以执行的次数越多，它的速度就越快。

5.6 成员初始化

Java尽力保证：所有变量在使用前都能得到恰当的初始化。对于方法的局部变量，Java以编译时错误的形式来贯彻这种保证。所以如果写成：

```
void f() {
  int i;
  i++; // Error -- i not initialized
}
```

就会得到一条出错消息，告诉你**i**可能尚未初始化。当然，编译器也可以为**i**赋一个默认值，但是未初始化的局部变量更有可能是程序员的疏忽，所以采用默认值反而会掩盖这种失误。因此强
181 制程序员提供一个初始值，往往能够帮助找出程序里的缺陷。

要是类的数据成员（即字段）是基本类型，情况就会变得有些不同。正如在“一切都是对象”一章中所看到的，类的每个基本类型数据成员保证都会有一个初始值。下面的程序可以验证这类情况，并显示它们的值：

```
//: initialization/InitialValues.java
// Shows default initial values.
import static net.mindview.util.Print.*;

public class InitialValues {
  boolean t;
  char c;
  byte b;
  short s;
  int i;
  long l;
  float f;
  double d;
  InitialValues reference;
  void printInitialValues() {
    print("Data type      Initial value");
    print("boolean        " + t);
    print("char           [" + c + "]");
    print("byte           " + b);
    print("short          " + s);
    print("int            " + i);
    print("long           " + l);
    print("float          " + f);
    print("double         " + d);
    print("reference      " + reference);
  }
  public static void main(String[] args) {
    InitialValues iv = new InitialValues();
    iv.printInitialValues();
    /* You could also say:
    new InitialValues().printInitialValues();
    */
  }
} /* Output:
Data type      Initial value
boolean        false
char           [ ]
byte           0
short          0
int            0
long           0
float          0.0
double         0.0
reference      null
*///:~
```

182

可见尽管数据成员的初值没有给出，但它们确实有初值（**char**值为0，所以显示为空白）。这样至少不会冒“未初始化变量”的风险了。

在类里定义一个对象引用时，如果不将其初始化，此引用就会获得一个特殊值**null**。

5.6.1 指定初始化

如果想为某个变量赋初值，该怎么做呢？有一种很直接的办法，就是在定义类成员变量的地方为其赋值（注意在C++里不能这样做，尽管C++的新手们总想这样做）。以下代码片段修改了**InitialValues**类成员变量的定义，直接提供了初值。

```
//: initialization/InitialValues2.java
// Providing explicit initial values.

public class InitialValues2 {
  boolean bool = true;
  char ch = 'x';
  byte b = 47;
  short s = 0xff;
  int i = 999;
  long lng = 1;
  float f = 3.14f;
  double d = 3.14159;
} ///:~
```

也可以用同样的方法初始化非基本类型的对象。如果**Depth**是一个类，那么可以像下面这样创建一个对象并初始化它：

```
//: initialization/Measurement.java
class Depth {}

public class Measurement {
  Depth d = new Depth();
  // ...
} ///:~
```

183

如果没有为**d**指定初始值就尝试使用它，就会出现运行时错误，告诉你产生了一个*异常*（这在第12章中详述）。

甚至可以通过调用某个方法来提供初值：

```
//: initialization/MethodInit.java
public class MethodInit {
  int i = f();
  int f() { return 11; }
} ///:~
```

这个方法也可以带有参数，但这些参数必须是已经被初始化了的。因此，可以这样写：

```
//: initialization/MethodInit2.java
public class MethodInit2 {
  int i = f();
  int j = g(i);
  int f() { return 11; }
  int g(int n) { return n * 10; }
} ///:~
```

但像下面这样写就不对了：

```
//: initialization/MethodInit3.java
public class MethodInit3 {
  //! int j = g(i); // Illegal forward reference
  int i = f();
  int f() { return 11; }
  int g(int n) { return n * 10; }
} ///:~
```

显然，上述程序的正确性取决于初始化的顺序，而与其编译方式无关。所以，编译器恰当地对“向前引用”发出了警告。

这种初始化方法既简单又直观。但有个限制：类**InitialValues**的每个对象都会具有相同的初

184 值。有时，这正是所希望的，但有时却需要更大的灵活性。

5.7 构造器初始化

可以用构造器来进行初始化。在运行时刻，可以调用方法或执行某些动作来确定初值，这为编程带来了更大的灵活性。但要牢记：无法阻止自动初始化的进行，它将在构造器被调用之前发生。因此，假如使用下述代码：

```
//: initialization/Counter.java
public class Counter {
  int i;
  Counter() { i = 7; }
  // ...
} ///:~
```

那么**i**首先会被置0，然后变成7。对于所有基本类型和对象引用，包括在定义时已经指定初值的变量，这种情况都是成立的；因此，编译器不会强制你一定要在构造器的某个地方或在使用它们之前对元素进行初始化——因为初始化早已得到了保证。

5.7.1 初始化顺序

在类的内部，变量定义的先后顺序决定了初始化的顺序。即使变量定义散布于方法定义之间，它们仍旧会在任何方法（包括构造器）被调用之前得到初始化。例如：

```
//: initialization/OrderOfInitialization.java
// Demonstrates initialization order.
import static net.mindview.util.Print.*;

// When the constructor is called to create a
// Window object, you'll see a message:
class Window {
  Window(int marker) { print("Window(" + marker + ")"); }
}

class House {
  Window w1 = new Window(1); // Before constructor
  House() {
    // Show that we're in the constructor:
185
    print("House()");
    w3 = new Window(33); // Reinitialize w3
  }
  Window w2 = new Window(2); // After constructor
  void f() { print("f()"); }
  Window w3 = new Window(3); // At end
}

public class OrderOfInitialization {
  public static void main(String[] args) {
    House h = new House();
    h.f(); // Shows that construction is done
  }
} /* Output:
Window(1)
Window(2)
Window(3)
House()
Window(33)
f()
*///:~
```

在**House**类中，故意把几个**Window**对象的定义散布到各处，以证明它们全都会在调用构造器或其他方法之前得到初始化。此外，**w3**在构造器内再次被初始化。

由输出可见，**w3**这个引用会被初始化两次：一次在调用构造器前，一次在调用期间（第一次引用的对象将被丢弃，并作为垃圾回收）。试想，如果定义了一个重载构造器，它没有初始化**w3**；同时在**w3**的定义里也没有指定默认值，那会产生什么后果呢？所以尽管这种方法似乎效率不高，但它的确能使初始化得到保证。

5.7.2 静态数据的初始化

无论创建多少个对象，静态数据都只占用一份存储区域。**static**关键字不能应用于局部变量，因此它只能作用于域。如果一个域是静态的基本类型域，且也没有对它进行初始化，那么它就会获得基本类型的标准初值；如果它是一个对象引用，那么它的默认初始化值就是**null**。 186

如果想在定义处进行初始化，采取的方法与非静态数据没什么不同。

要想了解静态存储区域是何时初始化的，就请看下面这个例子：

```
//: initialization/StaticInitialization.java
// Specifying initial values in a class definition.
import static net.mindview.util.Print.*;

class Bowl {
  Bowl(int marker) {
    print("Bowl(" + marker + ")");
  }
  void f1(int marker) {
    print("f1(" + marker + ")");
  }
}

class Table {
  static Bowl bowl1 = new Bowl(1);
  Table() {
    print("Table()");
    bowl2.f1(1);
  }
  void f2(int marker) {
    print("f2(" + marker + ")");
  }
  static Bowl bowl2 = new Bowl(2);
}

class Cupboard {
  Bowl bowl3 = new Bowl(3);
  static Bowl bowl4 = new Bowl(4);
  Cupboard() {
    print("Cupboard()");
    bowl4.f1(2);
  }
  void f3(int marker) {
    print("f3(" + marker + ")");
  }
  static Bowl bowl5 = new Bowl(5);
}

public class StaticInitialization {
  public static void main(String[] args) {
    print("Creating new Cupboard() in main");
    new Cupboard();
    print("Creating new Cupboard() in main");
    new Cupboard();
    table.f2(1);
    cupboard.f3(1);
  }
  static Table table = new Table();
  static Cupboard cupboard = new Cupboard();
} /* Output:
```

187

```
Bowl(1)
Bowl(2)
Table()
f1(1)
Bowl(4)
Bowl(5)
Bowl(3)
Cupboard()
f1(2)
Creating new Cupboard() in main
Bowl(3)
Cupboard()
f1(2)
Creating new Cupboard() in main
Bowl(3)
Cupboard()
f1(2)
f2(1)
f3(1)
*///:~
```

Bowl类使得看到类的创建，而**Table**类和**Cupboard**类在它们的类定义中加入了**Bowl**类型的静态数据成员。注意，在静态数据成员定义之前，**Cupboard**类先定义了一个**Bowl**类型的非静态数据成员 **b3**。

由输出可见，静态初始化只有在必要时刻才会进行。如果不创建**Table**对象，也不引用**Table.b1**或**Table.b2**，那么静态的**Bowl b1**和**b2**永远都不会被创建。只有在第一个Table对象被创建（或者第一次访问静态数据）的时候，它们才会被初始化。此后，静态对象不会再次被初
188 始化。

初始化的顺序是先静态对象（如果它们尚未因前面的对象创建过程而被初始化），而后是“非静态”对象。从输出结果中可以观察到这一点。要执行**main()**（静态方法），必须加载**StaticInitialization**类，然后其静态域**table**和**cupboard**被初始化，这将导致它们对应的类也被加载，并且由于它们也都包含静态的**Bowl**对象，因此**Bowl**随后也被加载。这样，在这个特殊的程序中的所有类在**main()**开始之前就都被加载了。实际情况通常并非如此，因为在典型的程序中，不会像在本例中所做的那样，将所有的事物都通过**static**联系起来。

总结一下对象的创建过程，假设有个名为**Dog**的类：

1. 即使没有显式地使用**static**关键字，构造器实际上也是静态方法。因此，当首次创建类型为**Dog**的对象时（构造器可以看成静态方法），或者**Dog**类的静态方法/静态域首次被访问时，Java解释器必须查找类路径，以定位**Dog.class**文件。

2. 然后载入**Dog.class**（后面会学到，这将创建一个**Class**对象），有关静态初始化的所有动作都会执行。因此，静态初始化只在**Class**对象首次加载的时候进行一次。

3. 当用**new Dog()**创建对象的时候，首先将在堆上为**Dog**对象分配足够的存储空间。

4. 这块存储空间会被清零，这就自动地将**Dog**对象中的所有基本类型数据都设置成了默认值（对数字来说就是0，对布尔型和字符型也相同），而引用则被设置成了**null**。

5. 执行所有出现于字段定义处的初始化动作。

6. 执行构造器。正如将在第7章所看到的，这可能会牵涉到很多动作，尤其是涉及继承的
189 时候。

5.7.3 显式的静态初始化

Java允许将多个静态初始化动作组织成一个特殊的“静态子句”（有时也叫做“静态块”）。就像下面这样：

```
//: initialization/Spoon.java
public class Spoon {
  static int i;
  static {
    i = 47;
  }
} ///:~
```

尽管上面的代码看起来像个方法，但它实际只是一段跟在**static**关键字后面的代码。与其他静态初始化动作一样，这段代码仅执行一次：当首次生成这个类的一个对象时，或者首次访问属于那个类的静态数据成员时（即便从未生成过那个类的对象）。例如：

```
//: initialization/ExplicitStatic.java
// Explicit static initialization with the "static" clause.
import static net.mindview.util.Print.*;

class Cup {
  Cup(int marker) {
    print("Cup(" + marker + ")");
  }
  void f(int marker) {
    print("f(" + marker + ")");
  }
}

class Cups {
  static Cup cup1;
  static Cup cup2;
  static {
    cup1 = new Cup(1);
    cup2 = new Cup(2);
  }
  Cups() {
    print("Cups()");
  }
}
public class ExplicitStatic {
  public static void main(String[] args) {
    print("Inside main()");
    Cups.cup1.f(99);  // (1)
  }
  // static Cups cups1 = new Cups();  // (2)
  // static Cups cups2 = new Cups();  // (2)
} /* Output:
Inside main()
Cup(1)
Cup(2)
f(99)
*///:~
```

190

无论是通过标为(1)的那行代码访问静态的**cup1**对象，还是把标为(1)的行注释掉，让它去运行标为(2)的那行代码（即解除标为(2)的行的注释），**Cups**的静态初始化动作都会得到执行。如果把标为(1)和(2)的行同时注释掉，**Cups**的静态初始化动作就不会进行，就像在输出中看到的那样。此外，激活一行还是两行标为(2)的代码（即解除注释）都无关紧要，静态初始化动作只进行一次。

练习13：(1) 验证前面段落中的语句。

练习14：(1) 编写一个类，拥有两个静态字符串域，其中一个在定义处初始化，另一个在静态块中初始化。现在，加入一个静态方法用以打印出两个字段值。请证明它们都会在被使用之前完成初始化动作。

5.7.4 非静态实例初始化

Java中也有被称为实例初始化的类似语法，用来初始化每一个对象的非静态变量。例如：

```
//: initialization/Mugs.java
// Java "Instance Initialization."
import static net.mindview.util.Print.*;

class Mug {
  Mug(int marker) {
    print("Mug(" + marker + ")");
  }
  void f(int marker) {
    print("f(" + marker + ")");
  }
191 }
public class Mugs {
  Mug mug1;
  Mug mug2;
  {
    mug1 = new Mug(1);
    mug2 = new Mug(2);
    print("mug1 & mug2 initialized");
  }
  Mugs() {
    print("Mugs()");
  }
  Mugs(int i) {
    print("Mugs(int)");
  }
  public static void main(String[] args) {
    print("Inside main()");
    new Mugs();
    print("new Mugs() completed");
    new Mugs(1);
    print("new Mugs(1) completed");
  }
} /* Output:
Inside main()
Mug(1)
Mug(2)
mug1 & mug2 initialized
Mugs()
new Mugs() completed
Mug(1)
Mug(2)
mug1 & mug2 initialized
Mugs(int)
new Mugs(1) completed
*///:~
```

你可以看到实例初始化子句：

```
{
  mug1 = new Mug(1);
  mug2 = new Mug(2);
  print("mug1 & mug2 initialized");
192 }
```

看起来它与静态初始化子句一模一样，只不过少了static关键字。这种语法对于支持“匿名内部类”（参见第10章）的初始化是必须的，但是它也使得你可以保证无论调用了哪个显式构造器，某些操作都会发生。从输出中可以看到实例初始化子句是在两个构造器之前执行的。

练习15：(1) 编写一个含有字符串域的类，并采用实例初始化方式进行初始化。

5.8 数组初始化

数组只是相同类型的、用一个标识符名称封装到一起的一个对象序列或基本类型数据序列。数组是通过方括号下标操作符[ ]来定义和使用的。要定义一个数组，只需在类型名后加上一对空方括号即可：

```
int[] a1;
```

方括号也可以置于标识符后面：

```
int a1[];
```

两种格式的含义是一样的，后一种格式符合C和C++程序员的习惯。不过，前一种格式或许更合理，毕竟它表明类型是“一个**int**型数组”。本书将采用这种格式。

编译器不允许指定数组的大小。这就又把我们带回到有关“引用”的问题上。现在拥有的只是对数组的一个引用（你已经为该引用分配了足够的存储空间），而且也没给数组对象本身分配任何空间。为了给数组创建相应的存储空间，必须写初始化表达式。对于数组，初始化动作可以出现在代码的任何地方，但也可以使用一种特殊的初始化表达式，它必须在创建数组的地方出现。这种特殊的初始化是由一对花括号括起来的值组成的。在这种情况下，存储空间的分配（等价于使用**new**）将由编译器负责。例如：

```
int[] a1 = { 1, 2, 3, 4, 5 };
```

那么，为什么还要在没有数组的时候定义一个数组引用呢？ 193

```
int[] a2;
```

在Java中可以将一个数组赋值给另一个数组，所以可以这样：

```
a2 = a1;
```

其实真正做的只是复制了一个引用，就像下面演示的那样：

```
//: initialization/ArraysOfPrimitives.java
import static net.mindview.util.Print.*;

public class ArraysOfPrimitives {
  public static void main(String[] args) {
    int[] a1 = { 1, 2, 3, 4, 5 };
    int[] a2;
    a2 = a1;
    for(int i = 0; i < a2.length; i++)
      a2[i] = a2[i] + 1;
    for(int i = 0; i < a1.length; i++)
      print("a1[" + i + "] = " + a1[i]);
  }
} /* Output:
a1[0] = 2
a1[1] = 3
a1[2] = 4
a1[3] = 5
a1[4] = 6
*///:~
```

可以看到代码中给出了**a1**的初始值，但**a2**却没有；在本例中，**a2**是在后面被赋给另一个数组的。由于**a2**和**a1**是相同数组的别名，因此通过**a2**所做的修改在**a1**中可以看到。

所有数组（无论它们的元素是对象还是基本类型）都有一个固有成员，可以通过它获知数组内包含了多少个元素，但不能对其修改。这个成员就是**length**。与C和C++类似，Java数组计数也是从第0个元素开始，所以能使用的最大下标数是**length-1**。要是超出这个边界，C和C++会 194 “默默”地接受，并允许你访问所有内存，许多声名狼藉的程序错误由此而生。Java则能保护你免受这一问题的困扰，一旦访问下标过界，就会出现运行时错误（即异常）⊖。

⊖ 当然，每次访问数组的时候都要检查边界的做法在时间和代码上都是需要开销的，但是无法禁用这个功能。这意味着如果数组访问发生在一些关键节点上，它们有可能会成为导致程序效率低下的原因之一。但是基于“因特网的安全以及提高程序员生产力”的理由，Java的设计者认为这种权衡是值得的。尽管你可能会受到诱惑，去编写你认为可以使得数组访问效率提高的代码，但是这一切都是在浪费时间，因为自动的编译期错误和运行时优化都可以提高数组访问的速度。

如果在编写程序时，并不能确定在数组里需要多少个元素，那么该怎么办呢？可以直接用**new**在数组里创建元素。尽管创建的是基本类型数组，**new**仍然可以工作（不能用**new**创建单个的基本类型数据）。

```
//: initialization/ArrayNew.java
// Creating arrays with new.
import java.util.*;
import static net.mindview.util.Print.*;

public class ArrayNew {
  public static void main(String[] args) {
    int[] a;
    Random rand = new Random(47);
    a = new int[rand.nextInt(20)];
    print("length of a = " + a.length);
    print(Arrays.toString(a));
  }
} /* Output:
length of a = 18
[0, 0, 0, 0, 0, 0, 0, 0, 0, 0, 0, 0, 0, 0, 0, 0, 0, 0]
*///:~
```

数组的大小是通过**Random.nextInt()**方法随机决定的，这个方法会返回0到输入参数之间的一个值。这表明数组的创建确实是在运行时刻进行的。此外，程序输出表明：数组元素中的基本数据类型值会自动初始化成空值（对于数字和字符，就是0；对于布尔型，是**false**）。

195 **Arrays.toString()**方法属于**java.util**标准类库，它将产生一维数组的可打印版本。

当然，在本例中，数组也可以在定义的同时进行初始化：

```
int[] a = new int[rand.nextInt(20)];
```

如果可能的话，应该尽量这么做。

如果你创建了一个非基本类型的数组，那么你就创建了一个引用数组。以整型的包装器类**Integer**为例，它是一个类而不是基本类型：

```
//: initialization/ArrayClassObj.java
// Creating an array of nonprimitive objects.
import java.util.*;
import static net.mindview.util.Print.*;

public class ArrayClassObj {
  public static void main(String[] args) {
    Random rand = new Random(47);
    Integer[] a = new Integer[rand.nextInt(20)];
    print("length of a = " + a.length);
    for(int i = 0; i < a.length; i++)
      a[i] = rand.nextInt(500); // Autoboxing
    print(Arrays.toString(a));
  }
} /* Output: (Sample)
length of a = 18
[55, 193, 361, 461, 429, 368, 200, 22, 207, 288, 128, 51,
89, 309, 278, 498, 361, 20]
*///:~
```

这里，即便使用**new**创建数组之后：

```
Integer[] a = new Integer[rand.nextInt(20)];
```

它还只是一个引用数组，并且直到通过创建新的**Integer**对象（在本例中是通过自动包装机制创建的），并把对象赋值给引用，初始化进程才算结束：

```
a[i] = rand.nextInt(500);
```

如果忘记了创建对象，并且试图使用数组中的空引用，就会在运行时产生异常。

也可以用花括号括起来的列表来初始化对象数组。有两种形式： 196

```
//: initialization/ArrayInit.java
// Array initialization.
import java.util.*;

public class ArrayInit {
  public static void main(String[] args) {
    Integer[] a = {
      new Integer(1),
      new Integer(2),
      3, // Autoboxing
    };
    Integer[] b = new Integer[]{
      new Integer(1),
      new Integer(2),
      3, // Autoboxing
    };
    System.out.println(Arrays.toString(a));
    System.out.println(Arrays.toString(b));
  }
} /* Output:
[1, 2, 3]
[1, 2, 3]
*///:~
```

在这两种形式中，初始化列表的最后一个逗号都是可选的（这一特性使维护长列表变得更容易）。

尽管第一种形式很有用，但是它也更加受限，因为它只能用于数组被定义之处。你可以在任何地方使用第二种和第三种形式，甚至是在方法调用的内部。例如，你可以创建一个**String**对象数组，将其传递给另一个**main()**方法，以提供参数，用来替换传递给该**main()**方法的命令行参数。

```
//: initialization/DynamicArray.java
// Array initialization.

public class DynamicArray {
  public static void main(String[] args) {
    Other.main(new String[]{ "fiddle", "de", "dum" });
  }
}

class Other {
  public static void main(String[] args) {
    for(String s : args)
      System.out.print(s + " ");
  }
} /* Output:
fiddle de dum
*///:~
```

197

为**Other.main()**的参数而创建的数组是在方法调用处创建的，因此你甚至可以在调用时提供可替换的参数。

练习16：(1) 创建一个**String**对象数据，并为每一个元素都赋值一个**String**。用for循环来打印该数组。

练习17：(2) 创建一个类，它有一个接受一个**String**参数的构造器。在构造阶段，打印该参数。创建一个该类的对象引用数组，但是不实际去创建对象赋值给该数组。当运行程序时，请注意来自对该构造器的调用中的初始化消息是否打印了出来。

练习18：(1) 通过创建对象赋值给引用数组，从而完成前一个练习。

5.8.1 可变参数列表

第二种形式提供了一种方便的语法来创建对象并调用方法，以获得与C的可变参数列表（C通常把它简称为varargs）一样的效果。这可以应用于参数个数或类型未知的场合。由于所有的类都直接或间接继承于**Object**类（随着本书的进展，读者会对此有更深入的认识），所以可以创建以**Object**数组为参数的方法，并像下面这样调用：

```
//: initialization/VarArgs.java
// Using array syntax to create variable argument lists.

class A {}

public class VarArgs {
  static void printArray(Object[] args) {
    for(Object obj : args)
      System.out.print(obj + " ");
    System.out.println();
198  }
  public static void main(String[] args) {
    printArray(new Object[]{
      new Integer(47), new Float(3.14), new Double(11.11)
    });
    printArray(new Object[]{"one", "two", "three" });
    printArray(new Object[]{new A(), new A(), new A()});
  }
} /* Output: (Sample)
47 3.14 11.11
one two three
A@1a46e30 A@3e25a5 A@19821f
*///:~
```

可以看到**print()**方法使用**Object**数组作为参数，然后使用foreach语法遍历数组，打印每个对象。标准Java库中的类能输出有意义的内容，但这里建立的类的对象，打印出的内容只是类的名称以及后面紧跟着的一个@符号以及多个十六进制数字。于是，默认行为（如果没有定义**toString()**方法的话，后面会讲这个方法的）就是打印类的名字和对象的地址。

你可能看到过像上面这样编写的Java SE5之前的代码，它们可以产生可变的参数列表。然而，在Java SE5中，这种盼望已久的特性终于添加了进来，因此你现在可以使用它们来定义可变参数列表了，就像在**printArray()**中看到的那样：

```
//: initialization/NewVarArgs.java
// Using array syntax to create variable argument lists.

public class NewVarArgs {
  static void printArray(Object... args) {
    for(Object obj : args)
      System.out.print(obj + " ");
    System.out.println();
  }
  public static void main(String[] args) {
    // Can take individual elements:
    printArray(new Integer(47), new Float(3.14),
      new Double(11.11));
    printArray(47, 3.14F, 11.11);
    printArray("one", "two", "three");
    printArray(new A(), new A(), new A());
    // Or an array:
199    printArray((Object[])new Integer[]{ 1, 2, 3, 4 });
    printArray(); // Empty list is OK
  }
} /* Output: (75% match)
47 3.14 11.11
47 3.14 11.11
```

```
one two three
A@1bab50a A@c3c749 A@150bd4d
1 2 3 4
*///:~
```

有了可变参数，就再也不用显式地编写数组语法了，当你指定参数时，编译器实际上会为你去填充数组。你获取的仍旧是一个数组，这就是为什么**print()**可以使用foreach来迭代该数组的原因。但是，这不仅仅只是从元素列表到数组的自动转换，请注意程序中倒数第二行，一个**Integer**数组（通过使用自动包装而创建的）被转型为一个**Object**数组（以便移除编译器警告信息），并且传递给了**printArray()**。很明显，编译器会发现它已经是一个数组了，所以不会在其上执行任何转换。因此，如果你有一组事物，可以把它们当作列表传递，而如果你已经有了一个数组，该方法可以把它们当作可变参数列表来接受。

该程序的最后一行表明将0个参数传递给可变参数列表是可行的，当具有可选的尾随参数时，这一特性就会很有用：

```
//: initialization/OptionalTrailingArguments.java

public class OptionalTrailingArguments {
  static void f(int required, String... trailing) {
    System.out.print("required: " + required + " ");
    for(String s : trailing)
      System.out.print(s + " ");
    System.out.println();
  }
  public static void main(String[] args) {
    f(1, "one");
    f(2, "two", "three");
    f(0);
  }
} /* Output:
required: 1 one
required: 2 two three
required: 0
*///:~
```
200

这个程序还展示了你可以如何使用具有**Object**之外类型的可变参数列表。这里所有的可变参数都必须是**String**对象。在可变参数列表中可以使用任何类型的参数，包括基本类型。下面的例子也展示了可变参数列表变为数组的情形，并且如果在该列表中没有任何元素，那么转变成的数据的尺寸为0：

```
//: initialization/VarargType.java

public class VarargType {
  static void f(Character... args) {
    System.out.print(args.getClass());
    System.out.println(" length " + args.length);
  }
  static void g(int... args) {
    System.out.print(args.getClass());
    System.out.println(" length " + args.length);
  }
  public static void main(String[] args) {
    f('a');
    f();
    g(1);
    g();
    System.out.println("int[]: " + new int[0].getClass());
  }
} /* Output:
class [Ljava.lang.Character; length 1
class [Ljava.lang.Character; length 0
```

```
class [I length 1
class [I length 0
int[]: class [I
*///:~
```

getClass()方法属于**Object**的一部分，我们将在第14章中做全面介绍。它将产生对象的类，并且在打印该类时，可以看到表示该类类型的编码字符串。前导的“**[**”表示这是一个后面紧随的类型的数组，而紧随的“**I**”表示基本类型**int**。为了进行双重检查，我在最后一行创建了一个**int**数组，并打印了其类型。这样也就验证了使用可变参数列表不依赖于自动包装机制，而实际上使用的是基本类型。

然而，可变参数列表与自动包装机制可以和谐共处，例如：

201

```
//: initialization/AutoboxingVarargs.java

public class AutoboxingVarargs {
  public static void f(Integer... args) {
    for(Integer i : args)
      System.out.print(i + " ");
    System.out.println();
  }
  public static void main(String[] args) {
    f(new Integer(1), new Integer(2));
    f(4, 5, 6, 7, 8, 9);
    f(10, new Integer(11), 12);
  }
} /* Output:
1 2
4 5 6 7 8 9
10 11 12
*///:~
```

请注意，你可以在单一的参数列表中将类型混合在一起，而自动包装机制将有选择地将**int**参数提升为**Integer**。

可变参数列表使得重载过程变得复杂了，尽管乍一看会显得足够安全：

```
//: initialization/OverloadingVarargs.java

public class OverloadingVarargs {
  static void f(Character... args) {
    System.out.print("first");
    for(Character c : args)
      System.out.print(" " + c);
    System.out.println();
  }
  static void f(Integer... args) {
    System.out.print("second");
    for(Integer i : args)
      System.out.print(" " + i);
    System.out.println();
  }
  static void f(Long... args) {
    System.out.println("third");
  }
  public static void main(String[] args) {
    f('a', 'b', 'c');
    f(1);
```

202

```
    f(2, 1);
    f(0);
    f(0L);
    //! f(); // Won't compile -- ambiguous
  }
} /* Output:
first a b c
second 1
```

```
second 2 1
second 0
third
*///:~
```

在每一种情况中，编译器都会使用自动包装机制来匹配重载的方法，然后调用最明确匹配的方法。

但是在不使用参数调用**f()**时，编译器就无法知道应该调用哪一个方法了。尽管这个错误可以弄清楚，但是它可能会使客户端程序员大感意外。

你可能会通过在某个方法中增加一个非可变参数来解决该问题：

```
//: initialization/OverloadingVarargs2.java
// {CompileTimeError} (Won't compile)

public class OverloadingVarargs2 {
  static void f(float i, Character... args) {
    System.out.println("first");
  }
  static void f(Character... args) {
    System.out.print("second");
  }
  public static void main(String[] args) {
    f(1, 'a');
    f('a', 'b');
  }
} ///:~
```

{CompileTimeError}注释标签把该文件排除在了本书的Ant构建之外。如果你手动编译它，就会得到下面的错误消息：

reference to f is ambiguous, both method f(float,java.lang.Character...) in OverloadingVarargs2 and method f(java.lang.Character...) in OverloadingVarargs2 match 203

如果你给这两个方法都添加一个非可变参数，就可以解决问题了：

```
//: initialization/OverloadingVarargs3.java

public class OverloadingVarargs3 {
  static void f(float i, Character... args) {
    System.out.println("first");
  }
  static void f(char c, Character... args) {
    System.out.println("second");
  }
  public static void main(String[] args) {
    f(1, 'a');
    f('a', 'b');
  }
} /* Output:
first
second
*///:~
```

你应该总是只在重载方法的一个版本上使用可变参数列表，或者压根就不是用它。

练习19：(2) 写一个类，它接受一个可变参数的**String**数组。验证你可以向该方法传递一个用逗号分隔的**String**列表，或是一个**String[]**。

练习20：(1) 创建一个使用可变参数列表而不是普通的**main()**语法的**main()**。打印所产生的**args**数组的所有元素，并用各种不同数量的命令行参数来测试它。

5.9 枚举类型

在Java SE5中添加了一个看似很小的特性，即**enum**关键字，它使得我们在需要群组并使用枚举类型集时，可以很方便地处理。在此之前，你需要创建一个整型常量集，但是这些枚举值并不会必然地将其自身的取值限制在这个常量集的范围之内，因此它们显得更有风险，且更难以使用。枚举类型属于非常普遍的需求，C、C++和其他许多语言都已经拥有它了。在Java SE5之前，Java程序员在需要使用枚举类型时，必须了解很多细节并需要格外仔细，以正确地产生**enum**的效果。现在Java也有了**enum**，并且它的功能比C/C++中的枚举类型要完备得多。下面是
204 一个简单的例子：

```
//: initialization/Spiciness.java
public enum Spiciness {
  NOT, MILD, MEDIUM, HOT, FLAMING
} ///:~
```

这里创建了一个名为**Spiciness**的枚举类型，它具有5个具名值。由于枚举类型的实例是常量，因此按照命名惯例它们都用大写字母表示（如果在一个名字中有多个单词，用下划线将它们隔开）。

为了使用**enum**，需要创建一个该类型的引用，并将其赋值给某个实例：

```
//: initialization/SimpleEnumUse.java
public class SimpleEnumUse {
  public static void main(String[] args) {
    Spiciness howHot = Spiciness.MEDIUM;
    System.out.println(howHot);
  }
} /* Output:
MEDIUM
*///:~
```

在你创建**enum**时，编译器会自动添加一些有用的特性。例如，它会创建**toString()**方法，以便你可以很方便地显示某个**enum**实例的名字，这正是上面的打印语句如何产生其输出的答案。编译器还会创建**ordinal()**方法，用来表示某个特定**enum**常量的声明顺序，以及**static values()**方法，用来按照**enum**常量的声明顺序，产生由这些常量值构成的数组：

```
//: initialization/EnumOrder.java
public class EnumOrder {
  public static void main(String[] args) {
    for(Spiciness s : Spiciness.values())
      System.out.println(s + ", ordinal " + s.ordinal());
  }
} /* Output:
NOT, ordinal 0
MILD, ordinal 1
MEDIUM, ordinal 2
HOT, ordinal 3
FLAMING, ordinal 4
*///:~
```

205

尽管**enum**看起来像是一种新的数据类型，但是这个关键字只是为**enum**生成对应的类时，产生了某些编译器行为，因此在很大程度上，你可以将**enum**当作其他任何类来处理。事实上，**enum**确实是类，并且具有自己的方法。

enum有一个特别实用的特性，即它可以在**switch**语句内使用：

```
//: initialization/Burrito.java

public class Burrito {
  Spiciness degree;
  public Burrito(Spiciness degree) { this.degree = degree;}
  public void describe() {
    System.out.print("This burrito is ");
    switch(degree) {
```

```
        case NOT:     System.out.println("not spicy at all.");
                      break;
        case MILD:
        case MEDIUM: System.out.println("a little hot.");
                      break;
        case HOT:
        case FLAMING:
        default:      System.out.println("maybe too hot.");
      }
    }
  public static void main(String[] args) {
    Burrito
      plain = new Burrito(Spiciness.NOT),
      greenChile = new Burrito(Spiciness.MEDIUM),
      jalapeno = new Burrito(Spiciness.HOT);
    plain.describe();
    greenChile.describe();
    jalapeno.describe();
  }
} /* Output:
This burrito is not spicy at all.
This burrito is a little hot.
This burrito is maybe too hot.
*///:~
```

由于**switch**是要在有限的可能值集合中进行选择，因此它与**enum**正是绝佳的组合。请注意**enum**的名字是如何能够倍加清楚地表明程序意欲何为的。 206

大体上，你可以将**enum**用作另外一种创建数据类型的方式，然后直接将所得到的类型拿来使用。这正是关键所在，因此你不必过多地考虑它们。在Java SE5引进**enum**之前，你必须花费大量的精力去保证与其等价的枚举类型是安全可用的。

这些介绍对于你理解和使用基本的**enum**已经足够了，但是我们将在第19章中更加深入地探讨它们。

练习21：(1) 创建一个**enum**，它包含纸币中最小面值的6种类型。通过**values()**循环并打印每一个值及其**ordinal()**。

练习22：(2) 在前面的例子中，为**enum**写一个**switch**语句，对于每一个**case**，输出该特定货币的描述。

5.10 总结

构造器，这种精巧的初始化机制，应该给了读者很强的暗示：初始化在Java中占有至关重要的地位。C++的发明人Bjarne Stroustrup在设计C++期间，在针对C语言的生产效率所进行的最初调查中发现，大量编程错误都源于不正确的初始化。这种错误很难发现，并且不恰当的清理也会导致类似问题。构造器能保证正确的初始化和清理（没有正确的构造器调用，编译器就不允许创建对象），所以有了完全的控制，也很安全。

在C++中，“析构”相当重要，因为用new创建的对象必须明确被销毁。在Java中，垃圾回收器会自动为对象释放内存，所以在很多场合下，类似的清理方法在Java中就不太需要了（不过当要用到的时候，你就只能自己动手了）。在不需要类似析构函数的行为的时候，Java的垃圾回收器可以极大地简化编程工作，而且在处理内存的时候也更安全。有些垃圾回收器甚至能清理其他资源，比如图形和文件句柄。然而，垃圾回收器确实也增加了运行时的开销。而且Java解释器从来就很慢，所以这种开销到底造成了多大的影响也很难看出。随着时间的 207
推移，Java在性能方面已经取得了长足的进步，但速度问题仍然是它涉足某些特定编程领域的障碍。

由于要保证所有对象都被创建，构造器实际上要比这里所讨论的更复杂。特别当通过组合或继承生成新类的时候，这种保证仍然成立，并且需要一些附加的语法来提供支持。在后面的章节中，读者将学习到有关组合、继承以及它们对构造器造成的影响等方面的知识。

所选习题的答案都可以在名为The Thinking in Java Annotated Solution Guide的电子文档中找

208 到，读者可以从https://www.mindviewllc.com购买此文档。

第6章 访问权限控制

访问控制（或隐藏具体实现）与“最初的实现并不恰当”有关。

所有优秀的作者，包括那些编写软件的程序员，都清楚其著作的某些部分直至重新创作的时候才变得完美，有时甚至要反复重写多次。如果你把一个代码段放到了某个位置，等过一会儿回头再看时，有可能会发现有更好的方式去实现相同的功能。这正是重构的原动力之一，重构即重写代码，以使得它更可读、更易理解，并因此而更具可维护性[⊖]。

但是，在这种修改和完善代码的愿望之下，也存在着巨大的压力。通常总是会有一些消费者（客户端程序员）需要你的代码在某些方面保持不变。因此你想改变代码，而他们却想让代码保持不变。由此而产生了在面向对象设计中需要考虑的一个基本问题：“如何把变动的事物与保持不变的事物区分开来”。

这对类库（library）而言尤为重要。该类库的消费者必须依赖他所使用的那部分类库，并且能够知道如果类库出现了新版本，他们并不需要改写代码。从另一个方面来说，类库的开发者必须有权限进行修改和改进，并确保客户代码不会因为这些改动而受到影响。

这一目标可以通过约定来达到。例如，类库开发者必须同意在改动类库中的类时不得删除任何现有方法，因为那样会破坏客户端程序员的代码。但是，与之相反的情况会更加棘手。在有域（即数据成员）存在的情况下，类库开发者要怎样才能知道究竟都有哪些域已经被客户端程序员所调用了呢？这对于方法仅为类的实现的一部分，因此并不想让客户端程序员直接使用的情况来说同样如此。如果程序开发者想要移除旧的实现而要添加新的实现时，结果将会怎样 209
呢？改动任何一个成员都有可能破坏客户端程序员的代码。于是类库开发者会手脚被缚，无法对任何事物进行改动。

为了解决这一问题，Java提供了访问权限修饰词，以供类库开发人员向客户端程序员指明哪些是可用的，哪些是不可用的。访问权限控制的等级，从最大权限到最小权限依次为：**public**、**protected**、包访问权限（没有关键词）和**private**。根据前述内容，读者可能会认为，作为一名类库设计员，你会尽可能将一切方法都定为**private**，而仅向客户端程序员公开你愿意让他们使用的方法。这样做是完全正确的，尽管对于那些经常使用别的语言（特别是C语言）编写程序并在访问事物时不受任何限制的人而言，这与他们的直觉相违背。到了本章末，读者将会信服Java的访问权限控制的价值。

不过，构件类库的概念以及对于谁有权取用该类库构件的控制问题都还是不完善的。其中仍旧存在着如何将构件捆绑到一个内聚的类库单元中的问题。对于这一点，Java用关键字**package**加以控制，而访问权限修饰词会因类是存在于一个相同的包，还是存在于一个单独的包而受到影响。为此，要开始学习本章，首先要学习如何将类库构件置于包中，然后就会理解访问权限修饰词的全部含义。

⊖ 请查看Refactoring: Improving the Design of Existing Code，作者Martin Fowler等(Addison-Wesley,1999)。偶尔会有某些人对重构抱有异议，他们认为这些代码工作得极好，重构它们无异于浪费时间。这种思维方式的问题在于对于项目所需的时间和资金来说，最大的部分并非投入到了最初的代码编写上，而是投入到了代码的维护上。因此，使代码更加易于理解就意味着节省了大量的金钱。

6.1 包：库单元

包内包含有一组类，它们在单一的名字空间之下被组织在了一起。

例如，在Java的标准发布中有一个工具库，它被组织在**java.util**名字空间之下。**java.util**中有一个叫做**ArrayList**的类，使用**ArrayList**的一种方式是用其全名**java.util.ArrayList**来指定。

```
//: access/FullQualification.java

public class FullQualification {
  public static void main(String[] args) {
    java.util.ArrayList list = new java.util.ArrayList();
  }
} ///:~
```

210

这立刻就使程序变得很冗长了，因此你可能想转而使用**import**关键字。如果你想要导入单个的类，可以在**import**语句中命名该类：

```
//: access/SingleImport.java
import java.util.ArrayList;

public class SingleImport {
  public static void main(String[] args) {
    ArrayList list = new java.util.ArrayList();
  }
} ///:~
```

现在，就可以不用限定地使用**ArrayList**了。但是，这样做**java.util**中的其他类仍旧是都不可用的。要想导入其中所有的类，只需要使用"*"，就像在本书剩余部分的示例中所看到的那样：

```
import java.util.*;
```

我们之所以要导入，就是要提供一个管理名字空间的机制。所有类成员的名称都是彼此隔离的。**A**类中的方法**f()**与**B**类中具有相同特征标记（参数列表）的方法f()不会彼此冲突。但是如果类名称相互冲突又该怎么办呢？假设你编写了一个**Stack**类并安装到了一台机器上，而该机器上已经有了一个别人编写的**Stack**类，我们该如何解决呢？由于名字之间的潜在冲突，在Java中对名称空间进行完全控制并为每个类创建唯一的标识符组合就成为了非常重要的事情。

到目前为止，书中大多数示例都存于单一文件之中，并专为本地使用（local use）而设计，因而尚未受到包名的干扰。这些示例实际上已经位于包中了：即*未命名包*，或称为*默认包*。这当然也是一种选择，而且为了简单起见，在本书其他部分都尽可能地使用了此方法。不过如果你正在准备编写对在同一台机器上共存的其他Java程序友好的类库或程序的话，就需要考虑如何防止类名称之间的冲突问题。

当编写一个Java源代码文件时，此文件通常被称为编译单元（有时也被称为转译单元）。每个编译单元都必须有一个后缀名**.java**，而在编译单元内则可以有一个**public**类，该类的名称必须与文件的名称相同（包括大小写，但不包括文件的后缀名**.java**）。每个编译单元只能有一个
211 **public**类，否则编译器就不会接受。如果在该编译单元之中还有额外的类的话，那么在包之外的世界是无法看见这些类的，这是因为它们不是**public**类，而且它们主要用来为主**public**类提供支持。

6.1.1 代码组织

当编译一个**.java**文件时，在**.java**文件中的每个类都会有一个输出文件，而该输出文件的名称与**.java**文件中每个类的名称相同，只是多了一个后缀名**.class**。因此，在编译少量**.java**文件之后，会得到大量的**.class**文件。如果用编译型语言编写过程序，那么对于编译器产生一个中间文件（通常是一个obj文件），然后再与通过链接器（用以创建一个可执行文件）或类库产生器

(librarian，用以创建一个类库）产生的其他同类文件捆绑在一起的情况，可能早已司空见惯。但这并不是Java的工作方式。Java可运行程序是一组可以打包并压缩为一个Java 文档文件(JAR，使用Java的 **jar**文档生成器）的**.class**文件。Java解释器负责这些文件的查找、装载和解释[⊖]。

类库实际上是一组类文件。其中每个文件都有一个**public**类，以及任意数量的非**public**类。因此每个文件都有一个构件。如果希望这些构件（每一个都有它们自己的独立的**.java**和**.class**文件）从属于同一个群组，就可以使用关键字**package**。

如果使用**package**语句，它必须是文件中除注释以外的第一句程序代码。在文件起始处写：

```
package access;
```

就表示你在声明该编译单元是名为**access**的类库的一部分。或者换种说法，你正在声明该编译单元中的**public**类名称是位于**access**名称的保护伞下。任何想要使用该名称的人都必须使用前面给出的选择，指定全名或者与**access**结合使用关键字**import**。（请注意，Java 包的命名规则全部使用小写字母，包括中间的字也是如此。） 212

例如，假设文件的名称是**MyClass.java**，这就意味着在该文件中有且只有一个**public**类，该类的名称必须是**MyClass**（注意大小写）：

```
//: access/mypackage/MyClass.java
package access.mypackage;

public class MyClass {
  // ...
} ///:~
```

现在，如果有人想用**MyClass**或者是**access**中的任何其他**public**类，就必须使用关键字**import**来使**access**中的名称可用。另一个选择是给出完整的名称：

```
//: access/QualifiedMyClass.java

public class QualifiedMyClass {
  public static void main(String[] args) {
    access.mypackage.MyClass m =
      new access.mypackage.MyClass();
  }
} ///:~
```

关键字**import**可使之更加简洁：

```
//: access/ImportedMyClass.java
import access.mypackage.*;

public class ImportedMyClass {
  public static void main(String[] args) {
    MyClass m = new MyClass();
  }
} ///:~
```

身为一名类库设计员，很有必要牢记：**package** 和**import**关键字允许你做的，是将单一的全局名字空间分割开，使得无论多少人使用Internet以及Java开始编写类，都不会出现名称冲突问题。

6.1.2 创建独一无二的包名

读者也许会发现，既然一个包从未真正将被打包的东西包装成单一的文件，并且一个包可以由许多.**class**文件构成，那么情况就有点复杂了。为了避免这种情况的发生，一种合乎逻辑的做法就是将特定包的所有.**class**文件都置于一个目录下。也就是说，利用操作系统的层次化的文 213

⊖ Java中并不强求必须要使用解释器。因为存在用来生成一个单一的可执行文件的本地代码Java编译器。

件结构来解决这一问题。这是Java解决混乱问题的一种方式，读者还会在我们介绍**jar**工具的时候看到另一种方式。

将所有的文件收入一个子目录还可以解决另外两个问题：怎样创建独一无二的名称以及怎样查找有可能隐藏于目录结构中某处的类。这些任务是通过将**.class**文件所在的路径位置编码成**package**的名称来实现的。按照惯例，**package**名称的第一部分是类的创建者的反顺序的Internet域名。如果你遵照惯例，Internet域名应是独一无二的，因此你的**package**名称也将是独一无二的，也就不会出现名称冲突的问题了（也就是说，只有在你将自己的域名给了别人，而他又以你曾经使用过的路径名称来编写Java程序代码时，才会出现冲突）。当然，如果你没有自己的域名，你就得构造一组不大可能与他人重复的组合（例如你的姓名），来创立独一无二的**package**名称。如果你打算发布你的Java程序代码，稍微花点力气去取得一个域名，还是很有必要的。

此技巧的第二部分是把package名称分解为你机器上的一个目录。所以当Java程序运行并且需要加载.class文件的时候，它就可以确定.class文件在目录上所处的位置。

Java解释器的运行过程如下：首先，找出环境变量CLASSPATH[⊖]（可以通过操作系统来设置，有时也可通过安装程序－用来在你的机器上安装Java 或基于Java的工具－来设置）。CLASSPATH包含一个或多个目录，用作查找.class文件的根目录。从根目录开始，解释器获取包的名称并将每个句点替换成反斜杠，以从CLASSPATH 根中产生一个路径名称（于是，package foo.bar.baz 就变成为 foo\bar\baz或 foo/bar/baz 或其他，这一切取决于操作系统）。得到的路径会与CLASSPATH中的各个不同的项相连接，解释器就在这些目录中查找与你所要创建的类名称相
214 关的.class文件。（解释器还会去查找某些涉及Java解释器所在位置的标准目录。）

为了理解这一点，以我的域名**MindView.net**为例。把它的顺序倒过来，并且将其全部转换为小写，**net.mindview**就成了我所创建的类的独一无二的全局名称。（com、edu、org等扩展名先前在Java包中都是大写的，但在Java2中一切都已改观，包的整个名称全都变成了小写。）若我决定再创建一个名为**simple**的类库，我可以将该名称进一步细分，于是我可以得到一个包的名称如下：

```
package net.mindview.simple;
```

现在，这个包名称就可以用作下面两个文件的名字空间保护伞了：

```
//: net/mindview/simple/Vector.java
// Creating a package.
package net.mindview.simple;

public class Vector {
  public Vector() {
    System.out.println("net.mindview.simple.Vector");
  }
} ///:~
```

如前所述，**package**语句必须是文件中的第一行非注释程序代码。第二个文件看起来也极其相似：

```
//: net/mindview/simple/List.java
// Creating a package.
package net.mindview.simple;

public class List {
  public List() {
    System.out.println("net.mindview.simple.List");
  }
} ///:~
```

⊖ 当提及环境变量时，将用到大写字母(CLASSPATH)。

这两个文件均被置于我的系统的子目录下：

```
C:\DOC\JavaT\net\mindview\simple
```

（注意，在本书的每一个文件中的第一行注释都指定了该文件在源代码目录树中的位置，这个信息将由针对本书的自动代码抽取工具使用。） 215

如果沿此路径往回看，可以看到包的名称**com.bruceeckel.simple**，但此路径的第一部分怎样办呢？它将由环境变量CLASSPATH关照，在我的机器上是：

```
CLASSPATH=.;D:\JAVA\LIB;C:\DOC\JavaT
```

可以看到，CLASSPATH可以包含多个可供选择的查询路径。

但在使用JAR文件时会有一点变化。必须在类路径中将JAR文件的实际名称写清楚，而不仅是指明它所在位置的目录。因此，对于一个名为**grape.jar**的JAR文件，类路径应包括：

```
CLASSPATH=.;D:\JAVA\LIB;C:\flavors\grape.jar
```

一旦类路径得以正确建立，下面的文件就可以放于任何目录之下：

```
//: access/LibTest.java
// Uses the library.
import net.mindview.simple.*;

public class LibTest {
  public static void main(String[] args) {
    Vector v = new Vector();
    List l = new List();
  }
} /* Output:
net.mindview.simple.Vector
net.mindview.simple.List
*///:~
```

当编译器碰到**simple**库的**import**语句时，就开始在CLASSPATH所指定的目录中查找，查找子目录**net\mindview\simple**，然后从已编译的文件中找出名称相符者（对**Vector**而言是**Vector.class**，对**List**而言是**List.class**）。请注意，**Vector**和**List**中的类以及要使用的方法都必须是public的。

对于使用Java的新手而言，设立CLASSPATH是很麻烦的一件事（我最初使用时就是这样的）；为此，Sun将Java2中的JDK改造得更聪明了一些。在安装后你会发现，即使你未设立CLASSPATH，你也可以编译并运行基本的Java程序。然而，要编译和运行本书的源码包（从https://www.mindviewllc.com网站可以取得），就得向你的CLASSPATH中添加本书程序代码树中的基目录了。 216

练习1：(1) 在某个包中创建一个类，在这个类所处的包的外部创建该类的一个实例。

冲突

如果将两个含有相同名称的类库以"*"形式同时导入，将会出现什么情况呢？例如，假设某程序这样写：

```
import net.mindview.simple.*;
import java.util.*;
```

由于**java.util.***也含有一个**Vector**类，这就存在潜在的冲突。但是只要你不写那些导致冲突的程序代码，就不会有什么问题－这样很好，否则就得做很多的类型检查工作来防止那些根本不会出现的冲突。

如果现在要创建一个**Vector**类的话，就会产生冲突:

```
Vector v = new Vector();
```

这行到底取用的是哪个**Vector**类？编译器不知道，读者同样也不知道。于是编译器提出错误信息，强制你明确指明。举例说明，如果想要一个标准的Java **Vector**类，就得这样写：

```
java.util.Vector v = new java.util.Vector();
```

由于这样可以完全指明该**Vector**类的位置（配合CLASSPATH），所以除非还要使用java.util中的其他东西，否则就没有必要写**import java.util.***语句了。

或者，可以使用单个类导入的形式来防止冲突，只要你在同一个程序中没有使用有冲突的名字（在使用了有冲突名字的情况下，必须返回到指定全名的方式）。

练习2：(1) 将本节中的代码片段改写为完整的程序，并校验实际所发生的冲突。

6.1.3 定制工具库

具备了这些知识以后，现在就可以创建自己的工具库来减少或消除重复的程序代码了。例
217 如，我们已经用到的**System.out.println()**的别名可以减少输入负担，这种机制可以用于名为Print的类中，这样，我们在使用该类时可以用一个更具可读性的静态**import**语句来导入：

```
//: net/mindview/util/Print.java
// Print methods that can be used without
// qualifiers, using Java SE5 static imports:
package net.mindview.util;
import java.io.*;

public class Print {
  // Print with a newline:
  public static void print(Object obj) {
    System.out.println(obj);
  }
  // Print a newline by itself:
  public static void print() {
    System.out.println();
  }
  // Print with no line break:
  public static void printnb(Object obj) {
    System.out.print(obj);
  }
  // The new Java SE5 printf() (from C):
  public static PrintStream
  printf(String format, Object... args) {
    return System.out.printf(format, args);
  }
} ///:~
```

可以使用打印便捷工具来打印String，无论是需要换行（**print()**）还是不需要换行（**printnb()**）。

可以猜到，这个文件的位置一定是在某个以一个CLASSPATH位置开始，然后接着是net/mindview的目录下。编译完之后，就可以用**import static**语句在你的系统上使用静态的**print()**和**printnb()**方法了。

```
//: access/PrintTest.java
// Uses the static printing methods in Print.java.
import static net.mindview.util.Print.*;

public class PrintTest {
  public static void main(String[] args) {
    print("Available from now on!");
218 print(100);
    print(100L);
    print(3.14159);
  }
} /* Output:
Available from now on!
100
```

```
100
3.14159
*///:~
```

这个类库的第二个构件可以是在第4章中引入的**range()**方法，它使得foreach语法可以用于简单的整数序列：

```
//: net/mindview/util/Range.java
// Array creation methods that can be used without
// qualifiers, using Java SE5 static imports:
package net.mindview.util;

public class Range {
  // Produce a sequence [0..n)
  public static int[] range(int n) {
    int[] result = new int[n];
    for(int i = 0; i < n; i++)
      result[i] = i;
    return result;
  }
  // Produce a sequence [start..end)
  public static int[] range(int start, int end) {
    int sz = end - start;
    int[] result = new int[sz];
    for(int i = 0; i < sz; i++)
      result[i] = start + i;
    return result;
  }
  // Produce a sequence [start..end) incrementing by step
  public static int[] range(int start, int end, int step) {
    int sz = (end - start)/step;
    int[] result = new int[sz];
    for(int i = 0; i < sz; i++)
      result[i] = start + (i * step);
    return result;
  }
} ///:~
```

219

从现在开始，你无论何时创建了有用的新工具，都可以将其添加到你自己的类库中。你将看到在本书中还有更多的构件添加到了**net.mindview.util**类库中。

6.1.4 用 import改变行为

Java没有C的条件编译功能，该功能可以使你不必更改任何程序代码，就能够切换开关并产生不同的行为。Java去掉此功能的原因可能是因为C在绝大多数情况下是用此功能来解决跨平台问题的，即程序代码的不同部分是根据不同的平台来编译的。由于Java自身可以自动跨越不同的平台，因此这个功能对Java而言是没有必要的。

然而，条件编译还有其他一些有价值的用途。调试就是一个很常见的用途。调试功能在开发过程中是开启的，而在发布的产品中是禁用的。可以通过修改被导入的**package**的方法来实现这一目的，修改的方法是将你程序中用到的代码从调试版改为发布版。这一技术可以适用于任何种类的条件代码。

练习3：(2) 创建两个包：**debug**和**debugoff**，它们都包含一个相同的类，该类有一个**debug()**方法。第一个版本显示发送给控制台的**String**参数，而第二个版本什么也不做。使用静态**import**语句将该类导入到一个测试程序中，并示范条件编译效果。

6.1.5 对使用包的忠告

务必记住，无论何时创建包，都已经在给定包的名称的时候隐含地指定了目录结构。这个包必须位于其名称所指定的目录之中，而该目录必须是在以CLASSPATH开始的目录中可以查询到的。最初使用关键字**package**，可能会有一点不顺，因为除非遵守“包的名称对应目录路径”的规则，否则将会收到许多出乎意料的运行时信息，告知无法找到特定的类，哪怕是这个类就位于同一个目录之中。如果你收到类似信息，就用注释掉**package**语句的方法试一下，如果这样
220 程序就能运行的话，你就可以知道问题出在哪里了。

注意，编译过的代码通常放置在与源代码的不同目录中，但是必须保证JVN使用CLASSPATH可以找到该路径。

6.2 Java访问权限修饰词

public、**protected**和 **private**这几个Java访问权限修饰词在使用时，是置于类中每个成员的定义之前的－无论它是一个域还是一个方法。每个访问权限修饰词仅控制它所修饰的特定定义的访问权。

如果不提供任何访问权限修饰词，则意味着它是“包访问权限”。因此，无论如何，所有事物都具有某种形式的访问权限控制。在以下几节中，读者将学习各种类型的访问权限。

6.2.1 包访问权限

本章之前的所有示例都没有使用任何访问权限修饰词。默认访问权限没有任何关键字，但通常是指包访问权限（有时也表示成为friendly）。这就意味着当前的包中的所有其他类对那个成员都有访问权限，但对于这个包之外的所有类，这个成员却是**private**。由于一个编译单元（即一个文件），只能隶属于一个包，所以经由包访问权限，处于同一个编译单元中的所有类彼此之间都是自动可访问的。

包访问权限允许将包内所有相关的类组合起来，以使它们彼此之间可以轻松地相互作用。当把类组织起来放进一个包内之时，也就给它们的包访问权限的成员赋予了相互访问的权限，你“拥有”了该包内的程序代码。“只有你拥有的程序代码才可以访问你所拥有的其他程序代码”，这是合理的。应该说，包访问权限为把类群聚在一个包中的做法提供了意义和理由。在许多语言中，在文件内组织定义的方式是任意的，但在Java中，则要强制你以一种合理的方式对它们加以组织。另外，你可能还想要排除这样的类－它们不应该访问在当前包中所定义的类。

类控制着哪些代码有权访问自己的成员。其他包内的类不能刚一上来就说：“嗨，我是Bob的朋友。”并且还想看到Bob的**protected**、包访问权限和**private**成员。取得对某成员的访问权的
221 唯一途径是：

1. 使该成员成为**public**。于是，无论是谁，无论在哪里，都可以访问该成员。

2. 通过不加访问权限修饰词并将其他类放置于同一个包内的方式给成员赋予包访问权。于是包内的其他类也就可以访问该成员了。

3. 在第7章将会介绍继承技术，届时读者将会看到继承而来的类既可以访问**public**成员也可以访问**protected**成员（但访问**private**成员却不行）。只有在两个类都处于同一个包内时，它才可以访问包访问权限的成员。但现在不必担心继承和**protected**。

4. 提供访问器（accessor）和变异器（mutator）方法（也称作get/set方法），以读取和改变数值。正如将在第22章中看到的，对OOP而言，这是最优雅的方式，而且这也是JavaBeans的基本原理。

6.2.2 public：接口访问权限

使用关键字**public**，就意味着**public**之后紧跟着的成员声明自己对每个人都是可用的，尤其是使用类库的客户程序员更是如此。假设定义了一个包含下面编译单元的**dessert**包：

```
//: access/dessert/Cookie.java
// Creates a library.
package access.dessert;

public class Cookie {
  public Cookie() {
   System.out.println("Cookie constructor");
  }
  void bite() { System.out.println("bite"); }
} ///:~
```

记住，**Cookie.java**文件必须位于名为**dessert**的子目录之中，该子目录在**access**（意指本书第6章）下，而c05则必须位于CLASSPATH指定的众多路径的其中之一的下边。不要错误地认为Java总是将当前目录视作是查找行为的起点之一。如果你的CLASSPATH之中缺少一个“.”作为路径之一的话，Java就不会查找那里。 222

现在如果创建了一个使用Cookie的程序：

```
//: access/Dinner.java
// Uses the library.
import access.dessert.*;

public class Dinner {
  public static void main(String[] args) {
    Cookie x = new Cookie();
    //! x.bite(); // Can't access
  }
} /* Output:
Cookie constructor
*///:~
```

就可以创建一个Cookie对象，因为它的构造器是public而且类也是public的。（此后我们将会对public类的概念了解更多。）但是，由于bite()只向在dessert包中的类提供访问权，所以bite() 成员在Dinner.java之中是无法访问的，因此编译器也禁止你使用它。

默认包

令人吃惊的是，下面的程序代码虽然看起来破坏了上述规则，但它仍可以编译：

```
//: access/Cake.java
// Accesses a class in a separate compilation unit.

class Cake {
  public static void main(String[] args) {
    Pie x = new Pie();
    x.f();
  }
} /* Output:
Pie.f()
*///:~
```

在第二个处于相同目录的文件中：

223

```
//: access/Pie.java
// The other class.
class Pie {
  void f() { System.out.println("Pie.f()"); }
} ///:~
```

最初或许会认为这两个文件毫不相关，但**Cake**却可以创建一个**Pie**对象并调用它的**f()**方法！（记住，为了使文件可以被编译，在你的CLASSPATH之中一定要有“.”。）通常会认为**Pie**和**f()**享有包访问权限，因而是不可以为**Cake**所用的。它们的确享有包访问权限，但这只是部分正确的。**Cake.java**可以访问它们的原因是因为它们同处于相同的目录并且没有给自己设定任何包名称。Java将这样的文件自动看作是隶属于该目录的默认包之中，于是它们为该目录中所有其他的文件都提供了包访问权限。

6.2.3 private: 你无法访问

关键字**private**的意思是，除了包含该成员的类之外，其他任何类都无法访问这个成员。由于处于同一个包内的其他类是不可以访问**private**成员的，因此这等于说是自己隔离了自己。从另一方面说，让许多人共同合作来创建一个包也是不大可能的，为此**private**就允许你随意改变该成员，而不必考虑这样做是否会影响到包内其他的类。

默认的包访问权限通常已经提供了充足的隐藏措施。请记住，使用类的客户端程序员是无法访问包访问权限成员的。这样做很好，因为默认访问权限是一种我们常用的权限，同时也是一种在忘记添加任何访问权限控制时能够自动得到的权限。因此，通常考虑的是，哪些成员是想要明确公开给客户端程序员使用的，从而将它们声明为**public**，而在最初，你可能不会认为自己经常会需要使用关键字**private**，因为没有它，照样可以工作。然而，事实很快就会证明，对**private**的使用是多么的重要，在多线程环境下更是如此（正如将在第21章中看到的）。

此处有一个使用**private**的示例。

```
//: access/IceCream.java
// Demonstrates "private" keyword.
```

224

```
class Sundae {
  private Sundae() {}
  static Sundae makeASundae() {
    return new Sundae();
  }
}

public class IceCream {
  public static void main(String[] args) {
    //! Sundae x = new Sundae();
    Sundae x = Sundae.makeASundae();
  }
} ///:~
```

这是一个说明**private**终有其用武之地的示例：可能想控制如何创建对象，并阻止别人直接访问某个特定的构造器（或全部构造器）。在上面的例子中，不能通过构造器来创建**Sundae**对象，而必须调用**makeASundae()**方法来达到此目的⊖。

任何可以肯定只是该类的一个“助手”方法的方法，都可以把它指定为**private**，以确保不会在包内的其他地方误用到它，于是也就防止了你会去改变或删除这个方法。将方法指定为**private**确保了你拥有这种选择权。

这对于类中的**private**域同样适用。除非必须公开底层实现细目（此种境况很少见），否则就应该将所有的域指定为**private**。然而，不能因为在类中某个对象的引用是**private**，就认为其他的对象无法拥有该对象的**public** 引用（参见本书的在线补充材料以了解有关别名机制的话题）。

6.2.4 protected：继承访问权限

要理解**protected**的访问权限，我们在内容上需要作一点跳跃。首先，在本书介绍继承（第7章）之前，读者并不需真正理解本节的内容。但为了内容的完整性，这里还是提供了一个简要
225 介绍和使用**protected**的示例。

关键字**protected**处理的是继承的概念，通过继承可以利用一个现有类-我们将其称为基类，

⊖ 此例还有另一个效果：既然默认构造器是唯一定义的构造器，并且它是**private**的，那么它将阻碍对此类的继承（我们将在后面介绍这个问题）。

然后将新成员添加到该现有类中而不必碰该现有类。还可以改变该类的现有成员的行为。为了从现有类中继承，需要声明新类**extends**（扩展）了一个现有类，就像这样：

```
class Foo extends Bar {
```

类定义中的其他部分看起来都是一样的。

如果创建了一个新包，并自另一个包中继承类，那么唯一可以访问的成员就是源包的public成员。（当然，如果在同一个包内执行继承工作，就可以操纵所有的拥有包访问权限的成员。）有时，基类的创建者会希望有某个特定成员，把对它的访问权限赋予派生类而不是所有类。这就需要**protected**来完成这一工作。**protected**也提供包访问权限，也就是说，相同包内的其他类可以访问**protected**元素。

回顾一下先前的例子**Cookie.java**，就可以得知下面的类是不可以调用拥有包访问权限的成员**bite()**的：

```
//: access/ChocolateChip.java
// Can't use package-access member from another package.
import access.dessert.*;

public class ChocolateChip extends Cookie {
  public ChocolateChip() {
   System.out.println("ChocolateChip constructor");
  }
  public void chomp() {
    //! bite(); // Can't access bite
  }
  public static void main(String[] args) {
    ChocolateChip x = new ChocolateChip();
    x.chomp();
  }
} /* Output:
Cookie constructor
ChocolateChip constructor
*///:~
```

有关继承技术的一个很有趣的事情是，如果类**Cookie**中存在一个方法**bite()**的话，那么该方法同时也存在于任何一个从**Cookie**继承而来的类中。但是由于**bite()**有包访问权限而且它位于另 226
一个包内，所以我们在这个包内是无法使用它的。当然，也可以把它指定为**public**，但是这样做所有的人就都有了访问权限，而且很可能这并不是你所希望的。如果我们将类**Cookie**像这样加以更改：

```
//: access/cookie2/Cookie.java
package access.cookie2;

public class Cookie {
  public Cookie() {
    System.out.println("Cookie constructor");
  }
  protected void bite() {
    System.out.println("bite");
  }
} ///:~
```

现在**bite()**对于所有继承自**Cookie**的类而言，也是可以使用的。

```
//: access/ChocolateChip2.java
import access.cookie2.*;

public class ChocolateChip2 extends Cookie {
  public ChocolateChip2() {
   System.out.println("ChocolateChip2 constructor");
  }
```

```
  public void chomp() { bite(); } // Protected method
  public static void main(String[] args) {
    ChocolateChip2 x = new ChocolateChip2();
    x.chomp();
  }
} /* Output:
Cookie constructor
ChocolateChip2 constructor
bite
*///:~
```

注意，尽管**bite()**也具有包访问权限，但是它仍旧不是**public**的。

练习4：(2) 展示**protected**方法具有包访问权限，但不是**public**。

练习5：(2) 创建一个带有**public, private, protected**和包访问权限域以及方法成员的类。创建
227 该类的一个对象，看看在你试图调用所有类成员时，会得到什么类型的编译信息。请注意，处于同一个目录中的所有类都是默认包的一部分。

练习6：(1) 创建一个带有**protected**数据的类。运用在第一个类中处理**protected**数据的方法在相同的文件中创建第二个类。

6.3 接口和实现

访问权限的控制常被称为是*具体实现的隐藏*。把数据和方法包装进类中，以及具体实现的隐藏，常共同被称作是*封装*⊖。其结果是一个同时带有特征和行为的数据类型。

出于两个很重要的原因，访问权限控制将权限的边界划在了数据类型的内部。第一个原因是要设定客户端程序员可以使用和不可以使用的界限。可以在结构中建立自己的内部机制，而不必担心客户端程序员会偶然地将内部机制当作是他们可以使用的接口的一部分。

这个原因直接引出了第二个原因，即将接口和具体实现进行分离。如果结构是用于一组程序之中，而客户端程序员除了可以向接口发送信息之外什么也不可以做的话，那么就可以随意更改所有不是**public**的东西（例如有包访问权限、**protected** 和 **private**的成员），而不会破坏客户端代码。

为了清楚起见，可能会采用一种将**public**成员置于开头，后面跟着**protected**、包访问权限和**private**成员的创建类的形式。这样做的好处是类的使用者可以从头读起，首先阅读对他们而言最为重要的部分（即**public**成员，因为可以从文件外部调用它们），等到遇见作为内部实现细节的非**public**成员时停止阅读：

228

```
//: access/OrganizedByAccess.java

public class OrganizedByAccess {
  public void pub1() { /* ... */ }
  public void pub2() { /* ... */ }
  public void pub3() { /* ... */ }
  private void priv1() { /* ... */ }
  private void priv2() { /* ... */ }
  private void priv3() { /* ... */ }
  private int i;
  // ...
} ///:~
```

这样做仅能使程序阅读起来稍微容易一些，因为接口和具体实现仍旧混在一起。也就是说，仍能看到源代码－实现部分，因为它就在类中。另外，javadoc所提供的*注释文档*功能降低了程序代码的可读性对客户端程序员的重要性。将接口展现给某个类的使用者实际上是类浏览器的

⊖ 然而，人们经常只单独将具体实现的隐藏称作封装。

任务。类浏览器是一种以非常有用的方式来查阅所有可用的类，并告诉你用它们可以做些什么（也就是显示出可用成员）的工具。在Java中，用Web浏览器浏览JDK文档可以得到使用类浏览器的相同效果。

6.4 类的访问权限

在Java中，访问权限修饰词也可以用于确定库中的哪些类对于该库的使用者是可用的。如果希望某个类可以为某个客户端程序员所用，就可以通过把关键字**public**作用于整个类的定义来达到目的。这样做甚至可以控制客户端程序员是否能创建一个该类的对象。

为了控制某个类的访问权限，修饰词必须出现于关键字**class**之前。因此可以像下面这样声明：

```
public class Widget {
```

现在如果库的名字是**access**，那么任何客户端程序员都可以通过下面的声明访问**Widget**：

```
import access.Widget;
```

或

```
import access.*;
```

然而，这里还有一些额外的限制： 229

1. 每个编译单元（文件）都只能有一个**public**类。这表示，每个编译单元都有单一的公共接口，用**public**类来表现。该接口可以按要求包含众多的支持包访问权限的类。如果在某个编译单元内有一个以上的**public**类，编译器就会给出出错信息。

2. **public**类的名称必须完全与含有该编译单元的文件名相匹配，包括大小写。所以对于**Widget**而言，文件的名称必须是**Widget.java**，而不是**widget.java**或**WIDGET.java**。如果不匹配，同样将得到编译时错误。

3. 虽然不是很常用，但编译单元内完全不带**public**类也是可能的。在这种情况下，可以随意对文件命名。（尽管随意命名会使得人们在阅读和维护代码时产生混淆。）

如果获取了一个在**access**内部的类，用来完成**Widget**或是其他在**access**中的**public**类所要执行的任务，将会出现什么样的情况呢？你不想自找麻烦去为客户端程序员创建说明文档，而且你认为不久可能会想要完全改变原有方案并将旧版本一起删除，代之以一种不同的版本。为了保留此灵活性，需要确保客户端程序员不会依赖于隐藏在**access**之中的任何特定实现细节。为了达到这一点，只需将关键字**public**从类中拿掉，这个类就拥有了包访问权限。（该类只可以用于该包之中。）

练习7：(1) 根据描述**access**和**Widget**的代码片段创建类库。在某个不属于**access**类库的类中创建一个**Widget**实例。

在创建一个包访问权限的类时，仍旧是在将该类的域声明为**private**时才有意义－应尽可能地总是将域指定为私有的，但是通常来说，将与类（包访问权限）相同的访问权限赋予方法也是很合理的。既然一个有包访问权限的类通常只能被用于包内，那么如果对你有强制要求，在此种情况下，编译器会告诉你，你只需要将这样的类的方法设定为**public**就可以了。 230

请注意，类既不可以是**private**的（这样会使得除该类之外，其他任何类都不可以访问它），也不可以是**protected**的[⊖]。所以对于类的访问权限，仅有两个选择：包访问权限或**public**。如果不希望其他任何人对该类拥有访问权限，可以把所有的构造器都指定为**private**，从而阻止任何人创建该类的对象，但是有一个例外，就是你在该类的**static**成员内部可以创建。下面是一个示例：

⊖ 事实上，一个内部类可以是**private**或是**protected**的，但那是一个特例。这将在第10章中介绍到。

```
//: access/Lunch.java
// Demonstrates class access specifiers. Make a class
// effectively private with private constructors:

class Soup1 {
  private Soup1() {}
  // (1) Allow creation via static method:
  public static Soup1 makeSoup() {
    return new Soup1();
  }
}

class Soup2 {
  private Soup2() {}
  // (2) Create a static object and return a reference
  // upon request.(The "Singleton" pattern):
  private static Soup2 ps1 = new Soup2();
  public static Soup2 access() {
    return ps1;
  }
  public void f() {}
}

// Only one public class allowed per file:
public class Lunch {
  void testPrivate() {
    // Can't do this! Private constructor:
    //! Soup1 soup = new Soup1();
  }
  void testStatic() {
    Soup1 soup = Soup1.makeSoup();
  }
  void testSingleton() {
    Soup2.access().f();
  }
} ///:~
```

231

到目前为止，绝大多数方法均返回void或基本类型，所以定义

```
public static Soup1 makeSoup() {
  return new Soup1();
}
```

初看起来可能有点令人迷惑不解。方法名称（**makeSoup**）前面的词**Soup1**告知了该方法返回的东西。本书到目前为止，这里经常是**void**，意思是它不返回任何东西。但是也可以返回一个对象引用，示例中就是这种情况。这个方法返回了一个对**Soup1**类的对象的引用。

Soup1类和**Soup2**类展示了如何通过将所有的构造器指定为**private**来阻止直接创建某个类的实例。请一定要牢记，如果没有明确地至少创建一个构造器的话，就会帮你创建一个默认构造器（不带有任何参数的构造器）。如果我们自己编写了默认的构造器，那么就不会自动创建它了。如果把该构造器指定为**private**，那么就谁也无法创建该类的对象了。但是现在别人该怎样使用这个类呢？上面的例子就给出了两种选择：在**Soup1**中，创建一个**static**方法，它创建一个新的**Soup1**对象并返回一个对它的引用。如果想要在返回引用之前在**Soup1**上做一些额外的工作，或是如果想要记录到底创建了多少个**Soup1**对象（可能要限制其数量），这种做法将会是大有裨益的。

Soup2用到了所谓的设计模式，该模式在https://www.mindviewllc.com网站《Thinking in Patterns (with Java)》一书中有所介绍。这种特定的模式被称为singleton(单例)，这是因为你始终只能创建它的一个对象。**Soup2**类的对象是作为**Soup2**的一个**static private** 成员而创建的，所以有且仅有一个，而且除非是通过**public**方法**access()**，否则是无法访问到它的。

正如前面所提到的，如果没能为类访问权限指定一个访问修饰符，它就会默认得到包访问权限。这就意味着该类的对象可以由包内任何其他类来创建，但在包外则是不行的。（一定要记住，相同目录下的所有不具有明确**package**声明的文件，都被视作是该目录下默认包的一部分。） 232
然而，如果该类的某个**static**成员是**public**的话，则客户端程序员仍旧可以调用该**static**成员，尽管他们并不能生成该类的对象。

练习8：(4) 效仿示例**Lunch.java**的形式，创建一个名为**ConnectionManager**的类，该类管理一个元素为**Connection**对象的固定数组。客户端程序员不能直接创建**Connection**对象，而只能通过**ConnectionManager**中的某个**static**方法来获取它们。当**ConnectionManager**之中不再有对象时，它会返回**null**引用。在**main()**之中检测这些类。

练习9：(2) 在**access/local**目录下编写以下文件（假定**access/local**目录在你的CLASSPATH中）：

```
// access/local/PackagedClass.java
package access.local;

class PackagedClass {
  public PackagedClass() {
    System.out.println("Creating a packaged class");
  }
}
```

然后在**accesss/local**之外的另一个目录中创建下列文件：

```
// access/foreign/Foreign.java
package access.foreign;
import access.local.*;

public class Foreign {
   public static void main(String[] args) {
      PackagedClass pc = new PackagedClass();
   }
}
```

解释一下为什么编译器会产生错误。如果将**Foreign**类置于**access.local**包之中的话，会有所改变吗？

6.5 总结

无论是在什么样的关系之中，设立一些为各成员所遵守的界限始终是很重要的。当创建了一个类库，也就与该类库的用户建立了某种关系，这些用户就是客户端程序员，他们是另外一些程序员，他们将你的类库聚合成为一个应用程序，或是运用你的类库来创建一个更大的类库。 233

如果不制定规则，客户端程序员就可以对类的所有成员随心而为，即使你可能并不希望他们直接复制其中的一些成员。在这种情况下，所有事物都是公开的。

本章讨论了类是如何被构建成类库的：首先，介绍了一组类是如何被打包到一个类库中的；其次，类是如何控制对其成员的访问的。

据估计，用C语言开发项目，在50千行至100千行代码之间就会出现问题。这是因为C语言仅有单一的“名字空间”，并且名称开始发生冲突，引发额外的管理开销。而对于Java，关键字**package**、包的命名模式和关键字**import**，可以使你对名称进行完全的控制，因此名称冲突的问题是很容易避免的。

控制对成员的访问权限有两个原因。第一是为了使用户不要碰触那些他们不该碰触的部分，这些部分对于类内部的操作是必要的，但是它并不属于客户端程序员所需接口的一部分。因此，将方法和域指定成**private**，对客户端程序员而言是一种服务。因为这样他们可以很清楚地看到什么对他们重要，什么是他们可以忽略的。这样简化了他们对类的理解。

第二个原因，也是最重要的原因，是为了让类库设计者可以更改类的内部工作方式，而不必担心这样会对客户端程序员产生重大的影响。例如，最初可能会以某种方式创建一个类，然后发现如果更改程序结构，可以大大提高运行速度。如果接口和实现可以被明确地隔离和加以保护，那么就可以实现这一目的，而不必强制客户端程序员重新编写代码。访问权限控制可以确保不会有任何客户端程序员依赖于某个类的底层实现的任何部分。

当具备了改变底层实施细节的能力时，不仅可以随意地改善设计，还可能会随意地犯错误，同时也就有了犯错的可能性。无论如何细心地计划并设计，都有可能犯错。当了解到你所犯错
234 误是相对安全的时候，就可以更加放心地进行实验，也就可以更快地学会，更快地完成项目。

类的公共接口是用户真正能够看到的，所以这一部分是在分析和设计的过程中决定该类是否正确的最重要的部分。尽管如此，你仍然有进行改变的空间。如果在最初无法创建出正确的接口，那么只要不删除任何客户端程序员在他们的程序中已经用到的东西，就可以在以后添加更多的方法。

注意，访问权限控制专注于类库创建者和该类库的外部使用者之间的关系，这种关系也是一种通信方式。然而，在许多情况下事情并非如此。例如，你自己编写了所有的代码，或者你在一个组员聚集在一起的项目组中工作，所有的东西都放在同一个包中。这些情况是另外一种不同的通信方式，因此严格地遵循访问权限规则并不一定是最佳选择，默认（包）访问权限也许只是可行而已。

235~236 所选习题的答案都可以在名为The Thinking in Java Annotated Solution Guide的电子文档中找到，读者可以从https://www.mindviewllc.com购买此文档。

第7章 复 用 类

复用代码是Java众多引人注目的功能之一。但要想成为极具革命性的语言，仅仅能够复制代码并对之加以改变是不够的，它还必须能够做更多的事情。

上述方法常为C这类过程型语言所使用，但收效并不是很好。正如Java中所有事物一样，问题解决都是围绕着类展开的。可以通过创建新类来复用代码，而不必再从头开始编写。可以使用别人业已开发并调试好的类。

此方法的窍门在于使用类而不破坏现有程序代码。读者将会在本章中看到两种达到这一目的的方法。第一种方法非常直观：只需在新的类中产生现有类的对象。由于新的类是由现有类的对象所组成，所以这种方法称为组合。该方法只是复用了现有程序代码的功能，而非它的形式。

第二种方法则更细致一些，它按照现有类的类型来创建新类。无需改变现有类的形式，采用现有类的形式并在其中添加新代码。这种神奇的方式称为继承，而且编译器可以完成其中大部分工作。继承是面向对象程序设计的基石之一，我们将在第8章中探究其含义与功能。

就组合和继承而言，其语法和行为大多是相似的。由于它们是利用现有类型生成新类型，所以这样做极富意义。在本章中，读者将会了解到这两种代码重用机制。

7.1 组合语法

本书到目前为止，已多次使用组合技术。只需将对象引用置于新类中即可。例如，假设你需要某个对象，它要具有多个**String**对象、几个基本类型数据，以及另一个类的对象。对于非基本类型的对象，必须将其引用置于新的类中，但可以直接定义基本类型数据：

237

```
//: reusing/SprinklerSystem.java
// Composition for code reuse.

class WaterSource {
  private String s;
  WaterSource() {
    System.out.println("WaterSource()");
    s = "Constructed";
  }
  public String toString() { return s; }
}

public class SprinklerSystem {
  private String valve1, valve2, valve3, valve4;
  private WaterSource source = new WaterSource();
  private int i;
  private float f;
  public String toString() {
    return
      "valve1 = " + valve1 + " " +
      "valve2 = " + valve2 + " " +
      "valve3 = " + valve3 + " " +
      "valve4 = " + valve4 + "\n" +
      "i = " + i + " " + "f = " + f + " " +
      "source = " + source;
  }
```

```
  public static void main(String[] args) {
    SprinklerSystem sprinklers = new SprinklerSystem();
    System.out.println(sprinklers);
  }
} /* Output:
WaterSource()
valve1 = null valve2 = null valve3 = null valve4 = null
i = 0 f = 0.0 source = Constructed
*///:~
```

在上面两个类所定义的方法中，有一个很特殊：**toString()**。每一个非基本类型的对象都有一个**toString()**方法，而且当编译器需要一个**String**而你却只有一个对象时，该方法便会被调用。所以在**SprinklerSystem.toString()**的表达式中：

```
"source = " + source;
```

编译器将会得知你想要将一个**String**对象（"**source=**"）同**WaterSource**相加。由于只能将一个String对象和另一个**String**对象相加，因此编译器会告诉你："我将调用**toString()**，把**source**转换成为一个**String**！"这样做之后，它就能够将两个**String**连接到一起并将结果传递给**System.out.println()**（或者使用与此等价的本书中静态的**print()**和**printnb()**方法）。每当想要使所创建的类具备这样的行为时，仅需要编写一个**toString()**方法即可。

238

正如我们在第2章中所提到的，类中域为基本类型时能够自动被初始化为零。但是对象引用会被初始化为**null**，而且如果你试图为它们调用任何方法，都会得到一个异常——运行时错误。很方便的是，在不抛出异常的情况下仍旧可以打印一个**null**引用。

编译器并不是简单地为每一个引用都创建默认对象，这一点是很有意义的，因为若真要那样做的话，就会在许多情况下增加不必要的负担。如果想初始化这些引用，可以在代码中的下列位置进行：

1. 在定义对象的地方。这意味着它们总是能够在构造器被调用之前被初始化。

2. 在类的构造器中。

3. 就在正要使用这些对象之前，这种方式称为*惰性初始化*。在生成对象不值得及不必每次都生成对象的情况下，这种方式可以减少额外的负担。

4. 使用实例初始化。

以下是这四种方式的示例：

```
//: reusing/Bath.java
// Constructor initialization with composition.
import static net.mindview.util.Print.*;

class Soap {
  private String s;
  Soap() {
    print("Soap()");
    s = "Constructed";
  }
  public String toString() { return s; }
}
```

239

```
public class Bath {
  private String // Initializing at point of definition:
    s1 = "Happy",
    s2 = "Happy",
    s3, s4;
  private Soap castille;
  private int i;
  private float toy;
  public Bath() {
```

```
    print("Inside Bath()");
    s3 = "Joy";
    toy = 3.14f;
    castille = new Soap();
  }
  // Instance initialization:
  { i = 47; }
  public String toString() {
    if(s4 == null) // Delayed initialization:
      s4 = "Joy";
    return
      "s1 = " + s1 + "\n" +
      "s2 = " + s2 + "\n" +
      "s3 = " + s3 + "\n" +
      "s4 = " + s4 + "\n" +
      "i = " + i + "\n" +
      "toy = " + toy + "\n" +
      "castille = " + castille;
  }
  public static void main(String[] args) {
    Bath b = new Bath();
    print(b);
  }
} /* Output:
Inside Bath()
Soap()
s1 = Happy
s2 = Happy
s3 = Joy
s4 = Joy
i = 47
toy = 3.14
castille = Constructed
*///:~
```

请注意，在**Bath**的构造器中，有一行语句在所有初始化产生之前就已经执行了。如果没有在定义处初始化，那么除非发生了不可避免的运行期异常，否则将不能保证信息在发送给对象引用之前已经被初始化。 240

当**toString()**被调用时，它将填充**s4**的值，以确保所有的域在使用之时已被妥善初始化。

练习1：(2) 创建一个简单的类。在第二个类中，将一个引用定义为第一个类的对象。运用惰性初始化来实例化这个对象。

7.2 继承语法

继承是所有OOP语言和Java语言不可缺少的组成部分。当创建一个类时，总是在继承，因此，除非已明确指出要从其他类中继承，否则就是在隐式地从Java的标准根类**Object**进行继承。

组合的语法比较平实，但是继承使用的是一种特殊的语法。在继承过程中，需要先声明"新类与旧类相似"。这种声明是通过在类主体的左边花括号之前，书写后面紧随基类名称的关键字**extends**而实现的。当这么做时，会自动得到基类中所有的域和方法。例如：

```
//: reusing/Detergent.java
// Inheritance syntax & properties.
import static net.mindview.util.Print.*;

class Cleanser {
  private String s = "Cleanser";
  public void append(String a) { s += a; }
  public void dilute() { append(" dilute()"); }
  public void apply() { append(" apply()"); }
  public void scrub() { append(" scrub()"); }
  public String toString() { return s; }
```

```
  public static void main(String[] args) {
    Cleanser x = new Cleanser();
    x.dilute(); x.apply(); x.scrub();
    print(x);
  }
}
```

241
```
public class Detergent extends Cleanser {
  // Change a method:
  public void scrub() {
    append(" Detergent.scrub()");
    super.scrub(); // Call base-class version
  }
  // Add methods to the interface:
  public void foam() { append(" foam()"); }
  // Test the new class:
  public static void main(String[] args) {
    Detergent x = new Detergent();
    x.dilute();
    x.apply();
    x.scrub();
    x.foam();
    print(x);
    print("Testing base class:");
    Cleanser.main(args);
  }
} /* Output:
Cleanser dilute() apply() Detergent.scrub() scrub() foam()
Testing base class:
Cleanser dilute() apply() scrub()
*///:~
```

这个程序示范了Java 的许多特性。首先，在**Cleanser** 的**append()**方法中，我们用“+=”操作符将几个**String**对象连接成s，此操作符是被Java设计者重载用以处理**String**对象的操作符之一（另一个是“+”）。

其次，**Cleanser**和**Detergent**均含有**main()**方法。可以为每个类都创建一个**main()**方法。这种在每个类中都设置一个**main()**方法的技术可使每个类的单元测试都变得简便易行。而且在完成单元测试之后，也无需删除**main()**，可以将其留待下次测试。

即使是一个程序中含有多个类，也只有命令行所调用的那个类的**main()**方法会被调用。因此，在此例中，如果命令行是**java Detergent**，那么**Detergent.main()**将会被调用。即使**Cleanser**不是一个**public** 类，如果命令行是**java Cleanser**，那么**Cleanser.main()** 仍然会被调用。即使一
242 个类只具有包访问权限，其**public main()**仍然是可访问的。

在此例中，可以看到**Detergent.main()**明确调用了**Cleanser.main()**，并将从命令行获取的参数传递给了它。当然，也可以向其传递任意的**String** 数组。

Cleanser中所有的方法都必须是**public**的，这一点非常重要。请记住，如果没有加任何访问权限修饰词，那么成员默认的访问权限是包访问权限，它仅允许包内的成员访问。因此，在此包中，如果没有访问权限修饰词，任何人都可以使用这些方法。例如，**Detergent**就不成问题。但是，其他包中的某个类若要从**Cleanser**中继承，则只能访问**public**成员。所以，为了继承，一般的规则是将所有的数据成员都指定为**private**，将所有的方法指定为**public**（稍后将会学到，**protected**成员也可以借助导出类来访问）。当然，在特殊情况下，必须做出调整，但上述方法的确是一个很有用的规则。

在**Cleanser**的接口中有一组方法：**append()**、**dilute()**、**apply()**、**scrub()**和**toString()**。由于**Detergent**是由关键字**extends**从**Cleanser**导出的，所以它可以在其接口中自动获得这些方法，尽

管并不能看到这些方法在**Detergent**中的显式定义。因此，可以将继承视作是对类的复用。

正如我们在**scrub()**中所见，使用基类中定义的方法及对它进行修改是可行的。在此例中，你可能想要在新版本中调用从基类继承而来的方法。但是在**scrub()**中，并不能直接调用**scrub()**，因为这样做将会产生递归，而这并不是你所期望的。为解决此问题，Java用**super**关键字表示超类的意思，当前类就是从超类继承来的。为此，表达式**super.scrub()**将调用基类版本的**scrub()**方法。

在继承的过程中，并不一定非得使用基类的方法。也可以在导出类中添加新方法，其添加方式与在类中添加任意方法一样，即对其加以定义即可。**foam()**方法即为一例。

读者在**Detergent.main()**中会发现，对于一个**Detegent**对象而言，除了可以调用**Detergent**的方法（即**foam()**）之外，还可以调用**Cleanser**中所有可用的方法。

练习2：(2) 从**Detergent**中继承产生一个新的类。覆盖**scrub()**并添加一个名为**sterilize()**的新方法。 243

7.2.1 初始化基类

由于现在涉及基类和导出类这两个类，而不是只有一个类，所以要试着想像导出类所产生的结果对象，会有点困惑。从外部来看，它就像是一个与基类具有相同接口的新类，或许还会有一些额外的方法和域。但继承并不只是复制基类的接口。当创建了一个导出类的对象时，该对象包含了一个基类的子对象。这个子对象与你用基类直接创建的对象是一样的。二者区别在于，后者来自于外部，而基类的子对象被包装在导出类对象内部。

当然，对基类子对象的正确初始化也是至关重要的，而且也仅有一种方法来保证这一点：在构造器中调用基类构造器来执行初始化，而基类构造器具有执行基类初始化所需要的所有知识和能力。Java会自动在导出类的构造器中插入对基类构造器的调用。下例展示了上述机制在三层继承关系上是如何工作的：

```
//: reusing/Cartoon.java
// Constructor calls during inheritance.
import static net.mindview.util.Print.*;

class Art {
  Art() { print("Art constructor"); }
}

class Drawing extends Art {
  Drawing() { print("Drawing constructor"); }
}

public class Cartoon extends Drawing {
  public Cartoon() { print("Cartoon constructor"); }
  public static void main(String[] args) {
    Cartoon x = new Cartoon();
  }
} /* Output:
Art constructor
Drawing constructor
Cartoon constructor
*///:~
```
244

读者会发现，构建过程是从基类"向外"扩散的，所以基类在导出类构造器可以访问它之前，就已经完成了初始化。即使你不为**Cartoon()**创建构造器，编译器也会为你合成一个默认的构造器，该构造器将调用基类的构造器。

练习3：(2) 证明前面这句话。

练习4：(2) 证明基类构造器：(a) 总是会被调用；(b) 在导出类构造器之前被调用。

练习5：(1) 创建两个带有默认构造器（空参数列表）的类**A**和类**B**。从**A**中继承产生一个名为**C**的新类，并在**C**内创建一个**B**类的成员。不要给**C**编写构造器。创建一个**C**类的对象并观察其结果。

带参数的构造器

上例中各个类均含有默认的构造器，即这些构造器都不带参数。编译器可以轻松地调用它们是因为不必考虑要传递什么样的参数的问题。但是，如果没有默认的基类构造器，或者想调用一个带参数的基类构造器，就必须用关键字**super**显式地编写调用基类构造器的语句，并且配以适当的参数列表：

```
//: reusing/Chess.java
// Inheritance, constructors and arguments.
import static net.mindview.util.Print.*;

class Game {
  Game(int i) {
    print("Game constructor");
  }
}

class BoardGame extends Game {
  BoardGame(int i) {
    super(i);
    print("BoardGame constructor");
  }
}

public class Chess extends BoardGame {
  Chess() {
245    super(11);
    print("Chess constructor");
  }
  public static void main(String[] args) {
    Chess x = new Chess();
  }
} /* Output:
Game constructor
BoardGame constructor
Chess constructor
*///:~
```

如果不在**BoardGame()**中调用基类构造器，编译器将“抱怨”无法找到符合**Game()**形式的构造器。而且，调用基类构造器必须是你在导出类构造器中要做的第一件事（如果你做错了，编译器会提醒你）。

练习6：(1) 用**Chess.java**来证明前一段话。

练习7：(1) 修改练习5，使**A**和**B**以带参数的构造器取代默认的构造器。为**C**写一个构造器，并在其中执行所有的初始化。

练习8：(1) 创建一个基类，它仅有一个非默认构造器；再创建一个导出类，它带有默认构造器和非默认构造器。在导出类的构造器中调用基类的构造器。

练习9：(2) 创建一个**Root** 类，令其含有名为**Component 1**、**Component 2**、**Component 3**的类的各一个实例（这些也由你写）。从**Root**中派生一个类**Stem**，也含有上述各“组成部分”。所有的类都应带有可打印出类的相关信息的默认构造器。

练习10：(1) 修改练习10，使每个类都仅具有非默认的构造器。

7.3 代理

第三种关系称为代理，Java并没有提供对它的直接支持。这是继承与组合之间的中庸之道，因为我们将一个成员对象置于所要构造的类中（就像组合），但与此同时我们在新类中暴露了该成员对象的所有方法（就像继承）。例如，太空船需要一个控制模块： 246

```
//: reusing/SpaceShipControls.java

public class SpaceShipControls {
  void up(int velocity) {}
  void down(int velocity) {}
  void left(int velocity) {}
  void right(int velocity) {}
  void forward(int velocity) {}
  void back(int velocity) {}
  void turboBoost() {}
} ///:~
```

构造太空船的一种方式是使用继承：

```
//: reusing/SpaceShip.java

public class SpaceShip extends SpaceShipControls {
  private String name;
  public SpaceShip(String name) { this.name = name; }
  public String toString() { return name; }
  public static void main(String[] args) {
    SpaceShip protector = new SpaceShip("NSEA Protector");
    protector.forward(100);
  }
} ///:~
```

然而，**SpaceShip**并非真正的**SpaceShipControls**类型，即便你可以“告诉”**SpaceShip**向前运动（**forward()**）。更准确地讲，**SpaceShip**包含**SpaceShipControls**，与此同时，**SpaceShip-Controls**的所有方法在**SpaceShip**中都暴露了出来。代理解决了此难题：

```
//: reusing/SpaceShipDelegation.java

public class SpaceShipDelegation {
  private String name;
  private SpaceShipControls controls =
    new SpaceShipControls();
  public SpaceShipDelegation(String name) {
    this.name = name;
  }
  // Delegated methods:
  public void back(int velocity) {
    controls.back(velocity);
  }
  public void down(int velocity) {
    controls.down(velocity);
  }
  public void forward(int velocity) {
    controls.forward(velocity);
  }
  public void left(int velocity) {
    controls.left(velocity);
  }
  public void right(int velocity) {
    controls.right(velocity);
  }
  public void turboBoost() {
    controls.turboBoost();
  }
  public void up(int velocity) {
    controls.up(velocity);
  }
  public static void main(String[] args) {
```

247

```
    SpaceShipDelegation protector =
      new SpaceShipDelegation("NSEA Protector");
    protector.forward(100);
  }
} ///:~
```

可以看到，上面的方法是如何转递给了底层的**controls**对象，而其接口由此也就与使用继承得到的接口相同了。但是，我们使用代理时可以拥有更多的控制力，因为我们可以选择只提供在成员对象中的方法的某个子集。

尽管Java语言不直接支持代理，但是很多开发工具却支持代理。例如，使用JetBrains Idea IDE就可以自动生成上面的例子。

248 **练习11**：(3) 修改**Detergent.java**，让它使用代理。

7.4 结合使用组合和继承

同时使用组合和继承是很常见的事。下例就展示了同时使用这两种技术，并配以必要的构造器初始化，来创建更加复杂的类：

```
//: reusing/PlaceSetting.java
// Combining composition & inheritance.
import static net.mindview.util.Print.*;

class Plate {
  Plate(int i) {
    print("Plate constructor");
  }
}

class DinnerPlate extends Plate {
  DinnerPlate(int i) {
    super(i);
    print("DinnerPlate constructor");
  }
}

class Utensil {
  Utensil(int i) {
    print("Utensil constructor");
  }
}

class Spoon extends Utensil {
  Spoon(int i) {
    super(i);
    print("Spoon constructor");
  }
}

class Fork extends Utensil {
  Fork(int i) {
    super(i);
    print("Fork constructor");
  }
249 }

class Knife extends Utensil {
  Knife(int i) {
    super(i);
    print("Knife constructor");
  }
}

// A cultural way of doing something:
```

```
class Custom {
  Custom(int i) {
    print("Custom constructor");
  }
}

public class PlaceSetting extends Custom {
  private Spoon sp;
  private Fork frk;
  private Knife kn;
  private DinnerPlate pl;
  public PlaceSetting(int i) {
    super(i + 1);
    sp = new Spoon(i + 2);
    frk = new Fork(i + 3);
    kn = new Knife(i + 4);
    pl = new DinnerPlate(i + 5);
    print("PlaceSetting constructor");
  }
  public static void main(String[] args) {
    PlaceSetting x = new PlaceSetting(9);
  }
} /* Output:
Custom constructor
Utensil constructor
Spoon constructor
Utensil constructor
Fork constructor
Utensil constructor
Knife constructor
Plate constructor
DinnerPlate constructor
PlaceSetting constructor
*///:~
```

250

虽然编译器强制你去初始化基类，并且要求你要在构造器起始处就要这么做，但是它并不监督你必须将成员对象也初始化，因此在这一点上你自己必须时刻注意。

这些类如此清晰地分离着实使人惊讶。甚至不需要这些方法的源代码就可以复用这些代码，我们至多只需要导入一个包。(对于继承与组合来说都是如此。)

7.4.1 确保正确清理

Java中没有C++中析构函数的概念。析构函数是一种在对象被销毁时可以被自动调用的函数。其原因可能是因为在Java中，我们的习惯只是忘掉而不是销毁对象，并且让垃圾回收器在必要时释放其内存。

通常这样做是好事，但有时类可能要在其生命周期内执行一些必需的清理活动。正如我们在第5章中所提到的那样，你并不知道垃圾回收器何时将会被调用，或者它是否将被调用。因此，如果你想要某个类清理一些东西，就必须显式地编写一个特殊方法来做这件事，并要确保客户端程序员知晓他们必须要调用这一方法。就像在第12章所描述的那样，其首要任务就是，必须将这一清理动作置于finally子句之中，以预防异常的出现。

请思考一下下面这个能在屏幕上绘制图案的计算机辅助设计系统示例：

```
//: reusing/CADSystem.java
// Ensuring proper cleanup.
package reusing;
import static net.mindview.util.Print.*;

class Shape {
  Shape(int i) { print("Shape constructor"); }
  void dispose() { print("Shape dispose"); }
}
```

```
class Circle extends Shape {
  Circle(int i) {
    super(i);
    print("Drawing Circle");
251  }
  void dispose() {
    print("Erasing Circle");
    super.dispose();
  }
}

class Triangle extends Shape {
  Triangle(int i) {
    super(i);
    print("Drawing Triangle");
  }
  void dispose() {
    print("Erasing Triangle");
    super.dispose();
  }
}

class Line extends Shape {
  private int start, end;
  Line(int start, int end) {
    super(start);
    this.start = start;
    this.end = end;
    print("Drawing Line: " + start + ", " + end);
  }
  void dispose() {
    print("Erasing Line: " + start + ", " + end);
    super.dispose();
  }
}

public class CADSystem extends Shape {
  private Circle c;
  private Triangle t;
  private Line[] lines = new Line[3];
  public CADSystem(int i) {
    super(i + 1);
    for(int j = 0; j < lines.length; j++)
      lines[j] = new Line(j, j*j);
    c = new Circle(1);
    t = new Triangle(1);
    print("Combined constructor");
  }
252  public void dispose() {
    print("CADSystem.dispose()");
    // The order of cleanup is the reverse
    // of the order of initialization:
    t.dispose();
    c.dispose();
    for(int i = lines.length - 1; i >= 0; i--)
      lines[i].dispose();
    super.dispose();
  }
  public static void main(String[] args) {
    CADSystem x = new CADSystem(47);
    try {
      // Code and exception handling...
    } finally {
      x.dispose();
    }
  }
} /* Output:
```

```
Shape constructor
Shape constructor
Drawing Line: 0, 0
Shape constructor
Drawing Line: 1, 1
Shape constructor
Drawing Line: 2, 4
Shape constructor
Drawing Circle
Shape constructor
Drawing Triangle
Combined constructor
CADSystem.dispose()
Erasing Triangle
Shape dispose
Erasing Circle
Shape dispose
Erasing Line: 2, 4
Shape dispose
Erasing Line: 1, 1
Shape dispose
Erasing Line: 0, 0
Shape dispose
Shape dispose
*///:~
```
253

此系统中的一切都是某种**Shape**（**Shape**自身就是一种**Object**，因为**Shape**继承自根类**Object**）。每个类都覆写**Shape**的**dispose()**方法，并运用**super**来调用该方法的基类版本。尽管对象生命期中任何被调用的方法都可以做一些必需的清理工作，但是**Circle**、**Triangle**和**Line**这些特定的**Shape**类仍然都带有可以进行“绘制”的构造器。每个类都有自己的**dispose()**方法将未存于内存之中的东西恢复到对象存在之前的状态。

在**main()**中可以看到**try**和**finally**这两个之前还没有看到过的关键字，我们将在第12章对它们进行详细解释。关键字**try**表示，下面的块（用一组大括号括起来的范围）是所谓的保护区（guarded region），这意味着它需要被特殊处理。其中一项特殊处理就是无论**try**块是怎样退出的，保护区后的**finally**子句中的代码总是要被执行的。这里**finally**子句表示的是“无论发生什么事，一定要为x调用**dispose()**”。

在清理方法（**dispose()**）中，还必须注意对基类清理方法和成员对象清理方法的调用顺序，以防某个子对象依赖于另一个子对象情形的发生。一般而言，所采用的形式应该与C++编译器在其析构函数上所施加的形式相同：首先，执行类的所有特定的清理动作，其顺序同生成顺序相反（通常这就要求基类元素仍旧存活）；然后，就如我们所示范的那样，调用基类的清理方法。

许多情况下，清理并不是问题，仅需让垃圾回收器完成该动作就行。但当必须亲自处理清理时，就得多做努力并多加小心。因为，一旦涉及垃圾回收，能够信赖的事就不会很多了。垃圾回收器可能永远也无法被调用，即使被调用，它也可能以任何它想要的顺序来回收对象。最好的办法是除了内存以外，不能依赖垃圾回收器去做任何事。如果需要进行清理，最好是编写你自己的清理方法，但不要使用**finalize()**。

练习12：(3) 将一个适当的**dispose()**方法的层次结构添加到练习9的所有类中。 254

7.4.2 名称屏蔽

如果Java的基类拥有某个已被多次重载的方法名称，那么在导出类中重新定义该方法名称并不会屏蔽其在基类中的任何版本（这一点与C++不同）。因此，无论是在该层或者它的基类中对方法进行定义，重载机制都可以正常工作：

```
//: reusing/Hide.java
// Overloading a base-class method name in a derived
// class does not hide the base-class versions.
import static net.mindview.util.Print.*;

class Homer {
  char doh(char c) {
    print("doh(char)");
    return 'd';
  }
  float doh(float f) {
    print("doh(float)");
    return 1.0f;
  }
}

class Milhouse {}

class Bart extends Homer {
  void doh(Milhouse m) {
    print("doh(Milhouse)");
  }
}

public class Hide {
  public static void main(String[] args) {
    Bart b = new Bart();
    b.doh(1);
    b.doh('x');
    b.doh(1.0f);
    b.doh(new Milhouse());
  }
} /* Output:
doh(float)
doh(char)
doh(float)
255 doh(Milhouse)
*///:~
```

可以看到，虽然**Bart**引入了一个新的重载方法（在C++中若要完成这项工作则需要屏蔽基类方法），但是在**Bart**中**Homer**的所有重载方法都是可用的。正如读者将在下一章所看到的，使用与基类完全相同的特征签名及返回类型来覆盖具有相同名称的方法，是一件极其平常的事。但它也令人迷惑不解（这也就是为什么C++不允许这样做的原因所在–防止你可能会犯错误）。

Java SE5新增加了**@Override**注解，它并不是关键字，但是可以把它当作关键字使用。当你想要覆写某个方法时，可以选择添加这个注解，在你不留心重载而并非覆写了该方法时，编译器就会生成一条错误消息：

```
//: reusing/Lisa.java
// {CompileTimeError} (Won't compile)

class Lisa extends Homer {
  @Override void doh(Milhouse m) {
    System.out.println("doh(Milhouse)");
  }
} ///:~
```

{CompileTimeError}标签把该文件从本书的Ant构建中排除了出来，但是如果手工编译该文件，就会看到下面的错误消息：

```
method does not override a method from its superclass
```

这样，**@Override**注解可以防止你在不想重载时而意外地进行了重载。

练习13：(2) 创建一个类，它应带有一个被重载了三次的方法。继承产生一个新类，并添加一个该方法的新的重载定义，展示这四个方法在导出类中都是可以使用的。

7.5 在组合与继承之间选择

组合和继承都允许在新的类中放置子对象，组合是显式地这样做，而继承则是隐式地做。读者或许想知道二者间的区别何在，以及怎样在二者之间做出选择。 256

组合技术通常用于想在新类中使用现有类的功能而非它的接口这种情形。即，在新类中嵌入某个对象，让其实现所需要的功能，但新类的用户看到的只是为新类所定义的接口，而非所嵌入对象的接口。为取得此效果，需要在新类中嵌入一个现有类的**private**对象。

有时，允许类的用户直接访问新类中的组合成分是极具意义的；也就是说，将成员对象声明为**public**。如果成员对象自身都隐藏了具体实现，那么这种做法是安全的。当用户能够了解到你正在组装一组部件时，会使得端口更加易于理解。**car**对象即为一个很好的例子：

```
//: reusing/Car.java
// Composition with public objects.

class Engine {
  public void start() {}
  public void rev() {}
  public void stop() {}
}

class Wheel {
  public void inflate(int psi) {}
}

class Window {
  public void rollup() {}
  public void rolldown() {}
}

class Door {
  public Window window = new Window();
  public void open() {}
  public void close() {}
}

public class Car {
  public Engine engine = new Engine();
  public Wheel[] wheel = new Wheel[4];
  public Door
    left = new Door(),
    right = new Door(); // 2-door
  public Car() {
    for(int i = 0; i < 4; i++)
      wheel[i] = new Wheel();
  }
  public static void main(String[] args) {
    Car car = new Car();
    car.left.window.rollup();
    car.wheel[0].inflate(72);
  }
} ///:~
```

257

由于在这个例子中**car**的组合也是问题分析的一部分（而不仅仅是底层设计的一部分），所以使成员成为**public**将有助于客户端程序员了解怎样去使用类，而且也降低了类开发者所面临的代码复杂度。但务必要记得这仅仅是一个特例，一般情况下应该使域成为**private**。

在继承的时候，使用某个现有类，并开发一个它的特殊版本。通常，这意味着你在使用一个通用类，并为了某种特殊需要而将其特殊化。略微思考一下就会发现，用一个“交通工具”

对象来构成一部“车子”是毫无意义的，因为“车子”并不包含“交通工具”，它仅是一种交通工具（is-a关系）。“is-a”（是一个）的关系是用继承来表达的，而“has-a”（有一个）的关系则是用组合来表达的。

练习14：(1) 在**Car.java**中给**Engine**添加一个**service()**方法，并在**main()**中调用该方法。

7.6 protected关键字

现在，我们已介绍完了继承，关键字**protected**最终具有了意义。在理想世界中，仅靠关键字**private**就已经足够了。但在实际项目中，经常会想要将某些事物尽可能对这个世界隐藏起来，但仍然允许导出类的成员访问它们。

关键字**protected**就是起这个作用的。它指明“就类用户而言，这是**private**的，但对于任何继承于此类的导出类或其他任何位于同一个包内的类来说，它却是可以访问的。”（**protected**也提供了包内访问权限。）

尽管可以创建**protected**域，但是最好的方式还是将域保持为**private**；你应当一直保留“更
258 改底层实现”的权利。然后通过**protected**方法来控制类的继承者的访问权限。

```
//: reusing/Orc.java
// The protected keyword.
import static net.mindview.util.Print.*;

class Villain {
  private String name;
  protected void set(String nm) { name = nm; }
  public Villain(String name) { this.name = name; }
  public String toString() {
    return "I'm a Villain and my name is " + name;
  }
}

public class Orc extends Villain {
  private int orcNumber;
  public Orc(String name, int orcNumber) {
    super(name);
    this.orcNumber = orcNumber;
  }
  public void change(String name, int orcNumber) {
    set(name); // Available because it's protected
    this.orcNumber = orcNumber;
  }
  public String toString() {
    return "Orc " + orcNumber + ": " + super.toString();
  }
  public static void main(String[] args) {
    Orc orc = new Orc("Limburger", 12);
    print(orc);
    orc.change("Bob", 19);
    print(orc);
  }
} /* Output:
Orc 12: I'm a Villain and my name is Limburger
Orc 19: I'm a Villain and my name is Bob
*///:~
```

可以发现，**change()**可以访问**set()**，这是因为它是**protected**的。还应注意**Orc**的**toString()**方
259 法的定义方式，它依据**toString()**的基类版本而定义。

练习15：(2) 在包中编写一个类，类应具备一个**protected**方法。在包外部，试着调用该**protected**方法并解释其结果。然后，从你的类中继承产生一个类，并从该导出类的方法内部调

用该**protected**方法。

7.7 向上转型

“为新的类提供方法”并不是继承技术中最重要的方面，其最重要的方面是用来表现新类和基类之间的关系。这种关系可以用“新类是现有类的一种类型”这句话加以概括。

这个描述并非只是一种解释继承的华丽的方式，这直接是由语言所支撑的。例如，假设有一个称为**Instrument**的代表乐器的基类和一个称为**Wind**的导出类。由于继承可以确保基类中所有的方法在导出类中也同样有效，所以能够向基类发送的所有信息同样也可以向导出类发送。如果**Instrument** 类具有一个**play()**方法，那么**Wind**乐器也将同样具备。这意味着我们可以准确地说**Wind**对象也是一种类型的**Instrument**。下面这个例子说明了编译器是怎样支持这一概念的：

```
//: reusing/Wind.java
// Inheritance & upcasting.

class Instrument {
  public void play() {}
  static void tune(Instrument i) {
    // ...
    i.play();
  }
}

// Wind objects are instruments
// because they have the same interface:
public class Wind extends Instrument {
  public static void main(String[] args) {
    Wind flute = new Wind();
    Instrument.tune(flute); // Upcasting
  }
} ///:~
```

260

在此例中，**tune()**方法可以接受**Instrument** 引用，这实在太有趣了。但在**Wind.main()**中，传递给**tune()**方法的是一个**Wind** 引用。鉴于Java对类型的检查十分严格，接受某种类型的方法同样可以接受另外一种类型就会显得很奇怪，除非你认识到**Wind**对象同样也是一种**Instrument**对象，而且也不存在任何**tune()**方法是可以通过**Instrument**来调用，同时又不存在于**Wind**之中。在**tune()**中，程序代码可以对**Instrument**和它所有的导出类起作用，这种将**Wind**引用转换为**Instrument** 引用的动作，我们称之为向上转型。

7.7.1 为什么称为向上转型

该术语的使用有其历史原因，并且是以传统的类继承图的绘制方法为基础的：将根置于页面的顶端，然后逐渐向下。（当然也可以以任何你认为有效的方法进行绘制。）于是，**Wind.java**的继承图就是（如右图所示）：

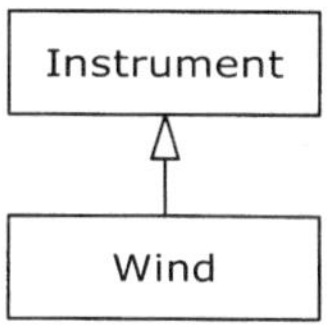

由导出类转型成基类，在继承图上是向上移动的，因此一般称为向上转型。由于向上转型是从一个较专用类型向较通用类型转换，所以总是很安全的。也就是说，导出类是基类的一个超集。它可能比基类含有更多的方法，但它必须至少具备基类中所含有的方法。在向上转型的过程中，类接口中唯一可能发生的事情是丢失方法，而不是获取它们。这就是为什么编译器在“未曾明确表示转型”或“未曾指定特殊标记”的情况下，仍然允许向上转型的原因。

也可以执行与向上转型相反的向下转型，但其中含有一个难题，这将在第8章和第14章中进一步解释。

7.7.2 再论组合与继承

在面向对象编程中，生成和使用程序代码最有可能采用的方法就是直接将数据和方法包装
261 进一个类中，并使用该类的对象。也可以运用组合技术使用现有类来开发新的类；而继承技术其实是不太常用的。因此，尽管在教授OOP的过程中我们多次强调继承，但这并不意味着要尽可能使用它。相反，应当慎用这一技术，其使用场合仅限于你确信使用该技术确实有效的情况。到底是该用组合还是用继承，一个最清晰的判断办法就是问一问自己是否需要从新类向基类进行向上转型。如果必须向上转型，则继承是必要的；但如果不需要，则应当好好考虑自己是否需要继承。第8章提出了一个使用向上转型的最具说服力的理由，但只要记得自问一下“我真的需要向上转型吗？”就能较好地在这两种技术中做出决定。

练习16：(2) 创建一个名为**Amphibian**的类。由此继承产生一个称为**Frog**的类。在基类中设置适当的方法。在**main()**中，创建一个**Frog**并向上转型至**Amphibian**，然后说明所有方法都可工作。

练习17：(1) 修改练习16，使**Frog**覆盖基类中方法的定义（令新定义使用相同的方法特征签名）。请留心**main()**中都发生了什么。

7.8 final关键字

根据上下文环境，Java的关键字**final**的含义存在着细微的区别，但通常它指的是“这是无法改变的。”不想做改变可能出于两种理由：设计或效率。由于这两个原因相差很远，所以关键字**final**有可能被误用。

以下几节谈论了可能使用到**final**的三种情况：数据、方法和类。

7.8.1 final 数据

许多编程语言都有某种方法，来向编译器告知一块数据是恒定不变的。有时数据的恒定不变是很有用的，比如：

1. 一个永不改变的编译时常量。
2. 一个在运行时被初始化的值，而你不希望它被改变。

对于编译期常量这种情况，编译器可以将该常量值代入任何可能用到它的计算式中，也就
262 是说，可以在编译时执行计算式，这减轻了一些运行时的负担。在Java中，这类常量必须是基本数据类型，并且以关键字**final**表示。在对这个常量进行定义的时候，必须对其进行赋值。

一个既是**static**又是**final**的域只占据一段不能改变的存储空间。

当对对象引用而不是基本类型运用**final**时，其含义会有一点令人迷惑。对于基本类型，**final**使数值恒定不变；而用于对象引用，**final**使引用恒定不变。一旦引用被初始化指向一个对象，就无法再把它改为指向另一个对象。然而，对象其自身却是可以被修改的，Java并未提供使任何对象恒定不变的途径（但可以自己编写类以取得使对象恒定不变的效果）。这一限制同样适用数组，它也是对象。

下面的示例示范了**final**域的情况。注意，根据惯例，既是**static**又是**final**的域（即编译期常量）将用大写表示，并使用下划线分隔各个单词：

```
//: reusing/FinalData.java
// The effect of final on fields.
import java.util.*;
import static net.mindview.util.Print.*;

class Value {
  int i; // Package access
```

```
  public Value(int i) { this.i = i; }
}

public class FinalData {
  private static Random rand = new Random(47);
  private String id;
  public FinalData(String id) { this.id = id; }
  // Can be compile-time constants:
  private final int valueOne = 9;
  private static final int VALUE_TWO = 99;
  // Typical public constant:
  public static final int VALUE_THREE = 39;
  // Cannot be compile-time constants:
  private final int i4 = rand.nextInt(20);
  static final int INT_5 = rand.nextInt(20);
  private Value v1 = new Value(11);
  private final Value v2 = new Value(22);
  private static final Value VAL_3 = new Value(33);
  // Arrays:
  private final int[] a = { 1, 2, 3, 4, 5, 6 };
  public String toString() {
    return id + ": " + "i4 = " + i4 + ", INT_5 = " + INT_5;
  }
  public static void main(String[] args) {
    FinalData fd1 = new FinalData("fd1");
    //! fd1.valueOne++; // Error: can't change value
    fd1.v2.i++; // Object isn't constant!
    fd1.v1 = new Value(9); // OK -- not final
    for(int i = 0; i < fd1.a.length; i++)
      fd1.a[i]++; // Object isn't constant!
    //! fd1.v2 = new Value(0); // Error: Can't
    //! fd1.VAL_3 = new Value(1); // change reference
    //! fd1.a = new int[3];
    print(fd1);
    print("Creating new FinalData");
    FinalData fd2 = new FinalData("fd2");
    print(fd1);
    print(fd2);
  }
} /* Output:
fd1: i4 = 15, INT_5 = 18
Creating new FinalData
fd1: i4 = 15, INT_5 = 18
fd2: i4 = 13, INT_5 = 18
*///:~
```

263

由于**valuOne**和**VAL_TWO**都是带有编译时数值的**final**基本类型，所以它们二者均可以用作编译期常量，并且没有重大区别。**VAL_THREE**是一种更加典型的对常量进行定义的方式：定义为**public**，则可以被用于包之外；定义为static，则强调只有一份；定义为**final**，则说明它是一个常量。请注意，带有恒定初始值（即，编译期常量）的**final static**基本类型全用大写字母命名，并且字与字之间用下划线隔开（这就像C常量一样，C常量是这一命名传统的发源地）。

我们不能因为某数据是**final**的就认为在编译时可以知道它的值。在运行时使用随机生成的数值来初始化**i4**和**INT_5**就说明了这一点。示例部分也展示了将**final**数值定义为静态和非静态的区别。此区别只有当数值在运行时内被初始化时才会显现，这是因为编译器对编译时数值一视同仁（并且它们可能因优化而消失）。当运行程序时就会看到这个区别。请注意，在**fd1**和**fd2**中，**i4**的值是唯一的，但**INT_5**的值是不可以通过创建第二个**FinalData**对象而加以改变的。这是因为它是**static**的，在装载时已被初始化，而不是每次创建新对象时都初始化。 264

v1到**VAL_3**这些变量说明了**final**引用的意义。正如在**main()**中所看到的，不能因为**v2**是**final**的，就认为无法改变它的值。由于它是一个引用，**final**意味着无法将**v2**再次指向另一个新的对象。这对数组具有同样的意义，数组只不过是另一种引用（我还不知道有什么办法能使数组引用本身成为**final**）。看起来，使引用成为**final**没有使基本类型成为**final**的用处大。

练习18：(2) 创建一个含有**static final**域和**final**域的类，说明二者间的区别。

空白final

Java允许生成“空白**final**”，所谓空白**final**是指被声明为**final**但又未给定初值的域。无论什么情况，编译器都确保空白**final**在使用前必须被初始化。但是，空白**final**在关键字**final**的使用上提供了更大的灵活性，为此，一个类中的**final**域就可以做到根据对象而有所不同，却又保持其恒定不变的特性。下面即为一例：

```
//: reusing/BlankFinal.java
// "Blank" final fields.

class Poppet {
  private int i;
  Poppet(int ii) { i = ii; }
}

public class BlankFinal {
  private final int i = 0; // Initialized final
  private final int j; // Blank final
  private final Poppet p; // Blank final reference
  // Blank finals MUST be initialized in the constructor:
  public BlankFinal() {
    j = 1; // Initialize blank final
    p = new Poppet(1); // Initialize blank final reference
  }
  public BlankFinal(int x) {
    j = x; // Initialize blank final
    p = new Poppet(x); // Initialize blank final reference
  }
  public static void main(String[] args) {
    new BlankFinal();
    new BlankFinal(47);
  }
} ///:~
```

265

必须在域的定义处或者每个构造器中用表达式对**final**进行赋值，这正是**final**域在使用前总是被初始化的原因所在。

练习19：(2) 创建一个含有指向某对象的空白**final**引用的类。在所有构造器内部都执行空白**final**的初始化动作。说明Java确保**final**在使用前必须被初始化，且一旦被初始化即无法改变。

final 参数

Java允许在参数列表中以声明的方式将参数指明为**final**。这意味着你无法在方法中更改参数引用所指向的对象：

```
//: reusing/FinalArguments.java
// Using "final" with method arguments.

class Gizmo {
  public void spin() {}
}

public class FinalArguments {
  void with(final Gizmo g) {
    //! g = new Gizmo(); // Illegal -- g is final
  }
  void without(Gizmo g) {
    g = new Gizmo(); // OK -- g not final
    g.spin();
  }
```

```
  // void f(final int i) { i++; } // Can't change
  // You can only read from a final primitive:
  int g(final int i) { return i + 1; }
  public static void main(String[] args) {
    FinalArguments bf = new FinalArguments();
    bf.without(null);
    bf.with(null);
  }
} ///:~
```
266

方法f()和g()展示了当基本类型的参数被指明为final时所出现的结果：你可以读参数，但却无法修改参数。这一特性主要用来向匿名内部类传递数据，我们将在第10章中学习它。

7.8.2 final 方法

使用**final**方法的原因有两个。第一个原因是把方法锁定，以防任何继承类修改它的含义。这是出于设计的考虑：想要确保在继承中使方法行为保持不变，并且不会被覆盖。

过去建议使用**final**方法的第二个原因是效率。在Java的早期实现中，如果将一个方法指明为**final**，就是同意编译器将针对该方法的所有调用都转为内嵌调用。当编译器发现一个**final**方法调用命令时，它会根据自己的谨慎判断，跳过插入程序代码这种正常方式而执行方法调用机制（将参数压入栈，跳至方法代码处并执行，然后跳回并清理栈中的参数，处理返回值），并且以方法体中的实际代码的副本来替代方法调用。这将消除方法调用的开销。当然，如果一个方法很大，你的程序代码就会膨胀，因而可能看不到内嵌带来的任何性能提高，因为，所带来的性能提高会因为花费于方法内的时间量而被缩减。

在最近的Java版本中，虚拟机（特别是hotspot技术）可以探测到这些情况，并优化去掉这些效率反而降低的额外的内嵌调用，因此不再需要使用**final**方法来进行优化了。事实上，这种做法正在逐渐地受到劝阻。在使用Java SE5/6时，应该让编译器和JVM去处理效率问题，只有在想 267
要明确禁止覆盖时，才将方法设置为**final**的[⊖]。

final和private关键字

类中所有的**private**方法都隐式地指定为是**final**的。由于无法取用**private**方法，所以也就无法覆盖它。可以对**private**方法添加**final** 修饰词，但这并不能给该方法增加任何额外的意义。

这一问题会造成混淆。因为，如果你试图覆盖一个**private**方法（隐含是**final**的），似乎是奏效的，而且编译器也不会给出错误信息：

```
//: reusing/FinalOverridingIllusion.java
// It only looks like you can override
// a private or private final method.
import static net.mindview.util.Print.*;

class WithFinals {
  // Identical to "private" alone:
  private final void f() { print("WithFinals.f()"); }
  // Also automatically "final":
  private void g() { print("WithFinals.g()"); }
}

class OverridingPrivate extends WithFinals {
  private final void f() {
    print("OverridingPrivate.f()");
  }
```

⊖ 不要陷入对仓促优化的强烈渴望之中。如果你的系统得以运行，而其速度很慢，使用**final**关键字来修复该问题是难以奏效的。在http://MindView.net/Books/BetterJava可以找到有关性能测试的信息，它们有助于提高你的程序的运行速度。

```
  private void g() {
    print("OverridingPrivate.g()");
  }
}

class OverridingPrivate2 extends OverridingPrivate {
  public final void f() {
    print("OverridingPrivate2.f()");
268  }
  public void g() {
    print("OverridingPrivate2.g()");
  }
}

public class FinalOverridingIllusion {
  public static void main(String[] args) {
    OverridingPrivate2 op2 = new OverridingPrivate2();
    op2.f();
    op2.g();
    // You can upcast:
    OverridingPrivate op = op2;
    // But you can't call the methods:
    //! op.f();
    //! op.g();
    // Same here:
    WithFinals wf = op2;
    //! wf.f();
    //! wf.g();
  }
} /* Output:
OverridingPrivate2.f()
OverridingPrivate2.g()
*///:~
```

“覆盖”只有在某方法是基类的接口的一部分时才会出现。即，必须能将一个对象向上转型为它的基本类型并调用相同的方法（这一点在下一章阐明）。如果某方法为**private**，它就不是基类的接口的一部分。它仅是一些隐藏于类中的程序代码，只不过是具有相同的名称而已。但如果在导出类中以相同的名称生成一个**public**、**protected**或包访问权限方法的话，该方法就不会产生在基类中出现的“仅具有相同名称”的情况。此时你并没有覆盖该方法，仅是生成了一个新的方法。由于**private**方法无法触及而且能有效隐藏，所以除了把它看成是因为它所归属的类的组织结构的原因而存在外，其他任何事物都不需要考虑到它。

练习20：(1) 展示**@Override**注解可以解决本节中的问题。

269 **练习21**：(1) 创建一个带**final**方法的类。由此继承产生一个类并尝试覆盖该方法。

7.8.3 final 类

当将某个类的整体定义为**final**时（通过将关键字**final**置于它的定义之前），就表明了你不打算继承该类，而且也不允许别人这样做。换句话说，出于某种考虑，你对该类的设计永不需要做任何变动，或者出于安全的考虑，你不希望它有子类。

```
//: reusing/Jurassic.java
// Making an entire class final.

class SmallBrain {}

final class Dinosaur {
  int i = 7;
  int j = 1;
  SmallBrain x = new SmallBrain();
  void f() {}
}
```

```
//! class Further extends Dinosaur {}
// error: Cannot extend final class 'Dinosaur'

public class Jurassic {
  public static void main(String[] args) {
    Dinosaur n = new Dinosaur();
    n.f();
    n.i = 40;
    n.j++;
  }
} ///:~
```

请注意，**final**类的域可以根据个人的意愿选择为是或不是**final**。不论类是否被定义为**final**，相同的规则都适用于定义为**final**的域。然而，由于**final**类禁止继承，所以**final**类中所有的方法都隐式指定为是**final**的，因为无法覆盖它们。在**final**类中可以给方法添加**final**修饰词，但这不会增添任何意义。

练习22：(1) 创建一个**final**类并试着继承它。 270

7.8.4 有关final的忠告

在设计类时，将方法指明是**final**的，应该说是明智的。你可能会觉得，没人会想要覆盖你的方法。有时这是对的。

但请留意你所作的假设。要预见类是如何被复用的一般是很困难的，特别是对于一个通用类而言更是如此。如果将一个方法指定为**final**，可能会妨碍其他程序员在项目中通过继承来复用你的类，而这只是因为你没有想到它会以那种方式被运用。

Java标准程序库就是一个很好的例子。特别是Java 1.0/1.1中**Vector**类被广泛地运用，而且从效率考虑（这近乎是一个幻想），如果所有的方法均未被指定为**final**的话，它可能会更加有用。很容易想像到，人们可能会想要继承并覆盖如此基础而有用的类，但是设计者却认为这样做不太合适。这里有两个令人意外的原因。第一，**Stack**继承自**Vector**，就是说**Stack**是个**Vector**，这从逻辑的观点看是不正确的。尽管如此，Java的设计者们自己仍旧继承了**Vector**。在以这种方式创建**Stack**时，他们应该意识到**final**方法显得过于严苛了。

第二，**Vector**的许多最重要的方法-如**addElement()**和**elementAt()**是同步的。正如在第21章中将要看到的那样，这将导致很大的执行开销，可能会抹煞**final**所带来的好处。这种情况增强了人们关于程序员无法正确猜测优化应当发生于何处的观点。如此蹩脚的设计，却要置于我们每个人都得使用的标准程序库中，这是很糟糕的（幸运的是，现代Java的容器库用**ArrayList**替代了**Vector**。**ArrayList**的行为要合理得多。遗憾的是仍然存在用旧容器库编写新程序代码的情况）。

留心一下**Hashtable**，这个例子同样有趣，它也是一个重要的Java1.0/1.1标准库类，而且不含任何**final**方法。如本书其他地方所提到的，某些类明显是由一些互不相关的人设计的（读者会发现，名为**Hashtable**的方法相对于**Vector**中的方法要简洁得多，这又是一个证据）。对于类库
的使用者来说，这又是一个本不该如此轻率的事物。这种不规则的情况只能使用户付出更多的 271
努力。这是对粗糙的设计和代码的又一讽刺（请注意，现代Java的容器库用**HashMap**替代了**Hashtable**）。

7.9 初始化及类的加载

在许多传统语言中，程序是作为启动过程的一部分立刻被加载的。然后是初始化，紧接着程序开始运行。这些语言的初始化过程必须小心控制，以确保定义为**static**的东西，其初始化顺

序不会造成麻烦。例如C++中，如果某个**static**期望另一个**static**在被初始化之前就能有效地使用它，那么就会出现问题。

Java就不会出现这个问题，因为它采用了一种不同的加载方式。加载是众多变得更加容易的动作之一，因为Java中的所有事物都是对象。请记住，每个类的编译代码都存在于它自己的独立的文件中。该文件只在需要使用程序代码时才会被加载。一般来说，可以说："类的代码在初次使用时才加载。"这通常是指加载发生于创建类的第一个对象之时，但是当访问**static**域或**static**方法时，也会发生加载⊖。

初次使用之处也是**static**初始化发生之处。所有的**static**对象和**static**代码段都会在加载时依程序中的顺序（即，定义类时的书写顺序）而依次初始化。当然，定义为**static**的东西只会被初始化一次。

7.9.1 继承与初始化

了解包括继承在内的初始化全过程，以对所发生的一切有个全局性的把握，是很有益的。请看下例：

272

```
//: reusing/Beetle.java
// The full process of initialization.
import static net.mindview.util.Print.*;
class Insect {
  private int i = 9;
  protected int j;
  Insect() {
    print("i = " + i + ", j = " + j);
    j = 39;
  }
  private static int x1 =
    printInit("static Insect.x1 initialized");
  static int printInit(String s) {
    print(s);
    return 47;
  }
}

public class Beetle extends Insect {
  private int k = printInit("Beetle.k initialized");
  public Beetle() {
    print("k = " + k);
    print("j = " + j);
  }
  private static int x2 =
    printInit("static Beetle.x2 initialized");
  public static void main(String[] args) {
    print("Beetle constructor");
    Beetle b = new Beetle();
  }
} /* Output:
static Insect.x1 initialized
static Beetle.x2 initialized
Beetle constructor
i = 9, j = 0
Beetle.k initialized
k = 47
j = 39
*///:~
```

在**Beetle**上运行Java时，所发生的第一件事情就是试图访问**Beetle.main()**（一个**static**方法），

⊖ 构造器也是**static**方法，尽管**static**关键字并没有显式地写出来。因此更准确地讲，类是在其任何**static**成员被访问时加载的。

于是加载器开始启动并找出**Beetle**类的编译代码（在名为**Beetle.class**的文件之中）。在对它进行加载的过程中，编译器注意到它有一个基类（这是由关键字extends得知的），于是它继续进行加载。不管你是否打算产生一个该基类的对象，这都要发生（请尝试将对象创建代码注释掉，以证明这一点）。 273

如果该基类还有其自身的基类，那么第二个基类就会被加载，如此类推。接下来，根基类中的**static**初始化（在此例中为**Insect**）即会被执行，然后是下一个导出类，以此类推。这种方式很重要，因为导出类的**static**初始化可能会依赖于基类成员能否被正确初始化。

至此为止，必要的类都已加载完毕，对象就可以被创建了。首先，对象中所有的基本类型都会被设为默认值，对象引用被设为**null**——这是通过将对象内存设为二进制零值而一举生成的。然后，基类的构造器会被调用。在本例中，它是被自动调用的。但也可以用**super**来指定对基类构造器的调用（正如在**Beetle()**构造器中的第一步操作）。基类构造器和导出类的构造器一样，以相同的顺序来经历相同的过程。在基类构造器完成之后，实例变量按其次序被初始化。最后，构造器的其余部分被执行。

练习23：(2) 请证明加载类的动作仅发生一次。证明该类的第一个实体的创建或者对**static**成员的访问都有可能引起加载。

练习24：(2) 在**Beetle.java**中，从**Beetle**类继承产生一个具体类型的“甲壳虫”。其形式与现有类相同，跟踪并解释其输出结果。

7.10 总结

继承和组合都能从现有类型生成新类型。组合一般是将现有类型作为新类型底层实现的一部分来加以复用，而继承复用的是接口。

在使用继承时，由于导出类具有基类接口，因此它可以向上转型至基类，这对多态来讲至关重要，就像我们将在下一章中将要看到的那样。

尽管面向对象编程对继承极力强调，但在开始一个设计时，一般应优先选择使用组合（或者可能是代理），只在确实必要时才使用继承。因为组合更具灵活性。此外，通过对成员类型使用继承技术的添加技巧，可以在运行时改变那些成员对象的类型和行为。因此，可以在运行时改变组合而成的对象的行为。 274

在设计一个系统时，目标应该是找到或创建某些类，其中每个类都有具体的用途，而且既不会太大（包含太多的功能而难以复用），也不会太小（不添加其他功能就无法使用）。如果你的设计变得过于复杂，通过将现有类拆分为更小的部分而添加更多的对象，通常会有所帮助。

当你开始设计一个系统时，应该认识到程序开发是一种增量过程，犹如人类的学习一样，这一点很重要。程序开发依赖于实验，你可以尽己所能去分析，但当你开始执行一个项目时，你仍然无法知道所有的答案。如果将项目视作是一种有机的、进化着的生命体而去培养，而不是打算像盖摩天大楼一样快速见效，就会获得更多的成功和更迅速的回馈。继承与组合正是在面向对象程序设计中使得你可以执行这种实验的最基本的两个工具。

所选习题的答案都可以在名为The Thinking in Java Annotated Solution Guide的电子文档中找 275~276
到，读者可以从https://www.mindviewllc.com购买此文档。

第8章 多　　态

“我曾经被问到‘求教，Babbage先生，如果你向机器中输入错误的数字，可以得到正确的答案吗？’我无法恰当地理解产生这种问题的概念上的混淆”

Charles Babbage(1791-1871)

在面向对象的程序设计语言中，多态是继数据抽象和继承之后的第三种基本特征。

多态通过分离做什么和怎么做，从另一角度将接口和实现分离开来。多态不但能够改善代码的组织结构和可读性，还能够创建*可扩展的*程序——即无论在项目最初创建时还是在需要添加新功能时都可以“生长”的程序。

“封装”通过合并特征和行为来创建新的数据类型。“实现隐藏”则通过将细节“**私有化**”把接口和实现分离开来。这种类型的组织机制对那些拥有过程化程序设计背景的人来说，更容易理解。而多态的作用则是消除*类型*之间的耦合关系。在前一章中我们已经知道，继承允许将对象视为它自己本身的类型*或*其基类型来加以处理。这种能力极为重要，因为它允许将多种类型（从同一基类导出的）视为同一类型来处理，而同一份代码也就可以毫无差别地运行在这些不同类型之上了。多态方法调用允许一种类型表现出与其他相似类型之间的区别，只要它们都是从同一基类导出而来的。这种区别是根据方法行为的不同而表示出来的，虽然这些方法都可以通过同一个基类来调用。

在本章中，通过一些基本、简单的例子（这些例子中所有与多态无关的代码都被删掉，只
277 剩下与多态有关的部分），深入浅出地介绍多态（也称作*动态绑定*、*后期绑定*或*运行时绑定*）。

8.1 再论向上转型

在第7章中我们已经知道，对象既可以作为它自己本身的类型使用，也可以作为它的基类型使用。而这种把对某个对象的引用视为对其基类型的引用的做法被称作*向上转型*——因为在继承树的画法中，基类是放置在上方的。

但是，这样做也有一个问题，具体看下面这个有关乐器的例子。

首先，既然几个例子都要演奏乐符（**Note**），我们就应该在包中单独创建一个**Note**类。

```
//: polymorphism/music/Note.java
// Notes to play on musical instruments.
package polymorphism.music;

public enum Note {
    MIDDLE_C, C_SHARP, B_FLAT; // Etc.
} ///:~
```

enum在第5章中介绍过。

在这里，**Wind**是一种**Instrument**，因此可以从**Instrument**类继承。

```
//: polymorphism/music/Instrument.java
package polymorphism.music;
import static net.mindview.util.Print.*;

class Instrument {
  public void play(Note n) {
    print("Instrument.play()");
  }
```

```
}
///:~
```

```
//: polymorphism/music/Wind.java
package polymorphism.music;

// Wind objects are instruments
// because they have the same interface:
public class Wind extends Instrument {
  // Redefine interface method:
  public void play(Note n) {
    System.out.println("Wind.play() " + n);
  }
} ///:~
```

278

```
//: polymorphism/music/Music.java
// Inheritance & upcasting.
package polymorphism.music;

public class Music {
  public static void tune(Instrument i) {
    // ...
    i.play(Note.MIDDLE_C);
  }
  public static void main(String[] args) {
    Wind flute = new Wind();
    tune(flute); // Upcasting
  }
} /* Output:
Wind.play() MIDDLE_C
*///:~
```

Music.tune()方法接受一个**Instrument**引用，同时也接受任何导出自**Instrument**的类。在**main()**方法中，当一个**Wind**引用传递到**tune()**方法时，就会出现这种情况，而不需要任何类型转换。这样做是允许的——因为**Wind**从**Instrument**继承而来，所以**Instrument**的接口必定存在于**Wind**中。从**Wind**向上转型到**Instrument**可能会“缩小”接口，但不会比**Instrument**的全部接口更窄。

8.1.1 忘记对象类型

Music.java看起来似乎有些奇怪。为什么所有人都故意忘记对象的类型呢？在进行向上转型时，就会产生这种情况；并且如果让**tune()**方法直接接受一个**Wind**引用作为自己的参数，似乎会更为直观。但这样引发的一个重要问题是：如果那样做，就需要为系统内**Instrument**的每种类型都编写一个新的**tune()**方法。假设按照这种推理，现在再加入**Stringed**（弦乐）和**Brass**（管乐）这两种**Instrument**（乐器）：

279

```
//: polymorphism/music/Music2.java
// Overloading instead of upcasting.
package polymorphism.music;
import static net.mindview.util.Print.*;
class Stringed extends Instrument {
  public void play(Note n) {
    print("Stringed.play() " + n);
  }
}

class Brass extends Instrument {
  public void play(Note n) {
    print("Brass.play() " + n);
  }
}

public class Music2 {
```

```
    public static void tune(Wind i) {
      i.play(Note.MIDDLE_C);
    }
    public static void tune(Stringed i) {
      i.play(Note.MIDDLE_C);
    }
    public static void tune(Brass i) {
      i.play(Note.MIDDLE_C);
    }
    public static void main(String[] args) {
      Wind flute = new Wind();
      Stringed violin = new Stringed();
      Brass frenchHorn = new Brass();
      tune(flute); // No upcasting
      tune(violin);
      tune(frenchHorn);
    }
  } /* Output:
  Wind.play() MIDDLE_C
  Stringed.play() MIDDLE_C
  Brass.play() MIDDLE_C
  *///:~
```

这样做行得通，但有一个主要缺点：必须为添加的每一个新**Instrument**类编写特定类型的方法。这意味着在开始时就需要更多的编程，这也意味着如果以后想添加类似**tune()**的新方法，或者添加自**Instrument**导出的新类，仍需要做大量的工作。此外，如果我们忘记重载某个方法，
280 编译器不会返回任何错误信息，这样关于类型的整个处理过程就变得难以操纵。

如果我们只写这样一个简单方法，它仅接收基类作为参数，而不是那些特殊的导出类。这样做情况会变得更好吗？也就是说，如果我们不管导出类的存在，编写的代码只是与基类打交道，会不会更好呢？

这正是多态所允许的。然而，大多数程序员具有面向过程程序设计的背景，对多态的运作方式可能会有一点迷惑。

练习1：(2) 创建一个**Cycle**类，它具有子类**Unicycle**、**Bicycle**和**Tricycle**。演示每一个类型的实例都可以经由**ride()**方法向上转型为**Cycle**。

8.2 转机

运行这个程序后，我们便会发现**Music.java**的难点所在。**Wind.play()**方法将产生输出结果。这无疑是我们所期望的输出结果，但它看起来似乎又没有什么意义。请观察一下**tune()**方法：

```
public static void tune(Instrument i) {
  // ...
  i.play(Note.MIDDLE_C);
}
```

它接受一个**Instrument**引用。那么在这种情况下，编译器怎样才能知道这个**Instrument**引用指向的是**Wind**对象，而不是**Brass**对象或**Stringed**对象呢？实际上，编译器无法得知。为了深入理解这个问题，有必要研究一下绑定这个话题。

8.2.1 方法调用绑定

将一个方法调用同一个方法主体关联起来被称作绑定。若在程序执行前进行绑定（如果有的话，由编译器和连接程序实现），叫做前期绑定。读者可能以前从来没有听说过这个术语，因为它是面向过程的语言中不需要选择就默认的绑定方式。例如，C只有一种方法调用，那就是前期绑定。

上述程序之所以令人迷惑，主要是因为前期绑定。因为，当编译器只有一个**Instrument**引用时，它无法知道究竟调用哪个方法才对。

解决的办法就是*后期绑定*，它的含义就是在运行时根据对象的类型进行绑定。后期绑定也叫做*动态绑定*或*运行时绑定*。如果一种语言想实现后期绑定，就必须具有某种机制，以便在运 281
行时能判断对象的类型，从而调用恰当的方法。也就是说，编译器一直不知道对象的类型，但是方法调用机制能找到正确的方法体，并加以调用。后期绑定机制随编程语言的不同而有所不同，但是只要想一下就会得知，不管怎样都必须在对象中安置某种“类型信息”。

Java中除了**static**方法和**final**方法（**private**方法属于**final**方法）之外，其他所有的方法都是后期绑定。这意味着通常情况下，我们不必判定是否应该进行后期绑定——它会自动发生。

为什么要将某个方法声明为**final**呢？正如前一章提到的那样，它可以防止其他人覆盖该方法。但更重要的一点或许是：这样做可以有效地“关闭”动态绑定，或者说，告诉编译器不需要对其进行动态绑定。这样，编译器就可以为**final**方法调用生成更有效的代码。然而，大多数情况下，这样做对程序的整体性能不会有什么改观。所以，最好根据设计来决定是否使用**final**，而不是出于试图提高性能的目的来使用**final**。

8.2.2 产生正确的行为

一旦知道Java中所有方法都是通过动态绑定实现多态这个事实之后，我们就可以编写只与基类打交道的程序代码了，并且这些代码对所有的导出类都可以正确运行。或者换一种说法，发送消息给某个对象，让该对象去断定应该做什么事。

面向对象程序设计中，有一个经典的例子就是“几何形状”（shape）。因为它很直观，所以经常用到；但不幸的是，它可能使初学者认为面向对象程序设计仅适用于图形化程序设计，实际当然不是这样。

在“几何形状”这个例子中，有一个基类**Shape**，以及多个导出类——如**Circle**、**Square**、**Triangle**等。这个例子之所以好用，是因为我们可以说“圆是一种几何形状”，这种说法也很容易被理解。下面的继承图展示它们之间的关系： 282

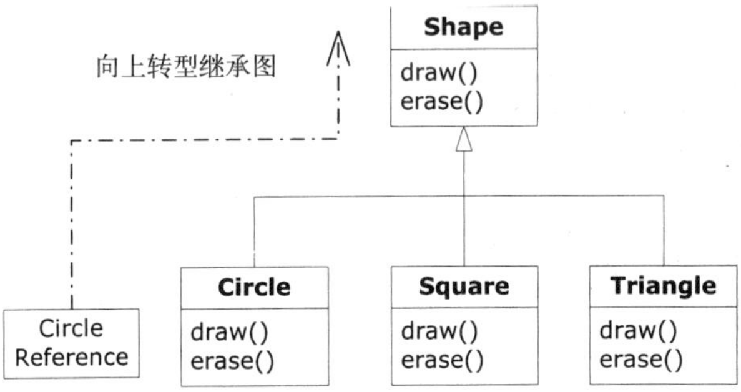

向上转型可以像下面这条语句这么简单：

```
Shape s = new Circle();
```

这里，创建了一个**Circle**对象，并把得到的引用立即赋值给**Shape**，这样做看似错误（将一种类型赋值给另一种类型）；但实际上是没问题的，因为通过继承，**Circle**就是一种**Shape**。因此，编译器认可这条语句，也就不会产生错误信息。

假设你调用一个基类方法（它已在导出类中被覆盖）：

```
s.draw();
```

你可能再次认为调用的是**Shape**的**draw()**，因为这毕竟是一个**Shape**引用，那么编译器是怎样知道去做其他的事情呢？由于后期绑定（多态），还是正确调用了**Circle.draw()**方法。

下面的例子稍微有所不同：

```
//: polymorphism/shape/Shape.java
package polymorphism.shape;

public class Shape {
  public void draw() {}
  public void erase() {}
```
283
```
} ///:~
```

```
//: polymorphism/shape/Circle.java
package polymorphism.shape;
import static net.mindview.util.Print.*;

public class Circle extends Shape {
  public void draw() { print("Circle.draw()"); }
  public void erase() { print("Circle.erase()"); }
} ///:~
```

```
//: polymorphism/shape/Square.java
package polymorphism.shape;
import static net.mindview.util.Print.*;

public class Square extends Shape {
  public void draw() { print("Square.draw()"); }
  public void erase() { print("Square.erase()"); }
} ///:~
```

```
//: polymorphism/shape/Triangle.java
package polymorphism.shape;
import static net.mindview.util.Print.*;

public class Triangle extends Shape {
  public void draw() { print("Triangle.draw()"); }
  public void erase() { print("Triangle.erase()"); }
} ///:~
```

```
//: polymorphism/shape/RandomShapeGenerator.java
// A "factory" that randomly creates shapes.
package polymorphism.shape;
import java.util.*;

public class RandomShapeGenerator {
  private Random rand = new Random(47);
  public Shape next() {
    switch(rand.nextInt(3)) {
      default:
      case 0: return new Circle();
      case 1: return new Square();
      case 2: return new Triangle();
    }
  }
} ///:~
```

```
//: polymorphism/Shapes.java
```
284
```
// Polymorphism in Java.
import polymorphism.shape.*;

public class Shapes {
  private static RandomShapeGenerator gen =
    new RandomShapeGenerator();
  public static void main(String[] args) {
    Shape[] s = new Shape[9];
    // Fill up the array with shapes:
    for(int i = 0; i < s.length; i++)
      s[i] = gen.next();
```

```
    // Make polymorphic method calls:
    for(Shape shp : s)
      shp.draw();
  }
} /* Output:
Triangle.draw()
Triangle.draw()
Square.draw()
Triangle.draw()
Square.draw()
Triangle.draw()
Square.draw()
Triangle.draw()
Circle.draw()
*///:~
```

Shape基类为自它那里继承而来的所有导出类建立了一个公用接口——也就是说，所有形状都可以描绘和擦除。导出类通过覆盖这些定义，来为每种特殊类型的几何形状提供单独的行为。

RandomShapeGenerator是一种“工厂”（factory），在我们每次调用**next()**方法时，它可以为随机选择的**Shape**对象产生一个引用。请注意向上转型是在**return**语句里发生的。每个**return**语句取得一个指向某个**Circle**、**Square**或者**Triangle**的引用，并将其以**Shape**类型从**next()**方法中发送出去。所以无论我们在什么时候调用**next()**方法时，是绝对不可能知道具体类型到底是什么的，因为我们总是只能获得一个通用的**Shape**引用。

main()包含了一个**Shape**引用组成的数组，通过调用**RandomShapeGenerator.next()**来填入数据。此时，我们只知道自己拥有一些**Shape**，除此之外不会知道更具体的情况（编译器也不知道）。然而，当我们遍历这个数组，并为每个数组元素调用**draw()**方法时，与类型有关的特定行为会神奇般地正确发生，我们可以从运行该程序时所产生的输出结果中发现这一点。 285

随机选择几何形状是为了让大家理解：在编译时，编译器不需要获得任何特殊信息就能进行正确的调用。对**draw()**方法的所有调用都是通过动态绑定进行的。

练习2：(1) 在几何图形的示例中添加**@Override**注解。

练习3：(1) 在基类**Shape.java**中添加一个新方法，用于打印一条消息，但导出类中不要覆盖这个方法。请解释发生了什么。现在，在其中一个导出类中覆盖该方法，而在其他的导出类中不予覆盖，观察又有什么发生。最后，在所有的导出类中覆盖这个方法。

练习4：(2) 向**Shapes.java**中添加一个新的**Shape**类型，并在**main()**方法中验证：多态对新类型的作用是否与在旧类型中的一样。

练习5：(1) 以练习1为基础，在**Cycle**中添加**wheels()**方法，它将返回轮子的数量。修改**ride()**方法，让它调用**wheels()**方法，并验证多态起作用了。

8.2.3 可扩展性

现在，让我们返回到“乐器”（**Instrument**）示例。由于有多态机制，我们可根据自己的需求对系统添加任意多的新类型，而不需更改**tune()**方法。在一个设计良好的OOP程序中，大多数或者所有方法都会遵循**tune()**的模型，而且只与基类接口通信。这样的程序是*可扩展的*，因为可以从通用的基类继承出新的数据类型，从而新添一些功能。那些操纵基类接口的方法不需要任何改动就可以应用于新类。

考虑一下：对于“乐器”的例子，如果我们向基类中添加更多的方法，并加入一些新类，将会出现什么情况呢？请看下图： 286

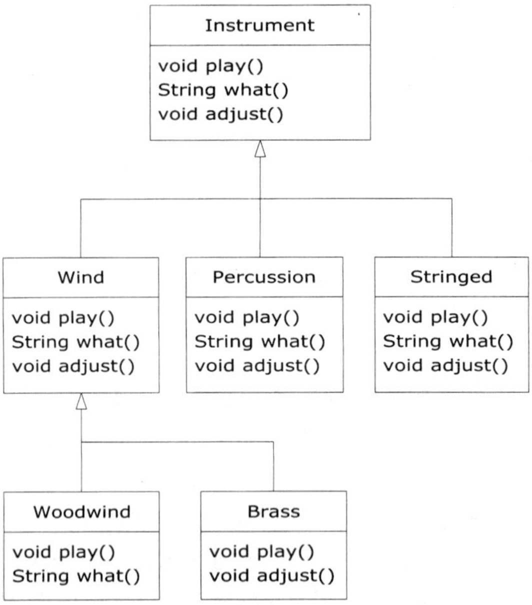

事实上，不需要改动**tune()**方法，所有的新类都能与原有类一起正确运行。即使**tune()**方法是单独存放在某个文件中，并且在**Instrument**接口中添加了其他的新方法，**tune()**也不需再编译就能正确运行。下面是上图的具体实现：

```
//: polymorphism/music3/Music3.java
// An extensible program.
package polymorphism.music3;
import polymorphism.music.Note;
import static net.mindview.util.Print.*;

class Instrument {
  void play(Note n) { print("Instrument.play() " + n); }
  String what() { return "Instrument"; }
  void adjust() { print("Adjusting Instrument"); }
}
```

287

```
class Wind extends Instrument {
  void play(Note n) { print("Wind.play() " + n); }
  String what() { return "Wind"; }
  void adjust() { print("Adjusting Wind"); }
}

class Percussion extends Instrument {
  void play(Note n) { print("Percussion.play() " + n); }
  String what() { return "Percussion"; }
  void adjust() { print("Adjusting Percussion"); }
}

class Stringed extends Instrument {
  void play(Note n) { print("Stringed.play() " + n); }
  String what() { return "Stringed"; }
  void adjust() { print("Adjusting Stringed"); }
}

class Brass extends Wind {
  void play(Note n) { print("Brass.play() " + n); }
  void adjust() { print("Adjusting Brass"); }
}

class Woodwind extends Wind {
```

```
    void play(Note n) { print("Woodwind.play() " + n); }
    String what() { return "Woodwind"; }
  }

  public class Music3 {
    // Doesn't care about type, so new types
    // added to the system still work right:
    public static void tune(Instrument i) {
      // ...
      i.play(Note.MIDDLE_C);
    }
    public static void tuneAll(Instrument[] e) {
      for(Instrument i : e)
        tune(i);
    }
    public static void main(String[] args) {
      // Upcasting during addition to the array:
      Instrument[] orchestra = {
        new Wind(),
        new Percussion(),
        new Stringed(),
        new Brass(),
        new Woodwind()
      };
      tuneAll(orchestra);
    }
  } /* Output:
  Wind.play() MIDDLE_C
  Percussion.play() MIDDLE_C
  Stringed.play() MIDDLE_C
  Brass.play() MIDDLE_C
  Woodwind.play() MIDDLE_C
  *///:~
```

288

新添加的方法**what()**返回一个带有类描述的**String**引用；另一个新添加的方法**adjust()**则提供每种乐器的调音方法。

在**main()**中，当我们将某种引用置入**orchestra**数组中，就会自动向上转型到**Instrument**。

可以看到，**tune()**方法完全可以忽略它周围代码所发生的全部变化，依旧正常运行。这正是我们期望多态所具有的特性。我们所做的代码修改，不会对程序中其他不应受到影响的部分产生破坏。换句话说，多态是一项让程序员“将改变的事物与未变的事物分离开来”的重要技术。

练习6：(1) 修改**Music3.java**，使**what()**方法成为根**Object**的**toString()**方法。试用**System.out.println()**方法打印**Instrument**对象（不用向上转型）。

练习7：(2) 向**Music3.java**添加一个新的类型**Instrument**，并验证多态性是否作用于所添加的新类型。

练习8：(2) 修改**Music3.java**，使其可以像**Shapes.java**中的方式那样随机创建**Instrument**对象。

练习9：(3) 创建**Rodent**（啮齿动物）：**Mouse**（老鼠），**Gerbil**（鼹鼠），**Hamster**（大颊鼠），等等这样一个的继承层次结构。在基类中，提供对所有的**Rodent**都通用的方法，在导出类中，根据特定的**Rodent**类型覆盖这些方法，以便它们执行不同的行为。创建一个**Robent**数组，填充不同的**Rodent**类型，然后调用基类方法，观察发生什么情况。 289

练习10：(3) 创建一个包含两个方法的基类。在第一个方法中可以调用第二个方法。然后产生一个继承自该基类的导出类，且覆盖基类中的第二个方法。为该导出类创建一个对象，将它向上转型到基类型并调用第一个方法，解释发生的情况。

8.2.4 缺陷："覆盖"私有方法

我们试图像下面这样做也是无可厚非的：

```
//: polymorphism/PrivateOverride.java
// Trying to override a private method.
package polymorphism;
import static net.mindview.util.Print.*;

public class PrivateOverride {
  private void f() { print("private f()"); }
  public static void main(String[] args) {
    PrivateOverride po = new Derived();
    po.f();
  }
}

class Derived extends PrivateOverride {
  public void f() { print("public f()"); }
} /* Output:
private f()
*///:~
```

我们所期望的输出是**public f()**，但是由于**private**方法被自动认为是**final**方法，而且对导出类是屏蔽的。因此，在这种情况下，**Derived**类中的**f()**方法就是一个全新的方法；既然基类中的**f()**方法在子类**Derived**中不可见，因此甚至也不能被重载。

结论就是：只有非**private**方法才可以被覆盖；但是还需要密切注意覆盖**private**方法的现象，这时虽然编译器不会报错，但是也不会按照我们所期望的来执行。确切地说，在导出类中，对于基类中的**private**方法，最好采用不同的名字。

8.2.5 缺陷：域与静态方法

一旦你了解了多态机制，可能就会开始认为所有事物都可以多态地发生。然而，只有普通
290 的方法调用可以是多态的。例如，如果你直接访问某个域，这个访问就将在编译期进行解析，就像下面的示例所演示的[⊖]：

```
//: polymorphism/FieldAccess.java
// Direct field access is determined at compile time.

class Super {
  public int field = 0;
  public int getField() { return field; }
}

class Sub extends Super {
  public int field = 1;
  public int getField() { return field; }
  public int getSuperField() { return super.field; }
}

public class FieldAccess {
  public static void main(String[] args) {
    Super sup = new Sub(); // Upcast
    System.out.println("sup.field = " + sup.field +
      ", sup.getField() = " + sup.getField());
    Sub sub = new Sub();
    System.out.println("sub.field = " +
      sub.field + ", sub.getField() = " +
      sub.getField() +
      ", sub.getSuperField() = " +
      sub.getSuperField());
```

⊖ 感谢Randy Nichols提出了这个问题。

```
    }
} /* Output:
sup.field = 0, sup.getField() = 1
sub.field = 1, sub.getField() = 1, sub.getSuperField() = 0
*///:~
```

当**Sub**对象转型为**Super**引用时，任何域访问操作都将由编译器解析，因此不是多态的。在本例中，为**Super.field**和**Sub.field**分配了不同的存储空间。这样，**Sub**实际上包含两个称为**field**的域：它自己的和它从**Super**处得到的。然而，在引用**Sub**中的**field**时所产生的默认域并非**Super**版本的**field**域。因此，为了得到**Super.field**，必须显式地指明**super.field**。 291

尽管这看起来好像会成为一个容易令人混淆的问题，但是在实践中，它实际上从来不会发生。首先，你通常会将所有的域都设置成**private**，因此不能直接访问它们，其副作用是只能调用方法来访问。另外，你可能不会对基类中的域和导出类中的域赋予相同的名字，因为这种做法容易令人混淆。

如果某个方法是静态的，它的行为就不具有多态性：

```
//: polymorphism/StaticPolymorphism.java
// Static methods are not polymorphic.

class StaticSuper {
  public static String staticGet() {
    return "Base staticGet()";
  }
  public String dynamicGet() {
    return "Base dynamicGet()";
  }
}

class StaticSub extends StaticSuper {
  public static String staticGet() {
    return "Derived staticGet()";
  }
  public String dynamicGet() {
    return "Derived dynamicGet()";
  }
}

public class StaticPolymorphism {
  public static void main(String[] args) {
    StaticSuper sup = new StaticSub(); // Upcast
    System.out.println(sup.staticGet());
    System.out.println(sup.dynamicGet());
  }
} /* Output:
Base staticGet()
Derived dynamicGet()
*///:~
```

静态方法是与类，而并非与单个的对象相关联的。 292

8.3 构造器和多态

通常，构造器不同于其他种类的方法。涉及到多态时仍是如此。尽管构造器并不具有多态性（它们实际上是**static**方法，只不过该**static**声明是隐式的），但还是非常有必要理解构造器怎样通过多态在复杂的层次结构中运作，这一理解将有助于大家避免一些令人不快的困扰。

8.3.1 构造器的调用顺序

构造器的调用顺序已在第5章进行了简要说明，并在第7章再次提到，但那些都是在多态引入之前介绍的。

基类的构造器总是在导出类的构造过程中被调用，而且按照继承层次逐渐向上链接，以使每个基类的构造器都能得到调用。这样做是有意义的，因为构造器具有一项特殊任务：检查对象是否被正确地构造。导出类只能访问它自己的成员，不能访问基类中的成员（基类成员通常是**private**类型）。只有基类的构造器才具有恰当的知识和权限来对自己的元素进行初始化。因此，必须令所有构造器都得到调用，否则就不可能正确构造完整对象。这正是编译器为什么要强制每个导出类部分都必须调用构造器的原因。在导出类的构造器主体中，如果没有明确指定调用某个基类构造器，它就会"默默"地调用默认构造器。如果不存在默认构造器，编译器就会报错（若某个类没有构造器，编译器会自动合成出一个默认构造器）。

让我们来看下面这个例子，它展示组合、继承以及多态在构建顺序上的作用：

```
//: polymorphism/Sandwich.java
// Order of constructor calls.
package polymorphism;
import static net.mindview.util.Print.*;

class Meal {
  Meal() { print("Meal()"); }
293 }
class Bread {
  Bread() { print("Bread()"); }
}

class Cheese {
  Cheese() { print("Cheese()"); }
}

class Lettuce {
  Lettuce() { print("Lettuce()"); }
}

class Lunch extends Meal {
  Lunch() { print("Lunch()"); }
}

class PortableLunch extends Lunch {
  PortableLunch() { print("PortableLunch()");}
}

public class Sandwich extends PortableLunch {
  private Bread b = new Bread();
  private Cheese c = new Cheese();
  private Lettuce l = new Lettuce();
  public Sandwich() { print("Sandwich()"); }
  public static void main(String[] args) {
    new Sandwich();
  }
} /* Output:
Meal()
Lunch()
PortableLunch()
Bread()
Cheese()
Lettuce()
Sandwich()
*///:~
```

在这个例子中，用其他类创建了一个复杂的类，而且每个类都有一个声明它自己的构造器。其中最重要的类是**Sandwich**，它反映了三层继承（若将自**Object**的隐含继承也算在内，就是四层）以及三个成员对象。当在**main()**里创建一个**Sandwich**对象后，就可以看到输出结果。这也
294 表明了这一复杂对象调用构造器要遵照下面的顺序：

1) 调用基类构造器。这个步骤会不断地反复递归下去，首先是构造这种层次结构的根，然后是下一层导出类，等等，直到最低层的导出类。

2) 按声明顺序调用成员的初始化方法。

3) 调用导出类构造器的主体。

构造器的调用顺序是很重要的。当进行继承时，我们已经知道基类的一切，并且可以访问基类中任何声明为**public**和**protected**的成员。这意味着在导出类中，必须假定基类的所有成员都是有效的。一种标准方法是，构造动作一经发生，那么对象所有部分的全体成员都会得到构建。然而，在构造器内部，我们必须确保所要使用的成员都已经构建完毕。为确保这一目的，唯一的办法就是首先调用基类构造器。那么在进入导出类构造器时，在基类中可供我们访问的成员都已得到初始化。此外，知道构造器中的所有成员都有效也是因为，当成员对象在类内进行定义的时候（比如上例中的**b**、**c**和**l**），只要有可能，就应该对它们进行初始化（也就是说，通过组合方法将对象置于类内）。若遵循这一规则，那么就能保证所有基类成员以及当前对象的成员对象都被初始化了。但遗憾的是，这种做法并不适用于所有情况，这一点我们会在下一节中看到。

练习11：(1) 向**Sandwich.java**中添加**Pickle**类。

8.3.2 继承与清理

通过组合和继承方法来创建新类时，永远不必担心对象的清理问题，子对象通常都会留给垃圾回收器进行处理。如果确实遇到清理的问题，那么必须用心为新类创建**dispose()**方法（在这里我选用此名称；读者可以提出更好的）。并且由于继承的缘故，如果我们有其他作为垃圾回收一部分的特殊清理动作，就必须在导出类中覆盖**dispose()**方法。当覆盖被继承类的**dispose()**方法时，务必记住调用基类版本**dispose()**方法；否则，基类的清理动作就不会发生。下例就证明了这一点： 295

```
//: polymorphism/Frog.java
// Cleanup and inheritance.
package polymorphism;
import static net.mindview.util.Print.*;

class Characteristic {
  private String s;
  Characteristic(String s) {
    this.s = s;
    print("Creating Characteristic " + s);
  }
  protected void dispose() {
    print("disposing Characteristic " + s);
  }
}

class Description {
  private String s;
  Description(String s) {
    this.s = s;
    print("Creating Description " + s);
  }
  protected void dispose() {
    print("disposing Description " + s);
  }
}

class LivingCreature {
  private Characteristic p =
    new Characteristic("is alive");
```

```
  private Description t =
    new Description("Basic Living Creature");
  LivingCreature() {
    print("LivingCreature()");
  }
  protected void dispose() {
    print("LivingCreature dispose");
    t.dispose();
    p.dispose();
  }
}

class Animal extends LivingCreature {
296  private Characteristic p =
    new Characteristic("has heart");
  private Description t =
    new Description("Animal not Vegetable");
  Animal() { print("Animal()"); }
  protected void dispose() {
    print("Animal dispose");
    t.dispose();
    p.dispose();
    super.dispose();
  }
}

class Amphibian extends Animal {
  private Characteristic p =
    new Characteristic("can live in water");
  private Description t =
    new Description("Both water and land");
  Amphibian() {
    print("Amphibian()");
  }
  protected void dispose() {
    print("Amphibian dispose");
    t.dispose();
    p.dispose();
    super.dispose();
  }
}

public class Frog extends Amphibian {
  private Characteristic p = new Characteristic("Croaks");
  private Description t = new Description("Eats Bugs");
  public Frog() { print("Frog()"); }
  protected void dispose() {
    print("Frog dispose");
    t.dispose();
    p.dispose();
    super.dispose();
  }
  public static void main(String[] args) {
    Frog frog = new Frog();
    print("Bye!");
    frog.dispose();
  }
297 } /* Output:
Creating Characteristic is alive
Creating Description Basic Living Creature
LivingCreature()
Creating Characteristic has heart
Creating Description Animal not Vegetable
Animal()
Creating Characteristic can live in water
Creating Description Both water and land
```

```
Amphibian()
Creating Characteristic Croaks
Creating Description Eats Bugs
Frog()
Bye!
Frog dispose
disposing Description Eats Bugs
disposing Characteristic Croaks
Amphibian dispose
disposing Description Both water and land
disposing Characteristic can live in water
Animal dispose
disposing Description Animal not Vegetable
disposing Characteristic has heart
LivingCreature dispose
disposing Description Basic Living Creature
disposing Characteristic is alive
*///:~
```

层次结构中的每个类都包含**Characteristic**和**Description**这两种类型的成员对象，并且它们也必须被销毁。所以万一某个子对象要依赖于其他对象，销毁的顺序应该和初始化顺序相反。对于字段，则意味着与声明的顺序相反（因为字段的初始化是按照声明的顺序进行的）。对于基类（遵循C++中析构函数的形式），应该首先对其导出类进行清理，然后才是基类。这是因为导出类的清理可能会调用基类中的某些方法，所以需要使基类中的构件仍起作用而不应过早地销毁它们。从输出结果可以看到，**Frog**对象的所有部分都是按照创建的逆序进行销毁的。

在这个例子中可以看到，尽管通常不必执行清理工作，但是一旦选择要执行，就必须谨慎和小心。

练习12：(3) 修改练习9，使其能够演示基类和导出类的初始化顺序。然后向基类和导出类中添加成员对象，并说明构建期间初始化发生的顺序。 298

在上面的示例中还应该注意到，**Frog**对象拥有其自己的成员对象。**Frog**对象创建了它自己的成员对象，并且知道它们应该存活多久（只要**Frog**存活着），因此**Frog**对象知道何时调用**dispose()**去释放其成员对象。然而，如果这些成员对象中存在于其他一个或多个对象共享的情况，问题就变得更加复杂了，你就不能简单地假设你可以调用**dispose()**了。在这种情况下，也许就必需使用引用计数来跟踪仍旧访问着共享对象的对象数量了。下面是相关的代码：

```
//: polymorphism/ReferenceCounting.java
// Cleaning up shared member objects.
import static net.mindview.util.Print.*;

class Shared {
  private int refcount = 0;
  private static long counter = 0;
  private final long id = counter++;
  public Shared() {
    print("Creating " + this);
  }
  public void addRef() { refcount++; }
  protected void dispose() {
    if(--refcount == 0)
      print("Disposing " + this);
  }
  public String toString() { return "Shared " + id; }
}

class Composing {
  private Shared shared;
  private static long counter = 0;
  private final long id = counter++;
  public Composing(Shared shared) {
```

```
    print("Creating " + this);
    this.shared = shared;
    this.shared.addRef();
  }
  protected void dispose() {
    print("disposing " + this);
    shared.dispose();
299 }
  public String toString() { return "Composing " + id; }
}

public class ReferenceCounting {
  public static void main(String[] args) {
    Shared shared = new Shared();
    Composing[] composing = { new Composing(shared),
      new Composing(shared), new Composing(shared),
      new Composing(shared), new Composing(shared) };
    for(Composing c : composing)
      c.dispose();
  }
} /* Output:
Creating Shared 0
Creating Composing 0
Creating Composing 1
Creating Composing 2
Creating Composing 3
Creating Composing 4
disposing Composing 0
disposing Composing 1
disposing Composing 2
disposing Composing 3
disposing Composing 4
Disposing Shared 0
*///:~
```

static long counter跟踪所创建的**Shared**的实例的数量，还可以为**id**提供数值。**counter**的类型是**long**而不是**int**，这样可以防止溢出（这只是一个良好实践，对于本书中的所有示例，这种计数器不可能发生溢出）。**id**是**final**的，因为我们不希望它的值在对象生命周期中被改变。

在将一个共享对象附着到类上时，必须记住调用**addRef()**，但是**dispose()**方法将跟踪引用数，并决定何时执行清理。使用这种技巧需要加倍地细心，但是如果你正在共享需要清理的对象，那么你就没有太多的选择余地了。

练习13：(3) 在**ReferenceCounting.java**中添加一个**finalize()**方法，用来校验终止条件（查看
300 第5章）。

练习14：(4) 修改练习12，使得其某个成员对象变为具有引用计数的共享对象，并证明它可以正确运行。

8.3.3 构造器内部的多态方法的行为

构造器调用的层次结构带来了一个有趣的两难问题。如果在一个构造器的内部调用正在构造的对象的某个动态绑定方法，那会发生什么情况呢？

在一般的方法内部，动态绑定的调用是在运行时才决定的，因为对象无法知道它是属于方法所在的那个类，还是属于那个类的导出类。

如果要调用构造器内部的一个动态绑定方法，就要用到那个方法的被覆盖后的定义。然而，这个调用的效果可能相当难于预料，因为被覆盖的方法在对象被完全构造之前就会被调用。这可能会造成一些难于发现的隐藏错误。

从概念上讲，构造器的工作实际上是创建对象（这并非是一件平常的工作）。在任何构造器

内部，整个对象可能只是部分形成——我们只知道基类对象已经进行初始化。如果构造器只是在构建对象过程中的一个步骤，并且该对象所属的类是从这个构造器所属的类导出的，那么导出部分在当前构造器正在被调用的时刻仍旧是没有被初始化的。然而，一个动态绑定的方法调用却会向外深入到继承层次结构内部，它可以调用导出类里的方法。如果我们是在构造器内部这样做，那么就可能会调用某个方法，而这个方法所操纵的成员可能还未进行初始化——这肯定会招致灾难。

通过下面这个例子，我们会看到问题所在：

```
//: polymorphism/PolyConstructors.java
// Constructors and polymorphism
// don't produce what you might expect.
import static net.mindview.util.Print.*;

class Glyph {
  void draw() { print("Glyph.draw()"); }
  Glyph() {
    print("Glyph() before draw()");
    draw();
    print("Glyph() after draw()");
  }
}

class RoundGlyph extends Glyph {
  private int radius = 1;
  RoundGlyph(int r) {
    radius = r;
    print("RoundGlyph.RoundGlyph(), radius = " + radius);
  }
  void draw() {
    print("RoundGlyph.draw(), radius = " + radius);
  }
}

public class PolyConstructors {
  public static void main(String[] args) {
    new RoundGlyph(5);
  }
} /* Output:
Glyph() before draw()
RoundGlyph.draw(), radius = 0
Glyph() after draw()
RoundGlyph.RoundGlyph(), radius = 5
*///:~
```
301

Glyph.draw()方法设计为将要被覆盖，这种覆盖是在**RoundGlyph**中发生的。但是**Glyph**构造器会调用这个方法，结果导致了对**RoundGlyph.draw()**的调用，这看起来似乎是我们的目的。但是如果看到输出结果，我们会发现当**Glyph**的构造器调用**draw()**方法时，**radius**不是默认初始值1，而是0。这可能导致在屏幕上只画了一个点，或者根本什么东西都没有；我们只能干瞪眼，并试图找出程序无法运转的原因所在。

前一节讲述的初始化顺序并不十分完整，而这正是解决这一谜题的关键所在。初始化的实际过程是：

1) 在其他任何事物发生之前，将分配给对象的存储空间初始化成二进制的零。 302

2) 如前所述那样调用基类构造器。此时，调用被覆盖后的**draw()**方法（要在调用**RoundGlyph**构造器之前调用），由于步骤1的缘故，我们此时会发现**radius**的值为0。

3) 按照声明的顺序调用成员的初始化方法。

4) 调用导出类的构造器主体。

这样做有一个优点，那就是所有东西都至少初始化成零（或者是某些特殊数据类型中与“零”等价的值），而不是仅仅留作垃圾。其中包括通过“组合”而嵌入一个类内部的对象引用，其值是**null**。所以如果忘记为该引用进行初始化，就会在运行时出现异常。查看输出结果时，会发现其他所有东西的值都会是零，这通常也正是发现问题的证据。

另一方面，我们应该对这个程序的结果相当震惊。在逻辑方面，我们做的已经十分完美，而它的行为却不可思议地错了，并且编译器也没有报错。（在这种情况下，C++语言会产生更合理的行为。）诸如此类的错误会很容易被人忽略，而且要花很长的时间才能发现。

因此，编写构造器时有一条有效的准则：“用尽可能简单的方法使对象进入正常状态；如果可以的话，避免调用其他方法”。在构造器内唯一能够安全调用的那些方法是基类中的**final**方法（也适用于**private**方法，它们自动属于**final**方法）。这些方法不能被覆盖，因此也就不会出现上述令人惊讶的问题。你可能无法总是能够遵循这条准则，但是应该朝着它努力。

练习15：(2) 在**PolyConstructors.java**中添加一个**RectangularGlyph**，并证明会出现本节所描述的问题。

8.4 协变返回类型

Java SE5中添加了协变返回类型，它表示在导出类中的被覆盖方法可以返回基类方法的返回类型的某种导出类型：

303

```
//: polymorphism/CovariantReturn.java

class Grain {
  public String toString() { return "Grain"; }
}

class Wheat extends Grain {
  public String toString() { return "Wheat"; }
}

class Mill {
  Grain process() { return new Grain(); }
}

class WheatMill extends Mill {
  Wheat process() { return new Wheat(); }
}

public class CovariantReturn {
  public static void main(String[] args) {
    Mill m = new Mill();
    Grain g = m.process();
    System.out.println(g);
    m = new WheatMill();
    g = m.process();
    System.out.println(g);
  }
} /* Output:
Grain
Wheat
*///:~
```

Java SE5与Java较早版本之间的主要差异就是较早的版本将强制**process()**的覆盖版本必须返回**Grain**，而不能返回**Wheat**，尽管**Wheat**是从**Grain**导出的，因而也应该是一种合法的返回类型。协变返回类型允许返回更具体的**Wheat**类型。

8.5 用继承进行设计

学习了多态之后，看起来似乎所有东西都可以被继承，因为多态是一种如此巧妙的工具。事实上，当我们使用现成的类来建立新类时，如果首先考虑使用继承技术，反倒会加重我们的设计负担，使事情变得不必要地复杂起来。

更好的方式是首先选择“组合”，尤其是不能十分确定应该使用哪一种方式时。组合不会强制我们的程序设计进入继承的层次结构中。而且，组合更加灵活，因为它可以动态选择类型 304
(因此也就选择了行为)；相反，继承在编译时就需要知道确切类型。下面举例说明这一点：

```
//: polymorphism/Transmogrify.java
// Dynamically changing the behavior of an object
// via composition (the "State" design pattern).
import static net.mindview.util.Print.*;

class Actor {
  public void act() {}
}

class HappyActor extends Actor {
  public void act() { print("HappyActor"); }
}

class SadActor extends Actor {
  public void act() { print("SadActor"); }
}

class Stage {
  private Actor actor = new HappyActor();
  public void change() { actor = new SadActor(); }
  public void performPlay() { actor.act(); }
}

public class Transmogrify {
  public static void main(String[] args) {
    Stage stage = new Stage();
    stage.performPlay();
    stage.change();
    stage.performPlay();
  }
} /* Output:
HappyActor
SadActor
*///:~
```

在这里，**Stage**对象包含一个对**Actor**的引用，而**Actor**被初始化为**HappyActor**对象。这意味着**performPlay()**会产生某种特殊行为。既然引用在运行时可以与另一个不同的对象重新绑定起来，所以**SadActor**对象的引用可以在**actor**中被替代，然后由**performPlay()**产生的行为也随之改变。 305
这样一来，我们在运行期间获得了动态灵活性（这也称作状态模式，请参阅www.MindView.com上的《Thinking in Patterns (with Java)》)。与此相反，我们不能在运行期间决定继承不同的对象，因为它要求在编译期间完全确定下来。

一条通用的准则是：“用继承表达行为间的差异，并用字段表达状态上的变化”。在上述例子中，两者都用到了：通过继承得到了两个不同的类，用于表达**act()**方法的差异；而**Stage**通过运用组合使自己的状态发生变化。在这种情况下，这种状态的改变也就产生了行为的改变。

练习16：(3) 遵循**Transmogrify.java**这个例子，创建一个**Starship**类，包含一个**AlertStatus**

引用，此引用可以指示三种不同的状态。纳入一些可以改变这些状态的方法。

8.5.1 纯继承与扩展

采取“纯粹”的方式来创建继承层次结构似乎是最好的方式。也就是说，只有在基类中已经建立的方法才可以在导出类中被覆盖，如下图所示：

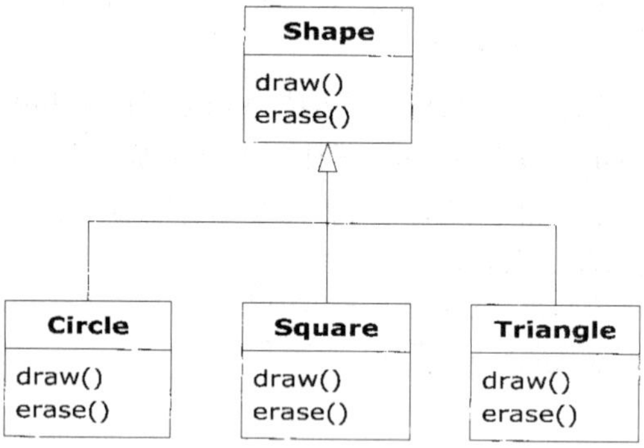

这被称作是纯粹的“is-a”（是一种）关系，因为一个类的接口已经确定了它应该是什么。继承可以确保所有的导出类具有基类的接口，且绝对不会少。按上图那么做，导出类也将具有
306 和基类一样的接口。

也可以认为这是一种纯替代，因为导出类可以完全代替基类，而在使用它们时，完全不需要知道关于子类的任何额外信息：

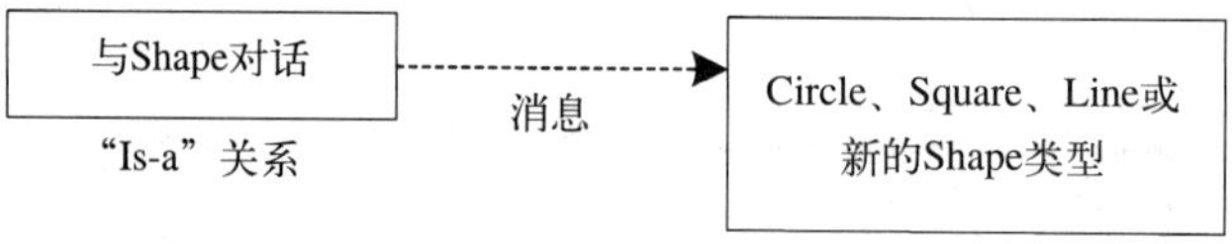

也就是说，基类可以接收发送给导出类的任何消息，因为二者有着完全相同的接口。我们只需从导出类向上转型，永远不需知道正在处理的对象的确切类型。所有这一切，都是通过多态来处理的（如右图所示）。

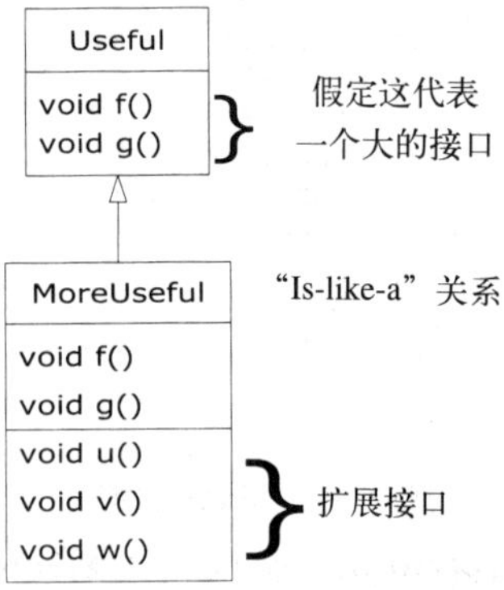

按这种方式考虑，似乎只有纯粹的is-a关系才是唯一明智的做法，而所有其他的设计都只会导致混乱和注定会失败。这其实也是一个陷阱，因为只要开始考虑，就会转向，并发现扩展接口（遗憾的是，**extends**关键字似乎在怂恿我们这样做）才是解决特定问题的完美方案。这可以称为“is-like-a”（像一个）关系，因为导出类就像是一个基类——它有着相同的基本接口，但
307 是它还具有由额外方法实现的其他特性。

虽然这是一种有用且明智的方法（依赖于具体情况），但是它也有缺点。导出类中接口的扩展部分不能被基类访问，因此，一旦我们向上转型，就不能调用那些新方法：

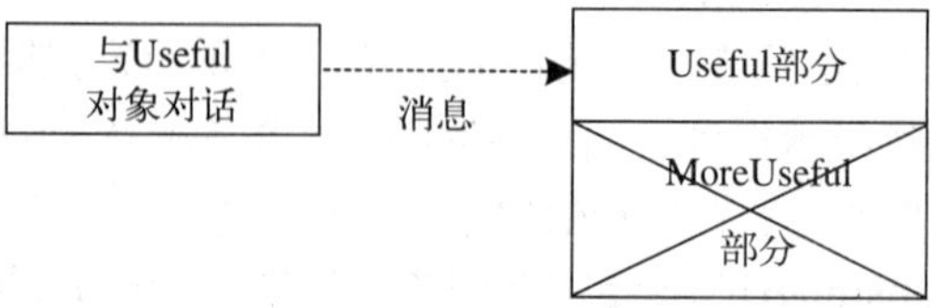

在这种情况下，如果我们不进行向上转型，这样的问题也就不会出现。但是通常情况下，我们需要重新查明对象的确切类型，以便能够访问该类型所扩充的方法。下一节将说明如何做到这一点。

8.5.2　向下转型与运行时类型识别

由于向上转型（在继承层次中向上移动）会丢失具体的类型信息，所以我们就想，通过向下转型——也就是在继承层次中向下移动——应该能够获取类型信息。然而，我们知道向上转型是安全的，因为基类不会具有大于导出类的接口。因此，我们通过基类接口发送的消息保证都能被接受。但是对于向下转型，例如，我们无法知道一个“几何形状”它确实就是一个“圆”，它可以是一个三角形、正方形或其他一些类型。

要解决这个问题，必须有某种方法来确保向下转型的正确性，使我们不至于贸然转型到一种错误类型，进而发出该对象无法接受的消息。这样做是极其不安全的。

在某些程序设计语言（如C++）中，我们必须执行一个特殊的操作来获得安全的向下转型。但是在Java语言中，所有转型都会得到检查！所以即使我们只是进行一次普通的加括弧形式的类型转换，在进入运行期时仍然会对其进行检查，以便保证它的确是我们希望的那种类型。如果不是，就会返回一个**ClassCastException**（类转型异常）。这种在运行期间对类型进行检查的行为称作“运行时类型识别”（RTTI）。下面的例子说明RTTI的行为：

308

```
//: polymorphism/RTTI.java
// Downcasting & Runtime type information (RTTI).
// {ThrowsException}

class Useful {
  public void f() {}
  public void g() {}
}

class MoreUseful extends Useful {
  public void f() {}
  public void g() {}
  public void u() {}
  public void v() {}
  public void w() {}
}

public class RTTI {
  public static void main(String[] args) {
    Useful[] x = {
      new Useful(),
      new MoreUseful()
    };
    x[0].f();
    x[1].g();
    // Compile time: method not found in Useful:
    //! x[1].u();
    ((MoreUseful)x[1]).u(); // Downcast/RTTI
    ((MoreUseful)x[0]).u(); // Exception thrown
  }
} ///:~
```

正如前一个示意图中所示，**MoreUseful**（更有用的）接口扩展了**Useful**（有用的）接口；但是由于它是继承而来的，所以它也可以向上转型到**Useful**类型。我们在**main()**方法中对数组**x**进行初始化时可以看到这种情况的发生。既然数组中的两个对象都属于**Useful**类，所以我们可以调用**f()**和**g()**这两个方法。如果我们试图调用**u()**方法（它只存在于**MoreUseful**），就会返回一条编译时出错消息。

如果想访问**MoreUseful**对象的扩展接口，就可以尝试进行向下转型。如果所转类型是正确的类型，那么转型成功；否则，就会返回一个**ClassCastException**异常。我们不必为这个异常编写任何特殊的代码，因为它指出的是程序员在程序中任何地方都可能会犯的错误。**{Throws-**
309 **Exception}**注释标签告知本书的构建系统：在运行该程序时，预期抛出一个异常。

RTTI的内容不仅仅包括转型处理。例如它还提供一种方法，使你可以在试图向下转型之前，查看你所要处理的类型。第14章专门讨论Java运行时类型识别的所有不同方面。

练习17：(2) 使用练习1中的**Cycle**的层次结构，在**Unicycle**和**Bicycle**中添加**balance()**方法，而**Tricycle**中不添加。创建所有这三种类型的实例，并将它们向上转型为**Cycle**数组。在该数组的每一个元素上都尝试调用**balance()**，并观察结果。然后将它们向下转型，再次调用**balance()**，并观察将所产生什么。

8.6 总结

多态意味着“不同的形式”。在面向对象的程序设计中，我们持有从基类继承而来的相同接口，以及使用该接口的不同形式：不同版本的动态绑定方法。

在本章中我们已经知道，如果不运用数据抽象和继承，就不可能理解或者甚至不可能创建多态的例子。多态是一种不能单独来看待的特性（例如，像**switch**语句是可以的），相反它只能作为类关系“全景”中的一部分，与其他特性协同工作。

为了在自己的程序中有效地运用多态乃至面向对象的技术，必须扩展自己的编程视野，使其不仅包括个别类的成员和消息，而且还要包括类与类之间的共同特性以及它们之间的关系。尽管这需要极大的努力，但是这样做是非常值得的，因为它可以带来很多成效：更快的程序开发过程、更好的代码组织、更好扩展的程序以及更容易的代码维护等。

所选习题的答案都可以在名为The Thinking in Java Annotated Solution Guide的电子文档中找
310 到，读者可以从https://www.mindviewllc.com处购买此文档。

第9章 接 口

接口和内部类为我们提供了一种将接口与实现分离的更加结构化的方法。

这种机制在编程语言中并不通用。例如，C++对这些概念只有间接的支持。在Java中存在语言关键字这个事实表明人们认为这些思想是很重要的，以至于要提供对它们的直接支持。

首先，我们将学习抽象类，它是普通的类与接口之间的一种中庸之道。尽管在构建具有某些未实现方法的类时，你的第一想法可能是创建接口，但是抽象类仍旧是用于此目的的一种重要而必须的工具。因为你不可能总是使用纯接口。

9.1 抽象类和抽象方法

在第8章所有“乐器”的例子中，基类**Instrument**中的方法往往是“哑”（dummy）方法。若要调用这些方法，就会出现一些错误。这是因为**Instrument**类的目的是为它的所有导出类创建一个*通用接口*。

在那些示例中，建立这个通用接口的唯一理由是，不同的子类可以用不同的方式表示此接口。通用接口建立起一种基本形式，以此表示所有导出类的共同部分。另一种说法是将**Instrument**类称作*抽象基类*，或简称*抽象类*。

如果我们只有一个像**Instrument**这样的抽象类，那么该类的对象几乎没有任何意义。我们创建抽象类是希望通过这个通用接口操纵一系列类。因此，**Instrument**只是表示了一个接口，没有具体的实现内容；因此，创建一个**Instrument**对象没有什么意义，并且我们可能还想阻止使用者这样做。通过让**Instrument**中的所有方都产生错误，就可以实现这个目的。但是这样做会将错误信息延迟到运行时才获得，并且需要在客户端进行可靠、详尽的测试。所以最好是在编译时捕获这些问题。 311

为此，Java提供一个叫做*抽象方法*[⊖]的机制，这种方法是不完整的；仅有声明而没有方法体。下面是抽象方法声明所采用的语法：

```
abstract void f();
```

包含抽象方法的类叫做*抽象类*。如果一个类包含一个或多个抽象方法，该类必须被限定为**抽象的**。（否则，编译器就会报错。）

如果一个抽象类不完整，那么当我们试图产生该类的对象时，编译器会怎样处理呢？由于为抽象类创建对象是不安全的，所以我们会从编译器那里得到一条出错消息。这样，编译器会确保抽象类的纯粹性，我们不必担心会误用它。

如果从一个抽象类继承，并想创建该新类的对象，那么就必须为基类中的所有抽象方法提供方法定义。如果不这样做（可以选择不做），那么导出类便也是抽象类，且编译器将会强制我们用**abstract**关键字来限定这个类。

我们也可能会创建一个没有任何抽象方法的抽象类。考虑这种情况：如果有一个类，让其

⊖ 对于C++程序设计员来说，这相当于C++语言中的*纯虚函数*。

包含任何**abstract**方法都显得没有实际意义，而且我们也想要阻止产生这个类的任何对象，那么这时这样做就很有用了。

第8章**Instrument**类可以很容易地转化成**abstract**类。既然使某个类成为抽象类并不需要所
312 有的方法都是抽象的，所以仅需将某些方法声明为抽象的即可。如下图所示：

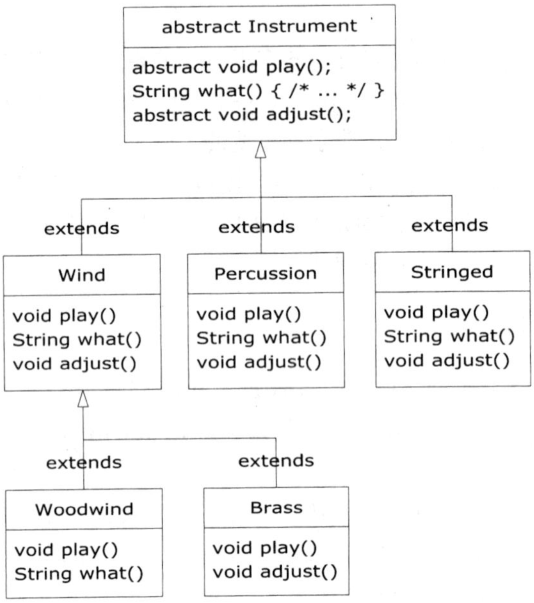

下面是修改过的“管弦乐器”的例子，其中采用了抽象类和抽象方法：

```
//: interfaces/music4/Music4.java
// Abstract classes and methods.
package interfaces.music4;
import polymorphism.music.Note;
import static net.mindview.util.Print.*;

abstract class Instrument {
  private int i; // Storage allocated for each
  public abstract void play(Note n);
  public String what() { return "Instrument"; }
  public abstract void adjust();
}

class Wind extends Instrument {
  public void play(Note n) {
    print("Wind.play() " + n);
```

313

```
  }
  public String what() { return "Wind"; }
  public void adjust() {}
}

class Percussion extends Instrument {
  public void play(Note n) {
    print("Percussion.play() " + n);
  }
  public String what() { return "Percussion"; }
  public void adjust() {}
}

class Stringed extends Instrument {
  public void play(Note n) {
    print("Stringed.play() " + n);
```

```
  }
  public String what() { return "Stringed"; }
  public void adjust() {}
}

class Brass extends Wind {
  public void play(Note n) {
    print("Brass.play() " + n);
  }
  public void adjust() { print("Brass.adjust()"); }
}

class Woodwind extends Wind {
  public void play(Note n) {
    print("Woodwind.play() " + n);
  }
  public String what() { return "Woodwind"; }
}

public class Music4 {
  // Doesn't care about type, so new types
  // added to the system still work right:
  static void tune(Instrument i) {
    // ...
    i.play(Note.MIDDLE_C);
  }
  static void tuneAll(Instrument[] e) {
    for(Instrument i : e)
      tune(i);
  }
  public static void main(String[] args) {
    // Upcasting during addition to the array:
    Instrument[] orchestra = {
      new Wind(),
      new Percussion(),
      new Stringed(),
      new Brass(),
      new Woodwind()
    };
    tuneAll(orchestra);
  }
} /* Output:
Wind.play() MIDDLE_C
Percussion.play() MIDDLE_C
Stringed.play() MIDDLE_C
Brass.play() MIDDLE_C
Woodwind.play() MIDDLE_C
*///:~
```

314

我们可以看出，除了基类，实际上并没有什么改变。

创建抽象类和抽象方法非常有用，因为它们可以使类的抽象性明确起来，并告诉用户和编译器打算怎样来使用它们。抽象类还是很有用的重构工具，因为它们使得我们可以很容易地将公共方法沿着继承层次结构向上移动。

练习1：(1) 修改第8章练习9中的**Rodent**，使其成为一个抽象类。只要有可能，就将**Rodent**的方法声明为抽象方法。

练习2：(1) 创建一个不包含任何抽象方法的抽象类，并验证我们不能为该类创建任何实例。

练习3：(2) 创建一个基类，让它包含抽象方法**print()**，并在导出类中覆盖该方法。覆盖后的方法版本可以打印导出类中定义的某个整型变量的值。在定义该变量之处，赋予它非零值。在基类的构造器中调用这个方法。现在，在**main()**方法中，创建一个导出类对象，然后调用它的**print()**方法。请解释发生的情形。

练习4：(3) 创建一个不包含任何方法的抽象类，从它那里导出一个类，并添加一个方法。创建一个静态方法，它可以接受指向基类的引用，将其向下转型到导出类，然后再调用该静态
315 方法。在**main()**中，展现它的运行情况。然后，为基类中的方法加上**abstract**声明，这样就不再需要进行向下转型。

9.2 接口

interface关键字使抽象的概念更向前迈进了一步。**abstract**关键字允许人们在类中创建一个或多个没有任何定义的方法——提供了接口部分，但是没有提供任何相应的具体实现，这些实现是由此类的继承者创建的。**interface**这个关键字产生一个完全抽象的类，它根本就没有提供任何具体实现。它允许创建者确定方法名、参数列表和返回类型，但是没有任何方法体。接口只提供了形式，而未提供任何具体实现。

一个接口表示："所有实现了该特定接口的类看起来都像这样"。因此，任何使用某特定接口的代码都知道可以调用该接口的哪些方法，而且仅需知道这些。因此，接口被用来建立类与类之间的协议。（某些面向对象编程语言使用关键字protocol来完成这一功能。）

但是，**interface**不仅仅是一个极度抽象的类，因为它允许人们通过创建一个能够被向上转型为多种基类的类型，来实现某种类似多重继变种的特性。

要想创建一个接口，需要用**interface**关键字来替代**class**关键字。就像类一样，可以在**interface**关键字前面添加**public**关键字（但仅限于该接口在与其同名的文件中被定义）。如果不添加**public**关键字，则它只具有包访问权限，这样它就只能在同一个包内可用。接口也可以包含域，但是这些域隐式地是**static**和**final**的。

要让一个类遵循某个特定接口（或者是一组接口），需要使用**implements**关键字，它表示："**interface**只是它的外貌，但是现在我要声明它是如何工作的。"除此之外，它看起来还很像继
316 承。"乐器"示例的图说明了这一点：

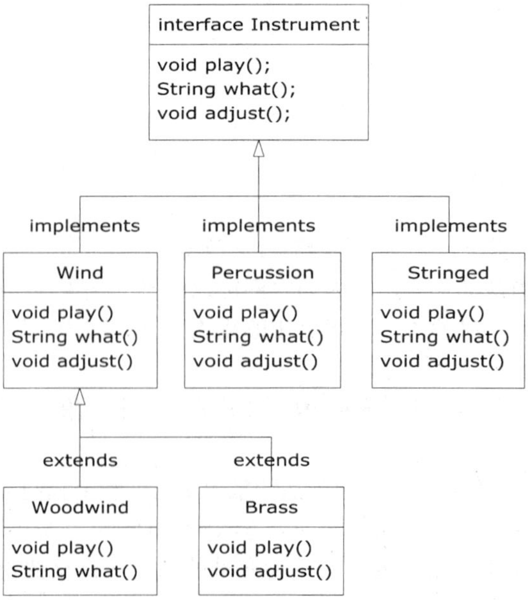

可以从**Woodwind**和**Brass**类中看到，一旦实现了某个接口，其实现就变成了一个普通的类，就可以按常规方式扩展它。

可以选择在接口中显式地将方法声明为**public**的，但即使你不这么做，它们也是**public**的。因此，当要实现一个接口时，在接口中被定义的方法必须被定义为是**public**的；否则，它们将只能得到默认的包访问权限，这样在方法被继承的过程中，其可访问权限就被降低了，这是Java编译器所不允许的。

读者可以在修改过的**Instrument**的例子中看到这一点。要注意的是，在接口中的每一个方法确实都只是一个声明，这是编译器所允许的在接口中唯一能够存在的事物。此外，在**Instrument**中没有任何方法被声明为是**public**的，但是它们自动就都是**public**的：

```
//: interfaces/music5/Music5.java        317
// Interfaces.
package interfaces.music5;
import polymorphism.music.Note;
import static net.mindview.util.Print.*;

interface Instrument {
  // Compile-time constant:
  int VALUE = 5; // static & final
  // Cannot have method definitions:
  void play(Note n); // Automatically public
  void adjust();
}

class Wind implements Instrument {
  public void play(Note n) {
    print(this + ".play() " + n);
  }
  public String toString() { return "Wind"; }
  public void adjust() { print(this + ".adjust()"); }
}

class Percussion implements Instrument {
  public void play(Note n) {
    print(this + ".play() " + n);
  }
  public String toString() { return "Percussion"; }
  public void adjust() { print(this + ".adjust()"); }
}

class Stringed implements Instrument {
  public void play(Note n) {
    print(this + ".play() " + n);
  }
  public String toString() { return "Stringed"; }
  public void adjust() { print(this + ".adjust()"); }
}

class Brass extends Wind {
  public String toString() { return "Brass"; }
}

class Woodwind extends Wind {
  public String toString() { return "Woodwind"; }
}        318
public class Music5 {
  // Doesn't care about type, so new types
  // added to the system still work right:
  static void tune(Instrument i) {
    // ...
    i.play(Note.MIDDLE_C);
  }
  static void tuneAll(Instrument[] e) {
    for(Instrument i : e)
      tune(i);
```

```
    }
    public static void main(String[] args) {
      // Upcasting during addition to the array:
      Instrument[] orchestra = {
        new Wind(),
        new Percussion(),
        new Stringed(),
        new Brass(),
        new Woodwind()
      };
      tuneAll(orchestra);
    }
  } /* Output:
  Wind.play() MIDDLE_C
  Percussion.play() MIDDLE_C
  Stringed.play() MIDDLE_C
  Brass.play() MIDDLE_C
  Woodwind.play() MIDDLE_C
  *///:~
```

此实例的这个版本还有另外一处改动：**what()**方法已经被修改为**toString()**方法，因为**toString()**的逻辑正是**what()**要实现的逻辑。由于**toString()**方法是根类**Object**的一部分，因此它不需要出现在接口中。

余下的代码其工作方式都是相同的。无论是将其向上转型为称为**Instrument**的普通类，还是称为**Instrument**的抽象类，或是称为**Instrument**的接口，都不会有问题。它的行为都是相同的。事实上，你可以在**tune()**方法中看到，没有任何依据来证明**Instrument**是一个普通类、抽象类，
319 还是一个接口。

练习5：(2) 在某个包内创建一个接口，内含三个方法，然后在另一个包中实现此接口。

练习6：(2) 证明接口内所有的方法都自动是**public**的。

练习7：(1) 修改第8章中的练习9，使**Rodent**成为一个接口。

练习8：(2) 在**polymorphism.Sandwich.java**中，创建接口**FastFood**并添加合适的方法，然后修改**Sandwich**以实现**FastFood**接口。

练习9：(3) 重构**Music5.java**，将在**Wind**、**Percussion**和**Stringed**中的公共方法移入一个抽象类中。

练习10：(3) 修改**Music5.java**，添加**Playable**接口。将**play()**的声明从**Instrument**中移到**Playable**中。通过将**Playable**包括在**implements**列表中，把**Playable**添加到导出类中。修改**tune()**，使它接受**Playable**而不是**Instrument**作为参数。

9.3 完全解耦

只要一个方法操作的是类而非接口，那么你就只能使用这个类及其子类。如果你想要将这个方法应用于不在此继承结构中的某个类，那么你就会触霉头了。接口可以在很大程度上放宽这种限制，因此，它使得我们可以编写可复用性更好的代码。

例如，假设有一个**Processor**类，它有一个**name()**方法；另外还有一个**process()**方法，该方法接受输入参数，修改它的值，然后产生输出。这个类作为基类而被扩展，用来创建各种不同类型的**Processor**。在本例中，**Processor**的子类将修改**String**对象（注意，返回类型可以是协变类型，而非参数类型）：

```
//: interfaces/classprocessor/Apply.java
package interfaces.classprocessor;
import java.util.*;
import static net.mindview.util.Print.*;
```

```
class Processor {
  public String name() {
    return getClass().getSimpleName();
  }
  Object process(Object input) { return input; }
}

class Upcase extends Processor {
  String process(Object input) { // Covariant return
    return ((String)input).toUpperCase();
  }
}

class Downcase extends Processor {
  String process(Object input) {
    return ((String)input).toLowerCase();
  }
}

class Splitter extends Processor {
  String process(Object input) {
    // The split() argument divides a String into pieces:
    return Arrays.toString(((String)input).split(" "));
  }
}

public class Apply {
  public static void process(Processor p, Object s) {
    print("Using Processor " + p.name());
    print(p.process(s));
  }
  public static String s =
    "Disagreement with beliefs is by definition incorrect";
  public static void main(String[] args) {
    process(new Upcase(), s);
    process(new Downcase(), s);
    process(new Splitter(), s);
  }
} /* Output:
Using Processor Upcase
DISAGREEMENT WITH BELIEFS IS BY DEFINITION INCORRECT
Using Processor Downcase
disagreement with beliefs is by definition incorrect
Using Processor Splitter
[Disagreement, with, beliefs, is, by, definition,
incorrect]
*///:~
```
320

Apply.process()方法可以接受任何类型的**Processor**，并将其应用到一个**Object**对象上，然后打印结果。像本例这样，创建一个能够根据所传递的参数对象的不同而具有不同行为的方法，被称为策略设计模式。这类方法包含所要执行的算法中固定不变的部分，而“策略”包含变化的部分。策略就是传递进去的参数对象，它包含要执行的代码。这里，**Processor**对象就是一个策略，在**main()**中可以看到有三种不同类型的策略应用到了**String**类型的**s**对象上。 321

split()方法是**String**类的一部分，它接受**String**类型的对象，并以传递进来的参数作为边界，将该**String**对象分隔开，然后返回一个数组**String[]**。它在这里被用来当作创建**String**数组的快捷方式。

现在假设我们发现了一组电子滤波器，它们看起来好像适用于**Apply.process()**方法：

```
//: interfaces/filters/Waveform.java
package interfaces.filters;

public class Waveform {
```

```
  private static long counter;
  private final long id = counter++;
  public String toString() { return "Waveform " + id; }
} ///:~
```

```
//: interfaces/filters/Filter.java
package interfaces.filters;

public class Filter {
  public String name() {
    return getClass().getSimpleName();
  }
  public Waveform process(Waveform input) { return input; }
} ///:~
```

```
//: interfaces/filters/LowPass.java
package interfaces.filters;

public class LowPass extends Filter {
  double cutoff;
  public LowPass(double cutoff) { this.cutoff = cutoff; }
  public Waveform process(Waveform input) {
    return input; // Dummy processing
  }
} ///:~
```

322

```
//: interfaces/filters/HighPass.java
package interfaces.filters;

public class HighPass extends Filter {
  double cutoff;
  public HighPass(double cutoff) { this.cutoff = cutoff; }
  public Waveform process(Waveform input) { return input; }
} ///:~
```

```
//: interfaces/filters/BandPass.java
package interfaces.filters;

public class BandPass extends Filter {
  double lowCutoff, highCutoff;
  public BandPass(double lowCut, double highCut) {
    lowCutoff = lowCut;
    highCutoff = highCut;
  }
  public Waveform process(Waveform input) { return input; }
} ///:~
```

Filter与**Processor**具有相同的接口元素，但是因为它并非继承自**Processor**——因为**Filter**类的创建者压根不清楚你想要将它用作**Processor**——因此你不能将**Filter**用于**Apply.process()**方法，即便这样做可以正常运行。这里主要是因为**Apply.process()**方法和**Processor**之间的耦合过紧，已经超出了所需要的程度，这就使得应该复用**Apply.process()**的代码时，复用却被禁止了。另外还需要注意的是它们的输入和输出都是**Waveform**。

但是，如果**Processor**是一个接口，那么这些限制就会变得松动，使得你可以复用结构该接口的**Apply.process()**。下面是**Processor**和**Apply**的修改版本：

```
//: interfaces/interfaceprocessor/Processor.java
package interfaces.interfaceprocessor;

public interface Processor {
  String name();
  Object process(Object input);
} ///:~
```

323

```
//: interfaces/interfaceprocessor/Apply.java
package interfaces.interfaceprocessor;
import static net.mindview.util.Print.*;
```

```
public class Apply {
  public static void process(Processor p, Object s) {
    print("Using Processor " + p.name());
    print(p.process(s));
  }
} ///:~
```

复用代码的第一种方式是客户端程序员遵循该接口来编写他们自己的类，就像下面这样：

```
//: interfaces/interfaceprocessor/StringProcessor.java
package interfaces.interfaceprocessor;
import java.util.*;

public abstract class StringProcessor implements Processor{
  public String name() {
    return getClass().getSimpleName();
  }
  public abstract String process(Object input);
  public static String s =
    "If she weighs the same as a duck, she's made of wood";
  public static void main(String[] args) {
    Apply.process(new Upcase(), s);
    Apply.process(new Downcase(), s);
    Apply.process(new Splitter(), s);
  }
}

class Upcase extends StringProcessor {
  public String process(Object input) { // Covariant return
    return ((String)input).toUpperCase();
  }
}

class Downcase extends StringProcessor {
  public String process(Object input) {
    return ((String)input).toLowerCase();
  }
}

class Splitter extends StringProcessor {
  public String process(Object input) {
    return Arrays.toString(((String)input).split(" "));
  }
} /* Output:
Using Processor Upcase
IF SHE WEIGHS THE SAME AS A DUCK, SHE'S MADE OF WOOD
Using Processor Downcase
if she weighs the same as a duck, she's made of wood
Using Processor Splitter
[If, she, weighs, the, same, as, a, duck,, she's, made, of,
wood]
*///:~
```

324

但是，你经常碰到的情况是你无法修改你想要使用的类。例如，在电子滤波器的例子中，类库是被发现而非被创建的。在这些情况下，可以使用适配器设计模式。适配器中的代码将接受你所拥有的接口，并产生你所需要的接口，就像下面这样：

```
//: interfaces/interfaceprocessor/FilterProcessor.java
package interfaces.interfaceprocessor;
import interfaces.filters.*;

class FilterAdapter implements Processor {
  Filter filter;
  public FilterAdapter(Filter filter) {
    this.filter = filter;
  }
```

```
  public String name() { return filter.name(); }
  public Waveform process(Object input) {
    return filter.process((Waveform)input);
  }
}

public class FilterProcessor {
  public static void main(String[] args) {
    Waveform w = new Waveform();
    Apply.process(new FilterAdapter(new LowPass(1.0)), w);
    Apply.process(new FilterAdapter(new HighPass(2.0)), w);
    Apply.process(
      new FilterAdapter(new BandPass(3.0, 4.0)), w);
  }
} /* Output:
Using Processor LowPass
Waveform 0
Using Processor HighPass
Waveform 0
325 Using Processor BandPass
Waveform 0
*///:~
```

在这种使用适配器的方式中，**FilterAdapter**的构造器接受你所拥有的接口**Filter**，然后生成具有你所需要的**Processor**接口的对象。你可能还注意到了，在**FilterAdapter**类中用到了代理。

将接口从具体实现中解耦使得接口可以应用于多种不同的具体实现，因此代码也就更具可复用性。

练习11：(4) 创建一个类，它有一个方法用于接受一个**String**类型的参数，生成的结果是将该参数中每一对字符进行互换。对该类进行适配，使得它可以用于**interfaceprocessor.Apply.process()**。

9.4 Java中的多重继承

接口不仅仅只是一种更纯粹形式的抽象类，它的目标比这要高。因为接口是根本没有任何具体实现的——也就是说，没有任何与接口相关的存储；因此，也就无法阻止多个接口的组合。这一点是很有价值的，因为你有时需要去表示“一个**x**是一个**a**和一个**b**以及一个**c**”。在C++中，组合多个类的接口的行为被称作*多重继承*。它可能会使你背负很沉重的包袱，因为每个类都有一个具体实现。在Java中，你可以执行相同的行为，但是只有一个类可以有具体实现；因此，通过组合多个接口，C++中的问题是不会在Java中发生的：

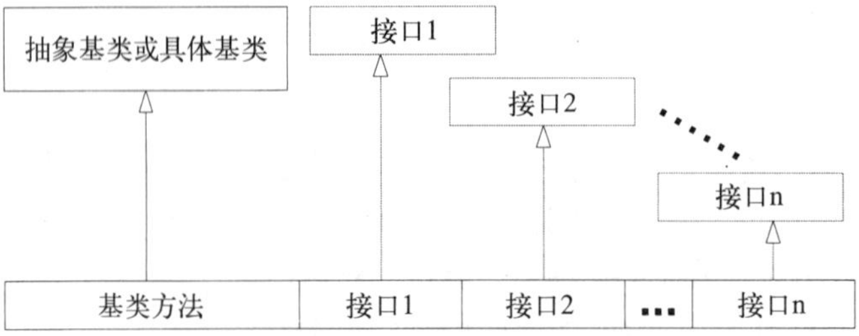

在导出类中，不强制要求必须有一个是抽象的或“具体的”（没有任何抽象方法的）基类。
326 如果要从一个非接口的类继承，那么只能从一个类去继承。其余的基元素都必须是接口。需要将所有的接口名都置于**implements**关键字之后，用逗号将它们一一隔开。可以继承任意多个接口，并可以向上转型为每个接口，因为每一个接口都是一个独立类型。下面的例子展示了一个具体类组合数个接口之后产生了一个新类：

```
//: interfaces/Adventure.java
// Multiple interfaces.

interface CanFight {
  void fight();
}

interface CanSwim {
  void swim();
}

interface CanFly {
  void fly();
}

class ActionCharacter {
  public void fight() {}
}

class Hero extends ActionCharacter
    implements CanFight, CanSwim, CanFly {
  public void swim() {}
  public void fly() {}
}

public class Adventure {
  public static void t(CanFight x) { x.fight(); }
  public static void u(CanSwim x) { x.swim(); }
  public static void v(CanFly x) { x.fly(); }
  public static void w(ActionCharacter x) { x.fight(); }
  public static void main(String[] args) {
    Hero h = new Hero();
    t(h); // Treat it as a CanFight
    u(h); // Treat it as a CanSwim
    v(h); // Treat it as a CanFly
    w(h); // Treat it as an ActionCharacter
  }
} ///:~
```

327

可以看到，**Hero**组合了具体类**ActionCharacter**和接口**CanFight**、**CanSwim**和**CanFly**。当通过这种方式将一个具体类和多个接口组合到一起时，这个具体类必须放在前面，后面跟着的才是接口（否则编译器会报错）。

注意，**CanFight**接口与**ActionCharacter**类中的**fight()**方法的特征签名是一样的，而且，在**Hero**中并没有提供**fight()**的定义。可以扩展接口，但是得到的只是另一个接口。当想要创建对象时，所有的定义首先必须都存在。即使**Hero**没有显式地提供**fight()**的定义，其定义也因**ActionCharacter**而随之而来，这样就使得创建**Hero**对象成为了可能。

在**Adventure**类中，可以看到有四个方法把上述各种接口和具体类作为参数。当**Hero**对象被创建时，它可以被传递给这些方法中的任何一个，这意味着它依次被向上转型为每一个接口。由于Java中这种设计接口的方式，使得这项工作并不需要程序员付出任何特别的努力。

一定要记住，前面的例子所展示的就是使用接口的核心原因：为了能够向上转型为多个基类型（以及由此而带来的灵活性）。然而，使用接口的第二个原因却是与使用抽象基类相同：防止客户端程序员创建该类的对象，并确保这仅仅是建立一个接口。这就带来了一个问题：我们应该使用接口还是抽象类？如果要创建不带任何方法定义和成员变量的基类，那么就应该选择接口而不是抽象类。事实上，如果知道某事物应该成为一个基类，那么第一选择应该是使它成为一个接口（该主题在本章的总结中将再次讨论）。

练习12：(2) 在**Adventure.java**中，按照其他接口的样式，增加一个**CanClimb**接口。

练习13：(2) 创建一个接口，并从该接口继承两个接口，然后从后面两个接口多重继承第三
328 个接口[⊖]。

9.5 通过继承来扩展接口

通过继承，可以很容易地在接口中添加新的方法声明，还可以通过继承在新接口中组合数个接口。这两种情况都可以获得新的接口，就像在下例中所看到的：

```
//: interfaces/HorrorShow.java
// Extending an interface with inheritance.

interface Monster {
  void menace();
}

interface DangerousMonster extends Monster {
  void destroy();
}

interface Lethal {
  void kill();
}

class DragonZilla implements DangerousMonster {
  public void menace() {}
  public void destroy() {}
}

interface Vampire extends DangerousMonster, Lethal {
  void drinkBlood();
}

class VeryBadVampire implements Vampire {
  public void menace() {}
  public void destroy() {}
  public void kill() {}
  public void drinkBlood() {}
}

public class HorrorShow {
  static void u(Monster b) { b.menace(); }
  static void v(DangerousMonster d) {
329 d.menace();
    d.destroy();
  }
  static void w(Lethal l) { l.kill(); }
  public static void main(String[] args) {
    DangerousMonster barney = new DragonZilla();
    u(barney);
    v(barney);
    Vampire vlad = new VeryBadVampire();
    u(vlad);
    v(vlad);
    w(vlad);
  }
} ///:~
```

DangerousMonster是**Monster**的直接扩展，它产生了一个新接口。**DragonZilla**中实现了这个接口。

在**Vampire**中使用的语法仅适用于接口继承。一般情况下，只可以将**extends**用于单一类，

⊖ 这可以说明接口是如何防止在C++多重继承中所产生的“菱形问题”的。

但是可以引用多个基类接口。就像所看到的，只需用逗号将接口名一一分隔开即可。

练习14：(2) 创建三个接口，每个接口都包含两个方法。继承出一个接口，它组合了这三个接口并添加了一个新方法。创建一个实现了该新接口并且继承了某个具体类的类。现在编写四个方法，每一个都接受这四个接口之一作为参数。在**main()**方法中，创建这个类的对象，并将其传递给这四个方法。

练习15：(2) 将前一个练习修改为：创建一个抽象类，并将其继承到一个导出类中。

9.5.1 组合接口时的名字冲突

在实现多重继承时，可能会碰到一个小陷阱。在前面的例子中，**CanFight**和**ActionCharacter**都有一个相同的**void fight()**方法。这不是问题所在，因为该方法在二者中是相同的。相同的方法不会有什么问题，但是如果它们的签名或返回类型不同，又会怎么样呢？这有一个例子：

330

```
//: interfaces/InterfaceCollision.java
package interfaces;

interface I1 { void f(); }
interface I2 { int f(int i); }
interface I3 { int f(); }
class C { public int f() { return 1; } }

class C2 implements I1, I2 {
  public void f() {}
  public int f(int i) { return 1; } // overloaded
}

class C3 extends C implements I2 {
  public int f(int i) { return 1; } // overloaded
}

class C4 extends C implements I3 {
  // Identical, no problem:
  public int f() { return 1; }
}

// Methods differ only by return type:
//! class C5 extends C implements I1 {}
//! interface I4 extends I1, I3 {} ///:~
```

此时困难来了，因为覆盖、实现和重载令人不快地搅在了一起，而且重载方法仅通过返回类型是区分不开的。当撤销最后两行的注释时，下列错误消息就说明了这一切：

InterfaceCollision.java:23: f( ) in C cannot implement f( ) in I1; attempting to use incompatible return type
found : int
required: void
InterfaceCollision.java:24: Interfaces I3 and I1 are incompatible; both define f( ), but with different return type

在打算组合的不同接口中使用相同的方法名通常会造成代码可读性的混乱，请尽量避免这种情况。

9.6 适配接口

接口最吸引人的原因之一就是允许同一个接口具有多个不同的具体实现。在简单的情况中，它的体现形式通常是一个接受接口类型的方法，而该接口的实现和向该方法传递的对象则取决 331

于方法的使用者。

因此，接口的一种常见用法就是前面提到的策略设计模式，此时你编写一个执行某些操作的方法，而该方法将接受一个同样是你指定的接口。你主要就是要声明：“你可以用任何你想要的对象来调用我的方法，只要你的对象遵循我的接口。”这使得你的方法更加灵活、通用，并更具可复用性。

例如，Java SE5的**Scanner**类（在第13章中就更多地了解它）的构造器接受的就是一个**Readable**接口。你会发现**Readable**没有用作Java标准类库中其他任何方法的参数，它是单独为**Scanner**创建的，以使得**Scanner**不必将其参数限制为某个特定类。通过这种方式，**Scanner**可以作用于更多的类型。如果你创建了一个新的类，并且想让**Scanner**可以作用于它，那么你就应该让它成为**Readable**，就像下面这样：

```
//: interfaces/RandomWords.java
// Implementing an interface to conform to a method.
import java.nio.*;
import java.util.*;

public class RandomWords implements Readable {
  private static Random rand = new Random(47);
  private static final char[] capitals =
    "ABCDEFGHIJKLMNOPQRSTUVWXYZ".toCharArray();
  private static final char[] lowers =
    "abcdefghijklmnopqrstuvwxyz".toCharArray();
  private static final char[] vowels =
    "aeiou".toCharArray();
  private int count;
  public RandomWords(int count) { this.count = count; }
  public int read(CharBuffer cb) {
    if(count-- == 0)
      return -1; // Indicates end of input
    cb.append(capitals[rand.nextInt(capitals.length)]);
    for(int i = 0; i < 4; i++) {
      cb.append(vowels[rand.nextInt(vowels.length)]);
      cb.append(lowers[rand.nextInt(lowers.length)]);
    }
    cb.append(" ");
332    return 10; // Number of characters appended
  }
  public static void main(String[] args) {
    Scanner s = new Scanner(new RandomWords(10));
    while(s.hasNext())
      System.out.println(s.next());
  }
} /* Output:
Yazeruyac
Fowenucor
Goeazimom
Raeuuacio
Nuoadesiw
Hageaikux
Ruqicibui
Numasetih
Kuuuuozog
Waqizeyoy
*///:~
```

Readable接口只要求实现**read()**方法，在**read()**内部，将输入内容添加到**CharBuffer**参数中（有多种方法可以实现此目的，请查看**CharBuffer**的文档），或者在没有任何输入时返回-1。

假设你有一个还未实现**Readable**的类，怎样才能让**Scanner**作用于它呢？下面这个类就是一个例子，它可以产生随机浮点数：

```
//: interfaces/RandomDoubles.java
import java.util.*;

public class RandomDoubles {
  private static Random rand = new Random(47);
  public double next() { return rand.nextDouble(); }
  public static void main(String[] args) {
    RandomDoubles rd = new RandomDoubles();
    for(int i = 0; i < 7; i ++)
      System.out.print(rd.next() + " ");
  }
} /* Output:
0.7271157860730044 0.5309454508634242 0.16020656493302599
0.18847866977771732 0.5166020801268457 0.2678662084200585
0.2613610344283964
*///:~
```

333

我们再次使用了适配器模式，但是在本例中，被适配的类可以通过继承和实现**Readable**接口来创建。因此，通过使用**interface**关键字提供的伪多重继承机制，我们可以生成既是**RandomDoubles**又是**Readable**的新类：

```
//: interfaces/AdaptedRandomDoubles.java
// Creating an adapter with inheritance.
import java.nio.*;
import java.util.*;

public class AdaptedRandomDoubles extends RandomDoubles
implements Readable {
  private int count;
  public AdaptedRandomDoubles(int count) {
    this.count = count;
  }
  public int read(CharBuffer cb) {
    if(count-- == 0)
      return -1;
    String result = Double.toString(next()) + " ";
    cb.append(result);
    return result.length();
  }
  public static void main(String[] args) {
    Scanner s = new Scanner(new AdaptedRandomDoubles(7));
    while(s.hasNextDouble())
      System.out.print(s.nextDouble() + " ");
  }
} /* Output:
0.7271157860730044 0.5309454508634242 0.16020656493302599
0.18847866977771732 0.5166020801268457 0.2678662084200585
0.2613610344283964
*///:~
```

因为在这种方式中，我们可以在任何现有类之上添加新的接口，所以这意味着让方法接受接口类型，是一种让任何类都可以对该方法进行适配的方式。这就是使用接口而不是类的强大之处。

练习16：(3) 创建一个类，它将生成一个**char**序列，适配这个类，使其可以成为**Scanner**对象的一种输入。 334

9.7 接口中的域

因为你放入接口中的任何域都自动是**static**和**final**的，所以接口就成为了一种很便捷的用来创建常量组的工具。在Java SE5之前，这是产生与C或C++中的**enum**（枚举类型）具有相同效果的类型的唯一途径。因此在Java SE5之前的代码中你会看到下面这样的代码：

```
//: interfaces/Months.java
// Using interfaces to create groups of constants.
package interfaces;

public interface Months {
  int
    JANUARY = 1, FEBRUARY = 2, MARCH = 3,
    APRIL = 4, MAY = 5, JUNE = 6, JULY = 7,
    AUGUST = 8, SEPTEMBER = 9, OCTOBER = 10,
    NOVEMBER = 11, DECEMBER = 12;
} ///:~
```

请注意，Java中标识具有常量初始化值的**static final**时，会使用大写字母的风格（在一个标识符中用下划线来分隔多个单词）。接口中的域自动是**public**的，所以没有显式地指明这一点。

有了Java SE5，你就可以使用更加强大而灵活的**enum**关键字，因此，使用接口来群组常量已经显得没什么意义了。但是，当你阅读遗留的代码时，在许多情况下你可能还是会碰到这种旧的习惯用法（https://www.mindviewllc.com上关于本书的补充材料中，包含有关在Java SE5之前使用接口来生成枚举类型的方式的完整描述）。在第19章中可以看到更多的关于使用**enum**的细节说明。

练习17：(2) 证明在接口中的域隐式地是**static**和**final**的。

9.7.1 初始化接口中的域

在接口中定义的域不能是“空**final**”，但是可以被非常量表达式初始化。例如：

335

```
//: interfaces/RandVals.java
// Initializing interface fields with
// non-constant initializers.
import java.util.*;

public interface RandVals {
  Random RAND = new Random(47);
  int RANDOM_INT = RAND.nextInt(10);
  long RANDOM_LONG = RAND.nextLong() * 10;
  float RANDOM_FLOAT = RAND.nextLong() * 10;
  double RANDOM_DOUBLE = RAND.nextDouble() * 10;
} ///:~
```

既然域是**static**的，它们就可以在类第一次被加载时初始化，这发生在任何域首次被访问时。这里给出了一个简单的测试：

```
//: interfaces/TestRandVals.java
import static net.mindview.util.Print.*;

public class TestRandVals {
  public static void main(String[] args) {
    print(RandVals.RANDOM_INT);
    print(RandVals.RANDOM_LONG);
    print(RandVals.RANDOM_FLOAT);
    print(RandVals.RANDOM_DOUBLE);
  }
} /* Output:
8
-32032247016559954
-8.5939291E18
5.779976127815049
*///:~
```

当然，这些域不是接口的一部分，它们的值被存储在该接口的静态存储区域内。

9.8 嵌套接口

接口可以嵌套在类或其他接口中[⊖]。这揭示了许多非常有趣的特性：

```
//: interfaces/nesting/NestingInterfaces.java
package interfaces.nesting;
class A {
  interface B {
    void f();
  }
  public class BImp implements B {
    public void f() {}
  }
  private class BImp2 implements B {
    public void f() {}
  }
  public interface C {
    void f();
  }
  class CImp implements C {
    public void f() {}
  }
  private class CImp2 implements C {
    public void f() {}
  }
  private interface D {
    void f();
  }
  private class DImp implements D {
    public void f() {}
  }
  public class DImp2 implements D {
    public void f() {}
  }
  public D getD() { return new DImp2(); }
  private D dRef;
  public void receiveD(D d) {
    dRef = d;
    dRef.f();
  }
}

interface E {
  interface G {
    void f();
  }
  // Redundant "public":
  public interface H {
    void f();
  }
  void g();
  // Cannot be private within an interface:
  //! private interface I {}
}

public class NestingInterfaces {
  public class BImp implements A.B {
    public void f() {}
  }
  class CImp implements A.C {
    public void f() {}
  }
  // Cannot implement a private interface except
```

336

337

⊖ 感谢Martin Danner在研讨会上提出这个问题。

```
    // within that interface's defining class:
    //! class DImp implements A.D {
    //!  public void f() {}
    //! }
    class EImp implements E {
      public void g() {}
    }
    class EGImp implements E.G {
      public void f() {}
    }
    class EImp2 implements E {
      public void g() {}
      class EG implements E.G {
        public void f() {}
      }
    }
    public static void main(String[] args) {
      A a = new A();
      // Can't access A.D:
      //! A.D ad = a.getD();
      // Doesn't return anything but A.D:
      //! A.DImp2 di2 = a.getD();
      // Cannot access a member of the interface:
      //! a.getD().f();
      // Only another A can do anything with getD():
      A a2 = new A();
      a2.receiveD(a.getD());
    }
338 } ///:~
```

在类中嵌套接口的语法是相当显而易见的，就像非嵌套接口一样，可以拥有**public**和“包访问”两种可视性。

作为一种新添加的方式，接口也可以被实现为**private**的，就像在**A.D**中所看到的（相同的语法既适用于嵌套接口，也适用于嵌套类）。那么**private**的嵌套接口能带来什么好处呢？读者可能会猜想，它只能够被实现为**DImp**中的一个**private**内部类，但是**A.DImp2**展示了它同样可以被实现为**public**类。但是，**A.DImp2**只能被其自身所使用。你无法说它实现了一个**private**接口**D**。因此，实现一个**private**接口只是一种方式，它可以强制该接口中的方法定义不要添加任何类型信息（也就是说，不允许向上转型）。

getD()方法使我们陷入了一个进退两难的境地，这个问题与**private**接口相关：它是一个返回对**private**接口的引用的**public**方法。你对这个方法的返回值能做些什么呢？在**main()**中，可以看到数次尝试使用返回值的行为都失败了。只有一种方式可成功，那就是将返回值交给有权使用它的对象。在本例中，是另一个**A**通过**receiveD()**方法来实现的。

接口**E**说明接口彼此之间也可以嵌套。然而，作用于接口的各种规则，特别是所有的接口元素都必须是**public**的，在此都会被严格执行。因此，嵌套在另一个接口中的接口自动就是**public**的，而不能声明为**private**的。

NestingInterfaces展示了嵌套接口的各种实现方式。特别要注意的是，当实现某个接口时，并不需要实现嵌套在其内部的任何接口。而且，**private**接口不能在定义它的类之外被实现。

添加这些特性的最初原因可能是出于对严格的语法一致性的考虑，但是我总认为，一旦你了解了某种特性，就总能够找到它的用武之地。

9.9 接口与工厂

接口是实现多重继承的途径，而生成遵循某个接口的对象的典型方式就是*工厂方法*设计模式。这与直接调用构造器不同，我们在工厂对象上调用的是创建方法，而该工厂对象将生成接口的某个实现的对象。理论上，通过这种方式，我们的代码将完全与接口的实现分离，这就使得我们可以透明地将某个实现替换为另一个实现。下面的实例展示了工厂方法的结构： 339

```
//: interfaces/Factories.java
import static net.mindview.util.Print.*;

interface Service {
  void method1();
  void method2();
}

interface ServiceFactory {
  Service getService();
}

class Implementation1 implements Service {
  Implementation1() {} // Package access
  public void method1() {print("Implementation1 method1");}
  public void method2() {print("Implementation1 method2");}
}

class Implementation1Factory implements ServiceFactory {
  public Service getService() {
    return new Implementation1();
  }
}

class Implementation2 implements Service {
  Implementation2() {} // Package access
  public void method1() {print("Implementation2 method1");}
  public void method2() {print("Implementation2 method2");}
}

class Implementation2Factory implements ServiceFactory {
  public Service getService() {
    return new Implementation2();
  }
}

public class Factories {
  public static void serviceConsumer(ServiceFactory fact) {
    Service s = fact.getService();
    s.method1();
    s.method2();
  }
  public static void main(String[] args) {
    serviceConsumer(new Implementation1Factory());
    // Implementations are completely interchangeable:
    serviceConsumer(new Implementation2Factory());
  }
} /* Output:
Implementation1 method1
Implementation1 method2
Implementation2 method1
Implementation2 method2
*///:~
```

340

如果不是用工厂方法，你的代码就必须在某处指定将要创建的**Service**的确切类型，以便调用合适的构造器。

为什么我们想要添加这种额外级别的间接性呢？一个常见的原因是想要创建框架：假设你正在创建一个对弈游戏系统，例如，在相同的棋盘上下国际象棋和西洋跳棋：

```
//: interfaces/Games.java
```

```
// A Game framework using Factory Methods.
import static net.mindview.util.Print.*;

interface Game { boolean move(); }
interface GameFactory { Game getGame(); }

class Checkers implements Game {
  private int moves = 0;
  private static final int MOVES = 3;
  public boolean move() {
    print("Checkers move " + moves);
    return ++moves != MOVES;
  }
}

class CheckersFactory implements GameFactory {
  public Game getGame() { return new Checkers(); }
}

class Chess implements Game {
  private int moves = 0;
341  private static final int MOVES = 4;
  public boolean move() {
    print("Chess move " + moves);
    return ++moves != MOVES;
  }
}

class ChessFactory implements GameFactory {
  public Game getGame() { return new Chess(); }
}

public class Games {
  public static void playGame(GameFactory factory) {
    Game s = factory.getGame();
    while(s.move())
      ;
  }
  public static void main(String[] args) {
    playGame(new CheckersFactory());
    playGame(new ChessFactory());
  }
} /* Output:
Checkers move 0
Checkers move 1
Checkers move 2
Chess move 0
Chess move 1
Chess move 2
Chess move 3
*///:~
```

如果**Games**类表示一段复杂的代码，那么这种方式就允许你在不同类型的游戏中复用这段代码。你可以再想象一些能够从这个模式中受益的更加精巧的游戏。

在下一章中，你将可以看到另一种更加优雅的工厂实现方式，那就是使用匿名内部类。

练习18：(2) 创建一个**Cycle**接口及其**Unicycle**、**Bicycle**和**Tricycle**实现。对每种类型的**Cycle**都创建相应的工厂，然后编写代码使用这些工厂。

342 **练习19**：(3) 使用工厂方法来创建一个框架，它可以执行抛硬币和掷骰子功能。

9.10 总结

"确定接口是理想选择，因而应该总是选择接口而不是具体的类。"这其实是一种引诱。当然，对于创建类，几乎在任何时刻，都可以替代为创建一个接口和一个工厂。

许多人都掉进了这种诱惑的陷阱，只要有可能就去创建接口和工厂。这种逻辑看起来好像是因为需要使用不同的具体实现，因此总是应该添加这种抽象性。这实际上已经变成了一种草率的设计优化。

任何抽象性都应该是应真正的需求而产生的。当必需时，你应该重构接口而不是到处添加额外级别的间接性，并由此带来的额外的复杂性。这种额外的复杂性非常显著，如果你让某人去处理这种复杂性，只是因为你意识到由于以防万一而添加了新接口，而没有其他更有说服力的原因，那么好吧，如果我碰上了这种事，那么就会质疑此人所作的所有设计了。

恰当的原则应该是优先选择类而不是接口。从类开始，如果接口的必需性变得非常明确，那么就进行重构。接口是一种重要的工具，但是它们容易被滥用。

所选习题的答案都可以在名为The Thinking in Java Annotated Solution Guide的电子文档中找到，读者可以从https://www.mindviewllc.com购买此文档。 343~344

第10章 内 部 类

可以将一个类的定义放在另一个类的定义内部，这就是内部类。

内部类是一种非常有用的特性，因为它允许你把一些逻辑相关的类组织在一起，并控制位于内部的类的可视性。然而必须要了解，内部类与组合是完全不同的概念，这一点很重要。

在最初，内部类看起来就像是一种代码隐藏机制：将类置于其他类的内部。但是，你将会了解到，内部类远不止如此，它了解外围类，并能与之通信；而且你用内部类写出的代码更加优雅而清晰，尽管并不总是这样。

最初，内部类可能看起来有些奇怪，而且要花些时间才能在设计中轻松地使用它们。对内部类的需求并非总是很明显的，但是在描述完内部类的基本语法与语义之后，10.8节就应该使得内部类的益处明确显现了。

在10.8节之后，本章剩余部分包含了对内部类语法更加详尽的探索，这些特性是为了语言的完备性而设计的，但是你也许不需要使用它们，至少一开始不需要。因此，本章最初的部分也许就是你现在所需的全部，你可以将更详尽的探索当作参考资料。

10.1 创建内部类

创建内部类的方式就如同你想的一样——把类的定义置于外围类的里面：

```
//: innerclasses/Parcel1.java
// Creating inner classes.

public class Parcel1 {
  class Contents {
345    private int i = 11;
    public int value() { return i; }
  }
  class Destination {
    private String label;
    Destination(String whereTo) {
      label = whereTo;
    }
    String readLabel() { return label; }
  }
  // Using inner classes looks just like
  // using any other class, within Parcel1:
  public void ship(String dest) {
    Contents c = new Contents();
    Destination d = new Destination(dest);
    System.out.println(d.readLabel());
  }
  public static void main(String[] args) {
    Parcel1 p = new Parcel1();
    p.ship("Tasmania");
  }
} /* Output:
Tasmania
*///:~
```

当我们在**ship()**方法里面使用内部类的时候，与使用普通类没什么不同。在这里，实际的区别只是内部类的名字是嵌套在**Parcel1**里面的。不过你将会看到，这并不是唯一的区别。

更典型的情况是，外部类将有一个方法，该方法返回一个指向内部类的引用，就像在**to()**和

contents()方法中看到的那样：

```
//: innerclasses/Parcel2.java
// Returning a reference to an inner class.

public class Parcel2 {
  class Contents {
    private int i = 11;
    public int value() { return i; }
  }
  class Destination {
    private String label;
    Destination(String whereTo) {
      label = whereTo;
    }
    String readLabel() { return label; }
  }
  public Destination to(String s) {
    return new Destination(s);
  }
  public Contents contents() {
    return new Contents();
  }
  public void ship(String dest) {
    Contents c = contents();
    Destination d = to(dest);
    System.out.println(d.readLabel());
  }
  public static void main(String[] args) {
    Parcel2 p = new Parcel2();
    p.ship("Tasmania");
    Parcel2 q = new Parcel2();
    // Defining references to inner classes:
    Parcel2.Contents c = q.contents();
    Parcel2.Destination d = q.to("Borneo");
  }
} /* Output:
Tasmania
*///:~
```
346

如果想从外部类的非静态方法之外的任意位置创建某个内部类的对象，那么必须像在**main()**方法中那样，具体地指明这个对象的类型：**OuterClassName.InnerClassName**。

练习1：(1) 编写一个名为**Outer**的类，它包含一个名为**Inner**的类。在**Outer**中添加一个方法，它返回一个**Inner**类型的对象。在**main()**中，创建并初始化一个指向某个**Inner**对象的引用。

10.2 链接到外部类

到目前为止，内部类似乎还只是一种名字隐藏和组织代码的模式。这些是很有用，但还不是最引人注目的，它还有其他的用途。当生成一个内部类的对象时，此对象与制造它的外围对象（enclosing object）之间就有了一种联系，所以它能访问其外围对象的所有成员，而不需要任何特殊条件。此外，内部类还拥有其外围类的所有元素的访问权⊖。下面的例子说明了这点： 347

```
//: innerclasses/Sequence.java
// Holds a sequence of Objects.

interface Selector {
  boolean end();
  Object current();
  void next();
}
```

⊖ 这与C++嵌套类的设计非常不同，在C++中只是单纯的名字隐藏机制，与外围对象没有联系，也没有隐含的访问权。

```
public class Sequence {
  private Object[] items;
  private int next = 0;
  public Sequence(int size) { items = new Object[size]; }
  public void add(Object x) {
    if(next < items.length)
      items[next++] = x;
  }
  private class SequenceSelector implements Selector {
    private int i = 0;
    public boolean end() { return i == items.length; }
    public Object current() { return items[i]; }
    public void next() { if(i < items.length) i++; }
  }
  public Selector selector() {
    return new SequenceSelector();
  }
  public static void main(String[] args) {
    Sequence sequence = new Sequence(10);
    for(int i = 0; i < 10; i++)
      sequence.add(Integer.toString(i));
    Selector selector = sequence.selector();
    while(!selector.end()) {
      System.out.print(selector.current() + " ");
      selector.next();
    }
348  }
} /* Output:
0 1 2 3 4 5 6 7 8 9
*///:~
```

Sequence类只是一个固定大小的**Object**的数组，以类的形式包装了起来。可以调用**add()**在序列末增加新的**Object**（只要还有空间）。要获取**Sequence**中的每一个对象，可以使用**Selector**接口。这是"迭代器"设计模式的一个例子，在本书稍后的部分将更多地学习它。**Selector**允许你检查序列是否到末尾了（**end()**），访问当前对象（**current()**），以及移到序列中的下一个对象（**next()**）。因为**Selector**是一个接口，所以别的类可以按它们自己的方式来实现这个接口，并且别的方法能以此接口为参数，来生成更加通用的代码。

这里，**SequenceSelector**是提供**Selector**功能的**private**类。可以看到，在**main()**中创建了一个**Sequence**，并向其中添加了一些**String**对象。然后通过调用**selector()**获取一个**Selector**，并用它在**Sequence**中移动和选择每一个元素。

最初看到**SequenceSelector**，可能会觉得它只不过是另一个内部类罢了。但请仔细观察它，注意方法**end()**、**current()**和**next()**都用到了**objects**，这是一个引用，它并不是**SequenceSelector**的一部分，而是外围类中的一个**private**字段。然而内部类可以访问其外围类的方法和字段，就像自己拥有它们似的，这带来了很大的方便，就如前面的例子所示。

所以内部类自动拥有对其外围类所有成员的访问权。这是如何做到的呢？当某个外围类的对象创建了一个内部类对象时，此内部类对象必定会秘密地捕获一个指向那个外围类对象的引用。然后，在你访问此外围类的成员时，就是用那个引用来选择外围类的成员。幸运的是，编译器会帮你处理所有的细节，但你现在可以看到：内部类的对象只能在与其外围类的对象相关联的情况下才能被创建（就像你应该看到的，在内部类是非**static**类时）。构建内部类对象时，需要一个指向其外围类对象的引用，如果编译器访问不到这个引用就会报错。不过绝大多数时
349 候这都无需程序员操心。

练习2：(1) 创建一个类，它持有一个**String**，并且有一个显示这个**String**的**toString()**方法。将你的新类的若干个对象添加到一个**Sequence**对象中，然后显示它们。

练习3：(1) 修改练习1，使得**Outer**类包含一个**private String**域（由构造器初始化），而

Inner包含一个显示这个域的**toString()**方法。创建一个**Inner**类型的对象并显示它。

10.3 使用.this与.new

如果你需要生成对外部类对象的引用，可以使用外部类的名字后面紧跟圆点和**this**。这样产生的引用自动地具有正确的类型，这一点在编译期就被知晓并受到检查，因此没有任何运行时开销。下面的示例展示了如何使用**.this**：

```
//: innerclasses/DotThis.java
// Qualifying access to the outer-class object.

public class DotThis {
  void f() { System.out.println("DotThis.f()"); }
  public class Inner {
    public DotThis outer() {
      return DotThis.this;
      // A plain "this" would be Inner's "this"
    }
  }
  public Inner inner() { return new Inner(); }
  public static void main(String[] args) {
    DotThis dt = new DotThis();
    DotThis.Inner dti = dt.inner();
    dti.outer().f();
  }
} /* Output:
DotThis.f()
*///:~
```

有时你可能想要告知某些其他对象，去创建其某个内部类的对象。要实现此目的，你必须在**new**表达式中提供对其他外部类对象的引用，这是需要使用**.new**语法，就像下面这样：

350

```
//: innerclasses/DotNew.java
// Creating an inner class directly using the .new syntax.

public class DotNew {
  public class Inner {}
  public static void main(String[] args) {
    DotNew dn = new DotNew();
    DotNew.Inner dni = dn.new Inner();
  }
} ///:~
```

要想直接创建内部类的对象，你不能按照你想象的方式，去引用外部类的名字**DotNew**，而是必须使用外部类的对象来创建该内部类对象，就像在上面的程序中所看到的那样。这也解决了内部类名字作用域的问题，因此你不必声明（实际上你不能声明）**dn.new DotNew.Inner()**。

在拥有外部类对象之前是不可能创建内部类对象的。这是因为内部类对象会暗暗地连接到创建它的外部类对象上。但是，如果你创建的是*嵌套类*（静态内部类），那么它就不需要对外部类对象的引用。

下面你可以看到将**.new**应用于**Parcel**的示例：

```
//: innerclasses/Parcel3.java
// Using .new to create instances of inner classes.

public class Parcel3 {
  class Contents {
    private int i = 11;
    public int value() { return i; }
  }
  class Destination {
    private String label;
    Destination(String whereTo) { label = whereTo; }
```

```
    String readLabel() { return label; }
  }
  public static void main(String[] args) {
    Parcel3 p = new Parcel3();
    // Must use instance of outer class
    // to create an instance of the inner class:
    Parcel3.Contents c = p.new Contents();
    Parcel3.Destination d = p.new Destination("Tasmania");
  }
351 } ///:~
```

练习4：(2) 在**Sequence.SequenceSelector**类中增加一个方法，它可以生成对外部类Sequence的引用。

练习5：(1) 创建一个包含内部类的类，在另一个独立的类中，创建此内部类的实例。

10.4 内部类与向上转型

当将内部类向上转型为其基类，尤其是转型为一个接口的时候，内部类就有了用武之地。(从实现了某个接口的对象，得到对此接口的引用，与向上转型为这个对象的基类，实质上效果是一样的。) 这是因为此内部类——某个接口的实现——能够完全不可见，并且不可用。所得到的只是指向基类或接口的引用，所以能够很方便地隐藏实现细节。

我们可以创建前一个示例的接口：

```
//: innerclasses/Destination.java
public interface Destination {
  String readLabel();
} ///:~
```

```
//: innerclasses/Contents.java
public interface Contents {
  int value();
} ///:~
```

现在**Contents**和**Destination**表示客户端程序员可用的接口。(记住，接口的所有成员自动被设置为**public**的。)

当取得了一个指向基类或接口的引用时，甚至可能无法找出它确切的类型，看下面的例子：

```
//: innerclasses/TestParcel.java

class Parcel4 {
  private class PContents implements Contents {
    private int i = 11;
    public int value() { return i; }
  }
352  protected class PDestination implements Destination {
    private String label;
    private PDestination(String whereTo) {
      label = whereTo;
    }
    public String readLabel() { return label; }
  }
  public Destination destination(String s) {
    return new PDestination(s);
  }
  public Contents contents() {
    return new PContents();
  }
}

public class TestParcel {
  public static void main(String[] args) {
    Parcel4 p = new Parcel4();
    Contents c = p.contents();
```

```
    Destination d = p.destination("Tasmania");
    // Illegal -- can't access private class:
    //! Parcel4.PContents pc = p.new PContents();
  }
} ///:~
```

Parcel4中增加了一些新东西：内部类**PContents**是**private**，所以除了**Parcel4**，没有人能访问它。**PDestination**是**protected**，所以只有**Parcel4**及其子类、还有与**Parcel4**同一个包中的类（因为**protected**也给予了包访问权）能访问**PDestination**，其他类都不能访问**PDestination**。这意味着，如果客户端程序员想了解或访问这些成员，那是要受到限制的。实际上，甚至不能向下转型成**private**内部类（或**protected**内部类，除非是继承自它的子类），因为不能访问其名字，就像在**TestParcel**类中看到的那样。于是，**private**内部类给类的设计者提供了一种途径，通过这种方式可以完全阻止任何依赖于类型的编码，并且完全隐藏了实现的细节。此外，从客户端程序员的角度来看，由于不能访问任何新增加的、原本不属于公共接口的方法，所以扩展接口是没有价值的。这也给Java编译器提供了生成更高效代码的机会。

练习6：(2) 在第一个包中创建一个至少有一个方法的接口。然后在第二个包内创建一个类，在其中增加一个**protected**的内部类以实现那个接口。在第三个包中，继承这个类，并在一个方法中返回该**protected**内部类的对象，在返回的时候向上转型为第一个包中的接口的类型。 353

练习7：(2) 创建一个含有**private**域和**private**方法的类。创建一个内部类，它有一个方法可用来修改外围类的域，并调用外围类的方法。在外围类的另一方法中，创建此内部类的对象，并且调用它的方法，然后说明对外围类对象的影响。

练习8：(2) 确定外部类是否可以访问其内部类的**private**元素。

10.5 在方法和作用域内的内部类

到目前为止，读者所看到的只是内部类的典型用途。通常，如果所读、写的代码包含了内部类，那么它们都是“平凡的”内部类，简单并且容易理解。然而，内部类的语法覆盖了大量其他的更加难以理解的技术。例如，可以在一个方法里面或者在任意的作用域内定义内部类。这么做有两个理由：

1) 如前所示，你实现了某类型的接口，于是可以创建并返回对其的引用。

2) 你要解决一个复杂的问题，想创建一个类来辅助你的解决方案，但是又不希望这个类是公共可用的。

在后面的例子中，先前的代码将被修改，以用来实现：

1) 一个定义在方法中的类。

2) 一个定义在作用域内的类，此作用域在方法的内部。

3) 一个实现了接口的匿名类。

4) 一个匿名类，它扩展了有非默认构造器的类。

5) 一个匿名类，它执行字段初始化。 354

6) 一个匿名类，它通过实例初始化实现构造（匿名类不可能有构造器）。

第一个例子展示了在方法的作用域内（而不是在其他类的作用域内）创建一个完整的类。这被称作*局部内部类*：

```
//: innerclasses/Parcel5.java
// Nesting a class within a method.

public class Parcel5 {
  public Destination destination(String s) {
    class PDestination implements Destination {
      private String label;
```

```
      private PDestination(String whereTo) {
        label = whereTo;
      }
      public String readLabel() { return label; }
    }
    return new PDestination(s);
  }
  public static void main(String[] args) {
    Parcel5 p = new Parcel5();
    Destination d = p.destination("Tasmania");
  }
} ///:~
```

PDestination类是**destination()**方法的一部分，而不是**Parcel5**的一部分。所以，在**destination()**之外不能访问**PDestination**。注意出现在**return**语句中的向上转型——返回的是**Destination**的引用，它是**PDestination**的基类。当然，在**destination()**中定义了内部类**PDestination**，并不意味着一旦**dest()**方法执行完毕，**PDestination**就不可用了。

你可以在同一个子目录下的任意类中对某个内部类使用类标识符**PDestination**，这并不会有命名冲突。

下面的例子展示了如何在任意的作用域内嵌入一个内部类：

355

```
//: innerclasses/Parcel6.java
// Nesting a class within a scope.
public class Parcel6 {
  private void internalTracking(boolean b) {
    if(b) {
      class TrackingSlip {
        private String id;
        TrackingSlip(String s) {
          id = s;
        }
        String getSlip() { return id; }
      }
      TrackingSlip ts = new TrackingSlip("slip");
      String s = ts.getSlip();
    }
    // Can't use it here! Out of scope:
    //! TrackingSlip ts = new TrackingSlip("x");
  }
  public void track() { internalTracking(true); }
  public static void main(String[] args) {
    Parcel6 p = new Parcel6();
    p.track();
  }
} ///:~
```

TrackingSlip类被嵌入在**if**语句的作用域内，这并不是说该类的创建是有条件的，它其实与别的类一起编译过了。然而，在定义**TrackingSlip**的作用域之外，它是不可用的；除此之外，它与普通的类一样。

练习9：(1) 创建一个至少有一个方法的接口。在某个方法内定义一个内部类以实现此接口，这个方法返回对此接口的引用。

练习10：(1) 重复前一个练习，但将内部类定义在某个方法的一个作用域内。

练习11：(2) 创建一个**private**内部类，让它实现一个**public**接口。写一个方法，它返回一个指向此**private**内部类的实例的引用，并将此引用向上转型为该接口类型。通过尝试向下转型，说明此内部类被完全隐藏了。

10.6 匿名内部类

下面的例子看起来有点奇怪：

```
//: innerclasses/Parcel7.java
// Returning an instance of an anonymous inner class.

public class Parcel7 {
  public Contents contents() {
    return new Contents() { // Insert a class definition
      private int i = 11;
      public int value() { return i; }
    }; // Semicolon required in this case
  }
  public static void main(String[] args) {
    Parcel7 p = new Parcel7();
    Contents c = p.contents();
  }
} ///:~
```
356

contents()方法将返回值的生成与表示这个返回值的类的定义结合在一起！另外，这个类是匿名的，它没有名字。更糟的是，看起来似乎是你正要创建一个**Contents**对象。但是然后（在到达语句结束的分号之前）你却说："等一等，我想在这里插入一个类的定义。"

这种奇怪的语法指的是："创建一个继承自**Contents**的匿名类的对象。"通过**new**表达式返回的引用被自动向上转型为对**Contents**的引用。上述匿名内部类的语法是下述形式的简化形式：

```
//: innerclasses/Parcel7b.java
// Expanded version of Parcel7.java

public class Parcel7b {
  class MyContents implements Contents {
    private int i = 11;
    public int value() { return i; }
  }
  public Contents contents() { return new MyContents(); }
  public static void main(String[] args) {
    Parcel7b p = new Parcel7b();
    Contents c = p.contents();
  }
} ///:~
```

在这个匿名内部类中，使用了默认的构造器来生成**Contents**。下面的代码展示的是，如果你的基类需要一个有参数的构造器，应该怎么办： 357

```
//: innerclasses/Parcel8.java
// Calling the base-class constructor.

public class Parcel8 {
  public Wrapping wrapping(int x) {
    // Base constructor call:
    return new Wrapping(x) { // Pass constructor argument.
      public int value() {
        return super.value() * 47;
      }
    }; // Semicolon required
  }
  public static void main(String[] args) {
    Parcel8 p = new Parcel8();
    Wrapping w = p.wrapping(10);
  }
} ///:~
```

只需简单地传递合适的参数给基类的构造器即可，这里是将**x**传进**new Wrapping(x)**。尽管**Wrapping**只是一个具有具体实现的普通类，但它还是被其导出类当作公共"接口"来使用：

```
//: innerclasses/Wrapping.java
public class Wrapping {
  private int i;
  public Wrapping(int x) { i = x; }
```

```
  public int value() { return i; }
} ///:~
```

你会注意到，**Wrapping**拥有一个要求传递一个参数的构造器，这使得事情变得更加有趣了。

在匿名内部类末尾的分号，并不是用来标记此内部类结束的。实际上，它标记的是表达式的结束，只不过这个表达式正巧包含了匿名内部类罢了。因此，这与别的地方使用的分号是一致的。

在匿名类中定义字段时，还能够对其执行初始化操作：

358

```
//: innerclasses/Parcel9.java
// An anonymous inner class that performs
// initialization. A briefer version of Parcel5.java.

public class Parcel9 {
  // Argument must be final to use inside
  // anonymous inner class:
  public Destination destination(final String dest) {
    return new Destination() {
      private String label = dest;
      public String readLabel() { return label; }
    };
  }
  public static void main(String[] args) {
    Parcel9 p = new Parcel9();
    Destination d = p.destination("Tasmania");
  }
} ///:~
```

如果定义一个匿名内部类，并且希望它使用一个在其外部定义的对象，那么编译器会要求其参数引用是**final**的，就像你在**destination()**的参数中看到的那样。如果你忘记了，将会得到一个编译时错误消息。

如果只是简单地给一个字段赋值，那么此例中的方法是很好的。但是，如果想做一些类似构造器的行为，该怎么办呢？在匿名类中不可能有命名构造器（因为它根本没名字！），但通过实例初始化，就能够达到为匿名内部类创建一个构造器的效果，就像这样：

```
//: innerclasses/AnonymousConstructor.java
// Creating a constructor for an anonymous inner class.
import static net.mindview.util.Print.*;

abstract class Base {
  public Base(int i) {
    print("Base constructor, i = " + i);
  }
  public abstract void f();
}

public class AnonymousConstructor {
  public static Base getBase(int i) {
    return new Base(i) {
```

359

```
      { print("Inside instance initializer"); }
      public void f() {
        print("In anonymous f()");
      }
    };
  }
  public static void main(String[] args) {
    Base base = getBase(47);
    base.f();
  }
} /* Output:
Base constructor, i = 47
Inside instance initializer
```

```
In anonymous f()
*///:~
```

在此例中，不要求变量**i**一定是**final**的。因为**i**被传递给匿名类的基类的构造器，它并不会在匿名类内部被直接使用。

下例是带实例初始化的“parcel”形式。注意**destination()**的参数必须是**final**的，因为它们是在匿名类内部使用的。

```
//: innerclasses/Parcel10.java
// Using "instance initialization" to perform
// construction on an anonymous inner class.

public class Parcel10 {
  public Destination
  destination(final String dest, final float price) {
    return new Destination() {
      private int cost;
      // Instance initialization for each object:
      {
        cost = Math.round(price);
        if(cost > 100)
          System.out.println("Over budget!");
      }
      private String label = dest;
      public String readLabel() { return label; }
    };
  }
  public static void main(String[] args) {
    Parcel10 p = new Parcel10();
    Destination d = p.destination("Tasmania", 101.395F);
  }
} /* Output:
Over budget!
*///:~
```

360

在实例初始化操作的内部，可以看到有一段代码，它们不能作为字段初始化动作的一部分来执行（就是**if**语句）。所以对于匿名类而言，实例初始化的实际效果就是构造器。当然它受到了限制——你不能重载实例初始化方法，所以你仅有一个这样的构造器。

匿名内部类与正规的继承相比有些受限，因为匿名内部类既可以扩展类，也可以实现接口，但是不能两者兼备。而且如果是实现接口，也只能实现一个接口。

练习12：(1) 重复练习7，这次使用匿名内部类。

练习13：(1) 重复练习9，这次使用匿名内部类。

练习14：(1) 修改**interfaces/HorrorShow.java**，用匿名类实现**DangerousMonster**和**Vampire**。

练习15：(2) 创建一个类，它有非默认的构造器（即需要参数的构造器），并且没有默认构造器（没有无参数的构造器）。创建第二个类，它包含一个方法，能够返回对第一个类的对象的引用。通过写一个继承自第一个类的匿名内部类，来创建一个返回对象。

10.6.1 再访工厂方法

看看在使用匿名内部类时，**interfaces/Factories.java**示例变得多么美妙呀：

```
//: innerclasses/Factories.java
import static net.mindview.util.Print.*;

interface Service {
  void method1();
  void method2();
}
```

```
interface ServiceFactory {
  Service getService();
361
}
class Implementation1 implements Service {
  private Implementation1() {}
  public void method1() {print("Implementation1 method1");}
  public void method2() {print("Implementation1 method2");}
  public static ServiceFactory factory =
    new ServiceFactory() {
      public Service getService() {
        return new Implementation1();
      }
    };
}

class Implementation2 implements Service {
  private Implementation2() {}
  public void method1() {print("Implementation2 method1");}
  public void method2() {print("Implementation2 method2");}
  public static ServiceFactory factory =
    new ServiceFactory() {
      public Service getService() {
        return new Implementation2();
      }
    };
}

public class Factories {
  public static void serviceConsumer(ServiceFactory fact) {
    Service s = fact.getService();
    s.method1();
    s.method2();
  }
  public static void main(String[] args) {
    serviceConsumer(Implementation1.factory);
    // Implementations are completely interchangeable:
    serviceConsumer(Implementation2.factory);
  }
} /* Output:
Implementation1 method1
Implementation1 method2
Implementation2 method1
Implementation2 method2
*///:~
```

现在用于**Implementation1**和**Implementation2**的构造器都可以是**private**的，并且没有任何必
362 要去创建作为工厂的具名类。另外，你经常只需要单一的工厂对象，因此在本例中它被创建为**Service**实现中的一个**static**域。这样所产生语法也更具有实际意义。

interfaces/Games.java示例也可以通过使用匿名内部类来改进：

```
//: innerclasses/Games.java
// Using anonymous inner classes with the Game framework.
import static net.mindview.util.Print.*;

interface Game { boolean move(); }
interface GameFactory { Game getGame(); }

class Checkers implements Game {
  private Checkers() {}
  private int moves = 0;
  private static final int MOVES = 3;
  public boolean move() {
    print("Checkers move " + moves);
    return ++moves != MOVES;
  }
  public static GameFactory factory = new GameFactory() {
```

```
      public Game getGame() { return new Checkers(); }
    };
  }

  class Chess implements Game {
    private Chess() {}
    private int moves = 0;
    private static final int MOVES = 4;
    public boolean move() {
      print("Chess move " + moves);
      return ++moves != MOVES;
    }
    public static GameFactory factory = new GameFactory() {
      public Game getGame() { return new Chess(); }
    };
  }

  public class Games {
    public static void playGame(GameFactory factory) {
      Game s = factory.getGame();
      while(s.move())                                       363
        ;
    }
    public static void main(String[] args) {
      playGame(Checkers.factory);
      playGame(Chess.factory);
    }
  } /* Output:
  Checkers move 0
  Checkers move 1
  Checkers move 2
  Chess move 0
  Chess move 1
  Chess move 2
  Chess move 3
  *///:~
```

请记住在第9章最后给出的建议：优先使用类而不是接口。如果你的设计中需要某个接口，你必须了解它。否则，不到迫不得已，不要将其放到你的设计中。

练习16：(1) 修改第9章中练习18的解决方案，让它使用匿名内部类。

练习17：(1) 修改第9章中练习19的解决方案，让它使用匿名内部类。

10.7 嵌套类

如果不需要内部类对象与其外围类对象之间有联系，那么可以将内部类声明为**static**。这通常称为*嵌套类*⊖。想要理解**static**应用于内部类时的含义，就必须记住，普通的内部类对象隐式地保存了一个引用，指向创建它的外围类对象。然而，当内部类是**static**的时，就不是这样了。嵌套类意味着：

1) 要创建嵌套类的对象，并不需要其外围类的对象。 364

2) 不能从嵌套类的对象中访问非静态的外围类对象。

嵌套类与普通的内部类还有一个区别。普通内部类的字段与方法，只能放在类的外部层次上，所以普通的内部类不能有**static**数据和**static**字段，也不能包含嵌套类。但是嵌套类可以包含所有这些东西：

```
//: innerclasses/Parcel11.java
// Nested classes (static inner classes).

public class Parcel11 {
```

⊖ 与C++嵌套类大致相似，只不过在C++中那些类不能访问私有成员，而在Java中可以访问。

```
  private static class ParcelContents implements Contents {
    private int i = 11;
    public int value() { return i; }
  }
  protected static class ParcelDestination
  implements Destination {
    private String label;
    private ParcelDestination(String whereTo) {
      label = whereTo;
    }
    public String readLabel() { return label; }
    // Nested classes can contain other static elements:
    public static void f() {}
    static int x = 10;
    static class AnotherLevel {
      public static void f() {}
      static int x = 10;
    }
  }
  public static Destination destination(String s) {
    return new ParcelDestination(s);
  }
  public static Contents contents() {
    return new ParcelContents();
  }
  public static void main(String[] args) {
    Contents c = contents();
    Destination d = destination("Tasmania");
  }
} ///:~
```
365

在**main()**中，没有任何**Parcel11**的对象是必需的；而是使用选取**static**成员的普通语法来调用方法——这些方法返回对**Contents**和**Destination**的引用。

就像你在本章前面看到的那样，在一个普通的（非**static**）内部类中，通过一个特殊的**this**引用可以链接到其外围类对象。嵌套类就没有这个特殊的**this**引用，这使得它类似于一个**static**方法。

练习18：(1) 创建一个包含嵌套类的类。在**main()**中创建其内部类的实例。

练习19：(2) 创建一个包含了内部类的类，而此内部类又包含有内部类。使用嵌套类重复这个过程。注意编译器生成的**.class**文件的名字。

10.7.1 接口内部的类

正常情况下，不能在接口内部放置任何代码，但嵌套类可以作为接口的一部分。你放到接口中的任何类都自动地是**public**和**static**的。因为类是**static**的，只是将嵌套类置于接口的命名空间内，这并不违反接口的规则。你甚至可以在内部类中实现其外围接口，就像下面这样：

```
//: innerclasses/ClassInInterface.java
// {main: ClassInInterface$Test}

public interface ClassInInterface {
  void howdy();
  class Test implements ClassInInterface {
    public void howdy() {
      System.out.println("Howdy!");
    }
    public static void main(String[] args) {
      new Test().howdy();
    }
  }
} /* Output:
Howdy!
*///:~
```
366

如果你想要创建某些公共代码，使得它们可以被某个接口的所有不同实现所共用，那么使用接口内部的嵌套类会显得很方便。

我曾在本书中建议过，在每个类中都写一个**main()**方法，用来测试这个类。这样做有一个缺点，那就是必须带着那些已编译过的额外代码。如果这对你是个麻烦，那就可以使用嵌套类来放置测试代码。

```
//: innerclasses/TestBed.java
// Putting test code in a nested class.
// {main: TestBed$Tester}

public class TestBed {
  public void f() { System.out.println("f()"); }
  public static class Tester {
    public static void main(String[] args) {
      TestBed t = new TestBed();
      t.f();
    }
  }
} /* Output:
f()
*///:~
```

这生成了一个独立的类**TestBed$Tester**（要运行这个程序，执行**java TestBed$Tester**即可，在**Unix/Linux**系统中必须转义**$**）。可以使用这个类来做测试，但是不必在发布的产品中包含它，在将产品打包前可以简单地删除**TestBed$Tester.class**。

练习20：(1) 创建一个包含嵌套类的接口，实现此接口并创建嵌套类的实例。

练习21：(2) 创建一个包含嵌套类的接口，该嵌套类中有一个**static**方法，它将调用接口中的方法并显示结果。实现这个接口，并将这个实现的一个实例传递给这个方法。 367

10.7.2 从多层嵌套类中访问外部类的成员

一个内部类被嵌套多少层并不重要[⊖]——它能透明地访问所有它所嵌入的外围类的所有成员，如下所示：

```
//: innerclasses/MultiNestingAccess.java
// Nested classes can access all members of all
// levels of the classes they are nested within.

class MNA {
  private void f() {}
  class A {
    private void g() {}
    public class B {
      void h() {
        g();
        f();
      }
    }
  }
}

public class MultiNestingAccess {
  public static void main(String[] args) {
    MNA mna = new MNA();
    MNA.A mnaa = mna.new A();
    MNA.A.B mnaab = mnaa.new B();
    mnaab.h();
  }
} ///:~
```

⊖ 再次感谢Martin Danner。

可以看到在**MNA.A.B**中，调用方法**g()**和**f()**不需要任何条件（即使它们被定义为**private**）。这个例子同时展示了如何从不同的类里创建多层嵌套的内部类对象的基本语法。“**.new**”语法能
368 产生正确的作用域，所以不必在调用构造器时限定类名。

10.8 为什么需要内部类

至此，我们已经看到了许多描述内部类的语法和语义，但是这并不能回答“为什么需要内部类”这个问题。那么，Sun公司为什么会如此费心地增加这项基本的语言特性呢？

一般说来，内部类继承自某个类或实现某个接口，内部类的代码操作创建它的外围类的对象。所以可以认为内部类提供了某种进入其外围类的窗口。

内部类必须要回答的一个问题是：如果只是需要一个对接口的引用，为什么不通过外围类实现那个接口呢？答案是：“如果这能满足需求，那么就应该这样做。”那么内部类实现一个接口与外围类实现这个接口有什么区别呢？答案是：后者不是总能享用到接口带来的方便，有时需要用到接口的实现。所以，使用内部类最吸引人的原因是：

每个内部类都能独立地继承自一个（接口的）实现，所以无论外围类是否已经继承了某个（接口的）实现，对于内部类都没有影响。

如果没有内部类提供的、可以继承多个具体的或抽象的类的能力，一些设计与编程问题就很难解决。从这个角度看，内部类使得多重继承的解决方案变得完整。接口解决了部分问题，而内部类有效地实现了“多重继承”。也就是说，内部类允许继承多个非接口类型（译注：类或抽象类）。

为了看到更多的细节，让我们考虑这样一种情形：即必须在一个类中以某种方式实现两个接口。由于接口的灵活性，你有两种选择：使用单一类，或者使用内部类：

```
//: innerclasses/MultiInterfaces.java
// Two ways that a class can implement multiple interfaces.
package innerclasses;

interface A {}
interface B {}

class X implements A, B {}

class Y implements A {
  B makeB() {
    // Anonymous inner class:
    return new B() {};
  }
}

public class MultiInterfaces {
  static void takesA(A a) {}
  static void takesB(B b) {}
  public static void main(String[] args) {
    X x = new X();
    Y y = new Y();
    takesA(x);
    takesA(y);
    takesB(x);
    takesB(y.makeB());
  }
} ///:~
```

369

当然，这里假设在两种方式下的代码结构都确实有逻辑意义。然而遇到问题的时候，通常问题本身就能给出某些指引，告诉你是应该使用单一类，还是使用内部类。但如果没有任何其

他限制，从实现的观点来看，前面的例子并没有什么区别，它们都能正常运作。

如果拥有的是**抽象**的类或具体的类，而不是接口，那就只能使用内部类才能实现多重继承。

```
//: innerclasses/MultiImplementation.java
// With concrete or abstract classes, inner
// classes are the only way to produce the effect
// of "multiple implementation inheritance."
package innerclasses;

class D {}
abstract class E {}
class Z extends D {
  E makeE() { return new E() {}; }
}

public class MultiImplementation {
  static void takesD(D d) {}
  static void takesE(E e) {}
  public static void main(String[] args) {
    Z z = new Z();
    takesD(z);
    takesE(z.makeE());
  }
} ///:~
```
370

如果不需要解决“多重继承”的问题，那么自然可以用别的方式编码，而不需要使用内部类。但如果使用内部类，还可以获得其他一些特性：

1) 内部类可以有多个实例，每个实例都有自己的状态信息，并且与其外围类对象的信息相互独立。

2) 在单个外围类中，可以让多个内部类以不同的方式实现同一个接口，或继承同一个类。稍后就会展示一个这样的例子。

3) 创建内部类对象的时刻并不依赖于外围类对象的创建。

4) 内部类并没有令人迷惑的“is-a”关系；它就是一个独立的实体。

举个例子，如果**Sequence.java**不使用内部类，就必须声明“**Sequence**是一个**Selector**”，对于某个特定的**Sequence**只能有一个**Selector**。然而使用内部类很容易就能拥有另一个方法**reverseSelector()**，用它来生成一个反方向遍历序列的**Selector**。只有内部类才有这种灵活性。

练习22：(2) 实现**Sequence.java**中的**reverseSelector()**方法。

练习23：(4) 创建一个接口**U**，它包含三个方法。创建第一个类**A**，它包含一个方法，在此方法中通过创建一个匿名内部类，来生成指向**U**的引用。创建第二个类**B**，它包含一个由**U**构成的数组。**B**应该有几个方法，第一个方法可以接受对**U**的引用并存储到数组中；第二方法将数组 371
中的引用设为**null**；第三个方法遍历此数组，并在**U**中调用这些方法。在**main()**中，创建一组**A**的对象和一个**B**的对象。用那些**A**类对象所产生的**U**类型的引用填充**B**对象的数组。使用**B**回调所有**A**的对象。再从**B**中移除某些**U**的引用。

10.8.1 闭包与回调

闭包（closure）是一个可调用的对象，它记录了一些信息，这些信息来自于创建它的作用域。通过这个定义，可以看出内部类是面向对象的闭包，因为它不仅包含外围类对象（创建内部类的作用域）的信息，还自动拥有一个指向此外围类对象的引用，在此作用域内，内部类有权操作所有的成员，包括**private**成员。

Java最引人争议的问题之一就是，人们认为Java应该包含某种类似指针的机制，以允许*回调*（callback）。通过回调，对象能够携带一些信息，这些信息允许它在稍后的某个时刻调用初始的对象。稍后将会看到这是一个非常有用的概念。如果回调是通过指针实现的，那么就只能寄希望于程序员不会误用该指针。然而，读者应该已经了解到，Java更小心仔细，所以没有在语言中包括指针。

通过内部类提供闭包的功能是优良的解决方案，它比指针更灵活、更安全。见下例：

```
//: innerclasses/Callbacks.java
// Using inner classes for callbacks
package innerclasses;
import static net.mindview.util.Print.*;

interface Incrementable {
  void increment();
}

// Very simple to just implement the interface:
class Callee1 implements Incrementable {
  private int i = 0;
  public void increment() {
    i++;
372    print(i);
  }
}

class MyIncrement {
  public void increment() { print("Other operation"); }
  static void f(MyIncrement mi) { mi.increment(); }
}

// If your class must implement increment() in
// some other way, you must use an inner class:
class Callee2 extends MyIncrement {
  private int i = 0;
  public void increment() {
    super.increment();
    i++;
    print(i);
  }
  private class Closure implements Incrementable {
    public void increment() {
      // Specify outer-class method, otherwise
      // you'd get an infinite recursion:
      Callee2.this.increment();
    }
  }
  Incrementable getCallbackReference() {
    return new Closure();
  }
}

class Caller {
  private Incrementable callbackReference;
  Caller(Incrementable cbh) { callbackReference = cbh; }
  void go() { callbackReference.increment(); }
}

public class Callbacks {
  public static void main(String[] args) {
    Callee1 c1 = new Callee1();
    Callee2 c2 = new Callee2();
    MyIncrement.f(c2);
    Caller caller1 = new Caller(c1);
    Caller caller2 = new Caller(c2.getCallbackReference());
    caller1.go();
373    caller1.go();
    caller2.go();
```

```
    caller2.go();
  }
} /* Output:
Other operation
1
1
2
Other operation
2
Other operation
3
*///:~
```

这个例子进一步展示了外围类实现一个接口与内部类实现此接口之间的区别。就代码而言，**Callee1**是简单的解决方式。**Callee2**继承自**MyIncrement**，后者已经有了一个不同的**increment()**方法，并且与**Incrementable**接口期望的**increment()**方法完全不相关。所以如果**Callee2**继承了**MyIncrement**，就不能为了**Incrementable**的用途而覆盖**increment()**方法，于是只能使用内部类独立地实现**Incrementable**。还要注意，当创建了一个内部类时，并没有在外围类的接口中添加东西，也没有修改外围类的接口。

注意，在**Callee2**中除了**getCallbackReference()**以外，其他成员都是**private**的。要想建立与外部世界的任何连接，**interface Incrementable**都是必需的。在这里可以看到，**interface**是如何允许接口与接口的实现完全独立的。

内部类**Closure**实现了**Incrementable**，以提供一个返回**Callee2**的"钩子"（hook）——而且是一个安全的钩子。无论谁获得此**Incrementable**的引用，都只能调用**increment()**，除此之外没有其他功能（不像指针那样，允许你做很多事情）。

Caller的构造器需要一个**Incrementable**的引用作为参数（虽然可以在任意时刻捕获回调引用），然后在以后的某个时刻，**Caller**对象可以使用此引用回调**Callee**类。

回调的价值在于它的灵活性——可以在运行时动态地决定需要调用什么方法。这样做的好处在第22章可以看得更明显，在那里实现GUI功能的时候，到处都用到了回调。 374

10.8.2 内部类与控制框架

在将要介绍的*控制框架*（control framework）中，可以看到更多使用内部类的具体例子。

应用程序框架（application framework）就是被设计用以解决某类特定问题的一个类或一组类。要运用某个应用程序框架，通常是继承一个或多个类，并覆盖某些方法。在覆盖后的方法中，编写代码定制应用程序框架提供的通用解决方案，以解决你的特定问题（这是设计模式中*模板方法*的一个例子（参考www.MindVeiw.net上的《Thinking in Patterns (with Java)》）。模板方法包含算法的基本结构，并且会调用一个或多个可覆盖的方法，以完成算法的动作。设计模式总是将变化的事物与保持不变的事物分离开，在这个模式中，模板方法是保持不变的事物，而可覆盖的方法就是变化的事物。

控制框架是一类特殊的应用程序框架，它用来解决响应事件的需求。主要用来响应事件的系统被称作*事件驱动系统*。应用程序设计中常见的问题之一是图形用户接口（GUI），它几乎完全是事件驱动的系统。在第22章将会看到，Java Swing库就是一个控制框架，它优雅地解决了GUI的问题，并使用了大量的内部类。

要理解内部类是如何允许简单的创建过程以及如何使用控制框架的，请考虑这样一个控制框架，它的工作就是在事件"就绪"的时候执行事件。虽然"就绪"可以指任何事，但在本例中是指基于时间触发的事件。接下来的问题就是，对于要控制什么，控制框架并不包含任何具体的信息。那些信息是在实现算法的**action()**部分时，通过继承来提供的。

首先，接口描述了要控制的事件。因为其默认的行为是基于时间去执行控制，所以使用抽象类代替实际的接口。下面的例子包含了某些实现：

```
//: innerclasses/controller/Event.java
// The common methods for any control event.
375 package innerclasses.controller;
public abstract class Event {
  private long eventTime;
  protected final long delayTime;
  public Event(long delayTime) {
    this.delayTime = delayTime;
    start();
  }
  public void start() { // Allows restarting
    eventTime = System.nanoTime() + delayTime;
  }
  public boolean ready() {
    return System.nanoTime() >= eventTime;
  }
  public abstract void action();
} ///:~
```

当希望运行**Event**并随后调用**start()**时，那么构造器就会捕获（从对象创建的时刻开始的）时间，此时间是这样得来的：**start()**获取当前时间，然后加上一个延迟时间，这样生成触发事件的时间。**start()**是一个独立的方法，而没有包含在构造器内，因为这样就可以在事件运行以后重新启动计时器，也就是能够重复使用**Event**对象。例如，如果想要重复一个事件，只需简单地在**action()**中调用**start()**方法。

ready()告诉你何时可以运行**action()**方法了。当然，可以在导出类中覆盖**ready()**方法，使得**Event**能够基于时间以外的其他因素而触发。

下面的文件包含了一个用来管理并触发事件的实际控制框架。**Event**对象被保存在**List<Event>**类型（读作"Event的列表"）的容器对象中，容器会在第11章中详细介绍。目前读者只需要知道**add()**方法用来将一个**Object**添加到**List**的尾端，**size()**方法用来得到**List**中元素的个数，foreach语法用来连续获联**List**中的**Event**，**remove()**方法用来从**List**中移除指定的**Event**。

```
//: innerclasses/controller/Controller.java
// The reusable framework for control systems.
package innerclasses.controller;
import java.util.*;

376 public class Controller {
  // A class from java.util to hold Event objects:
  private List<Event> eventList = new ArrayList<Event>();
  public void addEvent(Event c) { eventList.add(c); }
  public void run() {
    while(eventList.size() > 0)
      // Make a copy so you're not modifying the list
      // while you're selecting the elements in it:
      for(Event e : new ArrayList<Event>(eventList))
        if(e.ready()) {
          System.out.println(e);
          e.action();
          eventList.remove(e);
        }
  }
} ///:~
```

run()方法循环遍历**eventList**，寻找就绪的（**ready()**）、要运行的**Event**对象。对找到的每一个就绪的（**ready()**）事件，使用对象的**toString()**打印其信息，调用其**action()**方法，然后从队列中移除此**Event**。

注意，在目前的设计中你并不知道**Event**到底做了什么。这正是此设计的关键所在，“使变化的事物与不变的事物相互分离”。用我的话说，“变化向量”就是各种不同的**Event**对象所具有的不同行为，而你通过创建不同的**Event**子类来表现不同的行为。

这正是内部类要做的事情，内部类允许：

1) 控制框架的完整实现是由单个的类创建的，从而使得实现的细节被封装了起来。内部类用来表示解决问题所必需的各种不同的**action()**。

2) 内部类能够很容易地访问外围类的任意成员，所以可以避免这种实现变得笨拙。如果没有这种能力，代码将变得令人讨厌，以至于你肯定会选择别的方法。 377

考虑此控制框架的一个特定实现，如控制温室的运作[⊖]：控制灯光、水、温度调节器的开关，以及响铃和重新启动系统，每个行为都是完全不同的。控制框架的设计使得分离这些不同的代码变得非常容易。使用内部类，可以在单一的类里面产生对同一个基类**Event**的多种导出版本。对于温室系统的每一种行为，都继承一个新的**Event**内部类，并在要实现的**action()**中编写控制代码。

作为典型的应用程序框架，**GreenhouseControls**类继承自**Controller**:

```
//: innerclasses/GreenhouseControls.java
// This produces a specific application of the
// control system, all in a single class. Inner
// classes allow you to encapsulate different
// functionality for each type of event.
import innerclasses.controller.*;

public class GreenhouseControls extends Controller {
  private boolean light = false;
  public class LightOn extends Event {
    public LightOn(long delayTime) { super(delayTime); }
    public void action() {
      // Put hardware control code here to
      // physically turn on the light.
      light = true;
    }
    public String toString() { return "Light is on"; }
  }
  public class LightOff extends Event {
    public LightOff(long delayTime) { super(delayTime); }
    public void action() {
      // Put hardware control code here to
      // physically turn off the light.
      light = false;
    }
    public String toString() { return "Light is off"; }
  }
  private boolean water = false;
  public class WaterOn extends Event {
    public WaterOn(long delayTime) { super(delayTime); }
    public void action() {
      // Put hardware control code here.
      water = true;
    }
    public String toString() {
      return "Greenhouse water is on";
    }
  }
  public class WaterOff extends Event {
```
378

⊖ 基于某种原因，我一直很乐意解决这个问题；该问题摘自我以前的书《C++ Inside & Out》，但是Java提供了更优雅的解决方案。

```
    public WaterOff(long delayTime) { super(delayTime); }
    public void action() {
      // Put hardware control code here.
      water = false;
    }
    public String toString() {
      return "Greenhouse water is off";
    }
  }
  private String thermostat = "Day";
  public class ThermostatNight extends Event {
    public ThermostatNight(long delayTime) {
      super(delayTime);
    }
    public void action() {
      // Put hardware control code here.
      thermostat = "Night";
    }
    public String toString() {
      return "Thermostat on night setting";
    }
  }
  public class ThermostatDay extends Event {
    public ThermostatDay(long delayTime) {
      super(delayTime);
    }
    public void action() {
      // Put hardware control code here.
      thermostat = "Day";
    }
    public String toString() {
379   return "Thermostat on day setting";
    }
  }
  // An example of an action() that inserts a
  // new one of itself into the event list:
  public class Bell extends Event {
    public Bell(long delayTime) { super(delayTime); }
    public void action() {
      addEvent(new Bell(delayTime));
    }
    public String toString() { return "Bing!"; }
  }
  public class Restart extends Event {
    private Event[] eventList;
    public Restart(long delayTime, Event[] eventList) {
      super(delayTime);
      this.eventList = eventList;
      for(Event e : eventList)
        addEvent(e);
    }
    public void action() {
      for(Event e : eventList) {
        e.start(); // Rerun each event
        addEvent(e);
      }
      start(); // Rerun this Event
      addEvent(this);
    }
    public String toString() {
      return "Restarting system";
    }
  }
  public static class Terminate extends Event {
    public Terminate(long delayTime) { super(delayTime); }
    public void action() { System.exit(0); }
    public String toString() { return "Terminating";  }
```

```
  }
} ///:~
```

注意，**light**、**water** 和 **thermostat**都属于外围类**GreenhouseControls**，而这些内部类能够自由地访问那些字段，无需限定条件或特殊许可。而且，**action()**方法通常都涉及对某种硬件的控制。 380

大多数**Event**类看起来都很相似，但是**Bell**和**Restart**则比较特别。**Bell**控制响铃，然后在事件列表中增加一个**Bell**对象，于是过一会儿它可以再次响铃。读者可能注意到了内部类是多么像多重继承：**Bell**和**Restart**有**Event**的所有方法，并且似乎也拥有外围类**GreenhouseContrlos**的所有方法。

一个由**Event**对象组成的数组被递交给**Restart**，该数组要加到控制器上。由于**Restart()**也是一个**Event**对象，所以同样可以将**Restart**对象添加到**Restart.action()**中，以使系统能够有规律地重新启动自己。

下面的类通过创建一个**GreenhouseControls**对象，并添加各种不同的**Event**对象来配置该系统。这是命令设计模式的一个例子在eventList中的每一个被封装成对象的请求：

```
//: innerclasses/GreenhouseController.java
// Configure and execute the greenhouse system.
// {Args: 5000}
import innerclasses.controller.*;

public class GreenhouseController {
  public static void main(String[] args) {
    GreenhouseControls gc = new GreenhouseControls();
    // Instead of hard-wiring, you could parse
    // configuration information from a text file here:
    gc.addEvent(gc.new Bell(900));
    Event[] eventList = {
      gc.new ThermostatNight(0),
      gc.new LightOn(200),
      gc.new LightOff(400),
      gc.new WaterOn(600),
      gc.new WaterOff(800),
      gc.new ThermostatDay(1400)
    };
    gc.addEvent(gc.new Restart(2000, eventList));
    if(args.length == 1)
      gc.addEvent(
        new GreenhouseControls.Terminate(
          new Integer(args[0])));
    gc.run();
  }
} /* Output:
Bing!
Thermostat on night setting
Light is on
Light is off
Greenhouse water is on
Greenhouse water is off
Thermostat on day setting
Restarting system
Terminating
*///:~
```
381

这个类的作用是初始化系统，所以它添加了所有相应的事件。**Restart**事件反复运行，而且它每次都会将**eventList**加载到**GreenhouseControls**对象中。如果提供了命令行参数，系统会以它作为毫秒数，决定什么时候终止程序（这是测试程序时使用的）。当然，更灵活的方法是避免对事件进行硬编码，取而代之的是从文件中读取需要的事件（第12章的练习会要求读者照此方法修改这个例子)。

这个例子应该使读者更了解内部类的价值了，特别是在控制框架中使用内部类的时候。在第18章中，读者将看到内部类如何优雅地描述图形用户界面的行为。到那时，读者应该就完全信服内部类的价值了。

练习24：(2) 在**GreenhouseControls.java**中增加一个**Event**内部类，用以打开、关闭风扇。配置**GreenhouseController.java**以使用这些新的**Event**对象。

练习25：(3) 在**GreenhouseControls.java**中继承**GreenhouseControls**，增加**Event**内部类，用以开启、关闭喷水机。写一个新版的**GreenhouseController.java**以使用这些新的**Event**对象。

10.9 内部类的继承

因为内部类的构造器必须连接到指向其外围类对象的引用，所以在继承内部类的时候，事情会变得有点复杂。问题在于，那个指向外围类对象的“秘密的”引用必须被初始化，而在导出类中不再存在可连接的默认对象。要解决这个问题，必须使用特殊的语法来明确说清它们之间的关联：

382

```
//: innerclasses/InheritInner.java
// Inheriting an inner class.

class WithInner {
  class Inner {}
}

public class InheritInner extends WithInner.Inner {
  //! InheritInner() {} // Won't compile
  InheritInner(WithInner wi) {
    wi.super();
  }
  public static void main(String[] args) {
    WithInner wi = new WithInner();
    InheritInner ii = new InheritInner(wi);
  }
} ///:~
```

可以看到，**InheritInner**只继承自内部类，而不是外围类。但是当要生成一个构造器时，默认的构造器并不算好，而且不能只是传递一个指向外围类对象的引用。此外，必须在构造器内使用如下语法：

```
enclosingClassReference.super();
```

这样才提供了必要的引用，然后程序才能编译通过。

练习26：(2) 创建一个包含内部类的类，此内部类有一个非默认的构造器（需要参数的构造器)。创建另一个也包含内部类的类，此内部类继承自第一个内部类。

10.10 内部类可以被覆盖吗

如果创建了一个内部类，然后继承其外围类并重新定义此内部类时，会发生什么呢？也就是说，内部类可以被覆盖吗？这看起来似乎是个很有用的思想，但是“覆盖”内部类就好像它是外围类的一个方法，其实并不起什么作用：

383

```
//: innerclasses/BigEgg.java
// An inner class cannot be overriden like a method.
import static net.mindview.util.Print.*;
class Egg {
  private Yolk y;
  protected class Yolk {
```

```
    public Yolk() { print("Egg.Yolk()"); }
  }
  public Egg() {
    print("New Egg()");
    y = new Yolk();
  }
}

public class BigEgg extends Egg {
  public class Yolk {
    public Yolk() { print("BigEgg.Yolk()"); }
  }
  public static void main(String[] args) {
    new BigEgg();
  }
} /* Output:
New Egg()
Egg.Yolk()
*///:~
```

默认的构造器是编译器自动生成的，这里是调用基类的默认构造器。你可能认为既然创建了**BigEgg**的对象，那么所使用的应该是“覆盖后”的**Yolk**版本，但从输出中可以看到实际情况并不是这样的。

这个例子说明，当继承了某个外围类的时候，内部类并没有发生什么特别神奇的变化。这两个内部类是完全独立的两个实体，各自在自己的命名空间内。当然，明确地继承某个内部类也是可以的：

```
//: innerclasses/BigEgg2.java
// Proper inheritance of an inner class.
import static net.mindview.util.Print.*;

class Egg2 {
  protected class Yolk {
    public Yolk() { print("Egg2.Yolk()"); }
    public void f() { print("Egg2.Yolk.f()");}
  }
  private Yolk y = new Yolk();
  public Egg2() { print("New Egg2()"); }
  public void insertYolk(Yolk yy) { y = yy; }
  public void g() { y.f(); }
}

public class BigEgg2 extends Egg2 {
  public class Yolk extends Egg2.Yolk {
    public Yolk() { print("BigEgg2.Yolk()"); }
    public void f() { print("BigEgg2.Yolk.f()"); }
  }
  public BigEgg2() { insertYolk(new Yolk()); }
  public static void main(String[] args) {
    Egg2 e2 = new BigEgg2();
    e2.g();
  }
} /* Output:
Egg2.Yolk()
New Egg2()
Egg2.Yolk()
BigEgg2.Yolk()
BigEgg2.Yolk.f()
*///:~
```

384

现在**BigEgg2.Yolk**通过**extends Egg2.Yolk**明确地继承了此内部类，并且覆盖了其中的方法。**insertYolk()**方法允许**BigEgg2**将它自己的**Yolk**对象向上转型为**Egg2**中的引用**y**。所以当**g()**调用**y.f()**时，覆盖后的新版的**f()**被执行。第二次调用**Egg2.Yolk()**，结果是**BigEgg2.Yolk**的构造器调用了其基类的构造器。可以看到在调用**g()**的时候，新版的**f()**被调用了。

10.11 局部内部类

前面提到过，可以在代码块里创建内部类，典型的方式是在一个方法体的里面创建。局部内部类不能有访问说明符，因为它不是外围类的一部分；但是它可以访问当前代码块内的常量，以及此外围类的所有成员。下面的例子对局部内部类与匿名内部类的创建进行了比较。

```
//: innerclasses/LocalInnerClass.java
// Holds a sequence of Objects.
import static net.mindview.util.Print.*;
```

385

```
interface Counter {
  int next();
}

public class LocalInnerClass {
  private int count = 0;
  Counter getCounter(final String name) {
    // A local inner class:
    class LocalCounter implements Counter {
      public LocalCounter() {
        // Local inner class can have a constructor
        print("LocalCounter()");
      }
      public int next() {
        printnb(name); // Access local final
        return count++;
      }
    }
    return new LocalCounter();
  }
  // The same thing with an anonymous inner class:
  Counter getCounter2(final String name) {
    return new Counter() {
      // Anonymous inner class cannot have a named
      // constructor, only an instance initializer:
      {
        print("Counter()");
      }
      public int next() {
        printnb(name); // Access local final
        return count++;
      }
    };
  }
  public static void main(String[] args) {
    LocalInnerClass lic = new LocalInnerClass();
    Counter
      c1 = lic.getCounter("Local inner "),
      c2 = lic.getCounter2("Anonymous inner ");
    for(int i = 0; i < 5; i++)
      print(c1.next());
    for(int i = 0; i < 5; i++)
      print(c2.next());
  }
```

386

```
} /* Output:
LocalCounter()
Counter()
Local inner 0
Local inner 1
Local inner 2
Local inner 3
Local inner 4
```

```
Anonymous inner 5
Anonymous inner 6
Anonymous inner 7
Anonymous inner 8
Anonymous inner 9
*///:~
```

Counter返回的是序列中的下一个值。我们分别使用局部内部类和匿名内部类实现了这个功能，它们具有相同的行为和能力。既然局部内部类的名字在方法外是不可见的，那为什么我们仍然使用局部内部类而不是匿名内部类呢？唯一的理由是，我们需要一个已命名的构造器，或者需要重载构造器，而匿名内部类只能用于实例初始化。

所以使用局部内部类而不使用匿名内部类的另一个理由就是，需要不止一个该内部类的对象。

10.12 内部类标识符

由于每个类都会产生一个**.class**文件，其中包含了如何创建该类型的对象的全部信息（此信息产生一个"meta-class"，叫做**Class**对象），你可能猜到了，内部类也必须生成一个**.class**文件以包含它们的**Class**对象信息。这些类文件的命名有严格的规则：外围类的名字，加上"**$**"，再加上内部类的名字。例如，**LocalInnerClass.java**生成的**.class**文件包括：

```
Counter.class
LocalInnerClass$1.class
LocalInnerClass$1LocalCounter.class
LocalInnerClass.class
```

如果内部类是匿名的，编译器会简单地产生一个数字作为其标识符。如果内部类是嵌套在别的内部类之中，只需直接将它们的名字加在其外围类标识符与"**$**"的后面。 387

虽然这种命名格式简单而直接，但它还是很健壮的，足以应对绝大多数情况[⊖]。因为这是Java的标准命名方式，所以产生的文件自动都是平台无关的。（注意，为了保证你的内部类能起作用，Java编译器会尽可能地转换它们。）

10.13 总结

比起面向对象编程中其他的概念来，接口和内部类更深奥复杂；比如C++就没有这些。将两者结合起来，同样能够解决C++中的用多重继承所能解决的问题。然而，多重继承在C++中被证明是相当难以使用的，相比较而言，Java的接口和内部类就容易理解多了。

虽然这些特性本身是相当直观的，但是就像多态机制一样，这些特性的使用应该是设计阶段考虑的问题。随着时间的推移，读者将能够更好地识别什么情况下应该使用接口，什么情况使用内部类，或者两者同时使用。但此时，读者至少应该已经完全理解了它们的语法和语义。当见到这些语言特性实际应用时，就最终理解它们了。

所选习题的答案都可以在名为The Thinking in Java Annotated Solution Guide的电子文档中找到，读者可以从https://www.mindviewllc.com购买此文档。 388

⊖ 而另一方面，对于Unix shell而言，"$"是一个元字符，所以在列出**.class**文件的时候，有时会有问题。这对于基于Unix的Sun公司而言，真是有点奇怪。我猜这是因为他们没有考虑这个问题，他们认为你自然是应该专注于源码文件的。

第11章 持有对象

如果一个程序只包含固定数量的且其生命期都是已知的对象，那么这是一个非常简单的程序。

通常，程序总是根据运行时才知道的某些条件去创建新对象。在此之前，不会知道所需对象的数量，甚至不知道确切的类型。为解决这个普遍的编程问题，需要在任意时刻和任意位置创建任意数量的对象。所以，就不能依靠创建命名的引用来持有每一个对象：

```
MyType aReference;
```

因为你不知道实际上会需要多少这样的引用。

大多数语言都提供某种方法来解决这个基本问题。Java 有多种方式保存对象（应该说是对象的引用）。例如前面曾经学习过的数组，它是编译器支持的类型。数组是保存一组对象的最有效的方式，如果你想保存一组基本类型数据，也推荐使用这种方式。但是数组具有固定的尺寸，而在更一般的情况中，你在写程序时并不知道将需要多少个对象，或者是否需要更复杂的方式来存储对象，因此数组尺寸固定这一限制显得过于受限了。

Java 实用类库还提供了一套相当完整的容器类来解决这个问题，其中基本的类型是**List**、**Set**、**Queue**和**Map**。这些对象类型也称为*集合类*，但由于Java 的类库中使用了**Collection**这个名字来指代该类库的一个特殊子集，所以我使用了范围更广的术语“容器”称呼它们。容器提供

389 了完善的方法来保存对象，你可以使用这些工具来解决数量惊人的问题。

容器还有其他一些特性。例如，**Set**对于每个值都只保存一个对象，**Map**是允许你将某些对象与其他一些对象关联起来的*关联数组*，Java容器类都可以自动地调整自己的尺寸。因此，与数组不同，在编程时，你可以将任意数量的对象放置到容器中，并且不需要担心容器应该设置为多大。

即使在Java中没有直接的关键字支持[⊖]，容器类仍旧是可以显著增强你的编程能力的基本工具。在本章中，你将了解有关Java容器类库的基本知识，以及对典型用法的重点介绍。我们聚焦于你在日复一日的编程工作中将会用到的那些容器。稍后，在第17章，还将学习到剩余的那些容器，以及有关它们的功能和如何使用它们的更多细节。

11.1 泛型和类型安全的容器

使用Java SE5之前的容器的一个主要问题就是编译器允许你向容器中插入不正确的类型。例如，考虑一个**Apple**对象的容器，我们使用最基本最可靠的容器**ArrayList**。现在，你可以把**ArrayList**当作“可以自动扩充自身尺寸的数组”来看待。使用**ArrayList**相当简单：创建一个实例，用**add()**插入对象；然后用**get()**访问这些对象，此时需要使用索引，就像数组一样，但是不需要方括号[⊜]。**ArrayList**还有一个**size()**方法，使你可以知道已经有多少元素添加了进来，从而不会不小心因索引越界而引发错误（通过抛出*运行时异常*，异常将在第12章介绍）。

在本例中，**Apple**和**Orange**都放置在了容器中，然后将它们取出。正常情况下，Java编译器

⊖ 许多语言，例如Perl、Python和Ruby，都有容器的本地支持。

⊜ 这里是操作符重载的用武之地，C++和C#的容器类都使用操作符重载生成了更简洁的语法。

会报告警告信息，因为这个示例没有使用泛型。在这里，我们使用Java SE5所特有的注解来抑制了警告信息。注解以“@”符号开头，可以接受参数，这里的@SuppressWarnings注解及其参数表示只有有关“不受检查的异常”的警告信息应该被抑制： 390

```
//: holding/ApplesAndOrangesWithoutGenerics.java
// Simple container example (produces compiler warnings).
// {ThrowsException}
import java.util.*;

class Apple {
  private static long counter;
  private final long id = counter++;
  public long id() { return id; }
}

class Orange {}

public class ApplesAndOrangesWithoutGenerics {
  @SuppressWarnings("unchecked")
  public static void main(String[] args) {
    ArrayList apples = new ArrayList();
    for(int i = 0; i < 3; i++)
      apples.add(new Apple());
    // Not prevented from adding an Orange to apples:
    apples.add(new Orange());
    for(int i = 0; i < apples.size(); i++)
      ((Apple)apples.get(i)).id();
      // Orange is detected only at run time
  }
} /* (Execute to see output) *///:~
```

在第20章中将会更多地学习有关Java SE5的注解。

Apple和**Orange**类是有区别的，它们除了都是**Object**之外没有任何共性（记住，如果一个类没有显式地声明继承自哪个类，那么它自动地继承自**Object**）。因为**ArrayList**保存的是**Object**，因此你不仅可以通过**ArrayList**的**add()**方法将**Apple**对象放进这个容器，还可以添加**Orange**对象，而且无论在编译期还是运行时都不会有问题。当你在使用**ArrayList**的**get()**方法来取出你认为是**Apple**的对象时，你得到的只是**Object**引用，必须将其转型为**Apple**，因此，需要将整个表达式括起来，在调用**Apple**的**id()**方法之前，强制执行转型。否则，你就会得到语法错误。在运行时，当你试图将**Orange**对象转型为**Apple**时，你就会以前面提及的异常的形式得到一个错误。 391

在第15章中，你将会了解到，使用Java泛型来创建类会非常复杂。但是，应用预定义的泛型通常会很简单。例如，要想定义用来保存**Apple**对象的**ArrayList**，你可以声明**ArrayList<Apple>**，而不仅仅只是**ArrayList**，其中尖括号括起来的是*类型参数*（可以有多个），它指定了这个容器实例可以保存的类型。通过使用泛型，就可以在*编译期*防止将错误类型的对象放置到容器中[⊖]。下面还是这个示例，但是使用了泛型：

```
//: holding/ApplesAndOrangesWithGenerics.java
import java.util.*;

public class ApplesAndOrangesWithGenerics {
  public static void main(String[] args) {
    ArrayList<Apple> apples = new ArrayList<Apple>();
    for(int i = 0; i < 3; i++)
      apples.add(new Apple());
    // Compile-time error:
```

⊖ 在第15章的末尾，你会发现有关这个问题是否很严重的讨论。但是，第15章还将展示Java泛型远不止类型安全的容器这么简单。

```
    // apples.add(new Orange());
    for(int i = 0; i < apples.size(); i++)
      System.out.println(apples.get(i).id());
    // Using foreach:
    for(Apple c : apples)
      System.out.println(c.id());
  }
} /* Output:
0
1
2
0
1
2
*///:~
```

392 现在，编译器可以阻止你将**Orange**放置到**apples**中，因此它变成了一个编译期错误，而不再是运行时错误。

你还应该注意到，在将元素从**List**中取出时，类型转换也不再是必需的了。因为**List**知道它保存的是什么类型，因此它会在调用**get()**时替你执行转型。这样，通过使用泛型，你不仅知道编译器将会检查你放置到容器中的对象类型，而且在使用容器中的对象时，可以使用更加清晰的语法。

这个实例还表明，如果不需要使用每个元素的索引，你可以使用foreach语法来选择**List**中的每个元素。

当你指定了某个类型作为泛型参数时，你并不仅限于只能将该确切类型的对象放置到容器中。向上转型也可以像作用于其他类型一样作用于泛型：

```
//: holding/GenericsAndUpcasting.java
import java.util.*;

class GrannySmith extends Apple {}
class Gala extends Apple {}
class Fuji extends Apple {}
class Braeburn extends Apple {}

public class GenericsAndUpcasting {
  public static void main(String[] args) {
    ArrayList<Apple> apples = new ArrayList<Apple>();
    apples.add(new GrannySmith());
    apples.add(new Gala());
    apples.add(new Fuji());
    apples.add(new Braeburn());
    for(Apple c : apples)
      System.out.println(c);
  }
} /* Output: (Sample)
GrannySmith@7d772e
Gala@11b86e7
Fuji@35ce36
Braeburn@757aef
*///:~
```

393 因此，你可以将**Apple**的子类型添加到被指定为保存**Apple**对象的容器中。

程序的输出是从**Object**默认的**toString()**方法产生的，该方法将打印类名，后面跟随该对象的散列码的无符号十六进制表示（这个散列码是通过**hashCode()**方法产生的）。你将在第17章中了解有关散列码的内容。

练习1：(2) 创建一个新类**Gerbil**（沙鼠），包含**int gerbilNumber**，在构造器中初始化它（类似于本章的**Mouse**示例）。添加一个方法**hop()**，用以打印沙鼠的号码以及它正在跳跃的信息。

创建一个**ArrayList**，并向其中添加一串**Gerbil**对象。使用**get()**遍历**List**，并且对每个**Gerbil**调用**hop()**。

11.2 基本概念

Java 容器类类库的用途是“保存对象”，并将其划分为两个不同的概念：

1) **Collection**。一个独立元素的序列，这些元素都服从一条或多条规则。**List** 必须按照插入的顺序保存元素，而Set不能有重复元素。**Queue**按照排队规则来确定对象产生的顺序(通常与它们被插入的顺序相同)。

2) **Map**。一组成对的“键值对”对象，允许你使用键来查找值。**ArrayList**允许你使用数字来查找值，因此在某种意义上讲，它将数字与对象关联在了一起。映射表允许我们使用另一个对象来查找某个对象，它也被称为“关联数组”，因为它将某些对象与另外一些对象关联在了一起；或者被称为“字典”，因为你可以使用键对象来查找值对象，就像在字典中使用单词来定义一样。**Map**是强大的编程工具。

尽管并非总是这样，但是在理想情况下，你编写的大部分代码都是在与这些接口打交道，并且你唯一需要指定所使用的精确类型的地方就是在创建的时候。因此，你可以像下面这样创建一个**List**：

```
List<Apple> apples = new ArrayList<Apple>();
```

注意，**ArrayList**已经被向上转型为**List**，这与前一个示例中的处理方式正好相反。使用接口的目的在于如果你决定去修改你的实现，你所需的只是在创建出修改它，就像下面这样： 394

```
List<Apple> apples = new LinkedList<Apple>();
```

因此，你应该创建一个具体类的对象，将其转型为对应的接口，然后在其余的代码中都使用这个接口。

这种方式并非总能奏效，因为某些类具有额外的功能，例如，**LinkedList**具有在**List**接口中未包含的额外方法，而**TreeMap**也具有在**Map**接口中未包含的方法。如果你需要使用这些方法，就不能将它们向上转型为更通用的接口。

Collection接口概括了序列的概念——一种存放一组对象的方式。下面这个简单的示例用**Integer**对象填充了一个**Collection**（这里用**ArrayList**表示），然后打印所产生的容器中的所有元素：

```
//: holding/SimpleCollection.java
import java.util.*;

public class SimpleCollection {
  public static void main(String[] args) {
    Collection<Integer> c = new ArrayList<Integer>();
    for(int i = 0; i < 10; i++)
      c.add(i); // Autoboxing
    for(Integer i : c)
      System.out.print(i + ", ");
  }
} /* Output:
0, 1, 2, 3, 4, 5, 6, 7, 8, 9,
*///:~
```

因为这个示例只使用了**Collection**方法，因此任何继承自**Collection**的类的对象都可以正常工作，但是**ArrayList**是最基本的序列类型。

add()方法的名称就表明它是要将一个新元素放置到**Collection**中。但是，文档中非常仔细地叙述到：“要确保这个**Collection**包含指定的元素。”这是因为考虑到了**Set**的含义，因为在**Set**中

395 只有元素不存在的情况下才会添加。在使用**ArrayList**，或者任何种类的**List**时，**add()**总是表示“把它放进去”，因为**List**不关心是否存在重复。

所有的**Collection**都可以用foreach语法遍历，就像这里所展示的。在本章的后续部分，你将会学习到被称为“迭代器”的更灵活的概念。

练习2：(1) 修改**SimpleCollection.java**，使用**Set**来表示**c**。

练习3：(2) 修改**innerclasses/Sequence.java**，使你可以向其中添加任意数量的元素。

11.3 添加一组元素

在**java.util**包中的**Arrays**和**Collections**类中都有很多实用方法，可以在一个**Collection**中添加一组元素。**Arrays.asList()**方法接受一个数组或是一个用逗号分隔的元素列表（使用可变参数），并将其转换为一个**List**对象。**Collections.addAll()**方法接受一个**Collection**对象，以及一个数组或是一个用逗号分割的列表，将元素添加到**Collection**中。下面的示例展示了这两个方法，以及更加传统的**addAll()**方法，所有**Collection**类型都包含该方法：

```
//: holding/AddingGroups.java
// Adding groups of elements to Collection objects.
import java.util.*;

public class AddingGroups {
  public static void main(String[] args) {
    Collection<Integer> collection =
      new ArrayList<Integer>(Arrays.asList(1, 2, 3, 4, 5));
    Integer[] moreInts = { 6, 7, 8, 9, 10 };
    collection.addAll(Arrays.asList(moreInts));
    // Runs significantly faster, but you can't
    // construct a Collection this way:
    Collections.addAll(collection, 11, 12, 13, 14, 15);
    Collections.addAll(collection, moreInts);
    // Produces a list "backed by" an array:
    List<Integer> list = Arrays.asList(16, 17, 18, 19, 20);
    list.set(1, 99); // OK -- modify an element
    // list.add(21); // Runtime error because the
                     // underlying array cannot be resized.
  }
396 } ///:~
```

Collection的构造器可以接受另一个**Collection**，用它来将自身初始化，因此你可以使用**Arrays.List()**来为这个构造器产生输入。但是，**Collection.addAll()**方法运行起来要快得多，而且构建一个不包含元素的**Collection**，然后调用**Collections.addAll()**这种方式很方便，因此它是首选方式。

Collection.addAll()成员方法只能接受另一个**Collection**对象作为参数，因此它不如**Arrays.asList()**或**Collections.addAll()**灵活，这两个方法使用的都是可变参数列表。

你也可以直接使用**Arrays.asList()**的输出，将其当作**List**，但是在这种情况下，其底层表示的是数组，因此不能调整尺寸。如果你试图用**add()**或**delete()**方法在这种列表中添加或删除元素，就有可能会引发去改变数组尺寸的尝试，因此你将在运行时获得“Unsupported Operation（不支持的操作）”错误。

Arrays.asList()方法的限制是它对所产生的**List**的类型做出了最理想的假设，而并没有注意你对它会赋予什么样的类型。有时这就会引发问题：

```
//: holding/AsListInference.java
// Arrays.asList() makes its best guess about type.
import java.util.*;
```

```
class Snow {}
class Powder extends Snow {}
class Light extends Powder {}
class Heavy extends Powder {}
class Crusty extends Snow {}
class Slush extends Snow {}

public class AsListInference {
  public static void main(String[] args) {
    List<Snow> snow1 = Arrays.asList(
      new Crusty(), new Slush(), new Powder());

    // Won't compile:
    // List<Snow> snow2 = Arrays.asList(
    //   new Light(), new Heavy());
    // Compiler says:
    // found   : java.util.List<Powder>
    // required: java.util.List<Snow>                                    397
    // Collections.addAll() doesn't get confused:
    List<Snow> snow3 = new ArrayList<Snow>();
    Collections.addAll(snow3, new Light(), new Heavy());

    // Give a hint using an
    // explicit type argument specification:
    List<Snow> snow4 = Arrays.<Snow>asList(
       new Light(), new Heavy());
  }
} ///:~
```

当试图创建**snow2**时，**Arrays.asList()**中只有**Powder**类型，因此它会创建**List<Powder>**而不是**List<Snow>**，尽管**Collections.addAll()**工作的很好，因为它从第一个参数中了解到了目标类型是什么。

正如你从创建**snow4**的操作中所看到的，可以在**Arrays.asList()**中间插入一条“线索”，以告诉编译器对于由**Arrays.asList()**产生的**List**类型，实际的目标类型应该是什么。这称为*显式类型参数说明*。

正如你所见，**Map**更加复杂，并且除了用另一个**Map**之外，Java标准类库没有提供其他任何自动初始化它们的方式。

11.4 容器的打印

你必须使用**Arrays.toString()**来产生数组的可打印表示，但是打印容器无需任何帮助。下面是一个例子，这个例子中也介绍了一些基本类型的容器：

```
//: holding/PrintingContainers.java
// Containers print themselves automatically.
import java.util.*;
import static net.mindview.util.Print.*;

public class PrintingContainers {
  static Collection fill(Collection<String> collection) {
    collection.add("rat");
    collection.add("cat");
    collection.add("dog");
    collection.add("dog");
    return collection;
  }                                                                      398
  static Map fill(Map<String,String> map) {
    map.put("rat", "Fuzzy");
    map.put("cat", "Rags");
    map.put("dog", "Bosco");
```

```
    map.put("dog", "Spot");
    return map;
  }
  public static void main(String[] args) {
    print(fill(new ArrayList<String>()));
    print(fill(new LinkedList<String>()));
    print(fill(new HashSet<String>()));
    print(fill(new TreeSet<String>()));
    print(fill(new LinkedHashSet<String>()));
    print(fill(new HashMap<String,String>()));
    print(fill(new TreeMap<String,String>()));
    print(fill(new LinkedHashMap<String,String>()));
  }
} /* Output:
[rat, cat, dog, dog]
[rat, cat, dog, dog]
[dog, cat, rat]
[cat, dog, rat]
[rat, cat, dog]
{dog=Spot, cat=Rags, rat=Fuzzy}
{cat=Rags, dog=Spot, rat=Fuzzy}
{rat=Fuzzy, cat=Rags, dog=Spot}
*///:~
```

这里展示了Java容器类库中的两种主要类型，它们的区别在于容器中每个“槽”保存的元素个数。**Collection**在每个槽中只能保存一个元素。此类容器包括：**List**，它以特定的顺序保存一组元素；**Set**，元素不能重复；**Queue**，只允许在容器的一“端”插入对象，并从另外一“端”移除对象（对于本例来说，这只是另外一种观察序列的方式，因此并没有展示它）。**Map**在每个槽内保存了两个对象，即键和与之相关联的值。

查看输出会发现，默认的打印行为（使用容器提供的**toString()**方法）即可生成可读性很好的结果。**Collection**打印出来的内容用方括号括住，每个元素由逗号分隔。**Map**则用大括号括住，
399 键与值由等号联系（键在等号左边，值在右边）。

第一个**fill()**方法可以作用于所有类型的**Collection**，这些类型都实现了用来添加新元素的**add()**方法。

ArrayList和**LinkedList**都是**List**类型，从输出可以看出，它们都按照被插入的顺序保存元素。两者的不同之处不仅在于执行某些类型的操作时的性能，而且**LinkedList**包含的操作也多于**ArrayList**。这些将在本章后续部分更详细地讨论。

HashSet、**TreeSet**和**LinkedHashSet**都是**Set**类型，输出显示在**Set**中，每个相同的项只有保存一次，但是输出也显示了不同的**Set**实现存储元素的方式也不同。**HashSet**使用的是相当复杂的方式来存储元素的，这种方式将在第17章中介绍，此刻你只需要知道这种技术是最快的获取元素方式，因此，存储的顺序看起来并无实际意义（通常你只会关心某事物是否是某个**Set**的成员，而不会关心它在**Set**出现的顺序）。如果存储顺序很重要，那么可以使用**TreeSet**，它按照比较结果的升序保存对象；或者使用**LinkedHashSet**，它按照被添加的顺序保存对象。

Map（也被称为关联数组）使得你可以用键来查找对象，就像一个简单的数据库。键所关联的对象称为值。使用**Map**可以将美国州名与其首府联系起来，如果想知道Ohio的首府，可以将Ohio作为键进行查找，几乎就像使用数组下标一样。正由于这种行为，对于每一个键，**Map**只接受存储一次。

Map.put(key,value)方法将增加一个值（你想要增加的对象），并将它与某个键（你用来查找这个值的对象）关联起来。**Map.get(key)**方法将产生与这个键相关联的值。上面的示例只添加了键-值对，并没有执行查找，这将在稍后展示。

注意，你不必指定（或考虑）**Map**的尺寸，因为它自己会自动地调整尺寸。**Map**还知道如

何打印自己，它会显示相关联的键和值。键和值在**Map**中的保存顺序并不是它们的插入顺序，因为**HashMap**实现使用的是一种非常快的算法来控制顺序。 400

本例使用了三种基本风格的**Map**：**HashMap**、**TreeMap**和**LinkedHashMap**。与**HashSet**一样，**HashMap**也提供了最快的查找技术，也没有按照任何明显的顺序来保存其元素。**TreeMap**按照比较结果的升序保存键，而**LinkedHashMap**则按照插入顺序保存键，同时还保留了**HashMap**的查询速度。

练习4：(3) 创建一个生成器类，它可以在每次调用其**next()**方法时，产生你由你最喜欢的电影（你可以使用Snow White或Star Wars）的字符构成的名字（作为**String**对象）。在字符列表中的电影名用完之后，循环到这个字符列表的开始处。使用这个生成器来填充数组、**ArrayList**、**LinkedList**、**HashSet**、**LinkedHashSet**和**TreeSet**，然后打印每一个容器。

11.5 List

List承诺可以将元素维护在特定的序列中。**List**接口在**Collection**的基础上添加了大量的方法，使得可以在**List**的中间插入和移除元素。

有两种类型的**List**：

- 基本的**ArrayList**，它长于随机访问元素，但是在**List**的中间插入和移除元素时较慢。
- **LinkedList**，它通过代价较低的在**List**中间进行的插入和删除操作，提供了优化的顺序访问。**LinkedList**在随机访问方面相对比较慢，但是它的特性集较**ArrayList**更大。

下面的示例通过导入**typeinfo.pets**，超前使用了第14章中的类库。这个类库包含了**Pet**类的继承层次结构，以及用于随机生成**Pet**对象的一些工具类。此时，你还不需要了解这个类库的全部内容，而只需要知道两点：(1)有一个**Pet**类，以及**Pet**的各种子类型；(2)静态的**Pets.arrayList()**方法将返回一个填充了随机选取的**Pet**对象的**ArrayList**：

```
//: holding/ListFeatures.java
import typeinfo.pets.*;
import java.util.*;
import static net.mindview.util.Print.*;
public class ListFeatures {
  public static void main(String[] args) {
    Random rand = new Random(47);
    List<Pet> pets = Pets.arrayList(7);
    print("1: " + pets);
    Hamster h = new Hamster();
    pets.add(h); // Automatically resizes
    print("2: " + pets);
    print("3: " + pets.contains(h));
    pets.remove(h); // Remove by object
    Pet p = pets.get(2);
    print("4: " +  p + " " + pets.indexOf(p));
    Pet cymric = new Cymric();
    print("5: " + pets.indexOf(cymric));
    print("6: " + pets.remove(cymric));
    // Must be the exact object:
    print("7: " + pets.remove(p));
    print("8: " + pets);
    pets.add(3, new Mouse()); // Insert at an index
    print("9: " + pets);
    List<Pet> sub = pets.subList(1, 4);
    print("subList: " + sub);
    print("10: " + pets.containsAll(sub));
    Collections.sort(sub); // In-place sort
    print("sorted subList: " + sub);
    // Order is not important in containsAll():
```
401

```
      print("11: " + pets.containsAll(sub));
      Collections.shuffle(sub, rand); // Mix it up
      print("shuffled subList: " + sub);
      print("12: " + pets.containsAll(sub));
      List<Pet> copy = new ArrayList<Pet>(pets);
      sub = Arrays.asList(pets.get(1), pets.get(4));
      print("sub: " + sub);
      copy.retainAll(sub);
      print("13: " + copy);
      copy = new ArrayList<Pet>(pets); // Get a fresh copy
      copy.remove(2); // Remove by index
      print("14: " + copy);
      copy.removeAll(sub); // Only removes exact objects
      print("15: " + copy);
      copy.set(1, new Mouse()); // Replace an element
      print("16: " + copy);
402   copy.addAll(2, sub); // Insert a list in the middle
      print("17: " + copy);
      print("18: " + pets.isEmpty());
      pets.clear(); // Remove all elements
      print("19: " + pets);
      print("20: " + pets.isEmpty());
      pets.addAll(Pets.arrayList(4));
      print("21: " + pets);
      Object[] o = pets.toArray();
      print("22: " + o[3]);
      Pet[] pa = pets.toArray(new Pet[0]);
      print("23: " + pa[3].id());
    }
} /* Output:
1: [Rat, Manx, Cymric, Mutt, Pug, Cymric, Pug]
2: [Rat, Manx, Cymric, Mutt, Pug, Cymric, Pug, Hamster]
3: true
4: Cymric 2
5: -1
6: false
7: true
8: [Rat, Manx, Mutt, Pug, Cymric, Pug]
9: [Rat, Manx, Mutt, Mouse, Pug, Cymric, Pug]
subList: [Manx, Mutt, Mouse]
10: true
sorted subList: [Manx, Mouse, Mutt]
11: true
shuffled subList: [Mouse, Manx, Mutt]
12: true
sub: [Mouse, Pug]
13: [Mouse, Pug]
14: [Rat, Mouse, Mutt, Pug, Cymric, Pug]
15: [Rat, Mutt, Cymric, Pug]
16: [Rat, Mouse, Cymric, Pug]
17: [Rat, Mouse, Mouse, Pug, Cymric, Pug]
18: false
19: []
20: true
21: [Manx, Cymric, Rat, EgyptianMau]
22: EgyptianMau
23: 14
*///:~
```

打印行都编了号，因此输出可以与源码相关。第一行输出展示了最初的由**Pet**构成的**List**。
403 与数组不同，**List**允许在它被创建之后添加元素、移除元素，或者自我调整尺寸。这正是它的重要价值所在：一种可修改的序列。你可以在输出行2中看到添加一个**Hamster**的结果，即对象被追加到了表尾。

你可以用**contains()**方法来确定某个对象是否在列表中。如果你想移除一个对象，则可以将这个对象的引用传递给**remove()**方法。同样，如果你有一个对象的引用，则可以使用**indexOf()**来发现该对象在**List**中所处位置的索引编号，就像你在输出行4中所见一样。

当确定一个元素是否属于某个**List**，发现某个元素的索引，以及从某个**List**中移除一个元素时，都会用到**equals()**方法（它是根类**Object**的一部分）。每个**Pet**都被定义为唯一的对象，因此即使在列表中已经有两个**Cymric**，如果我再新创建一个**Cymric**，并把它传递给**indexOf()**方法，其结果仍会是-1（表示未找到它），而且尝试调用**remove()**方法来删除这个对象，也会返回**false**。对于其他的类，**equals()**的定义可能有所不同。例如，两个**String**只有在内容完全一样的情况下才会是等价的。因此为了防止意外，就必须意识到**List**的行为根据**equals()**的行为而有所变化。

在输出行7和8中，展示了对精确匹配**List**中某个对象的对象进行移除是成功的。

在**List**中间插入元素是可行的，就像你在输出行9和它前面的代码中所看到的一样。但是这带来了一个问题：对于**LinkedList**，在列表中间插入和删除都是廉价操作（在本例中，除了对列表中间进行的真正的随机访问），但是对于**ArrayList**，这可是代价高昂的操作。这是否意味着你应该永远都不要在**ArrayList**的中间插入元素，并最好是切换到**LinkedList**？不，这仅仅意味着，你应该意识到这个问题，如果你开始在某个**ArrayList**的中间执行很多插入操作，并且你的程序开始变慢，那么你应该看看你的**List**实现有可能就是罪魁祸首（发现此类瓶颈的最佳方式是使用仿真器，就像你在http://MindView.net/Books/BetterJava上的补充材料中所看到的一样）。优化是一个很棘手的问题，最好的策略就是置之不顾，直到你发现需要担心它了（尽管理解这些问题总是一种好的思路）。 404

subList()方法允许你很容易地从较大的列表中创建出一个片断，而将其结果传递给这个较大的列表的**containsAll()**方法时，很自然地会得到**true**。还有一点也很有趣，那就是我们注意到顺序并不重要，你可以在输出行11和12中看到，在**sub**上调用名字很直观的**Collections.sort()**和**Collection.shuffle()**方法，不会影响**containsAll()**的结果。**subList()**所产生的列表的幕后就是初始列表，因此，对所返回的列表的修改都会反映到初始列表中，反之亦然。

retainAll()方法是一种有效的"交集"操作，在本例中，它保留了所有同时在**copy**与**sub**中的元素。请再次注意，所产生的行为依赖于**equals()**方法。

输出行14展示了用元素的索引值来移除元素的结果。与通过对象引用来移除相比，它显得更加直观，因为在使用索引值时，不必担心**equals()**的行为。

removeAll()方法的行为也是基于**equals()**方法的。就像其名称所表示的，它将从**List**中移除在参数**List**中的所有元素。

set()方法的命名显得很不合时宜，因为它与**Set**类存在潜在的冲突。在此处，replace可能会显得更适合，因为它的功能是在指定的索引处（第一个参数），用第二个参数替换整个位置的元素。

输出行17表明，对于**List**，有一个重载的**addAll()**方法使得我们可以在初始**List**的中间插入新的列表，而不仅仅只能用**Collection**中的**addAll()**方法将其追加到表尾。

输出行18-20展示了**isEmpty()**和**clear()**方法的效果。

输出行22-23展示了你可以如何通过使用**toArray()**方法，将任意的**Collection**转换为一个数组。这是一个重载方法，其无参数版本返回的是**Object**数组，但是如果你向这个重载版本传递目标类型的数据，那么它将产生指定类型的数据（假设它能通过类型检查）。如果参数数组太小，存放不下**List**中的所有元素（就像本例一样），**toArray()**方法将创建一个具有合适尺寸的数组。**Pet**对象具有一个**id()**方法，如你所见，可以在所产生的数组中的对象上调用这个方法。 405

练习5：(3) 修改**ListFeatures.java**，让它使用**Integer**（记住自动包装机制！）而不是**Pet**，并解释在结果上有何不同。

练习6：(2) 修改**ListFeatures.java**，让它使用**String**而不是**Pet**，并解释在结果上有何不同。

练习7：(3) 创建一个类，然后创建一个用你的类的对象进行过初始化的数组。通过使用**subList()**方法，创建你的**List**的子集，然后在你的**List**中移除这个子集。

11.6 迭代器

任何容器类，都必须有某种方式可以插入元素并将它们再次取回。毕竟，持有事物是容器最基本的工作。对于**List**，**add()**是插入元素的方法之一，而**get()**是取出元素的方法之一。

如果从更高层的角度思考，会发现这里有个缺点：要使用容器，必须对容器的确切类型编程。初看起来这没什么不好，但是考虑下面的情况：如果原本是对着**List**编码的，但是后来发现如果能够把相同的代码应用于**Set**，将会显得非常方便，此时应该怎么做？或者打算从头开始编写通用的代码，它们只是使用容器，不知道或者说不关心容器的类型，那么如何才能不重写代码就可以应用于不同类型的容器？

迭代器（也是一种设计模式）的概念可以用于达成此目的。迭代器是一个对象，它的工作是遍历并选择序列中的对象，而客户端程序员不必知道或关心该序列底层的结构。此外，迭代器通常被称为*轻量级对象*：创建它的代价小。因此，经常可以见到对迭代器有些奇怪的限制；例如，Java的**Iterator**只能单向移动，这个**Iterator**只能用来：

1) 使用方法**iterator()**要求容器返回一个**Iterator**。**Iterator**将准备好返回序列的第一个元素。

2) 使用**next()**获得序列中的下一个元素。

406 3) 使用**hasNext()**检查序列中是否还有元素。

4) 使用**remove()**将迭代器新近返回的元素删除。

为了观察它的工作方式，让我们再次使用在第14章中的**Pet**工具：

```
//: holding/SimpleIteration.java
import typeinfo.pets.*;
import java.util.*;

public class SimpleIteration {
  public static void main(String[] args) {
    List<Pet> pets = Pets.arrayList(12);
    Iterator<Pet> it = pets.iterator();
    while(it.hasNext()) {
      Pet p = it.next();
      System.out.print(p.id() + ":" + p + " ");
    }
    System.out.println();
    // A simpler approach, when possible:
    for(Pet p : pets)
      System.out.print(p.id() + ":" + p + " ");
    System.out.println();
    // An Iterator can also remove elements:
    it = pets.iterator();
    for(int i = 0; i < 6; i++) {
      it.next();
      it.remove();
    }
    System.out.println(pets);
  }
} /* Output:
0:Rat 1:Manx 2:Cymric 3:Mutt 4:Pug 5:Cymric 6:Pug 7:Manx
8:Cymric 9:Rat 10:EgyptianMau 11:Hamster
0:Rat 1:Manx 2:Cymric 3:Mutt 4:Pug 5:Cymric 6:Pug 7:Manx
8:Cymric 9:Rat 10:EgyptianMau 11:Hamster
[Pug, Manx, Cymric, Rat, EgyptianMau, Hamster]
*///:~
```

有了**Iterator**就不必为容器中元素的数量操心了，那是由**hasNext()**和**next()**关心的事情。

如果你只是向前遍历**List**，并不打算修改**List**对象本身，那么你可以看到**foreach**语法会显得更加简洁。 407

Iterator还可以移除由**next()**产生的最后一个元素，这意味着在调用**remove()**之前必须先调用**next()**[⊖]。

接受对象容器并传递它，从而在每个对象上都执行操作，这种思想十分强大，并且贯穿于本书。

现在考虑创建一个**display()**方法，它不必知晓容器的确切类型：

```
//: holding/CrossContainerIteration.java
import typeinfo.pets.*;
import java.util.*;

public class CrossContainerIteration {
  public static void display(Iterator<Pet> it) {
    while(it.hasNext()) {
      Pet p = it.next();
      System.out.print(p.id() + ":" + p + " ");
    }
    System.out.println();
  }
  public static void main(String[] args) {
    ArrayList<Pet> pets = Pets.arrayList(8);
    LinkedList<Pet> petsLL = new LinkedList<Pet>(pets);
    HashSet<Pet> petsHS = new HashSet<Pet>(pets);
    TreeSet<Pet> petsTS = new TreeSet<Pet>(pets);
    display(pets.iterator());
    display(petsLL.iterator());
    display(petsHS.iterator());
    display(petsTS.iterator());
  }
} /* Output:
0:Rat 1:Manx 2:Cymric 3:Mutt 4:Pug 5:Cymric 6:Pug 7:Manx
0:Rat 1:Manx 2:Cymric 3:Mutt 4:Pug 5:Cymric 6:Pug 7:Manx
4:Pug 6:Pug 3:Mutt 1:Manx 5:Cymric 7:Manx 2:Cymric 0:Rat
5:Cymric 2:Cymric 7:Manx 1:Manx 3:Mutt 6:Pug 4:Pug 0:Rat
*///:~
```

408

请注意，**display()**方法不包含任何有关它所遍历的序列的类型信息，而这也展示了**Iterator**的真正威力：能够将遍历序列的操作与序列底层的结构分离。正由于此，我们有时会说：迭代器统一了对容器的访问方式。

练习8：(1) 修改练习1，以便调用**hop()**时使用**Iterator**遍历**List**。

练习9：(4) 修改**innerclasses/Sequence.java**，使得在**Sequence**中，用**Iterator**取代**Selector**。

练习10：(2) 修改第8章中的练习9，使其使用一个**ArrayList**来存放**Rodents**，并使用一个**Iterator**来访问**Rodent**序列。

练习11：(2) 写一个方法，使用**Iterator**遍历**Collection**，并打印容器中每个对象的**toString()**。填充各种类型的**Collection**，然后对其使用此方法。

11.6.1 ListIterator

ListIterator是一个更加强大的**Iterator**的子类型，它只能用于各种**List**类的访问。尽管**Iterator**只能向前移动，但是**ListIterator**可以双向移动。它还可以产生相对于迭代器在列表中指

⊖ **remove()**是所谓的“可选”方法（还有一些其他的这种方法），即不是所有的**Iterator**实现都必须实现该方法。这个问题将在第17章中介绍。但是，标准Java类库实现了**remove()**，因此直至第17章之前，你都不用担心这个问题。

向的当前位置的前一个和后一个元素的索引，并且可以使用**set()**方法替换它访问过的最后一个元素。你可以通过调用**listIterator()**方法产生一个指向**List**开始处的**ListIterator**，并且还可以通过调用**listIterator(n)**方法创建一个一开始就指向列表索引为**n**的元素处的**ListIterator**。下面的示例演示了所有这些能力：

```
//: holding/ListIteration.java
import typeinfo.pets.*;
import java.util.*;

public class ListIteration {
  public static void main(String[] args) {
    List<Pet> pets = Pets.arrayList(8);
    ListIterator<Pet> it = pets.listIterator();
    while(it.hasNext())
      System.out.print(it.next() + ", " + it.nextIndex() +
409     ", " + it.previousIndex() + "; ");
    System.out.println();
    // Backwards:
    while(it.hasPrevious())
      System.out.print(it.previous().id() + " ");
    System.out.println();
    System.out.println(pets);
    it = pets.listIterator(3);
    while(it.hasNext()) {
      it.next();
      it.set(Pets.randomPet());
    }
    System.out.println(pets);
  }
} /* Output:
Rat, 1, 0; Manx, 2, 1; Cymric, 3, 2; Mutt, 4, 3; Pug, 5, 4;
Cymric, 6, 5; Pug, 7, 6; Manx, 8, 7;
7 6 5 4 3 2 1 0
[Rat, Manx, Cymric, Mutt, Pug, Cymric, Pug, Manx]
[Rat, Manx, Cymric, Cymric, Rat, EgyptianMau, Hamster,
EgyptianMau]
*///:~
```

Pet.randomPet()方法用来替换在列表中从位置3开始向前的所有**Pet**对象。

练习12：(3) 创建并组装一个**List<Integer>**，然后创建第二个具有相同尺寸的**List<Integer>**，并使用**ListIterator**读取第一个**List**中的元素，然后再将它们以反序插入到第二个列表中（你可能想探索该问题的各种不同的解决之道）。

11.7 LinkedList

LinkedList也像**ArrayList**一样实现了基本的**List**接口，但是它执行某些操作（在**List**的中间插入和移除）时比**ArrayList**更高效，但在随机访问操作方面却要逊色一些。

LinkedList还添加了可以使其用作栈、队列或双端队列的方法。

这些方法中有些彼此之间只是名称有些差异，或者只存在些许差异，以使得这些名字在特定用法的上下文环境中更加适用（特别是在**Queue**中）。例如，**getFirst()**和**element()**完全一样，
410 它们都返回列表的头（第一个元素），而并不移除它，如果**List**为空，则抛出**NoSuchElement-Exception**。**peek()**方法与这两个方式只是稍有差异，它在列表为空时返回**null**。

removeFirst()与**remove()**也是完全一样的，它们移除并返回列表的头，而在列表为空时抛出**NoSuchElementException**。**poll()**稍有差异，它在列表为空时返回**null**。

addFirst()与**add()**和**addLast()**相同，它们都将某个元素插入到列表的尾（端）部。

removeLast()移除并返回列表的最后一个元素。

下面的示例展示了这些特性之间基本的相同性和差异性，它重复地执行**ListFeatures.java**中所示的行为：

```
//: holding/LinkedListFeatures.java
import typeinfo.pets.*;
import java.util.*;
import static net.mindview.util.Print.*;

public class LinkedListFeatures {
  public static void main(String[] args) {
    LinkedList<Pet> pets =
      new LinkedList<Pet>(Pets.arrayList(5));
    print(pets);
    // Identical:
    print("pets.getFirst(): " + pets.getFirst());
    print("pets.element(): " + pets.element());
    // Only differs in empty-list behavior:
    print("pets.peek(): " + pets.peek());
    // Identical; remove and return the first element:
    print("pets.remove(): " + pets.remove());
    print("pets.removeFirst(): " + pets.removeFirst());
    // Only differs in empty-list behavior:
    print("pets.poll(): " + pets.poll());
    print(pets);
    pets.addFirst(new Rat());
    print("After addFirst(): " + pets);
    pets.offer(Pets.randomPet());
    print("After offer(): " + pets);
    pets.add(Pets.randomPet());
    print("After add(): " + pets);
    pets.addLast(new Hamster());
    print("After addLast(): " + pets);
    print("pets.removeLast(): " + pets.removeLast());
  }
} /* Output:
[Rat, Manx, Cymric, Mutt, Pug]
pets.getFirst(): Rat
pets.element(): Rat
pets.peek(): Rat
pets.remove(): Rat
pets.removeFirst(): Manx
pets.poll(): Cymric
[Mutt, Pug]
After addFirst(): [Rat, Mutt, Pug]
After offer(): [Rat, Mutt, Pug, Cymric]
After add(): [Rat, Mutt, Pug, Cymric, Pug]
After addLast(): [Rat, Mutt, Pug, Cymric, Pug, Hamster]
pets.removeLast(): Hamster
*///:~
```

411

Pets.arrayList()的结果交给了**LinkedList**的构造器，以便使用它来组装**LinkedList**。如果你浏览一下**Queue**接口就会发现，它在**LinkedList**的基础上添加了**element()**、**offer()**、**peek()**、**poll()**和**remove()**方法，以使其可以成为一个**Queue**的实现。**Queue**的完整示例将在本章稍后给出。

练习13：(3) 在**innerclasses/GreenhouseController.java**示例中，**Controller**类使用的是**ArrayList**，修改代码，用**LinkedList**替换之，并使用**Iterator**来循环遍历事件集。

练习14：(3) 创建一个空的**LinkedList<Integer>**，通过使用**ListIterator**，将若干个**Integer**插入这个**List**中，插入时，总是将它们插入到List的中间。

11.8 Stack

"栈"通常是指"后进先出"（LIFO）的容器。有时栈也被称为叠加栈，因为最后"压入"

栈的元素，第一个“弹出”栈。经常用来类比栈的事物是装有弹簧的储放器中的自助餐托盘，
412 最后装入的托盘总是最先拿出使用的。

LinkedList具有能够直接实现栈的所有功能的方法，因此可以直接将**LinkedList**作为栈使用。不过，有时一个真正的“栈”更能把事情讲清楚：

```
//: net/mindview/util/Stack.java
// Making a stack from a LinkedList.
package net.mindview.util;
import java.util.LinkedList;

public class Stack<T> {
  private LinkedList<T> storage = new LinkedList<T>();
  public void push(T v) { storage.addFirst(v); }
  public T peek() { return storage.getFirst(); }
  public T pop() { return storage.removeFirst(); }
  public boolean empty() { return storage.isEmpty(); }
  public String toString() { return storage.toString(); }
} ///:~
```

这里通过使用泛型，引入了在栈的类定义中最简单的可行示例。类名之后的**<T>**告诉编译器这将是一个参数化类型，而其中的类型参数，即在类被使用时将会被实际类型替换的参数，就是**T**。大体上，这个类是在声明“我们在定义一个可以持有**T**类型对象的**Stack**。”**Stack**是用**LinkedList**实现的，而**LinkedList**也被告知它将持有**T**类型对象。注意，**push()**接受的是**T**类型的对象，而**peek()**和**pop()**将返回**T**类型的对象。**peek()**方法将提供栈顶元素，但是并不将其从栈顶移除，而**pop()**将移除并返回栈顶元素。

如果你只需要栈的行为，这里使用继承就不合适了，因为这样会产生具有**LinkedList**的其他所有方法的类（就象你将在第17章中所看到的，**Java1.0**的设计者在创建**java.util.Stack**时，就犯了这个错误）。

下面演示了这个新的**Stack**类：

```
//: holding/StackTest.java
import net.mindview.util.*;

public class StackTest {
  public static void main(String[] args) {
    Stack<String> stack = new Stack<String>();
    for(String s : "My dog has fleas".split(" "))
413   stack.push(s);
    while(!stack.empty())
      System.out.print(stack.pop() + " ");
  }
} /* Output:
fleas has dog My
*///:~
```

如果你想在自己的代码中使用这个**Stack**类，当你在创建其实例时，就需要完整指定包名，或者更改这个类的名称；否则，就有可能与**java.util**包中的**Stack**发生冲突。例如，如果我们在上面的例子中导入**java.util.***，那么就必须使用包名以防止冲突：

```
//: holding/StackCollision.java
import net.mindview.util.*;

public class StackCollision {
  public static void main(String[] args) {
    net.mindview.util.Stack<String> stack =
      new net.mindview.util.Stack<String>();
    for(String s : "My dog has fleas".split(" "))
      stack.push(s);
```

```
      while(!stack.empty())
        System.out.print(stack.pop() + " ");
      System.out.println();
      java.util.Stack<String> stack2 =
        new java.util.Stack<String>();
      for(String s : "My dog has fleas".split(" "))
        stack2.push(s);
      while(!stack2.empty())
        System.out.print(stack2.pop() + " ");
    }
  } /* Output:
  fleas has dog My
  fleas has dog My
  *///:~
```

这两个**Stack**具有相同的接口，但是在**java.util**中没有任何公共的**Stack**接口，这可能是因为在**Java1.0**中的设计欠佳的最初的**java.util.Stack**类占用了这个名字。尽管已经有了**java.util.Stack**，但是**LinkedList**可以产生更好的**Stack**，因此**net.mindview.util.Stack**所采用的方式更是可取的。 414

你还可以通过显式的导入来控制对“首选”**Stack**实现的选择：

```
import net.mindview.util.Stack;
```

现在，任何对**Stack**的引用都将选择**net.mindview.util**版本，而在选择**java.util.Stack**时，必须使用全限定名称。

练习15：(4) 栈在编程语言中经常用来对表达式求值。请使用**net.mndview.util.Stack**对下面的表达式求值，其中“+”表示“将后面的字母压进栈”，而“-”表示“弹出栈顶字母并打印它”：

“+U+n+c---+e+r+t---+a-+i-+n+t+y---+-+r+u--+l+e+s---”

11.9 Set

Set不保存重复的元素（至于如何判断元素相同则较为复杂，稍后便会看到）。如果你试图将相同对象的多个实例添加到**Set**中，那么它就会阻止这种重复现象。**Set**中最常被使用的是测试归属性，你可以很容易地询问某个对象是否在某个**Set**中。正因如此，查找就成为了**Set**中最重要的操作，因此你通常都会选择一个**HashSet**的实现，它专门对快速查找进行了优化。

Set具有与**Collection**完全一样的接口，因此没有任何额外的功能，不像前面有两个不同的**List**。实际上**Set**就是**Collection**，只是行为不同。（这是继承与多态思想的典型应用：表现不同的行为。）**Set**是基于对象的值来确定归属性的，而更加复杂的问题我们将在第17章中介绍。

下面是使用存放**Integer**对象的**HashSet**的示例：

```
//: holding/SetOfInteger.java
import java.util.*;

public class SetOfInteger {
  public static void main(String[] args) {
    Random rand = new Random(47);
    Set<Integer> intset = new HashSet<Integer>();
    for(int i = 0; i < 10000; i++)
      intset.add(rand.nextInt(30));
    System.out.println(intset);
  }
} /* Output:
[15, 8, 23, 16, 7, 22, 9, 21, 6, 1, 29, 14, 24, 4, 19, 26,
11, 18, 3, 12, 27, 17, 2, 13, 28, 20, 25, 10, 5, 0]
*///:~
```

415

在0到29之间的10000个随机数被添加到了**Set**中，因此你可以想象，每一个数都重复了许多次。但是你可以看到，每一个数只有一个实例出现在结果中。

你还可以注意到，输出的顺序没有任何规律可循，这是因为出于速度原因的考虑，**HashSet**使用了散列——散列将在第17章中介绍。**HashSet**所维护的顺序与**TreeSet**或**LinkedHashSet**都不同，因为它们的实现具有不同的元素存储方式。**TreeSet**将元素存储在红-黑树数据结构中，而**HashSet**使用的是散列函数。**LinkedHashList**因为查询速度的原因也使用了散列，但是看起来它使用了链表来维护元素的插入顺序。

如果你想对结果排序，一种方式是使用**TreeSet**来代替**HashSet**：

```
//: holding/SortedSetOfInteger.java
import java.util.*;

public class SortedSetOfInteger {
  public static void main(String[] args) {
    Random rand = new Random(47);
    SortedSet<Integer> intset = new TreeSet<Integer>();
    for(int i = 0; i < 10000; i++)
      intset.add(rand.nextInt(30));
    System.out.println(intset);
  }
} /* Output:
[0, 1, 2, 3, 4, 5, 6, 7, 8, 9, 10, 11, 12, 13, 14, 15, 16,
17, 18, 19, 20, 21, 22, 23, 24, 25, 26, 27, 28, 29]
*///:~
```

你将会执行的最常见的操作之一，就是使用**contains()**测试**Set**的归属性，但是还有很多操作会让你想起在上小学时所教授的文氏图（译者注：用圆表示集与集之间关系的图）：

416

```
//: holding/SetOperations.java
import java.util.*;
import static net.mindview.util.Print.*;
public class SetOperations {
  public static void main(String[] args) {
    Set<String> set1 = new HashSet<String>();
    Collections.addAll(set1,
      "A B C D E F G H I J K L".split(" "));
    set1.add("M");
    print("H: " + set1.contains("H"));
    print("N: " + set1.contains("N"));
    Set<String> set2 = new HashSet<String>();
    Collections.addAll(set2, "H I J K L".split(" "));
    print("set2 in set1: " + set1.containsAll(set2));
    set1.remove("H");
    print("set1: " + set1);
    print("set2 in set1: " + set1.containsAll(set2));
    set1.removeAll(set2);
    print("set2 removed from set1: " + set1);
    Collections.addAll(set1, "X Y Z".split(" "));
    print("'X Y Z' added to set1: " + set1);
  }
} /* Output:
H: true
N: false
set2 in set1: true
set1: [D, K, C, B, L, G, I, M, A, F, J, E]
set2 in set1: false
set2 removed from set1: [D, C, B, G, M, A, F, E]
'X Y Z' added to set1: [Z, D, C, B, G, M, A, F, Y, X, E]
*///:~
```

这些方法名都是自解释型的，而有几个方法可以在JDK文档中找到。

能够产生每个元素都唯一的列表是相当有用的功能。例如，在你想要列出在上面的**SetOperations.java**文件中所有的单词的时候。通过使用本书稍后将要介绍的**net.mindview.TextFile**工具，可以打开一个文件，并将其读入一个**Set**中：

```
//: holding/UniqueWords.java
import java.util.*;
import net.mindview.util.*;

public class UniqueWords {
  public static void main(String[] args) {
    Set<String> words = new TreeSet<String>(          417
      new TextFile("SetOperations.java", "\\W+"));
    System.out.println(words);
  }
} /* Output:
[A, B, C, Collections, D, E, F, G, H, HashSet, I, J, K, L,
M, N, Output, Print, Set, SetOperations, String, X, Y, Z,
add, addAll, added, args, class, contains, containsAll,
false, from, holding, import, in, java, main, mindview,
net, new, print, public, remove, removeAll, removed, set1,
set2, split, static, to, true, util, void]
*///:~
```

TextFile继承自**List<String>**，其构造器将打开文件，并根据*正则表达式*“\\W+”将其断开为单词，这个正则表达式表示“一个或多个字母”（正则表达式将在第13章中介绍）。所产生的结果传递给了**TreeSet**的构造器，它将把**List**中的内容添加到自身中。由于它是**TreeSet**，因此其结果是排序的。在本例中，排序是按*字典序*进行的，因此大写和小写字母被划分到了不同的组中。如果你想要按照*字母序*排序，那么可以向**TreeSet**的构造器传入**String.CASE_INSENTIVE_ORDER**比较器（比较器就是建立排序顺序的对象）：

```
//: holding/UniqueWordsAlphabetic.java
// Producing an alphabetic listing.
import java.util.*;
import net.mindview.util.*;

public class UniqueWordsAlphabetic {
  public static void main(String[] args) {
    Set<String> words =
      new TreeSet<String>(String.CASE_INSENSITIVE_ORDER);
    words.addAll(
      new TextFile("SetOperations.java", "\\W+"));
    System.out.println(words);
  }
} /* Output:
[A, add, addAll, added, args, B, C, class, Collections,
contains, containsAll, D, E, F, false, from, G, H, HashSet,
holding, I, import, in, J, java, K, L, M, main, mindview,
N, net, new, Output, Print, public, remove, removeAll,
removed, Set, set1, set2, SetOperations, split, static,
String, to, true, util, void, X, Y, Z]          418
*///:~
```

Comparator比较器将在第16章详细介绍。

练习16：(5) 创建一个元音字母**Set**。对**UniqueWords.java**操作，计数并显示在每一个输入单词中的元音字母数量，并显示输入文件中的所有元音字母的数量总和。

11.10 Map

将对象映射到其他对象的能力是一种解决编程问题的杀手锏。例如，考虑一个程序，它将用来检查Java的**Random**类的随机性。理想状态下，**Random**可以将产生理想的数字分布，但要想测试它，则需要生成大量的随机数，并对落入各种不同范围的数字进行计数。**Map**可以很容易地解决该问题。在本例中，键是由**Random**产生的数字，而值是该数字出现的次数：

```
//: holding/Statistics.java
// Simple demonstration of HashMap.
import java.util.*;

public class Statistics {
  public static void main(String[] args) {
    Random rand = new Random(47);
    Map<Integer,Integer> m =
      new HashMap<Integer,Integer>();
    for(int i = 0; i < 10000; i++) {
      // Produce a number between 0 and 20:
      int r = rand.nextInt(20);
      Integer freq = m.get(r);
      m.put(r, freq == null ? 1 : freq + 1);
    }
    System.out.println(m);
  }
} /* Output:
{15=497, 4=481, 19=464, 8=468, 11=531, 16=533, 18=478,
3=508, 7=471, 12=521, 17=509, 2=489, 13=506, 9=549, 6=519,
1=502, 14=477, 10=513, 5=503, 0=481}
*///:~
```

在**main()**中，自动包装机制将随机生成的**int**转换为**HashMap**可以使用的**Integer**引用（不能
419 使用基本类型的容器）。如果键不在容器中，**get()**方法将返回**null**（这表示该数字第一次被找到）。否则，**get()**方法将产生与该键相关联的**Integer**值，然后这个值被递增（自动包装机制再次简化了表达式，但是确实发生了对**Integer**的包装和拆包）。

下面的示例允许你使用一个**String**描述来查找**Pet**，它还展示了你可以使用怎样的方法通过使用**containsKey()**和**containsValue()**来测试一个**Map**，以便查看它是否包含某个键或某个值。

```
//: holding/PetMap.java
import typeinfo.pets.*;
import java.util.*;
import static net.mindview.util.Print.*;

public class PetMap {
  public static void main(String[] args) {
    Map<String,Pet> petMap = new HashMap<String,Pet>();
    petMap.put("My Cat", new Cat("Molly"));
    petMap.put("My Dog", new Dog("Ginger"));
    petMap.put("My Hamster", new Hamster("Bosco"));
    print(petMap);
    Pet dog = petMap.get("My Dog");
    print(dog);
    print(petMap.containsKey("My Dog"));
    print(petMap.containsValue(dog));
  }
} /* Output:
{My Cat=Cat Molly, My Hamster=Hamster Bosco, My Dog=Dog
Ginger}
Dog Ginger
true
true
*///:~
```

Map与数组和其他的**Collection**一样，可以很容易地扩展到多维，而我们只需将其值设置为**Map**（这些**Map**的值可以是其他容器，甚至是其他**Map**）。因此，我们能够很容易地将容器组合起来从而快速地生成强大的数据结构。例如，假设你正在跟踪拥有多个宠物的人，你所需只是一个**Map<Person, List<Pet>>**：

```
//: holding/MapOfList.java
package holding;
```

420

```
import typeinfo.pets.*;
import java.util.*;
import static net.mindview.util.Print.*;

public class MapOfList {
  public static Map<Person, List<? extends Pet>>
    petPeople = new HashMap<Person, List<? extends Pet>>();
  static {
    petPeople.put(new Person("Dawn"),
      Arrays.asList(new Cymric("Molly"),new Mutt("Spot")));
    petPeople.put(new Person("Kate"),
      Arrays.asList(new Cat("Shackleton"),
        new Cat("Elsie May"), new Dog("Margrett")));
    petPeople.put(new Person("Marilyn"),
      Arrays.asList(
       new Pug("Louie aka Louis Snorkelstein Dupree"),
       new Cat("Stanford aka Stinky el Negro"),
       new Cat("Pinkola")));
    petPeople.put(new Person("Luke"),
      Arrays.asList(new Rat("Fuzzy"), new Rat("Fizzy")));
    petPeople.put(new Person("Isaac"),
      Arrays.asList(new Rat("Freckly")));
  }
  public static void main(String[] args) {
    print("People: " + petPeople.keySet());
    print("Pets: " + petPeople.values());
    for(Person person : petPeople.keySet()) {
      print(person + " has:");
      for(Pet pet : petPeople.get(person))
        print("    " + pet);
    }
  }
} /* Output:
People: [Person Luke, Person Marilyn, Person Isaac, Person
Dawn, Person Kate]
Pets: [[Rat Fuzzy, Rat Fizzy], [Pug Louie aka Louis
Snorkelstein Dupree, Cat Stanford aka Stinky el Negro, Cat
Pinkola], [Rat Freckly], [Cymric Molly, Mutt Spot], [Cat
Shackleton, Cat Elsie May, Dog Margrett]]
Person Luke has:
    Rat Fuzzy
    Rat Fizzy
Person Marilyn has:
    Pug Louie aka Louis Snorkelstein Dupree                421
    Cat Stanford aka Stinky el Negro
    Cat Pinkola
Person Isaac has:
    Rat Freckly
Person Dawn has:
    Cymric Molly
    Mutt Spot
Person Kate has:
    Cat Shackleton
    Cat Elsie May
    Dog Margrett
*///:~
```

Map可以返回它的键的**Set**，它的值的**Collection**，或者它的键值对的**Set**。**keySet()**方法产生了由在**petPeople**中的所有键组成的**Set**，它在foreach语句中被用来迭代遍历该**Map**。

练习17：(2) 使用练习1中的**Gerbil**类，将其放入**Map**中，将每个**Gerbil**的名字（例如Fuzzy或Spot）**String**（键）与每个**Gerbil**（值）关联起来。为**keySet()**获取**Iterator**，使用它遍历**Map**，针对每个“键”查询**Gerbil**，然后打印出“键”，并让**gerbil**执行**hop()**。

练习18：(3) 用键值对填充一个**HashMap**。打印结果，通过散列码来展示其排序。抽取这些键值对，按照键进行排序，并将结果置于一个**LinkedHashMap**中。展示其所维护的插入顺序。

练习19：(2) 使用**HashSet**和**LinkedHashSet**重复前一个练习。

练习20：(3) 修改练习16，使得你可以跟踪每一个元音字母出现的次数。

练习21：(3) 通过使用**Map<String.Integer>**，遵循**UniqueWords.java**的形式来创建一个程序，它可以对一个文件中出现的单词计数。使用带有第二个参数**String.CASE_INSENSITIVE_ORDER**的**Collections.sort()**方法对结果进行排序（将产生字母序），然后显示结果。

422 **练习22**：(5) 修改前一个练习，使其用一个包含有一个**String**域和一个计数域的类来存储每一个不同的单词，并使用一个由这些对象构成的**Set**来维护单词列表。

练习23：(4) 从**Statistics.java**开始，写一个程序，让它重复做测试，观察是否某个数字比别的数字出现的次数多。

练习24：(2) 使用**String**“键”和你选择的对象填充**LinkedHashMap**。然后从中提取键值对，以键排序，然后重新插入此**Map**。

练习25：(3) 创建一个**Map<String.ArrayList<Integer>>**，使用**net.mindview.TextFile**来打开一个文本文件，并一次读入一个单词（使用“\\W+”作为**TextFile**构造器的第二个参数）。在读入单词时对它们进行计数，并且对于文件中的每一个单词，都在**ArrayList<Integer>**中记录下与这个词相关联的单词计数。实际上，它记录的是该单词在文件中被发现的位置。

练习26：(4) 拿到前一个练习中所产生的**Map**，并按照它们在最初的文件中出现的顺序重新创建单词顺序。

11.11 Queue

队列是一个典型的先进先出（FIFO）的容器。即从容器的一端放入事物，从另一端取出，并且事物放入容器的顺序与取出的顺序是相同的。队列常被当作一种可靠的将对象从程序的某个区域传输到另一个区域的途径。队列在并发编程中特别重要，就像你将在第21章中所看到的，因为它们可以安全地将对象从一个任务传输给另一个任务。

LinkedList提供了方法以支持队列的行为，并且它实现了**Queue**接口，因此**LinkedList**可以用作**Queue**的一种实现。通过将**LinkedList**向上转型为**Queue**，下面的示例使用了在**Queue**接口中与**Queue**相关的方法：

```
//: holding/QueueDemo.java
// Upcasting to a Queue from a LinkedList.
import java.util.*;

public class QueueDemo {
  public static void printQ(Queue queue) {
    while(queue.peek() != null)
      System.out.print(queue.remove() + " ");
    System.out.println();
  }
423
  public static void main(String[] args) {
    Queue<Integer> queue = new LinkedList<Integer>();
    Random rand = new Random(47);
    for(int i = 0; i < 10; i++)
      queue.offer(rand.nextInt(i + 10));
    printQ(queue);
    Queue<Character> qc = new LinkedList<Character>();
    for(char c : "Brontosaurus".toCharArray())
      qc.offer(c);
    printQ(qc);
  }
} /* Output:
```

```
8 1 1 1 5 14 3 1 0 1
B r o n t o s a u r u s
*///:~
```

offer()方法是与**Queue**相关的方法之一，它在允许的情况下，将一个元素插入到队尾，或者返回**false**。**peek()**和**element()**都将在不移除的情况下返回队头，但是**peek()**方法在队列为空时返回**null**，而**element()**会抛出**NoSuchElementException**异常。**poll()**和**remove()**方法将移除并返回队头，但是**poll()**在队列为空时返回**null**，而**remove()**会抛出**NoSuchElementException**异常。

自动包装机制会自动地将**nextInt()**方法的**int**结果转换为**queue**所需的**Integer**对象，将**char c**转换为**qc**所需的**Character**对象。**Queue**接口窄化了对**LinkedList**的方法的访问权限，以使得只有恰当的方法才可以使用，因此，你能够访问的**LinkedList**的方法会变少（这里你实际上可以将**queue**转型回**LinkedList**，但是至少我们不鼓励这么做）。

注意，与Queue相关的方法提供了完整而独立的功能。即，对于**Queue**所继承的**Collection**，在不需要使用它的任何方法的情况下，就可以拥有一个可用的**Queue**。

练习27：(2) 写一个称为**Command**的类，它包含一个**String**域和一个显示该**String**的**operation()**方法。写第二个类，它具有一个使用**Command**对象来填充一个**Queue**并返回这个对象的方法。将填充后的**Queue**传递给第三个类的一个方法，该方法消耗掉**Queue**中的对象，并调用它们的**operation()**方法。 424

11.11.1 PriorityQueue

先进先出描述了最典型的*队列规则*。队列规则是指在给定一组队列中的元素的情况下，确定下一个弹出队列的元素的规则。先进先出声明的是下一个元素应该是等待时间最长的元素。

*优先级队列*声明下一个弹出元素是最需要的元素（具有最高的优先级）。例如，在飞机场，当飞机临近起飞时，这架飞机的乘客可以在办理登机手续时排到队头。如果构建了一个消息系统，某些消息比其他消息更重要，因而应该更快地得到处理，那么它们何时得到处理就与它们何时到达无关。**PriorityQueue**添加到Java SE5中，是为了提供这种行为的一种自动实现。

当你在**PriorityQueue**上调用**offer()**方法来插入一个对象时，这个对象会在队列中被排序[⊖]。默认的排序将使用对象在队列中的*自然顺序*，但是你可以通过提供自己的**Comparator**来修改这个顺序。**PriorityQueue**可以确保当你调用**peek()**、**poll()**和**remove()**方法时，获取的元素将是队列中优先级最高的元素。

让**PriorityQueue**与**Integer**、**String**和**Character**这样的内置类型一起工作易如反掌。在下面的示例中，第一个值集与前一个示例中的随机值相同，因此你可以看到它们从**PriorityQueue**中弹出的顺序与前一个示例不同：

```
//: holding/PriorityQueueDemo.java
import java.util.*;

public class PriorityQueueDemo {
  public static void main(String[] args) {
    PriorityQueue<Integer> priorityQueue =
      new PriorityQueue<Integer>();
    Random rand = new Random(47);
    for(int i = 0; i < 10; i++)
      priorityQueue.offer(rand.nextInt(i + 10));
    QueueDemo.printQ(priorityQueue);
```

425

⊖ 这实际上依赖于具体实现。优先级队列算法通常会在插入时排序（维护一个堆），但是它们也可能在移除时选择最重要的元素。如果对象的优先级在它在队列中等待时可以进行修改，那么算法的选择就显得很重要了。

```
    List<Integer> ints = Arrays.asList(25, 22, 20,
      18, 14, 9, 3, 1, 1, 2, 3, 9, 14, 18, 21, 23, 25);
    priorityQueue = new PriorityQueue<Integer>(ints);
    QueueDemo.printQ(priorityQueue);
    priorityQueue = new PriorityQueue<Integer>(
        ints.size(), Collections.reverseOrder());
    priorityQueue.addAll(ints);
    QueueDemo.printQ(priorityQueue);

    String fact = "EDUCATION SHOULD ESCHEW OBFUSCATION";
    List<String> strings = Arrays.asList(fact.split(""));
    PriorityQueue<String> stringPQ =
      new PriorityQueue<String>(strings);
    QueueDemo.printQ(stringPQ);
    stringPQ = new PriorityQueue<String>(
      strings.size(), Collections.reverseOrder());
    stringPQ.addAll(strings);
    QueueDemo.printQ(stringPQ);

    Set<Character> charSet = new HashSet<Character>();
    for(char c : fact.toCharArray())
      charSet.add(c); // Autoboxing
    PriorityQueue<Character> characterPQ =
      new PriorityQueue<Character>(charSet);
    QueueDemo.printQ(characterPQ);
  }
} /* Output:
0 1 1 1 1 1 3 5 8 14
1 1 2 3 3 9 9 14 14 18 18 20 21 22 23 25 25
25 25 23 22 21 20 18 18 14 14 9 9 3 3 2 1 1
       A A B C C C D D E E E F H H I I L N N O O O O S S S
T T U U U W
W U U U T T S S S O O O O N N L I I H H F E E E D D C C C B
A A
  A B C D E F H I L N O S T U W
*///:~
```

你可以看到，重复是允许的，最小的值拥有最高的优先级（如果是**String**，空格也可以算作值，并且比字母的优先级高）。为了展示你可以使用怎样的方法通过提供自己的**Comparator**对
426 象来改变排序，第三个对**PriorityQueue<Integer>**的构造器调用，和第二个对**PriorityQueue<String>**的调用使用了由**Collection.reverseOrder()**（新添加到Java SE5中的）产生的反序的**Comparator**。

最后一部分添加了一个**HashSet**来消除重复的**Character**，这么做只是为了增添点乐趣。

Integer、**String**和**Character**可以与**PriorityQueue**一起工作，因为这些类已经内建了自然排序。如果你想在**PriorityQueue**中使用自己的类，就必须包括额外的功能以产生自然排序，或者必须提供自己的**Comparator**。在第17章中有一个更加复杂的示例将演示这种情况。

练习28：(2) 用由**java.util.Random**创建的**Double**值填充一个**PriorityQueue**（用**offer()**方法），然后使用**poll()**移除并显示它们。

练习29：(2) 创建一个继承自**Object**的简单类，它不包含任何成员，展示你不能将这个类的多个示例成功地添加到一个**PriorityQueue**中。这个问题将在第17章中详细解释。

11.12 Collection和Iterator

Collection是描述所有序列容器的共性的根接口，它可能会被认为是一个“附属接口”，即因为要表示其他若干个接口的共性而出现的接口。另外，**java.util.AbstractCollection**类提供了**Collection**的默认实现，使得你可以创建**AbstractCollection**的子类型，而其中没有不必要的代码

重复。

使用接口描述的一个理由是它可以使我们能够创建更通用的代码。通过针对接口而非具体实现来编写代码，我们的代码可以应用于更多的对象类型[⊖]。因此，如果我编写的方法将接受一个**Collection**，那么该方法就可以应用于任何实现了**Collection**的类——这也就使得一个新类可以选择去实现**Collection**接口，以便我的方法可以使用它。但是，有一点很有趣，就是我们注意到标准C++类库中并没有其容器的任何公共基类——容器之间的所有共性都是通过迭代器达成的。在Java中，遵循C++的方式看起来似乎很明智，即用迭代器而不是**Collection**来表示容器之间的共性。但是，这两种方法绑定到了一起，因为实现**Collection**就意味着需要提供**iterator()**方法： 427

```
//: holding/InterfaceVsIterator.java
import typeinfo.pets.*;
import java.util.*;

public class InterfaceVsIterator {
  public static void display(Iterator<Pet> it) {
    while(it.hasNext()) {
      Pet p = it.next();
      System.out.print(p.id() + ":" + p + " ");
    }
    System.out.println();
  }
  public static void display(Collection<Pet> pets) {
    for(Pet p : pets)
      System.out.print(p.id() + ":" + p + " ");
    System.out.println();
  }
  public static void main(String[] args) {
    List<Pet> petList = Pets.arrayList(8);
    Set<Pet> petSet = new HashSet<Pet>(petList);
    Map<String,Pet> petMap =
      new LinkedHashMap<String,Pet>();
    String[] names = ("Ralph, Eric, Robin, Lacey, " +
      "Britney, Sam, Spot, Fluffy").split(", ");
    for(int i = 0; i < names.length; i++)
      petMap.put(names[i], petList.get(i));
    display(petList);
    display(petSet);
    display(petList.iterator());
    display(petSet.iterator());
    System.out.println(petMap);
    System.out.println(petMap.keySet());
    display(petMap.values());
    display(petMap.values().iterator());
  }
} /* Output:
0:Rat 1:Manx 2:Cymric 3:Mutt 4:Pug 5:Cymric 6:Pug 7:Manx
4:Pug 6:Pug 3:Mutt 1:Manx 5:Cymric 7:Manx 2:Cymric 0:Rat
0:Rat 1:Manx 2:Cymric 3:Mutt 4:Pug 5:Cymric 6:Pug 7:Manx
4:Pug 6:Pug 3:Mutt 1:Manx 5:Cymric 7:Manx 2:Cymric 0:Rat
{Ralph=Rat, Eric=Manx, Robin=Cymric, Lacey=Mutt,
Britney=Pug, Sam=Cymric, Spot=Pug, Fluffy=Manx}
[Ralph, Eric, Robin, Lacey, Britney, Sam, Spot, Fluffy]
0:Rat 1:Manx 2:Cymric 3:Mutt 4:Pug 5:Cymric 6:Pug 7:Manx
0:Rat 1:Manx 2:Cymric 3:Mutt 4:Pug 5:Cymric 6:Pug 7:Manx
*///:~
```

428

⊖ 某些人提倡这样一种自动创建机制，即对一个类中所有可能的方法组合都自动创建一个接口，有时要针对每一个单个的类都自动创建。我相信接口的意义应该不仅限于方法组合的机械地复制，因此我在创建接口之前，总是要先看到增加接口带来的价值。

两个版本的**display()**方法都可以使用**Map**或**Collection**的子类型来工作，而且**Collection**接口和**Iterator**都可以将**display()**方法与底层容器的特定实现解耦。

在本例中，这两种方式都可以奏效。事实上，**Collection**要更方便一点，因为它是**Iterable**类型，因此，在**display(Collection)**实现中，可以使用foreach结构，从而使代码更加清晰。

当你要实现一个不是**Collection**的外部类时，由于让它去实现**Collection**接口可能非常困难或麻烦，因此使用**Iterator**就会变得非常吸引人。例如，如果我们通过继承一个持有**Pet**对象的类来创建一个**Collection**的实现，那么我们必须实现所有的**Collection**方法，即使我们在**display()**方法中不必使用它们，也必须如此。尽管这可以通过继承**AbstractCollection**而很容易地实现，但是你无论如何还是要被强制去实现**iterator()**和**size()**，以便提供**AbstractCollection**没有实现，但是**AbstractCollection**中的其他方法会使用到的方法：

```
//: holding/CollectionSequence.java
import typeinfo.pets.*;
import java.util.*;

public class CollectionSequence
extends AbstractCollection<Pet> {
  private Pet[] pets = Pets.createArray(8);
  public int size() { return pets.length; }
  public Iterator<Pet> iterator() {
    return new Iterator<Pet>() {
429   private int index = 0;
      public boolean hasNext() {
        return index < pets.length;
      }
      public Pet next() { return pets[index++]; }
      public void remove() { // Not implemented
        throw new UnsupportedOperationException();
      }
    };
  }
  public static void main(String[] args) {
    CollectionSequence c = new CollectionSequence();
    InterfaceVsIterator.display(c);
    InterfaceVsIterator.display(c.iterator());
  }
} /* Output:
0:Rat 1:Manx 2:Cymric 3:Mutt 4:Pug 5:Cymric 6:Pug 7:Manx
0:Rat 1:Manx 2:Cymric 3:Mutt 4:Pug 5:Cymric 6:Pug 7:Manx
*///:~
```

remove()方法是一个“可选操作”，你将在第17章中了解它。这里不必实现它，如果你调用它，它会抛出异常。

从本例中，你可以看到，如果你实现**Collection**，就必须实现**iterator()**，并且只拿实现**iterator()**与继承**AbstractCollection**相比，花费的代价只有略微减少。但是，如果你的类已经继承了其他的类，那么你就不能再继承**AbstractCollection**了。在这种情况下，要实现**Collection**，就必须实现该接口中的所有方法。此时，继承并提供创建迭代器的能力就会显得容易得多了：

```
//: holding/NonCollectionSequence.java
import typeinfo.pets.*;
import java.util.*;

class PetSequence {
  protected Pet[] pets = Pets.createArray(8);
}

public class NonCollectionSequence extends PetSequence {
  public Iterator<Pet> iterator() {
    return new Iterator<Pet>() {
```

```
      private int index = 0;
      public boolean hasNext() {
        return index < pets.length;
      }
      public Pet next() { return pets[index++]; }
      public void remove() { // Not implemented
        throw new UnsupportedOperationException();
      }
    };
  }
  public static void main(String[] args) {
    NonCollectionSequence nc = new NonCollectionSequence();
    InterfaceVsIterator.display(nc.iterator());
  }
} /* Output:
0:Rat 1:Manx 2:Cymric 3:Mutt 4:Pug 5:Cymric 6:Pug 7:Manx
*///:~
```
430

生成**Iterator**是将队列与消费队列的方法连接在一起耦合度最小的方式，并且与实现**Collection**相比，它在序列类上所施加的约束也少得多。

练习30：(5) 修改**CollectionSequence.java**，使其不要继承**AbstractCollection**，而是实现**Collection**。

11.13 Foreach与迭代器

到目前为止，foreach语法主要用于数组，但是它也可以应用于任何**Collection**对象。你实际上已经看到过很多使用**ArrayList**时用到它的示例，下面是一个更通用的证明：

```
//: holding/ForEachCollections.java
// All collections work with foreach.
import java.util.*;

public class ForEachCollections {
  public static void main(String[] args) {
    Collection<String> cs = new LinkedList<String>();
    Collections.addAll(cs,
      "Take the long way home".split(" "));
    for(String s : cs)
      System.out.print("'" + s + "' ");
  }
} /* Output:
'Take' 'the' 'long' 'way' 'home'
*///:~
```
431

由于cs是一个**Collection**，所以这段代码展示了能够与foreach一起工作是所有**Collection**对象的特性。

之所以能够工作，是因为Java SE5引入了新的被称为**Iterable**的接口，该接口包含一个能够产生**Iterator**的**iterator()**方法，并且**Iterable**接口被foreach用来在序列中移动。因此如果你创建了任何实现**Iterable**的类，都可以将它用于foreach语句中：

```
//: holding/IterableClass.java
// Anything Iterable works with foreach.
import java.util.*;

public class IterableClass implements Iterable<String> {
  protected String[] words = ("And that is how " +
    "we know the Earth to be banana-shaped.").split(" ");
  public Iterator<String> iterator() {
    return new Iterator<String>() {
      private int index = 0;
      public boolean hasNext() {
```

```
        return index < words.length;
      }
      public String next() { return words[index++]; }
      public void remove() { // Not implemented
        throw new UnsupportedOperationException();
      }
    };
  }
  public static void main(String[] args) {
    for(String s : new IterableClass())
      System.out.print(s + " ");
  }
} /* Output:
And that is how we know the Earth to be banana-shaped.
*///:~
```

iterator()方法返回的是实现了**Iterator<String>**的匿名内部类的实例，该匿名内部类可以遍历数组中的所有单词。在**main()**中，你可以看到**IterableClass**确实可以用于foreach语句中。

在Java SE5中，大量的类都是**Iterable**类型，主要包括所有的**Collection**类（但是不包括各种
432 **Map**）。例如，下面的代码可以显示所有的操作系统环境变量：

```
//: holding/EnvironmentVariables.java
import java.util.*;

public class EnvironmentVariables {
  public static void main(String[] args) {
    for(Map.Entry entry: System.getenv().entrySet()) {
      System.out.println(entry.getKey() + ": " +
        entry.getValue());
    }
  }
} /* (Execute to see output) *///:~
```

System.getenv()⊖返回一个**Map**，**entrySet()**产生一个由**Map.Entry**的元素构成的**Set**，并且这个**Set**是一个**Iterable**，因此它可以用于foreach循环。

foreach语句可以用于数组或其他任何**Iterable**，但是这并不意味着数组肯定也是一个**Iterable**，而任何自动包装也不会自动发生：

```
//: holding/ArrayIsNotIterable.java
import java.util.*;

public class ArrayIsNotIterable {
  static <T> void test(Iterable<T> ib) {
    for(T t : ib)
      System.out.print(t + " ");
  }
  public static void main(String[] args) {
    test(Arrays.asList(1, 2, 3));
    String[] strings = { "A", "B", "C" };
    // An array works in foreach, but it's not Iterable:
    //! test(strings);
    // You must explicitly convert it to an Iterable:
    test(Arrays.asList(strings));
  }
} /* Output:
1 2 3 A B C
*///:~
```

433

尝试把数组当作一个**Iterable**参数传递会导致失败。这说明不存在任何从数组到**Iterable**的

⊖ 在Java SE5之前还没有它，因为该方法被认为与操作系统的耦合度过紧，因此会违反“编写一次，到处运行”的原则。现在提供它这一事实表明，Java的设计者们更加务实了。

自动转换，你必须手工执行这种转换。

练习31：(3) 修改**polymorphism/shape/RandomShapeGenerator.java**，使其成为一个**Iterable**。你需要添加一个接收元素数量为参数的构造器，这个数量是指在停止之前，你想用迭代器生成的元素的数量。验证这个程序可以工作。

11.13.1 适配器方法惯用法

如果现有一个**Iterable**类，你想要添加一种或多种在foreach语句中使用这个类的方法，应该怎么做呢？例如，假设你希望可以选择以向前的方向或是向后的方向迭代一个单词列表。如果直接继承这个类，并覆盖**iterator()**方法，你只能替换现有的方法，而不能实现选择。

一种解决方案是所谓*适配器方法*的惯用法。“适配器”部分来自于设计模式，因为你必须提供特定接口以满足foreach语句。当你有一个接口并需要另一个接口时，编写适配器就可以解决问题。这里，我希望在默认的前向迭代器的基础上，添加产生反向迭代器的能力，因此我不能使用覆盖，而是添加了一个能够产生**Iterable**对象的方法，该对象可以用于foreach语句。正如你所见，这使得我们可以提供多种使用foreach的方式：

```
//: holding/AdapterMethodIdiom.java
// The "Adapter Method" idiom allows you to use foreach
// with additional kinds of Iterables.
import java.util.*;

class ReversibleArrayList<T> extends ArrayList<T> {
  public ReversibleArrayList(Collection<T> c) { super(c); }
  public Iterable<T> reversed() {
    return new Iterable<T>() {
      public Iterator<T> iterator() {
        return new Iterator<T>() {
          int current = size() - 1;
          public boolean hasNext() { return current > -1; }
          public T next() { return get(current--); }
          public void remove() { // Not implemented
            throw new UnsupportedOperationException();
          }
        };
      }
    };
  }
}

public class AdapterMethodIdiom {
  public static void main(String[] args) {
    ReversibleArrayList<String> ral =
      new ReversibleArrayList<String>(
        Arrays.asList("To be or not to be".split(" ")));
    // Grabs the ordinary iterator via iterator():
    for(String s : ral)
      System.out.print(s + " ");
    System.out.println();
    // Hand it the Iterable of your choice
    for(String s : ral.reversed())
      System.out.print(s + " ");
  }
} /* Output:
To be or not to be
be to not or be To
*///:~
```

434

如果直接将**ral**对象置于foreach语句中，将得到（默认的）前向迭代器。但是如果在该对象上调用**reversed()**方法，就会产生不同的行为。

通过使用这种方式，我可以在**IterableClass.java**示例中添加两种适配器方法：

```
//: holding/MultiIterableClass.java
// Adding several Adapter Methods.
import java.util.*;

public class MultiIterableClass extends IterableClass {
  public Iterable<String> reversed() {
    return new Iterable<String>() {
      public Iterator<String> iterator() {
        return new Iterator<String>() {
          int current = words.length - 1;
          public boolean hasNext() { return current > -1; }
          public String next() { return words[current--]; }
          public void remove() { // Not implemented
435         throw new UnsupportedOperationException();
          }
        };
      }
    };
  }
  public Iterable<String> randomized() {
    return new Iterable<String>() {
      public Iterator<String> iterator() {
        List<String> shuffled =
          new ArrayList<String>(Arrays.asList(words));
        Collections.shuffle(shuffled, new Random(47));
        return shuffled.iterator();
      }
    };
  }
  public static void main(String[] args) {
    MultiIterableClass mic = new MultiIterableClass();
    for(String s : mic.reversed())
      System.out.print(s + " ");
    System.out.println();
    for(String s : mic.randomized())
      System.out.print(s + " ");
    System.out.println();
    for(String s : mic)
      System.out.print(s + " ");
  }
} /* Output:
banana-shaped. be to Earth the know we how is that And
is banana-shaped. Earth that how the be And we know to
And that is how we know the Earth to be banana-shaped.
*///:~
```

注意，第二个方法**random()**没有创建它自己的**Iterator**，而是直接返回被打乱的**List**中的**Iterator**。

从输出中可以看到，**Collection.shuffle()**方法没有影响到原来的数组，而只是打乱了**shuffled**中的引用。之所以这样，只是因为**randomized()**方法用一个**ArrayList**将**Arrays.asList()**方法的结果包装了起来。如果这个由**Arrays.asList()**方法产生的**List**被直接打乱，那么它就会修改底层的数组，就像下面这样：

```
//: holding/ModifyingArraysAsList.java
436 import java.util.*;
public class ModifyingArraysAsList {
  public static void main(String[] args) {
    Random rand = new Random(47);
    Integer[] ia = { 1, 2, 3, 4, 5, 6, 7, 8, 9, 10 };
    List<Integer> list1 =
      new ArrayList<Integer>(Arrays.asList(ia));
    System.out.println("Before shuffling: " + list1);
    Collections.shuffle(list1, rand);
    System.out.println("After shuffling: " + list1);
```

```
    System.out.println("array: " + Arrays.toString(ia));

    List<Integer> list2 = Arrays.asList(ia);
    System.out.println("Before shuffling: " + list2);
    Collections.shuffle(list2, rand);
    System.out.println("After shuffling: " + list2);
    System.out.println("array: " + Arrays.toString(ia));
  }
} /* Output:
Before shuffling: [1, 2, 3, 4, 5, 6, 7, 8, 9, 10]
After shuffling: [4, 6, 3, 1, 8, 7, 2, 5, 10, 9]
array: [1, 2, 3, 4, 5, 6, 7, 8, 9, 10]
Before shuffling: [1, 2, 3, 4, 5, 6, 7, 8, 9, 10]
After shuffling: [9, 1, 6, 3, 7, 2, 5, 10, 4, 8]
array: [9, 1, 6, 3, 7, 2, 5, 10, 4, 8]
*///:~
```

在第一种情况中，**Arrays.asList()**的输出被传递给了**ArrayList()**的构造器，这将创建一个引用**ia**的元素的**ArrayList**，因此打乱这些引用不会修改该数组。但是，如果直接使用**Arrays.asList(ia)**的结果，这种打乱就会修改**ia**的顺序。意识到**Arrays.asList()**产生的**List**对象会使用底层数组作为其物理实现是很重要的。只要你执行的操作会修改这个**List**，并且你不想原来的数组被修改，那么你就应该在另一个容器中创建一个副本。

练习32：(2) 按照**MultiIterableClass**示例，在**NonCollectionSequence.java**中添加**reversed()**和**randomized()**方法，并让**NonCollectionSequence**实现**Iterable**。然后在foreach语句中展示所有的使用方式。

11.14 总结

Java提供了大量持有对象的方式： 437

1) 数组将数字与对象联系起来。它保存类型明确的对象，查询对象时，不需要对结果做类型转换。它可以是多维的，可以保存基本类型的数据。但是，数组一旦生成，其容量就不能改变。

2) **Collection**保存单一的元素，而**Map**保存相关联的键值对。有了Java的泛型，你就可以指定容器中存放的对象类型，因此你就不会将错误类型的对象放置到容器中，并且在从容器中获取元素时，不必进行类型转换。各种**Collection**和各种**Map**都可以在你向其中添加更多的元素时，自动调整其尺寸。容器不能持有基本类型，但是自动包装机制会仔细地执行基本类型到容器中所持有的包装器类型之间的双向转换。

3) 像数组一样，**List**也建立数字索引与对象的关联，因此，数组和**List**都是排好序的容器。List能够自动扩充容量。

4) 如果要进行大量的随机访问，就使用**ArrayList**；如果要经常从表中间插入或删除元素，则应该使用**LinkedList**。

5) 各种**Queue**以及栈的行为，由**LinkedList**提供支持。

6) **Map**是一种将对象（而非数字）与对象相关联的设计。**HashMap**设计用来快速访问；而**TreeMap**保持“键”始终处于排序状态，所以没有**HashMap**快。**LinkedHashMap**保持元素插入的顺序，但是也通过散列提供了快速访问能力。

7) **Set**不接受重复元素。**HashSet**提供最快的查询速度，而**TreeSet**保持元素处于排序状态。**LinkedHashSet**以插入顺序保存元素。

8) 新程序中不应该使用过时的**Vector**、**Hashtable**和**Stack**。

浏览一下Java容器的简图（不包含抽象类和遗留构件）会大有裨益。这里只包含你在一般

438 情况下会碰到的接口和类。

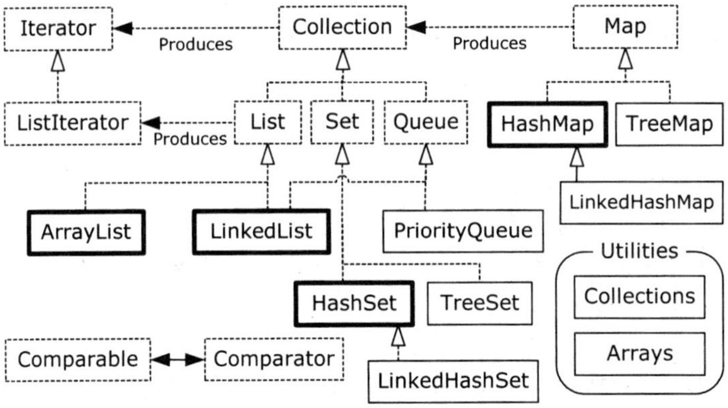

简单的容器分类

你可以看到，其实只有四种容器：**Map**、**List**、**Set**和**Queue**，它们各有两到三个实现版本（**Queue**的**java.util.concurrent**实现没有包括在上面这张图中）。常用的容器用黑色粗线框表示。

点线框表示接口，实线框表示普通的（具体的）类。带有空心箭头的点线表示一个特定的类实现了一个接口，实心箭头表示某个类可以生成箭头所指向类的对象。例如，任意的**Collection**可以生成**Iterator**，而**List**可以生成**ListIterator**（也能生成普通的**Iterator**，因为List继承自**Collection**）。

下面的示例展示了各种不同的类在方法上的差异。实际的代码来自第15章，我在这里只是调用它以产生输出。程序的输出也展示了在每个类或接口中所实现的接口：

```
//: holding/ContainerMethods.java
import net.mindview.util.*;

public class ContainerMethods {
439  public static void main(String[] args) {
    ContainerMethodDifferences.main(args);
  }
} /* Output: (Sample)
Collection: [add, addAll, clear, contains, containsAll,
equals, hashCode, isEmpty, iterator, remove, removeAll,
retainAll, size, toArray]
Interfaces in Collection: [Iterable]
Set extends Collection, adds: []
Interfaces in Set: [Collection]
HashSet extends Set, adds: []
Interfaces in HashSet: [Set, Cloneable, Serializable]
LinkedHashSet extends HashSet, adds: []
Interfaces in LinkedHashSet: [Set, Cloneable, Serializable]
TreeSet extends Set, adds: [pollLast, navigableHeadSet,
descendingIterator, lower, headSet, ceiling, pollFirst,
subSet, navigableTailSet, comparator, first, floor, last,
navigableSubSet, higher, tailSet]
Interfaces in TreeSet: [NavigableSet, Cloneable,
Serializable]
List extends Collection, adds: [listIterator, indexOf, get,
subList, set, lastIndexOf]
Interfaces in List: [Collection]
ArrayList extends List, adds: [ensureCapacity, trimToSize]
Interfaces in ArrayList: [List, RandomAccess, Cloneable,
Serializable]
LinkedList extends List, adds: [pollLast, offer,
descendingIterator, addFirst, peekLast, removeFirst,
```

```
peekFirst, removeLast, getLast, pollFirst, pop, poll,
addLast, removeFirstOccurrence, getFirst, element, peek,
offerLast, push, offerFirst, removeLastOccurrence]
Interfaces in LinkedList: [List, Deque, Cloneable,
Serializable]
Queue extends Collection, adds: [offer, element, peek,
poll]
Interfaces in Queue: [Collection]
PriorityQueue extends Queue, adds: [comparator]
Interfaces in PriorityQueue: [Serializable]
Map: [clear, containsKey, containsValue, entrySet, equals,
get, hashCode, isEmpty, keySet, put, putAll, remove, size,
values]
HashMap extends Map, adds: []
Interfaces in HashMap: [Map, Cloneable, Serializable]
LinkedHashMap extends HashMap, adds: []
Interfaces in LinkedHashMap: [Map]
SortedMap extends Map, adds: [subMap, comparator, firstKey,
lastKey, headMap, tailMap]
Interfaces in SortedMap: [Map]
TreeMap extends Map, adds: [descendingEntrySet, subMap,
pollLastEntry, lastKey, floorEntry, lastEntry, lowerKey,
navigableHeadMap, navigableTailMap, descendingKeySet,
tailMap, ceilingEntry, higherKey, pollFirstEntry,
comparator, firstKey, floorKey, higherEntry, firstEntry,
navigableSubMap, headMap, lowerEntry, ceilingKey]
Interfaces in TreeMap: [NavigableMap, Cloneable,
Serializable]
*///:~
```
440

可以看到，除了**TreeSet**之外的所有**Set**都拥有与**Collection**完全一样的接口。**List**和**Collection**存在着明显的不同，尽管**List**所要求的方法都在**Collection**中。另一方面，在**Queue**接口中的方法都是独立的；在创建具有**Queue**功能的实现时，不需要使用**Collection**方法。最后，**Map**和**Collection**之间的唯一重叠就是**Map**可以使用**entrySet()**和**values()**方法来产生**Collection**。

注意，标记接口**java.util.RandomAccess**附着到了**ArrayList**上，而没有附着到**LinkedList**上。这为想要根据所使用的特定的**List**而动态修改其行为的算法提供了信息。

从面向对象的继承层次关系来看，这种组织结构确实有些奇怪。但是，当你了解了**java.util**中更多的有关容器的内容后（特别是第17章中的内容），你就会看到除了继承结构有些奇怪外，还有更多的问题。容器类库一直以来都是设计难题——解决这些难题涉及到要去满足经常彼此之间互为牵制的各方面需求。因此你应该学会中庸之道。

抛开这些问题，Java的容器每天都会用到的工具，它可以使程序更简洁、更强大、更高效。在适应容器类库的某些方面之前，你确实得费点劲儿，但是我想你很快就会找到自己的路子，去获得和使用这个类库中的类。

所选习题的答案都可以在名为The Thinking in Java Annotated Solution Guide的电子文档中找到，读者可以从https://www.mindviewllc.com购买此文档。 441~442

第12章 通过异常处理错误

Java的基本理念是“结构不佳的代码不能运行”。

发现错误的理想时机是在编译阶段，也就是在你试图运行程序之前。然而，编译期间并不能找出所有的错误，余下的问题必须在运行期间解决。这就需要错误源能通过某种方式，把适当的信息传递给某个接收者——该接收者将知道如何正确处理这个问题。

改进的错误恢复机制是提供代码健壮性的最强有力的方式。错误恢复在我们所编写的每一个程序中都是基本的要素，但是在Java中它显得格外重要，因为Java的主要目标之一就是创建供他人使用的程序构件。要想创建健壮的系统，它的每一个构件都必须是健壮的。Java使用异常来提供一致的错误报告模型，使得构件能够与客户端代码可靠地沟通问题。

Java中的异常处理的目的在于通过使用少于目前数量的代码来简化大型、可靠的程序的生成，并且通过这种方式可以使你更加自信：你的应用中没有未处理的错误。异常的相关知识学起来并非艰涩难懂，并且它属于那种可以使你的项目受益明显、立竿见影的特性之一。

因为异常处理是Java中唯一正式的错误报告机制，并且通过编译器强制执行，所以不学习异常处理的话，书中也就只能写出那么些例子了。本章将向读者介绍如何编写正确的异常处理

443 程序，并将展示当方法出问题的时候，如何产生自定义的异常。

12.1 概念

C以及其他早期语言常常具有多种错误处理模式，这些模式往往建立在约定俗成的基础之上，而并不属于语言的一部分。通常会返回某个特殊值或者设置某个标志，并且假定接收者将对这个返回值或标志进行检查，以判定是否发生了错误。然而，随着时间的推移，人们发现，高傲的程序员们在使用程序库的时候更倾向于认为：“对，错误也许会发生，但那是别人造成的，不关我的事”。所以，程序员不去检查错误情形也就不足为奇了（何况对某些错误情形的检查确实很无聊[⊖]）。如果的确在每次调用方法的时候都彻底地进行错误检查，代码很可能会变得难以阅读。正是由于程序员还仍然用这些方式拼凑系统，所以他们拒绝承认这样一个事实：对于构造大型、健壮、可维护的程序而言，这种错误处理模式已经成为了主要障碍。

解决的办法是，用强制规定的形式来消除错误处理过程中随心所欲的因素。这种做法由来已久，对异常处理的实现可以追溯到20世纪60年代的操作系统，甚至于BASIC语言中的**on error goto**语句。而C++的异常处理机制基于Ada，Java中的异常处理则建立在C++的基础之上（尽管看上去更像Object Pascal）。

“异常”这个词有“我对此感到意外”的意思。问题出现了，你也许不清楚该如何处理，但你的确知道不应该置之不理；你要停下来，看看是不是有别人或在别的地方，能够处理这个问题。只是在当前的环境中还没有足够的信息来解决这个问题，所以就把这个问题提交到一个更高级别的环境中，在这里将作出正确的决定。

使用异常所带来的另一个相当明显的好处是，它往往能够降低错误处理代码的复杂度。如

⊖ 比如，C程序员检查**printf()**的返回值就是这样。

果不使用异常，那么就必须检查特定的错误，并在程序中的许多地方去处理它。而如果使用异 444
常，那就不必在方法调用处进行检查，因为异常机制将保证能够捕获这个错误。并且，只需在一个地方处理错误，即所谓的*异常处理程序*中。这种方式不仅节省代码，而且把“描述在正常执行过程中做什么事”的代码和“出了问题怎么办”的代码相分离。总之，与以前的错误处理方法相比，异常机制使代码的阅读、编写和调试工作更加井井有条。

12.2 基本异常

异常情形（exceptional condition）是指阻止当前方法或作用域继续执行的问题。把异常情形与普通问题相区分很重要，所谓的普通问题是指，在当前环境下能得到足够的信息，总能处理这个错误。而对于异常情形，就不能继续下去了，因为*在当前环境下*无法获得必要的信息来解决问题。你所能做的就是从当前环境跳出，并且把问题提交给上一级环境。这就是抛出异常时所发生的事情。

除法就是一个简单的例子。除数有可能为0，所以先进行检查很有必要。但除数为0代表的究竟是什么意思呢？通过当前正在解决的问题环境，或许能知道该如何处理除数为0的情况。但如果这是一个意料之外的值，你也不清楚该如何处理，那就要抛出异常，而不是顺着原来的路径继续执行下去。

当抛出异常后，有几件事会随之发生。首先，同Java中其他对象的创建一样，将使用**new**在堆上创建异常对象。然后，当前的执行路径（它不能继续下去了）被终止，并且从当前环境中弹出对异常对象的引用。此时，异常处理机制接管程序，并开始寻找一个恰当的地方来继续执行程序。这个恰当的地方就是*异常处理程序*，它的任务是将程序从错误状态中恢复，以使程序能要么换一种方式运行，要么继续运行下去。

举一个抛出异常的简单例子。对于对象引用**t**，传给你的时候可能尚未被初始化。所以在使用这个对象引用调用其方法之前，会先对引用进行检查。可以创建一个代表错误信息的对象，并且将它从当前环境中“抛出”，这样就把错误信息传播到了“更大”的环境中。这被称为*抛出*
一个异常，看起来像这样： 445

```
if(t == null)
  throw new NullPointerException();
```

这就抛出了异常，于是在当前环境下就不必再为这个问题操心了，它将在别的地方得到处理。具体是哪个“地方”后面很快就会介绍。

异常使得我们可以将每件事都当作一个事务来考虑，而异常可以看护着这些事务的底线“……事务的基本保障是我们所需的在分布式计算中的异常处理。事务是计算机中的合同法，如果出了什么问题，我们只需要放弃整个计算。”[⊖] 我们还可以将异常看作是一种内建的恢复(undo)系统，因为（在细心使用的情况下）我们在程序中可以拥有各种不同的恢复点。如果程序的某部分失败了，异常将“恢复”到程序中某个已知的稳定点上。

异常最重要的方面之一就是如果发生问题，它们将不允许程序沿着其正常的路径继续走下去。在C和C++这样的语言中，这可真是个问题，尤其是C，它没有任何办法可以强制程序在出现问题时停止在某条路径上运行下去，因此我们有可能会较长时间地忽略了问题，从而陷入了完全不恰当的状态中。异常允许我们（如果没有其他手段）强制程序停止运行，并告诉我们出现了什么问题，或者（理想状态下）强制程序处理问题，并返回到稳定状态。

⊖ Jim Gray，www.acmqueue.org的一次访谈中提到，由于他的团队在事务方面的杰出贡献而成为图灵奖得主。

12.2.1 异常参数

与使用Java中的其他对象一样，我们总是用**new**在堆上创建异常对象，这也伴随着存储空间的分配和构造器的调用。所有标准异常类都有两个构造器：一个是默认构造器；另一个是接受字符串作为参数，以便能把相关信息放入异常对象的构造器：

```
throw new NullPointerException("t = null");
```

446 不久读者将看到，要把这个字符串的内容提取出来可以有多种不同的方法。

关键字**throw**将产生许多有趣的结果。在使用**new**创建了异常对象之后，此对象的引用将传给**throw**。尽管返回的异常对象其类型通常与方法设计的返回类型不同，但从效果上看，它就像是从方法"返回"的。可以简单地把异常处理看成一种不同的返回机制，当然若过分强调这种类比的话，就会有麻烦了。另外还能用抛出异常的方式从当前的作用域退出。在这两种情况下，将会返回一个异常对象，然后退出方法或作用域。

抛出异常与方法正常返回值的相似之处到此为止。因为异常返回的"地点"与普通方法调用返回的"地点"完全不同。(异常将在一个恰当的异常处理程序中得到解决，它的位置可能离异常被抛出的地方很远，也可能会跨越方法调用栈的许多层次。)

此外，能够抛出任意类型的**Throwable**对象，它是异常类型的根类。通常，对于不同类型的错误，要抛出相应的异常。错误信息可以保存在异常对象内部或者用异常类的名称来暗示。上一层环境通过这些信息来决定如何处理异常。(通常，异常对象中仅有的信息就是异常类型，除此之外不包含任何有意义的内容。)

12.3 捕获异常

要明白异常是如何被捕获的，必须首先理解*监控区域*（guarded region）的概念。它是一段可能产生异常的代码，并且后面跟着处理这些异常的代码。

12.3.1 try块

如果在方法内部抛出了异常（或者在方法内部调用的其他方法抛出了异常），这个方法将在抛出异常的过程中结束。要是不希望方法就此结束，可以在方法内设置一个特殊的块来捕获异常。因为在这个块里"尝试"各种（可能产生异常的）方法调用，所以称为*try块*。它是跟在**try**关键字之后的普通程序块：

447

```
try {
  // Code that might generate exceptions
}
```

对于不支持异常处理的程序语言，要想仔细检查错误，就得在每个方法调用的前后加上设置和错误检查的代码，甚至在每次调用同一方法时也得这么做。有了异常处理机制，可以把所有动作都放在try块里，然后只需在一个地方就可以捕获所有异常。这意味着代码将更容易编写和阅读，因为完成任务的代码没有与错误检查的代码混在一起。

12.3.2 异常处理程序

当然，抛出的异常必须在某处得到处理。这个"地点"就是*异常处理程序*，而且针对每个要捕获的异常，得准备相应的处理程序。异常处理程序紧跟在try块之后，以关键字**catch**表示：

```
try {
  // Code that might generate exceptions
} catch(Type1 id1) {
  // Handle exceptions of Type1
} catch(Type2 id2) {
```

```
  // Handle exceptions of Type2
} catch(Type3 id3) {
  // Handle exceptions of Type3
}

// etc...
```

每个catch子句（异常处理程序）看起来就像是接收一个且仅接收一个特殊类型的参数的方法。可以在处理程序的内部使用标识符（**id1**，**id2**等等），这与方法参数的使用很相似。有时可能用不到标识符，因为异常的类型已经给了你足够的信息来对异常进行处理，但标识符并不可以省略。

异常处理程序必须紧跟在try块之后。当异常被抛出时，异常处理机制将负责搜寻参数与异常类型相匹配的第一个处理程序。然后进入catch子句执行，此时认为异常得到了处理。一旦catch子句结束，则处理程序的查找过程结束。注意，只有匹配的catch子句才能得到执行；这与**switch**语句不同，**switch**语句需要在每一个**case**后面跟一个**break**，以避免执行后续的**case**子句。 448

注意在try块的内部，许多不同的方法调用可能会产生类型相同的异常，而你只需要提供一个针对此类型的异常处理程序。

终止与恢复

异常处理理论上有两种基本模型。Java支持*终止模型*（它是Java和C++所支持的模型）⊖。在这种模型中，将假设错误非常关键，以至于程序无法返回到异常发生的地方继续执行。一旦异常被抛出，就表明错误已无法挽回，也不能回来继续执行。

另一种称为*恢复模型*。意思是异常处理程序的工作是修正错误，然后重新尝试调用出问题的方法，并认为第二次能成功。对于恢复模型，通常希望异常被处理之后能继续执行程序。如果想要用Java实现类似恢复的行为，那么在遇见错误时就不能抛出异常，而是调用方法来修正该错误。或者，把**try**块放在**while**循环里，这样就不断地进入**try**块，直到得到满意的结果。

长久以来，尽管程序员们使用的操作系统支持恢复模型的异常处理，但他们最终还是转向使用类似"终止模型"的代码，并且忽略恢复行为。所以虽然恢复模型开始显得很吸引人，但不是很实用。其中的主要原因可能是它所导致的耦合：恢复性的处理程序需要了解异常抛出的地点，这势必要包含依赖于抛出位置的非通用性代码。这增加了代码编写和维护的困难，对于异常可能会从许多地方抛出的大型程序来说，更是如此。

12.4 创建自定义异常

不必拘泥于Java中已有的异常类型。Java提供的异常体系不可能预见所有的希望加以报告的错误，所以可以自己定义异常类来表示程序中可能会遇到的特定问题。 449

要自己定义异常类，必须从已有的异常类继承，最好是选择意思相近的异常类继承（不过这样的异常并不容易找）。建立新的异常类型最简单的方法就是让编译器为你产生默认构造器，所以这几乎不用写多少代码：

```
//: exceptions/InheritingExceptions.java
// Creating your own exceptions.

class SimpleException extends Exception {}

public class InheritingExceptions {
  public void f() throws SimpleException {
```

⊖ 这与大多数语言的机制相同，包括C++、C#、Python和D等语言。

```
    System.out.println("Throw SimpleException from f()");
    throw new SimpleException();
  }
  public static void main(String[] args) {
    InheritingExceptions sed = new InheritingExceptions();
    try {
      sed.f();
    } catch(SimpleException e) {
      System.out.println("Caught it!");
    }
  }
} /* Output:
Throw SimpleException from f()
Caught it!
*///:~
```

编译器创建了默认构造器，它将自动调用基类的默认构造器。本例中不会得到像**Simple-Exception(String)** 这样的构造器，这种构造器也不实用。你将看到，对异常来说，最重要的部分就是类名，所以本例中建立的异常类在大多数情况下已经够用了。

本例的结果被打印到了控制台上，本书的输出显示系统正是在控制台上自动地捕获和测试这些结果的。但是，你也许想通过写入**System.err**而将错误发送给标准错误流。通常这比把错误信息输出到**System.out**要好，因为**System.out**也许会被重定向。如果把结果送到**System.err**，它
450 就不会随**System.out**一起被重定向，这样更容易被用户注意。

也可以为异常类定义一个接受字符串参数的构造器：

```
//: exceptions/FullConstructors.java

class MyException extends Exception {
  public MyException() {}
  public MyException(String msg) { super(msg); }
}

public class FullConstructors {
  public static void f() throws MyException {
    System.out.println("Throwing MyException from f()");
    throw new MyException();
  }
  public static void g() throws MyException {
    System.out.println("Throwing MyException from g()");
    throw new MyException("Originated in g()");
  }
  public static void main(String[] args) {
    try {
      f();
    } catch(MyException e) {
      e.printStackTrace(System.out);
    }
    try {
      g();
    } catch(MyException e) {
      e.printStackTrace(System.out);
    }
  }
} /* Output:
Throwing MyException from f()
MyException
        at FullConstructors.f(FullConstructors.java:11)
        at FullConstructors.main(FullConstructors.java:19)
Throwing MyException from g()
MyException: Originated in g()
        at FullConstructors.g(FullConstructors.java:15)
        at FullConstructors.main(FullConstructors.java:24)
*///:~
```
451

新增的代码不长：两个构造器定义了**MyException**类型对象的创建方式。对于第二个构造器，使用**super**关键字明确调用了其基类构造器，它接受一个字符串作为参数。

在异常处理程序中，调用了在**Throwable**类声明（**Exception**即从此类继承）的**printStackTrace()**方法。就像从输出中看到的，它将打印"从方法调用处直到异常抛出处"的方法调用序列。这里，信息被发送到了**System.out**，并自动地被捕获和显示在输出中。但是，如果调用默认版本：

```
e.printStackTrace();
```

则信息将被输出到标准错误流。

练习1：(2) 编写一个类，在其**main()**方法的**try**块里抛出一个**Exception**类的对象。传递一个字符串参数给**Exception**的构造器。在**catch**子句里捕获此异常对象，并且打印字符串参数。添加一个**finally**子句，打印一条信息以证明这里确实得到了执行。

练习2：(1) 定义一个对象引用并初始化为**null**，尝试用此引用调用方法。把这个调用放在**try-catch**子句里以捕获异常。

练习3：(1) 编写能产生并能捕获**ArrayIndexOutOfBoundsException**异常的代码。

练习4：(2) 使用**extends**关键字建立一个自定义异常类。为这个类写一个接受字符串参数的构造器，把此参数保存在对象内部的字符串引用中。写一个方法显示此字符串。写一个**try-catch**子句，对这个新异常进行测试。

练习5：(3) 使用**while**循环建立类似"恢复模型"的异常处理行为，它将不断重复，直到异常不再抛出。

12.4.1 异常与记录日志

你可能还想使用**java.util.logging**工具将输出记录到日志中。尽管记录日志的全部细节是在http://MindView.net/Books/BetterJava的补充材料中介绍的，但是这里所使用的基本的日志记录功能还是相当简单易懂的：

452

```
//: exceptions/LoggingExceptions.java
// An exception that reports through a Logger.
import java.util.logging.*;
import java.io.*;

class LoggingException extends Exception {
  private static Logger logger =
    Logger.getLogger("LoggingException");
  public LoggingException() {
    StringWriter trace = new StringWriter();
    printStackTrace(new PrintWriter(trace));
    logger.severe(trace.toString());
  }
}

public class LoggingExceptions {
  public static void main(String[] args) {
    try {
      throw new LoggingException();
    } catch(LoggingException e) {
      System.err.println("Caught " + e);
    }
    try {
      throw new LoggingException();
    } catch(LoggingException e) {
      System.err.println("Caught " + e);
    }
  }
} /* Output: (85% match)
```

```
Aug 30, 2005 4:02:31 PM LoggingException <init>
SEVERE: LoggingException
        at
LoggingExceptions.main(LoggingExceptions.java:19)

Caught LoggingException
Aug 30, 2005 4:02:31 PM LoggingException <init>
SEVERE: LoggingException
        at
LoggingExceptions.main(LoggingExceptions.java:24)

Caught LoggingException
*///:~
```

静态的**Logger.getLogger()**方法创建了一个**String**参数相关联的**Logger**对象（通常与错误相
453 关的包名和类名），这个**Logger**对象会将其输出发送到**System.err**。向**Logger**写入的最简单方式就是直接调用与日志记录消息的级别相关联的方法，这里使用的是**severe()**。为了产生日志记录消息，我们欲获取异常抛出处的栈轨迹，但是**printStackTrace()**不会默认地产生字符串。为了获取字符串，我们需要使用重载的**printStackTrace()**方法，它接受一个**java.io.PrintWriter**对象作为参数（这些都将在第18章中详细解释）。如果我们将一个**java.io.StringWriter**对象传递给这个**PrintWriter**的构造器，那么通过调用**toString()**方法，就可以将输出抽取为一个**String**。

尽管由于**LoggingException**将所有记录日志的基础设施都构建在异常自身中，使得它所使用的方式非常方便，并因此不需要客户端程序员的干预就可以自动运行，但是更常见的情形是我们需要捕获和记录其他人编写的异常，因此我们必须在异常处理程序中生成日志消息：

```
//: exceptions/LoggingExceptions2.java
// Logging caught exceptions.
import java.util.logging.*;
import java.io.*;

public class LoggingExceptions2 {
  private static Logger logger =
    Logger.getLogger("LoggingExceptions2");
  static void logException(Exception e) {
    StringWriter trace = new StringWriter();
    e.printStackTrace(new PrintWriter(trace));
    logger.severe(trace.toString());
  }
  public static void main(String[] args) {
    try {
      throw new NullPointerException();
    } catch(NullPointerException e) {
      logException(e);
    }
  }
} /* Output: (90% match)
Aug 30, 2005 4:07:54 PM LoggingExceptions2 logException
SEVERE: java.lang.NullPointerException
        at
LoggingExceptions2.main(LoggingExceptions2.java:16)
*///:~
```

454

还可以更进一步自定义异常，比如加入额外的构造器和成员：

```
//: exceptions/ExtraFeatures.java
// Further embellishment of exception classes.
import static net.mindview.util.Print.*;

class MyException2 extends Exception {
  private int x;
  public MyException2() {}
  public MyException2(String msg) { super(msg); }
```

```
    public MyException2(String msg, int x) {
      super(msg);
      this.x = x;
    }
    public int val() { return x; }
    public String getMessage() {
      return "Detail Message: "+ x + " "+ super.getMessage();
    }
  }

  public class ExtraFeatures {
    public static void f() throws MyException2 {
      print("Throwing MyException2 from f()");
      throw new MyException2();
    }
    public static void g() throws MyException2 {
      print("Throwing MyException2 from g()");
      throw new MyException2("Originated in g()");
    }
    public static void h() throws MyException2 {
      print("Throwing MyException2 from h()");
      throw new MyException2("Originated in h()", 47);
    }
    public static void main(String[] args) {
      try {
        f();
      } catch(MyException2 e) {
        e.printStackTrace(System.out);
      }
      try {
        g();
      } catch(MyException2 e) {
        e.printStackTrace(System.out);
      }
      try {
        h();
      } catch(MyException2 e) {
        e.printStackTrace(System.out);
        System.out.println("e.val() = " + e.val());
      }
    }
  } /* Output:
  Throwing MyException2 from f()
  MyException2: Detail Message: 0 null
          at ExtraFeatures.f(ExtraFeatures.java:22)
          at ExtraFeatures.main(ExtraFeatures.java:34)
  Throwing MyException2 from g()
  MyException2: Detail Message: 0 Originated in g()
          at ExtraFeatures.g(ExtraFeatures.java:26)
          at ExtraFeatures.main(ExtraFeatures.java:39)
  Throwing MyException2 from h()
  MyException2: Detail Message: 47 Originated in h()
          at ExtraFeatures.h(ExtraFeatures.java:30)
          at ExtraFeatures.main(ExtraFeatures.java:44)
  e.val() = 47
  *///:~
```

455

新的异常添加了字段**x**以及设定**x**值的构造器和读取数据的方法。此外，还覆盖了**Throwable.getMessage()**方法，以产生更详细的信息。对于异常类来说，**getMessage()**方法有点类似于**toString()**方法。

既然异常也是对象的一种，所以可以继续修改这个异常类，以得到更强的功能。但要记住，使用程序包的客户端程序员可能仅仅只是查看一下抛出的异常类型，其他的就不管了（大多数Java库里的异常都是这么用的），所以对异常所添加的其他功能也许根本用不上。

练习6：(1) 创建两个异常类，每一个都自动记录它们自己的日志，演示它们都可以正常运行。

456 **练习7**：(1) 修改练习3，使得**catch**子句可以将结果作为日志记录。

12.5 异常说明

Java鼓励人们把方法可能会抛出的异常告知使用此方法的客户端程序员。这是种优雅的做法，它使得调用者能确切知道写什么样的代码可以捕获所有潜在的异常。当然，如果提供了源代码，客户端程序员可以在源代码中查找**throw**语句来获知相关信息，然而程序库通常并不与源代码一起发布。为了预防这样的问题，Java提供了相应的语法（并强制使用这个语法），使你能以礼貌的方式告知客户端程序员某个方法可能会抛出的异常类型，然后客户端程序员就可以进行相应的处理。这就是*异常说明*，它属于方法声明的一部分，紧跟在形式参数列表之后。

异常说明使用了附加的关键字**throws**，后面接一个所有潜在异常类型的列表，所以方法定义可能看起来像这样：

但是，要是这样写：

```
void f() throws TooBig, TooSmall, DivZero { //...
```

就表示此方法不会抛出任何异常（除了从**RuntimeException**继承的异常，它们可以在没有异常

```
void f() { // ...
```

说明的情况下被抛出，这些将在后面进行讨论）。

代码必须与异常说明保持一致。如果方法里的代码产生了异常却没有进行处理，编译器会发现这个问题并提醒你：要么处理这个异常，要么就在异常说明中表明此方法将产生异常。通过这种自顶向下强制执行的异常说明机制，Java在编译时就可以保证一定水平的异常正确性。

不过还是有个能“作弊”的地方：可以声明方法将抛出异常，实际上却不抛出。编译器相信了这个声明，并强制此方法的用户像真的抛出异常那样使用这个方法。这样做的好处是，为异常先占个位子，以后就可以抛出这种异常而不用修改已有的代码。在定义抽象基类和接口时这种能力很重要，这样派生类或接口实现就能够抛出这些预先声明的异常。

这种在编译时被强制检查的异常称为*被检查的异常*。

练习8：(1) 定义一个类，令其方法抛出在练习2里定义的异常。不用异常说明，看看能否通
457 过编译。然后加上异常说明，用**try-catch**子句测试该类和异常。

12.6 捕获所有异常

可以只写一个异常处理程序来捕获所有类型的异常。通过捕获异常类型的基类**Exception**，就可以做到这一点（事实上还有其他的基类，但**Exception**是同编程活动相关的基类）：

```
catch(Exception e) {
  System.out.println("Caught an exception");
}
```

这将捕获所有异常，所以最好把它放在处理程序列表的*末尾*，以防它抢在其他处理程序之前先把异常捕获了。

因为**Exception**是与编程有关的所有异常类的基类，所以它不会含有太多具体的信息，不过可以调用它从其基类**Throwable**继承的方法：

String getMessage()
String getLocalizedMessage()

用来获取详细信息，或用本地语言表示的详细信息。

String toString()

返回对**Throwable**的简单描述，要是有详细信息的话，也会把它包含在内。

void printStackTrace()
void printStackTrace(PrintStream)
void printStackTrace(java.io.PrintWriter)

打印**Throwable**和**Throwable**的调用栈轨迹。调用栈显示了“把你带到异常抛出地点”的方法调用序列。其中第一个版本输出到标准错误，后两个版本允许选择要输出的流（在第18章，你将学习这两种流的不同之处）。 458

Throwable fillInStackTrace()

用于在**Throwable**对象的内部记录栈帧的当前状态。这在程序重新抛出错误或异常（很快就会讲到）时很有用。

此外，也可以使用**Throwable**从其基类**Object**（也是所有类的基类）继承的方法。对于异常来说，**getClass()**也许是个很好用的方法，它将返回一个表示此对象类型的对象。然后可以使用**getName()**方法查询这个**Class**对象包含包信息的名称，或者使用只产生类名称的**getSimpleName()**方法。

下面的例子演示了如何使用**Exception**类型的方法：

```
//: exceptions/ExceptionMethods.java
// Demonstrating the Exception Methods.
import static net.mindview.util.Print.*;

public class ExceptionMethods {
  public static void main(String[] args) {
    try {
      throw new Exception("My Exception");
    } catch(Exception e) {
      print("Caught Exception");
      print("getMessage():" + e.getMessage());
      print("getLocalizedMessage():" +
        e.getLocalizedMessage());
      print("toString():" + e);
      print("printStackTrace():");
      e.printStackTrace(System.out);
    }
  }
} /* Output:
Caught Exception
getMessage():My Exception
getLocalizedMessage():My Exception
toString():java.lang.Exception: My Exception
printStackTrace():
java.lang.Exception: My Exception
        at ExceptionMethods.main(ExceptionMethods.java:8)
*///:~
```

459

可以发现每个方法都比前一个提供了更多的信息——实际上它们每一个都是前一个的超集。

练习9：(2) 定义三种新的异常类型。写一个类，在一个方法中抛出这三种异常。在**main()**里调用这个方法，仅用一个**catch**子句捕获这三种异常。

12.6.1 栈轨迹

printStackTrace()方法所提供的信息可以通过**getStackTrace()**方法来直接访问，这个方法将返回一个由栈轨迹中的元素所构成的数组，其中每一个元素都表示栈中的一帧。元素0是栈顶元素，并且是调用序列中的最后一个方法调用（这个**Throwable**被创建和抛出之处）。数组中的最后一个元素和栈底是调用序列中的第一个方法调用。下面的程序是一个简单的演示示例：

```
//: exceptions/WhoCalled.java
// Programmatic access to stack trace information.

public class WhoCalled {
  static void f() {
    // Generate an exception to fill in the stack trace
    try {
      throw new Exception();
    } catch (Exception e) {
      for(StackTraceElement ste : e.getStackTrace())
        System.out.println(ste.getMethodName());
    }
  }
  static void g() { f(); }
  static void h() { g(); }
  public static void main(String[] args) {
    f();
    System.out.println("--------------------------------");
    g();
    System.out.println("--------------------------------");
    h();
  }
} /* Output:
f
main
--------------------------------
f
g
main
--------------------------------
f
g
h
main
*///:~
```

460

这里，我们只打印了方法名，但实际上还可以打印整个**StackTraceElement**，它包含其他附件的信息。

12.6.2 重新抛出异常

有时希望把刚捕获的异常重新抛出，尤其是在使用**Exception**捕获所有异常的时候。既然已经得到了对当前异常对象的引用，可以直接把它重新抛出：

```
catch(Exception e) {
  System.out.println("An exception was thrown");
  throw e;
}
```

重抛异常会把异常抛给上一级环境中的异常处理程序，同一个**try**块的后续**catch**子句将被忽略。此外，异常对象的所有信息都得以保持，所以高一级环境中捕获此异常的处理程序可以从这个异常对象中得到所有信息。

如果只是把当前异常对象重新抛出，那么**printStackTrace()**方法显示的将是原来异常抛出点的调用栈信息，而并非重新抛出点的信息。要想更新这个信息，可以调用**fillInStackTrace()**方法，这将返回一个**Throwable**对象，它是通过把当前调用栈信息填入原来那个异常对象而建立的，就像这样：

```
//: exceptions/Rethrowing.java
// Demonstrating fillInStackTrace()

public class Rethrowing {
  public static void f() throws Exception {
    System.out.println("originating the exception in f()");
```

```
    throw new Exception("thrown from f()");
  }
  public static void g() throws Exception {
    try {
      f();
    } catch(Exception e) {
      System.out.println("Inside g(),e.printStackTrace()");
      e.printStackTrace(System.out);
      throw e;
    }
  }
  public static void h() throws Exception {
    try {
      f();
    } catch(Exception e) {
      System.out.println("Inside h(),e.printStackTrace()");
      e.printStackTrace(System.out);
      throw (Exception)e.fillInStackTrace();
    }
  }
  public static void main(String[] args) {
    try {
      g();
    } catch(Exception e) {
      System.out.println("main: printStackTrace()");
      e.printStackTrace(System.out);
    }
    try {
      h();
    } catch(Exception e) {
      System.out.println("main: printStackTrace()");
      e.printStackTrace(System.out);
    }
  }
} /* Output:
originating the exception in f()
Inside g(),e.printStackTrace()
java.lang.Exception: thrown from f()
        at Rethrowing.f(Rethrowing.java:7)
        at Rethrowing.g(Rethrowing.java:11)
        at Rethrowing.main(Rethrowing.java:29)
main: printStackTrace()
java.lang.Exception: thrown from f()
        at Rethrowing.f(Rethrowing.java:7)
        at Rethrowing.g(Rethrowing.java:11)
        at Rethrowing.main(Rethrowing.java:29)
originating the exception in f()
Inside h(),e.printStackTrace()
java.lang.Exception: thrown from f()
        at Rethrowing.f(Rethrowing.java:7)
        at Rethrowing.h(Rethrowing.java:20)
        at Rethrowing.main(Rethrowing.java:35)
main: printStackTrace()
java.lang.Exception: thrown from f()
        at Rethrowing.h(Rethrowing.java:24)
        at Rethrowing.main(Rethrowing.java:35)
*///:~
```

461

462

调用**fillInStackTrace()**的那一行就成了异常的新发生地了。

有可能在捕获异常之后抛出另一种异常。这么做的话，得到的效果类似于使用**fillInStackTrace()**，有关原来异常发生点的信息会丢失，剩下的是与新的抛出点有关的信息：

```
//: exceptions/RethrowNew.java
// Rethrow a different object from the one that was caught.

class OneException extends Exception {
```

```
  public OneException(String s) { super(s); }
}

class TwoException extends Exception {
  public TwoException(String s) { super(s); }
}

public class RethrowNew {
  public static void f() throws OneException {
    System.out.println("originating the exception in f()");
    throw new OneException("thrown from f()");
  }
  public static void main(String[] args) {
    try {
      try {
        f();
      } catch(OneException e) {
        System.out.println(
          "Caught in inner try, e.printStackTrace()");
        e.printStackTrace(System.out);
        throw new TwoException("from inner try");
      }
    } catch(TwoException e) {
      System.out.println(
        "Caught in outer try, e.printStackTrace()");
      e.printStackTrace(System.out);
    }
  }
} /* Output:
originating the exception in f()
Caught in inner try, e.printStackTrace()
OneException: thrown from f()
        at RethrowNew.f(RethrowNew.java:15)
        at RethrowNew.main(RethrowNew.java:20)
Caught in outer try, e.printStackTrace()
TwoException: from inner try
        at RethrowNew.main(RethrowNew.java:25)
*///:~
```

463

最后那个异常仅知道自己来自**main()**，而对**f()**一无所知。

永远不必为清理前一个异常对象而担心，或者说为异常对象的清理而担心。它们都是用**new**在堆上创建的对象，所以垃圾回收器会自动把它们清理掉。

12.6.3 异常链

常常会想要在捕获一个异常后抛出另一个异常，并且希望把原始异常的信息保存下来，这被称为*异常链*。在JDK 1.4以前，程序员必须自己编写代码来保存原始异常的信息。现在所有**Throwable**的子类在构造器中都可以接受一个*cause*（因由）对象作为参数。这个*cause*就用来表示原始异常，这样通过把原始异常传递给新的异常，使得即使在当前位置创建并抛出了新的异常，也能通过这个异常链追踪到异常最初发生的位置。

有趣的是，在**Throwable**的子类中，只有三种基本的异常类提供了带*cause*参数的构造器。它们是**Error**（用于Java虚拟机报告系统错误）、**Exception**以及**RuntimeException**。如果要把其
464 他类型的异常链接起来，应该使用**initCause()**方法而不是构造器。

下面的例子能让你在运行时动态地向**DynamicFields**对象添加字段：

```
//: exceptions/DynamicFields.java
// A Class that dynamically adds fields to itself.
// Demonstrates exception chaining.
import static net.mindview.util.Print.*;

class DynamicFieldsException extends Exception {}
```

```
public class DynamicFields {
  private Object[][] fields;
  public DynamicFields(int initialSize) {
    fields = new Object[initialSize][2];
    for(int i = 0; i < initialSize; i++)
      fields[i] = new Object[] { null, null };
  }
  public String toString() {
    StringBuilder result = new StringBuilder();
    for(Object[] obj : fields) {
      result.append(obj[0]);
      result.append(": ");
      result.append(obj[1]);
      result.append("\n");
    }
    return result.toString();
  }
  private int hasField(String id) {
    for(int i = 0; i < fields.length; i++)
      if(id.equals(fields[i][0]))
        return i;
    return -1;
  }
  private int
  getFieldNumber(String id) throws NoSuchFieldException {
    int fieldNum = hasField(id);
    if(fieldNum == -1)
      throw new NoSuchFieldException();
    return fieldNum;
  }
  private int makeField(String id) {
    for(int i = 0; i < fields.length; i++)
      if(fields[i][0] == null) {
        fields[i][0] = id;
        return i;
      }
    // No empty fields. Add one:
    Object[][] tmp = new Object[fields.length + 1][2];
    for(int i = 0; i < fields.length; i++)
      tmp[i] = fields[i];
    for(int i = fields.length; i < tmp.length; i++)
      tmp[i] = new Object[] { null, null };
    fields = tmp;
    // Recursive call with expanded fields:
    return makeField(id);
  }
  public Object
  getField(String id) throws NoSuchFieldException {
    return fields[getFieldNumber(id)][1];
  }
  public Object setField(String id, Object value)
  throws DynamicFieldsException {
    if(value == null) {
      // Most exceptions don't have a "cause" constructor.
      // In these cases you must use initCause(),
      // available in all Throwable subclasses.
      DynamicFieldsException dfe =
        new DynamicFieldsException();
      dfe.initCause(new NullPointerException());
      throw dfe;
    }
    int fieldNumber = hasField(id);
    if(fieldNumber == -1)
      fieldNumber = makeField(id);
    Object result = null;
    try {
      result = getField(id); // Get old value
```

465

```
    } catch(NoSuchFieldException e) {
      // Use constructor that takes "cause":
      throw new RuntimeException(e);
    }
    fields[fieldNumber][1] = value;
    return result;
  }
  public static void main(String[] args) {
    DynamicFields df = new DynamicFields(3);
    print(df);
466 try {
      df.setField("d", "A value for d");
      df.setField("number", 47);
      df.setField("number2", 48);
      print(df);
      df.setField("d", "A new value for d");
      df.setField("number3", 11);
      print("df: " + df);
      print("df.getField(\"d\") : " + df.getField("d"));
      Object field = df.setField("d", null); // Exception
    } catch(NoSuchFieldException e) {
      e.printStackTrace(System.out);
    } catch(DynamicFieldsException e) {
      e.printStackTrace(System.out);
    }
  }
} /* Output:
null: null
null: null
null: null

d: A value for d
number: 47
number2: 48

df: d: A new value for d
number: 47
number2: 48
number3: 11

df.getField("d") : A new value for d
DynamicFieldsException
        at DynamicFields.setField(DynamicFields.java:64)
        at DynamicFields.main(DynamicFields.java:94)
Caused by: java.lang.NullPointerException
        at DynamicFields.setField(DynamicFields.java:66)
        ... 1 more
*///:~
```

每个**DynamicFields**对象都含有一个数组，其元素是“成对的对象”。第一个对象表示字段标识符（一个字符串），第二个表示字段值，值的类型可以是除基本类型外的任意类型。当创建对象的时候，要合理估计一下需要多少字段。当调用**setField()**方法的时候，它将试图通过标识
467 修改已有字段值，否则就建一个新的字段，并把值放入。如果空间不够了，将建立一个更长的数组，并把原来数组的元素复制进去。如果你试图为字段设置一个空值，将抛出一个**DynamicFieldsException**异常，它是通过使用**initCause()**方法把**NullPointerException**对象插入而建立的。

至于返回值，**setField()**将用**getField()**方法把此位置的旧值取出，这个操作可能会抛出**NoSuchFieldException**异常。如果客户端程序员调用了**getField()**方法，那么他就有责任处理这个可能抛出的 **NoSuchFieldException**异常，但如果异常是从**setField()**方法里抛出的，这种情况将被视为编程错误，所以就使用接受*cause*参数的构造器把**NoSuchFieldException**异常转换为

RuntimeException异常。

你会注意到，**toString()**方法使用了一个**StringBuilder**来创建其结果。在第13章中你将会了解到更多的关于**StringBuilder**的知识，但是只要你编写设计循环的**toString()**方法，通常都会想使用它，就像本例一样。

练习10：(2) 为一个类定义两个方法：**f()**和**g()**。在**g()**里，抛出一个自定义的新异常。在**f()**里，调用**g()**，捕获它抛出的异常，并且在**catch**子句里抛出另一个异常（自定义的第二种异常）。在**main()**里测试代码。

练习11：(1) 重复上一个练习，但是在**catch**子句里把**g()**要抛出的异常包装成一个**RuntimeException**。

12.7 Java标准异常

Throwable这个Java类被用来表示任何可以作为异常被抛出的类。**Throwable**对象可分为两种类型（指从**Throwable**继承而得到的类型）：**Error**用来表示编译时和系统错误（除特殊情况外，一般不用你关心）；**Exception**是可以被抛出的基本类型，在Java类库、用户方法以及运行时故障中都可能抛出**Exception**型异常。所以Java程序员关心的基类型通常是**Exception**。

要想对异常有全面的了解，最好去浏览一下HTML格式的Java文档（可以从java.sun.com下载）。为了对不同的异常有个感性的认识，这么做是值得的。但很快你就会发现，这些异常除了名称外其实都差不多。同时，Java中异常的数目在持续增加，所以在书中简单罗列它们毫无意义。所使用的第三方类库也可能会有自己的异常。对异常来说，关键是理解概念以及如何使用。 468

异常的基本的概念是用名称代表发生的问题，并且异常的名称应该可以望文知意。异常并非全是在**java.lang**包里定义的；有些异常是用来支持其他像**util**、**net**和**io**这样的程序包，这些异常可以通过它们的完整名称或者从它们的父类中看出端倪。比如，所有的输入/输出异常都是从**java.io.IOException**继承而来的。

12.7.1 特例：RuntimeException

在本章的第一个例子中：

```
if(t == null)
  throw new NullPointerException();
```

如果必须对传递给方法的每个引用都检查其是否为**null**（因为无法确定调用者是否传入了非法引用），这听起来着实吓人。幸运的是，这不必由你亲自来做，它属于Java的标准运行时检测的一部分。如果对**null**引用进行调用，Java会自动抛出**NullPointerException**异常，所以上述代码是多余的，尽管你也许想要执行其他的检查以确保**NullPointerException**不会出现。

属于运行时异常的类型有很多，它们会自动被Java虚拟机抛出，所以不必在异常说明中把它们列出来。这些异常都是从**RuntimeException**类继承而来，所以既体现了继承的优点，使用起来也很方便。这构成了一组具有相同特征和行为的异常类型。并且，也不再需要在异常说明中声明方法将抛出**RuntimeException**类型的异常（或者任何从**RuntimeException**继承的异常），它们也被称为“*不受检查异常*”。这种异常属于错误，将被自动捕获，就不用你亲自动手了。要是自己去检查**RuntimeException**的话，代码就显得太混乱了。不过尽管通常不用捕获**RuntimeException**异常，但还是可以在代码中抛出**RuntimeException**类型的异常。 469

如果不捕获这种类型的异常会发生什么事呢？因为编译器没有在这个问题上对异常说明进行强制检查，**RuntimeException**类型的异常也许会穿越所有的执行路径直达**main()**方法，而不会被捕获。要明白到底发生了什么，可以试试下面的例子：

```
//: exceptions/NeverCaught.java
// Ignoring RuntimeExceptions.
// {ThrowsException}

public class NeverCaught {
  static void f() {
    throw new RuntimeException("From f()");
  }
  static void g() {
    f();
  }
  public static void main(String[] args) {
    g();
  }
} ///:~
```

可能读者已经发现，**RuntimeException**（或任何从它继承的异常）是一个特例。对于这种异常类型，编译器不需要异常说明，其输出被报告给了**System.err**：

```
Exception in thread "main" java.lang.RuntimeException: From f()
        at NeverCaught.f(NeverCaught.java:7)
        at NeverCaught.g(NeverCaught.java:10)
        at NeverCaught.main(NeverCaught.java:13)
```

所以答案是：如果**RuntimeException**没有被捕获而直达**main()**，那么在程序退出前将调用异常的**printStackTrace()**方法。

请务必记住：只能在代码中忽略**RuntimeException**（及其子类）类型的异常，其他类型异常的处理都是由编译器强制实施的。究其原因，**RuntimeException**代表的是编程错误：

470 1) 无法预料的错误。比如从你控制范围之外传递进来的**null**引用。

2) 作为程序员，应该在代码中进行检查的错误。（比如对于**ArrayIndexOutOfBoundsException**，就得注意一下数组的大小了。）在一个地方发生的异常，常常会在另一个地方导致错误。

你会发现在这些情况下使用异常很有好处，它们能给调试带来便利。

值得注意的是：不应把Java的异常处理机制当成是单一用途的工具。是的，它被设计用来处理一些烦人的运行时错误，这些错误往往是由代码控制能力之外的因素导致的；然而，它对于发现某些编译器无法检测到的编程错误，也是非常重要的。

练习12：(3) 修改**innerclasses/Sequence.java**，使其在你试图向其中放置过多地元素时，抛出一个合适的异常。

12.8 使用finally进行清理

对于一些代码，可能会希望无论try块中的异常是否抛出，它们都能得到执行。这通常适用于内存回收之外的情况（因为回收由垃圾回收器完成）。为了达到这个效果，可以在异常处理程序后面加上**finally**子句[⊖]。完整的异常处理程序看起来像这样：

```
try {
  // The guarded region: Dangerous activities
  // that might throw A, B, or C
} catch(A a1) {
  // Handler for situation A
} catch(B b1) {
  // Handler for situation B
} catch(C c1) {
  // Handler for situation C
```

471

⊖ C++中的异常处理没有**finally**子句，它依赖析构函数来达到清理的目的。

```
} finally {
  // Activities that happen every time
}
```

为了证明**finally**子句总能运行，可以试试下面这个程序：

```
//: exceptions/FinallyWorks.java
// The finally clause is always executed.

class ThreeException extends Exception {}

public class FinallyWorks {
  static int count = 0;
  public static void main(String[] args) {
    while(true) {
      try {
        // Post-increment is zero first time:
        if(count++ == 0)
          throw new ThreeException();
        System.out.println("No exception");
      } catch(ThreeException e) {
        System.out.println("ThreeException");
      } finally {
        System.out.println("In finally clause");
        if(count == 2) break; // out of "while"
      }
    }
  }
} /* Output:
ThreeException
In finally clause
No exception
In finally clause
*///:~
```

可以从输出中发现，无论异常是否被抛出，**finally**子句总能被执行。

这个程序也给了我们一些思路，当Java中的异常不允许我们回到异常抛出的地点时，那么该如何应对呢？如果把**try**块放在循环里，就建立了一个“程序继续执行之前必须要达到”的条件。还可以加入一个**static**类型的计数器或者别的装置，使循环在放弃以前能尝试一定的次数。 472
这将使程序的健壮性更上一个台阶。

12.8.1 finally用来做什么

对于没有垃圾回收和析构函数自动调用机制⊖的语言来说，**finally**非常重要。它能使程序员保证：无论**try**块里发生了什么，内存总能得到释放。但Java有垃圾回收机制，所以内存释放不再是问题。而且，Java也没有析构函数可供调用。那么，Java在什么情况下才能用到**finally**呢？

当要把除内存之外的资源恢复到它们的初始状态时，就要用到**finally**子句。这种需要清理的资源包括：已经打开的文件或网络连接，在屏幕上画的图形，甚至可以是外部世界的某个开关，如下面例子所示：

```
//: exceptions/Switch.java
import static net.mindview.util.Print.*;

public class Switch {
  private boolean state = false;
  public boolean read() { return state; }
  public void on() { state = true; print(this); }
  public void off() { state = false; print(this); }
```

⊖ 析构函数是“当对象不再被使用的时候”会被调用的函数。你总能确切地知道析构函数被调用的时间和地点。C++能自动调用析构函数，而C#（它更像Java）里面会有自动进行清理的机制。

```
  public String toString() { return state ? "on" : "off"; }
} ///:~

//: exceptions/OnOffException1.java
public class OnOffException1 extends Exception {} ///:~

//: exceptions/OnOffException2.java
public class OnOffException2 extends Exception {} ///:~

//: exceptions/OnOffSwitch.java
// Why use finally?

public class OnOffSwitch {
473  private static Switch sw = new Switch();
  public static void f()
  throws OnOffException1,OnOffException2 {}
  public static void main(String[] args) {
    try {
      sw.on();
      // Code that can throw exceptions...
      f();
      sw.off();
    } catch(OnOffException1 e) {
      System.out.println("OnOffException1");
      sw.off();
    } catch(OnOffException2 e) {
      System.out.println("OnOffException2");
      sw.off();
    }
  }
} /* Output:
on
off
*///:~
```

程序的目的是要确保**main()**结束的时候开关必须是关闭的，所以在每个**try**块和异常处理程序的末尾都加入了对**sw.off()**方法的调用。但也可能有这种情况：异常被抛出，但没被处理程序捕获，这时**sw.off()**就得不到调用。但是有了**finally**，只要把**try**块中的清理代码移放在一处即可：

```
//: exceptions/WithFinally.java
// Finally Guarantees cleanup.

public class WithFinally {
  static Switch sw = new Switch();
  public static void main(String[] args) {
    try {
      sw.on();
      // Code that can throw exceptions...
      OnOffSwitch.f();
    } catch(OnOffException1 e) {
      System.out.println("OnOffException1");
    } catch(OnOffException2 e) {
      System.out.println("OnOffException2");
    } finally {
      sw.off();
474    }
  }
} /* Output:
on
off
*///:~
```

这里**sw.off()**被移到一处，并且保证在任何情况下都能得到执行。

甚至在异常没有被当前的异常处理程序捕获的情况下，异常处理机制也会在跳到更高一层的异常处理程序之前，执行**finally**子句：

```
//: exceptions/AlwaysFinally.java
// Finally is always executed.
import static net.mindview.util.Print.*;

class FourException extends Exception {}

public class AlwaysFinally {
  public static void main(String[] args) {
    print("Entering first try block");
    try {
      print("Entering second try block");
      try {
        throw new FourException();
      } finally {
        print("finally in 2nd try block");
      }
    } catch(FourException e) {
      System.out.println(
        "Caught FourException in 1st try block");
    } finally {
      System.out.println("finally in 1st try block");
    }
  }
} /* Output:
Entering first try block
Entering second try block
finally in 2nd try block
Caught FourException in 1st try block
finally in 1st try block
*///:~
```

475

当涉及**break**和**continue**语句的时候，**finally**子句也会得到执行。请注意，如果把**finally**子句和带标签的**break**及**continue**配合使用，在Java里就没必要使用**goto**语句了。

练习13：(2) 修改练习9，加一个**finally**子句。验证一下，即便是抛出**NullPointerException**异常，**finally**子句也会得到执行。

练习14：(2) 试说明，在**OnOffSwitch.java**的**try**块内部抛出**RuntimeException**，程序可能会出现错误。

练习15：(2) 试说明，在**WithFinally.java**的**try**块内部抛出**RuntimcException**，程序不会出现错误。

12.8.2 在return中使用finally

因为**finally**子句总是会执行的，所以在一个方法中，可以从多个点返回，并且可以保证重要的清理工作仍旧会执行：

```
//: exceptions/MultipleReturns.java
import static net.mindview.util.Print.*;

public class MultipleReturns {
  public static void f(int i) {
    print("Initialization that requires cleanup");
    try {
      print("Point 1");
      if(i == 1) return;
      print("Point 2");
      if(i == 2) return;
      print("Point 3");
      if(i == 3) return;
      print("End");
      return;
    } finally {
      print("Performing cleanup");
    }
```

```
  }
  public static void main(String[] args) {
    for(int i = 1; i <= 4; i++)
      f(i);
  }
476 } /* Output:
Initialization that requires cleanup
Point 1
Performing cleanup
Initialization that requires cleanup
Point 1
Point 2
Performing cleanup
Initialization that requires cleanup
Point 1
Point 2
Point 3
Performing cleanup
Initialization that requires cleanup
Point 1
Point 2
Point 3
End
Performing cleanup
*///:~
```

从输出中可以看出，在**finally**类内部，从何处返回无关紧要。

练习16：(2) 修改**reusing/CADSystem.java**，以演示从**try-finally**的中间返回仍旧会执行正确的清理。

练习17：(3) 修改**polymorphism/Frog.java**，使其使用**try-finally**来保证正确的清理，并展示即使在**try-finally**的中间返回，它也可以起作用。

12.8.3 缺憾：异常丢失

遗憾的是，Java的异常实现也有瑕疵。异常作为程序出错的标志，决不应该被忽略，但它还是有可能被轻易地忽略。用某些特殊的方式使用**finally**子句，就会发生这种情况：

```
//: exceptions/LostMessage.java
// How an exception can be lost.

class VeryImportantException extends Exception {
  public String toString() {
    return "A very important exception!";
477 }
}

class HoHumException extends Exception {
  public String toString() {
    return "A trivial exception";
  }
}

public class LostMessage {
  void f() throws VeryImportantException {
    throw new VeryImportantException();
  }
  void dispose() throws HoHumException {
    throw new HoHumException();
  }
  public static void main(String[] args) {
    try {
      LostMessage lm = new LostMessage();
      try {
        lm.f();
```

```
      } finally {
        lm.dispose();
      }
    } catch(Exception e) {
      System.out.println(e);
    }
  }
} /* Output:
A trivial exception
*///:~
```

从输出中可以看到，**VeryImportantException**不见了，它被**finally**子句里的 **HoHumException**所取代。这是相当严重的缺陷，因为异常可能会以一种比前面例子所示更微妙和难以察觉的方式完全丢失。相比之下，C++把"前一个异常还没处理就抛出下一个异常"的情形看成是糟糕的编程错误。也许在Java的未来版本中会修正这个问题（另一方面，要把所有抛出异常的方法，如上例中的**dispose()**方法，全部打包放到**try-catch**子句里面）。

一种更加简单的丢失异常的方式是从**finally**子句中返回： 478

```
//: exceptions/ExceptionSilencer.java

public class ExceptionSilencer {
  public static void main(String[] args) {
    try {
      throw new RuntimeException();
    } finally {
      // Using 'return' inside the finally block
      // will silence any thrown exception.
      return;
    }
  }
} ///:~
```

如果运行这个程序，就会看到即使抛出了异常，它也不会产生任何输出。

练习18：(3) 为**LostMessage.java**添加第二层异常丢失，以便用第三个异常来替代**HoHumException**异常。

练习19：(2) 通过确保**finally**子句中的调用，来修复**LostMessage.java**中的问题。

12.9 异常的限制

当覆盖方法的时候，只能抛出在基类方法的异常说明里列出的那些异常。这个限制很有用，因为这意味着，当基类使用的代码应用到其派生类对象的时候，一样能够工作（当然，这是面向对象的基本概念），异常也不例外。

下面例子演示了这种（在编译时）施加在异常上面的限制：

```
//: exceptions/StormyInning.java
// Overridden methods may throw only the exceptions
// specified in their base-class versions, or exceptions
// derived from the base-class exceptions.

class BaseballException extends Exception {}
class Foul extends BaseballException {}
class Strike extends BaseballException {}
abstract class Inning {
  public Inning() throws BaseballException {}
  public void event() throws BaseballException {
    // Doesn't actually have to throw anything
  }
  public abstract void atBat() throws Strike, Foul;
  public void walk() {} // Throws no checked exceptions
```
479

```
}

class StormException extends Exception {}
class RainedOut extends StormException {}
class PopFoul extends Foul {}

interface Storm {
  public void event() throws RainedOut;
  public void rainHard() throws RainedOut;
}

public class StormyInning extends Inning implements Storm {
  // OK to add new exceptions for constructors, but you
  // must deal with the base constructor exceptions:
  public StormyInning()
    throws RainedOut, BaseballException {}
  public StormyInning(String s)
    throws Foul, BaseballException {}
  // Regular methods must conform to base class:
//! void walk() throws PopFoul {} //Compile error
  // Interface CANNOT add exceptions to existing
  // methods from the base class:
//! public void event() throws RainedOut {}
  // If the method doesn't already exist in the
  // base class, the exception is OK:
  public void rainHard() throws RainedOut {}
  // You can choose to not throw any exceptions,
  // even if the base version does:
  public void event() {}
  // Overridden methods can throw inherited exceptions:
  public void atBat() throws PopFoul {}
  public static void main(String[] args) {
    try {
      StormyInning si = new StormyInning();
      si.atBat();
    } catch(PopFoul e) {
480   System.out.println("Pop foul");
    } catch(RainedOut e) {
      System.out.println("Rained out");
    } catch(BaseballException e) {
      System.out.println("Generic baseball exception");
    }
    // Strike not thrown in derived version.
    try {
      // What happens if you upcast?
      Inning i = new StormyInning();
      i.atBat();
      // You must catch the exceptions from the
      // base-class version of the method:
    } catch(Strike e) {
      System.out.println("Strike");
    } catch(Foul e) {
      System.out.println("Foul");
    } catch(RainedOut e) {
      System.out.println("Rained out");
    } catch(BaseballException e) {
      System.out.println("Generic baseball exception");
    }
  }
} ///:~
```

在**Inning**类中，可以看到构造器和**event()**方法都声明将抛出异常，但实际上没有抛出。这种方式使你能强制用户去捕获可能在覆盖后的**event()**版本中增加的异常，所以它很合理。这对于抽象方法同样成立，比如**atBat()**。

接口**Storm**值得注意，因为它包含了一个在**Inning**中定义的方法**event()**和一个不在**Inning**中定义的方法**rainHard()**。这两个方法都抛出新的异常**RainedOut**。如果**StormyInning**类在扩展**Inning**类的同时又实现了**Storm**接口，那么**Storm**里的**event()**方法就不能改变在**Inning**中的**event()**方法的异常接口。否则的话，在使用基类的时候就不能判断是否捕获了正确的异常，所以这也很合理。当然，如果接口里定义的方法不是来自于基类，比如**rainHard()**，那么此方法抛出什么样的异常都没有问题。

异常限制对构造器不起作用。你会发现**StormyInning**的构造器可以抛出任何异常，而不必理会基类构造器所抛出的异常。然而，因为基类构造器必须以这样或那样的方式被调用（这里 481 默认构造器将自动被调用），派生类构造器的异常说明必须包含基类构造器的异常说明。

派生类构造器不能捕获基类构造器抛出的异常。

StormyInning.walk()不能通过编译的原因是因为：它抛出了异常，而**Inning.walk()**并没有声明此异常。如果编译器允许这么做的话，就可以在调用**Inning.walk()**的时候不用做异常处理了，而且当把它替换成**Inning** 的派生类的对象时，这个方法就有可能会抛出异常，于是程序就失灵了。通过强制派生类遵守基类方法的异常说明，对象的可替换性得到了保证。

覆盖后的**event()**方法表明，派生类方法可以不抛出任何异常，即使它是基类所定义的异常。同样这是因为，假使基类的方法会抛出异常，这样做也不会破坏已有的程序，所以也没有问题。类似的情况出现在**atBat()**身上，它抛出的是**PopFoul**，这个异常是继承自“会被基类的**atBat()**抛出”的**Foul**。这样，如果你写的代码是同**Inning**打交道，并且调用了它的**atBat()**的话，那么肯定能捕获**Foul**。而**PopFoul**是由**Foul**派生出来的，因此异常处理程序也能捕获**PopFoul**。

最后一个值得注意的地方是**main()**。这里可以看到，如果处理的刚好是**StormyInning**对象的话，编译器只会强制要求你捕获这个类所抛出的异常。但是如果将它向上转型成基类型，那么编译器就会（正确地）要求你捕获基类的异常。所有这些限制都是为了能产生更为强壮的异常处理代码⊖。

尽管在继承过程中，编译器会对异常说明做强制要求，但异常说明本身并不属于方法类型的一部分，方法类型是由方法的名字与参数的类型组成的。因此，不能基于异常说明来重载方法。此外，一个出现在基类方法的异常说明中的异常，不一定会出现在派生类方法的异常说明 482 里。这点同继承的规则明显不同，在继承中，基类的方法必须出现在派生类里，换句话说，在继承和覆盖的过程中，某个特定方法的“异常说明的接口”不是变大了而是变小了——这恰好和类接口在继承时的情形相反。

练习20：(3) 修改**StormyInning.java**，加一个**UmpireArgument**异常，和一个能抛出此异常的方法。测试一下修改后的异常继承体系。

12.10 构造器

有一点很重要，即你要时刻询问自己“如果异常发生了，所有东西能被正确的清理吗？”尽管大多数情况下是非常安全的，但涉及构造器时，问题就出现了。构造器会把对象设置成安全的初始状态，但还会有别的动作，比如打开一个文件，这样的动作只有在对象使用完毕并且用户调用了特殊的清理方法之后才能得以清理。如果在构造器内抛出了异常，这些清理行为也许就不能正常工作了。这意味着在编写构造器时要格外细心。

读者也许会认为使用**finally**就可以解决问题。但问题并非如此简单，因为**finally**会*每次*都执

⊖ ISO C++中加上了类似的约束，要求派生类的方法所抛出的异常要与基类方法相同，或者是基类方法抛出的异常的派生类。这是C++真正能够在编译时对异常说明进行检查的唯一情况。

行清理代码。如果构造器在其执行过程中半途而废，也许该对象的某些部分还没有被成功创建，而这些部分在**finally**子句中却是要被清理的。

在下面的例子中，建立了一个**InputFile**类，它能打开一个文件并且每次读取其中的一行。这里使用了Java标准输入/输出库中的**FileReader**和**BufferedReader**类（将在第18章讨论），这些类的基本用法很简单，读者应该很容易明白：

483

```
//: exceptions/InputFile.java
// Paying attention to exceptions in constructors.
import java.io.*;

public class InputFile {
  private BufferedReader in;
  public InputFile(String fname) throws Exception {
    try {
      in = new BufferedReader(new FileReader(fname));
      // Other code that might throw exceptions
    } catch(FileNotFoundException e) {
      System.out.println("Could not open " + fname);
      // Wasn't open, so don't close it
      throw e;
    } catch(Exception e) {
      // All other exceptions must close it
      try {
        in.close();
      } catch(IOException e2) {
        System.out.println("in.close() unsuccessful");
      }
      throw e; // Rethrow
    } finally {
      // Don't close it here!!!
    }
  }
  public String getLine() {
    String s;
    try {
      s = in.readLine();
    } catch(IOException e) {
      throw new RuntimeException("readLine() failed");
    }
    return s;
  }
  public void dispose() {
    try {
      in.close();
      System.out.println("dispose() successful");
    } catch(IOException e2) {
      throw new RuntimeException("in.close() failed");
    }
  }
} ///:~
```

InputFile的构造器接受字符串作为参数，该字符串表示所要打开的文件名。在**try**块中，会使用此文件名建立了**FileReader**对象。**FileReader**对象本身用处并不大，但可以用它来建立
484 **BufferedReader**对象。注意，使用**InputFile**的好处就能是把两步操作合而为一。

如果**FileReader**的构造器失败了，将抛出**FileNotFoundException**异常。对于这个异常，并不需要关闭文件，因为这个文件还没有被打开。而任何其他捕获异常的**catch**子句必须关闭文件，因为在它们捕获到异常之时，文件已经打开了（当然，如果还有其他方法能抛出**FileNotFoundException**，这个方法就显得有些投机取巧了。这时，通常必须把这些方法分别放到各自的try块里）。**close()**方法也可能会抛出异常，所以尽管它已经在另一个**Catch**子句块里了，

还是要再用一层try-catch——对Java编译器而言，这只不过是又多了一对花括号。在本地做完处理之后，异常被重新抛出，对于构造器而言这么做是很合适的，因为你总不希望去误导调用方，让他认为“这个对象已经创建完毕，可以使用了”。

在本例中，由于**finally**会在每次完成构造器之后都执行一遍，因此它实在不该是调用**close()**关闭文件的地方。我们希望文件在**InputFile**对象的整个生命周期内都处于打开状态。

getLine()方法会返回表示文件下一行内容的字符串。它调用了能抛出异常的**readLine()**，但是这个异常已经在方法内得到处理，因此**getLine()**不会抛出任何异常。在设计异常时有一个问题：应该把异常全部放在这一层处理；还是先处理一部分，然后再向上层抛出相同的（或新的）异常；又或者是不做任何处理直接向上层抛出。如果用法恰当的话，直接向上层抛出的确能简化编程。在这里，**getLine()**方法将异常转换为**RuntimeException**，表示一个编程错误。

用户在不再需要**InputFile**对象时，就必须调用**dispose()**方法，这将释放**BufferedReader**和/或**FileReader**对象所占用的系统资源（比如文件句柄），在使用完**InputFile**对象之前是不会调用它的。可能你会考虑把上述功能放到**finalize()**里面，但我在第5章讲过，你不知道**finalize()**会不会被调用（即使能确定它将被调用，也不知道在什么时候调用）。这也是Java的缺陷：除了内存的清理之外，所有的清理都不会自动发生。所以必须告诉客户端程序员，这是他们的责任。

对于在构造阶段可能会抛出异常，并且要求清理的类，最安全的使用方式是使用嵌套的**try**子句：

485

```
//: exceptions/Cleanup.java
// Guaranteeing proper cleanup of a resource.

public class Cleanup {
  public static void main(String[] args) {
    try {
      InputFile in = new InputFile("Cleanup.java");
      try {
        String s;
        int i = 1;
        while((s = in.getLine()) != null)
          ; // Perform line-by-line processing here...
      } catch(Exception e) {
        System.out.println("Caught Exception in main");
        e.printStackTrace(System.out);
      } finally {
        in.dispose();
      }
    } catch(Exception e) {
      System.out.println("InputFile construction failed");
    }
  }
} /* Output:
dispose() successful
*///:~
```

请仔细观察这里的逻辑：对**InputFile**对象的构造在其自己的**try**语句块中有效，如果构造失败，将进入外部的**catch**子句，而**dispose()**方法不会被调用。但是，如果构造成功，我们肯定想确保对象能够被清理，因此在构造之后立即创建了一个新的**try**语句块。执行清理的**finally**与内部的**try**语句块相关联。在这种方式中，**finally**子句在构造失败时是不会执行的，而在构成成功时将总是执行。

这种通用的清理惯用法在构造器不抛出任何异常时也应该运用，其基本规则是：在创建需要清理的对象之后，立即进入一个**try-finally**语句块：

```
//: exceptions/CleanupIdiom.java
// Each disposable object must be followed by a try-finally

class NeedsCleanup { // Construction can't fail
  private static long counter = 1;
  private final long id = counter++;
  public void dispose() {
    System.out.println("NeedsCleanup " + id + " disposed");
  }
}

class ConstructionException extends Exception {}

class NeedsCleanup2 extends NeedsCleanup {
  // Construction can fail:
  public NeedsCleanup2() throws ConstructionException {}
}

public class CleanupIdiom {
  public static void main(String[] args) {
    // Section 1:
    NeedsCleanup nc1 = new NeedsCleanup();
    try {
      // ...
    } finally {
      nc1.dispose();
    }

    // Section 2:
    // If construction cannot fail you can group objects:
    NeedsCleanup nc2 = new NeedsCleanup();
    NeedsCleanup nc3 = new NeedsCleanup();
    try {
      // ...
    } finally {
      nc3.dispose(); // Reverse order of construction
      nc2.dispose();
    }

    // Section 3:
    // If construction can fail you must guard each one:
    try {
      NeedsCleanup2 nc4 = new NeedsCleanup2();
      try {
        NeedsCleanup2 nc5 = new NeedsCleanup2();
        try {
          // ...
        } finally {
          nc5.dispose();
        }
      } catch(ConstructionException e) { // nc5 constructor
        System.out.println(e);
      } finally {
        nc4.dispose();
      }
    } catch(ConstructionException e) { // nc4 constructor
      System.out.println(e);
    }
  }
} /* Output:
NeedsCleanup 1 disposed
NeedsCleanup 3 disposed
NeedsCleanup 2 disposed
NeedsCleanup 5 disposed
NeedsCleanup 4 disposed
*///:~
```

486

487

在**main()**中，Section 1相当简单：遵循了在可去除对象之后紧跟**try-finally**的原则。如果对象构造不能失败，就不需要任何**catch**。在Section 2中，为了构造和清理，可以看到具有不能失败的构造器的对象可以群组在一起。

Section 3展示了如何处理那些具有可以失败的构造器，且需要清理的对象。为了正确处理这种情况，事情变得很棘手，因为对于每一个构造，都必须包含在其自己的**try-finally**语句块中，并且每一个对象构造必须都跟随一个**try-finally**语句块以确保清理。

本例中的异常处理的棘手程度，对于应该创建不能失败的构造器是一个有力的论据，尽管这么做并非总是可行。

注意，如果**dispose()**可以抛出异常，那么你可能需要额外的**try**语句块。基本上，你应该仔细考虑所有的可能性，并确保正确处理每一种情况。

练习21：(2) 试证明，派生类的构造器不能捕获它的基类构造器所抛出的异常。

练习22：(2) 创建一个名为**FailingConstructor.java**的类，它具有一个可能会在构造过程中失败并且会抛出一个异常的构造器。在**main()**中，编写能够确保不出现故障的代码。 488

练习23：(4) 在前一个练习中添加一个**dispose()**方法。修改**FailingConstructor**，使其构造器可以将那些可去除对象之一当作一个成员对象创建，然后该构造器可能会抛出一个异常，之后它将创建第二个可去除成员对象。编写能够确保不出现故障的代码，并在**main()**中验证所有可能的故障情形都被覆盖了。

练习24：(2) 在**FailingConstructor**类中添加一个**dispose()**方法，并编写代码正确使用这个类。

12.11 异常匹配

抛出异常的时候，异常处理系统会按照代码的书写顺序找出“最近”的处理程序。找到匹配的处理程序之后，它就认为异常将得到处理，然后就不再继续查找。

查找的时候并不要求抛出的异常同处理程序所声明的异常完全匹配。派生类的对象也可以匹配其基类的处理程序，就像这样：

```
//: exceptions/Human.java
// Catching exception hierarchies.

class Annoyance extends Exception {}
class Sneeze extends Annoyance {}

public class Human {
  public static void main(String[] args) {
    // Catch the exact type:
    try {
      throw new Sneeze();
    } catch(Sneeze s) {
      System.out.println("Caught Sneeze");
    } catch(Annoyance a) {
      System.out.println("Caught Annoyance");
    }
    // Catch the base type:
    try {
      throw new Sneeze();
    } catch(Annoyance a) {
      System.out.println("Caught Annoyance");
    }
  }
} /* Output:
Caught Sneeze
Caught Annoyance
*///:~
```

489

Sneeze异常会被第一个匹配的**catch**子句捕获，也就是程序里的第一个。然而如果将这个**catch**子句删掉，只留下**Annoyance**的**catch**子句，该程序仍然能运行，因为这次捕获的是**Sneeze**的基类。换句话说，**catch(Annoyance e)**会捕获**Annoyance**以及所有从它派生的异常。这一点非常有用，因为如果决定在方法里加上更多派生异常的话，只要客户程序员捕获的是基类异常，那么它们的代码就无需更改。

如果把捕获基类的catch子句放在最前面，以此想把派生类的异常全给"屏蔽"掉，就像这样：

```
try {
  throw new Sneeze();
} catch(Annoyance a) {
  // ...
} catch(Sneeze s) {
  // ...
}
```

这样编译器就会发现**Sneeze**的**catch**子句永远也得不到执行，因此它会向你报告错误。

练习25：(2) 建立一个三层的异常继承体系，然后创建基类A，它的一个方法能抛出异常体系的基类异常。让B继承A，并且覆盖这个方法，让它抛出第二层的异常。让C继承B，再次覆盖这个方法，让它抛出第三层的异常。在**main()**里创建一个C类型的对象，把它向上转型为A，然后调用这个方法。

12.12 其他可选方式

异常处理系统就像一个活门（trap door），使你能放弃程序的正常执行序列。当"异常情形"发生的时候，正常的执行已变得不可能或者不需要了，这时就要用到这个"活门"。异常代表了当前方法不能继续执行的情形。开发异常处理系统的原因是，如果为每个方法所有可能发生的
490 错误都进行处理的话，任务就显得过于繁重了，程序员也不愿意这么做。结果常常是将错误忽略。应该注意到，开发异常处理的初衷是为了方便程序员处理错误。

异常处理的一个重要原则是"只有在你知道如何处理的情况下才捕获异常"。实际上，异常处理的一个重要目标就是把错误处理的代码同错误发生的地点相分离。这使你能在一段代码中专注于要完成的事情，至于如何处理错误，则放在另一段代码中完成。这样一来，主干代码就不会与错误处理逻辑混在一起，也更容易理解和维护。通过允许一个处理程序去处理多个出错点，异常处理还使得错误处理代码的数量趋向于减少。

"被检查的异常"使这个问题变得有些复杂，因为它们强制你在可能还没准备好处理错误的时候被迫加上**catch**子句，这就导致了吞食则有害（harmful if swallowed）的问题：

```
try {
  // ... to do something useful
} catch(ObligatoryException e) {} // Gulp!
```

程序员们只做最简单的事情（包括我自己，在本书第1版中也有这个问题），常常是无意中"吞食"了异常；然而一旦这么做，虽然能通过编译，但除非你记得复查并改正代码，否则异常将会丢失。异常确实发生了，但"吞食"后它却完全消失了。因为编译器强迫你立刻写代码来处理异常，所以这种看起来最简单的方法，却可能是最糟糕的做法。

当我意识到犯了这么大一个错误时，简直吓了一大跳。在本书第2版中，我在处理程序里通过打印栈轨迹的方法"修补"了这个问题（本章中的很多例子还是使用了这种方法，看起来还是比较合适的）。虽然这样可以跟踪异常的行为，但是仍旧不知道该如何处理异常。这一节，我

们来研究一下"被检查的异常"及其并发症，以及采用什么方法来解决这些问题。

这个话题看起来简单，但实际上它不仅复杂，更重要的是还非常多变。总有人会顽固地坚持自己的立场，声称正确答案（也是他们的答案）是显而易见的。我觉得之所以会有这种观点， 491
是因为我们使用的工具已经不是ANSI标准出台前的像C那样的弱类型语言，而是像C++和Java这样的"强静态类型语言"（也就是编译时就做类型检查的语言），这是前者所无法比拟的。当刚开始这种转变的时候（就像我一样），会觉得它带来的好处是那样明显，好像类型检查总能解决所有的问题。在此，我想结合我自己的认识过程，告诉读者我是怎样从对类型检查的绝对迷信变成持怀疑态度的；当然，很多时候它还是非常有用的，但是当它挡住我们的去路并成为障碍的时候，我们就得跨过去。只是这条界限往往并不是很清晰（我最喜欢的一句格言是：所有模型都是错误的，但有些是能用的）。

12.12.1 历史

异常处理起源于PL/1和Mesa之类的系统中，后来又出现在CLU、Smalltalk、Modula-3、Ada、Eiffel、C++、Python、Java以及后Java语言Ruby和C#中。Java的设计和C++很相似，只是Java的设计者去掉了一些他们认为C++设计得不好的东西。

为了能向程序员提供一个他们更愿意使用的错误处理和恢复的框架，异常处理机制很晚才被加入C++标准化过程中，这是由C++的设计者Bjarne Stroustrup所倡议的。C++的异常模型主要借鉴了CLU的做法。然而，当时其他语言已经支持异常处理了：包括Ada、Smalltalk（两者都有异常处理，但是都没有异常说明），以及Modula-3（它既有异常处理也有异常说明）。

Liskov和Snyder在他们的一篇讨论该主题的独创性论文[⊖]中指出，用瞬时风格（transient fashion）报告错误的语言（如C中）有一个主要缺陷，那就是：

"……每次调用的时候都必须执行条件测试，以确定会产生何种结果。这使程序难以阅读，并且有可能降低运行效率，因此程序员们既不愿意指出，也不愿意处理异常。" 492

因此，异常处理的初衷是要消除这种限制，但是我们又从Java的"被检查的异常"中看到了这种代码。他们继续写道：

"……要求程序员把异常处理程序的代码文本附接到会引发异常的调用上，这会降低程序的可读性，使得程序的正常思路被异常处理给破坏了。"

C++中异常的设计参考了CLU方式。Stroustrup声称其目标是减少恢复错误所需的代码。我想他这话是说给那些通常情况下都不写C的错误处理的程序员们听的，因为要把那么多代码放到那么多地方实在不是什么好差事。所以他们写C程序的习惯是，忽略所有的错误，然后使用调试器来跟踪错误。这些程序员知道，使用异常就意味着他们要写一些通常不用写的、"多出来的"代码。因此，要把他们拉到"使用错误处理"的正轨上，"多出来的"代码决不能太多。我认为，评价Java的"被检查的异常"的时候，这一点是很重要的。

C++从CLU那里还带来另一种思想：异常说明。这样，就可以用编程的方式在方法的特征签名中，声明这个方法将会抛出异常。异常说明可能有两种意思。一个是"我的代码会产生这种异常，这由你来处理"。另一个是"我的代码忽略了这些异常，这由你来处理"。学习异常处理的机制和语法的时候，我们一直在关注"你来处理"部分，但这里特别值得注意的事实是，我们通常都忽略了异常说明所表达的完整含义。

C++的异常说明不属于函数的类型信息。编译时唯一要检查的是异常说明是不是前后一致；

⊖ *Exception Handling in CLU*（Barbara Liskov和Alan Snyder: CLU的异常处理），IEEE Transactions on Software Engineering, Vol. SE-5, No. 6, 1979年11月。这篇论文在网上是找不到的，只有印刷版本，所以你得去图书馆找。

比如，如果函数或方法会抛出某些异常，那么它的重载版本或者派生版本也必须抛出同样的异常。与Java不同，C++不会在编译时进行检查以确定函数或方法是不是真的抛出异常，或者异常说明是不是完整（也就是说，异常说明有没有精确描述所有可能被抛出的异常）。这样的检查只
493 发生在运行期间。如果抛出的异常与异常说明不符，C++会调用标准类库的**unexpected()**函数。

值得注意的是，由于使用了模板，C++的标准类库实现里根本没有使用异常说明。在Java中，对于泛型用于异常说明的方式存在着一些限制。

12.12.2 观点

首先，Java无谓地发明了“被检查的异常”（很明显是受C++异常说明的启发，以及受C++程序员们一般对此无动于衷的事实的影响）。但是，这还只是一次尝试，目前为止还没有别的语言采用这种做法。

其次，仅从示意性的例子和小程序来看，“被检查的异常”的好处很明显。但是当程序开始变大的时候，就会带来一些微妙的问题。当然，程序不是一下就变大的，这有个过程。如果把不适用于大项目的语言用于小项目，当这些项目不断膨胀时，突然有一天你会发现，原来可以管理的东西，现在已经变得无法管理了。这就是我所说的过多的类型检查，特别是“被检查的异常”所造成的问题。

看来程序的规模是个重要因素。由于很多讨论都用小程序来做演示，因此这并不足以说明问题。一名C#的设计人员发现：

“仅从小程序来看，会认为异常说明能增加开发人员的效率，并提高代码的质量；但考察大项目的时候，结论就不同了——开发效率下降了，而代码质量只有微不足道的提高，甚至毫无提高”。[1]

谈到未被捕获的异常的时候，CLU的设计师们认为：

494 “我们觉得强迫程序员在不知道该采取什么措施的时候提供处理程序，是不现实的。”[2]

在解释为什么“函数没有异常说明就表示可以抛出任何异常”的时候，Stroustrup这样认为：

“但是，这样一来几乎所有的函数都得提供异常说明了，也就都得重新编译，而且还会妨碍它同其他语言的交互。这样会迫使程序员违反异常处理机制的约束，他们会写欺骗程序来掩盖异常。这将给没有注意到这些异常的人造成一种虚假的安全感。”[3]

我们已经看到这种破坏异常机制的行为了——就在Java的“被检查的异常”里。

Martin Fowler (*UML Distilled*，*Refactoring*和*Analysis Patterns*的作者)给我写了下面这段话：

“……总体来说，我觉得异常很不错，但是Java的”被检查的异常“带来的麻烦比好处要多。”

我觉得Java的当务之急应该是统一其报告错误的模型，这样所有的错误都能通过异常来报告。C++不这么做的原因是它要考虑向后兼容，要照顾那些直接忽略所有错误的C代码。但是如果你一致地用异常来报告错误，那么只要愿意，随时可以抛出异常，如果不愿意，这些错误会被传播到最上层（控制台或其他容器程序）。只有当Java修改了它那类似C++的模型，使异常成为报告错误的唯一方式，那时“被检查的异常”的额外限制也许就会变得没有那么必要了。

过去，我曾坚定地认为“被检查的异常”和强静态类型检查对开发健壮的程序是非常必要的。但是，我看到的以及我使用一些动态（类型检查）语言的亲身经历[4]告诉我，这些好处实际

---

[1] http://discuss.develop.com/archives/wa.exe?A2=ind0011A&L=DOTNET&P=R32820。

[2] http://discuss.develop.com/archives/wa.exe?A2=ind0011A&L=DOTNET&P=R32820。

[3] Bjarne Stroustrup, *The C++ Programming Language, 3rd edition*（C++程序设计语言，第3版），*Addison-Wesley 1997*，第376页。

[4] 间接经验来自于与很多资深Smalltalk程序员的谈话；直接经验则得自于使用Python（www.Python.org）。

上是来自于： 495

1) 不在于编译器是否会强制程序员去处理错误，而是要有一致的、使用异常来报告错误的模型。

2) 不在于什么时候进行检查，而是一定要有类型检查。也就是说，必须强制程序使用正确的类型，至于这种强制施加于编译时还是运行时，那倒没关系。

此外，减少编译时施加的约束能显著提高程序员的编程效率。事实上，反射和泛型就是用来补偿静态类型检查所带来的过多限制，在本书很多例子中都会见到这种情形。

我已经听到有人在指责了，他们认为这种言论会令我名誉扫地，会让文明堕落，会导致更高比例的项目失败。他们的信念是应该在编译时指出所有错误，这样才能挽救项目，这种信念可以说是无比坚定的；其实更重要的是要理解编译器的能力限制。在http://MindView.net/Books/BetterJava上的补充材料中，我强调了自动构建过程和单元测试的重要性，比起把所有的东西都说成是语法错误，它们的效果可以说是事半功倍。下面这段话是至理名言：

好的程序设计语言能帮助程序员写出好程序，但无论哪种语言都避免不了程序员用它写出了坏程序。[⊖]

不管怎么说，要让Java把"被检查的异常"从语言中去除，这种可能性看来非常渺茫。对语言来说，这个变化可能太激进了点，况且Sun的支持者们也非常强大。Sun有完全向后兼容的历史和策略，实际上所有Sun的软件都能在Sun的硬件上运行，无论它们有多么古老。然而，如果发现有些"被检查的异常"挡住了路，尤其是发现你不得不去对付那些不知道该如何处理的异常，还是有些办法的。 496

12.12.3 把异常传递给控制台

对于简单的程序，比如本书中的许多例子，最简单而又不用写多少代码就能保护异常信息的方法，就是把它们从**main()**传递到控制台。例如，为了读取信息而打开一个文件（在第12章将详细介绍），必须对**FileInputStream**进行打开和关闭操作，这就可能会产生异常。对于简单的程序，可以像这样做（本书中很多地方采用了这种方法）：

```
//: exceptions/MainException.java
import java.io.*;

public class MainException {
  // Pass all exceptions to the console:
  public static void main(String[] args) throws Exception {
    // Open the file:
    FileInputStream file =
      new FileInputStream("MainException.java");
    // Use the file ...
    // Close the file:
    file.close();
  }
} ///:~
```

注意，**main()**作为一个方法也可以有异常说明，这里异常的类型是**Exception**，它也是所有"被检查的异常"的基类。通过把它传递到控制台，就不必在**main()**里写**try-catch**子句了。（不过，实际的文件输入/输出操作比这个例子要复杂得多，所以在学习第18章之前，别高兴得太早。）

12.12.4 把"被检查的异常"转换为"不检查的异常"

在编写你自己使用的简单程序时，从**main()**中抛出异常是很方便的，但这不是通用的方法。

⊖ (Kees Koster，CDL语言的设计者，引自Eiffel语言的设计者Bertrand Meyer。) http://www.elj.com/elj/v1/n1/bm/right/。

497 问题的实质是，当在一个普通方法里调用别的方法时，要考虑到“我不知道该这样处理这个异常，但是也不想把它‘吞’了，或者打印一些无用的消息”。JDK 1.4的异常链提供了一种新的思路来解决这个问题。可以直接把“被检查的异常”包装进**RuntimeException**里面，就像这样：

```
try {
  // ... to do something useful
} catch(IDontKnowWhatToDoWithThisCheckedException e) {
  throw new RuntimeException(e);
}
```

如果想把“被检查的异常”这种功能“屏蔽”掉的话，这看上去像是一个好办法。不用“吞下”异常，也不必把它放到方法的异常说明里面，而异常链还能保证你不会丢失任何原始异常的信息。

这种技巧给了你一种选择，你可以不写**try-catch**子句和/或异常说明，直接忽略异常，让它自己沿着调用栈往上“冒泡”。同时，还可以用**getCause()**捕获并处理特定的异常，就像这样：

```
//: exceptions/TurnOffChecking.java
// "Turning off" Checked exceptions.
import java.io.*;
import static net.mindview.util.Print.*;

class WrapCheckedException {
  void throwRuntimeException(int type) {
    try {
      switch(type) {
        case 0: throw new FileNotFoundException();
        case 1: throw new IOException();
        case 2: throw new RuntimeException("Where am I?");
        default: return;
      }
    } catch(Exception e) { // Adapt to unchecked:
      throw new RuntimeException(e);
    }
  }
}

class SomeOtherException extends Exception {}
```

498

```
public class TurnOffChecking {
  public static void main(String[] args) {
    WrapCheckedException wce = new WrapCheckedException();
    // You can call throwRuntimeException() without a try
    // block, and let RuntimeExceptions leave the method:
    wce.throwRuntimeException(3);
    // Or you can choose to catch exceptions:
    for(int i = 0; i < 4; i++)
      try {
        if(i < 3)
          wce.throwRuntimeException(i);
        else
          throw new SomeOtherException();
      } catch(SomeOtherException e) {
        print("SomeOtherException: " + e);
      } catch(RuntimeException re) {
        try {
          throw re.getCause();
        } catch(FileNotFoundException e) {
          print("FileNotFoundException: " + e);
        } catch(IOException e) {
          print("IOException: " + e);
        } catch(Throwable e) {
          print("Throwable: " + e);
        }
```

```
        }
    }
} /* Output:
FileNotFoundException: java.io.FileNotFoundException
IOException: java.io.IOException
Throwable: java.lang.RuntimeException: Where am I?
SomeOtherException: SomeOtherException
*///:~
```

WrapCheckedException.throwRuntimeException()的代码可以生成不同类型的异常。这些异常被捕获并包装进了**RuntimeException**对象，所以它们成了这些运行时异常的“cause”了。

在**TurnOffChecking**里，可以不用**try**块就调用**throwRuntimeException()**，因为它没有抛出“被检查的异常”。但是，当你准备好去捕获异常的时候，还是可以用**try**块来捕获任何你想捕获的异常的。应该捕获**try**块肯定会抛出的异常，这里就是**SomeOtherException**。**Runtime-Exception**要放到最后去捕获。然后把**getCause()**的结果（也就是被包装的那个原始异常）抛出来。这样就把原先的那个异常给提取出来了，然后就可以用它们自己的**catch**子句进行处理。 499

本书余下部分将会在合适的时候使用这种“用**RuntimeException**来包装‘被检查的异常’”的技术。另一种解决方案是创建自己的**RuntimeException**的子类。在这种方式中，不必捕获它，但是希望得到它的其他代码都可以捕获它。

练习27：(1) 修改练习3，将异常转变为**RuntimeException**。

练习28：(1) 修改练习4，使客户的异常类继承自**RuntimeException**，并展示编译器允许你省略**try**语句块。

练习29：(1) 修改**StormyInning.java**中所有的异常类型，使它们扩展**RuntimeException**，并展示这里不需要任何异常说明或**try**语句块。移除“//!”注释并展示这些方法不需要说明就可以编译。

练习30：(2) 修改**Human.java**，使异常继承自**RuntimeException**修改**main()**，使其用**TurnOffChecking.java**类处理不同类型的异常。

12.13 异常使用指南

应该在下列情况下使用异常：

1) 在恰当的级别处理问题。(在知道该如何处理的情况下才捕获异常。)

2) 解决问题并且重新调用产生异常的方法。

3) 进行少许修补，然后绕过异常发生的地方继续执行。

4) 用别的数据进行计算，以代替方法预计会返回的值。

5) 把当前运行环境下能做的事情尽量做完，然后把相同的异常重抛到更高层。 500

6) 把当前运行环境下能做的事情尽量做完，然后把不同的异常抛到更高层。

7) 终止程序。

8) 进行简化。(如果你的异常模式使问题变得太复杂，那用起来会非常痛苦也很烦人。)

9) 让类库和程序更安全。(这既是在为调试做短期投资，也是在为程序的健壮性做长期投资。)

12.14 总结

异常是Java程序设计不可分割的一部分，如果不了解如何使用它们，那你只能完成很有限的工作。正因为如此，本书专门在此介绍了异常——对于许多类库（例如提到过的I/O库），如果不处理异常，你就无法使用它们。

异常处理的优点之一就是它使得你可以在某处集中精力处理你要解决的问题，而在另一处处理你编写的这段代码中产生的错误。尽管异常通常被认为是一种工具，使得你可以在运行时报告错误并从错误中恢复，但是我一直怀疑到底有多少时候“恢复”真正得以实现了，或者能够得以实现。我认为这种情况少于10%，并且即便是这10%，也只是将栈展开到某个已知的稳定状态，而并没有实际执行任何种类的恢复性行为。无论这是否正确，我一直相信“报告”功能是异常的精髓所在。Java坚定地强调将所有的错误都以异常形式报告的这一事实，正是它远远超过诸如C++这类语言的长处之一，因为在C++这类语言中，需要以大量不同的方式来报告错误，或者根本就没有提供错误报告功能。一致的错误报告系统意味着，你再也不必对所写的每一段代码，都质问自己“错误是否正在成为漏网之鱼？”（只要你没有“吞咽”异常，这是关键所在！）。

就像你将要在后续章节中看到的，通过将这个问题甩给其他代码——即使你是通过抛出**RuntimeException**来实现这一点的——你在设计和实现时，便可以专注于更加有趣和富有挑战性的问题了。

501~502 所选习题的答案都可以在名为The Thinking in Java Annotated Solution Guide的电子文档中找到，读者可以从https://www.mindviewllc.com处购买此文档。

第13章 字 符 串

可以证明，字符串操作是计算机程序设计中最常见的行为。

尤其是在Java大展拳脚的Web系统中更是如此。在本章中，我们将深入学习在Java语言中应用最广泛的**String**类，并研究与之相关的类及工具。

13.1 不可变String

String对象是不可变的。查看JDK文档你就会发现，**String**类中每一个看起来会修改**String**值的方法，实际上都是创建了一个全新的**String**对象，以包含修改后的字符串内容。而最初的**String**对象则丝毫未动。

看看下面的代码：

```
//: strings/Immutable.java
import static net.mindview.util.Print.*;

public class Immutable {
  public static String upcase(String s) {
    return s.toUpperCase();
  }
  public static void main(String[] args) {
    String q = "howdy";
    print(q); // howdy
    String qq = upcase(q);
    print(qq); // HOWDY
    print(q); // howdy
  }
} /* Output:
howdy
HOWDY
howdy
*///:~
```

503

当把**q**传给**upcase()**方法时，实际传递的是引用的一个拷贝。其实，每当把**String**对象作为方法的参数时，都会复制一份引用，而该引用所指的对象其实一直待在单一的物理位置上，从未动过。

回到**upcase()**的定义，传入其中的引用有了名字**s**，只有**upcase()**运行的时候，局部引用**s**才存在。一旦**upcase()**运行结束，**s**就消失了。当然了，**upcase()**的返回值，其实只是最终结果的引用。这足以说明，**upcase()**返回的引用已经指向了一个新的对象，而原本的**q**则还在原地。

String的这种行为方式其实正是我们想要的。例如：

```
String s = "asdf";
String x = Immutable.upcase(s);
```

难道你真的希望**upcase()**改变其参数吗？对于一个方法而言，参数是为该方法提供信息的，而不是想让该方法改变自己的。在阅读这段代码时，读者自然就会有这样的感觉。这一点很重要，正是有了这种保障，才使得代码易于编写与阅读。

13.2 重载“+”与StringBuilder

String对象是不可变的，你可以给一个**String**对象加任意多的别名。因为**String**对象具有只读特性，所以指向它的任何引用都不可能改变它的值，因此，也就不会对其他的引用有什么影响。

不可变性会带来一定的效率问题。为**String**对象重载的“+”操作符就是一个例子。重载的意思是，一个操作符在应用于特定的类时，被赋予了特殊的意义（用于**String**的“+”与“+=”
504 是Java中仅有的两个重载过的操作符，而Java并不允许程序员重载任何操作符[⊖]）。

操作符“+”可以用来连接**String**：

```
//: strings/Concatenation.java

public class Concatenation {
  public static void main(String[] args) {
    String mango = "mango";
    String s = "abc" + mango + "def" + 47;
    System.out.println(s);
  }
} /* Output:
abcmangodef47
*///:~
```

可以想象一下，这段代码可能是这样工作的：**String**可能有一个**append()**方法，它会生成一个新的**String**对象，以包含“abc”与**mango**连接后的字符串。然后，该对象再与“def”相连，生成另一个新的**String**对象，依此类推。

这种工作方式当然也行得通，但是为了生成最终的**String**，此方式会产生一大堆需要垃圾回收的中间对象。我猜想，Java设计师一开始就是这么做的（这也是软件设计中的一个教训：除非你用代码将系统实现，并让它动起来，否则你无法真正了解它会有什么问题），然后他们发现其性能相当糟糕。

想看看以上代码到底是如何工作的吗，可以用JDK自带的工具**javap**来反编译以上代码。命令如下：

```
javap -c Concatenation
```

这里的**-c**标志表示将生成JVM字节码。我剔除掉了不感兴趣的部分，然后作了一点点修改，于是有了以下的字节码：

```
public static void main(java.lang.String[]);
  Code:
   Stack=2, Locals=3, Args_size=1
   0:    ldc #2; //String mango
   2:    astore_1
   3:    new #3; //class StringBuilder
   6:    dup
   7:    invokespecial #4; //StringBuilder."<init>":()
   10:   ldc #5; //String abc
   12:   invokevirtual #6; //StringBuilder.append:(String)
   15:   aload_1
   16:   invokevirtual #6; //StringBuilder.append:(String)
   19:   ldc #7; //String def
   21:   invokevirtual #6; //StringBuilder.append:(String)
   24:   bipush 47
   26:   invokevirtual #8; //StringBuilder.append:(I)
   29:   invokevirtual #9; //StringBuilder.toString:()
```
505

⊖ C++允许程序员任意重载操作符。由于这通常是很复杂的过程（参见《C++编程思想（第2版）》第10章——本书中英文版均已由机械工业出版社出版），所以Java设计者认为这是“糟糕的”功能，不应该包括在Java中。其实重载操作符并没有糟糕到只能让它们自己去重载的地步，但具有讽刺意味的是，与C++相比，在Java中使用操作符重载要容易得多。这一点可以在Python（参考www.Python.org）与C#中看到，它们都具有垃圾回收与简单易懂的操作符重载机制。

```
32:   astore_2
33:   getstatic #10; //Field System.out:PrintStream;
36:   aload_2
37:   invokevirtual #11; // PrintStream.println:(String)
40:   return
```

如果你有汇编语言的经验，以上代码一定看着眼熟，其中的**dup**与**invokevirtural**语句相当于Java虚拟机上的汇编语句。即使你完全不了解汇编语言也无须担心，需要注意的重点是：编译器自动引入了**java.lang.StringBuilder**类。虽然我们在源代码中并没有使用 **StringBuilder**类，但是编译器却自作主张地使用了它，因为它更高效。

在这个例子中，编译器创建了一个**StringBuilder**对象，用以构造最终的**String**，并为每个字符串调用一次**StringBuilder**的**append()**方法，总计四次。最后调用**toString()**生成结果，并存为**s**（使用的命令为**astore_2**）。

现在，也许你会觉得可以随意使用**String**对象，反正编译器会为你自动地优化性能。可是在这之前，让我们更深入地看看编译器能为我们优化到什么程度。下面的程序采用两种方式生成一个**String**：方法一使用了多个**String**对象；方法二在代码中使用了**StringBuilder**。

```
//: strings/WhitherStringBuilder.java

public class WhitherStringBuilder {
  public String implicit(String[] fields) {
    String result = "";
    for(int i = 0; i < fields.length; i++)
      result += fields[i];
    return result;
  }
  public String explicit(String[] fields) {
    StringBuilder result = new StringBuilder();
    for(int i = 0; i < fields.length; i++)
      result.append(fields[i]);
    return result.toString();
  }
} ///:~
```

506

现在运行**javap -c WitherStringBuilder**，可以看到两个方法对应的（简化过的）字节码。首先是**implicit()**方法：

```
public java.lang.String implicit(java.lang.String[]);
  Code:
   0:   ldc #2; //String
   2:   astore_2
   3:   iconst_0
   4:   istore_3
   5:   iload_3
   6:   aload_1
   7:   arraylength
   8:   if_icmpge 38
   11:  new #3; //class StringBuilder
   14:  dup
   15:  invokespecial #4; // StringBuilder."<init>":()
   18:  aload_2
   19:  invokevirtual #5; // StringBuilder.append:()
   22:  aload_1
   23:  iload_3
   24:  aaload
   25:  invokevirtual #5; // StringBuilder.append:()
   28:  invokevirtual #6; // StringBuilder.toString:()
   31:  astore_2
   32:  iinc 3, 1
   35:  goto 5
   38:  aload_2
   39:  areturn
```

注意从第8行到第35行构成了一个循环体。第8行：对堆栈中的操作数进行“大于或等于的整数比较运算”，循环结束时跳到第38行。第35行：返回循环体的起始点（第5行）。要注意的重点是：**StringBuilder**是在循环之内构造的，这意味着每经过循环一次，就会创建一个新的**StringBuilder**对象。

下面是**explicit()**方法对应的字节码：

```
public java.lang.String explicit(java.lang.String[]);
  Code:
507
   0:    new #3; //class StringBuilder
   3:    dup
   4:    invokespecial #4; // StringBuilder."<init>":()
   7:    astore_2
   8:    iconst_0
   9:    istore_3
   10:   iload_3
   11:   aload_1
   12:   arraylength
   13:   if_icmpge 30
   16:   aload_2
   17:   aload_1
   18:   iload_3
   19:   aaload
   20:   invokevirtual #5; // StringBuilder.append:()
   23:   pop
   24:   iinc 3, 1
   27:   goto 10
   30:   aload_2
   31:   invokevirtual #6; // StringBuilder.toString:()
   34:   areturn
```

可以看到，不仅循环部分的代码更简短、更简单，而且它只生成了一个**StringBuilder**对象。显式地创建**StringBuilder**还允许你预先为其指定大小。如果你已经知道最终的字符串大概有多长，那预先指定**StringBuilder**的大小可以避免多次重新分配缓冲。

因此，当你为一个类编写**toString()**方法时，如果字符串操作比较简单，那就可以信赖编译器，它会为你合理地构造最终的字符串结果。但是，如果你要在**toString()**方法中使用循环，那么最好自己创建一个**StringBuilder**对象，用它来构造最终的结果。请参考以下示例：

```
//: strings/UsingStringBuilder.java
import java.util.*;

public class UsingStringBuilder {
  public static Random rand = new Random(47);
  public String toString() {
    StringBuilder result = new StringBuilder("[");
    for(int i = 0; i < 25; i++) {
      result.append(rand.nextInt(100));
      result.append(", ");
    }
    result.delete(result.length()-2, result.length());
508
    result.append("]");
    return result.toString();
  }
  public static void main(String[] args) {
    UsingStringBuilder usb = new UsingStringBuilder();
    System.out.println(usb);
  }
} /* Output:
[58, 55, 93, 61, 61, 29, 68, 0, 22, 7, 88, 28, 51, 89, 9,
78, 98, 61, 20, 58, 16, 40, 11, 22, 4]
*///:~
```

最终的结果是用**append()**语句一点点拼接起来的。如果你想走捷径，例如**append(a+ “:” +c)**，那编译器就会掉入陷阱，从而为你另外创建一个**StringBuilder**对象处理括号内的字符串操作。

如果拿不准该用哪种方式，随时可以用**javap**来分析你的程序。

StringBuilder提供了丰富而全面的方法，包括**insert()**、**repleace()**、**substring()**甚至**reverse()**，但是最常用的还是**append()**和**toString()**。还有**delete()**方法，上面的例子中我们用它删除最后一个逗号与空格，以便添加右括号。

StringBuilder是Java SE5引入的，在这之前Java用的是**StringBuffer**。后者是线程安全的(参见第21章)，因此开销也会大些，所以在Java SE5/6中，字符串操作应该还会更快一点。

练习1：(2) 分析**reusing/SprinklerSystem.java**的**SprinklerSystem.tString()**方法，看看明确地使用**StringBuilder**是否确实能够避免产生过多的**StringBuilder**对象。

13.3 无意识的递归

Java中的每个类从根本上都是继承自**Object**，标准容器类自然也不例外。因此容器类都有**toString()**方法，并且覆写了该方法，使得它生成的**String**结果能够表达容器自身，以及容器所包含的对象。例如**ArrayList.toString()**，它会遍历**ArrayList**中包含的所有对象，调用每个元素上的**toString()**方法：

```
//: strings/ArrayListDisplay.java
import generics.coffee.*;
import java.util.*;                                              509
public class ArrayListDisplay {
  public static void main(String[] args) {
    ArrayList<Coffee> coffees = new ArrayList<Coffee>();
    for(Coffee c : new CoffeeGenerator(10))
      coffees.add(c);
    System.out.println(coffees);
  }
} /* Output:
[Americano 0, Latte 1, Americano 2, Mocha 3, Mocha 4, Breve
5, Americano 6, Latte 7, Cappuccino 8, Cappuccino 9]
*///:~
```

如果你希望**toString()**方法打印出对象的内存地址，也许你会考虑使用**this**关键字：

```
//: strings/InfiniteRecursion.java
// Accidental recursion.
// {RunByHand}
import java.util.*;

public class InfiniteRecursion {
  public String toString() {
    return " InfiniteRecursion address: " + this + "\n";
  }
  public static void main(String[] args) {
    List<InfiniteRecursion> v =
      new ArrayList<InfiniteRecursion>();
    for(int i = 0; i < 10; i++)
      v.add(new InfiniteRecursion());
    System.out.println(v);
  }
} ///:~
```

当你创建了**InfiniteRecursion**对象，并将其打印出来的时候，你会得到一串非常长的异常。如果你将该**InfiniteRecursion**对象存入一个**ArrayList**中，然后打印该**ArrayList**，你也会得到同样的异常。其实，当如下代码运行时：

```
"InfiniteRecursion address: " + this
```

这里发生了自动类型转换，由**InfiniteRecursion**类型转换成**String**类型。因为编译器看到一个**String**对象后面跟着一个“+”，而再后面的对象不是**String**，于是编译器试着将this转换成一
510 个**String**。它怎么转换呢，正是通过调用**this**上的**toString()**方法，于是就发生了递归调用。

如果你真的想要打印出对象的内存地址，应该调用**Object.toString()**方法，这才是负责此任务的方法。所以，你不该使用**this**，而是应该调用**super.toString()**方法。

练习2：(1) 修复**InfiniteRecursion.java**。

13.4 String上的操作

以下是**String**对象具备的一些基本方法。重载的方法归纳在同一行中：

方　法	参数，重载版本	应　用
构造器	重载版本：默认版本，**String**，**StringBuilder**，**StringBuffer**，**char**数组，**byte**数组	创建**String**对象
length()		**String**中字符的个数
charAt()	**Int**索引	取得**String**中该索引位置上的**char**
getChars(), getBytes()	要复制部分的起点和终点的索引，复制的目标数组，目标数组的起始索引	复制**char**或**byte**到一个目标数组中
toCharArray()		生成一个**char[]**，包含**String**的所有字符
equals(), equalsIgnoreCase()	与之进行比较的**String**	比较两个**String**的内容是否相同
511 **compareTo()**	与之进行比较的**String**	按词典顺序比较**String**的内容，比较结果为负数、零或正数。注意，大小写并不等价
contains()	要搜索的**CharSequence**	如果该**String**对象包含参数的内容，则返回**true**
contentEquals()	与之进行比较的**CharSequence**或**StringBuffer**	如果该**String**与参数的内容完全一致，则返回**true**
equalsIgnoreCase()	与之进行比较的**String**	忽略大小写，如果两个**String**的内容相同，则返回**true**
regionMatcher()	该**String**的索引偏移量，另一个**String**及其索引偏移量，要比较的长度。重载版本增加了“忽略大小写”功能	返回**boolean**结果，以表明所比较区域是否相等
startsWith()	可能的起始**String**。重载版本在参数中增加了偏移量	返回**boolean**结果，以表明该**String**是否以此参数起始
endsWith()	该**String**可能的后缀**String**	返回**boolean**结果，以表明此参数是否该字符串的后缀
indexOf(), lastIndexOf()	重载版本包括：**char**，**char**与起始索引，**String**，**String**与起始索引	如果该**String**并不包含此参数，就返回−1；否则返回此参数在**String**中的起始索引。**lastIndexOf()**是从后向前搜索
substring()（subSequence()）	重载版本：起始索引；起始索引+终点坐标	返回一个新的**String**，以包含参数指定的子字符串

（续）

方 法	参数，重载版本	应 用
concat()	要连接的String	返回一个新的String对象，内容为原始String连接上参数String
replace()	要替换掉的字符，用来进行替换的新字符。也可以用一个CharSequence来替换另一个CharSequence	返回替换字符后的新String对象。如果没有替换发生，则返回原始的String对象
toLowerCase() toUpperCase()		将字符的大小写改变后，返回一个新String对象。如果没有改变发生，则返回原始的String对象
trim()		将String两端的空白字符删除后，返回一个新的String对象。如果没有改变发生，则返回原始的String对象
valueOf()	重载版本：Object；char[]；char[]，偏移量，与字符个数；boolean；char；int；long；float；double	返回一个表示参数内容的String
intern()		为每个唯一的字符序列生成一个且仅生成一个String引用

512

从这个表中可以看出，当需要改变字符串的内容时，**String**类的方法都会返回一个新的**String**对象。同时，如果内容没有发生改变，**String**的方法只是返回指向原对象的引用而已。这可以节约存储空间以及避免额外的开销。

513

本章稍后还将介绍*正则表达式*在**String**方法中的应用。

13.5 格式化输出

在长久的等待之后，Java SE5终于推出了C语言中**printf()**风格的格式化输出这一功能。这不仅使得控制输出的代码更加简单，同时也给与Java开发者对于输出格式与排列更强大的控制能力[⊖]。

13.5.1 printf()

C语言中的**printf()**并不能像Java那样连接字符串，它使用一个简单的格式化字符串，加上要插入其中的值，然后将其格式化输出。**printf()**并不使用重载的“+”操作符（C没有重载）来连接引号内的字符串或字符串变量，而是使用特殊的占位符来表示数据将来的位置。而且它还将插入格式化字符串的参数，以逗号分隔，排成一行。

例如：

```
printf("Row 1: [%d %f]\n", x, y);
```

这一行代码在运行的时候，首先将**x**的值插入到**%d**的位置，然后将**y**的值插入到**%f**的位置。这些占位符称作*格式修饰符*，它们不但说明了插入数据的位置，同时还说明了将插入什么类型的变量，以及如何对其格式化。在这个例子中，**%d**表示**x**是一个整数，**%f**表示**y**是以一个浮点数（**float**或者**double**）。

13.5.2 System.out.format()

Java SE5引入的**format**方法可用于**PrintStream**或**PrintWriter**对象（我们将在第18章学习它

⊖ Mark Welsh帮助我撰写了本节以及13.7节。

们)，其中也包括**System.out**对象。**format()**方法模仿自C的**printf()**。如果你比较怀旧的话，也可以使用**printf()**。以下是一个简单的示例：

```
//: strings/SimpleFormat.java

public class SimpleFormat {
  public static void main(String[] args) {
514    int x = 5;
    double y = 5.332542;
    // The old way:
    System.out.println("Row 1: [" + x + " " + y + "]");
    // The new way:
    System.out.format("Row 1: [%d %f]\n", x, y);
    // or
    System.out.printf("Row 1: [%d %f]\n", x, y);
  }
} /* Output:
Row 1: [5 5.332542]
Row 1: [5 5.332542]
Row 1: [5 5.332542]
*///:~
```

可以看到，**format()**与**printf()**是等价的，它们只需要一个简单的格式化字符串，加上一串参数即可，每个参数对应一个格式修饰符。

13.5.3 Formatter类

在Java中，所有新的格式化功能都由**java.util.Formatter**类处理。可以将**Formatter**看作一个翻译器，它将你的格式化字符串与数据翻译成需要的结果。当你创建一个**Formatter**对象的时候，需要向其构造器传递一些信息，告诉它最终的结果将向哪里输出：

```
//: strings/Turtle.java
import java.io.*;
import java.util.*;

public class Turtle {
  private String name;
  private Formatter f;
  public Turtle(String name, Formatter f) {
    this.name = name;
    this.f = f;
  }
  public void move(int x, int y) {
    f.format("%s The Turtle is at (%d,%d)\n", name, x, y);
  }
  public static void main(String[] args) {
    PrintStream outAlias = System.out;
    Turtle tommy = new Turtle("Tommy",
      new Formatter(System.out));
515    Turtle terry = new Turtle("Terry",
      new Formatter(outAlias));
    tommy.move(0,0);
    terry.move(4,8);
    tommy.move(3,4);
    terry.move(2,5);
    tommy.move(3,3);
    terry.move(3,3);
  }
} /* Output:
Tommy The Turtle is at (0,0)
Terry The Turtle is at (4,8)
Tommy The Turtle is at (3,4)
Terry The Turtle is at (2,5)
Tommy The Turtle is at (3,3)
Terry The Turtle is at (3,3)
*///:~
```

所有的**tommy**都将输出到**System.out**，而所有的**terry**则都输出到**System.out**的一个别名中。**Formatter**的构造器经过重载可以接受多种输出目的地，不过最常用的还是**PrintStream()**（如上例）、**OutputStream**和**File**。在第18章中你将看到与之相关的更多信息。

练习3：(1) 修改**Turtle.java**，使之将结果输出到**System.err**中。

前面的示例中还使用了一个新的格式化修饰符**%s**，它表示插入的参数是**String**类型。这个例子使用的是最简单类型的格式修饰符——它只具有转换类型而没有其他功能。

13.5.4 格式化说明符

在插入数据时，如果想要控制空格与对齐，你需要更精细复杂的格式修饰符。以下是其抽象的语法：

```
%[argument_index$][flags][width][.precision]conversion
```

最常见的应用是控制一个域的最小尺寸，这可以通过指定**width**来实现。**Formatter**对象通过在必要时添加空格，来确保一个域至少达到某个长度。在默认的情况下，数据是右对齐，不过可以通过使用"-"标志来改变对齐方向。 516

与**width**相对的是**precision**，它用来指明最大尺寸。**width**可以应用于各种类型的数据转换，并且其行为方式都一样。**precision**则不然，不是所有类型的数据都能使用**precision**，而且，应用于不同类型的数据转换时，**precision**的意义也不同。在将**precision**应用于**String**时，它表示打印**String**时输出字符的最大数量。而在将**precision**应用于浮点数时，它表示小数部分要显示出来的位数（默认是6位小数），如果小数位数过多则舍入，太少则在尾部补零。由于整数没有小数部分，所以**precision**无法应用于整数，如果你对整数应用**precision**，则会触发异常。

下面的程序应用格式修饰符来打印一个购物收据：

```
//: strings/Receipt.java
import java.util.*;

public class Receipt {
  private double total = 0;
  private Formatter f = new Formatter(System.out);
  public void printTitle() {
    f.format("%-15s %5s %10s\n", "Item", "Qty", "Price");
    f.format("%-15s %5s %10s\n", "----", "---", "-----");
  }
  public void print(String name, int qty, double price) {
    f.format("%-15.15s %5d %10.2f\n", name, qty, price);
    total += price;
  }
  public void printTotal() {
    f.format("%-15s %5s %10.2f\n", "Tax", "", total*0.06);
    f.format("%-15s %5s %10s\n", "", "", "-----");
    f.format("%-15s %5s %10.2f\n", "Total", "",
      total * 1.06);
  }
  public static void main(String[] args) {
    Receipt receipt = new Receipt();
    receipt.printTitle();
    receipt.print("Jack's Magic Beans", 4, 4.25);
    receipt.print("Princess Peas", 3, 5.1);
    receipt.print("Three Bears Porridge", 1, 14.29);
    receipt.printTotal();
  }
} /* Output:
Item              Qty      Price
----              ---      -----
Jack's Magic Be     4       4.25
Princess Peas       3       5.10
```

517

```
Three Bears Por     1       14.29
Tax                          1.42
                            -----
Total                       25.06
*///:~
```

正如你所见，通过相当简洁的语法，**Formatter**提供了对空格与对齐的强大控制能力。在该程序中，为了恰当地控制间隔，格式化字符串被重复地利用了多遍。

练习4：(3) 修改**Receipt.java**，令所有的宽度都由一个常量来控制。目的是使宽度的改变更容易，只需修改一处的值即可。

13.5.5 Formatter转换

下面的表格包含了最常用的类型转换：

类型转换字符			
d	整数型（十进制）	**e**	浮点数（科学计数）
c	Unicode字符	**x**	整数（十六进制）
b	Boolean值	**h**	散列码（十六进制）
s	String	**%**	字符“%”
f	浮点数（十进制）		

下面的程序演示了这些转换是如何工作的：

518

```
//: strings/Conversion.java
import java.math.*;
import java.util.*;
public class Conversion {
  public static void main(String[] args) {
    Formatter f = new Formatter(System.out);

    char u = 'a';
    System.out.println("u = 'a'");
    f.format("s: %s\n", u);
    // f.format("d: %d\n", u);
    f.format("c: %c\n", u);
    f.format("b: %b\n", u);
    // f.format("f: %f\n", u);
    // f.format("e: %e\n", u);
    // f.format("x: %x\n", u);
    f.format("h: %h\n", u);

    int v = 121;
    System.out.println("v = 121");
    f.format("d: %d\n", v);
    f.format("c: %c\n", v);
    f.format("b: %b\n", v);
    f.format("s: %s\n", v);
    // f.format("f: %f\n", v);
    // f.format("e: %e\n", v);
    f.format("x: %x\n", v);
    f.format("h: %h\n", v);

    BigInteger w = new BigInteger("50000000000000");
    System.out.println(
      "w = new BigInteger(\"50000000000000\")");
    f.format("d: %d\n", w);
    // f.format("c: %c\n", w);
    f.format("b: %b\n", w);
    f.format("s: %s\n", w);
    // f.format("f: %f\n", w);
    // f.format("e: %e\n", w);
    f.format("x: %x\n", w);
```

```
    f.format("h: %h\n", w);

    double x = 179.543;
    System.out.println("x = 179.543");
    // f.format("d: %d\n", x);
    // f.format("c: %c\n", x);
    f.format("b: %b\n", x);
    f.format("s: %s\n", x);
    f.format("f: %f\n", x);
    f.format("e: %e\n", x);
    // f.format("x: %x\n", x);
    f.format("h: %h\n", x);

    Conversion y = new Conversion();
    System.out.println("y = new Conversion()");
    // f.format("d: %d\n", y);
    // f.format("c: %c\n", y);
    f.format("b: %b\n", y);
    f.format("s: %s\n", y);
    // f.format("f: %f\n", y);
    // f.format("e: %e\n", y);
    // f.format("x: %x\n", y);
    f.format("h: %h\n", y);

    boolean z = false;
    System.out.println("z = false");
    // f.format("d: %d\n", z);
    // f.format("c: %c\n", z);
    f.format("b: %b\n", z);
    f.format("s: %s\n", z);
    // f.format("f: %f\n", z);
    // f.format("e: %e\n", z);
    // f.format("x: %x\n", z);
    f.format("h: %h\n", z);
  }
} /* Output: (Sample)
u = 'a'
s: a
c: a
b: true
h: 61
v = 121
d: 121
c: y
b: true
s: 121
x: 79
h: 79
w = new BigInteger("50000000000000")
d: 50000000000000
b: true
s: 50000000000000
x: 2d79883d2000
h: 8842a1a7
x = 179.543
b: true
s: 179.543
f: 179.543000
e: 1.795430e+02
h: 1ef462c
y = new Conversion()
b: true
s: Conversion@9cab16
h: 9cab16
z = false
b: false
s: false
```

519

520

```
h: 4d5
*///:~
```

被注释的代码表示，针对相应类型的变量，这些转换是无效的。如果执行这些转换，则会触发异常。

注意，程序中的每个变量都用到了**b**转换。虽然它对各种类型都是合法的，但其行为却不一定与你想象的一致。对于**boolean**基本类型或**Boolean**对象，其转换结果是对应的**true**或**false**。但是，对其他类型的参数，只要该参数不为**null**，那转换的结果就永远都是**true**。即使是数字0，转换结果依然为**true**，而这在其他语言中（包括C），往往转换为**false**。所以，将**b**应用于非布尔类型的对象时请格外小心。

还有许多不常用的类型转换与格式修饰符选项，你可以在JDK文档中的**Formatter**类部分找到它们。

练习5：(5) 针对前边表格中的各种基本转化类型，请利用所有可能的格式修饰符，写出一个尽可能复杂的格式化表达式。

13.5.6 String.format()

Java SE5也参考了C中的**sprintf()**方法，以生成格式化的**String**对象。**String.format()**是一个**static**方法，它接受与**Formatter.format()**方法一样的参数，但返回一个**String**对象。当你只需使
521 用**format()**方法一次的时候，**String.format()**用起来很方便。例如：

```
//: strings/DatabaseException.java

public class DatabaseException extends Exception {
  public DatabaseException(int transactionID, int queryID,
    String message) {
    super(String.format("(t%d, q%d) %s", transactionID,
        queryID, message));
  }
  public static void main(String[] args) {
    try {
      throw new DatabaseException(3, 7, "Write failed");
    } catch(Exception e) {
      System.out.println(e);
    }
  }
} /* Output:
DatabaseException: (t3, q7) Write failed
*///:~
```

其实在**String.format()**内部，它也是创建一个**Formatter**对象，然后将你传入的参数转给该**Formatter**。不过，与其自己做这些事情，不如使用便捷的**String.format()**方法，何况这样的代码更清晰易读。

一个十六进制转储（dump）工具

在处理二进制文件时，我们经常希望以十六进制的格式看看其内容。现在，我们就将它作为第二个例子。下面的小工具使用了**String.format()**方法，以可读的十六进制格式将字节数组打印出来：

```
//: net/mindview/util/Hex.java
package net.mindview.util;
import java.io.*;

public class Hex {
  public static String format(byte[] data) {
    StringBuilder result = new StringBuilder();
    int n = 0;
    for(byte b : data) {
```

```
      if(n % 16 == 0)
        result.append(String.format("%05X: ", n));
      result.append(String.format("%02X ", b));
      n++;
      if(n % 16 == 0) result.append("\n");
    }
    result.append("\n");                                        522
    return result.toString();
  }
  public static void main(String[] args) throws Exception {
    if(args.length == 0)
      // Test by displaying this class file:
      System.out.println(
        format(BinaryFile.read("Hex.class")));
    else
      System.out.println(
        format(BinaryFile.read(new File(args[0]))));
  }
} /* Output: (Sample)
00000: CA FE BA BE 00 00 00 31 00 52 0A 00 05 00 22 07
00010: 00 23 0A 00 02 00 22 08 00 24 07 00 25 0A 00 26
00020: 00 27 0A 00 28 00 29 0A 00 02 00 2A 08 00 2B 0A
00030: 00 2C 00 2D 08 00 2E 0A 00 02 00 2F 09 00 30 00
00040: 31 08 00 32 0A 00 33 00 34 0A 00 15 00 35 0A 00
00050: 36 00 37 07 00 38 0A 00 12 00 39 0A 00 33 00 3A
...
*///:~
```

为了打开以及读入二进制文件，我们用到了另一个工具**net.mindview.util.BinaryFile**，在第18章中我会详细地介绍它。这里的**read()**方法将整个文件以**byte**数组的形式返回。

练习6：(2) 创建一个包含**int**、**long**、**float**与**double**元素的类。应用**String.format()**方法为这个类编写**toString()**方法，并证明它能正确工作。

13.6 正则表达式

很久之前，*正则表达式*就已经整合到标准Unix工具集之中，例如sed和awk，以及程序设计语言之中了，例如Python和Perl（有些人认为正是正则表达式促成了Perl的成功）。而在Java中，字符串操作还主要集中于**String**、**StringBuffer**和**StringTokenizer**类。与正则表达式相比较，它们只能提供相当简单的功能。

正则表达式是一种强大而灵活的文本处理工具。使用正则表达式，我们能够以编程的方式，构造复杂的文本模式，并对输入的字符串进行搜索。一旦找到了匹配这些模式的部分，你就能够随心所欲地对它们进行处理。初学正则表达式时，其语法是一个难点，但它确实是一种简洁、动态的语言。正则表达式提供了一种完全通用的方式，能够解决各种字符串处理相关的问题： 523
匹配、选择、编辑以及验证。

13.6.1 基础

一般来说，正则表达式就是以某种方式来描述字符串，因此你可以说：“如果一个字符串含有这些东西，那么它就是我正在找的东西。”例如，要找一个数字，它可能有一个负号在最前面，那你就写一个负号加上一个问号，就像这样：

```
-?
```

要描述一个整数，你可以说它有一位或多位阿拉伯数字。在正则表达式中，用**\d**表示一位数字。如果在其他语言中使用过正则表达式，那你立刻就能发现Java对反斜线\的不同处理。在其他语言中，\\表示“我想要在正则表达式中插入一个普通的（字面上的）反斜线，请不要给它任何特殊的意义。”而在Java中，\\的意思是“我要插入一个正则表达式的反斜线，所以其后的字符具有特殊的意义。”例如，如果你想表示一位数字，那么正则表达式应该是**\\d**。如果你想插入一个普通的反斜线，则应该这样\\\\。不过换行和制表符之类的东西只需使用单反斜线：\n\t。

要表示“一个或多个之前的表达式”，应该使用+。所以，如果要表示“可能有一个负号，后面跟着一位或多位数字”，可以这样：

```
-?\\d+
```

应用正则表达式的最简单的途径，就是利用**String**类内建的功能。例如，你可以检查一个**String**是否匹配如上所述的正则表达式：

524

```
//: strings/IntegerMatch.java

public class IntegerMatch {
  public static void main(String[] args) {
    System.out.println("-1234".matches("-?\\d+"));
    System.out.println("5678".matches("-?\\d+"));
    System.out.println("+911".matches("-?\\d+"));
    System.out.println("+911".matches("(-|\\+)?\\d+"));
  }
} /* Output:
true
true
false
true
*///:~
```

前两个字符串满足对应的正则表达式，匹配成功。第三个字符串开头有一个+，它也是一个合法的整数，但与对应的正则表达式却不匹配。因此，我们的正则表达式应该描述为：“可能以一个加号或减号开头”。在正则表达式中，括号有着将表达式分组的效果，而竖直线|则表示或操作。也就是：

```
(-|\\+)?
```

这个正则表达式表示字符串的起始字符可能是一个-或+,或二者皆没有(因为后面跟着?修饰符)。因为字符+在正则表达式中有特殊的意义，所以必须使用\\将其转义，使之成为表达式中的一个普通字符。

String类还自带了一个非常有用的正则表达式工具——**split()**方法，其功能是“将字符串从正则表达式匹配的地方切开。”

```
//: strings/Splitting.java
import java.util.*;

public class Splitting {
  public static String knights =
    "Then, when you have found the shrubbery, you must " +
    "cut down the mightiest tree in the forest... " +
    "with... a herring!";
  public static void split(String regex) {
    System.out.println(
      Arrays.toString(knights.split(regex)));
  }
  public static void main(String[] args) {
    split(" "); // Doesn't have to contain regex chars
    split("\\W+"); // Non-word characters
    split("n\\W+"); // 'n' followed by non-word characters
  }
} /* Output:
[Then,, when, you, have, found, the, shrubbery,, you, must,
cut, down, the, mightiest, tree, in, the, forest...,
with..., a, herring!]
```

```
[Then, when, you, have, found, the, shrubbery, you, must,
cut, down, the, mightiest, tree, in, the, forest, with, a,
herring]
[The, whe, you have found the shrubbery, you must cut dow,
the mightiest tree i, the forest... with... a herring!]
*///:~
```

525

首先看第一个语句，注意这里用的是普通的字符作为正则表达式，其中并不包含任何特殊的字符。因此第一个**split()**只是按空格来划分字符串。

第二个和第三个**split()**都用到了**\W**，它的意思是非单词字符（如果**W**小写，**\w**，则表示一个单词字符）。通过第二个例子可以看到，它将标点字符删除了。第三个**split()**表示“字母**n**后面跟着一个或多个非单词字符。”可以看到，在原始字符串中，与正则表达式匹配的部分，在最终结果中都不存在了。

String.split()还有一个重载的版本，它允许你限制字符串分割的次数。

String类自带的最后一个正则表达式工具是“替换”。你可以只替换正则表达式第一个匹配的子串，或是替换所有匹配的地方。

```
//: strings/Replacing.java
import static net.mindview.util.Print.*;

public class Replacing {
  static String s = Splitting.knights;
  public static void main(String[] args) {
    print(s.replaceFirst("f\\w+", "located"));
    print(s.replaceAll("shrubbery|tree|herring","banana"));
  }
} /* Output:
Then, when you have located the shrubbery, you must cut
down the mightiest tree in the forest... with... a herring!
Then, when you have found the banana, you must cut down the
mightiest banana in the forest... with... a banana!
*///:~
```

第一个表达式要匹配的是，以字母**f**开头，后面跟一个或多个字母（注意这里的**w**是小写的）。并且只替换掉第一个匹配的部分，所以“found”被替换成“located”。

第二个表达式要匹配的是三个单词中的任意一个，因为它们以竖直线分隔表示“或”，并且替换所有匹配的部分。 526

稍后你会看到，**String**之外的正则表达式还有更强大的替换工具，例如，可以通过方法调用执行替换。而且，如果正则表达式不是只使用一次的话，非**String**对象的正则表达式明显具备更佳的性能。

练习7：(5) 请参考**java.util.regex.Pattern**的文档，编写一个正则表达式，检查一个句子是否以大写字母开头，以句号结尾。

练习8：(2) 将字符串**Splitting.knights**在the和you处分割。

练习9：(4) 参考**java.util.regex.Pattern**的文档，用下划线替换**Splitting.knights**中的所有元音字母。

13.6.2 创建正则表达式

我们首先从正则表达式可能存在的构造集中选取一个很有用的子集，以此开始学习正则表达式。正则表达式的完整构造子列表，请参考JDK文档**java.util.regex**包中的**Pattern**类。

字　符	
B	指定字符**B**
\xhh	十六进制值为**oxhh**的字符
\uhhhh	十六进制表示为**oxhhhh**的Unicode字符
\t	制表符Tab
\n	换行符
\r	回车
\f	换页
\e	转义(Escape)

当你学会了使用字符类（character classes）之后，正则表达式的威力才能真正显现出来。以下是一些创建字符类的典型方式，以及一些预定义的类：

527

字 符 类	
.	任意字符
[abc]	包含**a**、**b**和**c**的任何字符(和 **a|b|c**作用相同)
[^abc]	除了**a**、**b**和**c**之外的任何字符(否定)
[a-zA-Z]	从**a**到**z**或从**A**到**Z**的任何字符 (范围)
[abc[hij]]	任意**a**、**b**、**c**、**h**、**i**和**j**字符 (与 **a|b|c|h|i|j**作用相同) (合并)
[a-z&&[hij]]	任意 **h**、**i**或 **j** (交)
\s	空白符 (空格、tab、换行、换页和回车)
\S	非空白符（**[^\s]**）
\d	数字**[0-9]**
\D	非数字**[^0-9]**
\w	词字符**[a-zA-Z0-9]**
\W	非词字符**[^\w]**

这里只列出了部分常用的表达式，你应该将JDK文档中**java.util.regex.Pattern**那一页加入浏览器书签中，以便在需要的时候方便查询。

逻辑操作符	
XY	Y跟在X后面
X|Y	X或Y
(X)	捕获组（capturing group）。可以在表达式中用\i引用第i个捕获组

边界匹配符			
^	一行的起始	**\B**	非词的边界
$	一行的结束	**\G**	前一个匹配的结束
\b	词的边界		

528 作为演示，下面的每一个正则表达式都能成功匹配字符序列“Rudolph”：

```
//: strings/Rudolph.java

public class Rudolph {
  public static void main(String[] args) {
    for(String pattern : new String[]{ "Rudolph",
      "[rR]udolph", "[rR][aeiou][a-z]ol.*", "R.*" })
      System.out.println("Rudolph".matches(pattern));
  }
} /* Output:
```

```
true
true
true
true
*///:~
```

当然了，我们的目的并不是编写最难理解的正则表达式，而是尽量编写能够完成任务的、最简单以及最必要的正则表达式。一旦真正开始使用正则表达式了，你就会发现，在编写新的表达式之前，你通常会参考代码中已经用到的正则表达式。

13.6.3 量词

量词描述了一个模式吸收输入文本的方式：

- 贪婪型：量词总是贪婪的，除非有其他的选项被设置。贪婪表达式会为所有可能的模式发现尽可能多的匹配。导致此问题的一个典型理由就是假定我们的模式仅能匹配第一个可能的字符组，如果它是贪婪的，那么它就会继续往下匹配。
- 勉强型：用问号来指定，这个量词匹配满足模式所需的最少字符数。因此也称作懒惰的、最少匹配的、非贪婪的、或不贪婪的。
- 占有型：目前，这种类型的量词只有在Java语言中才可用（在其他语言中不可用），并且也更高级，因此我们大概不会立刻用到它。当正则表达式被应用于字符串时，它会产生相当多的状态，以便在匹配失败时可以回溯。而“占有的”量词并不保存这些中间状态，因此它们可以防止回溯。它们常常用于防止正则表达式失控，因此可以使正则表达式执行起来更有效。

贪 婪 型	勉 强 型	占 有 型	如何匹配
X?	X??	X?+	一个或零个X
X*	X*?	X*+	零个或多个X
X+	X+?	X++	一个或多个X
X{n}	X{n}?	X{n}+	恰好n次X
X{n,}	X{n,}?	X{n,}+	至少n次X
X{n,m}	X{n,m}?	X{n,m}+	X至少n次，且不超过m次

529

应该非常清楚地意识到，表达式X通常必须要用圆括号括起来，以便它能够按照我们期望的效果去执行。例如：

```
abc+
```

看起来它似乎应该匹配1个或多个abc序列，如果我们把它应用于输入字符串abcabcabc，则实际上会获得3个匹配。然而，这个表达式实际上表示的是：匹配ab，后面跟随1个或多个c。要表明匹配1个或多个完整的abc字符串，我们必须这样表示：

```
(abc)+
```

你会发现，在使用正则表达式时很容易混淆，因为它是一种在Java之上的新语言。

CharSequence

接口**CharSequence**从**CharBuffer**、**String**、**StringBuffer**、**StringBuilder**类之中抽象出了字符序列的一般化定义：

```
interface CharSequence {
  charAt(int i);
  length();
  subSequence(int start, int end);
  toString();
}
```

530

因此，这些类都实现了该接口。多数正则表达式操作都接受**CharSequence**类型的参数。

13.6.4 Pattern和Matcher

一般来说，比起功能有限的**String**类，我们更愿意构造功能强大的正则表达式对象。只需导入**java.util.regex**包，然后用**static Pattern.compile()**方法来编译你的正则表达式即可。它会根据你的**String**类型的正则表达式生成一个**Pattern**对象。接下来，把你想要检索的字符串传入**Pattern**对象的**matcher()**方法。**matcher()**方法会生成一个**Matcher**对象，它有很多功能可用（可以参考**java.util.regext.Matcher**的JDK文档）。例如，它的**replaceAll()**方法能将所有匹配的部分都替换成你传入的参数。

作为第一个示例，下面的类可以用来测试正则表达式，看看它们能否匹配一个输入字符串。第一个控制台参数是将要用来搜索匹配的输入字符串，后面的一个或多个参数都是正则表达式，它们将被用来在输入的第一个字符串中查找匹配。在Unix/Linux上，命令行中的正则表达式必须用引号括起。这个程序在测试正则表达式时很有用，特别是当你想验证它们是否具备你所期待的匹配功能的时候。

531

```
//: strings/TestRegularExpression.java
// Allows you to easily try out regular expressions.
// {Args: abcabcabcdefabc "abc+" "(abc)+" "(abc){2,}" }
import java.util.regex.*;
import static net.mindview.util.Print.*;

public class TestRegularExpression {
  public static void main(String[] args) {
    if(args.length < 2) {
      print("Usage:\njava TestRegularExpression " +
        "characterSequence regularExpression+");
      System.exit(0);
    }
    print("Input: \"" + args[0] + "\"");
    for(String arg : args) {
      print("Regular expression: \"" + arg + "\"");
      Pattern p = Pattern.compile(arg);
      Matcher m = p.matcher(args[0]);
      while(m.find()) {
        print("Match \"" + m.group() + "\" at positions " +
          m.start() + "-" + (m.end() - 1));
      }
    }
  }
} /* Output:
Input: "abcabcabcdefabc"
Regular expression: "abcabcabcdefabc"
Match "abcabcabcdefabc" at positions 0-14
Regular expression: "abc+"
Match "abc" at positions 0-2
Match "abc" at positions 3-5
Match "abc" at positions 6-8
Match "abc" at positions 12-14
Regular expression: "(abc)+"
Match "abcabcabc" at positions 0-8
Match "abc" at positions 12-14
Regular expression: "(abc){2,}"
Match "abcabcabc" at positions 0-8
*///:~
```

Pattern对象表示编译后的正则表达式。从这个例子中可以看到，我们使用已编译的**Pattern**对象上的**matcher()**方法，加上一个输入字符串，从而共同构造了一个**Matcher**对象。同时，**Pattern**类还提供了**static**方法：

```
static boolean matches(String regex, CharSequence input)
```

该方法用以检查**regex**是否匹配整个**CharSequence** 类型的**input**参数。编译后的**Pattern**对象还提供了**split()**方法，它从匹配了**regex**的地方分割输入字符串，返回分割后的子字符串**String**数组。

通过调用**Pattern.matcher()**方法，并传入一个字符串参数，我们得到了一个**Matcher**对象。使用**Matcher**上的方法，我们将能够判断各种不同类型的匹配是否成功：

```
boolean matches()
boolean lookingAt()
boolean find()
boolean find(int start)
```

其中的**matches()**方法用来判断整个输入字符串是否匹配正则表达式模式，而**lookingAt()**则用来判断该字符串（不必是整个字符串）的始部分是否能够匹配模式。 532

练习10：(2) 对字符串Java now has regular expressions验证下列正则表达式是否能够发现一个匹配：

```
^Java
\Breg.*
n.w\s+h(a|i)s
s?
s*
s+
s{4}
s{1}.
s{0,3}
```

练习11：(2) 试用正则表达式

```
(?i)((^[aeiou])|(\s+[aeiou]))\w+?[aeiou]\b
```

匹配字符串Arline ate eight apples and one orange while Anita hadn't any。

```
"Arline ate eight apples and one orange while Anita hadn't
any"
```

find()

Matcher.find()方法可用来在**CharSequence**中查找多个匹配。例如：

```
//: strings/Finding.java
import java.util.regex.*;
import static net.mindview.util.Print.*;

public class Finding {
  public static void main(String[] args) {
    Matcher m = Pattern.compile("\\w+")
      .matcher("Evening is full of the linnet's wings");
    while(m.find())
      printnb(m.group() + " ");
    print();
    int i = 0;
    while(m.find(i)) {
      printnb(m.group() + " ");
      i++;
    }
  }
} /* Output:
Evening is full of the linnet s wings
Evening vening ening ning ing ng g is is s full full ull ll
l of of f the the he e linnet linnet innet nnet net et t s
s wings wings ings ngs gs s
*///:~
```

533

模式**\\w+**将字符串划分为单词。**find()**像迭代器那样前向遍历输入字符串。而第二个**find()**能够接收一个整数作为参数，该整数表示字符串中字符的位置，并以其作为搜索的起点。从结果中可以看出，后一个版本的**find()**方法能根据其参数的值，不断重新设定搜索的起始位置。

组（Groups）

组是用括号划分的正则表达式，可以根据组的编号来引用某个组。组号为0表示整个表达式，组号1表示被第一对括号括起的组，依此类推。因此，在下面这个表达式，

```
A(B(C))D
```

中有三个组：组0是**ABCD**，组1是**BC**，组2是**C**。

Matcher对象提供了一系列方法，用以获取与组相关的信息：**public int groupCount()**返回该匹配器的模式中的分组数目，第0组不包括在内。**public String group()** 返回前一次匹配操作（例如**find()**）的第0组（整个匹配）。**public String group(int i)** 返回在前一次匹配操作期间指定的组号，如果匹配成功，但是指定的组没有匹配输入字符串的任何部分，则将会返回**null**。**public int start(int group)**返回在前一次匹配操作中寻找到的组的起始索引。**public int end(int group)**返回在前一次匹配操作中寻找到的组的最后一个字符索引加一的值。

下面是正则表达式组的例子：

```
//: strings/Groups.java
import java.util.regex.*;
534 import static net.mindview.util.Print.*;
public class Groups {
  static public final String POEM =
    "Twas brillig, and the slithy toves\n" +
    "Did gyre and gimble in the wabe.\n" +
    "All mimsy were the borogoves,\n" +
    "And the mome raths outgrabe.\n\n" +
    "Beware the Jabberwock, my son,\n" +
    "The jaws that bite, the claws that catch.\n" +
    "Beware the Jubjub bird, and shun\n" +
    "The frumious Bandersnatch.";
  public static void main(String[] args) {
    Matcher m =
      Pattern.compile("(?m)(\\S+)\\s+((\\S+)\\s+(\\S+))$")
        .matcher(POEM);
    while(m.find()) {
      for(int j = 0; j <= m.groupCount(); j++)
        printnb("[" + m.group(j) + "]");
      print();
    }
  }
} /* Output:
[the slithy toves][the][slithy toves][slithy][toves]
[in the wabe.][in][the wabe.][the][wabe.]
[were the borogoves,][were][the
borogoves,][the][borogoves,]
[mome raths outgrabe.][mome][raths
outgrabe.][raths][outgrabe.]
[Jabberwock, my son,][Jabberwock,][my son,][my][son,]
[claws that catch.][claws][that catch.][that][catch.]
[bird, and shun][bird,][and shun][and][shun]
[The frumious Bandersnatch.][The][frumious
Bandersnatch.][frumious][Bandersnatch.]
*///:~
```

这首诗来自于Lewis Carroll的《Through the Looking Glass》中的Jabberwocky。可以看到这个正则表达式模式有许多圆括号分组，由任意数目的非空格字符（**\S+**）及随后的任意数目的空格字符（**\s+**）所组成。目的是捕获每行的最后3个词，每行最后以**$**结束。不过，在正常情况下是将**$**与整个输入序列的末端相匹配。所以我们一定要显式地告知正则表达式注意输入序列中的
535 换行符。这可以由序列开头的模式标记**(?m)**来完成（模式标记马上就会介绍）。

练习12：(5) 修改**Goups.java**类，找出所有不以大写字母开头的词，不重复地计算其个数。

start() 与 end()

在匹配操作成功之后，**start()**返回先前匹配的起始位置的索引，而**end()**返回所匹配的最后字符的索引加一的值。匹配操作失败之后（或先于一个正在进行的匹配操作去尝试）调用**start()**或 **end()**将会产生**IllegalStateException**。下面的示例还同时展示了**matches()**和**lookingAt()**的用法[⊖]：

```
//: strings/StartEnd.java
import java.util.regex.*;
import static net.mindview.util.Print.*;

public class StartEnd {
  public static String input =
    "As long as there is injustice, whenever a\n" +
    "Targathian baby cries out, wherever a distress\n" +
    "signal sounds among the stars ... We'll be there.\n" +
    "This fine ship, and this fine crew ...\n" +
    "Never give up! Never surrender!";
  private static class Display {
    private boolean regexPrinted = false;
    private String regex;
    Display(String regex) { this.regex = regex; }
    void display(String message) {
      if(!regexPrinted) {
        print(regex);
        regexPrinted = true;
      }
      print(message);
    }
  }
  static void examine(String s, String regex) {
    Display d = new Display(regex);
    Pattern p = Pattern.compile(regex);
    Matcher m = p.matcher(s);
    while(m.find())
      d.display("find() '" + m.group() +
        "' start = "+ m.start() + " end = " + m.end());
    if(m.lookingAt()) // No reset() necessary
      d.display("lookingAt() start = "
        + m.start() + " end = " + m.end());
    if(m.matches()) // No reset() necessary
      d.display("matches() start = "
        + m.start() + " end = " + m.end());
  }
  public static void main(String[] args) {
    for(String in : input.split("\n")) {
      print("input : " + in);
      for(String regex : new String[]{"\\w*ere\\w*",
        "\\w*ever", "T\\w+", "Never.*?!"})
        examine(in, regex);
    }
  }
} /* Output:
input : As long as there is injustice, whenever a
\w*ere\w*
find() 'there' start = 11 end = 16
\w*ever
find() 'whenever' start = 31 end = 39
input : Targathian baby cries out, wherever a distress
\w*ere\w*
find() 'wherever' start = 27 end = 35
```

536

⊖ 引用自电影Galaxy Quest中Taggart司令的一篇演讲。

```
\w*ever
find() 'wherever' start = 27 end = 35
T\w+
find() 'Targathian' start = 0 end = 10
lookingAt() start = 0 end = 10
input : signal sounds among the stars ... We'll be there.
\w*ere\w*
find() 'there' start = 43 end = 48
input : This fine ship, and this fine crew ...
T\w+
find() 'This' start = 0 end = 4
lookingAt() start = 0 end = 4
input : Never give up! Never surrender!
\w*ever
find() 'Never' start = 0 end = 5
find() 'Never' start = 15 end = 20
lookingAt() start = 0 end = 5
Never.*?!
537 find() 'Never give up!' start = 0 end = 14
find() 'Never surrender!' start = 15 end = 31
lookingAt() start = 0 end = 14
matches() start = 0 end = 31
*///:~
```

注意，**find()**可以在输入的任意位置定位正则表达式，而**lookingAt()**和**matches()**只有在正则表达式与输入的最开始处就开始匹配时才会成功。**matches()**只有在整个输入都匹配正则表达式时才会成功，而**lookingAt()**[⊖]只要输入的第一部分匹配就会成功。

练习13：(2) 修改**StartEnd.java**，让它使用**Groups.POEM**为输入，必要时修改正则表达式，使**find()**、**lookingAt()**和**matches()**都有机会匹配成功。

Pattern标记

Pattern类的**compile()**方法还有另一个版本，它接受一个标记参数，以调整匹配的行为：

```
Pattern Pattern.compile(String regex, int flag)
```

其中的**flag**来自以下**Pattern**类中的常量：

编译标记	效果
Pattern.CANON_EQ	两个字符当且仅当它们的完全规范分解相匹配时，就认为它们是匹配的。例如，如果我们指定这个标记，表达式a\u030A就会匹配字符串?。在默认的情况下，匹配不考虑规范的等价性。
538 **Pattern.CASE_INSENSITIVE(?i)**	默认情况下，大小写不敏感的匹配假定只有US-ASCII字符集中的字符才能进行。这个标记允许模式匹配不必考虑大小写（大写或小写）。通过指定**UNICODE_CASE** 标记及结合此标记，基于Unicode的大小写不敏感的匹配就可以开启了
Pattern.COMMENTS(?x)	在这种模式下，空格符将被忽略掉，并且以#开始直到行末的注释也会被忽略掉。通过嵌入的标记表达式也可以开启Unix的行模式
Pattern.DOTALL(?s)	在dotall模式中，表达式“.”匹配所有字符，包括行终结符。默认情况下，“.”表达式不匹配行终结符
Pattern.MULTILINE(?m)	在多行模式下，表达式^和$分别匹配一行的开始和结束。^还匹配输入字符串的开始，而$还匹配输入字符串的结尾。默认情况下，这些表达式仅匹配输入的完整字符串的开始和结束

⊖ 我完全不理解设计师怎么会想到这么个方法名。不过可以相信，取出如此不直观的名字的家伙还在Sun工作。而且，不复查代码设计的政策显然还存在于Sun中。请原谅我的讽刺，但是多年来，同样的事情一再发生，这实在令人厌倦。

（续）

编译标记	效 果
Pattern.UNICODE_CASE(?u)	当指定这个标记，并且开启**CASE_INSENSITIVE**时，大小写不敏感的匹配将按照与Unicode标准相一致的方式进行。默认情况下，大小写不敏感的匹配假定只能在 US-ASCII 字符集中的字符才能进行
Pattern.UNIX_LINES(?d)	在这种模式下，在.、^和$行为中，只识别行终结符\n

539

在这些标记中，**Pattern.CASE_INSENSITIVE**、**Pattern.MULTILINE**以及**Pattern.COMMENTS**（对声明或文档有用）特别有用。请注意，你可以直接在正则表达式中使用其中的大多数标记，只需要将上表中括号括起的字符插入到正则表达式中，你希望它起作用的位置即可。

你还可以通过"或"(|)操作符组合多个标记的功能：

```
//: strings/ReFlags.java
import java.util.regex.*;

public class ReFlags {
  public static void main(String[] args) {
    Pattern p =  Pattern.compile("^java",
      Pattern.CASE_INSENSITIVE | Pattern.MULTILINE);
    Matcher m = p.matcher(
      "java has regex\nJava has regex\n" +
      "JAVA has pretty good regular expressions\n" +
      "Regular expressions are in Java");
    while(m.find())
      System.out.println(m.group());
  }
} /* Output:
java
Java
JAVA
*///:~
```

在这个例子中，我们创建了一个模式，它将匹配所有以"java"、"Java"和"JAVA"等开头的行，并且是在设置了多行标记的状态下，对每一个行（从字符序列的第一个字符开始，至每一个行终结符）都进行匹配。注意，**group()**方法只返回已匹配的部分。

13.6.5 split()

split()方法将输入字符串断开成字符串对象数组，断开边界由下列正则表达式确定：

```
String[] split(CharSequence input)
String[] split(CharSequence input, int limit)
```

540

这是一个快速而方便的方法，可以按照通用边界断开输入文本：

```
//: strings/SplitDemo.java
import java.util.regex.*;
import java.util.*;
import static net.mindview.util.Print.*;

public class SplitDemo {
  public static void main(String[] args) {
    String input =
      "This!!unusual use!!of exclamation!!points";
    print(Arrays.toString(
      Pattern.compile("!!").split(input)));
    // Only do the first three:
    print(Arrays.toString(
      Pattern.compile("!!").split(input, 3)));
  }
```

```
} /* Output:
[This, unusual use, of exclamation, points]
[This, unusual use, of exclamation!!points]
*///:~
```

第二种形式的**split()**方法可以限制将输入分割成字符串的数量。

练习14：(1) 用**String.split()**重写**SplitDemo**。

13.6.6 替换操作

正则表达式特别便于替换文本，它提供了许多方法：**replaceFirst(String replacement)** 以参数字符串**replacement**替换掉第一个匹配成功的部分。**replaceAll(String replacement)** 以参数字符串**replacement**替换所有匹配成功的部分。**appendReplacement(StringBuffer sbuf, String replacement)** 执行渐进式的替换，而不是像**replaceFirst()**和**replaceAll()**那样只替换第一个匹配或全部匹配。这是一个非常重要的方法。它允许你调用其他方法来生成或处理**replacement**
541 (**replaceFirst()**和**replaceAll()**则只能使用一个固定的字符串)，使你能够以编程的方式将目标分割成组，从而具备更强大的替换功能。**appendTail(StringBuffer sbuf)**，在执行了一次或多次**appendReplacement()**之后，调用此方法可以将输入字符串余下的部分复制到**sbuf**中。

下面的程序演示了如何使用这些替换方法。开头部分注释掉的文本，就是正则表达式要处理的输入字符串。

```
//: strings/TheReplacements.java
import java.util.regex.*;
import net.mindview.util.*;
import static net.mindview.util.Print.*;

/*! Here's a block of text to use as input to
    the regular expression matcher. Note that we'll
    first extract the block of text by looking for
    the special delimiters, then process the
    extracted block. !*/

public class TheReplacements {
  public static void main(String[] args) throws Exception {
    String s = TextFile.read("TheReplacements.java");
    // Match the specially commented block of text above:
    Matcher mInput =
      Pattern.compile("/\\*!(.*)!\\*/", Pattern.DOTALL)
        .matcher(s);
    if(mInput.find())
      s = mInput.group(1); // Captured by parentheses
    // Replace two or more spaces with a single space:
    s = s.replaceAll(" {2,}", " ");
    // Replace one or more spaces at the beginning of each
    // line with no spaces. Must enable MULTILINE mode:
    s = s.replaceAll("(?m)^ +", "");
    print(s);
    s = s.replaceFirst("[aeiou]", "(VOWEL1)");
    StringBuffer sbuf = new StringBuffer();
    Pattern p = Pattern.compile("[aeiou]");
    Matcher m = p.matcher(s);
    // Process the find information as you
    // perform the replacements:
542 while(m.find())
      m.appendReplacement(sbuf, m.group().toUpperCase());
    // Put in the remainder of the text:
    m.appendTail(sbuf);
    print(sbuf);
  }
} /* Output:
Here's a block of text to use as input to
```

```
the regular expression matcher. Note that we'll
first extract the block of text by looking for
the special delimiters, then process the
extracted block.
H(VOWEL1)rE's A blOck Of tExt tO UsE As InpUt tO
thE rEgUlAr ExprEssIOn mAtchEr. NOtE thAt wE'll
fIrst ExtrAct thE blOck Of tExt by lOOkIng fOr
thE spEcIAl dElImItErs, thEn prOcEss thE
ExtrActEd blOck.
*///:~
```

此处使用**TextFile**类打开并读入文件，该类在**net.mindview.util**工具包中（在第18章中对其代码有详细介绍）。**static read()**方法读入整个文件，将其内容作为**String**对象返回。**mInput**用以匹配在/*!和!*/之间的所有文字（注意分组的括号）。接下来，将存在两个或两个以上空格的地方，缩减为一个空格，并且删除每行开头部分的所有空格（为了使每一行都达到这个效果，而不仅仅只是删除文本开头部分的空格，这里特意打开了多行状态）。这两个替换操作所使用的**replaceAll()**是**String**对象自带的方法，在这里，使用此方法更方便。注意，因为这两个替换操作都只使用了一次**replaceAll()**，所以，与其编译为**Pattern**，不如直接使用**String**的**replaceAll()**方法，而且开销也更小些。

replaceFirst()只对找到的第一个匹配进行替换。此外，**replaceFirst()**和**repalceAll()**方法用来替换的只是普通的字符串，所以，如果想对这些替换字符串执行某些特殊处理，这两个方法是无法胜任的。如果你想要那么做，就应该使用**appendReplacement()**方法。该方法允许你在执行替换的过程中，操作用来替换的字符串。在这个例子中，先构造了**sbuf**用来保存最终结果，然后用**group()**选择一个组，并对其进行处理，将正则表达式找到的元音字母转换成大写字母。一般情况下，你应该遍历执行所有的替换操作，然后再调用**appendTail()**方法，但是，如果你想模拟**replaceFirst()**（或替换n次）的行为，那就只需执行一次替换，然后调用**appendTail()**方法， 543
将剩余未处理的部分存入**sbuf**即可。

同时，**appendRepelacement()**方法还允许你通过$g直接找到匹配的某个组，这里的g就是组号。然而，它只能应付一些简单的处理，无法实现类似前面这个例子中的功能。

13.6.7 reset()

通过**reset()**方法，可以将现有的**Matcher**对象应用于一个新的字符序列：

```
//: strings/Resetting.java
import java.util.regex.*;

public class Resetting {
  public static void main(String[] args) throws Exception {
    Matcher m = Pattern.compile("[frb][aiu][gx]")
      .matcher("fix the rug with bags");
    while(m.find())
      System.out.print(m.group() + " ");
    System.out.println();
    m.reset("fix the rig with rags");
    while(m.find())
      System.out.print(m.group() + " ");
  }
} /* Output:
fix rug bag
fix rig rag
*///:~
```

使用不带参数的**reset()**方法，可以将**Matcher**对象重新设置到当前字符序列的起始位置。

13.6.8 正则表达式与Java I/O

到目前为止，我们看到的例子都是将正则表达式应用于静态的字符串。下面的例子将向你演示，如何应用正则表达式在一个文件中进行搜索匹配操作。**JGrep.java**的灵感源自于Unix上的grep。它有两个参数：文件名以及要匹配的正则表达式。输出的是有匹配的部分以及匹配部分在行中的位置。

544
```
//: strings/JGrep.java
// A very simple version of the "grep" program.
// {Args: JGrep.java "\\b[Ssct]\\w+"}
import java.util.regex.*;
import net.mindview.util.*;

public class JGrep {
  public static void main(String[] args) throws Exception {
    if(args.length < 2) {
      System.out.println("Usage: java JGrep file regex");
      System.exit(0);
    }
    Pattern p = Pattern.compile(args[1]);
    // Iterate through the lines of the input file:
    int index = 0;
    Matcher m = p.matcher("");
    for(String line : new TextFile(args[0])) {
      m.reset(line);
      while(m.find())
        System.out.println(index++ + ": " +
          m.group() + ": " + m.start());
    }
  }
} /* Output: (Sample)
0: strings: 4
1: simple: 10
2: the: 28
3: Ssct: 26
4: class: 7
5: static: 9
6: String: 26
7: throws: 41
8: System: 6
9: System: 6
10: compile: 24
11: through: 15
12: the: 23
13: the: 36
14: String: 8
15: System: 8
16: start: 31
*///:~
```

通过**net.mindview.util.TextFile**对象将文件打开（在第18章中有详细的介绍），读入所有的行后，并存储在一个**ArrayList**中。因此，可以用循环来迭代遍历**TextFile**对象中的所有行。虽然也可以在**for**循环内部创建新的**Matcher**对象，但是，在循环外创建一个空的**Matcher**对象，然后用**reset()**方法每次为**Matcher**加载一行输入，这种处理会有一定的性能优化。最后用**find()**搜索结果。这里读入的测试参数是**JGrep.java**文件，然后搜索以**[Ssct]**开头的单词。 545

如果想要更深入的学习正则表达式，你可以阅读Jeffrey E. F. Friedl的《精通正则表达式（第2版）》。网络上也有很多正则表达式的介绍，你还可以从Perl和Python等其他语言的文档中找到有用的信息。

练习15：(5) 修改**JGrep.java**类，令其能够接受模式标志参数（例如**Pattern.CASE_INSENSITIVE**，**Pattern.MULTILINE**）。

练习16：(5) 修改**JGrep.java**类，令其能够接受一个目录或文件为参数（如果传入的是目录，就搜索目录中的所有文件)。提示：可以用下面的方法获得所有文件的名字列表：

```
File[] files = new File(".").listFiles();
```

练习17：(8) 编写一个程序，读取一个Java源代码文件（可以通过控制台参数提供文件名），打印出所有注释。

练习18：(8) 编写一个程序，读取一个Java源代码文件（可以通过控制台参数提供文件名），打印出代码中所有的普通字符串。

练习19：(8) 在前两个练习的基础上，编写一个程序，输出Java源代码中用到的所有类的名字。

13.7 扫描输入

到目前为止，从文件或标准输入读取数据还是一件相当痛苦的事情。一般的解决之道就是读入一行文本，对其进行分词，然后使用**Integer**、**Double**等类的各种解析方法来解析数据：

546

```
//: strings/SimpleRead.java
import java.io.*;
public class SimpleRead {
  public static BufferedReader input = new BufferedReader(
    new StringReader("Sir Robin of Camelot\n22 1.61803"));
  public static void main(String[] args) {
    try {
      System.out.println("What is your name?");
      String name = input.readLine();
      System.out.println(name);
      System.out.println(
        "How old are you? What is your favorite double?");
      System.out.println("(input: <age> <double>)");
      String numbers = input.readLine();
      System.out.println(numbers);
      String[] numArray = numbers.split(" ");
      int age = Integer.parseInt(numArray[0]);
      double favorite = Double.parseDouble(numArray[1]);
      System.out.format("Hi %s.\n", name);
      System.out.format("In 5 years you will be %d.\n",
        age + 5);
      System.out.format("My favorite double is %f.",
        favorite / 2);
    } catch(IOException e) {
      System.err.println("I/O exception");
    }
  }
} /* Output:
What is your name?
Sir Robin of Camelot
How old are you? What is your favorite double?
(input: <age> <double>)
22 1.61803
Hi Sir Robin of Camelot.
In 5 years you will be 27.
My favorite double is 0.809015.
*///:~
```

input元素使用的类来自**java.io**，在第18章中我们会正式介绍这个包中的内容。**StringReader**将**String**转化为可读的流对象，然后用这个对象来构造**BufferReader**对象，因为我们要使用**BufferReader**的**readLine()**方法。最终，我们可以使用**input**对象一次读取一行文本，就像是从控制台读入标准输入一样。 547

readLine()方法将一行输入转为**String**对象。如果每一行数据正好对应一个输入值，那这个方法也还可行。但是，如果两个输入值在同一行中，事情就不好办了，我们必须分解这个行，才能分别翻译所需的输入值。在这个例子中，分解的操作发生在创建**numArray**时，不过要注意，**split()**方法是J2SE1.4中的方法，所以在这之前，你还必须做些别的准备。

终于，Java SE5新增了**Scanner**类，它可以大大减轻扫描输入的工作负担：

```
//: strings/BetterRead.java
import java.util.*;

public class BetterRead {
  public static void main(String[] args) {
    Scanner stdin = new Scanner(SimpleRead.input);
    System.out.println("What is your name?");
    String name = stdin.nextLine();
    System.out.println(name);
    System.out.println(
      "How old are you? What is your favorite double?");
    System.out.println("(input: <age> <double>)");
    int age = stdin.nextInt();
    double favorite = stdin.nextDouble();
    System.out.println(age);
    System.out.println(favorite);
    System.out.format("Hi %s.\n", name);
    System.out.format("In 5 years you will be %d.\n",
      age + 5);
    System.out.format("My favorite double is %f.",
      favorite / 2);
  }
} /* Output:
What is your name?
Sir Robin of Camelot
How old are you? What is your favorite double?
(input: <age> <double>)
22
1.61803
Hi Sir Robin of Camelot.
In 5 years you will be 27.
My favorite double is 0.809015.
*///:~
```

548

Scanner的构造器可以接受任何类型的输入对象，包括**File**对象（同样，我们将在第18章中详细介绍**File**类）、**InputStream**、**String**或者像此例中的**Readable**对象。**Readable**是Java SE5中新加入的一个接口，表示"具有**read()**方法的某种东西"。前一个例子中的**BufferedReader**也归于这一类。有了**Scanner**，所有的输入、分词以及翻译的操作都隐藏在不同类型的**next**方法中。普通的**next()**方法返回下一个**String**。所有的基本类型（除**char**之外）都有对应的**next**方法，包括**BigDecimal**和**BigInteger**。所有的**next**方法，只有在找到一个完整的分词之后才会返回。**Scanner**还有相应的**hasNext**方法，用以判断下一个输入分词是否所需的类型。

在前面的两个例子中，一个有趣的区别是，**BetterRead.java**没有针对**IOException**添加**try**区块。因为，**Scanner**有一个假设，在输入结束时会抛出**IOException**，所以**Scanner**会把**IOException**吞掉。不过，通过**ioException()**方法，你可以找到最近发生的异常，因此，你可以在必要时检查它。

练习20：(2) 编写一个包含**int**、**long**、**float**、**double**和**String**属性的类。为它编写一个构造器，接收一个**String**参数。然后扫描该字符串，为各个属性赋值。再添加一个**toString()**方法，用来演示你的类是否工作正确。

13.7.1 Scanner定界符

在默认的情况下，**Scanner**根据空白字符对输入进行分词，但是你可以用正则表达式指定自己所需的定界符：

```
//: strings/ScannerDelimiter.java
import java.util.*;

public class ScannerDelimiter {
  public static void main(String[] args) {
    Scanner scanner = new Scanner("12, 42, 78, 99, 42");
    scanner.useDelimiter("\\s*,\\s*");
    while(scanner.hasNextInt())
      System.out.println(scanner.nextInt());
  }
} /* Output:
12
42
78
99
42
*///:~
```

549

这个例子使用逗号（包括逗号前后任意的空白字符）作为定界符，同样的技术也可以用来读取逗号分隔的文件。我们可以用**useDelimiter()**来设置定界符，同时，还有一个**delimiter()**方法，用来返回当前正在作为定界符使用的**Pattern**对象。

13.7.2 用正则表达式扫描

除了能够扫描基本类型之外，你还可以使用自定义的正则表达式进行扫描，这在扫描复杂数据的时候非常有用。下面的例子将扫描一个防火墙日志文件中记录的威胁数据：

```
//: strings/ThreatAnalyzer.java
import java.util.regex.*;
import java.util.*;

public class ThreatAnalyzer {
  static String threatData =
    "58.27.82.161@02/10/2005\n" +
    "204.45.234.40@02/11/2005\n" +
    "58.27.82.161@02/11/2005\n" +
    "58.27.82.161@02/12/2005\n" +
    "58.27.82.161@02/12/2005\n" +
    "[Next log section with different data format]";
  public static void main(String[] args) {
    Scanner scanner = new Scanner(threatData);
    String pattern = "(\\d+[.]\\d+[.]\\d+[.]\\d+)@" +
      "(\\d{2}/\\d{2}/\\d{4})";
    while(scanner.hasNext(pattern)) {
      scanner.next(pattern);
      MatchResult match = scanner.match();
      String ip = match.group(1);
      String date = match.group(2);
      System.out.format("Threat on %s from %s\n", date,ip);
    }
  }
} /* Output:
Threat on 02/10/2005 from 58.27.82.161
Threat on 02/11/2005 from 204.45.234.40
Threat on 02/11/2005 from 58.27.82.161
Threat on 02/12/2005 from 58.27.82.161
Threat on 02/12/2005 from 58.27.82.161
*///:~
```

550

当**next()**方法配合指定的正则表达式使用时，将找到下一个匹配该模式的输入部分，调用**match()**方法就可以获得匹配的结果。如上所示，它的工作方式与之前看到正则表达式匹配相似。在配合正则表达式使用扫描时，有一点需要注意：它仅仅针对下一个输入分词进行匹配，如果你的正则表达式中含有定界符，那永远都不可能匹配成功。

13.8 StringTokenizer

在Java引入正则表达式（J2SE1.4）和**Scanner**类（Java SE5）之前，分割字符串的唯一方法是使用**StringTokenizer**来分词。不过，现在有了正则表达式和**Scanner**，我们可以使用更加简单、更加简洁的方式来完成同样的工作了。下面的例子中，我们将**StringTokenizer**与另两种技术做了一个比较：

```
//: strings/ReplacingStringTokenizer.java
import java.util.*;

public class ReplacingStringTokenizer {
  public static void main(String[] args) {
    String input = "But I'm not dead yet! I feel happy!";
    StringTokenizer stoke = new StringTokenizer(input);
    while(stoke.hasMoreElements())
      System.out.print(stoke.nextToken() + " ");
    System.out.println();
    System.out.println(Arrays.toString(input.split(" ")));
    Scanner scanner = new Scanner(input);
    while(scanner.hasNext())
      System.out.print(scanner.next() + " ");
  }
} /* Output:
But I'm not dead yet! I feel happy!
[But, I'm, not, dead, yet!, I, feel, happy!]
But I'm not dead yet! I feel happy!
*///:~
```

551

使用正则表达式或**Scanner**对象，我们能够以更加复杂的模式来分割一个字符串，而这对于**StringTokenizer**来说就很困难了。基本上，我们可以放心的说，**StringTokenizer**已经可以废弃不用了。

13.9 总结

过去，Java对字符串操作的支持相当不完善。不过随着近几个版本的升级，我们可以看到，Java已经从其他语言中吸取了许多成熟的经验。到目前为止，它对字符串操作的支持已经很完善了。不过，有时你还要在细节上注意效率的问题，例如恰当地使用**StringBuilder**等。

所选习题的答案都可以在名为The Thinking in Java Annotated Solution Guide的电子文档中找

552 到，读者可以从https://www.mindviewllc.com处购买此文档。

第14章 类型信息

运行时类型信息使得你可以在程序运行时发现和使用类型信息。

它使你从只能在编译期执行面向类型的操作的禁锢中解脱了出来，并且可以使用某些非常强大的程序。对RTTI的需要，揭示了面向对象设计中许多有趣（并且复杂）的问题，同时也提出了如何组织程序的问题。

本章将讨论 Java 是如何让我们在运行时识别对象和类的信息的。主要有两种方式：一种是“传统的”RTTI，它假定我们在编译时已经知道了所有的类型；另一种是“反射”机制，它允许我们在运行时发现和使用类的信息。

14.1 为什么需要RTTI

下面看一下我们已经很熟悉了的一个例子，它使用了多态的类层次结构。最通用的类型（泛型）是基类**Shape**，而派生出的具体类有**Circle**、**Square**和**Triangle**（见右图所示）。 553

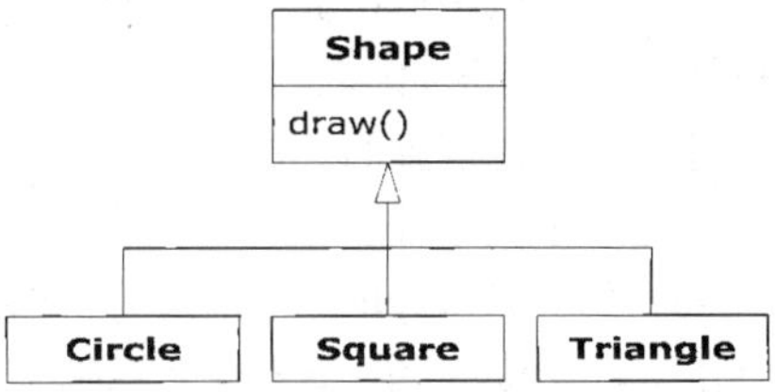

这是一个典型的类层次结构图，基类位于顶部，派生类向下扩展。面向对象编程中基本的目的是：让代码只操纵对基类（这里是**Shape**）的引用。这样，如果要添加一个新类（比如从**Shape**派生的**Rhomboid**）来扩展程序，就不会影响到原来的代码。在这个例子的**Shape**接口中动态绑定了**draw()**方法，目的就是让客户端程序员使用泛化的**Shape**引用来调用**draw()**。**draw()**在所有派生类里都会被覆盖，并且由于它是被动态绑定的，所以即使是通过泛化的**Shape**引用来调用，也能产生正确行为。这就是多态。

因此，通常会创建一个具体对象（**Circle**，**Square**，或者**Triangle**），把它向上转型成**Shape**（忽略对象的具体类型），并在后面的程序中使用匿名（译注：即不知道具体类型）的Shape引用。

你可以像下面这样对Shape层次结构编码：

```
//: typeinfo/Shapes.java
import java.util.*;

abstract class Shape {
  void draw() { System.out.println(this + ".draw()"); }
  abstract public String toString();
}

class Circle extends Shape {
  public String toString() { return "Circle"; }
}

class Square extends Shape {
  public String toString() { return "Square"; }
}

class Triangle extends Shape {
  public String toString() { return "Triangle"; }
}
```

```
public class Shapes {
  public static void main(String[] args) {
    List<Shape> shapeList = Arrays.asList(
      new Circle(), new Square(), new Triangle()
    );
    for(Shape shape : shapeList)
      shape.draw();
  }
} /* Output:
Circle.draw()
Square.draw()
554 Triangle.draw()
*///:~
```

基类中包含**draw()**方法，它通过传递**this**参数给**System.out.println()**，间接地使用**toString()**打印类标识符（注意，toString()被声明为abstract，以此强制继承者覆写该方法，并可以防止对无格式的Shape的实例化）。如果某个对象出现在字符串表达式中（涉及“+”和字符串对象的表达式），toString()方法就会被自动调用，以生成表示该对象的String。每个派生类都要覆盖（从**Object**继承来的）**toString()**方法，这样**draw()**在不同情况下就打印出不同的消息（多态）。

在这个例子中，当把**Shape**对象放入**List<Shape>**的数组时会向上转型。但在向上转型为**Shape**的时候也丢失了**Shape**对象的具体类型。对于数组而言，它们只是**Shape**类的对象。

当从数组中取出元素时，这种容器——实际上它将所有的事物都当作Object持有——会自动将结果转型回Shape。这是RTTI最基本的使用形式，因为在Java中，所有的类型转换都是在运行时进行正确性检查的。这也是RTTI名字的含义：在运行时，识别一个对象的类型。

在这个例子中，RTTI类型转换并不彻底：**Object**被转型为**Shape**，而不是转型为**Circle**、**Square**或者**Triangle**。这是因为目前我们只知道这个**List<Shape>**保存的都是**Shape**。在编译时，将由容器和Java的泛型系统来强制确保这一点；而在运行时，由类型转换操作来确保这一点。

接下来就是多态机制的事情了，**Shape**对象实际执行什么样的代码，是由引用所指向的具体对象**Circle**、**Square**或者**Triangle**而决定的。通常，也正是这样要求的；你希望大部分代码尽可能少地了解对象的具体类型，而是只与对象家族中的一个通用表示打交道（在这个例子中是**Shape**）。这样代码会更容易写，更容易读，且更便于维护；设计也更容易实现、理解和改变。所以“多态”是面向对象编程的基本目标。

但是，假如你碰到了一个特殊的编程问题——如果能够知道某个泛化引用的确切类型，就可以使用最简单的方式去解决它，那么此时该怎么办呢？例如，假设我们允许用户将某一具体类型的几何形状全都变成某种特殊的颜色，以突出显示它们。通过这种方法，用户就能找出屏
555 幕上所有被突出显示的三角形。或者，可能要用某个方法来旋转列出的所有图形，但想跳过圆形，因为对圆形进行旋转没有意义。使用RTTI，可以查询某个**Shape**引用所指向的对象的确切类型，然后选择或者剔除特例。

14.2 Class对象

要理解RTTI在Java中的工作原理，首先必须知道类型信息在运行时是如何表示的。这项工作是由称为Class对象的特殊对象完成的，它包含了与类有关的信息。事实上，**Class**对象就是用来创建类的所有的“常规”对象的。Java使用Class对象来执行其RTTI，即使你正在执行的是类似转型这样的操作。**Class**类还拥有大量的使用RTTI的其他方式。

类是程序的一部分，每个类都有一个**Class**对象。换言之，每当编写并且编译了一个新类，就会产生一个**Class**对象（更恰当地说，是被保存在一个同名的**.class**文件中）。为了生成这个类

的对象，运行这个程序的Java虚拟机（JVM）将使用被称为“类加载器”的子系统。

类加载器子系统实际上可以包含一条类加载器链，但是只有一个*原生类加载器*，它是JVM实现的一部分。原生类加载器加载的是所谓的*可信类*，包括Java API类，它们通常是从本地盘加载的。在这条链中，通常不需要添加额外的类加载器，但是如果你有特殊需求（例如以某种特殊的方式加载类，以支持Web服务器应用，或者在网络中下载类），那么你有一种方式可以挂接额外的类加载器。

所有的类都是在对其第一次使用时，动态加载到JVM中的。当程序创建第一个对类的静态成员的引用时，就会加载这个类。这个证明构造器也是类的静态方法，即使在构造器之前并没有使用**static**关键字。因此，使用**new**操作符创建类的新对象也会被当作对类的静态成员的引用。

因此，Java程序在它开始运行之前并非被完全加载，其各个部分是在必需时才加载的。这一点与许多传统语言都不同。动态加载使能的行为，在诸如C++这样的静态加载语言中是很难或者根本不可能复制的。 556

类加载器首先检查这个类的**Class**对象是否已经加载。如果尚未加载，默认的类加载器就会根据类名查找**.class**文件（例如，某个附加类加载器可能会在数据库中查找字节码）。在这个类的字节码被加载时，它们会接受验证，以确保其没有被破坏，并且不包含不良Java代码（这是Java中用于安全防范目的的措施之一）。

一旦某个类的**Class**对象被载入内存，它就被用来创建这个类的所有对象。下面的示范程序可以证明这一点：

```
//: typeinfo/SweetShop.java
// Examination of the way the class loader works.
import static net.mindview.util.Print.*;

class Candy {
  static { print("Loading Candy"); }
}

class Gum {
  static { print("Loading Gum"); }
}

class Cookie {
  static { print("Loading Cookie"); }
}

public class SweetShop {
  public static void main(String[] args) {
    print("inside main");
    new Candy();
    print("After creating Candy");
    try {
      Class.forName("Gum");
    } catch(ClassNotFoundException e) {
      print("Couldn't find Gum");
    }
    print("After Class.forName(\"Gum\")");
    new Cookie();
    print("After creating Cookie");
  }
} /* Output:
inside main
Loading Candy
After creating Candy
Loading Gum
After Class.forName("Gum")
Loading Cookie
```

557

```
After creating Cookie
*///:~
```

这里的每个类**Candy**、**Gum**和**Cookie**，都有一个**static**子句，该子句在类第一次被加载时执行。这时会有相应的信息打印出来，告诉我们这个类什么时候被加载了。在**main()**中，创建对象的代码被置于打印语句之间，以帮助我们判断加载的时间点。

从输出中可以看到，**Class**对象仅在需要的时候才被加载，**static**初始化是在类加载时进行的。

特别有趣的一行是：

```
Class.forName("Gum");
```

这个方法是**Class**类（所有Class对象都属于这个类）的一个**static**成员。**Class**对象就和其他对象一样，我们可以获取并操作它的引用（这也就是类加载器的工作）。**forName()**是取得**Class**对象的引用的一种方法。它是用一个包含目标类的文本名（注意拼写和大小写）的**String**作输入参数，返回的是一个**Class**对象的引用，上面的代码忽略了返回值。对**forName()**的调用是为了它产生的“副作用”：如果类**Gum**还没有被加载就加载它。在加载的过程中，**Gum**的**static**子句被执行。

在前面的例子里，如果**Class.forName()**找不到你要加载的类，它会抛出异常**ClassNotFoundException**。这里我们只需简单报告问题，但在更严密的程序里，可能要在异常处理程序中解决这个问题。

无论何时，只要你想在运行时使用类型信息，就必须首先获得对恰当的**Class**对象的引用。**Class.forName()**就是实现此功能的便捷途径，因为你不需要为了获得**Class**引用而持有该类型的对象。但是，如果你已经拥有了一个感兴趣的类型的对象，那就可以通过调用**getClass()**方法来获取**Class**引用了，这个方法属于根类**Object**的一部分，它将返回表示该对象的实际类型的**Class**引用。**Class**包含很多有用的方法，下面是其中的一部分：

558

```
//: typeinfo/toys/ToyTest.java
// Testing class Class.
package typeinfo.toys;
import static net.mindview.util.Print.*;

interface HasBatteries {}
interface Waterproof {}
interface Shoots {}

class Toy {
  // Comment out the following default constructor
  // to see NoSuchMethodError from (*1*)
  Toy() {}
  Toy(int i) {}
}

class FancyToy extends Toy
implements HasBatteries, Waterproof, Shoots {
  FancyToy() { super(1); }
}

public class ToyTest {
  static void printInfo(Class cc) {
    print("Class name: " + cc.getName() +
      " is interface? [" + cc.isInterface() + "]");
    print("Simple name: " + cc.getSimpleName());
    print("Canonical name : " + cc.getCanonicalName());
  }
```

```
    public static void main(String[] args) {
      Class c = null;
      try {
        c = Class.forName("typeinfo.toys.FancyToy");
      } catch(ClassNotFoundException e) {
        print("Can't find FancyToy");
        System.exit(1);
      }
      printInfo(c);
      for(Class face : c.getInterfaces())
        printInfo(face);
      Class up = c.getSuperclass();
      Object obj = null;
      try {
        // Requires default constructor:
        obj = up.newInstance();
      } catch(InstantiationException e) {                                559
        print("Cannot instantiate");
        System.exit(1);
      } catch(IllegalAccessException e) {
        print("Cannot access");
        System.exit(1);
      }
      printInfo(obj.getClass());
    }
  } /* Output:
  Class name: typeinfo.toys.FancyToy is interface? [false]
  Simple name: FancyToy
  Canonical name : typeinfo.toys.FancyToy
  Class name: typeinfo.toys.HasBatteries is interface? [true]
  Simple name: HasBatteries
  Canonical name : typeinfo.toys.HasBatteries
  Class name: typeinfo.toys.Waterproof is interface? [true]
  Simple name: Waterproof
  Canonical name : typeinfo.toys.Waterproof
  Class name: typeinfo.toys.Shoots is interface? [true]
  Simple name: Shoots
  Canonical name : typeinfo.toys.Shoots
  Class name: typeinfo.toys.Toy is interface? [false]
  Simple name: Toy
  Canonical name : typeinfo.toys.Toy
  *///:~
```

FancyToy继承自**Toy**并实现了**HasBatteries**、**Waterproof**和**Shoots**接口。在**main()**中，用**forName()**方法在适当的**try**语句块中，创建了一个**Class**引用，并将其初始化为指向**FancyToy Class**。注意，在传递给**forName()**的字符串中，你必须使用全限定名（包含包名）。

printInfo()使用**getName()**来产生全限定的类名，并分别使用**getSimpleName()**和**getCanonicalName()**（在Java SE5中引入的）来产生不含包名的类名和全限定的类名。**isInterface()**方法如同其名，可以告诉你这个**Class**对象是否表示某个接口。因此，通过**Class**对象，你可以发现你想要了解的类型的所有信息。

在**main()**中调用的**Class.getInterfaces()**方法返回的是**Class**对象，它们表示在感兴趣的**Class**对象中所包含的接口。 560

如果你有一个**Class**对象，还可以使用**getSuperclass()**方法查询其直接基类，这将返回你可以用来进一步查询的**Class**对象。因此，你可以在运行时发现一个对象完整的类继承结构。

Class的**newInstance()**方法是实现“虚拟构造器”的一种途径，虚拟构造器允许你声明：“我不知道你的确切类型，但是无论如何要正确地创建你自己。”在前面的示例中，**up**仅仅只是一个**Class**引用，在编译期不具备任何更进一步的类型信息。当你创建新实例时，会得到**Object**引用，但是这个引用指向的是**Toy**对象。当然，在你可以发送**Object**能够接受的消息之外的任何消息之前，你必须更多地了解它，并执行某种转型。另外，使用**newInstance()**来创建的类，必须带有默认的构造器。在本章稍后部分，你将会看到如何通过使用Java的反射API，用任意的构造器来动态地创建类的对象。

练习1：(1) 在**ToyTest.java**中，将**Toy**的默认构造器注释掉，并解释发生的现象。

练习2：(2) 将新的**interface**加到**ToyTest.java**中，看看这个程序是否能够正确检测出来并加以显示。

练习3：(2) 将**Rhomboid**（菱形）加入**Shapes.java**中。创建一个**Rhomboid**，将其向上转型为**Shape**，然后向下转型回**Rhomboid**。试着将其向下转型成**Circle**，看看会发生什么。

练习4：(2) 修改前一个练习，让你的程序在执行向下转型之前先运用**instanceof**检查类型。

练习5：(3) 实现**Shapes.java**中的**rotate(Shape)**方法，让它能判断它所旋转的是不是**Circle**（如果是，就不执行）。

练习6：(4) 修改**Shapes.java**，使这个程序能将某个特定类型的所有形状都"标示"出来（通过设标志）。每一个导出的**Shape**类的**toString()**方法应该能够指出**Shape**是否被标示。

练习7：(3)修改**SweetShop.java**，使每种类型对象的创建由命令行参数控制。即，如果命令行是"**java SweetShop Candy**"，那么只有**Candy**对象被创建。注意你是如何通过命令行参数来
561 控制加载哪个**Class**对象的。

练习8：(5) 写一个方法，令它接受任意对象作为参数，并能够递归打印出该对象所在的继承体系中的所有类。

练习9：(5) 修改前一个练习，让这个方法使用**Class.getDeclaredFields()**来打印一个类中的域的相关信息。

练习10：(3) 写一个程序，使它能判断**char**数组究竟是个基本类型，还是一个对象。

14.2.1 类字面常量

Java 还提供了另一种方法来生成对**Class**对象的引用，即使用*类字面常量*。对上述程序来说，就像下面这样：

```
FancyToy.class;
```

这样做不仅更简单，而且更安全，因为它在编译时就会受到检查（因此不需要置于**try**语句块中）。并且它根除了对**forName()**方法的调用，所以也更高效。

类字面常量不仅可以应用于普通的类，也可以应用于接口、数组以及基本数据类型。另外，对于基本数据类型的包装器类，还有一个标准字段TYPE。TYPE字段是一个引用，指向对应的基本数据类型的Class对象，如下所示：

…等价于…	
boolean.class	**Boolean.TYPE**
char.class	**Character.TYPE**
byte.class	**Byte.TYPE**
short.class	**Short.TYPE**
int.class	**Integer.TYPE**
long.class	**Long.TYPE**
float.class	**Float.TYPE**
double.class	**Double.TYPE**
void.class	**Void.TYPE**

562

我建议使用“**.class**”的形式，以保持与普通类的一致性。

注意，有一点很有趣，当使用“**.class**”来创建对**Class**对象的引用时，不会自动地初始化该**Class**对象。为了使用类而做的准备工作实际包含三个步骤：

1. *加载*，这是由类加载器执行的。该步骤将查找字节码（通常在classpath所指定的路径中查找，但这并非是必需的），并从这些字节码中创建一个**Class**对象。

2. *链接*。在链接阶段将验证类中的字节码，为静态域分配存储空间，并且如果必需的话，将解析这个类创建的对其他类的所有引用。

3. *初始化*。如果该类具有超类，则对其初始化，执行静态初始化器和静态初始化块。

初始化被延迟到了对静态方法（构造器隐式地是静态的）或者非常数静态域进行首次引用时才执行：

```
//: typeinfo/ClassInitialization.java
import java.util.*;

class Initable {
  static final int staticFinal = 47;
  static final int staticFinal2 =
    ClassInitialization.rand.nextInt(1000);
  static {
    System.out.println("Initializing Initable");
  }
}

class Initable2 {
  static int staticNonFinal = 147;
  static {
    System.out.println("Initializing Initable2");
  }
}

class Initable3 {
  static int staticNonFinal = 74;
  static {
    System.out.println("Initializing Initable3");
  }
}

public class ClassInitialization {
  public static Random rand = new Random(47);
  public static void main(String[] args) throws Exception {
    Class initable = Initable.class;
    System.out.println("After creating Initable ref");
    // Does not trigger initialization:
    System.out.println(Initable.staticFinal);
    // Does trigger initialization:
    System.out.println(Initable.staticFinal2);
    // Does trigger initialization:
    System.out.println(Initable2.staticNonFinal);
    Class initable3 = Class.forName("Initable3");
    System.out.println("After creating Initable3 ref");
    System.out.println(Initable3.staticNonFinal);
  }
} /* Output:
After creating Initable ref
47
Initializing Initable
258
Initializing Initable2
147
Initializing Initable3
After creating Initable3 ref
```

563

```
74
*///:~
```

初始化有效地实现了尽可能的“惰性”。从对**initable**引用的创建中可以看到，仅使用**.class**语法来获得对类的引用不会引发初始化。但是，为了产生**Class**引用，**Class.forName()**立即就进行了初始化，就像在对**initable3**引用的创建中所看到的。

如果一个**static final**值是“编译期常量”，就像**Initable.staticFinal**那样，那么这个值不需要对**Initable**类进行初始化就可以被读取。但是，如果只是将一个域设置为**static**和**final**的，还不足以确保这种行为，例如，对**Initable.staticFinal2**的访问将强制进行类的初始化，因为它不是一个

564 编译期常量。

如果一个**static**域不是**final**的，那么在对它访问时，总是要求在它被读取之前，要先进行链接（为这个域分配存储空间）和初始化（初始化该存储空间），就像在对**Initable2.staticNonFinal**的访问中所看到的那样。

14.2.2 泛化的Class引用

Class引用总是指向某个**Class**对象，它可以制造类的实例，并包含可作用于这些实例的所有方法代码。它还包含该类的静态成员，因此，**Class**引用表示的就是它所指向的对象的确切类型，而该对象便是**Class**类的一个对象。

但是，Java SE5的设计者们看准机会，将它的类型变得更具体了一些，而这是通过允许你对**Class**引用所指向的**Class**对象的类型进行限定而实现的，这里用到了泛型语法。在下面的实例中，两种语法都是正确的：

```
//: typeinfo/GenericClassReferences.java

public class GenericClassReferences {
  public static void main(String[] args) {
    Class intClass = int.class;
    Class<Integer> genericIntClass = int.class;
    genericIntClass = Integer.class; // Same thing
    intClass = double.class;
    // genericIntClass = double.class; // Illegal
  }
} ///:~
```

普通的类引用不会产生警告信息，你可以看到，尽管泛型类引用只能赋值为指向其声明的类型，但是普通的类引用可以被重新赋值为指向任何其他的**Class**对象。通过使用泛型语法，可以让编译器强制执行额外的类型检查。

如果你希望稍微放松一些这种限制，应该怎么办呢？乍一看，好像你应该能够执行类似下面这样的操作：

```
Class<Number> genericNumberClass = int.class;
```

这看起来似乎是起作用的，因为**Integer**继承自**Number**。但是它无法工作，因为**Integer Class**对象不是**Number Class**对象的子类（这种差异看起来可能有些诡异，我们将在第15章中深入讨

565 论它）。

为了在使用泛化的**Class**引用时放松限制，我使用了通配符，它是Java泛型的一部分。通配符就是“**?**”，表示“任何事物”。因此，我们可以在上例的普通**Class**引用中添加通配符，并产生相同的结果：

```
//: typeinfo/WildcardClassReferences.java

public class WildcardClassReferences {
  public static void main(String[] args) {
```

```
    Class<?> intClass = int.class;
    intClass = double.class;
  }
} ///:~
```

在Java SE5中，**Class<?>**优于平凡的**Class**，即便它们是等价的，并且平凡的**Class**如你所见，不会产生编译器警告信息。**Class<?>**的好处是它表示你并非是碰巧或者由于疏忽，而使用了一个非具体的类引用，你就是选择了非具体的版本。

为了创建一个**Class**引用，它被限定为某种类型，或该类型的任何子类型，你需要将通配符与**extends**关键字相结合，创建一个范围。因此，与仅仅声明**Class<Number>**不同，现在做如下声明：

```
//: typeinfo/BoundedClassReferences.java

public class BoundedClassReferences {
  public static void main(String[] args) {
    Class<? extends Number> bounded = int.class;
    bounded = double.class;
    bounded = Number.class;
    // Or anything else derived from Number.
  }
} ///:~
```

向**Class**引用添加泛型语法的原因仅仅是为了提供编译期类型检查，因此如果你操作有误，稍后立即就会发现这一点。在使用普通**Class**引用，你不会误入歧途，但是如果你确实犯了错误，那么直到运行时你才会发现它，而这显得很不方便。

下面的示例使用了泛型类语法。它存储了一个类引用，稍候又产生了一个**List**，填充这个**List**的对象是使用**newInstance()**方法，通过该引用生成的： 566

```
//: typeinfo/FilledList.java
import java.util.*;

class CountedInteger {
  private static long counter;
  private final long id = counter++;
  public String toString() { return Long.toString(id); }
}

public class FilledList<T> {
  private Class<T> type;
  public FilledList(Class<T> type) { this.type = type; }
  public List<T> create(int nElements) {
    List<T> result = new ArrayList<T>();
    try {
      for(int i = 0; i < nElements; i++)
        result.add(type.newInstance());
    } catch(Exception e) {
      throw new RuntimeException(e);
    }
    return result;
  }
  public static void main(String[] args) {
    FilledList<CountedInteger> fl =
      new FilledList<CountedInteger>(CountedInteger.class);
    System.out.println(fl.create(15));
  }
} /* Output:
[0, 1, 2, 3, 4, 5, 6, 7, 8, 9, 10, 11, 12, 13, 14]
*///:~
```

注意，这个类必须假设与它一同工作的任何类型都具有一个默认的构造器（无参构造器），并且如果不符合该条件，你将得到一个异常。编译器对该程序不会产生任何警告信息。

当你将泛型语法用于**Class**对象是，会发生一件很有趣的事情：**newInstance()**将返回该对象的确切类型，而不仅仅只是在**ToyTest.java**中看到的基本的**Object**。这在某种程度上有些受限：

567
```
//: typeinfo/toys/GenericToyTest.java
// Testing class Class.
package typeinfo.toys;
public class GenericToyTest {
  public static void main(String[] args) throws Exception {
    Class<FancyToy> ftClass = FancyToy.class;
    // Produces exact type:
    FancyToy fancyToy = ftClass.newInstance();
    Class<? super FancyToy> up = ftClass.getSuperclass();
    // This won't compile:
    // Class<Toy> up2 = ftClass.getSuperclass();
    // Only produces Object:
    Object obj = up.newInstance();
  }
} ///:~
```

如果你手头的是超类，那编译器将只允许你声明超类引用是“某个类，它是**FancyToy**超类”，就像在表达式**Class<? Super FancyToy>**中所看到的，而不会接受**Class<Toy>**这样的声明。这看上去显得有些怪，因为**getSuperClass()**方法返回的是基类（不是接口），并且编译器在编译期就知道它是什么类型了——在本例中就是**Toy.class**——而不仅仅只是“某个类，它是**FancyToy**超类”。不管怎样，正是由于这种含糊性，**up.newInstance()**的返回值不是精确类型，而只是**Object**。

14.2.3 新的转型语法

Java SE5 还添加了用于**Class**引用的转型语法，即**cast()**方法：

```
//: typeinfo/ClassCasts.java

class Building {}
class House extends Building {}

public class ClassCasts {
  public static void main(String[] args) {
    Building b = new House();
    Class<House> houseType = House.class;
    House h = houseType.cast(b);
    h = (House)b; // ... or just do this.
  }
} ///:~
```

cast()方法接受参数对象，并将其转型为**Class**引用的类型。当然，如果你观察上面的代码，
568 则会发现，与实现了相同功能的**main()**中最后一行相比，这种转型好像做了很多额外的工作。新的转型语法对于无法使用普通转型的情况显得非常有用，在你编写泛型代码（你将在第15章中学习它）时，如果你存储了**Class**引用，并希望以后通过这个引用来执行转型，这种情况就会时有发生。这被证明是一种罕见的情况——我发现在整个Java SE5类库中，只有一处使用了**cast()**（在**com.sun.mirror.util.DeclarationFilter**中）。

在Java SE5中另一个没有任何用处的新特性就是**Class.asSubclass()**，该方法允许你将一个类对象转型为更加具体的类型。

14.3 类型转换前先做检查

迄今为止，我们已知的RTTI形式包括：

1) 传统的类型转换，如“(Shape)”，由RTTI确保类型转换的正确性，如果执行了一个错误

的类型转换，就会抛出一个**ClassCastException**异常。

2) 代表对象的类型的**Class**对象。通过查询**Class**对象可以获取运行时所需的信息。

在C++中，经典的类型转换“**(Shape)**”并不使用RTTI。它只是简单地告诉编译器将这个对象作为新的类型对待。而Java要执行类型检查，这通常被称为“类型安全的向下转型”。之所以叫“向下转型”，是由于类层次结构图从来就是这么排列的。如果将**Circle**类型转换为**Shape**类型被称作向上转型，那么将**Shape**转型为**Circle**，就被称为向下转型。但是，由于知道**Circle**肯定是一个**Shape**，所以编译器允许自由地做向上转型的赋值操作，而不需要任何显式的转型操作。编译器无法知道对于给定的Shape到底是什么Shape——它可能就是Shape，或者是Shape的字类型，例如Circle、Square、Triangle或某种其他的类型。在编译期。编译器只能知道它是Shape。因此，如果不使用显式的类型转换，编译器就不允许你执行向下转型赋值，以告知编译器你拥有额外的信息，这些信息使你知道该类型是某种特定类型（编译器将检查向下转型是否合理，因此它不允许向下转型到实际上不是待转型类的子类的类型上）。

RTTI在Java中还有第三种形式，就是关键字**instanceof**。它返回一个布尔值，告诉我们对象是不是某个特定类型的实例。可以用提问的方式使用它，就像这样： 569

```
if(x instanceof Dog)
  ((Dog)x).bark();
```

在将**x**转型成一个**Dog**前，上面的**if**语句会检查对象**x**是否从属于**Dog**类。进行向下转型前，如果没有其他信息可以告诉你这个对象是什么类型，那么使用**instanceof**是非常重要的，否则会得到一个**ClassCastException**异常。

一般，可能想要查找某种类型（比如要找三角形，并填充成紫色），这时可以轻松地使用**instanceof**来计数所有对象。例如，假设你有一个类的继承体系，描述了**Pet**（以及它们的主人，这是在后面的示例中出现的一个非常方便的特性）。在这个继承体系中的每个**Individual**都有一个**id**和一个可选的名字。尽管下面的类都继承自**Individual**，但是**Individual**类复杂性较高，因此其代码将放到第17章中进行说明与解释。正如你可以看到的，此处并不需要去了解**Individual**的代码——你只需了解你可以创建其具名或不具名的对象，并且每个**Individual**都有一个**id()**方法，可以返回其唯一的标识符（通过对每个对象计数而创建的）。还有一个**toString()**方法，如果你没有为**Individual**提供名字，**toString()**方法只产生类型名。

下面是继承自**Individual**的类继承体系：

```
//: typeinfo/pets/Person.java
package typeinfo.pets;

public class Person extends Individual {
  public Person(String name) { super(name); }
} ///:~
```

```
//: typeinfo/pets/Pet.java
package typeinfo.pets;

public class Pet extends Individual {
  public Pet(String name) { super(name); }
  public Pet() { super(); }
} ///:~
```

```
//: typeinfo/pets/Dog.java
package typeinfo.pets;

public class Dog extends Pet {
  public Dog(String name) { super(name); }
  public Dog() { super(); }
} ///:~
```

570

```
//: typeinfo/pets/Mutt.java
package typeinfo.pets;

public class Mutt extends Dog {
  public Mutt(String name) { super(name); }
  public Mutt() { super(); }
} ///:~
```

```
//: typeinfo/pets/Pug.java
package typeinfo.pets;

public class Pug extends Dog {
  public Pug(String name) { super(name); }
  public Pug() { super(); }
} ///:~
```

```
//: typeinfo/pets/Cat.java
package typeinfo.pets;

public class Cat extends Pet {
  public Cat(String name) { super(name); }
  public Cat() { super(); }
} ///:~
```

```
//: typeinfo/pets/EgyptianMau.java
package typeinfo.pets;

public class EgyptianMau extends Cat {
  public EgyptianMau(String name) { super(name); }
  public EgyptianMau() { super(); }
} ///:~
```

```
//: typeinfo/pets/Manx.java
package typeinfo.pets;

public class Manx extends Cat {
  public Manx(String name) { super(name); }
  public Manx() { super(); }
} ///:~
```

```
//: typeinfo/pets/Cymric.java
package typeinfo.pets;
```

571

```
public class Cymric extends Manx {
  public Cymric(String name) { super(name); }
  public Cymric() { super(); }
} ///:~
```

```
//: typeinfo/pets/Rodent.java
package typeinfo.pets;

public class Rodent extends Pet {
  public Rodent(String name) { super(name); }
  public Rodent() { super(); }
} ///:~
```

```
//: typeinfo/pets/Rat.java
package typeinfo.pets;

public class Rat extends Rodent {
  public Rat(String name) { super(name); }
  public Rat() { super(); }
} ///:~
```

```
//: typeinfo/pets/Mouse.java
package typeinfo.pets;

public class Mouse extends Rodent {
  public Mouse(String name) { super(name); }
  public Mouse() { super(); }
```

```
} ///:~

//: typeinfo/pets/Hamster.java
package typeinfo.pets;

public class Hamster extends Rodent {
  public Hamster(String name) { super(name); }
  public Hamster() { super(); }
} ///:~
```

接下来，我们需要一种方法，通过它可以随机地创建不同类型的宠物，并且为方便起见，还可以创建宠物数组和**List**。为了使该工具能够适应多种不同的实现，我们将其定义为抽象类：

```
//: typeinfo/pets/PetCreator.java
// Creates random sequences of Pets.
package typeinfo.pets;
import java.util.*;

public abstract class PetCreator {
  private Random rand = new Random(47);
  // The List of the different types of Pet to create:
  public abstract List<Class<? extends Pet>> types();
  public Pet randomPet() { // Create one random Pet
    int n = rand.nextInt(types().size());
    try {
      return types().get(n).newInstance();
    } catch(InstantiationException e) {
      throw new RuntimeException(e);
    } catch(IllegalAccessException e) {
      throw new RuntimeException(e);
    }
  }
  public Pet[] createArray(int size) {
    Pet[] result = new Pet[size];
    for(int i = 0; i < size; i++)
      result[i] = randomPet();
    return result;
  }
  public ArrayList<Pet> arrayList(int size) {
    ArrayList<Pet> result = new ArrayList<Pet>();
    Collections.addAll(result, createArray(size));
    return result;
  }
} ///:~
```
572

抽象的**getTypes()**方法在导出类中实现，以获取由**Class**对象构成的**List**（这是模版方法设计模式的一种变体）。注意，其中类的类型被指定为“任何从**Pet**导出的类”，因此**newInstance()**不需要转型就可以产生**Pet**。**randomPet()**随机地产生**List**中的索引，并使用被选取的**Class**对象，通过**Class.newInstance()**来生成该类的新实例。**createArray()**方法使用**randomPet()**来填充数组，而**arrayList()**方法使用的则是**createArray()**。

在调用**newInstance()**时，可能会得到两种异常，在紧跟**try**语句块后面的**catch**子句中可以看到对它们的处理。异常的名字再次成为了一种对错误类型相对比较有用的解释（**IllegalAccessException**表示违反了Java安全机制，在本例中，表示默认构造器为**private**的情况）。

当你导出**PetCreator**的子类时，唯一所需提供的就是你希望使用**randomPet()**和其他方法来创建的宠物类型的**List**。**getTypes()**方法通常只返回对一个静态**List**的引用。下面是使用**forName()**的一个具体实现： 573

```
//: typeinfo/pets/ForNameCreator.java
package typeinfo.pets;
import java.util.*;
```

```
public class ForNameCreator extends PetCreator {
  private static List<Class<? extends Pet>> types =
    new ArrayList<Class<? extends Pet>>();
  // Types that you want to be randomly created:
  private static String[] typeNames = {
    "typeinfo.pets.Mutt",
    "typeinfo.pets.Pug",
    "typeinfo.pets.EgyptianMau",
    "typeinfo.pets.Manx",
    "typeinfo.pets.Cymric",
    "typeinfo.pets.Rat",
    "typeinfo.pets.Mouse",
    "typeinfo.pets.Hamster"
  };
  @SuppressWarnings("unchecked")
  private static void loader() {
    try {
      for(String name : typeNames)
        types.add(
          (Class<? extends Pet>)Class.forName(name));
    } catch(ClassNotFoundException e) {
      throw new RuntimeException(e);
    }
  }
  static { loader(); }
  public List<Class<? extends Pet>> types() {return types;}
} ///:~
```

loader()方法用**Class.forName()**创建了**Class**对象的**List**，这可能会产生**ClassNotFoundException**异常，这么做是有意义的，因为你传递给它的是一个在编译期无法验证的**String**。由于**Pet**对象在**typeinfo**包中，因此必须使用包名来引用这些类。

为了产生具有实际类型的**Class**对象的**List**，必须使用转型，这会产生编译期警告。**loader()**
574 方法被单独定义，然后被置于一个静态初始化子句中，因为**@SuppressWarnings**注解不能直接置于静态初始化子句之上。

为了对**Pet**进行计数，我们需要一个能够跟踪各种不同类型的**Pet**的数量的工具。**Map**是此需求的首选，其中键是**Pet**类型名，而值是保存**Pet**数量的**Integer**。通过这种方式，你可以询问："有多少个**Hamster**对象？"我们可以使用**instanceof**来对**Pet**进行计数：

```
//: typeinfo/PetCount.java
// Using instanceof.
import typeinfo.pets.*;
import java.util.*;
import static net.mindview.util.Print.*;

public class PetCount {
  static class PetCounter extends HashMap<String,Integer> {
    public void count(String type) {
      Integer quantity = get(type);
      if(quantity == null)
        put(type, 1);
      else
        put(type, quantity + 1);
    }
  }
  public static void
  countPets(PetCreator creator) {
    PetCounter counter= new PetCounter();
    for(Pet pet : creator.createArray(20)) {
      // List each individual pet:
      printnb(pet.getClass().getSimpleName() + " ");
      if(pet instanceof Pet)
        counter.count("Pet");
```

```
      if(pet instanceof Dog)
        counter.count("Dog");
      if(pet instanceof Mutt)
        counter.count("Mutt");
      if(pet instanceof Pug)
        counter.count("Pug");
      if(pet instanceof Cat)
        counter.count("Cat");
      if(pet instanceof Manx)
        counter.count("EgyptianMau");
      if(pet instanceof Manx)
        counter.count("Manx");
      if(pet instanceof Manx)
        counter.count("Cymric");
      if(pet instanceof Rodent)
        counter.count("Rodent");
      if(pet instanceof Rat)
        counter.count("Rat");
      if(pet instanceof Mouse)
        counter.count("Mouse");
      if(pet instanceof Hamster)
        counter.count("Hamster");
    }
    // Show the counts:
    print();
    print(counter);
  }
  public static void main(String[] args) {
    countPets(new ForNameCreator());
  }
} /* Output:
Rat Manx Cymric Mutt Pug Cymric Pug Manx Cymric Rat
EgyptianMau Hamster EgyptianMau Mutt Mutt Cymric Mouse Pug
Mouse Cymric
{Pug=3, Cat=9, Hamster=1, Cymric=7, Mouse=2, Mutt=3,
Rodent=5, Pet=20, Manx=7, EgyptianMau=7, Dog=6, Rat=2}
*///:~
```

575

在**CountPets()**中，是使用**PetCreator**来随机地向数组中填充**Pet**的。然后使用**instanceof**对该数组中的每个**Pet**进行测试和计数。

对**instanceof**有比较严格的限制：只可将其与命名类型进行比较，而不能与**Class**对象作比较。在前面的例子中，可能觉得写出那么一大堆**instanceof**表达式是很乏味的，的确如此。但是也没有办法让**instanceof**聪明起来，让它能够自动地创建一个**Class**对象的数组，然后将目标对象与这个数组中的对象进行逐一的比较（稍后会看到一个替代方案）。其实这并非是一种如你想象中那般好的限制，因为渐渐地读者就会理解，如果程序中编写了许多的**instanceof**表达式，就说明你的设计可能存在瑕疵。

14.3.1 使用类字面常量

如果我们用类字面常量重新实现PetCount，那么改写后的结果在许多方面都会显得更加清晰： 576

```
//: typeinfo/pets/LiteralPetCreator.java
// Using class literals.
package typeinfo.pets;
import java.util.*;

public class LiteralPetCreator extends PetCreator {
  // No try block needed.
  @SuppressWarnings("unchecked")
  public static final List<Class<? extends Pet>> allTypes =
    Collections.unmodifiableList(Arrays.asList(
```

```
      Pet.class, Dog.class, Cat.class,  Rodent.class,
      Mutt.class, Pug.class, EgyptianMau.class, Manx.class,
      Cymric.class, Rat.class, Mouse.class,Hamster.class));
  // Types for random creation:
  private static final List<Class<? extends Pet>> types =
    allTypes.subList(allTypes.indexOf(Mutt.class),
      allTypes.size());
  public List<Class<? extends Pet>> types() {
    return types;
  }
  public static void main(String[] args) {
    System.out.println(types);
  }
} /* Output:
[class typeinfo.pets.Mutt, class typeinfo.pets.Pug, class
typeinfo.pets.EgyptianMau, class typeinfo.pets.Manx, class
typeinfo.pets.Cymric, class typeinfo.pets.Rat, class
typeinfo.pets.Mouse, class typeinfo.pets.Hamster]
*///:~
```

在即将出现的**PetCount3.java**示例中，我们需要先用所有的**Pet**类型来预加载一个**Map**（而仅仅只是那些将要随机生成的类型），因此**allTypes List**是必需的。**types**列表是**allTypes**的一部分（通过使用**List.subList()**创建的），它包含了确切的宠物类型，因此它被用于随机**Pet**生成。

这一次，生成**types**的代码不需要放在**try**块内，因为它会在编译时得到检查，因此，它不会抛出任何异常，这与**Class.forName()**不一样。

我们现在在**typeinfo.pets**类库中有了两种**PetCreator**的实现。为了将第二种实现作为默认实
577 现，我们可以创建一个使用了**LiteralPetCreator**的外观：

```
//: typeinfo/pets/Pets.java
// Facade to produce a default PetCreator.
package typeinfo.pets;
import java.util.*;

public class Pets {
  public static final PetCreator creator =
    new LiteralPetCreator();
  public static Pet randomPet() {
    return creator.randomPet();
  }
  public static Pet[] createArray(int size) {
    return creator.createArray(size);
  }
  public static ArrayList<Pet> arrayList(int size) {
    return creator.arrayList(size);
  }
} ///:~
```

这个类还提供了对**randomPet()**、**createArray()**和**arrayList()**的间接调用。

因为**PetCount.countPets()**接受的是一个**PetCreator**参数，我们可以很容易地测试**LiteralPetCreator**（通过上面的外观）：

```
//: typeinfo/PetCount2.java
import typeinfo.pets.*;

public class PetCount2 {
  public static void main(String[] args) {
    PetCount.countPets(Pets.creator);
  }
} /* (Execute to see output) *///:~
```

该示例的输出与**PetCount.java**相同。

14.3.2 动态的instanceof

Class.isInstance方法提供了一种动态地测试对象的途径。于是所有那些单调的**instanceof**语句都可以从**PetCount.java**的例子中移除了。如下所示：

578

```
//: typeinfo/PetCount3.java
// Using isInstance()
import typeinfo.pets.*;
import java.util.*;
import net.mindview.util.*;
import static net.mindview.util.Print.*;

public class PetCount3 {
  static class PetCounter
  extends LinkedHashMap<Class<? extends Pet>,Integer> {
    public PetCounter() {
      super(MapData.map(LiteralPetCreator.allTypes, 0));
    }
    public void count(Pet pet) {
      // Class.isInstance() eliminates instanceofs:
      for(Map.Entry<Class<? extends Pet>,Integer> pair
          : entrySet())
        if(pair.getKey().isInstance(pet))
          put(pair.getKey(), pair.getValue() + 1);
    }
    public String toString() {
      StringBuilder result = new StringBuilder("{");
      for(Map.Entry<Class<? extends Pet>,Integer> pair
          : entrySet()) {
        result.append(pair.getKey().getSimpleName());
        result.append("=");
        result.append(pair.getValue());
        result.append(", ");
      }
      result.delete(result.length()-2, result.length());
      result.append("}");
      return result.toString();
    }
  }
  public static void main(String[] args) {
    PetCounter petCount = new PetCounter();
    for(Pet pet : Pets.createArray(20)) {
      printnb(pet.getClass().getSimpleName() + " ");
      petCount.count(pet);
    }
    print();
    print(petCount);
  }
} /* Output:
Rat Manx Cymric Mutt Pug Cymric Pug Manx Cymric Rat
EgyptianMau Hamster EgyptianMau Mutt Mutt Cymric Mouse Pug
Mouse Cymric
{Pet=20, Dog=6, Cat=9, Rodent=5, Mutt=3, Pug=3,
EgyptianMau=2, Manx=7, Cymric=5, Rat=2, Mouse=2, Hamster=1}
*///:~
```

579

为了对所有不同类型的**Pet**进行计数，**PetCounter Map**预加载了**LiteralPetCreator.allTypes**中的类型。这使用了**net.mindview.util.MapData**类，这个类接受一个**Iteralbe**（**allTypes List**）和一个常数值（在本例中是0），然后用**allTypes**中元素作为键，用0作为值，来填充**Map**。如果不预加载这个**Map**，那么你最终将只能对随机生成的类型进行计数，而不包括诸如**Pet**和**Cat**这样的基类型。

可以看到，**isInstance()**方法使我们不再需要**instanceof**表达式。此外，这意味着如果要求添加新类型的**Pet**，只需简单地改变**LiteralPetCreator.java**数组即可；而毋需改动程序其他部分

（但是在使用**instanceof**时这是不可能的）。

toString()方法已经被重载，使得输出更容易被读取，而该输出与打印**Map**时所看到的典型输出仍然是匹配的。

14.3.3 递归计数

在**PetCount3.PetCounter**中的**Map**预加载了所有不同的**Pet**类。与预加载映射表不同的是，我们可以使用**Class.isAssignableFrom()**，并创建一个不局限于对**Pet**计数的通用工具。

```
//: net/mindview/util/TypeCounter.java
// Counts instances of a type family.
package net.mindview.util;
import java.util.*;

public class TypeCounter extends HashMap<Class<?>,Integer>{
  private Class<?> baseType;
  public TypeCounter(Class<?> baseType) {
    this.baseType = baseType;
  }
  public void count(Object obj) {
    Class<?> type = obj.getClass();
    if(!baseType.isAssignableFrom(type))
      throw new RuntimeException(obj + " incorrect type: "
580     + type + ", should be type or subtype of "
        + baseType);
    countClass(type);
  }
  private void countClass(Class<?> type) {
    Integer quantity = get(type);
    put(type, quantity == null ? 1 : quantity + 1);
    Class<?> superClass = type.getSuperclass();
    if(superClass != null &&
       baseType.isAssignableFrom(superClass))
      countClass(superClass);
  }
  public String toString() {
    StringBuilder result = new StringBuilder("{");
    for(Map.Entry<Class<?>,Integer> pair : entrySet()) {
      result.append(pair.getKey().getSimpleName());
      result.append("=");
      result.append(pair.getValue());
      result.append(", ");
    }
    result.delete(result.length()-2, result.length());
    result.append("}");
    return result.toString();
  }
} ///:~
```

count()方法获取其参数的**Class**，然后使用**isAssignableFrom()**来执行运行时的检查，以校验你传递的对象确实属于我们感兴趣的继承结构。**countClass()**首先对该类的确切类型计数，然后，如果其超类可以赋值给**baseType**，**countClass()**将其超类上递归计数。

```
//: typeinfo/PetCount4.java
import typeinfo.pets.*;
import net.mindview.util.*;
import static net.mindview.util.Print.*;

public class PetCount4 {
  public static void main(String[] args) {
    TypeCounter counter = new TypeCounter(Pet.class);
    for(Pet pet : Pets.createArray(20)) {
      printnb(pet.getClass().getSimpleName() + " ");
581   counter.count(pet);
    }
```

```
    print();
    print(counter);
  }
} /* Output: (Sample)
Rat Manx Cymric Mutt Pug Cymric Pug Manx Cymric Rat
EgyptianMau Hamster EgyptianMau Mutt Mutt Cymric Mouse Pug
Mouse Cymric
{Mouse=2, Dog=6, Manx=7, EgyptianMau=2, Rodent=5, Pug=3,
Mutt=3, Cymric=5, Cat=9, Hamster=1, Pet=20, Rat=2}
*///:~
```

正如在输出中看到的那样，对基类型和确切类型都进行了计数。

练习11：(2) 在**typeinfo.pets**类库中添加**Gerbil**，并修改本章中的所有示例，让它们适应这个新类。

练习12：(3) 将第15章中的**CoffeeGenerator.java**类用于**TypeCounter**。

练习13：(3) 将本章中的**RegisteredFactories.java**示例用于**TypeCounter**。

14.4 注册工厂

生成**Pet**继承结构中的对象存在着一个问题，即每次向该继承结构添加新的**Pet**类型时，必须将其添加为**LiteralPetCreator.java**中的项。如果在系统中已经存在了继承结构的常规的基础，然后在其上要添加更多的类，那么就有可能会出现问题。

你可能会考虑在每个子类中添加静态初始化器，以使得该初始化器可以将它的类添加到某个**List**中。遗憾的是，静态初始化器只有在类首先被加载的情况下才能被调用，因此你就碰上了“先有鸡还是先有蛋”的问题：生成器在其列表中不包含这个类，因此它永远不能创建这个类的对象，而这个类也就不能被加载并置于这个列表中。

这主要是因为，你被强制要求自己去手工创建这个列表（除非你想编写一个工具，它可以全面搜索和分析源代码，然后创建和编译这个列表）。因此，你最佳的做法是，将这个列表置于一个位于中心的、位置明显的地方，而我们感兴趣的继承结构的基类可能就是这个最佳位置。 582

这里我们需要做的其他修改就是使用*工厂方法*设计模式，将对象的创建工作交给类自己去完成。工厂方法可以被多态地调用，从而为你创建恰当类型的对象。在下面这个非常简单的版本中，工厂方法就是**Factory**接口中的**create()**方法：

```
//: typeinfo/factory/Factory.java
package typeinfo.factory;
public interface Factory<T> { T create(); } ///:~
```

泛型参数**T**使得**create()**可以在每种**Factory**实现中返回不同的类型。这也充分利用了协变返回类型。

在下面的示例中，基类**Part**包含一个工厂对象的列表。对于应这个由**createRandom()**方法产生的类型，它们的工厂都被添加到了**partFactories List**中，从而被注册到了基类中：

```
//: typeinfo/RegisteredFactories.java
// Registering Class Factories in the base class.
import typeinfo.factory.*;
import java.util.*;

class Part {
  public String toString() {
    return getClass().getSimpleName();
  }
  static List<Factory<? extends Part>> partFactories =
    new ArrayList<Factory<? extends Part>>();
  static {
```

```
    // Collections.addAll() gives an "unchecked generic
    // array creation ... for varargs parameter" warning.
    partFactories.add(new FuelFilter.Factory());
    partFactories.add(new AirFilter.Factory());
    partFactories.add(new CabinAirFilter.Factory());
    partFactories.add(new OilFilter.Factory());
    partFactories.add(new FanBelt.Factory());
    partFactories.add(new PowerSteeringBelt.Factory());
    partFactories.add(new GeneratorBelt.Factory());
  }
  private static Random rand = new Random(47);
  public static Part createRandom() {
    int n = rand.nextInt(partFactories.size());
583    return partFactories.get(n).create();
  }
}

class Filter extends Part {}

class FuelFilter extends Filter {
  // Create a Class Factory for each specific type:
  public static class Factory
  implements typeinfo.factory.Factory<FuelFilter> {
    public FuelFilter create() { return new FuelFilter(); }
  }
}

class AirFilter extends Filter {
  public static class Factory
  implements typeinfo.factory.Factory<AirFilter> {
    public AirFilter create() { return new AirFilter(); }
  }
}

class CabinAirFilter extends Filter {
  public static class Factory
  implements typeinfo.factory.Factory<CabinAirFilter> {
    public CabinAirFilter create() {
      return new CabinAirFilter();
    }
  }
}

class OilFilter extends Filter {
  public static class Factory
  implements typeinfo.factory.Factory<OilFilter> {
    public OilFilter create() { return new OilFilter(); }
  }
}

class Belt extends Part {}

class FanBelt extends Belt {
  public static class Factory
  implements typeinfo.factory.Factory<FanBelt> {
    public FanBelt create() { return new FanBelt(); }
  }
584}

class GeneratorBelt extends Belt {
  public static class Factory
  implements typeinfo.factory.Factory<GeneratorBelt> {
    public GeneratorBelt create() {
      return new GeneratorBelt();
    }
  }
}
```

```
class PowerSteeringBelt extends Belt {
  public static class Factory
  implements typeinfo.factory.Factory<PowerSteeringBelt> {
    public PowerSteeringBelt create() {
      return new PowerSteeringBelt();
    }
  }
}

public class RegisteredFactories {
  public static void main(String[] args) {
    for(int i = 0; i < 10; i++)
      System.out.println(Part.createRandom());
  }
} /* Output:
GeneratorBelt
CabinAirFilter
GeneratorBelt
AirFilter
PowerSteeringBelt
CabinAirFilter
FuelFilter
PowerSteeringBelt
PowerSteeringBelt
FuelFilter
*///:~
```

并非所有在继承结构中的类都应该被实例化，在本例中，**Filter**和**Belt**只是分类标识，因此你不应该创建它们的实例，而只应该创建它们的子类的实例。如果某个类应该由**createRandom()**方法创建，那么它就包含一个内部**Factory**类。如上所示，重用名字**Factory**的唯一方式就是限定**typeinfo.factory.Factory**。 585

尽管你可以使用**Collections.addAll()**来向列表中添加工厂，但是这样做编译器就会表达它的不满，抛出一条有关“创建泛型数组”（这被认为是不可能的，正如你将在第15章中所看到的那样）的警告，因此我转而使用**add()**。**createRandom()**方法从**partFactories**中随机地选取一个工厂对象，然后调用其**create()**方法，从而产生一个新的**Part**。

练习14：(4) 构造器就是一种工厂方法。修改**RegisteredFactories.java**，使其不要使用显式的工厂，而是将类对象存储到**List**中，并使用**newInstance()**来创建对象。

练习15：(4) 使用注册工厂来实现一个新的**PetCreator**，并修改**Pets**外观，使其使用这个新的**Creator**而并非另外两个**Creator**。确保使用**Pets.java**的其他示例仍可以正常工作。

练习16：(4) 修改第15章中的**Coffee**继承结构，以便可以使用注册工厂。

14.5 instanceof与Class的等价性

在查询类型信息时，以**instanceof**的形式（即以**instanceof**的形式或**isInstance()**的形式，它们产生相同的结果）与直接比较**Class**对象有一个很重要的差别。下面的例子展示了这种差别：

```
//: typeinfo/FamilyVsExactType.java
// The difference between instanceof and class
package typeinfo;
import static net.mindview.util.Print.*;

class Base {}
class Derived extends Base {}

public class FamilyVsExactType {
  static void test(Object x) {
    print("Testing x of type " + x.getClass());
    print("x instanceof Base " + (x instanceof Base));
```

```
      print("x instanceof Derived "+ (x instanceof Derived));
      print("Base.isInstance(x) "+ Base.class.isInstance(x));
      print("Derived.isInstance(x) " +
        Derived.class.isInstance(x));
586   print("x.getClass() == Base.class " +
        (x.getClass() == Base.class));
      print("x.getClass() == Derived.class " +
        (x.getClass() == Derived.class));
      print("x.getClass().equals(Base.class)) "+
        (x.getClass().equals(Base.class)));
      print("x.getClass().equals(Derived.class)) " +
        (x.getClass().equals(Derived.class)));
    }
    public static void main(String[] args) {
      test(new Base());
      test(new Derived());
    }
  } /* Output:
  Testing x of type class typeinfo.Base
  x instanceof Base true
  x instanceof Derived false
  Base.isInstance(x) true
  Derived.isInstance(x) false
  x.getClass() == Base.class true
  x.getClass() == Derived.class false
  x.getClass().equals(Base.class)) true
  x.getClass().equals(Derived.class)) false
  Testing x of type class typeinfo.Derived
  x instanceof Base true
  x instanceof Derived true
  Base.isInstance(x) true
  Derived.isInstance(x) true
  x.getClass() == Base.class false
  x.getClass() == Derived.class true
  x.getClass().equals(Base.class)) false
  x.getClass().equals(Derived.class)) true
  *///:~
```

test()方法使用了两种形式的**instanceof**作为参数来执行类型检查。然后获取**Class**引用，并用==和**equals()**来检查**Class**对象是否相等。使人放心的是，**instancof**和**isInstance()**生成的结果完全一样，**equals()**和==也一样。但是这两组测试得出的结论却不相同。**instanceof**保持了类型的概念，它指的是“你是这个类吗，或者你是这个类的派生类吗？”而如果用==比较实际的**Class**
587 对象，就没有考虑继承——它或者是这个确切的类型，或者不是。

14.6 反射：运行时的类信息

如果不知道某个对象的确切类型，RTTI可以告诉你。但是有一个限制：这个类型在编译时必须已知，这样才能使用RTTI识别它，并利用这些信息做一些有用的事。换句话说，在编译时，编译器必须知道所有要通过RTTI来处理的类。

初看起来这似乎不是个限制，但是假设你获取了一个指向某个并不在你的程序空间中的对象的引用；事实上，在编译时你的程序根本没法获知这个对象所属的类。例如，假设你从磁盘文件，或者网络连接中获取了一串字节，并且你被告知这些字节代表了一个类。既然这个类在编译器为你的程序生成代码之后很久才会出现，那么怎样才能使用这样的类呢？

在传统的编程环境中不太可能出现这种情况。但当我们置身于更大规模的编程世界中，在许多重要情况下就会发生上面的事情。首先就是“基于构件的编程”，在此种编程方式中，将使用某种基于快速应用开发（RAD）的应用构建工具，即集成开发环境（IDE），来构建项目。这是一种可视化编程方法，可以通过将代表不同组件的图标拖曳到表单中来创建程序。然后在编程时通过设置构件的属性值来配置它们。这种设计时的配置，要求构件都是可实例化的，并且要暴露其部分信息，以允许程序员读取和修改构件的属性。此外，处理图形化用户界面（GUI）事件的构件还必须暴露相关方法的信息，以便IDE能够帮助程序员覆盖这些处理事件的方法。反射提供了一种机制——用来检查可用的方法，并返回方法名。Java通过JavaBeans（第22章将详细介绍）提供了基于构件的编程架构。

人们想要在运行时获取类的信息的另一个动机，便是希望提供在跨网络的远程平台上创建和运行对象的能力。这被称为*远程方法调用*（RMI），它允许一个Java程序将对象分布到多台机器上。需要这种分布能力是有许多原因的，例如，你可能正在执行一项需进行大量计算的任务， 588
为了提高运算速度，想将计算划分为许多小的计算单元，分布到空闲的机器上运行。又比如，你可能希望将处理特定类型任务的代码（例如多层的C/S（客户/服务器）架构中的“业务规则”），置于特定的机器上，于是这台机器就成为了描述这些动作的公共场所，可以很容易地通过改动它就达到影响系统中所有人的效果。（这是一种有趣的开发方式，因为机器的存在仅仅是为了方便软件的改动！）同时，分布式计算也支持适于执行特殊任务的专用硬件，例如矩阵转置，而这对于通用程序就显得不太合适或者太昂贵了。

Class类与**java.lang.reflect**类库一起对反射的概念进行了支持，该类库包含了**Field**、**Method**以及**Constructor**类（每个类都实现了**Member**接口）。这些类型的对象是由JVM在运行时创建的，用以表示未知类里对应的成员。这样你就可以使用**Constructor**创建新的对象，用**get()**和**set()**方法读取和修改与**Field**对象关联的字段，用**invoke()**方法调用与**Method**对象关联的方法。另外，还可以调用**getFields()**、**getMethods()**和**getConstructors()**等很便利的方法，以返回表示字段、方法以及构造器的对象的数组（在JDK文档中，通过查找**Class**类可了解更多相关资料）。这样，匿名对象的类信息就能在运行时被完全确定下来，而在编译时不需要知道任何事情。

重要的是，要认识到反射机制并没有什么神奇之处。当通过反射与一个未知类型的对象打交道时，JVM只是简单地检查这个对象，看它属于哪个特定的类（就像RTTI那样）。在用它做其他事情之前必须先加载那个类的**Class**对象。因此，那个类的**.class**文件对于JVM来说必须是可获取的：要么在本地机器上，要么可以通过网络取得。所以RTTI和反射之间真正的区别只在于，对RTTI来说，编译器在编译时打开和检查**.class**文件。（换句话说，我们可以用“普通”方式调用对象的所有方法。）而对于反射机制来说，**.class**文件在编译时是不可获取的，所以是在运行时打开和检查**.class**文件。 589

14.6.1 类方法提取器

通常你不需要直接使用反射工具，但是它们在你需要创建更加动态的代码时会很有用。反射在Java中是用来支持其他特性的，例如对象序列化和JavaBean（它们在本书稍后部分都会提到）。但是，如果能动态地提取某个类的信息有的时候还是很有用的。请考虑类方法提取器。浏览实现了类定义的源代码或是其JDK文档，只能找到*在这个类定义中*被定义或被覆盖的方法。但对你来说，可能有数十个更有用的方法都是继承自基类的。要找出这些方法可能会很乏味且费时[⊖]。幸运的是，反射机制提供了一种方法，使我们能够编写可以自动展示完整接口的简单工具。下面就是其工作方式：

```
//: typeinfo/ShowMethods.java
// Using reflection to show all the methods of a class,
// even if the methods are defined in the base class.
```

⊖ 特别是在过去，现在Sun已极大地改进了其HTML Java 文档，所以查找基类的方法已经简单多了。

```
// {Args: ShowMethods}
import java.lang.reflect.*;
import java.util.regex.*;
import static net.mindview.util.Print.*;

public class ShowMethods {
  private static String usage =
    "usage:\n" +
    "ShowMethods qualified.class.name\n" +
    "To show all methods in class or:\n" +
    "ShowMethods qualified.class.name word\n" +
    "To search for methods involving 'word'";
  private static Pattern p = Pattern.compile("\\w+\\.");
  public static void main(String[] args) {
    if(args.length < 1) {
      print(usage);
      System.exit(0);
    }
    int lines = 0;
590    try {
      Class<?> c = Class.forName(args[0]);
      Method[] methods = c.getMethods();
      Constructor[] ctors = c.getConstructors();
      if(args.length == 1) {
        for(Method method : methods)
          print(
            p.matcher(method.toString()).replaceAll(""));
        for(Constructor ctor : ctors)
          print(p.matcher(ctor.toString()).replaceAll(""));
        lines = methods.length + ctors.length;
      } else {
        for(Method method : methods)
          if(method.toString().indexOf(args[1]) != -1) {
            print(
              p.matcher(method.toString()).replaceAll(""));
            lines++;
          }
        for(Constructor ctor : ctors)
          if(ctor.toString().indexOf(args[1]) != -1) {
            print(p.matcher(
              ctor.toString()).replaceAll(""));
            lines++;
          }
      }
    } catch(ClassNotFoundException e) {
      print("No such class: " + e);
    }
  }
} /* Output:
public static void main(String[])
public native int hashCode()
public final native Class getClass()
public final void wait(long,int) throws
InterruptedException
public final void wait() throws InterruptedException
public final native void wait(long) throws
InterruptedException
public boolean equals(Object)
public String toString()
public final native void notify()
public final native void notifyAll()
public ShowMethods()
591 *///:~
```

Class的**getMethods()**和**getConstructors()**方法分别返回**Method**对象的数组和**Constructor**对象的数组。这两个类都提供了深层方法，用以解析其对象所代表的方法，并获取其名字、输入参数以及返回值。但也可以像这里一样，只使用**toString()**生成一个含有完整的方法特征签名的字符串。代码其他部分用于提取命令行信息，判断某个特定的特征签名是否与我们的目标字符串相符（使用**indexOf()**），并使用正则表达式去掉了命名修饰词（正则表达式在第13章中介绍过）。

Class.forName()生成的结果在编译时是不可知的，因此所有的方法特征签名信息都是在执行时被提取出来的。如果研究一下JDK文档中关于反射的部分，就会看到，反射机制提供了足够的支持，使得能够创建一个在编译时完全未知的对象，并调用此对象的方法（在本书后面会有示例）。虽然开始的时候可能认为永远也不需要用到这些功能，但是反射机制的价值是很惊人的。

上面的输出是从下面的命令行产生的：

```
java ShowMethods ShowMethods
```

你可以看到，输出中包含一个**public**的默认构造器，即便能在代码中看到根本没有定义任何构造器。所看到的这个包含在列表中的构造器是编译器自动合成的。如果将**ShowMethods**作为一个非**public**的类（也就是拥有包访问权限），输出中就不会再显示出这个自动合成的默认构造器了。该自动合成的默认构造器会自动被赋予与类一样的访问权限。

还有一个有趣的例子是，用一个额外的**char**、**int**或**String**等参数来调用**java ShowMethods java.lang.String**。

在编程时，特别是如果不记得一个类是否有某个方法，或者不知道一个类究竟能做些什么，例如**Color**对象，而又不想通过索引或类的层次结构去查找JDK文档，这时这个工具确实能节省很多时间。

第22章包含这个程序的GUI版本（专为提取Swing构件的信息而定制的），使你在编写代码的同时能够通过运行它来快速查询有用的信息。 592

练习17：(2) 修改**ShowMethods.java**中的正则表达式，以去掉**native**和**final**关键字（提示：使用“或”运算符“|”）。

练习18：(1) 将**ShowMethods**变为一个非**public**的类，并验证合成的默认构造器不会再在输出中出现。

练习19：(4) 在**ToyTest.java**中，使用反射机制，通过非默认构造器创建**Toy**对象。

练习20：(5) 请从在http://java.sun.com上提供的JDK文档中找出**java.lang.Class**的接口。写一个程序，使它能够接受命令行参数所指定的类名称。然后使用**Class**的方法打印该类所有可以获得的信息。用标准程序库的类和你自己写的类，分别测试这个程序。

14.7 动态代理

代理是基本的设计模式之一，它是你为了提供额外的或不同的操作，而插入的用来代替“实际”对象的对象。这些操作通常涉及与“实际”对象的通信，因此代理通常充当着中间人的角色。下面是一个用来展示代理结构的简单示例：

```
//: typeinfo/SimpleProxyDemo.java
import static net.mindview.util.Print.*;

interface Interface {
  void doSomething();
  void somethingElse(String arg);
}

class RealObject implements Interface {
```

```
    public void doSomething() { print("doSomething"); }
    public void somethingElse(String arg) {
      print("somethingElse " + arg);
    }
  }

  class SimpleProxy implements Interface {
    private Interface proxied;
    public SimpleProxy(Interface proxied) {
      this.proxied = proxied;
593 }
    public void doSomething() {
      print("SimpleProxy doSomething");
      proxied.doSomething();
    }
    public void somethingElse(String arg) {
      print("SimpleProxy somethingElse " + arg);
      proxied.somethingElse(arg);
    }
  }

  class SimpleProxyDemo {
    public static void consumer(Interface iface) {
      iface.doSomething();
      iface.somethingElse("bonobo");
    }
    public static void main(String[] args) {
      consumer(new RealObject());
      consumer(new SimpleProxy(new RealObject()));
    }
  } /* Output:
  doSomething
  somethingElse bonobo
  SimpleProxy doSomething
  doSomething
  SimpleProxy somethingElse bonobo
  somethingElse bonobo
  *///:~
```

因为**consumer()**接受的**Interface**，所以它无法知道正在获得的到底是**RealObject**还是**SimpleProxy**，因为这二者都实现了**Interface**。但是**SimpleProxy**已经被插入到了客户端和**RealObject**之间，因此它会执行操作，然后调用**RealObject**上相同的方法。

在任何时刻，只要你想要将额外的操作从“实际”对象中分离到不同的地方，特别是当你希望能够很容易地做出修改，从没有使用额外操作转为使用这些操作，或者反过来时，代理就显得很有用（设计模式的关键就是封装修改——因此你需要修改事务以证明这种模式的正确性）。例如，如果你希望跟踪对**RealObject**中的方法的调用，或者希望度量这些调用的开销，那么你应该怎样做呢？这些代码肯定是你不希望将其合并到应用中的代码，因此代理使得你可以很容易地添加或移除它们。

Java的动态代理比代理的思想更向前迈进了一步，因为它可以动态地创建代理并动态地处理
594 对所代理方法的调用。在动态代理上所做的所有调用都会被重定向到单一的*调用处理器*上，它的工作是揭示调用的类型并确定相应的对策。下面是用动态代理重写的**SimpleProxyDemo.java**：

```
//: typeinfo/SimpleDynamicProxy.java
import java.lang.reflect.*;

class DynamicProxyHandler implements InvocationHandler {
  private Object proxied;
  public DynamicProxyHandler(Object proxied) {
    this.proxied = proxied;
```

```
  }
  public Object
  invoke(Object proxy, Method method, Object[] args)
  throws Throwable {
    System.out.println("**** proxy: " + proxy.getClass() +
      ", method: " + method + ", args: " + args);
    if(args != null)
      for(Object arg : args)
        System.out.println("  " + arg);
    return method.invoke(proxied, args);
  }
}

class SimpleDynamicProxy {
  public static void consumer(Interface iface) {
    iface.doSomething();
    iface.somethingElse("bonobo");
  }
  public static void main(String[] args) {
    RealObject real = new RealObject();
    consumer(real);
    // Insert a proxy and call again:
    Interface proxy = (Interface)Proxy.newProxyInstance(
      Interface.class.getClassLoader(),
      new Class[]{ Interface.class },
      new DynamicProxyHandler(real));
    consumer(proxy);
  }
} /* Output: (95% match)
doSomething
somethingElse bonobo
**** proxy: class $Proxy0, method: public abstract void
Interface.doSomething(), args: null
doSomething
**** proxy: class $Proxy0, method: public abstract void
Interface.somethingElse(java.lang.String), args:
[Ljava.lang.Object;@42e816
  bonobo
somethingElse bonobo
*///:~
```

595

通过调用静态方法**Proxy.newProxyInstance()**可以创建动态代理，这个方法需要得到一个类加载器（你通常可以从已经被加载的对象中获取其类加载器，然后传递给它），一个你希望该代理实现的接口列表（不是类或抽象类），以及**InvocationHandler**接口的一个实现。动态代理可以将所有调用重定向到调用处理器，因此通常会向调用处理器的构造器传递给一个“实际”对象的引用，从而使得调用处理器在执行其中介任务时，可以将请求转发。

invoke()方法中传递进来了代理对象，以防你需要区分请求的来源，但是在许多情况下，你并不关心这一点。然而，在**invoke()**内部，在代理上调用方法时需要格外当心，因为对接口的调用将被重定向为对代理的调用。

通常，你会执行被代理的操作，然后使用**Method.invoke()**将请求转发给被代理对象，并传入必需的参数。这初看起来可能有些受限，就像你只能执行泛化操作一样。但是，你可以通过传递其他的参数，来过滤某些方法调用：

```
//: typeinfo/SelectingMethods.java
// Looking for particular methods in a dynamic proxy.
import java.lang.reflect.*;
import static net.mindview.util.Print.*;

class MethodSelector implements InvocationHandler {
  private Object proxied;
  public MethodSelector(Object proxied) {
```

596

```
    this.proxied = proxied;
  }
  public Object
  invoke(Object proxy, Method method, Object[] args)
  throws Throwable {
    if(method.getName().equals("interesting"))
      print("Proxy detected the interesting method");
    return method.invoke(proxied, args);
  }
}

interface SomeMethods {
  void boring1();
  void boring2();
  void interesting(String arg);
  void boring3();
}

class Implementation implements SomeMethods {
  public void boring1() { print("boring1"); }
  public void boring2() { print("boring2"); }
  public void interesting(String arg) {
    print("interesting " + arg);
  }
  public void boring3() { print("boring3"); }
}

class SelectingMethods {
  public static void main(String[] args) {
    SomeMethods proxy= (SomeMethods)Proxy.newProxyInstance(
      SomeMethods.class.getClassLoader(),
      new Class[]{ SomeMethods.class },
      new MethodSelector(new Implementation()));
    proxy.boring1();
    proxy.boring2();
    proxy.interesting("bonobo");
    proxy.boring3();
  }
} /* Output:
boring1
boring2
Proxy detected the interesting method
interesting bonobo
boring3
*///:~
```

597

这里，我们只查看了方法名，但是你还可以查看方法签名的其他方面，甚至可以搜索特定的参数值。

动态代理并非是你日常使用的工具，但是它可以非常好地解决某些类型的问题。你在《Thinking in Patterns》（查看https://www.mindviewllc.com）和Erich Gamma等人撰写的《Design Patterns》[㊀]这两本书中了解到有关代理和其他设计模式的更多知识。

练习21：(2) 修改**SimpleProxyDemo.java**，使其可以度量方法调用的次数。

练习22：(3) 修改**SimpleDynamicProxy.java**。使其可以度量方法调用的次数。

练习23：(3) 在**SimpleDynamicProxy.java**中的**invoke()**内部，尝试打印**proxy**参数并解释所产生的结果。

项目[㊁]：使用动态代理来编写一个系统以实现事务，其中，代理在被代理的调用执行成功时（不抛出任何异常）执行提交，而在其执行失败时执行回滚。你的提交和回滚都针对一个外

㊀ 本书的英文版、中文版及双语版均已由机械工业出版社出版。——编辑注

㊁ 项目实际上是被用作术语项目的一些建议，这些项目的解决方案并未包括在解决方案指南中。

部的文本文件，该文件不在Java异常的控制范围之内。你必须注意操作的原子性。

14.8 空对象

当你使用内置的**null**表示缺少对象时，在每次使用引用时都必须测试其是否为**null**，这显得枯燥，而且势必产生相当乏味的代码。问题在于**null**除了在你试图用它执行任何操作来产生**NullPointerException**之外，它自己没有其他任何行为。有时引入空对象[⊖]的思想将会很有用，它可以接受传递给它的所代表的对象的消息，但是将返回表示为实际上并不存在任何“真实”对象的值。通过这种方式，你可以假设所有的对象都是有效的，而不必浪费编程精力去检查**null** 598
(并阅读所产生的代码)。

尽管想象一种可以自动为我们创建空对象的编程语言显得很有趣，但是实际上，到处使用空对象并没有任何意义——有时检查**null**就可以了，有时你可以合理地假设你根本不会遇到**null**，有时甚至通过**NullPointerException**来探测异常也可以接受的。空对象最有用之处在于它更靠近数据，因为对象表示的是问题空间内的实体。有一个简单的例子，许多系统都有一个**Person**类，而在代码中，有很多情况是你没有一个实际的人（或者你有，但是你还没有这个人的全部信息），因此，通常你会使用一个**null**引用并测试它。与此不同的是，我们可以使用空对象。但是即使空对象可以响应“实际”对象可以响应的所有消息，你仍需要某种方式去测试其是否为空。要达到此目的，最简单的方式是创建一个标记接口：

```
//: net/mindview/util/Null.java
package net.mindview.util;
public interface Null {} ///:~
```

这使得**instanceof**可以探测空对象，更重要的是，这并不要求你在所有的类中都添加**isNull()**方法（毕竟，这只是执行RTTI的一种不同方式——为什么不使用内置的工具呢？）

```
//: typeinfo/Person.java
// A class with a Null Object.
import net.mindview.util.*;

class Person {
  public final String first;
  public final String last;
  public final String address;
  // etc.
  public Person(String first, String last, String address){
    this.first = first;
    this.last = last;
    this.address = address;
  }
  public String toString() {
    return "Person: " + first + " " + last + " " + address;
  }
  public static class NullPerson
  extends Person implements Null {
    private NullPerson() { super("None", "None", "None"); }
    public String toString() { return "NullPerson"; }
  }
  public static final Person NULL = new NullPerson();
} ///:~
```
599

通常，空对象都是单例，因此这里将其作为静态**final**实例创建。这可以正常工作的，因为

⊖ 由Bobby Woolf和Bruce Anderson发现的。这可以看作是策略模式的特例。空对象的一种变体称为空迭代器模式，它使得在组合层次结构中遍历各个节点的操作对客户端透明（客户端可以使用相同的逻辑来遍历组合和叶子节点）。

Person是不可变的——你只能在构造器中设置它的值，然后读取这些值，但是你不能修改它们（因为**String**自身具备内在的不可变性）。如果你想要修改一个**NullPerson**，那只能用一个新的**Person**对象来替换它。注意，你可以选择使用**instanceof**来探测泛化的**Null**还是更具体的**NullPerson**，但是由于使用了单例方式，所以你还可以只使用**equals()**甚至==来与**Person.Null**比较。

现在假设你回到了互联网刚出现时的雄心万丈的年代，并且你已经因你惊人的理念而获得了一大笔的风险投资。你现在要招兵买马了，但是在虚位以待时，你可以将**Person**空对象放在每个**Position**上：

```
//: typeinfo/Position.java

class Position {
  private String title;
  private Person person;
  public Position(String jobTitle, Person employee) {
    title = jobTitle;
    person = employee;
    if(person == null)
      person = Person.NULL;
  }
  public Position(String jobTitle) {
    title = jobTitle;
    person = Person.NULL;
  }
  public String getTitle() { return title; }
  public void setTitle(String newTitle) {
    title = newTitle;
  }
600
  public Person getPerson() { return person; }
  public void setPerson(Person newPerson) {
    person = newPerson;
    if(person == null)
      person = Person.NULL;
  }
  public String toString() {
    return "Position: " + title + " " + person;
  }
} ///:~
```

有了**Position**，你就不需要创建空对象了，因为**Person.Null**的存在就表示这是一个空**Position**[稍后，你可能会发现需要增加一个显式的用于**Position**的空对象，但是YAGNI⊖（You Aren't Going to Need It，你永不需要它）声明：在你的设计草案的初稿中，应该努力使用最简单且可以工作的事物，直至程序的某个方面要求你添加额外的特性，而不是一开始就假设它是必需的]。

Staff类现在可以在你填充职位时查询空对象：

```
//: typeinfo/Staff.java
import java.util.*;

public class Staff extends ArrayList<Position> {
  public void add(String title, Person person) {
    add(new Position(title, person));
  }
  public void add(String... titles) {
    for(String title : titles)
      add(new Position(title));
  }
  public Staff(String... titles) { add(titles); }
  public boolean positionAvailable(String title) {
```

⊖ 这是极限编程（XP）的原则之一，即“做可以工作的最简单的事情”。

```
    for(Position position : this)
      if(position.getTitle().equals(title) &&
         position.getPerson() == Person.NULL)
        return true;
    return false;
  }
  public void fillPosition(String title, Person hire) {
    for(Position position : this)
      if(position.getTitle().equals(title) &&
         position.getPerson() == Person.NULL) {
        position.setPerson(hire);
        return;
      }
    throw new RuntimeException(
      "Position " + title + " not available");
  }
  public static void main(String[] args) {
    Staff staff = new Staff("President", "CTO",
      "Marketing Manager", "Product Manager",
      "Project Lead", "Software Engineer",
      "Software Engineer", "Software Engineer",
      "Software Engineer", "Test Engineer",
      "Technical Writer");
    staff.fillPosition("President",
      new Person("Me", "Last", "The Top, Lonely At"));
    staff.fillPosition("Project Lead",
      new Person("Janet", "Planner", "The Burbs"));
    if(staff.positionAvailable("Software Engineer"))
      staff.fillPosition("Software Engineer",
        new Person("Bob", "Coder", "Bright Light City"));
    System.out.println(staff);
  }
} /* Output:
[Position: President Person: Me Last The Top, Lonely At,
Position: CTO NullPerson, Position: Marketing Manager
NullPerson, Position: Product Manager NullPerson, Position:
Project Lead Person: Janet Planner The Burbs, Position:
Software Engineer Person: Bob Coder Bright Light City,
Position: Software Engineer NullPerson, Position: Software
Engineer NullPerson, Position: Software Engineer
NullPerson, Position: Test Engineer NullPerson, Position:
Technical Writer NullPerson]
*///:~
```

601

注意，你在某些地方仍必须测试空对象，这与检查是否为**null**没有差异，但是在其他地方（例如本例中的**toString()**转换）你就不必执行额外的测试了，而可以直接假设所有对象都是有效的。

如果你用接口取代具体类，那么就可以使用**DynamicProxy**来自动地创建空对象。假设我们有一个**Robot**接口，它定义了一个名字、一个模型和一个描述**Robot**行为能力的**List<Operation>**。**Operation**包含一个描述和一个命令（这是一种命令模式类型）： 602

```
//: typeinfo/Operation.java

public interface Operation {
  String description();
  void command();
} ///:~
```

你可以通过调用operations()来访问Robot的服务：

```
//: typeinfo/Robot.java
import java.util.*;
import net.mindview.util.*;

public interface Robot {
```

```
  String name();
  String model();
  List<Operation> operations();
  class Test {
    public static void test(Robot r) {
      if(r instanceof Null)
        System.out.println("[Null Robot]");
      System.out.println("Robot name: " + r.name());
      System.out.println("Robot model: " + r.model());
      for(Operation operation : r.operations()) {
        System.out.println(operation.description());
        operation.command();
      }
    }
  }
} ///:~
```

这里也使用了嵌套类来执行测试。

我们现在可以创建一个扫雪Robot：

603

```
//: typeinfo/SnowRemovalRobot.java
import java.util.*;

public class SnowRemovalRobot implements Robot {
  private String name;
  public SnowRemovalRobot(String name) {this.name = name;}
  public String name() { return name; }
  public String model() { return "SnowBot Series 11"; }
  public List<Operation> operations() {
    return Arrays.asList(
      new Operation() {
        public String description() {
          return name + " can shovel snow";
        }
        public void command() {
          System.out.println(name + " shoveling snow");
        }
      },
      new Operation() {
        public String description() {
          return name + " can chip ice";
        }
        public void command() {
          System.out.println(name + " chipping ice");
        }
      },
      new Operation() {
        public String description() {
          return name + " can clear the roof";
        }
        public void command() {
          System.out.println(name + " clearing roof");
        }
      }
    );
  }
  public static void main(String[] args) {
    Robot.Test.test(new SnowRemovalRobot("Slusher"));
  }
} /* Output:
Robot name: Slusher
Robot model: SnowBot Series 11
Slusher can shovel snow
Slusher shoveling snow
Slusher can chip ice
Slusher chipping ice
Slusher can clear the roof
```

```
Slusher clearing roof
*///:~
```
604

假设存在许多不同类型的**Robot**，我们想对每一种**Robot**类型都创建一个空对象，去执行某些特殊操作——在本例中，即提供空对象所代表的**Robot**确切类型的信息。这些信息是通过动态代理捕获的：

```
//: typeinfo/NullRobot.java
// Using a dynamic proxy to create a Null Object.
import java.lang.reflect.*;
import java.util.*;
import net.mindview.util.*;

class NullRobotProxyHandler implements InvocationHandler {
  private String nullName;
  private Robot proxied = new NRobot();
  NullRobotProxyHandler(Class<? extends Robot> type) {
    nullName = type.getSimpleName() + " NullRobot";
  }
  private class NRobot implements Null, Robot {
    public String name() { return nullName; }
    public String model() { return nullName; }
    public List<Operation> operations() {
      return Collections.emptyList();
    }
  }
  public Object
  invoke(Object proxy, Method method, Object[] args)
  throws Throwable {
    return method.invoke(proxied, args);
  }
}

public class NullRobot {
  public static Robot
  newNullRobot(Class<? extends Robot> type) {
    return (Robot)Proxy.newProxyInstance(
      NullRobot.class.getClassLoader(),
      new Class[]{ Null.class, Robot.class },
      new NullRobotProxyHandler(type));
  }
  public static void main(String[] args) {
    Robot[] bots = {
      new SnowRemovalRobot("SnowBee"),
      newNullRobot(SnowRemovalRobot.class)
    };
    for(Robot bot : bots)
      Robot.Test.test(bot);
  }
} /* Output:
Robot name: SnowBee
Robot model: SnowBot Series 11
SnowBee can shovel snow
SnowBee shoveling snow
SnowBee can chip ice
SnowBee chipping ice
SnowBee can clear the roof
SnowBee clearing roof
[Null Robot]
Robot name: SnowRemovalRobot NullRobot
Robot model: SnowRemovalRobot NullRobot
*///:~
```
605

无论何时，如果你需要一个空**Robot**对象，只需调用**newNullRobot()**，并传递需要代理的**Robot**的类型。代理会满足**Robot**和**Null**接口的需求，并提供它所代理的类型的确切名字。

14.8.1 模拟对象与桩

空对象的逻辑变体是模拟对象和桩。与空对象一样，它们都表示在最终的程序中所使用的“实际”对象。但是，模拟对象和桩都只是假扮可以传递实际信息的存活对象，而不是像空对象那样可以成为**null**的一种更加智能化的替代物。

模拟对象和桩之间的差异在于程度不同。模拟对象往往是轻量级和自测试的，通常很多模拟对象被创建出来是为了处理各种不同的测试情况。桩只是返回桩数据，它通常是重量级的，并且经常在测试之间被复用。桩可以根据它们被调用的方式，通过配置进行修改，因此桩是一种复杂对象，它要做很多事。然而对于模拟对象，如果你需要做很多事情，通常会创建大量小而简单的模拟对象。

606 **练习24**：(4) 在**RegisteredFactories.java**中添加空对象。

14.9 接口与类型信息

interface关键字的一种重要目标就是允许程序员隔离构件，进而降低耦合性。如果你编写接口，那么就可以实现这一目标，但是通过类型信息，这种耦合性还是会传播出去——接口并非是对解耦的一种无懈可击的保障。下面有一个示例，先是一个接口：

```
//: typeinfo/interfacea/A.java
package typeinfo.interfacea;

public interface A {
  void f();
} ///:~
```

然后实现这个接口，你可以看到其代码是如何围绕着实际的实现类型潜行的：

```
//: typeinfo/InterfaceViolation.java
// Sneaking around an interface.
import typeinfo.interfacea.*;

class B implements A {
  public void f() {}
  public void g() {}
}

public class InterfaceViolation {
  public static void main(String[] args) {
    A a = new B();
    a.f();
    // a.g(); // Compile error
    System.out.println(a.getClass().getName());
    if(a instanceof B) {
      B b = (B)a;
      b.g();
    }
  }
} /* Output:
B
*///:~
```

通过使用RTTI，我们发现**a**是被当作**B**实现的。通过将其转型为**B**，我们可以调用不在**A**中的
607 方法。

这是完全合法和可接受的，但是你也许并不想让客户端程序员这么做，因为这给了他们一个机会，使得他们的代码与你的代码的耦合程度超过你的期望。也就是说，你可能认为**interface**关键字正在保护着你，但是它并没有，在本例中使用**B**来实现**A**这一事实是公开有案

可查的[⊖]。

一种解决方案是直接声明，如果程序员决定使用实际的类而不是接口，他们需要自己对自己负责。这在很多情况下可能都是合理的，但“可能”还不够，你也许希望应用一些更严苛的控制。

最简单的方式是对实现使用包访问权限，这样在包外部的客户端就不能看到它了：

```
//: typeinfo/packageaccess/HiddenC.java
package typeinfo.packageaccess;
import typeinfo.interfacea.*;
import static net.mindview.util.Print.*;

class C implements A {
  public void f() { print("public C.f()"); }
  public void g() { print("public C.g()"); }
  void u() { print("package C.u()"); }
  protected void v() { print("protected C.v()"); }
  private void w() { print("private C.w()"); }
}

public class HiddenC {
  public static A makeA() { return new C(); }
} ///:~
```

在这个包中唯一**public**的部分，即**HiddenC**，在被调用时将产生**A**接口类型的对象。这里有趣之处在于：即使你从**makeA()**返回的是**C**类型，你在包的外部仍旧不能使用**A**之外的任何方法，因为你不能在包的外部命名**C**。 608

现在如果你试图将其向下转型为**C**，则将被禁止，因为在包的外部没有任何**C**类型可用：

```
//: typeinfo/HiddenImplementation.java
// Sneaking around package access.
import typeinfo.interfacea.*;
import typeinfo.packageaccess.*;
import java.lang.reflect.*;

public class HiddenImplementation {
  public static void main(String[] args) throws Exception {
    A a = HiddenC.makeA();
    a.f();
    System.out.println(a.getClass().getName());
    // Compile error: cannot find symbol 'C':
    /* if(a instanceof C) {
      C c = (C)a;
      c.g();
    } */
    // Oops! Reflection still allows us to call g():
    callHiddenMethod(a, "g");
    // And even methods that are less accessible!
    callHiddenMethod(a, "u");
    callHiddenMethod(a, "v");
    callHiddenMethod(a, "w");
  }
  static void callHiddenMethod(Object a, String methodName)
  throws Exception {
    Method g = a.getClass().getDeclaredMethod(methodName);
    g.setAccessible(true);
    g.invoke(a);
  }
```

⊖ 这种情况最出名的案例就是Windows操作系统，它有一个发布的API，并假设你会对着它进行编码，另外还有一个未发布的，但是可视的函数集，你可以发现并调用它。为了解决问题，程序员会使用隐藏的API函数，这导致微软必须把它们当作公共API的一部分来维护。因而成为了公司巨额成本和投入的黑洞。

```
} /* Output:
public C.f()
typeinfo.packageaccess.C
public C.g()
package C.u()
protected C.v()
private C.w()
*///:~
```

正如你所看到的，通过使用反射，仍旧可以到达并调用所有方法，甚至是**private**方法！如果知
609 道方法名，你就可以在其**Method**对象上调用**setAccessible(true)**，就像在**callHiddenMethod()**中看到的那样。

你可能会认为，可以通过只发布编译后的代码来阻止这种情况，但是这并不解决问题。因为只需运行**javap**，一个随JDK发布的反编译器即可突破这一限制。下面是一个使用它的命令行：

```
javap -private C
```

-private标志表示所有的成员都应该显示，甚至包括私有成员。下面是输出：

```
class typeinfo.packageaccess.C extends
java.lang.Object implements typeinfo.interfacea.A {
    typeinfo.packageaccess.C();
    public void f();
    public void g();
    void u();
    protected void v();
    private void w();
}
```

因此任何人都可以获取你最私有的方法的名字和签名，然后调用它们。

如果你将接口实现为一个私有内部类，又会怎样呢？下面展示了这种情况：

```
//: typeinfo/InnerImplementation.java
// Private inner classes can't hide from reflection.
import typeinfo.interfacea.*;
import static net.mindview.util.Print.*;

class InnerA {
  private static class C implements A {
    public void f() { print("public C.f()"); }
    public void g() { print("public C.g()"); }
    void u() { print("package C.u()"); }
    protected void v() { print("protected C.v()"); }
    private void w() { print("private C.w()"); }
  }
  public static A makeA() { return new C(); }
}
```

610

```
public class InnerImplementation {
  public static void main(String[] args) throws Exception {
    A a = InnerA.makeA();
    a.f();
    System.out.println(a.getClass().getName());
    // Reflection still gets into the private class:
    HiddenImplementation.callHiddenMethod(a, "g");
    HiddenImplementation.callHiddenMethod(a, "u");
    HiddenImplementation.callHiddenMethod(a, "v");
    HiddenImplementation.callHiddenMethod(a, "w");
  }
} /* Output:
public C.f()
InnerA$C
public C.g()
package C.u()
protected C.v()
```

```
private C.w()
*///:~
```

这里对反射仍旧没有隐藏任何东西。那么如果是匿名类呢？

```
//: typeinfo/AnonymousImplementation.java
// Anonymous inner classes can't hide from reflection.
import typeinfo.interfacea.*;
import static net.mindview.util.Print.*;

class AnonymousA {
  public static A makeA() {
    return new A() {
      public void f() { print("public C.f()"); }
      public void g() { print("public C.g()"); }
      void u() { print("package C.u()"); }
      protected void v() { print("protected C.v()"); }
      private void w() { print("private C.w()"); }
    };
  }
}

public class AnonymousImplementation {
  public static void main(String[] args) throws Exception {
    A a = AnonymousA.makeA();
    a.f();
    System.out.println(a.getClass().getName());
    // Reflection still gets into the anonymous class:
    HiddenImplementation.callHiddenMethod(a, "g");
    HiddenImplementation.callHiddenMethod(a, "u");
    HiddenImplementation.callHiddenMethod(a, "v");
    HiddenImplementation.callHiddenMethod(a, "w");
  }
} /* Output:
public C.f()
AnonymousA$1
public C.g()
package C.u()
protected C.v()
private C.w()
*///:~
```

611

看起来没有任何方式可以阻止反射到达并调用那些非公共访问权限的方法。对于域来说，的确如此，即便是**private**域：

```
//: typeinfo/ModifyingPrivateFields.java
import java.lang.reflect.*;

class WithPrivateFinalField {
  private int i = 1;
  private final String s = "I'm totally safe";
  private String s2 = "Am I safe?";
  public String toString() {
    return "i = " + i + ", " + s + ", " + s2;
  }
}

public class ModifyingPrivateFields {
  public static void main(String[] args) throws Exception {
    WithPrivateFinalField pf = new WithPrivateFinalField();
    System.out.println(pf);
    Field f = pf.getClass().getDeclaredField("i");
    f.setAccessible(true);
    System.out.println("f.getInt(pf): " + f.getInt(pf));
    f.setInt(pf, 47);
    System.out.println(pf);
    f = pf.getClass().getDeclaredField("s");
```

```
        f.setAccessible(true);
        System.out.println("f.get(pf): " + f.get(pf));
        f.set(pf, "No, you're not!");
        System.out.println(pf);
        f = pf.getClass().getDeclaredField("s2");
612     f.setAccessible(true);
        System.out.println("f.get(pf): " + f.get(pf));
        f.set(pf, "No, you're not!");
        System.out.println(pf);
    }
} /* Output:
i = 1, I'm totally safe, Am I safe?
f.getInt(pf): 1
i = 47, I'm totally safe, Am I safe?
f.get(pf): I'm totally safe
i = 47, I'm totally safe, Am I safe?
f.get(pf): Am I safe?
i = 47, I'm totally safe, No, you're not!
*///:~
```

但是，**final**域实际上在遭遇修改时是安全的。运行时系统会在不抛异常的情况下接受任何修改尝试，但是实际上不会发生任何修改。

通常，所有这些违反访问权限的操作并非世上最糟之事。如果有人使用这样的技术去调用标识为**private**或包访问权限的方法（很明显这些访问权限表示这些人不应该调用它们），那么对他们来说，如果你修改了这些方法的某些方面，他们不应该抱怨。另一方面，总是在类中留下后门的这一事实，也许可以使得你能够解决某些特定类型的问题，但如果不这样做，这些问题将难以或者不可能解决，通常反射带来的好处是不可否认的。

练习25：(2) 创建一个包含**private**、**protected**和包访问权限方法的类，编写代码在该类所处的包的外部调用访问这些方法。

14.10 总结

RTTI允许通过匿名基类的引用来发现类型信息。初学者极易误用它，因为在学会使用多态调用方法之前，这么做也很有效。对有过程化编程背景的人来说，很难让他们不把程序组织成一系列**switch**语句。你可以用RTTI做到这一点，但是这样就在代码开发和维护过程中损失了多态机制的重要价值。面向对象编程语言的目的是让我们在凡是可以使用的地方都使用多态机制，
613 只在必需的时候使用RTTI。

然而使用多态机制的方法调用，要求我们拥有基类定义的控制权，因为在你扩展程序的时候，可能会发现基类并未包含我们想要的方法。如果基类来别人的类，或者由别人控制，这时候RTTI便是一种解决之道：可继承一个新类，然后添加你需要的方法。在代码的其他地方，可以检查你自己特定的类型，并调用你自己的方法。这样做不会破坏多态性以及程序的扩展能力，因为这样添加一个新的类并不需要在程序中搜索**switch**语句。但如果在程序主体中添加需要的新特性的代码，就必须使用RTTI来检查你的特定的类型。

如果只是为了某个特定类的利益，而将某个特性放进基类里，这意味着从那个基类派生出的所有其他子类都带有这些可能无意义的东西。这会使得接口更不清晰，因为我们必须覆盖由基类继承而来的所有抽象方法，这是很恼人的。例如，考虑一个表示乐器**Instrument**的类层次结构。假设我们想清洁管弦乐队中某些乐器残留的口水，一种办法是在基类**Instrument**中放入**clearSpitValve()**方法。但这样做会造成混淆，因为它意味着打击乐器**Percussion**、弦乐器**Stringed**和电子乐器**Electronic** 也需要清洁口水。在这个例子中，RTTI可以提供了一种更合理的解决方案。可以将**clearSpitValve()**置于适当的特定类中，在这个例子中是**Wind**（管乐器）。同时，

你可能会发现还有更恰当的解决方法，在这里，就是将**prepareInstrument()**置于基类中，但是初次面对这个问题时读者可能看不到这样的解决方案，而误认为必须使用RTTI。

最后一点，RTTI有时能解决效率问题。也许你的程序漂亮地运用了多态，但其中某个对象是以极端缺乏效率的方式达到这个目的的。你可以挑出这个类，使用RTTI，并且为其编写一段特别的代码以提高效率。然而必须要注意，不要太早地关注程序的效率问题，这是个诱人的陷阱。最好首先让程序运作起来，然后再考虑它的速度，如果要解决效率问题可以使用profiler（查看http://MindView.net/Books/BetterJava上的补充材料）。

我们已经看到了，由于反射允许更加动态的编程风格，因此它开创了编程的新世界。对有些人来说，反射的动态特性是一种烦扰，对于已经习惯于静态类型检查的安全性的人来说，你可以执行一些只能在运行时进行的检查，并用异常来报告检查结果的行为，这本身就是一种错 614
误的方向。有些人走的更远，他们声称引入运行时异常本身就是一种指示，说明应该避免这种代码。我发现这种意义的安全是一种错觉，因为总是有些事情是在运行时发生并抛出异常的，即使是在不包含任何**try**语句块或异常规格说明的程序中也是如此。因此，我认为一致的错误报告模型的存在使我们能够通过使用反射编写动态代码。当然，尽力编写能够进行静态检查的代码是值得的，只要你确实能够这么做。但是我相信动态代码是将Java与其他诸如C++这样的语言区分开的重要工具之一。

练习26：(3) 实现本章总结中所描述的**clearSpitValve()**。

所选习题的答案都可以在名为The Thinking in Java Annotated Solution Guide的电子文档中找到，读者可以从https://www.mindviewllc.com购买此文档。 615~616

第15章 泛　型

一般的类和方法，只能使用具体的类型：要么是基本类型，要么是自定义的类。如果要编写可以应用于多种类型的代码，这种刻板的限制对代码的束缚就会很大[1]。

在面向对象编程语言中，多态算是一种泛化机制。例如，你可以将方法的参数类型设为基类，那么该方法就可以接受从这个基类中导出的任何类作为参数。这样的方法更加通用一些，可应用的地方也多一些。在类的内部也是如此，凡是需要说明类型的地方，如果都使用基类，确实能够具备更好的灵活性。但是，考虑到除了**final**类[2]不能扩展，其他任何类都可以被扩展，所以这种灵活性大多数时候也会有一些性能损耗。

有时候，拘泥于单继承体系，也会使程序受限太多。如果方法的参数是一个接口，而不是一个类，这种限制就放松了许多。因为任何实现了该接口的类都能够满足该方法，这也包括暂时还不存在的类。这就给予客户端程序员一种选择，他可以通过实现一个接口来满足类或方法。因此，接口允许我们快捷地实现类继承，也使我们有机会创建一个新类来做到这一点。

可是有的时候，即便使用了接口，对程序的约束也还是太强了。因为一旦指明了接口，它就要求你的代码必须使用特定的接口。而我们希望达到的目的是编写更通用的代码，要使代码能够应用于“某种不具体的类型”，而不是一个具体的接口或类。

这就是Java SE5的重大变化之一：泛型的概念。泛型实现了参数化类型的概念，使代码可以
617 应用于多种类型。“泛型”这个术语的意思是：“适用于许多许多的类型”。泛型在编程语言中出现时，其最初的目的是希望类或方法能够具备最广泛的表达能力。如何做到这一点呢，正是通过解耦类或方法与所使用的类型之间的约束。稍后你将看到，Java中的泛型并没有这么高的追求，实际上，你可能会质疑，Java中的术语“泛型”是否适合用来描述这一功能。

如果你从未接触过参数化类型机制，那么，在学习了Java中的泛型之后，你会发现，对这门语言而言，泛型确实是一个很有益的补充。在你创建参数化类型的一个实例时，编译器会为你负责转型操作，并且保证类型的正确性。这应该是一个进步。

然而，如果你了解其他语言（例如C++）中的参数化类型机制，你就会发现，有些以前能做到的事情，使用Java的泛型机制却无法做到。使用别人已经构建好的泛型类型会相当容易。但是如果你要自己创建一个泛型实例，就会遇到许多令你吃惊的事情。在本章中，我的任务之一就是向你解释，Java中的泛型是怎样发展成现在这样的。

这并非是说Java的泛型毫无用处。在很多情况下，它们可以使代码更直接更优雅。不过，如果你具备其他语言的经验，而那种语言实现了更纯粹的泛型，那么，Java可能令你失望了。在本章中，我们会介绍Java泛型的优点与局限，希望这能够帮助你更有效地使用Java的这个新功能。

15.1 与C++的比较

Java的设计者曾说过，设计这门语言的灵感主要来自C++。尽管如此，学习Java时，基本上

---

[1] 在我写作本章时，Angelika Langer的《Java Generics FAQ》（参见www.angelikalanger.com/GenericsFAQ/JavaGenericsFAQ.html）以及她（与Klaus Kreft合著）的另一本著作给予了我很大的帮助。

[2] 或者具有**private**构造器的类。

可以不用参考C++。我也是尽力这样做的，除非，与C++的比较能够加深你的理解。

Java中的泛型就需要与C++进行一番比较，理由有二：首先，了解C++模板的某些方面，有助于你理解泛型的基础。同时，非常重要的一点是，你可以了解Java泛型的局限是什么，以及为什么会有这些限制。最终的目的是帮助你理解，Java泛型的边界在哪里。根据我的经验，理解了边界所在，你才能成为程序高手。因为只有知道了某个技术不能做到什么，你才能更好地做到所能做的（部分原因是，不必浪费时间在死胡同里乱转）。 618

第二个原因是，在Java社区中，人们普遍对C++模板有一种误解，而这种误解可能会误导你，令你在理解泛型的意图时产生偏差。

因此，在本章中会介绍一些C++模板的例子，不过我也会尽量控制它们的篇幅。

15.2 简单泛型

有许多原因促成了泛型的出现，而最引人注目的一个原因，就是为了创造**容器类**。（关于容器类，你可以参考第11章和第17章这两章。）容器，就是存放要使用的对象的地方。数组也是如此，不过与简单的数组相比，容器类更加灵活，具备更多不同的功能。事实上，所有的程序，在运行时都要求你持有一大堆对象，所以，容器类算得上最具重用性的类库之一。

我们先来看看一个只能持有单个对象的类。当然了，这个类可以明确指定其持有的对象的类型：

```
//: generics/Holder1.java

class Automobile {}

public class Holder1 {
  private Automobile a;
  public Holder1(Automobile a) { this.a = a; }
  Automobile get() { return a; }
} ///:~
```

不过，这个类的可重用性就不怎么样了，它无法持有其他类型的任何对象。我们可不希望为碰到的每个类型都编写一个新的类。

在Java SE5之前，我们可以让这个类直接持有**Object**类型的对象：

```
//: generics/Holder2.java

public class Holder2 {
  private Object a;
  public Holder2(Object a) { this.a = a; }
  public void set(Object a) { this.a = a; }
  public Object get() { return a; }
  public static void main(String[] args) {
    Holder2 h2 = new Holder2(new Automobile());
    Automobile a = (Automobile)h2.get();
    h2.set("Not an Automobile");
    String s = (String)h2.get();
    h2.set(1); // Autoboxes to Integer
    Integer x = (Integer)h2.get();
  }
} ///:~
```

619

现在，**Holder2**可以存储任何类型的对象，在这个例子中，只用了一个**Holder2**对象，却先后三次存储了三种不同类型的对象。

有些情况下，我们确实希望容器能够同时持有多种类型的对象。但是，通常而言，我们只会使用容器来存储一种类型的对象。泛型的主要目的之一就是用来指定容器要持有什么类型的对象，而且由编译器来保证类型的正确性。

因此，与其使用**Object**，我们更喜欢暂时不指定类型，而是稍后再决定具体使用什么类型。要达到这个目的，需要使用类型参数，用尖括号括住，放在类名后面。然后在使用这个类的时候，再用实际的类型替换此类型参数。在下面的例子中，**T**就是类型参数：

```
//: generics/Holder3.java

public class Holder3<T> {
  private T a;
  public Holder3(T a) { this.a = a; }
  public void set(T a) { this.a = a; }
  public T get() { return a; }
  public static void main(String[] args) {
    Holder3<Automobile> h3 =
      new Holder3<Automobile>(new Automobile());
    Automobile a = h3.get(); // No cast needed
    // h3.set("Not an Automobile"); // Error
    // h3.set(1); // Error
  }
} ///:~
```

620

现在，当你创建**Holder3**对象时，必须指明想持有什么类型的对象，将其置于尖括号内。就像main()中那样。然后，你就只能在**Holder3**中存入该类型（或其子类，因为多态与泛型不冲突）的对象了。并且，在你从**Holder3**中取出它持有的对象时，自动地就是正确的类型。

这就是Java泛型的核心概念：告诉编译器想使用什么类型，然后编译器帮你处理一切细节。

一般而言，你可以认为泛型与其他的类型差不多，只不过它们碰巧有类型参数罢了。稍后我们会看到，在使用泛型时，我们只需指定它们的名称以及类型参数列表即可。

练习1：(1) 配合**typeinfo.pets**类库，用**Holder3**来证明，如果指定**Holder3**可以持有某个基类类型，那么它也能持有导出类型。

练习2：(1) 创建一个**Holder**类，使其能够持有具有相同类型的3个对象，并提供相应的读写方法访问这些对象，以及一个可以初始化其持有的3个对象的构造器。

15.2.1 一个元组类库

仅一次方法调用就能返回多个对象，你应该经常需要这样的功能吧。可是**return**语句只允许返回单个对象，因此，解决办法就是创建一个对象，用它来持有想要返回的多个对象。当然，可以在每次需要的时候，专门创建一个类来完成这样的工作。可是有了泛型，我们就能够一次性地解决该问题，以后再也不用在这个问题上浪费时间了。同时，我们在编译期就能确保类型安全。

这个概念称为*元组*（tuple），它是将一组对象直接打包存储于其中的一个单一对象。这个容器对象允许读取其中元素，但是不允许向其中存放新的对象。（这个概念也称为*数据传送对象*，或*信使*。）

通常，元组可以具有任意长度，同时，元组中的对象可以是任意不同的类型。不过，我们希望能够为每一个对象指明其类型，并且从容器中读取出来时，能够得到正确的类型。要处理不同长度的问题，我们需要创建多个不同的元组。下面的程序是一个2维元组，它能够持有两个对象：

621

```
//: net/mindview/util/TwoTuple.java
package net.mindview.util;

public class TwoTuple<A,B> {
  public final A first;
  public final B second;
  public TwoTuple(A a, B b) { first = a; second = b; }
```

```
  public String toString() {
    return "(" + first + ", " + second + ")";
  }
} ///:~
```

构造器捕获了要存储的对象，而**toString()**是一个便利函数，用来显示列表中的值。注意，元组隐含地保持了其中元素的次序。

第一次阅读上面的代码时，你也许会想，这不是违反了Java编程的安全性原则吗？**first**和**second**应该声明为**private**，然后提供**getFirst()**和**getSecond()**之类的访问方法才对呀？让我们仔细看看这个例子中的安全性：客户端程序可以读取**first**和**second**对象，然后可以随心所欲地使用这两个对象。但是，它们却无法将其他值赋予**first**或**second**。因为**final**声明为你买了相同的安全保险，而且这种格式更简洁明了。

还有另一种设计考虑，即你确实希望允许客户端程序员改变**first**或**second**所引用的对象。然而，采用以上的形式无疑是更安全的做法，这样的话，如果程序员想要使用具有不同元素的元组，就强制要求他们另外创建一个新的**TwoTuple**对象。

我们可以利用继承机制实现长度更长的元组。从下面的例子中可以看到，增加类型参数是件很简单的事情：

```
//: net/mindview/util/ThreeTuple.java
package net.mindview.util;

public class ThreeTuple<A,B,C> extends TwoTuple<A,B> {
  public final C third;
  public ThreeTuple(A a, B b, C c) {
    super(a, b);
    third = c;
  }
  public String toString() {
    return "(" + first + ", " + second + ", " + third +")";
  }
} ///:~
```

622

```
//: net/mindview/util/FourTuple.java
package net.mindview.util;

public class FourTuple<A,B,C,D> extends ThreeTuple<A,B,C> {
  public final D fourth;
  public FourTuple(A a, B b, C c, D d) {
    super(a, b, c);
    fourth = d;
  }
  public String toString() {
    return "(" + first + ", " + second + ", " +
      third + ", " + fourth + ")";
  }
} ///:~
```

```
//: net/mindview/util/FiveTuple.java
package net.mindview.util;

public class FiveTuple<A,B,C,D,E>
extends FourTuple<A,B,C,D> {
  public final E fifth;
  public FiveTuple(A a, B b, C c, D d, E e) {
    super(a, b, c, d);
    fifth = e;
  }
  public String toString() {
    return "(" + first + ", " + second + ", " +
      third + ", " + fourth + ", " + fifth + ")";
  }
} ///:~
```

为了使用元组，你只需定义一个长度适合的元组，将其作为方法的返回值，然后在**return**语句中创建该元组，并返回即可。

```
//: generics/TupleTest.java
import net.mindview.util.*;

class Amphibian {}
class Vehicle {}

public class TupleTest {
  static TwoTuple<String,Integer> f() {
    // Autoboxing converts the int to Integer:
623    return new TwoTuple<String,Integer>("hi", 47);
  }
  static ThreeTuple<Amphibian,String,Integer> g() {
    return new ThreeTuple<Amphibian, String, Integer>(
      new Amphibian(), "hi", 47);
  }
  static
  FourTuple<Vehicle,Amphibian,String,Integer> h() {
    return
      new FourTuple<Vehicle,Amphibian,String,Integer>(
        new Vehicle(), new Amphibian(), "hi", 47);
  }
  static
  FiveTuple<Vehicle,Amphibian,String,Integer,Double> k() {
    return new
      FiveTuple<Vehicle,Amphibian,String,Integer,Double>(
        new Vehicle(), new Amphibian(), "hi", 47, 11.1);
  }
  public static void main(String[] args) {
    TwoTuple<String,Integer> ttsi = f();
    System.out.println(ttsi);
    // ttsi.first = "there"; // Compile error: final
    System.out.println(g());
    System.out.println(h());
    System.out.println(k());
  }
} /* Output: (80% match)
(hi, 47)
(Amphibian@1f6a7b9, hi, 47)
(Vehicle@35ce36, Amphibian@757aef, hi, 47)
(Vehicle@9cab16, Amphibian@1a46e30, hi, 47, 11.1)
*///:~
```

由于有了泛型，你可以很容易地创建元组，令其返回一组任意类型的对象。而你所要做的，只是编写表达式而已。

通过**ttsi.first = "there"**语句的错误，我们可以看出，**final**声明确实能够保护public元素，在对象被构造出来之后，声明为**final**的元素便不能被再赋予其他值了。

在上面的程序中，**new**表达式确实有点罗嗦。本章稍后会介绍，如何利用泛型方法简化这样的表达式。

练习3：(1) 使用泛型编写一个**SixTuple**类，并测试它。

624 **练习4**：(3) “泛型化”**innerclasses/Sequence.java**类。

15.2.2 一个堆栈类

接下来我们看一个稍微复杂一点的例子：传统的下推堆栈。在第11章中，我们看到，这个堆栈是作为**net.mindview.util.Stack**类，用一个**LinkedList**实现的。在那个例子中，**LinkedList**本身已经具备了创建堆栈所必需的方法，而**Stack**可以通过两个泛型的类**Stack<T>**和**LinkedList<T>**的组合来创建。在那个示例中，我们可以看出，泛型类型也就是另一种类型罢了（稍候我们会看到一些例外的情况）。

现在我们不用**LinkedList**，来实现自己的内部链式存储机制。

```
//: generics/LinkedStack.java
// A stack implemented with an internal linked structure.

public class LinkedStack<T> {
  private static class Node<U> {
    U item;
    Node<U> next;
    Node() { item = null; next = null; }
    Node(U item, Node<U> next) {
      this.item = item;
      this.next = next;
    }
    boolean end() { return item == null && next == null; }
  }
  private Node<T> top = new Node<T>(); // End sentinel
  public void push(T item) {
    top = new Node<T>(item, top);
  }
  public T pop() {
    T result = top.item;
    if(!top.end())
      top = top.next;
    return result;
  }
  public static void main(String[] args) {
    LinkedStack<String> lss = new LinkedStack<String>();
    for(String s : "Phasers on stun!".split(" "))
      lss.push(s);
    String s;
    while((s = lss.pop()) != null)
      System.out.println(s);
  }
} /* Output:
stun!
on
Phasers
*///:~
```

625

内部类**Node**也是一个泛型，它拥有自己的类型参数。

这个例子使用了一个末端哨兵（end sentinel）来判断堆栈何时为空。这个末端哨兵是在构造**LinkedStack**时创建的。然后，每调用一次**push()**方法，就会创建一个**Node<T>**对象，并将其链接到前一个**Node<T>**对象。当你调用**pop()**方法时，总是返回**top.item**，然后丢弃当前**top**所指的**Node<T>**，并将**top**转移到下一个**Node<T>**，除非你已经碰到了末端哨兵，这时候就不再移动**top**了。如果已经到了末端，客户端程序还继续调用**pop()**方法，它只能得到**null**，说明堆栈已经空了。

练习5：(2) 移除**Node**类上的类型参数，并修改**LinkedStack.java**的代码，证明内部类可以访问其外部类的类型参数。

15.2.3 RandomList

作为容器的另一个例子，假设我们需要一个持有特定类型对象的列表，每次调用其上的**select()**方法时，它可以随机地选取一个元素。如果我们希望以此构建一个可以应用于各种类型的对象的工具，就需要使用泛型：

```
//: generics/RandomList.java
import java.util.*;

public class RandomList<T> {
```

```
  private ArrayList<T> storage = new ArrayList<T>();
  private Random rand = new Random(47);
  public void add(T item) { storage.add(item); }
  public T select() {
    return storage.get(rand.nextInt(storage.size()));
  }
  public static void main(String[] args) {
    RandomList<String> rs = new RandomList<String>();
    for(String s: ("The quick brown fox jumped over " +
        "the lazy brown dog").split(" "))
626   rs.add(s);
    for(int i = 0; i < 11; i++)
      System.out.print(rs.select() + " ");
  }
} /* Output:
brown over fox quick quick dog brown The brown lazy brown
*///:~
```

练习6：(1) 使用**RandomList**来处理两种额外的不同类型的元素，要区别于**main()**中已经用过的类型。

15.3 泛型接口

泛型也可以应用于接口。例如生成器（generator），这是一种专门负责创建对象的类。实际上，这是工厂方法设计模式的一种应用。不过，当使用生成器创建新的对象时，它不需要任何参数，而工厂方法一般需要参数。也就是说，生成器无需额外的信息就知道如何创建新对象。

一般而言，一个生成器只定义一个方法，该方法用以产生新的对象。在这里，就是**next()**方法。我将它收录在我的标准工具类库中：

```
//: net/mindview/util/Generator.java
// A generic interface.
package net.mindview.util;
public interface Generator<T> { T next(); } ///:~
```

方法**next()**的返回类型是参数化的**T**。正如你所见到的，接口使用泛型与类使用泛型没什么区别。

为了演示如何实现**Generator**接口，我们还需要一些别的类。例如，**Coffee**类层次结构如下：

```
//: generics/coffee/Coffee.java
package generics.coffee;

public class Coffee {
  private static long counter = 0;
  private final long id = counter++;
  public String toString() {
    return getClass().getSimpleName() + " " + id;
  }
} ///:~
```

```
627 //: generics/coffee/Latte.java
package generics.coffee;
public class Latte extends Coffee {} ///:~
```

```
//: generics/coffee/Mocha.java
package generics.coffee;
public class Mocha extends Coffee {} ///:~
```

```
//: generics/coffee/Cappuccino.java
package generics.coffee;
public class Cappuccino extends Coffee {} ///:~
```

```
//: generics/coffee/Americano.java
package generics.coffee;
```

```
public class Americano extends Coffee {} ///:~
```

```
//: generics/coffee/Breve.java
package generics.coffee;
public class Breve extends Coffee {} ///:~
```

现在，我们可以编写一个类，实现**Generator<Coffee>**接口，它能够随机生成不同类型的**Coffee**对象：

```
//: generics/coffee/CoffeeGenerator.java
// Generate different types of Coffee:
package generics.coffee;
import java.util.*;
import net.mindview.util.*;

public class CoffeeGenerator
implements Generator<Coffee>, Iterable<Coffee> {
  private Class[] types = { Latte.class, Mocha.class,
    Cappuccino.class, Americano.class, Breve.class, };
  private static Random rand = new Random(47);
  public CoffeeGenerator() {}
  // For iteration:
  private int size = 0;
  public CoffeeGenerator(int sz) { size = sz; }
  public Coffee next() {
    try {
      return (Coffee)
        types[rand.nextInt(types.length)].newInstance();
      // Report programmer errors at run time:
    } catch(Exception e) {
      throw new RuntimeException(e);
    }
  }
```

628

```
  class CoffeeIterator implements Iterator<Coffee> {
    int count = size;
    public boolean hasNext() { return count > 0; }
    public Coffee next() {
      count--;
      return CoffeeGenerator.this.next();
    }
    public void remove() { // Not implemented
      throw new UnsupportedOperationException();
    }
  };
  public Iterator<Coffee> iterator() {
    return new CoffeeIterator();
  }
  public static void main(String[] args) {
    CoffeeGenerator gen = new CoffeeGenerator();
    for(int i = 0; i < 5; i++)
      System.out.println(gen.next());
    for(Coffee c : new CoffeeGenerator(5))
      System.out.println(c);
  }
} /* Output:
Americano 0
Latte 1
Americano 2
Mocha 3
Mocha 4
Breve 5
Americano 6
Latte 7
Cappuccino 8
Cappuccino 9
*///:~
```

参数化的**Generator**接口确保**next()**的返回值是参数的类型。**CoffeeGenerator**同时还实现了**Iterable**接口，所以它可以在循环语句中使用。不过，它还需要一个“末端哨兵”来判断何时停止，这正是第二个构造器的功能。

下面的类是**Generator<T>**接口的另一个实现，它负责生成Fibonacci数列：

629
```
//: generics/Fibonacci.java
// Generate a Fibonacci sequence.
import net.mindview.util.*;

public class Fibonacci implements Generator<Integer> {
  private int count = 0;
  public Integer next() { return fib(count++); }
  private int fib(int n) {
    if(n < 2) return 1;
    return fib(n-2) + fib(n-1);
  }
  public static void main(String[] args) {
    Fibonacci gen = new Fibonacci();
    for(int i = 0; i < 18; i++)
      System.out.print(gen.next() + " ");
  }
} /* Output:
1 1 2 3 5 8 13 21 34 55 89 144 233 377 610 987 1597 2584
*///:~
```

虽然我们在**Fibonacci**类的里里外外使用的都是**int**类型，但是其类型参数却是**Integer**。这个例子引出了Java泛型的一个局限性：基本类型无法作为类型参数。不过，Java SE5具备了自动打包和自动拆包的功能，可以很方便地在基本类型和其相应的包装器类型之间进行转换。通过这个例子中**Fibonacci**类对**int**的使用，我们已经看到了这种效果。

如果还想更进一步，编写一个实现了**Iterable**的Fibonacci生成器。我们的一个选择是重写这个类，令其实现**Iterable**接口。不过，你并不是总能拥有源代码的控制权，并且，除非必须这么做，否则，我们也不愿意重写一个类。而且我们还有另一种选择，就是创建一个*适配器*（adapter）来实现所需的接口，我们在前面介绍过这个设计模式。

有多种方法可以实现适配器。例如，可以通过继承来创建适配器类：

```
//: generics/IterableFibonacci.java
// Adapt the Fibonacci class to make it Iterable.
import java.util.*;

public class IterableFibonacci
extends Fibonacci implements Iterable<Integer> {
  private int n;
  public IterableFibonacci(int count) { n = count; }
```
630
```
  public Iterator<Integer> iterator() {
    return new Iterator<Integer>() {
      public boolean hasNext() { return n > 0; }
      public Integer next() {
        n--;
        return IterableFibonacci.this.next();
      }
      public void remove() { // Not implemented
        throw new UnsupportedOperationException();
      }
    };
  }
  public static void main(String[] args) {
    for(int i : new IterableFibonacci(18))
      System.out.print(i + " ");
  }
} /* Output:
```

```
1 1 2 3 5 8 13 21 34 55 89 144 233 377 610 987 1597 2584
*///:~
```

如果要在循环语句中使用**IterableFibonacci**，必须向**IterableFibonacci**的构造器提供一个边界值，然后**hasNext()**方法才能知道何时应该返回false。

练习7：(2) 使用组合代替继承，适配**Fibonacci**使其成为**Iterable**。

练习8：(2) 模仿**Coffee**示例的样子，根据你喜爱的电影人物，创建一个**StoryCharacters**的类层次结构，将它们划分为**GoodGuys**和**BadGuys**。再按照**CoffeeGenerator**的形式，编写一个**StoryCharacters**的生成器。

15.4 泛型方法

到目前为止，我们看到的泛型，都是应用于整个类上。但同样可以在类中包含参数化方法，而这个方法所在的类可以是泛型类，也可以不是泛型类。也就是说，是否拥有泛型方法，与其所在的类是否是泛型没有关系。

泛型方法使得该方法能够独立于类而产生变化。以下是一个基本的指导原则：无论何时，只要你能做到，你就应该尽量使用泛型方法。也就是说，如果使用泛型方法可以取代将整个类泛型化，那么就应该只使用泛型方法，因为它可以使事情更清楚明白。另外，对于一个**static**的方法而言，无法访问泛型类的类型参数，所以，如果**static**方法需要使用泛型能力，就必须使其成为泛型方法。 631

要定义泛型方法，只需将泛型参数列表置于返回值之前，就像下面这样：

```
//: generics/GenericMethods.java

public class GenericMethods {
  public <T> void f(T x) {
    System.out.println(x.getClass().getName());
  }
  public static void main(String[] args) {
    GenericMethods gm = new GenericMethods();
    gm.f("");
    gm.f(1);
    gm.f(1.0);
    gm.f(1.0F);
    gm.f('c');
    gm.f(gm);
  }
} /* Output:
java.lang.String
java.lang.Integer
java.lang.Double
java.lang.Float
java.lang.Character
GenericMethods
*///:~
```

GenericMethods并不是参数化的，尽管这个类和其内部的方法可以被同时参数化，但是在这个例子中，只有方法**f()**拥有类型参数。这是由该方法的返回类型前面的类型参数列表指明的。

注意，当使用泛型类时，必须在创建对象的时候指定类型参数的值，而使用泛型方法的时候，通常不必指明参数类型，因为编译器会为我们找出具体的类型。这称为*类型参数推断*（type argument inference）。因此，我们可以像调用普通方法一样调用**f()**，而且就好像是**f()**被无限次地重载过。它甚至可以接受**GenericMethods**作为其类型参数。

如果调用**f()**时传入基本类型，自动打包机制就会介入其中，将基本类型的值包装为对应的对象。事实上，泛型方法与自动打包避免了许多以前我们不得不自己编写出来的代码。 632

练习9：(1) 修改**GenericMethods.java**类，使**f()**可以接受三个类型各不相同的参数。

练习10：(1) 修改前一个练习，将方法**f()**的其中一个参数修改为非参数化的类型。

15.4.1 杠杆利用类型参数推断

人们对泛型有一个抱怨，使用泛型有时候需要向程序中加入更多的代码。考虑第11章中的**holding/MapOfList.java**类，如果要创建一个持有**List**的**Map**，就要像下面这样：

```
Map<Person, List<? extends Pet>> petPeople =
  new HashMap<Person, List<? extends Pet>>();
```

（本章稍后会介绍表达式中问号与**extends**的用法。）看到了吧，你在重复自己做过的事情，编译器本来应该能够从泛型参数列表中的一个参数推断出另一个参数。唉，可惜的是，编译器暂时还做不到。然而，在泛型方法中，类型参数推断可以为我们简化一部分工作。例如，我们可以编写一个工具类，它包含各种各样的**static**方法，专门用来创建各种常用的容器对象：

```
//: net/mindview/util/New.java
// Utilities to simplify generic container creation
// by using type argument inference.
package net.mindview.util;
import java.util.*;

public class New {
  public static <K,V> Map<K,V> map() {
    return new HashMap<K,V>();
  }
  public static <T> List<T> list() {
    return new ArrayList<T>();
  }
  public static <T> LinkedList<T> lList() {
    return new LinkedList<T>();
  }
  public static <T> Set<T> set() {
    return new HashSet<T>();
  }
  public static <T> Queue<T> queue() {
633    return new LinkedList<T>();
  }
  // Examples:
  public static void main(String[] args) {
    Map<String, List<String>> sls = New.map();
    List<String> ls = New.list();
    LinkedList<String> lls = New.lList();
    Set<String> ss = New.set();
    Queue<String> qs = New.queue();
  }
} ///:~
```

main()方法演示了如何使用这个工具类，类型参数推断避免了重复的泛型参数列表。它同样可以应用于**holding/MapOfList.java**：

```
//: generics/SimplerPets.java
import typeinfo.pets.*;
import java.util.*;
import net.mindview.util.*;

public class SimplerPets {
  public static void main(String[] args) {
    Map<Person, List<? extends Pet>> petPeople = New.map();
    // Rest of the code is the same...
  }
} ///:~
```

对于类型参数推断而言，这是一个有趣的例子。不过，很难说它为我们带来了多少好处。

如果某人阅读以上代码，他必须分析理解工具类**New**，以及**New**所隐含的功能。而这似乎与不使用**New**时（具有重复的类型参数列表的定义）的工作效率差不多。这真够讽刺的，要知道，我们引入**New**工具类的目的，正是为了使代码简单易读。不过，如果标准Java类库要是能添加类似**New.java**这样的工具类的话，我们还是应该使用这样的工具类。

类型推断只对赋值操作有效，其他时候并不起作用。如果你将一个泛型方法调用的结果（例如**New.map()**）作为参数，传递给另一个方法，这时编译器并不会执行类型推断。在这种情况下，编译器认为：调用泛型方法后，其返回值被赋给一个**Object**类型的变量。下面的例子证明了这一点：

```
//: generics/LimitsOfInference.java
import typeinfo.pets.*;
import java.util.*;                                   // 634
public class LimitsOfInference {
  static void
  f(Map<Person, List<? extends Pet>> petPeople) {}
  public static void main(String[] args) {
    // f(New.map()); // Does not compile
  }
} ///:~
```

练习11：(1) 创建自己的若干个类来测试**New.java**，并确保**New**可以正确地与它们一起工作。

显式的类型说明

在泛型方法中，可以显式地指明类型，不过这种语法很少使用。要显式地指明类型，必须在点操作符与方法名之间插入尖括号，然后把类型置于尖括号内。如果是在定义该方法的类的内部，必须在点操作符之前使用**this**关键字，如果是使用**static**的方法，必须在点操作符之前加上类名。使用这种语法，可以解决**LimitsOfInference.java**中的问题：

```
//: generics/ExplicitTypeSpecification.java
import typeinfo.pets.*;
import java.util.*;
import net.mindview.util.*;

public class ExplicitTypeSpecification {
  static void f(Map<Person, List<Pet>> petPeople) {}
  public static void main(String[] args) {
    f(New.<Person, List<Pet>>map());
  }
} ///:~
```

当然，这种语法抵消了**New**类为我们带来的好处（即省去了大量的类型说明），不过，只有在编写非赋值语句时，我们才需要这样的额外说明。

练习12：(1) 使用显式的类型说明来重复前一个练习。

15.4.2　可变参数与泛型方法

泛型方法与可变参数列表能够很好地共存： 635

```
//: generics/GenericVarargs.java
import java.util.*;

public class GenericVarargs {
  public static <T> List<T> makeList(T... args) {
    List<T> result = new ArrayList<T>();
    for(T item : args)
      result.add(item);
    return result;
  }
  public static void main(String[] args) {
```

```
    List<String> ls = makeList("A");
    System.out.println(ls);
    ls = makeList("A", "B", "C");
    System.out.println(ls);
    ls = makeList("ABCDEFFHIJKLMNOPQRSTUVWXYZ".split(""));
    System.out.println(ls);
  }
} /* Output:
[A]
[A, B, C]
[, A, B, C, D, E, F, F, H, I, J, K, L, M, N, O, P, Q, R, S,
T, U, V, W, X, Y, Z]
*///:~
```

makeList()方法展示了与标准类库中**java.util.Arrays.asList()**方法相同的功能。

15.4.3 用于Generator的泛型方法

利用生成器，我们可以很方便地填充一个**Collection**，而泛型化这种操作是具有实际意义的：

636

```
//: generics/Generators.java
// A utility to use with Generators.
import generics.coffee.*;
import java.util.*;
import net.mindview.util.*;

public class Generators {
  public static <T> Collection<T>
  fill(Collection<T> coll, Generator<T> gen, int n) {
    for(int i = 0; i < n; i++)
      coll.add(gen.next());
    return coll;
  }
  public static void main(String[] args) {
    Collection<Coffee> coffee = fill(
      new ArrayList<Coffee>(), new CoffeeGenerator(), 4);
    for(Coffee c : coffee)
      System.out.println(c);
    Collection<Integer> fnumbers = fill(
      new ArrayList<Integer>(), new Fibonacci(), 12);
    for(int i : fnumbers)
      System.out.print(i + ", ");
  }
} /* Output:
Americano 0
Latte 1
Americano 2
Mocha 3
1, 1, 2, 3, 5, 8, 13, 21, 34, 55, 89, 144,
*///:~
```

请注意，**fill()**方法是如何透明地应用于**Coffee**和**Integer**的容器和生成器。

练习13：(4) 重载**fill()**方法，使其参数与返回值的类型为**Collection**的导出类：**List**、**Queue**和**Set**。通过这种方式，我们就不会丢失容器的类型。能够在重载时区分**List**和**LinkedList**吗？

15.4.4 一个通用的Generator

下面的程序可以为任何类构造一个**Generator**，只要该类具有默认的构造器。为了减少类型声明，它提供了一个泛型方法，用以生成**BasicGenerator**：

```
//: net/mindview/util/BasicGenerator.java
// Automatically create a Generator, given a class
// with a default (no-arg) constructor.
package net.mindview.util;

public class BasicGenerator<T> implements Generator<T> {
  private Class<T> type;
```

```
  public BasicGenerator(Class<T> type){ this.type = type; }
  public T next() {
    try {
      // Assumes type is a public class:
      return type.newInstance();
    } catch(Exception e) {
      throw new RuntimeException(e);
    }
  }
  // Produce a Default generator given a type token:
  public static <T> Generator<T> create(Class<T> type) {
    return new BasicGenerator<T>(type);
  }
} ///:~
```

637

这个类提供了一个基本实现，用以生成某个类的对象。这个类必需具备两个特点：(1) 它必须声明为**public**。(因为**BasicGenerator**与要处理的类在不同的包中，所以该类必须声明为**public**，并且不只具有包内访问权限。) (2) 它必须具备默认的构造器（无参数的构造器）。要创建这样的**BasicGenerator**对象，只需调用**create()**方法，并传入想要生成的类型。泛型化的**create()**方法允许执行**BasicGenerator.create(MyType.class)**，而不必执行麻烦的**new BasicGenerator<MyType>(MyType.class)**。

例如，下面是一个具有默认构造器的简单的类：

```
//: generics/CountedObject.java

public class CountedObject {
  private static long counter = 0;
  private final long id = counter++;
  public long id() { return id; }
  public String toString() { return "CountedObject " + id;}
} ///:~
```

CountedObject类能够记录下它创建了多少个**CountedObject**实例，并通过**toString()**方法告诉我们其编号。

使用**BasicGenerator**，你可以很容易地为**CountedObject**创建一个**Generator**：

```
//: generics/BasicGeneratorDemo.java
import net.mindview.util.*;

public class BasicGeneratorDemo {
  public static void main(String[] args) {
    Generator<CountedObject> gen =
      BasicGenerator.create(CountedObject.class);
    for(int i = 0; i < 5; i++)
      System.out.println(gen.next());
  }
} /* Output:
CountedObject 0
CountedObject 1
CountedObject 2
CountedObject 3
CountedObject 4
*///:~
```

638

可以看到，使用泛型方法创建**Generator**对象，大大减少了我们要编写的代码。Java泛型要求传入**Class**对象，以便也可以在**create()**方法中用它进行类型推断。

练习14：(1) 修改**BasicGeneratorDemo.java**类，使其显式地构造**Generator**（也就是不使用**create()**方法，而是使用显式的构造器）。

15.4.5 简化元组的使用

有了类型参数推断，再加上**static**方法，我们可以重新编写之前看到的元组工具，使其成为更通用的工具类库。在这个类中，我们通过重载**static**方法创建元组：

639

```
//: net/mindview/util/Tuple.java
// Tuple library using type argument inference.
package net.mindview.util;

public class Tuple {
  public static <A,B> TwoTuple<A,B> tuple(A a, B b) {
    return new TwoTuple<A,B>(a, b);
  }
  public static <A,B,C> ThreeTuple<A,B,C>
  tuple(A a, B b, C c) {
    return new ThreeTuple<A,B,C>(a, b, c);
  }
  public static <A,B,C,D> FourTuple<A,B,C,D>
  tuple(A a, B b, C c, D d) {
    return new FourTuple<A,B,C,D>(a, b, c, d);
  }
  public static <A,B,C,D,E>
  FiveTuple<A,B,C,D,E> tuple(A a, B b, C c, D d, E e) {
    return new FiveTuple<A,B,C,D,E>(a, b, c, d, e);
  }
} ///:~
```

下面是修改后的**TupleTest.java**，用来测试**Tuple.java**：

```
//: generics/TupleTest2.java
import net.mindview.util.*;
import static net.mindview.util.Tuple.*;

public class TupleTest2 {
  static TwoTuple<String,Integer> f() {
    return tuple("hi", 47);
  }
  static TwoTuple f2() { return tuple("hi", 47); }
  static ThreeTuple<Amphibian,String,Integer> g() {
    return tuple(new Amphibian(), "hi", 47);
  }
  static
  FourTuple<Vehicle,Amphibian,String,Integer> h() {
    return tuple(new Vehicle(), new Amphibian(), "hi", 47);
  }
  static
  FiveTuple<Vehicle,Amphibian,String,Integer,Double> k() {
    return tuple(new Vehicle(), new Amphibian(),
      "hi", 47, 11.1);
  }
  public static void main(String[] args) {
    TwoTuple<String,Integer> ttsi = f();
    System.out.println(ttsi);
    System.out.println(f2());
    System.out.println(g());
    System.out.println(h());
    System.out.println(k());
  }
} /* Output: (80% match)
(hi, 47)
(hi, 47)
(Amphibian@7d772e, hi, 47)
(Vehicle@757aef, Amphibian@d9f9c3, hi, 47)
(Vehicle@1a46e30, Amphibian@3e25a5, hi, 47, 11.1)
*///:~
```

注意，方法**f()**返回一个参数化的**TwoTuple**对象，而**f2()**返回的是非参数化的**TwoTuple**对象。

在这个例子中，编译器并没有关于**f2()**的警告信息，因为我们并没有将其返回值作为参数化对象使用。在某种意义上，它被“向上转型”为一个非参数化的**TwoTuple**。然而，如果试图将**f2()**的返回值转型为参数化的**TwoTuple**，编译器就会发出警告。 640

练习15：(1) 验证前面的陈述是否属实。

练习16：(2) 为**Tuple.java**添加一个**SixTuple**，并在**TupleTest2.java**中进行测试。

15.4.6 一个Set实用工具

作为泛型方法的另一个示例，我们看看如何用**Set**来表达数学中的关系式。通过使用泛型方法，可以很方便地做到这一点，而且可以应用于多种类型：

```
//: net/mindview/util/Sets.java
package net.mindview.util;
import java.util.*;

public class Sets {
  public static <T> Set<T> union(Set<T> a, Set<T> b) {
    Set<T> result = new HashSet<T>(a);
    result.addAll(b);
    return result;
  }
  public static <T>
  Set<T> intersection(Set<T> a, Set<T> b) {
    Set<T> result = new HashSet<T>(a);
    result.retainAll(b);
    return result;
  }
  // Subtract subset from superset:
  public static <T> Set<T>
  difference(Set<T> superset, Set<T> subset) {
    Set<T> result = new HashSet<T>(superset);
    result.removeAll(subset);
    return result;
  }
  // Reflexive--everything not in the intersection:
  public static <T> Set<T> complement(Set<T> a, Set<T> b) {
    return difference(union(a, b), intersection(a, b));
  }
} ///:~
```

641

在前三个方法中，都将第一个参数**Set**复制了一份，将**Set**中的所有引用都存入一个新的**HashSet**对象中，因此，我们并未直接修改参数中的**Set**。返回的值是一个全新的**Set**对象。

这四个方法表达了如下的数学集合操作：**union()**返回一个**Set**，它将两个参数合并在一起；**intersection()**返回的**Set**只包含两个参数共有的部分；**difference()**方法从**superset**中移除**subset**包含的元素；**complement()**返回的**Set**包含除了交集之外的所有元素。下面提供了一个**enum**，它包含各种水彩画的颜色。我们将用它来演示以上这些方法的功能和效果。

```
//: generics/watercolors/Watercolors.java
package generics.watercolors;

public enum Watercolors {
  ZINC, LEMON_YELLOW, MEDIUM_YELLOW, DEEP_YELLOW, ORANGE,
  BRILLIANT_RED, CRIMSON, MAGENTA, ROSE_MADDER, VIOLET,
  CERULEAN_BLUE_HUE, PHTHALO_BLUE, ULTRAMARINE,
  COBALT_BLUE_HUE, PERMANENT_GREEN, VIRIDIAN_HUE,
  SAP_GREEN, YELLOW_OCHRE, BURNT_SIENNA, RAW_UMBER,
  BURNT_UMBER, PAYNES_GRAY, IVORY_BLACK
} ///:~
```

为了方便起见（可以直接使用**enum**中的元素名），下面的示例以**static**的方式引入**Watercolors**。这个示例使用了**EnumSet**，这是Java SE5中的新工具，用来从**enum**直接创建**Set**。（在第19章中，我们会详细介绍**EnumSet**。）在这里，我们向**static**方法**EnumSet.range()**传入某个范围的第一个元素与最后一个元素，然后它将返回一个Set，其中包含该范围内的所有元素：

642

```
//: generics/WatercolorSets.java
import generics.watercolors.*;
import java.util.*;
import static net.mindview.util.Print.*;
import static net.mindview.util.Sets.*;
import static generics.watercolors.Watercolors.*;

public class WatercolorSets {
  public static void main(String[] args) {
    Set<Watercolors> set1 =
      EnumSet.range(BRILLIANT_RED, VIRIDIAN_HUE);
    Set<Watercolors> set2 =
      EnumSet.range(CERULEAN_BLUE_HUE, BURNT_UMBER);
    print("set1: " + set1);
    print("set2: " + set2);
    print("union(set1, set2): " + union(set1, set2));
    Set<Watercolors> subset = intersection(set1, set2);
    print("intersection(set1, set2): " + subset);
    print("difference(set1, subset): " +
      difference(set1, subset));
    print("difference(set2, subset): " +
      difference(set2, subset));
    print("complement(set1, set2): " +
      complement(set1, set2));
  }
} /* Output: (Sample)
set1: [BRILLIANT_RED, CRIMSON, MAGENTA, ROSE_MADDER,
VIOLET, CERULEAN_BLUE_HUE, PHTHALO_BLUE, ULTRAMARINE,
COBALT_BLUE_HUE, PERMANENT_GREEN, VIRIDIAN_HUE]
set2: [CERULEAN_BLUE_HUE, PHTHALO_BLUE, ULTRAMARINE,
COBALT_BLUE_HUE, PERMANENT_GREEN, VIRIDIAN_HUE, SAP_GREEN,
YELLOW_OCHRE, BURNT_SIENNA, RAW_UMBER, BURNT_UMBER]
union(set1, set2): [SAP_GREEN, ROSE_MADDER, YELLOW_OCHRE,
PERMANENT_GREEN, BURNT_UMBER, COBALT_BLUE_HUE, VIOLET,
BRILLIANT_RED, RAW_UMBER, ULTRAMARINE, BURNT_SIENNA,
CRIMSON, CERULEAN_BLUE_HUE, PHTHALO_BLUE, MAGENTA,
VIRIDIAN_HUE]
intersection(set1, set2): [ULTRAMARINE, PERMANENT_GREEN,
COBALT_BLUE_HUE, PHTHALO_BLUE, CERULEAN_BLUE_HUE,
VIRIDIAN_HUE]
difference(set1, subset): [ROSE_MADDER, CRIMSON, VIOLET,
MAGENTA, BRILLIANT_RED]
difference(set2, subset): [RAW_UMBER, SAP_GREEN,
YELLOW_OCHRE, BURNT_SIENNA, BURNT_UMBER]
complement(set1, set2): [SAP_GREEN, ROSE_MADDER,
YELLOW_OCHRE, BURNT_UMBER, VIOLET, BRILLIANT_RED,
RAW_UMBER, BURNT_SIENNA, CRIMSON, MAGENTA]
*///:~
```

我们可以从输出中看到各种关系运算的结果。

下面的示例使用**Sets.difference()**打印出**java.util**包中各种**Collection**类与**Map**类之间的方法差异：

643

```
//: net/mindview/util/ContainerMethodDifferences.java
package net.mindview.util;
import java.lang.reflect.*;
import java.util.*;
public class ContainerMethodDifferences {
  static Set<String> methodSet(Class<?> type) {
    Set<String> result = new TreeSet<String>();
    for(Method m : type.getMethods())
      result.add(m.getName());
```

```
    return result;
  }
  static void interfaces(Class<?> type) {
    System.out.print("Interfaces in " +
      type.getSimpleName() + ": ");
    List<String> result = new ArrayList<String>();
    for(Class<?> c : type.getInterfaces())
      result.add(c.getSimpleName());
    System.out.println(result);
  }
  static Set<String> object = methodSet(Object.class);
  static { object.add("clone"); }
  static void
  difference(Class<?> superset, Class<?> subset) {
    System.out.print(superset.getSimpleName() +
      " extends " + subset.getSimpleName() + ", adds: ");
    Set<String> comp = Sets.difference(
      methodSet(superset), methodSet(subset));
    comp.removeAll(object); // Don't show 'Object' methods
    System.out.println(comp);
    interfaces(superset);
  }
  public static void main(String[] args) {
    System.out.println("Collection: " +
      methodSet(Collection.class));
    interfaces(Collection.class);
    difference(Set.class, Collection.class);
    difference(HashSet.class, Set.class);
    difference(LinkedHashSet.class, HashSet.class);
    difference(TreeSet.class, Set.class);
    difference(List.class, Collection.class);
    difference(ArrayList.class, List.class);
    difference(LinkedList.class, List.class);
    difference(Queue.class, Collection.class);
    difference(PriorityQueue.class, Queue.class);
    System.out.println("Map: " + methodSet(Map.class));
    difference(HashMap.class, Map.class);
    difference(LinkedHashMap.class, HashMap.class);
    difference(SortedMap.class, Map.class);
    difference(TreeMap.class, Map.class);
  }
} ///:~
```

644

在第11章的“总结”中，我们使用了这个程序的输出结果。

练习17：(4) 研究JDK文档中有关**EnumSet**的部分，你会看到它定义了**clone()**方法。然而，在**Sets.java**中，你却不能复制**Set**接口中的引用。请试着修改**Sets.java**，使其不但能接受一般的**Set**接口，而且能直接接受**EnumSet**，并使用**clone()**而不是创建新的**HashSet**对象。

15.5 匿名内部类

泛型还可以应用于内部类以及匿名内部类。下面的示例使用匿名内部类实现了**Generator**接口：

```
//: generics/BankTeller.java
// A very simple bank teller simulation.
import java.util.*;
import net.mindview.util.*;

class Customer {
  private static long counter = 1;
  private final long id = counter++;
  private Customer() {}
  public String toString() { return "Customer " + id; }
  // A method to produce Generator objects:
```

```
  public static Generator<Customer> generator() {
    return new Generator<Customer>() {
      public Customer next() { return new Customer(); }
    };
  }
}

class Teller {
  private static long counter = 1;
  private final long id = counter++;
  private Teller() {}
645  public String toString() { return "Teller " + id; }
  // A single Generator object:
  public static Generator<Teller> generator =
    new Generator<Teller>() {
      public Teller next() { return new Teller(); }
    };
}

public class BankTeller {
  public static void serve(Teller t, Customer c) {
    System.out.println(t + " serves " + c);
  }
  public static void main(String[] args) {
    Random rand = new Random(47);
    Queue<Customer> line = new LinkedList<Customer>();
    Generators.fill(line, Customer.generator(), 15);
    List<Teller> tellers = new ArrayList<Teller>();
    Generators.fill(tellers, Teller.generator, 4);
    for(Customer c : line)
      serve(tellers.get(rand.nextInt(tellers.size())), c);
  }
} /* Output:
Teller 3 serves Customer 1
Teller 2 serves Customer 2
Teller 3 serves Customer 3
Teller 1 serves Customer 4
Teller 1 serves Customer 5
Teller 3 serves Customer 6
Teller 1 serves Customer 7
Teller 2 serves Customer 8
Teller 3 serves Customer 9
Teller 3 serves Customer 10
Teller 2 serves Customer 11
Teller 4 serves Customer 12
Teller 2 serves Customer 13
Teller 1 serves Customer 14
Teller 1 serves Customer 15
*///:~
```

Customer和**Teller**类都只有**private**的构造器，这可以强制你必须使用**Generator**对象。**Customer**有一个**generator()**方法，每次执行它都会生成一个新的**Generator<Customer>**对象。我们其实不需要多个**Generator**对象，**Teller**就只创建了一个**public**的**generator**对象。在**main()**方
646 法中可以看到，这两种创建**Generator**的方式都在**fill()**中用到了。

由于**Customer**中的**generator()**方法，以及**Teller**中的**Generator**对象都声明成了**static**的，所以它们无法作为接口的一部分，因此无法用接口这种特定的惯用法来泛化这二者。尽管如此，它们在**fill()**方法中都工作得很好。

在第21章中，我们还会看到关于这个排队问题的另一个版本。

练习18：(3) 遵循**BackTeller.java**的形式，创建一个**Ocean**中**BigFish**吃**LittleFish**的例子。

15.6 构建复杂模型

泛型的一个重要好处是能够简单而安全地创建复杂的模型。例如，我们可以很容易地创建List元组：

```
//: generics/TupleList.java
// Combining generic types to make complex generic types.
import java.util.*;
import net.mindview.util.*;

public class TupleList<A,B,C,D>
extends ArrayList<FourTuple<A,B,C,D>> {
  public static void main(String[] args) {
    TupleList<Vehicle, Amphibian, String, Integer> tl =
      new TupleList<Vehicle, Amphibian, String, Integer>();
    tl.add(TupleTest.h());
    tl.add(TupleTest.h());
    for(FourTuple<Vehicle,Amphibian,String,Integer> i: tl)
      System.out.println(i);
  }
} /* Output: (75% match)
(Vehicle@11b86e7, Amphibian@35ce36, hi, 47)
(Vehicle@757aef, Amphibian@d9f9c3, hi, 47)
*///:~
```

尽管这看上去有些冗长（特别是迭代器的创建），但最终还是没有用过多的代码就得到了一个相当强大的数据结构。

下面是另一个示例，它展示了使用泛型类型来构建复杂模型是多么的简单。即使每个类都是作为一个构建块创建的，但是其整个还是包含许多部分。在本例中，构建的模型是一个零售店，它包含走廊、货架和商品： 647

```
//: generics/Store.java
// Building up a complex model using generic containers.
import java.util.*;
import net.mindview.util.*;

class Product {
  private final int id;
  private String description;
  private double price;
  public Product(int IDnumber, String descr, double price){
    id = IDnumber;
    description = descr;
    this.price = price;
    System.out.println(toString());
  }
  public String toString() {
    return id + ": " + description + ", price: $" + price;
  }
  public void priceChange(double change) {
    price += change;
  }
  public static Generator<Product> generator =
    new Generator<Product>() {
      private Random rand = new Random(47);
      public Product next() {
        return new Product(rand.nextInt(1000), "Test",
          Math.round(rand.nextDouble() * 1000.0) + 0.99);
      }
    };
}

class Shelf extends ArrayList<Product> {
```

```
  public Shelf(int nProducts) {
    Generators.fill(this, Product.generator, nProducts);
  }
}

class Aisle extends ArrayList<Shelf> {
  public Aisle(int nShelves, int nProducts) {
    for(int i = 0; i < nShelves; i++)
      add(new Shelf(nProducts));
  }
```

648

```
}
class CheckoutStand {}
class Office {}

public class Store extends ArrayList<Aisle> {
  private ArrayList<CheckoutStand> checkouts =
    new ArrayList<CheckoutStand>();
  private Office office = new Office();
  public Store(int nAisles, int nShelves, int nProducts) {
    for(int i = 0; i < nAisles; i++)
      add(new Aisle(nShelves, nProducts));
  }
  public String toString() {
    StringBuilder result = new StringBuilder();
    for(Aisle a : this)
      for(Shelf s : a)
        for(Product p : s) {
          result.append(p);
          result.append("\n");
        }
    return result.toString();
  }
  public static void main(String[] args) {
    System.out.println(new Store(14, 5, 10));
  }
} /* Output:
258: Test, price: $400.99
861: Test, price: $160.99
868: Test, price: $417.99
207: Test, price: $268.99
551: Test, price: $114.99
278: Test, price: $804.99
520: Test, price: $554.99
140: Test, price: $530.99
...
*///:~
```

正如我们在**Store.toString()**中看到的，其结果是许多层容器，但是它们是类型安全且可管理的。令人印象深刻之处是组装这个的模型十分容易，并不会成为智力挑战。

649 **练习19**：(2) 遵循**Store.java**的形式，构建一个容器化的货船模型。

15.7 擦除的神秘之处

当你开始更深入地钻研泛型时，会发现有大量的东西初看起来是没有意义的。例如，尽管可以声明**ArrayList.class**，但是不能声明**ArrayList<Integer>.class**。请考虑下面的情况：

```
//: generics/ErasedTypeEquivalence.java
import java.util.*;

public class ErasedTypeEquivalence {
  public static void main(String[] args) {
    Class c1 = new ArrayList<String>().getClass();
    Class c2 = new ArrayList<Integer>().getClass();
    System.out.println(c1 == c2);
```

```
    }
  } /* Output:
  true
  *///:~
```

ArrayList<String>和**ArrayList<Integer>**很容易被认为是不同的类型。不同的类型在行为方面肯定不同，例如，如果尝试着将一个**Integer**放入**ArrayList<String>**，所得到的行为（将失败）与把一个**Integer**放入**ArrayList<Integer>**（将成功）所得到的行为完全不同。但是上面的程序会认为它们是相同的类型。

下面是的示例是对这个谜题的一个补充：

```
//: generics/LostInformation.java
import java.util.*;

class Frob {}
class Fnorkle {}
class Quark<Q> {}
class Particle<POSITION,MOMENTUM> {}

public class LostInformation {
  public static void main(String[] args) {
    List<Frob> list = new ArrayList<Frob>();
    Map<Frob,Fnorkle> map = new HashMap<Frob,Fnorkle>();
    Quark<Fnorkle> quark = new Quark<Fnorkle>();
    Particle<Long,Double> p = new Particle<Long,Double>();
    System.out.println(Arrays.toString(
      list.getClass().getTypeParameters()));
    System.out.println(Arrays.toString(
      map.getClass().getTypeParameters()));
    System.out.println(Arrays.toString(
      quark.getClass().getTypeParameters()));
    System.out.println(Arrays.toString(
      p.getClass().getTypeParameters()));
  }
} /* Output:
[E]
[K, V]
[Q]
[POSITION, MOMENTUM]
*///:~
```

650

根据JDK文档的描述，**Class.getTypeParameters()**将“返回一个**TypeVariable**对象数组，表示有泛型声明所声明的类型参数……”这好像是在暗示你可能发现参数类型的信息，但是，正如你从输出中所看到的，你能够发现的只是用作参数占位符的标识符，这并非有用的信息。

因此，残酷的现实是：

在泛型代码内部，无法获得任何有关泛型参数类型的信息。

因此，你可以知道诸如类型参数标识符和泛型类型边界这类的信息——你却无法知道用来创建某个特定实例的实际的类型参数。如果你曾经是C++程序员，那么这个事实肯定让你觉得很沮丧，在使用Java泛型工作时它是必须处理的最基本的问题。

Java泛型是使用擦除来实现的，这意味着当你在使用泛型时，任何具体的类型信息都被擦除了，你唯一知道的就是你在使用一个对象。因此**List<String>**和**List<Integer>**在运行时事实上是相同的类型。这两种形式都被擦除成它们的“原生”类型，即**List**。理解擦除以及应该如何处理它，是你在学习Java泛型时面临的最大障碍，这也是我们在本节将要探讨的内容。 651

15.7.1 C++的方式

下面是使用模版的C++示例，你将注意到用于参数化类型的语法十分相似，因为Java是受C++的启发：

```
//: generics/Templates.cpp
#include <iostream>
using namespace std;

template<class T> class Manipulator {
  T obj;
public:
  Manipulator(T x) { obj = x; }
  void manipulate() { obj.f(); }
};

class HasF {
public:
  void f() { cout << "HasF::f()" << endl; }
};

int main() {
  HasF hf;
  Manipulator<HasF> manipulator(hf);
  manipulator.manipulate();
} /* Output:
HasF::f()
///:~
```

Manipulator类存储了一个类型**T**的对象，有意思的地方是**manipulate()**方法，它在**obj**上调用方法**f()**。它怎么能知道**f()**方法是为类型参数**T**而存在的呢？当你实例化这个模版时，C++编译器将进行检查，因此在**Manipulator<HasF>**被实例化的这一刻，它看到**HasF**拥有一个方法**f()**。如果情况并非如此，就会得到一个编译期错误，这样类型安全就得到了保障。

用C++编写这种代码很简单，因为当模版被实例化时，模版代码知道其模版参数的类型。Java泛型就不同了。下面是**HasF**的Java版本：

652

```
//: generics/HasF.java

public class HasF {
  public void f() { System.out.println("HasF.f()"); }
} ///:~
```

如果我们将这个示例的其余代码都翻译成Java，那么这些代码将不能编译：

```
//: generics/Manipulation.java
// {CompileTimeError} (Won't compile)

class Manipulator<T> {
  private T obj;
  public Manipulator(T x) { obj = x; }
  // Error: cannot find symbol: method f():
  public void manipulate() { obj.f(); }
}

public class Manipulation {
  public static void main(String[] args) {
    HasF hf = new HasF();
    Manipulator<HasF> manipulator =
      new Manipulator<HasF>(hf);
    manipulator.manipulate();
  }
} ///:~
```

由于有了擦除，Java编译器无法将**manipulate()**必须能够在**obj**上调用**f()**这一需求映射到**HasF**拥有**f()**这一事实上。为了调用**f()**，我们必须协助泛型类，给定泛型类的边界，以此告知编译器只能接受遵循这个边界的类型。这里重用了**extends**关键字。由于有了边界，下面的代码就可以编译了：

```
//: generics/Manipulator2.java

class Manipulator2<T extends HasF> {
  private T obj;
  public Manipulator2(T x) { obj = x; }
  public void manipulate() { obj.f(); }
} ///:~
```

边界**<T extends HasF>**声明**T**必须具有类型**HasF**或者从**HasF**导出的类型。如果情况确实如此，那么就可以安全地在**obj**上调用**f()**了。

我们说泛型类型参数将*擦除到它的第一个边界*（它可能会有多个边界，稍候你就会看到）， 653
我们还提到了*类型参数的擦除*。编译器实际上会把类型参数替换为它的擦除，就像上面的示例一样。**T**擦除到了**HasF**，就好像在类的声明中用**HasF**替换了**T**一样。

你可能已经正确地观察到，在**Manipulation2.java**中，泛型没有贡献任何好处。只需很容易地自己去执行擦除，就可以创建出没有泛型的类：

```
//: generics/Manipulator3.java

class Manipulator3 {
  private HasF obj;
  public Manipulator3(HasF x) { obj = x; }
  public void manipulate() { obj.f(); }
} ///:~
```

这提出了很重要的一点：只有当你希望使用的类型参数比某个具体类型（以及它的所有子类型）更加"泛化"时——也就是说，当你希望代码能够跨多个类工作时，使用泛型才有所帮助。因此，类型参数和它们在有用的泛型代码中的应用，通常比简单的类替换要更复杂。但是，不能因此而认为**<T extends HasF>**形式的任何东西而都是有缺陷的。例如，如果某个类有一个返回**T**的方法，那么泛型就有所帮助，因为它们之后将返回确切的类型：

```
//: generics/ReturnGenericType.java

class ReturnGenericType<T extends HasF> {
  private T obj;
  public ReturnGenericType(T x) { obj = x; }
  public T get() { return obj; }
} ///:~
```

必须查看所有的代码，并确定它是否"足够复杂"到必须使用泛型的程度。

我们将在本章稍后介绍有关边界的更多细节。

练习20：(1) 创建一个具有两个方法的接口，以及一个实现了这个接口并添加了另一个方法的类。在另一个类中，创建一个泛型方法，它的参数类型由这个接口定义了边界，并展示该接口中的方法在这个泛型方法中都是可调用的。在**main()**方法中传递一个实现类的实例给这个泛型方法。 654

15.7.2 迁移兼容性

为了减少潜在的关于擦除的混淆，你必须清楚地认识到这不是一个语言特性。它是Java的泛型实现中的一种折中，因为泛型不是Java语言出现时就有的组成部分，所以这种折中是必需的。这种折中会使你痛苦，因此你需要习惯它并了解为什么它会是这样。

如果泛型在Java 1.0中就已经是其一部分了，那么这个特性将不会使用擦除来实现——它将使用具体化，使类型参数保持为第一类实体，因此你就能够在类型参数上执行基于类型的语言操作和反射操作。你将在本章稍后看到，擦除减少了泛型的泛化性。泛型在Java中仍旧是有用的，只是不如它们本来设想的那么有用，而原因就是擦除。

在基于擦除的实现中，泛型类型被当作第二类类型处理，即不能在某些重要的上下文环境中使用的类型。泛型类型只有在静态类型检查期间才出现，在此之后，程序中的所有泛型类型都将被擦除，替换为它们的非泛型上界。例如，诸如**List<T>**这样的类型注解将被擦除为List，而普通的类型变量在未指定边界的情况下将被擦除为**Object**。

擦除的核心动机是它使得泛化的客户端可以用非泛化的类库来使用，反之亦然，这经常被称为“*迁移兼容性*”。在理想情况下，当所有事物都可以同时被泛化时，我们就可以专注于此。在现实中，即使程序员只编写泛型代码，他们也必须处理在Java SE5之前编写的非泛型类库。那些类库的作者可能从没有想过要泛化它们的代码，或者可能刚刚开始接触泛型。

因此Java泛型不仅必须支持向后兼容性，即现有的代码和类文件仍旧合法，并且继续保持其之前的含义；而且还要支持迁移兼容性，使得类库按照它们自己的步调变为泛型的，并且当某个类库变为泛型时，不会破坏依赖于它的代码和应用程序。在决定这就是目标之后，Java设计者们和从事此问题相关工作的各个团队决策认为擦除是唯一可行的解决方案。通过允许非泛
655 型代码与泛型代码共存，擦除使得这种向着泛型的迁移成为可能。

例如，假设某个应用程序具有两个类库**X**和**Y**，并且**Y**还要使用类库**Z**。随着Java SE5的出现，这个应用程序和这些类库的创建者最终可能希望迁移到泛型上。但是，当进行这种迁移时，他们有着不同动机和限制。为了实现迁移兼容性，每个类库和应用程序都必须与其他所有的部分是否使用了泛型无关。这样，它们必须不具备探测其他类库是否使用了泛型的能力。因此，某个特定的类库使用了泛型这样的证据必须被“擦除”。

如果没有某种类型的迁移途径，所有已经构建了很长时间的类库就需要与希望迁移到Java泛型上的开发者们说再见了。但是，类库是编程语言无可争议的一部分，它们对生产效率会产生最重要的影响，因此这不是一种可以接受的代价。擦除是否是最佳的或者唯一的迁移途径，还需要时间来证明。

15.7.3 擦除的问题

因此，擦除主要的正当理由是从非泛化代码到泛化代码的转变过程，以及在不破坏现有类库的情况下，将泛型融入Java语言。擦除使得现有的非泛型客户端代码能够在不改变的情况下继续使用，直至客户端准备好用泛型重写这些代码。这是一个崇高的动机，因为它不会突然间破坏所有现有的代码。

擦除的代价是显著的。泛型不能用于显式地引用运行时类型的操作之中，例如转型、**instanceof**操作和**new**表达式。因为所有关于参数的类型信息都丢失了，无论何时，当你在编写泛型代码时，必须时刻提醒自己，你只是*看起来好像*拥有有关参数的类型信息而已。因此，如果你编写了下面这样的代码段：

```
class Foo<T> {
  T var;
}
```

那么，看起来当你在创建Foo的实例时：

```
Foo<Cat> f = new Foo<Cat>();
```

656 **class Foo**中的代码应该知道现在工作于**Cat**之上，而泛型语法也在强烈暗示：在整个类中的各个地方，类型**T**都在被替换。但是事实并非如此，无论何时，当你在编写这个类的代码时，必须提醒自己：“不，它只是一个**Object**。”

另外，擦除和迁移兼容性意味着，使用泛型并不是强制的，尽管你可能希望这样：

```
//: generics/ErasureAndInheritance.java

class GenericBase<T> {
```

```
  private T element;
  public void set(T arg) { arg = element; }
  public T get() { return element; }
}

class Derived1<T> extends GenericBase<T> {}

class Derived2 extends GenericBase {} // No warning

// class Derived3 extends GenericBase<?> {}
// Strange error:
//   unexpected type found : ?
//   required: class or interface without bounds

public class ErasureAndInheritance {
  @SuppressWarnings("unchecked")
  public static void main(String[] args) {
    Derived2 d2 = new Derived2();
    Object obj = d2.get();
    d2.set(obj); // Warning here!
  }
} ///:~
```

Derived2继承自**GenericBase**，但是没有任何泛型参数，而编译器不会发出任何警告。警告在**set()**被调用时才会出现。

为了关闭警告，Java提供了一个注解，我们可以在列表中看到它（这个注解在Java SE5之前的版本中不支持）：

```
@SuppressWarnings("unchecked")
```

注意，这个注解被放置在可以产生这类警告的方法之上，而不是整个类上。当你要关闭警告时，最好是尽量地"聚焦"，这样就不会因为过于宽泛地关闭警告，而导致意外地遮蔽掉真正的问题。 657

可以推断，**Derived3**产生的错误意味着编译器期望得到一个原生基类。

当你希望将类型参数不要仅仅当作**Object**处理时，就需要付出额外努力来管理边界，并且与在C++、Ada和Eiffel这样的语言中获得参数化类型相比，你需要付出多得多的努力来获得少得多的回报。这并不是说，对于大多数的编程问题而言，这些语言通常都会比Java更得心应手；这只是说，它们的参数化类型机制比Java的更灵活、更强大。

15.7.4 边界处的动作

正是因为有了擦除，我发现泛型最令人困惑的方面源自这样一个事实，即可以表示没有任何意义的事物。例如：

```
//: generics/ArrayMaker.java
import java.lang.reflect.*;
import java.util.*;

public class ArrayMaker<T> {
  private Class<T> kind;
  public ArrayMaker(Class<T> kind) { this.kind = kind; }
  @SuppressWarnings("unchecked")
  T[] create(int size) {
    return (T[])Array.newInstance(kind, size);
  }
  public static void main(String[] args) {
    ArrayMaker<String> stringMaker =
      new ArrayMaker<String>(String.class);
    String[] stringArray = stringMaker.create(9);
    System.out.println(Arrays.toString(stringArray));
  }
```

```
} /* Output:
[null, null, null, null, null, null, null, null, null]
*///:~
```

即使**kind**被存储为**Class<T>**，擦除也意味着它实际将被存储为**Class**，没有任何参数。因此，当你在使用它时，例如在创建数组时，**Array.newInstance()**实际上并未拥有**kind**所蕴含的类型信
658 息，因此这不会产生具体的结果，所以必须转型，这将产生一条令你无法满意的警告。

注意，对于在泛型中创建数组，使用**Array.newInstance()**是推荐的方式。

如果我们要创建一个容器而不是数组，情况就有些不同了：

```
//: generics/ListMaker.java
import java.util.*;

public class ListMaker<T> {
  List<T> create() { return new ArrayList<T>(); }
  public static void main(String[] args) {
    ListMaker<String> stringMaker= new ListMaker<String>();
    List<String> stringList = stringMaker.create();
  }
} ///:~
```

编译器不会给出任何警告，尽管我们（从擦除中）知道在**create()**内部的**new ArrayList<T>**中的**<T>**被移除了——在运行时，这个类的内部没有任何**<T>**，因此这看起来毫无意义。但是如果你遵从这种思路，并将这个表达式改为**new ArrayList()**，编译器就会给出警告。

在本例中，这是否真的毫无意义呢？如果返回list之前，将某些对象放入其中，就像下面这样，情况又会如何呢？

```
//: generics/FilledListMaker.java
import java.util.*;

public class FilledListMaker<T> {
  List<T> create(T t, int n) {
    List<T> result = new ArrayList<T>();
    for(int i = 0; i < n; i++)
      result.add(t);
    return result;
  }
  public static void main(String[] args) {
    FilledListMaker<String> stringMaker =
      new FilledListMaker<String>();
    List<String> list = stringMaker.create("Hello", 4);
    System.out.println(list);
  }
} /* Output:
[Hello, Hello, Hello, Hello]
```
659
```
*///:~
```

即使编译器无法知道有关**create()**中的**T**的任何信息，但是它仍旧可以在编译期确保你放置到**result**中的对象具有**T**类型，使其适合**ArrayList<T>**。因此，即使擦除在方法或类内部移除了有关实际类型的信息，编译器仍旧可以确保在方法或类中使用的类型的内部一致性。

因为擦除在方法体中移除了类型信息，所以在运行时的问题就是*边界*：即对象进入和离开方法的地点。这些正是编译器在编译期执行类型检查并插入转型代码的地点。请考虑下面的非泛型示例：

```
//: generics/SimpleHolder.java

public class SimpleHolder {
  private Object obj;
  public void set(Object obj) { this.obj = obj; }
  public Object get() { return obj; }
```

```
  public static void main(String[] args) {
    SimpleHolder holder = new SimpleHolder();
    holder.set("Item");
    String s = (String)holder.get();
  }
} ///:~
```

如果用**javap -c SimpleHolder**反编译这个类，就可以得到下面的（经过编辑的）内容：

```
public void set(java.lang.Object);
   0:    aload_0
   1:    aload_1
   2:    putfield #2; //Field obj:Object;
   5:    return

public java.lang.Object get();
   0:    aload_0
   1:    getfield #2; //Field obj:Object;
   4:    areturn

public static void main(java.lang.String[]);
   0:    new #3; //class SimpleHolder
   3:    dup
   4:    invokespecial #4; //Method "<init>":()V
   7:    astore_1
   8:    aload_1
   9:    ldc #5; //String Item
   11:   invokevirtual #6; //Method set:(Object;)V
   14:   aload_1
   15:   invokevirtual #7; //Method get:()Object;
   18:   checkcast #8; //class java/lang/String
   21:   astore_2
   22:   return
```

660

set()和**get()**方法将直接存储和产生值，而转型是在调用**get()**的时候接受检查的。

现在将泛型合并到上面的代码中：

```
//: generics/GenericHolder.java

public class GenericHolder<T> {
  private T obj;
  public void set(T obj) { this.obj = obj; }
  public T get() { return obj; }
  public static void main(String[] args) {
    GenericHolder<String> holder =
      new GenericHolder<String>();
    holder.set("Item");
    String s = holder.get();
  }
} ///:~
```

从**get()**返回之后的转型消失了，但是我们还知道传递给**set()**的值在编译期会接受检查。下面是相关的字节码：

```
public void set(java.lang.Object);
   0:    aload_0
   1:    aload_1
   2:    putfield #2; //Field obj:Object;
   5:    return

public java.lang.Object get();
   0:    aload_0
   1:    getfield #2; //Field obj:Object;
   4:    areturn

public static void main(java.lang.String[]);
```

661

```
0:    new #3; //class GenericHolder
3:    dup
4:    invokespecial #4; //Method "<init>":()V
7:    astore_1
8:    aload_1
9:    ldc #5; //String Item
11:   invokevirtual #6; //Method set:(Object;)V
14:   aload_1
15:   invokevirtual #7; //Method get:()Object;
18:   checkcast #8; //class java/lang/String
21:   astore_2
22:   return
```

所产生的字节码是相同的。对进入**set()**的类型进行检查是不需要的，因为这将由编译器执行。而对从**get()**返回的值进行转型仍旧是需要的，但这与你自己必须执行的操作是一样的——此处它将由编译器自动插入，因此你写入（和读取）的代码的噪声将更小。

由于所产生的**get()**和**set()**的字节码相同，所以在泛型中的所有动作都发生在边界处——对传递进来的值进行额外的编译期检查，并插入对传递出去的值的转型。这有助于澄清对擦除的混淆，记住，"边界就是发生动作的地方。"

15.8 擦除的补偿

正如我们看到的，擦除丢失了在泛型代码中执行某些操作的能力。任何在运行时需要知道确切类型信息的操作都将无法工作：

```
//: generics/Erased.java
// {CompileTimeError} (Won't compile)

public class Erased<T> {
  private final int SIZE = 100;
  public static void f(Object arg) {
    if(arg instanceof T) {}          // Error
    T var = new T();                 // Error
    T[] array = new T[SIZE];         // Error
    T[] array = (T)new Object[SIZE]; // Unchecked warning
  }
} ///:~
```

662

偶尔可以绕过这些问题来编程，但是有时必须通过引入类型标签来对擦除进行补偿。这意味着你需要显式地传递你的类型的**Class**对象，以便你可以在类型表达式中使用它。

例如，在前面示例中对使用**instanceof**的尝试最终失败了，因为其类型信息已经被擦除了。如果引入类型标签，就可以转而使用动态的**isInstance()**：

```
//: generics/ClassTypeCapture.java

class Building {}
class House extends Building {}

public class ClassTypeCapture<T> {
  Class<T> kind;
  public ClassTypeCapture(Class<T> kind) {
    this.kind = kind;
  }
  public boolean f(Object arg) {
    return kind.isInstance(arg);
  }
  public static void main(String[] args) {
    ClassTypeCapture<Building> ctt1 =
      new ClassTypeCapture<Building>(Building.class);
    System.out.println(ctt1.f(new Building()));
    System.out.println(ctt1.f(new House()));
```

```
    ClassTypeCapture<House> ctt2 =
      new ClassTypeCapture<House>(House.class);
    System.out.println(ctt2.f(new Building()));
    System.out.println(ctt2.f(new House()));
  }
} /* Output:
true
true
false
true
*///:~
```

编译器将确保类型标签可以匹配泛型参数。

练习21：(4) 修改**ClassTypeCapture.java**，添加一个**Map<String,Class<?>>**，一个**addType(String typename,Class<?>kind)**方法和一个**createNew(String typename)**方法。**createNew()**将产生一个与其参数字符串相关联的类的新实例，或者产生一条错误消息。 663

15.8.1 创建类型实例

在**Erased.java**中对创建一个**new T()**的尝试将无法实现，部分原因是因为擦除，而另一部分原因是因为编译器不能验证**T**具有默认（无参）构造器。但是在C++中，这种操作很自然、很直观，并且很安全（它是在编译期受到检查的）：

```
//: generics/InstantiateGenericType.cpp
// C++, not Java!

template<class T> class Foo {
  T x; // Create a field of type T
  T* y; // Pointer to T
public:
  // Initialize the pointer:
  Foo() { y = new T(); }
};

class Bar {};

int main() {
  Foo<Bar> fb;
  Foo<int> fi; // ... and it works with primitives
} ///:~
```

Java中的解决方案是传递一个工厂对象，并使用它来创建新的实例。最便利的工厂对象就是**Class**对象，因此如果使用类型标签，那么你就可以使用**newInstance()**来创建这个类型的新对象：

```
//: generics/InstantiateGenericType.java
import static net.mindview.util.Print.*;

class ClassAsFactory<T> {
  T x;
  public ClassAsFactory(Class<T> kind) {
    try {
      x = kind.newInstance();
    } catch(Exception e) {
      throw new RuntimeException(e);
    }
  }
}
```
664
```
class Employee {}

public class InstantiateGenericType {
  public static void main(String[] args) {
    ClassAsFactory<Employee> fe =
      new ClassAsFactory<Employee>(Employee.class);
```

```
    print("ClassAsFactory<Employee> succeeded");
    try {
      ClassAsFactory<Integer> fi =
        new ClassAsFactory<Integer>(Integer.class);
    } catch(Exception e) {
      print("ClassAsFactory<Integer> failed");
    }
  }
} /* Output:
ClassAsFactory<Employee> succeeded
ClassAsFactory<Integer> failed
*///:~
```

这可以编译，但是会因**ClassAsFactory<Integer>**而失败，因为**Integer**没有任何默认的构造器。因为这个错误不是在编译期捕获的，所以**Sun**的伙计们对这种方式并不赞成，他们建议使用显式的工厂，并将限制其类型，使得只能接受实现了这个工厂的类：

```
//: generics/FactoryConstraint.java

interface FactoryI<T> {
  T create();
}

class Foo2<T> {
  private T x;
  public <F extends FactoryI<T>> Foo2(F factory) {
    x = factory.create();
  }
  // ...
}

class IntegerFactory implements FactoryI<Integer> {
  public Integer create() {
    return new Integer(0);
  }
}

class Widget {
  public static class Factory implements FactoryI<Widget> {
    public Widget create() {
      return new Widget();
    }
  }
}

public class FactoryConstraint {
  public static void main(String[] args) {
    new Foo2<Integer>(new IntegerFactory());
    new Foo2<Widget>(new Widget.Factory());
  }
} ///:~
```

665

注意，这确实只是传递**Class<T>**的一种变体。两种方式都传递了工厂对象，**Class<T>**碰巧是内建的工厂对象，而上面的方式创建了一个显式的工厂对象，但是你却获得了编译期检查。

另一种方式是*模版方法*设计模式。在下面的示例中，**get()**是模版方法，而**create()**是在子类中定义的、用来产生子类类型的对象：

```
//: generics/CreatorGeneric.java

abstract class GenericWithCreate<T> {
  final T element;
  GenericWithCreate() { element = create(); }
  abstract T create();
}
```

```
class X {}

class Creator extends GenericWithCreate<X> {
  X create() { return new X(); }
  void f() {
    System.out.println(element.getClass().getSimpleName());
  }
}
public class CreatorGeneric {
  public static void main(String[] args) {
    Creator c = new Creator();
    c.f();
  }
} /* Output:
X
*///:~
```

666

练习22：(6) 使用类型标签与反射来创建一个方法，它将使用**newInstance()**的参数版本来创建某个类的对象，这个类拥有一个具有参数的构造器。

练习23：(1) 修改**FactoryConstraint.java**，使得**create()**可以接受一个参数。

练习24：(3) 修改练习21，使得工厂对象是由一个**Map**而不是**Class<?>**持有的。

15.8.2 泛型数组

正如你在**Erased.java**中所见，不能创建泛型数组。一般的解决方案是在任何想要创建泛型数组的地方都使用**ArrayList**：

```
//: generics/ListOfGenerics.java
import java.util.*;

public class ListOfGenerics<T> {
  private List<T> array = new ArrayList<T>();
  public void add(T item) { array.add(item); }
  public T get(int index) { return array.get(index); }
} ///:~
```

这里你将获得数组的行为，以及由泛型提供的编译期的类型安全。

有时，你仍旧希望创建泛型类型的数组（例如，**ArrayList**内部使用的是数组）。有趣的是，可以按照编译器喜欢的方式来定义一个引用，例如：

```
//: generics/ArrayOfGenericReference.java

class Generic<T> {}

public class ArrayOfGenericReference {
  static Generic<Integer>[] gia;
} ///:~
```

667

编译器将接受这个程序，而不会产生任何警告。但是，永远都不能创建这个确切类型的数组（包括类型参数），因此这有一点令人困惑。既然所有数组无论它们持有的类型如何，都具有相同的结构（每个数组槽位的尺寸和数组的布局），那么看起来你应该能够创建一个**Object**数组，并将其转型为所希望的数组类型。事实上这可以编译，但是不能运行，它将产生**ClassCase-Exception**：

```
//: generics/ArrayOfGeneric.java

public class ArrayOfGeneric {
  static final int SIZE = 100;
  static Generic<Integer>[] gia;
  @SuppressWarnings("unchecked")
  public static void main(String[] args) {
    // Compiles; produces ClassCastException:
```

```
    //! gia = (Generic<Integer>[])new Object[SIZE];
    // Runtime type is the raw (erased) type:
    gia = (Generic<Integer>[])new Generic[SIZE];
    System.out.println(gia.getClass().getSimpleName());
    gia[0] = new Generic<Integer>();
    //! gia[1] = new Object(); // Compile-time error
    // Discovers type mismatch at compile time:
    //! gia[2] = new Generic<Double>();
  }
} /* Output:
Generic[]
*///:~
```

问题在于数组将跟踪它们的实际类型，而这个类型是在数组被创建时确定的，因此，即使**gia**已经被转型为**Generic<Integer>[]**，但是这个信息只存在于编译期（并且如果没有**@Suppress Warnings**注解，你将得到有关这个转型的警告）。在运行时，它仍旧是**Object**数组，而这将引发问题。成功创建泛型数组的唯一方式就是创建一个被擦除类型的新数组，然后对其转型。

668 让我们看一个更复杂的示例。考虑一个简单的泛型数组包装器：

```
//: generics/GenericArray.java

public class GenericArray<T> {
  private T[] array;
  @SuppressWarnings("unchecked")
  public GenericArray(int sz) {
    array = (T[])new Object[sz];
  }
  public void put(int index, T item) {
    array[index] = item;
  }
  public T get(int index) { return array[index]; }
  // Method that exposes the underlying representation:
  public T[] rep() { return array; }
  public static void main(String[] args) {
    GenericArray<Integer> gai =
      new GenericArray<Integer>(10);
    // This causes a ClassCastException:
    //! Integer[] ia = gai.rep();
    // This is OK:
    Object[] oa = gai.rep();
  }
} ///:~
```

与前面相同，我们并不能声明**T[] array = new T[sz]**，因此我们创建了一个对象数组，然后将其转型。

rep()方法将返回**T[]**，它在**main()**中将用于**gai**，因此应该是**Integer[]**，但是如果调用它，并尝试着将结果作为**Integer[]**引用来捕获，就会得到**ClassCastException**，这还是因为实际的运行时类型是**Object[]**。

如果在注释掉**@SuppressWarnings**注解之后再编译**GenericArray.java**，编译器就会产生警告：

```
Note: GenericArray.java uses unchecked or unsafe operations.
Note: Recompile with -Xlint:unchecked for details.
```

在这种情况下，我们将只获得单个的警告，并且相信这事关转型。但是如果真的想要确定是否是这么回事，就应该用**-Xlint:unchecked**来编译：

```
GenericArray.java:7: warning: [unchecked] unchecked cast
found   : java.lang.Object[]
required: T[]
```
669

```
    array = (T[])new Object[sz];
                  ^
1 warning
```

这确实是对转型的抱怨。因为警告会变得令人迷惑，所以一旦我们验证某个特定警告是可预期的，那么我们的上策就是用**@SuppressWarnings**关闭它。通过这种方式，当警告确实出现时，我们就可以真正地展开对它的调查了。

因为有了擦除，数组的运行时类型就只能是**Object[]**。如果我们立即将其转型为**T[]**，那么在编译期该数组的实际类型就将丢失，而编译器可能会错过某些潜在的错误检查。正因为这样，最好是在集合内部使用**Object[]**，然后当你使用数组元素时，添加一个对**T**的转型。让我们看看这是如何作用于**GenericArray.java**示例的：

```
//: generics/GenericArray2.java

public class GenericArray2<T> {
  private Object[] array;
  public GenericArray2(int sz) {
    array = new Object[sz];
  }
  public void put(int index, T item) {
    array[index] = item;
  }
  @SuppressWarnings("unchecked")
  public T get(int index) { return (T)array[index]; }
  @SuppressWarnings("unchecked")
  public T[] rep() {
    return (T[])array; // Warning: unchecked cast
  }
  public static void main(String[] args) {
    GenericArray2<Integer> gai =
      new GenericArray2<Integer>(10);
    for(int i = 0; i < 10; i ++)
      gai.put(i, i);
    for(int i = 0; i < 10; i ++)
      System.out.print(gai.get(i) + " ");
    System.out.println();
    try {
      Integer[] ia = gai.rep();
    } catch(Exception e) { System.out.println(e); }
  }
} /* Output: (Sample)
0 1 2 3 4 5 6 7 8 9
java.lang.ClassCastException: [Ljava.lang.Object; cannot be
cast to [Ljava.lang.Integer;
*///:~
```

670

初看起来，这好像没多大变化，只是转型挪了地方。如果没有**@SuppressWarnings**注解，你仍旧会得到unchecked警告。但是，现在的内部表示是**Object[]**而不是**T[]**。当**get()**被调用时，它将对象转型为**T**，这实际上是正确的类型，因此这是安全的。然而，如果你调用**rep()**，它还是尝试着将**Object[]**转型为**T[]**，这仍旧是不正确的，将在编译期产生警告，在运行时产生异常。因此，没有任何方式可以推翻底层的数组类型，它只能是**Object[]**。在内部将**array**当作**Object[]**而不是T[]处理的优势是：我们不太可能忘记这个数组的运行时类型，从而意外地引入缺陷（尽管大多数也可能是所有这类缺陷都可以在运行时快速地探测到）。

对于新代码，应该传递一个类型标记。在这种情况下，**GenericArray**看起来会像下面这样：

```
//: generics/GenericArrayWithTypeToken.java
import java.lang.reflect.*;

public class GenericArrayWithTypeToken<T> {
```

```
  private T[] array;
  @SuppressWarnings("unchecked")
  public GenericArrayWithTypeToken(Class<T> type, int sz) {
    array = (T[])Array.newInstance(type, sz);
  }
  public void put(int index, T item) {
    array[index] = item;
  }
  public T get(int index) { return array[index]; }
  // Expose the underlying representation:
  public T[] rep() { return array; }
  public static void main(String[] args) {
    GenericArrayWithTypeToken<Integer> gai =
      new GenericArrayWithTypeToken<Integer>(
        Integer.class, 10);
    // This now works:
    Integer[] ia = gai.rep();
671  }
} ///:~
```

类型标记**Class<T>**被传递到构造器中，以便从擦除中恢复，使得我们可以创建需要的实际类型的数组，尽管从转型中产生的警告必须用**@SuppressWarnings**压制住。一旦我们获得了实际类型，就可以返回它，并获得想要的结果，就像在**main()**中看到的那样。该数组的运行时类型是确切类型**T[]**。

遗憾的是，如果查看Java SE5标准类库中的源代码，你就会看到从**Object**数组到参数化类型的转型遍及各处。例如，下面是经过整理和简化之后的从**Collection**中复制**ArrayList**的构造器：

```
public ArrayList(Collection c) {
  size = c.size();
  elementData = (E[])new Object[size];
  c.toArray(elementData);
}
```

如果你通读**ArrayList.java**，就会发现它充满了这种转型。如果我们编译它，又会发生什么呢？

```
Note: ArrayList.java uses unchecked or unsafe operations.
Note: Recompile with -Xlint:unchecked for details.
```

可以十分肯定，标准类库会产生大量的警告。如果你曾经用过C++，特别是ANSI C之前的版本，你就会记得警告的特殊效果：当你发现可以忽略它们时，你就可以忽略。正是因为这个原因，最好是从编译器中不要发出任何消息，除非程序员必须对其进行响应。

Neal Gafter（Java SE5的领导开发者之一）在他的博客[⊖]中指出，在重写Java类库时，他十分懒散，而我们不应该像他那样。Neal还指出，在不破坏现有接口的情况下，他将无法修改某些Java类库代码。因此，即使在Java类库源代码中出现了某些惯用法，也不能表示这就是正确的
672 解决之道。当查看类库代码时，你不能认为它就是应该在自己的代码中遵循的示例。

15.9 边界

本章前面简单地介绍过边界。边界使得你可以在用于泛型的参数类型上设置限制条件。尽管这使得你可以强制规定泛型可以应用的类型，但是其潜在的一个更重要的效果是你可以按照自己的边界类型来调用方法。

因为擦除移除了类型信息，所以，可以用无界泛型参数调用的方法只是那些可以用**Object**

⊖ http://gafter.blogspot.com/2004/09/puzzling-through-erasure-answer.html

调用的方法。但是，如果能够将这个参数限制为某个类型子集，那么你就可以用这些类型子集来调用方法。为了执行这种限制，Java泛型重用了**extends**关键字。对你来说有一点很重要，即要理解**extends**关键字在泛型边界上下文环境中和在普通情况下所具有的意义是完全不同的。下面的示例展示了边界的基本要素：

```
//: generics/BasicBounds.java

interface HasColor { java.awt.Color getColor(); }

class Colored<T extends HasColor> {
  T item;
  Colored(T item) { this.item = item; }
  T getItem() { return item; }
  // The bound allows you to call a method:
  java.awt.Color color() { return item.getColor(); }
}

class Dimension { public int x, y, z; }

// This won't work -- class must be first, then interfaces:
// class ColoredDimension<T extends HasColor & Dimension> {

// Multiple bounds:
class ColoredDimension<T extends Dimension & HasColor> {
  T item;
  ColoredDimension(T item) { this.item = item; }
  T getItem() { return item; }
  java.awt.Color color() { return item.getColor(); }
  int getX() { return item.x; }
  int getY() { return item.y; }
  int getZ() { return item.z; }
}
```

673

```
interface Weight { int weight(); }

// As with inheritance, you can have only one
// concrete class but multiple interfaces:
class Solid<T extends Dimension & HasColor & Weight> {
  T item;
  Solid(T item) { this.item = item; }
  T getItem() { return item; }
  java.awt.Color color() { return item.getColor(); }
  int getX() { return item.x; }
  int getY() { return item.y; }
  int getZ() { return item.z; }
  int weight() { return item.weight(); }
}

class Bounded
extends Dimension implements HasColor, Weight {
  public java.awt.Color getColor() { return null; }
  public int weight() { return 0; }
}

public class BasicBounds {
  public static void main(String[] args) {
    Solid<Bounded> solid =
      new Solid<Bounded>(new Bounded());
    solid.color();
    solid.getY();
    solid.weight();
  }
} ///:~
```

你可能已经观察到了，**BasicBounds.java**看上去包含可以通过继承消除的冗余。下面，可以看到如何在继承的每个层次上添加边界限制：

```
//: generics/InheritBounds.java

class HoldItem<T> {
  T item;
  HoldItem(T item) { this.item = item; }
  T getItem() { return item; }
}

```

674

```
class Colored2<T extends HasColor> extends HoldItem<T> {
  Colored2(T item) { super(item); }
  java.awt.Color color() { return item.getColor(); }
}

class ColoredDimension2<T extends Dimension & HasColor>
extends Colored2<T> {
  ColoredDimension2(T item) {  super(item); }
  int getX() { return item.x; }
  int getY() { return item.y; }
  int getZ() { return item.z; }
}

class Solid2<T extends Dimension & HasColor & Weight>
extends ColoredDimension2<T> {
  Solid2(T item) {  super(item); }
  int weight() { return item.weight(); }
}

public class InheritBounds {
  public static void main(String[] args) {
    Solid2<Bounded> solid2 =
      new Solid2<Bounded>(new Bounded());
    solid2.color();
    solid2.getY();
    solid2.weight();
  }
} ///:~
```

HoldItem直接持有一个对象，因此这种行为被继承到了**Colored2**中，它也要求其参数与**HasColor**一致。**ColoredDimension2**和**Solid2**进一步扩展了这个层次结构，并在每个层次上都添加了边界。现在这些方法被继承，因而不必在每个类中重复。

下面是具有更多层次的示例：

```
//: generics/EpicBattle.java
// Demonstrating bounds in Java generics.
import java.util.*;

interface SuperPower {}
interface XRayVision extends SuperPower {
  void seeThroughWalls();
}
```

675

```
interface SuperHearing extends SuperPower {
  void hearSubtleNoises();
}
interface SuperSmell extends SuperPower {
  void trackBySmell();
}

class SuperHero<POWER extends SuperPower> {
  POWER power;
  SuperHero(POWER power) { this.power = power; }
  POWER getPower() { return power; }
}
```

```
class SuperSleuth<POWER extends XRayVision>
extends SuperHero<POWER> {
  SuperSleuth(POWER power) { super(power); }
  void see() { power.seeThroughWalls(); }
}

class CanineHero<POWER extends SuperHearing & SuperSmell>
extends SuperHero<POWER> {
  CanineHero(POWER power) { super(power); }
  void hear() { power.hearSubtleNoises(); }
  void smell() { power.trackBySmell(); }
}

class SuperHearSmell implements SuperHearing, SuperSmell {
  public void hearSubtleNoises() {}
  public void trackBySmell() {}
}

class DogBoy extends CanineHero<SuperHearSmell> {
  DogBoy() { super(new SuperHearSmell()); }
}

public class EpicBattle {
  // Bounds in generic methods:
  static <POWER extends SuperHearing>
  void useSuperHearing(SuperHero<POWER> hero) {
    hero.getPower().hearSubtleNoises();
  }
  static <POWER extends SuperHearing & SuperSmell>
  void superFind(SuperHero<POWER> hero) {
    hero.getPower().hearSubtleNoises();
    hero.getPower().trackBySmell();
  }
  public static void main(String[] args) {
    DogBoy dogBoy = new DogBoy();
    useSuperHearing(dogBoy);
    superFind(dogBoy);
    // You can do this:
    List<? extends SuperHearing> audioBoys;
    // But you can't do this:
    // List<? extends SuperHearing & SuperSmell> dogBoys;
  }
} ///:~
```

676

注意，通配符（我们下面将要学习）被限制为单一边界。

练习25：(2) 创建两个接口和一个实现了这两个接口的类。创建两个泛型方法，其中一个的参数边界被限定为第一个接口，而另一个的参数边界被限定为第二个接口。创建实现了这两个接口的类的实例，并展示它可以用于这两个泛型方法。

15.10 通配符

你已经在第11章中看到了一些使用通配符的示例——在泛型参数表达式中的问号，在第14章中这种示例更多。本节将更深入地探讨这个问题。

我们开始入手的示例要展示数组的一种特殊行为：可以向导出类型的数组赋予基类型的数组引用：

```
//: generics/CovariantArrays.java

class Fruit {}
class Apple extends Fruit {}
class Jonathan extends Apple {}
class Orange extends Fruit {}
```

```java
public class CovariantArrays {
  public static void main(String[] args) {
    Fruit[] fruit = new Apple[10];
    fruit[0] = new Apple(); // OK
    fruit[1] = new Jonathan(); // OK
    // Runtime type is Apple[], not Fruit[] or Orange[]:
    try {
      // Compiler allows you to add Fruit:
      fruit[0] = new Fruit(); // ArrayStoreException
    } catch(Exception e) { System.out.println(e); }
    try {
      // Compiler allows you to add Oranges:
      fruit[0] = new Orange(); // ArrayStoreException
    } catch(Exception e) { System.out.println(e); }
  }
} /* Output:
java.lang.ArrayStoreException: Fruit
java.lang.ArrayStoreException: Orange
*///:~
```

677

main()中的第一行创建了一个**Apple**数组，并将其赋值给一个**Fruit**数组引用。这是有意义的，因为**Apple**也是一种**Fruit**，因此**Apple**数组应该也是一个**Fruit**数组。

但是，如果实际的数组类型是**Apple[]**，你应该只能在其中放置**Apple**或**Apple**的子类型，这在编译期和运行时都可以工作。但是请注意，编译器允许你将**Fruit**放置到这个数组中，这对于编译器来说是有意义的，因为它有一个**Fruit[]**引用——它有什么理由不允许将**Fruit**对象或者任何从**Fruit**继承出来的对象（例如**Orange**），放置到这个数组中呢？因此，在编译期，这是允许的。但是，运行时的数组机制知道它处理的是**Apple[]**，因此会在向数组中放置异构类型时抛出异常。

实际上，向上转型不合适用在这里。你真正做的是将一个数组赋值给另一个数组。数组的行为应该是它可以持有其他对象，这里只是因为我们能够向上转型而已，所以很明显，数组对象可以保留有关它们包含的对象类型的规则。就好像数组对它们持有的对象是有意识的，因此在编译期检查和运行时检查之间，你不能滥用它们。

对数组的这种赋值并不是那么可怕，因为在运行时可以发现你已经插入了不正确的类型。但是泛型的主要目标之一是将这种错误检测移入到编译期。因此当我们试图使用泛型容器来代替数组时，会发生什么呢？

678

```java
//: generics/NonCovariantGenerics.java
// {CompileTimeError} (Won't compile)
import java.util.*;

public class NonCovariantGenerics {
  // Compile Error: incompatible types:
  List<Fruit> flist = new ArrayList<Apple>();
} ///:~
```

尽管你在第一次阅读这段代码时会认为："不能将一个**Apple**容器赋值给一个**Fruit**容器"。别忘了，泛型不仅和容器相关正确的说法是："不能把一个涉及**Apple**的泛型赋给一个涉及**Fruit**的泛型"。如果就像在数组的情况中一样，编译器对代码的了解足够多，可以确定所涉及到的容器，那么它可能会留下一些余地。但是它不知道任何有关这方面的信息，因此它拒绝向上转型。然而实际上这根本不是向上转型——**Apple**的**List**不是**Fruit**的**List**。**Apple**的**List**将持有**Apple**和**Apple**的子类型，而**Fruit**的**List**将持有任何类型的**Fruit**，诚然，这包括**Apple**在内，但是它不是一个**Apple**的**List**，它仍旧是**Fruit**的**List**。**Apple**的**List**在类型上不等价于**Fruit**的**List**，即使**Apple**是一种**Fruit**类型。

真正的问题是我们在谈论容器的类型，而不是容器持有的类型。与数组不同，泛型没有内建的协变类型。这是因为数组在语言中是完全定义的，因此可以内建了编译期和运行时的检查，但是在使用泛型时，编译器和运行时系统都不知道你想用类型做些什么，以及应该采用什么样的规则。

但是，有时你想要在两个类型之间建立某种类型的向上转型关系，这正是通配符所允许的：

```
//: generics/GenericsAndCovariance.java
import java.util.*;

public class GenericsAndCovariance {
  public static void main(String[] args) {
    // Wildcards allow covariance:
    List<? extends Fruit> flist = new ArrayList<Apple>();
    // Compile Error: can't add any type of object:
    // flist.add(new Apple());
    // flist.add(new Fruit());
    // flist.add(new Object());
    flist.add(null); // Legal but uninteresting
    // We know that it returns at least Fruit:
    Fruit f = flist.get(0);                                  679
  }
} ///:~
```

flist类型现在是**List<? extends Fruit>**，你可以将其读作“具有任何从Fruit继承的类型的列表”。但是，这实际上并不意味着这个**List**将持有任何类型的**Fruit**。通配符引用的是明确的类型，因此它意味着“某种**flist**引用没有指定的具体类型”。因此这个被赋值的**List**必须持有诸如**Fruit**或**Apple**这样的某种指定类型，但是为了向上转型为**flist**，这个类型是什么并没有人关心。

如果唯一的限制是这个**List**要持有某种具体的**Fruit**或**Fruit**的子类型，但是你实际上并不关心它是什么，那么你能用这样的**List**做什么呢？如果不知道**List**持有什么类型，那么你怎样才能安全地向其中添加对象呢？就像在**CovariantArrays.java**中向上转型数组一样，你不能，除非编译器而不是运行时系统可以阻止这种操作的发生。你很快就会发现这一问题。

你可能会认为，事情变得有点走极端了，因为现在你甚至不能向刚刚声明过将持有**Apple**对象的**List**中放置一个**Apple**对象了。是的，但是编译器并不知道这一点。**List<? extends Fruit>**可以合法地指向一个**List<Orange>**。一旦执行这种类型的向上转型，你就将丢失掉向其中传递任何对象的能力，甚至是传递**Object**也不行。

另一方面，如果你调用一个返回Fruit的方法，则是安全的，因为你知道在这个**List**中的任何对象至少具有**Fruit**类型，因此编译器将允许这么做。

练习26：(2) 使用**Number**和**Integer**证明数组的协变性。

练习27：(2) 使用**Number**和**Integer**，然后引入通配符，以此展示协变性对**List**不起作用。

15.10.1 编译器有多聪明

现在，你可能会猜想自己被阻止去调用任何接受参数的方法，但是请考虑下面的程序：

```
//: generics/CompilerIntelligence.java
import java.util.*;

public class CompilerIntelligence {                          680
  public static void main(String[] args) {
    List<? extends Fruit> flist =
      Arrays.asList(new Apple());
    Apple a = (Apple)flist.get(0); // No warning
    flist.contains(new Apple()); // Argument is 'Object'
    flist.indexOf(new Apple()); // Argument is 'Object'
  }
} ///:~
```

你可以看到，对**contains()**和**indexOf()**的调用，这两个方法都接受**Apple**对象作为参数，而这些调用都可以正常执行。这是否意味着编译器实际上将检查代码，以查看是否有某个特定的方法修改了它的对象?

通过查看**ArrayList**的文档，我们可以发现，编译器并没有这么聪明。尽管**add()**将接受一个具有泛型参数类型的参数，但是**contains()**和**indexOf()**将接受**Object**类型的参数。因此当你指定一个**ArrayList<? extends Fruit>**时，**add()**的参数就变成了“**? Extends Fruit**”。从这个描述中，编译器并不能了解这里需要**Fruit**的哪个具体子类型，因此它不会接受任何类型的**Fruit**。如果先将**Apple**向上转型为**Fruit**，也无关紧要——编译器将直接拒绝对参数列表中涉及通配符的方法（例如**add()**）的调用。

在使用**contains()**和**indexOf()**时，参数类型是**Object**，因此不涉及任何通配符，而编译器也将允许这个调用。这意味着将由泛型类的设计者来决定哪些调用是“安全的”，并使用**Object**类型作为其参数类型。为了在类型中使用了通配符的情况下禁止这类调用，我们需要在参数列表中使用类型参数。

可以在一个非常简单的**Holder**类中看到这一点：

```
//: generics/Holder.java

public class Holder<T> {
  private T value;
  public Holder() {}
  public Holder(T val) { value = val; }
  public void set(T val) { value = val; }
  public T get() { return value; }
  public boolean equals(Object obj) {
    return value.equals(obj);
  }
  public static void main(String[] args) {
681 Holder<Apple> Apple = new Holder<Apple>(new Apple());
    Apple d = Apple.get();
    Apple.set(d);
    // Holder<Fruit> Fruit = Apple; // Cannot upcast
    Holder<? extends Fruit> fruit = Apple; // OK
    Fruit p = fruit.get();
    d = (Apple)fruit.get(); // Returns 'Object'
    try {
      Orange c = (Orange)fruit.get(); // No warning
    } catch(Exception e) { System.out.println(e); }
    // fruit.set(new Apple()); // Cannot call set()
    // fruit.set(new Fruit()); // Cannot call set()
    System.out.println(fruit.equals(d)); // OK
  }
} /* Output: (Sample)
java.lang.ClassCastException: Apple cannot be cast to
Orange
true
*///:~
```

Holder有一个接受**T**类型对象的**set()**方法，一个**get()**方法，以及一个接受**Object**对象的**equals()**方法。正如你已经看到的，如果创建了一个**Holder<Apple>**，不能将其向上转型为**Holder<Fruit>**，但是可以将其向上转型为**Holder<? extends Fruit>**。如果调用**get()**，它只会返回一个**Fruit**——这就是在给定“任何扩展自**Fruit**的对象”这一边界之后，它所能知道的一切了。如果能够了解更多的信息，那么你可以转型到某种具体的**Fruit**类型，而这不会导致任何警告，但是你存在着得到**ClassCastException**的风险。**set()**方法不能工作于**Apple**或**Fruit**，因为**set()**的参数也是“**? Extends Fruit**”，这意味着它可以是任何事物，而编译器无法验证“任何事物”的类型安全性。

但是，**equals()**方法工作良好，因为它将接受**Object**类型而并非T类型的参数。因此，编译器只关注传递进来和要返回的对象类型，它并不会分析代码，以查看是否执行了任何实际的写入和读取操作。

15.10.2 逆变

还可以走另外一条路，即使用*超类型通配符*。这里，可以声明通配符是由某个特定类的任何基类来界定的，方法是指定**<? super MyClass>**，甚至或者使用类型参数：**<? super T>**（尽管你不能对泛型参数给出一个超类型边界；即不能声明**<T super MyClass>**）。这使得你可以安全 682
地传递一个类型对象到泛型类型中。因此，有了超类型通配符，就可以向**Collection**写入了：

```
//: generics/SuperTypeWildcards.java
import java.util.*;

public class SuperTypeWildcards {
  static void writeTo(List<? super Apple> apples) {
    apples.add(new Apple());
    apples.add(new Jonathan());
    // apples.add(new Fruit()); // Error
  }
} ///:~
```

参数**Apple**是**Apple**的某种基类型的**List**，这样你就知道向其中添加**Apple**或**Apple**的子类型是安全的。但是，既然**Apple**是下界，那么你可以知道向这样的**List**中添加**Fruit**是不安全的，因为这将使这个**List**敞开口子，从而可以向其中添加非**Apple**类型的对象，而这是违反静态类型安全的。

因此你可能会根据如何能够向一个泛型类型“写入”（传递给一个方法），以及如何能够从一个泛型类型中“读取”（从一个方法中返回），来着手思考子类型和超类型边界。

超类型边界放松了在可以向方法传递的参数上所作的限制：

```
//: generics/GenericWriting.java
import java.util.*;

public class GenericWriting {
  static <T> void writeExact(List<T> list, T item) {
    list.add(item);
  }
  static List<Apple> apples = new ArrayList<Apple>();
  static List<Fruit> fruit = new ArrayList<Fruit>();
  static void f1() {
    writeExact(apples, new Apple());
    // writeExact(fruit, new Apple()); // Error:
    // Incompatible types: found Fruit, required Apple
  }
  static <T> void
  writeWithWildcard(List<? super T> list, T item) {
    list.add(item);
  }                                                          683
  static void f2() {
    writeWithWildcard(apples, new Apple());
    writeWithWildcard(fruit, new Apple());
  }
  public static void main(String[] args) { f1(); f2(); }
} ///:~
```

writeExact()方法使用了一个确切参数类型（无通配符）。在**f1()**中，可以看到这工作良好——只要你只向**List<Apple>**中放置**Apple**。但是，**writeExact()**不允许将**Apple**放置到**List<Fruit>**中，即使知道这应该是可以的。

在**writeWithWildcard()**中，其参数现在是**List<? super T>**，因此这个**List**将持有从**T**导出的

某种具体类型，这样就可以安全地将一个**T**类型的对象或者从**T**导出的任何对象作为参数传递给**List**的方法。在**f2()**中可以看到这一点，在这个方法中我们仍旧可以像前面那样，将**Apple**放置到**List<Apple>**中，但是现在我们还可以如你所期望的那样，将**Apple**放置到**List<Fruit>**中。

我们可以执行下面这个相同的类型分析，作为对协变和通配符的一个复习：

```
//: generics/GenericReading.java
import java.util.*;

public class GenericReading {
  static <T> T readExact(List<T> list) {
    return list.get(0);
  }
  static List<Apple> apples = Arrays.asList(new Apple());
  static List<Fruit> fruit = Arrays.asList(new Fruit());
  // A static method adapts to each call:
  static void f1() {
    Apple a = readExact(apples);
    Fruit f = readExact(fruit);
    f = readExact(apples);
  }
  // If, however, you have a class, then its type is
  // established when the class is instantiated:
  static class Reader<T> {
    T readExact(List<T> list) { return list.get(0); }
  }
  static void f2() {
684 Reader<Fruit> fruitReader = new Reader<Fruit>();
    Fruit f = fruitReader.readExact(fruit);
    // Fruit a = fruitReader.readExact(apples); // Error:
    // readExact(List<Fruit>) cannot be
    // applied to (List<Apple>).
  }
  static class CovariantReader<T> {
    T readCovariant(List<? extends T> list) {
      return list.get(0);
    }
  }
  static void f3() {
    CovariantReader<Fruit> fruitReader =
      new CovariantReader<Fruit>();
    Fruit f = fruitReader.readCovariant(fruit);
    Fruit a = fruitReader.readCovariant(apples);
  }
  public static void main(String[] args) {
    f1(); f2(); f3();
  }
} ///:~
```

与前面一样，第一个方法**readExact()**使用了精确的类型。因此如果使用这个没有任何通配符的精确类型，就可以向**List**中写入和读取这个精确类型。另外，对于返回值，静态的泛型方法**readExact()**可以有效地“适应”每个方法调用，并能够从**List<Apple>**中返回一个**Apple**，从**List<Fruit>**中返回一个**Fruit**，就像在**f1()**中看到的那样。因此，如果可以摆脱静态泛型方法，那么当只是读取时，就不需要协变类型了。

但是，如果有一个泛型类，那么当你创建这个类的实例时，要为这个类确定参数。就像在**f2()**中看到的，**fruitReader**实例可以从**List<Fruit>**中读取一个**Fruit**，因为这就是它的确切类型。但是**List<Apple>**还应该产生**Fruit**对象，而**fruitReader**不允许这么做。

为了修正这个问题，**CovariantReader.readCovcariant()**方法将接受**List<? extends T>**，因此，从这个列表中读取一个**T**是安全的（你知道在这个列表中的所有对象至少是一个**T**，并且可能是从T导出的某种对象)。在**f3()**中，你可以看到现在可以从**List<Apple>**中读取**Fruit**了。

练习28：(4) 创建一个泛型类**Generic1<T>**，它只有一个方法，将接受一个T类型的参数。 685
创建第二个泛型类**Generic2<T>**，它也只有一个方法，将返回类型**T**的参数。编写一个泛型方法，它具有一个调用第一个泛型类的方法的逆变参数。编写第二个泛型方法，它具有一个调用第二个泛型类的方法的协变参数。使用**typeinfo.pets**类库进行测试。

15.10.3 无界通配符

无界通配符<?>看起来意味着"任何事物"，因此使用无界通配符好像等价于使用原生类型。事实上，编译器初看起来是支持这种判断的：

```
//: generics/UnboundedWildcards1.java
import java.util.*;

public class UnboundedWildcards1 {
  static List list1;
  static List<?> list2;
  static List<? extends Object> list3;
  static void assign1(List list) {
    list1 = list;
    list2 = list;
    // list3 = list; // Warning: unchecked conversion
    // Found: List, Required: List<? extends Object>
  }
  static void assign2(List<?> list) {
    list1 = list;
    list2 = list;
    list3 = list;
  }
  static void assign3(List<? extends Object> list) {
    list1 = list;
    list2 = list;
    list3 = list;
  }
  public static void main(String[] args) {
    assign1(new ArrayList());
    assign2(new ArrayList());
    // assign3(new ArrayList()); // Warning:
    // Unchecked conversion. Found: ArrayList
    // Required: List<? extends Object>
    assign1(new ArrayList<String>());
    assign2(new ArrayList<String>());
    assign3(new ArrayList<String>());
    // Both forms are acceptable as List<?>:
    List<?> wildList = new ArrayList();
    wildList = new ArrayList<String>();
    assign1(wildList);
    assign2(wildList);
    assign3(wildList);
  }
} ///:~
```
686

有很多情况都和你在这里看到的情况类似，即编译器很少关心使用的是原生类型还是**<?>**。在这些情况中，**<?>**可以被认为是一种装饰，但是它仍旧是很有价值的，因为，实际上，它是在声明："我是想用Java的泛型来编写这段代码，我在这里并不是要用原生类型，但是在当前这种情况下，泛型参数可以持有任何类型。"

第二个示例展示了无界通配符的一个重要应用。当你在处理多个泛型参数时，有时允许一个参数可以是任何类型，同时为其他参数确定某种特定类型的这种能力会显得很重要：

```
//: generics/UnboundedWildcards2.java
import java.util.*;
```

```
public class UnboundedWildcards2 {
  static Map map1;
  static Map<?,?> map2;
  static Map<String,?> map3;
  static void assign1(Map map) { map1 = map; }
  static void assign2(Map<?,?> map) { map2 = map; }
  static void assign3(Map<String,?> map) { map3 = map; }
  public static void main(String[] args) {
    assign1(new HashMap());
    assign2(new HashMap());
    // assign3(new HashMap()); // Warning:
    // Unchecked conversion. Found: HashMap
    // Required: Map<String,?>
    assign1(new HashMap<String,Integer>());
    assign2(new HashMap<String,Integer>());
    assign3(new HashMap<String,Integer>());
  }
} ///:~
```

但是，当你拥有的全都是无界通配符时，就像在**Map<?,?>**中看到的那样，编译器看起来就
687 无法将其与原生**Map**区分开了。另外，**UnboundedWildcards.java**展示了编译器处理**List<?>**和**List<? extends Object>**时是不同的。

令人困惑的是，编译器并非总是关注像**List**和**List<?>**之间的这种差异，因此它们看起来就像是相同的事物。因为，事实上，由于泛型参数将擦除到它的第一个边界，因此**List<?>**看起来等价于**List<Object>**，而**List**实际上也是**List<Object>**——除非这些语句都不为真。**List**实际上表示"持有任何**Object**类型的原生**List**"，而**List<?>**表示"具有某种特定类型的非原生List，只是我们不知道那种类型是什么。"

编译器何时才会关注原生类型和涉及无界通配符的类型之间的差异呢？下面的示例使用了前面定义的**Holder<T>**类，它包含接受**Holder**作为参数的各种方法，但是它们具有不同的形式：作为原生类型，具有具体的类型参数以及具有无界通配符参数：

```
//: generics/Wildcards.java
// Exploring the meaning of wildcards.

public class Wildcards {
   // Raw argument:
  static void rawArgs(Holder holder, Object arg) {
    // holder.set(arg); // Warning:
    //   Unchecked call to set(T) as a
    //   member of the raw type Holder
    // holder.set(new Wildcards()); // Same warning

    // Can't do this; don't have any 'T':
    // T t = holder.get();

    // OK, but type information has been lost:
    Object obj = holder.get();
  }
  // Similar to rawArgs(), but errors instead of warnings:
  static void unboundedArg(Holder<?> holder, Object arg) {
    // holder.set(arg); // Error:
    //   set(capture of ?) in Holder<capture of ?>
    //   cannot be applied to (Object)
    // holder.set(new Wildcards()); // Same error
```

688

```
    // Can't do this; don't have any 'T':
    // T t = holder.get();

    // OK, but type information has been lost:
    Object obj = holder.get();
  }
```

```
static <T> T exact1(Holder<T> holder) {
  T t = holder.get();
  return t;
}
static <T> T exact2(Holder<T> holder, T arg) {
  holder.set(arg);
  T t = holder.get();
  return t;
}
static <T>
T wildSubtype(Holder<? extends T> holder, T arg) {
  // holder.set(arg); // Error:
  //   set(capture of ? extends T) in
  //   Holder<capture of ? extends T>
  //   cannot be applied to (T)
  T t = holder.get();
  return t;
}
static <T>
void wildSupertype(Holder<? super T> holder, T arg) {
  holder.set(arg);
  // T t = holder.get();  // Error:
  //   Incompatible types: found Object, required T

  // OK, but type information has been lost:
  Object obj = holder.get();
}
public static void main(String[] args) {
  Holder raw = new Holder<Long>();
  // Or:
  raw = new Holder();
  Holder<Long> qualified = new Holder<Long>();
  Holder<?> unbounded = new Holder<Long>();
  Holder<? extends Long> bounded = new Holder<Long>();
  Long lng = 1L;

  rawArgs(raw, lng);
  rawArgs(qualified, lng);
  rawArgs(unbounded, lng);
  rawArgs(bounded, lng);

  unboundedArg(raw, lng);
  unboundedArg(qualified, lng);
  unboundedArg(unbounded, lng);
  unboundedArg(bounded, lng);

  // Object r1 = exact1(raw); // Warnings:
  //   Unchecked conversion from Holder to Holder<T>
  //   Unchecked method invocation: exact1(Holder<T>)
  //   is applied to (Holder)
  Long r2 = exact1(qualified);
  Object r3 = exact1(unbounded); // Must return Object
  Long r4 = exact1(bounded);

  // Long r5 = exact2(raw, lng); // Warnings:
  //   Unchecked conversion from Holder to Holder<Long>
  //   Unchecked method invocation: exact2(Holder<T>,T)
  //   is applied to (Holder,Long)
  Long r6 = exact2(qualified, lng);
  // Long r7 = exact2(unbounded, lng); // Error:
  //   exact2(Holder<T>,T) cannot be applied to
  //   (Holder<capture of ?>,Long)
  // Long r8 = exact2(bounded, lng); // Error:
  //   exact2(Holder<T>,T) cannot be applied
  //   to (Holder<capture of ? extends Long>,Long)

  // Long r9 = wildSubtype(raw, lng); // Warnings:
```

689

```
    //   Unchecked conversion from Holder
    //   to Holder<? extends Long>
    //   Unchecked method invocation:
    //   wildSubtype(Holder<? extends T>,T) is
    //   applied to (Holder,Long)
    Long r10 = wildSubtype(qualified, lng);
    // OK, but can only return Object:
    Object r11 = wildSubtype(unbounded, lng);
    Long r12 = wildSubtype(bounded, lng);

    // wildSupertype(raw, lng); // Warnings:
    //   Unchecked conversion from Holder
    //   to Holder<? super Long>
    //   Unchecked method invocation:
    //   wildSupertype(Holder<? super T>,T)
690 //   is applied to (Holder,Long)
    wildSupertype(qualified, lng);
    // wildSupertype(unbounded, lng); // Error:
    //   wildSupertype(Holder<? super T>,T) cannot be
    //   applied to (Holder<capture of ?>,Long)
    // wildSupertype(bounded, lng); // Error:
    //   wildSupertype(Holder<? super T>,T) cannot be
    //   applied to (Holder<capture of ? extends Long>,Long)
  }
} ///:~
```

在**rawArgs()**中，编译器知道**Holder**是一个泛型类型，因此即使它在这里被表示成一个原生类型，编译器仍旧知道向**set()**传递一个**Object**是不安全的。由于它是原生类型，你可以将任何类型的对象传递给**set()**，而这个对象将被向上转型为**Object**。因此，无论何时，只要使用了原生类型，都会放弃编译期检查。对**get()**的调用说明了相同的问题：没有任何**T**类型的对象，因此结果只能是一个**Object**。

人们很自然地会开始考虑原生**Holder**与**Holder<?>**是大致相同的事物。但是**unboundedArg()**强调它们是不同的——它揭示了相同的问题，但是它将这些问题作为错误而不是警告报告，因为原生**Holder**将持有任何类型的组合，而**Holder<?>**将持有具有某种具体类型的同构集合，因此不能只是向其中传递**Object**。

在**exact1()**和**exact2()**中，你可以看到使用了确切的泛型参数——没有任何通配符。你将看到，**exact2()**与**exact1()**具有不同的限制，因为它有额外的参数。

在**wildSubtype()**中，在**Holder**类型上的限制被放松为包括持有任何扩展自**T**的对象的**Holder**。这还是意味着如果**T**是**Fruit**，那么**holder**可以是**Holder<Apple>**，这是合法的。为了防止将**Orange**放置到**Holder<Apple>**中，对**set()**的调用（或者对任何接受这个类型参数为参数的方法的调用）都是不允许的。但是，你仍旧知道任何来自**Holder<? extends Fruit>**的对象至少是**Fruit**，因此**get()**（或者任何将产生具有这个类型参数的返回值的方法）都是允许的。

wildSupertype()展示了超类型通配符，这个方法展示了与**wildSubtype()**相反的行为：**holder**可以是持有任何T的基类型的容器。因此，**set()**可以接受**T**，因为任何可以工作于基类的对象都
691 可以多态地作用于导出类（这里就是**T**）。但是，尝试着调用**get()**是没有用的，因为由**holder**持有的类型可以是任何超类型，因此唯一安全的类型就是**Object**。

这个示例还展示了对于在**unbounded()**中使用无界通配符能够做什么不能做什么所做出的限制。对于迁移兼容性，**rawArgs()**将接受所有**Holder**的不同变体，而不会产生警告。**unboundedArg()**方法也可以接受相同的所有类型，尽管如前所述，它在方法体内部处理这些类型的方式并不相同。

如果向接受“确切”泛型类型（没有通配符）的方法传递一个原生**Holder**引用，就会得到

一个警告，因为确切的参数期望得到在原生类型中并不存在的信息。如果向**exact1()**传递一个无界引用，就不会有任何可以确定返回类型的类型信息。

可以看到，**exact2()**具有最多的限制，因为它希望精确地得到一个**Holder<T>**，以及一个具有类型**T**的参数，正由于此，它将产生错误或警告，除非提供确切的参数。有时，这样做很好，但是如果它过于受限，那么就可以使用通配符，这取决于是否想要从泛型参数中返回类型确定的返回值（就像在**wildSubtype()**中看到的那样），或者是否想要向泛型参数传递类型确定的参数（就像在**wildSupertype()**中看到的那样）。

因此，使用确切类型来替代通配符类型的好处是，可以用泛型参数来做更多的事，但是使用通配符使得你必须接受范围更宽的参数化类型作为参数。因此，必须逐个情况地权衡利弊，找到更适合你的需求的方法。

15.10.4 捕获转换

有一种情况特别需要使用**<?>**而不是原生类型。如果向一个使用**<?>**的方法传递原生类型，那么对编译器来说，可能会推断出实际的类型参数，使得这个方法可以回转并调用另一个使用这个确切类型的方法。下面的示例演示了这种技术，它被称为*捕获转换*，因为未指定的通配符 692
类型被捕获，并被转换为确切类型。这里，有关警告的注释只有在**@SuppressWarnings**注解被移除之后才能起作用：

```
//: generics/CaptureConversion.java

public class CaptureConversion {
  static <T> void f1(Holder<T> holder) {
    T t = holder.get();
    System.out.println(t.getClass().getSimpleName());
  }
  static void f2(Holder<?> holder) {
    f1(holder); // Call with captured type
  }
  @SuppressWarnings("unchecked")
  public static void main(String[] args) {
    Holder raw = new Holder<Integer>(1);
    // f1(raw); // Produces warnings
    f2(raw); // No warnings
    Holder rawBasic = new Holder();
    rawBasic.set(new Object()); // Warning
    f2(rawBasic); // No warnings
    // Upcast to Holder<?>, still figures it out:
    Holder<?> wildcarded = new Holder<Double>(1.0);
    f2(wildcarded);
  }
} /* Output:
Integer
Object
Double
*///:~
```

f1()中的类型参数都是确切的，没有通配符或边界。在**f2()**中，**Holder**参数是一个无界通配符，因此它看起来是未知的。但是，在**f2()**中，**f1()**被调用，而**f1()**需要一个已知参数。这里所发生的是：参数类型在调用**f2()**的过程中被捕获，因此它可以在对**f1()**的调用中被使用。

你可能想知道，这项技术是否可以用于写入，但是这要求要在传递**Holder<?>**时同时传递一个具体类型。捕获转换只有在这样的情况下可以工作：即在方法内部，你需要使用确切的类型。注意，不能从**f2()**中返回**T**，因为**T**对于**f2()**来说是未知的。捕获转换十分有趣，但是非常受限。 693

练习29：(5) 创建一个泛型方法，它接受一个**Holder<List<?>>**参数。对于这个**Holder**以及这个**List**，确定哪些方法是可以调用的，哪些方法是不可以调用的。用**List<Holder<?>>**作为参数重复这个练习。

15.11 问题

本节将阐述在使用Java泛型时会出现的各类问题。

15.11.1 任何基本类型都不能作为类型参数

正如本章早先提到过的，你将在Java泛型中发现的限制之一是，不能将基本类型用作类型参数。因此，不能创建**ArrayList<int>**之类的东西。

解决之道是使用基本类型的包装器类以及Java SE5的自动包装机制。如果创建一个**ArrayList<Integer>**，并将基本类型int应用于这个容器，那么你将发现自动包装机制将自动地实现**int**到**Integer**的双向转换——因此，这几乎就像是有一个**ArrayList<int>**一样：

```
//: generics/ListOfInt.java
// Autoboxing compensates for the inability to use
// primitives in generics.
import java.util.*;

public class ListOfInt {
  public static void main(String[] args) {
    List<Integer> li = new ArrayList<Integer>();
    for(int i = 0; i < 5; i++)
      li.add(i);
    for(int i : li)
      System.out.print(i + " ");
  }
} /* Output:
0 1 2 3 4
*///:~
```

注意，自动包装机制甚至允许用foreach语法来产生**int**。

通常，这种解决方案工作得很好——能够成功地存储和读取**int**，有一些转换碰巧在发生的
694 同时会对你屏蔽掉。但是，如果性能成为了问题，就需要使用专门适配基本类型的容器版本。**Org.apache.commons.collections.primitives**就是一种开源的这类版本。

下面是另外一种方式，它可以创建持有**Byte**的**Set**：

```
//: generics/ByteSet.java
import java.util.*;

public class ByteSet {
  Byte[] possibles = { 1,2,3,4,5,6,7,8,9 };
  Set<Byte> mySet =
    new HashSet<Byte>(Arrays.asList(possibles));
  // But you can't do this:
  // Set<Byte> mySet2 = new HashSet<Byte>(
  //   Arrays.<Byte>asList(1,2,3,4,5,6,7,8,9));
} ///:~
```

注意，自动包装机制解决了一些问题，但并不是解决了所有问题。下面的示例展示了一个泛型的**Generator**接口，它指定**next()**方法返回一个具有其参数类型的对象。**FArray**类包含一个泛型方法，它通过使用生成器在数组中填充对象（这使得类泛型在本例中无法工作，因为这个方法是静态的）。**Generator**实现来自第16章，并且在**main()**中，可以看到**FArray.fill()**使用它在数组中填充对象：

```
//: generics/PrimitiveGenericTest.java
import net.mindview.util.*;

// Fill an array using a generator:
```

```java
class FArray {
  public static <T> T[] fill(T[] a, Generator<T> gen) {
    for(int i = 0; i < a.length; i++)
      a[i] = gen.next();
    return a;
  }
}

public class PrimitiveGenericTest {
  public static void main(String[] args) {
    String[] strings = FArray.fill(
      new String[7], new RandomGenerator.String(10));
    for(String s : strings)
      System.out.println(s);
    Integer[] integers = FArray.fill(
      new Integer[7], new RandomGenerator.Integer());
    for(int i: integers)
      System.out.println(i);
    // Autoboxing won't save you here. This won't compile:
    // int[] b =
    //   FArray.fill(new int[7], new RandIntGenerator());
  }
} /* Output:
YNzbrnyGcF
OWZnTcQrGs
eGZMmJMRoE
suEcUOneOE
dLsmwHLGEa
hKcxrEqUCB
bkInaMesbt
7052
6665
2654
3909
5202
2209
5458
*///:~
```
695

由于**RandomGenerator.Integer**实现了**Generator<Integer>**，所以我的希望是自动包装机制可以自动地将**next()**的值从**Integer**转换为**int**。但是，自动包装机制不能应用于数组，因此这无法工作。

练习30：(2) 为每一种基本类型的包装器类型都创建一个**Holder**，并展示自动包装和自动拆包机制对每个实例的**set()**和**get()**方法都起作用。

15.11.2 实现参数化接口

一个类不能实现同一个泛型接口的两种变体，由于擦除的原因，这两个变体会成为相同的接口。下面是产生这种冲突的情况：

```java
//: generics/MultipleInterfaceVariants.java
// {CompileTimeError} (Won't compile)

interface Payable<T> {}

class Employee implements Payable<Employee> {}
class Hourly extends Employee
  implements Payable<Hourly> {} ///:~
```
696

Hourly不能编译，因为擦除会将**Payable<Employee>**和**Payable<Hourly>**简化为相同的类**Payable**，这样，上面的代码就意味着在重复两次地实现相同的接口。十分有趣的是，如果从**Payable**的两种用法中都移除掉泛型参数（就像编译器在擦除阶段所做的那样）这段代码就可以编译。

在使用某些更基本的Java接口，例如**Comparable<T>**时，这个问题可能会变得十分令人恼火，就像你在本节稍后就会看到的那样。

练习31：(1) 从**MultipleInterfaceVariants.java**中移除所有泛型，并修改代码，使这个示例可以编译。

15.11.3 转型和警告

使用带有泛型类型参数的转型或**instanceof**不会有任何效果。下面的容器在内部将各个值存储为**Object**，并在获取这些值时，再将它们转型回**T**：

```
//: generics/GenericCast.java

class FixedSizeStack<T> {
  private int index = 0;
  private Object[] storage;
  public FixedSizeStack(int size) {
    storage = new Object[size];
  }
  public void push(T item) { storage[index++] = item; }
  @SuppressWarnings("unchecked")
  public T pop() { return (T)storage[--index]; }
}

public class GenericCast {
  public static final int SIZE = 10;
  public static void main(String[] args) {
    FixedSizeStack<String> strings =
      new FixedSizeStack<String>(SIZE);
    for(String s : "A B C D E F G H I J".split(" "))
      strings.push(s);
697 for(int i = 0; i < SIZE; i++) {
      String s = strings.pop();
      System.out.print(s + " ");
    }
  }
} /* Output:
J I H G F E D C B A
*///:~
```

如果没有**@SuppressWarnings**注解，编译器将对**pop()**产生"unchecked cast"警告。由于擦除的原因，编译器无法知道这个转型是否是安全的，并且**pop()**方法实际上并没有执行任何转型。这是因为，**T**被擦除到它的第一个边界，默认情况下是**Object**，因此**pop()**实际上只是将**Object**转型为**Object**。

有时，泛型没有消除对转型的需要，这就会由编译器产生警告，而这个警告是不恰当的。例如：

```
//: generics/NeedCasting.java
import java.io.*;
import java.util.*;

public class NeedCasting {
  @SuppressWarnings("unchecked")
  public void f(String[] args) throws Exception {
    ObjectInputStream in = new ObjectInputStream(
      new FileInputStream(args[0]));
    List<Widget> shapes = (List<Widget>)in.readObject();
  }
} ///:~
```

正如你将在下一章学到的那样，**readObject()**无法知道它正在读取的是什么，因此它返回的是必须转型的对象。但是当注释掉**@SuppressWarnings**注解，并编译这个程序时，就会得到下面的警告：

```
Note: NeedCasting.java uses unchecked or unsafe operations.
Note: Recompile with -Xlint:unchecked for details.
```

如果遵循这条指示，使用**-Xlint: unchecked**来重新编译：

```
NeedCasting.java:12: warning: [unchecked] unchecked cast
found    : java.lang.Object
required: java.util.List<Widget>
    List<Shape> shapes = (List<Widget>)in.readObject();
```
698

你会被强制要求转型，但是又被告知不应该转型。为了解决这个问题，必须使用在Java SE5中引入的新的转型形式，既通过泛型类来转型：

```
//: generics/ClassCasting.java
import java.io.*;
import java.util.*;

public class ClassCasting {
  @SuppressWarnings("unchecked")
  public void f(String[] args) throws Exception {
    ObjectInputStream in = new ObjectInputStream(
      new FileInputStream(args[0]));
      // Won't Compile:
//    List<Widget> lw1 =
//    List<Widget>.class.cast(in.readObject());
    List<Widget> lw2 = List.class.cast(in.readObject());
  }
} ///:~
```

但是，不能转型到实际类型（**List<Widget>**）。也就是说，不能声明：

```
List<Widget>.class.cast(in.readObject())
```

甚至当你添加一个像下面这样的另一个转型时：

```
(List<Widget>)List.class.cast(in.readObject())
```

仍旧会得到一个警告。

练习32：(1) 验证在**GenericCast.java**中的**FixedSizeStack**将产生异常，如果试图超出其边界的话。这是否意味着边界检查代码是不需要的？

练习33：(3) 使用**ArrayList**修复**GenericCast.java**。

15.11.4 重载

下面的程序是不能编译的，即使编译它是一种合理的尝试：

```
//: generics/UseList.java
// {CompileTimeError} (Won't compile)
import java.util.*;

public class UseList<W,T> {
  void f(List<T> v) {}
  void f(List<W> v) {}
} ///:~
```
699

由于擦除的原因，重载方法将产生相同的类型签名。

与此不同的是，当被擦除的参数不能产生唯一的参数列表时，必须提供明显有区别的方法名：

```
//: generics/UseList2.java
import java.util.*;

public class UseList2<W,T> {
  void f1(List<T> v) {}
  void f2(List<W> v) {}
} ///:~
```

幸运的是，这类问题可以由编译器探测到。

15.11.5 基类劫持了接口

假设你有一个**Pet**类，它可以与其他的**Pet**对象进行比较（实现了**Comparable**接口）：

```
//: generics/ComparablePet.java

public class ComparablePet
implements Comparable<ComparablePet> {
  public int compareTo(ComparablePet arg) { return 0; }
} ///:~
```

对可以与**ComparablePet**的子类比较的类型进行窄化是有意义的，例如，一个**Cat**对象就只能与其他的**Cat**对象比较：

700
```
//: generics/HijackedInterface.java
// {CompileTimeError} (Won't compile)

class Cat extends ComparablePet implements Comparable<Cat>{
  // Error: Comparable cannot be inherited with
  // different arguments: <Cat> and <Pet>
  public int compareTo(Cat arg) { return 0; }
} ///:~
```

遗憾的是，这不能工作。一旦为**Comparable**确定了**ComparablePet**参数，那么其他任何实现类都不能与**ComparablePet**之外的任何对象比较：

```
//: generics/RestrictedComparablePets.java

class Hamster extends ComparablePet
implements Comparable<ComparablePet> {
  public int compareTo(ComparablePet arg) { return 0; }
}

// Or just:

class Gecko extends ComparablePet {
  public int compareTo(ComparablePet arg) { return 0; }
} ///:~
```

Hamster说明再次实现**ComparablePet**中的相同接口是可能的，只要它们精确地相同，包括参数类型在内。但是，这只是与覆盖基类中的方法相同，就像在**Gecko**中看到的那样。

15.12 自限定的类型

在Java泛型中，有一个好像是经常性出现的惯用法，它相当令人费解：

```
class SelfBounded<T extends SelfBounded<T>> { // ...
```

这就像两面镜子彼此照向对方所引起的目眩效果一样，是一种无限反射。**SelfBounded**类接受泛型参数**T**，而**T**由一个边界类限定，这个边界就是拥有**T**作为其参数的**SelfBounded**。

当你首次看到它时，很难去解析它，它强调的是当**extends**关键字用于边界与用来创建子类明显是不同的。

15.12.1 古怪的循环泛型

为了理解自限定类型的含义，我们从这个惯用法的一个简单版本入手，它没有自限定的
701 边界。

不能直接继承一个泛型参数，但是，可以继承在其自己的定义中使用这个泛型参数的类。也就是说，可以声明：

```
//: generics/CuriouslyRecurringGeneric.java

class GenericType<T> {}

public class CuriouslyRecurringGeneric
  extends GenericType<CuriouslyRecurringGeneric> {} ///:~
```

这可以按照Jim Coplien在C++中的古怪的循环模版模式的命名方式，称为古怪的循环泛型（CRG）。“古怪的循环”是指类相当古怪地出现在它自己的基类中这一事实。

为了理解其含义，努力大声说：“我在创建一个新类，它继承自一个泛型类型，这个泛型类型接受我的类的名字作为其参数。”当给出导出类的名字时，这个泛型基类能够实现什么呢？好吧，Java中的泛型关乎参数和返回类型，因此它能够产生使用导出类作为其参数和返回类型的基类。它还能将导出类型用作其域类型，甚至那些将被擦除为**Object**的类型。下面是表示了这种情况的一个泛型类：

```
//: generics/BasicHolder.java

public class BasicHolder<T> {
  T element;
  void set(T arg) { element = arg; }
  T get() { return element; }
  void f() {
    System.out.println(element.getClass().getSimpleName());
  }
} ///:~
```

这是一个普通的泛型类型，它的一些方法将接受和产生具有其参数类型的对象，还有一个方法将在其存储的域上执行操作（尽管只是在这个域上执行**Object**操作）。

我们可以在一个古怪的循环泛型中使用**BasicHolder**：

```
//: generics/CRGWithBasicHolder.java

class Subtype extends BasicHolder<Subtype> {}

public class CRGWithBasicHolder {
  public static void main(String[] args) {
    Subtype st1 = new Subtype(), st2 = new Subtype();
    st1.set(st2);
    Subtype st3 = st1.get();
    st1.f();
  }
} /* Output:
Subtype
*///:~
```

702

注意，这里有些东西很重要：新类**Subtype**接受的参数和返回的值具有Subtype类型而不仅仅是基类**BasicHolder**类型。这就是CRG的本质：基类用导出类替代其参数。这意味着泛型基类变成了一种其所有导出类的公共功能的模版，但是这些功能对于其所有参数和返回值，将使用导出类型。也就是说，在所产生的类中将使用确切类型而不是基类型。因此，在Subtype中，传递给**set()**的参数和从**get()**返回的类型都是确切的**Subtype**。

15.12.2 自限定

BasicHolder可以使用任何类型作为其泛型参数，就像下面看到的那样：

```
//: generics/Unconstrained.java

class Other {}
class BasicOther extends BasicHolder<Other> {}

public class Unconstrained {
```

```
  public static void main(String[] args) {
    BasicOther b = new BasicOther(), b2 = new BasicOther();
    b.set(new Other());
    Other other = b.get();
    b.f();
  }
} /* Output:
Other
*///:~
```

自限定将采取额外的步骤，强制泛型当作其自己的边界参数来使用。观察所产生的类可以
703 如何使用以及不可以如何使用：

```
//: generics/SelfBounding.java

class SelfBounded<T extends SelfBounded<T>> {
  T element;
  SelfBounded<T> set(T arg) {
    element = arg;
    return this;
  }
  T get() { return element; }
}

class A extends SelfBounded<A> {}
class B extends SelfBounded<A> {} // Also OK

class C extends SelfBounded<C> {
  C setAndGet(C arg) { set(arg); return get(); }
}

class D {}
// Can't do this:
// class E extends SelfBounded<D> {}
// Compile error: Type parameter D is not within its bound

// Alas, you can do this, so you can't force the idiom:
class F extends SelfBounded {}

public class SelfBounding {
  public static void main(String[] args) {
    A a = new A();
    a.set(new A());
    a = a.set(new A()).get();
    a = a.get();
    C c = new C();
    c = c.setAndGet(new C());
  }
} ///:~
```

自限定所做的，就是要求在继承关系中，像下面这样使用这个类：

```
class A extends SelfBounded<A> {}
```

704 这会强制要求将正在定义的类当作参数传递给基类。

自限定的参数有何意义呢？它可以保证类型参数必须与正在被定义的类相同。正如你在**B**类的定义中所看到的，还可以从使用了另一个**SelfBounded**参数的**SelfBounded**中导出，尽管在**A**类看到的用法看起来是主要的用法。对定义**E**的尝试说明不能使用不是**SelfBounded**的类型参数。

遗憾的是，**F**可以编译，不会有任何警告，因此自限定惯用法不是可强制执行的。如果它确实很重要，可以要求一个外部工具来确保不会使用原生类型来替代参数化类型。

注意，可以移除自限定这个限制，这样所有的类仍旧是可以编译的，但是**E**也会因此而变得可编译：

```
//: generics/NotSelfBounded.java

public class NotSelfBounded<T> {
  T element;
  NotSelfBounded<T> set(T arg) {
    element = arg;
    return this;
  }
  T get() { return element; }
}

class A2 extends NotSelfBounded<A2> {}
class B2 extends NotSelfBounded<A2> {}

class C2 extends NotSelfBounded<C2> {
  C2 setAndGet(C2 arg) { set(arg); return get(); }
}

class D2 {}
// Now this is OK:
class E2 extends NotSelfBounded<D2> {} ///:~
```

因此很明显，自限定限制只能强制作用于继承关系。如果使用自限定，就应该了解这个类所用的类型参数将与使用这个参数的类具有相同的基类型。这会强制要求使用这个类的每个人都要遵循这种形式。

还可以将自限定用于泛型方法：

705

```
//: generics/SelfBoundingMethods.java
public class SelfBoundingMethods {
  static <T extends SelfBounded<T>> T f(T arg) {
    return arg.set(arg).get();
  }
  public static void main(String[] args) {
    A a = f(new A());
  }
} ///:~
```

这可以防止这个方法被应用于除上述形式的自限定参数之外的任何事物上。

15.12.3 参数协变

自限定类型的价值在于它们可以产生协变参数类型——方法参数类型会随子类而变化。尽管自限定类型还可以产生于子类类型相同的返回类型，但是这并不十分重要，因为协变返回类型是在Java SE5中引入的：

```
//: generics/CovariantReturnTypes.java

class Base {}
class Derived extends Base {}

interface OrdinaryGetter {
  Base get();
}

interface DerivedGetter extends OrdinaryGetter {
  // Return type of overridden method is allowed to vary:
  Derived get();
}

public class CovariantReturnTypes {
  void test(DerivedGetter d) {
    Derived d2 = d.get();
  }
} ///:~
```

706 **DerivedGetter**中的**get()**方法覆盖了**OrdinaryGetter**中的**get()**，并返回了一个从**Ordinary-Getter.get()**的返回类型中导出的类型。尽管这是完全合乎逻辑的事情（导出类方法应该能够返回比它覆盖的基类方法更具体的类型）但是这在早先的Java版本中是不合法的。

自限定泛型事实上将产生确切的导出类型作为其返回值，就像在**get()**中所看到的一样：

```
//: generics/GenericsAndReturnTypes.java

interface GenericGetter<T extends GenericGetter<T>> {
  T get();
}

interface Getter extends GenericGetter<Getter> {}

public class GenericsAndReturnTypes {
  void test(Getter g) {
    Getter result = g.get();
    GenericGetter gg = g.get(); // Also the base type
  }
} ///:~
```

注意，这段代码不能编译，除非是使用囊括了协变返回类型的Java SE5。然而，在非泛型代码中，参数类型不能随子类型发生变化：

```
//: generics/OrdinaryArguments.java

class OrdinarySetter {
  void set(Base base) {
    System.out.println("OrdinarySetter.set(Base)");
  }
}

class DerivedSetter extends OrdinarySetter {
  void set(Derived derived) {
    System.out.println("DerivedSetter.set(Derived)");
  }
}

public class OrdinaryArguments {
  public static void main(String[] args) {
    Base base = new Base();
707 Derived derived = new Derived();
    DerivedSetter ds = new DerivedSetter();
    ds.set(derived);
    ds.set(base); // Compiles: overloaded, not overridden!
  }
} /* Output:
DerivedSetter.set(Derived)
OrdinarySetter.set(Base)
*///:~
```

set(derived)和**set(base)**都是合法的，因此**DerivedSetter.set()**没有覆盖**OrdinarySetter.set()**，而是重载了这个方法。从输出中可以看到，在**DerivedSetter**中有两个方法，因此基类版本仍旧是可用的，因此可以证明它被重载过。

但是，在使用自限定类型时，在导出类中只有一个方法，并且这个方法接受导出类型而不是基类型为参数：

```
//: generics/SelfBoundingAndCovariantArguments.java

interface SelfBoundSetter<T extends SelfBoundSetter<T>> {
  void set(T arg);
}

interface Setter extends SelfBoundSetter<Setter> {}
```

```
public class SelfBoundingAndCovariantArguments {
  void testA(Setter s1, Setter s2, SelfBoundSetter sbs) {
    s1.set(s2);
    // s1.set(sbs); // Error:
    // set(Setter) in SelfBoundSetter<Setter>
    // cannot be applied to (SelfBoundSetter)
  }
} ///:~
```

编译器不能识别将基类型当作参数传递给**set()**的尝试，因为没有任何方法具有这样的签名。实际上，这个参数已经被覆盖。

如果不使用自限定类型，普通的继承机制就会介入，而你将能够重载，就像在非泛型的情况下一样：

708

```
//: generics/PlainGenericInheritance.java
class GenericSetter<T> { // Not self-bounded
  void set(T arg){
    System.out.println("GenericSetter.set(Base)");
  }
}

class DerivedGS extends GenericSetter<Base> {
  void set(Derived derived){
    System.out.println("DerivedGS.set(Derived)");
  }
}

public class PlainGenericInheritance {
  public static void main(String[] args) {
    Base base = new Base();
    Derived derived = new Derived();
    DerivedGS dgs = new DerivedGS();
    dgs.set(derived);
    dgs.set(base); // Compiles: overloaded, not overridden!
  }
} /* Output:
DerivedGS.set(Derived)
GenericSetter.set(Base)
*///:~
```

这段代码在模仿**OrdinaryArgument.java**，在那个示例中，**DerivedSetter**继承自包含一个**set(Base)**的**OrdinarySetter**。而这里，**DerivedGS**继承自泛型创建的也包含有一个**set(Base)**的**GenericSetter<Base>**。就像**OrdinaryArgument.java**一样，你可以从输出中看到，**DerivedGS**包含两个**set()**的重载版本。如果不使用自限定，将重载参数类型。如果使用了自限定，只能获得某个方法的一个版本，它将接受确切的参数类型。

练习34：(4) 创建一个自限定的泛型类型，它包含一个**abstract**方法，这个方法将接受一个泛型类型参数，并产生具有这个泛型类型参数的返回值。在这个类的非**abstract**方法中，调用这个**abstract**方法，并返回其结果。继承这个自限定类型，并测试所产生的类。 709

15.13 动态类型安全

因为可以向Java SE5之前的代码传递泛型容器，所以旧式代码仍旧有可能会破坏你的容器，Java SE5的**java.util.Collections**中有一组便利工具，可以解决在这种强况下的类型检查问题，它们是：静态方法**checkedCollection()**、**checkedList()**、**checkedMap()**、**checkedSet()**、**checkedSortedMap()**和**checkedSortedSet()**。这些方法每一个都会将你希望动态检查的容器当作第一个参数接受，并将你希望强制要求的类型作为第二个参数接受。

受检查的容器在你试图插入类型不正确的对象时抛出**ClassCastException**，这与泛型之前的（原生）容器形成了对比，对于后者来说，当你将对象从容器中取出时，才会通知你出现了问题。在后一种情况中，你知道存在问题，但是不知道罪魁祸首在哪里，如果使用受检查的容器，就可以发现谁在试图插入不良对象。

让我们用受检查的容器来看看“将猫插入到狗列表中”这个问题。这里，**oldStyleMethod()**表示遗留代码，因为它接受的是原生的**List**，而**@SuppressWarnings("unchecked")**注解对于压制所产生的警告是必需的：

```
//: generics/CheckedList.java
// Using Collection.checkedList().
import typeinfo.pets.*;
import java.util.*;

public class CheckedList {
  @SuppressWarnings("unchecked")
  static void oldStyleMethod(List probablyDogs) {
    probablyDogs.add(new Cat());
  }
  public static void main(String[] args) {
    List<Dog> dogs1 = new ArrayList<Dog>();
    oldStyleMethod(dogs1); // Quietly accepts a Cat
    List<Dog> dogs2 = Collections.checkedList(
      new ArrayList<Dog>(), Dog.class);
    try {
      oldStyleMethod(dogs2); // Throws an exception
    } catch(Exception e) {
      System.out.println(e);
    }
    // Derived types work fine:
    List<Pet> pets = Collections.checkedList(
      new ArrayList<Pet>(), Pet.class);
    pets.add(new Dog());
    pets.add(new Cat());
  }
} /* Output:
java.lang.ClassCastException: Attempt to insert class
typeinfo.pets.Cat element into collection with element type
class typeinfo.pets.Dog
*///:~
```

710

运行这个程序时，你会发现插入一个**Cat**对于**dogs1**来说没有任何问题，而**dogs2**立即会在这个错误类型的插入操作上抛出一个异常。还可以看到，将导出类型的对象放置到将要检查基类型的受检查容器中是没有问题的。

练习35：(1) 修改**CheckedList.java**，使其使用本章中定义的**Coffee**类。

15.14 异常

由于擦除的原因，将泛型应用于异常是非常受限的。**catch**语句不能捕获泛型类型的异常，因为在编译期和运行时都必须知道异常的确切类型。泛型类也不能直接或间接继承自**Throwable**（这将进一步阻止你去定义不能捕获的泛型异常）。

但是，类型参数可能会在一个方法的**throws**子句中用到。这使得你可以编写随检查型异常的类型而发生变化的泛型代码：

```
//: generics/ThrowGenericException.java
import java.util.*;

interface Processor<T,E extends Exception> {
```

```
  void process(List<T> resultCollector) throws E;
}

class ProcessRunner<T,E extends Exception>
extends ArrayList<Processor<T,E>> {
  List<T> processAll() throws E {
```
711
```
    List<T> resultCollector = new ArrayList<T>();
    for(Processor<T,E> processor : this)
      processor.process(resultCollector);
    return resultCollector;
  }
}

class Failure1 extends Exception {}

class Processor1 implements Processor<String,Failure1> {
  static int count = 3;
  public void
  process(List<String> resultCollector) throws Failure1 {
    if(count-- > 1)
      resultCollector.add("Hep!");
    else
      resultCollector.add("Ho!");
    if(count < 0)
       throw new Failure1();
  }
}

class Failure2 extends Exception {}

class Processor2 implements Processor<Integer,Failure2> {
  static int count = 2;
  public void
  process(List<Integer> resultCollector) throws Failure2 {
    if(count-- == 0)
      resultCollector.add(47);
    else {
      resultCollector.add(11);
    }
    if(count < 0)
       throw new Failure2();
  }
}

public class ThrowGenericException {
  public static void main(String[] args) {
    ProcessRunner<String,Failure1> runner =
      new ProcessRunner<String,Failure1>();
    for(int i = 0; i < 3; i++)
      runner.add(new Processor1());
```
712
```
    try {
      System.out.println(runner.processAll());
    } catch(Failure1 e) {
      System.out.println(e);
    }

    ProcessRunner<Integer,Failure2> runner2 =
      new ProcessRunner<Integer,Failure2>();
    for(int i = 0; i < 3; i++)
      runner2.add(new Processor2());
    try {
      System.out.println(runner2.processAll());
    } catch(Failure2 e) {
      System.out.println(e);
    }
  }
} ///:~
```

Processor执行**process()**，并且可能会抛出具有类型E的异常。**process()**的结果存储在**List<T> resultCollector**中（这被称为收集参数）。**ProcessRunner**有一个**processAll()**方法，它将执行所持有的每个**Process**对象，并返回**resultCollector**。

如果不能参数化所抛出的异常，那么由于检查型异常的缘故，将不能编写出这种泛化的代码。

练习36：(2) 在**Processor**类中添加第二个参数化异常，并演示这些异常可以互相独立的变化。

15.15 混型

术语混型随时间的推移好像拥有了无数的含义，但是其最基本的概念是混合多个类的能力，以产生一个可以表示混型中所有类型的类。这往往是你最后的手段，它将使组装多个类变得简单易行。

混型的价值之一是它们可以将特性和行为一致地应用于多个类之上。如果想在混型类中修
713 改某些东西，作为一种意外的好处，这些修改将会应用于混型所应用的所有类型之上。正由于此，混型有一点面向方面编程（AOP）的味道，而方面经常被建议用来解决混型问题。

15.15.1 C++中的混型

在C++中，使用多重继承的最大理由，就是为了使用混型。但是，对于混型来说，更有趣、更优雅的方式是使用参数化类型，因为混型就是继承自其类型参数的类。在C++中，可以很容易的创建混型，因为C++能够记住其模版参数的类型。

下面是一个C++示例，它有两个混型类型：一个使得你可以在每个对象中混入拥有一个时间戳这样的属性，而另一个可以混入一个序列号。

```
//: generics/Mixins.cpp
#include <string>
#include <ctime>
#include <iostream>
using namespace std;

template<class T> class TimeStamped : public T {
  long timeStamp;
public:
  TimeStamped() { timeStamp = time(0); }
  long getStamp() { return timeStamp; }
};

template<class T> class SerialNumbered : public T {
  long serialNumber;
  static long counter;
public:
  SerialNumbered() { serialNumber = counter++; }
  long getSerialNumber() { return serialNumber; }
};

// Define and initialize the static storage:
template<class T> long SerialNumbered<T>::counter = 1;

class Basic {
  string value;
public:
  void set(string val) { value = val; }
714  string get() { return value; }
};

int main() {
  TimeStamped<SerialNumbered<Basic> > mixin1, mixin2;
```

```
  mixin1.set("test string 1");
  mixin2.set("test string 2");
  cout << mixin1.get() << " " << mixin1.getStamp() <<
    " " << mixin1.getSerialNumber() << endl;
  cout << mixin2.get() << " " << mixin2.getStamp() <<
    " " << mixin2.getSerialNumber() << endl;
} /* Output: (Sample)
test string 1 1129840250 1
test string 2 1129840250 2
*///:~
```

在**main()**中，**mixin1**和**mixin2**所产生的类型拥有所混入类型的所有方法。可以将混型看作是一种功能，它可以将现有类映射到新的子类上。注意，使用这种技术来创建一个混型是多么地轻而易举。基本上，只需要声明“这就是我想要的”，紧跟着它就发生了：

```
TimeStamped<SerialNumbered<Basic> > mixin1, mixin2;
```

遗憾的是，Java泛型不允许这样。擦除会忘记基类类型，因此泛型类不能直接继承自一个泛型参数。

15.15.2 与接口混合

一种更常见的推荐解决方案是使用接口来产生混型效果，就像下面这样：

```
//: generics/Mixins.java
import java.util.*;

interface TimeStamped { long getStamp(); }

class TimeStampedImp implements TimeStamped {
  private final long timeStamp;
  public TimeStampedImp() {
    timeStamp = new Date().getTime();
  }
  public long getStamp() { return timeStamp; }
}

interface SerialNumbered { long getSerialNumber(); }
class SerialNumberedImp implements SerialNumbered {
  private static long counter = 1;
  private final long serialNumber = counter++;
  public long getSerialNumber() { return serialNumber; }
}

interface Basic {
  public void set(String val);
  public String get();
}

class BasicImp implements Basic {
  private String value;
  public void set(String val) { value = val; }
  public String get() { return value; }
}

class Mixin extends BasicImp
implements TimeStamped, SerialNumbered {
  private TimeStamped timeStamp = new TimeStampedImp();
  private SerialNumbered serialNumber =
    new SerialNumberedImp();
  public long getStamp() { return timeStamp.getStamp(); }
  public long getSerialNumber() {
    return serialNumber.getSerialNumber();
  }
}

public class Mixins {
```

715

```
  public static void main(String[] args) {
    Mixin mixin1 = new Mixin(), mixin2 = new Mixin();
    mixin1.set("test string 1");
    mixin2.set("test string 2");
    System.out.println(mixin1.get() + " " +
      mixin1.getStamp() + " " + mixin1.getSerialNumber());
    System.out.println(mixin2.get() + " " +
      mixin2.getStamp() + " " + mixin2.getSerialNumber());
  }
} /* Output: (Sample)
test string 1 1132437151359 1
test string 2 1132437151359 2
*///:~
```

Mixin类基本上是在使用代理，因此每个混入类型都要求在**Mixin**中有一个相应的域，而你
716 必须在**Mixin**中编写所有必需的方法，将方法调用转发给恰当的对象。这个示例使用了非常简单的类，但是当使用更复杂的混型时，代码数量会急速增加。[⊖]

练习37：(2) 向**Mixins.java**中添加一个新的混型类，将其混入到**Mixin**中，并展示其是可以工作的。

15.15.3 使用装饰器模式

当你观察混型的使用方式时，就会发现混型概念好像与装饰器设计模式关系很近[⊜]。装饰器经常用于满足各种可能的组合，而直接子类化会产生过多的类，因此是不实际的。

装饰器模式使用分层对象来动态透明地向单个对象中添加责任。装饰器指定包装在最初的对象周围的所有对象都具有相同的基本接口。某些事物是可装饰的，可以通过将其他类包装在这个可装饰对象的四周，来将功能分层。这使得对装饰器的使用是透明的——无论对象是否被装饰，你都拥有一个可以向对象发送的公共消息集。装饰类也可以添加新方法，但是正如你所见，这将是受限的。

装饰器是通过使用组合和形式化结构（可装饰物/装饰器层次结构）来实现的，而混型是基于继承的。因此可以将基于参数化类型的混型当作是一种泛型装饰器机制，这种机制不需要装饰器设计模式的继承结构。

前面的示例可以被改写为使用装饰器：

```
//: generics/decorator/Decoration.java
package generics.decorator;
import java.util.*;

class Basic {
  private String value;
  public void set(String val) { value = val; }
  public String get() { return value; }
}

class Decorator extends Basic {
  protected Basic basic;
  public Decorator(Basic basic) { this.basic = basic; }
  public void set(String val) { basic.set(val); }
  public String get() { return basic.get(); }
}

class TimeStamped extends Decorator {
  private final long timeStamp;
```

717

⊖ 注意，某些编程环境，例如Eclipse和IntelliJ Idea，可以自动地生成代理代码。

⊜ 模式是《Thinking in Patterns(with Java)》的主题，可以在www.MindView.net中找到这本书。还可以查看Erich Gamma等人撰写的《Design Patterns》(Addison-Wesley, 1995)。《设计模式（双语版）》已由机械工业出版社出版。

```
  public TimeStamped(Basic basic) {
    super(basic);
    timeStamp = new Date().getTime();
  }
  public long getStamp() { return timeStamp; }
}

class SerialNumbered extends Decorator {
  private static long counter = 1;
  private final long serialNumber = counter++;
  public SerialNumbered(Basic basic) { super(basic); }
  public long getSerialNumber() { return serialNumber; }
}

public class Decoration {
  public static void main(String[] args) {
    TimeStamped t = new TimeStamped(new Basic());
    TimeStamped t2 = new TimeStamped(
      new SerialNumbered(new Basic()));
    //! t2.getSerialNumber(); // Not available
    SerialNumbered s = new SerialNumbered(new Basic());
    SerialNumbered s2 = new SerialNumbered(
      new TimeStamped(new Basic()));
    //! s2.getStamp(); // Not available
  }
} ///:~
```

产生自泛型的类包含所有感兴趣的方法，但是由使用装饰器所产生的对象类型是最后被装饰的类型。也就是说，尽管可以添加多个层，但是最后一层才是实际的类型，因此只有最后一层的方法是可视的，而混型的类型是所有被混合到一起的类型。因此对于装饰器来说，其明显的缺陷是它只能有效地工作于装饰中的一层（最后一层），而混型方法显然会更自然一些。因此，装饰器只是对由混型提出的问题的一种局限的解决方案。 718

练习38：(4) 从基本的咖啡入手，创建一个简单的装饰器系统，然后提供可以到倒入牛奶、泡沫、巧克力、焦糖和生奶油的装饰器。

15.15.4　与动态代理混合

可以使用动态代理来创建一种比装饰器更贴近混型模型的机制（查看第14章中关于Java的动态代理如何工作的解释）。通过使用动态代理，所产生的类的动态类型将会是已经混入的组合类型。

由于动态代理的限制，每个被混入的类都必须是某个接口的实现：

```
//: generics/DynamicProxyMixin.java
import java.lang.reflect.*;
import java.util.*;
import net.mindview.util.*;
import static net.mindview.util.Tuple.*;

class MixinProxy implements InvocationHandler {
  Map<String,Object> delegatesByMethod;
  public MixinProxy(TwoTuple<Object,Class<?>>... pairs) {
    delegatesByMethod = new HashMap<String,Object>();
    for(TwoTuple<Object,Class<?>> pair : pairs) {
      for(Method method : pair.second.getMethods()) {
        String methodName = method.getName();
        // The first interface in the map
        // implements the method.
        if (!delegatesByMethod.containsKey(methodName))
          delegatesByMethod.put(methodName, pair.first);
      }
    }
  }
```

```
  public Object invoke(Object proxy, Method method,
719    Object[] args) throws Throwable {
    String methodName = method.getName();
    Object delegate = delegatesByMethod.get(methodName);
    return method.invoke(delegate, args);
  }
  @SuppressWarnings("unchecked")
  public static Object newInstance(TwoTuple... pairs) {
    Class[] interfaces = new Class[pairs.length];
    for(int i = 0; i < pairs.length; i++) {
      interfaces[i] = (Class)pairs[i].second;
    }
    ClassLoader cl =
      pairs[0].first.getClass().getClassLoader();
    return Proxy.newProxyInstance(
      cl, interfaces, new MixinProxy(pairs));
  }
}

public class DynamicProxyMixin {
  public static void main(String[] args) {
    Object mixin = MixinProxy.newInstance(
      tuple(new BasicImp(), Basic.class),
      tuple(new TimeStampedImp(), TimeStamped.class),
      tuple(new SerialNumberedImp(),SerialNumbered.class));
    Basic b = (Basic)mixin;
    TimeStamped t = (TimeStamped)mixin;
    SerialNumbered s = (SerialNumbered)mixin;
    b.set("Hello");
    System.out.println(b.get());
    System.out.println(t.getStamp());
    System.out.println(s.getSerialNumber());
  }
} /* Output: (Sample)
Hello
1132519137015
1
*///:~
```

因为只有动态类型而不是非静态类型才包含所有的混入类型，因此这仍旧不如C++的方式好，因为可以在具有这些类型的对象上调用方法之前，你被强制要求必须先将这些对象向下转
720 型到恰当的类型。但是，它明显地更接近于真正的混型。

为了让Java支持混型，人们已经做了大量的工作朝着这个目标努力，包括创建了至少一种附加语言（Jam语言），它是专门用来支持混型的。

练习39：(1) 向**DynamicProxyMixin.java**中添加一个新的混型类**Colored**，将其混入**mixin**，并展示它可以工作。

15.16 潜在类型机制

在本章的开头介绍过这样的思想，即要编写能够尽可能广泛地应用的代码。为了实现这一点，我们需要各种途径来放松对我们的代码将要作用的类型所作的限制，同时不丢失静态类型检查的好处。然后，我们就可以编写出无需修改就可以应用于更多情况的代码，即更加“泛化”的代码。

Java泛型看起来是向这一方向迈进了一步。当你在编写或使用只是持有对象的泛型时，这些代码将可以工作于任何类型（除了基本类型，尽管正如你所见到的，自动包装机制可以克服这一点）。或者，换个角度讲，“持有器”泛型能够声明：“我不关心你是什么类型”。如果代码不关心它将要作用的类型，那么这种代码就可以真正地应用于任何地方，并因此而相当

"泛化"。

还是正如你所见到的，当要在泛型类型上执行操作（即调用**Object**方法之前的操作）时，就会产生问题，因为擦除要求指定可能会用到的泛型类型的边界，以安全地调用代码中的泛型对象上的具体方法。这是对"泛化"概念的一种明显的限制，因为必须限制你的泛型类型，使它们继承自特定的类，或者实现特定的接口。在某些情况下，你最终可能会使用普通类或普通接口，因为限定边界的泛型可能会和指定类或接口没有任何区别。

某些编程语言提供的一种解决方案称为*潜在类型机制*或*结构化类型机制*，而更古怪的术语称为*鸭子类型机制*，即"如果它走起来像鸭子，并且叫起来也像鸭子，那么你就可以将它当作鸭子对待。"鸭子类型机制变成了一种相当流行的术语，可能是因为它不像其他的术语那样承载着历史的包袱。

泛型代码典型地将在泛型类型上调用少量方法，而具有潜在类型机制的语言只要求实现某个方法子集，而不是某个特定类或接口，从而放松了这种限制（并且可以产生更加泛化的代码）。721
正由于此，潜在类型机制使得你可以横跨类继承结构，调用不属于某个公共接口的方法。因此，实际上一段代码可以声明："我不关心你是什么类型，只要你可以**speak()**和**sit()**即可。"由于不要求具体类型，因此代码就可以更加泛化。

潜在类型机制是一种代码组织和复用机制。有了它编写出的代码相对于没有它编写出的代码，能够更容易地复用。代码组织和复用是所有计算机编程的基本手段：编写一次，多次使用，并在一个位置保存代码。因为我并未被要求去命名我的代码要操作于其上的确切接口，所以，有了潜在类型机制，我就可以编写更少的代码，并更容易地将其应用于多个地方。

两种支持潜在类型机制的语言实例是Python（可以从www.Python.org免费下载）和C++[⊖]。Python是动态类型语言（事实上所有的类型检查都发生在运行时），而C++是静态类型语言（类型检查发生在编译期），因此潜在类型机制不要求静态或动态类型检查。

如果我们将上面的描述用Python来表示，如下所示：

```
#: generics/DogsAndRobots.py

class Dog:
    def speak(self):
        print "Arf!"
    def sit(self):
        print "Sitting"
    def reproduce(self):
        pass

class Robot:
    def speak(self):
        print "Click!"
    def sit(self):
        print "Clank!"
    def oilChange(self):
        pass
def perform(anything):
    anything.speak()
    anything.sit()

a = Dog()
b = Robot()
perform(a)
perform(b)
#:~
```
722

⊖ Ruby和Smalltalk语言也支持潜在类型机制。

Python使用缩进来确定作用域（因此不需要任何花括号），而冒号将表示新的作用域的开始。“#”表示注释到行尾，就像Java中的“//”。类的方法需要显式地指定**this**引用的等价物作为第一个参数，按惯例成为**self**。构造器调用不要求任何类型的“**new**”关键字，并且Python允许正则（非成员）函数，就像**perform()**所表明的那样。

注意，在**perform(anything)**中，没有任何针对**anything**的类型，**anything**只是一个标识符，它必须能够执行**perform()**期望它执行的操作，因此这里隐含着一个接口。但是你从来都不必显式地写出这个接口——它是潜在的。**perform()**不关心其参数的类型，因此我可以向它传递任何对象，只要该对象支持**speak()**和**sit()**方法。如果传递给**perform()**的对象不支持这些操作，那么将会得到运行时异常。

我们可以用C++产生相同的效果：

```
//: generics/DogsAndRobots.cpp

class Dog {
public:
  void speak() {}
  void sit() {}
  void reproduce() {}
};

class Robot {
public:
  void speak() {}
  void sit() {}
  void oilChange() {
};
```

723

```
template<class T> void perform(T anything) {
  anything.speak();
  anything.sit();
}

int main() {
  Dog d;
  Robot r;
  perform(d);
  perform(r);
} ///:~
```

在Python和C++中，**Dog**和**Robot**没有任何共同的东西，只是碰巧有两个方法具有相同的签名。从类型的观点看，它们是完全不同的类型。但是，**perform()**不关心其参数的具体类型，并且潜在类型机制允许它接受这两种类型的对象。

C++确保了它实际上可以发送的那些消息，如果试图传递错误类型，编译器就会给你一个错误消息(这些错误消息从历史上看是相当可怕和冗长的，而主要原因是因为C++的模版名声欠佳)。尽管它们是在不同时期实现这一点的，C++在编译期，而Python在运行时，但是这两种语言都可以确保类型不会被误用，因此被认为是强类型的[1]。潜在类型机制没有损害强类型机制。

因为泛型是在这场竞赛的后期才添加到Java中的，因此没有任何机会可以去实现任何类型的潜在类型机制，因此Java没有对这种特性的支持。所以，初看起来，Java的泛型机制比支持潜在类型机制的语言更“缺乏泛化性”。[2]例如，如果我们试图用Java实现上面的示例，那么就会被强制要求使用一个类或接口，并在边界表达式中指定它：

---

[1] 因为你可以使用转型，而转型实际上会使类型系统丧失能力，因此有些人认为C++是弱类型的，但是这是一种极端情况。我们可以比较安全地说C++是“具有通气门的强类型”。

[2] Java使用擦除的泛型实现有时被称为“第二类泛型类型”。

```
//: generics/Performs.java

public interface Performs {
  void speak();
  void sit();
} ///:~
```
724

```
//: generics/DogsAndRobots.java
// No latent typing in Java
import typeinfo.pets.*;
import static net.mindview.util.Print.*;

class PerformingDog extends Dog implements Performs {
  public void speak() { print("Woof!"); }
  public void sit() { print("Sitting"); }
  public void reproduce() {}
}

class Robot implements Performs {
  public void speak() { print("Click!"); }
  public void sit() { print("Clank!"); }
  public void oilChange() {}
}

class Communicate {
  public static <T extends Performs>
  void perform(T performer) {
    performer.speak();
    performer.sit();
  }
}

public class DogsAndRobots {
  public static void main(String[] args) {
    PerformingDog d = new PerformingDog();
    Robot r = new Robot();
    Communicate.perform(d);
    Communicate.perform(r);
  }
} /* Output:
Woof!
Sitting
Click!
Clank!
*///:~
```

但是要注意，**perform()**不需要使用泛型来工作，它可以被简单地指定为接受一个**Performs**对象： 725

```
//: generics/SimpleDogsAndRobots.java
// Removing the generic; code still works.

class CommunicateSimply {
  static void perform(Performs performer) {
    performer.speak();
    performer.sit();
  }
}

public class SimpleDogsAndRobots {
  public static void main(String[] args) {
    CommunicateSimply.perform(new PerformingDog());
    CommunicateSimply.perform(new Robot());
  }
} /* Output:
Woof!
Sitting
```

```
Click!
Clank!
*///:~
```

在本例中，泛型不是必需的，因为这些类已经被强制要求实现Performs接口。

15.17 对缺乏潜在类型机制的补偿

尽管Java不支持潜在类型机制，但是这并不意味着有界泛型代码不能在不同的类型层次结构之间应用。也就是说，我们仍旧可以创建真正的泛型代码，但是这需要付出一些额外的努力。

15.17.1 反射

可以使用的一种方式是反射，下面的**perform()**方法就是用了潜在类型机制：

```
//: generics/LatentReflection.java
// Using Reflection to produce latent typing.
import java.lang.reflect.*;
726 import static net.mindview.util.Print.*;
// Does not implement Performs:
class Mime {
  public void walkAgainstTheWind() {}
  public void sit() { print("Pretending to sit"); }
  public void pushInvisibleWalls() {}
  public String toString() { return "Mime"; }
}

// Does not implement Performs:
class SmartDog {
  public void speak() { print("Woof!"); }
  public void sit() { print("Sitting"); }
  public void reproduce() {}
}

class CommunicateReflectively {
  public static void perform(Object speaker) {
    Class<?> spkr = speaker.getClass();
    try {
      try {
        Method speak = spkr.getMethod("speak");
        speak.invoke(speaker);
      } catch(NoSuchMethodException e) {
        print(speaker + " cannot speak");
      }
      try {
        Method sit = spkr.getMethod("sit");
        sit.invoke(speaker);
      } catch(NoSuchMethodException e) {
        print(speaker + " cannot sit");
      }
    } catch(Exception e) {
      throw new RuntimeException(speaker.toString(), e);
    }
  }
}

public class LatentReflection {
  public static void main(String[] args) {
    CommunicateReflectively.perform(new SmartDog());
    CommunicateReflectively.perform(new Robot());
    CommunicateReflectively.perform(new Mime());
  }
727 } /* Output:
Woof!
Sitting
Click!
```

```
Clank!
Mime cannot speak
Pretending to sit
*///:~
```

上例中，这些类完全是彼此分离的，没有任何公共基类（除了**Object**）或接口。通过反射，**CommunicateReflectively.perform()**能够动态地确定所需要的方法是否可用并调用它们。它甚至能够处理**Mime**只具有一个必需的方法这一事实，并能够部分实现其目标。

15.17.2　将一个方法应用于序列

反射提供了一些有趣的可能性，但是它将所有的类型检查都转移到了运行时，因此在许多情况下并不是我们所希望的。如果能够实现编译期类型检查，这通常会更符合要求。但是有可能实现编译期类型检查和潜在类型机制吗？

让我们看一个说明这个问题的示例。假设想要创建一个**apply()**方法，它能够将任何方法应用于某个序列中的所有对象。这是接口看起来并不适合的情况，因为你想要将任何方法应用于一个对象集合，而接口对于描述“任何方法”存在过多的限制。如何用Java来实现这个需求呢？

最初，我们可以用反射来解决这个问题，由于有了Java SE5的可变参数，这种方式被证明是相当优雅的：

```
//: generics/Apply.java
// {main: ApplyTest}
import java.lang.reflect.*;
import java.util.*;
import static net.mindview.util.Print.*;

public class Apply {
  public static <T, S extends Iterable<? extends T>>
  void apply(S seq, Method f, Object... args) {
    try {
      for(T t: seq)
        f.invoke(t, args);
    } catch(Exception e) {
      // Failures are programmer errors
      throw new RuntimeException(e);
    }
  }
}

class Shape {
  public void rotate() { print(this + " rotate"); }
  public void resize(int newSize) {
    print(this + " resize " + newSize);
  }
}

class Square extends Shape {}

class FilledList<T> extends ArrayList<T> {
  public FilledList(Class<? extends T> type, int size) {
    try {
      for(int i = 0; i < size; i++)
        // Assumes default constructor:
        add(type.newInstance());
    } catch(Exception e) {
      throw new RuntimeException(e);
    }
  }
}

class ApplyTest {
  public static void main(String[] args) throws Exception {
```

728

```
    List<Shape> shapes = new ArrayList<Shape>();
    for(int i = 0; i < 10; i++)
      shapes.add(new Shape());
    Apply.apply(shapes, Shape.class.getMethod("rotate"));
    Apply.apply(shapes,
      Shape.class.getMethod("resize", int.class), 5);
    List<Square> squares = new ArrayList<Square>();
    for(int i = 0; i < 10; i++)
      squares.add(new Square());
    Apply.apply(squares, Shape.class.getMethod("rotate"));
    Apply.apply(squares,
      Shape.class.getMethod("resize", int.class), 5);

    Apply.apply(new FilledList<Shape>(Shape.class, 10),
729   Shape.class.getMethod("rotate"));
    Apply.apply(new FilledList<Shape>(Square.class, 10),
      Shape.class.getMethod("rotate"));

    SimpleQueue<Shape> shapeQ = new SimpleQueue<Shape>();
    for(int i = 0; i < 5; i++) {
      shapeQ.add(new Shape());
      shapeQ.add(new Square());
    }
    Apply.apply(shapeQ, Shape.class.getMethod("rotate"));
  }
} /* (Execute to see output) *///:~
```

在**Apply**中，我们运气很好，因为碰巧在Java中内建了一个由Java容器类库使用的**Iterable**接口。正由于此，**apply()**方法可以接受任何实现了**Iterable**接口的事物，包括诸如**List**这样的所有**Collection**类。但是它还可以接受其他任何事物，只要能够使这些事物是**Iterable**的——例如，在**main()**中使用的下面定义的**SimpleQueue**类：

```
//: generics/SimpleQueue.java
// A different kind of container that is Iterable
import java.util.*;

public class SimpleQueue<T> implements Iterable<T> {
  private LinkedList<T> storage = new LinkedList<T>();
  public void add(T t) { storage.offer(t); }
  public T get() { return storage.poll(); }
  public Iterator<T> iterator() {
    return storage.iterator();
  }
} ///:~
```

在**Apply.java**中，异常被转换为**RuntimeException**，因为没有多少办法可以从这种异常中恢复——在这种情况下，它们实际上代表着程序员的错误。

注意，我必须放置边界和通配符，以便使**Apply**和**FilledList**在所有需要的情况下都可以使用。可以试验一下，将这些边界和通配符拿出来，你就会发现某些**Apply**和**FilledList**应用将无法工作。

FilledList表示有点进退两难的情况。为了使某种类型可用，它必须有默认（无参）构造器，
730 但是Java没有任何方式可以在编译期断言这种事情，因此这就变成了一个运行时问题。确保编译期检查的常见建议是定义一个工厂接口，它有一个可以生成对象的方法，然后FilledList将接受这个接口而不是这个类型标记的“原生工厂”，而这样做的问题是在FilledList中使用的所有类都必须实现这个工厂接口。唉，大多数的类都是在不了解你的接口的情况下创建的，因此也就没有实现这个接口。稍后，我将展示一种使用适配器的解决方案。

但是上面所展示的使用类型标记的方法可能是一种合理的折中（至少是一种马上就能想到解决方案）。通过这种方式，使用像**FilledList**这样的东西就会非常容易，我们会马上想到要使用它而不是会忽略它。当然，因为错误是在运行时报告的，所以你要有把握，这些错误将在开发

过程的早期出现。

注意，类型标记技术是Java文献推荐的技术，例如Gilad Bracha在他的论文《Generics in Java Programming Language》[⊖]中写道“这是一种惯用法，例如，在操作注解的新API中得到了广泛的应用”。但是，我发现人们对这种技术的适应程度不一，有些人强烈地首选本章前面描述的工厂方式。

尽管Java解决方案被证明很优雅，但是我们必须知道使用反射（尽管反射在最近版本的Java中已经明显地改善了）可能比非反射的实现要慢一些，因为有太多的动作都是在运行时发生的。这不应该阻止你使用这种解决方案的脚步，至少可以将其作为一种马上就能想到的解决方案（以防止陷入不成熟的优化中），但这毫无疑问是这两种方法之间的一个差异。

练习40：(3) 向**typeinfo.java**中的所有宠物中添加一个**speak()**方法。修改**Apply.java**，使得我们可以对**Pet**的异构集合调用**speak()**。

15.17.3 当你并未碰巧拥有正确的接口时

上面的示例是受益的，因为**Iterable**接口已经是内建的，而它正是我们需要的。但是更一般 731
的情况又会怎样呢？如果不存在刚好适合你的需求的接口呢？

例如，让我们泛化**FilledList**中的思想，创建一个参数化的方法**fill()**，它接受一个序列，并使用**Generator**填充它。当我们尝试着用Java来编写时，就会陷入问题之中，因为没有任何像前面示例中的**Iterable**接口那样的“**Addable**”便利接口。因此你不能说：“可以在任何事物上调用**add()**。”而必须说：“可以在**Collection**的子类型上调用**add()**。”这样产生的代码并不是特别泛化，因为它必须限制为只能工作于**Collection**实现。如果我试图使用没有实现Collection的类，那么我的泛化代码将不能工作。下面是这段代码的样子：

```
//: generics/Fill.java
// Generalizing the FilledList idea
// {main: FillTest}
import java.util.*;

// Doesn't work with "anything that has an add()." There is
// no "Addable" interface so we are narrowed to using a
// Collection. We cannot generalize using generics in
// this case.

public class Fill {
  public static <T> void fill(Collection<T> collection,
  Class<? extends T> classToken, int size) {
    for(int i = 0; i < size; i++)
      // Assumes default constructor:
      try {
        collection.add(classToken.newInstance());
      } catch(Exception e) {
        throw new RuntimeException(e);
      }
  }
}

class Contract {
  private static long counter = 0;
  private final long id = counter++;
  public String toString() {
    return getClass().getName() + " " + id;
  }
}
class TitleTransfer extends Contract {}
```
732

⊖ 参见本章末尾的引用。

```
class FillTest {
  public static void main(String[] args) {
    List<Contract> contracts = new ArrayList<Contract>();
    Fill.fill(contracts, Contract.class, 3);
    Fill.fill(contracts, TitleTransfer.class, 2);
    for(Contract c: contracts)
      System.out.println(c);
    SimpleQueue<Contract> contractQueue =
      new SimpleQueue<Contract>();
    // Won't work. fill() is not generic enough:
    // Fill.fill(contractQueue, Contract.class, 3);
  }
} /* Output:
Contract 0
Contract 1
Contract 2
TitleTransfer 3
TitleTransfer 4
*///:~
```

这正是具有潜在类型机制的参数化类型机制的价值所在，因为你不会受任何特定类库的创建者过去所作的设计决策的支配，因此不需要在每次碰到一个没有考虑到你的具体情况的新类库时，都去重写代码（因此这样的代码才是真正“泛化的”）。在上面的情况中，因为**Java**设计者（可以理解地）没有预见到对“Addable”接口的需要，所以我们被限制在**Collection**继承层次结构之内，即便**SimpleQueue**有一个**add()**方法，它也不能工作。因为这会将代码限制为只能工作于**Collection**，因此这样的代码不是特别“泛化”。有了潜在类型机制，情况就会不同了。

15.17.4 用适配器仿真潜在类型机制

Java泛型并不没有潜在类型机制，而我们需要像潜在类型机制这样的东西去编写能够跨类边界应用的代码（也就是“泛化”代码）。存在某种方式可以绕过这项限制吗？

潜在类型机制将在这里实现什么？它意味着你可以编写代码声明：“我不关心我在这里使用的类型，只要它具有这些方法即可。”实际上，潜在类型机制创建了一个包含所需方法的*隐式接口*。因此它遵循这样的规则：如果我们手工编写了必需的接口（因为Java并没有为我们做这些

733 事），那么它就应该能够解决问题。

从我们拥有的接口中编写代码来产生我们需要的接口，这是适配器设计模式的一个典型示例。我们可以使用适配器来适配已有的接口，以产生想要的接口。下面这种使用前面定义的**Coffee**继承结构的解决方案演示了编写适配器的不同方式：

```
//: generics/Fill2.java
// Using adapters to simulate latent typing.
// {main: Fill2Test}
import generics.coffee.*;
import java.util.*;
import net.mindview.util.*;
import static net.mindview.util.Print.*;

interface Addable<T> { void add(T t); }

public class Fill2 {
  // Classtoken version:
  public static <T> void fill(Addable<T> addable,
  Class<? extends T> classToken, int size) {
    for(int i = 0; i < size; i++)
      try {
        addable.add(classToken.newInstance());
      } catch(Exception e) {
        throw new RuntimeException(e);
      }
  }
```

```
  // Generator version:
  public static <T> void fill(Addable<T> addable,
  Generator<T> generator, int size) {
    for(int i = 0; i < size; i++)
      addable.add(generator.next());
  }
}

// To adapt a base type, you must use composition.
// Make any Collection Addable using composition:
class AddableCollectionAdapter<T> implements Addable<T> {
  private Collection<T> c;
  public AddableCollectionAdapter(Collection<T> c) {
    this.c = c;
  }
  public void add(T item) { c.add(item); }
}                                                          734
// A Helper to capture the type automatically:
class Adapter {
  public static <T>
  Addable<T> collectionAdapter(Collection<T> c) {
    return new AddableCollectionAdapter<T>(c);
  }
}

// To adapt a specific type, you can use inheritance.
// Make a SimpleQueue Addable using inheritance:
class AddableSimpleQueue<T>
extends SimpleQueue<T> implements Addable<T> {
  public void add(T item) { super.add(item); }
}

class Fill2Test {
  public static void main(String[] args) {
    // Adapt a Collection:
    List<Coffee> carrier = new ArrayList<Coffee>();
    Fill2.fill(
      new AddableCollectionAdapter<Coffee>(carrier),
      Coffee.class, 3);
    // Helper method captures the type:
    Fill2.fill(Adapter.collectionAdapter(carrier),
      Latte.class, 2);
    for(Coffee c: carrier)
      print(c);
    print("----------------------");
    // Use an adapted class:
    AddableSimpleQueue<Coffee> coffeeQueue =
      new AddableSimpleQueue<Coffee>();
    Fill2.fill(coffeeQueue, Mocha.class, 4);
    Fill2.fill(coffeeQueue, Latte.class, 1);
    for(Coffee c: coffeeQueue)
      print(c);
  }
} /* Output:
Coffee 0
Coffee 1
Coffee 2
Latte 3
Latte 4                                                    735
----------------------
Mocha 5
Mocha 6
Mocha 7
Mocha 8
Latte 9
*///:~
```

Fill2对**Collection**的要求与**Fill**不同，它只需要实现了**Addable**的对象，而**Addable**已经为**Fill**编写了——它是我希望编译器帮我创建的潜在类型的一种体现。

在这个版本中，我还添加了一个重载的**fill()**，它接受一个**Generator**而不是类型标记。**Generator**在编译期是类型安全的：编译器将确保传递的是正确的**Generator**，因此不会抛出任何异常。

第一个适配器，**AddableCollectionAdapter**，可以工作于基类型**Collection**，这意味着**Collection**的任何实现都可以使用。这个版本直接存储**Collection**引用，并使用它来实现**add()**。

如果有一个具体类型而不是继承结构的基类，那么当使用继承来创建适配器时，你可以稍微少编写一些代码，就像在**AddableSimpleQueue**中看到的那样。

在**Fill2Test.main()**中，你可以看到各种不同类型的适配器在运行。首先，**Collection**类型是由**AddableCollectionAdapter**适配的。这个第二个版本使用了一个泛化的辅助方法，你可以看到这个泛化方法是如何捕获类型并因此而不必显式地写出来的——这是产生更优雅的代码的一种惯用技巧。

接下来，使用了预适配的**AddableSimpleQueue**。注意，在两种情况下，适配器都允许前面没有实现**Addable**的类用于**Fill2.fill()**中。

使用像这样的适配器看起来是对缺乏潜在类型机制的一种补偿，因此允许编写出真正的泛化代码。但是，这是一个额外的步骤，并且是类库的创建者和消费者都必须理解的事物，而缺乏经验的程序员可能还没有能够掌握这个概念。潜在类型机制通过移除这个额外的步骤，使得
736 泛化代码更容易应用，这就是它的价值所在。

练习41：(1) 修改**Fill2.java**，用**typeinfo.java**中的类取代**Coffee**中的类。

15.18 将函数对象用作策略

最后一个示例通过使用前面一节描述的适配器方式创建了真正泛化的代码。这个示例开始时是一种尝试，要创建一个元素序列的总和，这些元素可以是任何可以计算总和的类型，但是，后来这个示例使用*功能型编程*风格，演化成了可以执行通用的操作。

如果只查看尝试添加对象的过程，就会看到这是在多个类中的公共操作，但是这个操作没有在任何我们可以指定的基类中表示——有时甚至可以使用“+”操作府，而其他时间可以使用某种add方法。这是在试图编写泛化代码的时候通常会碰到的情况，因为你想将这些代码应用于多个类上——特别是，像本例一样，作用于多个已经存在且我们不能“修正”的类上。即使你可以将这种情况窄化到**Number**的子类，这个超类也不包括任何有关“可添加性”的东西。

解决方案是使用*策略*设计模式，这种设计模式可以产生更优雅的代码，因为它将“变化的事物”完全隔离到了一个*函数对象*中⊖。函数对象就是在某种程度上行为像函数的对象——一般地，会有一个相关的方法（在支持操作符重载的语言中，可以创建对这个方法的调用，而这个调用看起来就和普通的方法调用一样）。函数对象的价值就在于，与普通方法不同，它们可以传递出去，并且还可以拥有在多个调用之间持久化的状态。当然，可以用类中的任何方法来实现与此相似的操作，但是（与使用任何设计模式一样）函数对象主要是由其目的来区别的。这里的目的就是要创建某种事物，使它的行为就像是一个可以传递出去的单个方法一样，这样，它
737 就和策略设计模式紧耦合了，有时甚至无法区分。

⊖ 有时会看到将它们称为“仿函数”，我将使用术语“函数对象”而不是“仿函数”，因为术语“仿函数”在数学中有具体而不同的意义。

尽管可以发现我使用了大量的设计模式，但是在这里它们之间的界限是模糊的：我们在创建执行适配操作的函数对象，而它们将被传递到用作策略的方法中。

通过采用这种方式，我添加了最初着手创建的各种类型的泛型方法，以及其他的泛型方法。下面是产生的结果：

```
//: generics/Functional.java
import java.math.*;
import java.util.concurrent.atomic.*;
import java.util.*;
import static net.mindview.util.Print.*;

// Different types of function objects:
interface Combiner<T> { T combine(T x, T y); }
interface UnaryFunction<R,T> { R function(T x); }
interface Collector<T> extends UnaryFunction<T,T> {
  T result(); // Extract result of collecting parameter
}
interface UnaryPredicate<T> { boolean test(T x); }

public class Functional {
  // Calls the Combiner object on each element to combine
  // it with a running result, which is finally returned:
  public static <T> T
  reduce(Iterable<T> seq, Combiner<T> combiner) {
    Iterator<T> it = seq.iterator();
    if(it.hasNext()) {
      T result = it.next();
      while(it.hasNext())
        result = combiner.combine(result, it.next());
      return result;
    }
    // If seq is the empty list:
    return null; // Or throw exception
  }
  // Take a function object and call it on each object in
  // the list, ignoring the return value. The function
  // object may act as a collecting parameter, so it is
  // returned at the end.
  public static <T> Collector<T>
  forEach(Iterable<T> seq, Collector<T> func) {
    for(T t : seq)
      func.function(t);
    return func;
  }
  // Creates a list of results by calling a
  // function object for each object in the list:
  public static <R,T> List<R>
  transform(Iterable<T> seq, UnaryFunction<R,T> func) {
    List<R> result = new ArrayList<R>();
    for(T t : seq)
      result.add(func.function(t));
    return result;
  }
  // Applies a unary predicate to each item in a sequence,
  // and returns a list of items that produced "true":
  public static <T> List<T>
  filter(Iterable<T> seq, UnaryPredicate<T> pred) {
    List<T> result = new ArrayList<T>();
    for(T t : seq)
      if(pred.test(t))
        result.add(t);
    return result;
  }
  // To use the above generic methods, we need to create
  // function objects to adapt to our particular needs:
```

738

```
  static class IntegerAdder implements Combiner<Integer> {
    public Integer combine(Integer x, Integer y) {
      return x + y;
    }
  }
  static class
  IntegerSubtracter implements Combiner<Integer> {
    public Integer combine(Integer x, Integer y) {
      return x - y;
    }
  }
  static class
  BigDecimalAdder implements Combiner<BigDecimal> {
    public BigDecimal combine(BigDecimal x, BigDecimal y) {
      return x.add(y);
    }
  }
  static class
  BigIntegerAdder implements Combiner<BigInteger> {
    public BigInteger combine(BigInteger x, BigInteger y) {
739   return x.add(y);
    }
  }
  static class
  AtomicLongAdder implements Combiner<AtomicLong> {
    public AtomicLong combine(AtomicLong x, AtomicLong y) {
      // Not clear whether this is meaningful:
      return new AtomicLong(x.addAndGet(y.get()));
    }
  }
  // We can even make a UnaryFunction with an "ulp"
  // (Units in the last place):
  static class BigDecimalUlp
  implements UnaryFunction<BigDecimal,BigDecimal> {
    public BigDecimal function(BigDecimal x) {
      return x.ulp();
    }
  }
  static class GreaterThan<T extends Comparable<T>>
  implements UnaryPredicate<T> {
    private T bound;
    public GreaterThan(T bound) { this.bound = bound; }
    public boolean test(T x) {
      return x.compareTo(bound) > 0;
    }
  }
  static class MultiplyingIntegerCollector
  implements Collector<Integer> {
    private Integer val = 1;
    public Integer function(Integer x) {
      val *= x;
      return val;
    }
    public Integer result() { return val; }
  }
  public static void main(String[] args) {
    // Generics, varargs & boxing working together:
    List<Integer> li = Arrays.asList(1, 2, 3, 4, 5, 6, 7);
    Integer result = reduce(li, new IntegerAdder());
    print(result);

    result = reduce(li, new IntegerSubtracter());
    print(result);

740 print(filter(li, new GreaterThan<Integer>(4)));

    print(forEach(li,
```

```
      new MultiplyingIntegerCollector()).result());

    print(forEach(filter(li, new GreaterThan<Integer>(4)),
      new MultiplyingIntegerCollector()).result());

    MathContext mc = new MathContext(7);
    List<BigDecimal> lbd = Arrays.asList(
      new BigDecimal(1.1, mc), new BigDecimal(2.2, mc),
      new BigDecimal(3.3, mc), new BigDecimal(4.4, mc));
    BigDecimal rbd = reduce(lbd, new BigDecimalAdder());
    print(rbd);

    print(filter(lbd,
      new GreaterThan<BigDecimal>(new BigDecimal(3))));

    // Use the prime-generation facility of BigInteger:
    List<BigInteger> lbi = new ArrayList<BigInteger>();
    BigInteger bi = BigInteger.valueOf(11);
    for(int i = 0; i < 11; i++) {
      lbi.add(bi);
      bi = bi.nextProbablePrime();
    }
    print(lbi);

    BigInteger rbi = reduce(lbi, new BigIntegerAdder());
    print(rbi);
    // The sum of this list of primes is also prime:
    print(rbi.isProbablePrime(5));

    List<AtomicLong> lal = Arrays.asList(
      new AtomicLong(11), new AtomicLong(47),
      new AtomicLong(74), new AtomicLong(133));
    AtomicLong ral = reduce(lal, new AtomicLongAdder());
    print(ral);

    print(transform(lbd,new BigDecimalUlp()));
  }
} /* Output:
28
-26
[5, 6, 7]
5040
210
11.000000
[3.300000, 4.400000]
[11, 13, 17, 19, 23, 29, 31, 37, 41, 43, 47]
311
true
265
[0.000001, 0.000001, 0.000001, 0.000001]
*///:~
```

741

我是从为不同类型的函数对象定义接口开始的，这些接口都是按需创建的，因为我为每个接口都开发了不同的方法，并发现了每个接口的需求。**Combiner**类是由一位不知名的作者在我的Web网站上贴出的文章建议构建的。**Combiner**抽象掉了将两个对象添加在一起的具体细节，并且只是声明它们在某种程度上被结合在一起。因此，可以看到，**IntegerAdder**和**IntegerSubstract**可以是**Combiner**类型。

UnaryFunction接受单一的参数，并产生一个结果；这个参数和结果不需要是相同的类型。**Collector**被用作“收集参数”，并且当你完成时，可以从中抽取结果。**UnaryPredicate**将产生一个**boolean**类型的结果。还可以创建其他类型的函数对象，但是这些已经足够说明问题了。

Functional类包含大量的泛型方法，它们可以将函数对象应用于序列。**reduce()**将**Combiner**

中的函数应用于序列中的每个元素，以产生单一的结果。

foreach()接受一个**Collector**，并将其函数应用于每个元素，但同时会忽略每次函数调用的结果。这只能被称为是副作用（这不是"功能型"编程风格，但仍旧是有用的），或者我们可以让**Collector**维护内部状态，从而变成一个收集参数，就像在本例中看到的那样。

transform()通过在序列中的每个对象上调用**UnaryFunction**，并捕获调用结果，来产生一个列表。

最后，**filter()**将**UnaryPredicate**应用到序列中的每个对象上，并将那些返回**true**的对象存储到一个**List**中。

可以定义附加的泛型函数，例如，C++ STL就具有很多这类函数。在诸如JGA（Generic
742 Algorithms for Java）这样的开源类库中，这个问题也解决了。

在C++中，潜在类型机制将在你调用函数时负责协调各个操作，但是在Java中，我们需要编写函数对象来将泛型方法适配为我们特定的需求。因此，这个类接下来的部分展示了函数对象的各种不同的实现。例如，注意，**IntegerAdder**和**BigDecimalAdder**通过为它们特定的类型调用恰当的方法，从而解决了相同的问题，即添加两个对象。因此，这是适配器模式和策略模式的结合。

在**main()**中，你可以看到，在每个方法调用中，都会传递一个序列和适当的函数对象。还有大量的、可能会相当复杂的表达式，例如：

```
forEach(filter(li, new GreaterThan(4)),
        new MultiplyingIntegerCollector()).result()
```

这将通过选取li中大于4的所有元素而产生一个列表，然后将**MultiplyingIntegerCollector()**应用于所产生的列表，并抽取**result()**。我不会再解释剩余代码的细节了，通过通读它们你就可以了解它们的作用。

练习42：(5) 创建两个独立的类，它们没有任何共同的东西。每个类都应该持有一个值，并至少有产生这个值和在这个值上执行修改的方法。修改**Functional.java**，使它可以在由你的类构成的集合上执行函数型操作（这些操作不必像**Functional.java**中的操作那样是算术型的）。

15.19 总结：转型真的如此之糟吗？

自从C++模版出现以来，我就一直在致力于解释它，我可能比大多数人都更早地提出了下面的论点。直到最近，我才停下来，去思考这个论点到底在多少时间内是有效的——我将要描述的问题到底有多少次可以穿越障碍得以解决。

这个论点就是：使用泛型类型机制的最吸引人的地方，就是在使用容器类的地方，这些类包括诸如各种**List**、各种**Set**、各种**Map**等你在第11章中看到的，和你将在第17章中看到的各种类。在Java SE5之前，当你将一个对象放置到容器中时，这个对象就会被向上转型为**Object**，因
743 此你会丢失类型信息。当你想要将这个对象从容器中取回，用它去执行某些操作时，必须将其向下转型回正确的类型。我用的示例是持有**Cat**的**List**（这个示例的一种使用苹果和桔子的变体在第11章的开头展示过）。如果没有Java SE5的泛型版本的容器，你放到容器里的和从容器中取回的，都是**Object**。因此，我们很可能会将一个**Dog**放置到**Cat**的**List**中。

但是，泛型出现之前的Java并不会让你误用放入到容器中的对象。如果将一个**Dog**扔到**Cat**的容器中，并且试图将这个容器中的所有东西都当作**Cat**处理，那么当你从这个**Cat**容器中取回那个**Dog**引用，并试图将其转型为**Cat**时，就会得到一个**RuntimeException**。你仍旧可以发现问题，但是是在运行时而非编译期发现它的。

在本书以前的版本中，我曾经说过：

> 这不止是令人恼火，它还可能会产生难以发现的缺陷。如果这个程序的某个部分（或数个部分）向容器中插入了对象，并且通过异常，你在程序的另一个独立的部分中发现有不良对象被放置到了容器中，那么必须发现这个不良插入到底是在何处发生的。

但是，随着对这个论点的进一步检查，我开始怀疑它了。首先，这会多么频繁地发生呢？我记得这类事情从未发生在我身上，并且当我在会议上询问其他人时，我也从来没有听说过有人碰上过。另一本书使用了一个示例，它是一个包含**String**对象的被称为**files**的列表在这个示例中，向**files**中添加一个File对象看起来相当自然，因此这个对象的名字可能叫**fileNames**更好。无论Java提供了多少类型检查，仍旧可能会写出晦涩的程序，而编写差劲儿的程序即便可以编译，它仍旧是编写差劲儿的程序。可能大多数人都会使用命名良好的容器，例如**cats**，因为它们可以向试图添加非**Cat**对象的程序员提供可视的警告。并且即便这类事情发生了，它真正又能潜伏多久呢？只要你开始用真实数据来运行测试，就会非常快地看到异常。

有一位作者甚至断言，这样的缺陷将“潜伏数年”。但是我不记得有任何大量的相关报告，来说明人们在查找“狗在猫列表中”这类缺陷时困难重重，或者是说明人们会非常频繁地产生这种错误。然而，你将在第21章中看到，在使用线程时，出现那些可能看起来极罕见的缺陷，是很寻常并容易发生的事，而且，对于到底出了什么错，这些缺陷只能给你一个很模糊的概念。因此，对于泛型是添加到Java中的非常显著和相当复杂的特性这一点，“狗在猫列表中”这个论 744
据真的能够成为它的理由吗？

我相信被称为泛型的通用语言特性（并非必须是其在Java中的特定实现）的目的在于可表达性，而不仅仅是为了创建类型安全的容器。类型安全的容器是能够创建更通用代码这一能力所带来的副作用。

因此，即便“狗在猫列表中”这个论据经常被用来证明泛型是必要的，但是它仍旧是有问题的。就像我在本章开头声称的，我不相信这就是泛型这个概念真正的含义。相反，泛型正如其名称所暗示的：它是一种方法，通过它可以编写出更“泛化”的代码，这些代码对于它们能够作用的类型具有更少的限制，因此单个的代码段可以应用到更多的类型上。正如你在本章中看到的，编写真正泛化的“持有器”类（Java的容器就是这种类）相当简单，但是编写出能够操作其泛型类型的泛化代码就需要额外的努力了，这些努力需要类创建者和类消费者共同付出，他们必须理解适配器设计模式的概念和实现。这些额外的努力会增加使用这种特性的难度，并可能会因此而使其在某些场合缺乏可应用性，而在这些场合中，它可能会带来附加的价值。

还要注意到，因为泛型是后来添加到Java中，而不是从一开始就设计到这种语言中的，所以某些容器无法达到它们应该具备的健壮性。例如，观察一下**Map**，在特定的方法**containsKey(Object key)**和**get(Object key)**中就包含这类情况。如果这些类是使用在它们之前就存在的泛型设计的，那么这些方法将会使用参数化类型而不是**Object**，因此也就可以提供这些泛型假设会提供的编译期检查。例如，在C++的**map**中，键的类型总是在编译期检查的。

有一件事很明显：在一种语言已经被广泛应用之后，在其较新的版本中引入任何种类的泛型机制，都会是一项非常非常棘手的任务，并且是一项不付出艰辛就无法完成的任务。在C++中，模版是在其最初的ISO版本中就引入的（即便如此，也引发了阵痛，因为在第一个标准C++出现之前，有很多非模版版本在使用），因此实际上模版一直都是这种语言的一部分。在Java中，泛型是在这种语言首次发布大约10年之后才引入的，因此向泛型迁移的问题特别多，并且对泛 745
型的设计产生了明显的影响。其结果就是，程序员将承受这些痛苦，而这一切都是由于Java设计者在设计1.0版本时所表现出来的短视造成的。当Java最初被创建时，它的设计者们当然了解

C++的模版，他们甚至考虑将其囊括到Java语言中，但是出于这样或那样的原因，他们决定将模版排除在外（其迹象就是他们过于匆忙）。因此，Java语言和使用它的程序员都将承受这些痛苦。只有时间将会说明Java的泛型方式对这种语言所造成的最终影响。

某些语言，特别是Nice（参见http://nice.sourceforge.net；这种语言可以产生Java字节码，并可以工作于现有的Java类库之上）和NextGen（参见http://japan.cs.rice.edu/nextgen）已经融入了更简洁、影响更小的方式，来实现参数化类型。我们不可能不去想象这样的语句将会成为Java的继任者，因为它们采用的方式，与C++通过C来实现的方式相同：按原样使用它，然后对其进行改进。

15.19.1 进阶读物

关于泛型的介绍型文档有Gilad Bracha所著的《Generics in the Java Programming Language》，它位于http://java.sun.com/j2se/1.5/pdf/generics-tutorial.pdf。

Angelika Langer的《Java Generics FAQs》是一个非常有用的资料，它位于www.angelikalanger.com/GenericsFAQ/JavaGenericsFAQ.html。

可以在Torgerson、Ernst、Hansen、von der Ahe、Bracha和Gafter所著的《Adding Wildcards to the Java Programming Language》中找到更多有关通配符的知识，它位于www.jot.fm/issues/issue_2004_12/article5。

所选习题的答案都可以在名为The Thinking in Java Annotated Solution Guide的电子文档中找
746 到，读者可以从https://www.mindviewllc.com处购买此文档。

第16章 数　　组

在第5章的末尾，你学习了如何定义并初始化一个数组。

对数组的基本看法是，你可以创建并组装它们，通过使用整型索引值访问它们的元素，并且它们的尺寸不能改变。在大多数时候，这就是你需要了解的全部，但是有时你需要在数组上执行更加复杂的操作，并且你可能需要评估到底是使用数组还是更加灵活的容器。本章将向你展示如何更加深入地思考数组。

16.1 数组为什么特殊

Java中有大量其他的方式可以持有对象，那么，到底是什么使数组变得与众不同呢？

数组与其他种类的容器之间的区别有三方面：效率、类型和保存基本类型的能力。在Java中，数组是一种效率最高的存储和随机访问对象引用序列的方式。数组就是一个简单的线性序列，这使得元素访问非常快速。但是为这种速度所付出的代价是数组对象的大小被固定，并且在其生命周期中不可改变。你可能会建议使用**ArrayList**（参见第11章），它可以通过创建一个新实例，然后把旧实例中所有的引用移到新实例中，从而实现更多空间的自动分配。尽管通常应该首选**ArrayList**而不是数组，但是这种弹性需要开销，因此，**ArrayList**的效率比数组低很多。

数组和容器都可以保证你不能滥用它们。无论你是使用数组还是容器，如果越界，都会得到一个表示程序员错误的**RuntimeException**异常。

在泛型之前，其他的容器类在处理对象时，都将它们视作没有任何具体类型。也就是说，它们将这些对象都当作Java中所有类的根类**Object**处理。数组之所以优于泛型之前的容器，就是因为你可以创建一个数组去持有某种具体类型。这意味着你可以通过编译期检查，来防止插入错误类型和抽取不当类型。当然，无论在编译时还是运行时，Java都会阻止你向对象发送不恰当的消息。所以，并不是说哪种方法更不安全，只是如果编译时就能够指出错误，会显得更加优雅，也减少了程序的使用者被异常吓着的可能性。 747

数组可以持有基本类型，而泛型之前的容器则不能。但是有了泛型，容器就可以指定并检查它们所持有对象的类型，并且有了自动包装机制，容器看起来还能够持有基本类型。下面是将数组与泛型容器进行比较的示例：

```
//: arrays/ContainerComparison.java
import java.util.*;
import static net.mindview.util.Print.*;

class BerylliumSphere {
  private static long counter;
  private final long id = counter++;
  public String toString() { return "Sphere " + id; }
}

public class ContainerComparison {
  public static void main(String[] args) {
    BerylliumSphere[] spheres = new BerylliumSphere[10];
    for(int i = 0; i < 5; i++)
      spheres[i] = new BerylliumSphere();
    print(Arrays.toString(spheres));
    print(spheres[4]);
```

```
    List<BerylliumSphere> sphereList =
      new ArrayList<BerylliumSphere>();
    for(int i = 0; i < 5; i++)
      sphereList.add(new BerylliumSphere());
    print(sphereList);
    print(sphereList.get(4));

    int[] integers = { 0, 1, 2, 3, 4, 5 };
    print(Arrays.toString(integers));
    print(integers[4]);

    List<Integer> intList = new ArrayList<Integer>(
      Arrays.asList(0, 1, 2, 3, 4, 5));
```
748
```
    intList.add(97);
    print(intList);
    print(intList.get(4));
  }
} /* Output:
[Sphere 0, Sphere 1, Sphere 2, Sphere 3, Sphere 4, null,
null, null, null, null]
Sphere 4
[Sphere 5, Sphere 6, Sphere 7, Sphere 8, Sphere 9]
Sphere 9
[0, 1, 2, 3, 4, 5]
4
[0, 1, 2, 3, 4, 5, 97]
4
*///:~
```

这两种持有对象的方式都是类型检查型的，并且唯一明显的差异就是数组使用[]来访问元素，而**List**使用的是**add()**和**get()**这样的方法。数组和**ArrayList**之间的相似性是有意设计的，这使得从概念上讲，这两者之间的切换是很容易的。但是正如你在第11章中所看到的，容器比数组明显具有更多的功能。

随着自动包装机制的出现，容器已经可以与数组几乎一样方便地用于基本类型中了。数组硕果仅存的优点就是效率。然而，如果要解决更一般化的问题，那数组就可能会受到过多的限制，因此在这些情形下你还是会使用容器。

16.2 数组是第一级对象

无论使用哪种类型的数组，数组标识符其实只是一个引用，指向在堆中创建的一个真实对象，这个（数组）对象用以保存指向其他对象的引用。可以作为数组初始化语法的一部分隐式地创建此对象，或者用**new**表达式显式地创建。只读成员**length** 是数组对象的一部分（事实上，这是唯一一个可以访问的字段或方法），表示此数组对象可以存储多少元素。“[]”语法是访问数组对象唯一的方式。

下例总结了初始化数组的各种方式，以及如何对指向数组的引用赋值，使之指向另一个数
749 组对象。此例也说明，对象数组和基本类型数组在使用上几乎是相同的；唯一的区别就是对象数组保存的是引用，基本类型数组直接保存基本类型的值。

```
//: arrays/ArrayOptions.java
// Initialization & re-assignment of arrays.
import java.util.*;
import static net.mindview.util.Print.*;

public class ArrayOptions {
  public static void main(String[] args) {
    // Arrays of objects:
    BerylliumSphere[] a; // Local uninitialized variable
    BerylliumSphere[] b = new BerylliumSphere[5];
```

```
    // The references inside the array are
    // automatically initialized to null:
    print("b: " + Arrays.toString(b));
    BerylliumSphere[] c = new BerylliumSphere[4];
    for(int i = 0; i < c.length; i++)
      if(c[i] == null) // Can test for null reference
        c[i] = new BerylliumSphere();
    // Aggregate initialization:
    BerylliumSphere[] d = { new BerylliumSphere(),
      new BerylliumSphere(), new BerylliumSphere()
    };
    // Dynamic aggregate initialization:
    a = new BerylliumSphere[]{
      new BerylliumSphere(), new BerylliumSphere(),
    };
    // (Trailing comma is optional in both cases)
    print("a.length = " + a.length);
    print("b.length = " + b.length);
    print("c.length = " + c.length);
    print("d.length = " + d.length);
    a = d;
    print("a.length = " + a.length);

    // Arrays of primitives:
    int[] e; // Null reference
    int[] f = new int[5];
    // The primitives inside the array are
    // automatically initialized to zero:
    print("f: " + Arrays.toString(f));
    int[] g = new int[4];
    for(int i = 0; i < g.length; i++)
      g[i] = i*i;
    int[] h = { 11, 47, 93 };
    // Compile error: variable e not initialized:
    //!print("e.length = " + e.length);
    print("f.length = " + f.length);
    print("g.length = " + g.length);
    print("h.length = " + h.length);
    e = h;
    print("e.length = " + e.length);
    e = new int[]{ 1, 2 };
    print("e.length = " + e.length);
  }
} /* Output:
b: [null, null, null, null, null]
a.length = 2
b.length = 5
c.length = 4
d.length = 3
a.length = 3
f: [0, 0, 0, 0, 0]
f.length = 5
g.length = 4
h.length = 3
e.length = 3
e.length = 2
*///:~
```

750

数组**a**是一个尚未初始化的局部变量，在你对它正确地初始化之前，编译器不允许用此引用做任何事情。数组**b**初始化为指向一个**BerylliumSphere**引用的数组，但其实并没有**BerylliumSphere**对象置入数组中。然而，仍然可以询问数组的大小，因为**b**指向一个合法的对象。这样做有一个小缺点：你无法知道在此数组中确切地有多少元素，因为**length**只表示数组能够容纳多少元素。也就是说，**length**是数组的大小，而不是实际保存的元素个数。新生成一个数组对象时，其中所有的引用被自动初始化为**null**；所以检查其中的引用是否为**null**，即可知道数组的某个位置是否存有对象。同样，基本类型的数组如果是数值型的，就被自动初始化为0；如果是字符型（char）的，就被自动初始化为(char)O；如果是布尔型（boolean），就被自动初始化为
751 false。

数组c表明，数组对象在创建之后，随即将数组的各个位置都赋值为**BerylliumSphere**对象。数组d表明使用“聚集初始化”语法创建数组对象（隐式地使用**new**在堆中创建，就像数组c一样），并且以**BerylliumSphere**对象将其初始化的过程，这些操作只用了一条语句。

下一个数组初始化可以看作是“动态的聚集初始化”。数组d采用的聚集初始化操作必须在定义d的位置使用，但若使用第二种语法，可以在任意位置创建和初始化数组对象。例如，假设方法**hide()**需要一个**BerylliumSphere**对象的数组作为输入参数。可以如下调用：

```
hide(d);
```

但也可以动态地创建将要作为参数传递的数组：

```
hide(new BerylliumSphere[]{ new BerylliumSphere(),
```

在许多情况下，此语法使得代码书写变得更方便了。

表达式：

```
a = d;
```

说明如何将指向某个数组对象的引用赋给另一个数组对象，这与其他类型的对象引用没什么区别。现在a与d都指向堆中的同一个数组对象。

ArraySize.java的第二部分说明，基本类型数组的工作方式与对象数组一样，不过基本类型的数组直接存储基本类型数据的值。

练习1：(2) 创建一个受**BerylliumSphere**数组作为参数的方法，并动态地创建参数去调用这个方法。证明在本例中普通的聚集数组初始化不能奏效。去发现总结在哪些情况下，普通的聚
752 集初始化可以起作用，而又在哪些情况下，动态聚集初始化显得多余。

16.3 返回一个数组

假设你要写一个方法，而且希望它返回的不止一个值，而是一组值。这对于C和C++这样的语言来说就有点困难，因为它们不能返回一个数组，而只能返回指向数组的指针。这会造成一些问题，因为它使得控制数组的生命周期变得很困难，并且容易造成内存泄漏。

在Java中，你只是直接“返回一个数组”，而无需担心要为数组负责——只要你需要它，它就会一直存在，当你使用完后，垃圾回收器会清理掉它。

下例演示如何返回**String**型数组：

```
//: arrays/IceCream.java
// Returning arrays from methods.
import java.util.*;

public class IceCream {
  private static Random rand = new Random(47);
  static final String[] FLAVORS = {
    "Chocolate", "Strawberry", "Vanilla Fudge Swirl",
    "Mint Chip", "Mocha Almond Fudge", "Rum Raisin",
    "Praline Cream", "Mud Pie"
  };
  public static String[] flavorSet(int n) {
    if(n > FLAVORS.length)
      throw new IllegalArgumentException("Set too big");
    String[] results = new String[n];
    boolean[] picked = new boolean[FLAVORS.length];
    for(int i = 0; i < n; i++) {
```

```
      int t;
      do
        t = rand.nextInt(FLAVORS.length);
      while(picked[t]);
      results[i] = FLAVORS[t];
      picked[t] = true;
    }
    return results;
  }
  public static void main(String[] args) {
    for(int i = 0; i < 7; i++)
      System.out.println(Arrays.toString(flavorSet(3)));
  }
} /* Output:
[Rum Raisin, Mint Chip, Mocha Almond Fudge]
[Chocolate, Strawberry, Mocha Almond Fudge]
[Strawberry, Mint Chip, Mocha Almond Fudge]
[Rum Raisin, Vanilla Fudge Swirl, Mud Pie]
[Vanilla Fudge Swirl, Chocolate, Mocha Almond Fudge]
[Praline Cream, Strawberry, Mocha Almond Fudge]
[Mocha Almond Fudge, Strawberry, Mint Chip]
*///:~
```

753

方法**flavorSet()**创建了一个名为**results**的**String**数组。此数组容量为**n**，由传入方法的参数决定。然后从数组**FLAVORS**中随机选择元素（即“味道”），存入**results**数组中，它是方法所最终返回的数组。返回一个数组与返回任何其他对象（实质上是返回引用）没什么区别。数组是在**flavorSet()**中被创建还是在别的地方被创建，这一点并不重要。当使用完毕后，垃圾回收器负责清理数组；而只要还需要它，此数组就会一直存在。

说句题外话，注意当**flavorSet()**随机选择各种数组元素“味道”时，它确保不会重复选择。由一个**do**循环不断进行随机选择，直到找出一个在数组**picked**中还不存在的元素。（当然，还会比较**String**以检查随机选择的元素是否已经在数组**results**中。）如果成功，将此元素加入数组，然后查找下一个（**i**递增）。

从输出中可以看出，**flavorSet()** 每次确实是在随机选择“味道”。

练习2：(1) 编写一个方法，它接受一个**int**参数，并返回一个具有该尺寸的数组，用**BerylliumSphere**对象填充该数组。

16.4 多维数组

创建多维数组很方便。对于基本类型的多维数组，可以通过使用花括号将每个向量分隔开：

754

```
//: arrays/MultidimensionalPrimitiveArray.java
// Creating multidimensional arrays.
import java.util.*;

public class MultidimensionalPrimitiveArray {
  public static void main(String[] args) {
    int[][] a = {
      { 1, 2, 3, },
      { 4, 5, 6, },
    };
    System.out.println(Arrays.deepToString(a));
  }
} /* Output:
[[1, 2, 3], [4, 5, 6]]
*///:~
```

每对花括号括起来的集合都会把你带到下一级数组。

下面的示例使用了Java SE5的**Arrays.deepToString()**方法，它可以将多维数组转换为多个

String，正如从输出中所看到的那样。还可以使用**new**来分配数组，下面的三维数组就是在**new**表达式中分配的：

```
//: arrays/ThreeDWithNew.java
import java.util.*;

public class ThreeDWithNew {
  public static void main(String[] args) {
    // 3-D array with fixed length:
    int[][][] a = new int[2][2][4];
    System.out.println(Arrays.deepToString(a));
  }
} /* Output:
[[[0, 0, 0, 0], [0, 0, 0, 0]], [[0, 0, 0, 0], [0, 0, 0,
0]]]
*///:~
```

你可以看到基本类型数组的值在不进行显式初始化的情况下，会被自动初始化。对象数组会被初始化为**null**。

数组中构成矩阵的每个向量都可以具有任意的长度（这被称为粗糙数组）：

```
//: arrays/RaggedArray.java
import java.util.*;

public class RaggedArray {
755  public static void main(String[] args) {
    Random rand = new Random(47);
    // 3-D array with varied-length vectors:
    int[][][] a = new int[rand.nextInt(7)][][];
    for(int i = 0; i < a.length; i++) {
      a[i] = new int[rand.nextInt(5)][];
      for(int j = 0; j < a[i].length; j++)
        a[i][j] = new int[rand.nextInt(5)];
    }
    System.out.println(Arrays.deepToString(a));
  }
} /* Output:
[[], [[0], [0], [0, 0, 0, 0]], [[], [0, 0], [0, 0]], [[0,
0, 0], [0], [0, 0, 0, 0]], [[0, 0, 0], [0, 0, 0], [0], []],
[[0], [], [0]]]
*///:~
```

第一个**new**创建了数组，其第一维的长度是由随机数确定的，其他维的长度则没有定义。位于**for**循环内的第二个**new**则会决定第二维的长度；直到碰到第三个**new**，第三维的长度才得以确定。

可以用类似的方式处理非基本类型的对象数组。下面，你可以看到如何用花括号把多个**new**表达式组织到一起：

```
//: arrays/MultidimensionalObjectArrays.java
import java.util.*;

public class MultidimensionalObjectArrays {
  public static void main(String[] args) {
    BerylliumSphere[][] spheres = {
      { new BerylliumSphere(), new BerylliumSphere() },
      { new BerylliumSphere(), new BerylliumSphere(),
        new BerylliumSphere(), new BerylliumSphere() },
      { new BerylliumSphere(), new BerylliumSphere(),
        new BerylliumSphere(), new BerylliumSphere(),
        new BerylliumSphere(), new BerylliumSphere(),
        new BerylliumSphere(), new BerylliumSphere() },
    };
    System.out.println(Arrays.deepToString(spheres));
```

```
  }
} /* Output:
[[Sphere 0, Sphere 1], [Sphere 2, Sphere 3, Sphere 4,
Sphere 5], [Sphere 6, Sphere 7, Sphere 8, Sphere 9, Sphere
10, Sphere 11, Sphere 12, Sphere 13]]
*///:~
```

756

你可以看到**spheres**是另外一个粗糙数组，其每一个对象列表的长度都是不同的。

自动包装机制对数组初始化器也起作用：

```
//: arrays/AutoboxingArrays.java
import java.util.*;

public class AutoboxingArrays {
  public static void main(String[] args) {
    Integer[][] a = { // Autoboxing:
      { 1, 2, 3, 4, 5, 6, 7, 8, 9, 10 },
      { 21, 22, 23, 24, 25, 26, 27, 28, 29, 30 },
      { 51, 52, 53, 54, 55, 56, 57, 58, 59, 60 },
      { 71, 72, 73, 74, 75, 76, 77, 78, 79, 80 },
    };
    System.out.println(Arrays.deepToString(a));
  }
} /* Output:
[[1, 2, 3, 4, 5, 6, 7, 8, 9, 10], [21, 22, 23, 24, 25, 26,
27, 28, 29, 30], [51, 52, 53, 54, 55, 56, 57, 58, 59, 60],
[71, 72, 73, 74, 75, 76, 77, 78, 79, 80]]
*///:~
```

下面的示例展示了可以如何逐个地、部分地构建一个非基本类型的对象数组：

```
//: arrays/AssemblingMultidimensionalArrays.java
// Creating multidimensional arrays.
import java.util.*;

public class AssemblingMultidimensionalArrays {
  public static void main(String[] args) {
    Integer[][] a;
    a = new Integer[3][];
    for(int i = 0; i < a.length; i++) {
      a[i] = new Integer[3];
      for(int j = 0; j < a[i].length; j++)
        a[i][j] = i * j; // Autoboxing
    }
    System.out.println(Arrays.deepToString(a));
  }
} /* Output:
[[0, 0, 0], [0, 1, 2], [0, 2, 4]]
*///:~
```

757

i*j只是为了使置于**Integer**中的值变得有些意思。

Arrays.deepToString()方法对基本类型数组和对象数组都起作用：

```
//: arrays/MultiDimWrapperArray.java
// Multidimensional arrays of "wrapper" objects.
import java.util.*;

public class MultiDimWrapperArray {
  public static void main(String[] args) {
    Integer[][] a1 = { // Autoboxing
      { 1, 2, 3, },
      { 4, 5, 6, },
    };
    Double[][][] a2 = { // Autoboxing
      { { 1.1, 2.2 }, { 3.3, 4.4 } },
      { { 5.5, 6.6 }, { 7.7, 8.8 } },
```

```
      { { 9.9, 1.2 }, { 2.3, 3.4 } },
    };
    String[][] a3 = {
      { "The", "Quick", "Sly", "Fox" },
      { "Jumped", "Over" },
      { "The", "Lazy", "Brown", "Dog", "and", "friend" },
    };
    System.out.println("a1: " + Arrays.deepToString(a1));
    System.out.println("a2: " + Arrays.deepToString(a2));
    System.out.println("a3: " + Arrays.deepToString(a3));
  }
} /* Output:
a1: [[1, 2, 3], [4, 5, 6]]
a2: [[[1.1, 2.2], [3.3, 4.4]], [[5.5, 6.6], [7.7, 8.8]],
[[9.9, 1.2], [2.3, 3.4]]]
a3: [[The, Quick, Sly, Fox], [Jumped, Over], [The, Lazy,
Brown, Dog, and, friend]]
*///:~
```

在**Integer**和**Double**数组中，Java SE5的自动包装机制再次为我们创建了包装器对象。

练习3：(4) 编写一个方法，能够产生二维双精度型数组并加以初始化。数组的容量由方法的形式参数决定，其初值必须落在另外两个形式参数所指定的区间之内。编写第二个方法，打
758 印出第一个方法所产生的数组。在**main()**中通过产生不同容量的数组并打印其内容来测试这两个方法。

练习4：(2) 重复前一个练习，但改为三维数组。

练习5：(1) 证明基本类型的多维数组会自动被初始化为**null**。

练习6：(1) 编写一个方法，它接受两个表示二维数组尺寸的**int**参数。这个方法应该这两个根据尺寸参数，创建并填充一个**BerylliumSphere**二维数组。

练习7：(1) 重复前一个练习，但改为三维数组。

16.5 数组与泛型

通常，数组与泛型不能很好地结合。你不能实例化具有参数化类型的数组：

```
Peel<Banana>[] peels = new Peel<Banana>[10]; // Illegal
```

擦除会移除参数类型信息，而数组必须知道它们所持有的确切类型，以强制保证类型安全。

但是，你可以参数化数组本身的类型：

```
//: arrays/ParameterizedArrayType.java

class ClassParameter<T> {
  public T[] f(T[] arg) { return arg; }
}

class MethodParameter {
  public static <T> T[] f(T[] arg) { return arg; }
}

public class ParameterizedArrayType {
  public static void main(String[] args) {
    Integer[] ints = { 1, 2, 3, 4, 5 };
    Double[] doubles = { 1.1, 2.2, 3.3, 4.4, 5.5 };
    Integer[] ints2 =
      new ClassParameter<Integer>().f(ints);
    Double[] doubles2 =
      new ClassParameter<Double>().f(doubles);
    ints2 = MethodParameter.f(ints);
    doubles2 = MethodParameter.f(doubles);
  }
} ///:~
```

759

注意，使用参数化方法而不使用参数化类的方便之处在于：你不必为需要应用的每种不同的类型都使用一个参数去实例化这个类，并且你可以将其定义为静态的。当然，你不能总是选择使用参数化方法而不是参数化类，但是它应该成为首选。

正如上例所证明的那样，不能创建泛型数组这一说法并不十分准确。诚然，编译器确实不让你实例化泛型数组，但是，它允许你创建对这种数组的引用。例如：

```
List<String>[] ls;
```

这条语句可以顺利地通过编译器而不报任何错误。而且，尽管你不能创建实际的持有泛型的数组对象，但是你可以创建非泛型的数组，然后将其转型：

```
//: arrays/ArrayOfGenerics.java
// It is possible to create arrays of generics.
import java.util.*;

public class ArrayOfGenerics {
  @SuppressWarnings("unchecked")
  public static void main(String[] args) {
    List<String>[] ls;
    List[] la = new List[10];
    ls = (List<String>[])la; // "Unchecked" warning
    ls[0] = new ArrayList<String>();
    // Compile-time checking produces an error:
    //! ls[1] = new ArrayList<Integer>();

    // The problem: List<String> is a subtype of Object
    Object[] objects = ls; // So assignment is OK
    // Compiles and runs without complaint:
    objects[1] = new ArrayList<Integer>();

    // However, if your needs are straightforward it is
    // possible to create an array of generics, albeit
    // with an "unchecked" warning:                         760
    List<BerylliumSphere>[] spheres =
      (List<BerylliumSphere>[])new List[10];
    for(int i = 0; i < spheres.length; i++)
      spheres[i] = new ArrayList<BerylliumSphere>();
  }
} ///:~
```

一旦拥有了对**List<String>[]**的引用，你就会看到你将得到某些编译器检查。问题是数组是协变类型的，因此**List<String>[]**也是一个**Object[]**，并且你可以利用这一点，将一个**ArrayList<Integer>**赋值到你的数组中，而不会有任何编译期或运行时错误。

如果你知道将来不会向上转型，并且需求也相对比较简单，那么你仍旧可以创建泛型数组，它可以提供基本的编译期类型检查。但是，事实上，泛型容器总是比泛型数据更好的选择。

一般而言，你会发现泛型在类或方法的边界处很有效，而在类或方法的内部，擦除通常会使泛型变得不适用。例如，你不能创建泛型数组：

```
//: arrays/ArrayOfGenericType.java
// Arrays of generic types won't compile.

public class ArrayOfGenericType<T> {
  T[] array; // OK
  @SuppressWarnings("unchecked")
  public ArrayOfGenericType(int size) {
    //! array = new T[size]; // Illegal
    array = (T[])new Object[size]; // "unchecked" Warning
  }
  // Illegal:
  //! public <U> U[] makeArray() { return new U[10]; }
} ///:~
```

擦除再次成为了障碍——本例试图创建的类型已被擦除，因而是类型未知的数组。注意，你可以创建**Object**数组，然后将其转型，但是如果没有**@SuppressWarnings**注解，你将在编译期得到一个“不受检查”的警告消息，因为这个数组没有真正持有或动态检查类型**T**。也就是说，
761 如果我创建一个**String[]**，Java在编译期和运行时都会强制要求我只能将**String**对象置于该数组中。但是，如果创建的是**Object[]**，那么我就可以将除基本类型之外的任何对象置于该数组中。

练习8：(1) 证明前一段话中的断言。

练习9：(3) 创建**Peel<Banana>**所必需的类，并展示编译器不会接受它。使用**ArrayList**来改正此问题。

练习10：(2) 修改**ArrayOfGenerics.java**，在其中使用容器而不是数组。展示你可以根除编译期警告信息。

16.6 创建测试数据

通常，在试验数组和程序时，能够很方便地生成填充了测试数据的数组，将会很有帮助。本节介绍的工具就可以用数值或对象来填充数组。

16.6.1 Arrays.fill()

Java标准类库**Arrays**有一个作用十分有限的**fill()**方法：只能用同一个值填充各个位置，而针对对象而言，就是复制同一个引用进行填充。下面是一个示例：

```
//: arrays/FillingArrays.java
// Using Arrays.fill()
import java.util.*;
import static net.mindview.util.Print.*;

public class FillingArrays {
  public static void main(String[] args) {
    int size = 6;
    boolean[] a1 = new boolean[size];
    byte[] a2 = new byte[size];
    char[] a3 = new char[size];
    short[] a4 = new short[size];
    int[] a5 = new int[size];
    long[] a6 = new long[size];
    float[] a7 = new float[size];
    double[] a8 = new double[size];
    String[] a9 = new String[size];
    Arrays.fill(a1, true);
    print("a1 = " + Arrays.toString(a1));
762 Arrays.fill(a2, (byte)11);
    print("a2 = " + Arrays.toString(a2));
    Arrays.fill(a3, 'x');
    print("a3 = " + Arrays.toString(a3));
    Arrays.fill(a4, (short)17);
    print("a4 = " + Arrays.toString(a4));
    Arrays.fill(a5, 19);
    print("a5 = " + Arrays.toString(a5));
    Arrays.fill(a6, 23);
    print("a6 = " + Arrays.toString(a6));
    Arrays.fill(a7, 29);
    print("a7 = " + Arrays.toString(a7));
    Arrays.fill(a8, 47);
    print("a8 = " + Arrays.toString(a8));
    Arrays.fill(a9, "Hello");
    print("a9 = " + Arrays.toString(a9));
    // Manipulating ranges:
    Arrays.fill(a9, 3, 5, "World");
    print("a9 = " + Arrays.toString(a9));
```

```
  }
} /* Output:
a1 = [true, true, true, true, true, true]
a2 = [11, 11, 11, 11, 11, 11]
a3 = [x, x, x, x, x, x]
a4 = [17, 17, 17, 17, 17, 17]
a5 = [19, 19, 19, 19, 19, 19]
a6 = [23, 23, 23, 23, 23, 23]
a7 = [29.0, 29.0, 29.0, 29.0, 29.0, 29.0]
a8 = [47.0, 47.0, 47.0, 47.0, 47.0, 47.0]
a9 = [Hello, Hello, Hello, Hello, Hello, Hello]
a9 = [Hello, Hello, Hello, World, World, Hello]
*///:~
```

使用**Arrays.fill()**可以填充整个数组，或者像最后两条语句所示，只填充数组的某个区域。但是由于只能用单一的数值来调用**Arrays.fill()**，因此所产生的结果并非特别有用。

16.6.2 数据生成器

为了以灵活的方式创建更有意义的数组，我们将使用在第15章中引入的**Generator**概念。如果某个工具使用了**Generator**，那么你就可以通过选择**Generator**的类型来创建任何类型的数据（这是策略设计模式的一个实例——每个不同的**Generator**都表示一个不同的策略[⊖]）。 763

本节将提供一些**Generator**，并且，就像之前看到的，你还可以很容易地定义自己的**Generator**。

首先给出的是可以用于所有基本类型的包装器类型，以及**String**类型的最基本的计数生成器集合。这些生成器类都嵌套在**CountingGenerator**类中，从而使得它们能够使用与所要生成的对象类型相同的名字。例如，创建**Integer**对象的生成器可以通过表达式**new CountingGenerator.Integer()**来创建：

```
//: net/mindview/util/CountingGenerator.java
// Simple generator implementations.
package net.mindview.util;

public class CountingGenerator {
  public static class
  Boolean implements Generator<java.lang.Boolean> {
    private boolean value = false;
    public java.lang.Boolean next() {
      value = !value; // Just flips back and forth
      return value;
    }
  }
  public static class
  Byte implements Generator<java.lang.Byte> {
    private byte value = 0;
    public java.lang.Byte next() { return value++; }
  }
  static char[] chars = ("abcdefghijklmnopqrstuvwxyz" +
    "ABCDEFGHIJKLMNOPQRSTUVWXYZ").toCharArray();
  public static class
  Character implements Generator<java.lang.Character> {
    int index = -1;
    public java.lang.Character next() {
      index = (index + 1) % chars.length;
      return chars[index];
    }
  }
  public static class
```

764

⊖ 尽管在这里事情变得有点含糊，可能在此会产生争议，认为**Generator**应用了命令模式，但是我认为，实际的任务是填充数组，而**Generator**只实现了该任务的一部分，因此它更像是策略而不是命令。

```
String implements Generator<java.lang.String> {
  private int length = 7;
  Generator<java.lang.Character> cg = new Character();
  public String() {}
  public String(int length) { this.length = length; }
  public java.lang.String next() {
    char[] buf = new char[length];
    for(int i = 0; i < length; i++)
      buf[i] = cg.next();
    return new java.lang.String(buf);
  }
}
public static class
Short implements Generator<java.lang.Short> {
  private short value = 0;
  public java.lang.Short next() { return value++; }
}
public static class
Integer implements Generator<java.lang.Integer> {
  private int value = 0;
  public java.lang.Integer next() { return value++; }
}
public static class
Long implements Generator<java.lang.Long> {
  private long value = 0;
  public java.lang.Long next() { return value++; }
}
public static class
Float implements Generator<java.lang.Float> {
  private float value = 0;
  public java.lang.Float next() {
    float result = value;
    value += 1.0;
    return result;
  }
}
public static class
Double implements Generator<java.lang.Double> {
  private double value = 0.0;
  public java.lang.Double next() {
    double result = value;
    value += 1.0;
    return result;
  }
}
} ///:~
```

765

上面的每个类都实现了某种意义的"计数"。在**CountingGenerator.Character**中，计数只是不断地重复大写和小写字母；**CountingGenerator.String**类使用**CountingGenerator.Character**来填充一个字符数组，该数组将被转换为**String**，数组的尺寸取决于构造器参数。请注意，**CountingGenerator.String**使用的是基本的**Generator<java.lang.Character>**，而不是具体的对**CountingGenerator.Character**的引用。稍后，我们可以替换这个生成器，以生成**RandomGenerator.java**中的**RandomGenerator.String**。

下面是一个测试工具，针对嵌套的**Generator**这一惯用法，因为使用了反射所以这个工具可以遵循下面的形式来测试**Generator**的任何集合。

```
//: arrays/GeneratorsTest.java
import net.mindview.util.*;

public class GeneratorsTest {
  public static int size = 10;
  public static void test(Class<?> surroundingClass) {
    for(Class<?> type : surroundingClass.getClasses()) {
```

```
      System.out.print(type.getSimpleName() + ": ");
      try {
        Generator<?> g = (Generator<?>)type.newInstance();
        for(int i = 0; i < size; i++)
          System.out.printf(g.next() + " ");
        System.out.println();
      } catch(Exception e) {
        throw new RuntimeException(e);
      }
    }
  }
  public static void main(String[] args) {
    test(CountingGenerator.class);
  }
} /* Output:
Double: 0.0 1.0 2.0 3.0 4.0 5.0 6.0 7.0 8.0 9.0
Float: 0.0 1.0 2.0 3.0 4.0 5.0 6.0 7.0 8.0 9.0
Long: 0 1 2 3 4 5 6 7 8 9
Integer: 0 1 2 3 4 5 6 7 8 9
Short: 0 1 2 3 4 5 6 7 8 9
String: abcdefg hijklmn opqrstu vwxyzAB CDEFGHI JKLMNOP
QRSTUVW XYZabcd efghijk lmnopqr
Character: a b c d e f g h i j
Byte: 0 1 2 3 4 5 6 7 8 9
Boolean: true false true false true false true false true
false
*///:~
```

766

这里假设待测类包含一组嵌套的**Generator**对象，其中每个都有一个默认构造器（无参构造器）。反射方法**getClasses()**可以生成所有的嵌套类，而**test()**方法可以为这些生成器中的每一个都创建一个实例，然后打印通过调用10次**next()**方法而产生的结果。

下面是一组使用随机数生成器的**Generator**。因为**Random**构造器使用常量进行初始化，所以，每次用这些**Generator**中的一个来运行程序时，所产生的输出都是可重复的：

```
//: net/mindview/util/RandomGenerator.java
// Generators that produce random values.
package net.mindview.util;
import java.util.*;

public class RandomGenerator {
  private static Random r = new Random(47);
  public static class
  Boolean implements Generator<java.lang.Boolean> {
    public java.lang.Boolean next() {
      return r.nextBoolean();
    }
  }
  public static class
  Byte implements Generator<java.lang.Byte> {
    public java.lang.Byte next() {
      return (byte)r.nextInt();
    }
  }
  public static class
  Character implements Generator<java.lang.Character> {
    public java.lang.Character next() {
      return CountingGenerator.chars[
        r.nextInt(CountingGenerator.chars.length)];
    }
  }
  public static class
  String extends CountingGenerator.String {
    // Plug in the random Character generator:
    { cg = new Character(); } // Instance initializer
    public String() {}
```

767

```
    public String(int length) { super(length); }
  }
  public static class
  Short implements Generator<java.lang.Short> {
    public java.lang.Short next() {
      return (short)r.nextInt();
    }
  }
  public static class
  Integer implements Generator<java.lang.Integer> {
    private int mod = 10000;
    public Integer() {}
    public Integer(int modulo) { mod = modulo; }
    public java.lang.Integer next() {
      return r.nextInt(mod);
    }
  }
  public static class
  Long implements Generator<java.lang.Long> {
    private int mod = 10000;
    public Long() {}
    public Long(int modulo) { mod = modulo; }
    public java.lang.Long next() {
      return new java.lang.Long(r.nextInt(mod));
    }
  }
  public static class
  Float implements Generator<java.lang.Float> {
    public java.lang.Float next() {
      // Trim all but the first two decimal places:
      int trimmed = Math.round(r.nextFloat() * 100);
      return ((float)trimmed) / 100;
    }
  }
  public static class
  Double implements Generator<java.lang.Double> {
     public java.lang.Double next() {
       long trimmed = Math.round(r.nextDouble() * 100);
       return ((double)trimmed) / 100;
     }
   }
} ///:~
```

768

你可以看到，**RandomGenerator.String**继承自**CountingGenerator.String**，并且只是插入了新的**Character**生成器。

为了不生成过大的数字，**RandomGenerator.Integer**默认使用的模数为10 000，但是重载的构造器允许你选择更小的值。同样的方式也应用到了**RandomGenerator.Long**上。对于**Float**和**Double**生成器，小数点之后的数字被截掉了。

我们复用**GeneratorTest**来测试**RandomGenerator**：

```
//: arrays/RandomGeneratorsTest.java
import net.mindview.util.*;

public class RandomGeneratorsTest {
  public static void main(String[] args) {
    GeneratorsTest.test(RandomGenerator.class);
  }
} /* Output:
Double: 0.73 0.53 0.16 0.19 0.52 0.27 0.26 0.05 0.8 0.76
Float: 0.53 0.16 0.53 0.4 0.49 0.25 0.8 0.11 0.02 0.8
Long: 7674 8804 8950 7826 4322 896 8033 2984 2344 5810
Integer: 8303 3141 7138 6012 9966 8689 7185 6992 5746 3976
Short: 3358 20592 284 26791 12834 -8092 13656 29324 -1423
5327
```

```
String: bkInaMe sbtWHkj UrUkZPg wsqPzDy CyRFJQA HxxHvHq
XumcXZJ oogoYWM NvqeuTp nXsgqia
Character: x x E A J J m z M s
Byte: -60 -17 55 -14 -5 115 39 -37 79 115
Boolean: false true false false true true true true true
true
*///:~
```

你可以通过修改**public**的**GeneratorTest.size**的值，来改变所产生的数值数量。 769

16.6.3 从Generator中创建数组

为了接收**Generator**并产生数组，我们需要两个转换工具。第一个工具使用任意的**Generator**来产生**Object**子类型的数组。为了处理基本类型，第二个工具接收任意基本类型的包装器类型数组，并产生相应的基本类型数组。

第一个工具有两种选项，并由重载的静态方法**array()**来表示。该方法的第一个版本接收一个已有的数组，并使用某个**Generator**来填充它，而第二个版本接收一个**Class**对象、一个**Generator**和所需的元素数量，然后创建一个新数组，并使用所接收的**Generator**来填充它。注意，这个工具只能产生**Object**子类型的数组，而不能产生基本类型数组：

```
//: net/mindview/util/Generated.java
package net.mindview.util;
import java.util.*;

public class Generated {
  // Fill an existing array:
  public static <T> T[] array(T[] a, Generator<T> gen) {
    return new CollectionData<T>(gen, a.length).toArray(a);
  }
  // Create a new array:
  @SuppressWarnings("unchecked")
  public static <T> T[] array(Class<T> type,
      Generator<T> gen, int size) {
    T[] a =
      (T[])java.lang.reflect.Array.newInstance(type, size);
    return new CollectionData<T>(gen, size).toArray(a);
  }
} ///:~
```

CollectionData类将在第17章中定义，它将创建一个**Collection**对象，该对象中所填充的元素是由生成器**gen**产生的，而元素的数量则由构造器的第二个参数确定。所有的**Collection**子类型都拥有**toArray()**方法，该方法将使用**Collection**中的元素来填充参数数组。 770

第二个方法使用反射来动态创建具有恰当类型和数量的新数组，然后使用与第一个方法相同的技术来填充该数组。

我们可以使用在前一节中定义的**CountingGenerator**类中的某个生成器来测试**Generated**：

```
//: arrays/TestGenerated.java
import java.util.*;
import net.mindview.util.*;

public class TestGenerated {
  public static void main(String[] args) {
    Integer[] a = { 9, 8, 7, 6 };
    System.out.println(Arrays.toString(a));
    a = Generated.array(a,new CountingGenerator.Integer());
    System.out.println(Arrays.toString(a));
    Integer[] b = Generated.array(Integer.class,
        new CountingGenerator.Integer(), 15);
    System.out.println(Arrays.toString(b));
  }
} /* Output:
```

```
[9, 8, 7, 6]
[0, 1, 2, 3]
[0, 1, 2, 3, 4, 5, 6, 7, 8, 9, 10, 11, 12, 13, 14]
*///:~
```

即使数组a被初始化过，其中的那些值也在将其传递给**Generated.array()**之后被覆写了，因为这个方法会替换这些值（但是会保证原数组的正确性）。**b**的初始化展示了如何从无到有地创建填充了元素的数组。

泛型不能用于基本类型，而我们确实想用生成器来填充基本类型数组。为了解决这个问题，我们创建了一个转换器，它可以接收任意的包装器对象数组，并将其转换为相应的基本类型数组。如果没有这个工具，我们就必须为所有的基本类型创建特殊的生成器。

```
//: net/mindview/util/ConvertTo.java
package net.mindview.util;

public class ConvertTo {
  public static boolean[] primitive(Boolean[] in) {
    boolean[] result = new boolean[in.length];
    for(int i = 0; i < in.length; i++)
      result[i] = in[i]; // Autounboxing
    return result;
  }
```
771
```
  public static char[] primitive(Character[] in) {
    char[] result = new char[in.length];
    for(int i = 0; i < in.length; i++)
      result[i] = in[i];
    return result;
  }
  public static byte[] primitive(Byte[] in) {
    byte[] result = new byte[in.length];
    for(int i = 0; i < in.length; i++)
      result[i] = in[i];
    return result;
  }
  public static short[] primitive(Short[] in) {
    short[] result = new short[in.length];
    for(int i = 0; i < in.length; i++)
      result[i] = in[i];
    return result;
  }
  public static int[] primitive(Integer[] in) {
    int[] result = new int[in.length];
    for(int i = 0; i < in.length; i++)
      result[i] = in[i];
    return result;
  }
  public static long[] primitive(Long[] in) {
    long[] result = new long[in.length];
    for(int i = 0; i < in.length; i++)
      result[i] = in[i];
    return result;
  }
  public static float[] primitive(Float[] in) {
    float[] result = new float[in.length];
    for(int i = 0; i < in.length; i++)
      result[i] = in[i];
    return result;
  }
  public static double[] primitive(Double[] in) {
    double[] result = new double[in.length];
    for(int i = 0; i < in.length; i++)
      result[i] = in[i];
    return result;
  }
} ///:~
```
772

primitive()方法的每个版本都可以创建适当的具有恰当长度的基本类型数组，然后向其中复制包装器类型数组**in**中的元素。注意，在下面的表达式中会进行自动拆包：

```
result[i] = in[i];
```

下面的示例展示了如何将**ConvertTo**应用于两个版本的**Generated.array()**上：

```
//: arrays/PrimitiveConversionDemonstration.java
import java.util.*;
import net.mindview.util.*;

public class PrimitiveConversionDemonstration {
  public static void main(String[] args) {
    Integer[] a = Generated.array(Integer.class,
        new CountingGenerator.Integer(), 15);
    int[] b = ConvertTo.primitive(a);
    System.out.println(Arrays.toString(b));
    boolean[] c = ConvertTo.primitive(
      Generated.array(Boolean.class,
        new CountingGenerator.Boolean(), 7));
    System.out.println(Arrays.toString(c));
  }
} /* Output:
[0, 1, 2, 3, 4, 5, 6, 7, 8, 9, 10, 11, 12, 13, 14]
[true, false, true, false, true, false, true]
*///:~
```

最后，下面的程序将使用**RandomGenerator**中的类来测试这些数组生成工具：

```
//: arrays/TestArrayGeneration.java
// Test the tools that use generators to fill arrays.
import java.util.*;
import net.mindview.util.*;
import static net.mindview.util.Print.*;

public class TestArrayGeneration {
  public static void main(String[] args) {
    int size = 6;
    boolean[] a1 = ConvertTo.primitive(Generated.array(
      Boolean.class, new RandomGenerator.Boolean(), size));
    print("a1 = " + Arrays.toString(a1));
    byte[] a2 = ConvertTo.primitive(Generated.array(
      Byte.class, new RandomGenerator.Byte(), size));
    print("a2 = " + Arrays.toString(a2));
    char[] a3 = ConvertTo.primitive(Generated.array(
      Character.class,
      new RandomGenerator.Character(), size));
    print("a3 = " + Arrays.toString(a3));
    short[] a4 = ConvertTo.primitive(Generated.array(
      Short.class, new RandomGenerator.Short(), size));
    print("a4 = " + Arrays.toString(a4));
    int[] a5 = ConvertTo.primitive(Generated.array(
      Integer.class, new RandomGenerator.Integer(), size));
    print("a5 = " + Arrays.toString(a5));
    long[] a6 = ConvertTo.primitive(Generated.array(
      Long.class, new RandomGenerator.Long(), size));
    print("a6 = " + Arrays.toString(a6));
    float[] a7 = ConvertTo.primitive(Generated.array(
      Float.class, new RandomGenerator.Float(), size));
    print("a7 = " + Arrays.toString(a7));
    double[] a8 = ConvertTo.primitive(Generated.array(
      Double.class, new RandomGenerator.Double(), size));
    print("a8 = " + Arrays.toString(a8));
  }
} /* Output:
a1 = [true, false, true, false, false, true]
a2 = [104, -79, -76, 126, 33, -64]
```

773

```
a3 = [Z, n, T, c, Q, r]
a4 = [-13408, 22612, 15401, 15161, -28466, -12603]
a5 = [7704, 7383, 7706, 575, 8410, 6342]
a6 = [7674, 8804, 8950, 7826, 4322, 896]
a7 = [0.01, 0.2, 0.4, 0.79, 0.27, 0.45]
a8 = [0.16, 0.87, 0.7, 0.66, 0.87, 0.59]
*///:~
```

这些测试还可以确保**ConvertTo.primitive()**方法的每个版本都可以正确地工作。

练习11：(2) 展示自动包装机制不能应用于数组。

练习12：(1) 用**CountingGenerator**创建一个初始化过的**double**数组并打印结果。

练习13：(2) 用**CountingGenerator.Character**填充一个**String**。

练习14：(6) 对每个基本类型都创建一个数组，然后用**CountingGenerator**来填充每个数组
774 并打印所有的数组。

练习15：(2) 修改**ContainerComparison.java**，创建一个用于**BerylliumSphere**的**Generator**，并修改**main()**方法，再将这个**Generator**作用于**Generated.array()**。

练习16：(3) 从**CountingGenerator.java**开始，创建一个**SkipGenerator**类，它可以根据构造器参数，通过递增产生新值。修改**TestArrayGeneration.java**，以展示新类可以正确地工作。

练习17：(5) 创建并测试用于**BigDecimal**的**Generator**，并确保它可以用于**Generated**中的方法。

16.7 Arrays实用功能

在**java.util**类库中可以找到**Arrays**类，它有一套用于数组的**static**实用方法，其中有六个基本方法：**equals()**用于比较两个数组是否相等（**deepEquals()**用于多维数组）；**fill()**在本章前面部分已经论述过了；**sort()**用于对数组排序；**binarySearch()**用于在已经排序的数组中查找元素；**toString()**产生数组的**String**表示；**hashCode()**产生数组的散列码（你将在第17章中学习它）。所有这些方法对各种基本类型和**Object**类而重载过。此外，**Arrays.asList()**接受任意的序列或数组作为其参数，并将其转变为**List**容器——这个方法在第11章中已经介绍过了。

在讨论**Arrays**的方法之前，我们先看看另一个不属于**Arrays**但很有用的方法。

16.7.1 复制数组

Java标准类库提供有**static**方法**System.arraycopy()**，用它复制数组比用**for**循环复制要快很多。**System.arraycopy()**针对所有类型做了重载。下面的例子就是用来处理**int**数组的：

```
//: arrays/CopyingArrays.java
// Using System.arraycopy()
import java.util.*;
import static net.mindview.util.Print.*;

public class CopyingArrays {
775
  public static void main(String[] args) {
    int[] i = new int[7];
    int[] j = new int[10];
    Arrays.fill(i, 47);
    Arrays.fill(j, 99);
    print("i = " + Arrays.toString(i));
    print("j = " + Arrays.toString(j));
    System.arraycopy(i, 0, j, 0, i.length);
    print("j = " + Arrays.toString(j));
    int[] k = new int[5];
    Arrays.fill(k, 103);
```

```
    System.arraycopy(i, 0, k, 0, k.length);
    print("k = " + Arrays.toString(k));
    Arrays.fill(k, 103);
    System.arraycopy(k, 0, i, 0, k.length);
    print("i = " + Arrays.toString(i));
    // Objects:
    Integer[] u = new Integer[10];
    Integer[] v = new Integer[5];
    Arrays.fill(u, new Integer(47));
    Arrays.fill(v, new Integer(99));
    print("u = " + Arrays.toString(u));
    print("v = " + Arrays.toString(v));
    System.arraycopy(v, 0, u, u.length/2, v.length);
    print("u = " + Arrays.toString(u));
  }
} /* Output:
i = [47, 47, 47, 47, 47, 47, 47]
j = [99, 99, 99, 99, 99, 99, 99, 99, 99, 99]
j = [47, 47, 47, 47, 47, 47, 47, 99, 99, 99]
k = [47, 47, 47, 47, 47]
i = [103, 103, 103, 103, 103, 47, 47]
u = [47, 47, 47, 47, 47, 47, 47, 47, 47, 47]
v = [99, 99, 99, 99, 99]
u = [47, 47, 47, 47, 47, 99, 99, 99, 99, 99]
*///:~
```

arraycopy()需要的参数有：源数组，表示从源数组中的什么位置开始复制的偏移量，表示从目标数组的什么位置开始复制的偏移量，以及需要复制的元素个数。当然，对数组的任何越界操作都会导致异常。

这个例子说明基本类型数组与对象数组都可以复制。然而，如果复制对象数组，那么只是复制了对象的引用——而不是对象本身的拷贝。这被称作*浅复制*（shallow copy）（参见本书的在线补充材料以了解更多的内容）。 776

System.arraycopy()不会执行自动包装和自动拆包，两个数组必须具有相同的确切类型。

练习18：(3) 创建并填充一个**BerylliumSphere**数组，将这个数组复制到一个新数组中，并展示这是一种浅复制。

16.7.2 数组的比较

Arrays类提供了重载后的**equals()**方法，用来比较整个数组。同样，此方法针对所有基本类型与**Object**都做了重载。数组相等的条件是元素个数必须相等，并且对应位置的元素也相等，这可以通过对每一个元素使用**equals()**作比较来判断。（对于基本类型，需要使用基本类型的包装器类的**equals()**方法，例如，对于**int**类型使用**Integer.equals()**作比较）见下例：

```
//: arrays/ComparingArrays.java
// Using Arrays.equals()
import java.util.*;
import static net.mindview.util.Print.*;

public class ComparingArrays {
  public static void main(String[] args) {
    int[] a1 = new int[10];
    int[] a2 = new int[10];
    Arrays.fill(a1, 47);
    Arrays.fill(a2, 47);
    print(Arrays.equals(a1, a2));
    a2[3] = 11;
    print(Arrays.equals(a1, a2));
    String[] s1 = new String[4];
    Arrays.fill(s1, "Hi");
```

```
    String[] s2 = { new String("Hi"), new String("Hi"),
      new String("Hi"), new String("Hi") };
    print(Arrays.equals(s1, s2));
  }
} /* Output:
true
false
true
*///:~
```

777 最初，**a1**与**a2**完全相等，所以输出为true；然后改变其中一个元素，使得结果为false。在最后一个例子中，**s1**的所有元素都指向同一个对象，而数组**s2**包含五个相互独立的对象。然而，数组相等是基于内容的（通过**Object.equals()**比较），所以结果为true。

练习19：(2) 创建一个类，它有一个用构造器中的参数初始化的**int**域。创建由这个类的对象构成的两个数组，每个数组都使用了相同的初始化值，然后展示它们不相等的**Arrays.equals()**声明。在你的类中添加一个**equals()**方法来解决此问题。

练习20：(4) 演示用于多维数组的**deepEquals()**方法。

16.7.3 数组元素的比较

排序必须根据对象的实际类型执行比较操作。一种自然的解决方案是为每种不同的类型各编写一个不同的排序方法，但是这样的代码难以被新的类型所复用。

程序设计的基本目标是“将保持不变的事物与会发生改变的事物相分离”，而这里，不变的是通用的排序算法，变化的是各种对象相互比较的方式。因此，不是将进行比较的代码编写成不同的子程序，而是使用策略设计模式[⊖]。通过使用策略，可以将“会发生变化的代码”封装在单独的类中（策略对象），你可以将策略对象传递给总是相同的代码，这些代码将使用策略来完成其算法。通过这种方式，你能够用不同的对象来表示不同的比较方式，然后将它们传递给相同的排序代码。

Java 有两种方式来提供比较功能。第一种是实现**java.lang.Comparable**接口，使你的类具有“天生”的比较能力。此接口很简单，只有**compareTo()**一个方法。此方法接收另一个**Object**为参数，如果当前对象小于参数则返回负值，如果相等则返回零，如果当前对象大于参数则返回
778 正值。

下面的类实现了**Comparable**接口，并且使用Java标准类库的方法**Arrays.sort()**演示了比较的效果：

```
//: arrays/CompType.java
// Implementing Comparable in a class.
import java.util.*;
import net.mindview.util.*;
import static net.mindview.util.Print.*;

public class CompType implements Comparable<CompType> {
  int i;
  int j;
  private static int count = 1;
  public CompType(int n1, int n2) {
    i = n1;
    j = n2;
  }
  public String toString() {
    String result = "[i = " + i + ", j = " + j + "]";
    if(count++ % 3 == 0)
```

⊖ 参考Erich Gamma的《Design Pattern》和www.MindView上的《Thinking in Pattern（With Java)》。其中《Design Pattern》的中文版、英文影印版及双语版均已由机械工业出版社出版——编辑注。

```
      result += "\n";
    return result;
  }
  public int compareTo(CompType rv) {
    return (i < rv.i ? -1 : (i == rv.i ? 0 : 1));
  }
  private static Random r = new Random(47);
  public static Generator<CompType> generator() {
    return new Generator<CompType>() {
      public CompType next() {
        return new CompType(r.nextInt(100),r.nextInt(100));
      }
    };
  }
  public static void main(String[] args) {
    CompType[] a =
      Generated.array(new CompType[12], generator());
    print("before sorting:");
    print(Arrays.toString(a));
    Arrays.sort(a);
    print("after sorting:");
    print(Arrays.toString(a));
  }
} /* Output:
before sorting:
[[i = 58, j = 55], [i = 93, j = 61], [i = 61, j = 29]
, [i = 68, j = 0], [i = 22, j = 7], [i = 88, j = 28]
, [i = 51, j = 89], [i = 9, j = 78], [i = 98, j = 61]
, [i = 20, j = 58], [i = 16, j = 40], [i = 11, j = 22]
]
after sorting:
[[i = 9, j = 78], [i = 11, j = 22], [i = 16, j = 40]
, [i = 20, j = 58], [i = 22, j = 7], [i = 51, j = 89]
, [i = 58, j = 55], [i = 61, j = 29], [i = 68, j = 0]
, [i = 88, j = 28], [i = 93, j = 61], [i = 98, j = 61]
]
*///:~
```

779

在定义作比较的方法时，由你来负责决定将你的一个对象与另一个对象作比较的含义。这里在比较中只用到了**i**值，而忽略了**j**值。

generator()方法生成一个对象，此对象通过创建一个匿名内部类（见第8章）来实现**Generator**接口。该例中构建**CompType**对象，并使用随机数加以初始化。在**main()**中，使用生成器填充**CompType**的数组，然后对其排序。如果没有实现**Comparable**接口，调用**sort()**的时候会抛出**ClassCastException**这个运行时异常。因为**sort()**需要把参数的类型转变为**Comparable**。

假设有人给你一个并没有实现**Comparable**的类，或者给你的类实现了**Comparable**，但是你不喜欢它的实现方式，你需要另外一种不同的比较方法。要解决这个问题，可以创建一个实现了**Comparator**接口（在第11章中简要介绍过）的单独的类。这是策略设计模式的一个应用实例。这个类有**compare()** 和**equals()** 两个方法。然而，不一定要实现**equals()**方法，除非有特殊的性能需要，因为无论何时创建一个类，都是间接继承自**Object**，而**Object**带有**equals()**方法。所以只需用默认的**Object**的**equals()**方法就可以满足接口的要求了。 780

Collections类（在下一章会详细介绍）包含一个**reverseOrder()**方法，该方法可以产生一个**Comparator**，它可以反转自然的排序顺序。这很容易应用于**CompType**:

```
//: arrays/Reverse.java
// The Collections.reverseOrder() Comparator
import java.util.*;
import net.mindview.util.*;
import static net.mindview.util.Print.*;

public class Reverse {
```

```
  public static void main(String[] args) {
    CompType[] a = Generated.array(
      new CompType[12], CompType.generator());
    print("before sorting:");
    print(Arrays.toString(a));
    Arrays.sort(a, Collections.reverseOrder());
    print("after sorting:");
    print(Arrays.toString(a));
  }
} /* Output:
before sorting:
[[i = 58, j = 55], [i = 93, j = 61], [i = 61, j = 29]
, [i = 68, j = 0], [i = 22, j = 7], [i = 88, j = 28]
, [i = 51, j = 89], [i = 9, j = 78], [i = 98, j = 61]
, [i = 20, j = 58], [i = 16, j = 40], [i = 11, j = 22]
]
after sorting:
[[i = 98, j = 61], [i = 93, j = 61], [i = 88, j = 28]
, [i = 68, j = 0], [i = 61, j = 29], [i = 58, j = 55]
, [i = 51, j = 89], [i = 22, j = 7], [i = 20, j = 58]
, [i = 16, j = 40], [i = 11, j = 22], [i = 9, j = 78]
]
*///:~
```

也可以编写自己的Comparator。在这里的CompType对象是基于j值而不是基于i值的。

```
//: arrays/ComparatorTest.java
// Implementing a Comparator for a class.
import java.util.*;
import net.mindview.util.*;
import static net.mindview.util.Print.*;
```

781

```
class CompTypeComparator implements Comparator<CompType> {
  public int compare(CompType o1, CompType o2) {
    return (o1.j < o2.j ? -1 : (o1.j == o2.j ? 0 : 1));
  }
}

public class ComparatorTest {
  public static void main(String[] args) {
    CompType[] a = Generated.array(
      new CompType[12], CompType.generator());
    print("before sorting:");
    print(Arrays.toString(a));
    Arrays.sort(a, new CompTypeComparator());
    print("after sorting:");
    print(Arrays.toString(a));
  }
} /* Output:
before sorting:
[[i = 58, j = 55], [i = 93, j = 61], [i = 61, j = 29]
, [i = 68, j = 0], [i = 22, j = 7], [i = 88, j = 28]
, [i = 51, j = 89], [i = 9, j = 78], [i = 98, j = 61]
, [i = 20, j = 58], [i = 16, j = 40], [i = 11, j = 22]
]
after sorting:
[[i = 68, j = 0], [i = 22, j = 7], [i = 11, j = 22]
, [i = 88, j = 28], [i = 61, j = 29], [i = 16, j = 40]
, [i = 58, j = 55], [i = 20, j = 58], [i = 93, j = 61]
, [i = 98, j = 61], [i = 9, j = 78], [i = 51, j = 89]
]
*///:~
```

练习21：(3) 试着对练习18中的对象数组进行排序。

16.7.4 数组排序

使用内置的排序方法，就可以对任意的基本类型数组排序；也可以对任意的对象数组进行排序，只要该对象实现了**Comparable**接口或具有相关联的**Comparator**[⊖]。下面的例子生成随机的**String**对象，并对其排序： 782

```
//: arrays/StringSorting.java
// Sorting an array of Strings.
import java.util.*;
import net.mindview.util.*;
import static net.mindview.util.Print.*;

public class StringSorting {
  public static void main(String[] args) {
    String[] sa = Generated.array(new String[20],
      new RandomGenerator.String(5));
    print("Before sort: " + Arrays.toString(sa));
    Arrays.sort(sa);
    print("After sort: " + Arrays.toString(sa));
    Arrays.sort(sa, Collections.reverseOrder());
    print("Reverse sort: " + Arrays.toString(sa));
    Arrays.sort(sa, String.CASE_INSENSITIVE_ORDER);
    print("Case-insensitive sort: " + Arrays.toString(sa));
  }
} /* Output:
Before sort: [YNzbr, nyGcF, OWZnT, cQrGs, eGZMm, JMRoE,
suEcU, OneOE, dLsmw, HLGEa, hKcxr, EqUCB, bkIna, Mesbt,
WHkjU, rUkZP, gwsqP, zDyCy, RFJQA, HxxHv]
After sort: [EqUCB, HLGEa, HxxHv, JMRoE, Mesbt, OWZnT,
OneOE, RFJQA, WHkjU, YNzbr, bkIna, cQrGs, dLsmw, eGZMm,
gwsqP, hKcxr, nyGcF, rUkZP, suEcU, zDyCy]
Reverse sort: [zDyCy, suEcU, rUkZP, nyGcF, hKcxr, gwsqP,
eGZMm, dLsmw, cQrGs, bkIna, YNzbr, WHkjU, RFJQA, OneOE,
OWZnT, Mesbt, JMRoE, HxxHv, HLGEa, EqUCB]
Case-insensitive sort: [bkIna, cQrGs, dLsmw, eGZMm, EqUCB,
gwsqP, hKcxr, HLGEa, HxxHv, JMRoE, Mesbt, nyGcF, OneOE,
OWZnT, RFJQA, rUkZP, suEcU, WHkjU, YNzbr, zDyCy]
*///:~
```

注意，**String**排序算法依据词典编排顺序排序，所以大写字母开头的词都放在前面输出，然后才是小写字母开头的词。（电话簿通常是这样排序的。）如果想忽略大小写字母将单词都放在一起排序，那么可以像上例中最后一个对**sort()**的调用一样，使用String。CASE_INSENSITIVE_ORDER。

Java标准类库中的排序算法针对正排序的特殊类型进行了优化——针对基本类型设计的“快速排序”（Quicksort），以及针对对象设计的“稳定归并排序”。所以无须担心排序的性能，除非你可以证明排序部分的确是程序效率的瓶颈。 783

16.7.5 在已排序的数组中查找

如果数组已经排好序了，就可以使用**Arrays.binarySearch()**执行快速查找。如果要对未排序的数组使用binarySearch()，那么将产生不可预料的结果。下面的例子使用**RandIntGenerator.Integer**填充数组，然后再使用同样的生成器生成要查找的值：

```
//: arrays/ArraySearching.java
// Using Arrays.binarySearch().
import java.util.*;
import net.mindview.util.*;
import static net.mindview.util.Print.*;

public class ArraySearching {
  public static void main(String[] args) {
```

⊖ 令人惊奇的是，Java 1.0或1.1对**String**排序未提供任何支持。

```
    Generator<Integer> gen =
      new RandomGenerator.Integer(1000);
    int[] a = ConvertTo.primitive(
      Generated.array(new Integer[25], gen));
    Arrays.sort(a);
    print("Sorted array: " + Arrays.toString(a));
    while(true) {
      int r = gen.next();
      int location = Arrays.binarySearch(a, r);
      if(location >= 0) {
        print("Location of " + r + " is " + location +
          ", a[" + location + "] = " + a[location]);
        break; // Out of while loop
      }
    }
  }
} /* Output:
Sorted array: [128, 140, 200, 207, 258, 258, 278, 288, 322,
429, 511, 520, 522, 551, 555, 589, 693, 704, 809, 861, 861,
868, 916, 961, 998]
Location of 322 is 8, a[8] = 322
*///:~
```

784 在**while**循环中随机生成一些值作为查找的对象，直到找到一个才停止循环。

如果找到了目标，**Arrays.binarySearch()**产生的返回值等于或大于0。否则，它产生负返回值，表示若要保持数组的排序状态此目标元素所应该插入的位置。这个负值的计算方式是：

```
-（插入点） - 1
```

“插入点”是指，第一个大于查找对象的元素在数组中的位置，如果数组中所有的元素都小于要查找的对象，“插入点”就等于**a.size()**。

如果数组包含重复的元素，则无法保证找到的是这些副本中的哪一个。搜索算法确实不是专为包含重复元素的数组而设计的，不过仍然可用。如果需要对没有重复元素的数组排序，可以使用**TreeSet**（保持排序顺序），或者**LinkedHashSet**（保持插入顺序），后面我们将会介绍它们。这些类会自动处理所有的细节。除非它们成为程序性能的瓶颈，否则不需要自己维护数组。

如果使用**Comparator**排序了某个对象数组（基本类型数组无法使用**Comparator**进行排序），在使用**binarySearch()**时必须提供同样的**Comparator**（使用**binarySearch ()**方法的重载版本）。例如，可以修改**StringSorting.java**程序以进行某种查找：

```
//: arrays/AlphabeticSearch.java
// Searching with a Comparator.
import java.util.*;
import net.mindview.util.*;

public class AlphabeticSearch {
  public static void main(String[] args) {
    String[] sa = Generated.array(new String[30],
      new RandomGenerator.String(5));
    Arrays.sort(sa, String.CASE_INSENSITIVE_ORDER);
    System.out.println(Arrays.toString(sa));
    int index = Arrays.binarySearch(sa, sa[10],
      String.CASE_INSENSITIVE_ORDER);
    System.out.println("Index: "+ index + "\n"+ sa[index]);
  }
} /* Output:
[bkIna, cQrGs, cXZJo, dLsmw, eGZMm, EqUCB, gwsqP, hKcxr,
HLGEa, HqXum, HxxHv, JMRoE, JmzMs, Mesbt, MNvqe, nyGcF,
ogoYW, OneOE, OWZnT, RFJQA, rUkZP, sgqia, slJrL, suEcU,
uTpnX, vpfFv, WHkjU, xxEAJ, YNzbr, zDyCy]
Index: 10
HxxHv
*///:~
```

785

这里的**Comparator**必须接受重载过的**binarySearch()**作为其第三个参数。在这个例子中，由于要查找的目标就是从数组中选出来的元素，所以肯定能查找到。

练习22：(2) 通过程序说明在未排序数组上执行**binarySearch()**方法的结果是不可预知的。

练习23：(2) 创建一个**Integer**数组，用随机的**int**数值填充它（使用自动包装机制），再使用**Comparator**将其进行反向排序。

练习24：(3) 通过程序说明练习19中的类是可查找的。

16.8 总结

在本章中，你看到了Java对尺寸固定的低级数组提供了适度的支持。这种数组强调的是性能而不是灵活性，并且与C和C++的数组模型类似。在Java的初始版本中，尺寸固定的低级数组绝对是必需的，不仅是因为Java的设计者选择在Java中要包含基本类型（也是出于性能方面的考虑），而且还因为那个版本中对容器的支持非常少。因此，在Java的早期版本中，选择包含数组总是合理的。

其后的Java版本对容器的支持得到了明显的改进，并且现在的容器在除了性能之外的各个方面都使得数组相形见绌。就像在本书其他多处地方所叙述的那样，对你来说，性能出问题的地方通常是无论如何你都无法想象得到的。

有了额外的自动包装机制和泛型，在容器中持有基本类型就变得易如反掌了，而这也进一步促使你用容器来替换数组。因为泛型可以产生类型安全的容器，因此数组面对这一变化，已经变得毫无优势了。

就像在本章中描述的，而且当你尝试着使用它们时也会看到，泛型对数组是极大的威胁。通常，即使当你可以让泛型与数组以某种方式一起工作时（在下一章你将会看到），在编译期你最终也会得到“不受检查”的警告信息。 786

曾经在多个场合，当我和Java语言的设计者们讨论某些特定的示例时，我直接告诉他们：我应该使用容器而不是数组（在这些示例中，我使用数组是为了演示某些具体的技术，因此我没有选择的余地）。

所有这些话题都表示：当你使用最近的Java版本编程时，应该“优选容器而不是数组”。只有在已证明性能成为问题（并且切换到数组对性能提高有所帮助）时，你才应该将程序重构为使用数组。

这是一个相当清晰的陈述，但是有些语言根本就没有尺寸固定的低级数组，它们只有尺寸可调的容器，这些容器与C/C++/Java风格的数组相比，明显具有更多的功能。例如，Python[⊖]具有一个使用基本数组语法的**List**类型，但是它具有更多功能——你甚至可以继承它。

```
#: arrays/PythonLists.py

aList = [1, 2, 3, 4, 5]
print type(aList) # <type 'list'>
print aList # [1, 2, 3, 4, 5]
print aList[4] # 5   Basic list indexing
aList.append(6) # lists can be resized
aList += [7, 8] # Add a list to a list
print aList # [1, 2, 3, 4, 5, 6, 7, 8]
aSlice = aList[2:4]
print aSlice # [3, 4]

class MyList(list): # Inherit from list
```

⊖ 查看 www.Python.org。

```
    # Define a method, 'this' pointer is explicit:
    def getReversed(self):
        reversed = self[:] # Copy list using slices
        reversed.reverse() # Built-in list method
        return reversed

list2 = MyList(aList) # No 'new' needed for object creation
print type(list2) # <class '__main__.MyList'>
print list2.getReversed() # [8, 7, 6, 5, 4, 3, 2, 1]
#:~
```
787

前一章已经介绍过基本的Python语法。在本例中，直接通过用方括号括起来的且由逗号分隔的对象序列，创建了一个列表，所产生的结果就是运行时类型为List的一个对象（**print**语句的输出如同一行的注释所示）。打印**List**的结果与使用Java中的**Arrays.toString()**相同。

创建**List**的子序列是通过在索引操作的内部放置“**:**”操作符，从而用“切片”来实现的。**List**类型具有很多内置的操作。

MyList是一个类定义，在括号内的是其基类。在这个类的内部，**def**语句将产生方法，而方法的第一个参数自动地与Java中的**this**等价，只是在Python中它是显式的，并且按惯例其标识符为**self**（这不是关键字）。请注意构造器是如何自动继承的。

尽管Python中的每项事物确实都是对象（包括整型和浮点类型），但是仍旧有其他出口，使得你可以去优化代码中性能关键的部分，这时需要用C或C++编写一些扩展，或者使用被称为Pyrex的特殊工具，它被设计用来让我们更方便地提高代码的执行速度。通过这种方式，你仍旧可以保持对象的纯粹性，同时又不妨碍对性能的改进。

PHP语言[1]走得更远，它只有单一的数组类型，即可以充当用**int**来索引的数组，也可以充当关联数组（Map）。

在Java不断演化了许多年之后，研究这样一个问题会相当有趣：如果Java的设计者们能够从头再来，他们是否还会在Java语言中设计基本类型的低级数组。如果当初抛弃它们，Java也许就会成为真正的纯面向对象语言（不管人们如何宣传，Java仍旧不是纯面向对象语言，而原因正是这些低级的绊脚石）。最初有关效率的论点总是很吸引人，但是随着时间的推移，我们看到了与这种思想背道而驰，向着使用像容器这类高级构件的方向的演化。另外，如果容器能够像某
788 些语言一样内置于语言的内核中，那么编译器就会得到更好的优化良机。

我们肯定还会使用数组，并且你在读代码的时候还会看到它，但是，容器几乎总是更好的选择。

练习25：(3) 用Java重写**PythonLists.py**。

789~790 所选习题的答案都可以在名为The Thinking in Java Annotated Solution Guide的电子文档中找到，读者可以从https://www.mindviewllc.com处购买此文档。

---

[1] 查看www.php.net。

第17章 容器深入研究

第11章介绍了Java容器类库的概念和基本功能，这些对于使用容器来说已经足够了。本章将更深入地探索这个重要的类库。

为了充分利用容器类库，你需要了解比第11章中介绍的内容更多的知识，但是本章依赖于高级特性（例如泛型），因此被安排在了全书较为靠后的位置。

在对容器有了更加完备的了解之后，你将学习散列机制是如何工作的，以及在使用散列容器时怎样编写**hashCode()**和**equals()**方法。你还将学习为什么某些容器会有不同版本的实现，以及怎样在它们之间进行选择。本章最后将以对通用便利工具和特殊类的探索作为结束。

17.1 完整的容器分类法

第11.14节展示了Java容器类库的简化图。下面是集合类库更加完备的图。包括抽象类和遗留构件（不包括**Queue**的实现）： 791

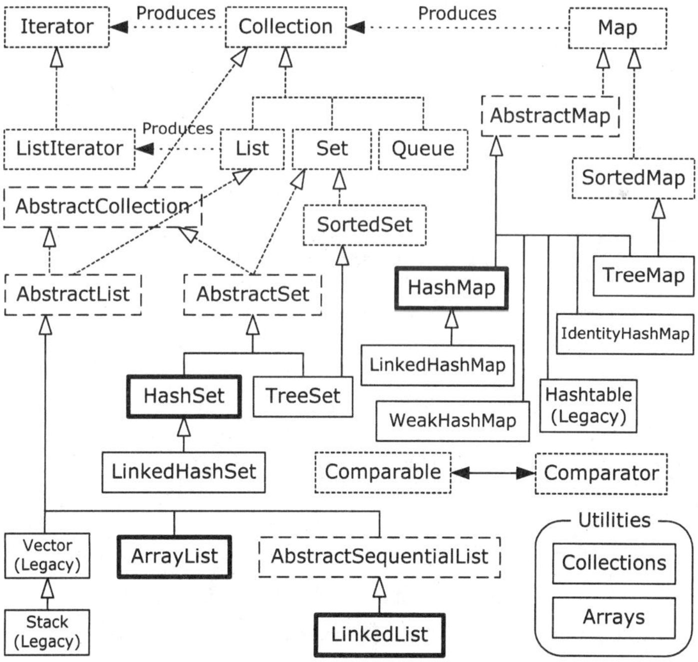

Full Container Taxonomy

Java SE5新添加了：

- **Queue**接口（正如在第11章所介绍，**LinkedList**已经为实现该接口做了修改）及其实现**PriorityQueue**和各种风格的**BlockingQueue**，其中**BlockingQueue**将在第21章中介绍。
- **ConcurrentMap**接口及其实现**ConcurrentHashMap**，它们也是用于多线程机制的，同样会在第21章中介绍。

792 • **CopyOnWriteArrayList**和**CopyOnWriteArraySet**，它们也是用于多线程机制的。

• **EnumSet**和**EnumMap**，为使用**enum**而设计的**Set**和**Map**的特殊实现，将在第19章中介绍。

• 在**Collections**类中的多个便利方法。

虚线框表示**abstract**类，你可以看到大量的类的名字都是以**Abstract**开头的。这些类可能初看起来有点令人困惑，但是它们只是部分实现了特定接口的工具。例如，如果你在创建自己的**Set**，那么并不用从**Set**接口开始并实现其中的全部方法，只需从**AbstractSet**继承，然后执行一些创建新类必需的工作。但是，事实上容器类库包含足够多的功能，任何时刻都可以满足你的需求，因此你通常可以忽略以**Abstract**开头的这些类，

17.2 填充容器

虽然容器打印的问题解决了，容器的填充仍然像**java.util.Arrays**一样面临同样的不足。就像**Arrays**一样，相应的**Collections**类也有一些实用的**static**方法，其中包括**fill()**。与**Arrays**版本一样，此fill()方法也是只复制同一个对象引用来填充整个容器的，并且只对List对象有用，但是所产生的列表可以传递给构造器或**addAll()**方法：

```
//: containers/FillingLists.java
// The Collections.fill() & Collections.nCopies() methods.
import java.util.*;

class StringAddress {
  private String s;
  public StringAddress(String s) { this.s = s; }
  public String toString() {
    return super.toString() + " " + s;
  }
}

public class FillingLists {
  public static void main(String[] args) {
    List<StringAddress> list= new ArrayList<StringAddress>(
      Collections.nCopies(4, new StringAddress("Hello")));
793 System.out.println(list);
    Collections.fill(list, new StringAddress("World!"));
    System.out.println(list);
  }
} /* Output: (Sample)
[StringAddress@82ba41 Hello, StringAddress@82ba41 Hello,
StringAddress@82ba41 Hello, StringAddress@82ba41 Hello]
[StringAddress@923e30 World!, StringAddress@923e30 World!,
StringAddress@923e30 World!, StringAddress@923e30 World!]
*///:~
```

这个示例展示了两种用对单个对象的引用来填充**Collection**的方式，第一种是使用**Collections.nCopies()**创建传递给构造器的**List**，这里填充的是**ArrayList**。

StringAddress的**toString()**方法调用**Object.toString()**并产生该类的名字，后面紧跟该对象的散列码的无符号十六进制表示（通过**hashCode()**生成的）。从输出中你可以看到所有引用都被设置为指向相同的对象，在第二种方法的**Collection.fill()**被调用之后也是如此。**fill()**方法的用处更有限，因为它只能替换已经在**List**中存在的元素，而不能添加新的元素。

17.2.1 一种Generator解决方案

事实上，所有的**Collection**子类型都有一个接收另一个**Collection**对象的构造器，用所接收的**Collection**对象中的元素来填充新的容器。为了更加容易地创建测试数据，我们需要做的是构建接收**Generator**（在第15章中定义并在第16章中深入探讨过）和**quantity**数值并将它们作为构造

器参数的类：

```
//: net/mindview/util/CollectionData.java
// A Collection filled with data using a generator object.
package net.mindview.util;
import java.util.*;

public class CollectionData<T> extends ArrayList<T> {
  public CollectionData(Generator<T> gen, int quantity) {
    for(int i = 0; i < quantity; i++)
      add(gen.next());
  }
  // A generic convenience method:
  public static <T> CollectionData<T>
  list(Generator<T> gen, int quantity) {
    return new CollectionData<T>(gen, quantity);
  }
} ///:~
```

794

这个类使用**Generator**在容器中放置所需数量的对象，然后所产生的容器可以传递给任何**Collection**的构造器，这个构造器会把其中的数据复制到自身中。**addAll()**方法是所有**Collection**子类型的一部分，它也可以用来组装现有的**Collection**。

泛型便利方法可以减少在使用类时所必需的类型检查数量。

CollectionData是适配器设计模式[⊖]的一个实例，它将**Generator**适配到**Collection**的构造器上。

下面是初始化**LinkedHashSet**的一个示例：

```
//: containers/CollectionDataTest.java
import java.util.*;
import net.mindview.util.*;

class Government implements Generator<String> {
  String[] foundation = ("strange women lying in ponds " +
    "distributing swords is no basis for a system of " +
    "government").split(" ");
  private int index;
  public String next() { return foundation[index++]; }
}

public class CollectionDataTest {
  public static void main(String[] args) {
    Set<String> set = new LinkedHashSet<String>(
      new CollectionData<String>(new Government(), 15));
    // Using the convenience method:
    set.addAll(CollectionData.list(new Government(), 15));
    System.out.println(set);
  }
} /* Output:
[strange, women, lying, in, ponds, distributing, swords,
is, no, basis, for, a, system, of, government]
*///:~
```

795

这些元素的顺序与它们的插入顺序相同，因为**LinkedHashSet**维护的是保持了插入顺序的链接列表。

在第16章中定义的所有操作符现在通过**CollectionData**适配器都是可用的。下面是使用了其中两个操作符的示例：

⊖ 与《设计模式》这本书中所定义的适配器相比，这也许并非是适配器的严格定义，但是我认为它符合适配器思想的基本精神。该书中文版、英文影印版与双语版均已由机械工业出版社出版。——编辑注

```
//: containers/CollectionDataGeneration.java
// Using the Generators defined in the Arrays chapter.
import java.util.*;
import net.mindview.util.*;

public class CollectionDataGeneration {
  public static void main(String[] args) {
    System.out.println(new ArrayList<String>(
      CollectionData.list( // Convenience method
        new RandomGenerator.String(9), 10)));
    System.out.println(new HashSet<Integer>(
      new CollectionData<Integer>(
        new RandomGenerator.Integer(), 10)));
  }
} /* Output:
[YNzbrnyGc, FOWZnTcQr, GseGZMmJM, RoEsuEcUO, neOEdLsmw,
HLGEahKcx, rEqUCBbkI, naMesbtWH, kjUrUkZPg, wsqPzDyCy]
[573, 4779, 871, 4367, 6090, 7882, 2017, 8037, 3455, 299]
*///:~
```

RandomGenerator.String所产生的**String**长度是通过构造器参数控制的。

17.2.2 Map生成器

我们可以对**Map**使用相同的方式，但是这需要有一个**Pair**类，因为为了组装**Map**，每次调用**Generator**的**next()**方法都必须产生一个对象对（一个键和一个值）：

```
//: net/mindview/util/Pair.java
package net.mindview.util;

public class Pair<K,V> {
  public final K key;
  public final V value;
  public Pair(K k, V v) {
    key = k;
    value = v;
  }
} ///:~
```

796

key和**value**域都是**public**和**final**的，这是为了使**Pair**成为只读的数据传输对象（或信使）。

Map适配器现在可以使用各种不同的**Generator**、**Iterator**和常量值的组合来填充**Map**初始化对象：

```
//: net/mindview/util/MapData.java
// A Map filled with data using a generator object.
package net.mindview.util;
import java.util.*;

public class MapData<K,V> extends LinkedHashMap<K,V> {
  // A single Pair Generator:
  public MapData(Generator<Pair<K,V>> gen, int quantity) {
    for(int i = 0; i < quantity; i++) {
      Pair<K,V> p = gen.next();
      put(p.key, p.value);
    }
  }
  // Two separate Generators:
  public MapData(Generator<K> genK, Generator<V> genV,
      int quantity) {
    for(int i = 0; i < quantity; i++) {
      put(genK.next(), genV.next());
    }
  }
  // A key Generator and a single value:
  public MapData(Generator<K> genK, V value, int quantity){
    for(int i = 0; i < quantity; i++) {
```

```
      put(genK.next(), value);
    }
  }
  // An Iterable and a value Generator:
  public MapData(Iterable<K> genK, Generator<V> genV) {
    for(K key : genK) {
      put(key, genV.next());
    }
  }
  // An Iterable and a single value:
  public MapData(Iterable<K> genK, V value) {
    for(K key : genK) {
      put(key, value);
    }
  }
  // Generic convenience methods:
  public static <K,V> MapData<K,V>
  map(Generator<Pair<K,V>> gen, int quantity) {
    return new MapData<K,V>(gen, quantity);
  }
  public static <K,V> MapData<K,V>
  map(Generator<K> genK, Generator<V> genV, int quantity) {
    return new MapData<K,V>(genK, genV, quantity);
  }
  public static <K,V> MapData<K,V>
  map(Generator<K> genK, V value, int quantity) {
    return new MapData<K,V>(genK, value, quantity);
  }
  public static <K,V> MapData<K,V>
  map(Iterable<K> genK, Generator<V> genV) {
    return new MapData<K,V>(genK, genV);
  }
  public static <K,V> MapData<K,V>
  map(Iterable<K> genK, V value) {
    return new MapData<K,V>(genK, value);
  }
} ///:~
```

797

这给了你一个机会，去选择使用单一的**Generator<Pair<K,V>>**、两个分离的**Generator**、一个**Generator**和一个常量值、一个**Iterable**（包括任何**Collection**）和一个**Generator**，还是一个**Iterable**和一个单一值。泛型便利方法可以减少在创建**MapData**类时所必需的类型检查数量。

下面是一个使用**MapData**的示例。**LettersGenerator**通过产生一个**Iterator**还实现了**Iterable**，通过这种方式，它可以被用来测试**MapData.map()**方法，而这些方法都需要用到**Iterable**：

798

```
//: containers/MapDataTest.java
import java.util.*;
import net.mindview.util.*;
import static net.mindview.util.Print.*;

class Letters implements Generator<Pair<Integer,String>>,
  Iterable<Integer> {
  private int size = 9;
  private int number = 1;
  private char letter = 'A';
  public Pair<Integer,String> next() {
    return new Pair<Integer,String>(
      number++, "" + letter++);
  }
  public Iterator<Integer> iterator() {
    return new Iterator<Integer>() {
      public Integer next() { return number++; }
      public boolean hasNext() { return number < size; }
      public void remove() {
        throw new UnsupportedOperationException();
      }
```

```
    };
  }
}

public class MapDataTest {
  public static void main(String[] args) {
    // Pair Generator:
    print(MapData.map(new Letters(), 11));
    // Two separate generators:
    print(MapData.map(new CountingGenerator.Character(),
      new RandomGenerator.String(3), 8));
    // A key Generator and a single value:
    print(MapData.map(new CountingGenerator.Character(),
      "Value", 6));
    // An Iterable and a value Generator:
    print(MapData.map(new Letters(),
      new RandomGenerator.String(3)));
    // An Iterable and a single value:
    print(MapData.map(new Letters(), "Pop"));
  }
} /* Output:
{1=A, 2=B, 3=C, 4=D, 5=E, 6=F, 7=G, 8=H, 9=I, 10=J, 11=K}
{a=YNz, b=brn, c=yGc, d=FOW, e=ZnT, f=cQr, g=Gse, h=GZM}
{a=Value, b=Value, c=Value, d=Value, e=Value, f=Value}
{1=mJM, 2=RoE, 3=suE, 4=cUO, 5=neO, 6=EdL, 7=smw, 8=HLG}
{1=Pop, 2=Pop, 3=Pop, 4=Pop, 5=Pop, 6=Pop, 7=Pop, 8=Pop}
*///:~
```

799 这个示例也使用了第16章中的生成器。

可以使用工具来创建任何用于**Map**或**Collection**的生成数据集，然后通过构造器或**Map.putAll()**和**Collection.addAll()**方法来初始化**Map**和**Collection**。

17.2.3 使用Abstract类

对于产生用于容器的测试数据问题，另一种解决方式是创建定制的**Collection**和**Map**实现。每个**java.util**容器都有其自己的**Abstract**类，它们提供了该容器的部分实现，因此你必须做的只是去实现那些产生想要的容器所必需的方法。如果所产生的容器是只读的，就像它通常用的测试数据那样，那么你需要提供的方法数量将减少到最少。

尽管在本例中不是特别需要，但是下面的解决方案还是提供了一个机会来演示另一种设计模式：*享元*。你可以在普通的解决方案需要过多的对象，或者产生普通对象太占用空间时使用享元。享元模式使得对象的一部分可以被具体化，因此，与对象中的所有事物都包含在对象内部不同，我们可以在更加高效的外部表中查找对象的一部分或整体（或者通过某些其他节省空间的计算来产生对象的一部分或整体）。

这个示例的关键之处在于演示通过继承**java.util.Abstract**来创建定制的**Map**和**Collection**到底有多简单。为了创建只读的**Map**，可以继承**AbstractMap**并实现**entrySet()**。为了创建只读的**Set**，可以继承**AbstractSet**并实现**iterator()**和**size()**。

本例中使用的数据集是由世界上的国家以及它们的首都构成的**Map**[⊖]。**capitals()**方法产生国家与首都的**Map**，**name()**方法产生国名的**List**。在两种情况中，你都可以通过提供表所需尺寸的**int**参数来获取部分列表：

800
```
//: net/mindview/util/Countries.java
// "Flyweight" Maps and Lists of sample data.
package net.mindview.util;
import java.util.*;
import static net.mindview.util.Print.*;
```

⊖ 这个数据是从Internet上找到的，读者们已经提交了各种各样的校正。

```
public class Countries {
  public static final String[][] DATA = {
    // Africa
    {"ALGERIA","Algiers"}, {"ANGOLA","Luanda"},
    {"BENIN","Porto-Novo"}, {"BOTSWANA","Gaberone"},
    {"BURKINA FASO","Ouagadougou"},
    {"BURUNDI","Bujumbura"},
    {"CAMEROON","Yaounde"}, {"CAPE VERDE","Praia"},
    {"CENTRAL AFRICAN REPUBLIC","Bangui"},
    {"CHAD","N'djamena"},  {"COMOROS","Moroni"},
    {"CONGO","Brazzaville"}, {"DJIBOUTI","Dijibouti"},
    {"EGYPT","Cairo"}, {"EQUATORIAL GUINEA","Malabo"},
    {"ERITREA","Asmara"}, {"ETHIOPIA","Addis Ababa"},
    {"GABON","Libreville"}, {"THE GAMBIA","Banjul"},
    {"GHANA","Accra"}, {"GUINEA","Conakry"},
    {"BISSAU","Bissau"},
    {"COTE D'IVOIR (IVORY COAST)","Yamoussoukro"},
    {"KENYA","Nairobi"}, {"LESOTHO","Maseru"},
    {"LIBERIA","Monrovia"}, {"LIBYA","Tripoli"},
    {"MADAGASCAR","Antananarivo"}, {"MALAWI","Lilongwe"},
    {"MALI","Bamako"}, {"MAURITANIA","Nouakchott"},
    {"MAURITIUS","Port Louis"}, {"MOROCCO","Rabat"},
    {"MOZAMBIQUE","Maputo"}, {"NAMIBIA","Windhoek"},
    {"NIGER","Niamey"}, {"NIGERIA","Abuja"},
    {"RWANDA","Kigali"},
    {"SAO TOME E PRINCIPE","Sao Tome"},
    {"SENEGAL","Dakar"}, {"SEYCHELLES","Victoria"},
    {"SIERRA LEONE","Freetown"}, {"SOMALIA","Mogadishu"},
    {"SOUTH AFRICA","Pretoria/Cape Town"},
    {"SUDAN","Khartoum"},
    {"SWAZILAND","Mbabane"}, {"TANZANIA","Dodoma"},
    {"TOGO","Lome"}, {"TUNISIA","Tunis"},
    {"UGANDA","Kampala"},
    {"DEMOCRATIC REPUBLIC OF THE CONGO (ZAIRE)",
     "Kinshasa"},
    {"ZAMBIA","Lusaka"}, {"ZIMBABWE","Harare"},
    // Asia
    {"AFGHANISTAN","Kabul"}, {"BAHRAIN","Manama"},
    {"BANGLADESH","Dhaka"}, {"BHUTAN","Thimphu"},            801
    {"BRUNEI","Bandar Seri Begawan"},
    {"CAMBODIA","Phnom Penh"},
    {"CHINA","Beijing"}, {"CYPRUS","Nicosia"},
    {"INDIA","New Delhi"}, {"INDONESIA","Jakarta"},
    {"IRAN","Tehran"}, {"IRAQ","Baghdad"},
    {"ISRAEL","Jerusalem"}, {"JAPAN","Tokyo"},
    {"JORDAN","Amman"}, {"KUWAIT","Kuwait City"},
    {"LAOS","Vientiane"}, {"LEBANON","Beirut"},
    {"MALAYSIA","Kuala Lumpur"}, {"THE MALDIVES","Male"},
    {"MONGOLIA","Ulan Bator"},
    {"MYANMAR (BURMA)","Rangoon"},
    {"NEPAL","Katmandu"},
    {"DEMOCRATIC PEOPLE'S REPUBLIC OF KOREA","P'yongyang"},
    {"OMAN","Muscat"}, {"PAKISTAN","Islamabad"},
    {"PHILIPPINES","Manila"}, {"QATAR","Doha"},
    {"SAUDI ARABIA","Riyadh"}, {"SINGAPORE","Singapore"},
    {"REPUBLIC OF KOREA","Seoul"}, {"SRI LANKA","Colombo"},
    {"SYRIA","Damascus"},
    {"THAILAND","Bangkok"}, {"TURKEY","Ankara"},
    {"UNITED ARAB EMIRATES","Abu Dhabi"},
    {"VIETNAM","Hanoi"}, {"YEMEN","Sana'a"},
    // Australia and Oceania
    {"AUSTRALIA","Canberra"}, {"FIJI","Suva"},
    {"KIRIBATI","Bairiki"},
    {"MARSHALL ISLANDS","Dalap-Uliga-Darrit"},
    {"MICRONESIA","Palikir"}, {"NAURU","Yaren"},
    {"NEW ZEALAND","Wellington"}, {"PALAU","Koror"},
    {"PAPUA NEW GUINEA","Port Moresby"},
```

```
  {"SOLOMON ISLANDS","Honaira"}, {"TONGA","Nuku'alofa"},
  {"TUVALU","Fongafale"}, {"VANUATU","< Port-Vila"},
  {"WESTERN SAMOA","Apia"},
  // Eastern Europe and former USSR
  {"ARMENIA","Yerevan"}, {"AZERBAIJAN","Baku"},
  {"BELARUS (BYELORUSSIA)","Minsk"},{"BULGARIA","Sofia"},
  {"GEORGIA","Tbilisi"},
  {"KAZAKSTAN","Almaty"}, {"KYRGYZSTAN","Alma-Ata"},
  {"MOLDOVA","Chisinau"}, {"RUSSIA","Moscow"},
  {"TAJIKISTAN","Dushanbe"}, {"TURKMENISTAN","Ashkabad"},
  {"UKRAINE","Kyiv"}, {"UZBEKISTAN","Tashkent"},
  // Europe
  {"ALBANIA","Tirana"}, {"ANDORRA","Andorra la Vella"},
  {"AUSTRIA","Vienna"}, {"BELGIUM","Brussels"},
  {"BOSNIA","-"}, {"HERZEGOVINA","Sarajevo"},
802
  {"CROATIA","Zagreb"}, {"CZECH REPUBLIC","Prague"},
  {"DENMARK","Copenhagen"}, {"ESTONIA","Tallinn"},
  {"FINLAND","Helsinki"}, {"FRANCE","Paris"},
  {"GERMANY","Berlin"}, {"GREECE","Athens"},
  {"HUNGARY","Budapest"}, {"ICELAND","Reykjavik"},
  {"IRELAND","Dublin"}, {"ITALY","Rome"},
  {"LATVIA","Riga"}, {"LIECHTENSTEIN","Vaduz"},
  {"LITHUANIA","Vilnius"}, {"LUXEMBOURG","Luxembourg"},
  {"MACEDONIA","Skopje"}, {"MALTA","Valletta"},
  {"MONACO","Monaco"}, {"MONTENEGRO","Podgorica"},
  {"THE NETHERLANDS","Amsterdam"}, {"NORWAY","Oslo"},
  {"POLAND","Warsaw"}, {"PORTUGAL","Lisbon"},
  {"ROMANIA","Bucharest"}, {"SAN MARINO","San Marino"},
  {"SERBIA","Belgrade"}, {"SLOVAKIA","Bratislava"},
  {"SLOVENIA","Ljuijana"}, {"SPAIN","Madrid"},
  {"SWEDEN","Stockholm"}, {"SWITZERLAND","Berne"},
  {"UNITED KINGDOM","London"}, {"VATICAN CITY","---"},
  // North and Central America
  {"ANTIGUA AND BARBUDA","Saint John's"},
  {"BAHAMAS","Nassau"},
  {"BARBADOS","Bridgetown"}, {"BELIZE","Belmopan"},
  {"CANADA","Ottawa"}, {"COSTA RICA","San Jose"},
  {"CUBA","Havana"}, {"DOMINICA","Roseau"},
  {"DOMINICAN REPUBLIC","Santo Domingo"},
  {"EL SALVADOR","San Salvador"},
  {"GRENADA","Saint George's"},
  {"GUATEMALA","Guatemala City"},
  {"HAITI","Port-au-Prince"},
  {"HONDURAS","Tegucigalpa"}, {"JAMAICA","Kingston"},
  {"MEXICO","Mexico City"}, {"NICARAGUA","Managua"},
  {"PANAMA","Panama City"}, {"ST. KITTS","-"},
  {"NEVIS","Basseterre"}, {"ST. LUCIA","Castries"},
  {"ST. VINCENT AND THE GRENADINES","Kingstown"},
  {"UNITED STATES OF AMERICA","Washington, D.C."},
  // South America
  {"ARGENTINA","Buenos Aires"},
  {"BOLIVIA","Sucre (legal)/La Paz(administrative)"},
  {"BRAZIL","Brasilia"}, {"CHILE","Santiago"},
  {"COLOMBIA","Bogota"}, {"ECUADOR","Quito"},
  {"GUYANA","Georgetown"}, {"PARAGUAY","Asuncion"},
  {"PERU","Lima"}, {"SURINAME","Paramaribo"},
  {"TRINIDAD AND TOBAGO","Port of Spain"},
  {"URUGUAY","Montevideo"}, {"VENEZUELA","Caracas"},
};
803
// Use AbstractMap by implementing entrySet()
private static class FlyweightMap
extends AbstractMap<String,String> {
  private static class Entry
  implements Map.Entry<String,String> {
    int index;
    Entry(int index) { this.index = index; }
    public boolean equals(Object o) {
```

```
      return DATA[index][0].equals(o);
    }
    public String getKey() { return DATA[index][0]; }
    public String getValue() { return DATA[index][1]; }
    public String setValue(String value) {
      throw new UnsupportedOperationException();
    }
    public int hashCode() {
      return DATA[index][0].hashCode();
    }
  }
  // Use AbstractSet by implementing size() & iterator()
  static class EntrySet
  extends AbstractSet<Map.Entry<String,String>> {
    private int size;
    EntrySet(int size) {
      if(size < 0)
        this.size = 0;
      // Can't be any bigger than the array:
      else if(size > DATA.length)
        this.size = DATA.length;
      else
        this.size = size;
    }
    public int size() { return size; }
    private class Iter
    implements Iterator<Map.Entry<String,String>> {
      // Only one Entry object per Iterator:
      private Entry entry = new Entry(-1);
      public boolean hasNext() {
        return entry.index < size - 1;
      }
      public Map.Entry<String,String> next() {
        entry.index++;
        return entry;
      }
      public void remove() {
        throw new UnsupportedOperationException();
      }
    }
    public
    Iterator<Map.Entry<String,String>> iterator() {
      return new Iter();
    }
  }
  private static Set<Map.Entry<String,String>> entries =
    new EntrySet(DATA.length);
  public Set<Map.Entry<String,String>> entrySet() {
    return entries;
  }
}
// Create a partial map of 'size' countries:
static Map<String,String> select(final int size) {
  return new FlyweightMap() {
    public Set<Map.Entry<String,String>> entrySet() {
      return new EntrySet(size);
    }
  };
}
static Map<String,String> map = new FlyweightMap();
public static Map<String,String> capitals() {
  return map; // The entire map
}
public static Map<String,String> capitals(int size) {
  return select(size); // A partial map
}
static List<String> names =
```

804

```
    new ArrayList<String>(map.keySet());
  // All the names:
  public static List<String> names() { return names; }
  // A partial list:
  public static List<String> names(int size) {
    return new ArrayList<String>(select(size).keySet());
  }
  public static void main(String[] args) {
    print(capitals(10));
    print(names(10));
    print(new HashMap<String,String>(capitals(3)));
    print(new LinkedHashMap<String,String>(capitals(3)));
    print(new TreeMap<String,String>(capitals(3)));
805    print(new Hashtable<String,String>(capitals(3)));
    print(new HashSet<String>(names(6)));
    print(new LinkedHashSet<String>(names(6)));
    print(new TreeSet<String>(names(6)));
    print(new ArrayList<String>(names(6)));
    print(new LinkedList<String>(names(6)));
    print(capitals().get("BRAZIL"));
  }
} /* Output:
{ALGERIA=Algiers, ANGOLA=Luanda, BENIN=Porto-Novo,
BOTSWANA=Gaberone, BULGARIA=Sofia, BURKINA
FASO=Ouagadougou, BURUNDI=Bujumbura, CAMEROON=Yaounde, CAPE
VERDE=Praia, CENTRAL AFRICAN REPUBLIC=Bangui}
[ALGERIA, ANGOLA, BENIN, BOTSWANA, BULGARIA, BURKINA FASO,
BURUNDI, CAMEROON, CAPE VERDE, CENTRAL AFRICAN REPUBLIC]
{BENIN=Porto-Novo, ANGOLA=Luanda, ALGERIA=Algiers}
{ALGERIA=Algiers, ANGOLA=Luanda, BENIN=Porto-Novo}
{ALGERIA=Algiers, ANGOLA=Luanda, BENIN=Porto-Novo}
{ALGERIA=Algiers, ANGOLA=Luanda, BENIN=Porto-Novo}
[BULGARIA, BURKINA FASO, BOTSWANA, BENIN, ANGOLA, ALGERIA]
[ALGERIA, ANGOLA, BENIN, BOTSWANA, BULGARIA, BURKINA FASO]
[ALGERIA, ANGOLA, BENIN, BOTSWANA, BULGARIA, BURKINA FASO]
[ALGERIA, ANGOLA, BENIN, BOTSWANA, BULGARIA, BURKINA FASO]
[ALGERIA, ANGOLA, BENIN, BOTSWANA, BULGARIA, BURKINA FASO]
Brasilia
*///:~
```

二维数组**String DATA**是**public**的，因此它可以在其他地方使用。**FlyweightMap**必须实现**entrySet()**方法，它需要定制的**Set**实现和定制的**Map.Entry**类。这里正是享元部分：每个**Map.Entry**对象都只存储了它的索引，而不是实际的键和值。当你调用**getKey()**和**getValue()**时，它们会使用该索引来返回恰当的**DATA**元素。**EntrySet**可以确保它的**size**不会大于**DATA**。

你可以在**EntrySet.Iterator**中看到享元其他部分的实现。与为**DATA**中的每个数据对都创建**Map.Entry**对象不同，每个迭代器只有一个**Map.Entry**。**Entry**对象被用作数据的视窗，它只包
806 含在静态字符串数组中的索引。你每次调用迭代器的**next()**方法时，**Entry**中的**index**都会递增，使其指向下一个元素对，然后从**next()**返回该**Iterator**所持有的单一的**Entry**对象[⊖]。

select()方法将产生一个包含指定尺寸的**EntrySet**的**FlyweightMap**，它会被用于重载过的**capitals()**和**names()**方法，正如在**main()**中所演示的那样。

对于某些测试，**Countries**的尺寸受限会成为问题。我们可以采用与产生定制容器相同的方式来解决，其中定制容器是经过初始化的，并且具有任意尺寸的数据集。下面的类是一个**List**，它可以具有任意尺寸，并且用**Integer**数据（有效地）进行了预初始化：

⊖ **java.util**中的**Map**使用了用于**Map**的**getKey()**和**getValue()**来执行成批复制，因此这样是可以工作的。如果定制的**Map**直接复制完整的**Map.Entry**，那么这种方法就会有问题。

```
//: net/mindview/util/CountingIntegerList.java
// List of any length, containing sample data.
package net.mindview.util;
import java.util.*;

public class CountingIntegerList
extends AbstractList<Integer> {
  private int size;
  public CountingIntegerList(int size) {
    this.size = size < 0 ? 0 : size;
  }
  public Integer get(int index) {
    return Integer.valueOf(index);
  }
  public int size() { return size; }
  public static void main(String[] args) {
    System.out.println(new CountingIntegerList(30));
  }
} /* Output:
[0, 1, 2, 3, 4, 5, 6, 7, 8, 9, 10, 11, 12, 13, 14, 15, 16,
17, 18, 19, 20, 21, 22, 23, 24, 25, 26, 27, 28, 29]
*///:~
```

为了从**AbstractList**创建只读的**List**，你必须实现**get()**和**size()**。这里再次使用了享元解决方案：当你寻找值时，**get()**将产生它，因此这个**List**实际上并不必组装。 807

下面是包含经过预初始化，并且都是唯一的**Integer**和**String**对的**Map**，它可以具有任意尺寸：

```
//: net/mindview/util/CountingMapData.java
// Unlimited-length Map containing sample data.
package net.mindview.util;
import java.util.*;

public class CountingMapData
extends AbstractMap<Integer,String> {
  private int size;
  private static String[] chars =
    "A B C D E F G H I J K L M N O P Q R S T U V W X Y Z"
    .split(" ");
  public CountingMapData(int size) {
    if(size < 0) this.size = 0;
    this.size = size;
  }
  private static class Entry
  implements Map.Entry<Integer,String> {
    int index;
    Entry(int index) { this.index = index; }
    public boolean equals(Object o) {
      return Integer.valueOf(index).equals(o);
    }
    public Integer getKey() { return index; }
    public String getValue() {
      return
        chars[index % chars.length] +
        Integer.toString(index / chars.length);
    }
    public String setValue(String value) {
      throw new UnsupportedOperationException();
    }
    public int hashCode() {
      return Integer.valueOf(index).hashCode();
    }
  }
  public Set<Map.Entry<Integer,String>> entrySet() {
    // LinkedHashSet retains initialization order:
    Set<Map.Entry<Integer,String>> entries =
      new LinkedHashSet<Map.Entry<Integer,String>>();
```

808

```
    for(int i = 0; i < size; i++)
      entries.add(new Entry(i));
    return entries;
  }
  public static void main(String[] args) {
    System.out.println(new CountingMapData(60));
  }
} /* Output:
{0=A0, 1=B0, 2=C0, 3=D0, 4=E0, 5=F0, 6=G0, 7=H0, 8=I0,
9=J0, 10=K0, 11=L0, 12=M0, 13=N0, 14=O0, 15=P0, 16=Q0,
17=R0, 18=S0, 19=T0, 20=U0, 21=V0, 22=W0, 23=X0, 24=Y0,
25=Z0, 26=A1, 27=B1, 28=C1, 29=D1, 30=E1, 31=F1, 32=G1,
33=H1, 34=I1, 35=J1, 36=K1, 37=L1, 38=M1, 39=N1, 40=O1,
41=P1, 42=Q1, 43=R1, 44=S1, 45=T1, 46=U1, 47=V1, 48=W1,
49=X1, 50=Y1, 51=Z1, 52=A2, 53=B2, 54=C2, 55=D2, 56=E2,
57=F2, 58=G2, 59=H2}
*///:~
```

这里使用的是**LinkedHashSet**，而不是定制的**Set**类，因此享元并未完全实现。

练习1：(1) 创建一个**List**（用**ArrayList**和**LinkedList**都尝试一下），然后用**Countries**来填充。对该列表排序并打印，然后将**Collections.shuffle()**方法重复地应用于该列表，并且每次都打印它，这样你就可以看到**shuffle()**方法是如何每次都将列表随机打乱的了。

练习2：(2) 生成一个**Map**和**Set**，使其包含所有以字母A开头的国家。

练习3：(1) 使用**Countries**，用同样的数据多次填充**Set**，然后验证此**Set**中没有重复的元素。使用**HashSet**、**LinkedHashSet**和**TreeSet**做此测试。

练习4：(2) 创建一个**Collection**初始化器，它将打开一个文件，并用**TextFile**将其断开为单词，然后将这些单词作为所产生的**Collection**的数据源使用。请演示它是可以工作的。

练习5：(3) 修改**CountingMapData.java**，通过添加像**Countries.java**中那样的定制**EntrySet**类，来完全实现享元。

17.3 Collection的功能方法

下面的表格列出了可以通过**Collection**执行的所有操作（不包括从**Object**继承而来的方法）。
809 因此，它们也是可通过**Set**或**List**执行的所有操作（**List**还有额外的功能）。**Map**不是继承自**Collection**的，所以会另行介绍。

boolean add(T)	确保容器持有具有泛型类型T的参数。如果没有将此参数添加进容器，则返回**false**（这是“可选”的方法，稍后会解释）
boolean addAll(Collection<? extends T>)	添加参数中的所有元素。只要添加了任意元素就返回**true**（可选的）
void clear()	移除容器中的所有元素（可选的）
boolean contains(T)	如果容器已经持有具有泛型类型T此参数，则返回**true**
Boolean containsAll(Collection<?>)	如果容器持有此参数中的所有元素，则返回true
boolean isEmpty()	容器中没有元素时返回**true**
Iterator<T> iterator()	返回一个**Iterator<T>**，可以用来遍历容器中的元素
Boolean remove(Object)	如果参数在容器中，则移除此元素的一个实例。如果做了移除动作，则返回**true**(可选的)
boolean removeAll(Collection<?>)	移除参数中的所有元素。只要有移除动作发生就返回**true**（可选的）
Boolean retainAll(Collection<?>)	只保存参数中的元素（应用集合论的“交集”概念）。只要**Collection**发生了改变就返回**true**（可选的）
int size()	返回容器中元素的数目
Object[] toArray()	返回一个数组，该数组包含容器中的所有元素
<T> T[] toArray(T[] a)	返回一个数组，该数组包含容器中的所有元素。返回结果的运行时类型与参数数组a的类型相同，而不是单纯的**Object**

810

请注意，其中不包括随机访问所选择元素的**get()**方法。因为**Collection**包括Set，而**Set**是自己维护内部顺序的（这使得随机访问变得没有意义）。因此，如果想检查**Collection**中的元素，那就必须使用迭代器。

下面的例子展示了所有这些方法。虽然任何实现了**Collection**的类都可以使用这些方法，但示例中使用**ArrayList**，以说明各种**Collection**子类的“最基本的共同特性”：

```
//: containers/CollectionMethods.java
// Things you can do with all Collections.
import java.util.*;
import net.mindview.util.*;
import static net.mindview.util.Print.*;

public class CollectionMethods {
  public static void main(String[] args) {
    Collection<String> c = new ArrayList<String>();
    c.addAll(Countries.names(6));
    c.add("ten");
    c.add("eleven");
    print(c);
    // Make an array from the List:
    Object[] array = c.toArray();
    // Make a String array from the List:
    String[] str = c.toArray(new String[0]);
    // Find max and min elements; this means
    // different things depending on the way
    // the Comparable interface is implemented:
    print("Collections.max(c) = " + Collections.max(c));
    print("Collections.min(c) = " + Collections.min(c));
    // Add a Collection to another Collection
    Collection<String> c2 = new ArrayList<String>();
    c2.addAll(Countries.names(6));
    c.addAll(c2);
    print(c);
    c.remove(Countries.DATA[0][0]);
    print(c);
    c.remove(Countries.DATA[1][0]);
    print(c);
    // Remove all components that are
    // in the argument collection:
    c.removeAll(c2);
    print(c);
    c.addAll(c2);
    print(c);
    // Is an element in this Collection?
    String val = Countries.DATA[3][0];
    print("c.contains(" + val  + ") = " + c.contains(val));
    // Is a Collection in this Collection?
    print("c.containsAll(c2) = " + c.containsAll(c2));
    Collection<String> c3 =
      ((List<String>)c).subList(3, 5);
    // Keep all the elements that are in both
    // c2 and c3 (an intersection of sets):
    c2.retainAll(c3);
    print(c2);
    // Throw away all the elements
    // in c2 that also appear in c3:
    c2.removeAll(c3);
    print("c2.isEmpty() = " +  c2.isEmpty());
    c = new ArrayList<String>();
    c.addAll(Countries.names(6));
    print(c);
    c.clear(); // Remove all elements
    print("after c.clear():" + c);
  }
} /* Output:
```

811

```
[ALGERIA, ANGOLA, BENIN, BOTSWANA, BULGARIA, BURKINA FASO,
ten, eleven]
Collections.max(c) = ten
Collections.min(c) = ALGERIA
[ALGERIA, ANGOLA, BENIN, BOTSWANA, BULGARIA, BURKINA FASO,
ten, eleven, ALGERIA, ANGOLA, BENIN, BOTSWANA, BULGARIA,
BURKINA FASO]
[ANGOLA, BENIN, BOTSWANA, BULGARIA, BURKINA FASO, ten,
eleven, ALGERIA, ANGOLA, BENIN, BOTSWANA, BULGARIA, BURKINA
FASO]
[BENIN, BOTSWANA, BULGARIA, BURKINA FASO, ten, eleven,
ALGERIA, ANGOLA, BENIN, BOTSWANA, BULGARIA, BURKINA FASO]
[ten, eleven]
[ten, eleven, ALGERIA, ANGOLA, BENIN, BOTSWANA, BULGARIA,
BURKINA FASO]
c.contains(BOTSWANA) = true
812 c.containsAll(c2) = true
[ANGOLA, BENIN]
c2.isEmpty() = true
[ALGERIA, ANGOLA, BENIN, BOTSWANA, BULGARIA, BURKINA FASO]
after c.clear():[]
*///:~
```

创建**ArrayList**来保存不同的数据集，然后向上转型为**Collection**，所以很明显，代码只用到了**Collection**接口。**main()**用简单的练习展示了**Collection**中的所有方法。

本章后面的小节将介绍**List**、**Set**和**Map**的各种实现，每种情况都会（以星号）标出默认的选择。对遗留类**Vector**、**Stack**和**Hashtable**的描述放到了本章的末尾，尽管你不应该使用这些类，但是在老的代码中仍就会看到它们。

17.4 可选操作

执行各种不同的添加和移除的方法在**Collection**接口中都是可选操作。这意味着实现类并不需要为这些方法提供功能定义。

这是一种很不寻常的接口定义方式。正如你所看到的那样，接口是面向对象设计中的契约，它声明“无论你选择如何实现该接口，我保证你可以向该接口发送这些消息[1]。”但是可选操作违反这个非常基本的原则，它声明调用某些方法将不会执行有意义的行为，相反，它们会抛出异常。这看起来好像是编译期类型安全被抛弃了！

事情并不那么糟。如果一个操作是可选的，编译器仍旧会严格要求你只能调用该接口中的方法。这与动态语言不同，动态语言可以在任何对象上调用任何方法，并且可以在运行时发现
813 某个特定调用是否可以工作[2]。另外，将**Collection**当作参数接受的大部分方法只会从该**Collection**中读取，而**Collection**的读取方法都不是可选的。

为什么你会将方法定义为可选的呢？那是因为这样做可以防止在设计中出现接口爆炸的情况。容器类库中的其他设计看起来总是为了描述每个主题的各种变体，而最终患上了令人困惑的接口过剩症。甚至这么做仍不能捕捉接口的各种特例，因为总是有人会发明新的接口。“未获支持的操作”这种方式可以实现Java容器类库的一个重要目标：容器应该易学易用。未获支持的操作是一种特例，可以延迟到需要时再实现。但是，为了让这种方式能够工作：

1. **UnsupportedOperationException**必须是一种罕见事件。即，对于大多数类来说，所有操作都应该可以工作，只有在特例中才会有未获支持的操作。在Java容器类库中确实如此，因为

[1] 我在这里使用术语“接口”来描述正式的**interface**关键字和“任何类或子类支持的方法”这一更通用的含义。

[2] 尽管当我以这种方式来描述时，听起来会感觉很奇怪，并且显得有些无用，但是正如你所看到的，特别是在第14章中，这种类型的动态行为会显得非常强大。

你在99%的时间里面使用的容器类，如**ArrayList**、**LinkedList**、**HashSet**和**HashMap**，以及其他的具体实现，都支持所有的操作。这种设计留下了一个“后门”，如果你想创建新的**Collection**，但是没有为**Collection**接口中的所有方法都提供有意义的定义，那么它仍旧适合现有的类库。

2. 如果一个操作是未获支持的，那么在实现接口的时候可能就会导致**UnsupportedOperationException**异常，而不是将产品程序交给客户以后才出现此异常，这种情况是有道理的。毕竟，它表示编程上有错误：使用了不正确的接口实现。

值得注意的是，未获支持的操作只有在运行时才能探测到，因此它们表示动态类型检查。如果你以前使用的是像C++这样的静态类型语言，那么可能会觉得Java也只是另一种静态类型语言，但是它还具有大量的动态类型机制，因此很难说它到底是哪一种类型的语言。一旦开始注意到这一点了，你就会看到Java中动态类型检查的其他例子。 814

17.4.1 未获支持的操作

最常见的未获支持的操作，都来源于背后由固定尺寸的数据结构支持的容器。当你用**Arrays.asList()**将数组转换为**List**时，就会得到这样的容器。你还可以通过使用**Collections**类中“不可修改”的方法，选择创建任何会抛出**UnsupportedOperationException**的容器（包括**Map**）。下面的示例包括这两种情况：

```java
//: containers/Unsupported.java
// Unsupported operations in Java containers.
import java.util.*;

public class Unsupported {
  static void test(String msg, List<String> list) {
    System.out.println("--- " + msg + " ---");
    Collection<String> c = list;
    Collection<String> subList = list.subList(1,8);
    // Copy of the sublist:
    Collection<String> c2 = new ArrayList<String>(subList);
    try { c.retainAll(c2); } catch(Exception e) {
      System.out.println("retainAll(): " + e);
    }
    try { c.removeAll(c2); } catch(Exception e) {
      System.out.println("removeAll(): " + e);
    }
    try { c.clear(); } catch(Exception e) {
      System.out.println("clear(): " + e);
    }
    try { c.add("X"); } catch(Exception e) {
      System.out.println("add(): " + e);
    }
    try { c.addAll(c2); } catch(Exception e) {
      System.out.println("addAll(): " + e);
    }
    try { c.remove("C"); } catch(Exception e) {
      System.out.println("remove(): " + e);
    }
    // The List.set() method modifies the value but
    // doesn't change the size of the data structure:
    try {
      list.set(0, "X");
    } catch(Exception e) {
      System.out.println("List.set(): " + e);     815
    }
  }
  public static void main(String[] args) {
    List<String> list =
      Arrays.asList("A B C D E F G H I J K L".split(" "));
    test("Modifiable Copy", new ArrayList<String>(list));
    test("Arrays.asList()", list);
```

```
    test("unmodifiableList()",
      Collections.unmodifiableList(
        new ArrayList<String>(list)));
  }
} /* Output:
--- Modifiable Copy ---
--- Arrays.asList() ---
retainAll(): java.lang.UnsupportedOperationException
removeAll(): java.lang.UnsupportedOperationException
clear(): java.lang.UnsupportedOperationException
add(): java.lang.UnsupportedOperationException
addAll(): java.lang.UnsupportedOperationException
remove(): java.lang.UnsupportedOperationException
--- unmodifiableList() ---
retainAll(): java.lang.UnsupportedOperationException
removeAll(): java.lang.UnsupportedOperationException
clear(): java.lang.UnsupportedOperationException
add(): java.lang.UnsupportedOperationException
addAll(): java.lang.UnsupportedOperationException
remove(): java.lang.UnsupportedOperationException
List.set(): java.lang.UnsupportedOperationException
*///:~
```

因为**Arrays.asList()**会生成一个**List**，它基于一个固定大小的数组，仅支持那些不会改变数组大小的操作，对它而言是有道理的。任何会引起对底层数据结构的尺寸进行修改的方法都会产生一个**UnsupportedOperationException**异常，以表示对未获支持操作的调用（一个编程错误）。

注意，应该把**Arrays.asList()**的结果作为构造器的参数传递给任何**Collection**（或者使用**addAll()**方法，或**Collections.addAll()**静态方法），这样可以生成允许使用所有的方法的普通容器——这在**main()**中的第一个对**test()**的调用中得到了展示，这样的调用会产生新的尺寸可调的
816 底层数据结构。**Collections**类中的“不可修改”的方法将容器包装到了一个代理中，只要你执行任何试图修改容器的操作，这个代理都会产生**UnsupportedOperationException**异常。使用这些方法的目标就是产生“常量”容器对象。“不可修改”的**Collections**方法的完整列表将在稍后介绍。

test()中的最后一个**try**语句块将检查作为**List**的一部分的**set()**方法。这很有趣，因为你可以看到“未获支持的操作”这一技术的粒度来的是多么方便——所产生的“接口”可以在**Arrays.asList()**返回的对象和**Collections.unmodifiableList()**返回的对象之间，在一个方法的粒度上产生变化。**Arrays.asList()**返回固定尺寸的**List**，而**Collections.unmodifiableList()**产生不可修改的列表。正如从输出中所看到的，修改**Arrays.asList()**返回的**List**中的元素是可以的，因为这没有违反该**List**“尺寸固定”这一特性。但是很明显，**unmodifiableList()**的结果在任何情况下都应该不是可修改的。如果使用的是接口，那么还需要两个附加的接口，一个具有可以工作的**set()**方法，另外一个没有，因为附加的接口对于**Collection**的各种不可修改的子类型来说是必需的。

对于将容器作为参数接受的方法，其文档应该指定哪些可选方法必须实现。

练习6：(2) 注意，**List**具有附加的“可选”操作，它们不包含在**Collection**中。编写一个**Unsupported.java**版本，测试这些附加的可选操作。

17.5 List的功能方法

正如你所看到的，基本的**List**很容易使用：大多数时候只是调用**add()**添加对象，使用**get()**一次取出一个元素，以及调用**iterator()**获取用于该序列的**Iterator**。

下面例子中的每个方法都涵盖了一组不同的动作：**basicTest()**中包含每个**List**都可以执行的

操作；**iterMotion()**使用**Iterator**遍历元素；对应的**iterManipulation()**使用**Iterator**修改元素；**testVisual()**用以查看**List**的操作效果；还有一些**LinkedList**专用的操作。

```
//: containers/Lists.java
// Things you can do with Lists.                                    817
import java.util.*;
import net.mindview.util.*;
import static net.mindview.util.Print.*;

public class Lists {
  private static boolean b;
  private static String s;
  private static int i;
  private static Iterator<String> it;
  private static ListIterator<String> lit;
  public static void basicTest(List<String> a) {
    a.add(1, "x"); // Add at location 1
    a.add("x"); // Add at end
    // Add a collection:
    a.addAll(Countries.names(25));
    // Add a collection starting at location 3:
    a.addAll(3, Countries.names(25));
    b = a.contains("1"); // Is it in there?
    // Is the entire collection in there?
    b = a.containsAll(Countries.names(25));
    // Lists allow random access, which is cheap
    // for ArrayList, expensive for LinkedList:
    s = a.get(1); // Get (typed) object at location 1
    i = a.indexOf("1"); // Tell index of object
    b = a.isEmpty(); // Any elements inside?
    it = a.iterator(); // Ordinary Iterator
    lit = a.listIterator(); // ListIterator
    lit = a.listIterator(3); // Start at loc 3
    i = a.lastIndexOf("1"); // Last match
    a.remove(1); // Remove location 1
    a.remove("3"); // Remove this object
    a.set(1, "y"); // Set location 1 to "y"
    // Keep everything that's in the argument
    // (the intersection of the two sets):
    a.retainAll(Countries.names(25));
    // Remove everything that's in the argument:
    a.removeAll(Countries.names(25));
    i = a.size(); // How big is it?
    a.clear(); // Remove all elements
  }
  public static void iterMotion(List<String> a) {
    ListIterator<String> it = a.listIterator();
    b = it.hasNext();
    b = it.hasPrevious();                                           818
    s = it.next();
    i = it.nextIndex();
    s = it.previous();
    i = it.previousIndex();
  }
  public static void iterManipulation(List<String> a) {
    ListIterator<String> it = a.listIterator();
    it.add("47");
    // Must move to an element after add():
    it.next();
    // Remove the element after the newly produced one:
    it.remove();
    // Must move to an element after remove():
    it.next();
    // Change the element after the deleted one:
    it.set("47");
  }
```

```
  public static void testVisual(List<String> a) {
    print(a);
    List<String> b = Countries.names(25);
    print("b = " + b);
    a.addAll(b);
    a.addAll(b);
    print(a);
    // Insert, remove, and replace elements
    // using a ListIterator:
    ListIterator<String> x = a.listIterator(a.size()/2);
    x.add("one");
    print(a);
    print(x.next());
    x.remove();
    print(x.next());
    x.set("47");
    print(a);
    // Traverse the list backwards:
    x = a.listIterator(a.size());
    while(x.hasPrevious())
      printnb(x.previous() + " ");
    print();
    print("testVisual finished");
  }
  // There are some things that only LinkedLists can do:
  public static void testLinkedList() {
819    LinkedList<String> ll = new LinkedList<String>();
    ll.addAll(Countries.names(25));
    print(ll);
    // Treat it like a stack, pushing:
    ll.addFirst("one");
    ll.addFirst("two");
    print(ll);
    // Like "peeking" at the top of a stack:
    print(ll.getFirst());
    // Like popping a stack:
    print(ll.removeFirst());
    print(ll.removeFirst());
    // Treat it like a queue, pulling elements
    // off the tail end:
    print(ll.removeLast());
    print(ll);
  }
  public static void main(String[] args) {
    // Make and fill a new list each time:
    basicTest(
      new LinkedList<String>(Countries.names(25)));
    basicTest(
      new ArrayList<String>(Countries.names(25)));
    iterMotion(
      new LinkedList<String>(Countries.names(25)));
    iterMotion(
      new ArrayList<String>(Countries.names(25)));
    iterManipulation(
      new LinkedList<String>(Countries.names(25)));
    iterManipulation(
      new ArrayList<String>(Countries.names(25)));
    testVisual(
      new LinkedList<String>(Countries.names(25)));
    testLinkedList();
  }
} /* (Execute to see output) *///:~
```

在**basicTest()**和**iterMotion()**方法中，调用只是为了演示正确的语法，虽然取得了返回值，却没有使用。某些情况则根本没有捕获返回值。使用这些方法前，应该查询JDK帮助文档，以充分了解各种方法的用途。

练习7：(4) 分别创建一个**ArrayList**和**LinkedList**，用**Countries.names()**生成器来填充每个容器。用普通的**Iterator**打印每个列表，然后用**ListIterator**按隔一个位置插入一个对象的方式把一个表插入到另一个表中。现在，从第1个表的末尾开始，向前移动执行插入操作。 820

练习8：(7) 创建一个泛型的单向链表类**SList**，为了简单起见，不要让它去实现**List**接口。列表中的每个**Link**对象都应该包含一个对列表中下一个元素而不是前一个元素的引用（与这个类相比，**LinkedList**是双向链表，它包含两个方向的链接）。创建你自己的**SListIterator**，同样为了简单起见，不要实现**ListIterator**。**SList**中除了**toString()**之外唯一的方法应该是**iterator()**，它将产生一个**SListIterator**。在**SList**中插入和移除元素的唯一方式就是通过**SListIterator**。编写代码来演示**SList**。

17.6 Set和存储顺序

在第11章中的**Set**示例对可以用基本的**Set**执行的操作，提供了很好的介绍。但是那些示例很方便地使用了诸如**Integer**和**String**这样的Java预定义的类型，这些类型被设计为可以在容器内部使用。当你创建自己的类型时，要意识到**Set**需要一种方式来维护存储顺序，而存储顺序如何维护，则是在**Set**的不同实现之间会有所变化。因此，不同的**Set**实现不仅具有不同的行为，而且它们对于可以在特定的**Set**中放置的元素的类型也有不同的要求：

Set (interface)	存入**Set**的每个元素都必须是唯一的，因为**Set**不保存重复元素。加入**Set**的元素必须定义**equals()**方法以确保对象的唯一性。**Set**与**Collection**有完全一样的接口。**Set**接口不保证维护元素的次序
HashSet*	为快速查找而设计的Set。存入HashSet的元素必须定义**hashCode()**
TreeSet	保持次序的Set，底层为树结构。使用它可以从Set中提取有序的序列。元素必须实现**Comparable**接口
LinkedHashSet	具有**HashSet**的查询速度，且内部使用链表维护元素的顺序（插入的次序）。于是在使用迭代器遍历**Set**时，结果会按元素插入的次序显示。元素也必须定义**hashCode()**方法 821

在**HashSet**上打星号表示，如果没有其他的限制，这就应该是你默认的选择，因为它对速度进行了优化。

定义**hashCode()**的机制将在本章稍后进行介绍。你必须为散列存储和树型存储都创建一个**equals()**方法，但是**hashCode()**只有在这个类将会被置于**HashSet**（这是有可能的，因为它通常是你的**Set**实现的首选）或者**LinkedHashSet**中时才是必需的。但是，对于良好的编程风格而言，你应该在覆盖**equals()**方法时，总是同时覆盖**hashCode()**方法。

下面的示例演示了为了成功地使用特定的**Set**实现类型而必须定义的方法：

```
//: containers/TypesForSets.java
// Methods necessary to put your own type in a Set.
import java.util.*;

class SetType {
  int i;
  public SetType(int n) { i = n; }
  public boolean equals(Object o) {
    return o instanceof SetType && (i == ((SetType)o).i);
  }
  public String toString() { return Integer.toString(i); }
}

class HashType extends SetType {
  public HashType(int n) { super(n); }
  public int hashCode() { return i; }
```

```
}

class TreeType extends SetType
implements Comparable<TreeType> {
  public TreeType(int n) { super(n); }
  public int compareTo(TreeType arg) {
    return (arg.i < i ? -1 : (arg.i == i ? 0 : 1));
  }
822 }
public class TypesForSets {
  static <T> Set<T> fill(Set<T> set, Class<T> type) {
    try {
      for(int i = 0; i < 10; i++)
          set.add(
            type.getConstructor(int.class).newInstance(i));
    } catch(Exception e) {
      throw new RuntimeException(e);
    }
    return set;
  }
  static <T> void test(Set<T> set, Class<T> type) {
    fill(set, type);
    fill(set, type); // Try to add duplicates
    fill(set, type);
    System.out.println(set);
  }
  public static void main(String[] args) {
    test(new HashSet<HashType>(), HashType.class);
    test(new LinkedHashSet<HashType>(), HashType.class);
    test(new TreeSet<TreeType>(), TreeType.class);
    // Things that don't work:
    test(new HashSet<SetType>(), SetType.class);
    test(new HashSet<TreeType>(), TreeType.class);
    test(new LinkedHashSet<SetType>(), SetType.class);
    test(new LinkedHashSet<TreeType>(), TreeType.class);
    try {
      test(new TreeSet<SetType>(), SetType.class);
    } catch(Exception e) {
      System.out.println(e.getMessage());
    }
    try {
      test(new TreeSet<HashType>(), HashType.class);
    } catch(Exception e) {
      System.out.println(e.getMessage());
    }
  }
} /* Output: (Sample)
[2, 4, 9, 8, 6, 1, 3, 7, 5, 0]
[0, 1, 2, 3, 4, 5, 6, 7, 8, 9]
[9, 8, 7, 6, 5, 4, 3, 2, 1, 0]
[9, 9, 7, 5, 1, 2, 6, 3, 0, 7, 2, 4, 4, 7, 9, 1, 3, 6, 2,
823 4, 3, 0, 5, 0, 8, 8, 8, 6, 5, 1]
[0, 5, 5, 6, 5, 0, 3, 1, 9, 8, 4, 2, 3, 9, 7, 3, 4, 4, 0,
7, 1, 9, 6, 2, 1, 8, 2, 8, 6, 7]
[0, 1, 2, 3, 4, 5, 6, 7, 8, 9, 0, 1, 2, 3, 4, 5, 6, 7, 8,
9, 0, 1, 2, 3, 4, 5, 6, 7, 8, 9]
[0, 1, 2, 3, 4, 5, 6, 7, 8, 9, 0, 1, 2, 3, 4, 5, 6, 7, 8,
9, 0, 1, 2, 3, 4, 5, 6, 7, 8, 9]
java.lang.ClassCastException: SetType cannot be cast to
java.lang.Comparable
java.lang.ClassCastException: HashType cannot be cast to
java.lang.Comparable
*///:~
```

为了证明哪些方法对于某种特定的**Set**是必需的，并且同时还要避免代码重复，我们创建了三个类。基类**SetType**只存储一个**int**，并且通过**toString()**方法产生它的值。因为所有在**Set**中存储的类都必须具有**equals()**方法，因此在基类中也有该方法。其等价性是基于这个**int**类型的**i**的值来确定的。

HashType继承自**SetType**，并且添加了**hashCode()**方法，该方法对于放置到**Set**的散列实现中的对象来说是必需的。

TreeType实现了**Comparable**接口，如果一个对象被用于任何种类的排序容器中，例如**SortedSet**（**TreeSet**是其唯一实现），那么它必须实现这个接口。注意，在**compareTo()**中，我没有使用“简洁明了”的形式**return i-i2**，因为这是一个常见的编程错误，它只有在**i**和**i2**都是无符号的**int**（如果Java确实有unsigned关键字的话，但实际上并没有）时才能正确工作。对于Java的有符号**int**，它就会出错，因为**int**不够大，不足以表现两个有符号**int**的差。例如**i**是很大的正整数，而**j**是很大的负整数，**i-j**就会溢出并且返回负值，这就不正确了。

你通常会希望**compareTo()**方法可以产生与**equals()**方法一致的自然排序。如果**equals()**对于某个特定比较产生**true**，那么**compareTo()**对于该比较应该返回0，如果**equals()**对于某个比较产生**false**，那么**compareTo()**对于该比较应该返回非0值。

在**TypesForSets**中，**fill()**和**test()**方法都是用泛型定义的，这是为了避免代码重复。为了验证某个**Set**的行为，**test()**会在被测**Set**上调用**fill()**三次，尝试着在其中引入重复对象。**fill()**方法可以接受任何类型的**Set**，以及其相同类型**Class**对象，它使用**Class**对象来发现并接受**int**参数的构造器，然后调用该构造器将元素添加到**Set**中。 824

从输出中可以看到，**HashSet**以某种神秘的顺序保存所有的元素（这将在本章稍后进行解释），**LinkedHashSet**按照元素插入的顺序保存元素，而**TreeSet**按照排序顺序维护元素（按照**compareTo()**的实现方式，这里维护的是降序）。

如果我们尝试着将没有恰当地支持必需的操作的类型用于需要这些方法的**Set**，那么就会有大麻烦了。对于没有重新定义**hashCode()**方法的**SetType**或**TreeType**，如果将它们放置到任何散列实现中都会产生重复值，这样就违反了**Set**的基本契约。这相当烦人，因为这甚至不会有运行时错误。但是，默认的**hashCode()**是合法的，因此这是合法的行为，即便它不正确。确保这种程序的正确性的唯一可靠方法就是将单元测试合并到你的构建系统中（请查看http://MindView.net/Books/BetterJava处的补充材料以了结更多的信息）。

如果我们尝试着在**TreeSet**中使用没有实现**Comparable**的类型，那么你将会得到更确定的结果：在**TreeSet**试图将该对象当作**Comparable**使用时，将抛出一个异常。

17.6.1 SortedSet

SortedSet中的元素可以保证处于排序状态，这使得它可以通过在**SortedSet**接口中的下列方法提供附加的功能：**Comparator comparator()**返回当前**Set**使用的**Comparator**；或者返回**null**，表示以自然方式排序。

Object first() 返回容器中的第一个元素。

Object last() 返回容器中的最末一个元素。

SortedSet subSet(fromElement, toElement) 生成此**Set**的子集，范围从**fromElement**（包含）到**toElement**（不包含）。

SortedSet headSet(toElement) 生成此**Set**的子集，由小于**toElement**的元素组成。 825

SortedSet tailSet(fromElement) 生成此**Set**的子集，由大于或等于**fromElement**的元素组成。

下面是一个简单的示例：

```
//: containers/SortedSetDemo.java
// What you can do with a TreeSet.
import java.util.*;
```

```
import static net.mindview.util.Print.*;

public class SortedSetDemo {
  public static void main(String[] args) {
    SortedSet<String> sortedSet = new TreeSet<String>();
    Collections.addAll(sortedSet,
      "one two three four five six seven eight"
        .split(" "));
    print(sortedSet);
    String low = sortedSet.first();
    String high = sortedSet.last();
    print(low);
    print(high);
    Iterator<String> it = sortedSet.iterator();
    for(int i = 0; i <= 6; i++) {
      if(i == 3) low = it.next();
      if(i == 6) high = it.next();
      else it.next();
    }
    print(low);
    print(high);
    print(sortedSet.subSet(low, high));
    print(sortedSet.headSet(high));
    print(sortedSet.tailSet(low));
  }
} /* Output:
[eight, five, four, one, seven, six, three, two]
eight
two
one
two
[one, seven, six, three]
[eight, five, four, one, seven, six, three]
[one, seven, six, three, two]
*///:~
```

826 注意，**SortedSet**的意思是“按对象的比较函数对元素排序”，而不是指“元素插入的次序”。插入顺序可以用**LinkedHashSet**来保存。

练习9：(2) 使用**RandomGenerator.String**来填充**TreeSet**，但是要使用字母序排序。打印这个**TreeSet**，并验证其排序顺序。

练习10：(7) 使用**LinkedList**作为底层实现，定义你自己的**SortedSet**。

17.7 队列

除了并发应用，**Queue**在Java SE5中仅有的两个实现是**LinkedList**和**PriorityQueue**，它们的差异在于排序行为而不是性能。下面是涉及**Queue**实现的大部分操作的基本示例（并非所有的操作在本例中都能工作），包括基于并发的**Queue**。你可以将元素从队列的一端插入，并于另一端将它们抽取出来：

```
//: containers/QueueBehavior.java
// Compares the behavior of some of the queues
import java.util.concurrent.*;
import java.util.*;
import net.mindview.util.*;

public class QueueBehavior {
  private static int count = 10;
  static <T> void test(Queue<T> queue, Generator<T> gen) {
    for(int i = 0; i < count; i++)
      queue.offer(gen.next());
    while(queue.peek() != null)
      System.out.print(queue.remove() + " ");
```

```
    System.out.println();
  }
  static class Gen implements Generator<String> {
    String[] s = ("one two three four five six seven " +
      "eight nine ten").split(" ");
    int i;
    public String next() { return s[i++]; }
  }
  public static void main(String[] args) {
    test(new LinkedList<String>(), new Gen());
    test(new PriorityQueue<String>(), new Gen());
    test(new ArrayBlockingQueue<String>(count), new Gen());
    test(new ConcurrentLinkedQueue<String>(), new Gen());
    test(new LinkedBlockingQueue<String>(), new Gen());
    test(new PriorityBlockingQueue<String>(), new Gen());
  }
} /* Output:
one two three four five six seven eight nine ten
eight five four nine one seven six ten three two
one two three four five six seven eight nine ten
one two three four five six seven eight nine ten
one two three four five six seven eight nine ten
eight five four nine one seven six ten three two
*///:~
```

827

你可以看到，除了优先级队列，**Queue**将精确地按照元素被置于**Queue**中的顺序产生它们。

17.7.1 优先级队列

在第11章曾经给出过优先级队列的一个简单介绍。其中更有趣的问题是to-do列表，该列表中每个对象都包含一个字符串和一个主要的以及次要的优先级值。该列表的排序顺序也是通过实现**Comparable**而进行控制的：

```
//: containers/ToDoList.java
// A more complex use of PriorityQueue.
import java.util.*;

class ToDoList extends PriorityQueue<ToDoList.ToDoItem> {
  static class ToDoItem implements Comparable<ToDoItem> {
    private char primary;
    private int secondary;
    private String item;
    public ToDoItem(String td, char pri, int sec) {
      primary = pri;
      secondary = sec;
      item = td;
    }
    public int compareTo(ToDoItem arg) {
      if(primary > arg.primary)
        return +1;
      if(primary == arg.primary)
        if(secondary > arg.secondary)
          return +1;
        else if(secondary == arg.secondary)
          return 0;
      return -1;
    }
    public String toString() {
      return Character.toString(primary) +
        secondary + ": " + item;
    }
  }
  public void add(String td, char pri, int sec) {
    super.add(new ToDoItem(td, pri, sec));
  }
  public static void main(String[] args) {
```

828

```
    ToDoList toDoList = new ToDoList();
    toDoList.add("Empty trash", 'C', 4);
    toDoList.add("Feed dog", 'A', 2);
    toDoList.add("Feed bird", 'B', 7);
    toDoList.add("Mow lawn", 'C', 3);
    toDoList.add("Water lawn", 'A', 1);
    toDoList.add("Feed cat", 'B', 1);
    while(!toDoList.isEmpty())
      System.out.println(toDoList.remove());
  }
} /* Output:
A1: Water lawn
A2: Feed dog
B1: Feed cat
B7: Feed bird
C3: Mow lawn
C4: Empty trash
*///:~
```

你可以看到各个项的排序是如何因为使用了优先级队列而得以自动发生的。

练习11：(2) 创建一个类，它包含一个**Integer**，其值通过使用**java.util.Random**被初始化为0到100之间的某个值。使用这个**Integer**域来实现**Comparable**。用这个类的对象来填充**PriorityQueue**，然后使用**poll()**抽取这些值以展示该队列将按照我们预期的顺序产生这些值。

17.7.2 双向队列

双向队列（双端队列）就像是一个队列，但是你可以在任何一端添加或移除元素。在

829 **LinkedList**中包含支持双向队列的方法，但是在Java标准类库中没有任何显式的用于双向队列的接口。因此，**LinkedList**无法去实现这样的接口，你也无法像在前面的示例中转型到**Queue**那样去向上转型到**Deque**。但是，你可以使用组合来创建一个**Deque**类，并直接从**LinkedList**中暴露相关的方法：

```
//: net/mindview/util/Deque.java
// Creating a Deque from a LinkedList.
package net.mindview.util;
import java.util.*;

public class Deque<T> {
  private LinkedList<T> deque = new LinkedList<T>();
  public void addFirst(T e) { deque.addFirst(e); }
  public void addLast(T e) { deque.addLast(e); }
  public T getFirst() { return deque.getFirst(); }
  public T getLast() { return deque.getLast(); }
  public T removeFirst() { return deque.removeFirst(); }
  public T removeLast() { return deque.removeLast(); }
  public int size() { return deque.size(); }
  public String toString() { return deque.toString(); }
  // And other methods as necessary...
} ///:~
```

如果将这个**Deque**用于自己的程序中，你可能会发现，为了使它实用，还需要增加其他方法。下面是对**Deque**类的简单测试：

```
//: containers/DequeTest.java
import net.mindview.util.*;
import static net.mindview.util.Print.*;

public class DequeTest {
  static void fillTest(Deque<Integer> deque) {
    for(int i = 20; i < 27; i++)
      deque.addFirst(i);
    for(int i = 50; i < 55; i++)
      deque.addLast(i);
```

```
  }
  public static void main(String[] args) {
    Deque<Integer> di = new Deque<Integer>();
    fillTest(di);
    print(di);
    while(di.size() != 0)
      printnb(di.removeFirst() + " ");
    print();
    fillTest(di);
    while(di.size() != 0)
      printnb(di.removeLast() + " ");
  }
} /* Output:
[26, 25, 24, 23, 22, 21, 20, 50, 51, 52, 53, 54]
26 25 24 23 22 21 20 50 51 52 53 54
54 53 52 51 50 20 21 22 23 24 25 26
*///:~
```

830

你不太可能在两端都放入元素并抽取它们，因此，**Deque**不如**Queue**那样常用。

17.8 理解Map

正如你在第11章中所学到的，映射表（也称为*关联数组*）的基本思想是它维护的是键-值（对）关联，因此你可以使用键来查找值。标准的Java类库中包含了**Map**的几种基本实现，包括：**HashMap**，**TreeMap**，**LinkedHashMap**，**WeakHashMap**，**ConcurrentHashMap**，**IdentityHashMap**。它们都有同样的基本接口**Map**，但是行为特性各不相同，这表现在效率、键值对的保存及呈现次序、对象的保存周期、映射表如何在多线程程序中工作和判定“键”等价的策略等方面。**Map**接口实现的数量应该可以让你感觉到这种工具的重要性。

你可以获得对**Map**更深入的理解，这有助于观察关联数组是如何创建的。下面是一个极其简单的实现：

```
//: containers/AssociativeArray.java
// Associates keys with values.
import static net.mindview.util.Print.*;

public class AssociativeArray<K,V> {
  private Object[][] pairs;
  private int index;
  public AssociativeArray(int length) {
    pairs = new Object[length][2];
  }
  public void put(K key, V value) {
    if(index >= pairs.length)
      throw new ArrayIndexOutOfBoundsException();
    pairs[index++] = new Object[]{ key, value };
  }
  @SuppressWarnings("unchecked")
  public V get(K key) {
    for(int i = 0; i < index; i++)
      if(key.equals(pairs[i][0]))
        return (V)pairs[i][1];
    return null; // Did not find key
  }
  public String toString() {
    StringBuilder result = new StringBuilder();
    for(int i = 0; i < index; i++) {
      result.append(pairs[i][0].toString());
      result.append(" : ");
      result.append(pairs[i][1].toString());
      if(i < index - 1)
        result.append("\n");
    }
```

831

```
      return result.toString();
    }
    public static void main(String[] args) {
      AssociativeArray<String,String> map =
        new AssociativeArray<String,String>(6);
      map.put("sky", "blue");
      map.put("grass", "green");
      map.put("ocean", "dancing");
      map.put("tree", "tall");
      map.put("earth", "brown");
      map.put("sun", "warm");
      try {
        map.put("extra", "object"); // Past the end
      } catch(ArrayIndexOutOfBoundsException e) {
        print("Too many objects!");
      }
      print(map);
      print(map.get("ocean"));
    }
  } /* Output:
  Too many objects!
  sky : blue
  grass : green
832 ocean : dancing
  tree : tall
  earth : brown
  sun : warm
  dancing
  *///:~
```

关联数组中的基本方法是**put()**和**get()**，但是为了容易显示，**toString()**方法被覆盖为可以打印键-值对。为了展示它可以工作，**main()**用字符串对加载了一个**AssociativeArray**，并打印了所产生的映射表，随后是获取一个值的**get()**。

为了使用**get()**方法，你需要传递想要查找的**key**，然后它会将与之相关联的值作为结果返回，或者在找不到的情况下返回**null**。**get()**方法使用的可能是能想象到的效率最差的方式来定位值的：从数组的头部开始，使用**equals()**方法依次比较键。但这里的关键是简单性而不是效率。

因此上面的版本是说明性的，但是缺乏效率，并且由于具有固定的尺寸而显得很不灵活。幸运的是，在**java.util**中的各种**Map**都没有这些问题，并且都可以替代到上面的示例中。

练习12：(1) 在**AssociativeArray.java**的**main()**中替代为使用**HashMap**、**TreeMap**和**LinkedHashMap**。

练习13：(4) 使用**AssociativeArray.java**来创建一个单词出现次数的计数器，用**String**映射到**Integer**。使用本书中的**net.mindview.util.TextFile**工具打开一个文本文件，并使用空格和标点符号将该文件断开为单词，然后计数该文件中各个单词出现的次数。

17.8.1 性能

性能是映射表中的一个重要问题，当在**get()**中使用线性搜索时，执行速度会相当地慢，而这正是**HashMap**提高速度的地方。**HashMap**使用了特殊的值，称作*散列码*，来取代对键的缓慢搜索。散列码是“相对唯一”的、用以代表对象的**int**值，它是通过将该对象的某些信息进行转换而生成的。**hashCode()**是根类**Object**中的方法，因此所有Java对象都能产生散列码。
833 **HashMap**就是使用对象的**hashCode()**进行快速查询的，此方法能够显著提高性能[⊖]。

⊖ 如果这仍不能满足你对性能的要求，那么你还可以通过创建自己的**Map**来进一步提高查询速度，并且令新的**Map**只针对你使用的特定类型，这样可以避免与**Object**之间的类型转换操作。要到达更高的性能，速度狂们可以参考Donald Knuth的The Art of Computer Programming, Volume 3: Sorting and Searching, Second Edition 。使用数组代替溢出桶，这有两个好处：第一，可以针对磁盘存储方式做优化；第二，在创建和回收单独的记录时，能节约很多时间。

下面是基本的**Map**实现。在**HashMap**上打星号表示如果没有其他的限制，它就应该成为你的默认选择，因为它对速度进行了优化。其他实现强调了其他的特性，因此都不如**HashMap**快。

HashMap*	**Map**基于散列表的实现（它取代了**Hashtable**）。插入和查询“键值对”的开销是固定的。可以通过构造器设置容量和负载因子，以调整容器的性能
LinkedHashMap	类似于**HashMap**，但是迭代遍历它时，取得“键值对”的顺序是其插入次序，或者是最近最少使用（LRU）的次序。只比**HashMap**慢一点；而在迭代访问时反而更快，因为它使用链表维护内部次序
TreeMap	基于红黑树的实现。查看“键”或“键值对”时，它们会被排序（次序由**Comparable**或**Comparator**决定）。**TreeMap**的特点在于，所得到的结果是经过排序的。**TreeMap**是唯一的带有**subMap()**方法的**Map**，它可以返回一个子树
WeakHashMap	弱键（weak key）映射，允许释放映射所指向的对象；这是为解决某类特殊问题而设计的。如果映射之外没有引用指向某个“键”，则此“键”可以被垃圾收集器回收 834
ConcurrentHashMap	一种线程安全的**Map**，它不涉及同步加锁。我们将在“并发”一章中讨论
IdentityHashMap	使用==代替**equals()**对“键”进行比较的散列映射。专为解决特殊问题而设计的

散列是映射中存储元素时最常用的方式。稍后你将会了解散列机制是如何工作的。

对**Map**中使用的键的要求与对**Set**中的元素的要求一样，在**TypesForSets.java**中展示了这一点。任何键都必须具有一个**equals()**方法；如果键被用于散列**Map**，那么它必须还具有恰当的**hashCode()**方法；如果键被用于**TreeMap**，那么它必须实现**Comparable**。

下面的示例展示了通过**Map**接口可用的操作，这里使用了前面定义过的**CountingMapData**测试数据集：

```
//: containers/Maps.java
// Things you can do with Maps.
import java.util.concurrent.*;
import java.util.*;
import net.mindview.util.*;
import static net.mindview.util.Print.*;

public class Maps {
  public static void printKeys(Map<Integer,String> map) {
    printnb("Size = " + map.size() + ", ");
    printnb("Keys: ");
    print(map.keySet()); // Produce a Set of the keys
  }
  public static void test(Map<Integer,String> map) {
    print(map.getClass().getSimpleName());
    map.putAll(new CountingMapData(25));
    // Map has 'Set' behavior for keys:
    map.putAll(new CountingMapData(25));
    printKeys(map);
    // Producing a Collection of the values:                835
    printnb("Values: ");
    print(map.values());
    print(map);
    print("map.containsKey(11): " + map.containsKey(11));
    print("map.get(11): " + map.get(11));
    print("map.containsValue(\"F0\"): "
      + map.containsValue("F0"));
    Integer key = map.keySet().iterator().next();
    print("First key in map: " + key);
    map.remove(key);
    printKeys(map);
    map.clear();
    print("map.isEmpty(): " + map.isEmpty());
    map.putAll(new CountingMapData(25));
    // Operations on the Set change the Map:
    map.keySet().removeAll(map.keySet());
```

```
    print("map.isEmpty(): " + map.isEmpty());
  }
  public static void main(String[] args) {
    test(new HashMap<Integer,String>());
    test(new TreeMap<Integer,String>());
    test(new LinkedHashMap<Integer,String>());
    test(new IdentityHashMap<Integer,String>());
    test(new ConcurrentHashMap<Integer,String>());
    test(new WeakHashMap<Integer,String>());
  }
} /* Output:
HashMap
Size = 25, Keys: [15, 8, 23, 16, 7, 22, 9, 21, 6, 1, 14,
24, 4, 19, 11, 18, 3, 12, 17, 2, 13, 20, 10, 5, 0]
Values: [P0, I0, X0, Q0, H0, W0, J0, V0, G0, B0, O0, Y0,
E0, T0, L0, S0, D0, M0, R0, C0, N0, U0, K0, F0, A0]
{15=P0, 8=I0, 23=X0, 16=Q0, 7=H0, 22=W0, 9=J0, 21=V0, 6=G0,
1=B0, 14=O0, 24=Y0, 4=E0, 19=T0, 11=L0, 18=S0, 3=D0, 12=M0,
17=R0, 2=C0, 13=N0, 20=U0, 10=K0, 5=F0, 0=A0}
map.containsKey(11): true
map.get(11): L0
map.containsValue("F0"): true
First key in map: 15
Size = 24, Keys: [8, 23, 16, 7, 22, 9, 21, 6, 1, 14, 24, 4,
19, 11, 18, 3, 12, 17, 2, 13, 20, 10, 5, 0]
map.isEmpty(): true
map.isEmpty(): true
836 ...
*///:~
```

printKeys()展示了如何生成**Map**的**Collection**视图。**keySet()**方法返回由**Map**的键组成的**Set**。因为在Java SE5提供了改进的打印支持，你可以直接打印**values()**方法的结果，该方法会产生一个包含**Map**中所有“值”的**Collection**。（注意，键必须是唯一的，而值可以有重复。）由于这些**Collection**背后是由**Map**支持的，所以对**Collection**的任何改动都会反映到与之相关联的**Map**。

此程序的剩余部分提供了每种**Map**操作的简单示例，并测试了每种基本类型的**Map**。

练习14：(3) 说明**java.util.Properties**在上面的程序中可以工作。

17.8.2 SortedMap

使用**SortedMap**（**TreeMap**是其现阶段的唯一实现），可以确保键处于排序状态。这使得它具有额外的功能，这些功能由**SortedMap**接口中的下列方法提供：

Comparator comparator()：返回当前**Map**使用的**Comparator**；或者返回**null**，表示以自然方式排序。**T firstKey()**返回**Map**中的第一个键。**T lastKey()**返回**Map**中的最末一个键。**SortedMap subMap(fromKey, toKey)**生成此**Map**的子集，范围由**fromKey**（包含）到**toKey**（不包含）的键确定。**SortedMap headMap(toKey)**生成此**Map**的子集，由键小于**toKey**的所有键值对组成。**SortedMap tailMap(fromKey)**生成此**Map**的子集，由键大于或等于**fromKey**的所有键值对组成。

下面的例子与**SortedSetDemo.java**相似，演示了**TreeMap**新增的功能：

```
//: containers/SortedMapDemo.java
// What you can do with a TreeMap.
import java.util.*;
import net.mindview.util.*;
837 import static net.mindview.util.Print.*;
public class SortedMapDemo {
  public static void main(String[] args) {
    TreeMap<Integer,String> sortedMap =
      new TreeMap<Integer,String>(new CountingMapData(10));
    print(sortedMap);
    Integer low = sortedMap.firstKey();
```

```
      Integer high = sortedMap.lastKey();
      print(low);
      print(high);
      Iterator<Integer> it = sortedMap.keySet().iterator();
      for(int i = 0; i <= 6; i++) {
        if(i == 3) low = it.next();
        if(i == 6) high = it.next();
        else it.next();
      }
      print(low);
      print(high);
      print(sortedMap.subMap(low, high));
      print(sortedMap.headMap(high));
      print(sortedMap.tailMap(low));
    }
  } /* Output:
  {0=A0, 1=B0, 2=C0, 3=D0, 4=E0, 5=F0, 6=G0, 7=H0, 8=I0,
  9=J0}
  0
  9
  3
  7
  {3=D0, 4=E0, 5=F0, 6=G0}
  {0=A0, 1=B0, 2=C0, 3=D0, 4=E0, 5=F0, 6=G0}
  {3=D0, 4=E0, 5=F0, 6=G0, 7=H0, 8=I0, 9=J0}
  *///:~
```

此处，键值对是按键的次序排列的。**TreeMap**中的次序是有意义的，因此“位置”的概念才有意义，所以才能取得第一个和最后一个元素，并且可以提取**Map**的子集。

17.8.3 LinkedHashMap

为了提高速度，**LinkedHashMap**散列化所有的元素，但是在遍历键值对时，却又以元素的插入顺序返回键值对（**System.out.println()**会迭代遍历该映射，因此可以看到遍历的结果）。此外，可以在构造器中设定**LinkedHashMap**，使之采用基于访问的最近最少使用（LRU）算法， 838
于是没有被访问过的（可被看作需要删除的）元素就会出现在队列的前面。对于需要定期清理元素以节省空间的程序来说，此功能使得程序很容易得以实现。下面就是一个简单的例子，它演示了**LinkedHashMap**的这两种特点：

```
//: containers/LinkedHashMapDemo.java
// What you can do with a LinkedHashMap.
import java.util.*;
import net.mindview.util.*;
import static net.mindview.util.Print.*;

public class LinkedHashMapDemo {
  public static void main(String[] args) {
    LinkedHashMap<Integer,String> linkedMap =
      new LinkedHashMap<Integer,String>(
        new CountingMapData(9));
    print(linkedMap);
    // Least-recently-used order:
    linkedMap =
      new LinkedHashMap<Integer,String>(16, 0.75f, true);
    linkedMap.putAll(new CountingMapData(9));
    print(linkedMap);
    for(int i = 0; i < 6; i++) // Cause accesses:
      linkedMap.get(i);
    print(linkedMap);
    linkedMap.get(0);
    print(linkedMap);
  }
} /* Output:
{0=A0, 1=B0, 2=C0, 3=D0, 4=E0, 5=F0, 6=G0, 7=H0, 8=I0}
```

```
{0=A0, 1=B0, 2=C0, 3=D0, 4=E0, 5=F0, 6=G0, 7=H0, 8=I0}
{6=G0, 7=H0, 8=I0, 0=A0, 1=B0, 2=C0, 3=D0, 4=E0, 5=F0}
{6=G0, 7=H0, 8=I0, 1=B0, 2=C0, 3=D0, 4=E0, 5=F0, 0=A0}
*///:~
```

在输出中可以看到，键值对是以插入的顺序进行遍历的，甚至LRU算法的版本也是如此。但是，在LRU版本中，在（只）访问过前面六个元素后，最后三个元素移到了队列前面。然后再一次访问元素“**o**”时，它就被移到队列后端了。

17.9 散列与散列码

在第11章的例子中，标准类库中的类被用作**HashMap**的键。它用得很好，因为它具备了键
839 所需的全部性质。

当你自己创建用作**HashMap**的键的类，有可能会忘记在其中放置必需的方法，而这是通常会犯的一个错误。例如，考虑一个天气预报系统，将**Groundhog**（土拨鼠）对象与**Prediction**（预报）对象联系起来。这看起来很简单。创建这两个类，使用**Groundhog**作为键，**Prediction**作为值：

```
//: containers/Groundhog.java
// Looks plausible, but doesn't work as a HashMap key.

public class Groundhog {
  protected int number;
  public Groundhog(int n) { number = n; }
  public String toString() {
    return "Groundhog #" + number;
  }
} ///:~
```

```
//: containers/Prediction.java
// Predicting the weather with groundhogs.
import java.util.*;

public class Prediction {
  private static Random rand = new Random(47);
  private boolean shadow = rand.nextDouble() > 0.5;
  public String toString() {
    if(shadow)
      return "Six more weeks of Winter!";
    else
      return "Early Spring!";
  }
} ///:~
```

```
//: containers/SpringDetector.java
// What will the weather be?
import java.lang.reflect.*;
import java.util.*;
import static net.mindview.util.Print.*;

public class SpringDetector {
  // Uses a Groundhog or class derived from Groundhog:
  public static <T extends Groundhog>
  void detectSpring(Class<T> type) throws Exception {
    Constructor<T> ghog = type.getConstructor(int.class);
    Map<Groundhog,Prediction> map =
```
840
```
      new HashMap<Groundhog,Prediction>();
    for(int i = 0; i < 10; i++)
      map.put(ghog.newInstance(i), new Prediction());
    print("map = " + map);
    Groundhog gh = ghog.newInstance(3);
    print("Looking up prediction for " + gh);
    if(map.containsKey(gh))
```

```
      print(map.get(gh));
    else
      print("Key not found: " + gh);
  }
  public static void main(String[] args) throws Exception {
    detectSpring(Groundhog.class);
  }
} /* Output:
map = {Groundhog #3=Early Spring!, Groundhog #7=Early
Spring!, Groundhog #5=Early Spring!, Groundhog #9=Six more
weeks of Winter!, Groundhog #8=Six more weeks of Winter!,
Groundhog #0=Six more weeks of Winter!, Groundhog #6=Early
Spring!, Groundhog #4=Six more weeks of Winter!, Groundhog
#1=Six more weeks of Winter!, Groundhog #2=Early Spring!}
Looking up prediction for Groundhog #3
Key not found: Groundhog #3
*///:~
```

每个**Groundhog**被给予一个标识数字，于是可以在**HashMap**中这样查找**Prediction**："给我与**Groundhog#3**相关的**Prediction**。"**Prediction**类包含一个**boolean**值和一个**toString()**方法。**boolean**值使用**java.util.random()**来初始化；而**toString()**方法则解释结果。**detectSpring()**方法使用反射机制来实例化及使用**Groundhog**类或任何从**Groundhog**派生出来的类。如果我们为解决当前的问题从**Groundhog**继承创建了一个新类型的时候，**detectSpring()**方法使用的这个技巧就变得很有用了。

首先会使用**Groundhog**和与之相关联的**Prediction**填充**HashMap**，然后打印此**HashMap**，以便可以观察它是否被填入了一些内容。然后使用标识数字为3的**Groundhog**作为键，查找与之对应的预报内容（可以看到，它一定是在**Map**中）。

这看起来够简单了，但是它不工作——它无法找到数字3这个键。问题出在**Groundhog**自动地继承自基类**Object**，所以这里使用**Object**的**hashCode()**方法生成散列码，而它默认是使用对象的地址计算散列码。因此，由**Groundhog(3)**生成的第一个实例的散列码与由**Groundhog(3)**生成的第二个实例的散列码是不同的，而我们正是使用后者进行查找的。 841

可能你会认为，只需编写恰当的**hashCode()**方法的覆盖版本即可。但是它仍然无法正常运行，除非你同时覆盖**equals()**方法，它也是**Object**的一部分。**HashMap**使用**equals()**判断当前的键是否与表中存在的键相同。

正确的**equals()**方法必须满足下列5个条件：

1) 自反性。对任意**x**，**x.equals(x)**一定返回**true**。

2) 对称性。对任意**x**和**y**，如果**y.equals(x)**返回**true**，则**x.equals(y)**也返回**true**。

3) 传递性。对任意**x**、**y**、**z**，如果有**x.equals(y)**返回**ture**，**y.equals(z)**返回**true**，则**x.equals(z)**一定返回**true**。

4) 一致性。对任意**x**和**y**，如果对象中用于等价比较的信息没有改变，那么无论调用**x.equals(y)**多少次，返回的结果应该保持一致，要么一直是**true**，要么一直是**false**。

5) 对任何不是**null**的**x**，**x.equals(null)**一定返回**false**。

再次强调，默认的**Object.equals()**只是比较对象的地址，所以一个**Groundhog(3)**并不等于另一个**Groundhog(3)**。因此，如果要使用自己的类作为**HashMap**的键，必须同时重载**hashCode()**和**equals()**，如下所示：

```
//: containers/Groundhog2.java
// A class that's used as a key in a HashMap
// must override hashCode() and equals().

public class Groundhog2 extends Groundhog {
```

```
  public Groundhog2(int n) { super(n); }
  public int hashCode() { return number; }
  public boolean equals(Object o) {
    return o instanceof Groundhog2 &&
      (number == ((Groundhog2)o).number);
  }
} ///:~
```

842

```
//: containers/SpringDetector2.java
// A working key.

public class SpringDetector2 {
  public static void main(String[] args) throws Exception {
    SpringDetector.detectSpring(Groundhog2.class);
  }
} /* Output:
map = {Groundhog #2=Early Spring!, Groundhog #4=Six more
weeks of Winter!, Groundhog #9=Six more weeks of Winter!,
Groundhog #8=Six more weeks of Winter!, Groundhog #6=Early
Spring!, Groundhog #1=Six more weeks of Winter!, Groundhog
#3=Early Spring!, Groundhog #7=Early Spring!, Groundhog
#5=Early Spring!, Groundhog #0=Six more weeks of Winter!}
Looking up prediction for Groundhog #3
Early Spring!
*///:~
```

Groundhog2.hashCode()返回**Groundhog**的标识数字（编号）作为散列码。在此例中，程序员负责确保不同的**Groundhog**具有不同的编号。**hashCode()**并不需要总是能够返回唯一的标识码（稍后读者会理解其原因），但是**equals()**方法必须严格地判断两个对象是否相同。此处的**equals()**是判断**Groundhog**的号码，所以作为**HashMap**中的键，如果两个**Groundhog2**对象具有相同的**Groundhog**编号，程序就出错了。

尽管看起来**equals()**方法只是检查其参数是否是**Groundhog2**的实例（使用第14章中介绍过的**instanceof**关键字），但是**instanceof**悄悄地检查了此对象是否为**null**，因为如果**instanceof**左边的参数为**null**，它会返回**false**。如果**equals()**的参数不为**null**且类型正确，则基于每个对象中实际的**number**数值进行比较。从输出中可以看到，现在的方式是正确的。

当在**HashSet**中使用自己的类作为键时，必须注意这个问题。

17.9.1 理解hashCode()

前面的例子只是正确解决问题的第一步。它只说明，如果不为你的键覆盖**hashCode()**和
843 **equals()**，那么使用散列的数据结构（**HashSet**，**HashMap**，**LinkedHashSet**或 **LinkedHashMap**）就无法正确处理你的键。然而，要很好地解决此问题，你必须了解这些数据结构的内部构造。

首先，使用散列的目的在于：想要使用一个对象来查找另一个对象。不过使用**TreeMap**或者你自己实现的**Map**也可以达到此目的。与散列实现相反，下面的示例用一对**ArrayLists**实现了一个**Map**。与**AssociativeArray.java**不同，这其中包含了**Map**接口的完整实现，因此提供了**entrySet()**方法：

```
//: containers/SlowMap.java
// A Map implemented with ArrayLists.
import java.util.*;
import net.mindview.util.*;

public class SlowMap<K,V> extends AbstractMap<K,V> {
  private List<K> keys = new ArrayList<K>();
  private List<V> values = new ArrayList<V>();
  public V put(K key, V value) {
    V oldValue = get(key); // The old value or null
    if(!keys.contains(key)) {
      keys.add(key);
```

```
      values.add(value);
    } else
      values.set(keys.indexOf(key), value);
    return oldValue;
  }
  public V get(Object key) { // key is type Object, not K
    if(!keys.contains(key))
      return null;
    return values.get(keys.indexOf(key));
  }
  public Set<Map.Entry<K,V>> entrySet() {
    Set<Map.Entry<K,V>> set= new HashSet<Map.Entry<K,V>>();
    Iterator<K> ki = keys.iterator();
    Iterator<V> vi = values.iterator();
    while(ki.hasNext())
      set.add(new MapEntry<K,V>(ki.next(), vi.next()));
    return set;
  }
  public static void main(String[] args) {
    SlowMap<String,String> m= new SlowMap<String,String>();
    m.putAll(Countries.capitals(15));
    System.out.println(m);
    System.out.println(m.get("BULGARIA"));
    System.out.println(m.entrySet());
  }
} /* Output:
{CAMEROON=Yaounde, CHAD=N'djamena, CONGO=Brazzaville, CAPE
VERDE=Praia, ALGERIA=Algiers, COMOROS=Moroni, CENTRAL
AFRICAN REPUBLIC=Bangui, BOTSWANA=Gaberone,
BURUNDI=Bujumbura, BENIN=Porto-Novo, BULGARIA=Sofia,
EGYPT=Cairo, ANGOLA=Luanda, BURKINA FASO=Ouagadougou,
DJIBOUTI=Dijibouti}
Sofia
[CAMEROON=Yaounde, CHAD=N'djamena, CONGO=Brazzaville, CAPE
VERDE=Praia, ALGERIA=Algiers, COMOROS=Moroni, CENTRAL
AFRICAN REPUBLIC=Bangui, BOTSWANA=Gaberone,
BURUNDI=Bujumbura, BENIN=Porto-Novo, BULGARIA=Sofia,
EGYPT=Cairo, ANGOLA=Luanda, BURKINA FASO=Ouagadougou,
DJIBOUTI=Dijibouti]
*///:~
```

844

put()方法只是将键与值放入相应的**ArrayList**。为了与**Map**接口保持一致，它必须返回旧的键，或者在没有任何旧键的情况下返回**null**。

同样遵循了**Map**规范，**get()**会在键不在**SlowMap**中的时候产生**null**。如果键存在，它将被用来查找表示它在**keys**列表中的位置的数值型索引，并且这个数字被用作索引来产生与**values**列表相关联的值。注意，在**get()**中**key**的类型是**Object**，而不是你所期望的参数化类型**K**（并且是在**AssociativeArray.java**中真正使用的类型）。这是将泛型注入到Java语言中的时刻如此之晚所导致的结果——如果泛型是Java语言最初就具备的属性，那么**get()**就可以执行其参数的类型。

Map.entrySet()方法必须产生一个**Map.Entry**对象集。但是，**Map.Entry**是一个接口，用来描述依赖于实现的结构，因此如果你想要创建自己的**Map**类型，就必须同时定义**Map.Entry**的实现：

845

```
//: containers/MapEntry.java
// A simple Map.Entry for sample Map implementations.
import java.util.*;

public class MapEntry<K,V> implements Map.Entry<K,V> {
  private K key;
  private V value;
  public MapEntry(K key, V value) {
    this.key = key;
    this.value = value;
```

```
    }
    public K getKey() { return key; }
    public V getValue() { return value; }
    public V setValue(V v) {
      V result = value;
      value = v;
      return result;
    }
    public int hashCode() {
      return (key==null ? 0 : key.hashCode()) ^
        (value==null ? 0 : value.hashCode());
    }
    public boolean equals(Object o) {
      if(!(o instanceof MapEntry)) return false;
      MapEntry me = (MapEntry)o;
      return
        (key == null ?
         me.getKey() == null : key.equals(me.getKey())) &&
        (value == null ?
         me.getValue()== null : value.equals(me.getValue()));
    }
    public String toString() { return key + "=" + value; }
  } ///:~
```

这里，这个被称为**MapEntry**的十分简单的类可以保存和读取键与值，它在**entrySet()**中用来产生键-值对**Set**。注意，**entrySet()**使用了**HashSet**来保存键-值对，并且**MapEntry**采用了一种简单的方式，即只使用**key**的**hashCode()**方法。尽管这个解决方案非常简单，并且看起来在**SlowMap.main()**的琐碎测试中可以工作，但是这并不是一个恰当的实现，因为它创建了键和值的副本。**entrySet()**的恰当实现应该在**Map**中提供视图，而不是副本，并且这个视图允许对原始映射表进行修改（副本就不行）。练习16提供了修正这个问题的机会。

注意，在**MapEntry**中的**equals()**方法必须同时检查键和值，而**hashCode()**方法的含义稍
846 后就会介绍。**SlowMap**的内容的**String**表示是由在**AbstractMap**中定义的**toString()**方法自动产生的。

练习15：(1) 使用**SlowMap**重复练习13。

练习16：(7) 将**Map.java**中的测试应用于**SlowMap**，验证并修改它，使其能正常工作。

练习17：(2) 令**SlowMap**实现完整的**Map**接口。

练习18：(3) 参考**SlowMap.java**，创建一个**SlowSet**。

17.9.2 为速度而散列

SlowMap.java说明了创建一种新的**Map**并不困难。但是正如它的名称**SlowMap**所示，它不会很快，所以如果有更好的选择，就应该放弃它。它的问题在于对键的查询，键没有按照任何特定顺序保存，所以只能使用简单的线性查询，而线性查询是最慢的查询方式。

散列的价值在于速度：散列使得查询得以快速进行。由于瓶颈位于键的查询速度，因此解决方案之一就是保持键的排序状态，然后使用**Collections.binarySearch()**进行查询（有一个练习会带领读者走完这个过程）。

散列则更进一步，它将键保存在*某处*，以便能够很快找到。存储一组元素最快的数据结构是数组，所以使用它来表示键的信息（请小心留意，我是说键的信息，而不是键本身）。但是因为数组不能调整容量，因此就有一个问题：我们希望在**Map**中保存数量不确定的值，但是如果键的数量被数组的容量限制了，该怎么办呢？

答案就是：数组并不保存键本身。而是通过键对象生成一个数字，将其作为数组的下标。这个数字就是*散列码*，由定义在**Object**中的、且可能由你的类覆盖的**hashCode()**方法（在计算

机科学的术语中称为散列函数）生成。 847

为解决数组容量被固定的问题，不同的键可以产生相同的下标。也就是说，可能会有冲突。因此，数组多大就不重要了，任何键总能在数组中找到它的位置。

于是查询一个值的过程首先就是计算散列码，然后使用散列码查询数组。如果能够保证没有冲突（如果值的数量是固定的，那么就有可能），那可就有了一个完美的散列函数，但是这种情况只是特例[⊖]。通常，冲突由外部链接处理：数组并不直接保存值，而是保存值的**list**。然后对**list**中的值使用**equals()**方法进行线性的查询。这部分的查询自然会比较慢，但是，如果散列函数好的话，数组的每个位置就只有较少的值。因此，不是查询整个**list**，而是快速地跳到数组的某个位置，只对很少的元素进行比较。这便是**HashMap**会如此快的原因。

理解了散列的原理，我们就能够实现一个简单的散列**Map**了：

```
//: containers/SimpleHashMap.java
// A demonstration hashed Map.
import java.util.*;
import net.mindview.util.*;

public class SimpleHashMap<K,V> extends AbstractMap<K,V> {
  // Choose a prime number for the hash table
  // size, to achieve a uniform distribution:
  static final int SIZE = 997;
  // You can't have a physical array of generics,
  // but you can upcast to one:
  @SuppressWarnings("unchecked")
  LinkedList<MapEntry<K,V>>[] buckets =
    new LinkedList[SIZE];
  public V put(K key, V value) {
    V oldValue = null;
    int index = Math.abs(key.hashCode()) % SIZE;
    if(buckets[index] == null)
      buckets[index] = new LinkedList<MapEntry<K,V>>();
```
848
```
    LinkedList<MapEntry<K,V>> bucket = buckets[index];
    MapEntry<K,V> pair = new MapEntry<K,V>(key, value);
    boolean found = false;
    ListIterator<MapEntry<K,V>> it = bucket.listIterator();
    while(it.hasNext()) {
      MapEntry<K,V> iPair = it.next();
      if(iPair.getKey().equals(key)) {
        oldValue = iPair.getValue();
        it.set(pair); // Replace old with new
        found = true;
        break;
      }
    }
    if(!found)
      buckets[index].add(pair);
    return oldValue;
  }
  public V get(Object key) {
    int index = Math.abs(key.hashCode()) % SIZE;
    if(buckets[index] == null) return null;
    for(MapEntry<K,V> iPair : buckets[index])
      if(iPair.getKey().equals(key))
        return iPair.getValue();
    return null;
  }
  public Set<Map.Entry<K,V>> entrySet() {
    Set<Map.Entry<K,V>> set= new HashSet<Map.Entry<K,V>>();
```

⊖ 完美的散列函数在Java SE5的**EnumMap**和**EnumSet**中得到了实现，因为**enum**定义了固定数量的实例。请查看第19章。

```
    for(LinkedList<MapEntry<K,V>> bucket : buckets) {
      if(bucket == null) continue;
      for(MapEntry<K,V> mpair : bucket)
        set.add(mpair);
    }
    return set;
  }
  public static void main(String[] args) {
    SimpleHashMap<String,String> m =
      new SimpleHashMap<String,String>();
    m.putAll(Countries.capitals(25));
    System.out.println(m);
    System.out.println(m.get("ERITREA"));
    System.out.println(m.entrySet());
  }
849 } /* Output:
{CAMEROON=Yaounde, CONGO=Brazzaville, CHAD=N'djamena, COTE
D'IVOIR (IVORY COAST)=Yamoussoukro, CENTRAL AFRICAN
REPUBLIC=Bangui, GUINEA=Conakry, BOTSWANA=Gaberone,
BISSAU=Bissau, EGYPT=Cairo, ANGOLA=Luanda, BURKINA
FASO=Ouagadougou, ERITREA=Asmara, THE GAMBIA=Banjul,
KENYA=Nairobi, GABON=Libreville, CAPE VERDE=Praia,
ALGERIA=Algiers, COMOROS=Moroni, EQUATORIAL GUINEA=Malabo,
BURUNDI=Bujumbura, BENIN=Porto-Novo, BULGARIA=Sofia,
GHANA=Accra, DJIBOUTI=Dijibouti, ETHIOPIA=Addis Ababa}
Asmara
[CAMEROON=Yaounde, CONGO=Brazzaville, CHAD=N'djamena, COTE
D'IVOIR (IVORY COAST)=Yamoussoukro, CENTRAL AFRICAN
REPUBLIC=Bangui, GUINEA=Conakry, BOTSWANA=Gaberone,
BISSAU=Bissau, EGYPT=Cairo, ANGOLA=Luanda, BURKINA
FASO=Ouagadougou, ERITREA=Asmara, THE GAMBIA=Banjul,
KENYA=Nairobi, GABON=Libreville, CAPE VERDE=Praia,
ALGERIA=Algiers, COMOROS=Moroni, EQUATORIAL GUINEA=Malabo,
BURUNDI=Bujumbura, BENIN=Porto-Novo, BULGARIA=Sofia,
GHANA=Accra, DJIBOUTI=Dijibouti, ETHIOPIA=Addis Ababa]
*///:~
```

由于散列表中的"槽位"（slot）通常称为桶位（bucket），因此我们将表示实际散列表的数组命名为**bucket**。为使散列分布均匀，桶的数量通常使用质数⊖。注意，为了能够自动处理冲突，使用了一个**LinkedList**的数组；每一个新的元素只是直接添加到**list**末尾的某个特定桶位中。即使Java不允许你创建泛型数组，那你也可以创建指向这种数组的引用。这里，向上转型为这种数组是很方便的，这样可以防止在后面的代码中进行额外的转型。

对于**put()**方法，**hashCode()**将针对键而被调用，并且其结果被强制转换为正数。为了使产生的数字适合**bucket**数组的大小，取模操作符将按照该数组的尺寸取模。如果数组的某个位置是**null**，这表示还没有元素被散列至此，所以，为了保存刚散列到该定位的对象，需要创建一个
850 新的**LinkedList**。一般的过程是，查看当前位置的**list**中是否有相同的元素，如果有，则将旧的值赋给**oldValue**，然后用新的值取代旧的值。标记**found**用来跟踪是否找到（相同的）旧的键值对，如果没有，则将新的对添加到**list**的末尾。

get()方法按照与**put()**方法相同的方式计算在**buckets**数组中的索引（这很重要，因为这样可以保证两个方法可以计算出相同的位置）如果此位置有**LinkedList**存在，就对其进行查询。

注意，这个实现并不意味着对性能进行了调优；它只是想要展示散列映射表执行的各种操

⊖ 事实证明，质数实际上并不是散列桶的理想容量。近来，（经过广泛的测试）Java的散列函数都使用2的整数次方。对现代的处理器来说，除法与求余数是最慢的操作。使用2的整数次方长度的散列表，可用掩码代替除法。因为**get()**是使用最多的操作，求余数的%操作是其开销最大的部分，而使用2的整数次方可以消除此开销（也可能对**hashCode()**有些影响）。

作。如果你浏览一下**java.util.HashMap**的源代码，你就会看到一个调过优的实现。同样，为了简单，**SimpleHashMap**使用了与**SlowMap**相同的方式来实现**entrySet()**，这个方法有些过于简单，不能用于通用的**Map**。

练习19：(1) 使用**SimpleHashMap**重复练习13。

练习20：(3) 修改**SimpleHashMap**，令其能够报告冲突，并添加相同的数据来做测试，以便能够看到冲突。

练习21：(3) 修改**SimpleHashMap**，令其报告要探询多少次才能发现冲突。也就是说，插入元素时，对**Iterator**调用多少次**next()**才能在**LinkedList**中发现此元素已经存在。

练习22：(4) 实现**SimpleHashMap**的**clear()** 和 **remove()** 方法。

练习23：(3) 令**SimpleHashMap**实现完整的**Map**接口。

练习24：(5) 模仿**SimpleHashMap.java**中的例子，写一个**SimpleHashSet**，并做测试。

练习25：(6) 修改**MapEntry**，使其成为一种自包含的单向链表（每个**MapEntry**应该都有一个指向下一个**MapEntry**的前向链接），从而不用对每个桶位都使用**ListIterator**。修改**SimpleHashMap.java**中其余的代码，使得这种新方式可以正确地工作。

17.9.3 覆盖hashCode()

在明白了如何散列之后，编写自己的**hashCode()**就更有意义了。 851

首先，你无法控制**bucket**数组的下标值的产生。这个值依赖于具体的**HashMap**对象的容量，而容量的改变与容器的充满程度和负载因子（本章稍后会介绍这个术语）有关。**hashCode()**生成的结果，经过处理后成为桶位的下标（在**SimpleHashMap**中，只是对其取模，模数为bucket数组的大小）。

设计**hashCode()**时最重要的因素就是：无论何时，对同一个对象调用**hashCode()**都应该生成同样的值。如果在将一个对象用**put()**添加进**HashMap**时产生一个**hashCode()**值，而用**get()**取出时却产生了另一个**hashCode()**值，那么就无法重新取得该对象了。所以，如果你的**hashCode()**方法依赖于对象中易变的数据，用户就要当心了，因为此数据发生变化时，**hashCode()**就会生成一个不同的散列码，相当于产生了一个不同的键。

此外，也不应该使**hashCode()**依赖于具有唯一性的对象信息，尤其是使用**this**的值，这只能产生很糟糕的**hashCode()**。因为这样做无法生成一个新的键，使之与**put()**中原始的键值对中的键相同。这正是**SpringDetector.java**的问题所在，因为它默认的**hashCode()**使用的是对象的地址。所以，应该使用对象内有意义的识别信息。

下面以**String**类为例。**String**有个特点：如果程序中有多个**String**对象，都包含相同的字符串序列，那么这些**String**对象都映射到同一块内存区域。所以**new String("hello")**生成的两个实例，虽然是相互独立的，但是对它们使用**hashCode()**应该生成同样的结果。通过下面的程序可以看到这种情况：

```
//: containers/StringHashCode.java

public class StringHashCode {
  public static void main(String[] args) {
    String[] hellos = "Hello Hello".split(" ");
    System.out.println(hellos[0].hashCode());
    System.out.println(hellos[1].hashCode());
  }
} /* Output: (Sample)
69609650
69609650
*///:~
```
852

对于String而言，hashCode()明显是基于String的内容的。

因此，要想使hashCode()实用，它必须速度快，并且必须有意义。也就是说，它必须基于对象的内容生成散列码。记得吗，散列码不必是独一无二的（应该更关注生成速度，而不是唯一性），但是通过hashCode()和equals()，必须能够完全确定对象的身份。

因为在生成桶的下标前，hashCode()还需要做进一步的处理，所以散列码的生成范围并不重要，只要是int即可。

还有另一个影响因素：好的hashCode()应该产生分布均匀的散列码。如果散列码都集中在一块，那么HashMap或者HashSet在某些区域的负载会很重，这样就不如分布均匀的散列函数快。

在Effective Java Programming Language Guide (Addison-Wesley 2001) 这本书中，Joshua Bloch为怎样写出一份像样的hashCode()给出了基本的指导：

1) 给int变量result赋予某个非零值常量，例如17。

2) 为对象内每个有意义的域f（即每个可以做equals()操作的域）计算出一个int散列码c：

域类型	计算
boolean	c = (f ? 0 : 1)
byte、char、short或int	c = (int)f
long	c = (int)(f ^ (f >>>32))
float	c = Float.floatToIntBits(f);
double	long l = Double.doubleToLongBits(f);
853	c = (int)(l ^ (l >>> 32))
Object, 其equals() 调用这个域的 equals()	c = f.hashCode()
数组	对每个元素应用上述规则

3) 合并计算得到的散列码：

result = 37 * result + c;

4) 返回 **result**。

5) 检查hashCode()最后生成的结果，确保相同的对象有相同的散列码。

下面便是遵循这些指导的一个例子：

```
//: containers/CountedString.java
// Creating a good hashCode().
import java.util.*;
import static net.mindview.util.Print.*;

public class CountedString {
  private static List<String> created =
    new ArrayList<String>();
  private String s;
  private int id = 0;
  public CountedString(String str) {
    s = str;
    created.add(s);
    // id is the total number of instances
    // of this string in use by CountedString:
    for(String s2 : created)
      if(s2.equals(s))
        id++;
  }
  public String toString() {
    return "String: " + s + " id: " + id +
      " hashCode(): " + hashCode();
  }
```

```
  public int hashCode() {
    // The very simple approach:
    // return s.hashCode() * id;
    // Using Joshua Bloch's recipe:
    int result = 17;
    result = 37 * result + s.hashCode();
    result = 37 * result + id;
    return result;
  }
  public boolean equals(Object o) {
    return o instanceof CountedString &&
      s.equals(((CountedString)o).s) &&
      id == ((CountedString)o).id;
  }
  public static void main(String[] args) {
    Map<CountedString,Integer> map =
      new HashMap<CountedString,Integer>();
    CountedString[] cs = new CountedString[5];
    for(int i = 0; i < cs.length; i++) {
      cs[i] = new CountedString("hi");
      map.put(cs[i], i); // Autobox int -> Integer
    }
    print(map);
    for(CountedString cstring : cs) {
      print("Looking up " + cstring);
      print(map.get(cstring));
    }
  }
} /* Output: (Sample)
{String: hi id: 4 hashCode(): 146450=3, String: hi id: 1
hashCode(): 146447=0, String: hi id: 3 hashCode():
146449=2, String: hi id: 5 hashCode(): 146451=4, String: hi
id: 2 hashCode(): 146448=1}
Looking up String: hi id: 1 hashCode(): 146447
0
Looking up String: hi id: 2 hashCode(): 146448
1
Looking up String: hi id: 3 hashCode(): 146449
2
Looking up String: hi id: 4 hashCode(): 146450
3
Looking up String: hi id: 5 hashCode(): 146451
4
*///:~
```

854

CountedString由一个**String**和一个**id**组成，此**id**代表包含相同**String**的**CountedString**对象的编号。所有的**String**都被存储在**static ArrayList**中，在构造器中通过迭代遍历此**ArrayList**完成对 855
id的计算。

hashCode()和**equals()**都基于**CountedString**的这两个域来生成结果；如果它们只基于**String**或者只基于**id**，不同的对象就可能产生相同的值。

在**main()**中，使用相同的**String**创建了多个**CountedString**对象。这说明，虽然**String**相同，但是由于**id**不同，所以使得它们的散列码并不相同。在程序中，**HashMap**被打印了出来，因此可以看到它内部是如何存储元素的（以无法辨别的次序），然后单独查询每一个键，以此证明查询机制工作正常。

作为第二个示例，请考虑**Individual**类，它被用作第14章中所定义的**typeinfo.pet**类库的基类。**Individual**类在那一章中就用到了，而它的定义则放到了本章，因此你可以正确地理解其实现：

```
//: typeinfo/pets/Individual.java
package typeinfo.pets;

public class Individual implements Comparable<Individual> {
```

```
  private static long counter = 0;
  private final long id = counter++;
  private String name;
  public Individual(String name) { this.name = name; }
  // 'name' is optional:
  public Individual() {}
  public String toString() {
    return getClass().getSimpleName() +
      (name == null ? "" : " " + name);
  }
  public long id() { return id; }
  public boolean equals(Object o) {
    return o instanceof Individual &&
      id == ((Individual)o).id;
  }
  public int hashCode() {
    int result = 17;
    if(name != null)
      result = 37 * result + name.hashCode();
    result = 37 * result + (int)id;
    return result;
  }
  public int compareTo(Individual arg) {
    // Compare by class name first:
    String first = getClass().getSimpleName();
    String argFirst = arg.getClass().getSimpleName();
    int firstCompare = first.compareTo(argFirst);
    if(firstCompare != 0)
    return firstCompare;
    if(name != null && arg.name != null) {
      int secondCompare = name.compareTo(arg.name);
      if(secondCompare != 0)
        return secondCompare;
    }
    return (arg.id < id ? -1 : (arg.id == id ? 0 : 1));
  }
} ///:~
```

856

compareTO()方法有一个比较结构，因此它会产生一个排序序列，排序的规则首先按照实际类型排序，然后如果有名字的话，按照**name**排序，最后按照创建的顺序排序。下面的示例说明了它是如何工作的：

```
//: containers/IndividualTest.java
import holding.MapOfList;
import typeinfo.pets.*;
import java.util.*;

public class IndividualTest {
  public static void main(String[] args) {
    Set<Individual> pets = new TreeSet<Individual>();
    for(List<? extends Pet> lp :
        MapOfList.petPeople.values())
      for(Pet p : lp)
        pets.add(p);
    System.out.println(pets);
  }
} /* Output:
[Cat Elsie May, Cat Pinkola, Cat Shackleton, Cat Stanford
aka Stinky el Negro, Cymric Molly, Dog Margrett, Mutt Spot,
Pug Louie aka Louis Snorkelstein Dupree, Rat Fizzy, Rat
Freckly, Rat Fuzzy]
*///:~
```

857 由于所有的宠物都有名字，因此它们首先按照类型排序，然后在同类型中按照名字排序。

为新类编写正确的**hashCode()**和**equals()**是很需要技巧的。Apache的Jakarta Commons项目中

有许多工具可以帮助你完成此事，该项目可在jakarta.apache.org/commons的lang下面找到。(此项目还包括许多其他有用的类库，而且它似乎是Java社区对C++的www.boost.org作出的回应)。

练习26：(2) 在**CountedString**中添加一个**char**域，它也将在构造器中初始化，然后修改**hashCode()**和**equals()**方法，使它们都包含这个**char**域的值。

练习27：(3) 修改**CountedString.java**中的**hashCode()**，移除与**id**的绑定，并且证明**CountedString** 仍能正常作为键使用。这种方式有没有问题？

练习28：(4) 修改**net/mindview/util/Tuple.java**，通过添加**hashCode()**和**equals()**方法，并为每种**Tuple**类型都实现一个**Comparable**，使其成为一个通用类。

17.10 选择接口的不同实现

现在已经知道了，尽管实际上只有四种容器：**Map**、**List**、**Set**和**Queue**，但是每种接口都有不止一个实现版本。如果需要使用某种接口的功能，应该如何选择使用哪一个实现呢？

每种不同的实现各自的特征、优点和缺点。例如，从容器分类图中可以看出，**Hashtable**、**Vector**和**Stack**的“特征”是，它们是过去遗留下来的类，目的只是为了支持老的程序（最好不要在新的程序中使用它们）。

在Java类库中不同类型的**Queue**只在它们接受和产生数值的方式上有所差异（你将在第21章中看到其重要性）。

容器之间的区别通常归结为由什么在背后“支持”它们。也就是说，所使用的接口是由什么样的数据结构实现的。例如，因为**ArrayList**和**LinkedList**都实现了**List**接口，所以无论选择哪一个，基本的**List**操作都是相同的。然而，**ArrayList**底层由数组支持；而**LinkedList**是由双向链 858
表实现的，其中的每个对象包含数据的同时还包含指向链表中前一个与后一个元素的引用。因此，如果要经常在表中插入或删除元素，**LinkedList**就比较合适（**LinkedList**还有建立在**AbstractSequentialList**基础上的其他功能）；否则，应该使用速度更快的**ArrayList**。

再举个例子，**Set**可被实现为**TreeSet**、**HashSet**或**LinkedHashSet** [⊖]。每一种都有不同的行为：**HashSet**是最常用的，查询速度最快；**LinkedHashSet**保持元素插入的次序；**TreeSet**基于**TreeMap**，生成一个总是处于排序状态的**Set**。你可以根据所需的行为来选择不同的接口实现。

有时某个特定容器的不同实现会拥有一些共同的操作，但是这些操作的性能却并不相同。在这种情况下，你可以基于使用某个特定操作的频率，以及你需要的执行速度来在它们中间进行选择。对于类似的情况，一种查看容器实现之间差异的方式是使用性能测试。

17.10.1 性能测试框架

为了防止代码重复以及为了提供测试的一致性，我将测试过程的基本功能放置到了一个测试框架中。下面的代码建立了一个基类，从中可以创建一个匿名内部类列表，其中每个匿名内部类都用于每种不同的测试，它们每个都被当作测试过程的一部分而被调用。这种方式使得你可以很方便地添加或移除新的测试种类。

这是模版方法设计模式的另一个示例。尽管你遵循了典型的模版方法模式，覆盖了每个特定测试的**Test.test()**方法，但是在本例中，其核心代码（不会发生变化）在一个单独的**Tester**类
中 [⊜]。待测容器类型是泛型参数**C**： 859

⊖ 或者实现为**EnumSet**和**CopyOnWriteArraySet**，它们是特例。尽管我承认各种不同的容器接口都可能拥有额外的特殊实现，但是本节还是试图只浏览那些更加通用的情况。

⊜ Krzysztof Sobolewski帮助我设计了本例中的泛型。

```
//: containers/Test.java
// Framework for performing timed tests of containers.

public abstract class Test<C> {
  String name;
  public Test(String name) { this.name = name; }
  // Override this method for different tests.
  // Returns actual number of repetitions of test.
  abstract int test(C container, TestParam tp);
} ///:~
```

每个**Test**对象都存储了该测试的名字。当你调用**test()**方法时，必须给出待测容器，以及"信使"或"数据传输对象"，它们保存有用于该特定测试的各种参数。这些参数包括**size**，它表示在容器中的元素数量；以及**loops**，它用来控制该测试迭代的次数。这些参数在每个测试中都有可能会用到，也有可能会用不到。

每个容器都要经历一系列对**test()**的调用，每个都带有不同的**TestParam**，因此**TestParam**还包含静态的**array()**方法，使得创建**TestParam**对象数组变得更容易。**array()**的第一个版本接受的是可变参数列表，其中包括可互换的**size**和**loops**的值；而第二个版本接受相同类型的列表，但是它的值都在**String**中——通过这种方式，它可以用来解析命令行参数：

```
//: containers/TestParam.java
// A "data transfer object."

public class TestParam {
  public final int size;
  public final int loops;
  public TestParam(int size, int loops) {
    this.size = size;
    this.loops = loops;
  }
  // Create an array of TestParam from a varargs sequence:
  public static TestParam[] array(int... values) {
    int size = values.length/2;
    TestParam[] result = new TestParam[size];
    int n = 0;
    for(int i = 0; i < size; i++)
      result[i] = new TestParam(values[n++], values[n++]);
    return result;
  }
  // Convert a String array to a TestParam array:
  public static TestParam[] array(String[] values) {
    int[] vals = new int[values.length];
    for(int i = 0; i < vals.length; i++)
      vals[i] = Integer.decode(values[i]);
    return array(vals);
  }
} ///:~
```

860

为了使用这个框架，你需要将待测容器以及**Test**对象列表传递给**Tester.run()**方法（这些都是重载的泛型便利方法，它们可以减少在使用它们时所必需的类型检查）。**Tester.run()**方法调用适当的重载构造器，然后调用**timedTest()**，它会执行针对该容器的列表中的每一个测试。**timedTest()**会使用**paramList**中的每个**TestParam**对象进行重复测试。因为**paramList**是从静态的**defaultParams**数组中初始化出来的，因此你可以通过重新赋值**defaultParams**，来修改用于所有测试的**paramList**，或者可以通过传递针对某个测试的定制的**paramList**，来修改用于该测试的**paramList**：

```
//: containers/Tester.java
// Applies Test objects to lists of different containers.
import java.util.*;
```

```
public class Tester<C> {
  public static int fieldWidth = 8;
  public static TestParam[] defaultParams= TestParam.array(
    10, 5000, 100, 5000, 1000, 5000, 10000, 500);
  // Override this to modify pre-test initialization:
  protected C initialize(int size) { return container; }
  protected C container;
  private String headline = "";
  private List<Test<C>> tests;
  private static String stringField() {
    return "%" + fieldWidth + "s";
  }
  private static String numberField() {
    return "%" + fieldWidth + "d";
  }
  private static int sizeWidth = 5;
  private static String sizeField = "%" + sizeWidth + "s";
  private TestParam[] paramList = defaultParams;
  public Tester(C container, List<Test<C>> tests) {   861
    this.container = container;
    this.tests = tests;
    if(container != null)
      headline = container.getClass().getSimpleName();
  }
  public Tester(C container, List<Test<C>> tests,
      TestParam[] paramList) {
    this(container, tests);
    this.paramList = paramList;
  }
  public void setHeadline(String newHeadline) {
    headline = newHeadline;
  }
  // Generic methods for convenience :
  public static <C> void run(C cntnr, List<Test<C>> tests){
    new Tester<C>(cntnr, tests).timedTest();
  }
  public static <C> void run(C cntnr,
      List<Test<C>> tests, TestParam[] paramList) {
    new Tester<C>(cntnr, tests, paramList).timedTest();
  }
  private void displayHeader() {
    // Calculate width and pad with '-':
    int width = fieldWidth * tests.size() + sizeWidth;
    int dashLength = width - headline.length() - 1;
    StringBuilder head = new StringBuilder(width);
    for(int i = 0; i < dashLength/2; i++)
      head.append('-');
    head.append(' ');
    head.append(headline);
    head.append(' ');
    for(int i = 0; i < dashLength/2; i++)
      head.append('-');
    System.out.println(head);
    // Print column headers:
    System.out.format(sizeField, "size");
    for(Test test : tests)
      System.out.format(stringField(), test.name);
    System.out.println();
  }
  // Run the tests for this container:
  public void timedTest() {
    displayHeader();
    for(TestParam param : paramList) {   862
      System.out.format(sizeField, param.size);
      for(Test<C> test : tests) {
        C kontainer = initialize(param.size);
        long start = System.nanoTime();
```

```
        // Call the overriden method:
        int reps = test.test(kontainer, param);
        long duration = System.nanoTime() - start;
        long timePerRep = duration / reps; // Nanoseconds
        System.out.format(numberField(), timePerRep);
      }
      System.out.println();
    }
  }
} ///:~
```

stringField()和**numberField()**方法会产生用于输出结果的格式化字符串，格式化的标准宽度可以通过修改静态的**fieldWidth**的值进行调整。**displayHeader()**方法为每个测试格式化和打印头信息。

如果你需要执行特殊的初始化，那么可以覆盖**initialize()**方法，这将产生具有恰当尺寸的容器对象——你可以修改现有的容器对象，或者创建新的容器对象。在**test()**方法中可以看到，其结果被捕获在一个被称为**kontainer**的局部引用中，这使得你可以将所存储的成员**container**替换为完全不同的被初始化的容器。

每个**Test.test()**方法的返回值都必须是该测试执行的操作的数量，这些测试都会计算其所有操作所需的纳秒数。你应该意识到，通常**System.nanoTime()**所产生的值的粒度都会大于1（这个粒度会随机器和操作系统的不同而不同），因此，在结果中可能会存在某些时间点上的重合。

执行的结果可能会随机器的不同而不同，这些测试只是想要比较不同容器的性能。

17.10.2 对List的选择

下面是对**List**操作中最本质部分的性能测试。为了进行比较，它还展示了**Queue**中最重要的操作。该程序创建了两个分离的用于测试每一种容器类的测试列表。在本例中，**Queue**操作只
863 应用到了**LinkedList**之上。

```
//: containers/ListPerformance.java
// Demonstrates performance differences in Lists.
// {Args: 100 500} Small to keep build testing short
import java.util.*;
import net.mindview.util.*;

public class ListPerformance {
  static Random rand = new Random();
  static int reps = 1000;
  static List<Test<List<Integer>>> tests =
    new ArrayList<Test<List<Integer>>>();
  static List<Test<LinkedList<Integer>>> qTests =
    new ArrayList<Test<LinkedList<Integer>>>();
  static {
    tests.add(new Test<List<Integer>>("add") {
      int test(List<Integer> list, TestParam tp) {
        int loops = tp.loops;
        int listSize = tp.size;
        for(int i = 0; i < loops; i++) {
          list.clear();
          for(int j = 0; j < listSize; j++)
            list.add(j);
        }
        return loops * listSize;
      }
    });
    tests.add(new Test<List<Integer>>("get") {
      int test(List<Integer> list, TestParam tp) {
        int loops = tp.loops * reps;
        int listSize = list.size();
        for(int i = 0; i < loops; i++)
```

```
        list.get(rand.nextInt(listSize));
      return loops;
    }
  });
  tests.add(new Test<List<Integer>>("set") {
    int test(List<Integer> list, TestParam tp) {
      int loops = tp.loops * reps;
      int listSize = list.size();
      for(int i = 0; i < loops; i++)
        list.set(rand.nextInt(listSize), 47);
      return loops;
    }
  });                                                     864
  tests.add(new Test<List<Integer>>("iteradd") {
    int test(List<Integer> list, TestParam tp) {
      final int LOOPS = 1000000;
      int half = list.size() / 2;
      ListIterator<Integer> it = list.listIterator(half);
      for(int i = 0; i < LOOPS; i++)
        it.add(47);
      return LOOPS;
    }
  });
  tests.add(new Test<List<Integer>>("insert") {
    int test(List<Integer> list, TestParam tp) {
      int loops = tp.loops;
      for(int i = 0; i < loops; i++)
        list.add(5, 47); // Minimize random-access cost
      return loops;
    }
  });
  tests.add(new Test<List<Integer>>("remove") {
    int test(List<Integer> list, TestParam tp) {
      int loops = tp.loops;
      int size = tp.size;
      for(int i = 0; i < loops; i++) {
        list.clear();
        list.addAll(new CountingIntegerList(size));
        while(list.size() > 5)
          list.remove(5); // Minimize random-access cost
      }
      return loops * size;
    }
  });
  // Tests for queue behavior:
  qTests.add(new Test<LinkedList<Integer>>("addFirst") {
    int test(LinkedList<Integer> list, TestParam tp) {
      int loops = tp.loops;
      int size = tp.size;
      for(int i = 0; i < loops; i++) {
        list.clear();
        for(int j = 0; j < size; j++)
          list.addFirst(47);
      }
      return loops * size;
    }
  });                                                     865
  qTests.add(new Test<LinkedList<Integer>>("addLast") {
    int test(LinkedList<Integer> list, TestParam tp) {
      int loops = tp.loops;
      int size = tp.size;
      for(int i = 0; i < loops; i++) {
        list.clear();
        for(int j = 0; j < size; j++)
          list.addLast(47);
      }
      return loops * size;
```

```
      }
    });
    qTests.add(
      new Test<LinkedList<Integer>>("rmFirst") {
        int test(LinkedList<Integer> list, TestParam tp) {
          int loops = tp.loops;
          int size = tp.size;
          for(int i = 0; i < loops; i++) {
            list.clear();
            list.addAll(new CountingIntegerList(size));
            while(list.size() > 0)
              list.removeFirst();
          }
          return loops * size;
        }
      });
    qTests.add(new Test<LinkedList<Integer>>("rmLast") {
      int test(LinkedList<Integer> list, TestParam tp) {
        int loops = tp.loops;
        int size = tp.size;
        for(int i = 0; i < loops; i++) {
          list.clear();
          list.addAll(new CountingIntegerList(size));
          while(list.size() > 0)
            list.removeLast();
        }
        return loops * size;
      }
    });
  }
  static class ListTester extends Tester<List<Integer>> {
    public ListTester(List<Integer> container,
        List<Test<List<Integer>>> tests) {
866   super(container, tests);
    }
    // Fill to the appropriate size before each test:
    @Override protected List<Integer> initialize(int size){
      container.clear();
      container.addAll(new CountingIntegerList(size));
      return container;
    }
    // Convenience method:
    public static void run(List<Integer> list,
        List<Test<List<Integer>>> tests) {
      new ListTester(list, tests).timedTest();
    }
  }
  public static void main(String[] args) {
    if(args.length > 0)
      Tester.defaultParams = TestParam.array(args);
    // Can only do these two tests on an array:
    Tester<List<Integer>> arrayTest =
      new Tester<List<Integer>>(null, tests.subList(1, 3)){
        // This will be called before each test. It
        // produces a non-resizeable array-backed list:
        @Override protected
        List<Integer> initialize(int size) {
          Integer[] ia = Generated.array(Integer.class,
            new CountingGenerator.Integer(), size);
          return Arrays.asList(ia);
        }
      };
    arrayTest.setHeadline("Array as List");
    arrayTest.timedTest();
    Tester.defaultParams= TestParam.array(
      10, 5000, 100, 5000, 1000, 1000, 10000, 200);
    if(args.length > 0)
```

```
      Tester.defaultParams = TestParam.array(args);
    ListTester.run(new ArrayList<Integer>(), tests);
    ListTester.run(new LinkedList<Integer>(), tests);
    ListTester.run(new Vector<Integer>(), tests);
    Tester.fieldWidth = 12;
    Tester<LinkedList<Integer>> qTest =
      new Tester<LinkedList<Integer>>(
        new LinkedList<Integer>(), qTests);
    qTest.setHeadline("Queue tests");
    qTest.timedTest();
  }
} /* Output: (Sample)
--- Array as List ---
 size     get     set
   10     130     183
  100     130     164
 1000     129     165
10000     129     165
--------------------- ArrayList ---------------------
 size     add     get     set iteradd  insert  remove
   10     121     139     191     435    3952     446
  100      72     141     191     247    3934     296
 1000      98     141     194     839    2202     923
10000     122     144     190    6880   14042    7333
--------------------- LinkedList ---------------------
 size     add     get     set iteradd  insert  remove
   10     182     164     198     658     366     262
  100     106     202     230     457     108     201
 1000     133    1289    1353     430     136     239
10000     172   13648   13187     435     255     239
----------------------- Vector -----------------------
 size     add     get     set iteradd  insert  remove
   10     129     145     187     290    3635     253
  100      72     144     190     263    3691     292
 1000      99     145     193     846    2162     927
10000     108     145     186    6871   14730    7135
-------------------- Queue tests --------------------
 size    addFirst     addLast     rmFirst      rmLast
   10         199         163         251         253
  100          98          92         180         179
 1000          99          93         216         212
10000         111         109         262         384
*///:~
```

867

每个测试都需要仔细地思考，以确保可以产生有意义的结果。例如，**add**测试首先清除**List**，然后重新填充它到指定的列表尺寸。因此，对**clear()**的调用也就成了该测试的一部分，并且可能会对执行时间产生影响，尤其是对小型的测试。尽管这里的结果看起来相当合理，但是你可以设想重写测试框架，使得在计时循环之外有一个对准备方法的调用（在本例中将包括**clear()**调用）。

注意，对于每个测试，你都必须准确地计算将要发生的操作的数量以及从**test()**种返回的值，因此计时是正确的。 868

get和**set**测试都使用了随机数生成器来执行对**List**的随机访问。在输出中，你可以看到，对于背后有数组支撑的**List**和**ArrayList**，无论列表的大小如何，这些访问都很快速和一致；而对于**LinkedList**，访问时间对于较大的列表将明显增加。很显然，如果你需要执行大量的随机访问，链接链表不会是一种好的选择。

iteradd测试使用迭代器在列表中间插入新的元素。对于**ArrayList**，当列表变大时，其开销将变得很高昂，但是对于**LinkedList**，相对来说比较低廉，并且不随列表尺寸而发生变化。这是因为**ArrayList**在插入时，必须创建空间并将它的所有引用向前移动，这会随**ArrayList**的尺寸增加而产生高昂的代价。LinkedList只需链接新的元素，而不必修改列表中剩余的元素，因此你可以认为无论列表尺寸如何变化，其代价大致相同。

insert和remove测试都使用了索引位置5作为插入或移除点，而没有选择List两端的元素。LinkedList对List的端点会进行特殊处理——这使得在将LinkedList用作Queue时，速度可以得到提高。但是，如果你在列表的中间增加或移除元素，其中会包含随机访问的代价，我们已经看到了，这在不同的List实现中变化很大。当执行在位置5的插入和移除时，随机访问的代价应该可以被忽略，但是我们将看不到对LinkedList端点所做的任何特殊优化操作。从输出中可以看出，在LinkedList中的插入和移除代价相当低廉，并且不随列表尺寸发生变化，但是对于ArrayList，插入操作代价特别高昂，并且其代价将随列表尺寸的增加而增加。

从Queue测试中，你可以看到LinkedList可以多么快速地从列表的端点插入和移除元素，这正是对Queue行为所做的优化。

通常，你可以只调用Tester.run()，传递容器和tests列表。但是，在这里我们必须覆盖initialize()方法，使得List在每次测试之前，都会被清空并重新填充，否则在不同的测试过程中，对于List尺寸的控制将丧失。ListTester继承自Tester，并使用CountingIntegerList执行这种初始
869 化。run()便捷方法也被覆盖了。

我们还想将数组访问与容器访问进行比较（主要是与ArrayList比较）。在main()的第一个测试中，使用匿名内部类创建了一个特殊的Test对象。initialize()方法被覆盖为在每次被调用时都创建一个新对象（此时会忽略container对象，因此对于这个Tester构造器来说，null就是传递进来的container参数）。这个新对象是使用Generated.array()（这是在第16章中定义的）和Arrays.asList()创建的。在本例中，只有两个测试可以执行，因为你不能在使用背后有数组支撑的List时，插入或移除元素，因此List.subList()方法被用来在tests列表中选取想要执行的测试。

对于随机访问的get()和set()操作，背后有数组支撑的List只比ArrayList稍快一点，但是对于LinkedList，相同的操作会变得异常引人注目的高昂，因为它本来就不是针对随机访问操作而设计的。

应该避免使用Vector，它只存在于支持遗留代码的类库中（在此程序中它能正常工作的唯一原因，只是因为为了向前兼容，它被适配成了List）。

最佳的做法可能是将ArrayList作为默认首选，只有你需要使用额外的功能，或者当程序的性能因为经常从表中间进行插入和删除而变差的时候，才去选择LinkedList。如果使用的是固定数量的元素，那么既可以选择使用背后有数组支撑的List（就像Arrays.asList()产生的列表），也可以选择真正的数组。

CopyOnWriteArrayList是List的一个特殊实现，专门用于并发编程，我们将在第21章中讨论它。

练习29：(2) 修改ListPerformance.java，使得List持有String对象而不是Integer。使用第16章中的Generator来创建测试值。

练习30：(3) 在ArrayList和LinkedList之间比较Collections.sort()的性能。

练习31：(5) 创建一个封装String数组的容器，该容器只允许添加和读取String，因此在使用过程中不存在任何转型问题。如果在添加下一个元素时，内部数据没有足够的空间，该容器
870 应该自动调整其尺寸。在main()中，比较你的容器与ArrayList<String>的性能。

练习32：(2) 重复前一个练习，使容器中包含int，并与与ArrayList<String>比较性能。在性能比较中，包括递增容器中每个对象的处理。

练习33：(5) 创建一个FastTraversalLinkedList，为了快速插入与移除，它的内部使用了一

个**LinkedList**，而为了快速遍历和**get()**操作，则使用了一个**ArrayList**。通过修改**ListPerformance.java**来测试它。

17.10.3 微基准测试的危险

在编写所谓的*微基准测试*时，你必须要当心，不能做太多的假设，并且要将你的测试窄化，以使得它们尽可能地只在感兴趣的事项上花费精力。你还必须仔细地确保你的测试运行足够长的时间，以产生有意义的数据，并且要考虑到某些Java HotSpot技术只有在程序运行了一段时间之后才会踢爆问题（这对于短期运行的程序来说也很重要）。

根据计算机和所使用的JVM的不同，所产生的结果也会有所不同，因此你应该自己运行这些测试，以验证得到的结果与本书所示的结果是否相同。你不应该过于关心这些绝对数字，将其看作是一种容器类型与另一种之间的性能比较。

*剖析器*可以把性能分析工作做得比你好。Java提供了一个剖析器（查看http://MinView.net/Books/BetterJava处的补充材料），另外还有很多第三方的自由/开源的和常用的剖析器可用。

有一个与**Math.random()**相关的示例。它产生的是0到1的值吗？包括还是不包括1？用数学术语表示，就是它是(0.1)、[0,1]、(0,1]还是[0,1)?（方括号表示“包括”，而圆括号表示“不包括”。）下面的测试程序也许可以提供答案：

```
//: containers/RandomBounds.java
// Does Math.random() produce 0.0 and 1.0?
// {RunByHand}
import static net.mindview.util.Print.*;

public class RandomBounds {
  static void usage() {
    print("Usage:");
    print("\tRandomBounds lower");
    print("\tRandomBounds upper");
    System.exit(1);
  }
  public static void main(String[] args) {
    if(args.length != 1) usage();
    if(args[0].equals("lower")) {
      while(Math.random() != 0.0)
        ; // Keep trying
      print("Produced 0.0!");
    }
    else if(args[0].equals("upper")) {
      while(Math.random() != 1.0)
        ; // Keep trying
      print("Produced 1.0!");
    }
    else
      usage();
  }
} ///:~
```

871

为了运行这个程序，你需要键入下面两行命令行中的一行：

```
java RandomBounds lower
```

或

```
java RandomBounds upper
```

在这两种情况中，你都需要手工终止程序，因此看起来好像**Math.random()**永远都不会产生0.0或1.0。但是这正是这类试验产生误导之所在。如果你选取0到1之间大约262个不同的双精度小数，那么通过试验产生其中任何一个值的可能性也许都会超过计算机，甚至是试验员本身的生命周期。已证明0.0是包含在**Math.random()**的输出中的，按照数学术语，即其范围是[0,1)。

因此，你必须仔细分析你的试验，并理解它们的局限性。

17.10.4 对Set的选择

可以根据需要选择**TreeSet**、**HashSet**或者**LinkedHashSet**。下面的测试说明了它们的性能表
872 现，据此可在各种实现间做出权衡选择：

```
//: containers/SetPerformance.java
// Demonstrates performance differences in Sets.
// {Args: 100 5000} Small to keep build testing short
import java.util.*;

public class SetPerformance {
  static List<Test<Set<Integer>>> tests =
    new ArrayList<Test<Set<Integer>>>();
  static {
    tests.add(new Test<Set<Integer>>("add") {
      int test(Set<Integer> set, TestParam tp) {
        int loops = tp.loops;
        int size = tp.size;
        for(int i = 0; i < loops; i++) {
          set.clear();
          for(int j = 0; j < size; j++)
            set.add(j);
        }
        return loops * size;
      }
    });
    tests.add(new Test<Set<Integer>>("contains") {
      int test(Set<Integer> set, TestParam tp) {
        int loops = tp.loops;
        int span = tp.size * 2;
        for(int i = 0; i < loops; i++)
          for(int j = 0; j < span; j++)
            set.contains(j);
        return loops * span;
      }
    });
    tests.add(new Test<Set<Integer>>("iterate") {
      int test(Set<Integer> set, TestParam tp) {
        int loops = tp.loops * 10;
        for(int i = 0; i < loops; i++) {
          Iterator<Integer> it = set.iterator();
          while(it.hasNext())
            it.next();
        }
        return loops * set.size();
      }
    });
  }
```

873

```
  public static void main(String[] args) {
    if(args.length > 0)
      Tester.defaultParams = TestParam.array(args);
    Tester.fieldWidth = 10;
    Tester.run(new TreeSet<Integer>(), tests);
    Tester.run(new HashSet<Integer>(), tests);
    Tester.run(new LinkedHashSet<Integer>(), tests);
  }
} /* Output: (Sample)
------------- TreeSet -------------
 size       add  contains   iterate
   10       746       173        89
  100       501       264        68
 1000       714       410        69
10000      1975       552        69
------------- HashSet -------------
 size       add  contains   iterate
```

```
    10       308       91       94
   100       178       75       73
  1000       216      110       72
 10000       711      215      100
---------- LinkedHashSet ----------
  size       add  contains  iterate
    10       350       65       83
   100       270       74       55
  1000       303      111       54
 10000      1615      256       58
*///:~
```

HashSet的性能基本上总是比**TreeSet**好，特别是在添加和查询元素时，而这两个操作也是最重要的操作。**TreeSet**存在的唯一原因是它可以维持元素的排序状态；所以，只有当需要一个排好序的**Set**时，才应该使用**TreeSet**。因为其内部结构支持排序，并且因为迭代是我们更有可能执行的操作，所以，用**TreeSet**迭代通常比用**HashSet**要快。

注意，对于插入操作，**LinkedHashSet**比**HashSet**的代价更高；这是由维护链表所带来额外开销造成的。

练习34：(1) 修改**SetPerformance.java**，使**Set**持有**String**而不是**Integer**对象。使用第16章中的**Generator**来创建测试值。 874

17.10.5 对Map的选择

下面的程序对于Map的不同实现，在性能开销方面给出了指示：

```
//: containers/MapPerformance.java
// Demonstrates performance differences in Maps.
// {Args: 100 5000} Small to keep build testing short
import java.util.*;

public class MapPerformance {
  static List<Test<Map<Integer,Integer>>> tests =
    new ArrayList<Test<Map<Integer,Integer>>>();
  static {
    tests.add(new Test<Map<Integer,Integer>>("put") {
      int test(Map<Integer,Integer> map, TestParam tp) {
        int loops = tp.loops;
        int size = tp.size;
        for(int i = 0; i < loops; i++) {
          map.clear();
          for(int j = 0; j < size; j++)
            map.put(j, j);
        }
        return loops * size;
      }
    });
    tests.add(new Test<Map<Integer,Integer>>("get") {
      int test(Map<Integer,Integer> map, TestParam tp) {
        int loops = tp.loops;
        int span = tp.size * 2;
        for(int i = 0; i < loops; i++)
          for(int j = 0; j < span; j++)
            map.get(j);
        return loops * span;
      }
    });
    tests.add(new Test<Map<Integer,Integer>>("iterate") {
      int test(Map<Integer,Integer> map, TestParam tp) {
        int loops = tp.loops * 10;
        for(int i = 0; i < loops; i ++) {
          Iterator it = map.entrySet().iterator();
          while(it.hasNext())
            it.next();
        }
```

875

```
        return loops * map.size();
      }
    });
  }
  public static void main(String[] args) {
    if(args.length > 0)
      Tester.defaultParams = TestParam.array(args);
    Tester.run(new TreeMap<Integer,Integer>(), tests);
    Tester.run(new HashMap<Integer,Integer>(), tests);
    Tester.run(new LinkedHashMap<Integer,Integer>(),tests);
    Tester.run(
      new IdentityHashMap<Integer,Integer>(), tests);
    Tester.run(new WeakHashMap<Integer,Integer>(), tests);
    Tester.run(new Hashtable<Integer,Integer>(), tests);
  }
} /* Output: (Sample)
---------- TreeMap ----------
 size     put     get iterate
   10     748     168     100
  100     506     264      76
 1000     771     450      78
10000    2962     561      83
---------- HashMap ----------
 size     put     get iterate
   10     281      76      93
  100     179      70      73
 1000     267     102      72
10000    1305     265      97
------- LinkedHashMap -------
 size     put     get iterate
   10     354     100      72
  100     273      89      50
 1000     385     222      56
10000    2787     341      56
------ IdentityHashMap ------
 size     put     get iterate
   10     290     144     101
  100     204     287     132
 1000     508     336      77
10000     767     266      56
-------- WeakHashMap --------
 size     put     get iterate
   10     484     146     151
  100     292     126     117
 1000     411     136     152
10000    2165     138     555
--------- Hashtable ---------
 size     put     get iterate
   10     264     113     113
  100     181     105      76
 1000     260     201      80
10000    1245     134      77
*///:~
```

876

除了**IdentityHashMap**，所有的**Map**实现的插入操作都会随着**Map**尺寸的变大而明显变慢。但是，查找的代价通常比插入要小得多，这是个好消息，因为我们执行查找元素的操作要比执行插入元素的操作多得多。

Hashtable的性能大体上与**HashMap**相当。因为**HashMap**是用来替代**Hashtable**的，因此它们使用了相同的底层存储和查找机制（你稍后就会学习它），这并没有什么令人吃惊的。

TreeMap通常比**HashMap**要慢。与使用**TreeSet**一样，**TreeMap**是一种创建有序列表的方式。树的行为是：总是保证有序，并且不必进行特殊的排序。一旦你填充了一个**TreeMap**，就可以调用**keySet()**方法来获取键的**Set**视图，然后调用**toArray()**来产生由这些键构成的数组。之后，你可以使用静态方法**Arrays.binarySearch()**在排序数组中快速查找对象。当然，这只有在**HashMap**的行为不可接受的情况下才有意义，因为**HashMap**本身就被设计为可以快速查找键。你还可以很方便地通过单个的对象创建操作，或者是调用**putAll()**，从**TreeMap**中创建**HashMap**。最后，当使用**Map**时，你的第一选择应该是**HashMap**，只有在你要求**Map**始终保持有序时，才需要使用**TreeMap**。

LinkedHashMap在插入时比**HashMap**慢一点，因为它维护散列数据结构的同时还要维护链表（以保持插入顺序）。正是由于这个列表，使得其迭代速度更快。

IdentityHashMap则具有完全不同的性能，因为它使用==而不是**equals()**来比较元素。**WeakHashMap**将在本章稍后介绍。

练习35：(1) 修改**MapPerformance.java**，令其包含对**SlowMap**的测试。 877

练习36：(5) 修改**SlowMap**，使之不再使用两个**ArrayList**，而是只持有一个以**MPair**对象组成的**ArrayList**。验证修改后的版本是否工作正常。使用 **MapPerformance.java**测试新**Map**的速度。然后修改**put()**方法，令其插入键值对后就执行**sort()**；修改**get()**，令其使用**Collections.binarySearch()**查询键。比较新旧版本的性能。

练习37：(2) 修改**SimpleHashMap**，令其使用**ArrayList**代替**LinkedList**。修改**MapPerformance.java**，令其比较两种不同实现的性能。

HashMap的性能因子

我们可以通过手工调整**HashMap**来提高其性能，从而满足我们特定应用的需求。为了在调整**HashMap**时让你理解性能问题，某些术语是必需了解的：

- *容量*：表中的桶位数。
- *初始容量*：表在创建时所拥有的桶位数。**HashMap**和**HashSet**都具有允许你指定初始容量的构造器。
- *尺寸*：表中当前存储的项数。
- *负载因子*：尺寸/容量。空表的负载因子是0，而半满表的负载因子是0.5，依此类推。负载轻的表产生冲突的可能性小，因此对于插入和查找都是最理想的（但是会减慢使用迭代器进行遍历的过程）。**HashMap**和**HashSet**都具有允许你指定负载因子的构造器，表示当负载情况达到该负载因子的水平时，容器将自动增加其容量（桶位数），实现方式是使容量大致加倍，并重新将现有对象分布到新的桶位集中（这被称为*再散列*）。

HashMap使用的默认负载因子是0.75（只有当表达到四分之三满时，才进行再散列），这个因子在时间和空间代价之间达到了平衡。更高的负载因子可以降低表所需的空间，但是会增加查找代价，这很重要，因为查找是我们在大多数时间里所做的操作（包括**get()**和**put()**）。 878

如果你知道将要在**HashMap**中存储多少项，那么创建一个具有恰当大小的初始容量将可以避免自动再散列的开销[⊖]。

练习38：(3) 在JDK文档中查找**HashMap**。创建一个**HashMap**，用元素填充它，并确定其负载因子。测试这个映射表的查找速度，然后尝试着通过创建具有更大的初始容量的新的

⊖ 在一份私人通讯中，Joshua Bloch写道：“……我相信在API中暴露实现细节（例如散列表尺寸和负载因子）使我们误入歧途。客户端应用可以告诉我们集合的最大期望尺寸，并且我们应该在接口中接受这个参数。但是，让客户端选择这些参数值很容易变得弊大于利。例如，考虑一个极端的例子，**Vector**的**capacityIncrement**。不应该有人能够设置这个值，我们也不应该提供这个方法。如果将这个值设置为任何非零值，那么在序列中追加空间的渐进代价将从线性关系变为二次关系。换句话说，它会摧毁程序的性能。随着时间的推移，我们开始渐渐地了解这类事情。如果你看看**IdentityHashMap**，那么就会发现它没有任何低级别的调整参数。”

HashMap，并将旧映射表中的元素复制到这个新表中，来创建提高查找速度，之后在这个新表上再次运行查找速度测试程序。

练习39：(6) 在**SimpleHashMap**中添加**private rehash()**方法，它将在负载因子超过0.75时被调用。在再散列过程中，先求出桶位数量加倍的值，然后搜索大于这个值的第一个质数，将其作为新的桶位数。

17.11 实用方法

Java中有大量用于容器的卓越的使用方法，它们被表示为**java.util.Collections**类内部的静态方法。你已经看到过其中的一部分，例如**addAll()**、**reverseOrder()**和**binarySearch()**。下面是另外一部分（**synchronized**和**unmodifiable**的使用方法将在后续的小节中介绍）。在这张表中，在相关的情况中使用了泛型：

checkedCollection(Collection<T>, Class<T> type) **checkedList(List<T>, Class<T> type)** **checkedMap(Map<K,V>, Class<K> keyType, Class<V> valueType)** **checkedSet(Set<T>, Class<T> type)** 879 **checkedSortedMap(SortedMap<K,V>, Class<K> keyType, Class<V> valueType)** **checkedSortedSet(SortedSet<T>, Class<T> type)**	产生Collection或者Collection的具体子类型的动态类型安全的视图。在不可能使用静态检查版本时使用这些方法 这些方法在第15章中的“动态类型安全”标题下进行过说明
max(Collection) **min(Collection)**	返回参数Collection中最大或最小的元素－采用Collection内置的自然比较法
max(Collection, Comparator) **min(Collection, Comparator)**	返回参数Collection中最大或最小的元素－采用Comparator进行比较
indexOfSubList(List source, List target)	返回target在source中第一次出现的位置，或者在找不到时返回−1。
lastIndexOfSubList(List source, List target)	返回target在source中最后一次出现的位置，或者在找不到时返回−1
replaceAll(List<T>, T oldVal, T newVal)	使用newVal替换所有的oldVal
reverse(List)	逆转所有元素的次序
reverseOrder() **reverseOrder(Comparator<T>)**	返回一个Comparator，它可以逆转实现了Comparator<T>的对象集合的自然顺序。第二个版本可以逆转所提供的Comparator的顺序
rotate(List, int distance)	所有元素向后移动distance个位置，将末尾的元素循环到前面来
shuffle(List) **shuffle(List, Random)** 880	随机改变指定列表的顺序。第一种形式提供了其自己的随机机制，你可以通过第二种形式提供自己的随机机制
sort(List<T>) **sort(List<T>, Comparator<? Super T> c)**	使用List<T>中的自然顺序排序。第二种形式允许提供用于排序的Comparator
copy(List<? super T> dest, List<? extends T> src)	将src中的元素复制到dest
swap(List, int i, int j)	交换list中位置i与位置j的元素。通常比你自己写的代码快

（续）

fill(List<? super T>, T x)	用对象x替换list中的所有元素
nCopies(int n,T x)	返回大小为n的List<T>，此List不可改变，其中的引用都指向x
disjoint(Collection, Collection)	当两个集合没有任何相同元素时，返回**true**
frequency(Collection, Object x)	返回Collection中等于x的元素个数
emptyList() **emptyMap()** **emptySet()**	返回不可变的空List、Map或Set。这些方法都是泛型的，因此所产生的结果将被参数化为所希望的类型
singleton(T x) **singletonList(T x)** **singletonMap(K key, V value)**	产生不可变的Set<T>、List<T>或Map<K,V>，它们都只包含基于所给定参数的内容而形成的单一项
list(Enumeration <T> e)	产生一个ArrayList<T>，它包含的元素的顺序，与（旧式的）**Enumeration**（**Iterator**的前身）返回这些元素的顺序相同。用来转换遗留的老代码
enumeration(Collection<T>)	为参数生成一个旧式的Enumeration<T>

注意，**min()**和**max()**只能作用于**Collection**对象，而不能作用于**List**，所以你无需担心**Collection**是否应该被排序（如前所述，只有在执行**binarySearch()**之前，才确实需要对**List**或数组进行排序）。 881

```
//: containers/Utilities.java
// Simple demonstrations of the Collections utilities.
import java.util.*;
import static net.mindview.util.Print.*;

public class Utilities {
  static List<String> list = Arrays.asList(
    "one Two three Four five six one".split(" "));
  public static void main(String[] args) {
    print(list);
    print("'list' disjoint (Four)?: " +
      Collections.disjoint(list,
        Collections.singletonList("Four")));
    print("max: " + Collections.max(list));
    print("min: " + Collections.min(list));
    print("max w/ comparator: " + Collections.max(list,
      String.CASE_INSENSITIVE_ORDER));
    print("min w/ comparator: " + Collections.min(list,
      String.CASE_INSENSITIVE_ORDER));
    List<String> sublist =
      Arrays.asList("Four five six".split(" "));
    print("indexOfSubList: " +
      Collections.indexOfSubList(list, sublist));
    print("lastIndexOfSubList: " +
      Collections.lastIndexOfSubList(list, sublist));
    Collections.replaceAll(list, "one", "Yo");
    print("replaceAll: " + list);
    Collections.reverse(list);
    print("reverse: " + list);
    Collections.rotate(list, 3);
    print("rotate: " + list);
    List<String> source =
      Arrays.asList("in the matrix".split(" "));
    Collections.copy(list, source);
```

```
    print("copy: " + list);
    Collections.swap(list, 0, list.size() - 1);
    print("swap: " + list);
    Collections.shuffle(list, new Random(47));
    print("shuffled: " + list);
    Collections.fill(list, "pop");
    print("fill: " + list);
    print("frequency of 'pop': " +
      Collections.frequency(list, "pop"));
    List<String> dups = Collections.nCopies(3, "snap");
    print("dups: " + dups);
    print("'list' disjoint 'dups'?: " +
      Collections.disjoint(list, dups));
    // Getting an old-style Enumeration:
    Enumeration<String> e = Collections.enumeration(dups);
    Vector<String> v = new Vector<String>();
    while(e.hasMoreElements())
      v.addElement(e.nextElement());
    // Converting an old-style Vector
    // to a List via an Enumeration:
    ArrayList<String> arrayList =
      Collections.list(v.elements());
    print("arrayList: " + arrayList);
  }
} /* Output:
[one, Two, three, Four, five, six, one]
'list' disjoint (Four)?: false
max: three
min: Four
max w/ comparator: Two
min w/ comparator: five
indexOfSubList: 3
lastIndexOfSubList: 3
replaceAll: [Yo, Two, three, Four, five, six, Yo]
reverse: [Yo, six, five, Four, three, Two, Yo]
rotate: [three, Two, Yo, Yo, six, five, Four]
copy: [in, the, matrix, Yo, six, five, Four]
swap: [Four, the, matrix, Yo, six, five, in]
shuffled: [six, matrix, the, Four, Yo, five, in]
fill: [pop, pop, pop, pop, pop, pop, pop]
frequency of 'pop': 7
dups: [snap, snap, snap]
'list' disjoint 'dups'?: true
arrayList: [snap, snap, snap]
*///:~
```

882 883

该程序的输出可看作是对每个实用方法的行为的解释。请注意由于大小写的缘故而造成的使用**String.CASE_INSENSITIVE_ORDER Comparator**时min()和max()的差异。

17.11.1 List的排序和查询

List排序与查询所使用的方法与对象数组所使用的相应方法有相同的名字与语法，只是用**Collections**的**static**方法代替**Arrays**的方法而已。下面是一个例子，用到了**Utilities.java**中的**list**数据：

```
//: containers/ListSortSearch.java
// Sorting and searching Lists with Collections utilities.
import java.util.*;
import static net.mindview.util.Print.*;

public class ListSortSearch {
  public static void main(String[] args) {
    List<String> list =
      new ArrayList<String>(Utilities.list);
    list.addAll(Utilities.list);
    print(list);
```

```
    Collections.shuffle(list, new Random(47));
    print("Shuffled: " + list);
    // Use a ListIterator to trim off the last elements:
    ListIterator<String> it = list.listIterator(10);
    while(it.hasNext()) {
      it.next();
      it.remove();
    }
    print("Trimmed: " + list);
    Collections.sort(list);
    print("Sorted: " + list);
    String key = list.get(7);
    int index = Collections.binarySearch(list, key);
    print("Location of " + key + " is " + index +
      ", list.get(" + index + ") = " + list.get(index));
    Collections.sort(list, String.CASE_INSENSITIVE_ORDER);
    print("Case-insensitive sorted: " + list);
    key = list.get(7);
    index = Collections.binarySearch(list, key,
      String.CASE_INSENSITIVE_ORDER);
    print("Location of " + key + " is " + index +
      ", list.get(" + index + ") = " + list.get(index));
  }
} /* Output:
[one, Two, three, Four, five, six, one, one, Two, three,
Four, five, six, one]
Shuffled: [Four, five, one, one, Two, six, six, three,
three, five, Four, Two, one, one]
Trimmed: [Four, five, one, one, Two, six, six, three,
three, five]
Sorted: [Four, Two, five, five, one, one, six, six, three,
three]
Location of six is 7, list.get(7) = six
Case-insensitive sorted: [five, five, Four, one, one, six,
six, three, three, Two]
Location of three is 7, list.get(7) = three
*///:~
```

884

与使用数组进行查找和排序一样，如果使用**Comparator**进行排序，那么**binarySearch()**必须使用相同的**Comparator**。

此程序还演示了**Collections**的**shuffle()**方法，它用来打乱**List**的顺序。**ListIterator**是在被打乱的列表中的某个特定位置创建的，并用来移除从该位置到列表尾部的所有元素。

练习40：(5) 创建一个包含两个**String**对象的类，并使其成为**Comparable**，因此，它们之间的比较只关心第一个**String**。通过使用**RandomGenerator**生成器，用这个类的对象填充一个数组和一个**ArrayList**。证明排序可以正确工作。现在创建一个只关心第二个**String**的**Comparable**，并证明排序仍旧可以正确工作。使用你的**Comparator**执行二分查找。

练习41：(3) 修改前一个练习中的类，使其可以作用于**HashSet**，并可以用作**HashMap**中的键。

练习42：(2) 修改练习40，使其使用字母序排序。

17.11.2 设定Collection或Map为不可修改

创建一个只读的**Collection**或**Map**，有时可以带来某些方便。**Collections**类可以帮助达成此目的，它有一个方法，参数为原本的容器，返回值是容器的只读版本。此方法有大量变种，对应于**Collection**（如果你不能把**Collection**视为更具体的类型）、**List**、**Set**和**Map**。下例将说明如何正确生成各种只读容器： 885

```
//: containers/ReadOnly.java
// Using the Collections.unmodifiable methods.
```

```
import java.util.*;
import net.mindview.util.*;
import static net.mindview.util.Print.*;

public class ReadOnly {
  static Collection<String> data =
    new ArrayList<String>(Countries.names(6));
  public static void main(String[] args) {
    Collection<String> c =
      Collections.unmodifiableCollection(
        new ArrayList<String>(data));
    print(c); // Reading is OK
    //! c.add("one"); // Can't change it

    List<String> a = Collections.unmodifiableList(
        new ArrayList<String>(data));
    ListIterator<String> lit = a.listIterator();
    print(lit.next()); // Reading is OK
    //! lit.add("one"); // Can't change it

    Set<String> s = Collections.unmodifiableSet(
      new HashSet<String>(data));
    print(s); // Reading is OK
    //! s.add("one"); // Can't change it

    // For a SortedSet:
    Set<String> ss = Collections.unmodifiableSortedSet(
      new TreeSet<String>(data));

    Map<String,String> m = Collections.unmodifiableMap(
      new HashMap<String,String>(Countries.capitals(6)));
    print(m); // Reading is OK
    //! m.put("Ralph", "Howdy!");

    // For a SortedMap:
    Map<String,String> sm =
      Collections.unmodifiableSortedMap(
        new TreeMap<String,String>(Countries.capitals(6)));
886  }
} /* Output:
[ALGERIA, ANGOLA, BENIN, BOTSWANA, BULGARIA, BURKINA FASO]
ALGERIA
[BULGARIA, BURKINA FASO, BOTSWANA, BENIN, ANGOLA, ALGERIA]
{BULGARIA=Sofia, BURKINA FASO=Ouagadougou,
BOTSWANA=Gaberone, BENIN=Porto-Novo, ANGOLA=Luanda,
ALGERIA=Algiers}
*///:~
```

对特定类型的“不可修改的”方法的调用并不会产生编译时的检查，但是转换完成后，任何会改变容器内容的操作都会引起**UnsupportedOperationException**异常。

无论哪一种情况，在将容器设为只读之前，必须填入有意义的数据。装载数据后，就应该使用“不可修改的”方法返回的引用去替换掉原本的引用。这样，就不用担心无意中修改了只读的内容。另一方面，此方法允许你保留一份可修改的容器，作为类的**private**成员，然后通过某个方法调用返回对该容器的“只读”的引用。这样一来，就只有你可以修改容器的内容，而别人只能读取。

17.11.3 Collection或Map的同步控制

关键字**synchronized**是多线程议题中的重要部分，第21章将讨论这种较为复杂的主题。这里，我只提醒读者注意，**Collections**类有办法能够自动同步整个容器。其语法与“不可修改的”方法相似：

```
//: containers/Synchronization.java
```

```
// Using the Collections.synchronized methods.
import java.util.*;

public class Synchronization {
  public static void main(String[] args) {
    Collection<String> c =
      Collections.synchronizedCollection(
        new ArrayList<String>());
    List<String> list = Collections.synchronizedList(
      new ArrayList<String>());
    Set<String> s = Collections.synchronizedSet(                887
      new HashSet<String>());
    Set<String> ss = Collections.synchronizedSortedSet(
      new TreeSet<String>());
    Map<String,String> m = Collections.synchronizedMap(
      new HashMap<String,String>());
    Map<String,String> sm =
      Collections.synchronizedSortedMap(
        new TreeMap<String,String>());
  }
} ///:~
```

最好是如上所示，直接将新生成的容器传递给了适当的“同步”方法；这样做就不会有任何机会暴露出不同步的版本。

快速报错

Java 容器有一种保护机制，能够防止多个进程同时修改同一个容器的内容。如果在你迭代遍历某个容器的过程中，另一个进程介入其中，并且插入、删除或修改此容器内的某个对象，那么就会出现问题：也许迭代过程已经处理过容器中的该元素了，也许还没处理，也许在调用**size()**之后容器的尺寸收缩了——还有许多灾难情景。Java容器类类库采用快速报错（fail-fast）机制。它会探查容器上的任何除了你的进程所进行的操作以外的所有变化，一旦它发现其他进程修改了容器，就会立刻抛出**ConcurrentModificationException**异常。这就是“快速报错”的意思——即，不是使用复杂的算法在事后来检查问题。

很容易就可以看出“快速报错”机制的工作原理：只需创建一个迭代器，然后向迭代器所指向的**Collection**添加点什么，就像这样：

```
//: containers/FailFast.java
// Demonstrates the "fail-fast" behavior.
import java.util.*;

public class FailFast {
  public static void main(String[] args) {
    Collection<String> c = new ArrayList<String>();
    Iterator<String> it = c.iterator();
    c.add("An object");
    try {                                                       888
      String s = it.next();
    } catch(ConcurrentModificationException e) {
      System.out.println(e);
    }
  }
} /* Output:
java.util.ConcurrentModificationException
*///:~
```

程序运行时发生了异常，因为在容器取得迭代器之后，又有东西被放入到了该容器中。当程序的不同部分修改同一个容器时，就可能导致容器的状态不一致，所以，此异常提醒你，应该修改代码。在此例中，应该在添加完所有的元素之后，再获取迭代器。

ConcurrentHashMap、**CopyOnWriteArrayList**和**CopyOnWriteArraySet**都使用了可以避免

ConcurrentModificationException的技术。

17.12 持有引用

java.lang.ref类库包含了一组类，这些类为垃圾回收提供了更大的灵活性。当存在可能会耗尽内存的大对象的时候，这些类显得特别有用。有三个继承自抽象类**Reference**的类：**SoftReference**、**WeakReference**和**PhantomReference**。当垃圾回收器正在考察的对象只能通过某个**Reference**对象才“可获得”时，上述这些不同的派生类为垃圾回收器提供了不同级别的间接性指示。

对象是可获得的（reachable），是指此对象可在程序中的某处找到。这意味着你在栈中有一个普通的引用，而它正指向此对象；也可能是你的引用指向某个对象，而那个对象含有另一个引用指向正在讨论的对象；也可能有更多的中间链接。如果一个对象是“可获得的”，垃圾回收器就不能释放它，因为它仍然为你的程序所用。如果一个对象不是“可获得的”，那么你的程序将无法使用到它，所以将其回收是安全的。

如果想继续持有对某个对象的引用，希望以后还能够访问到该对象，但是也希望能够允许
889 垃圾回收器释放它，这时就应该使用**Reference**对象。这样，你可以继续使用该对象，而在内存消耗殆尽的时候又允许释放该对象。

以**Reference**对象作为你和普通引用之间的媒介（代理），另外，一定不能有普通的引用指向那个对象，这样就能达到上述目的。（普通的引用指没有经Reference对象包装过的引用。）如果垃圾回收器发现某个对象通过普通引用是可获得的，该对象就不会被释放。

SoftReference、**WeakReference**和**PhantomReference**由强到弱排列，对应不同级别的“可获得性”。**Softreference**用以实现内存敏感的高速缓存。**Weak reference**是为实现“规范映射”（**canonicalizing mappings**）而设计的，它不妨碍垃圾回收器回收映射的“键”（或“值”）。“规范映射”中对象的实例可以在程序的多处被同时使用，以节省存储空间。**Phantomreference**用以调度回收前的清理工作，它比Java终止机制更灵活。

使用**SoftReference**和**WeakReference**时，可以选择是否要将它们放入**ReferenceQueue**（用作“回收前清理工作”的工具）。而**PhantomReference**只能依赖于**ReferenceQueue**。下面是一个简单的示例：

```
//: containers/References.java
// Demonstrates Reference objects
import java.lang.ref.*;
import java.util.*;

class VeryBig {
  private static final int SIZE = 10000;
  private long[] la = new long[SIZE];
  private String ident;
  public VeryBig(String id) { ident = id; }
  public String toString() { return ident; }
  protected void finalize() {
    System.out.println("Finalizing " + ident);
  }
}

public class References {
  private static ReferenceQueue<VeryBig> rq =
```
890
```
    new ReferenceQueue<VeryBig>();
  public static void checkQueue() {
    Reference<? extends VeryBig> inq = rq.poll();
    if(inq != null)
```

```
      System.out.println("In queue: " + inq.get());
    }
    public static void main(String[] args) {
      int size = 10;
      // Or, choose size via the command line:
      if(args.length > 0)
        size = new Integer(args[0]);
      LinkedList<SoftReference<VeryBig>> sa =
        new LinkedList<SoftReference<VeryBig>>();
      for(int i = 0; i < size; i++) {
        sa.add(new SoftReference<VeryBig>(
          new VeryBig("Soft " + i), rq));
        System.out.println("Just created: " + sa.getLast());
        checkQueue();
      }
      LinkedList<WeakReference<VeryBig>> wa =
        new LinkedList<WeakReference<VeryBig>>();
      for(int i = 0; i < size; i++) {
        wa.add(new WeakReference<VeryBig>(
          new VeryBig("Weak " + i), rq));
        System.out.println("Just created: " + wa.getLast());
        checkQueue();
      }
      SoftReference<VeryBig> s =
        new SoftReference<VeryBig>(new VeryBig("Soft"));
      WeakReference<VeryBig> w =
        new WeakReference<VeryBig>(new VeryBig("Weak"));
      System.gc();
      LinkedList<PhantomReference<VeryBig>> pa =
        new LinkedList<PhantomReference<VeryBig>>();
      for(int i = 0; i < size; i++) {
        pa.add(new PhantomReference<VeryBig>(
          new VeryBig("Phantom " + i), rq));
        System.out.println("Just created: " + pa.getLast());
        checkQueue();
      }
    }
  } /* (Execute to see output) *///:~
```

运行此程序可以看到（将输出重定向到一个文本文件中，便可以查看分页的输出），尽管还要通过**Reference**对象访问那些对象（使用**get()**取得实际的对象引用），但对象还是被垃圾回收器回收了。还可以看到，**ReferenceQueue**总是生成一个包含**null**对象的**Reference**。要利用此机制，可以继承特定的**Reference**类，然后为这个新类添加一些更有用的方法。 891

17.12.1 WeakHashMap

容器类中有一种特殊的**Map**，即**WeakHashMap**，它被用来保存**WeakReference**。它使得规范映射更易于使用。在这种映射中，每个值只保存一份实例以节省存储空间。当程序需要那个"值"的时候，便在映射中查询现有的对象，然后使用它（而不是重新再创建）。映射可将值作为其初始化中的一部分，不过通常是在需要的时候才生成"值"。

这是一种节约存储空间的技术，因为**WeakHashMap**允许垃圾回收器自动清理键和值，所以它显得十分便利。对于向**WeakHashMap**添加键和值的操作，则没有什么特殊要求。映射会自动使用**WeakReference**包装它们。允许清理元素的触发条件是，不再需要此键了，如下所示：

```
//: containers/CanonicalMapping.java
// Demonstrates WeakHashMap.
import java.util.*;

class Element {
  private String ident;
  public Element(String id) { ident = id; }
  public String toString() { return ident; }
```

```
  public int hashCode() { return ident.hashCode(); }
  public boolean equals(Object r) {
    return r instanceof Element &&
      ident.equals(((Element)r).ident);
  }
  protected void finalize() {
    System.out.println("Finalizing " +
      getClass().getSimpleName() + " " + ident);
  }
}
```

892

```
class Key extends Element {
  public Key(String id) { super(id); }
}

class Value extends Element {
  public Value(String id) { super(id); }
}

public class CanonicalMapping {
  public static void main(String[] args) {
    int size = 1000;
    // Or, choose size via the command line:
    if(args.length > 0)
      size = new Integer(args[0]);
    Key[] keys = new Key[size];
    WeakHashMap<Key,Value> map =
      new WeakHashMap<Key,Value>();
    for(int i = 0; i < size; i++) {
      Key k = new Key(Integer.toString(i));
      Value v = new Value(Integer.toString(i));
      if(i % 3 == 0)
        keys[i] = k; // Save as "real" references
      map.put(k, v);
    }
    System.gc();
  }
} /* (Execute to see output) *///:~
```

如同本章前面所述，**Key**类必须有**hashCode()**和**equals()**，因为在散列数据结构中，它被用作键。有关**hashCode()**的主题在本章前面部分已经描述过了。

运行此程序，会看到垃圾回收器每隔三个键就跳过一个，因为指向那个键的普通引用被存入了**keys**数组，所以那些对象不能被垃圾回收器回收。

17.13 Java 1.0/1.1 的容器

很不幸，许多老的代码是使用Java 1.0/1.1的容器写成的，甚至有些新的程序也使用了这些类。因此，虽然在写新的程序时，决不应该使用旧的容器，但你仍然应该了解它们。不过旧容
893 器功能有限，所以对它们也没太多可说的。毕竟它们都过时了，所以我也不想强调某些设计有多糟糕。

17.13.1 Vector 和 Enumeration

在Java 1.0/1.1中，**Vector**是唯一可以自我扩展的序列，所以它被大量使用。它的缺点多到这里都难以描述（可以参见本书的第1版，可从https://www.mindviewllc.com免费下载）。基本上，可将其看作**ArrayList**，但是具有又长又难记的方法名。在订正过的Java容器类类库中，Vector被改造过，可将其归类为**Collection**和**List**。这样做有点不妥当，可能会让人误会Vector变得好用了，实际上这样做只是为了支持Java 2之前的代码。

Java 1.0/1.1版的迭代器发明了一个新名字——枚举，取代了为人熟知的术语（迭代器）。此

Enumeration 接口比**Iterator**小，只有两个名字很长的方法：一个为**boolean hasMoreElements()**，如果此枚举包含更多的元素，该方法就返回**true**；另一个为**Object nextElement()**，该方法返回此枚举中的下一个元素（如果还有的话），否则抛出异常。

Enumeration 只是接口而不是实现，所以有时新的类库仍然使用了旧的**Enumeration**，这令人十分遗憾，但通常不会造成伤害。虽然在你的代码中应该尽量使用**Iterator**，但也得有所准备，类库可能会返回给你一个**Enumeration**。

此外，还可以通过使用**Collections.enumeration()**方法来从**Collection**生成一个**Enumeration**，见下面的例子：

```
//: containers/Enumerations.java
// Java 1.0/1.1 Vector and Enumeration.
import java.util.*;
import net.mindview.util.*;

public class Enumerations {
  public static void main(String[] args) {
    Vector<String> v =
      new Vector<String>(Countries.names(10));
    Enumeration<String> e = v.elements();
    while(e.hasMoreElements())
      System.out.print(e.nextElement() + ", ");   894
    // Produce an Enumeration from a Collection:
    e = Collections.enumeration(new ArrayList<String>());
  }
} /* Output:
ALGERIA, ANGOLA, BENIN, BOTSWANA, BULGARIA, BURKINA FASO,
BURUNDI, CAMEROON, CAPE VERDE, CENTRAL AFRICAN REPUBLIC,
*///:~
```

可以调用**elements()**生成**Enumeration**，然后使用它进行前序遍历。最后一行代码创建了一个**ArrayList**，并且使用**enumeration()**将**ArrayList**的**Iterator**转换成了**Enumeration**。这样，即使有需要**Enumeration**的旧代码，你仍然可以使用新容器。

17.13.2 Hashtable

正如在前面性能比较中所看到的，基本的**Hashtablc**与**HashMap**很相似，甚至方法名也相似。所以，在新的程序中，没有理由再使用**Hashtable**而不用**HashMap**。

17.13.3 Stack

前面在使用**LinkedList**时，已经介绍过“栈”的概念。Java 1.0/1.1 的**Stack**很奇怪，竟然不是用**Vector**来构建**Stack**，而是继承**Vector**。所以它拥有**Vector**所有的特点和行为，再加上一些额外的**Stack**行为。很难了解设计者是否意识到这样做特别有用处，或者只是一个幼稚的设计。唯一清楚的是，在匆忙发布之前它没有经过仔细审查，因此这个糟糕的设计仍然挂在这里（但是你永远都不应该使用它）。

这里是**Stack**的一个简单示例，将**enum**中的每个**String**表示压入**Stack**。它还展示了你可以如何方便地将**LinkedList**，或者在第11章中创建的**Stack**类用作栈：

```
//: containers/Stacks.java
// Demonstration of Stack Class.
import java.util.*;
import static net.mindview.util.Print.*;   895
enum Month { JANUARY, FEBRUARY, MARCH, APRIL, MAY, JUNE,
  JULY, AUGUST, SEPTEMBER, OCTOBER, NOVEMBER }

public class Stacks {
  public static void main(String[] args) {
```

```
    Stack<String> stack = new Stack<String>();
    for(Month m : Month.values())
      stack.push(m.toString());
    print("stack = " + stack);
    // Treating a stack as a Vector:
    stack.addElement("The last line");
    print("element 5 = " + stack.elementAt(5));
    print("popping elements:");
    while(!stack.empty())
      printnb(stack.pop() + " ");

    // Using a LinkedList as a Stack:
    LinkedList<String> lstack = new LinkedList<String>();
    for(Month m : Month.values())
      lstack.addFirst(m.toString());
    print("lstack = " + lstack);
    while(!lstack.isEmpty())
      printnb(lstack.removeFirst() + " ");

    // Using the Stack class from
    // the Holding Your Objects Chapter:
    net.mindview.util.Stack<String> stack2 =
      new net.mindview.util.Stack<String>();
    for(Month m : Month.values())
      stack2.push(m.toString());
    print("stack2 = " + stack2);
    while(!stack2.empty())
      printnb(stack2.pop() + " ");

  }
} /* Output:
stack = [JANUARY, FEBRUARY, MARCH, APRIL, MAY, JUNE, JULY,
AUGUST, SEPTEMBER, OCTOBER, NOVEMBER]
element 5 = JUNE
popping elements:
The last line NOVEMBER OCTOBER SEPTEMBER AUGUST JULY JUNE
MAY APRIL MARCH FEBRUARY JANUARY lstack = [NOVEMBER,
OCTOBER, SEPTEMBER, AUGUST, JULY, JUNE, MAY, APRIL, MARCH,
896 FEBRUARY, JANUARY]
NOVEMBER OCTOBER SEPTEMBER AUGUST JULY JUNE MAY APRIL MARCH
FEBRUARY JANUARY stack2 = [NOVEMBER, OCTOBER, SEPTEMBER,
AUGUST, JULY, JUNE, MAY, APRIL, MARCH, FEBRUARY, JANUARY]
NOVEMBER OCTOBER SEPTEMBER AUGUST JULY JUNE MAY APRIL MARCH
FEBRUARY JANUARY
*///:~
```

String表示是从**Month enum**常量中生成的，用**push()**插入**Stack**，然后再从栈的顶端弹出来（用**pop()**）。这里要特别强调：可以在**Stack**对象上执行**Vector**的操作。这不会有任何问题，因为继承的作用使得**Stack**是一个**Vector**，因此所有可以对**Vector**执行的操作，都可以对**Stack**执行，例如**elementAt()**。

前面曾经说过，如果需要栈的行为，应该使用**LinkedList**，或者从**LinkedList**类中创建的**net.mindview.util.Stack**类。

17.13.4 BitSet

如果想要高效率地存储大量“开/关”信息，**BitSet**是很好的选择。不过它的效率仅是对空间而言；如果需要高效的访问时间，**BitSet**比本地数组稍慢一点。

此外，**BitSet**的最小容量是**long**：64位。如果存储的内容比较小，例如8位，那么**BitSet**就浪费了一些空间。因此如果空间对你很重要，最好撰写自己的类，或者直接采用数组来存储你的标志信息（只有在创建包含开关信息列表的大量对象，并且促使你做出决定的依据仅仅是性能和其他度量因素时，才属于这种情况。如果你做出这个决定只是因为你认为某些对象太大了，那么你最终会产生不需要的复杂性，并会浪费掉大量的时间）。

普通的容器都会随着元素的加入而扩充其容量，**BitSet**也是。以下示范了**BitSet**是如何工作的：

897

```
//: containers/Bits.java
// Demonstration of BitSet.
import java.util.*;
import static net.mindview.util.Print.*;

public class Bits {
  public static void printBitSet(BitSet b) {
    print("bits: " + b);
    StringBuilder bbits = new StringBuilder();
    for(int j = 0; j < b.size() ; j++)
      bbits.append(b.get(j) ? "1" : "0");
    print("bit pattern: " + bbits);
  }
  public static void main(String[] args) {
    Random rand = new Random(47);
    // Take the LSB of nextInt():
    byte bt = (byte)rand.nextInt();
    BitSet bb = new BitSet();
    for(int i = 7; i >= 0; i--)
      if(((1 << i) &  bt) != 0)
        bb.set(i);
      else
        bb.clear(i);
    print("byte value: " + bt);
    printBitSet(bb);

    short st = (short)rand.nextInt();
    BitSet bs = new BitSet();
    for(int i = 15; i >= 0; i--)
      if(((1 << i) &  st) != 0)
        bs.set(i);
      else
        bs.clear(i);
    print("short value: " + st);
    printBitSet(bs);

    int it = rand.nextInt();
    BitSet bi = new BitSet();
    for(int i = 31; i >= 0; i--)
      if(((1 << i) &  it) != 0)
        bi.set(i);
      else
        bi.clear(i);
    print("int value: " + it);
    printBitSet(bi);

    // Test bitsets >= 64 bits:
    BitSet b127 = new BitSet();
    b127.set(127);
    print("set bit 127: " + b127);
    BitSet b255 = new BitSet(65);
    b255.set(255);
    print("set bit 255: " + b255);
    BitSet b1023 = new BitSet(512);
    b1023.set(1023);
    b1023.set(1024);
    print("set bit 1023: " + b1023);
  }
} /* Output:
byte value: -107
bits: {0, 2, 4, 7}
bit pattern:
```

898

```
10101001000000000000000000000000000000000000000000000000000
00000
short value: 1302
bits: {1, 2, 4, 8, 10}
bit pattern:
01101000101000000000000000000000000000000000000000000000000
00000
int value: -2014573909
bits: {0, 1, 3, 5, 7, 9, 11, 18, 19, 21, 22, 23, 24, 25,
26, 31}
bit pattern:
11010101010100000011011111100001000000000000000000000000000
00000
set bit 127: {127}
set bit 255: {255}
set bit 1023: {1023, 1024}
*///:~
```

随机数发生器被用来生成随机的**byte**、**short**和**int**，每一个都被转换为**BitSet**中相应的位模式。因为**BitSet**是64位的，所以任何生成的随机数都不会导致**BitSet**扩充容量。然后创建了一个更大的**BitSet**。你可以看到，**BitSet**在必要时会进行扩充。

如果拥有一个可以命名的固定的标志集合，那么**EnumSet**（查看第19章）与**BitSet**相比，通常是一种更好的选择，因为**EnumSet**允许你按照名字而不是数字位的位置进行操作，因此可以减少错误。**EnumSet**还可以防止你因不注意而添加新的标志位置，这种行为能够引发严重的、难以发现的缺陷。你应该使用**BitSet**而不是**EnumSet**的理由只包括：只有在运行时才知道需要
899 多少个标志；对标志命名不合理；需要**BitSet**中的某种特殊操作（查看**BitSet**和**EnumSet**的JDK文档）。

17.14 总结

可以证明，容器类库对于面向对象语言来说是最重要的类库。大多数编程工作对容器的使用比对其他类库中的构件都要多。某些语言（例如Python）甚至包含内建的基本容器构件（列表、映射表和集）。

正如你在第11章中所看到的，通过使用容器，无须费力，就可以完成大量非常有趣的操作。但是，在某些时候，你必须更多地了解容器，以便正确地使用它们。特别是，你必须对散列操作有足够的了解，从而能够编写自己的**hashCode()**方法（并且你必须知道何时需要这么做），你还必须对各种不同的容器实现有足够的了解，这样才能够为你的需要进行恰当的选择。本章覆盖了有关容器类库的这些概念，并讨论了其他有用的细节。至此，你应该已经为在每天的编程任务中使用Java容器做好了充足的准备。

容器类库的设计非常艰难（大多数类库设计问题都是如此）。在C++中，用许多不同的类覆盖了容器类的基础。这与C++容器类之前的可用情况（无任何类可用）相比是一种进步，但是它没有被很好地转译到Java中。在另一个极端情况中，我看到过容器类库由单一的类构成，即Container，它同时起到了线性序列和关联数组的作用。Java容器类库在这二者之间达到了一种平衡：具有成熟的容器类库应该具有的完备的功能，但是比C++容器类和其他类似的容器类库易于学习和使用。这样产生的结果在若干方面看起来都有些奇异，与早期Java类库中所作的某些决策不同，这些奇异性不是偶然的，而是基于复杂性的利弊而仔细权衡的产物。

所选习题的答案都可以在名为The Thinking in Java Annotated Solution Guide的电子文档中找
900 到，读者可以从www.MindView.net购买此文档。

第18章 Java I/O系统

对程序语言的设计者来说，创建一个好的输入/输出（I/O）系统是一项艰难的任务。

现有的大量不同方案已经说明了这一点。挑战似乎来自于要涵盖所有的可能性。不仅存在各种I/O源端和想要与之通信的接收端（文件、控制台、网络链接等），而且还需要以多种不同的方式与它们进行通信（顺序、随机存取、缓冲、二进制、按字符、按行、按字等）。

Java类库的设计者通过创建大量的类来解决这个难题。一开始，可能会对Java I/O系统提供了如此多的类而感到不知所措（具有讽刺意味的是，Java I/O设计的初衷是为了避免过多的类）。自从Java 1.0版本以来，Java 的I/O类库发生了明显改变，在原来面向字节的类中添加了面向字符和基于Unicode的类。在JDK 1.4中，添加了**nio**类（对于“新I/O”来说，这是一个从现在起我们将要使用若干年的名称，即使它们在JDK1.4中就已经被引入了，因此它们已经“旧”了）添加进来是为了改进性能及功能。因此，在充分理解Java I/O系统以便正确地运用之前，我们需要学习相当数量的类。另外，很有必要理解I/O类库的演化过程，即使我们的第一反应是“不要用历史打扰我，只需告诉我怎么用。”问题是，如果缺乏历史的眼光，很快我们就会对什么时候该使用哪些类，以及什么时候不该使用它们而感到迷惑。

本章就介绍Java标准类库中各种各样的类以及它们的用法。

18.1 File类

在学习那些真正用于在流中读写数据的类之前，让我们先看一个实用类库工具，它可以帮助我们处理文件目录问题。

File（文件）类这个名字有一定的误导性；我们可能会认为它指代的是文件，实际上却并非如此。它既能代表一个特定文件的*名称*，又能代表一个目录下的一组文件的*名称*。如果它指的是一个文件集，我们就可以对此集合调用**list()**方法，这个方法会返回一个字符数组。我们很容易就可以理解返回的是一个数组而不是某个更具灵活性的类容器，因为元素的个数是固定的，所以如果我们想取得不同的目录列表，只需要再创建一个不同的**File**对象就可以了。实际上，FilePath（文件路径）对这个类来说是个更好的名字。本节举例示范了这个类的用法，包括了与它相关的**FilenameFilter**接口。 901

18.1.1 目录列表器

假设我们想查看一个目录列表，可以用两种方法来使用**File**对象。如果我们调用不带参数的**list()**方法，便可以获得此**File**对象包含的全部列表。然而，如果我们想获得一个受限列表，例如，想得到所有扩展名为**.java**的文件，那么我们就要用到“目录过滤器”，这个类会告诉我们怎样显示符合条件的**File**对象。

下面是一个示例，注意，通过使用**java.utils.Arrays.sort()**和**String.CASE_INSENSITIVE.ORDERComparator**，可以很容易地对结果进行排序（按字母顺序）。

```
//: io/DirList.java
// Display a directory listing using regular expressions.
// {Args: "D.*\.java"}
import java.util.regex.*;
import java.io.*;
```

```
import java.util.*;

public class DirList {
  public static void main(String[] args) {
    File path = new File(".");
    String[] list;
    if(args.length == 0)
      list = path.list();
    else
      list = path.list(new DirFilter(args[0]));
    Arrays.sort(list, String.CASE_INSENSITIVE_ORDER);
    for(String dirItem : list)
      System.out.println(dirItem);
  }
}

class DirFilter implements FilenameFilter {
  private Pattern pattern;
  public DirFilter(String regex) {
    pattern = Pattern.compile(regex);
  }
  public boolean accept(File dir, String name) {
    return pattern.matcher(name).matches();
  }
} /* Output:
DirectoryDemo.java
DirList.java
DirList2.java
DirList3.java
*///:~
```

902

这里，**DirFilter**类“实现”了**FilenameFilter**接口。请注意**FilenameFilter**接口是多么的简单：

```
public interface FilenameFilter {
  boolean accept(File dir, String name);
}
```

DirFilter这个类存在的唯一原因就是将**accept()**方法。创建这个类的目的在于把**accept()**方法提供给**list()**使用，使**list()**可以回调**accept()**，进而以决定哪些文件包含在列表中。因此，这种结构也常常称为*回调*。更具体地说，这是一个*策略模式*的例子，因为**list()**实现了基本的功能，而且按照 **FilenameFilter**的形式提供了这个*策略*，以便完善**list()**在提供服务时所需的算法。因为**list()**接受**FilenameFilter**对象作为参数，这意味着我们可以传递实现了**FilenameFilter**接口的任何类的对象，用以选择（甚至在运行时）**list()**方法的行为方式。策略的目的就是提供了代码行为的灵活性。

accept()方法必须接受一个代表某个特定文件所在目录的**File**对象，以及包含了那个文件名的一个**String**。记住一点：**list()**方法会为此目录对象下的每个文件名调用**accept()**，来判断该文件是否包含在内；判断结果由**accept()**返回的布尔值表示。

accept()会使用一个正则表达式的**matcher**对象，来查看此正则表达式**regex**是否匹配这个文件的名字。通过使用**accept()**，**list()**方法会返回一个数组。

903

匿名内部类

这个例子很适合用一个匿名内部类（第8章介绍过）进行改写。首先创建一个**filter()**方法，它会返回一个指向**FilenameFilter**的引用：

```
//: io/DirList2.java
// Uses anonymous inner classes.
// {Args: "D.*\.java"}
import java.util.regex.*;
import java.io.*;
```

```
import java.util.*;

public class DirList2 {
  public static FilenameFilter filter(final String regex) {
    // Creation of anonymous inner class:
    return new FilenameFilter() {
      private Pattern pattern = Pattern.compile(regex);
      public boolean accept(File dir, String name) {
        return pattern.matcher(name).matches();
      }
    }; // End of anonymous inner class
  }
  public static void main(String[] args) {
    File path = new File(".");
    String[] list;
    if(args.length == 0)
      list = path.list();
    else
      list = path.list(filter(args[0]));
    Arrays.sort(list, String.CASE_INSENSITIVE_ORDER);
    for(String dirItem : list)
      System.out.println(dirItem);
  }
} /* Output:
DirectoryDemo.java
DirList.java
DirList2.java
DirList3.java
*///:~
```

注意，传向**filter()**的参数必须是**final**的。这在匿名内部类中是必需的，这样它才能够使用来自该类范围之外的对象。 904

这个设计有所改进，因为现在**FilenameFilter**类紧密地和**DirList2**绑定在一起。然而，我们可以进一步修改该方法，定义一个作为**list()**参数的匿名内部类；这样一来程序会变得更小：

```
//: io/DirList3.java
// Building the anonymous inner class "in-place."
// {Args: "D.*\.java"}
import java.util.regex.*;
import java.io.*;
import java.util.*;

public class DirList3 {
  public static void main(final String[] args) {
    File path = new File(".");
    String[] list;
    if(args.length == 0)
      list = path.list();
    else
      list = path.list(new FilenameFilter() {
        private Pattern pattern = Pattern.compile(args[0]);
        public boolean accept(File dir, String name) {
          return pattern.matcher(name).matches();
        }
      });
    Arrays.sort(list, String.CASE_INSENSITIVE_ORDER);
    for(String dirItem : list)
      System.out.println(dirItem);
  }
} /* Output:
DirectoryDemo.java
DirList.java
DirList2.java
DirList3.java
*///:~
```

既然匿名内部类直接使用**args[0]**，那么传递给**main()**方法的参数现在就是**final**的。

这个例子展示了匿名内部类怎样通过创建特定的、一次性的类来解决问题。此方法的一个优点就是将解决特定问题的代码隔离、聚拢于一点。而另一方面，这种方法却不易阅读，因此
905 要谨慎使用。

练习1：(3) 修改**DirList.java**（或其变体之一），以便**FilenameFilter**能够打开每个文件（使用**net.mindview.util.TextFile**工具），并检查命令行尾随的参数是否存在于那个文件中，以此检查结果来决定是否接受这个文件。

练习2：(2) 创建一个叫做**SortedDirList**的类，它具有一个可以接受文件路径信息，并能构建该路径下所有文件的排序目录列表的构造器。向这个类添加两个重载的**list()**方法：一个产生整个列表，另一个产生与其参数（一个正则表达式）相匹配的列表的子集。

练习3：(3) 修改**DirList.java**（或其变体之一），使其对所选中的文件计算文件尺寸的总和。

18.1.2 目录实用工具

程序设计中一项常见的任务就是在文件集上执行操作，这些文件要么在本地目录中，要么遍布于整个目录树中。如果有一种工具能够为你产生这个文件集，那么它会非常有用。下面的实用工具类就可以通过使用**local()**方法产生由本地目录中的文件构成的**File**对象数组，或者通过使用**walk()**方法产生给定目录下的由整个目录树中所有文件构成的**List<File>**（**File**对象比文件名更有用，因为**File**对象包含更多的信息）。这些文件是基于你提供的正则表达式而被选中的：

```
//: net/mindview/util/Directory.java
// Produce a sequence of File objects that match a
// regular expression in either a local directory,
// or by walking a directory tree.
package net.mindview.util;
import java.util.regex.*;
import java.io.*;
import java.util.*;

public final class Directory {
  public static File[]
  local(File dir, final String regex) {
    return dir.listFiles(new FilenameFilter() {
      private Pattern pattern = Pattern.compile(regex);
      public boolean accept(File dir, String name) {
        return pattern.matcher(
          new File(name).getName()).matches();
      }
906 });
  }
  public static File[]
  local(String path, final String regex) { // Overloaded
    return local(new File(path), regex);
  }
  // A two-tuple for returning a pair of objects:
  public static class TreeInfo implements Iterable<File> {
    public List<File> files = new ArrayList<File>();
    public List<File> dirs = new ArrayList<File>();
    // The default iterable element is the file list:
    public Iterator<File> iterator() {
      return files.iterator();
    }
    void addAll(TreeInfo other) {
      files.addAll(other.files);
      dirs.addAll(other.dirs);
    }
    public String toString() {
      return "dirs: " + PPrint.pformat(dirs) +
        "\n\nfiles: " + PPrint.pformat(files);
```

```
    }
  }
  public static TreeInfo
  walk(String start, String regex) { // Begin recursion
    return recurseDirs(new File(start), regex);
  }
  public static TreeInfo
  walk(File start, String regex) { // Overloaded
    return recurseDirs(start, regex);
  }
  public static TreeInfo walk(File start) { // Everything
    return recurseDirs(start, ".*");
  }
  public static TreeInfo walk(String start) {
    return recurseDirs(new File(start), ".*");
  }
  static TreeInfo recurseDirs(File startDir, String regex){
    TreeInfo result = new TreeInfo();
    for(File item : startDir.listFiles()) {
      if(item.isDirectory()) {
        result.dirs.add(item);
        result.addAll(recurseDirs(item, regex));
      } else // Regular file
        if(item.getName().matches(regex))
          result.files.add(item);
    }
    return result;
  }
  // Simple validation test:
  public static void main(String[] args) {
    if(args.length == 0)
      System.out.println(walk("."));
    else
      for(String arg : args)
       System.out.println(walk(arg));
  }
} ///:~
```

907

local()方法使用被称为**listFile()**的**File.list()**的变体来产生**File**数组。可以看到，它还使用了**FilenameFilter**。如果需要**List**而不是数组，你可以使用**Arrays.asList()**自己对结果进行转换。

walk()方法将开始目录的名字转换为**File**对象，然后调用**recurseDirs()**，该方法将递归地遍历目录，并在每次递归中都收集更多的信息。为了区分普通文件和目录，返回值实际上是一个对象“元组”——一个**List**持有所有普通文件，另一个持有目录。这里，所有的域都被有意识地设置成了**public**，因为**TreeInfo**的使命只是将对象收集起来——如果你只是返回**List**，那么就不需要将其设置为**private**，因为你只是返回一个对象对，不需要将它们设置为**private**。注意，**TreeInfo**实现了**Iterable<File>**，它将产生文件，使你拥有在文件列表上的“默认迭代”，而你可以通过声明“**.dirs**”来指定目录。

TreeInfo.toString()方法使用了一个“灵巧打印机”类，以使输出更容易浏览。容器默认的**toString()**方法会在单个行中打印容器中的所有元素，对于大型集合来说，这会变得难以阅读，因此你可能希望使用可替换的格式化机制。下面是一个可以添加新行并缩排所有元素的工具：

908

```
//: net/mindview/util/PPrint.java
// Pretty-printer for collections
package net.mindview.util;
import java.util.*;
public class PPrint {
  public static String pformat(Collection<?> c) {
    if(c.size() == 0) return "[]";
    StringBuilder result = new StringBuilder("[");
    for(Object elem : c) {
```

```
      if(c.size() != 1)
        result.append("\n  ");
      result.append(elem);
    }
    if(c.size() != 1)
      result.append("\n");
    result.append("]");
    return result.toString();
  }
  public static void pprint(Collection<?> c) {
    System.out.println(pformat(c));
  }
  public static void pprint(Object[] c) {
    System.out.println(pformat(Arrays.asList(c)));
  }
} ///:~
```

pformat()方法可以从**Collection**中产生格式化的**String**，而**pprint()**方法使用**pformat()**来执行其任务。注意，没有任何元素和只有一个元素这两种特例进行了不同的处理。上面还有一个用于数组的**pprint()**版本。

Directory实用工具放在了**net.mindview.util**包中，以使其可以更容易地被获得。下面的例子说明了你可以如何使用它的样本：

909

```
//: io/DirectoryDemo.java
// Sample use of Directory utilities.
import java.io.*;
import net.mindview.util.*;
import static net.mindview.util.Print.*;

public class DirectoryDemo {
  public static void main(String[] args) {
    // All directories:
    PPrint.pprint(Directory.walk(".").dirs);
    // All files beginning with 'T'
    for(File file : Directory.local(".", "T.*"))
      print(file);
    print("----------------------");
    // All Java files beginning with 'T':
    for(File file : Directory.walk(".", "T.*\\.java"))
      print(file);
    print("======================");
    // Class files containing "Z" or "z":
    for(File file : Directory.walk(".",".*[Zz].*\\.class"))
      print(file);
  }
} /* Output: (Sample)
[.\xfiles]
.\TestEOF.class
.\TestEOF.java
.\TransferTo.class
.\TransferTo.java
----------------------
.\TestEOF.java
.\TransferTo.java
.\xfiles\ThawAlien.java
======================
.\FreezeAlien.class
.\GZIPcompress.class
.\ZipCompress.class
*///:~
```

你可能需要更新一下在第13章中学习到的有关正则表达式的知识，以理解在**local()**和**walk()**中的第二个参数。

我们可以更进一步，创建一个工具，它可以在目录中穿行，并且根据**Strategy**对象来处理这些目录中的文件（这是策略设计模式的另一个示例）：

```
//: net/mindview/util/ProcessFiles.java
package net.mindview.util;
import java.io.*;

public class ProcessFiles {
  public interface Strategy {
    void process(File file);
  }
  private Strategy strategy;
  private String ext;
  public ProcessFiles(Strategy strategy, String ext) {
    this.strategy = strategy;
    this.ext = ext;
  }
  public void start(String[] args) {
    try {
      if(args.length == 0)
        processDirectoryTree(new File("."));
      else
        for(String arg : args) {
          File fileArg = new File(arg);
          if(fileArg.isDirectory())
            processDirectoryTree(fileArg);
          else {
            // Allow user to leave off extension:
            if(!arg.endsWith("." + ext))
              arg += "." + ext;
            strategy.process(
              new File(arg).getCanonicalFile());
          }
        }
    } catch(IOException e) {
      throw new RuntimeException(e);
    }
  }
  public void
  processDirectoryTree(File root) throws IOException {
    for(File file : Directory.walk(
        root.getAbsolutePath(), ".*\\." + ext))
      strategy.process(file.getCanonicalFile());
  }
  // Demonstration of how to use it:
  public static void main(String[] args) {
    new ProcessFiles(new ProcessFiles.Strategy() {
      public void process(File file) {
        System.out.println(file);
      }
    }, "java").start(args);
  }
} /* (Execute to see output) *///:~
```

910

Strategy接口内嵌在**ProcessFiles**中，使得如果你希望实现它，就必须实现**ProcessFiles.Strategy**，它为读者提供了更多的上下文信息。**ProcessFiles**执行了查找具有特定扩展名（传递给构造器的**ext**参数）的文件所需的全部工作，并且当它找到匹配的文件时，将直接把文件传递给**Strategy**对象（也是传递给构造器的参数）。 911

如果你没有提供任何参数，那么**ProcessFiles**就假设你希望遍历当前目录下的所有目录。你也可以指定特定的文件，带不带扩展名都可以（如果必需的话，它会添加上扩展名），或者指定一个或多个目录。

在**main()**中，你看到了如何使用这个工具的基本示例，它可以根据你提供的命令行来打印所有的Java源代码文件的名字。

练习4：(2) 使用**Directory.walk()**来计算在目录中所有名字与特定的正则表达式相匹配的文件的尺寸总和。

练习5：(1) 修改**ProcessFiles.java**，使其匹配正则表达式而不是固定的扩展名。

18.1.3 目录的检查及创建

File类不仅仅只代表存在的文件或目录。也可以用**File**对象来创建新的目录或尚不存在的整个目录路径。我们还可以查看文件的特性（如：大小，最后修改日期，读/写），检查某个**File**对象代表的是一个文件还是一个目录，并可以删除文件。下面的示例展示了**File**类的一些其他方法（请参考http://java.sun.com上的HTML文档以全面了解它们）。

912

```
//: io/MakeDirectories.java
// Demonstrates the use of the File class to
// create directories and manipulate files.
// {Args: MakeDirectoriesTest}
import java.io.*;

public class MakeDirectories {
  private static void usage() {
    System.err.println(
      "Usage:MakeDirectories path1 ...\n" +
      "Creates each path\n" +
      "Usage:MakeDirectories -d path1 ...\n" +
      "Deletes each path\n" +
      "Usage:MakeDirectories -r path1 path2\n" +
      "Renames from path1 to path2");
    System.exit(1);
  }
  private static void fileData(File f) {
    System.out.println(
      "Absolute path: " + f.getAbsolutePath() +
      "\n Can read: " + f.canRead() +
      "\n Can write: " + f.canWrite() +
      "\n getName: " + f.getName() +
      "\n getParent: " + f.getParent() +
      "\n getPath: " + f.getPath() +
      "\n length: " + f.length() +
      "\n lastModified: " + f.lastModified());
    if(f.isFile())
      System.out.println("It's a file");
    else if(f.isDirectory())
      System.out.println("It's a directory");
  }
  public static void main(String[] args) {
    if(args.length < 1) usage();
    if(args[0].equals("-r")) {
      if(args.length != 3) usage();
      File
        old = new File(args[1]),
        rname = new File(args[2]);
      old.renameTo(rname);
      fileData(old);
      fileData(rname);
      return; // Exit main
    }
    int count = 0;
    boolean del = false;
    if(args[0].equals("-d")) {
      count++;
      del = true;
    }
    count--;
    while(++count < args.length) {
      File f = new File(args[count]);
```

```
        if(f.exists()) {
          System.out.println(f + " exists");
          if(del) {
            System.out.println("deleting..." + f);
            f.delete();
          }
        }
        else { // Doesn't exist
          if(!del) {
            f.mkdirs();
            System.out.println("created " + f);
          }
        }
        fileData(f);
      }
    }
} /* Output: (80% match)
created MakeDirectoriesTest
Absolute path: d:\aaa-TIJ4\code\io\MakeDirectoriesTest
 Can read: true
 Can write: true
 getName: MakeDirectoriesTest
 getParent: null
 getPath: MakeDirectoriesTest
 length: 0
 lastModified: 1101690308831
It's a directory
*///:~
```

913

在**fileData()**中，可以看到用到了多种不同的文件特征查询方法来显示文件或目录路径的信息。**main()**方法首先调用的是**renameTo()**，用来把一个文件重命名（或移动）到由参数所指示的另一个完全不同的新路径（也就是另一个File对象）下面。这同样适用于任意长度的文件目录。

实践上面的程序可以发现，我们可以产生任意复杂的目录路径，因为**mkdirs()**可以为我们做好这一切。

练习6：(5) 使用**ProcessFiles**来查找在某个特定目录子树下的所有在某个特定日期之后进行过修改的Java源代码文件。

18.2 输入和输出

编程语言的I/O类库中常使用流这个抽象概念，它代表任何有能力产出数据的数据源对象或者是有能力接收数据的接收端对象。“流”屏蔽了实际的I/O设备中处理数据的细节。

Java类库中的I/O类分成输入和输出两部分，可以在JDK文档里的类层次结构中查看到。通过继承，任何自**Inputstream**或**Reader**派生而来的类都含有名为**read()**的基本方法，用于读取单个字节或者字节数组。同样，任何自**OutputStream**或**Writer**派生而来的类都含有名为**write()**的基本方法，用于写单个字节或者字节数组。但是，我们通常不会用到这些方法，它们之所以存在是因为别的类可以使用它们，以便提供更有用的接口。因此，我们很少使用单一的类来创建流对象，而是通过叠合多个对象来提供所期望的功能（这是装饰器设计模式，你将在本节中看到它）。实际上，Java中“流”类库让人迷惑的主要原因就在于：创建单一的结果流，却需要创建多个对象。 914

有必要按照这些类的功能对它们进行分类。在Java 1.0中，类库的设计者首先限定与输入有关的所有类都应该从**InputStream**继承，而与输出有关的所有类都应该从**OutputStream**继承。

正如在本书中所实践的，我将尝试着提供这些类的总揽，但是我必须假设你确实将会使用JDK文档来确定所有的细节，例如某个特定类的详尽的方法列表。

18.2.1 InputStream类型

InputStream的作用是用来表示那些从不同数据源产生输入的类。如表18-1所示，这些数据源包括：

1) 字节数组。

2) **String**对象。

3) 文件。

4) “管道”，工作方式与实际管道相似，即，从一端输入，从另一端输出。

5) 一个由其他种类的流组成的序列，以便我们可以将它们收集合并到一个流内。

6) 其他数据源，如Internet连接等（参见可以在https://www.mindviewllc.com获得的《Thinking in Enterprise Java》）。

每一种数据源都有相应的**InputStream**子类。另外，**FilterInputStream**也属于一种**InputStream**，
915 为“装饰器”（decorator）类提供基类，其中，“装饰器”类可以把属性或有用的接口与输入流连接在一起。我们稍后再讨论它。

表18-1 InputStream类型

类	功 能	构造器参数 如何使用
ByteArrayInputStream	允许将内存的缓冲区当作**InputStream**使用	缓冲区，字节将从中取出 作为一种数据源：将其与**FilterInputStream**对象相连以提供有用接口
StringBufferInputStream	将**String**转换成 **InputStream**	字符串。底层实现实际使用**StringBuffer** 作为一种数据源：将其与 **FilterInputStream**对象相连以提供有用接口
FileInputStream	用于从文件中读取信息	字符串，表示文件名、文件或**FileDescriptor**对象 作为一种数据源：将其与**FilterInputStream**对象相连以提供有用接口
PipedInputStream	产生用于写入相关**PipedOutput Stream**的数据。实现“管道化”概念	**PipedOutputStream** 作为多线程中数据源：将其与**FilterInput-Stream** 对象相连以提供有用接口
916 **SequenceInputStream**	将两个或多个**InputStream**对象转换成单一 **InputStream**	两个**InputStream** 对象或一个容纳**InputStream**对象的容器**Enumeration** 作为一种数据源：将其与**FilterInputStream**对象相连以提供有用接口
FilterInputStream	抽象类，作为“装饰器”的接口。其中，“装饰器”为其他的**InputStream** 类提供有用功能。见表18-3	见表 18-3 见表 18-3

18.2.2 OutputStream类型

如表18-2所示，该类别的类决定了输出所要去往的目标：字节数组（但不是String，不过你当然可以用字节数组自己创建）、文件或管道。

另外，**FilterOutputStream**为“装饰器”类提供了一个基类，“装饰器”类把属性或者有用的接口与输出流连接了起来，这些稍后会讨论。

表18-2 OutputStream类型

类	功　能	构造器参数 如何使用
ByteArrayOutputStream	在内存中创建缓冲区。所有送往“流”的数据都要放置在此缓冲区	缓冲区初始化尺寸（可选的） 用于指定数据的目的地：将其与 **FilterOutputStream** 对象相连以提供有用接口
FileOutputStream	用于将信息写至文件	字符串，表示文件名、文件或**FileDescriptor** 对象 指定数据的目的地：将其与**FilterOutputStream** 对象相连以提供有用接口
PipedOutputStream	任何写入其中的信息都会自动作为相关**PipedInputStream** 的输出。实现“管道化”概念。	**PipedInputStream** 指定用于多线程的数据的目的地：将其与**FilterOutputStream** 对象相连以提供有用接口
FilterOutputStream	抽象类，作为“装饰器”的接口。其中，“装饰器”为其他 **OutputStream** 提供有用功能。见表18-4	见表 18-4 见表18-4

917

18.3 添加属性和有用的接口

装饰器在第15章引入。Java I/O类库需要多种不同功能的组合，这正是使用装饰器模式的理由所在[⊖]。这也是Java I/O类库里存在**filter**（过滤器）类的原因所在抽象类**filter**是所有装饰器类的基类。装饰器必须具有和它所装饰的对象相同的接口，但它也可以扩展接口，而这种情况只发生在个别**filter**类中。 918

但是，装饰器模式也有一个缺点：在编写程序时，它给我们提供了相当多的灵活性（因为我们可以很容易地混合和匹配属性），但是它同时也增加了代码的复杂性。Java I/O类库操作不便的原因在于：我们必须创建许多类——“核心”I/O类型加上所有的装饰器，才能得到我们所希望的单个I/O对象。

FilterInputStream和**FilterOutputStream**是用来提供装饰器类接口以控制特定输入流（**InputStream**）和输出流（**OutputStream**）的两个类，它们的名字并不是很直观。**FilterInputStream**和**FilterOutputStream**分别自I/O类库中的基类**InputStream**和**OutputStream**派生而来，这两个类是装饰器的必要条件（以便能为所有正在被修饰的对象提供通用接口）。

18.3.1 通过FilterInputStream从InputStream读取数据

FilterInputStream类能够完成两件完全不同的事情。其中，**DataInputStream**允许我们读取

⊖ 很难说这就是一个很好的设计选择，尤其是与其他程序设计语言中的简单I/O类库相比较。但它的确是如此选择的一个恰当理由。

不同的基本类型数据以及**String**对象（所有方法都以“read”开头，例如**readByte()**、**readFloat()**等等）。搭配相应的**DataOutputStream**，我们就可以通过数据“流”将基本类型的数据从一个地方迁移到另一个地方。具体是哪些“地方”是由表18-1中的那些类决定的。

其他**FilterInputstream**类则在内部修改**InputStream**的行为方式：是否缓冲，是否保留它所读过的行（允许我们查询行数或设置行数），以及是否把单一字符推回输入流等等。最后两个类看起来更像是为了创建一个编译器（它们被添加进来可能是为了对“用Java构建编译器”实验提供支持），因此我们在一般编程中不会用到它们。

919 我们几乎每次都要对输入进行缓冲——不管我们正在连接的是什么I/O设备，所以，I/O类库把无缓冲输入（而不是缓冲输入）作为特殊情况（或只是方法调用）就显得更加合理了。**FilterInputStream**的类型及功能如表18-3所示。

表18-3 FilterInputStream类型

类	功　能	构造器参数 如何使用
DataInputStream	与**DataOutputStream**搭配使用，因此我们可以按照可移植方式从流读取基本数据类型 (**int, char, long**等)	**InputStream** 包含用于读取基本类型数据的全部接口
BufferedInputStream	使用它可以防止每次读取时都得进行实际写操作。代表“使用缓冲区”	**InputStream**，可以指定缓冲区大小（可选的） 本质上不提供接口，只不过是向进程中添加缓冲区所必需的。与接口对象搭配
LineNumberInputStream	跟踪输入流中的行号；可调用**getLine Number()** 和**setLineNumber(int)**	**InputStream** 仅增加了行号，因此可能要与接口对象搭配使用
PushbackInputStream	具有“能弹出一个字节的缓冲区”。因此可以将读到的最后一个字符回退	**InputStream** 通常作为编译器的扫描器，之所以包含在内是因为Java编译器的需要，我们可能永远不会用到

920

18.3.2 通过FilterOutPutStream向OutputStream写入

与**DataInputStream**对应的是**DataOutputStream**，它可以将各种基本数据类型以及**String**对象格式化输出到“流”中；这样以来，任何机器上的任何**DataInputStream**都能够读取它们。所有方法都以“wirte”开头，例如**writeByte()**、**writeFloat()**等等。

PrintStream最初的目的便是为了以可视化格式打印所有的基本数据类型以及**String**对象。这和**DataOutputStream**不同，后者的目的是将数据元素置入“流”中，使**DataInputStream**能够可移植地重构它们。

PrintStream内有两个重要的方法：**print()**和**println()**。对它们进行了重载，以便可打印出各种数据类型。**print()**和**println()**之间的差异是，后者在操作完毕后会添加一个换行符。

PrintStream可能会有些问题，因为它捕捉了所有的**IOExceptions**（因此，我们必须使用**checkError()**自行测试错误状态，如果出现错误它返回**true**）。另外，**PrintStream**也未完全国际化，不能以平台无关的方式处理换行动作（这些问题在**printWriter**中得到了解决，这在后面讲述）。

BufferedOutputStream是一个修改过的**OutputStream**，它对数据流使用缓冲技术；因此当每次向流写入时，不必每次都进行实际的物理写动作。所以在进行输出时，我们可能更经常的是使用它。**FilterOutputStream**的类型及功能如表18-4所示。

表18-4 FilterOutputStream类型

类	功 能	构造器参数 如何使用
DataOutputStream	与**DataInputStream**搭配使用，因此可以按照可移植方式向流中写入基本类型数据（**int, char, long**等）	**OutputStream** 包含用于写入基本类型数据的全部接口
PrintStream	用于产生格式化输出。其中**DataOutputStream**处理数据的存储，**PrintStream**处理显示	**OutputStream**，可以用**boolean**值指示是否在每次换行时清空缓冲区（可选的）应该是对**OutputStream**对象的"final"封装。可能会经常使用到它
BufferedOutputStream	使用它以避免每次发送数据时都要进行实际的写操作。代表"使用缓冲区"。可以调用**flush()**清空缓冲区	**OutputStream**，可以指定缓冲区大小（可选的） 本质上并不提供接口，只不过是向进程中添加缓冲区所必需的。与接口对象搭配

921

18.4 Reader和Writer

Java 1.1对基本的I/O流类库进行了重大的修改。当我们初次看见**Reader**和**Writer**类时，可能会以为这是两个用来替代**InputStream**和**OutputStreamt**的类；但实际上并非如此。尽管一些原始的"流"类库不再被使用（如果使用它们，则会收到编译器的警告信息），但是**InputStream**和**OutputStreamt**在以面向字节形式的I/O中仍可以提供极有价值的功能，**Reader**和**Writer**则提供兼容Unicode与面向字符的I/O功能。另外：

1) Java 1.1向**InputStream**和**OutputStreamt**继承层次结构中添加了一些新类，所以显然这两个类是不会被取代的。 922

2) 有时我们必须把来自于"字节"层次结构中的类和"字符"层次结构中的类结合起来使用。为了实现这个目的，要用到"适配器"（adapter）类：**InputStreamReader**可以把**InputStream**转换为**Reader**，而**OutputStreamWriter**可以把**OutputStream**转换为**Writer**。

设计**Reader**和**Writer**继承层次结构主要是为了国际化。老的I/O流继承层次结构仅支持8位字节流，并且不能很好地处理16位的Unicode字符。由于Unicode用于字符国际化（Java本身的**char**也是16位的Unicode），所以添加**Reader**和**Writer**继承层次结构就是为了在所有的I/O操作中都支持Unicode。另外，新类库的设计使得它的操作比旧类库更快。

一如本书惯例，我会尽力给出所有类的概观，但是我还要假定你会自行使用JDK文档查看细节，例如方法的详尽列表。

18.4.1 数据的来源和去处

几乎所有原始的Java I/O流类都有相应的**Reader**和**Writer**类来提供天然的Unicode操作。然而在某些场合，面向字节的**InputStream**和**OutputStream**才是正确的解决方案；特别是，**java.util.zip**类库就是面向字节的而不是面向字符的。因此，最明智的做法是尽量尝试使用**Reader** 和**Writer**，一旦程序代码无法成功编译，我们就会发现自己不得不使用面向字节的类库。

下面的表展示了在两个继承层次结构中，信息的来源和去处（即数据物理上来自哪里及去向哪里）之间的对应关系：

来源与去处：Java 1.0 类	相应的 Java 1.1 类
InputStream	**Reader** 适配器：**InputStreamReader**
OutputStream	**Writer** 适配器：**OutputStreamWriter**
FileInputStream	**FileReader**
923 **FileOutputStream**	**FileWriter**
StringBufferInputStream(已弃用)	**StringReader**
(无相应的类)	**StringWriter**
ByteArrayInputStream	**CharArrayReader**
ByteArrayOutputStream	**CharArrayWriter**
PipedInputStream	**PipedReader**
PipedOutputStream	**PipedWriter**

大体上，我们会发现，这两个不同的继承层次结构中的接口即使不能说完全相同，但也是非常相似。

18.4.2 更改流的行为

对于**InputStream**和**OutputStream**来说，我们会使用**FilterInputStream**和**FilterOutputStream**的装饰器子类来修改“流”以满足特殊需要。**Reader**和**Writer**的类继承层次结构继续沿用相同的思想——但是并不完全相同。

在下表中，相对于前一表格来说，左右之间的对应关系的近似程度更加粗略一些。造成这种差别的原因是因为类的组织形式不同；尽管**BufferedOutputStream**是**FilterOutputStream**的子类，但是**BufferedWriter**并不是**FilterWriter**的子类（尽管**FilterWriter**是抽象类，没有任何子类，把它放在那里也只是把它作为一个占位符，或仅仅让我们不会对它所在的地方产生疑惑）。然而，这些类的接口却十分相似。

过滤器：Java 1.0 类	相应的 Java 1.1类
FilterInputStream	**FilterReader**
FilterOutputStream	**FilterWriter**（抽象类，没有子类）
BufferedInputStream	**BufferedReader**（也有 **readLine()**）
BufferedOutputStream	**BufferedWriter**
DataInputStream	使用 **DataInputStream**（除了当需要使用**readLine()**时以外，这时应该使用**BufferedReader**）
924 **PrintStream**	**PrintWriter**
LineNumberInputStream（已弃用）	**LineNumberReader**
StreamTokenizer	**StreamTokenizer**(（使用接受**Reader** 的构造器）
PushbackInputStream	**PushbackReader**

有一点很清楚：无论我们何时使用**readLine()**，都不应该使用**DataInputStream**（这会遭到编译器的强烈反对），而应该使用**BufferedReader**。除了这一点，**DataInputStream**仍是I/O类库的首选成员。

为了更容易地过渡到使用**PrintWriter**，它提供了一个既能接受**Writer**对象又能接受任何**OutputStream**对象的构造器。**PrintWriter**的格式化接口实际上与**PrintStream**相同。

在Java SE5中添加了**PrintWriter**构造器，以简化在将输出写入时的文件创建过程，你马上就会看到它。

有一种**PrintWriter**构造器还有一个选项，就是“自动执行清空”选项。如果构造器设置此选项，则在每个**Println()**执行之后，便会自动清空。

18.4.3 未发生变化的类

有一些类在Java 1.0和Java 1.1之间则未做改变。

以下这些Java 1.0类在Java 1.1中没有相应类
DataOutputStream
File
RandomAccessFile
SequenceInputStream 925

特别是**DataOutputStream**，在使用时没有任何变化；因此如果想以“可传输的”格式存储和检索数据，可以使用InputStream和OutputStream继承层次结构。

18.5 自我独立的类：RandomAccessFile

RandomAccessFile适用于由大小已知的记录组成的文件，所以我们可以使用**seek()**将记录从一处转移到另一处，然后读取或者修改记录。文件中记录的大小不一定都相同，只要我们能够确定那些记录有多大以及它们在文件中的位置即可。

最初，我们可能难以相信**RandomAccessFile**不是**InputStream**或者**OutputStream**继承层次结构中的一部分。除了实现了**DataInput**和**DataOutput**接口（**DataInputStream**和**DataOutputStream**也实现了这两个接口）之外，它和这两个继承层次结构没有任何关联。它甚至不使用**InputStream**和**OutputStream**类中已有的任何功能。它是一个完全独立的类，从头开始编写其所有的方法（大多数都是本地的）。这么做是因为**RandomAccessFile**拥有和别的I/O类型本质不同的行为，因为我们可以在一个文件内向前和向后移动。在任何情况下，它都是自我独立的，直接从**Object**派生而来。

从本质上来说，**RandomAccessFile**的工作方式类似于把**DataInputStream**和**DataOutStream**组合起来使用，还添加了一些方法。其中方法**getFilePointer()**用于查找当前所处的文件位置，**seek()**用于在文件内移至新的位置，**length()**用于判断文件的最大尺寸。另外，其构造器还需要第二个参数（和C中的**fopen()**相同）用来指示我们只是“随机读”（**r**）还是“既读又写”（**rw**）。它并不支持只写文件，这表明**RandomAccessFile**若是从**DataInputStream**继承而来也可能会运行得很好。

只有**RandonAccessFile**支持搜寻方法，并且只适用于文件。**BufferedInputStream**却能允许标注（**mark()**）位置（其值存储于内部某个简单变量内）和重新设定位置（**reset()**），但这些功能很有限，不是非常有用。 926

在JDK 1.4中，**RandomAccessFile**的大多数功能（但不是全部）由**nio**存储映射文件所取代，本章稍后会讲述。

18.6 I/O流的典型使用方式

尽管可以通过不同的方式组合I/O流类，但我们可能也就只用到其中的几种组合。下面的例子可以作为典型的I/O用法的基本参考。在这些示例中，异常处理都被简化为将异常传递给控制台，但是这只有在小型示例和工具中才适用。在代码中，你需要考虑更加复杂的错误处理方式。

18.6.1 缓冲输入文件

如果想要打开一个文件用于字符输入，可以使用以**String**或**File**对象作为文件名的**FileInputReader**。为了提高速度，我们希望对那个文件进行缓冲，那么我们将所产生的引用传给一个**BufferedReader**构造器。由于**BufferedReader**也提供readLine()方法，所以这是我们的最终对象和进行读取的接口。当**readLine()**将返回**null**时，你就达到了文件的末尾。

927

```
//: io/BufferedInputFile.java
import java.io.*;

public class BufferedInputFile {
  // Throw exceptions to console:
  public static String
  read(String filename) throws IOException {
    // Reading input by lines:
    BufferedReader in = new BufferedReader(
      new FileReader(filename));
    String s;
    StringBuilder sb = new StringBuilder();
    while((s = in.readLine())!= null)
      sb.append(s + "\n");
    in.close();
    return sb.toString();
  }
  public static void main(String[] args)
  throws IOException {
    System.out.print(read("BufferedInputFile.java"));
  }
} /* (Execute to see output) *///:~
```

字符串**sb**用来累积文件的全部内容（包括必须添加的换行符，因为**readLine()**已将它们删掉）。最后，调用**close()**关闭文件[⊖]。

练习7：(2) 打开一个文本文件，每次读取一行内容。将每行作为一个**String**读入，并将那个String对象置入一个**LinkedList**中。按相反的顺序打印出**LinkedList**中的所有行。

练习8：(1) 修改练习7，使要读取的文件的名字以命令行参数的形式来提供。

练习9：(1) 修改练习8，强制**ArrayList**中的所有行都变成大写形式，并将结果发给System.out。

练习10：(2) 修改练习8，令它接受附加的命令行参数，用来表示要在文件中查找的单词。打印出包含了欲查找单词的所有文本行。

练习11：(2) 在**innerclasses/GreenhouseController.java**示例中，**GreenhouseController**包含一个硬编码的事件集。修改该程序，使其从一个文本文件中读取事件和与它们相关联的次数[（不同的难度级别8）：使用工厂方法设计模式来构建事件——请查看在https://www.mindviewllc.com上的《Thinking in Patterns(with Java)》]

18.6.2 从内存输入

在下面的示例中，从**BufferedInputFile. read()**读入的**String**结果被用来创建一个**String-Reader**。然后调用**read()**每次读取一个字符，并把它发送到控制台。

⊖ 在最初的设计中，**close()**被设为在**finalize()**运行时被调用，你可以看到**finalize()**为I/O类定义了这种方式。但是，正如本书其他地方所讨论的那样，**finalize()**特性并未像Java设计者最初设想的那样得以实现（即，它的问题是不可恢复的），因此唯一安全的方式就是对文件显式地调用**close()**。

```
//: io/MemoryInput.java
import java.io.*;

public class MemoryInput {
  public static void main(String[] args)
  throws IOException {
    StringReader in = new StringReader(
      BufferedInputFile.read("MemoryInput.java"));
    int c;
    while((c = in.read()) != -1)
      System.out.print((char)c);
  }
} /* (Execute to see output) *///:~
```
928

注意**read()**是以**int**形式返回下一字节，因此必须类型转换为**char**才能正确打印。

18.6.3 格式化的内存输入

要读取格式化数据，可以使用**DataInputStream**，它是一个面向字节的I/O类（不是面向字符的）。因此我们必须使用**InputStream**类而不是**Reader**类。当然，我们可以用**InputStream**以字节的形式读取任何数据（例如一个文件），不过，在这里使用的是字符串。

```
//: io/FormattedMemoryInput.java
import java.io.*;

public class FormattedMemoryInput {
  public static void main(String[] args)
  throws IOException {
    try {
      DataInputStream in = new DataInputStream(
        new ByteArrayInputStream(
         BufferedInputFile.read(
          "FormattedMemoryInput.java").getBytes()));
      while(true)
        System.out.print((char)in.readByte());
    } catch(EOFException e) {
      System.err.println("End of stream");
    }
  }
} /* (Execute to see output) *///:~
```

必须为**ByteArrayInputStream**提供字节数组，为了产生该数组**String**包含了一个可以实现此项工作的**getBytes()**方法。所产生的**ByteArrayInputStrem**是一个适合传递给**DataInputStream**的**InputStream**。 929

如果我们从**DataInputStream**用**readByte()**一次一个字节地读取字符，那么任何字节的值都是合法的结果，因此返回值不能用来检测输入是否结束。相反，我们可以使用**available()**方法查看还有多少可供存取的字符。下面这个例子演示了怎样一次一个字节地读取文件：

```
//: io/TestEOF.java
// Testing for end of file while reading a byte at a time.
import java.io.*;

public class TestEOF {
  public static void main(String[] args)
  throws IOException {
    DataInputStream in = new DataInputStream(
      new BufferedInputStream(
        new FileInputStream("TestEOF.java")));
    while(in.available() != 0)
      System.out.print((char)in.readByte());
  }
} /* (Execute to see output) *///:~
```

注意，**available()**的工作方式会随着所读取的媒介类型的不同而有所不同；字面意思就是“在没有阻塞的情况下所能读取的字节数”。对于文件，这意味着整个文件；但是对于不同类型的流，可能就不是这样的，因此要谨慎使用。

我们也可以通过捕获异常来检测输入的末尾。但是，使用异常进行流控制，被认为是对异常特性的错误使用。

18.6.4 基本的文件输出

FileWriter对象可以向文件写入数据。首先，创建一个与指定文件连接的**FileWriter**。实际上，我们通常会用**BufferedWriter**将其包装起来用以缓冲输出（尝试移除此包装来感受对性能的影响——缓冲往往能显著地增加I/O操作的性能）。在本例中，为了提供格式化机制，它被装饰成了**PrintWriter**。按照这种方式创建的数据文件可作为普通文本文件读取。

930

```
//: io/BasicFileOutput.java
import java.io.*;

public class BasicFileOutput {
  static String file = "BasicFileOutput.out";
  public static void main(String[] args)
  throws IOException {
    BufferedReader in = new BufferedReader(
      new StringReader(
        BufferedInputFile.read("BasicFileOutput.java")));
    PrintWriter out = new PrintWriter(
      new BufferedWriter(new FileWriter(file)));
    int lineCount = 1;
    String s;
    while((s = in.readLine()) != null )
      out.println(lineCount++ + ": " + s);
    out.close();
    // Show the stored file:
    System.out.println(BufferedInputFile.read(file));
  }
} /* (Execute to see output) *///:~
```

当文本行被写入文件时，行号就会增加。注意并未用到**LineNumberInputStream**，因为这个类没有多大帮助，所以我们没必要用它。从本例中可以看出，记录自己的行号很容易。

一旦读完输入数据流，**readLine()**会返回**null**。我们可以看到要为**out**显式调用**close()**。如果我们不为所有的输出文件调用**close()**，就会发现缓冲区内容不会被刷新清空，那么它们也就不完整。

文本文件输出的快捷方式

Java SE5在**PrintWriter**中添加了一个辅助构造器，使得你不必在每次希望创建文本文件并向其中写入时，都去执行所有的装饰工作。下面是用这种快捷方式重写的**BasicFileOutput.java**：

931

```
//: io/FileOutputShortcut.java
import java.io.*;

public class FileOutputShortcut {
  static String file = "FileOutputShortcut.out";
  public static void main(String[] args)
  throws IOException {
    BufferedReader in = new BufferedReader(
      new StringReader(
       BufferedInputFile.read("FileOutputShortcut.java")));
    // Here's the shortcut:
    PrintWriter out = new PrintWriter(file);
    int lineCount = 1;
    String s;
```

```
      while((s = in.readLine()) != null )
        out.println(lineCount++ + ": " + s);
      out.close();
      // Show the stored file:
      System.out.println(BufferedInputFile.read(file));
    }
  } /* (Execute to see output) *///:~
```

你仍旧是在进行缓存，只是不必自己去实现。遗憾的是，其他常见的写入任务都没有快捷方式，因此典型的I/O仍旧包含大量的冗余文本。但是，本书所使用的在本章稍后进行定义的**TextFile**工具简化了这些常见任务。

练习12：(3) 修改练习8，同样也打开一个文本文件，以便将文本写入其中。将**LinkedList**中的各行随同行号一起写入文件（不要试图使用**LineNumber**类）。

练习13：(3) 修改**BasicFileOutput.java**，以便可以使用**LineNumberReader**来记录行数。注意继续使用编程方式实现跟踪会更简单。

练习14：(2) 从**BasicFileOutput.java**的第四部分开始，编写一个程序，用来比较有缓冲的和无缓冲的I/O方式在向文件写入时的性能差别。

18.6.5 存储和恢复数据

PrintWriter可以对数据进行格式化，以便人们的阅读。但是为了输出可供另一个“流”恢复的数据，我们需要用**DataOutputStream**写入数据，并用**DataInputStream**恢复数据。当然，这些流可以是任何形式，但在下面的示例中使用的是一个文件，并且对于读和写都进行了缓冲处理。注意**DataOutputStream**和**DataInputStream**是面向字节的，因此要使用**InputStream**和**OutputStream**。

```
//: io/StoringAndRecoveringData.java
import java.io.*;

public class StoringAndRecoveringData {
  public static void main(String[] args)
  throws IOException {                                    932
    DataOutputStream out = new DataOutputStream(
      new BufferedOutputStream(
        new FileOutputStream("Data.txt")));
    out.writeDouble(3.14159);
    out.writeUTF("That was pi");
    out.writeDouble(1.41413);
    out.writeUTF("Square root of 2");
    out.close();
    DataInputStream in = new DataInputStream(
      new BufferedInputStream(
        new FileInputStream("Data.txt")));
    System.out.println(in.readDouble());
    // Only readUTF() will recover the
    // Java-UTF String properly:
    System.out.println(in.readUTF());
    System.out.println(in.readDouble());
    System.out.println(in.readUTF());
  }
} /* Output:
3.14159
That was pi
1.41413
Square root of 2
*///:~
```

如果我们使用**DataOutputStream**写入数据，Java保证我们可以使用**DataInputStream**准确地读取数据——无论读和写数据的平台多么不同。这一点很有价值，因为我们都知道，人们曾经花费了大量时间去处理特定于平台的数据问题。只要两个平台上都有Java，这种问题就不会再发生⊖。

当我们使用**DataOutputStream**时，写字符串并且让**DataInputStream**能够恢复它的唯一可靠的做法就是使用UTF-8编码，在这个示例中是用**writeUTF()**和**readUTF()**来实现的。UTF-8是一种多字节格式，其编码长度根据实际使用的字符集会有所变化。如果我们使用的只是ASCII或
933 者几乎都是ASCII字符（只占7位），那么就显得极其浪费空间和带宽，所以UTF-8将ASCII字符编码成单一字节的形式，而非ASCII 字符则编码成两到三个字节的形式。另外，字符串的长度存储在UTF-8字符串的前两个字节中。但是，**writeUTF()** 和**readUTF()**使用的是适合于Java的UTF-8变体（JDK文档中有这些方法的详尽描述），因此如果我们用一个非Java程序读取用**writeUTF()**所写的字符串时，必须编写一些特殊代码才能正确读取字符串。

有了**writeUTF()** 和 **readUTF()**，我们就可以用**DataOutputStream**把字符串和其他数据类型相混合，我们知道字符串完全可以作为Unicode来存储，并且可以很容易地使用**DataInput-Stream**来恢复它。

writeDouble()将**double**类型的数字存储到流中，并用相应的**readDouble()**恢复它（对于其他的数据类型，也有类似方法用于读写）。但是为了保证所有的读方法都能够正常工作，我们必须知道流中数据项所在的确切位置，因为极有可能将保存的**double**数据作为一个简单的字节序列、**char**或其他类型读入。因此，我们必须：要么为文件中的数据采用固定的格式；要么将额外的信息保存到文件中，以便能够对其进行解析以确定数据的存放位置。注意，对象序列化和XML（本章稍后都会介绍）可能是更容易的存储和读取复杂数据结构的方式。

练习15：(4) 在JDK文档中查找**DataOutputStream**和**DataInputStream**，以**Storing-And-RecoveringData.java**为基础，创建一个程序，它可以存储然后获取**DataOutputStream**和**DataInputStream**类能够提供的所有不同的类型。验证它可以准确地存储和获取各个值。

18.6.6 读写随机访问文件

使用**RandomAccessFile**，类似于组合使用了**DataInputStream**和**DataOutputStream**（因为它实现了相同的接口：**DataInput**和**DataOutput**）。另外我们可以看到，利用**seek()**可以在文件中
934 到处移动，并修改文件中的某个值。

在使用**RandomAccessFile**时，你必须知道文件排版，这样才能正确地操作它。**Random-AccessFile**拥有读取基本类型和UTF-8字符串的各种具体方法。下面是示例：

```
//: io/UsingRandomAccessFile.java
import java.io.*;

public class UsingRandomAccessFile {
  static String file = "rtest.dat";
  static void display() throws IOException {
    RandomAccessFile rf = new RandomAccessFile(file, "r");
    for(int i = 0; i < 7; i++)
      System.out.println(
        "Value " + i + ": " + rf.readDouble());
    System.out.println(rf.readUTF());
    rf.close();
  }
  public static void main(String[] args)
  throws IOException {
    RandomAccessFile rf = new RandomAccessFile(file, "rw");
```

⊖ XML是另一种方式，可以解决在不同的计算平台之间移动数据，而不依赖于所有平台上都有Java这一问题。XML将在本章稍后进行介绍。

```
    for(int i = 0; i < 7; i++)
      rf.writeDouble(i*1.414);
    rf.writeUTF("The end of the file");
    rf.close();
    display();
    rf = new RandomAccessFile(file, "rw");
    rf.seek(5*8);
    rf.writeDouble(47.0001);
    rf.close();
    display();
  }
} /* Output:
Value 0: 0.0
Value 1: 1.414
Value 2: 2.828
Value 3: 4.242
Value 4: 5.656
Value 5: 7.069999999999999
Value 6: 8.484
The end of the file
Value 0: 0.0
Value 1: 1.414
Value 2: 2.828
Value 3: 4.242
Value 4: 5.656
Value 5: 47.0001
Value 6: 8.484
The end of the file
*///:~
```

935

display()方法打开了一个文件，并以**double**值的形式显示了其中的七个元素。在**main()**中，首先创建了文件，然后打开并修改了它。因为**double**总是8字节长，所以为了用**seek()**查找第5个双精度值，你只需用5***8**来产生查找位置。

正如先前所指，**RandomAccessFile**除了实现**DataInput**和**DataOutput**接口之外，有效地与I/O继承层次结构的其他部分实现了分离。因为它不支持装饰，所以不能将其与**InputStream**及**OutputStream**子类的任何部分组合起来。我们必须假定**RandomAccessFile**已经被正确缓冲，因为我们不能为它添加这样的功能。

可以自行选择的是第二个构造器参数：我们可指定以“只读”（**r**）方式或“读写”（**rw**）方式打开一个**RandomAccessFile**文件。

你可能会考虑使用“内存映射文件”来代替**RandomAccessFile**。

练习16：(4) 在JDK文档中查找**RandomAccessFile**，以**UsingRandomAccessFile.java**为基础，创建一个程序，它可以存储然后获取**RandomAccessFile**类能够提供的所有不同的类型。验证它可以准确地存储和获取各个值。

18.6.7 管道流

PipedInputStream、**PipedOutputStream**、**PipedReader**及**PipedWriter**在本章只是简单地提到。但这并不表明它们没有什么用处，它们的价值只有在我们开始理解多线程之后才会显现，因为管道流用于任务之间的通信。这些在第21章会用一个示例进行讲述。

18.7 文件读写的实用工具

一个很常见的程序化任务就是读取文件到内存，修改，然后再写出。Java I/O类库的问题之一就是：它需要编写相当多的代码去执行这些常用操作——没有任何基本的帮助功能可以为我们做这一切。更糟糕的是，装饰器会使得要记住如何打开文件变成一件相当困难的事。因此，在 936

我们的类库中添加帮助类就显得相当有意义，这样就可以很容易地为我们完成这些基本任务。Java SE5在**PrintWriter**中添加了方便的构造器，因此你可以很方便地打开一个文本文件进行写入操作。但是，还有许多其他的常见操作是你需要反复执行的，这就使得消除与这些任务相关联的重复代码就显得很有意义了。

下面的**TextFile**类在本书前面的示例中就已经被用来简化对文件的读写操作了。它包含的**static**方法可以像简单字符串那样读写文本文件，并且我们可以创建一个**TextFile**对象，它用一个**ArrayList**来保存文件的若干行（如此，当我们操纵文件内容时，就可以使用**ArrayList**的所有功能）。

```
//: net/mindview/util/TextFile.java
// Static functions for reading and writing text files as
// a single string, and treating a file as an ArrayList.
package net.mindview.util;
import java.io.*;
import java.util.*;

public class TextFile extends ArrayList<String> {
  // Read a file as a single string:
  public static String read(String fileName) {
    StringBuilder sb = new StringBuilder();
    try {
      BufferedReader in= new BufferedReader(new FileReader(
        new File(fileName).getAbsoluteFile()));
      try {
        String s;
        while((s = in.readLine()) != null) {
          sb.append(s);
          sb.append("\n");
        }
      } finally {
        in.close();
      }
    } catch(IOException e) {
      throw new RuntimeException(e);
    }
937 return sb.toString();
  }
  // Write a single file in one method call:
  public static void write(String fileName, String text) {
    try {
      PrintWriter out = new PrintWriter(
        new File(fileName).getAbsoluteFile());
      try {
        out.print(text);
      } finally {
        out.close();
      }
    } catch(IOException e) {
      throw new RuntimeException(e);
    }
  }
  // Read a file, split by any regular expression:
  public TextFile(String fileName, String splitter) {
    super(Arrays.asList(read(fileName).split(splitter)));
    // Regular expression split() often leaves an empty
    // String at the first position:
    if(get(0).equals("")) remove(0);
  }
  // Normally read by lines:
  public TextFile(String fileName) {
    this(fileName, "\n");
  }
  public void write(String fileName) {
```

```
    try {
      PrintWriter out = new PrintWriter(
        new File(fileName).getAbsoluteFile());
      try {
        for(String item : this)
          out.println(item);
      } finally {
        out.close();
      }
    } catch(IOException e) {
      throw new RuntimeException(e);
    }
  }
  // Simple test:
  public static void main(String[] args) {
    String file = read("TextFile.java");
    write("test.txt", file);
    TextFile text = new TextFile("test.txt");
    text.write("test2.txt");
    // Break into unique sorted list of words:
    TreeSet<String> words = new TreeSet<String>(
      new TextFile("TextFile.java", "\\W+"));
    // Display the capitalized words:
    System.out.println(words.headSet("a"));
  }
} /* Output:
[0, ArrayList, Arrays, Break, BufferedReader,
BufferedWriter, Clean, Display, File, FileReader,
FileWriter, IOException, Normally, Output, PrintWriter,
Read, Regular, RuntimeException, Simple, Static, String,
StringBuilder, System, TextFile, Tools, TreeSet, W, Write]
*///:~
```
938

read()将每行添加到**StringBuffer**，并且为每行加上换行符，因为在读的过程中换行符会被去除掉。接着返回一个包含整个文件的字符串。**write()**打开文本并将其写入文件。在这两个方法完成时，都要记着用**close()**关闭文件。

注意，在任何打开文件的代码在**finally**子句中，作为防卫措施都添加了对文件的**close()**调用，以保证文件将会被正确关闭。

这个构造器利用**read()**方法将文件转换成字符串，接着使用**String.split()**以换行符为界把结果划分成行（若要频繁使用这个类，我们可以重写此构造器以提高性能）。遗憾的是没有相应的连接（join）方法，所以那个非静态的**write()**方法必须一行一行地输出这些行。因为这个类希望将读取和写入文件的过程简单化，因此所有的**IOException**都被转型为**RuntimeException**，因此用户不必使用**try-catch**语句块。但是，你可能需要创建另一种版本将**IOException**传递给调用者。

在**main()**方法中，通过执行一个基本测试来确保这些方法正常工作。尽管这个程序不需要创建许多代码，但使用它会节约大量时间，它会使你变得很轻松，在本章后面一些例子中就可以感受到这一点。

另一种解决读取文件问题的方法是使用在Java SE5中引入的**java.util.Scanner**类。但是，这只能用于读取文件，而不能用于写入文件，并且这个工具（你会注意到它不在**java.io**包中）主要是设计用来创建编程语言的扫描器或“小语言”的。 939

练习17：(4) 用**TextFile**和**Map<Character, Integer>**创建一个程序，它可以对在一个文件中所有不同的字符出现的次数进行计数。(因此如果在文件中字母a出现了12次，那么在**Map**中与包含a的**Character**相关联的**Integer**就包含12)。

练习18：(1) 修改**TextFile.java**，使其可以将**IOException**传递给调用者。

18.7.1 读取二进制文件

这个工具与**TextFile**类似，因为它简化了读取二进制文件的过程：

```
//: net/mindview/util/BinaryFile.java
// Utility for reading files in binary form.
package net.mindview.util;
import java.io.*;

public class BinaryFile {
  public static byte[] read(File bFile) throws IOException{
    BufferedInputStream bf = new BufferedInputStream(
      new FileInputStream(bFile));
    try {
      byte[] data = new byte[bf.available()];
      bf.read(data);
      return data;
    } finally {
      bf.close();
    }
  }
  public static byte[]
  read(String bFile) throws IOException {
    return read(new File(bFile).getAbsoluteFile());
  }
} ///:~
```

其中一个重载方法接受**File**参数，第二个重载方法接受表示文件名的**String**参数。这两个方法都返回产生的**byte**数组。**available()**方法被用来产生恰当的数组尺寸，并且**read()**方法的特定
940 的重载版本填充了这个数组。

练习19：(2) 用**BinaryFile**和**Map<Byte, Integer>**创建一个程序，它可以对在一个文件中所有不同的字节出现的次数进行计数。

练习20：(4) 用**Directory.walk()**和**BinaryFile**来验证在某个目录树下的所有的**.class**文件都是以十六进制字符“**CAFEBABE**”开头的。

18.8 标准I/O

标准I/O这个术语参考的是Unix中“程序所使用的单一信息流”这个概念（在Windows和其他许多操作系统中，也有相似形式的实现）。程序的所有输入都可以来自于*标准输入*，它的所有输出也都可以发送到*标准输出*，以及所有的错误信息都可以发送到*标准错误*。标准I/O的意义在于：我们可以很容易地把程序串联起来，一个程序的标准输出可以成为另一程序的标准输入。这真是一个强大的工具。

18.8.1 从标准输入中读取

按照标准I/O模型，Java提供了**System.in**、**System.out**和**System.err**。在整本书里，我们已经看到了怎样用**System.out**将数据写出到标准输出，其中**System.out**已经事先被包装成了**printStream**对象。**System.err**同样也是**PrintStream**，但**System.in**却是一个没有被包装过的未经加工的**InputStream**。这意味尽管我们可以立即使用**System.out**和**System.err**，但是在读取**System.in**之前必须对其进行包装。

通常我们会用**readLine()**一次一行地读取输入，为此，我们将**System.in**包装成**Buffered-Reader**来使用这要求我们必须用**InputStreamReader**把**System.in**转换成**Reader**。下面这个例子将直接回显你所输入的每一行。

```
//: io/Echo.java
// How to read from standard input.
```

```
// {RunByHand}
import java.io.*;

public class Echo {
  public static void main(String[] args)
  throws IOException {
    BufferedReader stdin = new BufferedReader(
      new InputStreamReader(System.in));
    String s;
    while((s = stdin.readLine()) != null && s.length()!= 0)
      System.out.println(s);
    // An empty line or Ctrl-Z terminates the program
  }
} ///:~
```
941

使用异常规范是因为**readLine()**会抛出**IOException**。注意，**System.in**和大多数流一样，通常应该对它进行缓冲。

练习21：(1) 写一个程序，它接受标准输入并将所有字符转换为大写，然后将结果写入到标准输出流中。将文件的内容重定向到该程序中（重定向的过程会根据操作系统的不同而有所变化）。

18.8.2 将System.out转换成PrintWriter

System.out 是一个**PrintStream**，而**PrintStream**是一个**OutputStream**。**PrintWriter**有一个可以接受**OutputStream**作为参数的构造器。因此，只要需要，就可以使用那个构造器把**System.out** 转换成**PrintWriter**：

```
//: io/ChangeSystemOut.java
// Turn System.out into a PrintWriter.
import java.io.*;

public class ChangeSystemOut {
  public static void main(String[] args) {
    PrintWriter out = new PrintWriter(System.out, true);
    out.println("Hello, world");
  }
} /* Output:
Hello, world
*///:~
```

重要的是要使用有两个参数的PrintWriter的构造器，并将第二个参数设为true，以便开启自动清空功能；否则，你可能看不到输出。

18.8.3 标准I/O重定向

Java的**System**类提供了一些简单的静态方法调用，以允许我们对标准输入、输出和错误I/O流进行重定向： 942

setIn(InputStream)

setOut(PrintStream)

setErr(PrintStream)

如果我们突然开始在显示器上创建大量输出，而这些输出滚动得太快以至于无法阅读时，重定向输出就显得极为有用[⊖]。对于我们想重复测试某个特定用户的输入序列的命令行程序来说，重定向输入就很有价值。下例简单演示了这些方法的使用：

```
//: io/Redirecting.java
// Demonstrates standard I/O redirection.
```

⊖ 第22章展示了一种更方便的解决方案：一个GUI程序，具有带滚动的文本区域。

```
import java.io.*;

public class Redirecting {
  public static void main(String[] args)
  throws IOException {
    PrintStream console = System.out;
    BufferedInputStream in = new BufferedInputStream(
      new FileInputStream("Redirecting.java"));
    PrintStream out = new PrintStream(
      new BufferedOutputStream(
        new FileOutputStream("test.out")));
    System.setIn(in);
    System.setOut(out);
    System.setErr(out);
    BufferedReader br = new BufferedReader(
      new InputStreamReader(System.in));
    String s;
    while((s = br.readLine()) != null)
      System.out.println(s);
    out.close(); // Remember this!
    System.setOut(console);
  }
} ///:~
```

943 这个程序将标准输入附接到文件上，并将标准输出和标准错误重定向到另一个文件。注意，它在程序开头处存储了对最初的System.out对象的引用，并且在结尾处将系统输出恢复到了该对象上。

I/O重定向操纵的是字节流，而不是字符流；因此我们使用的是**InputStream**和**OutputStream**，而不是**Reader**和**Writer**。

18.9 进程控制

你经常会需要在Java内部执行其他操作系统的程序，并且要控制这些程序的输入和输出。Java类库提供了执行这些操作的类。

一项常见的任务是运行程序，并将产生的输出发送到控制台。本节包含了一个可以简化这项任务的实用工具。在使用这个实用工具时，可能会产生两种类型的错误：普通的导致异常的错误——对这些错误我们只需重新抛出一个运行时异常，以及从进程自身的执行过程中产生的错误，我们希望用单独的异常来报告这些错误：

```
//: net/mindview/util/OSExecuteException.java
package net.mindview.util;

public class OSExecuteException extends RuntimeException {
  public OSExecuteException(String why) { super(why); }
} ///:~
```

要想运行一个程序，你需要向**OSExecute.command()**传递一个**command**字符串，它与你在控制台上运行该程序所键入的命令相同。这个命令被传递给**java.lang.ProcessBuilder**构造器（它要求这个命令作为一个**String**对象序列而被传递），然后所产生的**ProcessBuilder**对象被启动：

```
//: net/mindview/util/OSExecute.java
// Run an operating system command
// and send the output to the console.
package net.mindview.util;
import java.io.*;

public class OSExecute {
  public static void command(String command) {
    boolean err = false;
    try {
```
944

```
      Process process =
        new ProcessBuilder(command.split(" ")).start();
      BufferedReader results = new BufferedReader(
        new InputStreamReader(process.getInputStream()));
      String s;
      while((s = results.readLine())!= null)
        System.out.println(s);
      BufferedReader errors = new BufferedReader(
        new InputStreamReader(process.getErrorStream()));
      // Report errors and return nonzero value
      // to calling process if there are problems:
      while((s = errors.readLine())!= null) {
        System.err.println(s);
        err = true;
      }
    } catch(Exception e) {
      // Compensate for Windows 2000, which throws an
      // exception for the default command line:
      if(!command.startsWith("CMD /C"))
        command("CMD /C " + command);
      else
        throw new RuntimeException(e);
    }
    if(err)
      throw new OSExecuteException("Errors executing " +
        command);
  }
} ///:~
```

为了捕获程序执行时产生的标准输出流，你需要调用**getInputStream()**，这是因为**InputStream**是我们可以从中读取信息的流。从程序中产生的结果每次输出一行，因此要使用**readLine()**来读取。这里这些行只是直接被打印了出来，但是你还可能希望从**command()**中捕获和返回它们。该程序的错误被发送到了标准错误流，并且通过调用**getErrotStream()**得以捕获。如果存在任何错误，它们都会被打印并且会抛出**OSExecuteException**，因此调用程序需要处理这个问题。

下面是展示如何使用OSExecute的示例： 945

```
//: io/OSExecuteDemo.java
// Demonstrates standard I/O redirection.
import net.mindview.util.*;

public class OSExecuteDemo {
  public static void main(String[] args) {
    OSExecute.command("javap OSExecuteDemo");
  }
} /* Output:
Compiled from "OSExecuteDemo.java"
public class OSExecuteDemo extends java.lang.Object{
    public OSExecuteDemo();
    public static void main(java.lang.String[]);
}
*///:~
```

这里使用了**javap**反编译器（随JDK发布）来反编译该程序。

练习22：(5) 修改**OSExecute.java**，使其不打印标准输出流，而是以**List**或多个**String**的方法返回执行程序后的结果。演示对这个实用工具的新版本的使用方式。

18.10 新I/O

JDK 1.4的**java.nio.***包中引入了新的JavaI/O类库，其目的在于提高速度。实际上，旧的I/O包已经使用**nio**重新实现过，以便充分利用这种速度提高，因此，即使我们不显式地用**nio**编写代码，也能从中受益。速度的提高在文件I/O和网络I/O中都有可能发生，我们在这里只研究前者[⊖]；对于后者，在《Thinking in Enterprise Java》中有论述。

速度的提高来自于所使用的结构更接近于操作系统执行I/O的方式：通道和缓冲器。我们可以把它想像成一个煤矿，通道是一个包含煤层（数据）的矿藏，而缓冲器则是派送到矿藏的卡车。卡车载满煤炭而归，我们再从卡车上获得煤炭。也就是说，我们并没有直接和通道交互；我们只是和缓冲器交互，并把缓冲器派送到通道。通道要么从缓冲器获得数据，要么向缓冲器发送数据。

946 唯一直接与通道交互的缓冲器是**ByteBuffer**——也就是说，可以存储未加工字节的缓冲器。当我们查询JDK文档中的**java.nio.ByteBuffer**时，会发现它是相当基础的类：通过告知分配多少存储空间来创建一个**ByteBuffer**对象，并且还有一个方法选择集，用于以原始的字节形式或基本数据类型输出和读取数据。但是，没办法输出或读取对象，即使是字符串对象也不行。这种处理虽然很低级，但却正好，因为这是大多数操作系统中更有效的映射方式。

旧I/O类库中有三个类被修改了，用以产生**FileChannel**。这三个被修改的类是**FileInputStream**、**FileOutputStream**以及用于既读又写的**RandomAccessFile**。注意这些是字节操纵流，与低层的**nio**性质一致。**Reader**和**Writer**这种字符模式类不能用于产生通道；但是**java.nio.channels.Channels**类提供了实用方法，用以在通道中产生**Reader** 和**Writer**。

下面的简单实例演示了上面三种类型的流，用以产生可写的、可读可写的及可读的通道。

```
//: io/GetChannel.java
// Getting channels from streams
import java.nio.*;
import java.nio.channels.*;
import java.io.*;

public class GetChannel {
  private static final int BSIZE = 1024;
  public static void main(String[] args) throws Exception {
    // Write a file:
    FileChannel fc =
      new FileOutputStream("data.txt").getChannel();
    fc.write(ByteBuffer.wrap("Some text ".getBytes()));
    fc.close();
    // Add to the end of the file:
    fc =
      new RandomAccessFile("data.txt", "rw").getChannel();
    fc.position(fc.size()); // Move to the end
    fc.write(ByteBuffer.wrap("Some more".getBytes()));
    fc.close();
    // Read the file:
    fc = new FileInputStream("data.txt").getChannel();
    ByteBuffer buff = ByteBuffer.allocate(BSIZE);
    fc.read(buff);
947 buff.flip();
    while(buff.hasRemaining())
      System.out.print((char)buff.get());
  }
} /* Output:
Some text Some more
*///:~
```

对于这里所展示的任何流类，**getChannel()**将会产生一个**FileChannel**。通道是一种相当基础的东西：可以向它传送用于读写的**ByteBuffer**，并且可以锁定文件的某些区域用于独占式访问

⊖ 此部分内容由Chintan Thakker提供。

（稍后讲述）。

将字节存放于**ByteBuffer**的方法之一是：使用一种“put”方法直接对它们进行填充，填入一个或多个字节，或基本数据类型的值。不过，正如所见，也可以使用**warp()**方法将已存在的字节数组“包装”到**ByteBuffer**中。一旦如此，就不再复制底层的数组，而是把它作为所产生的**ByteBuffer**的存储器，我们称之为数组支持的**ByteBuffer**。

data.txt文件用**RandomAccessFile**被再次打开。注意我们可以在文件内随处移动**FileChannel**；在这里，我们把它移到最后，以便附加其他的写操作。

对于只读访问，我们必须显式地使用静态的**allocate()**方法来分配**ByteBuffer**。**nio**的目标就是快速移动大量数据，因此**ByteBuffer**的大小就显得尤为重要——实际上，这里使用的1K可能比我们通常要使用的小一点（必须通过实际运行应用程序来找到最佳尺寸）。

甚至达到更高的速度也有可能，方法就是使用**allocateDirect()** 而不是**allocate()**，以产生一个与操作系统有更高耦合性的“直接”缓冲器。但是，这种分配的开支会更大，并且具体实现也随操作系统的不同而不同，因此必须再次实际运行应用程序来查看直接缓冲是否可以使我们获得速度上的优势。

一旦调用**read()**来告知**FileChannel**向**ByteBuffer**存储字节，就必须调用缓冲器上的**flip()**，让它做好让别人读取字节的准备（是的，这似乎有一点拙劣，但是请记住，它是很拙劣的，但却适用于获取最大速度）。如果我们打算使用缓冲器执行进一步的**read()**操作，我们也必须得调用 948
clear()来为每个**read()**做好准备。这在下面这个简单文件复制程序中可以看到：

```
//: io/ChannelCopy.java
// Copying a file using channels and buffers
// {Args: ChannelCopy.java test.txt}
import java.nio.*;
import java.nio.channels.*;
import java.io.*;

public class ChannelCopy {
  private static final int BSIZE = 1024;
  public static void main(String[] args) throws Exception {
    if(args.length != 2) {
      System.out.println("arguments: sourcefile destfile");
      System.exit(1);
    }
    FileChannel
      in = new FileInputStream(args[0]).getChannel(),
      out = new FileOutputStream(args[1]).getChannel();
    ByteBuffer buffer = ByteBuffer.allocate(BSIZE);
    while(in.read(buffer) != -1) {
      buffer.flip(); // Prepare for writing
      out.write(buffer);
      buffer.clear();  // Prepare for reading
    }
  }
} ///:~
```

可以看到，打开一个**FileChannel**以用于读，而打开另一个以用于写。**ByteBuffer**被分配了空间，当**FileChannel.read()**返回**-1**时（一个分界符，毋庸置疑，它源于Unix和C），表示我们已经到达了输入的末尾。每次**read()**操作之后，就会将数据输入到缓冲器中，**flip()**则是准备缓冲器以便它的信息可以由**write()**提取。**write()**操作之后，信息仍在缓冲器中，接着**clear()**操作则对所有的内部指针重新安排，以便缓冲器在另一个**read()**操作期间能够做好接收数据的准备。

然而，上面那个程序并不是处理此类操作的理想方式。特殊方法**transferTo()**和**transferFrom()**则允许我们将一个通道和另一个通道直接相连：

```
//: io/TransferTo.java
// Using transferTo() between channels
949 // {Args: TransferTo.java TransferTo.txt}
import java.nio.channels.*;
import java.io.*;

public class TransferTo {
  public static void main(String[] args) throws Exception {
    if(args.length != 2) {
      System.out.println("arguments: sourcefile destfile");
      System.exit(1);
    }
    FileChannel
      in = new FileInputStream(args[0]).getChannel(),
      out = new FileOutputStream(args[1]).getChannel();
    in.transferTo(0, in.size(), out);
    // Or:
    // out.transferFrom(in, 0, in.size());
  }
} ///:~
```

虽然我们并不是经常做这类事情，但是了解这一点还是有好处的。

18.10.1 转换数据

回过头看**GetChannel.java**这个程序就会发现，为了输出文件中的信息，我们必须每次只读取一个字节的数据，然后将每个**byte**类型强制转换成**char**类型。这种方法似乎有点原始——如果我们查看一下**java.nio.CharBuffer**这个类，将会发现它有一个**toString()**方法是这样定义的：“返回一个包含缓冲器中所有字符的字符串。”既然**ByteBuffer**可以看作是具有**asCharBuffer()**方法的 **CharBuffer**，那么为什么不用它呢？正如下面的输出语句中第一行所见，这种方法并不能解决问题：

```
//: io/BufferToText.java
// Converting text to and from ByteBuffers
import java.nio.*;
import java.nio.channels.*;
import java.nio.charset.*;
import java.io.*;

public class BufferToText {
  private static final int BSIZE = 1024;
  public static void main(String[] args) throws Exception {
    FileChannel fc =
      new FileOutputStream("data2.txt").getChannel();
950 fc.write(ByteBuffer.wrap("Some text".getBytes()));
    fc.close();
    fc = new FileInputStream("data2.txt").getChannel();
    ByteBuffer buff = ByteBuffer.allocate(BSIZE);
    fc.read(buff);
    buff.flip();
    // Doesn't work:
    System.out.println(buff.asCharBuffer());
    // Decode using this system's default Charset:
    buff.rewind();
    String encoding = System.getProperty("file.encoding");
    System.out.println("Decoded using " + encoding + ": "
      + Charset.forName(encoding).decode(buff));
    // Or, we could encode with something that will print:
    fc = new FileOutputStream("data2.txt").getChannel();
    fc.write(ByteBuffer.wrap(
      "Some text".getBytes("UTF-16BE")));
    fc.close();
    // Now try reading again:
    fc = new FileInputStream("data2.txt").getChannel();
```

```
      buff.clear();
      fc.read(buff);
      buff.flip();
      System.out.println(buff.asCharBuffer());
      // Use a CharBuffer to write through:
      fc = new FileOutputStream("data2.txt").getChannel();
      buff = ByteBuffer.allocate(24); // More than needed
      buff.asCharBuffer().put("Some text");
      fc.write(buff);
      fc.close();
      // Read and display:
      fc = new FileInputStream("data2.txt").getChannel();
      buff.clear();
      fc.read(buff);
      buff.flip();
      System.out.println(buff.asCharBuffer());
    }
  } /* Output:
  ????
  Decoded using Cp1252: Some text
  Some text
  Some text
  *///:~
```

缓冲器容纳的是普通的字节，为了把它们转换成字符，我们要么在输入它们的时候对其进行*编码*（这样，它们输出时才具有意义），要么在将其从缓冲器输出时对它们进行*解码*。可以使用**java.nio.charset.Charset**类实现这些功能，该类提供了把数据编码成多种不同类型的字符集的工具： 951

```
//: io/AvailableCharSets.java
// Displays Charsets and aliases
import java.nio.charset.*;
import java.util.*;
import static net.mindview.util.Print.*;

public class AvailableCharSets {
  public static void main(String[] args) {
    SortedMap<String,Charset> charSets =
      Charset.availableCharsets();
    Iterator<String> it = charSets.keySet().iterator();
    while(it.hasNext()) {
      String csName = it.next();
      printnb(csName);
      Iterator aliases =
        charSets.get(csName).aliases().iterator();
      if(aliases.hasNext())
        printnb(": ");
      while(aliases.hasNext()) {
        printnb(aliases.next());
        if(aliases.hasNext())
          printnb(", ");
      }
      print();
    }
  }
} /* Output:
Big5: csBig5
Big5-HKSCS: big5-hkscs, big5hk, big5-hkscs:unicode3.0,
big5hkscs, Big5_HKSCS
EUC-JP: eucjis, x-eucjp, csEUCPkdFmtjapanese, eucjp,
Extended_UNIX_Code_Packed_Format_for_Japanese, x-euc-jp,
euc_jp
EUC-KR: ksc5601, 5601, ksc5601_1987, ksc_5601, ksc5601-
1987, euc_kr, ks_c_5601-1987, euckr, csEUCKR
GB18030: gb18030-2000
GB2312: gb2312-1980, gb2312, EUC_CN, gb2312-80, euc-cn,
```

```
euccn, x-EUC-CN
GBK: windows-936, CP936
952 ...
*///:~
```

让我们返回到**BufferToText.java**，如果我们想对缓冲器调用**rewind()**方法（调用该方法是为了返回到数据开始部分），接着使用平台的默认字符集对数据进行**decode()**，那么作为结果的**CharBuffer**可以很好地输出打印到控制台。可以使用**System.getProperty("file.encoding")**发现默认字符集，它会产生代表字符集名称的字符串。把该字符串传送给**Charset.forName()**用以产生**Charset**对象，可以用它对字符串进行解码。

另一选择是在读文件时，使用能够产生可打印的输出的字符集进行**encode()**，正如在**BufferToText.java**中第3部分所看到的那样。这里，UTF-16BE可以把文本写到文件中，当读取时，我们只需要把它转换成**CharBuffer**，就会产生所期望的文本。

最后，让我们来看看若是通过**CharBuffer**向**ByteBuffer**写入，会发生什么情况（后面将会深入了解）。注意我们为**ByteBuffer**分配了24个字节。既然一个字符需要2个字节，那么一个**ByteBuffer**足可以容纳12个字符，但是"Some text"只有9个字符，剩余的内容为零的字节仍出现在由它的 **toString()**所产生的**CharBuffer**的表示中，我们可以在输出中看到。

练习23：(6) 创建并测试一个实用方法，使其可以打印出CharBuffer中的内容，直到字符不能再打印为止。

18.10.2 获取基本类型

尽管**ByteBuffer**只能保存字节类型的数据，但是它具有可以从其所容纳的字节中产生出各种不同基本类型值的方法。下面这个例子展示了怎样使用这些方法来插入和抽取各种数值：

```
//: io/GetData.java
// Getting different representations from a ByteBuffer
import java.nio.*;
import static net.mindview.util.Print.*;

public class GetData {
  private static final int BSIZE = 1024;
  public static void main(String[] args) {
    ByteBuffer bb = ByteBuffer.allocate(BSIZE);
953 // Allocation automatically zeroes the ByteBuffer:
    int i = 0;
    while(i++ < bb.limit())
      if(bb.get() != 0)
        print("nonzero");
    print("i = " + i);
    bb.rewind();
    // Store and read a char array:
    bb.asCharBuffer().put("Howdy!");
    char c;
    while((c = bb.getChar()) != 0)
      printnb(c + " ");
    print();
    bb.rewind();
    // Store and read a short:
    bb.asShortBuffer().put((short)471142);
    print(bb.getShort());
    bb.rewind();
    // Store and read an int:
    bb.asIntBuffer().put(99471142);
    print(bb.getInt());
    bb.rewind();
    // Store and read a long:
    bb.asLongBuffer().put(99471142);
```

```
    print(bb.getLong());
    bb.rewind();
    // Store and read a float:
    bb.asFloatBuffer().put(99471142);
    print(bb.getFloat());
    bb.rewind();
    // Store and read a double:
    bb.asDoubleBuffer().put(99471142);
    print(bb.getDouble());
    bb.rewind();
  }
} /* Output:
i = 1025
H o w d y !
12390
99471142
99471142
9.9471144E7
9.9471142E7
*///:~
```

954

在分配一个**ByteBuffer**之后，可以通过检测它的值来查看缓冲器的分配方式是否将其内容自动置零——它确实是这样做了。这里一共检测了1024个值（由缓冲器的**limit()**决定），并且所有的值都是零。

向**ByteBuffer**插入基本类型数据的最简单的方法是：利用**asCharBuffer()**、**asShortBuffer()**等获得该缓冲器上的视图，然后使用视图的**put()**方法。我们会发现此方法适用于所有基本数据类型。仅有一个小小的例外，即，使用**ShortBuffer**的**put()**方法时，需要进行类型转换（注意类型转换会截取或改变结果）。而其他所有的视图缓冲器在使用**put()**方法时，不需要进行类型转换。

18.10.3 视图缓冲器

视图缓冲器（view buffer）可以让我们通过某个特定的基本数据类型的视窗查看其底层的**ByteBuffer**。**ByteBuffer**依然是实际存储数据的地方，“支持”着前面的视图，因此，对视图的任何修改都会映射成为对**ByteBuffer**中数据的修改。正如我们在上一示例看到的那样，这使我们可以很方便地向**ByteBuffer**插入数据。视图还允许我们从**ByteBuffer**一次一个地（与**ByteBuffer**所支持的方式相同）或者成批地（放入数组中）读取基本类型值。在下面这个例子中，通过**IntBuffer**操纵**ByteBuffer**中的**int**型数据：

```
//: io/IntBufferDemo.java
// Manipulating ints in a ByteBuffer with an IntBuffer
import java.nio.*;

public class IntBufferDemo {
  private static final int BSIZE = 1024;
  public static void main(String[] args) {
    ByteBuffer bb = ByteBuffer.allocate(BSIZE);
    IntBuffer ib = bb.asIntBuffer();
    // Store an array of int:
    ib.put(new int[]{ 11, 42, 47, 99, 143, 811, 1016 });
    // Absolute location read and write:
    System.out.println(ib.get(3));
    ib.put(3, 1811);
    // Setting a new limit before rewinding the buffer.
    ib.flip();
    while(ib.hasRemaining()) {
      int i = ib.get();
      System.out.println(i);
    }
  }
} /* Output:
```

955

```
99
11
42
47
1811
143
811
1016
*///:~
```

先用重载后的**put()**方法存储一个整数数组。接着**get()**和**put()**方法调用直接访问底层**ByteBuffer**中的某个整数位置。注意，这些通过直接与**ByteBuffer**对话访问绝对位置的方式也同样适用于基本类型。

一旦底层的**ByteBuffer**通过视图缓冲器填满了整数或其他基本类型时，就可以直接被写到通道中了。正像从通道中读取那样容易，然后使用视图缓冲器可以把任何数据都转化成某一特定的基本类型。在下面的例子中，通过在同一个**ByteBuffer**上建立不同的视图缓冲器，将同一字节序列翻译成了**short**、**int**、**float**、**long**和**double**类型的数据。

```
//: io/ViewBuffers.java
import java.nio.*;
import static net.mindview.util.Print.*;

public class ViewBuffers {
  public static void main(String[] args) {
    ByteBuffer bb = ByteBuffer.wrap(
      new byte[]{ 0, 0, 0, 0, 0, 0, 0, 'a' });
    bb.rewind();
    printnb("Byte Buffer ");
    while(bb.hasRemaining())
      printnb(bb.position()+ " -> " + bb.get() + ", ");
    print();
    CharBuffer cb =
      ((ByteBuffer)bb.rewind()).asCharBuffer();
    printnb("Char Buffer ");
    while(cb.hasRemaining())
      printnb(cb.position() + " -> " + cb.get() + ", ");
    print();
```

956

```
    FloatBuffer fb =
      ((ByteBuffer)bb.rewind()).asFloatBuffer();
    printnb("Float Buffer ");
    while(fb.hasRemaining())
      printnb(fb.position()+ " -> " + fb.get() + ", ");
    print();
    IntBuffer ib =
      ((ByteBuffer)bb.rewind()).asIntBuffer();
    printnb("Int Buffer ");
    while(ib.hasRemaining())
      printnb(ib.position()+ " -> " + ib.get() + ", ");
    print();
    LongBuffer lb =
      ((ByteBuffer)bb.rewind()).asLongBuffer();
    printnb("Long Buffer ");
    while(lb.hasRemaining())
      printnb(lb.position()+ " -> " + lb.get() + ", ");
    print();
    ShortBuffer sb =
      ((ByteBuffer)bb.rewind()).asShortBuffer();
    printnb("Short Buffer ");
    while(sb.hasRemaining())
      printnb(sb.position()+ " -> " + sb.get() + ", ");
    print();
    DoubleBuffer db =
      ((ByteBuffer)bb.rewind()).asDoubleBuffer();
```

```
    printnb("Double Buffer ");
    while(db.hasRemaining())
      printnb(db.position()+ " -> " + db.get() + ", ");
  }
} /* Output:
Byte Buffer 0 -> 0, 1 -> 0, 2 -> 0, 3 -> 0, 4 -> 0, 5 -> 0,
6 -> 0, 7 -> 97,
Char Buffer 0 ->  , 1 ->  , 2 ->  , 3 -> a,
Float Buffer 0 -> 0.0, 1 -> 1.36E-43,
Int Buffer 0 -> 0, 1 -> 97,
Long Buffer 0 -> 97,
Short Buffer 0 -> 0, 1 -> 0, 2 -> 0, 3 -> 97,
Double Buffer 0 -> 4.8E-322,
*///:~
```

ByteBuffer通过一个被“包装”过的8字节数组产生，然后通过各种不同的基本类型的视图缓冲器显示了出来。我们可以在下图中看到，当从不同类型的缓冲器读取时，数据显示的方式 957
也不同。这与上面程序的输出相对应。

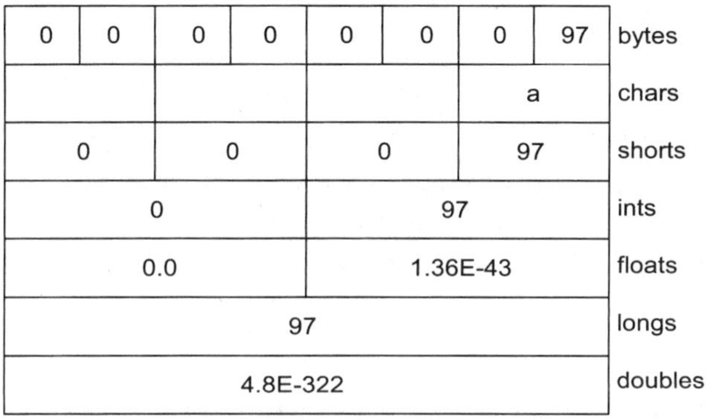

练习24：(1) 将**IntBufferDemo.java**修改为使用**double**。

字节存放次序

不同的机器可能会使用不同的字节排序方法来存储数据。“big endian”（高位优先）将最重要的字节存放在地址最低的存储器单元。而“little endian”（低位优先）则是将最重要的字节放在地址最高的存储器单元。当存储量大于一个字节时，像int、float等，就要考虑字节的顺序问题了。**ByteBuffer**是以高位优先的形式存储数据的，并且数据在网上传送时也常常使用高位优先的形式。我们可以使用带有参数**ByteOrder.BIG_ENDIAN** 或**ByteOrder.LITTLE_ENDIAN**的**order()**方法改变**ByteBuffer**的字节排序方式。

考虑包含下面两个字节的**ByteBuffer**：

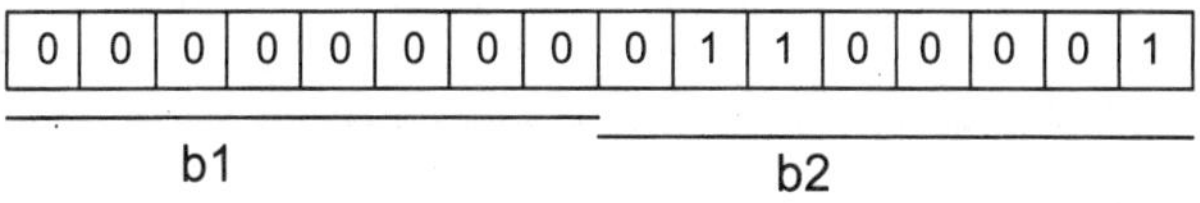

958

如果我们以**short (ByteBuffer.asShortBuffer())** 形式读取数据，得到的数字是97（二进制形式为00000000 01100001）；但是如果将**ByteBuffer**更改成低位优先形式，仍以**short**形式读取数据，得到的数字却是24832（二进制形式为01100001 00000000）。

这个例子展示了怎样通过字节存放模式设置来改变字符中的字节次序：

```
//: io/Endians.java
// Endian differences and data storage.
import java.nio.*;
```

```
import java.util.*;
import static net.mindview.util.Print.*;

public class Endians {
  public static void main(String[] args) {
    ByteBuffer bb = ByteBuffer.wrap(new byte[12]);
    bb.asCharBuffer().put("abcdef");
    print(Arrays.toString(bb.array()));
    bb.rewind();
    bb.order(ByteOrder.BIG_ENDIAN);
    bb.asCharBuffer().put("abcdef");
    print(Arrays.toString(bb.array()));
    bb.rewind();
    bb.order(ByteOrder.LITTLE_ENDIAN);
    bb.asCharBuffer().put("abcdef");
    print(Arrays.toString(bb.array()));
  }
} /* Output:
[0, 97, 0, 98, 0, 99, 0, 100, 0, 101, 0, 102]
[0, 97, 0, 98, 0, 99, 0, 100, 0, 101, 0, 102]
[97, 0, 98, 0, 99, 0, 100, 0, 101, 0, 102, 0]
*///:~
```

ByteBuffer有足够的空间，以存储作为外部缓冲器的**charArray**中的所有字节，因此可以调用**array()**方法显示视图底层的字节。**array()**方法是“可选的”，并且我们只能对由数组支持的缓冲器调用此方法；否则，将会抛出**UnsupportedOperationException**。

通过**CharBuffer**视图可以将**charArray**插入到**ByteBuffer**中。在底层的字节被显示时，我们会发现默认次序和随后的高位优先次序相同；然而低位优先次序则与之相反，后者交换了这些
959 字节次序。

18.10.4 用缓冲器操纵数据

下面的图阐明了**nio**类之间的关系，便于我们理解怎么移动和转换数据。例如，如果想把一个字节数组写到文件中去，那么就应该使用**ByteBuffer.wrap()**方法把字节数组包装起来，然后用**getChannel()**方法在**FileOutputStream**上打开一个通道，接着将来自于**ByteBuffer**的数据写到**FileChannel**中（如下页图所示）。

注意：**ByteBuffer**是将数据移进移出通道的唯一方式，并且我们只能创建一个独立的基本类型缓冲器，或者使用“as”方法从**ByteBuffer**中获得。也就是说，我们不能把基本类型的缓冲器转换成**ByteBuffer**。然而，由于我们可以经由视图缓冲器将基本类型数据移进移出**ByteBuffer**，所以这也就不是什么真正的限制了。

18.10.5 缓冲器的细节

Buffer由数据和可以高效地访问及操纵这些数据的四个索引组成，这四个索引是：mark（标记），position（位置），limit（界限）和capacity（容量）。下面是用于设置和复位索引以及查询它们的值的方法。

capacity()	返回缓冲区容量
clear()	清空缓冲区，将position设置为0，limit设置为容量。我们可以调用此方法覆写缓冲区
flip()	将 limit设置为position， position 设置为0。此方法用于准备从缓冲区读取已经写入的数据
limit()	返回limit值
limit(int lim)	设置 limit值
mark()	将 mark设置为 position
position()	返回 position值
position(int pos)	设置 position值
remaining()	返回 (limit – position)
hasRemaining()	若有介于position 和 limit之间的元素，则返回**true**

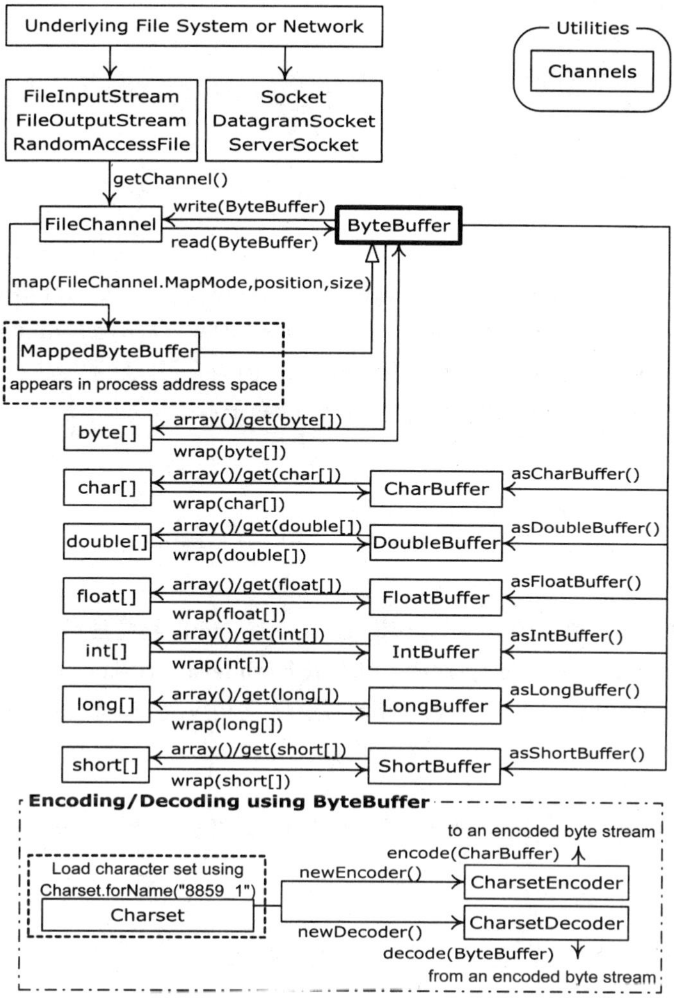

在缓冲器中插入和提取数据的方法会更新这些索引，用于反映所发生的变化。

下面的示例用到一个很简单的算法（交换相邻字符），以对**CharBuffer**中的字符进行编码（scramble）和译码（unscramble）。 960~962

```
//: io/UsingBuffers.java
import java.nio.*;
import static net.mindview.util.Print.*;

public class UsingBuffers {
  private static void symmetricScramble(CharBuffer buffer){
    while(buffer.hasRemaining()) {
      buffer.mark();
      char c1 = buffer.get();
      char c2 = buffer.get();
      buffer.reset();
      buffer.put(c2).put(c1);
    }
  }
  public static void main(String[] args) {
    char[] data = "UsingBuffers".toCharArray();
    ByteBuffer bb = ByteBuffer.allocate(data.length * 2);
    CharBuffer cb = bb.asCharBuffer();
    cb.put(data);
```

```
    print(cb.rewind());
    symmetricScramble(cb);
    print(cb.rewind());
    symmetricScramble(cb);
    print(cb.rewind());
  }
} /* Output:
UsingBuffers
sUniBgfuefsr
UsingBuffers
*///:~
```

尽管可以通过对某个**char**数组调用**wrap()**方法来直接产生一个**CharBuffer**，但是在本例中取而代之的是分配一个底层的**ByteBuffer**，产生的**CharBuffer**只是**ByteBuffer**上的一个视图而已。这里要强调的是，我们总是以操纵**ByteBuffer**为目标，因为它可以和通道进行交互。

963 下面是进入**symmetricScramble()**方法时缓冲器的样子：

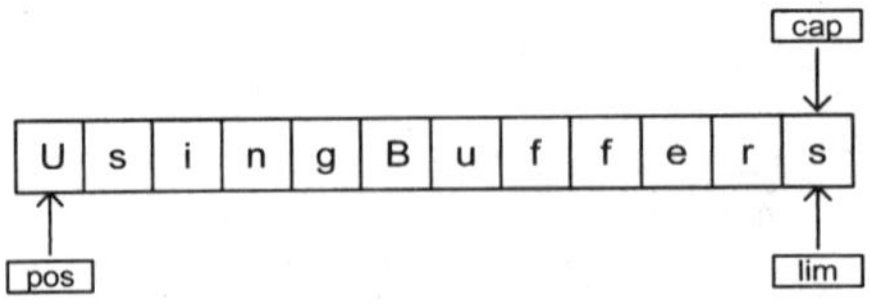

position指针指向缓冲器中的第一个元素，capacity和limit则指向最后一个元素。

在程序的**symmetricScramble()**方法中，迭代执行**while**循环直到position等于limit。一旦调用缓冲器上相对的**get()**或**put()**函数，position指针就会随之相应改变。我们也可以调用绝对的、包含一个索引参数的**get()**和**put()**方法（参数指明**get()**或**put()**的发生位置）。不过，这些方法不会改变缓冲器的position指针。

当操纵到**while**循环时，使用**mark()**调用来设置mark的值。此时，缓冲器状态如下：

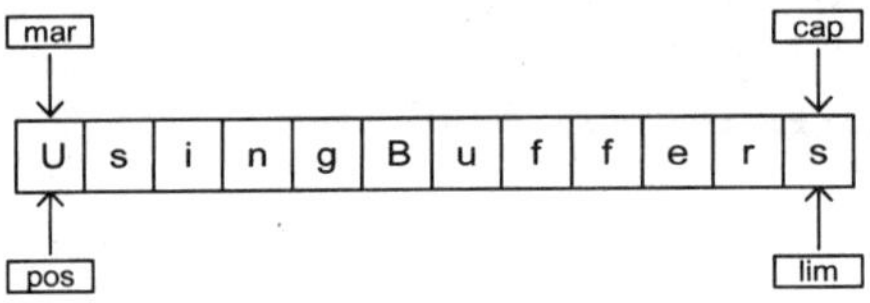

两个相对的**get()**调用把前两个字符保存到变量**c1**和**c2**中，调用完这两个方法后，缓冲器如下：

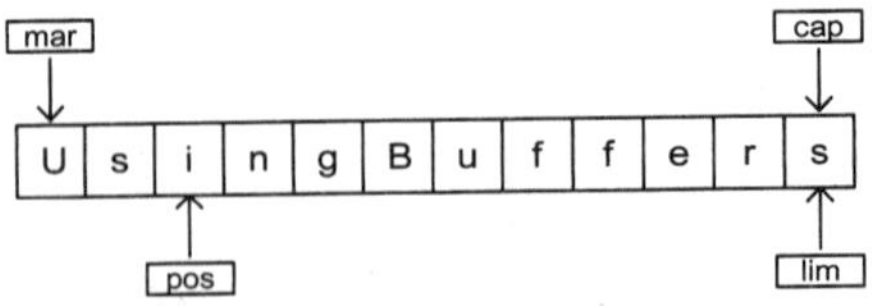

为了实现交换，我们要在position = 0时写入**c2**，position = 1时写入**c1**。我们也可以使用绝对
964 的**put()**方法来实现，或者使用**reset()**把position的值设为mark的值：

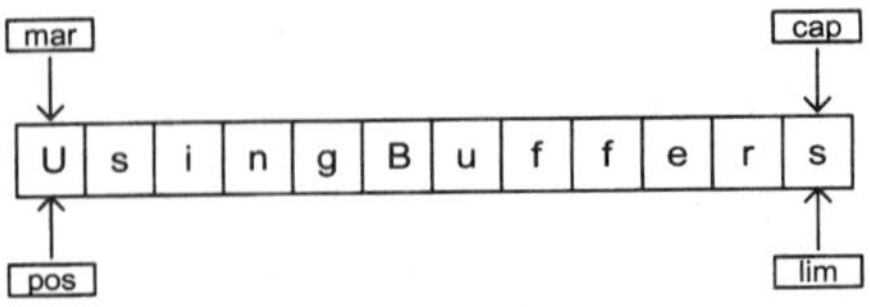

这两个**put()**方法先写**c2**，接着写**c1**：

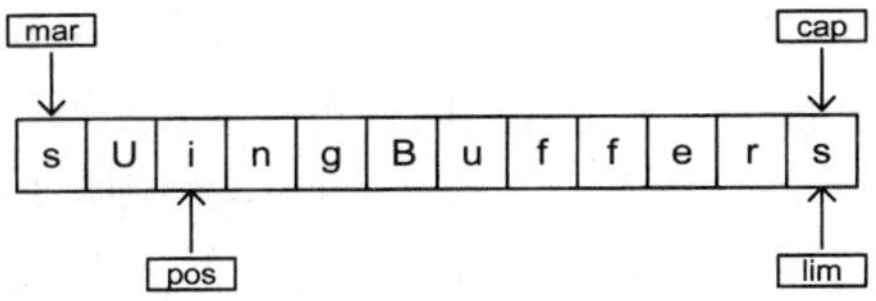

在下一次循环迭代期间，将mark设置成position的当前值：

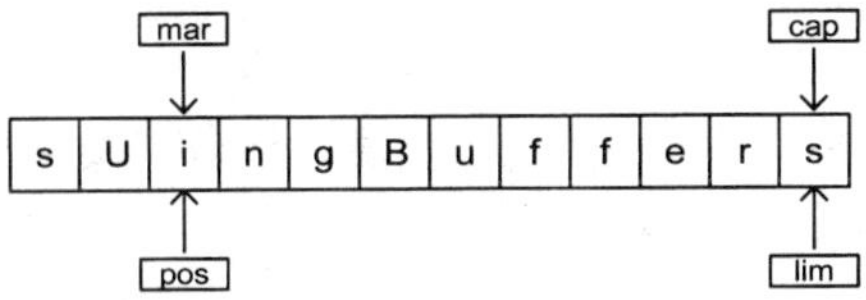

这个过程将会持续到遍历完整个缓冲器。在**while**循环的最后，position指向缓冲器的末尾。如果要打印缓冲器，只能打印出position和limit之间的字符。因此，如果想显示缓冲器的全部内容，必须使用**rewind()**把position设置到缓冲器的开始位置。下面是调用**rewind()**之后缓冲器的状态（mark的值则变得不明确）：

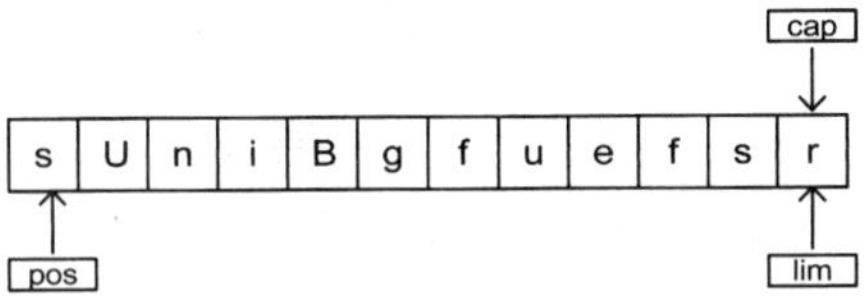

当再次调用**symmetricScramble()**功能时，会对**CharBuffer**进行同样的处理，并将其恢复到初始状态。 965

18.10.6 内存映射文件

内存映射文件允许我们创建和修改那些因为太大而不能放入内存的文件。有了内存映射文件，我们就可以假定整个文件都放在内存中，而且可以完全把它当作非常大的数组来访问。这种方法极大地简化了用于修改文件的代码。下面是一个小例子：

```
//: io/LargeMappedFiles.java
// Creating a very large file using mapping.
// {RunByHand}
import java.nio.*;
import java.nio.channels.*;
import java.io.*;
import static net.mindview.util.Print.*;

public class LargeMappedFiles {
  static int length = 0x8FFFFFF; // 128 MB
  public static void main(String[] args) throws Exception {
    MappedByteBuffer out =
      new RandomAccessFile("test.dat", "rw").getChannel()
      .map(FileChannel.MapMode.READ_WRITE, 0, length);
    for(int i = 0; i < length; i++)
      out.put((byte)'x');
    print("Finished writing");
    for(int i = length/2; i < length/2 + 6; i++)
      printnb((char)out.get(i));
  }
} ///:~
```

为了既能写又能读，我们先由**RandomAccessFile**开始，获得该文件上的通道，然后调用**map()**产生**MappedByteBuffer**，这是一种特殊类型的直接缓冲器。注意我们必须指定映射文件的初始位置和映射区域的长度，这意味着我们可以映射某个大文件的较小的部分。

MappedByteBuffer由**ByteBuffer**继承而来，因此它具有**ByteBuffer**的所有方法。这里，我们仅仅展示了非常简单的**put()**和**get()**，但是我们同样可以使用像**asCharBuffer()**等这样的用法。

966 前面那个程序创建的文件为128MB，这可能比操作系统所允许一次载入内存的空间大。但似乎我们可以一次访问到整个文件，因为只有一部分文件放入了内存，文件的其他部分被交换了出去。用这种方式，很大的文件（可达2GB）也可以很容易地修改。注意底层操作系统的文件映射工具是用来最大化地提高性能。

性能

尽管“旧”的I/O流在用**nio**实现后性能有所提高，但是“映射文件访问”往往可以更加显著地加快速度。下面的程序进行了简单的性能比较。

```
//: io/MappedIO.java
import java.nio.*;
import java.nio.channels.*;
import java.io.*;

public class MappedIO {
  private static int numOfInts = 4000000;
  private static int numOfUbuffInts = 200000;
  private abstract static class Tester {
    private String name;
    public Tester(String name) { this.name = name; }
    public void runTest() {
      System.out.print(name + ": ");
      try {
        long start = System.nanoTime();
        test();
        double duration = System.nanoTime() - start;
        System.out.format("%.2f\n", duration/1.0e9);
      } catch(IOException e) {
        throw new RuntimeException(e);
      }
    }
    public abstract void test() throws IOException;
  }
  private static Tester[] tests = {
    new Tester("Stream Write") {
      public void test() throws IOException {
        DataOutputStream dos = new DataOutputStream(
          new BufferedOutputStream(
            new FileOutputStream(new File("temp.tmp"))));
        for(int i = 0; i < numOfInts; i++)
          dos.writeInt(i);
967     dos.close();
      }
    },
    new Tester("Mapped Write") {
      public void test() throws IOException {
        FileChannel fc =
          new RandomAccessFile("temp.tmp", "rw")
          .getChannel();
        IntBuffer ib = fc.map(
          FileChannel.MapMode.READ_WRITE, 0, fc.size())
          .asIntBuffer();
        for(int i = 0; i < numOfInts; i++)
          ib.put(i);
        fc.close();
      }
    },
    new Tester("Stream Read") {
      public void test() throws IOException {
        DataInputStream dis = new DataInputStream(
          new BufferedInputStream(
```

```
          new FileInputStream("temp.tmp")));
      for(int i = 0; i < numOfInts; i++)
        dis.readInt();
      dis.close();
    }
  },
  new Tester("Mapped Read") {
    public void test() throws IOException {
      FileChannel fc = new FileInputStream(
        new File("temp.tmp")).getChannel();
      IntBuffer ib = fc.map(
        FileChannel.MapMode.READ_ONLY, 0, fc.size())
        .asIntBuffer();
      while(ib.hasRemaining())
        ib.get();
      fc.close();
    }
  },
  new Tester("Stream Read/Write") {
    public void test() throws IOException {
      RandomAccessFile raf = new RandomAccessFile(
        new File("temp.tmp"), "rw");
      raf.writeInt(1);
      for(int i = 0; i < numOfUbuffInts; i++) {
        raf.seek(raf.length() - 4);
        raf.writeInt(raf.readInt());
      }
      raf.close();
    }
  },
  new Tester("Mapped Read/Write") {
    public void test() throws IOException {
      FileChannel fc = new RandomAccessFile(
        new File("temp.tmp"), "rw").getChannel();
      IntBuffer ib = fc.map(
        FileChannel.MapMode.READ_WRITE, 0, fc.size())
        .asIntBuffer();
      ib.put(0);
      for(int i = 1; i < numOfUbuffInts; i++)
        ib.put(ib.get(i - 1));
      fc.close();
    }
  }
};
public static void main(String[] args) {
  for(Tester test : tests)
    test.runTest();
}
} /* Output: (90% match)
Stream Write: 0.56
Mapped Write: 0.12
Stream Read: 0.80
Mapped Read: 0.07
Stream Read/Write: 5.32
Mapped Read/Write: 0.02
*///:~
```

968

正如在本书前面的例子中所看到的那样，**runTest()**被用作是一种模板方法，为在匿名内部子类中定义的**test()**的各种实现创建了测试框架)。每种子类都将执行一种测试，因此**test()**方法为我们进行各种I/O操作提供了原型。

尽管“映射写”似乎要用到**FileOutputStream**，但是映射文件中的所有输出必须使用**RandomAccessFile**，正如前面程序代码中的读/写一样。 969

注意**test()**方法包括初始化各种I/O对象的时间，因此，即使建立映射文件的花费很大，但是整体受益比起I/O流来说还是很显著的。

练习25：(6) 试着将本章例子中的**ByteBuffer.allocate()**语句改为**ByteBuffer.allocateDirect()**。用来证实性能之间的差异，但是请注意程序的启动时间是否发生了明显的改变。

练习26：(3) 修改**JGrep.java**，让其使用Java的**nio**内存映射文件。

18.10.7 文件加锁

JDK 1.4引入了文件加锁机制，它允许我们同步访问某个作为共享资源的文件。不过，竞争同一文件的两个线程可能在不同的Java虚拟机上；或者一个是Java线程，另一个是操作系统中其他的某个本地线程。文件锁对其他的操作系统进程是可见的，因为Java的文件加锁直接映射到了本地操作系统的加锁工具。

下面是一个关于文件加锁的简单例子。

```
//: io/FileLocking.java
import java.nio.channels.*;
import java.util.concurrent.*;
import java.io.*;

public class FileLocking {
  public static void main(String[] args) throws Exception {
    FileOutputStream fos= new FileOutputStream("file.txt");
    FileLock fl = fos.getChannel().tryLock();
    if(fl != null) {
      System.out.println("Locked File");
      TimeUnit.MILLISECONDS.sleep(100);
      fl.release();
      System.out.println("Released Lock");
    }
    fos.close();
  }
} /* Output:
Locked File
Released Lock
*///:~
```

970

通过对**FileChannel**调用**tryLock()**或**lock()**，就可以获得整个文件的**FileLock**。(**SocketChannel**、**DatagramChannel**和**ServerSocketChannel**不需要加锁，因为它们是从单进程实体继承而来；我们通常不在两个进程之间共享网络socket。) **tryLock()**是非阻塞式的，它设法获取锁，但是如果不能获得（当其他一些进程已经持有相同的锁，并且不共享时），它将直接从方法调用返回。**lock()**则是阻塞式的，它要阻塞进程直至锁可以获得，或调用**lock()**的线程中断，或调用**lock()**的通道关闭。使用**FileLock.release()**可以释放锁。

也可以使用如下方法对文件的一部分上锁：

```
tryLock(long position, long size, boolean shared)
```

或者

```
lock(long position, long size, boolean shared)
```

其中，加锁的区域由size-position决定。第三个参数指定是否是共享锁。

尽管无参数的加锁方法将根据文件尺寸的变化而变化，但是具有固定尺寸的锁不随文件尺寸的变化而变化。如果你获得了某一区域（从position到position + size）上的锁，当文件增大超出position+size时，那么在position+size之外的部分不会被锁定。无参数的加锁方法会对整个文件进行加锁，甚至文件变大后也是如此。

对独占锁或者共享锁的支持必须由底层的操作系统提供。如果操作系统不支持共享锁并为每一个请求都创建一个锁，那么它就会使用独占锁。锁的类型（共享或独占）可以通过**FileLock.isShared()** 进行查询。

对映射文件的部分加锁

如前所述，文件映射通常应用于极大的文件。我们可能需要对这种巨大的文件进行部分加锁，以便其他进程可以修改文件中未被加锁的部分。例如，数据库就是这样，因此多个用户可以同时访问到它。

下面例子中有两个线程，分别加锁文件的不同部分。 971

```
//: io/LockingMappedFiles.java
// Locking portions of a mapped file.
// {RunByHand}
import java.nio.*;
import java.nio.channels.*;
import java.io.*;

public class LockingMappedFiles {
  static final int LENGTH = 0x8FFFFFF; // 128 MB
  static FileChannel fc;
  public static void main(String[] args) throws Exception {
    fc =
      new RandomAccessFile("test.dat", "rw").getChannel();
    MappedByteBuffer out =
      fc.map(FileChannel.MapMode.READ_WRITE, 0, LENGTH);
    for(int i = 0; i < LENGTH; i++)
      out.put((byte)'x');
    new LockAndModify(out, 0, 0 + LENGTH/3);
    new LockAndModify(out, LENGTH/2, LENGTH/2 + LENGTH/4);
  }
  private static class LockAndModify extends Thread {
    private ByteBuffer buff;
    private int start, end;
    LockAndModify(ByteBuffer mbb, int start, int end) {
      this.start = start;
      this.end = end;
      mbb.limit(end);
      mbb.position(start);
      buff = mbb.slice();
      start();
    }
    public void run() {
      try {
        // Exclusive lock with no overlap:
        FileLock fl = fc.lock(start, end, false);
        System.out.println("Locked: "+ start +" to "+ end);
        // Perform modification:
        while(buff.position() < buff.limit() - 1)
          buff.put((byte)(buff.get() + 1));
        fl.release();
        System.out.println("Released: "+start+" to "+ end);
      } catch(IOException e) {
        throw new RuntimeException(e);
      }
    }
  }
} ///:~
```

972

线程类**LockAndModify** 创建了缓冲区和用于修改的**slice()**，然后在**run()**中，获得文件通道上的锁（我们不能获得缓冲器上的锁，只能是通道上的）。**lock()**调用类似于获得一个对象的线程锁——我们现在处在“临界区”，即对该部分的文件具有独占访问权[⊖]。

如果有Java虚拟机，它会自动释放锁，或者关闭加锁的通道。不过我们也可以像程序中那样，显式地为**FileLock**对象调用**release()**来释放锁。

⊖ 有关线程的更多细节在第21章中可以找到。

18.11 压缩

Java I/O类库中的类支持读写压缩格式的数据流。你可以用它们对其他的I/O类进行封装，以提供压缩功能。

这些类不是从**Reader**和**Writer**类派生而来的，而是属于**InputStream**和**OutputStream**继承层次结构的一部分。这样做是因为压缩类库是按字节方式而不是字符方式处理的。不过有时我们可能会被迫要混合使用两种类型的数据流（注意我们可以使用**InputStreamReader**和**Output-StreamWriter**在两种类型间方便地进行转换）。

压 缩 类	功 能
CheckedInputStream	**GetCheckSum( )**为任何**InputStream**产生校验和（不仅是解压缩）
CheckedOutputStream	**GetCheckSum( )**为任何**OutputStream**产生校验和（不仅是压缩）
973 **DeflaterOutputStream**	压缩类的基类
ZipOutputStream	一个**DeflaterOutputStream**，用于将数据压缩成 Zip 文件格式
GZIPOutputStream	一个**DeflaterOutputStream**，用于将数据压缩成 GZIP 文件格式
InflaterInputStream	解压缩类的基类
ZipInputStream	一个**InflaterInputStream**，用于解压缩Zip文件格式的数据
GZIPInputStream	一个**InflaterInputStream**，用于解压缩GZIP文件格式的数据

尽管存在许多种压缩算法，但是Zip和GZIP可能是最常用的。因此我们可以很容易地使用多种可读写这些格式的工具来操纵我们的压缩数据。

18.11.1 用GZIP进行简单压缩

GZIP接口非常简单，因此如果我们只想对单个数据流（而不是一系列互异数据）进行压缩，那么它可能是比较适合的选择。下面是对单个文件进行压缩的例子：

```
//: io/GZIPcompress.java
// {Args: GZIPcompress.java}
import java.util.zip.*;
import java.io.*;

public class GZIPcompress {
  public static void main(String[] args)
  throws IOException {
    if(args.length == 0) {
      System.out.println(
        "Usage: \nGZIPcompress file\n" +
        "\tUses GZIP compression to compress " +
        "the file to test.gz");
      System.exit(1);
    }
    BufferedReader in = new BufferedReader(
      new FileReader(args[0]));
    BufferedOutputStream out = new BufferedOutputStream(
      new GZIPOutputStream(
        new FileOutputStream("test.gz")));
    System.out.println("Writing file");
    int c;
    while((c = in.read()) != -1)
      out.write(c);
    in.close();
    out.close();
    System.out.println("Reading file");
    BufferedReader in2 = new BufferedReader(
      new InputStreamReader(new GZIPInputStream(
        new FileInputStream("test.gz"))));
    String s;
```
974

```
    while((s = in2.readLine()) != null)
      System.out.println(s);
  }
} /* (Execute to see output) *///:~
```

压缩类的使用非常直观——直接将输出流封装成**GZIPOutputStream**或**ZipOutputStream**，并将输入流封装成**GZIPInputStream**或**ZipInputStream**即可。其他全部操作就是通常的I/O读写。这个例子把面向字符的流和面向字节的流混合了起来；输入（**in**）用**Reader**类，而**GZIPOutputStream**的构造器只能接受**OutputStream**对象，不能接受**Writer**对象。在打开文件时，**GZIPInputStream**就会被转换成**Reader**。

18.11.2 用Zip进行多文件保存

支持 Zip格式的Java 库更加全面。利用该库可以方便地保存多个文件，它甚至有一个独立的类，使得读取Zip文件更加方便。这个类库使用的是标准Zip格式，所以能与当前那些可通过因特网下载的压缩工具很好地协作。下面这个例子具有与前例相同的形式，但它能根据需要来处理任意多个命令行参数。另外，它显示了用**Checksum**类来计算和校验文件的校验和的方法。一共有两种**Checksum**类型：**Adler32**（它快一些）和**CRC32**（慢一些，但更准确）。

975

```
//: io/ZipCompress.java
// Uses Zip compression to compress any
// number of files given on the command line.
// {Args: ZipCompress.java}
import java.util.zip.*;
import java.io.*;
import java.util.*;
import static net.mindview.util.Print.*;

public class ZipCompress {
  public static void main(String[] args)
  throws IOException {
    FileOutputStream f = new FileOutputStream("test.zip");
    CheckedOutputStream csum =
      new CheckedOutputStream(f, new Adler32());
     ZipOutputStream zos = new ZipOutputStream(csum);
     BufferedOutputStream out =
      new BufferedOutputStream(zos);
    zos.setComment("A test of Java Zipping");
    // No corresponding getComment(), though.
    for(String arg : args) {
      print("Writing file " + arg);
      BufferedReader in =
        new BufferedReader(new FileReader(arg));
      zos.putNextEntry(new ZipEntry(arg));
      int c;
      while((c = in.read()) != -1)
        out.write(c);
      in.close();
      out.flush();
    }
    out.close();
    // Checksum valid only after the file has been closed!
    print("Checksum: " + csum.getChecksum().getValue());
    // Now extract the files:
    print("Reading file");
    FileInputStream fi = new FileInputStream("test.zip");
    CheckedInputStream csumi =
      new CheckedInputStream(fi, new Adler32());
    ZipInputStream in2 = new ZipInputStream(csumi);
    BufferedInputStream bis = new BufferedInputStream(in2);
    ZipEntry ze;
    while((ze = in2.getNextEntry()) != null) {
```

```
      print("Reading file " + ze);
      int x;
      while((x = bis.read()) != -1)
        System.out.write(x);
    }
    if(args.length == 1)
    print("Checksum: " + csumi.getChecksum().getValue());
    bis.close();
    // Alternative way to open and read Zip files:
    ZipFile zf = new ZipFile("test.zip");
    Enumeration e = zf.entries();
    while(e.hasMoreElements()) {
      ZipEntry ze2 = (ZipEntry)e.nextElement();
      print("File: " + ze2);
      // ... and extract the data as before
    }
    /* if(args.length == 1) */
  }
} /* (Execute to see output) *///:~
```

976

对于每一个要加入压缩档案的文件，都必须调用**putNextEntry()**，并将其传递给一个**ZipEntry**对象。**ZipEntry**对象包含了一个功能很广泛的接口，允许你获取和设置Zip文件内该特定项上所有可利用的数据：名字、压缩的和未压缩的文件大小、日期、CRC校验和、额外字段数据、注释、压缩方法以及它是否是一个目录入口等等。然而，尽管Zip格式提供了设置密码的方法，但Java的Zip类库并不提供这方面的支持。虽然**CheckedInputStream**和**CheckedOutputStream**都支持**Adler32**和**CRC32**两种类型的校验和，但是**ZipEntry**类只有一个支持CRC的接口。虽然这是一个底层Zip格式的限制，但却限制了人们不能使用速度更快的**Adler32**。

为了能够解压缩文件，**ZipInputStream**提供了一个**getNextEntry()**方法返回下一个**ZipEntry**（如果存在的话）。解压缩文件有一个更简便的方法——利用**ZipFile**对象读取文件。该对象有一个**entries()**方法用来向**ZipEntries**返回一个**Enumeration**（枚举）。

为了读取校验和，必须拥有对与之相关联的**Checksum**对象的访问权限。在这里保留了指向**CheckedOutputStream**和**CheckedInputStream**对象的引用。但是，也可以只保留一个指向**Checksum**对象的引用。

Zip流中有一个令人困惑的方法**setComment()**。正如前面**ZipCompress.java**中所示，我们可以在写文件时写注释，但却没有任何方法恢复**ZipInputStream**内的注释。似乎只能通过**ZipEntry**，
977 才能以逐条方式完全支持注释的获取。

当然，GZIP或Zip库的使用并不仅仅局限于文件——它可以压缩任何东西，包括需要通过网络发送的数据。

18.11.3 Java档案文件

Zip格式也被应用于JAR（Java ARchive, Java档案文件）文件格式中。这种文件格式就像Zip一样，可以将一组文件压缩到单个压缩文件中。同Java中其他任何东西一样，JAR文件也是跨平台的，所以不必担心跨平台的问题。声音和图像文件可以像类文件一样被包含在其中。

JAR文件非常有用，尤其是在涉及因特网应用的时候。如果不采用JAR文件，Web浏览器在下载构成一个应用的所有文件时必须重复多次请求Web服务器；而且所有这些文件都是未经压缩的。如果将所有这些文件合并到一个JAR文件中，只需向远程服务器发出一次请求即可。同时，由于采用了压缩技术，可以使传输时间更短。另外，出于安全的考虑，JAR文件中的每个条目都可以加上数字化签名。

一个JAR文件由一组压缩文件构成，同时还有一张描述了所有这些文件的“文件清单”（可自行创建文件清单，也可以由jar程序自动生成）。在JDK文档中，可以找到与JAR文件清单相关

的更多资料。

Sun的JDK自带的**jar**程序可根据我们的选择自动压缩文件。可以用命令行的形式调用它，如下所示：

```
jar [options] destination [manifest] inputfile(s)
```

其中options只是一个字母集合（不必输入任何“-”或其他任何标识符）。以下这些选项字符在Unix和Linux系统中的**tar**文件中也具有相同的意义。具体意义如下所示：

c	创建一个新的或空的压缩文档
t	列出目录表
x	解压所有文件
x file	解压该文件
f	意指：“我打算指定一个文件名。”如果没有用这个选项，**jar** 假设所有的输入都来自于标准输入；或者在创建一个文件时，输出对象也假设为标准输出 978
m	表示第一个参数将是用户自建的清单文件的名字
v	产生详细输出，描述jar所做的工作
O	只储存文件，不压缩文件(用来创建一个可放在类路径中的JAR文件)
M	不自动创建文件清单

如果压缩到JAR文件的众多文件中包含某个子目录，那么该子目录会被自动添加到JAR文件中，且包括该子目录的所有子目录，路径信息也会被保留。

以下是一些调用**jar**的典型方法。下面的命令创建了一个名为**myJarFile.jar**的JAR文件，该文件包含了当前目录中的所有类文件，以及自动产生的清单文件：

```
jar cf myJarFile.jar *.class
```

下面的命令与前例类似，但添加了一个名为**myManifestFile.mf**的用户自建清单文件：

```
jar cmf myJarFile.jar myManifestFile.mf *.class
```

下面的命令会产生**myJarFile.jar**内所有文件的一个目录表：

```
jar tf myJarFile.jar
```

下面的命令添加“v”（详尽）标志，可以提供有关**myJarFile.jar**中的文件的更详细的信息：

```
jar tvf myJarFile.jar
```

假定**audio**、**classes**和**image**是子目录，下面的命令将所有子目录合并到文件**myApp.jar**中，其中也包括了“v”标志。当**jar**程序运行时，该标志可以提供更详细的信息：

```
jar cvf myApp.jar audio classes image
```

如果用**0**（零）选项创建一个JAR文件，那么该文件就可放入类路径变量（CLASSPATH）中：

```
CLASSPATH="lib1.jar;lib2.jar;"
```

然后Java就可以在**lib1.jar**和**lib2.jar**中搜索目标类文件了。 979

jar工具的功能没有**zip**工具那么强大。例如，不能够对已有的JAR文件进行添加或更新文件的操作，只能从头创建一个JAR文件。同时，也不能将文件移动至一个JAR文件，并在移动后将它们删除。然而，在一种平台上创建的JAR文件可以被在其他任何平台上的**jar**工具透明地阅读（这个问题有时会困扰zip工具）。

读者将会在第22章看到，JAR文件也被用来为JavaBeans打包。

18.12 对象序列化

当你创建对象时，只要你需要，它就会一直存在，但是在程序终止时，无论如何它都不会继续存在。尽管这么做肯定是有意义的，但是仍旧存在某些情况，如果对象能够在程序不运行的情况下仍能存在并保存其信息，那将非常有用。这样，在下次运行程序时，该对象将被重建并且拥有的信息与在程序上次运行时它所拥有的信息相同。当然，你可以通过将信息写入文件或数据库来达到相同的效果，但是在使万物都成为对象的精神中，如果能够将一个对象声明为是“持久性”的，并为我们处理掉所有细节，那将会显得十分方便。

Java的*对象序列化*将那些实现了**Serializable**接口的对象转换成一个字节序列，并能够在以后将这个字节序列完全恢复为原来的对象。这一过程甚至可通过网络进行；这意味着序列化机制能自动弥补不同操作系统之间的差异。也就是说，可以在运行Windows系统的计算机上创建一个对象，将其序列化，通过网络将它发送给一台运行Unix系统的计算机，然后在那里准确地重新组装，而却不必担心数据在不同机器上的表示会不同，也不必关心字节的顺序或者其他任何细节。

就其本身来说，对象的序列化是非常有趣的，因为利用它可以实现*轻量级持久性*（lightweight persistence)。“持久性”意味着一个对象的生存周期并不取决于程序是否正在执行；它可以生存于程序的调用之间。通过将一个序列化对象写入磁盘，然后在重新调用程序时恢复该对象，就能够实现持久性的效果。之所以称其为“轻量级”，是因为不能用某种“persistent”
980 （持久）关键字来简单地定义一个对象，并让系统自动维护其他细节问题（尽管将来有可能实现）。相反，对象必须在程序中显式地序列化（serialize）和反序列化还原（deserialize）。如果需要一个更严格的持久性机制，可以考虑像Hibernate之类的工具（参见http://hibernate.sourceforge.net)。更多的细节可参考《Thinking in Enterprise Java》，该书可从www.MindView.com下载。

对象序列化的概念加入到语言中是为了支持两种主要特性。一是Java的*远程方法调用*（Remote Method Invocation, RMI)，它使存活于其他计算机上的对象使用起来就像是存活于本机上一样。当向远程对象发送消息时，需要通过对象序列化来传输参数和返回值。在《Thinking in Enterprise Java》中有对RMI的具体讨论。

再者，对Java Beans来说，对象的序列化也是必需的（可参看第14章）。使用一个Bean时，一般情况下是在设计阶段对它的状态信息进行配置。这种状态信息必须保存下来，并在程序启动时进行后期恢复；这种具体工作就是由对象序列化完成的。

只要对象实现了**Serializable**接口（该接口仅是一个标记接口，不包括任何方法），对象的序列化处理就会非常简单。当序列化的概念被加入到语言中时，许多标准库类都发生了改变，以便具备序列化特性——其中包括所有基本数据类型的封装器、所有容器类以及许多其他的东西。甚至**Class**对象也可以被序列化。

要序列化一个对象，首先要创建某些**OutputStream**对象，然后将其封装在一个**ObjectOutputStream**对象内。这时，只需调用**writeObject()**即可将对象序列化，并将其发送给**OutputStream**（对象化序列是基于字节的，因要使用**InputStream**和**OutputStream**继承层次结构）。要反向进行该过程（即将一个序列还原为一个对象），需要将一个**InputStream**封装在**ObjectInputStream**内，然后调用**readObject()**。和往常一样，我们最后获得的是一个引用，它指向一个向上转型的Object，所以必须向下转型才能直接设置它们。

对象序列化特别“聪明”的一个地方是它不仅保存了对象的“全景图”，而且能追踪对象内所包含的所有引用，并保存那些对象；接着又能对对象内包含的每个这样的引用进行追踪；依此类推。这种情况有时被称为“对象网”，单个对象可与之建立连接，而且它还包含了对象的引用数组以及成员对象。如果必须保持一套自己的对象序列化机制，那么维护那些可追踪到所有
981 链接的代码可能会显得非常麻烦。然而，由于Java的对象序列化似乎找不出什么缺点，所以请

尽量不要自己动手，让它用优化的算法自动维护整个对象网。下面这个例子通过对链接的对象生成一个worm（蠕虫）对序列化机制进行了测试。每个对象都与worm中的下一段链接，同时又与属于不同类（**Data**）的对象引用数组链接：

```
//: io/Worm.java
// Demonstrates object serialization.
import java.io.*;
import java.util.*;
import static net.mindview.util.Print.*;

class Data implements Serializable {
  private int n;
  public Data(int n) { this.n = n; }
  public String toString() { return Integer.toString(n); }
}

public class Worm implements Serializable {
  private static Random rand = new Random(47);
  private Data[] d = {
    new Data(rand.nextInt(10)),
    new Data(rand.nextInt(10)),
    new Data(rand.nextInt(10))
  };
  private Worm next;
  private char c;
  // Value of i == number of segments
  public Worm(int i, char x) {
    print("Worm constructor: " + i);
    c = x;
    if(--i > 0)
      next = new Worm(i, (char)(x + 1));
  }
  public Worm() {
    print("Default constructor");
  }
  public String toString() {
    StringBuilder result = new StringBuilder(":");
    result.append(c);
    result.append("(");
    for(Data dat : d)
      result.append(dat);
    result.append(")");
    if(next != null)
      result.append(next);
    return result.toString();
  }
  public static void main(String[] args)
  throws ClassNotFoundException, IOException {
    Worm w = new Worm(6, 'a');
    print("w = " + w);
    ObjectOutputStream out = new ObjectOutputStream(
      new FileOutputStream("worm.out"));
    out.writeObject("Worm storage\n");
    out.writeObject(w);
    out.close(); // Also flushes output
    ObjectInputStream in = new ObjectInputStream(
      new FileInputStream("worm.out"));
    String s = (String)in.readObject();
    Worm w2 = (Worm)in.readObject();
    print(s + "w2 = " + w2);
    ByteArrayOutputStream bout =
      new ByteArrayOutputStream();
    ObjectOutputStream out2 = new ObjectOutputStream(bout);
    out2.writeObject("Worm storage\n");
    out2.writeObject(w);
    out2.flush();
```

982

```
        ObjectInputStream in2 = new ObjectInputStream(
          new ByteArrayInputStream(bout.toByteArray()));
        s = (String)in2.readObject();
        Worm w3 = (Worm)in2.readObject();
        print(s + "w3 = " + w3);
      }
    } /* Output:
    Worm constructor: 6
    Worm constructor: 5
    Worm constructor: 4
    Worm constructor: 3
    Worm constructor: 2
    Worm constructor: 1
    w = :a(853):b(119):c(802):d(788):e(199):f(881)
    Worm storage
    w2 = :a(853):b(119):c(802):d(788):e(199):f(881)
    Worm storage
    w3 = :a(853):b(119):c(802):d(788):e(199):f(881)
    *///:~
```

983 更有趣的是，**Worm**内的**Data**对象数组是用随机数初始化的（这样就不用怀疑编译器保留了某种原始信息）。每个**Worm**段都用一个**char**加以标记。该char是在递归生成链接的**Worm**列表时自动产生的。要创建一个**Worm**，必须告诉构造器你所希望的它的长度。在产生下一个引用时，要调用**Worm**构造器，并将长度减1，以此类推。最后一个**next**引用则为**null**（空），表示已到达**Worm**的尾部。

以上这些操作都使得事情变得更加复杂，从而加大了对象序列化的难度。然而，真正的序列化过程却是非常简单的。一旦从另外某个流创建了**ObjectOutputStream**，**writeObject()**就会将对象序列化。注意也可以为一个**String**调用**writeObject()**。也可以用与**DataOutputStream**相同的方法写入所有基本数据类型（它们具有同样的接口）。

有两段看起来相似的独立的代码。一个读写的是文件，而另一个读写的是字节数组（**ByteArray**）。可利用序列化将对象读写到任何**DataInputStream**或者**DataOutputStream**，甚至包括网络（正如在《Thinking in Enterprise Java》中所述）。

从输出中可以看出，被还原后的对象确实包含了原对象中的所有链接。

注意在对一个**Serializable**对象进行还原的过程中，没有调用任何构造器，包括默认的构造器。整个对象都是通过从**InputStream**中取得数据恢复而来的。

练习27：(1) 创建一个**Serializable**类，它包含一个对第二个**Serializable**类的对象的引用。创建你的类的实例，将其序列化到硬盘上，然后恢复它，并验证这个过程可以正确地工作。

18.12.1 寻找类

读者或许会奇怪，将一个对象从它的序列化状态中恢复出来，有哪些工作是必须的呢？举个例子来说，假如我们将一个对象序列化，并通过网络将其作为文件传送给另一台计算机；那么，另一台计算机上的程序可以只利用该文件内容来还原这个对象吗？

回答这个问题的最好方法就是做一个实验。下面这个文件位于本章的子目录下：

984

```
//: io/Alien.java
// A serializable class.
import java.io.*;
public class Alien implements Serializable {} ///:~
```

而用于创建和序列化一个**Alien**对象的文件也位于相同的目录下：

```
//: io/FreezeAlien.java
// Create a serialized output file.
import java.io.*;
```

```
public class FreezeAlien {
  public static void main(String[] args) throws Exception {
    ObjectOutput out = new ObjectOutputStream(
      new FileOutputStream("X.file"));
    Alien quellek = new Alien();
    out.writeObject(quellek);
  }
} ///:~
```

这个程序不但能捕获和处理异常，而且将异常抛出到**main()**方法之外，以便通过控制台产生报告。一旦该程序被编译和运行，它就会在**c12**目录下产生一个名为**X.file**的文件。以下代码位于一个名为**xfiles**的子目录下：

```
//: io/xfiles/ThawAlien.java
// Try to recover a serialized file without the
// class of object that's stored in that file.
// {RunByHand}
import java.io.*;

public class ThawAlien {
  public static void main(String[] args) throws Exception {
    ObjectInputStream in = new ObjectInputStream(
      new FileInputStream(new File("..", "X.file")));
    Object mystery = in.readObject();
    System.out.println(mystery.getClass());
  }
} /* Output:
class Alien
*///:~
```

打开文件和读取**mystery**对象中的内容都需要**Alien**的**Class**对象；而Java虚拟机找不到**Alien.class**（除非它正好在类路径Classpath内，而本例却不在类路径之内）。这样就会得到一个名叫**ClassNotFoundException**的异常（同样，除非能够验证**Alien**存在，否则它等于消失）。必须保证Java虚拟机能找到相关的**.class**文件。 985

18.12.2 序列化的控制

正如大家所看到的，默认的序列化机制并不难操纵。然而，如果有特殊的需要那又该怎么办呢？例如，也许要考虑特殊的安全问题，而且你不希望对象的某一部分被序列化；或者一个对象被还原以后，某子对象需要重新创建，从而不必将该子对象序列化。

在这些特殊情况下，可通过实现**Externalizable**接口——代替实现**Serializable**接口——来对序列化过程进行控制。这个**Externalizable**接口继承了**Serializable**接口，同时增添了两个方法：**writeExternal()**和**readExternal()**。这两个方法会在序列化和反序列化还原的过程中被自动调用，以便执行一些特殊操作。

下面这个例子展示了**Externalizable**接口方法的简单实现。注意**Blip1**和**Blip2**除了细微的差别之外，几乎完全一致（研究一下代码，看看你能否发现）：

```
//: io/Blips.java
// Simple use of Externalizable & a pitfall.
import java.io.*;
import static net.mindview.util.Print.*;

class Blip1 implements Externalizable {
  public Blip1() {
    print("Blip1 Constructor");
  }
  public void writeExternal(ObjectOutput out)
      throws IOException {
    print("Blip1.writeExternal");
```

```
  }
  public void readExternal(ObjectInput in)
     throws IOException, ClassNotFoundException {
    print("Blip1.readExternal");
  }
986 }
class Blip2 implements Externalizable {
  Blip2() {
    print("Blip2 Constructor");
  }
  public void writeExternal(ObjectOutput out)
      throws IOException {
    print("Blip2.writeExternal");
  }
  public void readExternal(ObjectInput in)
     throws IOException, ClassNotFoundException {
    print("Blip2.readExternal");
  }
}

public class Blips {
  public static void main(String[] args)
  throws IOException, ClassNotFoundException {
    print("Constructing objects:");
    Blip1 b1 = new Blip1();
    Blip2 b2 = new Blip2();
    ObjectOutputStream o = new ObjectOutputStream(
      new FileOutputStream("Blips.out"));
    print("Saving objects:");
    o.writeObject(b1);
    o.writeObject(b2);
    o.close();
    // Now get them back:
    ObjectInputStream in = new ObjectInputStream(
      new FileInputStream("Blips.out"));
    print("Recovering b1:");
    b1 = (Blip1)in.readObject();
    // OOPS! Throws an exception:
//! print("Recovering b2:");
//! b2 = (Blip2)in.readObject();
  }
} /* Output:
Constructing objects:
Blip1 Constructor
Blip2 Constructor
Saving objects:
Blip1:writeExternal
Blip2.writeExternal
Recovering b1:
987 Blip1 Constructor
Blip1.readExternal
*///:~
```

上例中没有恢复**Blip2**对象，因为那样做会导致一个异常。你找出**Blip1**和**Blip2**之间的区别了吗？**Blip1**的构造器是“公共的”（**public**），**Blip2**的构造器却不是，这样就会在恢复时造成异常。试试将**Blip2**的构造器变成**public**的，然后删除//!注释标记，看看是否能得到正确的结果。

恢复**b1**后，会调用**Blip1**默认构造器。这与恢复一个**Serializable**对象不同。对于**Serializable**对象，对象完全以它存储的二进制位为基础来构造，而不调用构造器。而对于一个Externalizable对象，所有普通的默认构造器都会被调用（包括在字段定义时的初始化），然后调用**readExternal()**。必须注意这一点——所有默认的构造器都会被调用，才能使**Externalizable**对象产生正确的行为。

下面这个例子示范了如何完整保存和恢复一个**Externalizable**对象：

```
//: io/Blip3.java
// Reconstructing an externalizable object.
import java.io.*;
import static net.mindview.util.Print.*;

public class Blip3 implements Externalizable {
  private int i;
  private String s; // No initialization
  public Blip3() {
    print("Blip3 Constructor");
    // s, i not initialized
  }
  public Blip3(String x, int a) {
    print("Blip3(String x, int a)");
    s = x;
    i = a;
    // s & i initialized only in non-default constructor.
  }
  public String toString() { return s + i; }
  public void writeExternal(ObjectOutput out)
  throws IOException {
    print("Blip3.writeExternal");
    // You must do this:
    out.writeObject(s);
    out.writeInt(i);
  }
  public void readExternal(ObjectInput in)
  throws IOException, ClassNotFoundException {
    print("Blip3.readExternal");
    // You must do this:
    s = (String)in.readObject();
    i = in.readInt();
  }
  public static void main(String[] args)
  throws IOException, ClassNotFoundException {
    print("Constructing objects:");
    Blip3 b3 = new Blip3("A String ", 47);
    print(b3);
    ObjectOutputStream o = new ObjectOutputStream(
      new FileOutputStream("Blip3.out"));
    print("Saving object:");
    o.writeObject(b3);
    o.close();
    // Now get it back:
    ObjectInputStream in = new ObjectInputStream(
      new FileInputStream("Blip3.out"));
    print("Recovering b3:");
    b3 = (Blip3)in.readObject();
    print(b3);
  }
} /* Output:
Constructing objects:
Blip3(String x, int a)
A String 47
Saving object:
Blip3.writeExternal
Recovering b3:
Blip3 Constructor
Blip3.readExternal
A String 47
*///:~
```

988

其中，字段s和i只在第二个构造器中初始化，而不是在默认的构造器中初始化。这意味着假如不在**readExternal()**中初始化s和i，s就会为**null**，而i就会为零（因为在创建对象的第一步中将对象的存储空间清理为0）。如果注释掉跟随于“You must do this”后面的两行代码，然后运行 989

程序，就会发现当对象被还原后，**s**是**null**，而**i**是零。

我们如果从一个**Externalizable**对象继承，通常需要调用基类版本的**writeExternal()**和**readExternal()**来为基类组件提供恰当的存储和恢复功能。

因此，为了正常运行，我们不仅需要在**writeExternal()**方法（没有任何默认行为来为**Externalizable**对象写入任何成员对象）中将来自对象的重要信息写入，还必须在**readExternal()**方法中恢复数据。起先，可能会有一点迷惑，因为**Externalizable**对象的默认构造行为使其看起来似乎像某种自动发生的存储与恢复操作。但实际上并非如此。

练习28：(2) 复制**Blips.java**并重命名为**BlipCheck.java**，然后将类**Blip2**重命名为**BlipCheck**（使其成为**public**的，并在此过程中删除类**Blips**中的公共作用域）。删除文件中的//!标记，然后执行含有这几个错误行的程序。接下来，注释掉**BlipCheck**的默认构造器。执行之并解释它可以运行的原因。注意编译后我们必须使用**java Blips**执行程序，因为**main()**方法仍在类**Blips**中。

练习29：(2) 注释掉**Blip3.java**中自"You must do this:"开始的两行，运行之。解释结果，并说出该结果与这两行在程序中运行时所产生的结果不同的原因。

transient（瞬时）关键字

当我们对序列化进行控制时，可能某个特定子对象不想让Java的序列化机制自动保存与恢复。如果子对象表示的是我们不希望将其序列化的敏感信息（如密码），通常就会面临这种情况。即使对象中的这些信息是**private**（私有）属性，一经序列化处理，人们就可以通过读取文件或者拦截网络传输的方式来访问到它。

有一种办法可防止对象的敏感部分被序列化，就是将类实现为**Externalizable**，如前面所示。这样一来，没有任何东西可以自动序列化，并且可以在**writeExternal()**内部只对所需部分进行显式的序列化。

990 然而，如果我们正在操作的是一个**Serializable**对象，那么所有序列化操作都会自动进行。为了能够予以控制，可以用**transient**（瞬时）关键字逐个字段地关闭序列化，它的意思是"不用麻烦你保存或恢复数据——我自己会处理的"。

例如，假设某个**Login**对象保存某个特定的登录会话信息。登录的合法性通过校验之后，我们想把数据保存下来，但不包括密码。为做到这一点，最简单的办法是实现**Serializable**，并将**password**字段标志为**transient**。下面是具体的代码：

```
//: io/Logon.java
// Demonstrates the "transient" keyword.
import java.util.concurrent.*;
import java.io.*;
import java.util.*;
import static net.mindview.util.Print.*;

public class Logon implements Serializable {
  private Date date = new Date();
  private String username;
  private transient String password;
  public Logon(String name, String pwd) {
    username = name;
    password = pwd;
  }
  public String toString() {
    return "logon info: \n   username: " + username +
      "\n   date: " + date + "\n   password: " + password;
  }
  public static void main(String[] args) throws Exception {
    Logon a = new Logon("Hulk", "myLittlePony");
    print("logon a = " + a);
```

```
    ObjectOutputStream o = new ObjectOutputStream(
      new FileOutputStream("Logon.out"));
    o.writeObject(a);
    o.close();
    TimeUnit.SECONDS.sleep(1); // Delay
    // Now get them back:
    ObjectInputStream in = new ObjectInputStream(
      new FileInputStream("Logon.out"));
    print("Recovering object at " + new Date());
    a = (Logon)in.readObject();
    print("logon a = " + a);
  }
} /* Output: (Sample)
logon a = logon info:
   username: Hulk
   date: Sat Nov 19 15:03:26 MST 2005
   password: myLittlePony
Recovering object at Sat Nov 19 15:03:28 MST 2005
logon a = logon info:
   username: Hulk
   date: Sat Nov 19 15:03:26 MST 2005
   password: null
*///:~
```
991

可以看到，其中的**date**和**username**域是一般的（不是**transient**的），所以它们会被自动序列化。而**password**是**transient**的，所以不会被自动保存到磁盘；另外，自动序列化机制也不会尝试去恢复它。当对象被恢复时，**password**域就会变成**null**。注意，虽然**toString()**是用，重载后的+运算符来连接**String**对象，但是**null**引用会被自动转换成字符串null。

我们还可以发现：**date**字段被存储了到磁盘并从磁盘上被恢复了出来，而且没有再重新生成。

由于**Externalizable**对象在默认情况下不保存它们的任何字段，所以**transient**关键字只能和**Serializable**对象一起使用。

Externalizable的替代方法

如果不是特别坚持实现**Externalizable**接口，那么还有另一种方法。我们可以实现**Serializable**接口，并添加（注意我说的是"添加"，而非"覆盖"或者"实现"）名为**writeObject()**和**readObject()**的方法。这样一旦对象被序列化或者被反序列化还原，就会自动地分别调用这两个方法。也就是说，只要我们提供了这两个方法，就会使用它们而不是默认的序列化机制。

这些方法必须具有准确的方法特征签名：

```
private void writeObject(ObjectOutputStream stream)
throws IOException;

private void readObject(ObjectInputStream stream)
throws IOException, ClassNotFoundException
```
992

从设计的观点来看，现在事情变得真是不可思议。首先，我们可能会认为由于这些方法不是基类或者**Serializable**接口的一部分，所以应该在它们自己的接口中进行定义。但是注意它们被定义成了**private**，这意味着它们仅能被这个类的其他成员调用。然而，实际上我们并没有从这个类的其他方法中调用它们，而是**ObjectOutputStream**和**ObjectInputStream**对象的**writeObject()**和**readObject()**方法调用你的对象的**writeObject()**和**readObject()**方法（注意关于这里用到的相同方法名，我尽量抑制住不去谩骂。一句话：混乱）。读者可能想知道**ObjectOutputStream**和**ObjectInputStream**对象是怎样访问你的类中的**private**方法的。我们只能假设这正是序列化神奇的一部分⊖。

⊖ 14.9节展示了如何在类的外部访问**private**方法。

在接口中定义的所有东西都自动是public的，因此如果writeObject()和 readObject()必须是private的，那么它们不会是接口的一部分。因为我们必须要完全遵循其方法特征签名，所以其效果就和实现了接口一样。

在调用ObjectOutputStream.writeObject()时，会检查所传递的Serializable对象，看看是否实现了它自己的writeObject()。如果是这样，就跳过正常的序列化过程并调用它的writeObject()。readObject()的情形与此相同。

还有另外一个技巧。在你的writeObject()内部，可以调用defaultWriteObject()来选择执行默认的writeObject()。类似地，在readObject()内部，我们可以调用defaultReadObject()。下面这个简单的例子演示了如何对一个Serializable对象的存储与恢复进行控制：

993

```
//: io/SerialCtl.java
// Controlling serialization by adding your own
// writeObject() and readObject() methods.
import java.io.*;

public class SerialCtl implements Serializable {
  private String a;
  private transient String b;
  public SerialCtl(String aa, String bb) {
    a = "Not Transient: " + aa;
    b = "Transient: " + bb;
  }
  public String toString() { return a + "\n" + b; }
  private void writeObject(ObjectOutputStream stream)
  throws IOException {
    stream.defaultWriteObject();
    stream.writeObject(b);
  }
  private void readObject(ObjectInputStream stream)
  throws IOException, ClassNotFoundException {
    stream.defaultReadObject();
    b = (String)stream.readObject();
  }
  public static void main(String[] args)
  throws IOException, ClassNotFoundException {
    SerialCtl sc = new SerialCtl("Test1", "Test2");
    System.out.println("Before:\n" + sc);
    ByteArrayOutputStream buf= new ByteArrayOutputStream();
    ObjectOutputStream o = new ObjectOutputStream(buf);
    o.writeObject(sc);
    // Now get it back:
    ObjectInputStream in = new ObjectInputStream(
      new ByteArrayInputStream(buf.toByteArray()));
    SerialCtl sc2 = (SerialCtl)in.readObject();
    System.out.println("After:\n" + sc2);
  }
} /* Output:
Before:
Not Transient: Test1
Transient: Test2
After:
Not Transient: Test1
Transient: Test2
*///:~
```

在这个例子中，有一个String字段是普通字段，而另一个是transient字段，用来证明非transient字段由defaultWriteObject()方法保存，而transient字段必须在程序中明确保存和恢复。字段是在构造器内部而不是在定义处进行初始化的，以此可以证实它们在反序列化还原期间没
994 有被一些自动化机制初始化。

如果我们打算使用默认机制写入对象的非transient部分，那么必须调用defaultWriteObject()

作为**writeObject()**中的第一个操作，并让**defaultReadObject()**作为**readObject()**中的第一个操作。这些都是奇怪的方法调用。例如，如果我们正在为**ObjectOutputStream**调用**defaultWrite-Object()**且没有传递任何参数，然而不知何故它却可以运行，并且知道对象的引用以及如何写入非**transient**部分。真是奇怪之极。

对**transient**对象的存储和恢复使用了我们比较熟悉的代码。请再考虑一下在这里所发生的事情。在**main()**中，创建**SerialCtl**对象，然后将其序列化到**ObjectOutputStream**（注意在这种情况下，使用的是缓冲区而不是文件——这对于**ObjectOutputStream**来说是完全一样的）。序列化发生在下面这行代码当中：

```
o.writeObject(sc);
```

writeObject()方法必须检查**sc**，判断它是否拥有自己的**writeObject()**方法（不是检查接口——这里根本就没有接口，也不是检查类的类型，而是利用反射来真正地搜索方法）。如果有，那么就会使用它。对**readObject()**也采用了类似的方法。或许这是解决这个问题的唯一切实可行的方法，但它确实有点古怪。

版本控制

有时可能想要改变可序列化类的版本（比如源类的对象可能保存在数据库中）。虽然Java支持这种做法，但是你可能只在特殊的情况下才这样做，此外，还需要对它有相当深程度的了解（在这里我们就不再试图达到这一点）。从http://java.sun.com处下载的JDK文档中对这一主题进行了非常彻底的论述。

我们会发现在JDK文档中有许多注解是从下面的文字开始的：

警告 *该类的序列化对象和未来的Swing版本不兼容。当前对序列化的支持只适用于短期存储或应用之间的RMI。*

这是因为Java的版本控制机制过于简单，因而不能在任何场合都可靠运转，尤其是对JavaBeans更是如此。有关人员正在设法修正这一设计，也就是警告中的相关部分。 995

18.12.3 使用"持久性"

一个比较诱人的使用序列化技术的想法是：存储程序的一些状态，以便我们随后可以很容易地将程序恢复到当前状态。但是在我们能够这样做之前，必须回答几个问题。如果我们将两个对象——它们都具有指向第三个对象的引用——进行序列化，会发生什么情况？当我们从它们的序列化状态恢复这两个对象时，第三个对象会只出现一次吗？如果将这两个对象序列化成独立的文件，然后在代码的不同部分对它们进行反序列化还原，又会怎样呢？

下面这个例子说明了上述问题：

```
//: io/MyWorld.java
import java.io.*;
import java.util.*;
import static net.mindview.util.Print.*;

class House implements Serializable {}

class Animal implements Serializable {
  private String name;
  private House preferredHouse;
  Animal(String nm, House h) {
    name = nm;
    preferredHouse = h;
  }
  public String toString() {
    return name + "[" + super.toString() +
```

```
      "], " + preferredHouse + "\n";
  }
}

public class MyWorld {
  public static void main(String[] args)
  throws IOException, ClassNotFoundException {
    House house = new House();
    List<Animal> animals = new ArrayList<Animal>();
    animals.add(new Animal("Bosco the dog", house));
    animals.add(new Animal("Ralph the hamster", house));
    animals.add(new Animal("Molly the cat", house));
    print("animals: " + animals);
    ByteArrayOutputStream buf1 =
      new ByteArrayOutputStream();
996 ObjectOutputStream o1 = new ObjectOutputStream(buf1);
    o1.writeObject(animals);
    o1.writeObject(animals); // Write a 2nd set
    // Write to a different stream:
    ByteArrayOutputStream buf2 =
      new ByteArrayOutputStream();
    ObjectOutputStream o2 = new ObjectOutputStream(buf2);
    o2.writeObject(animals);
    // Now get them back:
    ObjectInputStream in1 = new ObjectInputStream(
      new ByteArrayInputStream(buf1.toByteArray()));
    ObjectInputStream in2 = new ObjectInputStream(
      new ByteArrayInputStream(buf2.toByteArray()));
    List
      animals1 = (List)in1.readObject(),
      animals2 = (List)in1.readObject(),
      animals3 = (List)in2.readObject();
    print("animals1: " + animals1);
    print("animals2: " + animals2);
    print("animals3: " + animals3);
  }
} /* Output: (Sample)
animals: [Bosco the dog[Animal@addbf1], House@42e816
, Ralph the hamster[Animal@9304b1], House@42e816
, Molly the cat[Animal@190d11], House@42e816
]
animals1: [Bosco the dog[Animal@de6f34], House@156ee8e
, Ralph the hamster[Animal@47b480], House@156ee8e
, Molly the cat[Animal@19b49e6], House@156ee8e
]
animals2: [Bosco the dog[Animal@de6f34], House@156ee8e
, Ralph the hamster[Animal@47b480], House@156ee8e
, Molly the cat[Animal@19b49e6], House@156ee8e
]
animals3: [Bosco the dog[Animal@10d448], House@e0e1c6
, Ralph the hamster[Animal@6ca1c], House@e0e1c6
, Molly the cat[Animal@1bf216a], House@e0e1c6
]
*///:~
```

这里有一件有趣的事：我们可以通过一个字节数组来使用对象序列化，从而实现对任何可**Serializable**对象的“深度复制”（deep copy）——深度复制意味着我们复制的是整个对象网，而
997 不仅仅是基本对象及其引用。复制对象将在本书的在线补充材料中进行深入地探讨。

在这个例子中，**Animal**对象包含有**House**类型的字段。在**main()**方法中，创建了一个**Animal**列表并将其两次序列化，分别送至不同的流。当其被反序列化还原并被打印时，我们可以看到所示的执行某次运行后的结果（每次运行时，对象将会处在不同的内存地址）。

当然，我们期望这些反序列化还原后的对象地址与原来的地址不同。但请注意，在**animals1** 和 **animals2**中却出现了相同的地址，包括二者共享的那个指向**House**对象的引用。另

一方面，当恢复**animals3**时，系统无法知道另一个流内的对象是第一个流内的对象的别名，因此它会产生出完全不同的对象网。

只要将任何对象序列化到单一流中，就可以恢复出与我们写出时一样的对象网，并且没有任何意外重复复制出的对象。当然，我们可以在写出第一个对象和写出最后一个对象期间改变这些对象的状态，但是这是我们自己的事；无论对象在被序列化时处于什么状态（无论它们和其他对象有什么样的连接关系），它们都可以被写出。

如果我们想保存系统状态，最安全的做法是将其作为“原子”操作进行序列化。如果我们序列化了某些东西，再去做其他一些工作，再来序列化更多的东西，如此等等，那么将无法安全地保存系统状态。取而代之的是，将构成系统状态的所有对象都置入单一容器内，并在一个操作中将该容器直接写出。然后同样只需一次方法调用，即可以将其恢复。

下面这个例子是一个想象的计算机辅助设计（CAD）系统，该例演示了这一方法。此外，它还引入了**static**字段的问题；如果我们查看JDK文档，就会发现**Class**是**Serializable**的，因此只需直接对**Class**对象序列化，就可以很容易地保存**static**字段。在任何情况下，这都是一种明智的做法。

```
//: io/StoreCADState.java
// Saving the state of a pretend CAD system.
import java.io.*;
import java.util.*;

abstract class Shape implements Serializable {
  public static final int RED = 1, BLUE = 2, GREEN = 3;
  private int xPos, yPos, dimension;
  private static Random rand = new Random(47);
  private static int counter = 0;
  public abstract void setColor(int newColor);
  public abstract int getColor();
  public Shape(int xVal, int yVal, int dim) {
    xPos = xVal;
    yPos = yVal;
    dimension = dim;
  }
  public String toString() {
    return getClass() +
      "color[" + getColor() + "] xPos[" + xPos +
      "] yPos[" + yPos + "] dim[" + dimension + "]\n";
  }
  public static Shape randomFactory() {
    int xVal = rand.nextInt(100);
    int yVal = rand.nextInt(100);
    int dim = rand.nextInt(100);
    switch(counter++ % 3) {
      default:
      case 0: return new Circle(xVal, yVal, dim);
      case 1: return new Square(xVal, yVal, dim);
      case 2: return new Line(xVal, yVal, dim);
    }
  }
}

class Circle extends Shape {
  private static int color = RED;
  public Circle(int xVal, int yVal, int dim) {
    super(xVal, yVal, dim);
  }
  public void setColor(int newColor) { color = newColor; }
  public int getColor() { return color; }
}
```

998

```java
class Square extends Shape {
  private static int color;
  public Square(int xVal, int yVal, int dim) {
    super(xVal, yVal, dim);
    color = RED;
  }
  public void setColor(int newColor) { color = newColor; }
  public int getColor() { return color; }
```

999

```java
}
class Line extends Shape {
  private static int color = RED;
  public static void
  serializeStaticState(ObjectOutputStream os)
  throws IOException { os.writeInt(color); }
  public static void
  deserializeStaticState(ObjectInputStream os)
  throws IOException { color = os.readInt(); }
  public Line(int xVal, int yVal, int dim) {
    super(xVal, yVal, dim);
  }
  public void setColor(int newColor) { color = newColor; }
  public int getColor() { return color; }
}

public class StoreCADState {
  public static void main(String[] args) throws Exception {
    List<Class<? extends Shape>> shapeTypes =
      new ArrayList<Class<? extends Shape>>();
    // Add references to the class objects:
    shapeTypes.add(Circle.class);
    shapeTypes.add(Square.class);
    shapeTypes.add(Line.class);
    List<Shape> shapes = new ArrayList<Shape>();
    // Make some shapes:
    for(int i = 0; i < 10; i++)
      shapes.add(Shape.randomFactory());
    // Set all the static colors to GREEN:
    for(int i = 0; i < 10; i++)
      ((Shape)shapes.get(i)).setColor(Shape.GREEN);
    // Save the state vector:
    ObjectOutputStream out = new ObjectOutputStream(
      new FileOutputStream("CADState.out"));
    out.writeObject(shapeTypes);
    Line.serializeStaticState(out);
    out.writeObject(shapes);
    // Display the shapes:
    System.out.println(shapes);
  }
} /* Output:
[class Circlecolor[3] xPos[58] yPos[55] dim[93]
, class Squarecolor[3] xPos[61] yPos[61] dim[29]
```

1000

```java
, class Linecolor[3] xPos[68] yPos[0] dim[22]
, class Circlecolor[3] xPos[7] yPos[88] dim[28]
, class Squarecolor[3] xPos[51] yPos[89] dim[9]
, class Linecolor[3] xPos[78] yPos[98] dim[61]
, class Circlecolor[3] xPos[20] yPos[58] dim[16]
, class Squarecolor[3] xPos[40] yPos[11] dim[22]
, class Linecolor[3] xPos[4] yPos[83] dim[6]
, class Circlecolor[3] xPos[75] yPos[10] dim[42]
]
*///:~
```

Shape类实现了**Serializable**，所以任何自**Shape**继承的类也都会自动是**Serializable**的。每个**Shape**都含有数据，而且每个派生自**Shape**的类都包含一个**static**字段，用来确定各种**Shape**类型的颜色（如果将**static**字段置入基类，只会产生一个**static**字段，因为**static**字段不能在派生类中复制)。可对基类中的方法进行重载,以便为不同的类型设置颜色(**static**方法不会动态绑定,所以这些都是普通的方法)。每次调用**randomFactory()**方法时,它都会使用不同的随机数作为**Shape**的数据,从而创建不同的**Shape**。

在**main()**中,一个**ArrayList**用于保存**Class**对象,而另一个用于保存几何形状。

恢复对象相当直观:

```
//: io/RecoverCADState.java
// Restoring the state of the pretend CAD system.
// {RunFirst: StoreCADState}
import java.io.*;
import java.util.*;

public class RecoverCADState {
  @SuppressWarnings("unchecked")
  public static void main(String[] args) throws Exception {
    ObjectInputStream in = new ObjectInputStream(
      new FileInputStream("CADState.out"));
    // Read in the same order they were written:
    List<Class<? extends Shape>> shapeTypes =
      (List<Class<? extends Shape>>)in.readObject();
    Line.deserializeStaticState(in);
    List<Shape> shapes = (List<Shape>)in.readObject();
    System.out.println(shapes);
  }
} /* Output:
[class Circlecolor[1] xPos[58] yPos[55] dim[93]
, class Squarecolor[0] xPos[61] yPos[61] dim[29]
, class Linecolor[3] xPos[68] yPos[0] dim[22]
, class Circlecolor[1] xPos[7] yPos[88] dim[28]
, class Squarecolor[0] xPos[51] yPos[89] dim[9]
, class Linecolor[3] xPos[78] yPos[98] dim[61]
, class Circlecolor[1] xPos[20] yPos[58] dim[16]
, class Squarecolor[0] xPos[40] yPos[11] dim[22]
, class Linecolor[3] xPos[4] yPos[83] dim[6]
, class Circlecolor[1] xPos[75] yPos[10] dim[42]
]
*///:~
```
1001

可以看到,**xPos**、**yPos**以及**dim**的值都被成功地保存和恢复了,但是对**static**信息的读取却出现了问题。所有读回的颜色应该都是"3",但是真实情况却并非如此。**Circle**的值为1(定义为**RED**),而**Square**的值为0(记住,它们是在构造器中被初始化的)。看上去似乎static数据根本没有被序列化!确实如此——尽管**Class**类是**Serializable**的,但它却不能按我们所期望的方式运行。所以假如想序列化**static**值,必须自己动手去实现。

这正是**Line**中的**serializeStaticState()**和**deserializeStaticState()**两个**static**方法的用途。可以看到,它们是作为存储和读取过程的一部分被显式地调用的。(注意必须维护写入序列化文件和从该文件中读回的顺序。)因此,为了使**CADState.java**正确运转起来,我们必须:

1) 为几何形状添加**serializeStaticState()**和**deserializeStaticState()**。

2) 移除**ArrayList shapeTypes**以及与之有关的所有代码。

3) 在几何形状内添加对新的序列化和反序列化还原静态方法的调用。

另一个要注意的问题是安全,因为序列化也会将**private**数据保存下来。如果你关心安全问题,那么应将其标记成**transient**。但是这之后,还必须设计一种安全的保存信息的方法,以便 1002
在执行恢复时可以复位那些**private**变量。

练习30:(1) 按照书中描述,修改**CADState.java**。

18.13 XML

对象序列化的一个重要限制是它只是Java的解决方案：只有Java程序才能反序列化这种对象。一种更具互操作性的解决方案是将数据转换为XML格式，这可以使其被各种各样的平台和语言使用。

因为XML十分流行，所以用它来编程时的各种选择不胜枚举，包括随JDK发布的**javax.xml.***类库。我选择使用Elliotte Rusty Harold的开源XOM类库（可从www.xom.nu下载并获得文档），因为它看起来最简单，同时也是最直观的用Java产生和修改XML的方式。另外，XOM还强调了XML的正确性。

作为一个示例，假设有一个**Person**对象，它包含姓和名，你想将它们序列化到XML中。下面的**Person**类有一个**getXML()**方法，它使用XOM来产生被转换为XML的**Element**对象的**Person**数据；还有一个构造器，接受**Element**并从中抽取恰当的**Person**数据（注意，XML示例都在它们自己的子目录中）：

```
//: xml/Person.java
// Use the XOM library to write and read XML
// {Requires: nu.xom.Node; You must install
// the XOM library from http://www.xom.nu }
import nu.xom.*;
import java.io.*;
import java.util.*;

public class Person {
  private String first, last;
  public Person(String first, String last) {
    this.first = first;
    this.last = last;
  }
1003  // Produce an XML Element from this Person object:
  public Element getXML() {
    Element person = new Element("person");
    Element firstName = new Element("first");
    firstName.appendChild(first);
    Element lastName = new Element("last");
    lastName.appendChild(last);
    person.appendChild(firstName);
    person.appendChild(lastName);
    return person;
  }
  // Constructor to restore a Person from an XML Element:
  public Person(Element person) {
    first= person.getFirstChildElement("first").getValue();
    last = person.getFirstChildElement("last").getValue();
  }
  public String toString() { return first + " " + last; }
  // Make it human-readable:
  public static void
  format(OutputStream os, Document doc) throws Exception {
    Serializer serializer= new Serializer(os,"ISO-8859-1");
    serializer.setIndent(4);
    serializer.setMaxLength(60);
    serializer.write(doc);
    serializer.flush();
  }
  public static void main(String[] args) throws Exception {
    List<Person> people = Arrays.asList(
      new Person("Dr. Bunsen", "Honeydew"),
      new Person("Gonzo", "The Great"),
      new Person("Phillip J.", "Fry"));
    System.out.println(people);
```

```
      Element root = new Element("people");
      for(Person p : people)
        root.appendChild(p.getXML());
      Document doc = new Document(root);
      format(System.out, doc);
      format(new BufferedOutputStream(new FileOutputStream(
        "People.xml")), doc);
    }
  } /* Output:
  [Dr. Bunsen Honeydew, Gonzo The Great, Phillip J. Fry]
  <?xml version="1.0" encoding="ISO-8859-1"?>
  <people>
      <person>
          <first>Dr. Bunsen</first>
          <last>Honeydew</last>
      </person>
      <person>
          <first>Gonzo</first>
          <last>The Great</last>
      </person>
      <person>
          <first>Phillip J.</first>
          <last>Fry</last>
      </person>
  </people>
  *///:~
```

1004

XOM的方法都具有相当的自解释性，可以在XOM文档中找到它们。XOM还包含一个**Serializer**类，你可以在**format()**方法中看到它被用来将XML转换为更具可读性的格式。如果只调用**toXML()**，那么所有东西都会混在一起，因此**Serializer**是一种便利工具。

从XML文件中反序列化**Person**对象也很简单：

```
//: xml/People.java
// {Requires: nu.xom.Node; You must install
// the XOM library from http://www.xom.nu }
// {RunFirst: Person}
import nu.xom.*;
import java.util.*;

public class People extends ArrayList<Person> {
  public People(String fileName) throws Exception  {
    Document doc = new Builder().build(fileName);
    Elements elements =
      doc.getRootElement().getChildElements();
    for(int i = 0; i < elements.size(); i++)
      add(new Person(elements.get(i)));
  }
  public static void main(String[] args) throws Exception {
    People p = new People("People.xml");
    System.out.println(p);
  }
} /* Output:
[Dr. Bunsen Honeydew, Gonzo The Great, Phillip J. Fry]
*///:~
```

1005

People构造器使用XOM的**Builder.build()**方法打开并读取一个文件，而**getChildElements()**方法产生了一个**Elements**列表（不是标准的Java **List**，只是一个拥有**size()**和**get()**方法的对象，因为**Harold**不想强制人们使用Java SE5，但是仍旧希望使用类型安全的容器）。在这个列表中的每个**Element**都表示一个**Person**对象，因此它可以传递给第二个**Person**构造器。注意，这要求你提前知道XML文件的确切结构，但是这经常会有些问题。如果文件结构与你预期的结构不匹配，那么XOM将抛出异常。对你来说，如果你缺乏有关将来的XML结构的信息，那么就有可能会编写更复杂的代码去探测XML文档，而不是只对其做出假设。

为了获取这些示例去编译它们，你必须将XOM发布包中的JAR文件放置到你的类路径中。

这里只给出了用Java和XOM类库进行XML编程的简介，更详细的信息可以浏览www.xom.nu。

练习31：(2) 在**Person.java**和**People.java**中添加恰当的地址信息。

练习32：(4) 使用**Map<String,Integer>**和**net.mindview.util.TextFile**工具编写程序，对在文件中出现的单词进行计数（使用**\\W+**做为传递给**TextFile**构造器的第二个参数）。将结果存储为XML文件。

18.14 Preferences

Preferences API与对象序列化相比，前者与对象持久性更密切，因为它可以自动存储和读取信息。不过，它只能用于小的、受限的数据集合——我们只能存储基本类型和字符串，并且每个字符串的存储长度不能超过8K（不是很小，但我们也并不想用它来创建任何重要的东西）。顾名思义，Preferences API用于存储和读取用户的偏好（preferences）以及程序配置项的设置。

Preferences是一个键-值集合（类似映射），存储在一个节点层次结构中。尽管节点层次结构可用来创建更为复杂的结构，但通常是创建以你的类名命名的单一节点，然后将信息存储于
1006 其中。下面是一个简单的例子：

```
//: io/PreferencesDemo.java
import java.util.prefs.*;
import static net.mindview.util.Print.*;

public class PreferencesDemo {
  public static void main(String[] args) throws Exception {
    Preferences prefs = Preferences
      .userNodeForPackage(PreferencesDemo.class);
    prefs.put("Location", "Oz");
    prefs.put("Footwear", "Ruby Slippers");
    prefs.putInt("Companions", 4);
    prefs.putBoolean("Are there witches?", true);
    int usageCount = prefs.getInt("UsageCount", 0);
    usageCount++;
    prefs.putInt("UsageCount", usageCount);
    for(String key : prefs.keys())
      print(key + ": "+ prefs.get(key, null));
    // You must always provide a default value:
    print("How many companions does Dorothy have? " +
      prefs.getInt("Companions", 0));
  }
} /* Output: (Sample)
Location: Oz
Footwear: Ruby Slippers
Companions: 4
Are there witches?: true
UsageCount: 53
How many companions does Dorothy have? 4
*///:~
```

这里用的是**userNodeForPackage()**，但我们也可以选择用**systemNodeForPackage()**；虽然可以任意选择，但最好将“user”用于个别用户的偏好，将“system”用于通用的安装配置。因为**main()**是静态的，因此**PreferencesDemo.class**可以用来标识节点；但是在非静态方法内部，我们通常使用**getClass()**。尽管我们不一定非要把当前的类作为节点标识符，但这仍不失为一种很有用的方法。

一旦我们创建了节点，就可以用它来加载或者读取数据了。在这个例子中，向节点载入了各种不同类型的数据项，然后获取其**keys()**。它们是以**String[]**的形式返回的，如果你习惯于
1007 **keys()**属于集合类库，那么这个返回结果可能并不是你所期望的。注意**get()**的第二个参数，如果

某个关键字下没有任何条目，那么这个参数就是所产生的默认值。当在一个关键字集合内迭代时，我们总要确信条目是存在的，因此用**null**作为默认值是安全的，但是通常我们会获得一个具名的关键字，就像下面这条语句：

```
prefs.getInt("Companions", 0));
```

在通常情况下，我们希望提供一个合理的默认值。实际上，典型的习惯用法可见下面几行：

```
int usageCount = prefs.getInt("UsageCount", 0);
usageCount++;
prefs.putInt("UsageCount", usageCount);
```

这样，在我们第一次运行程序时，**UsageCount**的值是0，但在随后引用中，它将会是非零值。

在我们运行**PreferencesDemo.java**时，会发现每次运行程序时，**UsageCount**的值都会增加1，但是数据存储到哪里了呢？在程序第一次运行之后，并没有出现任何本地文件。Preferences API利用合适的系统资源完成了这个任务，并且这些资源会随操作系统不同而不同。例如在Windows里，就使用注册表（因为它已经有“键值对”这样的节点对层次结构了）。但是最重要的一点是，它已经神奇般地为我们存储了信息，所以我们不必担心不同的操作系统是怎么运作的。

还有更多的Preferences API，参阅JDK文档可很容易地理解更深的细节。

练习33：(2) 编写一个程序，显示被称为“基目录”的目录中的当前值，并将其改编为你的值。使用Preferences API来存储这个值。

18.15 总结

Java I/O流类库的确能满足我们的基本需求：我们可以通过控制台、文件、内存块，甚至因特网进行读写。通过继承，我们可以创建新类型的输入和输出对象。并且通过重新定义**toString()**方法，我们甚至可以对流接受的对象类型进行简单扩充。当我们向一个期望收到字符串的方法传送一个对象时，会自动调用**toString()**方法（这是Java有限的自动类型转换功能）。 1008

在I/O流类库的文档和设计中，仍留有一些没有解决的问题。例如，当我们打开一个文件用于输出时，我们可以指定一旦试图覆盖该文件就抛出一个异常——有的编程系统允许我们自行指定想要打开的输出文件，只要它尚不存在。在Java中，我们似乎应该使用一个**File**对象来判断某个文件是否存在，因为如果我们以**FileOutputStream**或者**FileWriter**打开，那么它肯定会被覆盖。

I/O流类库使我们喜忧参半。它确实能做许多事情，而且具有可移植性。但是如果我们没有理解“装饰器”模式，那么这种设计就不是很直觉，因此，在学习和传授它的过程中，需要额外的开销。而且它并不完善；例如，我应该不必去写像**TextFile**这样的应用（新的Java SE5的PrintWriter向正确的方向迈进了一步，但是它只是一个部分的解决方案）。在Java SE5中有一个巨大的改进：他们最终添加了输出格式化，而事实上其他所有语言的I/O包都提供这种支持。

一旦我们理解了装饰器模式，并开始在某些情况下使用该类库以利用其提供的灵活性，那么你就开始从这个设计中受益了。到那个时候，为此额外多写几行代码的开销应该不至于使人觉得太麻烦。

所选习题的答案都可以在名为The Thinking in Java Annotated Solution Guide的电子文档中找到，读者可以从https://www.mindviewllc.com处购买此文档。 1009~1100

第19章 枚举类型

关键字enum可以将一组具名的值的有限集合创建为一种新的类型，而这些具名的值可以作为常规的程序组件使用。这是一种非常有用的功能⊖。

在第5章结束的时候，我们已经简单地介绍了枚举的概念。现在，你对Java已经有了更深刻的理解，因此可以更深入地学习Java SE5中的枚举了。你将在本章中看到，使用**enum**可以做很多有趣的事情，同时，我们也会深入其他的Java特性，例如泛型和反射。在这个过程中，我们还将学习一些设计模式。

19.1 基本enum特性

我们已经在第5章看到，调用**enum**的**values()**方法，可以遍历**enum**实例。**values()**方法返回**enum**实例的数组，而且该数组中的元素严格保持其在**enum**中声明时的顺序，因此你可以在循环中使用**values()**返回的数组。

创建**enum**时，编译器会为你生成一个相关的类，这个类继承自**java.lang.Enum**。下面的例子演示了**Enum**提供的一些功能：

```
//: enumerated/EnumClass.java
// Capabilities of the Enum class
import static net.mindview.util.Print.*;

enum Shrubbery { GROUND, CRAWLING, HANGING }

public class EnumClass {
  public static void main(String[] args) {
```

1011

```
    for(Shrubbery s : Shrubbery.values()) {
      print(s + " ordinal: " + s.ordinal());
      printnb(s.compareTo(Shrubbery.CRAWLING) + " ");
      printnb(s.equals(Shrubbery.CRAWLING) + " ");
      print(s == Shrubbery.CRAWLING);
      print(s.getDeclaringClass());
      print(s.name());
      print("----------------------");
    }
    // Produce an enum value from a string name:
    for(String s : "HANGING CRAWLING GROUND".split(" ")) {
      Shrubbery shrub = Enum.valueOf(Shrubbery.class, s);
      print(shrub);
    }
  }
} /* Output:
GROUND ordinal: 0
-1 false false
class Shrubbery
GROUND
----------------------
CRAWLING ordinal: 1
0 true true
class Shrubbery
CRAWLING
```

⊖ Joshua Bloch为撰写此章提供了很大帮助。

```
----------------------
HANGING ordinal: 2
1 false false
class Shrubbery
HANGING
----------------------
HANGING
CRAWLING
GROUND
*///:~
```

ordinal()方法返回一个**int**值，这是每个**enum**实例在声明时的次序，从0开始。可以使用==来比较**enum**实例，编译器会自动为你提供**equals()**和**hashCode()**方法。**Enum**类实现了**Comparable**接口，所以它具有**compareTo()**方法。同时，它还实现了**Serializable**接口。

如果在**enum**实例上调用**getDeclaringClass()**方法，我们就能知道其所属的**enum**类。 1012

name()方法返回**enum**实例声明时的名字，这与使用**toString()**方法效果相同。**valueOf()**是在**Enum**中定义的**static**方法，它根据给定的名字返回相应的**enum**实例，如果不存在给定名字的实例，将会抛出异常。

19.1.1 将静态导入用于enum

先看一看第5章中**Burrito.java**的另一个版本：

```
//: enumerated/Spiciness.java
package enumerated;

public enum Spiciness {
  NOT, MILD, MEDIUM, HOT, FLAMING
} ///:~

//: enumerated/Burrito.java
package enumerated;
import static enumerated.Spiciness.*;

public class Burrito {
  Spiciness degree;
  public Burrito(Spiciness degree) { this.degree = degree;}
  public String toString() { return "Burrito is "+ degree;}
  public static void main(String[] args) {
    System.out.println(new Burrito(NOT));
    System.out.println(new Burrito(MEDIUM));
    System.out.println(new Burrito(HOT));
  }
} /* Output:
Burrito is NOT
Burrito is MEDIUM
Burrito is HOT
*///:~
```

使用**static import**能够将**enum**实例的标识符带入当前的命名空间，所以无需再用**enum**类型来修饰**enum**实例。这是一个好的想法吗？或者还是显式地修饰**enum**实例更好？这要看代码的复杂程度了。编译器可以确保你使用的是正确的类型，所以唯一需要担心的是，使用静态导入会不会导致你的代码令人难以理解。多数情况下，使用**static import**还是有好处的，不过，程序员还是应该对具体情况进行具体分析。 1013

注意，在定义**enum**的同一个文件中，这种技巧无法使用；如果是在默认包中定义**enum**，这种技巧也无法使用（在Sun内部对这一点显然也有不同意见）。

19.2 向enum中添加新方法

除了不能继承自一个**enum**之外，我们基本上可以将**enum**看作一个常规的类。也就是说，我们可以向**enum**中添加方法。**enum**甚至可以有**main()**方法。

一般来说，我们希望每个枚举实例能够返回对自身的描述，而不仅仅只是默认的**toString()**实现，这只能返回枚举实例的名字。为此，你可以提供一个构造器，专门负责处理这个额外的信息，然后添加一个方法，返回这个描述信息。看一看下面的示例：

```
//: enumerated/OzWitch.java
// The witches in the land of Oz.
import static net.mindview.util.Print.*;

public enum OzWitch {
  // Instances must be defined first, before methods:
  WEST("Miss Gulch, aka the Wicked Witch of the West"),
  NORTH("Glinda, the Good Witch of the North"),
  EAST("Wicked Witch of the East, wearer of the Ruby " +
    "Slippers, crushed by Dorothy's house"),
  SOUTH("Good by inference, but missing");
  private String description;
  // Constructor must be package or private access:
  private OzWitch(String description) {
    this.description = description;
  }
  public String getDescription() { return description; }
  public static void main(String[] args) {
    for(OzWitch witch : OzWitch.values())
      print(witch + ": " + witch.getDescription());
  }
} /* Output:
WEST: Miss Gulch, aka the Wicked Witch of the West
NORTH: Glinda, the Good Witch of the North
EAST: Wicked Witch of the East, wearer of the Ruby
Slippers, crushed by Dorothy's house
1014 SOUTH: Good by inference, but missing
*///:~
```

注意，如果你打算定义自己的方法，那么必须在**enum**实例序列的最后添加一个分号。同时，Java要求你必须先定义**enum**实例。如果在定义**enum**实例之前定义了任何方法或属性，那么在编译时就会得到错误信息。

enum中的构造器与方法和普通的类没有区别，因为除了有少许限制之外，**enum**就是一个普通的类。所以，我们可以使用**enum**做许多事情（虽然，我们一般只使用普通的枚举类型）。

在这个例子中，虽然我们有意识地将**enum**的构造器声明为**private**，但对于它的可访问性而言，其实并没有什么变化，因为（即使不声明为**private**）我们只能在**enum**定义的内部使用其构造器创建**enum**实例。一旦**enum**的定义结束，编译器就不允许我们再使用其构造器来创建任何实例了。

19.2.1　覆盖enum的方法

覆盖**toSring()**方法，给我们提供了另一种方式来为枚举实例生成不同的字符串描述信息。在下面的示例中，我们使用的就是实例的名字，不过我们希望改变其格式。覆盖**enum**的**toSring()**方法与覆盖一般类的方法没有区别：

```
//: enumerated/SpaceShip.java
public enum SpaceShip {
  SCOUT, CARGO, TRANSPORT, CRUISER, BATTLESHIP, MOTHERSHIP;
  public String toString() {
    String id = name();
    String lower = id.substring(1).toLowerCase();
    return id.charAt(0) + lower;
  }
  public static void main(String[] args) {
```

```
    for(SpaceShip s : values()) {
      System.out.println(s);
    }
  }
} /* Output:
Scout
Cargo
Transport
Cruiser
Battleship
Mothership
*///:~
```

1015

toString()方法通过调用**name()**方法取得**SpaceShip**的名字，然后将其修改为只有首字母大写的格式。

19.3 switch语句中的enum

在**switch**中使用**enum**，是**enum**提供的一项非常便利的功能。一般来说，在**switch**中只能使用整数值，而枚举实例天生就具备整数值的次序，并且可以通过**ordinal()**方法取得其次序（显然编译器帮我们做了类似的工作），因此我们可以在**switch**语句中使用**enum**。

虽然一般情况下我们必须使用**enum**类型来修饰一个**enum**实例，但是在**case**语句中却不必如此。下面的例子使用**enum**构造了一个小型状态机：

```
//: enumerated/TrafficLight.java
// Enums in switch statements.
import static net.mindview.util.Print.*;

// Define an enum type:
enum Signal { GREEN, YELLOW, RED, }

public class TrafficLight {
  Signal color = Signal.RED;
  public void change() {
    switch(color) {
      // Note that you don't have to say Signal.RED
      // in the case statement:
      case RED:    color = Signal.GREEN;
                   break;
      case GREEN:  color = Signal.YELLOW;
                   break;
      case YELLOW: color = Signal.RED;
                   break;
    }
  }
  public String toString() {
    return "The traffic light is " + color;
  }
  public static void main(String[] args) {
    TrafficLight t = new TrafficLight();
    for(int i = 0; i < 7; i++) {
      print(t);
      t.change();
    }
  }
} /* Output:
The traffic light is RED
The traffic light is GREEN
The traffic light is YELLOW
The traffic light is RED
The traffic light is GREEN
The traffic light is YELLOW
The traffic light is RED
*///:~
```

1016

编译器并没有抱怨switch中没有default语句，但这并不是因为每一个Signal都有对应的case语句。如果你注释掉其中的某个case语句，编译器同样不会抱怨什么。这意味着，你必须确保自己覆盖了所有的分支。但是，如果在case语句中调用return，那么编译器就会抱怨缺少default语句了。这与是否覆盖了enum的所有实例无关。

练习1：(2) 修改**TrafficLight.java**，使用**static import**，使之无需用**enum**类型修饰其实例。

19.4 values()的神秘之处

前面已经提到，编译器为你创建的**enum**类都继承自**Enum**类。然而，如果你研究一下**Enum**类就会发现，它并没有**values()**方法。可我们明明已经用过该方法了，难道存在某种“隐藏的”方法吗？我们可以利用反射机制编写一个简单的程序，来查看其中的究竟：

```
//: enumerated/Reflection.java
// Analyzing enums using reflection.
import java.lang.reflect.*;
import java.util.*;
import net.mindview.util.*;
import static net.mindview.util.Print.*;

enum Explore { HERE, THERE }

public class Reflection {
  public static Set<String> analyze(Class<?> enumClass) {
    print("----- Analyzing " + enumClass + " -----");
    print("Interfaces:");
    for(Type t : enumClass.getGenericInterfaces())
      print(t);
    print("Base: " + enumClass.getSuperclass());
    print("Methods: ");
    Set<String> methods = new TreeSet<String>();
    for(Method m : enumClass.getMethods())
      methods.add(m.getName());
    print(methods);
    return methods;
  }
  public static void main(String[] args) {
    Set<String> exploreMethods = analyze(Explore.class);
    Set<String> enumMethods = analyze(Enum.class);
    print("Explore.containsAll(Enum)? " +
      exploreMethods.containsAll(enumMethods));
    printnb("Explore.removeAll(Enum): ");
    exploreMethods.removeAll(enumMethods);
    print(exploreMethods);
    // Decompile the code for the enum:
    OSExecute.command("javap Explore");
  }
} /* Output:
----- Analyzing class Explore -----
Interfaces:
Base: class java.lang.Enum
Methods:
[compareTo, equals, getClass, getDeclaringClass, hashCode,
name, notify, notifyAll, ordinal, toString, valueOf,
values, wait]
----- Analyzing class java.lang.Enum -----
Interfaces:
java.lang.Comparable<E>
interface java.io.Serializable
Base: class java.lang.Object
Methods:
[compareTo, equals, getClass, getDeclaringClass, hashCode,
name, notify, notifyAll, ordinal, toString, valueOf, wait]
```

1017

```
Explore.containsAll(Enum)? true
Explore.removeAll(Enum): [values]
Compiled from "Reflection.java"
final class Explore extends java.lang.Enum{    1018
    public static final Explore HERE;
    public static final Explore THERE;
    public static final Explore[] values();
    public static Explore valueOf(java.lang.String);
    static {};
}
*///:~
```

答案是，**values()**是由编译器添加的**static**方法。可以看出，在创建**Explore**的过程中，编译器还为其添加了**valueOf()**方法。这可能有点令人迷惑，**Enum**类不是已经有**valueOf()**方法了吗。不过**Enum**中的**valueOf()**方法需要两个参数，而这个新增的方法只需一个参数。由于这里使用的**Set**只存储方法的名字，而不考虑方法的签名，所以在调用**Explore.removeAll(Enum)**之后，就只剩下**[values]**了。

从最后的输出中可以看到，编译器将**Explore**标记为**final**类，所以无法继承自**enum**。其中还有一个**static**的初始化子句，稍后我们将学习如何重定义该句。

由于擦除效应（在第15章中介绍过），反编译无法得到**Enum**的完整信息，所以它展示的**Explore**的父类只是一个原始的**Enum**，而非事实上的**Enum<Explore>**。

由于**values()**方法是由编译器插入到**enum**定义中的**static**方法，所以，如果你将**enum**实例向上转型为**Enum**，那么**values()**方法就不可访问了。不过，在**Class**中有一个**getEnumConstants()**方法，所以即便**Enum**接口中没有**values()**方法，我们仍然可以通过**Class**对象取得所有**enum**实例：

```
//: enumerated/UpcastEnum.java
// No values() method if you upcast an enum

enum Search { HITHER, YON }

public class UpcastEnum {
  public static void main(String[] args) {
    Search[] vals = Search.values();
    Enum e = Search.HITHER; // Upcast
    // e.values(); // No values() in Enum
    for(Enum en : e.getClass().getEnumConstants())
      System.out.println(en);    1019
  }
} /* Output:
HITHER
YON
*///:~
```

因为**getEnumConstants()**是**Class**上的方法，所以你甚至可以对不是枚举的类调用此方法：

```
//: enumerated/NonEnum.java

public class NonEnum {
  public static void main(String[] args) {
    Class<Integer> intClass = Integer.class;
    try {
      for(Object en : intClass.getEnumConstants())
        System.out.println(en);
    } catch(Exception e) {
      System.out.println(e);
    }
  }
} /* Output:
java.lang.NullPointerException
*///:~
```

只不过，此时该方法返回**null**，所以当你试图使用其返回的结果时会发生异常。

19.5 实现，而非继承

我们已经知道，所有的**enum**都继承自**java.lang.Enum**类。由于Java不支持多重继承，所以你的**enum**不能再继承其他类：

```
enum NotPossible extends Pet { ... // Won't work
```

然而，在我们创建一个新的**enum**时，可以同时实现一个或多个接口：

```
//: enumerated/cartoons/EnumImplementation.java
// An enum can implement an interface
package enumerated.cartoons;
import java.util.*;
1020 import net.mindview.util.*;
enum CartoonCharacter
implements Generator<CartoonCharacter> {
  SLAPPY, SPANKY, PUNCHY, SILLY, BOUNCY, NUTTY, BOB;
  private Random rand = new Random(47);
  public CartoonCharacter next() {
    return values()[rand.nextInt(values().length)];
  }
}

public class EnumImplementation {
  public static <T> void printNext(Generator<T> rg) {
    System.out.print(rg.next() + ", ");
  }
  public static void main(String[] args) {
    // Choose any instance:
    CartoonCharacter cc = CartoonCharacter.BOB;
    for(int i = 0; i < 10; i++)
      printNext(cc);
  }
} /* Output:
BOB, PUNCHY, BOB, SPANKY, NUTTY, PUNCHY, SLAPPY, NUTTY,
NUTTY, SLAPPY,
*///:~
```

这个结果有点奇怪，不过你必须要有一个**enum**实例才能调用其上的方法。现在，在任何接受**Generator**参数的方法中，例如**printNext()**，都可以使用**CartoonCharacter**。

练习2：(2) 修改上例，编写一个**static next()**方法取代实现**Generater**接口。对比这两种方式，各自有什么优缺点。

19.6 随机选取

就像你在**CartoonCharacter.next()**中看到的那样，本章中的很多示例都需要从**enum**实例中进行随机选择。我们可以利用泛型，从而使得这个工作更一般化，并将其加入到我们的工具库中。

```
//: net/mindview/util/Enums.java
package net.mindview.util;
import java.util.*;

public class Enums {
  private static Random rand = new Random(47);
1021  public static <T extends Enum<T>> T random(Class<T> ec) {
    return random(ec.getEnumConstants());
  }
  public static <T> T random(T[] values) {
    return values[rand.nextInt(values.length)];
```

```
  }
} ///:~
```

古怪的语法**<T extends Enum<T>>**表示T是一个**enum**实例。而将**Class<T>**作为参数的话，我们就可以利用**Class**对象得到**enum**实例的数组了。重载后的**random()**方法只需使用**T[]**作为参数，因为它并不会调用**Enum**上的任何操作，它只需从数组中随机选择一个元素即可。这样，最终的返回类型正是**enum**的类型。

下面是**random()**方法的一个简单示例：

```
//: enumerated/RandomTest.java
import net.mindview.util.*;

enum Activity { SITTING, LYING, STANDING, HOPPING,
  RUNNING, DODGING, JUMPING, FALLING, FLYING }

public class RandomTest {
  public static void main(String[] args) {
    for(int i = 0; i < 20; i++)
      System.out.print(Enums.random(Activity.class) + " ");
  }
} /* Output:
STANDING FLYING RUNNING STANDING RUNNING STANDING LYING
DODGING SITTING RUNNING HOPPING HOPPING HOPPING RUNNING
STANDING LYING FALLING RUNNING FLYING LYING
*///:~
```

虽然**Enum**只是一个相当短小的类，但是在本章中你会发现，它能消除很多重复的代码。重复总会制造麻烦，因此消除重复总是有益处的。

19.7 使用接口组织枚举

无法从**enum**继承子类有时很令人沮丧。这种需求有时源自我们希望扩展原**enum**中的元素，有时是因为我们希望使用子类将一个**enum**中的元素进行分组。 1022

在一个接口的内部，创建实现该接口的枚举，以此将元素进行分组，可以达到将枚举元素分类组织的目的。举例来说，假设你想用**enum**来表示不同类别的食物，同时还希望每个**enum**元素仍然保持**Food**类型。那可以这样实现：

```
//: enumerated/menu/Food.java
// Subcategorization of enums within interfaces.
package enumerated.menu;

public interface Food {
  enum Appetizer implements Food {
    SALAD, SOUP, SPRING_ROLLS;
  }
  enum MainCourse implements Food {
    LASAGNE, BURRITO, PAD_THAI,
    LENTILS, HUMMOUS, VINDALOO;
  }
  enum Dessert implements Food {
    TIRAMISU, GELATO, BLACK_FOREST_CAKE,
    FRUIT, CREME_CARAMEL;
  }
  enum Coffee implements Food {
    BLACK_COFFEE, DECAF_COFFEE, ESPRESSO,
    LATTE, CAPPUCCINO, TEA, HERB_TEA;
  }
} ///:~
```

对于**enum**而言，实现接口是使其子类化的唯一办法，所以嵌入在**Food**中的每个**enum**都实现了**Food**接口。现在，在下面的程序中，我们可以说“所有东西都是某种类型的**Food**”：

```
//: enumerated/menu/TypeOfFood.java
package enumerated.menu;
import static enumerated.menu.Food.*;

public class TypeOfFood {
  public static void main(String[] args) {
    Food food = Appetizer.SALAD;
    food = MainCourse.LASAGNE;
    food = Dessert.GELATO;
    food = Coffee.CAPPUCCINO;
  }
1023 } ///:~
```

如果**enum**类型实现了**Food**接口，那么我们就可以将其实例向上转型为**Food**，所以上例中的所有东西都是**Food**。

然而，当你需要与一大堆类型打交道时，接口就不如**enum**好用了。例如，如果你想创建一个“枚举的枚举”，那么可以创建一个新的**enum**，然后用其实例包装**Food**中的每一个**enum**类：

```
//: enumerated/menu/Course.java
package enumerated.menu;
import net.mindview.util.*;

public enum Course {
  APPETIZER(Food.Appetizer.class),
  MAINCOURSE(Food.MainCourse.class),
  DESSERT(Food.Dessert.class),
  COFFEE(Food.Coffee.class);
  private Food[] values;
  private Course(Class<? extends Food> kind) {
    values = kind.getEnumConstants();
  }
  public Food randomSelection() {
    return Enums.random(values);
  }
} ///:~
```

在上面的程序中，每一个**Course**的实例都将其对应的**Class**对象作为构造器的参数。通过**getEnumConstants()**方法，可以从该**Class**对象中取得某个**Food**子类的所有**enum**实例。这些实例在**randomSelection()**中被用到。因此，通过从每一个**Course**实例中随机地选择一个**Food**，我们便能够生成一份菜单：

```
//: enumerated/menu/Meal.java
package enumerated.menu;

public class Meal {
  public static void main(String[] args) {
    for(int i = 0; i < 5; i++) {
      for(Course course : Course.values()) {
        Food food = course.randomSelection();
        System.out.println(food);
      }
      System.out.println("---");
    }
1024 }
} /* Output:
SPRING_ROLLS
VINDALOO
FRUIT
DECAF_COFFEE
---
SOUP
VINDALOO
FRUIT
```

```
TEA
---
SALAD
BURRITO
FRUIT
TEA
---
SALAD
BURRITO
CREME_CARAMEL
LATTE
---
SOUP
BURRITO
TIRAMISU
ESPRESSO
---
*///:~
```

在这个例子中，我们通过遍历每一个**Course**实例来获得“枚举的枚举”的值。稍后，在**VendingMachine.java**中，我们会看到另一种组织枚举实例的方式，但其也有一些其他的限制。

此外，还有一种更简洁的管理枚举的办法，就是将一个**enum**嵌套在另一个**enum**内。就像这样：

```
//: enumerated/SecurityCategory.java
// More succinct subcategorization of enums.
import net.mindview.util.*;

enum SecurityCategory {
  STOCK(Security.Stock.class), BOND(Security.Bond.class);
  Security[] values;
  SecurityCategory(Class<? extends Security> kind) {
    values = kind.getEnumConstants();
  }
  interface Security {
    enum Stock implements Security { SHORT, LONG, MARGIN }
    enum Bond implements Security { MUNICIPAL, JUNK }
  }
  public Security randomSelection() {
    return Enums.random(values);
  }
  public static void main(String[] args) {
    for(int i = 0; i < 10; i++) {
      SecurityCategory category =
        Enums.random(SecurityCategory.class);
      System.out.println(category + ": " +
        category.randomSelection());
    }
  }
} /* Output:
BOND: MUNICIPAL
BOND: MUNICIPAL
STOCK: MARGIN
STOCK: MARGIN
BOND: JUNK
STOCK: SHORT
STOCK: LONG
STOCK: LONG
BOND: MUNICIPAL
BOND: JUNK
*///:~
```

1025

Security接口的作用是将其所包含的**enum**组合成一个公共类型，这一点是有必要的。然后，**SecurityCategory**才能将**Security**中的**enum**作为其构造器的参数使用，以起到组织的效果。

如果我们将这种方式应用于**Food**的例子，结果应该这样：

```
//: enumerated/menu/Meal2.java
package enumerated.menu;
import net.mindview.util.*;

public enum Meal2 {
  APPETIZER(Food.Appetizer.class),
  MAINCOURSE(Food.MainCourse.class),
  DESSERT(Food.Dessert.class),
  COFFEE(Food.Coffee.class);
  private Food[] values;
  private Meal2(Class<? extends Food> kind) {
    values = kind.getEnumConstants();
  }
  public interface Food {
    enum Appetizer implements Food {
      SALAD, SOUP, SPRING_ROLLS;
    }
    enum MainCourse implements Food {
      LASAGNE, BURRITO, PAD_THAI,
      LENTILS, HUMMOUS, VINDALOO;
    }
    enum Dessert implements Food {
      TIRAMISU, GELATO, BLACK_FOREST_CAKE,
      FRUIT, CREME_CARAMEL;
    }
    enum Coffee implements Food {
      BLACK_COFFEE, DECAF_COFFEE, ESPRESSO,
      LATTE, CAPPUCCINO, TEA, HERB_TEA;
    }
  }
  public Food randomSelection() {
    return Enums.random(values);
  }
  public static void main(String[] args) {
    for(int i = 0; i < 5; i++) {
      for(Meal2 meal : Meal2.values()) {
        Food food = meal.randomSelection();
        System.out.println(food);
      }
      System.out.println("---");
    }
  }
} /* Same output as Meal.java *///:~
```

1026

其实，这仅仅是重新组织了一下代码，不过多数情况下，这种方式使你的代码具有更清晰的结构。

练习3：(1) 向**Course.java**中添加一个新的**Course**，证明它在**Meal.java**中能正确工作。

练习4：(1) 针对**Meal2.java**，重复前一个练习。

练习5：(4) 修改**control/VowelsAndConsonants.java**，使用3个**enum**类型：**VOWEL**，**SOMETIMES_A_VOWEL**，以及**CONSONANT**。其中的**enum**构造器应该可以接受属于不同类
1027 别的各种字母。提示：使用可变参数。要记住，可变参数会自动为你创建一个数组。

练习6：(3) 试比较以下两种方式的优缺点：第一：将**Appetizer**、**MainCourse**、**Desert**和**Coffee**嵌入在**Food**内部；第二：将它们实现为单独的**enum**，并各自实现**Food**接口。

19.8 使用EnumSet替代标志

Set是一种集合，只能向其中添加不重复的对象。当然，**enum**也要求其成员都是唯一的，所以**enum**看起来也具有集合的行为。不过，由于不能从**enum**中删除或添加元素，所以它只能算是不太有用的集合。Java SE5引入**EnumSet**，是为了通过**enum**创建一种替代品，以替代传统的

基于**int**的“位标志”。这种标志可以用来表示某种“开/关”信息，不过，使用这种标志，我们最终操作的只是一些bit，而不是这些bit想要表达的概念，因此很容易写出令人难以理解的代码。

EnumSet的设计充分考虑到了速度因素，因为它必须与非常高效的bit标志相竞争（其操作与**HashSet**相比，非常地快）。就其内部而言，它（可能）就是将一个**long**值作为比特向量，所以**EnumSet**非常快速高效。使用**EnumSet**的优点是，它在说明一个二进制位是否存在时，具有更好的表达能力，并且无需担心性能。

EnumSet中的元素必须来自一个**enum**。下面的**enum**表示在一座大楼中，警报传感器的安放位置：

```
//: enumerated/AlarmPoints.java
package enumerated;
public enum AlarmPoints {
  STAIR1, STAIR2, LOBBY, OFFICE1, OFFICE2, OFFICE3,
  OFFICE4, BATHROOM, UTILITY, KITCHEN
} ///:~
```

然后，我们用**EnumSet**来跟踪报警器的状态：

```
//: enumerated/EnumSets.java
// Operations on EnumSets
package enumerated;
import java.util.*;
import static enumerated.AlarmPoints.*;
import static net.mindview.util.Print.*;          1028
public class EnumSets {
  public static void main(String[] args) {
    EnumSet<AlarmPoints> points =
      EnumSet.noneOf(AlarmPoints.class); // Empty set
    points.add(BATHROOM);
    print(points);
    points.addAll(EnumSet.of(STAIR1, STAIR2, KITCHEN));
    print(points);
    points = EnumSet.allOf(AlarmPoints.class);
    points.removeAll(EnumSet.of(STAIR1, STAIR2, KITCHEN));
    print(points);
    points.removeAll(EnumSet.range(OFFICE1, OFFICE4));
    print(points);
    points = EnumSet.complementOf(points);
    print(points);
  }
} /* Output:
[BATHROOM]
[STAIR1, STAIR2, BATHROOM, KITCHEN]
[LOBBY, OFFICE1, OFFICE2, OFFICE3, OFFICE4, BATHROOM,
UTILITY]
[LOBBY, BATHROOM, UTILITY]
[STAIR1, STAIR2, OFFICE1, OFFICE2, OFFICE3, OFFICE4,
KITCHEN]
*///:~
```

使用**static import**可以简化**enum**常量的使用。**EnumSet**的方法的名字都相当直观，你可以查阅JDK文档找到其完整详细的描述。如果仔细研究了**EnumSet**的文档，你还会发现一个有趣的地方：**of()**方法被重载了很多次，不但为可变数量参数进行了重载，而且为接收2至5个显式的参数的情况都进行了重载。这也从侧面表现了**EnumSet**对性能的关注。因为，其实只使用可变参数已经可以解决整个问题了，但是对比显式的参数，会有一点性能损失。采用现在这种设计，当你只使用2到5个参数调用**of()**方法时，你可以调用对应的重载过的方法（速度稍快一点），而当你使用一个参数或多过5个参数时，你调用的将是使用可变参数的**of()**方法。注意，如果你只使用一个参数，编译器并不会构造可变参数的数组，所以与调用只有一个参数的方法相比，也就不会有额外的性能损耗。

EnumSet的基础是**long**，一个**long**值有64位，而一个**enum**实例只需一位bit表示其是否存在。
1029 也就是说，在不超过一个**long**的表达能力的情况下，你的**EnumSet**可以应用于最多不超过64个元素的**enum**。如果**enum**超过了64个元素会发生什么呢？

```
//: enumerated/BigEnumSet.java
import java.util.*;

public class BigEnumSet {
  enum Big { A0, A1, A2, A3, A4, A5, A6, A7, A8, A9, A10,
    A11, A12, A13, A14, A15, A16, A17, A18, A19, A20, A21,
    A22, A23, A24, A25, A26, A27, A28, A29, A30, A31, A32,
    A33, A34, A35, A36, A37, A38, A39, A40, A41, A42, A43,
    A44, A45, A46, A47, A48, A49, A50, A51, A52, A53, A54,
    A55, A56, A57, A58, A59, A60, A61, A62, A63, A64, A65,
    A66, A67, A68, A69, A70, A71, A72, A73, A74, A75 }
  public static void main(String[] args) {
    EnumSet<Big> bigEnumSet = EnumSet.allOf(Big.class);
    System.out.println(bigEnumSet);
  }
} /* Output:
[A0, A1, A2, A3, A4, A5, A6, A7, A8, A9, A10, A11, A12,
A13, A14, A15, A16, A17, A18, A19, A20, A21, A22, A23, A24,
A25, A26, A27, A28, A29, A30, A31, A32, A33, A34, A35, A36,
A37, A38, A39, A40, A41, A42, A43, A44, A45, A46, A47, A48,
A49, A50, A51, A52, A53, A54, A55, A56, A57, A58, A59, A60,
A61, A62, A63, A64, A65, A66, A67, A68, A69, A70, A71, A72,
A73, A74, A75]
*///:~
```

显然，**EnumSet**可以应用于多过64个元素的**enum**，所以我猜测，**Enum**会在必要的时候增加一个**long**。

练习7：(3) 找到**EnumSet**的源代码，解释其工作原理。

19.9 使用EnumMap

EnumMap是一种特殊的**Map**，它要求其中的键（key）必须来自一个**enum**。由于**enum**本身的限制，所以**EnumMap**在内部可由数组实现。因此**EnumMap**的速度很快，我们可以放心地使用**enum**实例在**EnumMap**中进行查找操作。不过，我们只能将**enum**的实例作为键来调用**put()**
1030 方法，其他操作与使用一般的**Map**差不多。

下面的例子演示了命令设计模式的用法。一般来说，命令模式首先需要一个只有单一方法的接口，然后从该接口实现具有各自不同的行为的多个子类。接下来，程序员就可以构造命令对象，并在需要的时候使用它们了：

```
//: enumerated/EnumMaps.java
// Basics of EnumMaps.
package enumerated;
import java.util.*;
import static enumerated.AlarmPoints.*;
import static net.mindview.util.Print.*;

interface Command { void action(); }

public class EnumMaps {
  public static void main(String[] args) {
    EnumMap<AlarmPoints,Command> em =
      new EnumMap<AlarmPoints,Command>(AlarmPoints.class);
    em.put(KITCHEN, new Command() {
      public void action() { print("Kitchen fire!"); }
```

```
    });
    em.put(BATHROOM, new Command() {
      public void action() { print("Bathroom alert!"); }
    });
    for(Map.Entry<AlarmPoints,Command> e : em.entrySet()) {
      printnb(e.getKey() + ": ");
      e.getValue().action();
    }
    try { // If there's no value for a particular key:
      em.get(UTILITY).action();
    } catch(Exception e) {
      print(e);
    }
  }
} /* Output:
BATHROOM: Bathroom alert!
KITCHEN: Kitchen fire!
java.lang.NullPointerException
*///:~
```

与**EnumSet**一样，enum实例定义时的次序决定了其在**EnumMap**中的顺序。 1031

main()方法的最后部分说明，**enum**的每个实例作为一个键，总是存在的。但是，如果你没有为这个键调用**put()**方法来存入相应的值的话，其对应的值就是**null**。

与*常量相关的方法*（constant-specific methods将在下一节中介绍）相比，**EnumMap**有一个优点，那**EnumMap**允许程序员改变值对象，而常量相关的方法在编译期就被固定了。

稍后你会看到，在你有多种类型的**enum**，而且它们之间存在互操作的情况下，我们可以用**EnumMap**实现*多路分发*（multiple dispatching）。

19.10 常量相关的方法

Java的**enum**有一个非常有趣的特性，即它允许程序员为**enum**实例编写方法，从而为每个**enum**实例赋予各自不同的行为。要实现常量相关的方法，你需要为**enum**定义一个或多个**abstract**方法，然后为每个**enum**实例实现该抽象方法。参考下面的例子：

```
//: enumerated/ConstantSpecificMethod.java
import java.util.*;
import java.text.*;

public enum ConstantSpecificMethod {
  DATE_TIME {
    String getInfo() {
      return
        DateFormat.getDateInstance().format(new Date());
    }
  },
  CLASSPATH {
    String getInfo() {
      return System.getenv("CLASSPATH");
    }
  },
  VERSION {
    String getInfo() {
      return System.getProperty("java.version");
    }
  };
  abstract String getInfo();
  public static void main(String[] args) {
    for(ConstantSpecificMethod csm : values())
      System.out.println(csm.getInfo());
  }
} /* (Execute to see output) *///:~
```
1032

通过相应的**enum**实例，我们可以调用其上的方法。这通常也称为表驱动的代码（table-driven code，请注意它与前面提到的命令模式的相似之处）。

在面向对象的程序设计中，不同的行为与不同的类关联。而通过常量相关的方法，每个**enum**实例可以具备自己独特的行为，这似乎说明每个**enum**实例就像一个独特的类。在上面的例子中，**enum**实例似乎被当作其“超类”**ConstantSpecificMethod**来使用，在调用**getInfo()**方法时，体现出多态的行为。

然而，**enum**实例与类的相似之处也仅限于此了。我们并不能真的将**enum**实例作为一个类型来使用：

```
//: enumerated/NotClasses.java
// {Exec: javap -c LikeClasses}
import static net.mindview.util.Print.*;

enum LikeClasses {
  WINKEN { void behavior() { print("Behavior1"); } },
  BLINKEN { void behavior() { print("Behavior2"); } },
  NOD { void behavior() { print("Behavior3"); } };
  abstract void behavior();
}

public class NotClasses {
  // void f1(LikeClasses.WINKEN instance) {} // Nope
} /* Output:
Compiled from "NotClasses.java"
abstract class LikeClasses extends java.lang.Enum{
public static final LikeClasses WINKEN;

public static final LikeClasses BLINKEN;

public static final LikeClasses NOD;
...
*///:~
```

在方法**f1()**中，编译器不允许我们将一个**enum**实例当作**class**类型。如果我们分析一下编译器生成的代码，就知道这种行为也是很正常的。因为每个**enum**元素都是一个**LikeClasses**类型的
1033 **static final**实例。

同时，由于它们是**static**实例，无法访问外部类的非**static**元素或方法，所以对于内部的**enum**的实例而言，其行为与一般的内部类并不相同。

再看一个更有趣的关于洗车的例子。每个顾客在洗车时，都有一个选择菜单，每个选择对应一个不同的动作。可以将一个常量相关的方法关联到一个选择上，再使用一个**EnumSet**来保存客户的选择：

```
//: enumerated/CarWash.java
import java.util.*;
import static net.mindview.util.Print.*;

public class CarWash {
  public enum Cycle {
    UNDERBODY {
      void action() { print("Spraying the underbody"); }
    },
    WHEELWASH {
      void action() { print("Washing the wheels"); }
    },
    PREWASH {
      void action() { print("Loosening the dirt"); }
    },
    BASIC {
      void action() { print("The basic wash"); }
```

```
    },
    HOTWAX {
      void action() { print("Applying hot wax"); }
    },
    RINSE {
      void action() { print("Rinsing"); }
    },
    BLOWDRY {
      void action() { print("Blowing dry"); }
    };
    abstract void action();
  }
  EnumSet<Cycle> cycles =
    EnumSet.of(Cycle.BASIC, Cycle.RINSE);
  public void add(Cycle cycle) { cycles.add(cycle); }
  public void washCar() {
    for(Cycle c : cycles)
      c.action();
  }
  public String toString() { return cycles.toString(); }
  public static void main(String[] args) {
    CarWash wash = new CarWash();
    print(wash);
    wash.washCar();
    // Order of addition is unimportant:
    wash.add(Cycle.BLOWDRY);
    wash.add(Cycle.BLOWDRY); // Duplicates ignored
    wash.add(Cycle.RINSE);
    wash.add(Cycle.HOTWAX);
    print(wash);
    wash.washCar();
  }
} /* Output:
[BASIC, RINSE]
The basic wash
Rinsing
[BASIC, HOTWAX, RINSE, BLOWDRY]
The basic wash
Applying hot wax
Rinsing
Blowing dry
*///:~
```

1034

与使用匿名内部类相比较，定义常量相关方法的语法更高效、简洁。

这个例子也展示了**EnumSet**了一些特性。因为它是一个集合，所以对于同一个元素而言，只能出现一次，因此对同一个参数重复地调用**add()**方法会被忽略掉（这是正确的行为，因为一个bit位开关只能“打开”一次）。同样地，向**EnumSet**添加**enum**实例的顺序并不重要，因为其输出的次序决定于**enum**实例定义时的次序。

除了实现**abstract**方法以外，程序员是否可以覆盖常量相关的方法呢？答案是肯定的，参考下面的程序：

```
//: enumerated/OverrideConstantSpecific.java
import static net.mindview.util.Print.*;

public enum OverrideConstantSpecific {
  NUT, BOLT,
  WASHER {
    void f() { print("Overridden method"); }
  };
  void f() { print("default behavior"); }
  public static void main(String[] args) {
    for(OverrideConstantSpecific ocs : values()) {
      printnb(ocs + ": ");
      ocs.f();
```

1035

```
    }
  }
} /* Output:
NUT: default behavior
BOLT: default behavior
WASHER: Overridden method
*///:~
```

虽然**enum**有某些限制，但是一般而言，我们还是可以将其看作是类。

19.10.1 使用enum的职责链

在*职责链*（Chain of Responsibility）设计模式中，程序员以多种不同的方式来解决一个问题，然后将它们链接在一起。当一个请求到来时，它遍历这个链，直到链中的某个解决方案能够处理该请求。

通过常量相关的方法，我们可以很容易地实现一个简单的职责链。我们以一个邮局的模型为例。邮局需要以尽可能通用的方式来处理每一封邮件，并且要不断尝试处理邮件，直到该邮件最终被确定为一封死信。其中的每一次尝试可以看作为一个*策略*（也是一个设计模式），而完整的处理方式列表就是一个职责链。

我们先来描述一下邮件。邮件的每个关键特征都可以用**enum**来表示。程序将随机地生成**Mail**对象，如果要减小一封邮件的**GeneralDelivery**为**YES**的概率，那最简单的方法就是多创建几个不是**YES**的**enum**实例，所以**enum**的定义看起来有点古怪。

我们看到**Mail**中有一个**randomMail()**方法，它负责随机地创建用于测试的邮件。而**generator()**方法生成一个**Iterable**对象，该对象在你调用**next()**方法时，在其内部使用**random-Mail()**来创建**Mail**对象。这样的结构使程序员可以通过调用**Mail.generator()**方法，很容易地构造出一个foreach循环：

1036

```
//: enumerated/PostOffice.java
// Modeling a post office.
import java.util.*;
import net.mindview.util.*;
import static net.mindview.util.Print.*;

class Mail {
  // The NO's lower the probability of random selection:
  enum GeneralDelivery {YES,NO1,NO2,NO3,NO4,NO5}
  enum Scannability {UNSCANNABLE,YES1,YES2,YES3,YES4}
  enum Readability {ILLEGIBLE,YES1,YES2,YES3,YES4}
  enum Address {INCORRECT,OK1,OK2,OK3,OK4,OK5,OK6}
  enum ReturnAddress {MISSING,OK1,OK2,OK3,OK4,OK5}
  GeneralDelivery generalDelivery;
  Scannability scannability;
  Readability readability;
  Address address;
  ReturnAddress returnAddress;
  static long counter = 0;
  long id = counter++;
  public String toString() { return "Mail " + id; }
  public String details() {
    return toString() +
      ", General Delivery: " + generalDelivery +
      ", Address Scanability: " + scannability +
      ", Address Readability: " + readability +
      ", Address Address: " + address +
      ", Return address: " + returnAddress;
  }
  // Generate test Mail:
  public static Mail randomMail() {
    Mail m = new Mail();
    m.generalDelivery= Enums.random(GeneralDelivery.class);
```

```
    m.scannability = Enums.random(Scannability.class);
    m.readability = Enums.random(Readability.class);
    m.address = Enums.random(Address.class);
    m.returnAddress = Enums.random(ReturnAddress.class);
    return m;
  }
  public static Iterable<Mail> generator(final int count) {
    return new Iterable<Mail>() {
      int n = count;
      public Iterator<Mail> iterator() {
        return new Iterator<Mail>() {
          public boolean hasNext() { return n-- > 0; }
          public Mail next() { return randomMail(); }
          public void remove() { // Not implemented
            throw new UnsupportedOperationException();
          }
        };
      }
    };
  }
}

public class PostOffice {
  enum MailHandler {
    GENERAL_DELIVERY {
      boolean handle(Mail m) {
        switch(m.generalDelivery) {
          case YES:
            print("Using general delivery for " + m);
            return true;
          default: return false;
        }
      }
    },
    MACHINE_SCAN {
      boolean handle(Mail m) {
        switch(m.scannability) {
          case UNSCANNABLE: return false;
          default:
            switch(m.address) {
              case INCORRECT: return false;
              default:
                print("Delivering "+ m + " automatically");
                return true;
            }
        }
      }
    },
    VISUAL_INSPECTION {
      boolean handle(Mail m) {
        switch(m.readability) {
          case ILLEGIBLE: return false;
          default:
            switch(m.address) {
              case INCORRECT: return false;
              default:
                print("Delivering " + m + " normally");
                return true;
            }
        }
      }
    },
    RETURN_TO_SENDER {
      boolean handle(Mail m) {
        switch(m.returnAddress) {
          case MISSING: return false;
          default:
```

1037

1038

```
          print("Returning " + m + " to sender");
          return true;
        }
      }
    };
    abstract boolean handle(Mail m);
  }
  static void handle(Mail m) {
    for(MailHandler handler : MailHandler.values())
      if(handler.handle(m))
        return;
    print(m + " is a dead letter");
  }
  public static void main(String[] args) {
    for(Mail mail : Mail.generator(10)) {
      print(mail.details());
      handle(mail);
      print("*****");
    }
  }
} /* Output:
Mail 0, General Delivery: NO2, Address Scanability:
UNSCANNABLE, Address Readability: YES3, Address Address:
OK1, Return address: OK1
Delivering Mail 0 normally
*****
Mail 1, General Delivery: NO5, Address Scanability: YES3,
Address Readability: ILLEGIBLE, Address Address: OK5,
Return address: OK1
Delivering Mail 1 automatically
*****
Mail 2, General Delivery: YES, Address Scanability: YES3,
Address Readability: YES1, Address Address: OK1, Return
address: OK5
Using general delivery for Mail 2
*****
Mail 3, General Delivery: NO4, Address Scanability: YES3,
Address Readability: YES1, Address Address: INCORRECT,
Return address: OK4
Returning Mail 3 to sender
*****
Mail 4, General Delivery: NO4, Address Scanability:
UNSCANNABLE, Address Readability: YES1, Address Address:
INCORRECT, Return address: OK2
Returning Mail 4 to sender
*****
Mail 5, General Delivery: NO3, Address Scanability: YES1,
Address Readability: ILLEGIBLE, Address Address: OK4,
Return address: OK2
Delivering Mail 5 automatically
*****
Mail 6, General Delivery: YES, Address Scanability: YES4,
Address Readability: ILLEGIBLE, Address Address: OK4,
Return address: OK4
Using general delivery for Mail 6
*****
Mail 7, General Delivery: YES, Address Scanability: YES3,
Address Readability: YES4, Address Address: OK2, Return
address: MISSING
Using general delivery for Mail 7
*****
Mail 8, General Delivery: NO3, Address Scanability: YES1,
Address Readability: YES3, Address Address: INCORRECT,
Return address: MISSING
Mail 8 is a dead letter
*****
Mail 9, General Delivery: NO1, Address Scanability:
```

1039

```
UNSCANNABLE, Address Readability: YES2, Address Address:
OK1, Return address: OK4
Delivering Mail 9 normally
*****
*///:~
```

职责链由**enum MailHandler**实现，而**enum**定义的次序决定了各个解决策略在应用时的次序。对每一封邮件，都要按此顺序尝试每个解决策略，直到其中一个能够成功地处理该邮件，如果所有的策略都失败了，那么该邮件将被判定为一封死信。 1040

练习8：(6) 修改**PostOffice.java**，使其能够转发邮件。

练习9：(5) 修改**class PostOffice**，使其能够使用**EnumMap**。

作业[⊖]：专用程序设计语言，例如Prolog，使用反向链来解决类似的问题。试用**PostOffice.java**做一个例子，研究一下这些语言，用其编写一个扩展性更好的程序，使程序员可以很容易地向系统中添加新的“规则”。

19.10.2 使用enum的状态机

枚举类型非常适合用来创建状态机。一个状态机可以具有有限个特定的状态，它通常根据输入，从一个状态转移到下一个状态，不过也可能存在瞬时状态（transient states），而一旦任务执行结束，状态机就会立刻离开瞬时状态。

每个状态都具有某些可接受的输入，不同的输入会使状态机从当前状态转移到不同的新状态。由于**enum**对其实例有严格限制，非常适合用来表现不同的状态和输入。一般而言，每个状态都具有一些相关的输出。

自动售货机是一个很好的状态机的例子。首先，我们用一个**enum**定义各种输入：

```
//: enumerated/Input.java
package enumerated;
import java.util.*;

public enum Input {
  NICKEL(5), DIME(10), QUARTER(25), DOLLAR(100),
  TOOTHPASTE(200), CHIPS(75), SODA(100), SOAP(50),
  ABORT_TRANSACTION {
    public int amount() { // Disallow
      throw new RuntimeException("ABORT.amount()");
    }
  },
  STOP { // This must be the last instance.
    public int amount() { // Disallow
      throw new RuntimeException("SHUT_DOWN.amount()");
    }
  };
  int value; // In cents
  Input(int value) { this.value = value; }
  Input() {}
  int amount() { return value; }; // In cents
  static Random rand = new Random(47);
  public static Input randomSelection() {
    // Don't include STOP:
    return values()[rand.nextInt(values().length - 1)];
  }
} ///:~
```

1041

注意，除了两个特殊的**Input**实例之外，其他的**Input**都有相应的价格，因此在接口中定义了**amount()**方法。然而，对那两个特殊**Input**实例而言，调用**amount()**方法并不合适，所以如果程序员调用它们的**amount()**方法就会有异常抛出（在接口内定义了一个方法，然后在你调用该

⊖ 作业，我建议读者将其作为课程大作业。解答指南中不包含此类作业的解决方案。

方法的某个实现时就会抛出异常)。这似乎有点奇怪，但由于**enum**的限制，我们不得不采用这种方式。

VendingMachine对输入的第一个反应是将其归类为**Category enum**中的某一个**enum**实例，这可以通过**switch**实现。下面的例子演示了**enum**是如何使代码变得更加清晰且易于管理的：

```
//: enumerated/VendingMachine.java
// {Args: VendingMachineInput.txt}
package enumerated;
import java.util.*;
import net.mindview.util.*;
import static enumerated.Input.*;
import static net.mindview.util.Print.*;

enum Category {
  MONEY(NICKEL, DIME, QUARTER, DOLLAR),
  ITEM_SELECTION(TOOTHPASTE, CHIPS, SODA, SOAP),
  QUIT_TRANSACTION(ABORT_TRANSACTION),
  SHUT_DOWN(STOP);
  private Input[] values;
1042  Category(Input... types) { values = types; }
  private static EnumMap<Input,Category> categories =
    new EnumMap<Input,Category>(Input.class);
  static {
    for(Category c : Category.class.getEnumConstants())
      for(Input type : c.values)
        categories.put(type, c);
  }
  public static Category categorize(Input input) {
    return categories.get(input);
  }
}

public class VendingMachine {
  private static State state = State.RESTING;
  private static int amount = 0;
  private static Input selection = null;
  enum StateDuration { TRANSIENT } // Tagging enum
  enum State {
    RESTING {
      void next(Input input) {
        switch(Category.categorize(input)) {
          case MONEY:
            amount += input.amount();
            state = ADDING_MONEY;
            break;
          case SHUT_DOWN:
            state = TERMINAL;
          default:
        }
      }
    },
    ADDING_MONEY {
      void next(Input input) {
        switch(Category.categorize(input)) {
          case MONEY:
            amount += input.amount();
            break;
          case ITEM_SELECTION:
            selection = input;
            if(amount < selection.amount())
              print("Insufficient money for " + selection);
            else state = DISPENSING;
            break;
          case QUIT_TRANSACTION:
1043        state = GIVING_CHANGE;
```

```
          break;
        case SHUT_DOWN:
          state = TERMINAL;
        default:
      }
    }
  },
  DISPENSING(StateDuration.TRANSIENT) {
    void next() {
      print("here is your " + selection);
      amount -= selection.amount();
      state = GIVING_CHANGE;
    }
  },
  GIVING_CHANGE(StateDuration.TRANSIENT) {
    void next() {
      if(amount > 0) {
        print("Your change: " + amount);
        amount = 0;
      }
      state = RESTING;
    }
  },
  TERMINAL { void output() { print("Halted"); } };
  private boolean isTransient = false;
  State() {}
  State(StateDuration trans) { isTransient = true; }
  void next(Input input) {
    throw new RuntimeException("Only call " +
      "next(Input input) for non-transient states");
  }
  void next() {
    throw new RuntimeException("Only call next() for " +
      "StateDuration.TRANSIENT states");
  }
  void output() { print(amount); }
}
static void run(Generator<Input> gen) {
  while(state != State.TERMINAL) {
    state.next(gen.next());
    while(state.isTransient)
      state.next();
    state.output();
  }
}
public static void main(String[] args) {
  Generator<Input> gen = new RandomInputGenerator();
  if(args.length == 1)
    gen = new FileInputGenerator(args[0]);
  run(gen);
}
}

// For a basic sanity check:
class RandomInputGenerator implements Generator<Input> {
  public Input next() { return Input.randomSelection(); }
}

// Create Inputs from a file of ';'-separated strings:
class FileInputGenerator implements Generator<Input> {
  private Iterator<String> input;
  public FileInputGenerator(String fileName) {
    input = new TextFile(fileName, ";").iterator();
  }
  public Input next() {
    if(!input.hasNext())
      return null;
```

1044

```
    return Enum.valueOf(Input.class, input.next().trim());
  }
} /* Output:
25
50
75
here is your CHIPS
0
100
200
here is your TOOTHPASTE
0
25
35
Your change: 35
0
25
35
Insufficient money for SODA
```
1045
```
35
60
70
75
Insufficient money for SODA
75
Your change: 75
0
Halted
*///:~
```

由于用**switch**语句从**enum**实例中进行选择是最常见的一种方式（请注意，为了使**enum**在**switch**语句中的使用变得简单，我们是需要付出其他代价的），所以，我们经常遇到这样的问题：将多个**enum**进行分类时，“我们希望在什么**enum**中使用**switch**语句？”我们通过**VendingMachine**的例子来研究一下这个问题。对于每一个**State**，我们都需要在输入动作的基本分类中进行查找：用户塞入钞票，选择了某个货物，操作被取消，以及机器停止。然而，在这些基本分类之下，我们又可以塞入不同类型的钞票，可以选择不同的货物。**Category enum**将不同类型的**Input**进行分组，因而，可以使用**categorize()**方法为**switch**语句生成恰当的**Cateroy**实例。并且，该方法使用的**EnumMap**确保了在其中进行查询时的效率与安全。

如果读者仔细研究**VendingMachine**类，就会发现每种状态的不同之处，以及对于输入的不同响应，其中还有两个瞬时状态。在**run()**方法中，状态机等待着下一个**Input**，并一直在各个状态中移动，直到它不再处于瞬时状态。

通过两种不同的**Generator**对象，我们可以用两种方式来测试**VendingMachine**。首先是**RandomInputGenerator**，它会不停地生成各种输入，当然，除了**SHUT_DOWN**之外。通过长时间地运行**RandomInputGenerator**，可以起到健全测试（sanity test）的作用，能够确保该状态机不会进入一个错误状态。另一个是**FileInputGenerator**，使用文件以文本的方式来描述输入，然后将它们转换成**enum**实例，并创建对应的**Input**对象。上面的程序使用的正是如下的文本文件：

```
//:! enumerated/VendingMachineInput.txt
QUARTER; QUARTER; QUARTER; CHIPS;
DOLLAR; DOLLAR; TOOTHPASTE;
QUARTER; DIME; ABORT_TRANSACTION;
QUARTER; DIME; SODA;
```
1046
```
QUARTER; DIME; NICKEL; SODA;
ABORT_TRANSACTION;
STOP;
///:~
```

这种设计有一个缺陷，它要求**enum State**实例访问的**VendingMachine**属性必须声明为**static**，这意味着，你只能有一个**VendingMachine**实例。不过如果我们思考一下实际的（嵌入式Java）应用，这也许并不是一个大问题，因为在一台机器上，我们可能只有一个应用程序。

练习10：(7) 修改**class VendingMachine**，在其中使用**EnumMap**，使其同时可以存在多个**VendingMachine**实例。

练习11：(7) 如果是一个真的自动售货机，我们希望能够很容易地添加或改变售卖货品的种类，因此，用**enum**来表现**Input**时的缺陷使其并不实用（我们知道**enum**对实例有着特殊的限制，一旦声明结束就不能有任何改动）。修改**VendingMachine**，用一个**class**来表现售卖的货品，并基于一个文本文件，使用**ArrayList**来初始化它们（可以使用**net.mindview.util.TextFile**）。

作业[㊀]：设计一个自动贩卖机，使其具备能够很容易地应用于所有国家的国际化的能力。

19.11 多路分发

当你要处理多种交互类型时，程序可能会变得相当杂乱。举例来说，如果一个系统要分析和执行数学表达式。我们可能会声明**Number.plus(Number)**、**Number.multiple(Number)**等等，其中**Number**是各种数字对象的超类。然而，当你声明**a.plus(b)**时，你并不知道**a**或**b**的确切类型，那你如何能让它们正确地交互呢？

你可能从未思考过这个问题的答案。Java只支持*单路分发*。也就是说，如果要执行的操作包含了不止一个类型未知的对象时，那么Java的动态绑定机制只能处理其中一个的类型。这就无法解决我们上面提到的问题。所以，你必须自己来判定其他的类型，从而实现自己的动态绑定行为。 1047

解决上面问题的办法就是*多路分发*（在那个例子中，只有两个分发，一般称之为*两路分发*）。多态只能发生在方法调用时，所以，如果你想使用两路分发，那么就必须有两个方法调用：第一个方法调用决定第一个未知类型，第二个方法调用决定第二个未知的类型。要利用多路分发，程序员必须为每一个类型提供一个实际的方法调用，如果你要处理两个不同的类型体系，就需要为每个类型体系执行一个方法调用。一般而言，程序员需要有设定好的某种配置，以便一个方法调用能够引出更多的方法调用，从而能够在这个过程中处理多种类型。为了达到这种效果，我们需要与多个方法一同工作：因为每个分发都需要一个方法调用。在下面的例子中（实现了“石头、剪刀、布”游戏，也称为RoShamBo）对应的方法是**compete()**和**eval()**，二者都是同一个类型的成员，它们可以产生三种Outcome实例中的一个作为结果[㊁]：

```
//: enumerated/Outcome.java
package enumerated;
public enum Outcome { WIN, LOSE, DRAW } ///:~
```

```
//: enumerated/RoShamBo1.java
// Demonstration of multiple dispatching.
package enumerated;
import java.util.*;
import static enumerated.Outcome.*;

interface Item {
  Outcome compete(Item it);
  Outcome eval(Paper p);
  Outcome eval(Scissors s);
```

㊀ 作业，我建议读者将其作为课程大作业。解答指南中不包含此类作业的解决方案。

㊁ 不记得是在哪位作者的书中读到的，总之这个例子已经存在很多年了。你可以在www.MindView.net上找到它们的C++和Java的版本（在《Thinking in Patterns》中）。

```
  Outcome eval(Rock r);
}

class Paper implements Item {
1048  public Outcome compete(Item it) { return it.eval(this); }
  public Outcome eval(Paper p) { return DRAW; }
  public Outcome eval(Scissors s) { return WIN; }
  public Outcome eval(Rock r) { return LOSE; }
  public String toString() { return "Paper"; }
}

class Scissors implements Item {
  public Outcome compete(Item it) { return it.eval(this); }
  public Outcome eval(Paper p) { return LOSE; }
  public Outcome eval(Scissors s) { return DRAW; }
  public Outcome eval(Rock r) { return WIN; }
  public String toString() { return "Scissors"; }
}

class Rock implements Item {
  public Outcome compete(Item it) { return it.eval(this); }
  public Outcome eval(Paper p) { return WIN; }
  public Outcome eval(Scissors s) { return LOSE; }
  public Outcome eval(Rock r) { return DRAW; }
  public String toString() { return "Rock"; }
}

public class RoShamBo1 {
  static final int SIZE = 20;
  private static Random rand = new Random(47);
  public static Item newItem() {
    switch(rand.nextInt(3)) {
      default:
      case 0: return new Scissors();
      case 1: return new Paper();
      case 2: return new Rock();
    }
  }
  public static void match(Item a, Item b) {
    System.out.println(
      a + " vs. " + b + ": " +  a.compete(b));
  }
  public static void main(String[] args) {
    for(int i = 0; i < SIZE; i++)
      match(newItem(), newItem());
  }
} /* Output:
Rock vs. Rock: DRAW
1049 Paper vs. Rock: WIN
Paper vs. Rock: WIN
Paper vs. Rock: WIN
Scissors vs. Paper: WIN
Scissors vs. Scissors: DRAW
Scissors vs. Paper: WIN
Rock vs. Paper: LOSE
Paper vs. Paper: DRAW
Rock vs. Paper: LOSE
Paper vs. Scissors: LOSE
Paper vs. Scissors: LOSE
Rock vs. Scissors: WIN
Rock vs. Paper: LOSE
Paper vs. Rock: WIN
Scissors vs. Paper: WIN
Paper vs. Scissors: LOSE
Paper vs. Scissors: LOSE
Paper vs. Scissors: LOSE
Paper vs. Scissors: LOSE
*///:~
```

Item是这几种类型的接口，将会被用作多路分发。**RoShamBo1.match()**有两个**Item**参数，通过调用**Item.compete()**方法开始两路分发。要判定**a**的类型，分发机制会在**a**的实际类型的**compete()**内部起到分发的作用。**compete()**方法通过调用**eval()**来为另一个类型实现第二次分法。将自身（**this**）作为参数调用**eval()**，能够调用重载过的**eval()**方法，这能够保留第一次分发的类型信息。当第二次分发完成时，你就能够知道两个**Item**对象的具体类型了。

要配置好多路分发需要很多的工序，不过要记住，它的好处在于方法调用时的优雅的语法，这避免了在一个方法中判定多个对象的类型的丑陋代码，你只需说，“嘿，你们两个，我不在乎你们是什么类型，请你们自己交流！”不过，在使用多路分发前，请先明确，这种优雅的代码对你确实有重要的意义。

19.11.1 使用enum分发

直接将**RoShamBo1.java**翻译为基于**enum**的版本是有问题的，因为**enum**实例不是类型，不能将**enum**实例作为参数的类型，所以无法重载**eval()**方法。不过，还有很多方式可以实现多路分发，并从**enum**中获益。 1050

一种方式是使用构造器来初始化每个**enum**实例，并以“一组”结果作为参数。这二者放在一块，形成了类似查询表的结构：

```
//: enumerated/RoShamBo2.java
// Switching one enum on another.
package enumerated;
import static enumerated.Outcome.*;

public enum RoShamBo2 implements Competitor<RoShamBo2> {
  PAPER(DRAW, LOSE, WIN),
  SCISSORS(WIN, DRAW, LOSE),
  ROCK(LOSE, WIN, DRAW);
  private Outcome vPAPER, vSCISSORS, vROCK;
  RoShamBo2(Outcome paper,Outcome scissors,Outcome rock) {
    this.vPAPER = paper;
    this.vSCISSORS = scissors;
    this.vROCK = rock;
  }
  public Outcome compete(RoShamBo2 it) {
    switch(it) {
      default:
      case PAPER: return vPAPER;
      case SCISSORS: return vSCISSORS;
      case ROCK: return vROCK;
    }
  }
  public static void main(String[] args) {
    RoShamBo.play(RoShamBo2.class, 20);
  }
} /* Output:
ROCK vs. ROCK: DRAW
SCISSORS vs. ROCK: LOSE
SCISSORS vs. ROCK: LOSE
SCISSORS vs. ROCK: LOSE
PAPER vs. SCISSORS: LOSE
PAPER vs. PAPER: DRAW
PAPER vs. SCISSORS: LOSE
ROCK vs. SCISSORS: WIN
SCISSORS vs. SCISSORS: DRAW
ROCK vs. SCISSORS: WIN
SCISSORS vs. PAPER: WIN
SCISSORS vs. PAPER: WIN
ROCK vs. PAPER: LOSE
ROCK vs. SCISSORS: WIN
SCISSORS vs. ROCK: LOSE
```

1051

```
PAPER vs. SCISSORS: LOSE
SCISSORS vs. PAPER: WIN
SCISSORS vs. PAPER: WIN
SCISSORS vs. PAPER: WIN
SCISSORS vs. PAPER: WIN
*///:~
```

在**compete()**方法中，一旦两种类型都被确定了，那么唯一的操作就是返回结果**Outcome**。然而，你可能还需要调用其他的方法，（例如）甚至是调用在构造器中指定的某个命令对象上的方法。

RoShamBo2.java比之前的例子短小得多，而且更直接，更易于理解。注意，我们仍然是使用两路分发来判定两个对象的类型。在**RoShamBo1.java**中，两次分发都是通过实际的方法调用实现，而在这个例子中，只有第一次分发是实际的方法调用。第二个分发使用的是**switch**，不过这样做是安全的，因为**enum**限制了**switch**语句的选择分支。

在代码中，**enum**被单独抽取出来，因此它可以应用在其他例子中。首先，**Competitor**接口定义了一种类型，该类型的对象可以与另一个**Competitor**相竞争：

```
//: enumerated/Competitor.java
// Switching one enum on another.
package enumerated;

public interface Competitor<T extends Competitor<T>> {
  Outcome compete(T competitor);
} ///:~
```

然后，我们定义两个**static**方法（**static**可以避免显式地指明参数类型）。第一个是**match()**方法，它会为一个**Competitor**对象调用**compete()**方法，并与另一个**Competitor**对象作比较。在这个例子中，我们看到，**match()**方法的参数需要是**Competitor<T>**类型。但是在**play()**方法中，类型参数必须同时是**Enum<T>**类型（因为它将在**Enums.random()**中使用）和**Competitor<T>**类型（因为它将被传递给**match()**方法）：

1052

```
//: enumerated/RoShamBo.java
// Common tools for RoShamBo examples.
package enumerated;
import net.mindview.util.*;

public class RoShamBo {
  public static <T extends Competitor<T>>
  void match(T a, T b) {
    System.out.println(
      a + " vs. " + b + ": " +  a.compete(b));
  }
  public static <T extends Enum<T> & Competitor<T>>
  void play(Class<T> rsbClass, int size) {
    for(int i = 0; i < size; i++)
      match(
        Enums.random(rsbClass),Enums.random(rsbClass));
  }
} ///:~
```

play()方法没有将类型参数**T**作为返回值类型，因此，似乎我们应该在**Class<T>**中使用通配符来代替上面的参数声明。然而，通配符不能扩展多个基类，所以我们必须采用以上的表达式。

19.11.2 使用常量相关的方法

常量相关的方法允许我们为每个**enum**实例提供方法的不同实现，这使得常量相关的方法似乎是实现多路分发的完美解决方案。不过，通过这种方式，**enum**实例虽然可以具有不同的行为，但它们仍然不是类型，不能将其作为方法签名中的参数类型来使用。最好的办法是将**enum**用在

switch语句中，见下例：

```
//: enumerated/RoShamBo3.java
// Using constant-specific methods.
package enumerated;
import static enumerated.Outcome.*;

public enum RoShamBo3 implements Competitor<RoShamBo3> {
  PAPER {
    public Outcome compete(RoShamBo3 it) {
      switch(it) {
        default: // To placate the compiler
        case PAPER: return DRAW;
        case SCISSORS: return LOSE;
        case ROCK: return WIN;
      }
    }
  },
  SCISSORS {
    public Outcome compete(RoShamBo3 it) {
      switch(it) {
        default:
        case PAPER: return WIN;
        case SCISSORS: return DRAW;
        case ROCK: return LOSE;
      }
    }
  },
  ROCK {
    public Outcome compete(RoShamBo3 it) {
      switch(it) {
        default:
        case PAPER: return LOSE;
        case SCISSORS: return WIN;
        case ROCK: return DRAW;
      }
    }
  };
  public abstract Outcome compete(RoShamBo3 it);
  public static void main(String[] args) {
    RoShamBo.play(RoShamBo3.class, 20);
  }
} /* Same output as RoShamBo2.java *///:~
```

1053

虽然这种方式可以工作，但是却不甚合理，如果采用**RoShamBo2.java**的解决方案，那么在添加一个新的类型时，只需更少的代码，而且也更直接。

然而，**RoShamBo3.java**还可以压缩简化一下：

```
//: enumerated/RoShamBo4.java
package enumerated;

public enum RoShamBo4 implements Competitor<RoShamBo4> {
  ROCK {
    public Outcome compete(RoShamBo4 opponent) {
      return compete(SCISSORS, opponent);
    }
  },
  SCISSORS {
    public Outcome compete(RoShamBo4 opponent) {
      return compete(PAPER, opponent);
    }
  },
  PAPER {
    public Outcome compete(RoShamBo4 opponent) {
      return compete(ROCK, opponent);
    }
```

1054

```
  };
  Outcome compete(RoShamBo4 loser, RoShamBo4 opponent) {
    return ((opponent == this) ? Outcome.DRAW
        : ((opponent == loser) ? Outcome.WIN
                               : Outcome.LOSE));
  }
  public static void main(String[] args) {
    RoShamBo.play(RoShamBo4.class, 20);
  }
} /* Same output as RoShamBo2.java *///:~
```

其中，具有两个参数的**compete()**方法执行第二个分发，该方法执行一系列的比较，其行为类似**switch**语句。这个版本的程序更简短，不过却比较难理解。对于一个大型系统而言，难以理解的代码将导致整个系统不够健壮。

19.11.3 使用EnumMap分发

使用**EnumMap**能够实现“真正的”两路分发。**EnumMap**是为**enum**专门设计的一种性能非常好的特殊**Map**。由于我们的目的是摸索出两种未知的类型，所以可以用一个**EnumMap**的**EnumMap**来实现两路分发：

```
//: enumerated/RoShamBo5.java
// Multiple dispatching using an EnumMap of EnumMaps.
package enumerated;
import java.util.*;
import static enumerated.Outcome.*;

enum RoShamBo5 implements Competitor<RoShamBo5> {
  PAPER, SCISSORS, ROCK;
  static EnumMap<RoShamBo5,EnumMap<RoShamBo5,Outcome>>
    table = new EnumMap<RoShamBo5,
      EnumMap<RoShamBo5,Outcome>>(RoShamBo5.class);
  static {
    for(RoShamBo5 it : RoShamBo5.values())
      table.put(it,
        new EnumMap<RoShamBo5,Outcome>(RoShamBo5.class));
    initRow(PAPER, DRAW, LOSE, WIN);
    initRow(SCISSORS, WIN, DRAW, LOSE);
    initRow(ROCK, LOSE, WIN, DRAW);
  }
  static void initRow(RoShamBo5 it,
    Outcome vPAPER, Outcome vSCISSORS, Outcome vROCK) {
    EnumMap<RoShamBo5,Outcome> row =
      RoShamBo5.table.get(it);
    row.put(RoShamBo5.PAPER, vPAPER);
    row.put(RoShamBo5.SCISSORS, vSCISSORS);
    row.put(RoShamBo5.ROCK, vROCK);
  }
  public Outcome compete(RoShamBo5 it) {
    return table.get(this).get(it);
  }
  public static void main(String[] args) {
    RoShamBo.play(RoShamBo5.class, 20);
  }
} /* Same output as RoShamBo2.java *///:~
```

1055

该程序在一个**static**子句中初始化**EnumMap**对象，具体见表格似的**initRow()**方法调用。请注意**compete()**方法，您可以看到，在一行语句中发生了两次分发。

19.11.4 使用二维数组

我们还可以进一步简化实现两路分发的解决方案。我们注意到，每个**enum**实例都有一个固定的值（基于其声明的次序），并且可以通过**ordinal()**方法取得该值。因此我们可以使用二维数组，将竞争者映射到竞争结果。采用这种方式能够获得最简洁、最直接的解决方案（很可能也是最快速的，虽然我们知道**EnumMap**内部其实也是使用数组实现的）。

```
//: enumerated/RoShamBo6.java
// Enums using "tables" instead of multiple dispatch.
package enumerated;
import static enumerated.Outcome.*;

enum RoShamBo6 implements Competitor<RoShamBo6> {
  PAPER, SCISSORS, ROCK;
  private static Outcome[][] table = {
    { DRAW, LOSE, WIN }, // PAPER
    { WIN, DRAW, LOSE }, // SCISSORS
    { LOSE, WIN, DRAW }, // ROCK
  };
  public Outcome compete(RoShamBo6 other) {
    return table[this.ordinal()][other.ordinal()];
  }
  public static void main(String[] args) {
    RoShamBo.play(RoShamBo6.class, 20);
  }
} ///:~
```
1056

table与前一个例子中**initRow()**方法的调用次序完全相同。

与前面一个例子相比，这个程序代码虽然简短，但表达能力却更强，部分原因是其代码更易于理解与修改，而且也更直接。不过，由于它使用的是数组，所以这种方式不太“安全”。如果使用一个大型数组，可能会不小心使用了错误的尺寸，而且，如果你的测试不能覆盖所有的可能性，有些错误可能会从你眼前溜过。

事实上，以上所有的解决方案只是各种不同类型的表罢了。不过，分析各种表的表现形式，找出最适合的那一种，还是很有价值的。注意，虽然上例是最简洁的一种解决方案，但它也是相当僵硬的方案，因为它只能针对给定的常量输入产生常量输出。然而，也没有什么特别的理由阻止你用**table**来生成功能对象。对于某类问题而言，“表驱动式编码”的概念具有非常强大的功能。

19.12 总结

虽然枚举类型本身并不是特别复杂，但我还是将本章安排在全书比较靠后的位置，这是因为，程序员可以将**enum**与Java语言的其他功能结合使用，例如多态、泛型和反射。

虽然Java中的枚举比C或C++中的**enum**更成熟，但它仍然是一个“小”功能，Java没有它也已经（虽然有点笨拙）存在很多年了。而本章正好说明了一个“小”功能所能带来的价值。有时恰恰因为它，你才能够优雅而干净地解决问题。正如我在本书中一再强调的那样，优雅与清晰很重要，正是它们区别了成功的解决方案与失败的解决方案。而失败的解决方案就是因为其他人无法理解它。 1057

关于清晰的话题，Java 1.0对术语enumeration的选择正是一个不幸的反例。对于一个专门用于从序列中选择每一个元素的对象而言，Java竟然没有使用更通用、更普遍接受的术语iterator来表示它（参见集合）。有些语言甚至将枚举的数据类型称为enumerators！Java修正了这个错误，但是**Enumeration**接口已经无法轻易地抹去了，因此它将一直存在于旧的（甚至有些新的）代码、类库以及文档中。

所选习题的答案都可以在名为The Thinking in Java Annotated Solution Guide的电子文档中找到，读者可以从https://www.mindviewllc.com购买此文档。 1058

第20章　注　　解

注解（也被称为*元数据*）为我们在代码中添加信息提供了一种形式化的方法，使我们可以在稍后某个时刻非常方便地使用这些数据[1]。

注解在一定程度上是在把元数据与源代码文件结合在一起，而不是保存在外部文档中这一大的趋势之下所催生的。同时，注解也是对来自像C#之类的其他语言对Java造成的语言特性压力所做出的一种回应。

注解是众多引入到Java SE5中的重要的语言变化之一。它们可以提供用来完整地描述程序所需的信息，而这些信息是无法用Java来表达的。因此，注解使得我们能够以将由编译器来测试和验证的格式，存储有关程序的额外信息。注解可以用来生成描述符文件，甚至或是新的类定义，并且有助于减轻编写“样板”代码的负担。通过使用注解，我们可以将这些元数据保存在Java源代码中，并利用annotation API为自己的注解构造处理工具，同时，注解的优点还包括：更加干净易读的代码以及编译期类型检查等。虽然Java SE5预先定义了一些元数据，但一般来说，主要还是需要程序员自己添加新的注解，并且按自己的方式使用它们。

注解的语法比较简单，除了@符号的使用之外，它基本与Java固有的语法一致。Java SE5内置了三种，定义在**java.lang**中的注解：

- **@Override**，表示当前的方法定义将覆盖超类中的方法。如果你不小心拼写错误，或者方法签名对不上被覆盖的方法，编译器就会发出错误提示[2]。
1059 - **@Deprecated**，如果程序员使用了注解为它的元素，那么编译器会发出警告信息。
- **@SuppressWarnings**，关闭不当的编译器警告信息。在Java SE5之前的版本中，也可以使用该注解，不过会被忽略不起作用。

Java还另外提供了四种注解，专门负责新注解的创建。稍后我们将学习它们。

每当你创建描述符性质的类或接口时，一旦其中包含了重复性的工作，那就可以考虑使用注解来简化与自动化该过程。例如在Enterprise JavaBean（EJB）中存在许多额外的工作，EJB3.0就是使用注解消除了它们。

注解的出现，可以替代某些现存的系统。例如XDoclet（参见http://MindView.net/Books/BetterJava的附录），它是一个独立的文档化工具，专门设计用来生成类似注解一样的文档。与之相比，注解是真正的语言级的概念，一旦构造出来，就享有编译期的类型检查保护。注解（annotation）是在实际的源代码级别保存所有的信息，而不是某种注释性的文字（comment），这使得代码更整洁，且便于维护。通过使用扩展的annotation API，或外部的字节码工具类库（稍后你将会看到），程序员拥有对源代码以及字节码强大的检查与操作能力。

20.1　基本语法

在下面的例子中，使用**@Test**对**testExecute()**方法进行注解。该注解本身并不做任何事情，

---

[1] Jeremy Meyer来到Crested Butte花了两周的时间和我一起撰写本章，他的帮助弥足珍贵。

[2] 这无疑是受到C#中类似功能的启发。C#的这项功能源自一个关键字，而不是注解，并且是编译器强制要求的。也就是说，当C#程序员覆盖一个方法时，必须使用**override**关键字，而在Java中，**@Override**是可选择的。

但是编译器要确保在其构造路径上必须有@**Test**注解的定义。你将在本章中看到，程序员可以创建一个通过反射机制来运行**testExecute()**方法的工具。

```
//: annotations/Testable.java
package annotations;
import net.mindview.atunit.*;
public class Testable {
  public void execute() {
    System.out.println("Executing..");
  }
  @Test void testExecute() { execute(); }
} ///:~
```
1060

被注解的方法与其他的方法没有区别。在这个例子中，注解@**Test**可以与任何修饰符共同作用于方法，例如**public**、**static**或**void**。从语法的角度来看，注解的使用方式几乎与修饰符的使用一模一样。

20.1.1 定义注解

下面就是前例中用到的注解@**Test**的定义。可以看到，注解的定义看起来很像接口的定义。事实上，与其他任何Java接口一样，注解也将会编译成**class**文件。

```
//: net/mindview/atunit/Test.java
// The @Test tag.
package net.mindview.atunit;
import java.lang.annotation.*;

@Target(ElementType.METHOD)
@Retention(RetentionPolicy.RUNTIME)
public @interface Test {} ///:~
```

除了@符号以外，@**Test**的定义很像一个空的接口。定义注解时，会需要一些*元注解*（meta-annotation），如@**Target**和@**Retention**。@**Target**用来定义你的注解将应用于什么地方（例如是一个方法或者一个域）。@**Rectetion**用来定义该注解在哪一个级别可用，在源代码中（**SOURCE**）、类文件中（**CLASS**）或者运行时（**RUNTIME**）。

在注解中，一般都会包含一些元素以表示某些值。当分析处理注解时，程序或工具可以利用这些值。注解的元素看起来就像接口的方法，唯一的区别是你可以为其指定默认值。

没有元素的注解称为*标记注解*（marker annotation），例如上例中的@**Test**。

下面是一个简单的注解，我们可以用它来跟踪一个项目中的用例。如果一个方法或一组方法实现了某个用例的需求，那么程序员可以为此方法加上该注解。于是，项目经理通过计算已经实现的用例，就可以很好地掌控项目的进展。而如果要更新或修改系统的业务逻辑，则维护该项目的开发人员也可以很容易地在代码中找到对应的用例。 1061

```
//: annotations/UseCase.java
import java.lang.annotation.*;

@Target(ElementType.METHOD)
@Retention(RetentionPolicy.RUNTIME)
public @interface UseCase {
  public int id();
  public String description() default "no description";
} ///:~
```

注意，**id**和**description**类似方法定义。由于编译器会对**id**进行类型检查，因此将用例文档的追踪数据库与源代码相关联是可靠的。**description**元素有一个**default**值，如果在注解某个方法时没有给出**description**的值，则该注解的处理器就会使用此元素的默认值。

在下面的类中，有三个方法被注解为用例：

```
//: annotations/PasswordUtils.java
import java.util.*;

public class PasswordUtils {
  @UseCase(id = 47, description =
  "Passwords must contain at least one numeric")
  public boolean validatePassword(String password) {
    return (password.matches("\\w*\\d\\w*"));
  }
  @UseCase(id = 48)
  public String encryptPassword(String password) {
   return new StringBuilder(password).reverse().toString();
  }
  @UseCase(id = 49, description =
  "New passwords can't equal previously used ones")
  public boolean checkForNewPassword(
    List<String> prevPasswords, String password) {
    return !prevPasswords.contains(password);
  }
1062 } ///:~
```

注解的元素在使用时表现为名-值对的形式，并需要置于**@UseCase**声明之后的括号内。在**encryptPassword()**方法的注解中，并没有给出**description**元素的值，因此，在**UseCase**的注解处理器分析处理这个类时会使用该元素的默认值。

你应该能够想象得到如何使用这套工具来“勾勒”出将要建造的系统，然后在建造的过程中逐渐实现系统的各项功能。

20.1.2 元注解

Java目前只内置了三种标准注解（前面介绍过），以及四种元注解。元注解专职负责注解其他的注解：

@Target	表示该注解可以用于什么地方。可能的ElementType参数包括： **CONSTRUCTOR**：构造器的声明 **FIELD**：域声明（包括**enum**实例） **LOCAL_VARIABLE**：局部变量声明 **METHOD**：方法声明 **PACKAGE**：包声明 **PARAMETER**：参数声明 **TYPE**：类、接口（包括注解类型）或**enum**声明
@Retention	表示需要在什么级别保存该注解信息。可选的**RetentionPolicy**参数包括： **SOURCE**：注解将被编译器丢弃。 **CLASS**：注解在class文件中可用，但会被VM丢弃。 **RUNTIME**：VM将在运行期也保留注解，因此可以通过反射机制读取注解的信息。
@Documented	将此注解包含在Javadoc中。
@Inherited	允许子类继承父类中的注解。

1063 大多数时候，程序员主要是定义自己的注解，并编写自己的处理器来处理它们。

20.2 编写注解处理器

如果没有用来读取注解的工具，那注解也不会比注释更有用。使用注解的过程中，很重要的一个部分就是创建与使用*注解处理器*。Java SE5扩展了反射机制的API，以帮助程序员构造这类工具。同时，它还提供了一个外部工具**apt**帮助程序员解析带有注解的Java源代码。

下面是一个非常简单的注解处理器，我们将用它来读取**PasswordUtils**类，并使用反射机制查找@**UseCase**标记。我们为其提供了一组**id**值，然后它会列出在**PasswordUtils**中找到的用例，以及缺失的用例。

```
//: annotations/UseCaseTracker.java
import java.lang.reflect.*;
import java.util.*;

public class UseCaseTracker {
  public static void
  trackUseCases(List<Integer> useCases, Class<?> cl) {
    for(Method m : cl.getDeclaredMethods()) {
      UseCase uc = m.getAnnotation(UseCase.class);
      if(uc != null) {
        System.out.println("Found Use Case:" + uc.id() +
          " " + uc.description());
        useCases.remove(new Integer(uc.id()));
      }
    }
    for(int i : useCases) {
      System.out.println("Warning: Missing use case-" + i);
    }
  }
  public static void main(String[] args) {
    List<Integer> useCases = new ArrayList<Integer>();
    Collections.addAll(useCases, 47, 48, 49, 50);
    trackUseCases(useCases, PasswordUtils.class);
  }
} /* Output:
Found Use Case:47 Passwords must contain at least one
numeric
Found Use Case:48 no description
Found Use Case:49 New passwords can't equal previously used
ones
Warning: Missing use case-50
*///:~
```

1064

这个程序用到了两个反射的方法：**getDeclaredMethods()**和**getAnnotation()**，它们都属于**AnnotatedElement**接口（**Class**、**Method**与**Field**等类都实现了该接口）。**getAnnoation()**方法返回指定类型的注解对象，在这里就是**UseCase**。如果被注解的方法上没有该类型的注解，则返回**null**值。然后我们通过调用**id()**和**description()**方法从返回的**UseCase**对象中提取元素的值。其中，**encriptPassword()**方法在注解的时候没有指定**description**的值，因此处理器在处理它对应的注解时，通过**description()**方法取得的是默认值**no description**。

20.2.1 注解元素

标签@**UseCase**由**UseCase.java**定义，其中包含**int**元素**id**，以及一个**String**元素**description**。注解元素可用的类型如下所示：

- 所有基本类型（**int**，**float**，**boolean**等）
- **String**
- **Class**
- **enum**
- **Annotation**
- 以上类型的数组

如果你使用了其他类型，那编译器就会报错。注意，也不允许使用任何包装类型，不过由于自动打包的存在，这算不上什么限制。注解也可以作为元素的类型，也就是说注解可以嵌套，稍后你会看到，这是一个很有用的技巧。

20.2.2 默认值限制

编译器对元素的默认值有些过分挑剔。首先，元素不能有不确定的值。也就是说，元素必须要么具有默认值，要么在使用注解时提供元素的值。

其次，对于非基本类型的元素，无论是在源代码中声明时，或是在注解接口中定义默认值
1065 时，都不能以**null**作为其值。这个约束使得处理器很难表现一个元素的存在或缺失的状态，因为在每个注解的声明中，所有的元素都存在，并且都具有相应的值。为了绕开这个约束，我们只能自己定义一些特殊的值，例如空字符串或负数，以此表示某个元素不存在：

```
//: annotations/SimulatingNull.java
import java.lang.annotation.*;

@Target(ElementType.METHOD)
@Retention(RetentionPolicy.RUNTIME)
public @interface SimulatingNull {
  public int id() default -1;
  public String description() default "";
} ///:~
```

在定义注解的时候，这算得上是一个习惯用法。

20.2.3 生成外部文件

有些framework需要一些额外的信息才能与你的源代码协同工作，而这种情况最适合注解表现其价值了。像（EJB3之前）Enterprise JavaBean这样的技术，每一个Bean都需要大量的接口和部署来描述文件，而这些都属于“样板”文件。Web Service、自定义标签库以及对象/关系映射工具（例如Toplink和Hibernate）等，一般都需要XML描述文件，而这些描述文件脱离于源代码之外。因此，在定义了Java类之后，程序员还必须得忍受着沉闷，重复地提供某些信息，例如类名和包名等已经在原始的类文件中提供了的信息。每当程序员使用外部的描述文件时，他就拥有了同一个类的两个单独的信息源，这经常导致代码同步问题。同时，它也要求为项目工作的程序员，必须同时知道如何编写Java程序，以及如何编辑描述文件。

假设你希望提供一些基本的对象/关系映射功能，能够自动生成数据库表，用以存储JavaBean对象。你可以选择使用XML描述文件，指明类的名字、每个成员以及数据库映射的相关信息。然而，如果使用注解的话，你可以将所有信息都保存在JavaBean源文件中。为此，我
1066 们需要一些新的注解，用以定义与Bean关联的数据库表的名字，以及与Bean属性关联的列的名字和SQL类型。

以下是一个注解的定义，它告诉注解处理器，你需要为我生成一个数据库表：

```
//: annotations/database/DBTable.java
package annotations.database;
import java.lang.annotation.*;

@Target(ElementType.TYPE) // Applies to classes only
@Retention(RetentionPolicy.RUNTIME)
public @interface DBTable {
  public String name() default "";
} ///:~
```

在**@Target**注解中指定的每一个**ElementType**就是一个约束，它告诉编译器，这个自定义的注解只能应用于该类型。程序员可以只指定**enum ElementType**中的某一个值，或者以逗号分隔的形式指定多个值。如果想要将注解应用于所有的**ElementType**，那么可以省去**@Target**元注解，不过这并不常见。

注意，**@DBTable**有一个**name()**元素，该注解通过这个元素为处理器创建数据库表提供表的名字。

接下来是为修饰JavaBean域准备的注解：

```
//: annotations/database/Constraints.java
package annotations.database;
import java.lang.annotation.*;

@Target(ElementType.FIELD)
@Retention(RetentionPolicy.RUNTIME)
public @interface Constraints {
  boolean primaryKey() default false;
  boolean allowNull() default true;
  boolean unique() default false;
} ///:~
```

```
//: annotations/database/SQLString.java
package annotations.database;
import java.lang.annotation.*;
@Target(ElementType.FIELD)
@Retention(RetentionPolicy.RUNTIME)
public @interface SQLString {
  int value() default 0;
  String name() default "";
  Constraints constraints() default @Constraints;
} ///:~
```

1067

```
//: annotations/database/SQLInteger.java
package annotations.database;
import java.lang.annotation.*;

@Target(ElementType.FIELD)
@Retention(RetentionPolicy.RUNTIME)
public @interface SQLInteger {
  String name() default "";
  Constraints constraints() default @Constraints;
} ///:~
```

注解处理器通过**@Constraints**注解提取出数据库表的元数据。虽然对于数据库所能提供的所有约束而言，**@Constraints**注解只表示了它的一个很小的子集，不过它所要表达的思想已经很清楚了。primary**Key**()、**allowNull**()和**unique**()元素明智地提供了默认值，从而在大多数情况下，使用该注解的程序员无需输入太多东西。

另外两个**@interface**定义的是SQL类型。如果希望这个framework更有价值的话，我们就应该为每种SQL类型都定义相应的注解。不过作为示例，两个类型足够了。

这些SQL类型具有**name**()元素和**constraints**()元素。后者利用了嵌套注解的功能，将**column**类型的数据库约束信息嵌入其中。注意**constraints**()元素的默认值是**@Constraints**。由于在**@Constraints**注解类型之后，没有在括号中指明**@Constraints**中的元素的值，因此，**constraints**()元素的默认值实际上就是一个所有元素都为默认值的**@Constraits**注解。如果要令嵌入的**@Constraints**注解中的**unique**()元素为**true**，并以此作为**constraints**()元素的默认值，则需要如下定义该元素：

```
//: annotations/database/Uniqueness.java
// Sample of nested annotations
package annotations.database;

public @interface Uniqueness {
  Constraints constraints()
    default @Constraints(unique=true);
} ///:~
```

1068

下面是一个简单的Bean定义，我们在其中应用了以上这些注解：

```
//: annotations/database/Member.java
```

```
package annotations.database;

@DBTable(name = "MEMBER")
public class Member {
  @SQLString(30) String firstName;
  @SQLString(50) String lastName;
  @SQLInteger Integer age;
  @SQLString(value = 30,
  constraints = @Constraints(primaryKey = true))
  String handle;
  static int memberCount;
  public String getHandle() { return handle; }
  public String getFirstName() { return firstName; }
  public String getLastName() { return lastName; }
  public String toString() { return handle; }
  public Integer getAge() { return age; }
} ///:~
```

类的注解@**DBTable**给定了值MEMBER，它将会用来作为表的名字。Bean的属性**firstName**和**lastName**，都被注解为@**SQLString**类型，并且其元素值分别为30和50。这些注解有两个有趣的地方：第一，他们都使用了嵌入的@**Constraints**注解的默认值；第二，它们都使用了快捷方式。何谓快捷方式呢，如果程序员的注解中定义了名为**value**的元素，并且在应用该注解的时候，如果该元素是唯一需要赋值的一个元素，那么此时无需使用名-值对的这种语法，而只需在括号内给出**value**元素所需的值即可。这可以应用于任何合法类型的元素。当然了，这也限制了程序员必须将此元素命名为**value**，不过在上面的例子中，这不但使语义更清晰，而且这样的注解语句也更易于理解：

```
@SQLString(30)
```

1069 处理器将在创建表的时候使用该值设置SQL列的大小。

默认值的语法虽然很灵巧，但它很快就变得复杂起来。以**handle**域的注解为例，这是一个@**SQLString**注解，同时该域将成为表的主键，因此在嵌入的@**Constraints**注解中，必须对**primaryKey**元素进行设定。这时事情就变得麻烦了。现在，你不得不使用很长的名-值对形式，重新写出元素名和@**interface**的名字。与此同时，由于有特殊命名的**value**元素已经不再是唯一需要赋值的元素了，所以你也不能再使用快捷方式为其赋值了。如你所见，最终的结果算不上清晰易懂。

变通之道

可以使用多种不同的方式来定义自己的注解，以实现上例中的功能。例如，你可以使用一个单一的注解类@**TableColumn**，它带有一个**enum**元素，该枚举类定义了STRING、INTEGER以及FLOAT等枚举实例。这就消除了每个SQL类型都需要一个@**interface**定义的负担，不过也使得以额外的信息修饰SQL类型的需求变得不可能，而这些额外的信息，例如长度或精度等，可能是非常有必要的需求。

我们也可以使用**String**元素来描述实际的SQL类型，比如VARCHAR(30)或INTEGER。这使得程序员可以修饰SQL类型。但是，它同时也将Java类型到SQL类型的映射绑在了一起，这可不是一个好的设计。我们可不希望更换数据库导致代码必须修改并重新编译。如果我们只需告诉注解处理器，我们正在使用的是什么“口味”的SQL，然后由处理器为我们处理SQL类型的细节，那将是一个优雅的设计。

第三种可行的方案是同时使用两个注解类型来注解一个域，@**Constraints**和相应的SQL类型（例如@**SQLIntege**）。这种方式可能会使代码有点乱，不过编译器允许程序员对一个目标同时使用多个注解。注意，使用多个注解的时候，同一个注解不能重复使用。

20.2.4 注解不支持继承

不能使用关键字**extends**来继承某个**@interface**。这真是一个遗憾。如果可以定义一个**@TableColumn**注解（参考前面的建议），同时在其中嵌套一个**@SQLType**类型的注解，那么这将成为一个优雅的设计。按照这种方式，程序员可以继承**@SQLType**，从而创建出各种SQL类型，例如**@SQLInteger**和**@SQLString**等。如果注解允许继承的话，这将大大减少打字的工作量，并且使语法更整洁。在Java未来的版本中，似乎没有任何关于让注解支持继承的提案，所以，在当前状况下，上例中的解决方案可能已经是最佳方法了。 1070

20.2.5 实现处理器

下面是一个注解处理器的例子，它将读取一个类文件，检查其上的数据库注解，并生成用来创建数据库的SQL命令：

```
//: annotations/database/TableCreator.java
// Reflection-based annotation processor.
// {Args: annotations.database.Member}
package annotations.database;
import java.lang.annotation.*;
import java.lang.reflect.*;
import java.util.*;

public class TableCreator {
  public static void main(String[] args) throws Exception {
    if(args.length < 1) {
      System.out.println("arguments: annotated classes");
      System.exit(0);
    }
    for(String className : args) {
      Class<?> cl = Class.forName(className);
      DBTable dbTable = cl.getAnnotation(DBTable.class);
      if(dbTable == null) {
        System.out.println(
          "No DBTable annotations in class " + className);
        continue;
      }
      String tableName = dbTable.name();
      // If the name is empty, use the Class name:
      if(tableName.length() < 1)
        tableName = cl.getName().toUpperCase();
      List<String> columnDefs = new ArrayList<String>();
      for(Field field : cl.getDeclaredFields()) {
        String columnName = null;
        Annotation[] anns = field.getDeclaredAnnotations();
        if(anns.length < 1)
          continue; // Not a db table column
        if(anns[0] instanceof SQLInteger) {
          SQLInteger sInt = (SQLInteger) anns[0];
          // Use field name if name not specified
          if(sInt.name().length() < 1)
            columnName = field.getName().toUpperCase();
          else
            columnName = sInt.name();
          columnDefs.add(columnName + " INT" +
            getConstraints(sInt.constraints()));
        }
        if(anns[0] instanceof SQLString) {
          SQLString sString = (SQLString) anns[0];
          // Use field name if name not specified.
          if(sString.name().length() < 1)
            columnName = field.getName().toUpperCase();
          else
            columnName = sString.name();
          columnDefs.add(columnName + " VARCHAR(" +
```
1071

```
          sString.value() + ")" +
          getConstraints(sString.constraints()));
        }
        StringBuilder createCommand = new StringBuilder(
          "CREATE TABLE " + tableName + "(");
        for(String columnDef : columnDefs)
          createCommand.append("\n    " + columnDef + ",");
        // Remove trailing comma
        String tableCreate = createCommand.substring(
          0, createCommand.length() - 1) + ");";
        System.out.println("Table Creation SQL for " +
          className + " is :\n" + tableCreate);
      }
    }
  }
  private static String getConstraints(Constraints con) {
    String constraints = "";
    if(!con.allowNull())
      constraints += " NOT NULL";
    if(con.primaryKey())
      constraints += " PRIMARY KEY";
    if(con.unique())
      constraints += " UNIQUE";
    return constraints;
  }
} /* Output:
Table Creation SQL for annotations.database.Member is :
CREATE TABLE MEMBER(
1072    FIRSTNAME VARCHAR(30));
Table Creation SQL for annotations.database.Member is :
CREATE TABLE MEMBER(
    FIRSTNAME VARCHAR(30),
    LASTNAME VARCHAR(50));
Table Creation SQL for annotations.database.Member is :
CREATE TABLE MEMBER(
    FIRSTNAME VARCHAR(30),
    LASTNAME VARCHAR(50),
    AGE INT);
Table Creation SQL for annotations.database.Member is :
CREATE TABLE MEMBER(
    FIRSTNAME VARCHAR(30),
    LASTNAME VARCHAR(50),
    AGE INT,
    HANDLE VARCHAR(30) PRIMARY KEY);
*///:~
```

main()方法会处理命令行传入的每一个类名。使用**forName()**方法加载每一个类，并使用**getAnnotation(DBTable.class)**检查该类是否带有**@DBTable**注解。如果有，就将发现的表名保存下来。然后读取这个类的所有域，并用**getDeclaredAnnotation()**进行检查。该方法返回一个包含一个域上的所有注解的数组。最后用**instanceof**操作符来判断这些注解是否是**@SQLIntege**或**@SQLString**类型，如果是的话，在对应的处理块中将构造出相应**cloumn**名的字符串片断。注意，由于注解没有继承机制，所以要获得近似多态的行为，使用**getDeclaredAnnotation()**是唯一的办法。

嵌套中的**@Constraint**注解被传递给**getConstraints()**方法，由它负责构造一个包含SQL约束的**String**对象。

需要提醒读者的是，上面演示的技巧对于真实的对象/关系映射而言，是很幼稚的。例如使用**@DBTable**类型的注解，程序员以参数的形式给出表的名字，如果程序员想要修改表的名字，这将迫使其必须重新编译Java代码。这可不是我们希望看到的结果。现在已经有了很多可用的framework，可以将对象映射到关系数据库，并且，其中越来越多的framework已经开始利用注解了。

练习1：(2) 为本节数据库的例子实现更多的SQL类型。 1073

作业[1]：修改数据库的例子，使其能够使用JDBC连接到一个真正的数据库，并与之交互。

作业：修改数据库的例子，令其生成XML构造文件，而不是SQL语句。

20.3 使用apt处理注解

*注解处理工具***apt**，这是Sun为了帮助注解的处理过程而提供的工具。由于这是该工具的第一版，其功能还比较基础，不过它确实有助于程序员的开发工作。

与**javac**一样，**apt**被设计为操作Java源文件，而不是编译后的类。默认情况下，**apt**会在处理完源文件后编译它们。如果在系统构建的过程中会自动创建一些新的源文件，那么这个特性非常有用。事实上，**apt**会检查新生成的源文件中注解，然后将所有文件一同编译。

当注解处理器生成一个新的源文件时，该文件会在新一轮（round，Sun文档中这样称呼它）的注解处理中接受检查。该工具会一轮一轮地处理，直到不再有新的源文件产生为止。然后它再编译所有的源文件。

程序员自定义的每一个注解都需要自己的处理器，而**apt**工具能够很容易地将多个注解处理器组合在一起。有了它，程序员就可以指定多个要处理的类，这比程序员自己遍历所有的类文件简单多了。此外还可以添加监听器，并在一轮注解处理过程结束的时候收到通知信息。

在撰写本章的时候，**apt**还不是一个正式的Ant任务（参见http://MindView.net/Books/BetterJava中的附件），不过显然可以将其作为一个Ant的外部任务运行。要想编译这一节中出现的注解处理器，你必须将**tools.jar**设置在你的classpath中，这个工具类库同时还包含了**com.sun.mirror.***接口。

通过使用**AnnotationProcessorFactory**，**apt**能够为每一个它发现的注解生成一个正确的注解处理器。当你使用**apt**的时候，必须指明一个工厂类，或者指明能找到**apt**所需的工厂类的路径。否则，**apt**会踏上一个神秘的探索之旅，详细的信息可以在Sun文档的“开发一个注解处理器”一节中找到。 1074

使用**apt**生成注解处理器时，我们无法利用Java的反射机制，因为我们操作的是源代码，而不是编译后的类[2]。使用**mirror** API[3]能够解决这个问题，它使我们能够在未经编译的源代码中查看方法，域以及类型。

下面是一个自定义的注解，使用它可以把一个类中的**public**方法提取出来，构造成一个新的接口：

```
//: annotations/ExtractInterface.java
// APT-based annotation processing.
package annotations;
import java.lang.annotation.*;

@Target(ElementType.TYPE)
@Retention(RetentionPolicy.SOURCE)
public @interface ExtractInterface {
  public String value();
} ///:~
```

RetentionPolicy是**SOURCE**，因为当我们从一个使用了该注解的类中抽取出接口之后，没有必要再保留这些注解信息。下面的类有一个公共方法，我们将会把它抽取到一个有用接口中：

---

[1] 作业，我建议读者将其作为课程大作业。解答指南中不包含此类作业的解决方案。

[2] 不过，使用非标准的选项**-XclassesAsDecls**，你可以在编译后的类中操作注解。

[3] Java设计师们卖弄地认为，镜子（mirror）就是起反射（reflection）的作用。

```
//: annotations/Multiplier.java
// APT-based annotation processing.
package annotations;

@ExtractInterface("IMultiplier")
public class Multiplier {
  public int multiply(int x, int y) {
    int total = 0;
1075    for(int i = 0; i < x; i++)
      total = add(total, y);
    return total;
  }
  private int add(int x, int y) { return x + y; }
  public static void main(String[] args) {
    Multiplier m = new Multiplier();
    System.out.println("11*16 = " + m.multiply(11, 16));
  }
} /* Output:
11*16 = 176
*///:~
```

在**Multiplier**类中（它只对正整数起作用）有一个**multiply()**方法，该方法多次调用一个私有的**add()**方法以实现乘法操作。**add()**方法不是公共的，因此不将其作为接口的一部分。注解给出了值**IMultiplier**，这就是将要生成的接口的名字：

```
//: annotations/InterfaceExtractorProcessor.java
// APT-based annotation processing.
// {Exec: apt -factory
// annotations.InterfaceExtractorProcessorFactory
// Multiplier.java -s ../annotations}
package annotations;
import com.sun.mirror.apt.*;
import com.sun.mirror.declaration.*;
import java.io.*;
import java.util.*;

public class InterfaceExtractorProcessor
  implements AnnotationProcessor {
  private final AnnotationProcessorEnvironment env;
  private ArrayList<MethodDeclaration> interfaceMethods =
    new ArrayList<MethodDeclaration>();
  public InterfaceExtractorProcessor(
    AnnotationProcessorEnvironment env) { this.env = env; }
  public void process() {
    for(TypeDeclaration typeDecl :
      env.getSpecifiedTypeDeclarations()) {
      ExtractInterface annot =
        typeDecl.getAnnotation(ExtractInterface.class);
      if(annot == null)
1076        break;
      for(MethodDeclaration m : typeDecl.getMethods())
        if(m.getModifiers().contains(Modifier.PUBLIC) &&
           !(m.getModifiers().contains(Modifier.STATIC)))
          interfaceMethods.add(m);
      if(interfaceMethods.size() > 0) {
        try {
          PrintWriter writer =
            env.getFiler().createSourceFile(annot.value());
          writer.println("package " +
            typeDecl.getPackage().getQualifiedName() +";");
          writer.println("public interface " +
            annot.value() + " {");
          for(MethodDeclaration m : interfaceMethods) {
            writer.print("  public ");
            writer.print(m.getReturnType() + " ");
            writer.print(m.getSimpleName() + " (");
```

```
          int i = 0;
          for(ParameterDeclaration parm :
            m.getParameters()) {
            writer.print(parm.getType() + " " +
              parm.getSimpleName());
            if(++i < m.getParameters().size())
              writer.print(", ");
          }
          writer.println(");");
        }
        writer.println("}");
        writer.close();
      } catch(IOException ioe) {
        throw new RuntimeException(ioe);
      }
    }
  }
}
} ///:~
```

所有的工作都在**process()**方法中完成。在分析一个类的时候，我们用**MethodDeclaration**类以及其上的**getModifiers()**方法来找到**public**方法（不包括**static**的那些）。一旦找到我们所需的**public**方法，就将其保存在一个**ArrayList**中，然后在一个**.java**文件中，创建新的接口中的方法定义。

注意，处理器类的构造器以**AnnotationProcessorEnvironment**对象为参数。通过该对象，我们就能知道**apt**正在处理的所有类型（类定义），并且可以通过它获得**Messager**对象和**Filer**对象。 1077
Messager对象可以用来向用户报告信息，比如处理过程中发生的任何错误，以及错误在源代码中出现的位置等。**Filer**是一种**PrintWriter**，我们可以通过它创建新的文件。不使用普通的**PrintWriter**而使用**Filer**对象的主要原因是，只有这样**apt**才能知道我们创建的新文件，从而对新文件进行注解处理，并且在需要的时候编译它们。

同时我们看到，**Filer**的**createSourceFile()**方法以将要新建的类或接口的名字，打开了一个普通的输出流。现在还没有什么工具帮助程序员创建Java语言结构，所以我们只能用基本的**print()**和**println()**方法来生成Java源代码。因此，你必须小心仔细地处理括号，确保其闭合，并且确保生成的代码语法正确。

apt工具需要一个工厂类来为其指明正确的处理器，然后它才能调用处理器上的**process()**方法：

```
//: annotations/InterfaceExtractorProcessorFactory.java
// APT-based annotation processing.
package annotations;
import com.sun.mirror.apt.*;
import com.sun.mirror.declaration.*;
import java.util.*;

public class InterfaceExtractorProcessorFactory
  implements AnnotationProcessorFactory {
  public AnnotationProcessor getProcessorFor(
    Set<AnnotationTypeDeclaration> atds,
    AnnotationProcessorEnvironment env) {
    return new InterfaceExtractorProcessor(env);
  }
  public Collection<String> supportedAnnotationTypes() {
    return
     Collections.singleton("annotations.ExtractInterface");
  }
  public Collection<String> supportedOptions() {
    return Collections.emptySet();
  }
} ///:~
```
1078

AnnotationProcessorFactory接口只有三个方法。如你所见，其中之一的**getProcessorFor()**方法返回注解处理器，该方法以包含类型声明的**Set**（使用**apt**工具时传入的Java类）以及**AnnotationProcessorEnvironment**对象为参数（将传入给处理器对象）。另外两个方法是**supportedAnnotationTypes()**和**supportedOptions()**，程序员可以通过它们检查一下，是否**apt**工具发现的所有的注解都有相应的处理器，是否所有控制台输入的参数都是你提供支持的选项。其中，**supportedAnnotationTypes ()**方法尤其重要，因为一旦在返回的**String**集合中没有你的注解的完整类名，**apt**就会抱怨没有找到相应的处理器，从而发出警告信息，然后什么也不做就退出。

以上例子中的处理器与工厂类都在**annotations**包中，在**InterfaceExtractorProcessor.java**开头的注释文字中，我根据**anotations**的目录结构，在**Exec**标记处给出了需要从命令行输入的命令。它将告诉**apt**工具，使用上面的工厂类来处理**Multiplier.java**文件。参数**-s**说明任何新产生的文件都必须放在**annotations**目录中。通过处理器中的**println()**语句，估计你已经能猜到最终生成的**IMultiplier.java**会是什么样子了：

```
package annotations;
public interface IMultiplier {
 public int multiply (int x, int y);
}
```

apt也会编译这个新产生的文件，因此你将在相同的目录中看到**IMultiplier.class**文件。

练习2：(3) 为抽取出来的接口添加对除法的支持。

20.4 将观察者模式用于apt

上面的例子是一个相当简单的注解处理器，只需对一个注解进行分析，但我们仍然要做大量复杂的工作。因此，处理注解的真实过程可能会非常复杂。当我们有更多的注解和更多的处理器时，为了防止这种复杂性迅速攀升，**mirror** API提供了对访问者设计模式的支持。访问者
1079 是Gamma等人所著的《设计模式》[⊖]一书中的经典设计模式之一。你也可以在《Thinking in Patterns》中找到更详细的解释。

一个访问者会遍历某个数据结构或一个对象的集合，对其中的每一个对象执行一个操作。该数据结构无需有序，而你对每个对象执行的操作，都是特定于此对象的类型。这就将操作与对象解耦，也就是说，你可以添加新的操作，而无需向类的定义中添加方法。

这个技巧在处理注解时非常有用，因为一个Java类可以看作是一系列对象的集合，例如**TypeDeclaration**对象、**FieldDeclaration**对象以及**MethodDeclaration**对象等。当你配合访问者模式使用**apt**工具时，需要提供一个**Visitor**类，它具有一个能够处理你要访问的各种声明的方法。然后，你就可以为方法、类以及域上的注解实现相应的处理行为。

下面仍然是SQL表生成器的例子，不过这次我们使用访问者模式来创建工厂和注解处理器：

```
//: annotations/database/TableCreationProcessorFactory.java
// The database example using Visitor.
// {Exec: apt -factory
// annotations.database.TableCreationProcessorFactory
// database/Member.java -s database}
package annotations.database;
import com.sun.mirror.apt.*;
import com.sun.mirror.declaration.*;
import com.sun.mirror.util.*;
import java.util.*;
import static com.sun.mirror.util.DeclarationVisitors.*;
```

⊖ 本书中文版、英文版以及双语版均已由机械工业出版社出版——编辑注。

```
public class TableCreationProcessorFactory
  implements AnnotationProcessorFactory {
  public AnnotationProcessor getProcessorFor(
    Set<AnnotationTypeDeclaration> atds,
    AnnotationProcessorEnvironment env) {
    return new TableCreationProcessor(env);
  }
  public Collection<String> supportedAnnotationTypes() {
    return Arrays.asList(
      "annotations.database.DBTable",
      "annotations.database.Constraints",        1080
      "annotations.database.SQLString",
      "annotations.database.SQLInteger");
  }
  public Collection<String> supportedOptions() {
    return Collections.emptySet();
  }
  private static class TableCreationProcessor
    implements AnnotationProcessor {
    private final AnnotationProcessorEnvironment env;
    private String sql = "";
    public TableCreationProcessor(
      AnnotationProcessorEnvironment env) {
      this.env = env;
    }
    public void process() {
      for(TypeDeclaration typeDecl :
        env.getSpecifiedTypeDeclarations()) {
        typeDecl.accept(getDeclarationScanner(
          new TableCreationVisitor(), NO_OP));
        sql = sql.substring(0, sql.length() - 1) + ");";
        System.out.println("creation SQL is :\n" + sql);
        sql = "";
      }
    }
    private class TableCreationVisitor
      extends SimpleDeclarationVisitor {
      public void visitClassDeclaration(
        ClassDeclaration d) {
        DBTable dbTable = d.getAnnotation(DBTable.class);
        if(dbTable != null) {
          sql += "CREATE TABLE ";
          sql += (dbTable.name().length() < 1)
            ? d.getSimpleName().toUpperCase()
            : dbTable.name();
          sql += " (";
        }
      }
      public void visitFieldDeclaration(
        FieldDeclaration d) {
        String columnName = "";
        if(d.getAnnotation(SQLInteger.class) != null) {
          SQLInteger sInt = d.getAnnotation(
              SQLInteger.class);
          // Use field name if name not specified        1081
          if(sInt.name().length() < 1)
            columnName = d.getSimpleName().toUpperCase();
          else
            columnName = sInt.name();
          sql += "\n    " + columnName + " INT" +
            getConstraints(sInt.constraints()) + ",";
        }
        if(d.getAnnotation(SQLString.class) != null) {
          SQLString sString = d.getAnnotation(
              SQLString.class);
          // Use field name if name not specified.
          if(sString.name().length() < 1)
```

```
          columnName = d.getSimpleName().toUpperCase();
        else
          columnName = sString.name();
        sql += "\n    " + columnName + " VARCHAR(" +
          sString.value() + ")" +
          getConstraints(sString.constraints()) + ",";
      }
    }
    private String getConstraints(Constraints con) {
      String constraints = "";
      if(!con.allowNull())
        constraints += " NOT NULL";
      if(con.primaryKey())
        constraints += " PRIMARY KEY";
      if(con.unique())
        constraints += " UNIQUE";
      return constraints;
    }
  }
}
} ///:~
```

这个程序输出的结果与前一个**DBTable**的例子完全相同。

在这个例子中，处理器与访问者都是内部类。注意，**process()**方法所做的只是添加了一个访问者类，并初始化了SQL字符串。

getDeclarationScanner()方法的两个参数都是访问者：第一个是在访问每个声明前使用，第二个则是在访问之后使用。由于这个处理器只需要在访问前使用的访问者，所以第二个参数给的是
1082 **NO_OP**。**NO_OP**是**DeclarationVisitor**接口中的**static**域，是一个什么也不做的**Declaration-Visitor**。

TableCreationVisitor继承自**SimpleDeclarationVisitor**，它覆写了两个方法**visitClase-Declaration()** 和**visitFieldDeclaration()**。**SimpleDeclarationVisitor**是一个适配器，实现了**DeclarationVisitor**接口中的所有方法，因此，程序员只需将注意力放在自己需要的那些方法上。在**visitClaseDeclaration()**方法中，检查**ClassDeclaration**对象是否带有**DBTable**注解，如果存在的话，将初始化SQL语句的第一部分。在**visitFieldDeclaration()**方法中，将检查域声明上的注解，从域声明中提取信息的过程与本章前面的例子一样。

看起来这个例子使用的方式似乎更复杂，但是它确实是一种具备扩展能力的解决方案。当你的注解处理器的复杂性越来越高的时候，如果还按前面例子中的方式编写自己独立的处理器，那么很快你的处理器就将变得非常复杂。

练习3：(2) 向**TableCreationProcessorFactory.java**中添加对更多的SQL类型的支持。

20.5 基于注解的单元测试

*单元测试*是对类中的每个方法提供一个或多个测试的一种实践，其目的是为了有规律地测试一个类的各个部分是否具备正确的行为。在Java中，最著名的单元测试工具就是JUnit。在撰写本书时，JUnit已经开始了向JUnit4更新的过程，其目的正是为了融入注解[⊖]。对于注解出现之前的JUnit而言，有一个主要的问题，即为了设置并运行JUnit测试需要做大量的形式上的工作。随着其渐渐的发展，这种负担已经减轻了一些，但注解的出现能够使其更贴近“最简单的单元测试系统”。

使用注解出现之前的JUnit，程序员必须创建一个独立的类来保存其单元测试。有了注解，

⊖ 我原本考虑过基于这里的设计来自己做一个Better JUnit。不过后来发现JUnit4已经具有很多我这里讲到的思想，因此直接升级为JUnit4可能更简单吧。

我们可以直接在要验证的类里面编写测试，这将大大减少单元测试所需的时间和麻烦之处。采用这种方式还有一个额外的好处，就是能够像测试**public**方法一样很容易地测试**private**方法。 1083

这个基于注解的测试框架叫做**@Unit**。其最基本的测试形式，可能也是你用的最多的一个注解是**@Test**，我们用**@Test**来标记测试方法。测试方法不带参数，并返回**boolean**结果来说明测试成功或失败。程序员可以任意命名他的测试方法。同时，**@Unit**测试方法可以是任意你喜欢的访问修饰方式，包括**private**。

要使用**@Unit**，程序员必须引入**net.mindview.atunit**[⊖]，用**@Unit**的测试标记为合适的方法和域打上标记（在接下来的例子中你会学到），然后让你的构建系统对编译后的类运行**@Unit**。下面是一个简单的例子：

```
//: annotations/AtUnitExample1.java
package annotations;
import net.mindview.atunit.*;
import net.mindview.util.*;

public class AtUnitExample1 {
  public String methodOne() {
    return "This is methodOne";
  }
  public int methodTwo() {
    System.out.println("This is methodTwo");
    return 2;
  }
  @Test boolean methodOneTest() {
    return methodOne().equals("This is methodOne");
  }
  @Test boolean m2() { return methodTwo() == 2; }
  @Test private boolean m3() { return true; }
  // Shows output for failure:
  @Test boolean failureTest() { return false; }
  @Test boolean anotherDisappointment() { return false; }
  public static void main(String[] args) throws Exception {
    OSExecute.command(
      "java net.mindview.atunit.AtUnit AtUnitExample1");
  }
} /* Output:
annotations.AtUnitExamplc1
  . methodOneTest
  . m2 This is methodTwo

  . m3
  . failureTest (failed)
  . anotherDisappointment (failed)
(5 tests)

>>> 2 FAILURES <<<
  annotations.AtUnitExample1: failureTest
  annotations.AtUnitExample1: anotherDisappointment
*///:~
```
1084

使用**@Unit**进行测试的类必须定义在某个包中（即必须包括**packae**声明）。

@Test注解被置于**methodOneTest()**、**m2()**、**m3()failureTest()**以及**anotherDisappointment()**方法之前，它告诉**@Unit**将这些方法作为单元测试来运行。同时，**@Test**将验证并确保这些方法没有参数，并且返回值是**boolean**或**void**。程序员编写单元测试时，唯一需要做的就是决定测试是成功还是失败，（对于返回值为**boolean**的方法）应该返回**ture**还是**false**。

如果你熟悉JUnit，你会注意到**@Unit**的输出带有更多的信息。我们可以看到当前正在运行

⊖ 这个类库是本书附带的代码包的一部分，可以在www.MindView.net上找到。

的测试，因此测试中的输出更是有用，而且在最后，它还能告诉我们导致错误的类和测试。

程序员并非必须将测试方法嵌入到原本的类中，因为有时候这根本做不到。要生成一个非嵌入式的测试，最简单的办法就是继承：

```
//: annotations/AtUnitExternalTest.java
// Creating non-embedded tests.
package annotations;
import net.mindview.atunit.*;
import net.mindview.util.*;

public class AtUnitExternalTest extends AtUnitExample1 {
  @Test boolean _methodOne() {
    return methodOne().equals("This is methodOne");
  }
  @Test boolean _methodTwo() { return methodTwo() == 2; }
  public static void main(String[] args) throws Exception {
1085    OSExecute.command(
      "java net.mindview.atunit.AtUnit AtUnitExternalTest");
  }
} /* Output:
annotations.AtUnitExternalTest
  . _methodOne
  . _methodTwo This is methodTwo

OK (2 tests)
*///:~
```

这个例子还表现出了灵活命名的价值（与JUnit不同，它要求你必须使用**test**作为测试方法的前缀）。在这里，**@Test**方法被命名为下划线前缀加上这将要测试的方法的名字（我并不认为这是一个理想的命名形式，只是表现一种可能性罢了）。

或者你还可以使用组合的方式创建非嵌入式的测试：

```
//: annotations/AtUnitComposition.java
// Creating non-embedded tests.
package annotations;
import net.mindview.atunit.*;
import net.mindview.util.*;

public class AtUnitComposition {
  AtUnitExample1 testObject = new AtUnitExample1();
  @Test boolean _methodOne() {
    return
      testObject.methodOne().equals("This is methodOne");
  }
  @Test boolean _methodTwo() {
    return testObject.methodTwo() == 2;
  }
  public static void main(String[] args) throws Exception {
    OSExecute.command(
      "java net.mindview.atunit.AtUnit AtUnitComposition");
  }
} /* Output:
annotations.AtUnitComposition
  . _methodOne
  . _methodTwo This is methodTwo

OK (2 tests)
1086 *///:~
```

因为每个测试对应一个新创建的**AtUnitComposition**对象，因此每个测试也对应一个新的成员**testObject**。

@Unit中并没有JUnit里的特殊的**assert**方法，不过**@Test**方法仍然允许程序员返回**void**（如果你还是想用**ture**或**false**的话，你仍然可以用**boolean**作为方法返回值类型），这是**@Test**方法的第二种形式。在这种情况下，要表示测试成功，可以使用Java的**assert**语句。Java的断言机制一般要求程序员在java命令行中加上**-ea**标志，不过@**Unit**已经自动打开了该功能。而要表示测试失败的话，你甚至可以使用异常。@**Unit**的设计目标之一就是尽可能少地添加额外的语法，而Java的**assert**和异常对于报告错误而言，已经足够了。一个失败的**assert**或从测试方法中抛出异常，都将被看作一个失败的测试，但是@**Unit**并不会就在这个失败的测试上打住，它会继续运行，直到所有的测试都运行完毕。下面是一个示例程序：

```
//: annotations/AtUnitExample2.java
// Assertions and exceptions can be used in @Tests.
package annotations;
import java.io.*;
import net.mindview.atunit.*;
import net.mindview.util.*;

public class AtUnitExample2 {
  public String methodOne() {
    return "This is methodOne";
  }
  public int methodTwo() {
    System.out.println("This is methodTwo");
    return 2;
  }
  @Test void assertExample() {
    assert methodOne().equals("This is methodOne");
  }
  @Test void assertFailureExample() {
    assert 1 == 2: "What a surprise!";
  }
  @Test void exceptionExample() throws IOException {
    new FileInputStream("nofile.txt"); // Throws
  }
  @Test boolean assertAndReturn() {
    // Assertion with message:
    assert methodTwo() == 2: "methodTwo must equal 2";
    return methodOne().equals("This is methodOne");
  }
  public static void main(String[] args) throws Exception {
    OSExecute.command(
      "java net.mindview.atunit.AtUnit AtUnitExample2");
  }
} /* Output:
annotations.AtUnitExample2
  . assertExample
  . assertFailureExample java.lang.AssertionError: What a
surprise!
(failed)
  . exceptionExample java.io.FileNotFoundException:
nofile.txt (The system cannot find the file specified)
(failed)
  . assertAndReturn This is methodTwo

(4 tests)

>>> 2 FAILURES <<<
  annotations.AtUnitExample2: assertFailureExample
  annotations.AtUnitExample2: exceptionExample
*///:~
```

1087

下面的例子使用非嵌入式的测试，并且用到了断言，它将对**java.util.HashSet**执行一些简单的测试：

```
//: annotations/HashSetTest.java
package annotations;
```

```
import java.util.*;
import net.mindview.atunit.*;
import net.mindview.util.*;

public class HashSetTest {
  HashSet<String> testObject = new HashSet<String>();
  @Test void initialization() {
    assert testObject.isEmpty();
  }
  @Test void _contains() {
    testObject.add("one");
    assert testObject.contains("one");
  }
  @Test void _remove() {
    testObject.add("one");
    testObject.remove("one");
1088    assert testObject.isEmpty();
  }
  public static void main(String[] args) throws Exception {
    OSExecute.command(
      "java net.mindview.atunit.AtUnit HashSetTest");
  }
} /* Output:
annotations.HashSetTest
  . initialization
  . _remove
  . _contains
OK (3 tests)
*///:~
```

如果采用继承的方式，可能会更简单，并且也没有一些其他的约束。

练习4：(3) 验证是否每个测试都会生成一个新的**testObject**。

练习5：(1) 使用继承的方式修改上面的例子。

练习6：(1) 使用**HashSetTest.java**演示的方式测试**LinkedList**类。

练习7：(1) 使用继承的方式修改前一个练习的结果。

对每一个单元测试而言，**@Unit**都会用默认的构造器，为该测试所属的类创建出一个新的实例。并在此新创建的对象上运行测试，然后丢弃该对象，以避免对其他测试产生副作用。如此创建对象导致我们依赖于类的默认构造器。如果你的类没有默认构造器，或者新对象需要复杂的构造过程，那么你可以创建一个**static**方法专门负责构造对象，然后用**@TestObjectCreaet**注解将该方法标记出来，就像这样：

```
//: annotations/AtUnitExample3.java
package annotations;
import net.mindview.atunit.*;
import net.mindview.util.*;

public class AtUnitExample3 {
  private int n;
  public AtUnitExample3(int n) { this.n = n; }
  public int getN() { return n; }
1089  public String methodOne() {
    return "This is methodOne";
  }
  public int methodTwo() {
    System.out.println("This is methodTwo");
    return 2;
  }
  @TestObjectCreate static AtUnitExample3 create() {
    return new AtUnitExample3(47);
  }
  @Test boolean initialization() { return n == 47; }
```

```
  @Test boolean methodOneTest() {
    return methodOne().equals("This is methodOne");
  }
  @Test boolean m2() { return methodTwo() == 2; }
  public static void main(String[] args) throws Exception {
    OSExecute.command(
      "java net.mindview.atunit.AtUnit AtUnitExample3");
  }
} /* Output:
annotations.AtUnitExample3
  . initialization
  . methodOneTest
  . m2 This is methodTwo

OK (3 tests)
*///:~
```

加入了**@TestObjectCreaet**注解的方法必须声明为**static**，且必须返回一个你正在测试的类型的对象，这一切都由**@Unit**负责确保成立。

有的时候，我们需要向单元测试中添加一些额外的域。这时可以使用**@TestProperty**注解，由它注解的域表示只在单元测试中使用（因此，在我们将产品发布给客户之前，他们应该被删除掉）。在下面的例子中，一个**String**通过**String.split()**方法被拆散了，从其中读取一个值，这个值将被用来生成测试对象：

```
//: annotations/AtUnitExample4.java
package annotations;
import java.util.*;
import net.mindview.atunit.*;
import net.mindview.util.*;
import static net.mindview.util.Print.*;
public class AtUnitExample4 {
  static String theory = "All brontosauruses " +
    "are thin at one end, much MUCH thicker in the " +
    "middle, and then thin again at the far end.";
  private String word;
  private Random rand = new Random(); // Time-based seed
  public AtUnitExample4(String word) { this.word = word; }
  public String getWord() { return word; }
  public String scrambleWord() {
    List<Character> chars = new ArrayList<Character>();
    for(Character c : word.toCharArray())
      chars.add(c);
    Collections.shuffle(chars, rand);
    StringBuilder result = new StringBuilder();
    for(char ch : chars)
      result.append(ch);
    return result.toString();
  }
  @TestProperty static List<String> input =
    Arrays.asList(theory.split(" "));
  @TestProperty
    static Iterator<String> words = input.iterator();
  @TestObjectCreate static AtUnitExample4 create() {
    if(words.hasNext())
      return new AtUnitExample4(words.next());
    else
      return null;
  }
  @Test boolean words() {
    print("'" + getWord() + "'");
    return getWord().equals("are");
  }
  @Test boolean scramble1() {
    // Change to a specific seed to get verifiable results:
```

1090

```
    rand = new Random(47);
    print("'" + getWord() + "'");
    String scrambled = scrambleWord();
    print(scrambled);
    return scrambled.equals("lAl");
  }
  @Test boolean scramble2() {
    rand = new Random(74);
    print("'" + getWord() + "'");
1091    String scrambled = scrambleWord();
    print(scrambled);
    return scrambled.equals("tsaebororнussu");
  }
  public static void main(String[] args) throws Exception {
    System.out.println("starting");
    OSExecute.command(
      "java net.mindview.atunit.AtUnit AtUnitExample4");
  }
} /* Output:
starting
annotations.AtUnitExample4
  . scramble1 'All'
lAl

  . scramble2 'brontosauruses'
tsaebororнussu

  . words 'are'

OK (3 tests)
*///:~
```

@TestProperty也可以用来标记那些只在测试中使用的方法，而他们本身又不是测试方法。

注意，这个程序依赖于测试执行的顺序，这可不是一个好的实践。

如果你的测试对象需要执行某些初始化工作，并且使用完毕后还需要进行某些清理工作，那么可以选择使用**static @TestObjectCleanup**方法，当测试对象使用结束后，该方法会为你执行清理工作。在下面的例子中，**@TestObjectCreate**为每个测试对象打开了一个文件，因此必须在丢弃测试对象的时候关闭该文件：

```
//: annotations/AtUnitExample5.java
package annotations;
import java.io.*;
import net.mindview.atunit.*;
import net.mindview.util.*;

public class AtUnitExample5 {
  private String text;
  public AtUnitExample5(String text) { this.text = text; }
1092  public String toString() { return text; }
  @TestProperty static PrintWriter output;
  @TestProperty static int counter;
  @TestObjectCreate static AtUnitExample5 create() {
    String id = Integer.toString(counter++);
    try {
      output = new PrintWriter("Test" + id + ".txt");
    } catch(IOException e) {
      throw new RuntimeException(e);
    }
    return new AtUnitExample5(id);
  }
  @TestObjectCleanup static void
  cleanup(AtUnitExample5 tobj) {
    System.out.println("Running cleanup");
    output.close();
```

```
  }
  @Test boolean test1() {
    output.print("test1");
    return true;
  }
  @Test boolean test2() {
    output.print("test2");
    return true;
  }
  @Test boolean test3() {
    output.print("test3");
    return true;
  }
  public static void main(String[] args) throws Exception {
    OSExecute.command(
      "java net.mindview.atunit.AtUnit AtUnitExample5");
  }
} /* Output:
annotations.AtUnitExample5
  . test1
Running cleanup
  . test2
Running cleanup
  . test3
Running cleanup
OK (3 tests)
*///:~
```

从输出中我们可以看到，清理方法会在每个测试结束后自动运行。 1093

20.5.1 将@Unit用于泛型

泛型为**@Unit**出了一个难题，因为我们不可能"泛泛地测试"。我们必须针对某个特定类型的参数或参数集才能进行测试。解决的办法很简单：让测试类继承自泛型类的一个特定版本即可。

下面是一个堆栈的例子：

```
//: annotations/StackL.java
// A stack built on a linkedList.
package annotations;
import java.util.*;

public class StackL<T> {
  private LinkedList<T> list = new LinkedList<T>();
  public void push(T v) { list.addFirst(v); }
  public T top() { return list.getFirst(); }
  public T pop() { return list.removeFirst(); }
} ///:~
```

要测试String版的堆栈，就让测试类继承自**StackL<String>**：

```
//: annotations/StackLStringTest.java
// Applying @Unit to generics.
package annotations;
import net.mindview.atunit.*;
import net.mindview.util.*;

public class StackLStringTest extends StackL<String> {
  @Test void _push() {
    push("one");
    assert top().equals("one");
    push("two");
    assert top().equals("two");
  }
  @Test void _pop() {
    push("one");
    push("two");
    assert pop().equals("two");
```

```
    assert pop().equals("one");
  }
  @Test void _top() {
    push("A");
    push("B");
1094    assert top().equals("B");
    assert top().equals("B");
  }
  public static void main(String[] args) throws Exception {
    OSExecute.command(
      "java net.mindview.atunit.AtUnit StackLStringTest");
  }
} /* Output:
annotations.StackLStringTest
  . _push
  . _pop
  . _top
OK (3 tests)
*///:~
```

这种方法潜在的唯一缺点是：继承使我们失去了访问被测试的类中的**private**方法的能力。如果这对你很重要，那你要么将**private**方法改为**protected**，要么添加一个非**private**的**@TestProperty**方法，由它来调用**private**方法（稍候我们会看到，**AtUnitRemover**工具会将**@TestProperty**方法从产品的代码中自动删除掉）。

练习8：(2) 写一个带有**private**方法的类，然后像上介绍的那样添加一个非**private @TestProperty**方法，并在你的测试代码中调用此方法。

练习9：(2) 为**HashMap**编写一些基本的**@Unit**测试。

练习10：(2) 从本书中选择一个示例程序，为其编写**@Unit**测试。

20.5.2 不需要任何“套件”

与JUnit相比，**@Unit**有一个比较大的优点，就是**@Unit**不需要“套件”（suites）。在JUnit中，程序员必须告诉测试工具你打算测试什么，这就要求用套件来组织测试，以便JUnit能够找到它们，并运行其中包含的测试。

@Unit只是简单地搜索类文件，检查其是否具有恰当的注解，然后运行**@Test**方法。我的主要目标就是使**@Unit**测试系统尽可能的透明，使得程序员在用它的时候只需添加**@Test**方法，而不需要像JUnit等其他单元测试框架所要求的那些特殊的编码或者知识。不过，如果说编写测试不会遇到任何障碍，这也不太可能，因此**@Unit**会尽量让这些困难变得微不足道。希望通过这
1095 种方式，程序员会更乐意编写测试。

20.5.3 实现@Unit

首先，我们需要定义所有的注解类型。这些都是简单的标签，并且没有属性。**@Test**标签在本章开头已经定义过了，这里是其他所需的注解：

```
//: net/mindview/atunit/TestObjectCreate.java
// The @Unit @TestObjectCreate tag.
package net.mindview.atunit;
import java.lang.annotation.*;

@Target(ElementType.METHOD)
@Retention(RetentionPolicy.RUNTIME)
public @interface TestObjectCreate {} ///:~

//: net/mindview/atunit/TestObjectCleanup.java
// The @Unit @TestObjectCleanup tag.
package net.mindview.atunit;
import java.lang.annotation.*;

@Target(ElementType.METHOD)
```

```
@Retention(RetentionPolicy.RUNTIME)
public @interface TestObjectCleanup {} ///:~
```

```
//: net/mindview/atunit/TestProperty.java
// The @Unit @TestProperty tag.
package net.mindview.atunit;
import java.lang.annotation.*;

// Both fields and methods may be tagged as properties:
@Target({ElementType.FIELD, ElementType.METHOD})
@Retention(RetentionPolicy.RUNTIME)
public @interface TestProperty {} ///:~
```

所有测试的保留属性必须是**RUNTIME**，因为**@Unit**系统必须在编译后的代码中查询这些注解。

要实现该系统，并运行测试，我们还需使用反射机制来抽取注解。下面这个程序通过注解中的信息，决定如何构造测试对象，并在测试对象上运行测试。正是由于注解的帮助，这个程序才如此短小而直接： 1096

```
//: net/mindview/atunit/AtUnit.java
// An annotation-based unit-test framework.
// {RunByHand}
package net.mindview.atunit;
import java.lang.reflect.*;
import java.io.*;
import java.util.*;
import net.mindview.util.*;
import static net.mindview.util.Print.*;

public class AtUnit implements ProcessFiles.Strategy {
  static Class<?> testClass;
  static List<String> failedTests= new ArrayList<String>();
  static long testsRun = 0;
  static long failures = 0;
  public static void main(String[] args) throws Exception {
    ClassLoader.getSystemClassLoader()
      .setDefaultAssertionStatus(true); // Enable asserts
    new ProcessFiles(new AtUnit(), "class").start(args);
    if(failures == 0)
      print("OK (" + testsRun + " tests)");
    else {
      print("(" + testsRun + " tests)");
      print("\n>>> " + failures + " FAILURE" +
        (failures > 1 ? "S" : "") + " <<<");
      for(String failed : failedTests)
        print("  " + failed);
    }
  }
  public void process(File cFile) {
    try {
      String cName = ClassNameFinder.thisClass(
        BinaryFile.read(cFile));
      if(!cName.contains("."))
        return; // Ignore unpackaged classes
      testClass = Class.forName(cName);
    } catch(Exception e) {
      throw new RuntimeException(e);
    }
    TestMethods testMethods = new TestMethods();
    Method creator = null;
    Method cleanup = null;
    for(Method m : testClass.getDeclaredMethods()) {
      testMethods.addIfTestMethod(m);
      if(creator == null)
        creator = checkForCreatorMethod(m);
```

1097

```
    if(cleanup == null)
      cleanup = checkForCleanupMethod(m);
  }
  if(testMethods.size() > 0) {
    if(creator == null)
      try {
        if(!Modifier.isPublic(testClass
           .getDeclaredConstructor().getModifiers())) {
          print("Error: " + testClass +
            " default constructor must be public");
          System.exit(1);
        }
      } catch(NoSuchMethodException e) {
        // Synthesized default constructor; OK
      }
    print(testClass.getName());
  }
  for(Method m : testMethods) {
    printnb("  . " + m.getName() + " ");
    try {
      Object testObject = createTestObject(creator);
      boolean success = false;
      try {
        if(m.getReturnType().equals(boolean.class))
          success = (Boolean)m.invoke(testObject);
        else {
          m.invoke(testObject);
          success = true; // If no assert fails
        }
      } catch(InvocationTargetException e) {
        // Actual exception is inside e:
        print(e.getCause());
      }
      print(success ? "" : "(failed)");
      testsRun++;
      if(!success) {
        failures++;
        failedTests.add(testClass.getName() +
          ": " + m.getName());
      }
      if(cleanup != null)
1098    cleanup.invoke(testObject, testObject);
    } catch(Exception e) {
      throw new RuntimeException(e);
    }
  }
}
static class TestMethods extends ArrayList<Method> {
  void addIfTestMethod(Method m) {
    if(m.getAnnotation(Test.class) == null)
      return;
    if(!(m.getReturnType().equals(boolean.class) ||
        m.getReturnType().equals(void.class)))
      throw new RuntimeException("@Test method" +
        " must return boolean or void");
    m.setAccessible(true); // In case it's private, etc.
    add(m);
  }
}
private static Method checkForCreatorMethod(Method m) {
  if(m.getAnnotation(TestObjectCreate.class) == null)
    return null;
  if(!m.getReturnType().equals(testClass))
    throw new RuntimeException("@TestObjectCreate " +
      "must return instance of Class to be tested");
  if((m.getModifiers() &
       java.lang.reflect.Modifier.STATIC) < 1)
```

```
      throw new RuntimeException("@TestObjectCreate " +
        "must be static.");
    m.setAccessible(true);
    return m;
  }
  private static Method checkForCleanupMethod(Method m) {
    if(m.getAnnotation(TestObjectCleanup.class) == null)
      return null;
    if(!m.getReturnType().equals(void.class))
      throw new RuntimeException("@TestObjectCleanup " +
        "must return void");
    if((m.getModifiers() &
        java.lang.reflect.Modifier.STATIC) < 1)
      throw new RuntimeException("@TestObjectCleanup " +
        "must be static.");
    if(m.getParameterTypes().length == 0 ||
       m.getParameterTypes()[0] != testClass)
      throw new RuntimeException("@TestObjectCleanup " +
        "must take an argument of the tested type.");
    m.setAccessible(true);
    return m;
  }
  private static Object createTestObject(Method creator) {
    if(creator != null) {
      try {
        return creator.invoke(testClass);
      } catch(Exception e) {
        throw new RuntimeException("Couldn't run " +
          "@TestObject (creator) method.");
      }
    } else { // Use the default constructor:
      try {
        return testClass.newInstance();
      } catch(Exception e) {
        throw new RuntimeException("Couldn't create a " +
          "test object. Try using a @TestObject method.");
      }
    }
  }
} ///:~
```

1099

AtUnit.java使用了**net.mindview.util**中的**ProcessFiles**工具。这个类还实现了**ProcessFiles.Strategy**接口，该接口包含**process()**方法。如此一来，便可以将一个**AtUnit**实例传给**ProcessFiles**的构造器。**ProcessFiles**构造器的第二个参数告诉**ProcessFiles**查找所有扩展名为class的文件。

如果你没有提供命令行参数，这个程序会遍历当前目录。你也可以为其提供多个参数，可以是类文件（带有或不带**.class**扩展名都可），或者是一些目录。由于**@Unit**将会自动找到可测试的类和方法，所以没有“套件”机制的必要[1]。

AtUnit.java必须要解决一个问题，就是当它找到类文件时，实际引用的类名（含有包）并非一定就是类文件的名字。为了从中解读信息，我们必须分析该类文件，这很重要，因为这种名字不一致的情况确实可能出现[2]。所以，当找到一个**.class**文件时，第一件事情就是打开该文件，读取其二进制数据，然后将其交给**ClassNameFinder.thisClass()**。从这里开始，我们将进入“字节码工程”的领域，因为我们实际上是在分析一个类文件的内容： 1100

```
//: net/mindview/atunit/ClassNameFinder.java
package net.mindview.atunit;
```

[1] 现在还不清楚为何测试所属的类的默认构造器必须是**public**，如果不是的话，调用**newInstantce()**方法会导致程序中止（没有异常抛出）。

[2] Jeremy Meyer与我在这个问题上花了一整天。

```
import java.io.*;
import java.util.*;
import net.mindview.util.*;
import static net.mindview.util.Print.*;

public class ClassNameFinder {
  public static String thisClass(byte[] classBytes) {
    Map<Integer,Integer> offsetTable =
      new HashMap<Integer,Integer>();
    Map<Integer,String> classNameTable =
      new HashMap<Integer,String>();
    try {
      DataInputStream data = new DataInputStream(
        new ByteArrayInputStream(classBytes));
      int magic = data.readInt();  // 0xcafebabe
      int minorVersion = data.readShort();
      int majorVersion = data.readShort();
      int constant_pool_count = data.readShort();
      int[] constant_pool = new int[constant_pool_count];
      for(int i = 1; i < constant_pool_count; i++) {
        int tag = data.read();
        int tableSize;
        switch(tag) {
          case 1: // UTF
            int length = data.readShort();
            char[] bytes = new char[length];
            for(int k = 0; k < bytes.length; k++)
              bytes[k] = (char)data.read();
            String className = new String(bytes);
            classNameTable.put(i, className);
            break;
          case 5: // LONG
          case 6: // DOUBLE
            data.readLong(); // discard 8 bytes
            i++; // Special skip necessary
            break;
1101      case 7: // CLASS
            int offset = data.readShort();
            offsetTable.put(i, offset);
            break;
          case 8: // STRING
            data.readShort(); // discard 2 bytes
            break;
          case 3:  // INTEGER
          case 4:  // FLOAT
          case 9:  // FIELD_REF
          case 10: // METHOD_REF
          case 11: // INTERFACE_METHOD_REF
          case 12: // NAME_AND_TYPE
            data.readInt(); // discard 4 bytes;
            break;
          default:
            throw new RuntimeException("Bad tag " + tag);
        }
      }
      short access_flags = data.readShort();
      int this_class = data.readShort();
      int super_class = data.readShort();
      return classNameTable.get(
        offsetTable.get(this_class)).replace('/', '.');
    } catch(Exception e) {
      throw new RuntimeException(e);
    }
  }
  // Demonstration:
  public static void main(String[] args) throws Exception {
    if(args.length > 0) {
```

```
      for(String arg : args)
        print(thisClass(BinaryFile.read(new File(arg))));
    } else
      // Walk the entire tree:
      for(File klass : Directory.walk(".", ".*\\.class"))
        print(thisClass(BinaryFile.read(klass)));
  }
} ///:~
```

虽然无法在这里介绍其中所有的细节，但每个类文件都必须遵循一定的格式，而我已经尽量用有意义的域名字来表示这些从**ByteArrayInputStream**中提出取来的数据片断。通过施加在输入流上的读操作，你能看出每个信息片的大小。例如，每个类文件的头32个bit总是一个“神秘的数字”hex0xcafebabe⊖，而接下来的两个**short**值是版本信息。常量池包含了程序中的常量， 1102 所以这是一个可变的值。接下来的**short**告诉我们这个常量池有多大，然后我们为其创建一个尺寸合适的数组。常量池中的每一个元素，其长度可能是一个固定的值，也可能是可变的值，因此我们必须检查每一个常量起始的标记，然后才能知道该怎么做，这就是**switch**语句中的工作。我们并不打算精确地分析类中的所有数据，仅仅是从文件的起始一步一步地走，直到取得我们所需的信息，因此你会发现，在这个过程中我们丢弃了大量的数据。关于类的信息都保存在**classNameTable**和**offsetTable**中。在读完了常量池之后，就找到了**this_class**信息，这是**offsetTable**中的一个坐标，通过它能够找到一个进入**classNameTable**的坐标，然后就可以得到我们所需的类的名字了。

现在，让我们回到**AtUnit.java**程序，**process()**方法现在拥有了类的名字，然后检查它是否包含“**.**”，如果有就表示该类定义于一个包中。没有包的类将被忽略。如果一个类在包中，那么我们就可以使用标准的类加载器并通过**Class.forName()**将其加载进来。现在，我们终于可以开始对这个类进行**@Unit**注解的分析工作了。

我们只需关心三件事情：首先是**@Test**方法，它们将被保存在**TestMethos**列表中，然后检查是否具有**@TestObjectCreate**和**@TestObjectCleanup**方法。从代码中可以看到，我们通过调用相应的方法来查询注解从而找到这些方法。

每当找到一个**@Test**方法，就打印出当前的类的名字，于是观察者立刻就可以知道发生了什么。接下来开始执行测试，也就是打印出方法名，然后调用**createTestObject()**（如果存在一个加了**@TestObjectCreate**注解的方法），或者调用默认的构造器。一旦创建出测试对象，就调用其上的测试方法。如果测试返回一个**boolean**值，就捕获该结果。如果测试方法没有返回值，那么当没有异常发生时，我们就假设测试成功，反之，如果当**assert**失败或有任何异常抛出时，就说明测试失败，这时将异常信息打印出来以显示错误的原因。如果有失败的测试发生，那么还要统计失败的次数，并将失败的测试所属的类和方法的名字加入**failedTests**，以便最后将其报告 1103 给用户。

练习11：(5) 向**@Unit**中加入一个**@TestNote**注解，以便这些附加的信息在测试时能够显示出来。

20.5.4 移除测试代码

对许多项目而言，在发布的代码中是否保留测试代码并没什么区别（特别是在如果你将所有的测试方法都声明为**private**的情况下，如果你喜欢就可以这么做），但是在有的情况下，我们确实希望将测试代码清除掉，精简发布的程序，或者就是不希望测试代码暴露给客户。

⊖ 关于这个数字有许多传说，不过考虑到Java是由书呆子创造出来的，我们可以做一个合理的猜测，他可能正幻想着咖啡店中的某个女人。

与自己动手删除测试代码相比，这需要更复杂的字节码工程。不过开源的Javassist工具类库[⊖]将字节码工程带入了一个可行的领域。下面的程序接受一个**-r**标志作为其第一个参数；如果你提供了该标志，那么它就会删除所有的**@Test**注解，如果你没有提供该标记，那它则只会打印出**@Test**注解。这里同样使用**ProcessFiles**来遍历你选择的文件和目录：

```
//: net/mindview/atunit/AtUnitRemover.java
// Displays @Unit annotations in compiled class files. If
// first argument is "-r", @Unit annotations are removed.
// {Args: ..}
// {Requires: javassist.bytecode.ClassFile;
// You must install the Javassist library from
// http://sourceforge.net/projects/jboss/ }
package net.mindview.atunit;
import javassist.*;
import javassist.expr.*;
import javassist.bytecode.*;
import javassist.bytecode.annotation.*;
import java.io.*;
import java.util.*;
import net.mindview.util.*;
```
1104
```
import static net.mindview.util.Print.*;

public class AtUnitRemover
implements ProcessFiles.Strategy {
  private static boolean remove = false;
  public static void main(String[] args) throws Exception {
    if(args.length > 0 && args[0].equals("-r")) {
      remove = true;
      String[] nargs = new String[args.length - 1];
      System.arraycopy(args, 1, nargs, 0, nargs.length);
      args = nargs;
    }
    new ProcessFiles(
      new AtUnitRemover(), "class").start(args);
  }
  public void process(File cFile) {
    boolean modified = false;
    try {
      String cName = ClassNameFinder.thisClass(
        BinaryFile.read(cFile));
      if(!cName.contains("."))
        return; // Ignore unpackaged classes
      ClassPool cPool = ClassPool.getDefault();
      CtClass ctClass = cPool.get(cName);
      for(CtMethod method : ctClass.getDeclaredMethods()) {
        MethodInfo mi = method.getMethodInfo();
        AnnotationsAttribute attr = (AnnotationsAttribute)
          mi.getAttribute(AnnotationsAttribute.visibleTag);
        if(attr == null) continue;
        for(Annotation ann : attr.getAnnotations()) {
          if(ann.getTypeName()
             .startsWith("net.mindview.atunit")) {
            print(ctClass.getName() + " Method: "
              + mi.getName() + " " + ann);
            if(remove) {
              ctClass.removeMethod(method);
              modified = true;
            }
          }
        }
      }
      // Fields are not removed in this version (see text).
      if(modified)
```

⊖ 感谢Shigeru Chiba博士创建了该工具，以及他对我开发**AtUnitRemover.java**的帮助。

```
        ctClass.toBytecode(new DataOutputStream(
          new FileOutputStream(cFile)));
      ctClass.detach();
    } catch(Exception e) {
      throw new RuntimeException(e);
    }
  }
} ///:~
```
1105

ClassPool是一种全景，它记录了你正在修改的系统中的所有的类，并能够保证所有类在修改后的一致性。你必须从**ClassPool**中取得每个**CtClass**，这与使用类加载器和**Class.forName()**向JVM加载类的方式类似。

CtClass包含的是类对象的字节码，你可以通过它取得类有关的信息，并且操作类中的代码。在这里，我们调用**getDeclaredMethods()**（与Java的反射机制一样），然后从每个**CtMethod**对象中取得一个**MethodInfo**对象。通过该对象，我们察看其中的注解信息。如果一个方法带有**net.mindview.atunit**包中的注解，就将该方法删除掉。

如果类被修改过了，就用新的类覆盖原始的类文件。

在撰写本书时，Javassist刚刚加入了“删除”功能[⊖]，同时我们发现，删除**@TestProperty**域比删除方法复杂得多。因为，有些静态初始化的操作可能会引用这些域，所以你不能简单地将其删除。因此**AtUnitRemover**的当前版本只删除**@Unit**方法。不过，你应该查看一下Javassist网站的更新，因为删除域的功能以后可能也将实现。与此同时，对于**AtUnitExternalText.java**演示的外部测试方法，可以直接删除测试代码生成的类文件，从而到达删除所有测试的目的。

20.6 总结

注解是Java引入的一项非常受欢迎的补充。它提供了一种结构化的，并且具有类型检查能力的新途径，从而使得程序员能够为代码加入元数据，而不会导致代码杂乱且难以阅读。使用注解能够帮助我们避免编写累赘的部署描述文件，以及其他生成的文件。而Javadoc中的**@deprecated**被**@Deprecated**注解取代的事实也说明，与注释性文字相比，注解绝对更适合用于 1106
描述类相关的信息。

Java SE5仅提供了很少的内置注解。这意味着如果你在别处找不到可用的类库，那就只能自己创建新的注解以及相应的处理器。有了**apt**工具的帮助，程序员可以同时编译新产生的源文件，以及简化构建过程，不过就目前的情况看，**mirror** API只能给予你一些基本功能，帮助你找到Java类定义中的元素。正如你已经看到的，Javassist能够用来操作字节码，或者你也可以编写自己的字节码操作工具。

这个状况将来一定会改善，API提供方，以及各种framework一定会将注解包含在其提供的工具集内。通过**@Unit**系统，我们可以想像得到，注解很可能将引发Java编程体验的巨大改变。

所选习题的答案都可以在名为The Thinking in Java Annotated Solution Guide的电子文档中找 1107~1108
到，读者可以从https://www.mindviewllc.com购买此文档。

⊖ 应我们的请求，Shigeru Chiba博士将**CtClass.removeMethod()**加入了其中。

第21章 并　　发

到目前为止，你学到的都是有关*顺序编程*的知识。即程序中的所有事物在任意时刻都只能执行一个步骤。

编程问题中相当大的一部分都可以通过使用顺序编程来解决。然而，对于某些问题，如果能够并行地执行程序中的多个部分，则会变得非常方便甚至非常必要，因为这些部分要么看起来在并发地执行，要么在多处理器环境下可以同时执行。

并行编程可以使程序执行速度得到极大提高，或者为设计某些类型的程序提供更易用的模型，或者两者皆有。但是，熟练掌握并发编程理论和技术，对于到目前为止你在本书中学习到的所有知识而言，是一种飞跃，并且是通向高级主题的中介。本章只能作为一个介绍，即便融会贯通了本章的内容，也绝不意味着你就是一个优秀的并发程序员了。

正如你应该看到的，当并行执行的任务彼此开始产生互相干涉时，实际的并发问题就会接踵而至。这可能会以一种微妙而偶然的方式发生，我们可以很公正地说，并发"具有可论证的确定性，但是实际上具有不可确定性"。这就是说，你可以得出结论，通过仔细设计和代码审查，编写能够正确工作的并发程序是可能的。但是，在实际情况中，更容易发生的情况是所编写的并发程序在给定适当条件的时候，将会工作失败。这些条件可能从来都不会实际发生，或者发生得不是很频繁，以至于在测试过程中不会碰上它们。实际上，你可能无法编写出能够针对你的并发程序生成故障条件的测试代码。所产生的故障经常是偶尔发生的，并且经常是以客户抱怨的形式出现的。这是研究并发问题的最强理由：如果视而不见，你就会遭其反噬。

1109 因此，并发看起来充满了危险，如果你对它有些畏惧，这可能是件好事。尽管Java SE5在并发方面做出了显著的改进，但是仍旧没有像编译期验证或检查型异常这样的安全网，在你犯错误的时候告知你。使用并发时，你得自食其力，并且只有变得多疑而自信，才能用Java编写出可靠的多线程代码。

有时人们会认为并发对于介绍语言的书来说太高级了，因此不适合放在其中。他们认为并发是一个独立主题，可以单独来处理，并且对于少数出现在日常的程序设计中的情况（例如图形化用户界面），可以用特殊的惯用法来处理。如果你可以回避，为什么还要介绍这么复杂的主题呢?

唉，如果是这样就好了。遗憾的是，你无法选择何时在你的Java程序中出现线程。仅仅是你自己没有启动线程并不代表你就可以回避编写使用线程的代码。例如，Web系统是最常见的Java应用系统之一，而基本的Web库类、Servlet具有天生的多线程性——这很重要，因为Web服务器经常包含多个处理器，而并发是充分利用这些处理器的理想方式。即便是像Servlet这样看起来很简单的情况，你也必须理解并发问题，从而能正确地使用它们。图形化用户界面也是类似的情况，你将在第22章中看到。尽管Swing和SWT类库都拥有针对线程安全的机制，但是不理解并发，就很难了解如何正确地使用它们。

Java是一种多线程语言，并且提出了并发问题，不管你是否意识到了。因此，有很多使用中的Java程序，要么只是偶尔工作，要么在大多数时间里工作，并且会由于未发现的并发缺陷而时不时地神秘崩溃。有时这种崩溃是温和的，但有时却意味着重要数据的丢失，并且如果没有意识到并发问题，你可能最终会认为问题出在其他什么地方，而不在你的软件中。如果程序被迁移到多处理器系统中，这些种类的问题还会被暴露或放大。基本上，了解并发可以使你意识到明显正确的程序可能会展示出不正确的行为。

学习并发编程就像进入了一个全新的领域，有点类似于学习一门新的编程语言，或者至少是学习一整套新的语言概念。要理解并发编程，其难度与理解面向对象编程差不多。如果你花点儿工夫，就能明白其基本机制，但要想真正地掌握它的实质，就需要深入的学习和理解。本 1110
章的目标就是要让读者对并发的基本知识打下坚实的基础，从而能够理解其概念并编写出合理的多线程程序。注意，你可能很容易就会变得过分自信，在你编写任何复杂程序之前，应该学习一下专门讨论这个主题的书籍。

21.1 并发的多面性

并发编程令人困惑的一个主要原因是：使用并发时需要解决的问题有多个，而实现并发的方式也有多种，并且在这两者之间没有明显的映射关系（而且通常只具有模糊的界线）。因此，你必须理解所有这些问题和特例，以便有效地使用并发。

用并发解决的问题大体上可以分为“速度”和“设计可管理性”两种。

21.1.1 更快的执行

速度问题初听起来很简单：如果你想要一个程序运行得更快，那么可以将其断开为多个片段，在单独的处理器上运行每个片段。并发是用于多处理器编程的基本工具。当前，Moore定律已经有些过时了（至少对于传统芯片是这样），速度提高是以多核处理器的形式而不是更快的芯片的形式出现的。为了使程序运行得更快，你必须学习如何利用这些额外的处理器，而这正是并发赋予你的能力。

如果你有一台多处理器的机器，那么就可以在这些处理器之间分布多个任务，从而可以极大地提高吞吐量。这是使用强有力的多处理器Web服务器的常见情况，在为每个请求分配一个线程的程序中，它可以将大量的用户请求分布到多个CPU上。

但是，并发通常是提高运行在*单处理器*上的程序的性能。

这听起来有些违背直觉。如果你仔细考虑一下就会发现，在单处理器上运行的并发程序开销确实应该比该程序的所有部分都顺序执行的开销大，因为其中增加了所谓*上下文切换*的代价 1111
（从一个任务切换到另一个任务）。表面上看，将程序的所有部分当作单个的任务运行好像是开销更小一点，并且可以节省上下文切换的代价。

使这个问题变得有些不同的是*阻塞*。如果程序中的某个任务因为该程序控制范围之外的某些条件（通常是I/O）而导致不能继续执行，那么我们就说这个任务或线程*阻塞*了。如果没有并发，则整个程序都将停止下来，直至外部条件发生变化。但是，如果使用并发来编写程序，那么当一个任务阻塞时，程序中的其他任务还可以继续执行，因此这个程序可以保持继续向前执行。事实上，从性能的角度看，如果没有任务会阻塞，那么在单处理器机器上使用并发就没有任何意义。

在单处理器系统中的性能提高的常见示例是*事件驱动的编程*。实际上，使用并发最吸引人的一个原因就是要产生具有可响应的用户界面。考虑这样一个程序，它因为将执行某些长期运行的操作，所以最终用户输入会被忽略，从而成为不可响应的程序。如果有一个“退出”按钮，那么你肯定不想在你写的每一段代码中都检查它的状态。因为这会产生非常尴尬的代码，而我们也无法保证程序员不会忘记这种检查。如果不使用并发，则产生可响应用户界面的唯一方式就是所有的任务都周期性地检查用户输入。通过创建单独的执行线程来响应用户的输入，即使这个线程在大多数时间里都是阻塞的，但是程序可以保证具有一定程度的可响应性。

程序需要连续执行它的操作，并且同时需要返回对用户界面的控制，以便使程序可以响应用户。但是传统的方法在连续执行其操作的同时，返回对程序其余部分的控制。事实上，这听起来就像是不可能之事，好像CPU必须同时位于两处一样，但是这完全是并发造成的一种错觉（在多处理器系统中，这就不只是一种幻觉了）。

实现并发最直接的方式是在操作系统级别使用*进程*。进程是运行在它自己的地址空间内的自包容的程序。多任务操作系统可以通过周期性地将CPU从一个进程切换到另一个进程，来实现同时运行多个进程（程序），尽管这使得每个进程看起来在其执行过程中都是歇歇停停。进程
1112 总是很吸引人，因为操作系统通常会将进程互相隔离开，因此它们不会彼此干涉，这使得用进程编程相对容易一些。与此相反的是，像Java所使用的这种并发系统会共享诸如内存和I/O这样的资源，因此编写多线程程序最基本的困难在于在协调不同线程驱动的任务之间对这些资源的使用，以使得这些资源不会同时被多个任务访问。

这里有一个利用操作系统进程的简单示例。在编写本书时，我会有规律地创建本书当前状态的多个冗余备份副本。我会在本地目录中保存一个副本，在记忆棒上保存一个副本，在Zip盘上保存一个副本，还会在远程FTP站点上保存一个副本。为了自动化这个过程，我还编写了一个小程序（用Python写的，但是其概念是相同的），它会把本书压缩成一个文件，其文件名中带有版本号，然后执行复制操作。最初，我会顺序执行所有的复制操作，在启动下一个复制操作之前先等待前一个操作的完成。但随后我意识到，每个复制操作会依存储介质I/O速度的不同而花费不同的时间。既然我在使用多任务操作系统，那就可以将每个复制操作当作单独的进程来启动，并让它们并行地运行，这样可以加速整个程序的执行速度。当一个进程受阻时，另一个进程可以继续向前运行。

这是并发的理想示例。每个任务都作为进程在其自己的地址空间中执行，因此任务之间根本不可能互相干涉。更重要的是，对进程来说，它们之间没有任何彼此通信的需要，因为它们都是完全独立的。操作系统会处理确保文件正确复制的所有细节，因此，不会有任何风险，你可以获得更快的程序，并且完全免费。

有些人走得更远，提倡将进程作为唯一合理的并发方式[⊖]，但遗憾的是，对进程通常会有数量和开销的限制，以避免它们在不同的并发系统之间的可应用性。

某些编程语言被设计为可以将并发任务彼此隔离，这些语言通常被称为*函数型语言*，其中每个函数调用都不会产生任何副作用（并因此而不能干涉其他函数），并因此可以当作独立的任
1113 务来驱动。Erlang就是这样的语言，它包含针对任务之间彼此通信的安全机制。如果你发现程序中某个部分必须大量使用并发，并且你在试图构建这个部分时碰到了过多的问题，那么你可以考虑使用像Erlang这类专门的并发语言来创建这个部分。

Java采取了更加传统的方式，在顺序型语言的基础上提供对线程的支持[⊜]。与在多任务操作系统中分叉外部进程不同，线程机制是在由执行程序表示的单一进程中创建任务。这种方式产生的一个好处是操作系统的透明性，这对Java而言，是一个重要的设计目标。例如，在OSX之前的Macintosh操作系统版本（Java第一个版本的一个非常重要的目标系统）不支持多任务，因此，除非在Java中添加多线程机制，否则任何并发的Java程序都无法移植到Macintosh和类似的平台之上，这样就会打破“编写一次，到处运行”的要求[⊜]。

⊖ 例如，Eric Raymond在《The Art of UNIX Programming》(Addison-Wesley, 2004)中提出了这种极端情况。

⊜ 可能有人会有异议，认为将并发绑定到顺序型语言上是一种糟糕的方式，但是你必须得出自己的结论。

⊜ 这个要求从来都没有完全实现过，Sun也不再大肆吹捧了。具有讽刺意味的是，“编写一次，到处运行”并不能完全工作的原因也许是因为多线程系统中的问题而导致的——这在Java SE5中可能已经修复了。

21.1.2 改进代码设计

在单CPU机器上使用多任务的程序在任意时刻仍旧只在执行一项工作，因此从理论上讲，肯定可以不用任何任务而编写出相同的程序。但是，并发提供了一个重要的组织结构上的好处：你的程序设计可以极大地简化。某些类型的问题，例如仿真，没有并发的支持是很难解决的。

大多数人都看到过至少一种形式的仿真，例如计算机游戏或电影中计算机生成的动画。仿真通常涉及许多交互式元素，每一个都有"其自己的想法"。尽管你可能注意到了这一点，但是在单处理器机器上，每个仿真元素都是由这个处理器驱动执行的，从编程的角度看，模拟每个 1114
仿真元素都有其自己的处理器并且都是独立的任务，这种方式要容易得多。

完整的仿真可能涉及非常大量的任务，这与仿真中的每个元素都可以独立动作这一事实相对应——这其中包含门和岩石，而不仅仅只是精灵和巫师。多线程系统对可用的线程数量的限制通常都会是一个相对较小的数字，有时就是数十或数百这样的数量级。这个数字在程序控制范围之外可能会发生变化——它可能依赖于平台，或者在Java中，依赖于Java的版本。在Java中，通常要假定你不会获得足够的线程，从而使得可以为大型仿真中的每个元素都提供一个线程。

解决这个问题的典型方式是使用协作多线程。Java的线程机制是抢占式的，这表示调度机制会周期性地中断线程，将上下文切换到另一个线程，从而为每个线程都提供时间片，使得每个线程都会分配到数量合理的时间去驱动它的任务。在协作式系统中，每个任务都会自动地放弃控制，这要求程序员要有意识地在每个任务中插入某种类型的让步语句。协作式系统的优势是双重的：上下文切换的开销通常比抢占式系统要低廉许多，并且对可以同时执行的线程数量在理论上没有任何限制。当你处理大量的仿真元素时，这可以一种理想的解决方案。但是注意，某些协作式系统并未设计为可以在多个处理器之间分布任务，这可能会非常受限。

在另一个极端，当你用流行的消息系统工作时，由于消息系统涉及分布在整个网络中的多台独立的计算机，因此并发就会成为一种非常有用的模型，因为它是实际发生的模型。在这种情形中，所有的进程都彼此完全独立地运行，甚至没有任何可能去共享资源。但是，你仍旧必须在进程间同步信息，使得整个消息系统不会丢失信息或在错误的时刻混进信息。即使你没有打算在眼前大量使用并发，理解并发也会很有用，因为你可以掌握基于消息机制的架构，这些架构在创建分布式系统时是更主要的方式。 1115

并发需要付出代价，包含复杂性代价，但是这些代价与在程序设计、资源负载均衡以及用户方便使用方面的改进相比，就显得微不足道了。通常，线程使你能够创建更加松散耦合的设计，否则，你的代码中各个部分都必须显式地关注那些通常可以由线程来处理的任务。

21.2 基本的线程机制

并发编程使我们可以将程序划分为多个分离的、独立运行的任务。通过使用多线程机制，这些独立任务（也被称为子任务）中的每一个都将由执行线程来驱动。一个线程就是在进程中的一个单一的顺序控制流，因此，单个进程可以拥有多个并发执行的任务，但是你的程序使得每个任务都好像有其自己的CPU一样。其底层机制是切分CPU时间，但通常你不需要考虑它。

线程模型为编程带来了便利，它简化了在单一程序中同时交织在一起的多个操作的处理。在使用线程时，CPU将轮流给每个任务分配其占用时间 ⊖。每个任务都觉得自己在一直占用CPU，但事实上CPU时间是划分成片段分配给了所有的任务（例外情况是程序确实运行在多个CPU之

⊖ 当系统使用时间切片机制时，情况确实如此（例如Windows）。Solaris使用了FIFO并发模型：除非有高优先级的线程被唤醒，否则当前线程将一直运行，直至它被阻塞或终止。这意味着具有相同优先级的其他线程在当前线程放弃处理器之前，将不会运行。

上）。线程的一大好处是可以使你从这个层次抽身出来，即代码不必知道它是运行在具有一个还是多个CPU的机器上。所以，使用线程机制是一种建立透明的、可扩展的程序的方法，如果程序运行得太慢，为机器增添一个CPU就能很容易地加快程序的运行速度。多任务和多线程往往是使用多处理器系统的最合理方式。

21.2.1 定义任务

线程可以驱动任务，因此你需要一种描述任务的方式，这可以由**Runnable**接口来提供。要
1116 想定义任务，只需实现**Runnable**接口并编写**run()**方法，使得该任务可以执行你的命令。例如，下面的**LiftOff**任务将显示发射之前的倒计时：

```
//: concurrency/LiftOff.java
// Demonstration of the Runnable interface.

public class LiftOff implements Runnable {
  protected int countDown = 10; // Default
  private static int taskCount = 0;
  private final int id = taskCount++;
  public LiftOff() {}
  public LiftOff(int countDown) {
    this.countDown = countDown;
  }
  public String status() {
    return "#" + id + "(" +
      (countDown > 0 ? countDown : "Liftoff!") + "), ";
  }
  public void run() {
    while(countDown-- > 0) {
      System.out.print(status());
      Thread.yield();
    }
  }
} ///:~
```

标识符**id**可以用来区分任务的多个实例，它是**final**的，因为它一旦被初始化之后就不希望被修改。

任务的**run()**方法通常总会有某种形式的循环，使得任务一直运行下去直到不再需要，所以要设定跳出循环的条件（有一种选择是直接从**run()**返回）。通常，**run()**被写成无限循环的形式，这就意味着，除非有某个条件使得**run()**终止，否则它将永远运行下去（在本章后面将会看到如何安全地终止线程）。

在**run()**中对静态方法**Thread.yield()**的调用是对*线程调度器*（Java线程机制的一部分，可以将CPU从一个线程转移给另一个线程）的一种建议，它在声明："我已经执行完生命周期中最重要的部分了，此刻正是切换给其他任务执行一段时间的大好时机。"这完全是选择性的，但是这里使用它是因为它会在这些示例中产生更加有趣的输出：你更有可能会看到任务换进换出
1117 的证据。

在下面的实例中，这个任务的**run()**不是由单独的线程驱动的，它是在**main()**中直接调用的（实际上，这里仍旧使用了线程，即总是分配给**main()**的那个线程）：

```
//: concurrency/MainThread.java

public class MainThread {
  public static void main(String[] args) {
    LiftOff launch = new LiftOff();
    launch.run();
  }
} /* Output:
#0(9), #0(8), #0(7), #0(6), #0(5), #0(4), #0(3), #0(2),
```

```
#0(1), #0(Liftoff!),
*///:~
```

当从**Runnable**导出一个类时，它必须具有**run()**方法，但是这个方法并无特殊之处——它不会产生任何内在的线程能力。要实现线程行为，你必须显式地将一个任务附着到线程上。

21.2.2 Thread类

将**Runnable**对象转变为工作任务的传统方式是把它提交给一个**Thread**构造器，下面的示例展示了如何使用**Thread**来驱动**LiftOff**对象：

```
//: concurrency/BasicThreads.java
// The most basic use of the Thread class.

public class BasicThreads {
  public static void main(String[] args) {
    Thread t = new Thread(new LiftOff());
    t.start();
    System.out.println("Waiting for LiftOff");
  }
} /* Output: (90% match)
Waiting for LiftOff
#0(9), #0(8), #0(7), #0(6), #0(5), #0(4), #0(3), #0(2),
#0(1), #0(Liftoff!),
*///:~
```

Thread构造器只需要一个**Runnable**对象。调用**Thread**对象的**start()**方法为该线程执行必需的初始化操作，然后调用**Runnable**的**run()**方法，以便在这个新线程中启动该任务。尽管**start()** 1118 看起来是产生了一个对长期运行方法的调用，但是从输出中可以看到，**start()**迅速地返回了，因为Waiting for LiftoOff消息在倒计时完成之前就出现了。实际上，你产生的是对**LiftOff.run()**的方法调用，并且这个方法还没有完成，但是因为**LiftOff.run()**是由不同的线程执行的，因此你仍旧可以执行**main()**线程中的其他操作（这种能力并不局限于**main()**线程，任何线程都可以启动另一个线程）。因此，程序会同时运行两个方法，**main()**和**LiftOff.run()**是程序中与其他线程"同时"执行的代码。

你可以很容易地添加更多的线程去驱动更多的任务。下面，你可以看到所有任务彼此之间是如何互相呼应的[⊖]：

```
//: concurrency/MoreBasicThreads.java
// Adding more threads.

public class MoreBasicThreads {
  public static void main(String[] args) {
    for(int i = 0; i < 5; i++)
      new Thread(new LiftOff()).start();
    System.out.println("Waiting for LiftOff");
  }
} /* Output: (Sample)
Waiting for LiftOff
#0(9), #1(9), #2(9), #3(9), #4(9), #0(8), #1(8), #2(8),
#3(8), #4(8), #0(7), #1(7), #2(7), #3(7), #4(7), #0(6),
#1(6), #2(6), #3(6), #4(6), #0(5), #1(5), #2(5), #3(5),
#4(5), #0(4), #1(4), #2(4), #3(4), #4(4), #0(3), #1(3),
#2(3), #3(3), #4(3), #0(2), #1(2), #2(2), #3(2), #4(2),
#0(1), #1(1), #2(1), #3(1), #4(1), #0(Liftoff!),
#1(Liftoff!), #2(Liftoff!), #3(Liftoff!), #4(Liftoff!),
*///:~
```

输出说明不同任务的执行在线程被换进换出时混在了一起。这种交换是由线程调度器自动控

⊖ 在本例中，单一线程（**main()**）在创建所有的**LiftOff**线程。但是，如果多个线程在创建**LiftOff**线程，那么就有可能会有多个**LiftOff**拥有相同的**id**。在本章稍后你会了解到这是为什么。

1119 制的。如果在你的机器上有多个处理器，线程调度器将会在这些处理器之间默默地分发线程[⊖]。

这个程序一次运行的结果可能与另一次运行的结果不同，因为线程调度机制是非确定性的。事实上，你可以看到，在某个版本的JDK与下个版本之间，这个简单程序的输出会产生巨大的差异。例如，较早的JDK不会频繁对时间切片，因此线程1可能会首先循环到尽头，然后线程2会经历其所有循环，等等。这实际上与调用一个例程去同时执行所有的循环一样，只是启动所有线程的代价要更加高昂。较晚的JDK看起来会产生更好的时间切片行为，因此每个线程看起来都会获得更加正规的服务。通常，Sun并为提及这些种类的JDK的行为变化，因此你不能依赖于任何线程行为的一致性。最好的方式是在编写使用线程的代码时，尽可能地保守。

当**main()**创建**Thread**对象时，它并没有捕获任何对这些对象的引用。在使用普通对象时，这对于垃圾回收来说是一场公平的游戏，但是在使用**Thread**时，情况就不同了。每个**Thread**都"注册"了它自己，因此确实有一个对它的引用，而且在它的任务退出其**run()**并死亡之前，垃圾回收器无法清除它。你可以从输出中看到，这些任务确实运行到了结束，因此，一个线程会创建一个单独的执行线程，在对**start()**的调用完成之后，它仍旧会继续存在。

练习1：(2) 实现一个**Runnable**。在**run()**内部打印一个消息，然后调用**yield()**。重复这个操作三次，然后从**run()**中返回。在构造器中放置一条启动消息，并且放置一条在任务终止时的关闭消息。使用线程创建大量的这种任务并驱动它们。

练习2：(2) 遵循**generic/Fibonacci.java**的形式，创建一个任务，它可以产生由**n**个斐波纳契数字组成的序列，其中**n**是通过任务的构造器而提供的。使用线程创建大量的这种任务并驱动它们。

21.2.3 使用Executor

Java SE5的**java.util.concurrent**包中的执行器（**Executor**）将为你管理**Thread**对象，从而简
1120 化了并发编程。**Executor**在客户端和任务执行之间提供了一个间接层；与客户端直接执行任务不同，这个中介对象将执行任务。**Executor**允许你管理异步任务的执行，而无须显式地管理线程的生命周期。**Executor**在Java SE5/6中是启动任务的优选方法。

我们可以使用**Executor**来代替在**MoreBasicThreads.java**中显示地创建**Thread**对象。**LiftOff**对象知道如何运行具体的任务，与命令设计模式一样，它暴露了要执行的单一方法。**ExecutorService**（具有服务生命周期的**Executor**，例如关闭）知道如何构建恰当的上下文来执行**Runnable**对象。在下面的示例中，**CachedThreadPool**将为每个任务都创建一个线程。注意，**ExecutorService**对象是使用静态的**Executor**方法创建的，这个方法可以确定其**Executor**类型：

```
//: concurrency/CachedThreadPool.java
import java.util.concurrent.*;

public class CachedThreadPool {
  public static void main(String[] args) {
    ExecutorService exec = Executors.newCachedThreadPool();
    for(int i = 0; i < 5; i++)
      exec.execute(new LiftOff());
    exec.shutdown();
  }
} /* Output: (Sample)
#0(9), #0(8), #1(9), #2(9), #3(9), #4(9), #0(7), #1(8),
#2(8), #3(8), #4(8), #0(6), #1(7), #2(7), #3(7), #4(7),
#0(5), #1(6), #2(6), #3(6), #4(6), #0(4), #1(5), #2(5),
#3(5), #4(5), #0(3), #1(4), #2(4), #3(4), #4(4), #0(2),
#1(3), #2(3), #3(3), #4(3), #0(1), #1(2), #2(2), #3(2),
#4(2), #0(Liftoff!), #1(1), #2(1), #3(1), #4(1),
```

⊖ 对于某些最早版本的Java来说，情况并非如此。

```
#1(Liftoff!), #2(Liftoff!), #3(Liftoff!), #4(Liftoff!),
*///:~
```

非常常见的情况是，单个的**Executor**被用来创建和管理系统中所有的任务。

对**shutdown()**方法的调用可以防止新任务被提交给这个**Executor**，当前线程（在本例中，即驱动**main()**的线程）将继续运行在**shutdown()**被调用之前提交的所有任务。这个程序将在**Executor**中的所有任务完成之后尽快退出。 1121

你可以很容易地将前面示例中的**CachedThreadPool**替换为不同类型的**Executor**。**FixedThreadPool**使用了有限的线程集来执行所提交的任务：

```
//: concurrency/FixedThreadPool.java
import java.util.concurrent.*;

public class FixedThreadPool {
  public static void main(String[] args) {
    // Constructor argument is number of threads:
    ExecutorService exec = Executors.newFixedThreadPool(5);
    for(int i = 0; i < 5; i++)
      exec.execute(new LiftOff());
    exec.shutdown();
  }
} /* Output: (Sample)
#0(9), #0(8), #1(9), #2(9), #3(9), #4(9), #0(7), #1(8),
#2(8), #3(8), #4(8), #0(6), #1(7), #2(7), #3(7), #4(7),
#0(5), #1(6), #2(6), #3(6), #4(6), #0(4), #1(5), #2(5),
#3(5), #4(5), #0(3), #1(4), #2(4), #3(4), #4(4), #0(2),
#1(3), #2(3), #3(3), #4(3), #0(1), #1(2), #2(2), #3(2),
#4(2), #0(Liftoff!), #1(1), #2(1), #3(1), #4(1),
#1(Liftoff!), #2(Liftoff!), #3(Liftoff!), #4(Liftoff!),
*///:~
```

有了**FixedThreadPool**，你就可以一次性预先执行代价高昂的线程分配，因而也就可以限制线程的数量了。这可以节省时间，因为你不用为每个任务都固定地付出创建线程的开销。在事件驱动的系统中，需要线程的事件处理器，通过直接从池中获取线程，也可以如你所愿地尽快得到服务。你不会滥用可获得的资源，因为**FixedThreadPool**使用的**Thread**对象的数量是有界的。

注意，在任何线程池中，现有线程在可能的情况下，都会被自动复用。

尽管本书将使用**CachedThreadPool**，但是也应该考虑在产生线程的代码中使用**FixedThreadPool**。**CachedThreadPool**在程序执行过程中通常会创建与所需数量相同的线程，然后在它回收旧线程时停止创建新线程，因此它是合理的**Executor**的首选。只有当这种方式会引发问题时，你才需要切换到**FixedThreadPool**。 1122

SingleThreadExecutor就像是线程数量为1的**FixedThreadPool**[⊖]。这对于你希望在另一个线程中连续运行的任何事物（长期存活的任务）来说，都是很有用的，例如监听进入的套接字连接的任务。它对于希望在线程中运行的短任务也同样很方便，例如，更新本地或远程日志的小任务，或者是事件分发线程。

如果向**SingleThreadExecutor**提交了多个任务，那么这些任务将排队，每个任务都会在下一个任务开始之前运行结束，所有的任务将使用相同的线程。在下面的示例中，你可以看到每个任务都是按照它们被提交的顺序，并且是在下一个任务开始之前完成的。因此，**SingleThreadExecutor**会序列化所有提交给它的任务，并会维护它自己（隐藏）的悬挂任务队列。

⊖ 它还提供了一种重要的并发保证，其他线程不会（即没有两个线程会）被并发调用。这会改变任务的加锁需求（你将在本章稍后学习锁机制）。

```
//: concurrency/SingleThreadExecutor.java
import java.util.concurrent.*;

public class SingleThreadExecutor {
  public static void main(String[] args) {
    ExecutorService exec =
      Executors.newSingleThreadExecutor();
    for(int i = 0; i < 5; i++)
      exec.execute(new LiftOff());
    exec.shutdown();
  }
} /* Output:
#0(9), #0(8), #0(7), #0(6), #0(5), #0(4), #0(3), #0(2),
#0(1), #0(Liftoff!), #1(9), #1(8), #1(7), #1(6), #1(5),
#1(4), #1(3), #1(2), #1(1), #1(Liftoff!), #2(9), #2(8),
#2(7), #2(6), #2(5), #2(4), #2(3), #2(2), #2(1),
#2(Liftoff!), #3(9), #3(8), #3(7), #3(6), #3(5), #3(4),
#3(3), #3(2), #3(1), #3(Liftoff!), #4(9), #4(8), #4(7),
#4(6), #4(5), #4(4), #4(3), #4(2), #4(1), #4(Liftoff!),
*///:~
```

作为另一个示例，假设你有大量的线程，那它们运行的任务将使用文件系统。你可以用
1123 **SingleThreadExecutor**来运行这些线程，以确保任意时刻在任何线程中都只有唯一的任务在运行。在这种方式中，你不需要在共享资源上处理同步（同时不会过度使用文件系统）。有时更好的解决方案是在资源上同步（你将在本章稍后学习），但是**SingleThreadExecutor**可以让你省去只是为了维持某些事物的原型而进行的各种协调努力。通过序列化任务，你可以消除对序列化对象的需求。

练习3：(1) 使用本节展示的各种不同类型的执行器重复练习1。

练习4：(1) 使用本节展示的各种不同类型的执行器重复练习2。

21.2.4 从任务中产生返回值

Runnable是执行工作的独立任务，但是它不返回任何值。如果你希望任务在完成时能够返回一个值，那么可以实现**Callable**接口而不是**Runnable**接口。在Java SE5中引入的**Callabel**是一种具有类型参数的泛型，它的类型参数表示的是从方法**call()**（而不是**run()**）中返回的值，并且必须使用**ExecutorService.submit()**方法调用它，下面是一个简单示例：

```
//: concurrency/CallableDemo.java
import java.util.concurrent.*;
import java.util.*;

class TaskWithResult implements Callable<String> {
  private int id;
  public TaskWithResult(int id) {
    this.id = id;
  }
  public String call() {
    return "result of TaskWithResult " + id;
  }
}

public class CallableDemo {
  public static void main(String[] args) {
    ExecutorService exec = Executors.newCachedThreadPool();
    ArrayList<Future<String>> results =
      new ArrayList<Future<String>>();
    for(int i = 0; i < 10; i++)
      results.add(exec.submit(new TaskWithResult(i)));
    for(Future<String> fs : results)
      try {
        // get() blocks until completion:
```
1124

```
        System.out.println(fs.get());
      } catch(InterruptedException e) {
        System.out.println(e);
        return;
      } catch(ExecutionException e) {
        System.out.println(e);
      } finally {
        exec.shutdown();
      }
  }
} /* Output:
result of TaskWithResult 0
result of TaskWithResult 1
result of TaskWithResult 2
result of TaskWithResult 3
result of TaskWithResult 4
result of TaskWithResult 5
result of TaskWithResult 6
result of TaskWithResult 7
result of TaskWithResult 8
result of TaskWithResult 9
*///:~
```

submit()方法会产生**Future**对象，它用**Callable**返回结果的特定类型进行了参数化。你可以用**isDone()**方法来查询**Future**是否已经完成。当任务完成时，它具有一个结果，你可以调用**get()**方法来获取该结果。你也可以不用**isDone()**进行检查就直接调用**get()**，在这种情况下，**get()**将阻塞，直至结果准备就绪。你还可以在试图调用**get()**来获取结果之前，先调用具有超时的**get()**，或者调用**isDone()**来查看任务是否完成。

练习5：(2) 修改练习2，使得计算所有斐波纳契数字的数值总和的任务成为**Callable**。创建多个任务并显示结果。 1125

21.2.5 休眠

影响任务行为的一种简单方法是调用**sleep()**，这将使任务中止执行给定的时间。在**LiftOff**类中，要是把对**yield()**的调用换成是调用**sleep()**，将得到如下结果：

```
//: concurrency/SleepingTask.java
// Calling sleep() to pause for a while.
import java.util.concurrent.*;

public class SleepingTask extends LiftOff {
  public void run() {
    try {
      while(countDown-- > 0) {
        System.out.print(status());
        // Old-style:
        // Thread.sleep(100);
        // Java SE5/6-style:
        TimeUnit.MILLISECONDS.sleep(100);
      }
    } catch(InterruptedException e) {
      System.err.println("Interrupted");
    }
  }
  public static void main(String[] args) {
    ExecutorService exec = Executors.newCachedThreadPool();
    for(int i = 0; i < 5; i++)
      exec.execute(new SleepingTask());
    exec.shutdown();
  }
} /* Output:
#0(9), #1(9), #2(9), #3(9), #4(9), #0(8), #1(8), #2(8),
#3(8), #4(8), #0(7), #1(7), #2(7), #3(7), #4(7), #0(6),
#1(6), #2(6), #3(6), #4(6), #0(5), #1(5), #2(5), #3(5),
```

```
#4(5), #0(4), #1(4), #2(4), #3(4), #4(4), #0(3), #1(3),
#2(3), #3(3), #4(3), #0(2), #1(2), #2(2), #3(2), #4(2),
#0(1), #1(1), #2(1), #3(1), #4(1), #0(Liftoff!),
#1(Liftoff!), #2(Liftoff!), #3(Liftoff!), #4(Liftoff!),
*///:~
```

对**sleep()**的调用可以抛出**InterruptedException**异常，并且你可以看到，它在**run()**中被捕获。
1126 因为异常不能跨线程传播回**main()**，所以你必须在本地处理所有在任务内部产生的异常。

Java SE5引入了更加显式的**sleep()**版本，作为**TimeUnit**类的一部分，就像上面示例所示的那样。这个方法允许你指定**sleep()**延迟的时间单元，因此可以提供更好的可阅读性。**TimeUnit**还可以被用来执行转换，就像稍后你会在本书中看到的那样。

你可能会注意到，这些任务是按照“完美的分布”顺序运行的，即从0到4，然后再回过头从0开始，当然这取决于你的平台。这是有意义的，因为在每个打印语句之后，每个任务都将要睡眠（即阻塞），这使得线程调度器可以切换到另一个线程，进而驱动另一个任务。但是，顺序行为依赖于底层的线程机制，这种机制在不同的操作系统之间是有差异的，因此，你不能依赖于它。如果你必须控制任务执行的顺序，那么最好的押宝就是使用同步控制（稍候描述），或者在某些情况下，压根不使用线程，但是要编写自己的协作例程，这些例程将会按照指定的顺序在互相之间传递控制权。

练习6：(2) 创建一个任务，它将睡眠1至10秒之间的随机数量的时间，然后显示它的睡眠时间并退出。创建并运行一定数量的这种任务。

21.2.6 优先级

线程的优先级将该线程的重要性传递给了调度器。尽管CPU处理现有线程集的顺序是不确定的，但是调度器将倾向于让优先权最高的线程先执行。然而，这并不是意味着优先权较低的线程将得不到执行（也就是说，优先权不会导致死锁）。优先级较低的线程仅仅是执行的频率较低。

在绝大多数时间里，所有线程都应该以默认的优先级运行。试图操纵线程优先级通常是一种错误。

下面是一个演示优先级等级的示例，你可以用**getPriority()**来读取现有线程的优先级，并且在任何时刻都可以通过**setPriority()**来修改它。

1127

```
//: concurrency/SimplePriorities.java
// Shows the use of thread priorities.
import java.util.concurrent.*;

public class SimplePriorities implements Runnable {
  private int countDown = 5;
  private volatile double d; // No optimization
  private int priority;
  public SimplePriorities(int priority) {
    this.priority = priority;
  }
  public String toString() {
    return Thread.currentThread() + ": " + countDown;
  }
  public void run() {
    Thread.currentThread().setPriority(priority);
    while(true) {
      // An expensive, interruptable operation:
      for(int i = 1; i < 100000; i++) {
        d += (Math.PI + Math.E) / (double)i;
        if(i % 1000 == 0)
          Thread.yield();
      }
```

```
        System.out.println(this);
        if(--countDown == 0) return;
      }
    }
    public static void main(String[] args) {
      ExecutorService exec = Executors.newCachedThreadPool();
      for(int i = 0; i < 5; i++)
        exec.execute(
          new SimplePriorities(Thread.MIN_PRIORITY));
      exec.execute(
          new SimplePriorities(Thread.MAX_PRIORITY));
      exec.shutdown();
    }
  } /* Output: (70% match)
  Thread[pool-1-thread-6,10,main]: 5
  Thread[pool-1-thread-6,10,main]: 4
  Thread[pool-1-thread-6,10,main]: 3
  Thread[pool-1-thread-6,10,main]: 2
  Thread[pool-1-thread-6,10,main]: 1
  Thread[pool-1-thread-3,1,main]: 5
  Thread[pool-1-thread-2,1,main]: 5
  Thread[pool-1-thread-1,1,main]: 5
  Thread[pool-1-thread-5,1,main]: 5
  Thread[pool-1-thread-4,1,main]: 5
  ...
  *///:~
```

1128

toString()方法被覆盖，以便使用**Thread.toString()**方法来打印线程的名称、线程的优先级以及线程所属的”线程组”。你可以通过构造器来自己设置这个名称；这里是自动生成的名称，如**pool-1-thread-1**，**pool-1-thread-2**等。覆盖后的**toString()**方法还打印了线程的倒计数值。注意，你可以在一个任务的内部，通过调用**Thread.currentThread()**来获得对驱动该任务的**Thread**对象的引用。

可以看到，最后一个线程的优先级最高，其余所有线程的优先级被设为最低。注意，优先级是在**run()**的开头部分设定的，在构造器中设置它们不会有任何好处，因为**Executor**在此刻还没有开始执行任务。

在**run()**里，执行了100 000次开销相当大的浮点运算，包括**double**类型的加法与除法。变量**d**是**volatile**的，以努力确保不进行任何编译器优化。如果没有加入这些运算的话，就看不到设置优先级的效果（试一试：把包含**double**运算的**for**循环注释掉）。有了这些运算，就能观察到优先级为**MAX_PRIORITY**的线程被线程调度器优先选择（至少在我的Windows XP机器上是这样）。尽管向控制台打印也是开销较大的操作，但在那种情况下看不出优先级的效果，因为向控制台打印不能被中断（否则的话，在多线程情况下控制台显示就乱套了），而数学运算是可以中断的。这里运算时间足够的长，因此线程调度机制才来得及介入，交换任务并关注优先级，使得最高优先级线程被优先选择。

尽管JDK有10个优先级，但它与多数操作系统都不能映射得很好。比如，Windows有7个优先级且不是固定的，所以这种映射关系也是不确定的。Sun的Solaris有2^{31}个优先级。唯一可移植的方法是当调整优先级的时候，只使用**MAX_PRIORITY**、**NORM_PRIORITY**和**MIN_PRIORITY**三种级别。

21.2.7　让步

如果知道已经完成了在**run()**方法的循环的一次迭代过程中所需的工作，就可以给线程调度机制一个暗示：你的工作已经做得差不多了，可以让别的线程使用CPU了。这个暗示将通过调用**yield()**方法来作出（不过这只是一个暗示，没有任何机制保证它将会被采纳）。当调用**yield()** 1129

时，你也是在建议具有相同优先级的其他线程可以运行。

LiftOff.java使用**yield()**在各种不同的**LiftOff**任务之间产生分布良好的处理机制。尝试着注释掉**LiftOff.run()**中的**Thread.yield()**，以查看区别。但是，大体上，对于任何重要的控制或在调整应用时，都不能依赖于**yield()**。实际上，**yield()**经常被误用。

21.2.8 后台线程

所谓后台（daemon）线程，是指在程序运行的时候在后台提供一种通用服务的线程，并且这种线程并不属于程序中不可或缺的部分。因此，当所有的非后台线程结束时，程序也就终止了，同时会杀死进程中的所有后台线程。反过来说，只要有任何非后台线程还在运行，程序就不会终止。比如，执行**main()**的就是一个非后台线程。

```
//: concurrency/SimpleDaemons.java
// Daemon threads don't prevent the program from ending.
import java.util.concurrent.*;
import static net.mindview.util.Print.*;

public class SimpleDaemons implements Runnable {
  public void run() {
    try {
      while(true) {
        TimeUnit.MILLISECONDS.sleep(100);
        print(Thread.currentThread() + " " + this);
      }
    } catch(InterruptedException e) {
      print("sleep() interrupted");
    }
  }
  public static void main(String[] args) throws Exception {
    for(int i = 0; i < 10; i++) {
      Thread daemon = new Thread(new SimpleDaemons());
      daemon.setDaemon(true); // Must call before start()
      daemon.start();
    }
    print("All daemons started");
    TimeUnit.MILLISECONDS.sleep(175);
  }
} /* Output: (Sample)
All daemons started
Thread[Thread-0,5,main] SimpleDaemons@530daa
Thread[Thread-1,5,main] SimpleDaemons@a62fc3
Thread[Thread-2,5,main] SimpleDaemons@89ae9e
Thread[Thread-3,5,main] SimpleDaemons@1270b73
Thread[Thread-4,5,main] SimpleDaemons@60aeb0
Thread[Thread-5,5,main] SimpleDaemons@16caf43
Thread[Thread-6,5,main] SimpleDaemons@66848c
Thread[Thread-7,5,main] SimpleDaemons@8813f2
Thread[Thread-8,5,main] SimpleDaemons@1d58aae
Thread[Thread-9,5,main] SimpleDaemons@83cc67
...
*///:~
```

1130

必须在线程启动之前调用**setDaemon()**方法，才能把它设置为后台线程。

一旦**main()**完成其工作，就没什么能阻止程序终止了，因为除了后台线程之外，已经没有线程在运行了。**main()**线程被设定为短暂睡眠，所以可以观察到所有后台线程启动后的结果。不这样的话，你就只能看见一些后台线程创建时得到的结果（试试调整**sleep()**休眠的时间，以观察这个行为）。

SimpleDaemons.java创建了显式的线程，以便可以设置它们的后台标志。通过编写定制的**ThreadFactory**可以定制由**Executor**创建的线程的属性（后台、优先级、名称）：

```
//: net/mindview/util/DaemonThreadFactory.java
package net.mindview.util;
import java.util.concurrent.*;

public class DaemonThreadFactory implements ThreadFactory {
  public Thread newThread(Runnable r) {
    Thread t = new Thread(r);
    t.setDaemon(true);
    return t;
  }
} ///:~
```

1131

这与普通的**ThreadFactory**的唯一差异就是它将后台状态全部设置为了**true**。你现在可以用一个新的**DaemonThreadFactory**作为参数传递给**Executor.newCachedThreadPool()**：

```
//: concurrency/DaemonFromFactory.java
// Using a Thread Factory to create daemons.
import java.util.concurrent.*;
import net.mindview.util.*;
import static net.mindview.util.Print.*;

public class DaemonFromFactory implements Runnable {
  public void run() {
    try {
      while(true) {
        TimeUnit.MILLISECONDS.sleep(100);
        print(Thread.currentThread() + " " + this);
      }
    } catch(InterruptedException e) {
      print("Interrupted");
    }
  }
  public static void main(String[] args) throws Exception {
    ExecutorService exec = Executors.newCachedThreadPool(
      new DaemonThreadFactory());
    for(int i = 0; i < 10; i++)
      exec.execute(new DaemonFromFactory());
    print("All daemons started");
    TimeUnit.MILLISECONDS.sleep(500); // Run for a while
  }
} /* (Execute to see output) *///:~
```

每个静态的**ExecutorService**创建方法都被重载为接受一个**ThreadFactory**对象，而这个对象将被用来创建新的线程：

```
//: net/mindview/util/DaemonThreadPoolExecutor.java
package net.mindview.util;
import java.util.concurrent.*;

public class DaemonThreadPoolExecutor
extends ThreadPoolExecutor {
  public DaemonThreadPoolExecutor() {
    super(0, Integer.MAX_VALUE, 60L, TimeUnit.SECONDS,
      new SynchronousQueue<Runnable>(),
      new DaemonThreadFactory());
  }
} ///:~
```

1132

可以通过调用**isDaemon()**方法来确定线程是否是一个后台线程。如果是一个后台线程，那么它创建的任何线程将被自动设置成后台线程，如下例所示：

```
//: concurrency/Daemons.java
// Daemon threads spawn other daemon threads.
import java.util.concurrent.*;
import static net.mindview.util.Print.*;
```

```
class Daemon implements Runnable {
  private Thread[] t = new Thread[10];
  public void run() {
    for(int i = 0; i < t.length; i++) {
      t[i] = new Thread(new DaemonSpawn());
      t[i].start();
      printnb("DaemonSpawn " + i + " started, ");
    }
    for(int i = 0; i < t.length; i++)
      printnb("t[" + i + "].isDaemon() = " +
        t[i].isDaemon() + ", ");
    while(true)
      Thread.yield();
  }
}

class DaemonSpawn implements Runnable {
  public void run() {
    while(true)
      Thread.yield();
  }
}

public class Daemons {
  public static void main(String[] args) throws Exception {
    Thread d = new Thread(new Daemon());
    d.setDaemon(true);
    d.start();
    printnb("d.isDaemon() = " + d.isDaemon() + ", ");
    // Allow the daemon threads to
    // finish their startup processes:
    TimeUnit.SECONDS.sleep(1);
  }
} /* Output: (Sample)
d.isDaemon() = true, DaemonSpawn 0 started, DaemonSpawn 1
started, DaemonSpawn 2 started, DaemonSpawn 3 started,
DaemonSpawn 4 started, DaemonSpawn 5 started, DaemonSpawn 6
started, DaemonSpawn 7 started, DaemonSpawn 8 started,
DaemonSpawn 9 started, t[0].isDaemon() = true,
t[1].isDaemon() = true, t[2].isDaemon() = true,
t[3].isDaemon() = true, t[4].isDaemon() = true,
t[5].isDaemon() = true, t[6].isDaemon() = true,
t[7].isDaemon() = true, t[8].isDaemon() = true,
t[9].isDaemon() = true,
*///:~
```

1133

Daemon线程被设置成了后台模式，然后派生出许多子线程，这些线程并没有被显式地设置为后台模式，不过它们的确是后台线程。接着，**Daemon**线程进入了无限循环，并在循环里调用**yield()**方法把控制权交给其他进程。

你应该意识到后台进程在不执行**finally**子句的情况下就会终止其**run()**方法：

```
//: concurrency/DaemonsDontRunFinally.java
// Daemon threads don't run the finally clause
import java.util.concurrent.*;
import static net.mindview.util.Print.*;

class ADaemon implements Runnable {
  public void run() {
    try {
      print("Starting ADaemon");
      TimeUnit.SECONDS.sleep(1);
    } catch(InterruptedException e) {
      print("Exiting via InterruptedException");
    } finally {
      print("This should always run?");
```

```
      }
    }
  }
  public class DaemonsDontRunFinally {
    public static void main(String[] args) throws Exception {
      Thread t = new Thread(new ADaemon());
      t.setDaemon(true);
      t.start();
    }
  } /* Output:
  Starting ADaemon
  *///:~
```
1134

当你运行这个程序时，你将看到**finally**子句就不会执行，但是如果你注释掉对**setDaemon()**的调用，就会看到**finally**子句将会执行。

这种行为是正确的，即便你基于前面对**finally**给出的承诺，并不希望出现这种行为，但情况仍将如此。当最后一个非后台线程终止时，后台线程会“突然”终止。因此一旦**main()**退出，JVM就会立即关闭所有的后台进程，而不会有任何你希望出现的确认形式。因为你不能以优雅的方式来关闭后台线程，所以它们几乎不是一种好的思想。非后台的**Executor**通常是一种更好的方式，因为**Executor**控制的所有任务可以同时被关闭。正如你将要在本章稍后看到的，在这种情况下，关闭将以有序的方式执行。

练习7：(2) 在**Daemons.java**中使用不同的休眠时间，并观察结果。

练习8：(1) 把**SimpleThread.java**中的所有线程修改成后台线程，并验证一旦**main()**退出，程序立刻终止。

练习9：(3) 修改**SimplePriorities.java**，使得定制的**ThreadFactory**可以设置线程的优先级。

21.2.9 编码的变体

到目前为止，在你所看到的示例中，任务类都实现了**Runnable**。在非常简单的情况下，你可能会希望使用直接从**Thread**继承这种可替换的方式，就像下面这样：

1135

```
//: concurrency/SimpleThread.java
// Inheriting directly from the Thread class.

public class SimpleThread extends Thread {
  private int countDown = 5;
  private static int threadCount = 0;
  public SimpleThread() {
    // Store the thread name:
    super(Integer.toString(++threadCount));
    start();
  }
  public String toString() {
    return "#" + getName() + "(" + countDown + "), ";
  }
  public void run() {
    while(true) {
      System.out.print(this);
      if(--countDown == 0)
        return;
    }
  }
  public static void main(String[] args) {
    for(int i = 0; i < 5; i++)
      new SimpleThread();
  }
} /* Output:
#1(5), #1(4), #1(3), #1(2), #1(1), #2(5), #2(4), #2(3),
#2(2), #2(1), #3(5), #3(4), #3(3), #3(2), #3(1), #4(5),
#4(4), #4(3), #4(2), #4(1), #5(5), #5(4), #5(3), #5(2),
```

```
#5(1),
*///:~
```

你可以通过调用适当的**Thread**构造器为**Thread**对象赋予具体的名称，这个名称可以通过使用**getName()**从**toString()**中获得。

另一种可能会看到的惯用法是自管理的**Runnable**：

```
//: concurrency/SelfManaged.java
// A Runnable containing its own driver Thread.

public class SelfManaged implements Runnable {
  private int countDown = 5;
  private Thread t = new Thread(this);
  public SelfManaged() { t.start(); }
  public String toString() {
    return Thread.currentThread().getName() +
      "(" + countDown + "), ";
1136  }
  public void run() {
    while(true) {
      System.out.print(this);
      if(--countDown == 0)
        return;
    }
  }
  public static void main(String[] args) {
    for(int i = 0; i < 5; i++)
      new SelfManaged();
  }
} /* Output:
Thread-0(5), Thread-0(4), Thread-0(3), Thread-0(2), Thread-
0(1), Thread-1(5), Thread-1(4), Thread-1(3), Thread-1(2),
Thread-1(1), Thread-2(5), Thread-2(4), Thread-2(3), Thread-
2(2), Thread-2(1), Thread-3(5), Thread-3(4), Thread-3(3),
Thread-3(2), Thread-3(1), Thread-4(5), Thread-4(4), Thread-
4(3), Thread-4(2), Thread-4(1),
*///:~
```

这与从**Thread**继承并没有什么特别的差异，只是语法稍微晦涩一些。但是，实现接口使得你可以继承另一个不同的类，而从**Thread**继承将不行。

注意，**start()**是在构造器中调用的。这个示例相当简单，因此可能是安全的，但是你应该意识到，在构造器中启动线程可能会变得很有问题，因为另一个任务可能会在构造器结束之前开始执行，这意味着该任务能够访问处于不稳定状态的对象。这是优选**Executor**而不是显式地创建**Thread**对象的另一个原因。

有时通过使用内部类来将线程代码隐藏在类中将会很有用，就像下面这样：

```
//: concurrency/ThreadVariations.java
// Creating threads with inner classes.
import java.util.concurrent.*;
import static net.mindview.util.Print.*;

// Using a named inner class:
class InnerThread1 {
1137  private int countDown = 5;
  private Inner inner;
  private class Inner extends Thread {
    Inner(String name) {
      super(name);
      start();
    }
    public void run() {
      try {
        while(true) {
```

```
        print(this);
        if(--countDown == 0) return;
        sleep(10);
      }
    } catch(InterruptedException e) {
      print("interrupted");
    }
  }
  public String toString() {
    return getName() + ": " + countDown;
  }
}
public InnerThread1(String name) {
  inner = new Inner(name);
}
}

// Using an anonymous inner class:
class InnerThread2 {
  private int countDown = 5;
  private Thread t;
  public InnerThread2(String name) {
    t = new Thread(name) {
      public void run() {
        try {
          while(true) {
            print(this);
            if(--countDown == 0) return;
            sleep(10);
          }
        } catch(InterruptedException e) {
          print("sleep() interrupted");
        }
      }
      public String toString() {
        return getName() + ": " + countDown;
      }
    };
    t.start();
  }
}

// Using a named Runnable implementation:
class InnerRunnable1 {
  private int countDown = 5;
  private Inner inner;
  private class Inner implements Runnable {
    Thread t;
    Inner(String name) {
      t = new Thread(this, name);
      t.start();
    }
    public void run() {
      try {
        while(true) {
          print(this);
          if(--countDown == 0) return;
          TimeUnit.MILLISECONDS.sleep(10);
        }
      } catch(InterruptedException e) {
        print("sleep() interrupted");
      }
    }
    public String toString() {
      return t.getName() + ": " + countDown;
    }
  }
```

1138

```
  public InnerRunnable1(String name) {
    inner = new Inner(name);
  }
}

// Using an anonymous Runnable implementation:
class InnerRunnable2 {
  private int countDown = 5;
  private Thread t;
  public InnerRunnable2(String name) {
    t = new Thread(new Runnable() {
1139      public void run() {
        try {
          while(true) {
            print(this);
            if(--countDown == 0) return;
            TimeUnit.MILLISECONDS.sleep(10);
          }
        } catch(InterruptedException e) {
          print("sleep() interrupted");
        }
      }
      public String toString() {
        return Thread.currentThread().getName() +
          ": " + countDown;
      }
    }, name);
    t.start();
  }
}

// A separate method to run some code as a task:
class ThreadMethod {
  private int countDown = 5;
  private Thread t;
  private String name;
  public ThreadMethod(String name) { this.name = name; }
  public void runTask() {
    if(t == null) {
      t = new Thread(name) {
        public void run() {
          try {
            while(true) {
              print(this);
              if(--countDown == 0) return;
              sleep(10);
            }
          } catch(InterruptedException e) {
            print("sleep() interrupted");
          }
        }
        public String toString() {
          return getName() + ": " + countDown;
        }
      };
1140      t.start();
    }
  }
}

public class ThreadVariations {
  public static void main(String[] args) {
    new InnerThread1("InnerThread1");
    new InnerThread2("InnerThread2");
    new InnerRunnable1("InnerRunnable1");
    new InnerRunnable2("InnerRunnable2");
    new ThreadMethod("ThreadMethod").runTask();
```

```
    }
} /* (Execute to see output) *///:~
```

InnerThread1创建了一个扩展自**Thread**的匿名内部类，并且在构造器中创建了这个内部类的一个实例。如果内部类具有你在其他方法中需要访问的特殊能力（新方法），那这么做将会很有意义。但是，在大多数时候，创建线程的原因只是为了使用**Thread**的能力，因此不必创建匿名内部类。**InnerThread2**展示了可替换的方式：在构造器中创建一个匿名的**Thread**子类，并且将其向上转型为**Thread**引用**t**。如果类中的其他方法需要访问**t**，那它们可以通过**Thread**接口来实现，并且不需要了解该对象的确切类型。

该示例的第三个和第四个类重复了前面的两个类，但是它们使用的是**Runnable**接口而不是**Thread**类。

ThreadMethod类展示了在方法内部如何创建线程。当你准备好运行线程时，就可以调用这个方法，而在线程开始之后，该方法将返回。如果该线程只执行辅助操作，而不是该类的重要操作，那么这与在该类的构造器内部启动线程相比，可能是一种更加有用而适合的方式。

练习10：(4) 按照**ThreadMethod**类修改练习5，使得**runTask()**方法将接受一个参数，表示要计算总和的斐波纳契数字的数量，并且，每次调用**runTask()**时，它将返回对**submit()**的调用所产生的**Future**。 1141

21.2.10 术语

正如前面各节所示，在Java中，你可以选择如何实现并发编程，并且这个选择会令人困惑。这个问题通常来自于用来描述并发程序技术的术语，特别是涉及线程的那些。

到目前为止，你应该看到要执行的任务与驱动它的线程之间有一个差异，这个差异在Java类库中尤为明显，因为你对**Thread**类实际没有任何控制权（并且这种隔离在使用执行器时更加明显，因为执行器将替你处理线程的创建和管理）。你创建任务，并通过某种方式将一个线程附着到任务上，以使得这个线程可以驱动任务。

在Java中，**Thread**类自身不执行任何操作，它只是驱动赋予它的任务，但是线程研究中总是不变地使用“线程执行这项或那项动作”这样的语言。因此，你得到的印象就是“线程就是任务”，当我第一次碰到Java线程时，这种印象非常强烈，以至于我看到了一种明显的“是一个”关系，这就像是在说，很明显我应该从**Thread**继承出一个任务。另外，**Runnable**接口的名字选择很糟糕，所以我认为**Task**应该是好得多名字。如果接口只是其方法的返型封装，那么“它执行能做的事情”这种命名方式将是恰当的，但是如果它是要表示更高层的抽象，例如**Task**，那么概念名将有用。

问题是各种抽象级别被混在了一起。从概念上讲，我们希望创建独立于其他任务运行的任务，因此我们应该能够定义任务，然后说“开始”，并且不用操心其细节。但是在物理上，创建线程可能会代价高昂，因此你必须保存并管理它们。这样，从实现的角度看，将任务从线程中分离出来是很有意义的。另外，Java的线程机制基于来自C的低级的p线程方式，这是一种你必须深入研究，并且需要须完全理解其所有事物的所有细节的方式。这种低级特性部分地渗入了Java的实现中，因此为了处于更高的抽象级别，在编写代码时，你必须遵循规则（我将在本章中努力演示这些规则）。

为了澄清这些讨论，我将尝试着在描述将要执行的工作时使用术语“任务”，只有在我引用 1142
到驱动任务的具体机制时，才使用“线程”。因此，如果你在概念级别上讨论系统，那就可以只使用“任务”，而压根不需要提及驱动机制。

21.2.11 加入一个线程

一个线程可以在其他线程之上调用**join()**方法，其效果是等待一段时间直到第二个线程结束才继续执行。如果某个线程在另一个线程t上调用**t.join()**，此线程将被挂起，直到目标线程t结束才恢复（即**t.isAlive()**返回为假）。

也可以在调用**join()**时带上一个超时参数（单位可以是毫秒，或者毫秒和纳秒），这样如果目标线程在这段时间到期时还没有结束的话，**join()**方法总能返回。

对**join()**方法的调用可以被中断，做法是在调用线程上调用**interrupt()**方法，这时需要用到**try-catch**子句。

下面这个例子演示了所有这些操作：

```java
//: concurrency/Joining.java
// Understanding join().
import static net.mindview.util.Print.*;

class Sleeper extends Thread {
  private int duration;
  public Sleeper(String name, int sleepTime) {
    super(name);
    duration = sleepTime;
    start();
  }
  public void run() {
    try {
      sleep(duration);
    } catch(InterruptedException e) {
      print(getName() + " was interrupted. " +
        "isInterrupted(): " + isInterrupted());
      return;
    }
    print(getName() + " has awakened");
  }
}
```

1143

```java
class Joiner extends Thread {
  private Sleeper sleeper;
  public Joiner(String name, Sleeper sleeper) {
    super(name);
    this.sleeper = sleeper;
    start();
  }
  public void run() {
   try {
      sleeper.join();
    } catch(InterruptedException e) {
      print("Interrupted");
    }
    print(getName() + " join completed");
  }
}

public class Joining {
  public static void main(String[] args) {
    Sleeper
      sleepy = new Sleeper("Sleepy", 1500),
      grumpy = new Sleeper("Grumpy", 1500);
    Joiner
      dopey = new Joiner("Dopey", sleepy),
      doc = new Joiner("Doc", grumpy);
    grumpy.interrupt();
  }
} /* Output:
Grumpy was interrupted. isInterrupted(): false
Doc join completed
Sleepy has awakened
Dopey join completed
*///:~
```

Sleeper是一个**Thread**类型，它要休眠一段时间，这段时间是通过构造器传进来的参数所指定的。在**run()**中，**sleep()**方法有可能在指定的时间期满时返回，但也可能被中断。在**catch**子句中，将根据**isInterrupted()**的返回值报告这个中断。当另一个线程在该线程上调用**interrupt()**时，将给该线程设定一个标志，表明该线程已经被中断。然而，异常被捕获时将清理这个标志，所以在**catch**子句中，在异常被捕获的时候这个标志总是为假。除异常之外，这个标志还可用于其他情况，比如线程可能会检查其中断状态。 1144

Joiner线程将通过在**Sleeper**对象上调用**join()**方法来等待**Sleeper**醒来。在**main()**里面，每个**Sleeper**都有一个**Joiner**，这可以在输出中发现，如果**Sleeper**被中断或者是正常结束，**Joiner**将和**Sleeper**一同结束。

注意，Java SE5的**java.util.concurrent**类库包含诸如**CyclicBarrier**（本章稍后会展示）这样的工具，它们可能比最初的线程类库中的**join()**更加适合。

21.2.12 创建有响应的用户界面

如前所述，使用线程的动机之一就是建立有响应的用户界面。尽管我们要到第22章才接触到图形用户界面，但下面还是给出了一个基于控制台用户界面的简单教学示例。下面的例子有两个版本：一个关注于运算，所以不能读取控制台输入；另一个把运算放在任务里单独运行，此时就可以在进行运算的同时监听控制台输入。

```
//: concurrency/ResponsiveUI.java
// User interface responsiveness.
// {RunByHand}

class UnresponsiveUI {
  private volatile double d = 1;
  public UnresponsiveUI() throws Exception {
    while(d > 0)
      d = d + (Math.PI + Math.E) / d;
    System.in.read(); // Never gets here
  }
}

public class ResponsiveUI extends Thread {
  private static volatile double d = 1;
  public ResponsiveUI() {
    setDaemon(true);
    start();
  }
  public void run() {
    while(true) {
      d = d + (Math.PI + Math.E) / d;
    }
  }
  public static void main(String[] args) throws Exception {
    //! new UnresponsiveUI(); // Must kill this process
    new ResponsiveUI();
    System.in.read();
    System.out.println(d); // Shows progress
  }
} ///:~
```

1145

UnresponsiveUI在一个无限的**while**循环里执行运算，显然程序不可能到达读取控制台输入的那一行（编译器被欺骗了，相信**while**的条件使得程序能到达读取控制台输入的那一行）。如果把建立**UnresponsiveUI**的那一行的注释解除掉再运行程序，那么要终止它的话，就只能杀死这个进程。

要想让程序有响应，就得把计算程序放在**run()**方法中，这样它就能让出处理器给别的程序。

当你按下“回车”键的时候，可以看到计算确实在作为后台程序运行，同时还在等待用户输入。

21.2.13 线程组

线程组持有一个线程集合。线程组的价值可以引用Joshua Bloch[1]的话来总结，他在Sun时是软件架构师，订正并极大地改善了JDK1.2中Java集合类库：

“*最好把线程组看成是一次不成功的尝试，你只要忽略它就好了。*”

如果你花费了大量的时间和精力试图发现线程组的价值（就像我一样），那么你可能会惊异，为什么没有来自Sun的关于这个主题的官方声明，多年以来，相同的问题对于Java发生的其他变化也询问过无数遍。诺贝尔经济学奖得主Joseph Stiglitz的生活哲学可以用来解释这个问题[2]，它
1146 被称为承诺升级理论（The Theory of Escalating Commitment）：

“*继续错误的代价由别人来承担，而承认错误的代价由自己承担。*”

21.2.14 捕获异常

由于线程的本质特性，使得你不能捕获从线程中逃逸的异常。一旦异常逃出任务的**run()**方法，它就会向外传播到控制台，除非你采取特殊的步骤捕获这种错误的异常。在Java SE5之前，你可以使用线程组来捕获这些异常，但是有了Java SE5，就可以用**Executor**来解决这个问题，因此你就不再需要了解有关线程组的任何知识了（除非要理解遗留代码，请查看可以从www.MindView.net下载的《Thinking in Java（2nd Edition）》，以了解线程组的细节）。

下面的任务总是会抛出一个异常，该异常会传播到其**run()**方法的外部，并且**main()**展示了当你运行它时所发生的事情：

```
//: concurrency/ExceptionThread.java
// {ThrowsException}
import java.util.concurrent.*;

public class ExceptionThread implements Runnable {
  public void run() {
    throw new RuntimeException();
  }
  public static void main(String[] args) {
    ExecutorService exec = Executors.newCachedThreadPool();
    exec.execute(new ExceptionThread());
  }
} ///:~
```

输出如下（将某些限定符修整为适合显示）：

```
java.lang.RuntimeException
        at ExceptionThread.run(ExceptionThread.java:7)
        at ThreadPoolExecutor$Worker.runTask(Unknown Source)
        at ThreadPoolExecutor$Worker.run(Unknown Source)
        at java.lang.Thread.run(Unknown Source)
```

将**main**的主体放到**try-catch**语句块中是没有作用的：

1147

```
//: concurrency/NaiveExceptionHandling.java
// {ThrowsException}
import java.util.concurrent.*;
public class NaiveExceptionHandling {
  public static void main(String[] args) {
    try {
      ExecutorService exec =
        Executors.newCachedThreadPool();
      exec.execute(new ExceptionThread());
```

---

[1] 《Effective Java™ Programming Language Guide》，Joshua Bloch著，Addison-Wesley, 2001, 第211页。本书中文版已由机械工业出版社出版。——编辑注

[2] 以及贯穿于Java有生以来的其他许多问题。嗯，问什么止步于此呢？因为我已经参考过很多存在这个问题的项目了。

```
    } catch(RuntimeException ue) {
      // This statement will NOT execute!
      System.out.println("Exception has been handled!");
    }
  }
} ///:~
```

这将产生与前面示例相同的结果：未捕获的异常。

为了解决这个问题，我们要修改**Executor**产生线程的方式。**Thread.UncaughtException-Handler**是Java SE5中的新接口，它允许你在每个**Thread**对象上都附着一个异常处理器。**Thread.UncaughtExceptionHandler.uncaughtException()**会在线程因未捕获的异常而临近死亡时被调用。为了使用它，我们创建了一个新类型的**ThreadFactory**，它将在每个新创建的**Thread**对象上附着一个**Thread.UncaughtExceptionHandler**。我们将这个工厂传递给**Executors**创建新的**ExecutorService**的方法：

```
//: concurrency/CaptureUncaughtException.java
import java.util.concurrent.*;

class ExceptionThread2 implements Runnable {
  public void run() {
    Thread t = Thread.currentThread();
    System.out.println("run() by " + t);
    System.out.println(
      "eh = " + t.getUncaughtExceptionHandler());
    throw new RuntimeException();
  }
}

class MyUncaughtExceptionHandler implements
Thread.UncaughtExceptionHandler {
  public void uncaughtException(Thread t, Throwable e) {
    System.out.println("caught " + e);
  }
}

class HandlerThreadFactory implements ThreadFactory {
  public Thread newThread(Runnable r) {
    System.out.println(this + " creating new Thread");
    Thread t = new Thread(r);
    System.out.println("created " + t);
    t.setUncaughtExceptionHandler(
      new MyUncaughtExceptionHandler());
    System.out.println(
      "eh = " + t.getUncaughtExceptionHandler());
    return t;
  }
}

public class CaptureUncaughtException {
  public static void main(String[] args) {
    ExecutorService exec = Executors.newCachedThreadPool(
      new HandlerThreadFactory());
    exec.execute(new ExceptionThread2());
  }
} /* Output: (90% match)
HandlerThreadFactory@de6ced creating new Thread
created Thread[Thread-0,5,main]
eh = MyUncaughtExceptionHandler@1fb8ee3
run() by Thread[Thread-0,5,main]
eh = MyUncaughtExceptionHandler@1fb8ee3
caught java.lang.RuntimeException
*///:~
```

1148

在程序中添加了额外的跟踪机制，用来验证工厂创建的线程会传递给**UncaughtException-**

Handler。你现在可以看到，未捕获的异常是通过**uncaughtException**来捕获的。

上面的示例使得你可以按照具体情况逐个地设置处理器。如果你知道将要在代码中处处使用相同的异常处理器，那么更简单的方式是在**Thread**类中设置一个静态域，并将这个处理器设置为默认的未捕获异常处理器：

```
//: concurrency/SettingDefaultHandler.java
import java.util.concurrent.*;

public class SettingDefaultHandler {
1149  public static void main(String[] args) {
    Thread.setDefaultUncaughtExceptionHandler(
      new MyUncaughtExceptionHandler());
    ExecutorService exec = Executors.newCachedThreadPool();
    exec.execute(new ExceptionThread());
  }
} /* Output:
caught java.lang.RuntimeException
*///:~
```

这个处理器只有在不存在线程专有的未捕获异常处理器的情况下才会被调用。系统会检查线程专有版本，如果没有发现，则检查线程组是否有其专有的**uncaughtException()**方法，如果也没有，再调用**defaultUncaughtExceptionHandler**。

21.3 共享受限资源

可以把单线程程序当作在问题域求解的单一实体，每次只能做一件事情。因为只有一个实体，所以永远不用担心诸如“两个实体试图同时使用同一个资源”这样的问题–比如，两个人在同一个地方停车，两个人同时走过一扇门，甚至是两个人同时说话。

有了并发就可以同时做多件事情了，但是，两个或多个线程彼此互相干涉的问题也就出现了。如果不防范这种冲突，就可能发生两个线程同时试图访问同一个银行账户，或向同一个打印机打印，改变同一个值等诸如此类的问题。

21.3.1 不正确地访问资源

考虑下面的例子，其中一个任务产生偶数，而其他任务消费这些数字。这里，消费者任务的唯一工作就是检查偶数的有效性。

首先，我们定义**EvenChecker**，即消费者任务，因为它将在随后所有的示例中被复用。为了将**EvenChecker**与我们要试验的各种类型的生成器解耦，我们将创建一个名为**IntGenerator**的抽象类，它包含**EvenChecker**必须了解的必不可少的方法：即一个**next()**方法，和一个可以执行撤销的方法。这个类没有实现**Generator**接口，因为它必须产生一个**int**，而泛型不支持基本类型
1150 的参数：

```
//: concurrency/IntGenerator.java

public abstract class IntGenerator {
  private volatile boolean canceled = false;
  public abstract int next();
  // Allow this to be canceled:
  public void cancel() { canceled = true; }
  public boolean isCanceled() { return canceled; }
} ///:~
```

IntGenerator有一个**cancel()**方法，可以修改**boolean**类型的**canceled**标志的状态；还有一个**isCanceled()**方法，可以查看该对象是否已经被取消。因为**canceled**标志是**boolean**类型的，所以它是原子性的，即诸如赋值和返回值这样的简单操作在发生时没有中断的可能，因此你不会看

到这个域处于在执行这些简单操作的过程中的中间状态。为了保证可视性，**canceled**标志还是**volatile**的。你将在本章稍后学习原子性和可视性。

任何**IntGenerator**都可以用下面的**EvenChecker**类来测试：

```
//: concurrency/EvenChecker.java
import java.util.concurrent.*;

public class EvenChecker implements Runnable {
  private IntGenerator generator;
  private final int id;
  public EvenChecker(IntGenerator g, int ident) {
    generator = g;
    id = ident;
  }
  public void run() {
    while(!generator.isCanceled()) {
      int val = generator.next();
      if(val % 2 != 0) {
        System.out.println(val + " not even!");
        generator.cancel(); // Cancels all EvenCheckers
      }
    }
  }
  // Test any type of IntGenerator:
  public static void test(IntGenerator gp, int count) {
    System.out.println("Press Control-C to exit");
    ExecutorService exec = Executors.newCachedThreadPool();
    for(int i = 0; i < count; i++)
      exec.execute(new EvenChecker(gp, i));
    exec.shutdown();
  }
  // Default value for count:
  public static void test(IntGenerator gp) {
    test(gp, 10);
  }
} ///:~
```

1151

注意，在本例中可以被撤销的类不是**Runnable**，而所有依赖于**IntGenerator**对象的**EvenChecker**任务将测试它，以查看它是否已经被撤销，正如你在**run()**中所见。通过这种方式，共享公共资源（**IntGenerator**）的任务可以观察该资源的终止信号。这可以消除所谓竞争条件，即两个或更多的任务竞争响应某个条件，因此产生冲突或不一致结果的情况。你必须仔细考虑并防范并发系统失败的所有可能途径，例如，一个任务不能依赖于另一个任务，因为任务关闭的顺序无法得到保证。这里，通过使任务依赖于非任务对象，我们可以消除潜在的竞争条件。

test()方法通过启动大量使用相同的**IntGenerator**的**EvenChecker**，设置并执行对任何类型的**IntGenerator**的测试。如果**IntGenerator**引发失败，那么**test()**将报告它并返回，否则，你必须按下Control-C来终止它。

EvenChecker任务总是读取和测试从与其相关的**IntGenerator**返回的值。注意，如果**generator.isCanceled()**为**true**，则**run()**将返回，这将告知**EvenChecker.test()**中的**Executor**该任务完成了。任何**EvenChecker**任务都可以在与其相关联的**IntGenerator**上调用**cancel()**，这将导致所有其他使用该**IntGenerator**的**EvenChecker**得体地关闭。在后面各节中，你将看到Java包含的用于线程终止的各种更通用的机制。

我们看到的第一个**IntGenerator**有一个可以产生一系列偶数值的**next()**方法：

```
//: concurrency/EvenGenerator.java
// When threads collide.

public class EvenGenerator extends IntGenerator {
```

1152
```
    private int currentEvenValue = 0;
    public int next() {
      ++currentEvenValue; // Danger point here!
      ++currentEvenValue;
      return currentEvenValue;
    }
    public static void main(String[] args) {
      EvenChecker.test(new EvenGenerator());
    }
  } /* Output: (Sample)
  Press Control-C to exit
  89476993 not even!
  89476993 not even!
  *///:~
```

一个任务有可能在另一个任务执行第一个对**currentEvenValue**的递增操作之后，但是没有执行第二个操作之前，调用**next()**方法（即，代码中被注释为“Danger point here!”的地方）。这将使这个值处于“不恰当”的状态。为了证明这是可能发生的，**EvenChecker.test()**创建了一组**EvenChecker**对象，以连续地读取并输出同一个**EvenGenerator**，并测试检查每个数值是否都是偶数。如果不是，就会报告错误，而程序也将关闭。

这个程序最终将失败，因为各个**EvenChecker**任务在**EvenGenerator**处于“不恰当的”状态时，仍能够访问其中的信息。但是，根据你使用的特定的操作系统和其他实现细节，直到**EvenCenerator**完成多次循环之前，这个问题都不会被探测到。如果你希望更快地发现失败，可以尝试着将对**yield()**的调用放置到第一个和第二个递增操作之间。这只是并发程序的部分问题——如果失败的概率非常低，那么即使存在缺陷，它们也可能看起来是正确的。

有一点很重要，那就是要注意到递增程序自身也需要多个步骤，并且在递增过程中任务可能会被线程机制挂起——也就是说，在Java中，递增不是原子性的操作。因此，如果不保护任务，即使单一的递增也不是安全的。

21.3.2 解决共享资源竞争

前面的示例展示了使用线程时的一个基本问题：你永远都不知道一个线程何时在运行。想象一下，你坐在桌边手拿叉子，正要去叉盘子中的最后一片食物，当你的叉子就要够着它时，
1153 这片食物突然消失了，因为你的线程被挂起了，而另一个餐者进入并吃掉了它。这正是在你编写并发程序时需要处理的问题。对于并发工作，你需要某种方式来防止两个任务访问相同的资源，至少在关键阶段不能出现这种情况。

防止这种冲突的方法就是当资源被一个任务使用时，在其上加锁。第一个访问某项资源的任务必须锁定这项资源，使其他任务在其被解锁之前，就无法访问它了，而在其被解锁之时，另一个任务就可以锁定并使用它，以此类推。如果汽车前排座位是受限资源，那么大喊着“冲呀！”的孩子就会（在这次旅途过程中）获取其上的锁。

基本上所有的并发模式在解决线程冲突问题的时候，都是采用*序列化访问共享资源*的方案。这意味着在给定时刻只允许一个任务访问共享资源。通常这是通过在代码前面加上一条锁语句来实现的，这就使得在一段时间内只有一个任务可以运行这段代码。因为锁语句产生了一种互相排斥的效果，所以这种机制常常称为*互斥量*（mutex）。

考虑一下屋子里的浴室：多个人（即多个由线程驱动的任务）都希望能单独使用浴室（即共享资源）。为了使用浴室，一个人先敲门，看看是否能使用。如果没人的话，他就进入浴室并锁上门。这时其他人要使用浴室的话，就会被“阻挡”，所以他们要在浴室门口等待，直到浴室可以使用。

当浴室使用完毕，就该把浴室给其他人使用了（别的任务就可以访问资源了），这个比喻就

有点不太准确了。事实上，人们并没有排队，我们也不能确定谁将是下一个使用浴室的人，因为线程调度机制并不是确定性的。实际情况是：等待使用浴室的人们簇拥在浴室门口，当锁住浴室门的那个人打开锁准备离开的时候，离门最近的那个人可能进入浴室。如前所述，可以通过**yield()**和**setPriority()**来给线程调度器提供建议，但这些建议未必会有多大效果，这取决于你的具体平台和JVM实现。

Java以提供关键字**synchronized**的形式，为防止资源冲突提供了内置支持。当任务要执行被**synchronized**关键字保护的代码片段的时候，它将检查锁是否可用，然后获取锁，执行代码，释放锁。 1154

共享资源一般是以对象形式存在的内存片段，但也可以是文件、输入/输出端口，或者是打印机。要控制对共享资源的访问，得先把它包装进一个对象。然后把所有要访问这个资源的方法标记为**synchronized**。如果某个任务处于一个对标记为**synchronized**的方法的调用中，那么在这个线程从该方法返回之前，其他所有要调用类中任何标记为**synchronized**方法的线程都会被阻塞。

在生成偶数的代码中，你已经看到了，你应该将类的数据成员都声明为**private**的，而且只能通过方法来访问这些数据；所以可以把方法标记为**synchronized**来防止资源冲突。下面是声明**synchronized**方法的方式：

```
synchronized void f() { /* ... */ }
synchronized void g() { /* ... */ }
```

所有对象都自动含有单一的锁（也称为监视器）。当在对象上调用其任意**synchronized**方法的时候，此对象都被加锁，这时该对象上的其他**synchronized**方法只有等到前一个方法调用完毕并释放了锁之后才能被调用。对于前面的方法，如果某个任务对对象调用了**f()**，对于同一个对象而言，就只能等到**f()**调用结束并释放了锁之后，其他任务才能调用**f()**和**g()**。所以，对于某个特定对象来说，其所有**synchronized**方法共享同一个锁，这可以被用来防止多个任务同时访问被编码为对象内存。

注意，在使用并发时，将域设置为**private**是非常重要的，否则，**synchronized**关键字就不能防止其他任务直接访问域，这样就会产生冲突。

一个任务可以多次获得对象的锁。如果一个方法在同一个对象上调用了第二个方法，后者又调用了同一对象上的另一个方法，就会发生这种情况。JVM负责跟踪对象被加锁的次数。如果一个对象被解锁（即锁被完全释放），其计数变为0。在任务第一次给对象加锁的时候，计数变为1。每当这个相同的任务在这个对象上获得锁时，计数都会递增。显然，只有首先获得了锁的任务才能允许继续获取多个锁。每当任务离开一个**synchronized**方法，计数递减，当计数为零的时候，锁被完全释放，此时别的任务就可以使用此资源。 1155

针对每个类，也有一个锁（作为类的**Class**对象的一部分），所以**synchronized static**方法可以在类的范围内防止对**static**数据的并发访问。

你应该什么时候同步呢？可以运用Brian的同步规则[⊖]：

如果你正在写一个变量，它可能接下来将被另一个线程读取，或者正在读取一个上一次已经被另一个线程写过的变量，那么你必须使用同步，并且，读写线程都必须用相同的监视器锁同步。

如果在你的类中有超过一个方法在处理临界数据，那么你必须同步所有相关的方法。如果只同步一个方法，那么其他方法将会随意地忽略这个对象锁，并可以在无任何惩罚的情况下被调用。这是很重要的一点：每个访问临界共享资源的方法都必须被同步，否则它们就不会正确地工作。

⊖ 引自Brian Goetz，《Java Concurrency in Practice》的作者，这本书的作者包括Brian Goetz、Tim Peierls、Joshua Bloch、Joseph Bowbeer、David Holmes和Doug Lea（Addison-Wesley，2006）。

同步控制EvenGenerator

通过在**EvenGenerator.java**中加入**synchronized**关键字，可以防止不希望的线程访问：

```
//: concurrency/SynchronizedEvenGenerator.java
// Simplifying mutexes with the synchronized keyword.
// {RunByHand}

public class
SynchronizedEvenGenerator extends IntGenerator {
  private int currentEvenValue = 0;
  public synchronized int next() {
    ++currentEvenValue;
    Thread.yield(); // Cause failure faster
    ++currentEvenValue;
    return currentEvenValue;
  }
  public static void main(String[] args) {
    EvenChecker.test(new SynchronizedEvenGenerator());
  }
} ///:~
```

1156

对**Thread.yield()**的调用被插入到了两个递增操作之间，以提高在**currentEvenValue**是奇数状态时上下文切换的可能性。因为互斥可以防止多个任务同时进入临界区，所以这不会产生任何失败。但是如果失败将会发生，调用**yield()**是一种促使其发生的有效方式。

第一个进入**next()**的任务将获得锁，任何其他试图获取锁的任务都将从其开始尝试之时被阻塞，直至第一个任务释放锁。通过这种方式，任何时刻只有一个任务可以通过由互斥量看护的代码。

练习11：(3) 创建一个类，它包含两个数据域和一个操作这些域的方法，其操作过程是多步骤的。这样在该方法执行过程中，这些域将处于“不正确的状态”(根据你设定的某些定义)。添加读取这些域的方法，创建多个线程去调用各种方法，并展示处于“不正确状态的”数据是可视的。使用**synchronized**关键字修复这个问题。

使用显式的Lock对象

Java SE5的**java.util.concurrent**类库还包含有定义在**java.util.concurrent.locks**中的显式的互斥机制。**Lock**对象必须被显式地创建、锁定和释放。因此，它与内建的锁形式相比，代码缺乏优雅性。但是，对于解决某些类型的问题来说，它更加灵活。下面用显式的**Lock**重写的是**SyschronizedEventGenerator.java**：

```
//: concurrency/MutexEvenGenerator.java
// Preventing thread collisions with mutexes.
// {RunByHand}
import java.util.concurrent.locks.*;

public class MutexEvenGenerator extends IntGenerator {
  private int currentEvenValue = 0;
  private Lock lock = new ReentrantLock();
  public int next() {
    lock.lock();
    try {
      ++currentEvenValue;
      Thread.yield(); // Cause failure faster
      ++currentEvenValue;
      return currentEvenValue;
    } finally {
      lock.unlock();
    }
  }
  public static void main(String[] args) {
    EvenChecker.test(new MutexEvenGenerator());
  }
} ///:~
```

1157

MutexEvenGenerator添加了一个被互斥调用的锁，并使用**lock()**和**unlock()**方法在**next()**内部创建了临界资源。当你在使用**Lock**对象时，将这里所示的惯用法内部化是很重要的：紧接着的对**lock()**的调用，你必须放置在**finally**子句中带有**unlock()**的**try-finally**语句中。注意，**return**语句必须在**try**子句中出现，以确保**unlock()**不会过早发生，从而将数据暴露给了第二个任务。

尽管**try-finally**所需的代码比**synchronized**关键字要多，但是这也代表了显式的**Lock**对象的优点之一。如果在使用**synchronized**关键字时，某些事物失败了，那么就会抛出一个异常。但是你没有机会去做任何清理工作，以维护系统使其处于良好状态。有了显式的**Lock**对象，你就可以使用**finally**子句将系统维护在正确的状态了。

大体上，当你使用**synchronized**关键字时，需要写的代码量更少，并且用户错误出现的可能性也会降低，因此通常只有在解决特殊问题时，才使用显式的**Lock**对象。例如，用**synchronized**关键字不能尝试着获取锁且最终获取锁会失败，或者尝试着获取锁一段时间，然后放弃它，要实现这些，你必须使用**concurrent**类库：

1158

```
//: concurrency/AttemptLocking.java
// Locks in the concurrent library allow you
// to give up on trying to acquire a lock.
import java.util.concurrent.*;
import java.util.concurrent.locks.*;

public class AttemptLocking {
  private ReentrantLock lock = new ReentrantLock();
  public void untimed() {
    boolean captured = lock.tryLock();
    try {
      System.out.println("tryLock(): " + captured);
    } finally {
      if(captured)
        lock.unlock();
    }
  }
  public void timed() {
    boolean captured = false;
    try {
      captured = lock.tryLock(2, TimeUnit.SECONDS);
    } catch(InterruptedException e) {
      throw new RuntimeException(e);
    }
    try {
      System.out.println("tryLock(2, TimeUnit.SECONDS): " +
        captured);
    } finally {
      if(captured)
        lock.unlock();
    }
  }
  public static void main(String[] args) {
    final AttemptLocking al = new AttemptLocking();
    al.untimed(); // True -- lock is available
    al.timed();   // True -- lock is available
    // Now create a separate task to grab the lock:
    new Thread() {
      { setDaemon(true); }
      public void run() {
        al.lock.lock();
        System.out.println("acquired");
      }
    }.start();
    Thread.yield(); // Give the 2nd task a chance
    al.untimed(); // False -- lock grabbed by task
    al.timed();   // False -- lock grabbed by task
```

```
    }
} /* Output:
tryLock(): true
tryLock(2, TimeUnit.SECONDS): true
acquired
tryLock(): false
tryLock(2, TimeUnit.SECONDS): false
*///:~
```

1159

ReentrantLock允许你尝试着获取但最终未获取锁，这样如果其他人已经获取了这个锁，那你就可以决定离开去执行其他一些事情，而不是等待直至这个锁被释放，就像在**untimed()**方法中所看到的。在**timed()**中，做出了尝试去获取锁，该尝试可以在2秒之后失败（注意，使用了Java SE5的**TimeUnit**类来指定时间单位）。在**main()**中，作为匿名类而创建了一个单独的**Thread**，它将获取锁，这使得**untimed()**和**timed()**方法对某些事物将产生竞争。

显式的**Lock**对象在加锁和释放锁方面，相对于内建的**synchronized**锁来说，还赋予了你更细粒度的控制力。这对于实现专有同步结构是很有用的，例如用于遍历链接列表中的节点的节节传递的加锁机制（也称为锁耦合），这种遍历代码必须在释放当前节点的锁之前捕获下一个节点的锁。

21.3.3 原子性与易变性

在有关Java线程的讨论中，一个常不正确的知识是“原子操作不需要进行同步控制”。原子操作是不能被线程调度机制中断的操作；一旦操作开始，那么它一定可以在可能发生的“上下文切换”之前（切换到其他线程执行）执行完毕。依赖于原子性是很棘手且很危险的，如果你是一个并发专家，或者你得到了来自这样的专家的帮助，你才应该使用原子性来代替同步。如果你认为自己足够聪明可以应付这种玩火似的情况，那么请接受下面的测试：

Goetz测试㊀：*如果你可以编写用于现代微处理器的高性能JVM，那么就有资格去考虑是否可以避免同步*㊁。

1160 了解原子性是很有用的，并且要知道原子性与其他高级技术一道，在**java.util.concurrent**类库中已经实现了某些更加巧妙的构件。但是要坚决抵挡住完全依赖自己的能力去进行处理的这种欲望，请看看之前表述的Brian的同步规则。

原子性可以应用于除**long**和**double**之外的所有基本类型之上的“简单操作”。对于读取和写入除**long**和**double**之外的基本类型变量这样的操作，可以保证它们会被当作不可分（原子）的操作来操作内存。但是JVM可以将64位（**long**和**double**变量）的读取和写入当作两个分离的32位操作来执行，这就产生了在一个读取和写入操作中间发生上下文切换，从而导致不同的任务可以看到不正确结果的可能性（这有时被称为字撕裂，因为你可能会看到部分被修改过的数值）。但是，当你定义**long**或**double**变量时，如果使用**volatile**关键字，就会获得（简单的赋值与返回操作的）原子性（注意，在Java SE5之前，**volatile**一直未能正确地工作）。不同的JVM可以任意地提供更强的保证，但是你不应该依赖于平台相关的特性。

因此，原子操作可由线程机制来保证其不可中断，专家级的程序员可以利用这一点来编写无锁的代码，这些代码不需要被同步。但是即便是这样，它也是一种过于简化的机制。有时，甚至看起来应该是安全的原子操作，实际上也可能不安全。本书的读者通常不能通过前面提及

㊀ 以前提到的Brian Goetz命名的测试。Brian Goetz是一位并发专家，他对本章有所贡献，这都源自他那些半开玩笑的评论。

㊁ 这个测试的一个推论是：“如果某人表示线程机制很容易并且很简单，那么请确保这个人没有对你的项目做出重要的决策。如果这个人已经在这么做了，那么你就已经陷入麻烦之中了。”

的Goetz测试，因此也就不具备用原子操作来替换同步的能力。尝试着移除同步通常是一种表示不成熟优化的信号，并且将会给你招致大量的麻烦，而你却可能没有收获多少好处，甚至压根没有任何好处。

在多处理器系统（现在以多核处理器的形式出现，即在单个芯片上有多个CPU）上，相对于单处理器系统而言，可视性问题远比原子性问题多得多。一个任务做出的修改，即使在不中断的意义上讲是原子性的，对其他任务也可能是不可视的（例如，修改只是暂时性地存储在本地处理器的缓存中），因此不同的任务对应用的状态有不同的视图。另一方面，同步机制强制在处理器系统中，一个任务做出的修改必须在应用中是可视的。如果没有同步机制，那么修改时可视将无法确定。

volatile关键字还确保了应用中的可视性。如果你将一个域声明为**volatile**的，那么只要对这个域产生了写操作，那么所有的读操作就都可以看到这个修改。即便使用了本地缓存，情况也 1161
确实如此，**volatile**域会立即被写入到主存中，而读取操作就发生在主存中。

理解原子性和易变性是不同的概念这一点很重要。在非**volatile**域上的原子操作不必刷新到主存中去，因此其他读取该域的任务也不必看到这个新值。如果多个任务在同时访问某个域，那么这个域就应该是**volatile**的，否则，这个域就应该只能经由同步来访问。同步也会导致向主存中刷新，因此如果一个域完全由**synchronized**方法或语句块来防护，那就不必将其设置为是**volatile**的。

一个任务所作的任何写入操作对这个任务来说都是可视的，因此如果它只需要在这个任务内部可视，那么你就不需要将其设置为**volatile**的。

当一个域的值依赖于它之前的值时（例如递增一个计数器），**volatile**就无法工作了。如果某个域的值受到其他域的值的限制，那么**volatile**也无法工作，例如**Range**类的**lower**和**upper**边界就必须遵循**lower<=upper**的限制。

使用**volatile**而不是**synchronized**的唯一安全的情况是类中只有一个可变的域。再次提醒，你的第一选择应该是使用**synchronized**关键字，这是最安全的方式，而尝试其他任何方式都是有风险的。

什么才属于原子操作呢？对域中的值做赋值和返回操作通常都是原子性的，但是，在C++中，甚至下面的操作都可能是原子性的：

```
i++;    // Might be atomic in C++
i += 2; // Might be atomic in C++
```

但是在C++中，这要取决于编译器和处理器。你无法编写出依赖于原子性的C++跨平台代码，因为C++没有像Java（在Java SE5中）那样一致的内存模型⊖。

在Java中，上面的操作肯定不是原子性的，正如从下面的方法所产生的JVM指令中可以看到的那样：

1162

```
//: concurrency/Atomicity.java
// {Exec: javap -c Atomicity}

public class Atomicity {
  int i;
  void f1() { i++; }
  void f2() { i += 3; }
} /* Output: (Sample)
...
```

⊖ 这在即将产生的C++标准中得到了补救。

```
void f1();
  Code:
   0:        aload_0
   1:        dup
   2:        getfield       #2; //Field i:I
   5:        iconst_1
   6:        iadd
   7:        putfield       #2; //Field i:I
   10:        return

void f2();
  Code:
   0:        aload_0
   1:        dup
   2:        getfield       #2; //Field i:I
   5:        iconst_3
   6:        iadd
   7:        putfield       #2; //Field i:I
   10:        return
*///:~
```

每条指令都会产生一个get和put，它们之间还有一些其他的指令。因此在获取和放置之间，另一个任务可能会修改这个域，所以，这些操作不是原子性的：

如果你盲目地应用原子性概念，那么就会看到在下面程序中的**getValue()**符合上面的描述：

1163

```
//: concurrency/AtomicityTest.java
import java.util.concurrent.*;

public class AtomicityTest implements Runnable {
  private int i = 0;
  public int getValue() { return i; }
  private synchronized void evenIncrement() { i++; i++; }
  public void run() {
    while(true)
      evenIncrement();
  }
  public static void main(String[] args) {
    ExecutorService exec = Executors.newCachedThreadPool();
    AtomicityTest at = new AtomicityTest();
    exec.execute(at);
    while(true) {
      int val = at.getValue();
      if(val % 2 != 0) {
        System.out.println(val);
        System.exit(0);
      }
    }
  }
} /* Output: (Sample)
191583767
*///:~
```

但是，该程序将找到奇数值并终止。尽管**return i**确实是原子性操作，但是缺少同步使得其数值可以在处于不稳定的中间状态时被读取。除此之外，由于**i**也不是**volatile**的，因此还存在可视性问题。**getValue()**和**evenIncrement()**必须是**synchronized**的。在诸如此类情况下，只有并发专家才有能力进行优化，而你还是应该运用Brian的同步规则。

正如第二个示例，考虑一些更简单的事情：一个产生序列数字的类[⊖]。每当**nextSerialNumber()**被调用时，它必须向调用者返回唯一的值：

```
//: concurrency/SerialNumberGenerator.java
```

⊖ 受Joshua Bloch的《Effective Java Programming Language Guide》(Addison-Wesley，2001，190页）的启发，本书中文版已由机械工业出版社出版。——编辑注

```
public class SerialNumberGenerator {
  private static volatile int serialNumber = 0;
  public static int nextSerialNumber() {
    return serialNumber++; // Not thread-safe
  }
} ///:~
```
1164

SerialNumberGenerator与你想象的一样简单，如果你有C++或其他低层语言的背景，那么可能会期望递增是原子性操作，因为C++递增通常可以作为一条微处理器指令来实现（尽管不是以任何可靠的、跨平台的形式实现）。然而正如前面注意到的，Java递增操作不是原子性的，并且涉及一个读操作和一个写操作，所以即便是在这么简单的操作中，也为产生线程问题留下了空间。正如你所看到的，易变性在这里实际上不是什么问题，真正的问题在于**nextSerialNumber()**在没有同步的情况下对共享可变值进行了访问。

基本上，如果一个域可能会被多个任务同时访问，或者这些任务中至少有一个是写入任务，那么你就应该将这个域设置为**volatile**的。如果你将一个域定义为**volatile**，那么它就会告诉编译器不要执行任何移除读取和写入操作的优化，这些操作的目的是用线程中的局部变量维护对这个域的精确同步。实际上，读取和写入都是直接针对内存的，而却没有被缓存。但是，**volatile**并不能对递增不是原子性操作这一事实产生影响。

为了测试**SerialNumberGenerator**，我们需要不会耗尽内存的集（Set），以防需要花费很长的时间来探测问题。这里所示的**CircularSet**重用了存储**int**数值的内存，并假设在你生成序列数时，产生数值覆盖冲突的可能性极小。**add()**和**contains()**方法都是**synchronized**，以防止线程冲突：

```
//: concurrency/SerialNumberChecker.java
// Operations that may seem safe are not,
// when threads are present.
// {Args: 4}
import java.util.concurrent.*;

// Reuses storage so we don't run out of memory:
class CircularSet {
  private int[] array;
  private int len;
  private int index = 0;
  public CircularSet(int size) {
    array = new int[size];
    len = size;
    // Initialize to a value not produced
    // by the SerialNumberGenerator:
    for(int i = 0; i < size; i++)
      array[i] = -1;
  }
  public synchronized void add(int i) {
    array[index] = i;
    // Wrap index and write over old elements:
    index = ++index % len;
  }
  public synchronized boolean contains(int val) {
    for(int i = 0; i < len; i++)
      if(array[i] == val) return true;
    return false;
  }
}

public class SerialNumberChecker {
  private static final int SIZE = 10;
  private static CircularSet serials =
    new CircularSet(1000);
  private static ExecutorService exec =
    Executors.newCachedThreadPool();
```
1165

```
  static class SerialChecker implements Runnable {
    public void run() {
      while(true) {
        int serial =
          SerialNumberGenerator.nextSerialNumber();
        if(serials.contains(serial)) {
          System.out.println("Duplicate: " + serial);
          System.exit(0);
        }
        serials.add(serial);
      }
    }
  }
  public static void main(String[] args) throws Exception {
1166    for(int i = 0; i < SIZE; i++)
      exec.execute(new SerialChecker());
    // Stop after n seconds if there's an argument:
    if(args.length > 0) {
      TimeUnit.SECONDS.sleep(new Integer(args[0]));
      System.out.println("No duplicates detected");
      System.exit(0);
    }
  }
} /* Output: (Sample)
Duplicate: 8468656
*///:~
```

SerialNumberChecker包含一个静态的**CircularSet**，它持有所产生的所有序列数；另外还包含一个内嵌的**SerialChecker**类，它可以确保序列数是唯一的。通过创建多个任务来竞争序列数，你将发现这些任务最终会得到重复的序列数，如果你运行的时间足够长的话。为了解决这个问题，在**nextSerialNumber()**前面添加了**synchronized**关键字。

对基本类型的读取和赋值操作被认为是安全的原子性操作。但是，正如你在**AtomicityTest.java**中看到的，当对象处于不稳定状态时，仍旧很有可能使用原子性操作来访问它们。对这个问题做出假设是棘手而危险的，最明智的做法就是遵循Brian的同步规则。

练习12：(3) 使用**synchronized**来修复**Atomicity.java**，你能证明它现在是安全的吗？

练习13：(1) 使用**synchronized**来修复**SerialNumberChecker.java**，你能证明它现在是安全的吗？

21.3.4 原子类

Java SE5引入了诸如**AtomicInteger**、**AtomicLong**、**AtomicReference**等特殊的原子性变量类，它们提供下面形式的原子性条件更新操作：

```
boolean compareAndSet(expectedValue, updateValue);
```

这些类被调整为可以使用在某些现代处理器上的可获得的，并且是在机器级别上的原子性，
1167 因此在使用它们时，通常不需要担心。对于常规编程来说，它们很少会派上用场，但是在涉及性能调优时，它们就大有用武之地了。例如，我们可以使用**AtomicInteger**来重写**AtomicityTest.java**：

```
//: concurrency/AtomicIntegerTest.java
import java.util.concurrent.*;
import java.util.concurrent.atomic.*;
import java.util.*;

public class AtomicIntegerTest implements Runnable {
  private AtomicInteger i = new AtomicInteger(0);
  public int getValue() { return i.get(); }
  private void evenIncrement() { i.addAndGet(2); }
  public void run() {
    while(true)
      evenIncrement();
```

```
    }
    public static void main(String[] args) {
      new Timer().schedule(new TimerTask() {
        public void run() {
          System.err.println("Aborting");
          System.exit(0);
        }
      }, 5000); // Terminate after 5 seconds
      ExecutorService exec = Executors.newCachedThreadPool();
      AtomicIntegerTest ait = new AtomicIntegerTest();
      exec.execute(ait);
      while(true) {
        int val = ait.getValue();
        if(val % 2 != 0) {
          System.out.println(val);
          System.exit(0);
        }
      }
    }
  } ///:~
```

这里我们通过使用**AtomicInteger**而消除了**synchronized**关键字。因为这个程序不会失败，所以添加了一个**Timer**，以便在5秒钟之后自动地终止。

下面是用**AtomicInteger**重写的**MutexEvenGenerator.java**：

```
//: concurrency/AtomicEvenGenerator.java
// Atomic classes are occasionally useful in regular code.
// {RunByHand}
import java.util.concurrent.atomic.*;

public class AtomicEvenGenerator extends IntGenerator {
  private AtomicInteger currentEvenValue =
    new AtomicInteger(0);
  public int next() {
    return currentEvenValue.addAndGet(2);
  }
  public static void main(String[] args) {
    EvenChecker.test(new AtomicEvenGenerator());
  }
} ///:~
```
1168

所有其他形式的同步再次通过使用**AtomicInteger**得到了根除。

应该强调的是，**Atomic**类被设计用来构建**java.util.concurrent**中的类，因此只有在特殊情况下才在自己的代码中使用它们，即便使用了也需要确保不存在其他可能出现的问题。通常依赖于锁要更安全一些（要么是**synchronized**关键字，要么是显式的**Lock**对象）。

练习14：(4) 创建一个程序，它可以生成许多**Timer**对象，这些对象在定时时间到达后将执行某个简单的任务。用这个程序来证明**java.util.Timer**可以扩展到很大的数目。

21.3.5 临界区

有时，你只是希望防止多个线程同时访问方法内部的部分代码而不是防止访问整个方法。通过这种方式分离出来的代码段被称为临界区（critical section），它也使用**synchronized**关键字建立。这里，**synchronized**被用来指定某个对象，此对象的锁被用来对花括号内的代码进行同步控制：

```
synchronized(syncObject) {
  // This code can be accessed
  // by only one task at a time
}
```

这也被称为同步控制块；在进入此段代码前，必须得到**syncObject**对象的锁。如果其他线程已经得到这个锁，那么就得等到锁被释放以后，才能进入临界区。 1169

通过使用同步控制块，而不是对整个方法进行同步控制，可以使多个任务访问对象的时间性能得到显著提高，下面的例子比较了这两种同步控制方法。此外，它也演示了如何把一个非保护类型的类，在其他类的保护和控制之下，应用于多线程的环境：

```
//: concurrency/CriticalSection.java
// Synchronizing blocks instead of entire methods. Also
// demonstrates protection of a non-thread-safe class
// with a thread-safe one.
package concurrency;
import java.util.concurrent.*;
import java.util.concurrent.atomic.*;
import java.util.*;

class Pair { // Not thread-safe
  private int x, y;
  public Pair(int x, int y) {
    this.x = x;
    this.y = y;
  }
  public Pair() { this(0, 0); }
  public int getX() { return x; }
  public int getY() { return y; }
  public void incrementX() { x++; }
  public void incrementY() { y++; }
  public String toString() {
    return "x: " + x + ", y: " + y;
  }
  public class PairValuesNotEqualException
  extends RuntimeException {
    public PairValuesNotEqualException() {
      super("Pair values not equal: " + Pair.this);
    }
  }
  // Arbitrary invariant -- both variables must be equal:
  public void checkState() {
    if(x != y)
      throw new PairValuesNotEqualException();
  }
}
```

1170

```
// Protect a Pair inside a thread-safe class:
abstract class PairManager {
  AtomicInteger checkCounter = new AtomicInteger(0);
  protected Pair p = new Pair();
  private List<Pair> storage =
    Collections.synchronizedList(new ArrayList<Pair>());
  public synchronized Pair getPair() {
    // Make a copy to keep the original safe:
    return new Pair(p.getX(), p.getY());
  }
  // Assume this is a time consuming operation
  protected void store(Pair p) {
    storage.add(p);
    try {
      TimeUnit.MILLISECONDS.sleep(50);
    } catch(InterruptedException ignore) {}
  }
  public abstract void increment();
}

// Synchronize the entire method:
class PairManager1 extends PairManager {
  public synchronized void increment() {
    p.incrementX();
    p.incrementY();
```

```
    store(getPair());
  }
}

// Use a critical section:
class PairManager2 extends PairManager {
  public void increment() {
    Pair temp;
    synchronized(this) {
      p.incrementX();
      p.incrementY();
      temp = getPair();
    }
    store(temp);
  }
}

class PairManipulator implements Runnable {
  private PairManager pm;
  public PairManipulator(PairManager pm) {
    this.pm = pm;
  }
  public void run() {
    while(true)
      pm.increment();
  }
  public String toString() {
    return "Pair: " + pm.getPair() +
      " checkCounter = " + pm.checkCounter.get();
  }
}

class PairChecker implements Runnable {
  private PairManager pm;
  public PairChecker(PairManager pm) {
    this.pm = pm;
  }
  public void run() {
    while(true) {
      pm.checkCounter.incrementAndGet();
      pm.getPair().checkState();
    }
  }
}

public class CriticalSection {
  // Test the two different approaches:
  static void
  testApproaches(PairManager pman1, PairManager pman2) {
    ExecutorService exec = Executors.newCachedThreadPool();
    PairManipulator
      pm1 = new PairManipulator(pman1),
      pm2 = new PairManipulator(pman2);
    PairChecker
      pcheck1 = new PairChecker(pman1),
      pcheck2 = new PairChecker(pman2);
    exec.execute(pm1);
    exec.execute(pm2);
    exec.execute(pcheck1);
    exec.execute(pcheck2);
    try {
      TimeUnit.MILLISECONDS.sleep(500);
    } catch(InterruptedException e) {
      System.out.println("Sleep interrupted");
    }
    System.out.println("pm1: " + pm1 + "\npm2: " + pm2);
    System.exit(0);
```

1171

1172

```
  }
  public static void main(String[] args) {
    PairManager
      pman1 = new PairManager1(),
      pman2 = new PairManager2();
    testApproaches(pman1, pman2);
  }
} /* Output: (Sample)
pm1: Pair: x: 15, y: 15 checkCounter = 272565
pm2: Pair: x: 16, y: 16 checkCounter = 3956974
*///:~
```

正如注释中注明的，**Pair**不是线程安全的，因为它的约束条件（虽然是任意的）需要两个变量要维护成相同的值。此外，如本章前面所述，自增加操作不是线程安全的，并且因为没有任何方法被标记为**synchronized**，所以不能保证一个**Pair**对象在多线程程序中不会被破坏。

你可以想象一下这种情况：某人交给你一个非线程安全的**Pair**类，而你需要在一个线程环境中使用它。通过创建**PairManager**类就可以实现这一点，**PairManager**类持有一个**Pair**对象并控制对它的一切访问。注意唯一的**public**方法是**getPair()**，它是**synchronized**的。对于抽象方法**increment()**，对**increment()**的同步控制将在实现的时候进行处理。

至于**PairManager**类的结构，它的一些功能在基类中实现，并且其一个或多个抽象方法在派生类中定义，这种结构在设计模式中称为*模板方法*[⊖]。设计模式使你得以把变化封装在代码里；在此，发生变化的部分是模板方法**increment()**。在**PairManager1**中，整个**increment()**方法是被同步控制的；但在**PairManager2**中，**increment()**方法使用同步控制块进行同步。注意，
1173 **synchronized**关键字不属于方法特征签名的组成部分，所以可以在覆盖方法的时候加上去。

store()方法将一个**Pair**对象添加到了**synchronized ArrayList**中，所以这个操作是线程安全的。因此，该方法不必进行防护，可以放置在**PairManager2**的**synchronized**语句块的外部。

PairManipulator被创建用来测试两种不同类型的**PairManager**，其方法是在某个任务中调用**increment()**，而**PairChecker**则在另一个任务中执行。为了跟踪可以运行测试的频度，**PairChecker**在每次成功时都递增**checkCounter**。在**main()**中创建了两个**PairManipulator**对象，并允许它们运行一段时间，之后每个**PairManipulator**的结果会得到展示。

尽管每次运行的结果可能会非常不同，但一般来说，对于**PairChecker**的检查频率，**PairManager1.increment()**不允许有**PairManager2.increment()**那样多。后者采用同步控制块进行同步，所以对象不加锁的时间更长。这也是宁愿使用同步控制块而不是对整个方法进行同步控制的典型原因：使得其他线程能更多地访问（在安全的情况下尽可能多）。

你还可以使用显式的**Lock**对象来创建临界区：

```
//: concurrency/ExplicitCriticalSection.java
// Using explicit Lock objects to create critical sections.
package concurrency;
import java.util.concurrent.locks.*;

// Synchronize the entire method:
class ExplicitPairManager1 extends PairManager {
  private Lock lock = new ReentrantLock();
  public synchronized void increment() {
    lock.lock();
    try {
      p.incrementX();
      p.incrementY();
      store(getPair());
```

⊖ 参考《设计模式》(Design Pattern)，作者Gamma等（Addison-Wesley，1995）。本书英文版、中文版及双语版均已由机械工业出版社出版——编辑注。

```
        } finally {
          lock.unlock();
        }
      }
    }

    // Use a critical section:
    class ExplicitPairManager2 extends PairManager {
      private Lock lock = new ReentrantLock();
      public void increment() {
        Pair temp;
        lock.lock();
        try {
          p.incrementX();
          p.incrementY();
          temp = getPair();
        } finally {
          lock.unlock();
        }
        store(temp);
      }
    }

    public class ExplicitCriticalSection {
      public static void main(String[] args) throws Exception {
        PairManager
          pman1 = new ExplicitPairManager1(),
          pman2 = new ExplicitPairManager2();
        CriticalSection.testApproaches(pman1, pman2);
      }
    } /* Output: (Sample)
    pm1: Pair: x: 15, y: 15 checkCounter = 174035
    pm2: Pair: x: 16, y: 16 checkCounter = 2608588
    *///:~
```

1174

这里复用了**CriticalSection.java**的绝大部分，并创建了新的使用显式的**Lock**对象的**PairManager**类型。**ExplicitPairManager2**展示了如何使用**Lock**对象来创建临界区，而对**store()**的调用则在这个临界区的外部。

21.3.6　在其他对象上同步

synchronized块必须给定一个在其上进行同步的对象，并且最合理的方式是，使用其方法正在被调用的当前对象：**synchronized(this)**，这正是**PairManager2**所使用的方式。在这种方式中，如果获得了**synchronized**块上的锁，那么该对象其他的**synchronized**方法和临界区就不能被调用了。因此，如果在**this**上同步，临界区的效果就会直接缩小在同步的范围内。

有时必须在另一个对象上同步，但是如果你要这么做，就必须确保所有相关的任务都是在同一个对象上同步的。下面的示例演示了两个任务可以同时进入同一个对象，只要这个对象上 1175
的方法是在不同的锁上同步的即可：

```
//: concurrency/SyncObject.java
// Synchronizing on another object.
import static net.mindview.util.Print.*;

class DualSynch {
  private Object syncObject = new Object();
  public synchronized void f() {
    for(int i = 0; i < 5; i++) {
      print("f()");
      Thread.yield();
    }
  }
  public void g() {
    synchronized(syncObject) {
```

```
      for(int i = 0; i < 5; i++) {
        print("g()");
        Thread.yield();
      }
    }
  }
}

public class SyncObject {
  public static void main(String[] args) {
    final DualSynch ds = new DualSynch();
    new Thread() {
      public void run() {
        ds.f();
      }
    }.start();
    ds.g();
  }
} /* Output: (Sample)
g()
f()
g()
f()
g()
f()
g()
1176 f()
g()
f()
*///:~
```

DualSync.f()（通过同步整个方法）在**this**同步，而**g()**有一个在**syncObject**上同步的**synchronized**块。因此，这两个同步是互相独立的。通过在**main()**中创建调用**f()**的**Thread**对这一点进行了演示，因为**main()**线程是被用来调用**g()**的。从输出中可以看到，这两个方式在同时运行，因此任何一个方法都没有因为对另一个方法的同步而被阻塞。

练习15：(1) 创建一个类，它具有三个方法，这些方法包含一个临界区，所有对该临界区的同步都是在同一个对象上的。创建多个任务来演示这些方法同时只能运行一个。现在修改这些方法，使得每个方法都在不同的对象上同步，并展示所有三个方法可以同时运行。

练习16：(1) 使用显式的**Lock**对象来修改练习15。

21.3.7 线程本地存储

防止任务在共享资源上产生冲突的第二种方式是根除对变量的共享。线程本地存储是一种自动化机制，可以为使用相同变量的每个不同的线程都创建不同的存储。因此，如果你有5个线程都要使用变量**x**所表示的对象，那线程本地存储就会生成5个用于**x**的不同的存储块。主要是，它们使得你可以将状态与线程关联起来。

创建和管理线程本地存储可以由**java.lang.ThreadLocal**类来实现，如下所示：

```
//: concurrency/ThreadLocalVariableHolder.java
// Automatically giving each thread its own storage.
import java.util.concurrent.*;
import java.util.*;

class Accessor implements Runnable {
  private final int id;
  public Accessor(int idn) { id = idn; }
  public void run() {
    while(!Thread.currentThread().isInterrupted()) {
      ThreadLocalVariableHolder.increment();
      System.out.println(this);
1177  Thread.yield();
```

```
    }
  }
  public String toString() {
    return "#" + id + ": " +
      ThreadLocalVariableHolder.get();
  }
}

public class ThreadLocalVariableHolder {
  private static ThreadLocal<Integer> value =
    new ThreadLocal<Integer>() {
      private Random rand = new Random(47);
      protected synchronized Integer initialValue() {
        return rand.nextInt(10000);
      }
    };
  public static void increment() {
    value.set(value.get() + 1);
  }
  public static int get() { return value.get(); }
  public static void main(String[] args) throws Exception {
    ExecutorService exec = Executors.newCachedThreadPool();
    for(int i = 0; i < 5; i++)
      exec.execute(new Accessor(i));
    TimeUnit.SECONDS.sleep(3);  // Run for a while
    exec.shutdownNow();         // All Accessors will quit
  }
} /* Output: (Sample)
#0: 9259
#1: 556
#2: 6694
#3: 1862
#4: 962
#0: 9260
#1: 557
#2: 6695
#3: 1863
#4: 963
...
*///:~
```

ThreadLocal对象通常当作静态域存储。在创建**ThreadLocal**时，你只能通过**get()**和**set()**方法来访问该对象的内容，其中，**get()**方法将返回与其线程相关联的对象的副本，而**set()**会将参数插入到为其线程存储的对象中，并返回存储中原有的对象。**increment()**和**get()**方法在**ThreadLocalVariableHolder**中演示了这一点。注意，**increment()**和**get()**方法都不是**synchronized**的，因为**ThreadLocal**保证不会出现竞争条件。 1178

当运行这个程序时，你可以看到每个单独的线程都被分配了自己的存储，因为它们每个都需要跟踪自己的计数值，即便只有一个**ThreadLocalVariableHolder**对象。

21.4 终结任务

在前面的某些示例中，**cancel()**和**isCanceled()**方法被放到了一个所有任务都可以看到的类中。这些任务通过检查**isCanceled()**来确定何时终止它们自己，对于这个问题来说，这是一种合理的方式。但是，在某些情况下，任务必须更加突然地终止。本节你将学习到有关这种终止的各类话题和问题。

首先，让我们观察一个示例，它不仅演示了终止问题，而且还是一个资源共享的示例。

21.4.1 装饰性花园

在这个仿真程序中，花园委员会希望了解每天通过多个大门进入公园的总人数。每个大门都有一个十字转门或某种其他形式的计数器，并且任何一个十字转门的计数值递增时，就表示公园中的总人数的共享计数值也会递增。

```
//: concurrency/OrnamentalGarden.java
import java.util.concurrent.*;
import java.util.*;
import static net.mindview.util.Print.*;

class Count {
  private int count = 0;
  private Random rand = new Random(47);
  // Remove the synchronized keyword to see counting fail:
  public synchronized int increment() {
1179    int temp = count;
    if(rand.nextBoolean()) // Yield half the time
      Thread.yield();
    return (count = ++temp);
  }
  public synchronized int value() { return count; }
}

class Entrance implements Runnable {
  private static Count count = new Count();
  private static List<Entrance> entrances =
    new ArrayList<Entrance>();
  private int number = 0;
  // Doesn't need synchronization to read:
  private final int id;
  private static volatile boolean canceled = false;
  // Atomic operation on a volatile field:
  public static void cancel() { canceled = true; }
  public Entrance(int id) {
    this.id = id;
    // Keep this task in a list. Also prevents
    // garbage collection of dead tasks:
    entrances.add(this);
  }
  public void run() {
    while(!canceled) {
      synchronized(this) {
        ++number;
      }
      print(this + " Total: " + count.increment());
      try {
        TimeUnit.MILLISECONDS.sleep(100);
      } catch(InterruptedException e) {
        print("sleep interrupted");
      }
    }
    print("Stopping " + this);
  }
  public synchronized int getValue() { return number; }
  public String toString() {
    return "Entrance " + id + ": " + getValue();
  }
  public static int getTotalCount() {
    return count.value();
1180  }
  public static int sumEntrances() {
    int sum = 0;
    for(Entrance entrance : entrances)
      sum += entrance.getValue();
    return sum;
  }
}

public class OrnamentalGarden {
```

```
  public static void main(String[] args) throws Exception {
    ExecutorService exec = Executors.newCachedThreadPool();
    for(int i = 0; i < 5; i++)
      exec.execute(new Entrance(i));
    // Run for a while, then stop and collect the data:
    TimeUnit.SECONDS.sleep(3);
    Entrance.cancel();
    exec.shutdown();
    if(!exec.awaitTermination(250, TimeUnit.MILLISECONDS))
      print("Some tasks were not terminated!");
    print("Total: " + Entrance.getTotalCount());
    print("Sum of Entrances: " + Entrance.sumEntrances());
  }
} /* Output: (Sample)
Entrance 0: 1 Total: 1
Entrance 2: 1 Total: 3
Entrance 1: 1 Total: 2
Entrance 4: 1 Total: 5
Entrance 3: 1 Total: 4
Entrance 2: 2 Total: 6
Entrance 4: 2 Total: 7
Entrance 0: 2 Total: 8
...
Entrance 3: 29 Total: 143
Entrance 0: 29 Total: 144
Entrance 4: 29 Total: 145
Entrance 2: 30 Total: 147
Entrance 1: 30 Total: 146
Entrance 0: 30 Total: 149
Entrance 3: 30 Total: 148
Entrance 4: 30 Total: 150
Stopping Entrance 2: 30
Stopping Entrance 1: 30
Stopping Entrance 0: 30
Stopping Entrance 3: 30
Stopping Entrance 4: 30
Total: 150
Sum of Entrances: 150
*///:~
```

1181

这里使用单个的**Count**对象来跟踪花园参观者的主计数值，并且将其当作**Entrance**类中的一个静态域进行存储。**Count.increment()**和**Count.value()**都是**synchronized**的，用来控制对**count**域的访问。**increment()**方法使用了**Random**对象，目的是在从把**count**读取到**temp**中，到递增**temp**并将其存储回**count**的这段时间里，有大约一半的时间产生让步。如果你将**increment()**上的**synchronized**关键字注释掉，那么这个程序就会崩溃，因为多个任务将同时访问并修改**count**（**yield()**会使问题更快地发生）。

每个**Entrance**任务都维护着一个本地值**number**，它包含通过某个特定入口进入的参观者的数量。这提供了对**count**对象的双重检查，以确保其记录的参观者数量是正确的。**Entrance.run()**只是递增**number**和**count**对象，然后休眠100毫秒。

因为**Entrance.canceled**是一个**volatile**布尔标志，而它只会被读取和赋值（不会与其他域组合在一起被读取），所以不需要同步对其的访问，就可以安全地操作它。如果你对诸如此类的情况有任何疑虑，那么最好总是使用**synchronized**。

这个程序在以稳定的方式关闭所有事物方面还有一些小麻烦，其部分原因是为了说明在终止多线程程序时你必须相当小心，而另一部分原因是为了演示**interrupt()**的值，稍后你将学习有关这个值的知识。

在3秒钟之后，**main()**向**Entrance**发送**static cancel()**消息，然后调用**exec**对象的**shutdown()**方法，之后调用**exec**上的**awaitTermination()**方法。**ExecutorService.awaitTermination()**等待每个任

务结束，如果所有的任务在超时时间达到之前全部结束，则返回**true**，否则返回**false**，表示不是所有的任务都已经结束了。尽管这会导致每个任务都退出其**run()**方法，并因此作为任务而终止，但是**Entrance**对象仍旧是有效的，因为在构造器中，每个**Entrance**对象都存储在称为**entrances**的
1182 静态**List<Entrance>**中。因此，**sumEntrances()**仍旧可以作用于这些有效的**Entrance**对象。

当这个程序运行时，你将看到，在人们通过十字转门时，将显示总人数和通过每个入口的人数。如果移除**Count.increment()**上面的**synchronized**声明，你将会注意到总人数与你的期望有差异，每个十字转门统计的人数将与**count**中的值不同。只要用互斥来同步对**Count**的访问，问题就可以解决了。请记住，**Count.increment()**通过使用**temp**和**yield()**，增加了失败的可能性。在真正的线程问题中，失败的可能性从统计学角度看可能非常小，因此你可能很容易就掉进了轻信所有事物都将正确工作的陷阱里。就像在上面的示例中，有些还未发生的问题就有可能会隐藏起来，因此在复审并发代码时，要格外地仔细。

练习17：(2) 创建一个辐射计数器，它可以具有任意数量的传感器。

21.4.2 在阻塞时终结

前面示例中的**Entrance.run()**在其循环中包含对**sleep()**的调用。我们知道，**sleep()**最终将唤醒，而任务也将返回循环的开始部分，去检查**canceled**标志，从而决定是否跳出循环。但是，**sleep()**一种情况，它使任务从执行状态变为被阻塞状态，而有时你必须终止被阻塞的任务。

线程状态

一个线程可以处于以下四种状态之一：

1) 新建（new）：当线程被创建时，它只会短暂地处于这种状态。此时它已经分配了必需的系统资源，并执行了初始化。此刻线程已经有资格获得CPU时间了，之后调度器将把这个线程转变为可运行状态或阻塞状态。

2) 就绪（Runnable）：在这种状态下，只要调度器把时间片分配给线程，线程就可以运行。也就是说，在任意时刻，线程可以运行也可以不运行。只要调度器能分配时间片给线程，它就可以运行；这不同于死亡和阻塞状态。

3) 阻塞（Blocked）：线程能够运行，但有某个条件阻止它的运行。当线程处于阻塞状态时，
1183 调度器将忽略线程，不会分配给线程任何CPU时间。直到线程重新进入了就绪状态，它才有可能执行操作。

4) 死亡（Dead）：处于死亡或终止状态的线程将不再是可调度的，并且再也不会得到CPU时间，它的任务已结束，或不再是可运行的。任务死亡的通常方式是从**run()**方法返回，但是任务的线程还可以被中断，你将要看到这一点。

进入阻塞状态

一个任务进入阻塞状态，可能有如下原因：

1) 通过调用**sleep(milliseconds)**使任务进入休眠状态，在这种情况下，任务在指定的时间内不会运行。

2) 你通过调用**wait()**使线程挂起。直到线程得到了**notify()**或**notifyAll()**消息（或者在Java SE5的**java.util.concurrent**类库中等价的**signal()**或**signalAll()**消息），线程才会进入就绪状态。我们将在稍后的小节中验证这一点。

3) 任务在等待某个输入/输出完成。

4) 任务试图在某个对象上调用其同步控制方法，但是对象锁不可用，因为另一个任务已经获取了这个锁。

在较早的代码中，也可能会看到用**suspend()**和**resume()**来阻塞和唤醒线程，但是在现代Java

中这些方法被废止了（因为可能导致死锁），所以本书不讨论这些内容。**stop()**方法也已经被废止了，因为它不释放线程获得的锁，并且如果线程处于不一致的状态（受损状态），其他任务可以在这种状态下浏览并修改它们。这样所产生的问题是微妙而难以被发现的。

现在我们需要查看的问题是：有时你希望能够终止处于阻塞状态的任务。如果对于处于阻塞状态的任务，你不能等待其到达代码中可以检查其状态值的某一点，因而决定让它主动地终止，那么你就必须强制这个任务跳出阻塞状态。 1184

21.4.3 中断

正如你所想象的，在**Runnable.run()**方法的中间打断它，与等待该方法到达对cancel标志的测试，或者到达程序员准备好离开该方法的其他一些地方相比，要棘手得多。当你打断被阻塞的任务时，可能需要清理资源。正因为这一点，在任务的**run()**方法中间打断，更像是抛出的异常，因此在Java线程中的这种类型的异常中断中用到了异常[⊖]（这会滑向异常的不恰当用法，因为这意味着你经常用它们来控制执行流程）。为了在以这种方式终止任务时，返回众所周知的良好状态，你必须仔细考虑代码的执行路径，并仔细编写**catch**子句以正确清除所有事物。

Thread类包含**interrupt()**方法，因此你可以终止被阻塞的任务，这个方法将设置线程的中断状态。如果一个线程已经被阻塞，或者试图执行一个阻塞操作，那么设置这个线程的中断状态将抛出**InterruptedException**。当抛出该异常或者该任务调用**Thread.interrupted()**时，中断状态将被复位。正如你将看到的，**Thread.interrupted()**提供了离开**run()**循环而不抛出异常的第二种方式。

为了调用**interrupt()**，你必须持有**Thread**对象。你可能已经注意到了，新的**concurrent**类库似乎在避免对**Thread**对象的直接操作，转而尽量通过**Executor**来执行所有操作。如果你在**Executor**上调用**shutdownNow()**，那么它将发送一个**interrupt()**调用给它启动的所有线程。这么做是有意义的，因为当你完成工程中的某个部分或者整个程序时，通常会希望同时关闭某个特定**Executor**的所有任务。然而，你有时也会希望只中断某个单一任务。如果使用**Executor**，那么通过调用**submit()**而不是**executor()**来启动任务，就可以持有该任务的上下文。**submit()**将返回一个泛型**Future<?>**，其中有一个未修饰的参数，因为你永远都不会在其上调用**get()**——持有这种**Future**的关键在于你可以在其上调用**cancel()**，并因此可以使用它来中断某个特定任务。如果你将**true**传递给**cancel()**，那么它就会拥有在该线程上调用**interrupt()**以停止这个线程的权限。因 1185
此，**cancel()**是一种中断由**Executor**启动的单个线程的方式。

下面的示例用**Executor**展示了基本的**interrupt()**用法：

```
//: concurrency/Interrupting.java
// Interrupting a blocked thread.
import java.util.concurrent.*;
import java.io.*;
import static net.mindview.util.Print.*;

class SleepBlocked implements Runnable {
  public void run() {
    try {
      TimeUnit.SECONDS.sleep(100);
    } catch(InterruptedException e) {
      print("InterruptedException");
    }
    print("Exiting SleepBlocked.run()");
  }
```

⊖ 但是，异常从来都不能异步地传递。因此，在指令/方法调用的中间突然中断没有任何危险。只要在使用对象互斥机制（与**synchronized**关键字相对）时使用**try-finally**惯用法，如果抛出异常，这些互斥就会自动被释放。

```
}

class IOBlocked implements Runnable {
  private InputStream in;
  public IOBlocked(InputStream is) { in = is; }
  public void run() {
    try {
      print("Waiting for read():");
      in.read();
    } catch(IOException e) {
      if(Thread.currentThread().isInterrupted()) {
        print("Interrupted from blocked I/O");
      } else {
        throw new RuntimeException(e);
      }
    }
    print("Exiting IOBlocked.run()");
  }
}

class SynchronizedBlocked implements Runnable {
  public synchronized void f() {
1186    while(true) // Never releases lock
      Thread.yield();
  }
  public SynchronizedBlocked() {
    new Thread() {
      public void run() {
        f(); // Lock acquired by this thread
      }
    }.start();
  }
  public void run() {
    print("Trying to call f()");
    f();
    print("Exiting SynchronizedBlocked.run()");
  }
}

public class Interrupting {
  private static ExecutorService exec =
    Executors.newCachedThreadPool();
  static void test(Runnable r) throws InterruptedException{
    Future<?> f = exec.submit(r);
    TimeUnit.MILLISECONDS.sleep(100);
    print("Interrupting " + r.getClass().getName());
    f.cancel(true); // Interrupts if running
    print("Interrupt sent to " + r.getClass().getName());
  }
  public static void main(String[] args) throws Exception {
    test(new SleepBlocked());
    test(new IOBlocked(System.in));
    test(new SynchronizedBlocked());
    TimeUnit.SECONDS.sleep(3);
    print("Aborting with System.exit(0)");
    System.exit(0); // ... since last 2 interrupts failed
  }
} /* Output: (95% match)
Interrupting SleepBlocked
InterruptedException
Exiting SleepBlocked.run()
Interrupt sent to SleepBlocked
Waiting for read():
Interrupting IOBlocked
Interrupt sent to IOBlocked
Trying to call f()
1187 Interrupting SynchronizedBlocked
```

```
Interrupt sent to SynchronizedBlocked
Aborting with System.exit(0)
*///:~
```

上面的每个任务都表示了一种不同类型的阻塞。**SleepBlock**是可中断的阻塞示例，而**IOBlocked**和**SynchronizedBlocked**是不可中断的阻塞示例⊖。这个程序证明I/O和在**synchronized**块上的等待是不可中断的，但是通过浏览代码，你也可以预见到这一点——无论是I/O还是尝试调用**synchronized**方法，都不需要任何**InterruptedException**处理器。

前两个类很简单直观：在第一个类中**run()**方法调用了**sleep()**，而在第二个类中调用了**read()**。但是，为了演示**SynchronizedBlock**，我们必须首先获取锁。这是通过在构造器中创建匿名的**Thread**类的实例来实现的，这个匿名**Thread**类的对象通过调用**f()**获取了对象锁（这个线程必须有别于为**SynchronizedBlock**驱动**run()**的线程，因为一个线程可以多次获得某个对象锁）。由于**f()**永远都不返回，因此这个锁永远不会释放，而**SynchronizedBlock.run()**在试图调用**f()**，并阻塞以等待这个锁被释放。

从输出中可以看到，你能够中断对**sleep()**的调用（或者任何要求抛出**InterruptedException**的调用）。但是，你不能中断正在试图获取**synchronized**锁或者试图执行I/O操作的线程。这有点令人烦恼，特别是在创建执行I/O的任务时，因为这意味着I/O具有锁住你的多线程程序的潜在可能。特别是对于基于Web的程序，这更是关乎利害。

对于这类问题，有一个略显笨拙但是有时确实行之有效的解决方案，即关闭任务在其上发生阻塞的底层资源：

```
//: concurrency/CloseResource.java
// Interrupting a blocked task by
// closing the underlying resource.
// {RunByHand}
import java.net.*;                                    1188
import java.util.concurrent.*;
import java.io.*;
import static net.mindview.util.Print.*;

public class CloseResource {
  public static void main(String[] args) throws Exception {
    ExecutorService exec = Executors.newCachedThreadPool();
    ServerSocket server = new ServerSocket(8080);
    InputStream socketInput =
      new Socket("localhost", 8080).getInputStream();
    exec.execute(new IOBlocked(socketInput));
    exec.execute(new IOBlocked(System.in));
    TimeUnit.MILLISECONDS.sleep(100);
    print("Shutting down all threads");
    exec.shutdownNow();
    TimeUnit.SECONDS.sleep(1);
    print("Closing " + socketInput.getClass().getName());
    socketInput.close(); // Releases blocked thread
    TimeUnit.SECONDS.sleep(1);
    print("Closing " + System.in.getClass().getName());
    System.in.close(); // Releases blocked thread
  }
} /* Output: (85% match)
Waiting for read():
Waiting for read():
Shutting down all threads
Closing java.net.SocketInputStream
Interrupted from blocked I/O
```

⊖ 某些版本的JDK还提供对**InterruptedIOException**的支持。但是，这只是部分实现，而且只在某些平台上可用。如果抛出这个异常，它会导致IO对象不可用。未来的版本不太可能继续支持这个异常。

```
Exiting IOBlocked.run()
Closing java.io.BufferedInputStream
Exiting IOBlocked.run()
*///:~
```

在**shutdownNow()**被调用之后以及在两个输入流上调用**close()**之前的延迟强调的是一旦底层资源被关闭，任务将解除阻塞。请注意，有一点很有趣，**interrupt()**看起来发生在关闭**Socket**而不是关闭**System.in**的时刻。

幸运的是，在第18章中介绍的各种**nio**类提供了更人性化的I/O中断。被阻塞的**nio**通道会自动地响应中断：

```
//: concurrency/NIOInterruption.java
1189 // Interrupting a blocked NIO channel.
import java.net.*;
import java.nio.*;
import java.nio.channels.*;
import java.util.concurrent.*;
import java.io.*;
import static net.mindview.util.Print.*;

class NIOBlocked implements Runnable {
  private final SocketChannel sc;
  public NIOBlocked(SocketChannel sc) { this.sc = sc; }
  public void run() {
    try {
      print("Waiting for read() in " + this);
      sc.read(ByteBuffer.allocate(1));
    } catch(ClosedByInterruptException e) {
      print("ClosedByInterruptException");
    } catch(AsynchronousCloseException e) {
      print("AsynchronousCloseException");
    } catch(IOException e) {
      throw new RuntimeException(e);
    }
    print("Exiting NIOBlocked.run() " + this);
  }
}

public class NIOInterruption {
  public static void main(String[] args) throws Exception {
    ExecutorService exec = Executors.newCachedThreadPool();
    ServerSocket server = new ServerSocket(8080);
    InetSocketAddress isa =
      new InetSocketAddress("localhost", 8080);
    SocketChannel sc1 = SocketChannel.open(isa);
    SocketChannel sc2 = SocketChannel.open(isa);
    Future<?> f = exec.submit(new NIOBlocked(sc1));
    exec.execute(new NIOBlocked(sc2));
    exec.shutdown();
    TimeUnit.SECONDS.sleep(1);
    // Produce an interrupt via cancel:
    f.cancel(true);
    TimeUnit.SECONDS.sleep(1);
    // Release the block by closing the channel:
    sc2.close();
  }
1190 } /* Output: (Sample)
Waiting for read() in NIOBlocked@7a84e4
Waiting for read() in NIOBlocked@15c7850
ClosedByInterruptException
Exiting NIOBlocked.run() NIOBlocked@15c7850
AsynchronousCloseException
Exiting NIOBlocked.run() NIOBlocked@7a84e4
*///:~
```

如你所见，你还可以关闭底层资源以释放锁，尽管这种做法一般不是必需的。注意，使用**execute()**来启动两个任务，并调用**e.shutdownNow()**将可以很容易地终止所有事物，而对于捕获上面示例中的**Future**，只有在将中断发送给一个线程，同时不发送给另一个线程时才是必需的[⊖]。

练习18：(2) 创建一个非任务的类，它有一个用较长的时间间隔调用**sleep()**的方法。创建一个任务，它将调用这个非任务类上的那个方法。在**main()**中，启动该任务，然后调用**interrupt()**来终止它。请确保这个任务被安全地关闭。

练习19：(4) 修改**OrnamentalGarden.java**，使其使用**interrupt()**。

练习20：(1) 修改**CachedThreadPool.java**，使所有任务在结束前都将收到一个**interrupt()**。

被互斥所阻塞

就像在**Interrupting.java**中看到的，如果你尝试着在一个对象上调用其**synchronized**方法，而这个对象的锁已经被其他任务获得，那么调用任务将被挂起（阻塞），直至这个锁可获得。下面的示例说明了同一个互斥可以如何能被同一个任务多次获得：

1191

```
//: concurrency/MultiLock.java
// One thread can reacquire the same lock.
import static net.mindview.util.Print.*;

public class MultiLock {
  public synchronized void f1(int count) {
    if(count-- > 0) {
      print("f1() calling f2() with count " + count);
      f2(count);
    }
  }
  public synchronized void f2(int count) {
    if(count-- > 0) {
      print("f2() calling f1() with count " + count);
      f1(count);
    }
  }
  public static void main(String[] args) throws Exception {
    final MultiLock multiLock = new MultiLock();
    new Thread() {
      public void run() {
        multiLock.f1(10);
      }
    }.start();
  }
} /* Output:
f1() calling f2() with count 9
f2() calling f1() with count 8
f1() calling f2() with count 7
f2() calling f1() with count 6
f1() calling f2() with count 5
f2() calling f1() with count 4
f1() calling f2() with count 3
f2() calling f1() with count 2
f1() calling f2() with count 1
f2() calling f1() with count 0
*///:~
```

在**main()**中创建了一个调用**f1()**的**Thread**，然后**f1()**和**f2()**互相调用直至**count**变为0。由于这个任务已经在第一个对**f1()**的调用中获得了**multiLock**对象锁，因此同一个任务将在对**f2()**的调用中再次获取这个锁，依此类推。这么做是有意义的，因为一个任务应该能够调用在同一个对象中的其他的**synchronized**方法，而这个任务已经持有锁了。

⊖ Ervin Varga协助我研究了本节。

就像前面在不可中断的I/O中所观察到的那样，无论在任何时刻，只要任务以不可中断的方式被阻塞，那么都有潜在的会锁住程序的可能。Java SE5并发类库中添加了一个特性，即在**ReentrantLock**上阻塞的任务具备可以被中断的能力，这与在**synchronized**方法或临界区上阻塞的任务完全不同：

```
1192 //: concurrency/Interrupting2.java
// Interrupting a task blocked with a ReentrantLock.
import java.util.concurrent.*;
import java.util.concurrent.locks.*;
import static net.mindview.util.Print.*;

class BlockedMutex {
  private Lock lock = new ReentrantLock();
  public BlockedMutex() {
    // Acquire it right away, to demonstrate interruption
    // of a task blocked on a ReentrantLock:
    lock.lock();
  }
  public void f() {
    try {
      // This will never be available to a second task
      lock.lockInterruptibly(); // Special call
      print("lock acquired in f()");
    } catch(InterruptedException e) {
      print("Interrupted from lock acquisition in f()");
    }
  }
}

class Blocked2 implements Runnable {
  BlockedMutex blocked = new BlockedMutex();
  public void run() {
    print("Waiting for f() in BlockedMutex");
    blocked.f();
    print("Broken out of blocked call");
  }
}

public class Interrupting2 {
  public static void main(String[] args) throws Exception {
    Thread t = new Thread(new Blocked2());
    t.start();
    TimeUnit.SECONDS.sleep(1);
    System.out.println("Issuing t.interrupt()");
    t.interrupt();
  }
} /* Output:
Waiting for f() in BlockedMutex
Issuing t.interrupt()
1193 Interrupted from lock acquisition in f()
Broken out of blocked call
*///:~
```

BlockedMutex类有一个构造器，它要获取所创建对象上自身的**Lock**，并且从不释放这个锁。出于这个原因，如果你试图从第二个任务中调用**f()**（不同于创建这个**BlockedMutex**的任务），那么将会总是因**Mutex**不可获得而被阻塞。在**Blocked2**中，**run()**方法总是在调用**blocked.f()**的地方停止。当运行这个程序时，你将会看到，与I/O调用不同，**interrupt()**可以打断被互斥所阻塞的调用[⊖]。

⊖ 注意，尽管不太可能，但是对**t.interrupt()**的调用确实可以发生在对**blocked.f()**的调用之前。

21.4.4 检查中断

注意，当你在线程上调用**interrupt()**时，中断发生的唯一时刻是在任务要进入到阻塞操作中，或者已经在阻塞操作内部时（如你所见，除了不可中断的I/O或被阻塞的**synchronized**方法之外，在其余的例外情况下，你无可事事）。但是如果根据程序运行的环境，你已经编写了可能会产生这种阻塞调用的代码，那又该怎么办呢？如果你只能通过在阻塞调用上抛出异常来退出，那么你就无法总是可以离开**run()**循环。因此，如果你调用**interrupt()**以停止某个任务，那么在**run()**循环碰巧没有产生任何阻塞调用的情况下，你的任务将需要第二种方式来退出。

这种机会是由中断状态来表示的，其状态可以通过调用**interrupt()**来设置。你可以通过调用**interrupted()**来检查中断状态，这不仅可以告诉你**interrupt()**是否被调用过，而且还可以清除中断状态。清除中断状态可以确保并发结构不会就某个任务被中断这个问题通知你两次，你可以经由单一的**InterruptedException**或单一的成功的**Thread.interrupted()**测试来得到这种通知。如果想要再次检查以了解是否被中断，则可以在调用**Thread.interrupted()**时将结果存储起来。

下面的示例展示了典型的惯用法，你应该在**run()**方法中使用它来处理在中断状态被设置时，被阻塞和不被阻塞的各种可能： 1194

```
//: concurrency/InterruptingIdiom.java
// General idiom for interrupting a task.
// {Args: 1100}
import java.util.concurrent.*;
import static net.mindview.util.Print.*;

class NeedsCleanup {
  private final int id;
  public NeedsCleanup(int ident) {
    id = ident;
    print("NeedsCleanup " + id);
  }
  public void cleanup() {
    print("Cleaning up " + id);
  }
}

class Blocked3 implements Runnable {
  private volatile double d = 0.0;
  public void run() {
    try {
      while(!Thread.interrupted()) {
        // point1
        NeedsCleanup n1 = new NeedsCleanup(1);
        // Start try-finally immediately after definition
        // of n1, to guarantee proper cleanup of n1:
        try {
          print("Sleeping");
          TimeUnit.SECONDS.sleep(1);
          // point2
          NeedsCleanup n2 = new NeedsCleanup(2);
          // Guarantee proper cleanup of n2:
          try {
            print("Calculating");
            // A time-consuming, non-blocking operation:
            for(int i = 1; i < 2500000; i++)
              d = d + (Math.PI + Math.E) / d;
            print("Finished time-consuming operation");
          } finally {
            n2.cleanup();
          }
        } finally {
          n1.cleanup();
        }
```

1195

```
      }
      print("Exiting via while() test");
    } catch(InterruptedException e) {
      print("Exiting via InterruptedException");
    }
  }
}

public class InterruptingIdiom {
  public static void main(String[] args) throws Exception {
    if(args.length != 1) {
      print("usage: java InterruptingIdiom delay-in-mS");
      System.exit(1);
    }
    Thread t = new Thread(new Blocked3());
    t.start();
    TimeUnit.MILLISECONDS.sleep(new Integer(args[0]));
    t.interrupt();
  }
} /* Output: (Sample)
NeedsCleanup 1
Sleeping
NeedsCleanup 2
Calculating
Finished time-consuming operation
Cleaning up 2
Cleaning up 1
NeedsCleanup 1
Sleeping
Cleaning up 1
Exiting via InterruptedException
*///:~
```

NeedsCleanup类强调在你经由异常离开循环时，正确清理资源的必要性。注意，所有在**Blocked3.run()**中创建的**NeedsCleanup**资源都必须在其后面紧跟**try-finally**子句，以确保**cleanup()**方法总是会被调用。

你必须给程序提供一个命令行参数，来表示在它调用**interrupt()**之前以毫秒为单位的延迟时间。通过使用不同的延迟，你可以在不同地点退出**Blocked3.run()**：在阻塞的**sleep()**调用中，或者在非阻塞的数学计算中。你将看到，如果**interrupt()**在注释point2之后（即在非阻塞的操作过
1196 程中）被调用，那么首先循环将结束，然后所有的本地对象将被销毁，最后循环会经由**while**语句的顶部退出。但是，如果**interrupt()**在point1和point2之间（在**while**语句之后，但是在阻塞操作**sleep()**之前或其过程中）被调用，那么这个任务就会在第一次试图调用阻塞操作之前，经由**InterruptedException**退出。在这种情况下，在异常被抛出之时唯一被创建出来的**NeedsCleanup**对象将被清除，而你也就有了在**catch**子句中执行其他任何清除工作的机会。

被设计用来响应**interrupt()**的类必须建立一种策略，来确保它将保持一致的状态。这通常意味着所有需要清理的对象创建操作的后面，都必须紧跟**try-finally**子句，从而使得无论**run()**循环如何退出，清理都会发生。像这样的代码会工作得很好，但是，唉，由于在Java中缺乏自动的析构器调用，因此这将依赖于客户端程序员去编写正确的**try-finally**子句。

21.5 线程之间的协作

正如你所见到的，当你使用线程来同时运行多个任务时，可以通过使用锁（互斥）来同步两个任务的行为，从而使得一个任务不会干涉另一个任务的资源。也就是说，如果两个任务在交替着步入某项共享资源（通常是内存），你可以使用互斥来使得任何时刻只有一个任务可以访问这项资源。

这个问题已经解决了，下一步是学习如何使任务彼此之间可以协作，以使得多个任务可以一起工作去解决某个问题。现在的问题不是彼此之间的干涉，而是彼此之间的协调，因为在这类问题中，某些部分必须在其他部分被解决之前解决。这非常像项目规划：必须先挖房子的地基，但是接下来可以并行地铺设钢结构和构建水泥部件，而这两项任务必须在混凝土浇注之前完成。管道必须在水泥板浇注之前到位，而水泥板必须在开始构筑房屋骨架之前到位，等等。在这些任务中，某些可以并行执行，但是某些步骤需要所有的任务都结束之后才能开动。

当任务协作时，关键问题是这些任务之间的握手。为了实现这种握手，我们使用了相同的基础特性：互斥。在这种情况下，互斥能够确保只有一个任务可以响应某个信号，这样就可以根除任何可能的竞争条件。在互斥之上，我们为任务添加了一种途径，可以将其自身挂起，直 1197
至某些外部条件发生变化（例如，管道现在已经到位），表示是时候让这个任务向前开动了为止。在本节，我们将浏览任务间的握手问题，这种握手可以通过**Object**的方法**wait()**和**notify()**来安全地实现。Java SE5的并发类库还提供了具有**await()**和**signal()**方法的**Condition**对象。我们将看到产生的各类问题，以及相应的解决方案。

21.5.1　wait()与notifyAll()

wait()使你可以等待某个条件发生变化，而改变这个条件超出了当前方法的控制能力。通常，这种条件将由另一个任务来改变。你肯定不想在你的任务测试这个条件的同时，不断地进行空循环，这被称为忙等待，通常是一种不良的CPU周期使用方式。因此**wait()**会在等待外部世界产生变化的时候将任务挂起，并且只有在**notify()**或**notifyAll()**发生时，即表示发生了某些感兴趣的事物，这个任务才会被唤醒并去检查所产生的变化。因此，**wait()**提供了一种在任务之间对活动同步的方式。

调用**sleep()**的时候锁并没有被释放，调用**yield()**也属于这种情况，理解这一点很重要。另一方面，当一个任务在方法里遇到了对**wait()**的调用的时候，线程的执行被挂起，对象上的锁被释放。因为**wait()**将释放锁，这就意味着另一个任务可以获得这个锁，因此在该对象（现在是未锁定的）中的其他**synchronized**方法可以在**wait()**期间被调用。这一点至关重要，因为这些其他的方法通常将会产生改变，而这种改变正是使被挂起的任务重新唤醒所感兴趣的变化。因此，当你调用**wait()**时，就是在声明："我已经刚刚做完能做的所有事情，因此我要在这里等待，但是我希望其他的**synchronized**操作在条件适合的情况下能够执行。"

有两种形式的**wait()**。第一种版本接受毫秒数作为参数，含义与**sleep()**方法里参数的意思相同，都是指"在此期间暂停"。但是与**sleep()**不同的是，对于**wait()**而言：

1) 在**wait()**期间对象锁是释放的。

2) 可以通过**notify()**、**notifyAll()**，或者令时间到期，从**wait()**中恢复执行。 1198

第二种，也是更常用形式的**wait()**不接受任何参数。这种**wait()**将无限等待下去，直到线程接收到**notify()**或者**notifyAll()**消息。

wait()、**notify()**以及**notifyAll()**有一个比较特殊的方面，那就是这些方法是基类**Object**的一部分，而不是属于**Thread**的一部分。尽管开始看起来有点奇怪——仅仅针对线程的功能却作为通用基类的一部分而实现，不过这是有道理的，因为这些方法操作的锁也是所有对象的一部分。所以，你可以把**wait()**放进任何同步控制方法里，而不用考虑这个类是继承自**Thread**还是实现了**Runnable**接口。实际上，只能在同步控制方法或同步控制块里调用**wait()**、**notify()**和**notifyAll()**（因为不用操作锁，所以**sleep()**可以在非同步控制方法里调用）。如果在非同步控制方法里调用这些方法，程序能通过编译，但运行的时候，将得到**IllegalMonitorStateException**异常，并伴随着一些含糊的消息，比如"当前线程不是拥有者"。消息的意思是，调用**wait()**、**notify()**和

notifyAll()的任务在调用这些方法前必须“拥有”（获取）对象的锁。

可以让另一个对象执行某种操作以维护其自己的锁。要这么做的话，必须首先得到对象的锁。比如，如果要向对象x发送**notifyAll()**，那么就必须在能够取得x的锁的同步控制块中这么做：

```
synchronized(x) {
  x.notifyAll();
}
```

让我们看一个简单的示例，**WaxOMatic.java**有两个过程：一个是将蜡涂到**Car**上，一个是抛光它。抛光任务在涂蜡任务完成之前，是不能执行其工作的，而涂蜡任务在涂另一层蜡之前，必须等待抛光任务完成。**WaxOn**和**WaxOff**都使用了**Car**对象，该对象在这些任务等待条件变化的时候，使用**wait()**和**notifyAll()**来挂起和重新启动这些任务：

```
//: concurrency/waxomatic/WaxOMatic.java
// Basic task cooperation.
package concurrency.waxomatic;
import java.util.concurrent.*;
1199 import static net.mindview.util.Print.*;
class Car {
  private boolean waxOn = false;
  public synchronized void waxed() {
    waxOn = true; // Ready to buff
    notifyAll();
  }
  public synchronized void buffed() {
    waxOn = false; // Ready for another coat of wax
    notifyAll();
  }
  public synchronized void waitForWaxing()
  throws InterruptedException {
    while(waxOn == false)
      wait();
  }
  public synchronized void waitForBuffing()
  throws InterruptedException {
    while(waxOn == true)
      wait();
  }
}

class WaxOn implements Runnable {
  private Car car;
  public WaxOn(Car c) { car = c; }
  public void run() {
    try {
      while(!Thread.interrupted()) {
        printnb("Wax On! ");
        TimeUnit.MILLISECONDS.sleep(200);
        car.waxed();
        car.waitForBuffing();
      }
    } catch(InterruptedException e) {
      print("Exiting via interrupt");
    }
    print("Ending Wax On task");
  }
}

class WaxOff implements Runnable {
  private Car car;
1200  public WaxOff(Car c) { car = c; }
  public void run() {
    try {
      while(!Thread.interrupted()) {
```

```
        car.waitForWaxing();
        printnb("Wax Off! ");
        TimeUnit.MILLISECONDS.sleep(200);
        car.buffed();
      }
    } catch(InterruptedException e) {
      print("Exiting via interrupt");
    }
    print("Ending Wax Off task");
  }
}

public class WaxOMatic {
  public static void main(String[] args) throws Exception {
    Car car = new Car();
    ExecutorService exec = Executors.newCachedThreadPool();
    exec.execute(new WaxOff(car));
    exec.execute(new WaxOn(car));
    TimeUnit.SECONDS.sleep(5); // Run for a while...
    exec.shutdownNow(); // Interrupt all tasks
  }
} /* Output: (95% match)
Wax On! Wax Off! Wax On! Wax Off! Wax On! Wax Off! Wax On!
Wax Off! Wax On! Wax Off! Wax On! Wax Off! Wax On! Wax Off!
Wax On! Wax Off! Wax On! Wax Off! Wax On! Wax Off! Wax On!
Wax Off! Wax On! Wax Off! Wax On! Exiting via interrupt
Ending Wax On task
Exiting via interrupt
Ending Wax Off task
*///:~
```

这里，**Car**有一个单一的布尔属性**waxOn**，表示涂蜡-抛光处理的状态。

在**waitForWaxing()**中将检查**waxOn**标志，如果它为**false**，那么这个调用任务将通过调用**wait()**而被挂起。这个行为发生在**synchronized**方法中这一点很重要，因为在这样的方法中，任务已经获得了锁。当你调用**wait()**时，线程被挂起，而锁被释放。锁被释放这一点是本质所在，因为为了安全地改变对象的状态（例如，将**waxOn**改变为**true**，如果被挂起的任务要继续执行，就必须执行该动作），其他某个任务就必须能够获得这个锁。在本例中，如果另一个任务调用 1201 **waxed()**来表示“是时候该干点什么了”，那么就必须获得这个锁，从而将**waxOn**改变为**true**。之后，**waxed()**调用**notifyAll()**，这将唤醒在对**wait()**的调用中被挂起的任务。为了使该任务从**wait()**中唤醒，它必须首先重新获得当它进入**wait()**时释放的锁。在这个锁变得可用之前，这个任务是不会被唤醒的[⊖]。

WaxOn.run()表示给汽车打蜡过程的第一个步骤，因此它将执行它的操作：调用**sleep()**以模拟需要涂蜡的时间，然后告知汽车涂蜡结束，并调用**waitForBuffing()**，这个方法会用一个**wait()**调用来挂起这个任务，直至**WaxOff**任务调用这辆车的**buffed()**，从而改变状态并调用**notifyAll()**为止。另一方面，**WaxOff.run()**立即进入**waitForWaxing()**，并因此而被挂起，直至**WaxOn**涂完蜡并且**waxed()**被调用。在运行这个程序时，你可以看到当控制权在两个任务之间来回互相传递时，这个两步骤过程在不断地重复。在5秒钟之后，**interrupt()**会中止这两个线程；当你调用某个**ExecutorService**的**shutdownNow()**时，它会调用所有由它控制的线程的**interrupt()**。

⊖ 在某些平台上还有第三种从**wait()**中抽身而出的方式：即所谓的伪唤醒。伪唤醒实质上意味着一个线程（在等待某个条件变量或信号量时）可以过早地停止阻塞，而不需要由**notify()**或**notifyAll()**（或者与它们等价的新的**Condition**对象）来提示。这个线程表面上看起来是由其自身唤醒的。伪唤醒之所以存在，是因为实现POSIX线程，或者其等价物，在某些平台上，并非总是如它们应该表现出的那样简单直观。伪唤醒机制使得在这些平台上执行诸如构建像pthreads这样的类库的工作会容易一些。

前面的示例强调你必须用一个检查感兴趣的条件的**while**循环包围**wait()**。这很重要，因为：

- 你可能有多个任务出于相同的原因在等待同一个锁，而第一个唤醒任务可能会改变这种状
1202 况（即使你没有这么做，有人也会通过继承你的类去这么做）。如果属于这种情况，那么这个任务应该被再次挂起，直至其感兴趣的条件发生变化。
- 在这个任务从其**wait()**中被唤醒的时刻，有可能会有某个其他的任务已经做出了改变，从而使得这个任务在此时不能执行，或者执行其操作已显得无关紧要。此时，应该通过再次调用**wait()**来将其重新挂起。
- 也有可能某些任务出于不同的原因在等待你的对象上的锁（在这种情况下必须使用**notifyAll()**）。在这种情况下，你需要检查是否已经由正确的原因唤醒，如果不是，就再次调用**wait()**。

因此，其本质就是要检查所感兴趣的特定条件，并在条件不满足的情况下返回到**wait()**中。惯用的方法就是使用**while**来编写这种代码。

练习21：(2) 创建两个**Runnable**，其中一个的**run()**方法启动并调用**wait()**，而第二个类应该捕获第一个**Runnable**对象的引用，其**run()**方法应该在一定的秒数之后，为第一个任务调用**notifyAll()**，从而使得第一个任务可以显示一条信息。使用**Executor**来测试你的类。

练习22：(4) 创建一个忙等待的示例。第一个任务休眠一段时间然后将一个标志设置为**true**，而第二个任务在一个**while**循环中观察这个标志（这就是忙等待），并且当该标志变为**true**时，将其设置回**false**，然后向控制台报告这个变化。请注意程序在忙等待中浪费了多少时间，然后创建该程序的第二个版本，其中将使用**wait()**而不是忙等待。

错失的信号

当两个线程使用**notify()/wait()**或**notifyAll()/wait()**进行协作时，有可能会错过某个信号。假设**T1**是通知**T2**的线程，而这两个线程都是使用下面（有缺陷的）方式实现的：

```
T1:
synchronized(sharedMonitor) {
  <setup condition for T2>
  sharedMonitor.notify();
}

T2:
while(someCondition) {
  // Point 1
1203
  synchronized(sharedMonitor) {
    sharedMonitor.wait();
  }
}
```

<Setup condition for T2>是防止**T2**调用**wait()**的一个动作，当然前提是**T2**还没有调用**wait()**。

假设**T2**对**someCondition**求值并发现其为**true**。在**Point1**，线程调度器可能切换到了**T1**。而**T1**将执行其设置，然后调用**notify()**。当**T2**得以继续执行时，此时对于**T2**来说，时机已经太晚了，以至于不能意识到这个条件已经发生了变化，因此会盲目进入**wait()**。此时**notify()**将错失，而**T2**也将无限地等待这个已经发送过的信号，从而产生死锁。

该问题的解决方案是防止在**someConditon**变量上产生竞争条件。下面是**T2**正确的执行方式：

```
synchronized(sharedMonitor) {
  while(someCondition)
    sharedMonitor.wait();
}
```

现在，如果**T1**首先执行，当控制返回**T2**时，它将发现条件发生了变化，从而不会进入**wait()**。

反过来，如果**T2**首先执行，那它将进入**wait()**，并且稍后会由**T1**唤醒。因此，信号不会错失。

21.5.2 notify()与notifyAll()

因为在技术上，可能会有多个任务在单个**Car**对象上处于**wait()**状态，因此调用**notifyAll()**比只调用**notify()**要更安全。但是，上面程序的结构只会有一个任务实际处于**wait()**状态，因此你可以使用**notify()**来代替**notifyAll()**。

使用**notify()**而不是**notifyAll()**是一种优化。使用**notify()**时，在众多等待同一个锁的任务中只有一个会被唤醒，因此如果你希望使用**notify()**，就必须保证被唤醒的是恰当的任务。另外，为了使用**notify()**，所有任务必须等待相同的条件，因为如果你有多个任务在等待不同的条件，那么你就不会知道是否唤醒了恰当的任务。如果使用**notify()**，当条件发生变化时，必须只有一个任务能够从中受益。最后，这些限制对所有可能存在的子类都必须总是起作用的。如果这些规则中有任何一条不满足，那么你就必须使用**notifyAll()**而不是**notify()**。 1204

在有关Java的线程机制的讨论中，有一个令人困惑的描述：**notifyAll()**将唤醒"所有正在等待的任务"。这是否意味着在程序中任何地方，任何处于**wait()**状态中的任务都将被任何对**notifyAll()**的调用唤醒呢？在下面的示例中，与**Task2**相关的代码说明了情况并非如此——事实上，当**notifyAll()**因某个特定锁而被调用时，只有等待这个锁的任务才会被唤醒：

```
//: concurrency/NotifyVsNotifyAll.java
import java.util.concurrent.*;
import java.util.*;

class Blocker {
  synchronized void waitingCall() {
    try {
      while(!Thread.interrupted()) {
        wait();
        System.out.print(Thread.currentThread() + " ");
      }
    } catch(InterruptedException e) {
      // OK to exit this way
    }
  }
  synchronized void prod() { notify(); }
  synchronized void prodAll() { notifyAll(); }
}

class Task implements Runnable {
  static Blocker blocker = new Blocker();
  public void run() { blocker.waitingCall(); }
}

class Task2 implements Runnable {
  // A separate Blocker object:
  static Blocker blocker = new Blocker();
  public void run() { blocker.waitingCall(); }
}

public class NotifyVsNotifyAll {
  public static void main(String[] args) throws Exception {
    ExecutorService exec = Executors.newCachedThreadPool();
    for(int i = 0; i < 5; i++)
      exec.execute(new Task());
    exec.execute(new Task2());
    Timer timer = new Timer();
    timer.scheduleAtFixedRate(new TimerTask() {
      boolean prod = true;
      public void run() {
        if(prod) {
          System.out.print("\nnotify() ");
```

1205

```
          Task.blocker.prod();
          prod = false;
        } else {
          System.out.print("\nnotifyAll() ");
          Task.blocker.prodAll();
          prod = true;
        }
      }
    }, 400, 400); // Run every .4 second
    TimeUnit.SECONDS.sleep(5); // Run for a while...
    timer.cancel();
    System.out.println("\nTimer canceled");
    TimeUnit.MILLISECONDS.sleep(500);
    System.out.print("Task2.blocker.prodAll() ");
    Task2.blocker.prodAll();
    TimeUnit.MILLISECONDS.sleep(500);
    System.out.println("\nShutting down");
    exec.shutdownNow(); // Interrupt all tasks
  }
} /* Output: (Sample)
notify() Thread[pool-1-thread-1,5,main]
notifyAll() Thread[pool-1-thread-1,5,main] Thread[pool-1-
thread-5,5,main] Thread[pool-1-thread-4,5,main]
Thread[pool-1-thread-3,5,main] Thread[pool-1-thread-
2,5,main]
notify() Thread[pool-1-thread-1,5,main]
notifyAll() Thread[pool-1-thread-1,5,main] Thread[pool-1-
thread-2,5,main] Thread[pool-1-thread-3,5,main]
Thread[pool-1-thread-4,5,main] Thread[pool-1-thread-
5,5,main]
notify() Thread[pool-1-thread-1,5,main]
notifyAll() Thread[pool-1-thread-1,5,main] Thread[pool-1-
thread-5,5,main] Thread[pool-1-thread-4,5,main]
Thread[pool-1-thread-3,5,main] Thread[pool-1-thread-
2,5,main]
notify() Thread[pool-1-thread-1,5,main]
notifyAll() Thread[pool-1-thread-1,5,main] Thread[pool-1-
1206 thread-2,5,main] Thread[pool-1-thread-3,5,main]
Thread[pool-1-thread-4,5,main] Thread[pool-1-thread-
5,5,main]
notify() Thread[pool-1-thread-1,5,main]
notifyAll() Thread[pool-1-thread-1,5,main] Thread[pool-1-
thread-5,5,main] Thread[pool-1-thread-4,5,main]
Thread[pool-1-thread-3,5,main] Thread[pool-1-thread-
2,5,main]
notify() Thread[pool-1-thread-1,5,main]
notifyAll() Thread[pool-1-thread-1,5,main] Thread[pool-1-
thread-2,5,main] Thread[pool-1-thread-3,5,main]
Thread[pool-1-thread-4,5,main] Thread[pool-1-thread-
5,5,main]
Timer canceled
Task2.blocker.prodAll() Thread[pool-1-thread-6,5,main]
Shutting down
*///:~
```

Task和**Task2**每个都有其自己的**Blocker**对象，因此每个**Task**对象都会在**Task.blocker**上阻塞，而每个**Task2**都会在**Task2.blocker**上阻塞。在**main()**中，**java.util.Timer**对象被设置为每4/10秒执行一次**run()**方法，而这个**run()**方法将经由“激励”方法交替地在**Task.blocker**上调用**notify()**和**notifyAll()**。

从输出中你可以看到，即使存在**Task2.blocker**上阻塞的**Task2**对象，也没有任何在**Task.blocker**上的**notify()**或**notifyAll()**调用会导致**Task2**对象被唤醒。与此类似，在**main()**的结尾，调用了**timer**的**cancel()**，即使计时器被撤销了，前5个任务也依然在运行，并仍旧在它们对**Task.blocker.waitingCall()**的调用中被阻塞。对**Task2.blocker.prodAll()**的调用所产生的输出不包括任何在**Task.blocker**中的锁上等待的任务。

如果你浏览**Blocker**中的**prod()**和**prodAll()**，就会发现这是有意义的。这些方法是**synchronized**的，这意味着它们将获取自身的锁，因此当它们调用**notify()**或**notifyAll()**时，只在这个锁上调用是符合逻辑的——因此，将只唤醒在等待这个特定锁的任务。

Blocker.waitingCall()非常简单，以至于在本例中，你只需声明**for(;;)**而不是**while(!Thread.interrupted())**就可以达到相同的效果，因为在本例中，由于异常而离开循环和通过检查**interrupted()**标志离开循环是没有任何区别的——在两种情况下都要执行相同的代码。但是，事实上，这个示例选择了检查**interrupted()**，因为存在着两种离开循环的方式。如果在以后的某个 1207
时刻，你决定要在循环中添加更多的代码，那么如果没有覆盖从这个循环中退出的这两条路径，就会产生引入错误的风险。

练习23：(7) 演示当你使用**notify()**来代替**notifyAll()**时，**WaxOMatic.java**可以成功地工作。

21.5.3 生产者与消费者

请考虑这样一个饭店，它有一个厨师和一个服务员。这个服务员必须等待厨师准备好膳食。当厨师准备好时，他会通知服务员，之后服务员上菜，然后返回继续等待。这是一个任务协作的示例：厨师代表生产者，而服务员代表消费者。两个任务必须在膳食被生产和消费时进行握手，而系统必须以有序的方式关闭。下面是对这个叙述建模的代码：

```
//: concurrency/Restaurant.java
// The producer-consumer approach to task cooperation.
import java.util.concurrent.*;
import static net.mindview.util.Print.*;

class Meal {
  private final int orderNum;
  public Meal(int orderNum) { this.orderNum = orderNum; }
  public String toString() { return "Meal " + orderNum; }
}

class WaitPerson implements Runnable {
  private Restaurant restaurant;
  public WaitPerson(Restaurant r) { restaurant = r; }
  public void run() {
    try {
      while(!Thread.interrupted()) {
        synchronized(this) {
          while(restaurant.meal == null)
            wait(); // ... for the chef to produce a meal
        }
        print("Waitperson got " + restaurant.meal);
        synchronized(restaurant.chef) {
          restaurant.meal = null;
          restaurant.chef.notifyAll(); // Ready for another      1208
        }
      }
    } catch(InterruptedException e) {
      print("WaitPerson interrupted");
    }
  }
}

class Chef implements Runnable {
  private Restaurant restaurant;
  private int count = 0;
  public Chef(Restaurant r) { restaurant = r; }
  public void run() {
    try {
      while(!Thread.interrupted()) {
```

```
        synchronized(this) {
          while(restaurant.meal != null)
            wait(); // ... for the meal to be taken
        }
        if(++count == 10) {
          print("Out of food, closing");
          restaurant.exec.shutdownNow();
        }
        printnb("Order up! ");
        synchronized(restaurant.waitPerson) {
          restaurant.meal = new Meal(count);
          restaurant.waitPerson.notifyAll();
        }
        TimeUnit.MILLISECONDS.sleep(100);
      }
    } catch(InterruptedException e) {
      print("Chef interrupted");
    }
  }
}

public class Restaurant {
  Meal meal;
  ExecutorService exec = Executors.newCachedThreadPool();
  WaitPerson waitPerson = new WaitPerson(this);
  Chef chef = new Chef(this);
  public Restaurant() {
    exec.execute(chef);
1209    exec.execute(waitPerson);
  }
  public static void main(String[] args) {
    new Restaurant();
  }
} /* Output:
Order up! Waitperson got Meal 1
Order up! Waitperson got Meal 2
Order up! Waitperson got Meal 3
Order up! Waitperson got Meal 4
Order up! Waitperson got Meal 5
Order up! Waitperson got Meal 6
Order up! Waitperson got Meal 7
Order up! Waitperson got Meal 8
Order up! Waitperson got Meal 9
Out of food, closing
WaitPerson interrupted
Order up! Chef interrupted
*///:~
```

Restaurant是**WaitPerson**和**Chef**的焦点，他们都必须知道在为哪个**Restaurant**工作，因为他们必须和这家饭店的“餐窗”打交道，以便放置或拿取膳食**restaurant.meal**。在**run()**中，**WaitPerson**进入**wait()**模式，停止其任务，直至被**Chef**的**notifyAll()**唤醒。由于这是一个非常简单的程序，因此我们知道只有一个任务将在**WaitPerson**的锁上等待：即**WaitPerson**任务自身。出于这个原因，理论上可以调用**notify()**而不是**notifyAll()**。但是，在更复杂的情况下，可能会有多个任务在某个特定对象锁上等待，因此你不知道哪个任务应该被唤醒。因此，调用**notifyAll()**要更安全一些，这样可以唤醒等待这个锁的所有任务，而每个任务都必须决定这个通知是否与自己相关。

一旦**Chef**送上**Meal**并通知**WaitPerson**，这个**Chef**就将等待，直至**WaitPerson**收集到订单并通知**Chef**，之后**Chef**就可以烧下一份**Meal**了。

注意，**wait()**被包装在一个**while()**语句中，这个语句在不断地测试正在等待的事物。乍看上去这有点怪——如果在等待一个订单，一旦你被唤醒，这个订单就必定是可获得的，对吗？正如前面注意到的，问题是在并发应用中，某个其他的任务可能会在**WaitPerson**被唤醒时，会突然插足并拿走订单，唯一安全的方式是使用下面这种**wait()**的惯用法（当然要在恰当的同步内部， 1210
并采用防止错失信号可能性的程序设计）：

```
while(conditionIsNotMet)
  wait();
```

这可以保证在你退出等待循环之前，条件将得到满足，并且如果你收到了关于某事物的通知，而它与这个条件并无关系（就象在使用**notifyAll()**时可能发生的情况一样），或者在你完全退出等待循环之前，这个条件发生了变化，都可以确保你可以重返等待状态。

请注意观察，对**notifyAll()**的调用必须首先捕获**waitPerson**上的锁，而在**WaitPerson.run()**中的对**wait()**的调用会自动地释放这个锁，因此这是有可能实现的。因为调用**notifyAll()**必然拥有这个锁，所以这可以保证两个试图在同一个对象上调用**notifyAll()**的任务不会互相冲突。

通过把整个**run()**方法体放到一个**try**语句块中，可使得这两个**run()**方法都被设计为可以有序地关闭。**catch**子句将紧挨着**run()**方法的结束括号之前结束，因此，如果这个任务收到了**InterruptedException**异常，它将在捕获异常之后立即结束。

注意，在**Chef**中，在调用**shutdownNow()**之后，你应该直接从**run()**返回，并且通常这就是你应该做的。但是，以这种方式执行还有一些更有趣的东西。记住，**shutdownNow()**将向所有由**ExecutorService**启动的任务发送**interrupt()**，但是在**Chef**中，任务并没有在获得该**interrupt()**之后立即关闭，因为当任务试图进入一个（可中断的）阻塞操作时，这个中断只能抛出**InterruptedException**。因此，你将看到首先显示了“Order up!”，然后当**Chef**试图调用**sleep()**时，抛出了**InterruptedException**。如果移除对**sleep()**的调用，那么这个任务将回到**run()**循环的顶部，并由于**Thread.interrupted()**测试而退出，同时并不抛出异常。

在前面的示例中，对于一个任务而言，只有一个单一的地点用于存放对象，从而使得另一个任务稍后可以使用这个对象。但是，在典型的生产者-消费者实现中，应使用先进先出队列来存储被生产和消费的对象。你将在本章稍后学习有关这种队列的知识。 1211

练习24：(1) 使用**wait()**和**notifyAll()**解决单个生产者、单个消费者问题。生产者不能溢出接收者的缓冲区，而这在生产者比消费者速度快时完全有可能发生。如果消费者比生产者速度快，那么消费者不能读取多次相同数据。不要对生产者和消费者的相对速度作任何假设。

练习25：(1) 在**Restaurant.java**的**Chef**类中，在调用**shutdownNow()**之后从**run()**中**return**，观察行为上的差异。

练习26：(8) 向**Restaurant.java**中添加一个**BusBoy**类。在上菜之后，**WaitPerson**应该通知**BusBoy**清理。

使用显式的Lock和Condition对象

在Java SE5的**java.util.concurrent**类库中还有额外的显式工具可以用来重写**WaxOMatic.java**。使用互斥并允许任务挂起的基本类是**Condition**，你可以通过在**Condition**上调用**await()**来挂起一个任务。当外部条件发生变化，意味着某个任务应该继续执行时，你可以通过调用**signal()**来通知这个任务，从而唤醒一个任务，或者调用**signalAll()**来唤醒所有在这个**Condition**上被其自身挂起的任务（与使用**notifyAll()**相比，**signalAll()**是更安全的方式）。

下面是**WaxOMatic.java**的重写版本，它包含一个**Condition**，用来在**waitForWaxing()**或**waitForBuffering()**内部挂起一个任务：

```
//: concurrency/waxomatic2/WaxOMatic2.java
// Using Lock and Condition objects.
package concurrency.waxomatic2;
```

```
import java.util.concurrent.*;
import java.util.concurrent.locks.*;
import static net.mindview.util.Print.*;

class Car {
  private Lock lock = new ReentrantLock();
  private Condition condition = lock.newCondition();
  private boolean waxOn = false;
  public void waxed() {
    lock.lock();
    try {
      waxOn = true; // Ready to buff
1212      condition.signalAll();
    } finally {
      lock.unlock();
    }
  }
  public void buffed() {
    lock.lock();
    try {
      waxOn = false; // Ready for another coat of wax
      condition.signalAll();
    } finally {
      lock.unlock();
    }
  }
  public void waitForWaxing() throws InterruptedException {
    lock.lock();
    try {
      while(waxOn == false)
        condition.await();
    } finally {
      lock.unlock();
    }
  }
  public void waitForBuffing() throws InterruptedException{
    lock.lock();
    try {
      while(waxOn == true)
        condition.await();
    } finally {
      lock.unlock();
    }
  }
}

class WaxOn implements Runnable {
  private Car car;
  public WaxOn(Car c) { car = c; }
  public void run() {
    try {
      while(!Thread.interrupted()) {
        printnb("Wax On! ");
        TimeUnit.MILLISECONDS.sleep(200);
        car.waxed();
        car.waitForBuffing();
1213      }
    } catch(InterruptedException e) {
      print("Exiting via interrupt");
    }
    print("Ending Wax On task");
  }
}

class WaxOff implements Runnable {
  private Car car;
  public WaxOff(Car c) { car = c; }
```

```
    public void run() {
      try {
        while(!Thread.interrupted()) {
          car.waitForWaxing();
          printnb("Wax Off! ");
          TimeUnit.MILLISECONDS.sleep(200);
          car.buffed();
        }
      } catch(InterruptedException e) {
        print("Exiting via interrupt");
      }
      print("Ending Wax Off task");
    }
  }

  public class WaxOMatic2 {
    public static void main(String[] args) throws Exception {
      Car car = new Car();
      ExecutorService exec = Executors.newCachedThreadPool();
      exec.execute(new WaxOff(car));
      exec.execute(new WaxOn(car));
      TimeUnit.SECONDS.sleep(5);
      exec.shutdownNow();
    }
  } /* Output: (90% match)
  Wax On! Wax Off! Wax On! Wax Off! Wax On! Wax Off! Wax On!
  Wax Off! Wax On! Wax Off! Wax On! Wax Off! Wax On! Wax Off!
  Wax On! Wax Off! Wax On! Wax Off! Wax On! Wax Off! Wax On!
  Wax Off! Wax On! Wax Off! Wax On! Exiting via interrupt
  Ending Wax Off task
  Exiting via interrupt
  Ending Wax On task
  *///:~
```
1214

在**Car**的构造器中，单个的**Lock**将产生一个**Condition**对象，这个对象被用来管理任务间的通信。但是，这个**Condition**对象不包含任何有关处理状态的信息，因此你需要管理额外的表示处理状态的信息，即**boolean waxOn.**。

每个对**lock()**的调用都必须紧跟一个**try-finally**子句，用来保证在所有情况下都可以释放锁。在使用内建版本时，任务在可以调用**await()**、**signal()**或**signalAll()**之前，必须拥有这个锁。

注意，这个解决方案比前一个更加复杂，在本例中这种复杂性并未使你收获更多。**Lock**和**Condition**对象只有在更加困难的多线程问题中才是必需的。

练习27：(2) 修改**Restaurant.java**，使其使用显式的**Lock**和**Condition**对象。

21.5.4 生产者-消费者与队列

wait()和**notifyAll()**方法以一种非常低级的方式解决了任务互操作问题，即每次交互时都握手。在许多情况下，你可以瞄向更高的抽象级别，使用同步队列来解决任务协作问题，同步队列在任何时刻都只允许一个任务插入或移除元素。在**java.util.concurrent.BlockingQueue**接口中提供了这个队列，这个接口有大量的标准实现。你通常可以使用**LinkedBlockingQueue**，它是一个无届队列，还可以使用**ArrayBlockingQueue**，它具有固定的尺寸，因此你可以在它被阻塞之前，向其中放置有限数量的元素。

如果消费者任务试图从队列中获取对象，而该队列此时为空，那么这些队列还可以挂起消费者任务，并且当有更多的元素可用时恢复消费者任务。阻塞队列可以解决非常大量的问题，而其方式与**wait()**和**notifyAll()**相比，则简单并可靠得多。

下面是一个简单的测试，它将多个**LiftOff**对象的执行串行化了。消费者是**LiftOffRunner**，它将每个**LiftOff**对象从**BlockingQueue**中推出并直接运行。(即，它通过显式地调用**run()**而使用自己的线程来运行，而不是为每个任务启动一个新线程。)

```
//: concurrency/TestBlockingQueues.java
1215 // {RunByHand}
import java.util.concurrent.*;
import java.io.*;
import static net.mindview.util.Print.*;

class LiftOffRunner implements Runnable {
  private BlockingQueue<LiftOff> rockets;
  public LiftOffRunner(BlockingQueue<LiftOff> queue) {
    rockets = queue;
  }
  public void add(LiftOff lo) {
    try {
      rockets.put(lo);
    } catch(InterruptedException e) {
      print("Interrupted during put()");
    }
  }
  public void run() {
    try {
      while(!Thread.interrupted()) {
        LiftOff rocket = rockets.take();
        rocket.run(); // Use this thread
      }
    } catch(InterruptedException e) {
      print("Waking from take()");
    }
    print("Exiting LiftOffRunner");
  }
}

public class TestBlockingQueues {
  static void getkey() {
    try {
      // Compensate for Windows/Linux difference in the
      // length of the result produced by the Enter key:
      new BufferedReader(
        new InputStreamReader(System.in)).readLine();
    } catch(java.io.IOException e) {
      throw new RuntimeException(e);
    }
  }
  static void getkey(String message) {
    print(message);
    getkey();
1216  }
  static void
  test(String msg, BlockingQueue<LiftOff> queue) {
    print(msg);
    LiftOffRunner runner = new LiftOffRunner(queue);
    Thread t = new Thread(runner);
    t.start();
    for(int i = 0; i < 5; i++)
      runner.add(new LiftOff(5));
    getkey("Press 'Enter' (" + msg + ")");
    t.interrupt();
    print("Finished " + msg + " test");
  }
  public static void main(String[] args) {
    test("LinkedBlockingQueue", // Unlimited size
      new LinkedBlockingQueue<LiftOff>());
    test("ArrayBlockingQueue", // Fixed size
      new ArrayBlockingQueue<LiftOff>(3));
    test("SynchronousQueue", // Size of 1
      new SynchronousQueue<LiftOff>());
```

```
  }
} ///:~
```

各个任务由**main()**放置到了**BlockingQueue**中，并且由**LiftOffRunner**从**BlockingQueue**中取出。注意，**LiftOffRunner**可以忽略同步问题，因为它们已经由**BlockingQueue**解决了。

练习28：(3) 修改**TestBlockingQueue.java**，添加一个将**LiftOff**放置到**BlockingQueue**中的任务，而不要放置在**main()**中。

吐司BlockingQueue

考虑下面这个使用**BlockingQueue**的示例，有一台机器具有三个任务：一个制作吐司、一个给吐司抹黄油，另一个在抹过黄油的吐司上涂果酱。我们可以通过各个处理过程之间的**BlockingQueue**来运行这个吐司制作程序：

```
//: concurrency/ToastOMatic.java
// A toaster that uses queues.
import java.util.concurrent.*;
import java.util.*;
import static net.mindview.util.Print.*;

class Toast {
  public enum Status { DRY, BUTTERED, JAMMED }
  private Status status = Status.DRY;
  private final int id;
  public Toast(int idn) { id = idn; }
  public void butter() { status = Status.BUTTERED; }
  public void jam() { status = Status.JAMMED; }
  public Status getStatus() { return status; }
  public int getId() { return id; }
  public String toString() {
    return "Toast " + id + ": " + status;
  }
}

class ToastQueue extends LinkedBlockingQueue<Toast> {}

class Toaster implements Runnable {
  private ToastQueue toastQueue;
  private int count = 0;
  private Random rand = new Random(47);
  public Toaster(ToastQueue tq) { toastQueue = tq; }
  public void run() {
    try {
      while(!Thread.interrupted()) {
        TimeUnit.MILLISECONDS.sleep(
          100 + rand.nextInt(500));
        // Make toast
        Toast t = new Toast(count++);
        print(t);
        // Insert into queue
        toastQueue.put(t);
      }
    } catch(InterruptedException e) {
      print("Toaster interrupted");
    }
    print("Toaster off");
  }
}

// Apply butter to toast:
class Butterer implements Runnable {
  private ToastQueue dryQueue, butteredQueue;
  public Butterer(ToastQueue dry, ToastQueue buttered) {
    dryQueue = dry;
    butteredQueue = buttered;
```

1217

1218

```
  }
  public void run() {
    try {
      while(!Thread.interrupted()) {
        // Blocks until next piece of toast is available:
        Toast t = dryQueue.take();
        t.butter();
        print(t);
        butteredQueue.put(t);
      }
    } catch(InterruptedException e) {
      print("Butterer interrupted");
    }
    print("Butterer off");
  }
}

// Apply jam to buttered toast:
class Jammer implements Runnable {
  private ToastQueue butteredQueue, finishedQueue;
  public Jammer(ToastQueue buttered, ToastQueue finished) {
    butteredQueue = buttered;
    finishedQueue = finished;
  }
  public void run() {
    try {
      while(!Thread.interrupted()) {
        // Blocks until next piece of toast is available:
        Toast t = butteredQueue.take();
        t.jam();
        print(t);
        finishedQueue.put(t);
      }
    } catch(InterruptedException e) {
      print("Jammer interrupted");
    }
    print("Jammer off");
  }
}

// Consume the toast:
class Eater implements Runnable {
  private ToastQueue finishedQueue;
1219  private int counter = 0;
  public Eater(ToastQueue finished) {
    finishedQueue = finished;
  }
  public void run() {
    try {
      while(!Thread.interrupted()) {
        // Blocks until next piece of toast is available:
        Toast t = finishedQueue.take();
        // Verify that the toast is coming in order,
        // and that all pieces are getting jammed:
        if(t.getId() != counter++ ||
           t.getStatus() != Toast.Status.JAMMED) {
          print(">>>> Error: " + t);
          System.exit(1);
        } else
          print("Chomp! " + t);
      }
    } catch(InterruptedException e) {
      print("Eater interrupted");
    }
    print("Eater off");
  }
}
```

```
public class ToastOMatic {
  public static void main(String[] args) throws Exception {
    ToastQueue dryQueue = new ToastQueue(),
               butteredQueue = new ToastQueue(),
               finishedQueue = new ToastQueue();
    ExecutorService exec = Executors.newCachedThreadPool();
    exec.execute(new Toaster(dryQueue));
    exec.execute(new Butterer(dryQueue, butteredQueue));
    exec.execute(new Jammer(butteredQueue, finishedQueue));
    exec.execute(new Eater(finishedQueue));
    TimeUnit.SECONDS.sleep(5);
    exec.shutdownNow();
  }
} /* (Execute to see output) *///:~
```

Toast是一个使用**enum**值的优秀示例。注意，这个示例中没有任何显式的同步（即使用**Lock**对象或**synchronized**关键字的同步），因为同步由队列（其内部是同步的）和系统的设计隐式地管理了——每片**Toast**在任何时刻都只由一个任务在操作。因为队列的阻塞，使得处理过程将被 1220 自动地挂起和恢复。你可以看到由**BlockingQueue**产生的简化十分明显。在使用显式的**wait()**和**notifyAll()**时存在的类和类之间的耦合被消除了，因为每个类都只和它的**BlockingQueue**通信。

练习29：(8) 修改**ToastOMatic.java**，使用两个单独的组装线来创建涂有花生黄油和果冻的吐司三明治（一个用于花生黄油，第二个用于果冻，然后把两条线合并）。

21.5.5 任务间使用管道进行输入/输出

通过输入/输出在线程间进行通信通常很有用。提供线程功能的类库以“管道”的形式对线程间的输入/输出提供了支持。它们在Java输入/输出类库中的对应物就是**PipedWriter**类（允许任务向管道写）和**PipedReader**类（允许不同任务从同一个管道中读取）。这个模型可以看成是“生产者－消费者”问题的变体，这里的管道就是一个封装好的解决方案。管道基本上是一个阻塞队列，存在于多个引入**BlockingQueue**之前的Java版本中。

下面是一个简单例子，两个任务使用一个管道进行通信：

```
//: concurrency/PipedIO.java
// Using pipes for inter-task I/O
import java.util.concurrent.*;
import java.io.*;
import java.util.*;
import static net.mindview.util.Print.*;

class Sender implements Runnable {
  private Random rand = new Random(47);
  private PipedWriter out = new PipedWriter();
  public PipedWriter getPipedWriter() { return out; }
  public void run() {
    try {
      while(true)
        for(char c = 'A'; c <= 'z'; c++) {
          out.write(c);
          TimeUnit.MILLISECONDS.sleep(rand.nextInt(500));
        }
    } catch(IOException e) {
      print(e + " Sender write exception");
    } catch(InterruptedException e) {
      print(e + " Sender sleep interrupted");
    }
  }
}

class Receiver implements Runnable {
  private PipedReader in;
  public Receiver(Sender sender) throws IOException {
```

1221

```
      in = new PipedReader(sender.getPipedWriter());
    }
    public void run() {
      try {
        while(true) {
          // Blocks until characters are there:
          printnb("Read: " + (char)in.read() + ", ");
        }
      } catch(IOException e) {
        print(e + " Receiver read exception");
      }
    }
  }

  public class PipedIO {
    public static void main(String[] args) throws Exception {
      Sender sender = new Sender();
      Receiver receiver = new Receiver(sender);
      ExecutorService exec = Executors.newCachedThreadPool();
      exec.execute(sender);
      exec.execute(receiver);
      TimeUnit.SECONDS.sleep(4);
      exec.shutdownNow();
    }
  } /* Output: (65% match)
  Read: A, Read: B, Read: C, Read: D, Read: E, Read: F, Read:
  G, Read: H, Read: I, Read: J, Read: K, Read: L, Read: M,
  java.lang.InterruptedException: sleep interrupted Sender
  sleep interrupted
  java.io.InterruptedIOException Receiver read exception
  *///:~
```

Sender和**Receiver**代表了需要互相通信两个任务。**Sender**创建了一个**PipedWriter**，它是一个单独的对象；但是对于**Receiver**，**PipedReader**的建立必须在构造器中与一个**PipedWriter**相关联。**Sender**把数据放进**Writer**，然后休眠一段时间（随机数）。然而，**Receiver**没有**sleep()**和
1222 **wait()**。但当它调用**read()**时，如果没有更多的数据，管道将自动阻塞。

注意**sender**和**receiver**是在**main()**中启动的，即对象构造彻底完毕以后。如果你启动了一个没有构造完毕的对象，在不同的平台上管道可能会产生不一致的行为（注意，**BlockingQueue**使用起来更加健壮而容易）。

在**shutdownNow()**被调用时，可以看到**PipedReader**与普通I/O之间最重要的差异——**PipedReader**是可中断的。如果你将**in.read()**调用修改为**System.in.read()**，那么**interrupt()**将不能打断**read()**调用。

练习30：(1) 修改**PipedIO.java**，使其使用**BlockingQueue**而不是管道。

21.6 死锁

现在你理解了，一个对象可以有**synchronized**方法或其他形式的加锁机制来防止别的任务在互斥还没有释放的时候就访问这个对象。你已经学习过，任务可以变成阻塞状态，所以就可能出现这种情况：某个任务在等待另一个任务，而后者又等待别的任务，这样一直下去，直到这个链条上的任务又在等待第一个任务释放锁。这得到了一个任务之间相互等待的连续循环，没有哪个线程能继续。这被称之为*死锁*[⊖]。

如果你运行一个程序，而它马上就死锁了，你可以立即跟踪下去。真正的问题在于，程序可能看起来工作良好，但是具有潜在的死锁危险。这时，死锁可能发生，而事先却没有任何

⊖ 当两个任务可以修改它们的状态（它们不会阻塞）时，你还可以使用*活锁*，但是这么做不会得到什么有用的改进。

征兆，所以缺陷会潜伏在你的程序里，直到客户发现它出乎意料地发生（以一种几乎肯定是很难重现的方式发生）。因此，在编写并发程序的时候，进行仔细的程序设计以防止死锁是关键部分。 1223

由Edsger Dijkstra提出的哲学家就餐问题是一个经典的死锁例证。该问题的基本描述中是指定五个哲学家（不过这里的例子中将允许任意数目）。这些哲学家将花部分时间思考，花部分时间就餐。当他们思考的时候，不需要任何共享资源；但当他们就餐时，将使用有限数量的餐具。在问题的原始描述中，餐具是叉子。要吃到桌子中央盘子里的意大利面条需要用两把叉子，不过把餐具看成是筷子更合理；很明显，哲学家要就餐就需要两根筷子。

问题中引入的难点是：作为哲学家，他们很穷，所以他们只能买五根筷子（更一般地讲，筷子和哲学家的数量相同）。他们围坐在桌子周围，每人之间放一根筷子。当一个哲学家要就餐的时候，这个哲学家必须同时得到左边和右边的筷子。如果一个哲学家左边或右边已经有人在使用筷子了，那么这个哲学家就必须等待，直至可得到必需的筷子。

```
//: concurrency/Chopstick.java
// Chopsticks for dining philosophers.

public class Chopstick {
  private boolean taken = false;
  public synchronized
  void take() throws InterruptedException {
    while(taken)
      wait();
    taken = true;
  }
  public synchronized void drop() {
    taken = false;
    notifyAll();
  }
} ///:~
```

任何两个**Philosopher**都不能成功**take()**同一根筷子。另外，如果一根**Chopstick**已经被某个**Philosopher**获得，那么另一个**Philosopher**可以**wait()**，直至这根**Chopstick**的当前持有者调用**drop()**使其可用为止。

当一个**Philosopher**任务调用**take()**时，这个**Philosopher**将等待，直至**taken**标志变为**false**（直至当前持有**Chopstick**的**Philosopher**释放它）。然后这个任务会将**taken**标志设置为**true**，以表示现在由新的**Philosopher**持有这根**Chopstick**。当这个**Philosopher**使用完这根**Chopstick**时，它会调 1224
用**drop()**来修改标志的状态，并**notifyAll()**所有其他的**Philosopher**，这些**Philosopher**中有些可能就在**wait()**这根**Chopstick**。

```
//: concurrency/Philosopher.java
// A dining philosopher
import java.util.concurrent.*;
import java.util.*;
import static net.mindview.util.Print.*;

public class Philosopher implements Runnable {
  private Chopstick left;
  private Chopstick right;
  private final int id;
  private final int ponderFactor;
  private Random rand = new Random(47);
  private void pause() throws InterruptedException {
    if(ponderFactor == 0) return;
    TimeUnit.MILLISECONDS.sleep(
      rand.nextInt(ponderFactor * 250));
  }
```

```
  public Philosopher(Chopstick left, Chopstick right,
    int ident, int ponder) {
    this.left = left;
    this.right = right;
    id = ident;
    ponderFactor = ponder;
  }
  public void run() {
    try {
      while(!Thread.interrupted()) {
        print(this + " " + "thinking");
        pause();
        // Philosopher becomes hungry
        print(this + " " + "grabbing right");
        right.take();
        print(this + " " + "grabbing left");
        left.take();
        print(this + " " + "eating");
        pause();
        right.drop();
        left.drop();
1225      }
    } catch(InterruptedException e) {
      print(this + " " + "exiting via interrupt");
    }
  }
  public String toString() { return "Philosopher " + id; }
} ///:~
```

在**Philosopher, run()**中，每个**Philosopher**只是不断地思考和吃饭。如果**PonderFactor**不为0，则**pause()**方法会休眠（**sleeps()**）一段随机的时间。通过使用这种方式，你将看到**Philosopher**会在思考上花掉一段随机化的时间，然后尝试着获取（**take()**）右边和左边的**Chopstick**，随后在吃饭上再花掉一段随机化的时间，之后重复此过程。

现在我们可以建立这个程序的将会产生死锁的版本了：

```
//: concurrency/DeadlockingDiningPhilosophers.java
// Demonstrates how deadlock can be hidden in a program.
// {Args: 0 5 timeout}
import java.util.concurrent.*;

public class DeadlockingDiningPhilosophers {
  public static void main(String[] args) throws Exception {
    int ponder = 5;
    if(args.length > 0)
      ponder = Integer.parseInt(args[0]);
    int size = 5;
    if(args.length > 1)
      size = Integer.parseInt(args[1]);
    ExecutorService exec = Executors.newCachedThreadPool();
    Chopstick[] sticks = new Chopstick[size];
    for(int i = 0; i < size; i++)
      sticks[i] = new Chopstick();
    for(int i = 0; i < size; i++)
      exec.execute(new Philosopher(
        sticks[i], sticks[(i+1) % size], i, ponder));
    if(args.length == 3 && args[2].equals("timeout"))
      TimeUnit.SECONDS.sleep(5);
    else {
      System.out.println("Press 'Enter' to quit");
      System.in.read();
    }
    exec.shutdownNow();
1226  }
} /* (Execute to see output) *///:~
```

你会发现，如果**Philosopher**花在思考上的时间非常少，那么当他们想要进餐时，全都会在**Chopstick**上产生竞争，而死锁也就会更快地发生。

第一个命令行参数可以调整**ponder**因子，从而影响每个**Philosopher**花费在思考上的时间长度。如果有许多**Philosopher**，或者他们花费很多时间去思考，那么尽管存在死锁的可能，但你可能永远也看不到死锁。值为0的命令行参数倾向于使死锁尽快发生。

注意，**Chopstick**对象不需要内部标识符，它们是由在数组**sticks**中的位置来标识的。每个**Philosopher**构造器都会得到一个对左边和右边**Chopstick**对象的引用。除了最后一个**Philosopher**，其他所有的**Philosopher**都是通过将这个**Philosopher**定位于下一对**Chopstick**对象之间而被初始化的，而最后一个**Philosopher**右边的**Chopstick**是第0个**Chopstick**，这样这个循环表也就结束了。因为最后一个**Philosopher**坐在第一个**Philosopher**的右边，所以他们会共享第0个**Chopstick**。现在，所有的**Philosopher**都有可能希望进餐，从而等待其临近的**Philosopher**放下它们的**Chopstick**。这将使程序死锁。

如果**Philosopher**花费更多的时间去思考而不是进餐（使用非0的**ponder**值，或者大量的**Philosopher**），那么他们请求共享资源（**Chopstick**）的可能性就会小许多，这样你就会确信该程序不会死锁，尽管它们并非如此。这个示例相当有趣，因为它演示了看起来可以正确运行，但实际上会死锁的程序。

要修正死锁问题，你必须明白，当以下四个条件同时满足时，就会发生死锁：

1) 互斥条件。任务使用的资源中至少有一个是不能共享的。这里，一根**Chopstick**一次就只能被一个**Philosopher**使用。

2) 至少有一个任务它必须持有一个资源且正在等待获取一个当前被别的任务持有的资源。也就是说，要发生死锁，**Philosopher**必须拿着一根**Chopstick**并且等待另一根。 1227

3) 资源不能被任务抢占，任务必须把资源释放当作普通事件。**Philosopher**很有礼貌，他们不会从其他**Philosopher**那里抢**Chopstick**。

4) 必须有循环等待，这时，一个任务等待其他任务所持有的资源，后者又在等待另一个任务所持有的资源，这样一直下去，直到有一个任务在等待第一个任务所持有的资源，使得大家都被锁住。在**DeadlockingDiningPhilosophers.java**中，因为每个**Philosopher**都试图先得到右边的**Chopstick**，然后得到左边的**Chopstick**，所以发生了循环等待。

因为要发生死锁的话，所有这些条件必须全部满足；所以要防止死锁的话，只需破坏其中一个即可。在程序中，防止死锁最容易的方法是破坏第4个条件。有这个条件的原因是每个**Philosopher**都试图用特定的顺序拿**Chopstick**：先右后左。正因为如此，就可能会发生“每个人都拿着右边的**Chopstick**，并等待左边的**Chopstick**”的情况，这就是循环等待条件。然而，如果最后一个**Philosopher**被初始化成先拿左边的**Chopstick**，后拿右边的**Chopstick**，那么这个**Philosopher**将永远不会阻止其右边的**Philosopher**拿起他们的**Chopstick**。在本例中，这就可以防止循环等待。这只是问题的解决方法之一，也可以通过破坏其他条件来防止死锁（具体细节请参考更高级的讨论线程的书籍）：

```
//: concurrency/FixedDiningPhilosophers.java
// Dining philosophers without deadlock.
// {Args: 5 5 timeout}
import java.util.concurrent.*;

public class FixedDiningPhilosophers {
  public static void main(String[] args) throws Exception {
    int ponder = 5;
    if(args.length > 0)
      ponder = Integer.parseInt(args[0]);
    int size = 5;
    if(args.length > 1)
```

1228
```
      size = Integer.parseInt(args[1]);
    ExecutorService exec = Executors.newCachedThreadPool();
    Chopstick[] sticks = new Chopstick[size];
    for(int i = 0; i < size; i++)
      sticks[i] = new Chopstick();
    for(int i = 0; i < size; i++)
      if(i < (size-1))
        exec.execute(new Philosopher(
          sticks[i], sticks[i+1], i, ponder));
      else
        exec.execute(new Philosopher(
          sticks[0], sticks[i], i, ponder));
    if(args.length == 3 && args[2].equals("timeout"))
      TimeUnit.SECONDS.sleep(5);
    else {
      System.out.println("Press 'Enter' to quit");
      System.in.read();
    }
    exec.shutdownNow();
  }
} /* (Execute to see output) *///:~
```

通过确保最后一个**Philosopher**先拿起和放下左边的**Chopstick**，我们可以移除死锁，从而使这个程序平滑地运行。

Java对死锁并没有提供语言层面上的支持；能否通过仔细地设计程序来避免死锁，这取决于你自己。对于正在试图调试一个有死锁的程序的程序员来说，这不是什么安慰人的话。

练习31：(8) 修改**DeadlockingDiningPhilosophers.java**，使得当哲学家用完筷子之后，把筷子放在一个筷笼里。当哲学家要就餐的时候，他们就从筷笼里取出下两根可用的筷子。这消除了死锁的可能吗？你能仅仅通过减少可用的筷子数目就重新引入死锁吗？

21.7 新类库中的构件

Java SE5的**java.util.concurrent**引入了大量设计用来解决并发问题的新类。学习使用它们将有助于你编写出更加简单而健壮的并发程序。

本节包含了各种组件具有代表性的示例，但是少数组件，即那些你不太可能会用到或碰到
1229 的组件，没有包括在内。

因为这些组件设计各种问题，所以没有一种清晰的方式可以用来组织它们，因此我尝试着从最简单的示例入手，逐渐增加复杂度，从而介绍所有的示例。

21.7.1 CountDownLatch

它被用来同步一个或多个任务，强制它们等待由其他任务执行的一组操作完成。

你可以向**CountDownLatch**对象设置一个初始计数值，任何在这个对象上调用**wait()**的方法都将阻塞，直至这个计数值到达0。其他任务在结束其工作时，可以在该对象上调用**countDown()**来减小这个计数值。**CountDownLatch**被设计为只触发一次，计数值不能被重置。如果你需要能够重置计数值的版本，则可以使用**CyclicBarrier**。

调用**countDown()**的任务在产生这个调用时并没有被阻塞，只有对**await()**的调用会被阻塞，直至计数值到达0。

CountDownLatch的典型用法是将一个程序分为n个互相独立的可解决任务，并创建值为0的**CountDownLatch**。当每个任务完成时，都会在这个锁存器上调用**countDown()**。等待问题被解决的任务在这个锁存器上调用**await()**，将它们自己拦住，直至锁存器计数结束。下面是演示这种技术的一个框架示例：

```
//: concurrency/CountDownLatchDemo.java
```

```
import java.util.concurrent.*;
import java.util.*;
import static net.mindview.util.Print.*;

// Performs some portion of a task:
class TaskPortion implements Runnable {
  private static int counter = 0;
  private final int id = counter++;
  private static Random rand = new Random(47);
  private final CountDownLatch latch;
  TaskPortion(CountDownLatch latch) {
    this.latch = latch;
  }
  public void run() {
    try {
      doWork();
      latch.countDown();                                              1230
    } catch(InterruptedException ex) {
      // Acceptable way to exit
    }
  }
  public void doWork() throws InterruptedException {
    TimeUnit.MILLISECONDS.sleep(rand.nextInt(2000));
    print(this + "completed");
  }
  public String toString() {
    return String.format("%1$-3d ", id);
  }
}

// Waits on the CountDownLatch:
class WaitingTask implements Runnable {
  private static int counter = 0;
  private final int id = counter++;
  private final CountDownLatch latch;
  WaitingTask(CountDownLatch latch) {
    this.latch = latch;
  }
  public void run() {
    try {
      latch.await();
      print("Latch barrier passed for " + this);
    } catch(InterruptedException ex) {
      print(this + " interrupted");
    }
  }
  public String toString() {
    return String.format("WaitingTask %1$-3d ", id);
  }
}

public class CountDownLatchDemo {
  static final int SIZE = 100;
  public static void main(String[] args) throws Exception {
    ExecutorService exec = Executors.newCachedThreadPool();
    // All must share a single CountDownLatch object:
    CountDownLatch latch = new CountDownLatch(SIZE);
    for(int i = 0; i < 10; i++)
      exec.execute(new WaitingTask(latch));
    for(int i = 0; i < SIZE; i++)
      exec.execute(new TaskPortion(latch));                           1231
    print("Launched all tasks");
    exec.shutdown(); // Quit when all tasks complete
  }
} /* (Execute to see output) *///:~
```

TaskPortion将随机地休眠一段时间，以模拟这部分工作的完成，而**WaitingTask**表示系统中必须等待的部分，它要等待到问题的初始部分完成为止。所有任务都使用了在**main()**中定义的同一个单一的**CountDownLatch**。

练习32：(7) 使用**CountDownLatch**解决**OrnamentalGarden.java**中**Entrance**产生的结果互相关联的问题。从新版本的示例中移除不必要的代码。

类库的线程安全

注意，**TaskPortion**包含一个静态的**Random**对象，这意味着多个任何可能会同时调用**Random.nextInt()**。这是否安全呢？

如果存在问题，在这种情况下，可以通过向**TaskPortion**提供其自己的**Random**对象来解决。也就是说，通过移除**static**限定符的方式解决。但是这个问题对于Java标准类库中的方法来说，也大都存在：哪些是线程安全的？哪些不是？

遗憾的是，JDK文档并没有指出这一点。**Random.nextInt()**碰巧是安全的，但是，你必须通过使用Web引擎，或者审视Java类库代码，去逐个地揭示这一点。这对于被设计为支持，至少理论上支持并发的程序设计语言来说，并非是一件好事。

21.7.2 CyclicBarrier

CyclicBarrier适用于这样的情况：你希望创建一组任务，它们并行地执行工作，然后在进行下一个步骤之前等待，直至所有任务都完成（看起来有些像**join()**）。它使得所有的并行任务都将在栅栏处列队，因此可以一致地向前移动。这非常像**CountDownLatch**，只是**CountDownLatch**是只触发一次的事件，而**CyclicBarrier**可以多次重用。

从刚开始接触计算机时开始，我就对仿真着了迷，而并发是使仿真成为可能的一个关键因素。记得我最开始编写的一个程序[⊖]就是一个仿真：一个用BASIC编写的（由于文件名的限制而）
1232 命名为HOSRAC.BAS的赛马游戏。下面是那个程序的面向对象的多线程版本，其中使用了**CyclicBarrier**：

```
//: concurrency/HorseRace.java
// Using CyclicBarriers.
import java.util.concurrent.*;
import java.util.*;
import static net.mindview.util.Print.*;

class Horse implements Runnable {
  private static int counter = 0;
  private final int id = counter++;
  private int strides = 0;
  private static Random rand = new Random(47);
  private static CyclicBarrier barrier;
  public Horse(CyclicBarrier b) { barrier = b; }
  public synchronized int getStrides() { return strides; }
  public void run() {
    try {
      while(!Thread.interrupted()) {
        synchronized(this) {
          strides += rand.nextInt(3); // Produces 0, 1 or 2
        }
        barrier.await();
      }
    } catch(InterruptedException e) {
      // A legitimate way to exit
    } catch(BrokenBarrierException e) {
      // This one we want to know about
```

⊖ 那时我还是高中的新生，教室里有一台ASR-33电传打字机，通过波特率为110的声音耦合调制解调器来访问一台HP-1000。

```
        throw new RuntimeException(e);
      }
    }
    public String toString() { return "Horse " + id + " "; }
    public String tracks() {
      StringBuilder s = new StringBuilder();
      for(int i = 0; i < getStrides(); i++)
        s.append("*");
      s.append(id);
      return s.toString();
    }
  }

  public class HorseRace {
    static final int FINISH_LINE = 75;
    private List<Horse> horses = new ArrayList<Horse>();
    private ExecutorService exec =
      Executors.newCachedThreadPool();
    private CyclicBarrier barrier;
    public HorseRace(int nHorses, final int pause) {
      barrier = new CyclicBarrier(nHorses, new Runnable() {
        public void run() {
          StringBuilder s = new StringBuilder();
          for(int i = 0; i < FINISH_LINE; i++)
            s.append("="); // The fence on the racetrack
          print(s);
          for(Horse horse : horses)
            print(horse.tracks());
          for(Horse horse : horses)
            if(horse.getStrides() >= FINISH_LINE) {
              print(horse + "won!");
              exec.shutdownNow();
              return;
            }
          try {
            TimeUnit.MILLISECONDS.sleep(pause);
          } catch(InterruptedException e) {
            print("barrier-action sleep interrupted");
          }
        }
      });
      for(int i = 0; i < nHorses; i++) {
        Horse horse = new Horse(barrier);
        horses.add(horse);
        exec.execute(horse);
      }
    }
    public static void main(String[] args) {
      int nHorses = 7;
      int pause = 200;
      if(args.length > 0) { // Optional argument
        int n = new Integer(args[0]);
        nHorses = n > 0 ? n : nHorses;
      }
      if(args.length > 1) { // Optional argument
        int p = new Integer(args[1]);
        pause = p > -1 ? p : pause;
      }
      new HorseRace(nHorses, pause);
    }
  } /* (Execute to see output) *///:~
```

1233

1234

可以向**CyclicBarrier**提供一个“栅栏动作”，它是一个**Runnable**，当计数值到达0时自动执行——这是**CyclicBarrier**和**CountDownLatch**之间的另一个区别。这里，栅栏动作是作为匿名内部类创建的，它被提交给了**CyclicBarrier**的构造器。

我试图让每匹马都打印自己，但是之后的显示顺序取决于任务管理器。**CyclicBarrier**使得每匹马都要执行为了向前移动所必需执行的所有工作，然后必须在栅栏处等待其他所有的马都准备完毕。当所有的马都向前移动时，**CyclicBarrier**将自动调用**Runnable**栅栏动作任务，按顺序显示马和终点线的位置。

一旦所有的任务都越过了栅栏，它就会自动地为下一回合比赛做好准备。

为了展示这个非常简单的动画效果，你需要将控制台视窗的尺寸调整为小到只有马时，才会展示出来。

21.7.3 DelayQueue

这是一个无界的**BlockingQueue**，用于放置实现了**Delayed**接口的对象，其中的对象只能在其到期时才能从队列中取走。这种队列是有序的，即队头对象的延迟到期的时间最长。如果没有任何延迟到期，那么就不会有任何头元素，并且**poll()**将返回**null**（正因为这样，你不能将**null**放置到这种队列中）。

下面是一个示例，其中的**Delayed**对象自身就是任务，而**DelayedTaskConsumer**将最“紧急”
1235 的任务（到期时间最长的任务）从队列中取出，然后运行它。注意，这样**DelayQueue**就成为了优先级队列的一种变体：

```
//: concurrency/DelayQueueDemo.java
import java.util.concurrent.*;
import java.util.*;
import static java.util.concurrent.TimeUnit.*;
import static net.mindview.util.Print.*;

class DelayedTask implements Runnable, Delayed {
  private static int counter = 0;
  private final int id = counter++;
  private final int delta;
  private final long trigger;
  protected static List<DelayedTask> sequence =
    new ArrayList<DelayedTask>();
  public DelayedTask(int delayInMilliseconds) {
    delta = delayInMilliseconds;
    trigger = System.nanoTime() +
      NANOSECONDS.convert(delta, MILLISECONDS);
    sequence.add(this);
  }
  public long getDelay(TimeUnit unit) {
    return unit.convert(
      trigger - System.nanoTime(), NANOSECONDS);
  }
  public int compareTo(Delayed arg) {
    DelayedTask that = (DelayedTask)arg;
    if(trigger < that.trigger) return -1;
    if(trigger > that.trigger) return 1;
    return 0;
  }
  public void run() { printnb(this + " "); }
  public String toString() {
    return String.format("[%1$-4d]", delta) +
      " Task " + id;
  }
  public String summary() {
    return "(" + id + ":" + delta + ")";
  }
  public static class EndSentinel extends DelayedTask {
    private ExecutorService exec;
    public EndSentinel(int delay, ExecutorService e) {
      super(delay);
```

1236

```
      exec = e;
    }
    public void run() {
      for(DelayedTask pt : sequence) {
        printnb(pt.summary() + " ");
      }
      print();
      print(this + " Calling shutdownNow()");
      exec.shutdownNow();
    }
  }
}

class DelayedTaskConsumer implements Runnable {
  private DelayQueue<DelayedTask> q;
  public DelayedTaskConsumer(DelayQueue<DelayedTask> q) {
    this.q = q;
  }
  public void run() {
    try {
      while(!Thread.interrupted())
        q.take().run(); // Run task with the current thread
    } catch(InterruptedException e) {
      // Acceptable way to exit
    }
    print("Finished DelayedTaskConsumer");
  }
}

public class DelayQueueDemo {
  public static void main(String[] args) {
    Random rand = new Random(47);
    ExecutorService exec = Executors.newCachedThreadPool();
    DelayQueue<DelayedTask> queue =
      new DelayQueue<DelayedTask>();
    // Fill with tasks that have random delays:
    for(int i = 0; i < 20; i++)
      queue.put(new DelayedTask(rand.nextInt(5000)));
    // Set the stopping point
    queue.add(new DelayedTask.EndSentinel(5000, exec));
    exec.execute(new DelayedTaskConsumer(queue));
  }
} /* Output:
[128 ] Task 11 [200 ] Task 7 [429 ] Task 5 [520 ] Task 18
[555 ] Task 1 [961 ] Task 4 [998 ] Task 16 [1207] Task 9
[1693] Task 2 [1809] Task 14 [1861] Task 3 [2278] Task 15
[3288] Task 10 [3551] Task 12 [4258] Task 0 [4258] Task 19
[4522] Task 8 [4589] Task 13 [4861] Task 17 [4868] Task 6
(0:4258) (1:555) (2:1693) (3:1861) (4:961) (5:429) (6:4868)
(7:200) (8:4522) (9:1207) (10:3288) (11:128) (12:3551)
(13:4589) (14:1809) (15:2278) (16:998) (17:4861) (18:520)
(19:4258) (20:5000)
[5000] Task 20 Calling shutdownNow()
Finished DelayedTaskConsumer
*///:~
```

1237

DelayedTask包含一个称为**sequence**的**List<DelayedTask>**，它保存了任务被创建的顺序，因此我们可以看到排序是按照实际发生的顺序执行的。

Delayed接口有一个方法名为**getDelay()**，它可以用来告知延迟到期有多长时间，或者延迟在多长时间之前已经到期。这个方法将强制我们去使用**TimeUnit**类，因为这就是参数类型。这会产生一个非常方便的类，因为你可以很容易地转换单位而无需作任何声明。例如，**delta**的值是以毫秒为单位存储的，但是Java SE5的方法**System.nanoTime()**产生的时间则是以纳秒为单位的。你可以转换**delta**的值，方法是声明它的单位以及你希望以什么单位来表示，就像下面这样：

```
NANOSECONDS.convert(delta, MILLISECONDS);
```

在**getDelay()**中，希望使用的单位是作为**unit**参数传递进来的，你使用它将当前时间与触发时间之间的差转换为调用者要求的单位，而无需知道这些单位是什么（这是策略设计模式的一个简单示例，在这种模式中，算法的一部分是作为参数传递进来的）。

为了排序，**Delayed**接口还继承了**Comparable**接口，因此必须实现**compareTo()**，使其可以产生合理的比较。**toString()**和**summary()**提供了输出格式化，而嵌套的**EndSentinel**类提供了一种关闭所有事物的途径，具体做法是将其放置为队列的最后一个元素。

注意，因为**DelayedTaskConsumer**自身是一个任务，所以它有自己的**Thread**，它可以使用
1238 这个线程来运行从队列中获取的所有任务。由于任务是按照队列优先级的顺序执行的，因此在本例中不需要启动任何单独的线程来运行**DelayedTask**。

从输出中可以看到，任务创建的顺序对执行顺序没有任何影响，任务是按照所期望的延迟顺序执行的。

21.7.4 PriorityBlockingQueue

这是一个很基础的优先级队列，它具有可阻塞的读取操作。下面是一个示例，其中在优先级队列中的对象是按照优先级顺序从队列中出现的任务。**PrioritizedTask**被赋予了一个优先级数字，以此来提供这种顺序：

```
//: concurrency/PriorityBlockingQueueDemo.java
import java.util.concurrent.*;
import java.util.*;
import static net.mindview.util.Print.*;

class PrioritizedTask implements
Runnable, Comparable<PrioritizedTask>  {
  private Random rand = new Random(47);
  private static int counter = 0;
  private final int id = counter++;
  private final int priority;
  protected static List<PrioritizedTask> sequence =
    new ArrayList<PrioritizedTask>();
  public PrioritizedTask(int priority) {
    this.priority = priority;
    sequence.add(this);
  }
  public int compareTo(PrioritizedTask arg) {
    return priority < arg.priority ? 1 :
      (priority > arg.priority ? -1 : 0);
  }
  public void run() {
    try {
      TimeUnit.MILLISECONDS.sleep(rand.nextInt(250));
    } catch(InterruptedException e) {
      // Acceptable way to exit
    }
    print(this);
  }
1239  public String toString() {
    return String.format("[%1$-3d]", priority) +
      " Task " + id;
  }
  public String summary() {
    return "(" + id + ":" + priority + ")";
  }
  public static class EndSentinel extends PrioritizedTask {
    private ExecutorService exec;
    public EndSentinel(ExecutorService e) {
      super(-1); // Lowest priority in this program
```

```
      exec = e;
    }
    public void run() {
      int count = 0;
      for(PrioritizedTask pt : sequence) {
        printnb(pt.summary());
        if(++count % 5 == 0)
          print();
      }
      print();
      print(this + " Calling shutdownNow()");
      exec.shutdownNow();
    }
  }
}

class PrioritizedTaskProducer implements Runnable {
  private Random rand = new Random(47);
  private Queue<Runnable> queue;
  private ExecutorService exec;
  public PrioritizedTaskProducer(
    Queue<Runnable> q, ExecutorService e) {
    queue = q;
    exec = e; // Used for EndSentinel
  }
  public void run() {
    // Unbounded queue; never blocks.
    // Fill it up fast with random priorities:
    for(int i = 0; i < 20; i++) {
      queue.add(new PrioritizedTask(rand.nextInt(10)));
      Thread.yield();
    }
    // Trickle in highest-priority jobs:
    try {
      for(int i = 0; i < 10; i++) {
        TimeUnit.MILLISECONDS.sleep(250);
        queue.add(new PrioritizedTask(10));
      }
      // Add jobs, lowest priority first:
      for(int i = 0; i < 10; i++)
        queue.add(new PrioritizedTask(i));
      // A sentinel to stop all the tasks:
      queue.add(new PrioritizedTask.EndSentinel(exec));
    } catch(InterruptedException e) {
      // Acceptable way to exit
    }
    print("Finished PrioritizedTaskProducer");
  }
}

class PrioritizedTaskConsumer implements Runnable {
  private PriorityBlockingQueue<Runnable> q;
  public PrioritizedTaskConsumer(
    PriorityBlockingQueue<Runnable> q) {
    this.q = q;
  }
  public void run() {
    try {
      while(!Thread.interrupted())
        // Use current thread to run the task:
        q.take().run();
    } catch(InterruptedException e) {
      // Acceptable way to exit
    }
    print("Finished PrioritizedTaskConsumer");
  }
}
```

1240

```
public class PriorityBlockingQueueDemo {
  public static void main(String[] args) throws Exception {
    Random rand = new Random(47);
    ExecutorService exec = Executors.newCachedThreadPool();
    PriorityBlockingQueue<Runnable> queue =
      new PriorityBlockingQueue<Runnable>();
    exec.execute(new PrioritizedTaskProducer(queue, exec));
    exec.execute(new PrioritizedTaskConsumer(queue));
  }
} /* (Execute to see output) *///:~
```

1241

与前一个示例相同，**PrioritizedTask**对象的创建序列被记录在**sequence List**中，用于和实际的执行顺序比较。**run()**方法将休眠一小段随机的时间，然后打印对象信息，而**EndSentinel**提供了和前面相同的功能，要确保它是队列中最后一个对象。

PrioritizedTaskProducer和**PrioritizedTaskComsumer**通过**PriorityBlockinQueue**彼此连接。因为这种队列的阻塞特性提供了所有必需的同步，所以你应该注意到了，这里不需要任何显式的同步——不必考虑当你从这种队列中读取时，其中是否有元素，因为这个队列在没有元素时，将直接阻塞读取者。

21.7.5 使用ScheduledExecutor的温室控制器

在第10章中介绍过可以应用于假想温室的控制系统的示例，它可以控制各种设施的开关，或者是对它们进行调节。这可以被看作是一种并发问题，每个期望的温室事件都是一个在预定时间运行的任务。**ScheduledThreadPoolExecutor**提供了解决该问题的服务。通过使用**schedule()**（运行一次任务）或者**scheduleAtFixedRate()**（每隔规则的时间重复执行任务），你可以将**Runnable**对象设置为在将来的某个时刻执行。将下面的程序与在第10章中使用的方式相比，就会注意到，当你使用像**ScheduledThreadPoolExecutor**这样的预定义工具时，要简单许多：

```
//: concurrency/GreenhouseScheduler.java
// Rewriting innerclasses/GreenhouseController.java
// to use a ScheduledThreadPoolExecutor.
// {Args: 5000}
import java.util.concurrent.*;
import java.util.*;

public class GreenhouseScheduler {
  private volatile boolean light = false;
  private volatile boolean water = false;
  private String thermostat = "Day";
  public synchronized String getThermostat() {
    return thermostat;
  }
  public synchronized void setThermostat(String value) {
    thermostat = value;
  }
  ScheduledThreadPoolExecutor scheduler =
    new ScheduledThreadPoolExecutor(10);
  public void schedule(Runnable event, long delay) {
    scheduler.schedule(event,delay,TimeUnit.MILLISECONDS);
  }
  public void
  repeat(Runnable event, long initialDelay, long period) {
    scheduler.scheduleAtFixedRate(
      event, initialDelay, period, TimeUnit.MILLISECONDS);
  }
  class LightOn implements Runnable {
    public void run() {
      // Put hardware control code here to
      // physically turn on the light.
      System.out.println("Turning on lights");
```

1242

```
      light = true;
    }
  }
  class LightOff implements Runnable {
    public void run() {
      // Put hardware control code here to
      // physically turn off the light.
      System.out.println("Turning off lights");
      light = false;
    }
  }
  class WaterOn implements Runnable {
    public void run() {
      // Put hardware control code here.
      System.out.println("Turning greenhouse water on");
      water = true;
    }
  }
  class WaterOff implements Runnable {
    public void run() {
      // Put hardware control code here.
      System.out.println("Turning greenhouse water off");
      water = false;
    }
  }
  class ThermostatNight implements Runnable {
    public void run() {
      // Put hardware control code here.
      System.out.println("Thermostat to night setting");
      setThermostat("Night");
    }
  }
  class ThermostatDay implements Runnable {
    public void run() {
      // Put hardware control code here.
      System.out.println("Thermostat to day setting");
      setThermostat("Day");
    }
  }
  class Bell implements Runnable {
    public void run() { System.out.println("Bing!"); }
  }
  class Terminate implements Runnable {
    public void run() {
      System.out.println("Terminating");
      scheduler.shutdownNow();
      // Must start a separate task to do this job,
      // since the scheduler has been shut down:
      new Thread() {
        public void run() {
          for(DataPoint d : data)
            System.out.println(d);
        }
      }.start();
    }
  }
  // New feature: data collection
  static class DataPoint {
    final Calendar time;
    final float temperature;
    final float humidity;
    public DataPoint(Calendar d, float temp, float hum) {
      time = d;
      temperature = temp;
      humidity = hum;
    }
    public String toString() {
```

1243

```
1244        return time.getTime() +
              String.format(
                " temperature: %1$.1f humidity: %2$.2f",
                temperature, humidity);
          }
        }
        private Calendar lastTime = Calendar.getInstance();
        { // Adjust date to the half hour
          lastTime.set(Calendar.MINUTE, 30);
          lastTime.set(Calendar.SECOND, 00);
        }
        private float lastTemp = 65.0f;
        private int tempDirection = +1;
        private float lastHumidity = 50.0f;
        private int humidityDirection = +1;
        private Random rand = new Random(47);
        List<DataPoint> data = Collections.synchronizedList(
          new ArrayList<DataPoint>());
        class CollectData implements Runnable {
          public void run() {
            System.out.println("Collecting data");
            synchronized(GreenhouseScheduler.this) {
              // Pretend the interval is longer than it is:
              lastTime.set(Calendar.MINUTE,
                lastTime.get(Calendar.MINUTE) + 30);
              // One in 5 chances of reversing the direction:
              if(rand.nextInt(5) == 4)
                tempDirection = -tempDirection;
              // Store previous value:
              lastTemp = lastTemp +
                tempDirection * (1.0f + rand.nextFloat());
              if(rand.nextInt(5) == 4)
                humidityDirection = -humidityDirection;
              lastHumidity = lastHumidity +
                humidityDirection * rand.nextFloat();
              // Calendar must be cloned, otherwise all
              // DataPoints hold references to the same lastTime.
              // For a basic object like Calendar, clone() is OK.
              data.add(new DataPoint((Calendar)lastTime.clone(),
                lastTemp, lastHumidity));
            }
          }
        }
        public static void main(String[] args) {
1245      GreenhouseScheduler gh = new GreenhouseScheduler();
          gh.schedule(gh.new Terminate(), 5000);
          // Former "Restart" class not necessary:
          gh.repeat(gh.new Bell(), 0, 1000);
          gh.repeat(gh.new ThermostatNight(), 0, 2000);
          gh.repeat(gh.new LightOn(), 0, 200);
          gh.repeat(gh.new LightOff(), 0, 400);
          gh.repeat(gh.new WaterOn(), 0, 600);
          gh.repeat(gh.new WaterOff(), 0, 800);
          gh.repeat(gh.new ThermostatDay(), 0, 1400);
          gh.repeat(gh.new CollectData(), 500, 500);
        }
      } /* (Execute to see output) *///:~
```

这个版本重新组织了代码，并且添加了新的特性：收集温室内的温度和湿度读数。**DataPoint**可以持有并显示单个的数据段，而**CollectData**是被调度的任务，它在每次运行时，都可以产生仿真数据，并将其添加到**Greenhouse**的**List<DataPoint>**中。

注意，**volatile**和**synchronized**在适当的场合都得到了应用，以防止任务之间的互相干涉。在持有**DataPoint**的**List**中的所有方法都是**synchronized**的，这是因为在**List**被创建时，使用了

java.util.Collections实用工具**synchronizedList()**。

练习33：(7) 修改**GreenhouseScheduler.java**，使其使用**DelayQueue**来替代**Scheduled-Executor**。

21.7.6 Semaphore

正常的锁（来自**concurrent.locks**或内建的**synchronized**锁）在任何时刻都只允许一个任务访问一项资源，而计数信号量允许n个任务同时访问这个资源。你还可以将信号量看作是在向外分发使用资源的"许可证"，尽管实际上没有使用任何许可证对象。

作为一个示例，请考虑对象池的概念，它管理着数量有限的对象，当要使用对象时可以签出它们，而在用户使用完毕时，可以将它们签回。这种功能可以被封装到一个泛型类中：

```
//: concurrency/Pool.java
// Using a Semaphore inside a Pool, to restrict
// the number of tasks that can use a resource.
import java.util.concurrent.*;                                   1246
import java.util.*;

public class Pool<T> {
  private int size;
  private List<T> items = new ArrayList<T>();
  private volatile boolean[] checkedOut;
  private Semaphore available;
  public Pool(Class<T> classObject, int size) {
    this.size = size;
    checkedOut = new boolean[size];
    available = new Semaphore(size, true);
    // Load pool with objects that can be checked out:
    for(int i = 0; i < size; ++i)
      try {
        // Assumes a default constructor:
        items.add(classObject.newInstance());
      } catch(Exception e) {
        throw new RuntimeException(e);
      }
  }
  public T checkOut() throws InterruptedException {
    available.acquire();
    return getItem();
  }
  public void checkIn(T x) {
    if(releaseItem(x))
      available.release();
  }
  private synchronized T getItem() {
    for(int i = 0; i < size; ++i)
      if(!checkedOut[i]) {
        checkedOut[i] = true;
        return items.get(i);
      }
    return null; // Semaphore prevents reaching here
  }
  private synchronized boolean releaseItem(T item) {
    int index = items.indexOf(item);
    if(index == -1) return false; // Not in the list
    if(checkedOut[index]) {
      checkedOut[index] = false;
      return true;
    }
    return false; // Wasn't checked out                          1247
  }
} ///:~
```

在这个简化的形式中，构造器使用**newInstance()**来把对象加载到池中。如果你需要一个新对象，那么可以调用**checkOut()**，并且在使用完之后，将其递交给**checkIn()**。

boolean类型的数组**checkedOut**可以跟踪被签出的对象，并且可以通过**getItem()**和**releaseItem()**方法来管理。而这些都将由**Semaphore**类型的**available**来加以确保，因此，在**checkOut()**中，如果没有任何信号量许可证可用（这意味着在池中没有更多的对象了），**available**将阻塞调用过程。在**checkIn()**中，如果被签入的对象有效，则会向信号量返回一个许可证。

为了创建一个示例，我们可以使用**Fat**，这是一种创建代价高昂的对象类型，因为它的构造器运行起来很耗时：

```
//: concurrency/Fat.java
// Objects that are expensive to create.

public class Fat {
  private volatile double d; // Prevent optimization
  private static int counter = 0;
  private final int id = counter++;
  public Fat() {
    // Expensive, interruptible operation:
    for(int i = 1; i < 10000; i++) {
      d += (Math.PI + Math.E) / (double)i;
    }
  }
  public void operation() { System.out.println(this); }
  public String toString() { return "Fat id: " + id; }
} ///:~
```

我们在池中管理这些对象，以限制这个构造器所造成的影响。我们可以创建一个任务，它将签出**Fat**对象，持有一段时间之后再将它们签入，以此来测试**Pool**这个类：

1248

```
//: concurrency/SemaphoreDemo.java
// Testing the Pool class
import java.util.concurrent.*;
import java.util.*;
import static net.mindview.util.Print.*;
// A task to check a resource out of a pool:
class CheckoutTask<T> implements Runnable {
  private static int counter = 0;
  private final int id = counter++;
  private Pool<T> pool;
  public CheckoutTask(Pool<T> pool) {
    this.pool = pool;
  }
  public void run() {
    try {
      T item = pool.checkOut();
      print(this + "checked out " + item);
      TimeUnit.SECONDS.sleep(1);
      print(this +"checking in " + item);
      pool.checkIn(item);
    } catch(InterruptedException e) {
      // Acceptable way to terminate
    }
  }
  public String toString() {
    return "CheckoutTask " + id + " ";
  }
}
public class SemaphoreDemo {
  final static int SIZE = 25;
  public static void main(String[] args) throws Exception {
    final Pool<Fat> pool =
```

```
      new Pool<Fat>(Fat.class, SIZE);
    ExecutorService exec = Executors.newCachedThreadPool();
    for(int i = 0; i < SIZE; i++)
      exec.execute(new CheckoutTask<Fat>(pool));
    print("All CheckoutTasks created");
    List<Fat> list = new ArrayList<Fat>();
    for(int i = 0; i < SIZE; i++) {
      Fat f = pool.checkOut();
      printnb(i + ": main() thread checked out ");
      f.operation();
      list.add(f);
    }
    Future<?> blocked = exec.submit(new Runnable() {
      public void run() {
        try {                                                    1249
          // Semaphore prevents additional checkout,
          // so call is blocked:
          pool.checkOut();
        } catch(InterruptedException e) {
          print("checkOut() Interrupted");
        }
      }
    });
    TimeUnit.SECONDS.sleep(2);
    blocked.cancel(true); // Break out of blocked call
    print("Checking in objects in " + list);
    for(Fat f : list)
      pool.checkIn(f);
    for(Fat f : list)
      pool.checkIn(f); // Second checkIn ignored
    exec.shutdown();
  }
} /* (Execute to see output) *///:~
```

在**main()**中，创建了一个持有**Fat**对象的**Pool**，而一组**CheckoutTask**则开始操练这个**Pool**。然后，**main()**线程签出池中的**Fat**对象，但是并不签入它们。一旦池中所有的对象都被签出，**Semaphore**将不再允许执行任何签出操作。**blocked**的**run()**方法因此会被阻塞，2秒钟之后，**cancel()**方法被调用，以此来挣脱**Future**的束缚。注意，冗余的签入将被**Pool**忽略。

这个示例依赖于**Pool**的客户端严格地并愿意签入所持有的对象，当其工作时，这是最简单的解决方案。如果你无法总是可以依赖于此，《Thinking in Patterns》（在https://www.mindviewllc.com处）深入探讨了对已经签出对象池的对象的管理方式。

21.7.7 Exchanger

Exchanger是在两个任务之间交换对象的栅栏。当这些任务进入栅栏时，它们各自拥有一个对象，当它们离开时，它们都拥有之前由对象持有的对象。**Exchanger**的典型应用场景是：一个任务在创建对象，这些对象的生产代价很高昂，而另一个任务在消费这些对象。通过这种方式，可以有更多的对象在被创建的同时被消费。 1250

为了演练**Exchanger**类，我们将创建生产者和消费者任务，它们经由泛型和**Generator**，可以工作于任何类型的对象，然后我们将它们应用于**Fat**类。**ExchangerProducer**和**ExchangerConsumer**使用一个**List<T>**作为要交换的对象，它们都包含一个用于这个**List<T>**的**Exchanger**。当你调用**Exchanger.exchanger()**方法时，它将阻塞直至对方任务调用它自己的**exchange()**方法，那时，这两个**exchange()**方法将全部完成，而**List<T>**则被互换：

```
//: concurrency/ExchangerDemo.java
import java.util.concurrent.*;
import java.util.*;
```

```
import net.mindview.util.*;

class ExchangerProducer<T> implements Runnable {
  private Generator<T> generator;
  private Exchanger<List<T>> exchanger;
  private List<T> holder;
  ExchangerProducer(Exchanger<List<T>> exchg,
  Generator<T> gen, List<T> holder) {
    exchanger = exchg;
    generator = gen;
    this.holder = holder;
  }
  public void run() {
    try {
      while(!Thread.interrupted()) {
        for(int i = 0; i < ExchangerDemo.size; i++)
          holder.add(generator.next());
        // Exchange full for empty:
        holder = exchanger.exchange(holder);
      }
    } catch(InterruptedException e) {
      // OK to terminate this way.
    }
  }
}

class ExchangerConsumer<T> implements Runnable {
  private Exchanger<List<T>> exchanger;
  private List<T> holder;
  private volatile T value;
  ExchangerConsumer(Exchanger<List<T>> ex, List<T> holder){
1251    exchanger = ex;
    this.holder = holder;
  }
  public void run() {
    try {
      while(!Thread.interrupted()) {
        holder = exchanger.exchange(holder);
        for(T x : holder) {
          value = x; // Fetch out value
          holder.remove(x); // OK for CopyOnWriteArrayList
        }
      }
    } catch(InterruptedException e) {
      // OK to terminate this way.
    }
    System.out.println("Final value: " + value);
  }
}

public class ExchangerDemo {
  static int size = 10;
  static int delay = 5; // Seconds
  public static void main(String[] args) throws Exception {
    if(args.length > 0)
      size = new Integer(args[0]);
    if(args.length > 1)
      delay = new Integer(args[1]);
    ExecutorService exec = Executors.newCachedThreadPool();
    Exchanger<List<Fat>> xc = new Exchanger<List<Fat>>();
    List<Fat>
      producerList = new CopyOnWriteArrayList<Fat>(),
      consumerList = new CopyOnWriteArrayList<Fat>();
    exec.execute(new ExchangerProducer<Fat>(xc,
      BasicGenerator.create(Fat.class), producerList));
    exec.execute(
      new ExchangerConsumer<Fat>(xc,consumerList));
```

```
      TimeUnit.SECONDS.sleep(delay);
      exec.shutdownNow();
    }
  } /* Output: (Sample)
  Final value: Fat id: 29999
  *///:~
```

在main()中，创建了用于两个任务的单一的**Exchanger**，以及两个用于互换的**CopyOnWrite-ArrayList**。这个特定的**List**变体允许在列表被遍历时调用**remove()**方法，而不会抛出**Concurrent-ModificationException**异常。**ExchangeProducer**将填充这个**List**，然后将这个满列表交换为**ExchangerConsumer**传递给它的空列表。因为有了**Exchanger**，填充一个列表和消费另一个列表便可以同时发生了。 1252

练习34：(1) 修改**ExchangerDemo.java**，让其使用你自己的类而不是**Fat**。

21.8 仿真

并发最有趣也最令人兴奋的用法就是创建仿真。通过使用并发，仿真的每个构件都可以成为其自身的任务，这使得仿真更容易编程。许多视频游戏和电影中的CGI动画都是仿真，前面所示的**HorseRace.java**和**GreenhouseScheduler.java**也可以被认为是仿真。

21.8.1 银行出纳员仿真

这个经典的仿真可以表示任何属于下面这种类型的情况：对象随机地出现，并且要求由数量有限的服务器提供随机数量的服务时间。通过构建仿真可以确定理想的服务器数量。

在本例中，每个银行顾客要求一定数量的服务时间，这是出纳员必须花费在顾客身上，以服务顾客需求的时间单位的数量。服务时间的数量对每个顾客来说都是不同的，并且是随机确定的。另外，你不知道在每个时间间隔内有多少顾客会到达，因此这也是随机确定的：

```
//: concurrency/BankTellerSimulation.java
// Using queues and multithreading.
// {Args: 5}
import java.util.concurrent.*;
import java.util.*;

// Read-only objects don't require synchronization:
class Customer {
  private final int serviceTime;
  public Customer(int tm) { serviceTime = tm; }
  public int getServiceTime() { return serviceTime; }
  public String toString() {
    return "[" + serviceTime + "]";
  }
}

// Teach the customer line to display itself:
class CustomerLine extends ArrayBlockingQueue<Customer> {
  public CustomerLine(int maxLineSize) {
    super(maxLineSize);
  }
  public String toString() {
    if(this.size() == 0)
      return "[Empty]";
    StringBuilder result = new StringBuilder();
    for(Customer customer : this)
      result.append(customer);
    return result.toString();
  }
}
```

1253

1254

```
// Randomly add customers to a queue:
class CustomerGenerator implements Runnable {
  private CustomerLine customers;
  private static Random rand = new Random(47);
  public CustomerGenerator(CustomerLine cq) {
    customers = cq;
  }
  public void run() {
    try {
      while(!Thread.interrupted()) {
        TimeUnit.MILLISECONDS.sleep(rand.nextInt(300));
        customers.put(new Customer(rand.nextInt(1000)));
      }
    } catch(InterruptedException e) {
      System.out.println("CustomerGenerator interrupted");
    }
    System.out.println("CustomerGenerator terminating");
  }
}

class Teller implements Runnable, Comparable<Teller> {
  private static int counter = 0;
  private final int id = counter++;
  // Customers served during this shift:
  private int customersServed = 0;
  private CustomerLine customers;
  private boolean servingCustomerLine = true;
  public Teller(CustomerLine cq) { customers = cq; }
  public void run() {
    try {
      while(!Thread.interrupted()) {
        Customer customer = customers.take();
        TimeUnit.MILLISECONDS.sleep(
          customer.getServiceTime());
        synchronized(this) {
          customersServed++;
          while(!servingCustomerLine)
            wait();
        }
      }
    } catch(InterruptedException e) {
      System.out.println(this + "interrupted");
    }
    System.out.println(this + "terminating");
  }
  public synchronized void doSomethingElse() {
    customersServed = 0;
    servingCustomerLine = false;
  }
  public synchronized void serveCustomerLine() {
    assert !servingCustomerLine:"already serving: " + this;
    servingCustomerLine = true;
    notifyAll();
  }
  public String toString() { return "Teller " + id + " "; }
  public String shortString() { return "T" + id; }
  // Used by priority queue:
  public synchronized int compareTo(Teller other) {
    return customersServed < other.customersServed ? -1 :
      (customersServed == other.customersServed ? 0 : 1);
  }
}

class TellerManager implements Runnable {
  private ExecutorService exec;
  private CustomerLine customers;
```

1255

```
  private PriorityQueue<Teller> workingTellers =
    new PriorityQueue<Teller>();
  private Queue<Teller> tellersDoingOtherThings =
    new LinkedList<Teller>();
  private int adjustmentPeriod;
  private static Random rand = new Random(47);
  public TellerManager(ExecutorService e,
    CustomerLine customers, int adjustmentPeriod) {
    exec = e;
    this.customers = customers;
    this.adjustmentPeriod = adjustmentPeriod;
    // Start with a single teller:
    Teller teller = new Teller(customers);
    exec.execute(teller);
    workingTellers.add(teller);
  }
  public void adjustTellerNumber() {
    // This is actually a control system. By adjusting
    // the numbers, you can reveal stability issues in
    // the control mechanism.
    // If line is too long, add another teller:
    if(customers.size() / workingTellers.size() > 2) {
        // If tellers are on break or doing
        // another job, bring one back:
        if(tellersDoingOtherThings.size() > 0) {
          Teller teller = tellersDoingOtherThings.remove();
          teller.serveCustomerLine();
          workingTellers.offer(teller);
          return;
        }
      // Else create (hire) a new teller
      Teller teller = new Teller(customers);
      exec.execute(teller);
      workingTellers.add(teller);
      return;
    }
    // If line is short enough, remove a teller:
    if(workingTellers.size() > 1 &&
      customers.size() / workingTellers.size() < 2)
        reassignOneTeller();
    // If there is no line, we only need one teller:
    if(customers.size() == 0)
      while(workingTellers.size() > 1)
        reassignOneTeller();
  }
```

1256

```
  // Give a teller a different job or a break:
  private void reassignOneTeller() {
    Teller teller = workingTellers.poll();
    teller.doSomethingElse();
    tellersDoingOtherThings.offer(teller);
  }
  public void run() {
    try {
      while(!Thread.interrupted()) {
        TimeUnit.MILLISECONDS.sleep(adjustmentPeriod);
        adjustTellerNumber();
        System.out.print(customers + " { ");
        for(Teller teller : workingTellers)
          System.out.print(teller.shortString() + " ");
        System.out.println("}");
      }
    } catch(InterruptedException e) {
      System.out.println(this + "interrupted");
    }
    System.out.println(this + "terminating");
  }
```

```
    public String toString() { return "TellerManager "; }
  }

  public class BankTellerSimulation {
    static final int MAX_LINE_SIZE = 50;
    static final int ADJUSTMENT_PERIOD = 1000;
    public static void main(String[] args) throws Exception {
      ExecutorService exec = Executors.newCachedThreadPool();
      // If line is too long, customers will leave:
      CustomerLine customers =
        new CustomerLine(MAX_LINE_SIZE);
      exec.execute(new CustomerGenerator(customers));
      // Manager will add and remove tellers as necessary:
      exec.execute(new TellerManager(
        exec, customers, ADJUSTMENT_PERIOD));
      if(args.length > 0) // Optional argument
        TimeUnit.SECONDS.sleep(new Integer(args[0]));
      else {
        System.out.println("Press 'Enter' to quit");
        System.in.read();
      }
      exec.shutdownNow();
1257    }
  } /* Output: (Sample)
  [429][200][207] { T0 T1 }
  [861][258][140][322] { T0 T1 }
  [575][342][804][826][896][984] { T0 T1 T2 }
  [984][810][141][12][689][992][976][368][395][354] { T0 T1
  T2 T3 }
  Teller 2 interrupted
  Teller 2 terminating
  Teller 1 interrupted
  Teller 1 terminating
  TellerManager interrupted
  TellerManager terminating
  Teller 3 interrupted
  Teller 3 terminating
  Teller 0 interrupted
  Teller 0 terminating
  CustomerGenerator interrupted
  CustomerGenerator terminating
  *///:~
```

Customer对象非常简单，只包含一个**final int**域。因为这些对象从来都不发生变化，因此它们是只读对象，并且不需要同步或使用**volatile**。在这之上，每个**Teller**任务在任何时刻都只从输入队列中移除一个**Customer**，并且在这个**Customer**上工作直至完成，因此**Customer**在任何时刻都只由一个任务访问。

CustomerLine表示顾客在等待被某个**Teller**服务时所排成的单一的行。这只是一个**Array-BlockingQueue**，它具有一个**toString()**方法，可以按照我们希望的形式打印结果。

CustomerGenerator附着在**CustomerLine**上，按照随机的时间间隔向这个队列中添加**Customer**。

Teller从**CustomerLine**中取走**Customer**，在任何时刻他都只能处理一个顾客，并且跟踪在这个特定的班次中有他服务的**Customer**的数量。当没有足够多的顾客时，他会被告知去执行**doSomethingElse()**，而当出现了许多顾客时，他会被告知去执行**serveCustomerLine()**。为了选择下一个出纳员，让其回到服务顾客的业务上，**compareTo()**方法将查看出纳员服务过的顾客数
1258 量，使得**PriorityQueue**可以自动地将工作量最小的出纳员推向前台。

TellerManager是各种活动的中心，它跟踪所有的出纳员以及等待服务的顾客。这个仿真中有一件有趣的事情，即它试图发现对于给定的顾客流，最优的出纳员数量是多少。你可以在

adjustTellerNumber()中看到这一点，这是一个控制系统，它能够以稳定的方式添加或移除出纳员。所有的控制系统都具有稳定性问题，如果它们对变化反映过快，那么它们就是不稳定的，而如果它们反映过慢，则系统会迁移到它的某种极端情况。

练习35：(8) 修改**BankTellerSimulation.java**，使它表示Web客户端，向具有固定数量的服务器发送请求。这么做的目标是要确定这个服务器组可以处理的负载大小。

21.8.2 饭店仿真

这个仿真添加了更多的仿真组件，例如**Order**和**Plate**，从而充实了本章前面描述的**Restaurant.java**示例，并且它重用了第19章中的**menu**类。它还引入了Java SE5的**SynchronousQueue**，这是一种没有内部容量的阻塞队列，因此每个**put**()都必须等待一个**take**()，反之亦然。这就好像是你在把一个对象交给某人——没有任何桌子可以放置这个对象，因此只有在这个人伸出手，准备好接收这个对象时，你才能工作。在本例中，**SynchronousQueue**表示设置在用餐者面前的某个位置，以加强在任何时刻只能上一道菜这个概念。

本例中剩下的类和功能都遵循**Restaurant.java**的结构，或者是对实际的饭店操作的相当直接的映射：

```
//: concurrency/restaurant2/RestaurantWithQueues.java
// {Args: 5}
package concurrency.restaurant2;
import enumerated.menu.*;
import java.util.concurrent.*;
import java.util.*;
import static net.mindview.util.Print.*;

// This is given to the waiter, who gives it to the chef:
class Order { // (A data-transfer object)                    1259
  private static int counter = 0;
  private final int id = counter++;
  private final Customer customer;
  private final WaitPerson waitPerson;
  private final Food food;
  public Order(Customer cust, WaitPerson wp, Food f) {
    customer = cust;
    waitPerson = wp;
    food = f;
  }
  public Food item() { return food; }
  public Customer getCustomer() { return customer; }
  public WaitPerson getWaitPerson() { return waitPerson; }
  public String toString() {
    return "Order: " + id + " item: " + food +
      " for: " + customer +
      " served by: " + waitPerson;
  }
}

// This is what comes back from the chef:
class Plate {
  private final Order order;
  private final Food food;
  public Plate(Order ord, Food f) {
    order = ord;
    food = f;
  }
  public Order getOrder() { return order; }
  public Food getFood() { return food; }
  public String toString() { return food.toString(); }
}

class Customer implements Runnable {
```

```
  private static int counter = 0;
  private final int id = counter++;
  private final WaitPerson waitPerson;
  // Only one course at a time can be received:
  private SynchronousQueue<Plate> placeSetting =
    new SynchronousQueue<Plate>();
  public Customer(WaitPerson w) { waitPerson = w; }
  public void
  deliver(Plate p) throws InterruptedException {
    // Only blocks if customer is still
1260    // eating the previous course:
    placeSetting.put(p);
  }
  public void run() {
    for(Course course : Course.values()) {
      Food food = course.randomSelection();
      try {
        waitPerson.placeOrder(this, food);
        // Blocks until course has been delivered:
        print(this + "eating " + placeSetting.take());
      } catch(InterruptedException e) {
        print(this + "waiting for " +
          course + " interrupted");
        break;
      }
    }
    print(this + "finished meal, leaving");
  }
  public String toString() {
    return "Customer " + id + " ";
  }
}

class WaitPerson implements Runnable {
  private static int counter = 0;
  private final int id = counter++;
  private final Restaurant restaurant;
  BlockingQueue<Plate> filledOrders =
    new LinkedBlockingQueue<Plate>();
  public WaitPerson(Restaurant rest) { restaurant = rest; }
  public void placeOrder(Customer cust, Food food) {
    try {
      // Shouldn't actually block because this is
      // a LinkedBlockingQueue with no size limit:
      restaurant.orders.put(new Order(cust, this, food));
    } catch(InterruptedException e) {
      print(this + " placeOrder interrupted");
    }
  }
  public void run() {
    try {
      while(!Thread.interrupted()) {
        // Blocks until a course is ready
        Plate plate = filledOrders.take();
1261        print(this + "received " + plate +
          " delivering to " +
          plate.getOrder().getCustomer());
        plate.getOrder().getCustomer().deliver(plate);
      }
    } catch(InterruptedException e) {
      print(this + " interrupted");
    }
    print(this + " off duty");
  }
  public String toString() {
    return "WaitPerson " + id + " ";
  }
```

```
}

class Chef implements Runnable {
  private static int counter = 0;
  private final int id = counter++;
  private final Restaurant restaurant;
  private static Random rand = new Random(47);
  public Chef(Restaurant rest) { restaurant = rest; }
  public void run() {
    try {
      while(!Thread.interrupted()) {
        // Blocks until an order appears:
        Order order = restaurant.orders.take();
        Food requestedItem = order.item();
        // Time to prepare order:
        TimeUnit.MILLISECONDS.sleep(rand.nextInt(500));
        Plate plate = new Plate(order, requestedItem);
        order.getWaitPerson().filledOrders.put(plate);
      }
    } catch(InterruptedException e) {
      print(this + " interrupted");
    }
    print(this + " off duty");
  }
  public String toString() { return "Chef " + id + " "; }
}

class Restaurant implements Runnable {
  private List<WaitPerson> waitPersons =
    new ArrayList<WaitPerson>();
  private List<Chef> chefs = new ArrayList<Chef>();
  private ExecutorService exec;
  private static Random rand = new Random(47);
  BlockingQueue<Order>
    orders = new LinkedBlockingQueue<Order>();
  public Restaurant(ExecutorService e, int nWaitPersons,
    int nChefs) {
    exec = e;
    for(int i = 0; i < nWaitPersons; i++) {
      WaitPerson waitPerson = new WaitPerson(this);
      waitPersons.add(waitPerson);
      exec.execute(waitPerson);
    }
    for(int i = 0; i < nChefs; i++) {
      Chef chef = new Chef(this);
      chefs.add(chef);
      exec.execute(chef);
    }
  }
  public void run() {
    try {
      while(!Thread.interrupted()) {
        // A new customer arrives; assign a WaitPerson:
        WaitPerson wp = waitPersons.get(
          rand.nextInt(waitPersons.size()));
        Customer c = new Customer(wp);
        exec.execute(c);
        TimeUnit.MILLISECONDS.sleep(100);
      }
    } catch(InterruptedException e) {
      print("Restaurant interrupted");
    }
    print("Restaurant closing");
  }
}

public class RestaurantWithQueues {
```

1262

```
  public static void main(String[] args) throws Exception {
    ExecutorService exec = Executors.newCachedThreadPool();
    Restaurant restaurant = new Restaurant(exec, 5, 2);
    exec.execute(restaurant);
    if(args.length > 0) // Optional argument
      TimeUnit.SECONDS.sleep(new Integer(args[0]));
    else {
      print("Press 'Enter' to quit");
1263      System.in.read();
    }
    exec.shutdownNow();
  }
} /* Output: (Sample)
WaitPerson 0 received SPRING_ROLLS delivering to Customer 1
Customer 1 eating SPRING_ROLLS
WaitPerson 3 received SPRING_ROLLS delivering to Customer 0
Customer 0 eating SPRING_ROLLS
WaitPerson 0 received BURRITO delivering to Customer 1
Customer 1 eating BURRITO
WaitPerson 3 received SPRING_ROLLS delivering to Customer 2
Customer 2 eating SPRING_ROLLS
WaitPerson 1 received SOUP delivering to Customer 3
Customer 3 eating SOUP
WaitPerson 3 received VINDALOO delivering to Customer 0
Customer 0 eating VINDALOO
WaitPerson 0 received FRUIT delivering to Customer 1
...
*///:~
```

关于这个示例，需要观察的一项非常重要的事项，就是使用队列在任务间通信所带来的管理复杂度。这个单项技术通过反转控制极大地简化了并发编程的过程：任务没有直接地互相干涉，而是经由队列互相发送对象。接收任务将处理对象，将其当作一个消息来对待，而不是向它发送消息。如果只要可能就遵循这项技术，那么你构建出健壮的并发系统的可能性就会大大增加。

练习36：(10) 修改**RestaurantWithQueues.java**，使得每个桌子都有一个**OrderTicket**对象。将**order**修改为**orderTickes**，并添加一个**Table**类，每个桌子上可以有多个**Customer**。

21.8.3 分发工作

下面的仿真示例将本章的许多概念都结合在了一起。考虑一个假想的用于汽车的机器人组装线，每辆**Car**都将分多个阶段构建，从创建底盘开始，紧跟着是安装发动机、车厢和轮子。

```
//: concurrency/CarBuilder.java
// A complex example of tasks working together.
import java.util.concurrent.*;
1264 import java.util.*;
import static net.mindview.util.Print.*;

class Car {
  private final int id;
  private boolean
    engine = false, driveTrain = false, wheels = false;
  public Car(int idn)  { id = idn; }
  // Empty Car object:
  public Car()  { id = -1; }
  public synchronized int getId() { return id; }
  public synchronized void addEngine() { engine = true; }
  public synchronized void addDriveTrain() {
    driveTrain = true;
  }
  public synchronized void addWheels() { wheels = true; }
  public synchronized String toString() {
    return "Car " + id + " [" + " engine: " + engine
```

```
      + " driveTrain: " + driveTrain
      + " wheels: " + wheels + " ]";
  }
}

class CarQueue extends LinkedBlockingQueue<Car> {}

class ChassisBuilder implements Runnable {
  private CarQueue carQueue;
  private int counter = 0;
  public ChassisBuilder(CarQueue cq) { carQueue = cq; }
  public void run() {
    try {
      while(!Thread.interrupted()) {
        TimeUnit.MILLISECONDS.sleep(500);
        // Make chassis:
        Car c = new Car(counter++);
        print("ChassisBuilder created " + c);
        // Insert into queue
        carQueue.put(c);
      }
    } catch(InterruptedException e) {
      print("Interrupted: ChassisBuilder");
    }
    print("ChassisBuilder off");
  }
}
class Assembler implements Runnable {
  private CarQueue chassisQueue, finishingQueue;
  private Car car;
  private CyclicBarrier barrier = new CyclicBarrier(4);
  private RobotPool robotPool;
  public Assembler(CarQueue cq, CarQueue fq, RobotPool rp){
    chassisQueue = cq;
    finishingQueue = fq;
    robotPool = rp;
  }
  public Car car() { return car; }
  public CyclicBarrier barrier() { return barrier; }
  public void run() {
    try {
      while(!Thread.interrupted()) {
        // Blocks until chassis is available:
        car = chassisQueue.take();
        // Hire robots to perform work:
        robotPool.hire(EngineRobot.class, this);
        robotPool.hire(DriveTrainRobot.class, this);
        robotPool.hire(WheelRobot.class, this);
        barrier.await(); // Until the robots finish
        // Put car into finishingQueue for further work
        finishingQueue.put(car);
      }
    } catch(InterruptedException e) {
      print("Exiting Assembler via interrupt");
    } catch(BrokenBarrierException e) {
      // This one we want to know about
      throw new RuntimeException(e);
    }
    print("Assembler off");
  }
}

class Reporter implements Runnable {
  private CarQueue carQueue;
  public Reporter(CarQueue cq) { carQueue = cq; }
  public void run() {
    try {
```

1265

```
      while(!Thread.interrupted()) {
        print(carQueue.take());
1266  }
    } catch(InterruptedException e) {
      print("Exiting Reporter via interrupt");
    }
    print("Reporter off");
  }
}

abstract class Robot implements Runnable {
  private RobotPool pool;
  public Robot(RobotPool p) { pool = p; }
  protected Assembler assembler;
  public Robot assignAssembler(Assembler assembler) {
    this.assembler = assembler;
    return this;
  }
  private boolean engage = false;
  public synchronized void engage() {
    engage = true;
    notifyAll();
  }
  // The part of run() that's different for each robot:
  abstract protected void performService();
  public void run() {
    try {
      powerDown(); // Wait until needed
      while(!Thread.interrupted()) {
        performService();
        assembler.barrier().await(); // Synchronize
        // We're done with that job...
        powerDown();
      }
    } catch(InterruptedException e) {
      print("Exiting " + this + " via interrupt");
    } catch(BrokenBarrierException e) {
      // This one we want to know about
      throw new RuntimeException(e);
    }
    print(this + " off");
  }
  private synchronized void
  powerDown() throws InterruptedException {
    engage = false;
    assembler = null; // Disconnect from the Assembler
1267 // Put ourselves back in the available pool:
    pool.release(this);
    while(engage == false)  // Power down
      wait();
  }
  public String toString() { return getClass().getName(); }
}

class EngineRobot extends Robot {
  public EngineRobot(RobotPool pool) { super(pool); }
  protected void performService() {
    print(this + " installing engine");
    assembler.car().addEngine();
  }
}

class DriveTrainRobot extends Robot {
  public DriveTrainRobot(RobotPool pool) { super(pool); }
  protected void performService() {
    print(this + " installing DriveTrain");
    assembler.car().addDriveTrain();
```

```
    }
  }

  class WheelRobot extends Robot {
    public WheelRobot(RobotPool pool) { super(pool); }
    protected void performService() {
      print(this + " installing Wheels");
      assembler.car().addWheels();
    }
  }

  class RobotPool {
    // Quietly prevents identical entries:
    private Set<Robot> pool = new HashSet<Robot>();
    public synchronized void add(Robot r) {
      pool.add(r);
      notifyAll();
    }
    public synchronized void
    hire(Class<? extends Robot> robotType, Assembler d)
    throws InterruptedException {
      for(Robot r : pool)
        if(r.getClass().equals(robotType)) {
          pool.remove(r);
          r.assignAssembler(d);
          r.engage(); // Power it up to do the task
          return;
        }
      wait(); // None available
      hire(robotType, d); // Try again, recursively
    }
    public synchronized void release(Robot r) { add(r); }
  }

  public class CarBuilder {
    public static void main(String[] args) throws Exception {
      CarQueue chassisQueue = new CarQueue(),
               finishingQueue = new CarQueue();
      ExecutorService exec = Executors.newCachedThreadPool();
      RobotPool robotPool = new RobotPool();
      exec.execute(new EngineRobot(robotPool));
      exec.execute(new DriveTrainRobot(robotPool));
      exec.execute(new WheelRobot(robotPool));
      exec.execute(new Assembler(
        chassisQueue, finishingQueue, robotPool));
      exec.execute(new Reporter(finishingQueue));
      // Start everything running by producing chassis:
      exec.execute(new ChassisBuilder(chassisQueue));
      TimeUnit.SECONDS.sleep(7);
      exec.shutdownNow();
    }
  } /* (Execute to see output) *///:~
```

1268

Car是经由**CarQueue**从一个地方传送到另一个地方的，**CarQueue**是一种**LinkedBlockingQueue**类型。**ChassisBuilder**创建了一个未加修饰的**Car**，并将它放到了一个**CarQueue**中。**Assembler**从一个**CarQueue**中取走**Car**，并雇请**Robot**对其加工。**CyclicBarrier**使**Assembler**等待，直至所有的**Robot**都完成，并且在那一时刻它会将**Car**放置到即将离开它的**CarQueue**中，然后被传送到下一个操作。最终的**CarQueue**的消费者是一个**Reporter**对象，它只是打印**Car**，以显示所有的任务都已经正确的完成了。

Robot是在池中管理的，当需要完成工作时，就会从池中雇请适当的**Robot**。在工作完成时，这个**Robot**会返回到池中。 1269

在**main()**中创建了所有必需的对象，并初始化了各个任务，最后启动**ChassisBuilder**，从而启动整个过程（但是，由于**LinkedBlockingQueue**的行为，使得最先启动它也没有问题）。注意，这个程序遵循了本章描述的所有有关对象和任务生命周期的设计原则，因此关闭这个过程将是安全的。

你会注意到，**Car**将其所有方法都设置成了**synchronized**的。正如它所表现出来的那样，在本例中，这是多余的，因为在工厂的内部，**Car**是通过队列移动的，并且在任何时刻，只有一个任务能够在某辆车上工作。基本上，队列可以强制串行化地访问**Car**。但是这正是你可能会落入的陷阱——你可能会说“让我们尝试着通过不对**Car**类同步来进行优化，因为看起来**Car**在这里并不需要同步。”但是稍后，当这个系统连接到另一个需要**Car**被同步的系统时，它就会崩溃。

Brian Goetz的注释：

进行这样的声明会简单得多：“**Car**可能会被多个线程使用，因此我们需要以明显的方式使其成为线程安全的。”我把这种方式描绘为：在公园中，你会在陡峭的坡路上发现一些保护围栏，并且可能会发现标记声明：“不要倚靠围栏。”当然，这条规则的真实目的不是要阻止你借助围栏，而是防止你跌落悬崖。但是“不要倚靠围栏”与“不要跌落悬崖”相比，是一条遵循起来要容易得多的规则。

练习37：(2) 修改**CarBuilder.java**，在汽车构建过程中添加一个阶段，即添加排气系统、车身和保险杠。与第二个阶段相同，假设这些处理可以由机器人同时执行。

练习38：(3) 使用**CarBuilder.java**中的方式，对本章中给出的房屋构建过程建模。

21.9 性能调优

在Java SE5的**java.util.concurrent**类库中存在着数量庞大的用于性能提高的类。当你细读
1270 **concurrent**类库时就会发现很难辨认哪些类适用于常规应用（例如**BlockingQueue**），而哪些类只适用于提高性能。在本节中，我们将围绕着性能调优探讨某些话题和类。

21.9.1 比较各类互斥技术

既然Java包括老式的**synchronized**关键字和Java SE5中新的**Lock**和**Atomic**类，那么比较这些不同的方式，更多地理解它们各自的价值和适用范围，就会显得很有意义。

比较天真的方式是在针对每种方式都执行一个简单的测试，就像下面这样：

```
//: concurrency/SimpleMicroBenchmark.java
// The dangers of microbenchmarking.
import java.util.concurrent.locks.*;

abstract class Incrementable {
  protected long counter = 0;
  public abstract void increment();
}

class SynchronizingTest extends Incrementable {
  public synchronized void increment() { ++counter; }
}

class LockingTest extends Incrementable {
  private Lock lock = new ReentrantLock();
  public void increment() {
    lock.lock();
    try {
      ++counter;
    } finally {
      lock.unlock();
    }
  }
```

```
}

public class SimpleMicroBenchmark {
  static long test(Incrementable incr) {
    long start = System.nanoTime();
    for(long i = 0; i < 10000000L; i++)
      incr.increment();
    return System.nanoTime() - start;
  }
  public static void main(String[] args) {
    long synchTime = test(new SynchronizingTest());
    long lockTime = test(new LockingTest());
    System.out.printf("synchronized: %1$10d\n", synchTime);
    System.out.printf("Lock:         %1$10d\n", lockTime);
    System.out.printf("Lock/synchronized = %1$.3f",
      (double)lockTime/(double)synchTime);
  }
} /* Output: (75% match)
synchronized:  244919117
Lock:          939098964
Lock/synchronized = 3.834
*///:~
```

1271

从输出中可以看到，对**synchronized**方法的调用看起来要比使用**ReentrantLock**快，这是为什么呢？

本例演示了所谓的“微基准测试”危险㊀，这个术语通常指在隔离的、脱离上下文环境的情况下对某个特性进行性能测试。当然，你仍旧必须编写测试来验证诸如“**Lock**比**synchronized**更快”这样的断言，但是你需要在编写这些测试的时候意识到，在编译过程中和在运行时实际会发生什么。

上面的示例存在着大量的问题。首先也是最重要的是，我们只有在这些互斥存在竞争的情况下，才能看到真正的性能差异，因此必须有多个任务尝试着访问互斥代码区。而在上面的示例中，每个互斥都是由单个的**main()**线程在隔离的情况下测试的。

其次，当编译器看到**synchronized**关键字时，有可能会执行特殊的优化，甚至有可能会注意到这个程序是单线程的。编译器甚至可能会识别出**counter**被递增的次数是固定数量的，因此会预先计算出其结果。不同的编译器和运行时系统在这方面会有所差异，因此很难确切了解将会发生什么，但是我们需要防止编译器去预测结果的可能性。 1272

为了创建有效的测试，我们必须使程序更加复杂。首先我们需要多个任务，但并不只是会修改内部值的任务，还包括读取这些值的任务（否则优化器可以识别出这些值从来都不会被使用）。另外，计算必须足够复杂和不可预测，以使得编译器没有机会执行积极优化。这可以通过预加载一个大型的随机**int**数组（预加载可以减小在主循环上调用**Random.nextInt()**所造成的影响），并在计算总和时使用它们来实现：

```
//: concurrency/SynchronizationComparisons.java
// Comparing the performance of explicit Locks
// and Atomics versus the synchronized keyword.
import java.util.concurrent.*;
import java.util.concurrent.atomic.*;
import java.util.concurrent.locks.*;
import java.util.*;
import static net.mindview.util.Print.*;

abstract class Accumulator {
```

㊀ Brian Goetz在向我解释这些问题时提供了很多帮助。请查看在www-128.ibm.com/developerworks/library/j-jtp12214上的他的文章，以了解更多的性能度量方面的知识。

```
  public static long cycles = 50000L;
  // Number of Modifiers and Readers during each test:
  private static final int N = 4;
  public static ExecutorService exec =
    Executors.newFixedThreadPool(N*2);
  private static CyclicBarrier barrier =
    new CyclicBarrier(N*2 + 1);
  protected volatile int index = 0;
  protected volatile long value = 0;
  protected long duration = 0;
  protected String id = "error";
  protected final static int SIZE = 100000;
  protected static int[] preLoaded = new int[SIZE];
  static {
    // Load the array of random numbers:
    Random rand = new Random(47);
    for(int i = 0; i < SIZE; i++)
      preLoaded[i] = rand.nextInt();
  }
  public abstract void accumulate();
  public abstract long read();
  private class Modifier implements Runnable {
    public void run() {
1273      for(long i = 0; i < cycles; i++)
        accumulate();
      try {
        barrier.await();
      } catch(Exception e) {
        throw new RuntimeException(e);
      }
    }
  }
  private class Reader implements Runnable {
    private volatile long value;
    public void run() {
      for(long i = 0; i < cycles; i++)
        value = read();
      try {
        barrier.await();
      } catch(Exception e) {
        throw new RuntimeException(e);
      }
    }
  }
  public void timedTest() {
    long start = System.nanoTime();
    for(int i = 0; i < N; i++) {
      exec.execute(new Modifier());
      exec.execute(new Reader());
    }
    try {
      barrier.await();
    } catch(Exception e) {
      throw new RuntimeException(e);
    }
    duration = System.nanoTime() - start;
    printf("%-13s: %13d\n", id, duration);
  }
  public static void
  report(Accumulator acc1, Accumulator acc2) {
    printf("%-22s: %.2f\n", acc1.id + "/" + acc2.id,
      (double)acc1.duration/(double)acc2.duration);
  }
}

class BaseLine extends Accumulator {
  { id = "BaseLine"; }
```

```
  public void accumulate() {
    value += preLoaded[index++];
    if(index >= SIZE) index = 0;
  }
  public long read() { return value; }
}

class SynchronizedTest extends Accumulator {
  { id = "synchronized"; }
  public synchronized void accumulate() {
    value += preLoaded[index++];
    if(index >= SIZE) index = 0;
  }
  public synchronized long read() {
    return value;
  }
}

class LockTest extends Accumulator {
  { id = "Lock"; }
  private Lock lock = new ReentrantLock();
  public void accumulate() {
    lock.lock();
    try {
      value += preLoaded[index++];
      if(index >= SIZE) index = 0;
    } finally {
      lock.unlock();
    }
  }
  public long read() {
    lock.lock();
    try {
      return value;
    } finally {
      lock.unlock();
    }
  }
}

class AtomicTest extends Accumulator {
  { id = "Atomic"; }
  private AtomicInteger index = new AtomicInteger(0);
  private AtomicLong value = new AtomicLong(0);
  public void accumulate() {
    // Oops! Relying on more than one Atomic at
    // a time doesn't work. But it still gives us
    // a performance indicator:
    int i = index.getAndIncrement();
    value.getAndAdd(preLoaded[i]);
    if(++i >= SIZE)
      index.set(0);
  }
  public long read() { return value.get(); }
}

public class SynchronizationComparisons {
  static BaseLine baseLine = new BaseLine();
  static SynchronizedTest synch = new SynchronizedTest();
  static LockTest lock = new LockTest();
  static AtomicTest atomic = new AtomicTest();
  static void test() {
    print("============================");
    printf("%-12s : %13d\n", "Cycles", Accumulator.cycles);
    baseLine.timedTest();
    synch.timedTest();
    lock.timedTest();
```

1274

1275

```
      atomic.timedTest();
      Accumulator.report(synch, baseLine);
      Accumulator.report(lock, baseLine);
      Accumulator.report(atomic, baseLine);
      Accumulator.report(synch, lock);
      Accumulator.report(synch, atomic);
      Accumulator.report(lock, atomic);
    }
    public static void main(String[] args) {
      int iterations = 5; // Default
      if(args.length > 0) // Optionally change iterations
        iterations = new Integer(args[0]);
      // The first time fills the thread pool:
      print("Warmup");
      baseLine.timedTest();
      // Now the initial test doesn't include the cost
      // of starting the threads for the first time.
      // Produce multiple data points:
      for(int i = 0; i < iterations; i++) {
        test();
        Accumulator.cycles *= 2;
1276  }
      Accumulator.exec.shutdown();
    }
  } /* Output: (Sample)
  Warmup
  BaseLine     :     34237033
  ============================
  Cycles       :        50000
  BaseLine     :     20966632
  synchronized :     24326555
  Lock         :     53669950
  Atomic       :     30552487
  synchronized/BaseLine : 1.16
  Lock/BaseLine         : 2.56
  Atomic/BaseLine       : 1.46
  synchronized/Lock     : 0.45
  synchronized/Atomic   : 0.79
  Lock/Atomic           : 1.76
  ============================
  Cycles       :       100000
  BaseLine     :     41512818
  synchronized :     43843003
  Lock         :     87430386
  Atomic       :     51892350
  synchronized/BaseLine : 1.06
  Lock/BaseLine         : 2.11
  Atomic/BaseLine       : 1.25
  synchronized/Lock     : 0.50
  synchronized/Atomic   : 0.84
  Lock/Atomic           : 1.68
  ============================
  Cycles       :       200000
  BaseLine     :     80176670
  synchronized :   5455046661
  Lock         :    177686829
  Atomic       :    101789194
  synchronized/BaseLine : 68.04
  Lock/BaseLine         : 2.22
  Atomic/BaseLine       : 1.27
  synchronized/Lock     : 30.70
  synchronized/Atomic   : 53.59
  Lock/Atomic           : 1.75
  ============================
  Cycles       :       400000
1277 BaseLine   :    160383513
  synchronized :    780052493
```

```
Lock          :     362187652
Atomic        :     202030984
synchronized/BaseLine : 4.86
Lock/BaseLine         : 2.26
Atomic/BaseLine       : 1.26
synchronized/Lock     : 2.15
synchronized/Atomic   : 3.86
Lock/Atomic           : 1.79
============================
Cycles        :        800000
BaseLine      :     322064955
synchronized  :     336155014
Lock          :     704615531
Atomic        :     393231542
synchronized/BaseLine : 1.04
Lock/BaseLine         : 2.19
Atomic/BaseLine       : 1.22
synchronized/Lock     : 0.47
synchronized/Atomic   : 0.85
Lock/Atomic           : 1.79
============================
Cycles        :       1600000
BaseLine      :     650004120
synchronized  :   52235762925
Lock          :    1419602771
Atomic        :     796950171
synchronized/BaseLine : 80.36
Lock/BaseLine         : 2.18
Atomic/BaseLine       : 1.23
synchronized/Lock     : 36.80
synchronized/Atomic   : 65.54
Lock/Atomic           : 1.78
============================
Cycles        :       3200000
BaseLine      :    1285664519
synchronized  :   96336767661
Lock          :    2846988654
Atomic        :    1590545726
synchronized/BaseLine : 74.93
Lock/BaseLine         : 2.21
Atomic/BaseLine       : 1.24
synchronized/Lock     : 33.84
synchronized/Atomic   : 60.57
Lock/Atomic           : 1.79
*///:~
```

1278

这个程序使用了*模版方法设计模式*[⊖]，将所有共用代码都放置到基类中，并将所有不同的代码隔离在导出类的**accumulate()**和**read()**的实现中。在每个导出类**SynchronizedTest**、**LockTest**和**AtomicTest**中，你可以看到**accumulate()**和**read()**如何表达了实现互斥现象的不同方式。

在这个程序中，各个任务都是经由**FixedThreadPool**执行的，在执行过程中尝试着在开始时跟踪所有线程的创建，并且在测试过程中防止产生任何额外的开销。为了保险起见，初始测试执行了两次，而第一次的结果被丢弃，因为它包含了初始线程的创建。

程序中必须有一个**CyclicBarrier**，因为我们希望确保所有的任务在声明每个测试完成之前都已经完成。

每次调用**accumulate()**时，它都会移动到**preLoaded**数组的下一个位置（到达数组尾部时再回到开始位置），并将这个位置的随机生成的数字加到**value**上。多个**Modifier**和**Reader**任务提供了在**Accumulator**对象上的竞争。

⊖ 查看www.MindView.net上的《Thinking in Patterns》。

注意，在**AtomicTest**中，我发现情况过于复杂，使用**Atomic**对象已经不适合了——基本上，如果涉及多个**Atomic**对象，你就有可能会被强制要求放弃这种用法，转而使用更加常规的互斥（JDK文档特别声明：当对一个对象的临界更新被限制为只涉及单个变量时，只有使用**Atomic**对象这种方式才能工作）。但是，这个测试仍旧保留了下来，使你能够感受到**Atomic**对象的性能优势。

在**main()**中，测试是重复运行的，并且你可以要求其重复次数超过5次（默认次数）。对于每次重复，测试循环的数量都会加倍，因此你可以看到当运行次数越来越多时，这些不同的互斥
1279 在行为方面存在着怎样的差异。正如你从输出中可以看到的那样，测试结果相当惊人。对于前四次迭代，**synchronized**关键字看起来比使用**Lock**或**Atomic**要更高效。但是，突然间越过门槛值之后，**synchronized**关键字似乎变得非常低效，而**Lock**和**Atomic**则显得大体维持着与**BaseLine**测试之间的比例关系，因此也就变得比**synchronized**关键字要高效得多。

记住，这个程序只给出了各种互斥方式之间的差异的趋势，而上面的输出也仅仅表示这些差异在我的特定环境下的特定机器上的表现。如你所见，如果自己动手试验，当所使用的线程数量不同，或者程序运行的时间更长时，在行为方面肯定会存在着明显的变化。例如，某些**hotspot**运行时优化会在程序运行数分钟之后被调用，但是对于服务器端程序，这段时间可能会长达数小时。

也就是说，很明显，使用**Lock**通常会比使用**synchronized**要高效许多，而且**synchronized**的开销看起来变化范围太大，而**Lock**相对比较一致。

这是否意味着你永远都不应该使用**synchronized**关键字呢？这里有两个因素需要考虑：首先，在**SynchronizationComparisons.java**中，互斥方法的方法体是非常之小的。通常，这是一个很好的习惯——只互斥那些你绝对必须互斥的部分。但是，在实际中，被互斥部分可能会比上面示例中的那些大许多，因此在这些方法体中花费的时间的百分比可能会明显大于进入和退出互斥的开销，这样也就湮没了提高互斥速度带来的所有好处。当然，唯一了解这一点的方式是——当你在对性能调优时，应该立即——尝试各种不同的方法并观察它们造成的影响。

其次，阅读本章中的代码就会发现，很明显，**synchronized**关键字所产生的代码，与**Lock**所需的“加锁-**try/finally**-解锁”惯用法所产生的代码相比，可读性提高了很多，这就是为什么本章主要使用**synchronized**关键字的原因。就像我在本书其他地方提到的，代码被阅读的次数远多于被编写的次数。在编程时，与其他人交流相对于与计算机交流而言，要重要得多，因此代码的可读性至关重要。因此，以**synchronized**关键字入手，只有在性能调优时才替换为**Lock**对象这种
1280 做法，是具有实际意义的。

最后，当你在自己的并发程序中可以使用**Atomic**类时，这肯定非常好，但是要意识到，正如我们在**SynchronizationComparisons.java**中所看到的，**Atomic**对象只有在非常简单的情况下才有用，这些情况通常包括你只有一个要被修改的**Atomic**对象，并且这个对象独立于其他所有的对象。更安全的做法是：以更加传统的互斥方式入手，只有在性能方面的需求能够明确指示时，再替换为**Atomic**。

21.9.2 免锁容器

就像在第11章中所强调的，容器是所有编程中的基础工具，这其中自然也包括并发编程。出于这个原因，像**Vector**和**Hashtable**这类早期容器具有许多**synchronized**方法，当它们用于非多线程的应用程序中时，便会导致不可接受的开销。在Java1.2中，新的容器类库是不同步的，并且**Collections**类提供了各种**static**的同步的装饰方法，从而来同步不同类型的容器。尽管这是一种改进，因为它使你可以选择在你的容器中是否要使用同步，但是这种开销仍旧是基于**synchronized**加锁机制的。Java SE5特别添加了新的容器，通过使用更灵巧的技术来消除加锁，从而提高线程

安全的性能。

这些免锁容器背后的通用策略是：对容器的修改可以与读取操作同时发生，只要读取者只能看到完成修改的结果即可。修改是在容器数据结构的某个部分的一个单独的副本（有时是整个数据结构的副本）上执行的，并且这个副本在修改过程中是不可视的。只有当修改完成时，被修改的结构才会自动地与主数据结构进行交换，之后读取者就可以看到这个修改了。

在**CopyOnWriteArrayList**中，写入将导致创建整个底层数组的副本，而源数组将保留在原地，使得复制的数组在被修改时，读取操作可以安全地执行。当修改完成时，一个原子性的操作将把新的数组换入，使得新的读取操作可以看到这个新的修改。**CopyOnWriteArrayList**的好处之一是当多个迭代器同时遍历和修改这个列表时，不会抛出**ConcurrentModificationException**，因此你不必编写特殊的代码去防范这种异常，就像你以前必须作的那样。 1281

CopyOnWriteArraySet将使用**CopyOnWriteArrayList**来实现其免锁行为。

ConcurrentHashMap和**ConcurrentLinkedQueue**使用了类似的技术，允许并发的读取和写入，但是容器中只有部分内容而不是整个容器可以被复制和修改。然而，任何修改在完成之前，读取者仍旧不能看到它们。**ConcurrentHashMap**不会抛出**ConcurrentModificationException**异常。

乐观锁

只要你主要是从免锁容器中读取，那么它就会比其**synchronized**对应物快许多，因为获取和释放锁的开销被省掉了。如果需要向免锁容器中执行少量写入，那么情况仍旧如此，但是什么算“少量”？这是一个很有意思的问题。本节将介绍有关在各种不同条件下，这些容器在性能方面差异的大致概念。

我将从一个泛型框架着手，它专门用于在任何类型的容器上执行测试，包括各种**Map**在内，其中泛型参数**C**表示容器的类型：

```
//: concurrency/Tester.java
// Framework to test performance of concurrency containers.
import java.util.concurrent.*;
import net.mindview.util.*;

public abstract class Tester<C> {
  static int testReps = 10;
  static int testCycles = 1000;
  static int containerSize = 1000;
  abstract C containerInitializer();
  abstract void startReadersAndWriters();
  C testContainer;
  String testId;
  int nReaders;
  int nWriters;
  volatile long readResult = 0;
  volatile long readTime = 0;
  volatile long writeTime = 0;
  CountDownLatch endLatch;
  static ExecutorService exec =
    Executors.newCachedThreadPool();
  Integer[] writeData;
  Tester(String testId, int nReaders, int nWriters) {
    this.testId = testId + " " +
      nReaders + "r " + nWriters + "w";
    this.nReaders = nReaders;
    this.nWriters = nWriters;
    writeData = Generated.array(Integer.class,
      new RandomGenerator.Integer(), containerSize);
    for(int i = 0; i < testReps; i++) {
      runTest();
      readTime = 0;
```
1282

```
        writeTime = 0;
      }
    }
    void runTest() {
      endLatch = new CountDownLatch(nReaders + nWriters);
      testContainer = containerInitializer();
      startReadersAndWriters();
      try {
        endLatch.await();
      } catch(InterruptedException ex) {
        System.out.println("endLatch interrupted");
      }
      System.out.printf("%-27s %14d %14d\n",
        testId, readTime, writeTime);
      if(readTime != 0 && writeTime != 0)
        System.out.printf("%-27s %14d\n",
          "readTime + writeTime =", readTime + writeTime);
    }
    abstract class TestTask implements Runnable {
      abstract void test();
      abstract void putResults();
      long duration;
      public void run() {
        long startTime = System.nanoTime();
        test();
        duration = System.nanoTime() - startTime;
        synchronized(Tester.this) {
          putResults();
        }
        endLatch.countDown();
      }
    }
1283    public static void initMain(String[] args) {
      if(args.length > 0)
        testReps = new Integer(args[0]);
      if(args.length > 1)
        testCycles = new Integer(args[1]);
      if(args.length > 2)
        containerSize = new Integer(args[2]);
      System.out.printf("%-27s %14s %14s\n",
        "Type", "Read time", "Write time");
    }
  } ///:~
```

abstract方法**containerInitializer()**返回将被测试的初始化后的容器，它被存储在**testContainer**域中。另一个**abstract**方法**startReadersAndWriters()**启动读取者和写入者任务，它们将读取和修改待测容器。不同的测试在运行时将具有数量变化的读取者和写入者，这样就可以观察到锁竞争（针对**synchronized**容器而言）和写入（针对免锁容器而言）的效果。

我们向构造器提供了各种有关测试的信息（参数标识符应该是自解释的），然后它会调用**runTest()**方法**repetitions**次。**runTest()**将创建一个**CountDownLatch**（因此测试可以知道所有任何何时完成）、初始化容器，然后调用**startReadersAndWriters()**，并等待它们全部完成。

每个**Reader**和**Writer**类都基于**TestTask**，它可以度量其抽象方法**test()**的执行时间，然后在一个**synchronized**块中调用**putResults()**去存储度量结果。

为了使用这个框架（其中你可以识别出模版方法设计模式），我们必须让想要测试的特定类型的容器继承**Tester**，并提供适合的**Reader**和**Writer**类：

```
//: concurrency/ListComparisons.java
// {Args: 1 10 10} (Fast verification check during build)
// Rough comparison of thread-safe List performance.
import java.util.concurrent.*;
import java.util.*;
```

```
import net.mindview.util.*;

abstract class ListTest extends Tester<List<Integer>> {
  ListTest(String testId, int nReaders, int nWriters) {
    super(testId, nReaders, nWriters);
  }                                                          1284
  class Reader extends TestTask {
    long result = 0;
    void test() {
      for(long i = 0; i < testCycles; i++)
        for(int index = 0; index < containerSize; index++)
          result += testContainer.get(index);
    }
    void putResults() {
      readResult += result;
      readTime += duration;
    }
  }
  class Writer extends TestTask {
    void test() {
      for(long i = 0; i < testCycles; i++)
        for(int index = 0; index < containerSize; index++)
          testContainer.set(index, writeData[index]);
    }
    void putResults() {
      writeTime += duration;
    }
  }
  void startReadersAndWriters() {
    for(int i = 0; i < nReaders; i++)
      exec.execute(new Reader());
    for(int i = 0; i < nWriters; i++)
      exec.execute(new Writer());
  }
}

class SynchronizedArrayListTest extends ListTest {
  List<Integer> containerInitializer() {
    return Collections.synchronizedList(
      new ArrayList<Integer>(
        new CountingIntegerList(containerSize)));
  }
  SynchronizedArrayListTest(int nReaders, int nWriters) {
    super("Synched ArrayList", nReaders, nWriters);
  }
}

class CopyOnWriteArrayListTest extends ListTest {
  List<Integer> containerInitializer() {
    return new CopyOnWriteArrayList<Integer>(                1285
      new CountingIntegerList(containerSize));
  }
  CopyOnWriteArrayListTest(int nReaders, int nWriters) {
    super("CopyOnWriteArrayList", nReaders, nWriters);
  }
}

public class ListComparisons {
  public static void main(String[] args) {
    Tester.initMain(args);
    new SynchronizedArrayListTest(10, 0);
    new SynchronizedArrayListTest(9, 1);
    new SynchronizedArrayListTest(5, 5);
    new CopyOnWriteArrayListTest(10, 0);
    new CopyOnWriteArrayListTest(9, 1);
    new CopyOnWriteArrayListTest(5, 5);
    Tester.exec.shutdown();
```

```
  }
} /* Output: (Sample)
Type                           Read time     Write time
Synched ArrayList 10r 0w     232158294700              0
Synched ArrayList 9r 1w      198947618203    24918613399
readTime + writeTime =       223866231602
Synched ArrayList 5r 5w      117367305062   132176613508
readTime + writeTime =       249543918570
CopyOnWriteArrayList 10r 0w     758386889              0
CopyOnWriteArrayList 9r 1w      741305671      136145237
readTime + writeTime =          877450908
CopyOnWriteArrayList 5r 5w      212763075    67967464300
readTime + writeTime =        68180227375
*///:~
```

在**ListTest**中，**Reader**和**Writer**类执行针对**List<Integer>**的具体动作。在**Reader.putResults()**中，**duration**被存储来起来，**result**也是一样，这样可以防止这些计算被优化掉。**startReadersAndWriters()**被定义为创建和执行具体的**Readers**和**Writers**。

一旦创建了**ListTest**，它就必须被进一步继承，以覆盖**containerInitializer()**，从而可以创建和初始化具体的测试容器。

在**main()**中，你可以看到各种测试变体，它们具有不同数量的读取者和写入者。由于存在对
1286 **Tester.initMain(args)**的调用，所以你可以使用命令行参数来改变测试变量。

默认行是为每个测试运行10次，这有助于稳定输出，而输出是可以变化的，因为存在着诸如**hotspot**优化和垃圾回收这样的JVM活动⊖。你看到的样本输出已经被编辑为只显示每个测试的最后一个迭代。从输出中可以看到，**synchronized ArrayList**无论读取者和写入者的数量是多少，都具有大致相同的性能——读取者与其他读取者竞争锁的方式与写入者相同。但是，**CopyOnWriteArrayList**在没有写入者时，速度会快许多，并且在有5个写入者时，速度仍旧明显地快。看起来你应该尽量使用**CopyOnWriteArrayList**，对列表写入的影响并没有超过短期同步整个列表的影响。当然，你必须在你的具体应用中尝试这两种不同的方式，以了解到底哪个更好一些。

再次注意，这还不是测试结果绝对不变的良好的基准测试，你的结果几乎肯定是不同的。这里的目标只是让你对两种不同类型的容器的相对行为有个概念上的认识。

因为**CopyOnWriteArraySet**使用了**CopyOnWriteArrayList**，所以它的行为与此类似，在这里就不需要另外设计一个单独的测试了。

比较各种Map实现

我们可以使用相同的框架来得到**synchronizedHashMap**和**ConcurrentHashMap**在性能方面的比较结果：

```
//: concurrency/MapComparisons.java
// {Args: 1 10 10} (Fast verification check during build)
// Rough comparison of thread-safe Map performance.
import java.util.concurrent.*;
import java.util.*;
import net.mindview.util.*;

abstract class MapTest
extends Tester<Map<Integer,Integer>> {
  MapTest(String testId, int nReaders, int nWriters) {
    super(testId, nReaders, nWriters);
  }
1287
  class Reader extends TestTask {
    long result = 0;
    void test() {
```

⊖ 对于在Java动态编译影响下的基准测试的简介，可以查看www-128.ibm.com/developerworks/library/j-jtp12214。

```
      for(long i = 0; i < testCycles; i++)
        for(int index = 0; index < containerSize; index++)
          result += testContainer.get(index);
    }
    void putResults() {
      readResult += result;
      readTime += duration;
    }
  }
  class Writer extends TestTask {
    void test() {
      for(long i = 0; i < testCycles; i++)
        for(int index = 0; index < containerSize; index++)
          testContainer.put(index, writeData[index]);
    }
    void putResults() {
      writeTime += duration;
    }
  }
  void startReadersAndWriters() {
    for(int i = 0; i < nReaders; i++)
      exec.execute(new Reader());
    for(int i = 0; i < nWriters; i++)
      exec.execute(new Writer());
  }
}

class SynchronizedHashMapTest extends MapTest {
  Map<Integer,Integer> containerInitializer() {
    return Collections.synchronizedMap(
      new HashMap<Integer,Integer>(
        MapData.map(
          new CountingGenerator.Integer(),
          new CountingGenerator.Integer(),
          containerSize)));
  }
  SynchronizedHashMapTest(int nReaders, int nWriters) {
    super("Synched HashMap", nReaders, nWriters);
  }
}

class ConcurrentHashMapTest extends MapTest {
  Map<Integer,Integer> containerInitializer() {
    return new ConcurrentHashMap<Integer,Integer>(
      MapData.map(
        new CountingGenerator.Integer(),
        new CountingGenerator.Integer(), containerSize));
  }
  ConcurrentHashMapTest(int nReaders, int nWriters) {
    super("ConcurrentHashMap", nReaders, nWriters);
  }
}

public class MapComparisons {
  public static void main(String[] args) {
    Tester.initMain(args);
    new SynchronizedHashMapTest(10, 0);
    new SynchronizedHashMapTest(9, 1);
    new SynchronizedHashMapTest(5, 5);
    new ConcurrentHashMapTest(10, 0);
    new ConcurrentHashMapTest(9, 1);
    new ConcurrentHashMapTest(5, 5);
    Tester.exec.shutdown();
  }
} /* Output: (Sample)
Type                             Read time     Write time
Synched HashMap 10r 0w         306052025049             0
```

1288

```
Synched HashMap 9r 1w          428319156207    47697347568
readTime + writeTime =         476016503775
Synched HashMap 5r 5w          243956877760   244012003202
readTime + writeTime =         487968880962
ConcurrentHashMap 10r 0w        23352654318              0
ConcurrentHashMap 9r 1w         18833089400     1541853224
readTime + writeTime =          20374942624
ConcurrentHashMap 5r 5w         12037625732    11850489099
readTime + writeTime =          23888114831
*///:~
```

向**ConcurrentHashMap**添加写入者的影响甚至还不如**CopyOnWriteArrayList**明显，这是因
1289 为**ConcurrentHashMap**使用了一种不同的技术，它可以明显地最小化写入所造成的影响。

21.9.3 乐观加锁

尽管**Atomic**对象将执行像**decrementAndGet()**这样的原子性操作，但是某些**Atomic**类还允许你执行所谓的"乐观加锁"。这意味着当你执行某项计算时，实际上没有使用互斥，但是在这项计算完成，并且你准备更新这个**Atomic**对象时，你需要使用一个称为**compareAndSet()**的方法。你将旧值和新值一起提交给这个方法，如果旧值与它在**Atomic**对象中发现的值不一致，那么这个操作就失败——这意味着某个其他的任务已经于此操作执行期间修改了这个对象。记住，我们在正常情况下将使用互斥（**synchronized**或**Lock**）来防止多个任务同时修改一个对象，但是这里我们是"乐观的"，因为我们保持数据为未锁定状态，并希望没有任何其他任务插入修改它。所有这些又都是以性能的名义执行的——通过使用**Atomic**来替代**synchronized**或**Lock**，可以获得性能上的好处。

如果**compareAndSet()**操作失败会发生什么？这正是棘手的地方，也是你在应用这项技术时的受限之处，即只能针对能够吻合这些需求的问题。如果**compareAndSet()**失败，那么就必须决定做些什么，这是一个非常重要的问题，因为如果不能执行某些恢复操作，那么你就不能使用这项技术，从而必须使用传统的互斥。你可能会重试这个操作，如果在第二次成功，那么万事大吉；或者可能会忽略这次失败，直接结束——在某些仿真中，如果数据点丢失，在重要的框架中，这就是最终需要做的事情（当然，你必须很好地理解你的模型，以了解情况是否确实如此）。

考虑一个假想的仿真，它由长度为30的100000个基因构成，这可能是某种类型的遗传算法的起源。假设伴随着遗传算法的每次"进化"，都会发生某些代价高昂的计算，因此你决定使用一台多处理器机器来分布这些任务以提高性能。另外，你将使用**Atomic**对象而不是**Lock**对象来防止互斥开销（当然，一开始，你使用**synchronized**关键字以最简单的方式编写了代码。一旦你运行该程序，发现它太慢了，并开始应用性能调优技术，而此时你也只能写出这样的解决方案）。因为你的模型的特性，使得如果在计算过程中产生冲突，那么发现冲突的任务将直接忽略它，
1290 并不会更新它的值。下面是这个示例的代码：

```
//: concurrency/FastSimulation.java
import java.util.concurrent.*;
import java.util.concurrent.atomic.*;
import java.util.*;
import static net.mindview.util.Print.*;

public class FastSimulation {
  static final int N_ELEMENTS = 100000;
  static final int N_GENES = 30;
  static final int N_EVOLVERS = 50;
  static final AtomicInteger[][] GRID =
    new AtomicInteger[N_ELEMENTS][N_GENES];
  static Random rand = new Random(47);
  static class Evolver implements Runnable {
    public void run() {
```

```
      while(!Thread.interrupted()) {
        // Randomly select an element to work on:
        int element = rand.nextInt(N_ELEMENTS);
        for(int i = 0; i < N_GENES; i++) {
          int previous = element - 1;
          if(previous < 0) previous = N_ELEMENTS - 1;
          int next = element + 1;
          if(next >= N_ELEMENTS) next = 0;
          int oldvalue = GRID[element][i].get();
          // Perform some kind of modeling calculation:
          int newvalue = oldvalue +
            GRID[previous][i].get() + GRID[next][i].get();
          newvalue /= 3; // Average the three values
          if(!GRID[element][i]
            .compareAndSet(oldvalue, newvalue)) {
            // Policy here to deal with failure. Here, we
            // just report it and ignore it; our model
            // will eventually deal with it.
            print("Old value changed from " + oldvalue);
          }
        }
      }
    }
  }
  public static void main(String[] args) throws Exception {
    ExecutorService exec = Executors.newCachedThreadPool();
    for(int i = 0; i < N_ELEMENTS; i++)
      for(int j = 0; j < N_GENES; j++)
        GRID[i][j] = new AtomicInteger(rand.nextInt(1000));
    for(int i = 0; i < N_EVOLVERS; i++)
      exec.execute(new Evolver());
    TimeUnit.SECONDS.sleep(5);
    exec.shutdownNow();
  }
} /* (Execute to see output) *///:~
```

1291

所有元素都被置于数组内，这被认为有助于提高性能（这个假设将在一个练习中进行测试）。每个**Evolver**对象会用它前一个元素和后一个元素来平均它的值，如果在更新时失败，那么将直接打印这个值并继续执行。注意，在这个程序中没有出现任何互斥。

练习39：(6) **FastSimulation.java**是否作出了合理的假设？试着将数组从普通的**inti**修改为**AtomicInteger**，并使用**Lock**互斥。比较这两个版本的程序的差异。

21.9.4 ReadWriteLock

ReadWriteLock对向数据结构相对不频繁地写入，但是有多个任务要经常读取这个数据结构的这类情况进行了优化。**ReadWriteLock**使得你可以同时有多个读取者，只要它们都不试图写入即可。如果写锁已经被其他任务持有，那么任何读取者都不能访问，直至这个写锁被释放为止。

ReadWriteLock是否能够提高程序的性能是完全不可确定的，它取决于诸如数据被读取的频率与被修改的频率相比较的结果，读取和写入操作的时间（锁将更复杂，因此短操作并不能带来好处），有多少线程竞争以及是否在多处理机器上运行等因素。最终，唯一可以了解**ReadWriteLock**是否能够给你的程序带来好处的方式就是用试验来证明。

下面是只展示了**ReadWriteLock**的最基本用法的示例：

```
//: concurrency/ReaderWriterList.java
import java.util.concurrent.*;
import java.util.concurrent.locks.*;
import java.util.*;
import static net.mindview.util.Print.*;

public class ReaderWriterList<T> {
  private ArrayList<T> lockedList;
```

1292

```
  // Make the ordering fair:
  private ReentrantReadWriteLock lock =
    new ReentrantReadWriteLock(true);
  public ReaderWriterList(int size, T initialValue) {
    lockedList = new ArrayList<T>(
      Collections.nCopies(size, initialValue));
  }
  public T set(int index, T element) {
    Lock wlock = lock.writeLock();
    wlock.lock();
    try {
      return lockedList.set(index, element);
    } finally {
      wlock.unlock();
    }
  }
  public T get(int index) {
    Lock rlock = lock.readLock();
    rlock.lock();
    try {
      // Show that multiple readers
      // may acquire the read lock:
      if(lock.getReadLockCount() > 1)
        print(lock.getReadLockCount());
      return lockedList.get(index);
    } finally {
      rlock.unlock();
    }
  }
  public static void main(String[] args) throws Exception {
    new ReaderWriterListTest(30, 1);
  }
}

class ReaderWriterListTest {
  ExecutorService exec = Executors.newCachedThreadPool();
  private final static int SIZE = 100;
  private static Random rand = new Random(47);
  private ReaderWriterList<Integer> list =
    new ReaderWriterList<Integer>(SIZE, 0);
  private class Writer implements Runnable {
    public void run() {
      try {
1293    for(int i = 0; i < 20; i++) { // 2 second test
          list.set(i, rand.nextInt());
          TimeUnit.MILLISECONDS.sleep(100);
        }
      } catch(InterruptedException e) {
        // Acceptable way to exit
      }
      print("Writer finished, shutting down");
      exec.shutdownNow();
    }
  }
  private class Reader implements Runnable {
    public void run() {
      try {
        while(!Thread.interrupted()) {
          for(int i = 0; i < SIZE; i++) {
            list.get(i);
            TimeUnit.MILLISECONDS.sleep(1);
          }
        }
      } catch(InterruptedException e) {
        // Acceptable way to exit
      }
    }
```

```
    }
    public ReaderWriterListTest(int readers, int writers) {
      for(int i = 0; i < readers; i++)
        exec.execute(new Reader());
      for(int i = 0; i < writers; i++)
        exec.execute(new Writer());
    }
  } /* (Execute to see output) *///:~
```

ReadWriterList可以持有固定数量的任何类型的对象。你必须向构造器提供所希望的列表尺寸和组装这个列表时所用的初始对象。**set()**方法要获取一个写锁，以调用底层的**ArrayList.set()**，而**get()**方法要获取一个读锁，以调用底层的**ArrayList.get()**。另外，**get()**将检查是否已经有多个读取者获取了读锁，如果是，则将显示这种读取者的数量，以证明可以有多个读取者获得读锁。

为了测试**ReaderWriterList**，**ReaderWriterListTest**为**ReaderWriterList<Integer>**创建了读取者和写入者。注意，写入者的数量远少于读取者。 1294

如果你在JDK文档中查看**ReentrantReadWriteLock**，就会发现还有大量的其他方法可用，涉及“公平性”和“政策性决策”等问题。这是一个相当复杂的工具，只有当你在搜索可以提高性能的方法时，才应该想到用它。你的程序的第一个草案应该使用更直观的同步，并且只有在必需时再引入**ReadWriteLock**。

练习40：(6) 遵循**ReaderWriterList.java**示例，使用**HashMap**创建一个**ReaderWriterMap**。通过修改**MapComparisons.java**来调查它的性能。它是如何比较**synchronized HashMap**和**ConcurrentHashMap**的？

21.10　活动对象

当你通读本章之后，可能会发现，Java中的线程机制看起来非常复杂并难以正确使用。另外，它好像还有点达不到预期效果的味道——尽管多个任务可以并行工作，但是你必须花很大的气力去实现防止这些任务彼此互相干涉的技术。

如果你曾经编写过汇编语言，那么编写多线程程序就似曾相识：每个细节都很重要，你有责任处理所有事物，并且没有任何编译器检查形式的安全防护措施。

是多线程模型自身有问题吗？毕竟，它来自于过程型编程世界，并且几乎没做什么改变。可能还存在着另一种不同的并发模型，它更加适合面向对象编程。

有一种可替换的方式被称为*活动对象*或*行动者*[⊖]。之所以称这些对象是“活动的”，是因为每个对象都维护着它自己的工作器线程和消息队列，并且所有对这种对象的请求都将进入队列排队，任何时刻都只能运行其中的一个。因此，有了活动对象，我们就可以串行化消息而不是方法，这意味着不再需要防备一个任务在其循环的中间被中断这种问题了。

当你向一个活动对象发送消息时，这条消息会转变为一个任务，该任务会被插入到这个对象的队列中，等待在以后的某个时刻运行。Java SE5的**Future**在实现这种模式时将派上用场。下 1295
面是一个简单的示例，它有两个方法，可以将方法调用排进队列：

```
//: concurrency/ActiveObjectDemo.java
// Can only pass constants, immutables, "disconnected
// objects," or other active objects as arguments
// to asynch methods.
import java.util.concurrent.*;
import java.util.*;
import static net.mindview.util.Print.*;
```

⊖ 感谢Allen Holub花时间向我解释了这些。

```
public class ActiveObjectDemo {
  private ExecutorService ex =
    Executors.newSingleThreadExecutor();
  private Random rand = new Random(47);
  // Insert a random delay to produce the effect
  // of a calculation time:
  private void pause(int factor) {
    try {
      TimeUnit.MILLISECONDS.sleep(
        100 + rand.nextInt(factor));
    } catch(InterruptedException e) {
      print("sleep() interrupted");
    }
  }
  public Future<Integer>
  calculateInt(final int x, final int y) {
    return ex.submit(new Callable<Integer>() {
      public Integer call() {
        print("starting " + x + " + " + y);
        pause(500);
        return x + y;
      }
    });
  }
  public Future<Float>
  calculateFloat(final float x, final float y) {
    return ex.submit(new Callable<Float>() {
      public Float call() {
        print("starting " + x + " + " + y);
        pause(2000);
        return x + y;
      }
1296    });
  }
  public void shutdown() { ex.shutdown(); }
  public static void main(String[] args) {
    ActiveObjectDemo d1 = new ActiveObjectDemo();
    // Prevents ConcurrentModificationException:
    List<Future<?>> results =
      new CopyOnWriteArrayList<Future<?>>();
    for(float f = 0.0f; f < 1.0f; f += 0.2f)
      results.add(d1.calculateFloat(f, f));
    for(int i = 0; i < 5; i++)
      results.add(d1.calculateInt(i, i));
    print("All asynch calls made");
    while(results.size() > 0) {
      for(Future<?> f : results)
        if(f.isDone()) {
          try {
            print(f.get());
          } catch(Exception e) {
            throw new RuntimeException(e);
          }
          results.remove(f);
        }
    }
    d1.shutdown();
  }
} /* Output: (85% match)
All asynch calls made
starting 0.0 + 0.0
starting 0.2 + 0.2
0.0
starting 0.4 + 0.4
0.4
starting 0.6 + 0.6
0.8
```

```
starting 0.8 + 0.8
1.2
starting 0 + 0
1.6
starting 1 + 1
0
starting 2 + 2
2
starting 3 + 3
4                                             1297
starting 4 + 4
6
8
*///:~
```

由对**Executors.newSingleThreadExecutor()**的调用产生的单线程执行器维护着它自己的无界阻塞队列，并且只有一个线程从该队列中取走任务并执行它们直至完成。我们需要在**calculateInt()**和**calculateFloat()**中做的就是用**submit()**提交一个新的**Callable**对象，以响应对这些方法的调用，这样就可以把方法调用转变为消息，而**submit()**的方法体包含在匿名内部类的**call()**方法中。注意，每个活动对象方法的返回值都是一个具有泛型参数的**Future**，而这个泛型参数就是该方法中实际的返回类型。通过这种方式，方法调用几乎可以立即返回，调用者可以使用**Future**来发现何时任务完成，并收集实际的返回值。这样可以处理最复杂的情况，但是如果调用没有任何返回值，那么这个过程将被简化。

在**main()**中，创建了一个**List<Future<?>>**来捕获由发送给活动对象的**calculateFloat()**和**calculateInt()**消息返回的**Future**对象。对于每个**Future**，都是使用**isDone()**来从这个列表中抽取的，这种方式使得当**Future**完成并且其结果被处理过之后，就会从**List**中移除。注意，使用**CopyOnWriteArrayList**可以移除为了防止**ConcurrentModificationException**而复制**List**的这种需求。

为了能够在不经意间就可以防止线程之间的耦合，任何传递给活动对象方法调用的参数都必须是只读的其他活动对象，或者是不连接对象（我的术语），即没有连接任何其他任务的对象（这一点很难强制保障，因为没有任何语言支持它）。有了活动对象：

1. 每个对象都可以拥有自己的工作器线程。

2. 每个对象都将维护对它自己的域的全部控制权（这比普通的类要更严苛一些，普通的类只是拥有防护它们的域的选择权）。

3. 所有在活动对象之间的通信都将以在这些对象之间的消息形式发生。 1298

4. 活动对象之间的所有消息都要排队。

这些结果很吸引人。由于从一个活动对象到另一个活动对象的消息只能被排队时的延迟所阻塞，并且因为这个延迟总是非常短且独立于任何其他对象的，所以发送消息实际上是不可阻塞的（最坏情况也只是很短的延迟）。由于一个活动对象系统只是经由消息来通信，所以两个对象在竞争调用另一个对象上的方法时，是不会被阻塞的，而这意味着不会发生死锁。这是一种巨大的进步。因为在活动对象中的工作器线程在任何时刻只执行一个消息，所以不存在任何资源竞争，而你也不必操心应该如何同步方法。同步仍旧会发生，但是它通过将方法调用排队，使得任何时刻都只能发生一个调用，从而将同步控制在消息级别上发生。

遗憾的是，如果没有直接的编译器支持，上面这种编码方式实在是太过于麻烦了。但是，这在活动对象和行动者领域，或者更有趣的被称为基于代理的编程领域，确实产生了进步。代理实际上就是活动对象，但是代理系统还支持跨网络和机器的透明性。如果代理编程最终成为面向对象编程的继任者，我一点也不会觉得惊讶，因为它把对象和相对容易的并发解决方案结合了起来。

通过搜索Web，你会发现更多有关活动对象、行动者或代理的信息，特别是某些在活动对象幕后的概念，它们来自C.A.R. Hoare的通信顺序进程理论（Theory of Communicating Sequential Processes, CSP）。

练习41：(6) 向**ActiveObjectDemo.java**中添加一个消息处理器，它没有任何返回值，在**main()**调用这个处理器。

练习42：(7) 修改**WaxOMatic.java**，使其实现活动对象。

1299 **作业**[⊖]：使用注解和**Javassist**来创建一个类注解@**Active**，将目标类转变为活动对象。

21.11 总结

本章的目标是向你提供使用Java线程进行并发程序设计的基础知识，以使你理解：

1. 可以运行多个独立的任务。

2. 必须考虑当这些任务关闭时，可能出现的所有问题。

3. 任务可能会在共享资源上彼此干涉。互斥（锁）是用来防止这种冲突的基本工具。

4. 如果任务设计得不够仔细，就有可能会死锁。

明白什么时候应该使用并发、什么时候应该避免使用并发是非常关键的。使用它的原因主要是：

- 要处理很多任务，它们交织在一起，应用并发能够更有效地使用计算机（包括在多个CPU上透明地分配任务的能力）。
- 要能够更好地组织代码。
- 要更便于用户使用。

均衡资源的经典案例是在等待输入/输出时使用CPU；更好的代码组织可以在仿真中看到；使用户方便的经典案例是在长时间的下载过程中监视“停止”按钮是否被按下。

线程的一个额外好处是它们提供了轻量级的执行上下文切换（大约100条指令），而不是重量级的进程上下文切换（要上千条指令）。因为一个给定进程内的所有线程共享相同的内存空间，轻量级的上下文切换只是改变了程序的执行序列和局部变量。进程切换（重量级的上下文切换）必须改变所有内存空间。

多线程的主要缺陷有：

1. 等待共享资源的时候性能降低。

2. 需要处理线程的额外CPU花费。

1300 3. 糟糕的程序设计导致不必要的复杂度。

4. 有可能产生一些病态行为，如饿死、竞争、死锁和活锁（多个运行各自任务的线程使得整体无法完成）。

5. 不同平台导致的不一致性。比如，我在编写书中的一些例子时发现，竞争条件在某些机器上很快出现，但在别的机器上根本不出现。如果你在后一种机器上做开发，那么当你发布程序的时候就要大吃一惊了。

因为多个线程可能共享一个资源，比如一个对象的内存，而且你必须确定多个线程不会同时读取和改变这个资源，这就是线程产生的最大难题。这需要明智地使用可用的加锁机制（例如**synchronized**关键字），它们仅仅是个工具，同时它们会引入潜在的死锁条件，所以要对它们有透彻的理解。

⊖ 作业，我建议读者将其作为课程大作业。解答指南中不包含此类作业的解决方案。

此外，线程应用上也有一些技巧。Java 允许你建立足够多的对象来解决你的问题，至少理论上是如此。(实际上并非如此，比如，为工程上的有限元素分析而创建几百万个对象在Java中如果不使用享元设计模式，是并不可行。) 然而，你要创建的线程数目看起来还是有个上界，因为达到了一定数量之后，线程性能会很差。这个临界点很难检测，通常依赖于操作系统和JVM；它可以是不足一百个线程，也可能是几千个线程。不过通常我们只是创建少数线程来解决问题，所以这个限制并不严重；尽管对于更一般的设计来说，这可能会是一个约束，它可能会强制要求你添加一种协作并发模式。

不管在使用某种特定的语言或类库时，线程机制看起来是多么地简单，你都应该视其为魔法。总有一些你最不想碰见的事物会反噬你一口。哲学家用餐问题之所以有趣，就是因为它可以进行调整，使得死锁极少发生，这给了你一个印象：每件事物都很美好。

通常，使用线程机制需要非常仔细和保守。如果你的线程问题变得大而复杂，那么就应该考虑使用像Erlang这样的语言，这是专门用于线程机制的几种函数型语言之一。你可以将这种语言用于程序中要求使用线程机制的部分，前题是你经常要使用线程机制，或者线程问题的复杂度足以促使你这么做。 1301

21.11.1　进阶读物

遗憾的是，关于并发有大量的误导信息——这强调了它会多么地令人困惑，以及你会多么轻易地认为自己理解了这些问题（我了解这一点，因为我自己有深刻的印象，过去我无数次地认为自己已经理解了线程机制，但是我并不怀疑在将来我还会产生更多的顿悟之感）。当你获得了一篇关于并发的新文献时，总是需要一些警惕，以努力了解作者本人理解哪些和不理解哪些。下面这些书籍，我认为我可以放心大胆地说它们是可靠的：

《Java Concurrency in Practice》，作者Brian Goetz、Tim Peierls、Joshua Bloch、Joseph Bowbeer、David Holmes和Doug Lea（Addison-Wesley，2006）。基本上，这就是Java线程机制世界中的名人录。

《Concurrent Programming in Java, Second Edition》，作者Doug Lea（Addison-Wesley，2000）。尽管这本书远早于Java SE5，但是Doug的许多成果都成为了新的**java.util.concurrent**类库，因此本书对于全面理解并发问题至关重要。它超越了Java并发，探讨了当前跨语言和技术的并发思想。尽管在一些地方它显得有些愚钝，但是它值得多次阅读（最好是每次重读都间隔数月，这样有助于你消化其中的信息）。Doug是确实理解并发的少数人之一，因此这是绝对值得一看的书籍。

《The Java Language Specification, Third Edition》（第17章），作者Gosling、Joy、Steele和Bracha（Addison-Wesley，2005）。这是一个技术规范，更方便的获取方式是到http://java.sun.com/docs/books/jls处下载其电子文档。

所选习题的答案都可以在名为The Thinking in Java Annotated Solution Guide的电子文档中找到，读者可以从https://www.mindviewllc.com处购买此文档。

1302

第22章 图形化用户界面

设计中要遵循的一条基本原则是："让简单的事情变得容易，让困难的事情变得可行。" ⊖

Java 1.0版本中的图形用户界面（graphical user interface, GUI）库，其最初的设计目标是帮助程序员编写在所有平台上都能良好表现的GUI程序。遗憾的是，这个目标没有达到。事实是Java 1.0提供的"抽象窗口工具包"（Abstract Window Toolkit, AWT）在所有的系统上表现得都不太好，而且限制颇多；你只能使用四种字体，也不能访问存在于本地操作系统上的任何成熟的GUI组件。Java 1.0的AWT编程模型非常笨拙，并且不是面向对象的。在我课上的一个学生（在Java创建期间他曾经在Sun工作）解释了其原因：最初版本的AWT是在一个月内构思、设计和实现的。从生产率上看，这确实很惊人，不过这也是说明为什么精心设计如此重要的反面教材。

Java 1.1的AWT中引入了事件模型后（这是一种更清晰的、面向对象的方法），以及随着JavaBeans的加入（它最初是为了使可视化编程环境的创建变得更容易而引入的构件编程模型），情况有所好转。Java 2 (JDK 1.2)最终完成了从旧式的Java 1.0 AWT到新标准的转换："Java基础类库"（JFC）几乎替换了所有内容，其中有关GUI的部分被称为"Swing"。Swing是一组易于使用、易于理解的JavaBeans，它能通过拖放操作（也可以通过手工编写）来创建合理的GUI程序。软
1303 件工业界里的"三次修订"规则(产品在修订三次之后才会成熟)看起来对编程语言也同样适用。

本章介绍了流行的Java Swing库，并且合理地假定Swing就是Sun最终的Java GUI库⊜。如果出于某些原因，你需要使用以前那个"老式"的AWT（比如你在为以前的代码做支持，或者由于浏览器的限制），那么你可以在本书第一版中（可以从www.BruceEckel.com下载，本书配套光盘中也有）找到相关介绍。注意，Java中仍然存在某些AWT构件，有时你必须使用它们。

请注意，本章没有完整地介绍Swing提供的构件，对于提到的类，也不会讨论其所有方法。这里的讨论只是一个简介。Swing库非常庞大，本章的目的仅仅是为你打一个坚实的基础，让读者熟悉其中的基本概念。如果你需要比这里介绍的更复杂的功能，只要深入研究，Swing几乎可以实现任何你想要的功能。

在这里，我假定你已经从http://java.sun.com下载并安装了HTML格式的JDK文档，可以浏览那个文档中的**javax.swing**类，可以看到完整的细节及Swing库中的所有方法。你还可以在Web上搜索，但是搜索的起点最好是http://java.sun.com/docs/books/tutorial/uiswing处Sun自己的教程。

在学习Swing的时候将会发现：

1) Swing与其他语言或开发环境相比，是一进已经改进了很多的编程模型（这里并不是说它就是完美的模型，只是说它向前迈进了一大步）。

2)"GUI构造工具"（可视化编程环境）对于完整的Java开发环境而言，是必不可少的一方
1304 面。JavaBeans和Swing使得GUI构造工具能够在你用图形工具向窗体上放置组件的同时帮助你编
写代码。这不仅在编写GUI程序期间加快了开发速度，而且它使得你可以进行更多的试验，从 766
而具备能够通过试验产生更多设计的能力，继而得到更好的设计。

⊖ 另一种说法称为"最小吃惊原则"，也就是说，"别让用户感到惊讶。"

⊜ 注意，IBM公司为其Eclipse编辑器（www.Eclipse.org）开发了一套全新的开源GUI库，可以把它作为Swing之外的选择。本章稍后会进行介绍。

3) Swing库设计上的简单性和合理性，使得你即使使用GUI构造工具而不是手工编写代码，得到的代码仍然是可读的；这就解决了以前使用GUI构造工具的一个大问题，就是很容易产生不可读的代码。

Swing包含了所有你希望在流行的用户界面中看到的组件：从带图片的按钮，到树形和表格组件。这个库虽然庞大，但它的设计理念是：使用组件的复杂程度与任务的难度相匹配；如果任务很简单，你不用写很多代码，但对于复杂的工作，就要写复杂的代码才行。

Swing中有一个非常令人称道的原则，称为“正交使用”(orthogonality of use)。意思是，一旦你理解了库中的某个通用概念，你就可以把这个概念应用到其他地方。比如标准的命名约定，我在编写例子的时候，常常在没有翻阅任何资料的情况下，仅仅通过方法的名称就能正确猜出其功能。从库的设计上来说，这是个相当好的特性。再比如，通常可以把一个组件“插”到另一个组件里面，而且能正常工作。

Swing自动支持键盘导航；可以不用鼠标运行Swing程序，而且这也不用额外编写代码。要支持滚动也不用费工夫；只要在把组件加入窗体之前，先把它包装进一个**JScrollPane**组件即可。像工具提示这样的功能，通常只需一行代码即可使用。

为了可移植性，Swing完全用Java编写。

Swing还支持一种非常先进的功能，称为“可插式外观”(pluggable look and feel)，意思是用户界面的外观可以动态改变，以适应不同平台和操作系统下用户的习惯。你甚至可以（不过 1305
很难）自己发明一种外观。你可以在Web上找到一些外观[⊖]。

22.1 applet

当Java刚面世时，关于它的许多负面议论都来applet，它是一种可以在Internet上传递，并在Web浏览器中运行的程序（出于安全性，只能在所谓的沙盒内运行）。人们预料applet会成为Internet演化的下一个阶段，并且许多Java方面的原创书籍都认为人们对Java感兴趣的原因就是希望能够编写applet。

由于各种原因，这种革命并未发生。产生这个问题的很大一部分原因在于大多数机器上并没有运行applet所必需的Java软件，而为了运行某些偶然在Web碰见的东西，就去下载和安装10MB的包对大多数用户来说都是件不情愿的事情。许多用户甚至被这种想法吓坏了。Java applet作为客户端应用传递系统，从来都没有实现大规模应用，尽管你仍旧会偶尔看到applet，但是实际上它们通常都被丢弃到计算科学的犄角旮旯里了。

然而，这并不意味着applet就不是一种有趣且具有重要价值的技术。如果你可以保证用户安装了JRE（例如在公司环境的内部），那么在这种情况下，applet（或者JNLP/Java Web Start，在本章稍后会介绍）就有可能成为分发客户程序和自动更新所有机器的最佳方式，而这种方式不需要分发和安装新软件通常所需的那些开销和投入。 1306

你可以在本书的在线支持网站www.MindView上找到关于applet的介绍。

22.2 Swing基础

大多数Swing应用都被构建在基础的**JFrame**内部，**JFrame**在你使用的任何操作系统中都可以创建视窗应用。视窗的标题可以像下面这样使用**JFrame**的构造器来设置：

⊖ 我最喜欢的例子就是Ken Arndd的“Napkin（餐巾纸）”外观，它使视窗看起来就像是在餐巾纸上的涂鸦之作。请浏览http: //napkinlaf.sourceforge.net。

```
//: gui/HelloSwing.java
import javax.swing.*;

public class HelloSwing {
  public static void main(String[] args) {
    JFrame frame = new JFrame("Hello Swing");
    frame.setDefaultCloseOperation(JFrame.EXIT_ON_CLOSE);
    frame.setSize(300, 100);
    frame.setVisible(true);
  }
} ///:~
```

setDefaultCloseOperation()告诉**JFrame**当用户执行关闭操作时应该做些什么。**EXIT_ON_CLOSE**常量告诉它要退出程序。如果没有这个调用，默认的行为是什么也不做，因此应用将不会关闭。**setSize()**以像素为单位设置视窗的尺寸。请注意最后一行：

```
frame.setVisible(true);
```

如果没有这行，你在屏幕上将什么也看不到。

我们可以通过在**JFrame**中添加一个**JLabel**来使事情变得更有趣一些：

```
//: gui/HelloLabel.java
import javax.swing.*;
import java.util.concurrent.*;

public class HelloLabel {
  public static void main(String[] args) throws Exception {
    JFrame frame = new JFrame("Hello Swing");
    JLabel label = new JLabel("A Label");
    frame.add(label);
    frame.setDefaultCloseOperation(JFrame.EXIT_ON_CLOSE);
    frame.setSize(300, 100);
    frame.setVisible(true);
    TimeUnit.SECONDS.sleep(1);
    label.setText("Hey! This is Different!");
  }
} ///:~
```

1307

在一秒钟之后，**JLabel**的文本发生了变化。尽管这对于这个小程序来说既有趣又安全，但是对于**main()**线程来说，直接对GUI组件编写代码并非是一种好的想法。Swing有它自己的专用线程来接收UI事件并更新屏幕，如果你从其他线程着手对屏幕进行操作，那么就可能会产生第21章中所描述的冲突和死锁。

取而代之的是，其他线程，例如这里是像**main()**这样的线程，应该通过Swing事件分发线程提交要执行的任务[⊖]。你可以通过将任务提交给**SwingUtilities.invokeLater()**来实现这种方式，这个方法会通过事件分发线程将任务放置到（最终将得到执行的）待执行事件队列中。如果我们将这种方式应用于上面的示例，那么它就会变成下面的样子：

```
//: gui/SubmitLabelManipulationTask.java
import javax.swing.*;
import java.util.concurrent.*;

public class SubmitLabelManipulationTask {
  public static void main(String[] args) throws Exception {
    JFrame frame = new JFrame("Hello Swing");
    final JLabel label = new JLabel("A Label");
    frame.add(label);
    frame.setDefaultCloseOperation(JFrame.EXIT_ON_CLOSE);
    frame.setSize(300, 100);
    frame.setVisible(true);
```

⊖ 从技术上讲，事件分发线程来自AWT类库。

```
      TimeUnit.SECONDS.sleep(1);
      SwingUtilities.invokeLater(new Runnable() {
        public void run() {
          label.setText("Hey! This is Different!");
        }
      });                                                    1308
    }
  } ///:~
```

现在你再也不用直接操作**JLabel**了。取而代之的是，你提交一个**Runnable**，当事件分发线程在事件队列中获取这项任务时，它将执行实际的操作，并且在执行这个**Runnable**时，不会做其他任何事情，因此也就不会产生任何冲突，当然，前提是程序中的所有代码都遵循这种通过**SwingUtilities.invokeLater()**来提交操作的方式。这包括启动程序自身，即**main()**也不应该调用Swing的方法，就像上面的程序一样，它应该向事件队列提交任务[⊖]。因此，所编写的恰当的程序看起来应该是下面的样子：

```
//: gui/SubmitSwingProgram.java
import javax.swing.*;
import java.util.concurrent.*;

public class SubmitSwingProgram extends JFrame {
  JLabel label;
  public SubmitSwingProgram() {
    super("Hello Swing");
    label = new JLabel("A Label");
    add(label);
    setDefaultCloseOperation(JFrame.EXIT_ON_CLOSE);
    setSize(300, 100);
    setVisible(true);
  }
  static SubmitSwingProgram ssp;
  public static void main(String[] args) throws Exception {
    SwingUtilities.invokeLater(new Runnable() {
      public void run() { ssp = new SubmitSwingProgram(); }
    });
    TimeUnit.SECONDS.sleep(1);
    SwingUtilities.invokeLater(new Runnable() {
      public void run() {
        ssp.label.setText("Hey! This is Different!");
      }
    });                                                      1309
  }
} ///:~
```

注意，对**sleep()**的调用不在构造器的内部。如果你将它放在构造器内部，**JLabel**的初始文本就永远都不会出现。这主要是因为构造器在**sleep()**调用完毕和新的标签插入之前不会结束，如果**sleep()**在构造器的内部，或者在任何UI操作的内部，那么就意味着你在**sleep()**期间将中止事件分发线程，这通常是个糟糕的主意。

练习1：(1) 修改**HelloSwing.java**，向你自己证明如果没有对**setDefaultCloseOperation()**的调用，应用程序就不会关闭。

练习2：(2) 修改**HelloSwing.java**，通过添加随机数量的标签，说明标签的添加是动态的。

22.2.1 一个显示框架

我们可以创建一个显示框架，将其用于本章剩余部分的Swing示例中，从而使得上面的想法得以结合，并减少了冗余代码：

⊖ 这个实践被添加到了Java SE5中，因此你在很多旧程序中看到它们并没有这么做。这并不意味着这些程序的编写者忽视了这一点。建议性的实践看起来在不断地演化。

```
//: net/mindview/util/SwingConsole.java
// Tool for running Swing demos from the
// console, both applets and JFrames.
package net.mindview.util;
import javax.swing.*;

public class SwingConsole {
  public static void
  run(final JFrame f, final int width, final int height) {
    SwingUtilities.invokeLater(new Runnable() {
      public void run() {
        f.setTitle(f.getClass().getSimpleName());
        f.setDefaultCloseOperation(JFrame.EXIT_ON_CLOSE);
        f.setSize(width, height);
        f.setVisible(true);
      }
    });
  }
} ///:~
```

这可能是一个你想要自己使用的工具，因此它被放到了**net.mindview.util**类库中。要想使用它，你的应用就必须位于一个**JFrame**中（本书所有的示例都是如此）。静态的**run()**方法可以将
1310 视窗的标题设置为类的简单名。

练习3：(3) 修改**SubmitSwingProgram.java**，让它使用**SwingConsole**。

22.3 创建按钮

创建一个按钮非常简单：只要用你希望出现在按钮上的标签调用**JButton**的构造器即可。在后面你会看到一些更有趣的功能，比如在按钮上显示图形。

一般来说，要在类中为按钮创建一个字段，以便以后可以引用这个按钮。

JButton是一个组件，它有自己的小窗口，能作为整个更新过程的一部分而自动被重绘。也就是说，你不必显式绘制一个按钮或者别的类型的控件；只要把它们放在窗体上，它们可以自动绘制自己。通常你会在构造器内部把按钮加入窗体：

```
//: gui/Button1.java
// Putting buttons on a Swing application.
import javax.swing.*;
import java.awt.*;
import static net.mindview.util.SwingConsole.*;

public class Button1 extends JFrame {
  private JButton
    b1 = new JButton("Button 1"),
    b2 = new JButton("Button 2");
  public Button1() {
    setLayout(new FlowLayout());
    add(b1);
    add(b2);
  }
  public static void main(String[] args) {
    run(new Button1(), 200, 100);
  }
} ///:~
```

这里引入了一些新内容：在向**JFrame**添加任何组件之前，先给出一个新的**FlowLayout**类型的“布局管理器”。布局管理器是面板用来隐式地决定控件在窗体上的位置的工具。JFrame通常使用**BorderLayout**管理布局，但这里不能使用（在本章后面部分将学习它），因为它的默认行为
1311 是每加入一个控件，将完全覆盖其他控件。**FlowLayout**使得控件可以在窗体上从左到右、从上

到下连续均匀分布。

练习4：(1) 验证如果在**Button1.java**没有**setLayout()**调用，那么就只有一个按钮会出现在所产生的程序中。

22.4 捕获事件

如果编译并运行前面的程序，那么当按下按钮的时候，什么也不会发生。现在是必须深入进去编写一些代码以决定会发生什么事情的时候了。事件驱动编程（包含了许多关于GUI的内容）的基础，就是把事件同处理事件的代码连接起来。

在Swing中，这种关联的方式就是通过清楚地分离接口（图形组件）和实现（当和组件相关的事件发生时，你要执行的代码）而做到的。每个Swing组件都能够报告其上所有可能发生的事件，并且它能单独报告每种事件。所以，你要是对诸如“鼠标移动到按钮上”这样的事件不感兴趣的话，那么你不注册这样的事件就可以了。这种处理事件驱动编程的方式非常直接和优雅，一旦你理解了其基本概念，就能够很容易将其应用到甚至从未见过的Swing组件之上。实际上，只要是JavaBean（本章后面讨论），这个模式都适用。

首先，对所使用的组件，我们只把重点放在它感兴趣的主要事件上。对于**JButton**，“感兴趣的事件”就是按钮被按下。为了表明（注册）你对按钮按下事件感兴趣，可以调用**JButton**的**addActionListener()**方法。这个方法接受一个实现**ActionListener**接口的对象作为参数，**ActionListener**接口只包含一个**actionPerformed()**方法。所以要想把事件处理代码和**JButton**关联，需要在一个类中实现**ActionListener**接口，然后把这个类的对象通过**addActionListener()**方法注册给**JButton**。这样按钮按下的时候就会调用**actionPerformed()**方法（通常这也称为*回调*）。

但是按钮按下的时候应该有什么结果呢？我们希望看到屏幕有所改变，所以在这里介绍一个新的Swing组件——**JTextField**。这个组件支持用户输入文本，在本例中，或者像本例一样由程序插入文本。尽管有很多方法可以创建**JTextField**，但是最简单的方式就是告诉构造器你所希望的文本域宽度。一旦**JTextField**被放置到窗体上，就可以使用**setText()**方法来修改它的内容（**JTextField**还有很多方法，不过你应该先到java.sun.com看一下HTML格式的JDK文档）。下面就是具体程序： 1312

```
//: gui/Button2.java
// Responding to button presses.
import javax.swing.*;
import java.awt.*;
import java.awt.event.*;
import static net.mindview.util.SwingConsole.*;

public class Button2 extends JFrame {
  private JButton
    b1 = new JButton("Button 1"),
    b2 = new JButton("Button 2");
  private JTextField txt = new JTextField(10);
  class ButtonListener implements ActionListener {
    public void actionPerformed(ActionEvent e) {
      String name = ((JButton)e.getSource()).getText();
      txt.setText(name);
    }
  }
  private ButtonListener bl = new ButtonListener();
  public Button2() {
    b1.addActionListener(bl);
    b2.addActionListener(bl);
    setLayout(new FlowLayout());
    add(b1);
```

```
    add(b2);
    add(txt);
  }
  public static void main(String[] args) {
    run(new Button2(), 200, 150);
  }
} ///:~
```

创建**JTextField**并把它放置在画布上的步骤，同JButton或者其他Swing组件所采用的步骤相同。这里与前面例子的不同之处在于创建一个**ButtonListener**对象，它实现了前面提到过的
1313 **ActionListener**接口。**actionPerformed()**方法的参数是**ActionEvent**类型，它包含事件和事件源的所有信息。本例中，我希望表明是哪个按钮被按下；**getSource()**方法产生的对象表明了事件的来源，我假设（使用类型转换）这个对象是**JButton**。**getText()**方法返回按钮上的文本，这个文本被放进**JTextField**，以证明当按钮按下的时候代码确实被调用了。

在构造器中，使用**addActionListener()**方法来将**ButtonListener**对象注册给两个按钮。

通常，把**ActionListener**实现成匿名内部类会更方便，尤其是对每个监听器类只使用一个实例的时候更是如此。可以像下面这样修改**Button2.java**，这里使用一个匿名内部类：

```
//: gui/Button2b.java
// Using anonymous inner classes.
import javax.swing.*;
import java.awt.*;
import java.awt.event.*;
import static net.mindview.util.SwingConsole.*;

public class Button2b extends JFrame {
  private JButton
    b1 = new JButton("Button 1"),
    b2 = new JButton("Button 2");
  private JTextField txt = new JTextField(10);
  private ActionListener bl = new ActionListener() {
    public void actionPerformed(ActionEvent e) {
      String name = ((JButton)e.getSource()).getText();
      txt.setText(name);
    }
  };
  public Button2b() {
    b1.addActionListener(bl);
    b2.addActionListener(bl);
    setLayout(new FlowLayout());
    add(b1);
    add(b2);
    add(txt);
  }
  public static void main(String[] args) {
    run(new Button2b(), 200, 150);
1314
  }
} ///:~
```

本书中的例子倾向于（只要可能）使用匿名内部类的方式。

练习5：(4) 使用**SwingConsole**类编写一个应用程序，它包括一个文本域和三个按钮，单击每个按钮的时候，在文本域中显示不同的文字。

22.5 文本区域

除了可以有多行文本以及更多的功能不同之外，**JTextArea**与**JTextField**在其他方面都很相似。**JTextArea**有一个比较常用的方法是**append()**。因为可以往回滚动，所以比起在命令行程序中把文本打印到标准输出的做法，这就成为了一种进步。例如，下面的程序使用第17章中的

Countries生成器的输出来填充**JTextArea**。

```
//: gui/TextArea.java
// Using the JTextArea control.
import javax.swing.*;
import java.awt.*;
import java.awt.event.*;
import java.util.*;
import net.mindview.util.*;
import static net.mindview.util.SwingConsole.*;

public class TextArea extends JFrame {
  private JButton
    b = new JButton("Add Data"),
    c = new JButton("Clear Data");
  private JTextArea t = new JTextArea(20, 40);
  private Map<String,String> m =
    new HashMap<String,String>();
  public TextArea() {
    // Use up all the data:
    m.putAll(Countries.capitals());
    b.addActionListener(new ActionListener() {
      public void actionPerformed(ActionEvent e) {
        for(Map.Entry me : m.entrySet())
          t.append(me.getKey() + ": "+ me.getValue()+"\n");
      }
    });
    c.addActionListener(new ActionListener() {
      public void actionPerformed(ActionEvent e) {
        t.setText("");
      }
    });
    setLayout(new FlowLayout());
    add(new JScrollPane(t));
    add(b);
    add(c);
  }
  public static void main(String[] args) {
    run(new TextArea(), 475, 425);
  }
} ///:~
```

1315

在构造器中，用国家及其首都名称来填充**Map**。注意，对于其中的两个按钮，因为在程序中你不再需要引用监听器，所以直接创建**ActionListener**对象并添加，而没有定义中间变量。"Add Data"按钮格式化并添加所有数据，"Clear Data"按钮使用**setText()**方法来清理**JTextArea**中的所有文本。

在**JTextArea**被添加到**JFrame**中之前，先被包装进了**JScrollPane**（当屏幕上的文本太多的时候用它来进行滚动控制）。这么做就足以得到完整的滚动功能。由于我曾试图在其他GUI编程环境中得到类似功能，所以我对像**JScrollPane**这样设计良好、使用简单的组件印象非常深刻。

练习6：(7) 将**strings/TestRegularExpression.java**转变为可交互的Swing程序，使得你可以在一个**JTextArea**中放置输入字符串，在另一个**JTextField**中放置正则表达式。运行结果应该在第二个**JTextArea**中显示。

练习7：(5) 使用**SwingConsole**编写一个应用程序，添加所有具有**addActionListener()**方法的Swing组件（在http://java.sun.com的JDK文档中查找这些组件。提示：使用索引功能搜索**addActionListener()**）。针对每个组件，捕获其事件，并在文本域中显示相应的信息。

练习8：(6) 几乎所有的Swing组件都是从**Component**导出的，**Component**有一个**setCursor()**方法。在JDK文档中查找有关内容。创建一个应用程序，将光标修改为**Cursor**类中存储的光标之一。 1316

22.6 控制布局

在Java中，组件放置在窗体上的方式可能与你使用过的任何GUI系统都不相同。首先，它完全基于代码；没有用来控制组件布置的“资源”。第二，组件放置在窗体上的方式不是通过绝对坐标控制，而是由“布局管理器”根据组件加入的顺序决定其位置。使用不同的布局管理器，组件的大小、形状和位置将大不相同。此外，布局管理器还可以适应applet或应用程序窗口的大小，所以如果窗口的尺寸改变了，组件的大小、形状和位置也能够做相应的改变。

JApplet、**JFrame**、**JDialog**、**JPanel**等都可以包含和显示组件。**Container**中有一个称为**setLayout()**的方法，可以通过这个方法来选择不同的布局管理器。在本节中，我们将通过在窗体上放置一些按钮来研究不同的布局管理器（这样最简单）。这些示例不会捕获任何按钮事件，因为它们仅仅是为了演示按钮是如何布局的。

22.6.1 BorderLayout

除非你设置为其他的布局模式，否则**JFrame**将使用**BoarderLayout**作为默认的布局模式。如果不加入其他指令，它将接受你调用**add()**方法而加入的组件，把它放置在中央，然后把组件向各个方向拉伸，直到与边框对齐。

BorderLayout具有四个边框区域和一个中央区域的概念。当向由**BorderLayout**管理的面板加入组件的时候，可以使用重载的**add()**方法，它的第一个参数接受一个常量值。这个值可以为以下任何一个：

BorderLayout. NORTH	顶端
BorderLayout. SOUTH	底端
BorderLayout. EAST	右端
BorderLayout. WEST	左端
BorderLayout.CENTER	从中央开始填充，直到与其他组件或边框相遇

1317 如果没有为组件指定放置的位置，默认情况下它将被放置到中央。

在下面的示例中使用了默认布局，因为默认情况下**JFrame**使用的就是**BorderLayout**：

```
//: gui/BorderLayout1.java
// Demonstrates BorderLayout.
import javax.swing.*;
import java.awt.*;
import static net.mindview.util.SwingConsole.*;

public class BorderLayout1 extends JFrame {
  public BorderLayout1() {
    add(BorderLayout.NORTH, new JButton("North"));
    add(BorderLayout.SOUTH, new JButton("South"));
    add(BorderLayout.EAST, new JButton("East"));
    add(BorderLayout.WEST, new JButton("West"));
    add(BorderLayout.CENTER, new JButton("Center"));
  }
  public static void main(String[] args) {
    run(new BorderLayout1(), 300, 250);
  }
} ///:~
```

对于除**CENTER**以外的所有位置，加入的组件将被沿着一个方向压缩到最小尺寸，同时在另一个方向上拉伸到最大尺寸。不过对于**CENTER**，组件将在两个方向上同时拉伸，以覆盖中央区域。

22.6.2 FlowLayout

它直接将组件从左到右“流动”到窗体上，直到占满上方的空间，然后向下移动一行，继续流动。

在下面的例子中，先把布局管理器设置为**FlowLayout**，然后在窗体上放置按钮。你将注意到，在使用**FlowLayout**的情况下，组件将呈现出“合适”的大小。比如，一个**JButton**的大小就是其标签的大小。

```
//: gui/FlowLayout1.java
// Demonstrates FlowLayout.
import javax.swing.*;
import java.awt.*;
import static net.mindview.util.SwingConsole.*;

public class FlowLayout1 extends JFrame {
  public FlowLayout1() {
    setLayout(new FlowLayout());
    for(int i = 0; i < 20; i++)
      add(new JButton("Button " + i));
  }
  public static void main(String[] args) {
    run(new FlowLayout1(), 300, 300);
  }
} ///:~
```
1318

使用**FlowLayout**，所有的组件将被压缩到它们的最小尺寸，所以可能会得到令人惊讶的效果。比如，在使用**FlowLayout**的时候，因为**JLabel**的尺寸就是其字符串的尺寸，这就使得文本右对齐不会产生任何视觉上的效果。

请注意：如果你调整视窗的尺寸，那么布局管理器将随之重新流动所有组件。

22.6.3 GridLayout

GridLayout允许你构建一个放置组件的表格，在向表格里面添加组件的时候，它们将按照从左到右、从上到下的顺序加入。在构造器中要指定需要的行数和列数，它们将均匀分布在窗体上。

```
//: gui/GridLayout1.java
// Demonstrates GridLayout.
import javax.swing.*;
import java.awt.*;
import static net.mindview.util.SwingConsole.*;

public class GridLayout1 extends JFrame {
  public GridLayout1() {
    setLayout(new GridLayout(7,3));
    for(int i = 0; i < 20; i++)
      add(new JButton("Button " + i));
  }
  public static void main(String[] args) {
    run(new GridLayout1(), 300, 300);
  }
} ///:~
```

在这个例子中有21个空位，但是只加入了20个按钮。因为**GridLayout**并不进行“均衡”处理，所以最后一个空位将被闲置。 1319

22.6.4 GridBagLayout

GridBagLayout提供了强大的控制功能，包括精确判断视窗区域如何布局，以及视窗大小变化的时候如何重新放置组件。不过，它也是最复杂的布局管理器，所以很难理解。它的目的主要是辅助GUI构造工具（它可能使用**GridBagLayout**而不是绝对位置来控制布局）自动生成代码。如果你发现自己的设计非常复杂，以至于需要使用**GridBagLayout**，那么你应该使用GUI构造工具来生成这个设计。如果读者觉得自己必须掌握它的复杂细节，我推荐读者参考专门的Swing书作为起点。

作为一种可替换的选择，你可能会考虑**TableLayout**，它不属于Swing类库，但是可以从http://java.sun.com处下载。这个组件被置于**GridBagLayout**之上，并且隐藏了其大多数细节，因此可以极大地简化使用这种模式的方式。

22.6.5 绝对定位

我们也可以设置图形组件的绝对位置：

1) 使用**setLayout(null)**方法把容器的布局管理器设置为空。

2) 为每个组件调用**setBounds()**或者**reshape()**方法（取决于语言的版本），为方法传递以像素坐标为单位的边界矩形的参数。根据你要达到的目的，可以在构造器或者**paint()**方法中调用这些方法。

某些GUI构造工具大量使用这种方法，不过这通常不是生成代码的最佳方式。

22.6.6 BoxLayout

由于人们在理解和使用**GridBagLayout**的时候遇到了很多问题，所以Swing还提供了**BoxLayout**，它具有**GridBagLayout**的许多好处，却不像**GridBagLayout**那么复杂。所以当你需要手工编写布局代码的时候，可以考虑使用它（再次提醒读者，如果你的设计过于复杂，那么就应该使用GUI构造工具来生成布局代码）。**BoxLayout**使你可以在水平方向或者垂直方向控制
1320 组件的位置，并且通过所谓的“支架和胶水”（struts and glue）的机制来控制组件的间隔。你可以在www.MindView上的本书在线补充材料中找到若干使用**BoxLayout**的基本示例。

22.6.7 最好的方式是什么

Swing功能强大；用少数几行代码就可以做很多事情。基于学习的目的，本书中的例子相当简单，所以手工编写它们很有意义。通过组合简单布局，就能得到非常多的结果。不过，在某些情况下，手工编写GUI窗体就不太适合了；这样做太复杂，也不能充分利用编程时间。Java和Swing设计者的最初目的就是要使语言和库能对GUI构造工具提供支持，创建这些工具的明确的目的也是为了使你更容易地获取编程经验。只要理解了布局的方式以及如何处理事件（下面将学习到），那么如何手工放置组件的细节就显得不那么重要了；应该让合适的工具帮你去做这些事情（毕竟，设计Java的目的是为了提高程序员的生产率）。

22.7 Swing事件模型

在Swing的事件模型中，组件可以发起（触发）一个事件。每种事件的类型由不同的类表示。当事件被触发时，它将被一个或多个“监听器”接收，监听器负责处理事件。所以，事件发生的地方可以与事件处理的地方分离开。既然是以这种方式使用Swing组件，那么就只需编写组件收到事件时将被调用的代码，所以这是一个分离接口与实现的极佳例子。

所谓事件监听器，就是一个“实现特定类型的监听器接口”的类对象。所以程序员要做的就是，先创建一个监听器对象，然后把它注册到触发事件的组件。这个注册动作是通过调用触发事件的组件的**addXXXListener()**方法来完成的，这里用**XXX**表示监听器所监听的事件类型。通过观察addListener方法的名称，就可以很容易地知道其能够处理的事件类型，要是你把所监听事件的类型搞错了，在编译期间就会发现有错误。在本章的后面将会学习到，JavaBean也是使用addListener方法名称来判断某个Bean所能处理的事件类型的。

然后，所有的事件处理逻辑都将被置于监听器类的内部。要编写一个监听器类，唯一的要

求就是必须实现相应的接口。可以创建一个全局的监听器类，不过有时写成内部类会更有用。 1321
这不仅是因为将监听器类放在它们所服务的用户接口类或者业务逻辑类的内部时，可以在逻辑上对其进行分组，而且还因为（将在后面看到）内部类对象含有一个对其外部类对象的引用，这就为跨越类和子系统边界的调用提供了一种优雅的方式。

到目前为止，在本章的所有例子中已经使用了Swing事件模型，本节余下部分将补充这个模型的细节。

22.7.1 事件与监听器的类型

所有Swing组件都具有**addXXXListener()**和**removeXXXListener()**方法。这样就可以为每个组件添加或移除相应类型的监听器。注意，每个方法的“XXX”还表示方法所能接收的参数，比如**addMyListener(MyListenerm)**。下表包含相互关联的基本事件、监听器以及通过提供**addXXXListener()**和**removeXXXListener()**方法来支持这些事件的基本组件。记住，事件模型是可以扩展的，所以将来你也许会遇到表格里没有列出的事件和监听器。

事件、监听器接口以及“添加”和“移除”方法	支持此事件的组件
ActionEvent **ActionListener** **addActionListener()** **removeActionListener()**	**JButton**、**JList**、**JTextField**、**JMenuItem**及其派生类，包括**JCheckBoxMenuItem**、**JMenu**和**JRadioButtonMenu Item**
AdjustmentEvent **AdjustmentListener** **addAdjustmentListener()** **removeAdjustmentListener()**	**JScrollbar**以及你编写的任何实现**Adjustable**接口的类
ComponentEvent **ComponentListener** **addComponentListener()** **removeComponentListener()**	***Component** 及其派生类，包括 **JButton**、**JCheckBox**、**JComboBox**、**Container**、**JPanel**、**JApplet**、**JScrollPane**、**Window**、**JDialog**、**JFileDialog**、**JFrame**、**JLabel**、**JList**、**JScrollbar**、**JTextArea**和**JTextField**
ContainerEvent **addContainerListener()** **removeContainerListener()**	**Container** 及其派生类，包括**JScrollPanc**、**Window**、**JDialog**、**JFileDialog**和**JFrame** 1322
FocusEvent **FocusListener** **addFocusListener()** **removeFocusListener()**	**Component** 及其派生类*
KeyEvent **KeyListener** **addKeyListener()** **removeKeyListener()**	**Component**及其派生类*
MouseEvent (包括单击和移动) **MouseListener** **addMouseListener()** **removeMouseListener()**	**Component**及其派生类*
MouseEvent⊖ (包括单击和移动)	**Component**及其派生类*

⊖ 尽管表示鼠标移动的事件似乎很有必要，但Swing并没有提供**MouseMotionEvent**这样的事件。**MouseEvent**包含了鼠标单击和移动的事件，所以**MouseEvent**在这个表中第二次出现并不是一个错误。

（续）

事件、监听器接口以及"添加"和"移除"方法	支持此事件的组件
MouseMotionListener **addMouseMotionListener()** **removeMouseMotionListener()**	
WindowEvent **WindowListener** **addWindowListener()** **removeWindowListener()**	**Window**及其派生类，包括**JDialog**、**JFileDialog**和**JFrame**
ItemEvent **ItemListener** **addItemListener()** **removeItemListener()**	**JCheckBox**、**JCheckBoxMenuItem**、**JComboBox**、**JList**以及任何实现了 **ItemSelectable** 接口的类
TextEvent **TextListener** **addTextListener()** 1323 **removeTextListener()**	任何从**JTextComponent**导出的类，包括 **JTextArea** 和 **JTextField**

读者可以观察到，每种组件所支持的事件类型都是固定的。为每个组件列出其支持的所有事件是相当困难的。一个比较简单的方法是修改第14章的**ShowMethods.java**程序，这样它就可以显示出你所输入的任意Swing组件所支持的所有事件监听器。

第14章介绍了反射机制，并且使用反射对指定的类查找其方法：既可以查找所有方法的列表，也可以查找"方法名称符合你所提供的关键字的"部分方法。反射的神奇之处在于它能自动得到一个类的所有方法，而不用遍历类的整个继承层次并在每个层次检查基类。所以，它为编程提供了极具价值并可以节省时间的工具；因为大多数Java方法的名称非常详细且具有描述性，所以可以找出包含你所感兴趣的关键字的方法名称。当找到了所要找的方法后，就可以在JDK文档里查看其细节了。

下面是**ShowMethods.java**的更好用的GUI版本，专门用来查找Swing组件里的addListener方法：

```
//: gui/ShowAddListeners.java
// Display the "addXXXListener" methods of any Swing class.
import javax.swing.*;
import java.awt.*;
import java.awt.event.*;
import java.lang.reflect.*;
import java.util.regex.*;
import static net.mindview.util.SwingConsole.*;

public class ShowAddListeners extends JFrame {
  private JTextField name = new JTextField(25);
  private JTextArea results = new JTextArea(40, 65);
  private static Pattern addListener =
    Pattern.compile("(add\\w+?Listener\\(.*?\\))");
  private static Pattern qualifier =
    Pattern.compile("\\w+\\.");
  class NameL implements ActionListener {
    public void actionPerformed(ActionEvent e) {
      String nm = name.getText().trim();
      if(nm.length() == 0) {
        results.setText("No match");
        return;
```

```
      }
      Class<?> kind;
      try {
        kind = Class.forName("javax.swing." + nm);
      } catch(ClassNotFoundException ex) {
        results.setText("No match");
        return;
      }
      Method[] methods = kind.getMethods();
      results.setText("");
      for(Method m : methods) {
        Matcher matcher =
          addListener.matcher(m.toString());
        if(matcher.find())
          results.append(qualifier.matcher(
            matcher.group(1)).replaceAll("") + "\n");
      }
    }
  }
  public ShowAddListeners() {
    NameL nameListener = new NameL();
    name.addActionListener(nameListener);
    JPanel top = new JPanel();
    top.add(new JLabel("Swing class name (press Enter):"));
    top.add(name);
    add(BorderLayout.NORTH, top);
    add(new JScrollPane(results));
    // Initial data and test:
    name.setText("JTextArea");
    nameListener.actionPerformed(
      new ActionEvent("", 0 ,""));
  }
  public static void main(String[] args) {
    run(new ShowAddListeners(), 500, 400);
  }
} ///:~
```
1324

在**name JTextField**中输入要查找的Swing组件类的名称。查找的结果将使用正则表达式进行匹配，最终结果显示在**JTextArea**中。

注意，这里没有使用按钮或者别的组件来表明你希望启动查找。这是由于**JTextField**被**ActionListener**所监听。当你做出更改并按下“回车”键后，列表马上就得到了更新。如果文本域的内容非空，将把此内容作为**Class.forName()**的参数，以用来查找这个类。如果名称不正确，1325 **Class.forName()**方法将失败，即抛出异常。这个异常将被捕获，并把**JTextArea**内容设置为No match（不匹配）。如果输入正确的名称（注意大小写），**Class.forName()**将成功返回，然后**getMethods()**方法将返回一个**Method**对象的数组。

这里使用了两个正则表达式。第一个是**addListener**，它查找的模式为：以add开头，后面跟任意字母，然后接Listener，最后是括号内的参数列表。注意，整个正则表达式用“非转义”的括号包围，意思是当发生匹配的时候，它可以作为一个正则表达式“组”来访问。在**NameL.ActionPerformed()**中，通过把每个**Method**对象都以字符串形式传递给**Pattern.matcher()**方法，创建一个**Matcher**对象。当在此对象上调用**find()**的时候，只有发生了匹配，才会返回真，这时，你可以通过调用**group(1)**来选择第一个匹配的包含在括号中的表达式组。这样得到的字符串仍然包含限定词，为了把限定词剔除掉，需要使用**qualifier Pattern**对象，这与**ShowMethods.java**中的做法很相似。

在构造器的末尾，在**name**中设置一个初始值，然后触发事件，对初始数据进行一次测试。

这个程序为查询Swing组件所支持的事件类型提供了一种便利方式。一旦知道了某个组件支持哪些事件，不用参考任何资料就可以处理这个事件了。你只要：

1) 获取事件类的名称，并移除单词“**Event**”，然后将剩下的部分加上单词“**Listener**”，得到的就是内部类必须实现的监听器接口。

2) 实现上面的接口，为要捕获的事件编写出方法。比如，你可能要查找鼠标移动，所以你可以为**MouseMotionListener**接口的**mouseMoved()**方法编写代码（自然必须同时实现接口的其他方法，不过很快你会学到一种简单的方式）。

3) 为第二步编写的监听器类创建一个对象。然后通过调用方法向组件注册这个对象——方法名为“add”前缀加上监听器名称，比如**addMouseMotionListener()**。

1326 下面是一些监听器接口：

监听器接口及其适配器	接口中的方法
ActionListener	**actionPerformed(ActionEvent)**
AdjustmentListener	**adjustmentValueChanged(AdjustmentEvent)**
ComponentListener **ComponentAdapter**	**componentHidden(ComponentEvent)** **componentShown(ComponentEvent)** **componentMoved(ComponentEvent)** **componentResized(ComponentEvent)**
ContainerListener **ContainerAdapter**	**componentAdded(ContainerEvent)** **componentRemoved(ContainerEvent)**
FocusListener **FocusAdapter**	**focusGained(FocusEvent)** **focusLost(FocusEvent)**
KeyListener **KeyAdapter**	**keyPressed(KeyEvent)** **keyReleased(KeyEvent)** **keyTyped(KeyEvent)**
MouseListener **MouseAdapter**	**mouseClicked(MouseEvent)** **mouseEntered(MouseEvent)** **mouseExited(MouseEvent)** **mousePressed(MouseEvent)** **mouseReleased(MouseEvent)**
MouseMotionListener **MouseMotionAdapter**	**mouseDragged(MouseEvent)** **mouseMoved(MouseEvent)**
WindowListener **WindowAdapter**	**windowOpened(WindowEvent)** **windowClosing(WindowEvent)** **windowClosed(WindowEvent)** **windowActivated(WindowEvent)** **windowDeactivated(WindowEvent)** **windowIconified(WindowEvent)** **windowDeiconified(WindowEvent)**
ItemListener	**itemStateChanged(ItemEvent)**

这并不是个完整的列表，部分原因是由于事件模型允许你编写自己的事件类型和相应的监听器。所以，人们常常会遇到含有自定义事件的库，本章学习到的知识可以帮助读者理解如何
1327 使用这些事件。

使用监听器适配器来进行简化

在上面的表中可以发现，某些监听器接口只有一个方法。这种接口实现起来很简单。不过，具有多个方法的监听器接口使用起来却不太方便。比如，如果你想捕获一个鼠标单击事件（例如，某个按钮还没有替你捕获该事件），那么就需要为**mouseClicked()**方法编写代码。但是因为

MouseListener是一个接口，所以尽管接口里的其他方法对你来说没有任何用处，但是你还是必须要实现所有这些方法。这非常烦人。

要解决这个问题，某些（不是所有的）含有多个方法的监听器接口提供了相应的*适配器*（可以在上面的表中看到具体的名称）。适配器为接口里的每个方法都提供了默认的空实现。现在你要做的就是从适配器继承，然后仅覆盖那些需要修改的方法。比如，你要用的典型的**MouseListener**像这样：

```
class MyMouseListener extends MouseAdapter {
  public void mouseClicked(MouseEvent e) {
    // Respond to mouse click...
  }
}
```

适配器的出发点就是为了使编写监听器类变得更容易。不过，适配器也有某种形式的缺陷。假设你写了一个与前面类似的**MouseAdapter**：

```
class MyMouseListener extends MouseAdapter {
  public void MouseClicked(MouseEvent e) {
    // Respond to mouse click...
  }
}
```

这个适配器将不起作用，而且要想找出问题的根源也非常困难，这足以让你发疯。因为除了鼠标单击的时候方法没有被调用以外，程序的编译和运行都十分良好。你能发现这个问题吗？它出在方法的名称上：这里的名称是**MouseClicked()**而没有写成**mouseClicked()**。这个简单的大小写错误导致加入了一个新方法。它不是关闭视窗的时候所应该调用的方法，所以无法得到所希望的结果。尽管使用接口有些不方便，但可以保证方法被正确实现。 1328

要想保证实际上的确是覆盖了某个方法，一种改进的方法是在这段代码的上面使用内建的**@Override**注解。

练习9：(5) 在**ShowAddListeners.java**的基础上编写程序，实现**typeinfo.ShowMethods .java**程序的完全功能。

22.7.2 跟踪多个事件

作为一个有趣的试验，也为了向读者证明这些事件确实可以被触发，编写一个程序，使其能够跟踪**JButton**除了“是否被按下”事件以外的行为，将会显得很有价值。这个例子还向读者演示如何从**JButton**中继承出自己的按钮对象[⊖]。

在下面的代码中，**MyButton**是**TrackEvent**类的内部类，所以**MyButton**能访问父窗口，并操作其文本区域，这正是能够把状态信息写到父窗体的文本区域内所必需的。当然，这是一个受限的解决方案，因为**MyButton**被局限于只能与**TrackEvent**一起使用。这种情况有时称为“高耦合”代码：

```
//: gui/TrackEvent.java
// Show events as they happen.
import javax.swing.*;
import java.awt.*;
import java.awt.event.*;
import java.util.*;
import static net.mindview.util.SwingConsole.*;

public class TrackEvent extends JFrame {
  private HashMap<String,JTextField> h =
    new HashMap<String,JTextField>();
```

⊖ 在Java 1.0/1.1版中，你不能有效地通过继承得到自己的按钮对象。这只是其基础设计中的众多缺陷之一。

```
private String[] event = {
  "focusGained", "focusLost", "keyPressed",
  "keyReleased", "keyTyped", "mouseClicked",
  "mouseEntered", "mouseExited", "mousePressed",
  "mouseReleased", "mouseDragged", "mouseMoved"
};
private MyButton
1329  b1 = new MyButton(Color.BLUE, "test1"),
  b2 = new MyButton(Color.RED, "test2");
class MyButton extends JButton {
  void report(String field, String msg) {
    h.get(field).setText(msg);
  }
  FocusListener fl = new FocusListener() {
    public void focusGained(FocusEvent e) {
      report("focusGained", e.paramString());
    }
    public void focusLost(FocusEvent e) {
      report("focusLost", e.paramString());
    }
  };
  KeyListener kl = new KeyListener() {
    public void keyPressed(KeyEvent e) {
      report("keyPressed", e.paramString());
    }
    public void keyReleased(KeyEvent e) {
      report("keyReleased", e.paramString());
    }
    public void keyTyped(KeyEvent e) {
      report("keyTyped", e.paramString());
    }
  };
  MouseListener ml = new MouseListener() {
    public void mouseClicked(MouseEvent e) {
      report("mouseClicked", e.paramString());
    }
    public void mouseEntered(MouseEvent e) {
      report("mouseEntered", e.paramString());
    }
    public void mouseExited(MouseEvent e) {
      report("mouseExited", e.paramString());
    }
    public void mousePressed(MouseEvent e) {
      report("mousePressed", e.paramString());
    }
    public void mouseReleased(MouseEvent e) {
      report("mouseReleased", e.paramString());
    }
  };
  MouseMotionListener mml = new MouseMotionListener() {
    public void mouseDragged(MouseEvent e) {
1330      report("mouseDragged", e.paramString());
    }
    public void mouseMoved(MouseEvent e) {
      report("mouseMoved", e.paramString());
    }
  };
  public MyButton(Color color, String label) {
    super(label);
    setBackground(color);
    addFocusListener(fl);
    addKeyListener(kl);
    addMouseListener(ml);
    addMouseMotionListener(mml);
  }
}
public TrackEvent() {
```

```
    setLayout(new GridLayout(event.length + 1, 2));
    for(String evt : event) {
      JTextField t = new JTextField();
      t.setEditable(false);
      add(new JLabel(evt, JLabel.RIGHT));
      add(t);
      h.put(evt, t);
    }
    add(b1);
    add(b2);
  }
  public static void main(String[] args) {
    run(new TrackEvent(), 700, 500);
  }
} ///:~
```

在**MyButton**的构造器中，调用**SetBackground()**方法设置按钮的颜色。所有的监听器都是通过简单的方法调用进行注册的。

TrackEvent类包含一个**HashMap**，它用来存放表示事件类型的字符串；以及一些**JTextField**，每个**JTextField**用来显示和相应事件有关的信息。当然，这种对应关系可以静态生成而不用放进**HashMap**，不过我认为你会同意这样做，因为如此一来使用和修改会容易得多。尤其是，如果要在**TrackEvent**中加入或删除新的事件类型，那么只要在**event**数组中加入或删除字符串即可，其他工作将自动完成。

调用**report()**的时候，将传给它事件的名称以及从事件中得到的参数字符串。它使用外部类中的**HaspMap**对象**h**来查找与事件名称相关联的**JTextField**，然后把第二个参数放进该文本域。 1331

运行这个例子很有趣，由此可以观察到程序中事件发生时的实际情况。

练习10：(6) 使用**SwingConsole**编写一个applet应用程序，添加一个**JButton**和一个JTextField。编写恰当的监听器：如果按钮获得了焦点，键入的字符将出现在**JTextField**里。

练习11：(4) 从**JButton**继承编写一个新的按钮。每当按钮按下的时候，将为按钮随机选择一种颜色。随机生成颜色的方法，请参考（本章稍后的）**ColorBoxes.java**。

练习12：(4) 通过加入处理新事件的代码，在**TrackEvent.java**中监听新的事件。需要自己决定监听的事件类型。

22.8 Swing组件一览

既然已经理解了布局管理器和事件模型，那么现在可以学习如何使用Swing组件了。本节将引导读者大致浏览一下Swing组件，并介绍其最常使用的功能。每个例子都尽可能小，这样就很容易抽出所需代码，将其应用到自己的程序中。

请记住：

1) 通过编译和运行本章可下载的源代码（从www.MindView.com下载），可以很容易地观察每个例子在执行过程中的状态。

2) 来自java.sun.com的JDK文档内包含了Swing所有的类和方法（这里只演示了其中的一部分）。

3) Swing中的事件使用了很好的命名习惯，所以对于某种类型的事件，很容易猜测出如何编写和安装事件的处理程序。可以使用本章前面的查找程序**ShowAddListeners.java**，来帮助查询特定的组件。 1332

4) 当程序变得复杂的时候，应该过渡到使用GUI构造工具。

22.8.1 按钮

Swing提供了许多类型的按钮。所有的按钮，包括复选框、单选按钮，甚至菜单项，都是从

AbstractButton（因为包含了菜单项，所以将其命名为“AbstractSelector”或者其他概括性的名字似乎更恰当一些）继承而来。很快你就会看到菜单项的使用，下面的例子演示了几种按钮：

```
//: gui/Buttons.java
// Various Swing buttons.
import javax.swing.*;
import javax.swing.border.*;
import javax.swing.plaf.basic.*;
import java.awt.*;
import static net.mindview.util.SwingConsole.*;

public class Buttons extends JFrame {
  private JButton jb = new JButton("JButton");
  private BasicArrowButton
    up = new BasicArrowButton(BasicArrowButton.NORTH),
    down = new BasicArrowButton(BasicArrowButton.SOUTH),
    right = new BasicArrowButton(BasicArrowButton.EAST),
    left = new BasicArrowButton(BasicArrowButton.WEST);
  public Buttons() {
    setLayout(new FlowLayout());
    add(jb);
    add(new JToggleButton("JToggleButton"));
    add(new JCheckBox("JCheckBox"));
    add(new JRadioButton("JRadioButton"));
    JPanel jp = new JPanel();
    jp.setBorder(new TitledBorder("Directions"));
    jp.add(up);
    jp.add(down);
    jp.add(left);
    jp.add(right);
    add(jp);
  }
  public static void main(String[] args) {
    run(new Buttons(), 350, 200);
1333
  }
} ///:~
```

程序开始加入了来自**javax.swing.plaf.basic**的**BasicArrowButton**，然后又加入了几种不同类型的按钮。运行例子，你会发现触发器按钮（**JToggleButton**）能保持自身最新的状态：按下或者弹出。不过复选框和单选按钮看起来差不多，也都是在开和关之间切换（它们都是从**JToggleButton**继承而来）。

按钮组

要想让单选按钮表现出某种“排它”行为，必须把它们加入到一个“按钮组”（**ButtonGroup**）中。不过，正如下面的例子所演示的，任何**AbstractButton**对象都可以加入到按钮组中。

为了避免重复编写大量的代码，下面这个例子使用了反射功能来产生几组不同类型的按钮。注意**makeBPanel()**方法，它用来创建一个按钮组和一个**JPanel**，此方法的第二个参数是一个字符串数组。针对其中每个字符串，将创建一个由第一参数所代表的按钮实例，然后将此按钮加入到**JPanel**中：

```
//: gui/ButtonGroups.java
// Uses reflection to create groups
// of different types of AbstractButton.
import javax.swing.*;
import javax.swing.border.*;
import java.awt.*;
import java.lang.reflect.*;
import static net.mindview.util.SwingConsole.*;

public class ButtonGroups extends JFrame {
  private static String[] ids = {
```

```
    "June", "Ward", "Beaver", "Wally", "Eddie", "Lumpy"
  };
  static JPanel makeBPanel(
    Class<? extends AbstractButton> kind, String[] ids) {
    ButtonGroup bg = new ButtonGroup();
    JPanel jp = new JPanel();
    String title = kind.getName();
    title = title.substring(title.lastIndexOf('.') + 1);
    jp.setBorder(new TitledBorder(title));
    for(String id : ids) {
      AbstractButton ab = new JButton("failed");
      try {
        // Get the dynamic constructor method
        // that takes a String argument:
        Constructor ctor =
          kind.getConstructor(String.class);
        // Create a new object:
        ab = (AbstractButton)ctor.newInstance(id);
      } catch(Exception ex) {
        System.err.println("can't create " + kind);
      }
      bg.add(ab);
      jp.add(ab);
    }
    return jp;
  }
  public ButtonGroups() {
    setLayout(new FlowLayout());
    add(makeBPanel(JButton.class, ids));
    add(makeBPanel(JToggleButton.class, ids));
    add(makeBPanel(JCheckBox.class, ids));
    add(makeBPanel(JRadioButton.class, ids));
  }
  public static void main(String[] args) {
    run(new ButtonGroups(), 500, 350);
  }
} ///:~
```

1334

边框的标题是从类的名称中得到的，并且去掉了其中的路径信息。**AbstractButton**被初始化为一个标签为“Failed”的**JButton**对象，所以即使你忽略了异常，仍旧能够在屏幕上观察到失败。**getConstructor()**方法产生一个**Constructor**对象，这个构造器对象接受“传递给**getConstructor()**的**Class**列表里面指定的类型”所组成的数组作为参数。然后你要做的就是调用**newInstance()**，并且把包含实际参数列表传递给它，在本例中就是**ids**数组中的字符串。

要想通过按钮得到“排它”行为，就得先创建一个按钮组，然后把你希望具有“排它”行为的按钮加入到这个按钮组中。运行程序，你将发现除了**JButton**以外，其他按钮都具有了这种“排它”行为。

22.8.2 图标

可以在**JLable**或者任何从**AbstractButton**（包括**JButton**、**JCheckBox**、**JRadioButton**以及几种不同JMenuItem）继承的组件中使用**Icon**。和**JLabel**一起使用**Icon**的做法非常直接（后面有例子）。下面的例子还研究了与按钮（或者从按钮继承的组件）搭配使用图标的所有方式。 1335

可以使用任何想用的**GIF**文件，本例中使用的文件来自于本书的源代码包（可以从www.MindView.com下载）。要打开一个文件并且得到图形，只需创建一个**ImageIcon**对象并把文件名传递给它即可。然后，就能在程序中使用得到的图标了。

```
//: gui/Faces.java
// Icon behavior in JButtons.
import javax.swing.*;
import java.awt.*;
```

```
import java.awt.event.*;
import static net.mindview.util.SwingConsole.*;

public class Faces extends JFrame {
  private static Icon[] faces;
  private JButton jb, jb2 = new JButton("Disable");
  private boolean mad = false;
  public Faces() {
    faces = new Icon[]{
      new ImageIcon(getClass().getResource("Face0.gif")),
      new ImageIcon(getClass().getResource("Face1.gif")),
      new ImageIcon(getClass().getResource("Face2.gif")),
      new ImageIcon(getClass().getResource("Face3.gif")),
      new ImageIcon(getClass().getResource("Face4.gif")),
    };
    jb = new JButton("JButton", faces[3]);
    setLayout(new FlowLayout());
    jb.addActionListener(new ActionListener() {
      public void actionPerformed(ActionEvent e) {
        if(mad) {
          jb.setIcon(faces[3]);
          mad = false;
        } else {
          jb.setIcon(faces[0]);
          mad = true;
        }
        jb.setVerticalAlignment(JButton.TOP);
        jb.setHorizontalAlignment(JButton.LEFT);
      }
1336    });
    jb.setRolloverEnabled(true);
    jb.setRolloverIcon(faces[1]);
    jb.setPressedIcon(faces[2]);
    jb.setDisabledIcon(faces[4]);
    jb.setToolTipText("Yow!");
    add(jb);
    jb2.addActionListener(new ActionListener() {
      public void actionPerformed(ActionEvent e) {
        if(jb.isEnabled()) {
          jb.setEnabled(false);
          jb2.setText("Enable");
        } else {
          jb.setEnabled(true);
          jb2.setText("Disable");
        }
      }
    });
    add(jb2);
  }
  public static void main(String[] args) {
    run(new Faces(), 250, 125);
  }
} ///:~
```

许多不同的Swing组件的构造器都接受**Icon**类型的参数，也可以使用**setIcon()**来加入或者改变图标。本例还演示了如何让**JButton**（或者任何**AbstractButton**类型）在各种情况下显示不同的图标：按下、禁止，或者“浮动”（鼠标移动到按钮上没有点击的时候）。这使得按钮具有了相当不错的动画效果。

22.8.3 工具提示

前面的例子给按钮添加了一个“工具提示”。用来创建用户接口的类，绝大多数都是从**JComponet**派生而来的，它们包含了一个**setToolTipText(String)** 方法。所以，对于要放置在窗体上的组件，基本上所要做的就是（对于任何**JComponet**派生类的对象**jc**）像这样编写：

```
jc.setToolTipText("My tip");
```

当鼠标停留在这个**JComponent**上经过一段预先指定的时间之后，在鼠标旁边弹出的小方框里就会出现你所设定的文字。 1337

22.8.4 文本域

下面的例子演示了**JTextField**组件具有的其他功能：

```
//: gui/TextFields.java
// Text fields and Java events.
import javax.swing.*;
import javax.swing.event.*;
import javax.swing.text.*;
import java.awt.*;
import java.awt.event.*;
import static net.mindview.util.SwingConsole.*;

public class TextFields extends JFrame {
  private JButton
    b1 = new JButton("Get Text"),
    b2 = new JButton("Set Text");
  private JTextField
    t1 = new JTextField(30),
    t2 = new JTextField(30),
    t3 = new JTextField(30);
  private String s = "";
  private UpperCaseDocument ucd = new UpperCaseDocument();
  public TextFields() {
    t1.setDocument(ucd);
    ucd.addDocumentListener(new T1());
    b1.addActionListener(new B1());
    b2.addActionListener(new B2());
    t1.addActionListener(new T1A());
    setLayout(new FlowLayout());
    add(b1);
    add(b2);
    add(t1);
    add(t2);
    add(t3);
  }
  class T1 implements DocumentListener {
    public void changedUpdate(DocumentEvent e) {}
    public void insertUpdate(DocumentEvent e) {
      t2.setText(t1.getText());
      t3.setText("Text: "+ t1.getText());
    }
    public void removeUpdate(DocumentEvent e) {
      t2.setText(t1.getText());
    }
  }
  class T1A implements ActionListener {
    private int count = 0;
    public void actionPerformed(ActionEvent e) {
      t3.setText("t1 Action Event " + count++);
    }
  }
  class B1 implements ActionListener {
    public void actionPerformed(ActionEvent e) {
      if(t1.getSelectedText() == null)
        s = t1.getText();
      else
        s = t1.getSelectedText();
      t1.setEditable(true);
    }
  }
  class B2 implements ActionListener {
```

1338

```
      public void actionPerformed(ActionEvent e) {
        ucd.setUpperCase(false);
        t1.setText("Inserted by Button 2: " + s);
        ucd.setUpperCase(true);
        t1.setEditable(false);
      }
    }
    public static void main(String[] args) {
      run(new TextFields(), 375, 200);
    }
  }

  class UpperCaseDocument extends PlainDocument {
    private boolean upperCase = true;
    public void setUpperCase(boolean flag) {
      upperCase = flag;
    }
    public void
    insertString(int offset, String str, AttributeSet attSet)
    throws BadLocationException {
      if(upperCase) str = str.toUpperCase();
      super.insertString(offset, str, attSet);
    }
1339 } ///:~
```

当**JTextField**对象**t1**的动作监听器被触发时，**JTextField**对象**t3**是要被告知该事件的对象之一。可以观察到，只有当按下“回车”键的时候，**JTextField**的动作监听器才会被触发。

JTextField对象**t1**关联了多个监听器。**T1**是一个**DocumentListener**，用来对“文档”（本例中指**JTextField**的内容）中的变化作出反应。它将自动把**t1**的文本复制到**t2**。此外，**t1**的文档被设置成**PlainDocument**的派生类对象，就是代码中的**UpperCaseDocument**，它把所有字符强制变成大写。此外，它还能自动检测退格键，并执行删除、调整插字符以及处理你所期望的所有行为。

练习13：(3) 修改**TextFields.java**，使得**t2**里面的字符保持原来输入时候的大小写，而不要自动转换成大写。

22.8.5 边框

JComponent有一个**setBorder()**方法，它允许你为任何可视组件设置各种边框。下面的例子使用**showBorder()**方法演示了一些可用的边框。此方法先创建一个**JPanel**，然后设置相应的边框。此外，它还使用RTTI（运行时类型识别）来得到正在使用的边框名称（去掉了路径信息），然后把这个名称放进面板中间的一个**JLabel**中：

```
//: gui/Borders.java
// Different Swing borders.
import javax.swing.*;
import javax.swing.border.*;
import java.awt.*;
import static net.mindview.util.SwingConsole.*;

public class Borders extends JFrame {
  static JPanel showBorder(Border b) {
    JPanel jp = new JPanel();
    jp.setLayout(new BorderLayout());
    String nm = b.getClass().toString();
    nm = nm.substring(nm.lastIndexOf('.') + 1);
    jp.add(new JLabel(nm, JLabel.CENTER),
      BorderLayout.CENTER);
    jp.setBorder(b);
1340 return jp;
  }
```

```java
  public Borders() {
    setLayout(new GridLayout(2,4));
    add(showBorder(new TitledBorder("Title")));
    add(showBorder(new EtchedBorder()));
    add(showBorder(new LineBorder(Color.BLUE)));
    add(showBorder(
      new MatteBorder(5,5,30,30,Color.GREEN)));
    add(showBorder(
      new BevelBorder(BevelBorder.RAISED)));
    add(showBorder(
      new SoftBevelBorder(BevelBorder.LOWERED)));
    add(showBorder(new CompoundBorder(
      new EtchedBorder(),
      new LineBorder(Color.RED))));
  }
  public static void main(String[] args) {
    run(new Borders(), 500, 300);
  }
} ///:~
```

也可以自己编写边框代码，然后把它们加入到按钮、标签等任何从**JComponent**派生的组件中去。

22.8.6 一个迷你编辑器

JTextPane控件可以毫不费事地支持许多编辑操作。下面的例子是对这个组件的简单应用，其中忽略了该组件所能提供的其他的大量功能：

```java
//: gui/TextPane.java
// The JTextPane control is a little editor.
import javax.swing.*;
import java.awt.*;
import java.awt.event.*;
import net.mindview.util.*;
import static net.mindview.util.SwingConsole.*;

public class TextPane extends JFrame {
  private JButton b = new JButton("Add Text");
  private JTextPane tp = new JTextPane();
  private static Generator sg =
    new RandomGenerator.String(7);
  public TextPane() {
    b.addActionListener(new ActionListener() {
      public void actionPerformed(ActionEvent e) {
        for(int i = 1; i < 10; i++)
          tp.setText(tp.getText() + sg.next() + "\n");
      }
    });
    add(new JScrollPane(tp));
    add(BorderLayout.SOUTH, b);
  }
  public static void main(String[] args) {
    run(new TextPane(), 475, 425);
  }
} ///:~
```

1341

按钮的功能只是添加一些随机生成的文本。**JTextPane**的目的是提供即时编辑文本的功能，所以这里没有**append()**方法。在本例中（坦白地说，这不是一个可以发挥**JTextPane**功能的好例子），文本必须被捕获并修改，然后使用**setText()**将其放回到文本面板中。

各个元素是通过使用**JFrame**默认的**BorderLayout**而添加到**JFrame**中的，而**JTextPane**被添加（到**JScrollPane**中）时，没有指定其区域，因此它将从中间开始填充面板，直到与边框对齐。**JButton**被添加到了**SOUTH**，因此所有组件将被调整到这个区域内；本例中，按钮将处于屏幕的底部。

注意，**JTextPane**还有诸如自动换行这样的内置功能。其他的功能可以参考JDK文档。

练习14：(2) 修改**TextPane.java**，要求使用**JTextArea**而不是**JTextPane**。

22.8.7 复选框

复选框提供了一种做出“选中”或“不选”单一选择的方式。它包含了一个小方框和一个标签。这个方框中通常是有一个“x”标记（或者其他能表明“选中”的标记）或者为空，这取决于复选框是否被选中。

通常会使用接受标签作为参数的构造器来创建**JCheckBox**。可以获取和设置状态，也可以获取和设置其标签，甚至可以在**JCheckBox**对象已经建立之后改变标签。

当**JCheckBox**被选中或清理选中时，将发生一个事件，你可以用与对付按钮相同的方式来
1342 捕获这个事件：使用**ActionListener**。在下面的例子中，将枚举所有被选中的复选框，然后在**JTextArea**里显示：

```
//: gui/CheckBoxes.java
// Using JCheckBoxes.
import javax.swing.*;
import java.awt.*;
import java.awt.event.*;
import static net.mindview.util.SwingConsole.*;

public class CheckBoxes extends JFrame {
  private JTextArea t = new JTextArea(6, 15);
  private JCheckBox
    cb1 = new JCheckBox("Check Box 1"),
    cb2 = new JCheckBox("Check Box 2"),
    cb3 = new JCheckBox("Check Box 3");
  public CheckBoxes() {
    cb1.addActionListener(new ActionListener() {
      public void actionPerformed(ActionEvent e) {
        trace("1", cb1);
      }
    });
    cb2.addActionListener(new ActionListener() {
      public void actionPerformed(ActionEvent e) {
        trace("2", cb2);
      }
    });
    cb3.addActionListener(new ActionListener() {
      public void actionPerformed(ActionEvent e) {
        trace("3", cb3);
      }
    });
    setLayout(new FlowLayout());
    add(new JScrollPane(t));
    add(cb1);
    add(cb2);
    add(cb3);
  }
  private void trace(String b, JCheckBox cb) {
    if(cb.isSelected())
      t.append("Box " + b + " Set\n");
    else
      t.append("Box " + b + " Cleared\n");
  }
  public static void main(String[] args) {
    run(new CheckBoxes(), 200, 300);
  }
} ///:~
```

1343

trace()方法使用**append()**把所选的**JCheckBox**的名称及其当前状态显示到**JTextArea**中，所以可以看到一个复选框列表，其中包括了复选框名称及其状态。

练习15：(5) 向练习5编写的应用程序中添加一个复选框，捕获其事件，并在事件处理程序中向文本域插入不同的文字。

22.8.8 单选按钮

GUI编程中单选按钮的概念来源于电子按钮发明之前汽车上收音机使用的机械按钮；当按下其中的一个，其他被按下的按钮将被弹出。所以，单选按钮强制你在多个选项中只能选择一个。

要设置一组关联的**JRadioButton**，你需要把它们加入到一个**ButtonGroup**中（窗体上可以有任意数目的**ButtonGroup**）。可以选择将其中的一个按钮设置为选中（**true**）(在构造器的第二个参数中设置)。如果你把多个单选按钮的状态都设置为选中，那么只有最后设置的那个有效。

下面是使用了单选按钮的简单例子它展示了使用**ActionListener**来捕获事件：

```
//: gui/RadioButtons.java
// Using JRadioButtons.
import javax.swing.*;
import java.awt.*;
import java.awt.event.*;
import static net.mindview.util.SwingConsole.*;

public class RadioButtons extends JFrame {
  private JTextField t = new JTextField(15);
  private ButtonGroup g = new ButtonGroup();
  private JRadioButton
    rb1 = new JRadioButton("one", false),
    rb2 = new JRadioButton("two", false),
    rb3 = new JRadioButton("three", false);
  private ActionListener al = new ActionListener() {
    public void actionPerformed(ActionEvent e) {
      t.setText("Radio button " +
        ((JRadioButton)e.getSource()).getText());
    }
  };
  public RadioButtons() {
    rb1.addActionListener(al);
    rb2.addActionListener(al);
    rb3.addActionListener(al);
    g.add(rb1); g.add(rb2); g.add(rb3);
    t.setEditable(false);
    setLayout(new FlowLayout());
    add(t);
    add(rb1);
    add(rb2);
    add(rb3);
  }
  public static void main(String[] args) {
    run(new RadioButtons(), 200, 125);
  }
} ///:~
```

1344

这里使用了文本域来显示状态。因为它仅仅用来显示而不是收集数据，所以被设置成“不可编辑”。因此，这是可以用来代替**JLabel**的一种方式。

22.8.9 组合框

与一组单选按钮的功能类似，组合框（下拉列表）也是强制用户从一组可能的元素中只选择一个。不过，这种方法更加紧凑，而且在不会使用户感到迷惑的前提下，改变下拉列表中的内容更容易（当然也可以动态改变单选按钮，不过这么做显然易造成冲突）。

默认状态下，**JComboBox**组合框与Windows操作系统下的组合框并不完全相同，后者允许从列表中选择，或者自己输入。要想得到这样的行为，必须调用**setEditable()**方法。使用**JComboBox**组合框，你能且只能从列表中选择一个元素。在下面的例子里，**JComboBox**组合框开始时已经有了一些元素，然后当一个按钮按下的时候，将向组合框中加入新的元素。

1345

```
//: gui/ComboBoxes.java
// Using drop-down lists.
import javax.swing.*;
import java.awt.*;
import java.awt.event.*;
import static net.mindview.util.SwingConsole.*;

public class ComboBoxes extends JFrame {
  private String[] description = {
    "Ebullient", "Obtuse", "Recalcitrant", "Brilliant",
    "Somnescent", "Timorous", "Florid", "Putrescent"
  };
  private JTextField t = new JTextField(15);
  private JComboBox c = new JComboBox();
  private JButton b = new JButton("Add items");
  private int count = 0;
  public ComboBoxes() {
    for(int i = 0; i < 4; i++)
      c.addItem(description[count++]);
    t.setEditable(false);
    b.addActionListener(new ActionListener() {
      public void actionPerformed(ActionEvent e) {
        if(count < description.length)
          c.addItem(description[count++]);
      }
    });
    c.addActionListener(new ActionListener() {
      public void actionPerformed(ActionEvent e) {
        t.setText("index: "+ c.getSelectedIndex() + "   " +
         ((JComboBox)e.getSource()).getSelectedItem());
      }
    });
    setLayout(new FlowLayout());
    add(t);
    add(c);
    add(b);
  }
  public static void main(String[] args) {
    run(new ComboBoxes(), 200, 175);
  }
} ///:~
```

上例中的**JTextField**被用来显示“被选中的索引”（当前被选中元素的序号），以及组合框中
1346 被选中元素的文本。

22.8.10 列表框

列表框和**JComboBox**组合框明显不同，这不仅仅体现在外观上。当激活JComboBox组合框时，会出现下拉列表；而**JList**总是在屏幕上占据固定行数的空间，大小也不会改变。如果要得到列表框中被选中的项目，只需调用**getSelectedValues()**，它可以产生一个字符串数组，里面是被选中的项目名称。

JList组件允许多重选择；要是按住Ctrl键，连续在多个项目上单击，那么原先被选中的项目仍旧保持选中状态，也就是说可以选中任意多的项目。如果选中了某个项目，按住“Shift”键并单击另一个项目，那么这两个项目之间的所有项目都将被选中。要从选中的项目组中去掉一个，可以按住Ctrl键在此项目上单击。

```
//: gui/List.java
import javax.swing.*;
import javax.swing.border.*;
import javax.swing.event.*;
```

```
import java.awt.*;
import java.awt.event.*;
import static net.mindview.util.SwingConsole.*;

public class List extends JFrame {
  private String[] flavors = {
    "Chocolate", "Strawberry", "Vanilla Fudge Swirl",
    "Mint Chip", "Mocha Almond Fudge", "Rum Raisin",
    "Praline Cream", "Mud Pie"
  };
  private DefaultListModel lItems = new DefaultListModel();
  private JList lst = new JList(lItems);
  private JTextArea t =
    new JTextArea(flavors.length, 20);
  private JButton b = new JButton("Add Item");
  private ActionListener bl = new ActionListener() {
    public void actionPerformed(ActionEvent e) {
      if(count < flavors.length) {
        lItems.add(0, flavors[count++]);
      } else {
        // Disable, since there are no more
        // flavors left to be added to the List
        b.setEnabled(false);
      }
    }
  };
  private ListSelectionListener ll =
    new ListSelectionListener() {
      public void valueChanged(ListSelectionEvent e) {
        if(e.getValueIsAdjusting()) return;
        t.setText("");
        for(Object item : lst.getSelectedValues())
          t.append(item + "\n");
      }
    };
  private int count = 0;
  public List() {
    t.setEditable(false);
    setLayout(new FlowLayout());
    // Create Borders for components:
    Border brd = BorderFactory.createMatteBorder(
      1, 1, 2, 2, Color.BLACK);
    lst.setBorder(brd);
    t.setBorder(brd);
    // Add the first four items to the List
    for(int i = 0; i < 4; i++)
      lItems.addElement(flavors[count++]);
    add(t);
    add(lst);
    add(b);
    // Register event listeners
    lst.addListSelectionListener(ll);
    b.addActionListener(bl);
  }
  public static void main(String[] args) {
    run(new List(), 250, 375);
  }
} ///:~
```

1347

可以观察到列表框周围添加了边框。

如果只是要把一个字符串数组加入**JList**，那么有一个更简单的办法；只要把数组传递给**JList**的构造器，就能自动构造列表框。上例中使用“列表模型”的唯一原因是，这样可以在程序执行的过程中操纵列表框。 1348

JList本身没有对滚动提供直接的支持。当然，你要做的只是把**JList**包装进**JScrollPane**，它将自动帮你处理其中的细节。

练习16：(5) 通过传递数组给构造器，以及移除动态地向列表框添加元素的代码，来简化**List.java**。

22.8.11 页签面板

JTabbedPane允许你创建“页签式的对话框”，这种对话框中沿着窗体的一边有类似文件夹的页签，当你在页签上点击时，就会向前进入到另一个不同的对话框中。

```
//: gui/TabbedPane1.java
// Demonstrates the Tabbed Pane.
import javax.swing.*;
import javax.swing.event.*;
import java.awt.*;
import static net.mindview.util.SwingConsole.*;

public class TabbedPane1 extends JFrame {
  private String[] flavors = {
    "Chocolate", "Strawberry", "Vanilla Fudge Swirl",
    "Mint Chip", "Mocha Almond Fudge", "Rum Raisin",
    "Praline Cream", "Mud Pie"
  };
  private JTabbedPane tabs = new JTabbedPane();
  private JTextField txt = new JTextField(20);
  public TabbedPane1() {
    int i = 0;
    for(String flavor : flavors)
      tabs.addTab(flavors[i],
        new JButton("Tabbed pane " + i++));
    tabs.addChangeListener(new ChangeListener() {
      public void stateChanged(ChangeEvent e) {
        txt.setText("Tab selected: " +
          tabs.getSelectedIndex());
      }
    });
    add(BorderLayout.SOUTH, txt);
    add(tabs);
  }
  public static void main(String[] args) {
1349    run(new TabbedPane1(), 400, 250);
  }
} ///:~
```

在运行程序的时候可以观察到，如果页签太多，即在一行中放不下它们的时候，**JTabbedPane**能够自动把页签叠起来。如果是在命令行方式下运行该程序，可以通过调整窗口大小来观察。

22.8.12 消息框

视窗环境下通常包含了一组标准的消息框，使得能够快速地把消息通知给用户，或者是从用户那里得到信息。在Swing中，这些消息框包含在**JOptionPane**组件里。你有许多选择（有些非常高级），但最常用的可能就是消息对话框和确认对话框，它们分别可以通过调用静态的**JOptionPane.showMessageDialog()**和**JOptionPane.showConfirmDialog()**方法得到。下面的例子演示了**JOptionPane**中一些可用的消息框。

```
//: gui/MessageBoxes.java
// Demonstrates JOptionPane.
import javax.swing.*;
import java.awt.*;
import java.awt.event.*;
import static net.mindview.util.SwingConsole.*;

public class MessageBoxes extends JFrame {
```

```
  private JButton[] b = {
    new JButton("Alert"), new JButton("Yes/No"),
    new JButton("Color"), new JButton("Input"),
    new JButton("3 Vals")
  };
  private JTextField txt = new JTextField(15);
  private ActionListener al = new ActionListener() {
    public void actionPerformed(ActionEvent e) {
      String id = ((JButton)e.getSource()).getText();
      if(id.equals("Alert"))
        JOptionPane.showMessageDialog(null,
          "There's a bug on you!", "Hey!",
          JOptionPane.ERROR_MESSAGE);
      else if(id.equals("Yes/No"))
        JOptionPane.showConfirmDialog(null,
          "or no", "choose yes",
          JOptionPane.YES_NO_OPTION);
      else if(id.equals("Color")) {
        Object[] options = { "Red", "Green" };
        int sel = JOptionPane.showOptionDialog(
          null, "Choose a Color!", "Warning",
          JOptionPane.DEFAULT_OPTION,
          JOptionPane.WARNING_MESSAGE, null,
          options, options[0]);
        if(sel != JOptionPane.CLOSED_OPTION)
          txt.setText("Color Selected: " + options[sel]);
      } else if(id.equals("Input")) {
        String val = JOptionPane.showInputDialog(
            "How many fingers do you see?");
        txt.setText(val);
      } else if(id.equals("3 Vals")) {
        Object[] selections = {"First", "Second", "Third"};
        Object val = JOptionPane.showInputDialog(
          null, "Choose one", "Input",
          JOptionPane.INFORMATION_MESSAGE,
          null, selections, selections[0]);
        if(val != null)
          txt.setText(val.toString());
      }
    }
  };
  public MessageBoxes() {
    setLayout(new FlowLayout());
    for(int i = 0; i < b.length; i++) {
      b[i].addActionListener(al);
      add(b[i]);
    }
    add(txt);
  }
  public static void main(String[] args) {
    run(new MessageBoxes(), 200, 200);
  }
} ///:~
```

1350

为了只编写单一的**ActionListener**，我使用了“检查按钮上字符串标签”的方法来判断事件的来源，这有点冒险。其问题在于标签可能会有拼写错误，尤其是大小写，这种缺陷很难发现。 1351

注意，**showOptionDialog()**和**showInputDialog()**方法提供了返回对象，此对象包含了用户输入的信息。

练习17：(5) 使用**SwingConsole**编写一个应用程序。在http://java.sun.com的JDK文档中，查找**JPasswordField**并把它添加到程序中。如果用户输入了正确的密码，使用**JOptionPane**向用户显示“成功”的消息。

练习18：(4) 修改**MessageBoxes.java**，使它的每个按钮拥有单独的**ActionListener**（而不是

通过按钮文字的匹配来共享）。

22.8.13　菜单

每个能够持有菜单的组件，包括JApplet、JFrame、JDialog以及它们的子类，它们都有一个**setJMenuBar()**方法，它接受一个**JMenuBar**对象（某个特定组件只能持有一个**JMenuBar**对象）作为参数。你先把**JMenu**对象添加到**JMenuBar**中，然后把**JMenuItem**添加到**JMenu**中。每个**JMenuItem**都能有一个相关联的**ActionListener**，用来捕获菜单项被选中时所触发的事件。

在Java和Swing中，必须在源代码中构造所有的菜单。下面是个非常简单的菜单例子：

```
//: gui/SimpleMenus.java
import javax.swing.*;
import java.awt.*;
import java.awt.event.*;
import static net.mindview.util.SwingConsole.*;

public class SimpleMenus extends JFrame {
  private JTextField t = new JTextField(15);
  private ActionListener al = new ActionListener() {
    public void actionPerformed(ActionEvent e) {
      t.setText(((JMenuItem)e.getSource()).getText());
    }
  };
  private JMenu[] menus = {
    new JMenu("Winken"), new JMenu("Blinken"),
    new JMenu("Nod")
  };
  private JMenuItem[] items = {
    new JMenuItem("Fee"), new JMenuItem("Fi"),
1352    new JMenuItem("Fo"),  new JMenuItem("Zip"),
    new JMenuItem("Zap"), new JMenuItem("Zot"),
    new JMenuItem("Olly"), new JMenuItem("Oxen"),
    new JMenuItem("Free")
  };
  public SimpleMenus() {
    for(int i = 0; i < items.length; i++) {
      items[i].addActionListener(al);
      menus[i % 3].add(items[i]);
    }
    JMenuBar mb = new JMenuBar();
    for(JMenu jm : menus)
      mb.add(jm);
    setJMenuBar(mb);
    setLayout(new FlowLayout());
    add(t);
  }
  public static void main(String[] args) {
    run(new SimpleMenus(), 200, 150);
  }
} ///:~
```

程序中通过取模运算“**i%3**”把菜单项分配给三个**JMenu**。每个**JMenuItem**必须有一个相关联的**ActionListener**；这里使用了同一个**ActionListener**，不过通常要为每个**JMenuItem**单独准备一个**ActionListener**。

JMenuItem从**AbstractButton**继承而来，所以它具有类似按钮的行为。它提供了一个可以单独放置在下拉菜单上的条目。还有三种类型继承自**JMenuItem**：**JMenu**用来持有其他的**JMenuItem**（这样才能实现层叠式菜单）；**JCheckBoxMenuItem**提供了一个复选标记，用来表明菜单项是否被选中；**JRadioButtonMenuItem**包含了一个单选按钮。

下面是一个更复杂的创建菜单的例子，这里仍然是冰激凌口味的例子。这个例子还演示了层叠式菜单、键盘快捷键、**JCheckBoxMenuItem**，以及动态改变菜单的方法：

```
//: gui/Menus.java
// Submenus, check box menu items, swapping menus,
// mnemonics (shortcuts) and action commands.
import javax.swing.*;
import java.awt.*;                                                    1353
import java.awt.event.*;
import static net.mindview.util.SwingConsole.*;

public class Menus extends JFrame {
  private String[] flavors = {
    "Chocolate", "Strawberry", "Vanilla Fudge Swirl",
    "Mint Chip", "Mocha Almond Fudge", "Rum Raisin",
    "Praline Cream", "Mud Pie"
  };
  private JTextField t = new JTextField("No flavor", 30);
  private JMenuBar mb1 = new JMenuBar();
  private JMenu
    f = new JMenu("File"),
    m = new JMenu("Flavors"),
    s = new JMenu("Safety");
  // Alternative approach:
  private JCheckBoxMenuItem[] safety = {
    new JCheckBoxMenuItem("Guard"),
    new JCheckBoxMenuItem("Hide")
  };
  private JMenuItem[] file = { new JMenuItem("Open") };
  // A second menu bar to swap to:
  private JMenuBar mb2 = new JMenuBar();
  private JMenu fooBar = new JMenu("fooBar");
  private JMenuItem[] other = {
    // Adding a menu shortcut (mnemonic) is very
    // simple, but only JMenuItems can have them
    // in their constructors:
    new JMenuItem("Foo", KeyEvent.VK_F),
    new JMenuItem("Bar", KeyEvent.VK_A),
    // No shortcut:
    new JMenuItem("Baz"),
  };
  private JButton b = new JButton("Swap Menus");
  class BL implements ActionListener {
    public void actionPerformed(ActionEvent e) {
      JMenuBar m = getJMenuBar();
      setJMenuBar(m == mb1 ? mb2 : mb1);
      validate(); // Refresh the frame
    }
  }
  class ML implements ActionListener {
    public void actionPerformed(ActionEvent e) {
      JMenuItem target = (JMenuItem)e.getSource();                    1354
      String actionCommand = target.getActionCommand();
      if(actionCommand.equals("Open")) {
        String s = t.getText();
        boolean chosen = false;
        for(String flavor : flavors)
          if(s.equals(flavor))
            chosen = true;
        if(!chosen)
          t.setText("Choose a flavor first!");
        else
          t.setText("Opening " + s + ". Mmm, mm!");
      }
    }
  }
  class FL implements ActionListener {
    public void actionPerformed(ActionEvent e) {
      JMenuItem target = (JMenuItem)e.getSource();
      t.setText(target.getText());
```

```
    }
  }
  // Alternatively, you can create a different
  // class for each different MenuItem. Then you
  // don't have to figure out which one it is:
  class FooL implements ActionListener {
    public void actionPerformed(ActionEvent e) {
      t.setText("Foo selected");
    }
  }
  class BarL implements ActionListener {
    public void actionPerformed(ActionEvent e) {
      t.setText("Bar selected");
    }
  }
  class BazL implements ActionListener {
    public void actionPerformed(ActionEvent e) {
      t.setText("Baz selected");
    }
  }
  class CMIL implements ItemListener {
    public void itemStateChanged(ItemEvent e) {
      JCheckBoxMenuItem target =
        (JCheckBoxMenuItem)e.getSource();
      String actionCommand = target.getActionCommand();
1355  if(actionCommand.equals("Guard"))
        t.setText("Guard the Ice Cream! " +
          "Guarding is " + target.getState());
      else if(actionCommand.equals("Hide"))
        t.setText("Hide the Ice Cream! " +
          "Is it hidden? " + target.getState());
    }
  }
  public Menus() {
    ML ml = new ML();
    CMIL cmil = new CMIL();
    safety[0].setActionCommand("Guard");
    safety[0].setMnemonic(KeyEvent.VK_G);
    safety[0].addItemListener(cmil);
    safety[1].setActionCommand("Hide");
    safety[1].setMnemonic(KeyEvent.VK_H);
    safety[1].addItemListener(cmil);
    other[0].addActionListener(new FooL());
    other[1].addActionListener(new BarL());
    other[2].addActionListener(new BazL());
    FL fl = new FL();
    int n = 0;
    for(String flavor : flavors) {
      JMenuItem mi = new JMenuItem(flavor);
      mi.addActionListener(fl);
      m.add(mi);
      // Add separators at intervals:
      if((n++ + 1) % 3 == 0)
        m.addSeparator();
    }
    for(JCheckBoxMenuItem sfty : safety)
      s.add(sfty);
    s.setMnemonic(KeyEvent.VK_A);
    f.add(s);
    f.setMnemonic(KeyEvent.VK_F);
    for(int i = 0; i < file.length; i++) {
      file[i].addActionListener(ml);
      f.add(file[i]);
    }
    mb1.add(f);
    mb1.add(m);
    setJMenuBar(mb1);
```

```
      t.setEditable(false);
      add(t, BorderLayout.CENTER);
      // Set up the system for swapping menus:
      b.addActionListener(new BL());
      b.setMnemonic(KeyEvent.VK_S);
      add(b, BorderLayout.NORTH);
      for(JMenuItem oth : other)
        fooBar.add(oth);
      fooBar.setMnemonic(KeyEvent.VK_B);
      mb2.add(fooBar);
    }
    public static void main(String[] args) {
      run(new Menus(), 300, 200);
    }
  } ///:~
```

1356

在这个程序中，我把菜单项放到了几个数组中，然后通过遍历这些数组，并为每个**JMenuItem**调用**add()**方法的方式，将它们添加到菜单中。这种方式让添加或减少菜单项不至于太乏味。

程序中不是创建了一个而是创建了两个**JMenuBar**，用以演示程序运行期间可以动态替换菜单条。你可以看到如何用**JMenu**构造**JMenuBar**，以及用**JMenuItem**、**JCheckBoxMenuItem**甚至其他**JMenu**（产生子菜单）来构成每个JMenu。当构造完一个**JMenuBar**后，可以使用**setJMenuBar()**方法把它安装到当前程序上。注意，当按钮按下的时候，它将通过调用**getJMenuBar()**来判断当前安装的是哪一个菜单条，然后换成另一个菜单条。

在测试Open菜单项的时候，要注意拼写和大小写是很关键的，如果没有任何匹配的Open，Java也不会报告任何错误。这种类型的字符串比较是造成程序错误的根源之一。

菜单项的选中和清理能够被自动地处理。处理**JCheckBoxMenuItem**的代码演示了判断菜单项是否被选中的两种方式：字符串比较（缺乏安全的方式，尽管你会看到可以使用这种方法），和比较事件的目标对象。可以使用**getState()**方法得到是否选中的状态。还可以用**setState()**方法来改变**JCheckBoxMenuItem**的状态。

菜单对应的事件有些不一致，这可能会引起困惑：**JMenuItem**使用的是**ActionListener**，而**JCheckBoxMenuItem**使用的是**ItemListener**。**JMenu**对象虽然也支持**ActionListener**，不过其用处并不大。一般来说，要把监听器关联到每一个**JMenuItem**、**JCheckBoxMenuItem**或者**JRadioButtonMenuItem**上，但是在上例中，**ItemListener**和**ActionListener**关联到了不同的菜单 1357
组件上。

Swing支持助记键，或者称为“键盘快捷键”，所以可以用键盘而不是鼠标来选择任何从**AbstractButton**（按钮，菜单项等等）继承而来的组件。做到这一点很简单；只要使用重载的构造器，使它的第二个参数接受快捷键的标识符即可。不过，大多数**AbstractButton**没有这样的构造器，所以更通用的做法是使用**setMnemonic()**方法。上例中为按钮和部分菜单项添加了快捷键；快捷指示符会自动出现在组件上。

你还能看到**setActionCommand()**的用法。它看起来有些奇怪，因为在每种情况下，“动作命令”与菜单上的标签都完全相同。为什么不直接使用标签而是这种额外的字符串呢？问题在于对国际化的支持。如果要把程序以另一种语言发布，最好是希望只改变菜单上的标签，而不用修改代码（毫无疑问，修改代码会引入新的错误）。通过使用**setActionCommand()**，可以把“动作命令”作为不变量，而把菜单上的标签作为可变量。所有的代码在运行时都使用“动作命令”，这样改变菜单标签的时候就不会影响代码。注意，在本例中，并非所有菜单都是基于“动作命令”进行判断的，这是因为没有专门为它们设定“动作命令”。

大量工作都是在监听器中完成的。**BL**执行的是**JMenuBar**的交换。在**ML**中，采用了“找出按铃者”方式，它的做法是先得到**ActionEvent**的事件源，然后把它类型转换成**JMenuItem**，接着得到其“动作命令”的字符串，并且把它传递给级联的**if**语句进行处理。

尽管**FL**监听器处理的是风味菜单中所有不同风味的菜单项，但它的确很简单。如果事件处理逻辑足够简单的话，这种方式值得参考。不过一般情况下会采用在**FooL**、**BarL**和**BazL**里面所使用的方式，它们只被关联到一个菜单项，所以就不需要进行额外的判断，因为你明确知道是谁调用了监听器。尽管这种方式产生了更多的类，但是类内部的代码会更短，整个处理过程也更安全。

你会发现，有关菜单的代码很快就变得冗长而凌乱；这时，使用GUI构造工具才是明智的
1358 选择。好的工具还可以对菜单进行维护。

练习19：(3) 修改**Menus.java**，在菜单上使用单选按钮而不是复选框。

练习20：(6) 创建一个程序，它可以将一个文本文件断开成单词，将这些单词分布到菜单和子菜单上，作为它们的标签。

22.8.14 弹出式菜单

要实现一个**JPopupMenu**，最直接的方法就是创建一个继承自**MouseAdapter**的内部类，然后对每个希望具有弹出式行为的组件，都添加一个该内部类的对象：

```
//: gui/Popup.java
// Creating popup menus with Swing.
import javax.swing.*;
import java.awt.*;
import java.awt.event.*;
import static net.mindview.util.SwingConsole.*;

public class Popup extends JFrame {
  private JPopupMenu popup = new JPopupMenu();
  private JTextField t = new JTextField(10);
  public Popup() {
    setLayout(new FlowLayout());
    add(t);
    ActionListener al = new ActionListener() {
      public void actionPerformed(ActionEvent e) {
        t.setText(((JMenuItem)e.getSource()).getText());
      }
    };
    JMenuItem m = new JMenuItem("Hither");
    m.addActionListener(al);
    popup.add(m);
    m = new JMenuItem("Yon");
    m.addActionListener(al);
    popup.add(m);
    m = new JMenuItem("Afar");
    m.addActionListener(al);
    popup.add(m);
    popup.addSeparator();
    m = new JMenuItem("Stay Here");
    m.addActionListener(al);
    popup.add(m);
    PopupListener pl = new PopupListener();
1359    addMouseListener(pl);
    t.addMouseListener(pl);
  }
  class PopupListener extends MouseAdapter {
    public void mousePressed(MouseEvent e) {
      maybeShowPopup(e);
    }
    public void mouseReleased(MouseEvent e) {
```

```
        maybeShowPopup(e);
      }
      private void maybeShowPopup(MouseEvent e) {
        if(e.isPopupTrigger())
          popup.show(e.getComponent(), e.getX(), e.getY());
      }
    }
    public static void main(String[] args) {
      run(new Popup(), 300, 200);
    }
  } ///:~
```

同一个**ActionListener**被添加到了每一个**JMenuItem**上，它要从菜单标签中抓取文本，然后插入到**JTextField**中。

22.8.15 绘图

如果使用好的GUI框架，绘图应该非常简单，Swing库正是如此。对于任何绘图程序，问题在于决定绘图位置的计算通常比对绘图功能的调用要复杂得多，并且这些计算程序常常与绘图程序混在一起，所以看起来程序的接口比实际需要的要更复杂。

为了简化问题，考虑一个在屏幕上表示数据的问题，在这里，数据将由内置的**Math.sin()**方法提供，它可以产生数学上的正弦函数。为了使事情变得更有趣一些，也为了进一步演示Swing组件使用起来有多么简单，我们在窗体底部放置了一个滑块，用来动态控制所显示的正弦波周期的个数。此外，如果调整了视窗的大小，你会发现正弦波能够自动调整，以适应新的视窗。

尽管在任何**JComponent**上都可以绘图，而且正因为如此，可以把它们当作画布；但是，要是你只是想有一个可以直接绘图的平面的话，典型的做法是从**JPanel**继承。唯一需要覆盖的方法就是**paintComponent()**，在组件必须被重新绘制的时候调用它（通常不必为此担心，因为何 1360
时调用由Swing决定）。当此方法被调用时，Swing将传入一个**Graphics**对象，然后就可以使用这个对象绘图了，或在平面上绘制了。

在下面的例子中，所有与绘制动作相关的代码都在**SineDraw**类中；**SineWave**类只是用来配置程序和滑块控制。在**SineDraw**中，**setCycles()**方法提供了一个钩子（hook），它允许其他对象（在这个例子中就是滑块控制）控制周期的个数。

```
//: gui/SineWave.java
// Drawing with Swing, using a JSlider.
import javax.swing.*;
import javax.swing.event.*;
import java.awt.*;
import static net.mindview.util.SwingConsole.*;

class SineDraw extends JPanel {
  private static final int SCALEFACTOR = 200;
  private int cycles;
  private int points;
  private double[] sines;
  private int[] pts;
  public SineDraw() { setCycles(5); }
  public void paintComponent(Graphics g) {
    super.paintComponent(g);
    int maxWidth = getWidth();
    double hstep = (double)maxWidth / (double)points;
    int maxHeight = getHeight();
    pts = new int[points];
    for(int i = 0; i < points; i++)
      pts[i] =
        (int)(sines[i] * maxHeight/2 * .95 + maxHeight/2);
    g.setColor(Color.RED);
    for(int i = 1; i < points; i++) {
```

```
            int x1 = (int)((i - 1) * hstep);
            int x2 = (int)(i * hstep);
            int y1 = pts[i-1];
            int y2 = pts[i];
            g.drawLine(x1, y1, x2, y2);
          }
        }
1361    public void setCycles(int newCycles) {
          cycles = newCycles;
          points = SCALEFACTOR * cycles * 2;
          sines = new double[points];
          for(int i = 0; i < points; i++) {
            double radians = (Math.PI / SCALEFACTOR) * i;
            sines[i] = Math.sin(radians);
          }
          repaint();
        }
      }

      public class SineWave extends JFrame {
        private SineDraw sines = new SineDraw();
        private JSlider adjustCycles = new JSlider(1, 30, 5);
        public SineWave() {
          add(sines);
          adjustCycles.addChangeListener(new ChangeListener() {
            public void stateChanged(ChangeEvent e) {
              sines.setCycles(
                ((JSlider)e.getSource()).getValue());
            }
          });
          add(BorderLayout.SOUTH, adjustCycles);
        }
        public static void main(String[] args) {
          run(new SineWave(), 700, 400);
        }
      } ///:~
```

在计算正弦波上的点的过程中用到了所有的字段和数组；**cycles**表示所希望的完整的正弦波个数，**points**是将要绘制的点的总数，**sines**包含了正弦函数的值，**pts**包含将要绘制在**JPanel**上点的*y*坐标。**setCycles()**方法先根据所需的点数创建数组，然后为数组里的每个元素计算相应的正弦函数值。它通过调用**repaint()**方法，迫使调用**paintComponent()**，这样，余下的计算和重绘动作就会发生。

当覆盖**paintComponent()**方法的时候，必须先调用该方法的基类版本；然后才可以做想做的事情，通常，这意味着要使用你在**java.awt.Graphics**的文档（在JDK文档中，可从
1362 http://java.sun.com找到）中可以找到的**Graphics**方法向**JPanel**上绘制像素点。这里，几乎所有的代码都和计算有关；实际上只有**setColor()**和**drawLine()**这两个方法和操纵屏幕有关。在创建自己的用于显示图形数据的程序时，可能会有类似的经历：把大部分时间用在所绘内容的决定上，而真正的绘制过程则非常简单。

在我创建此程序的时候，把大量时间用在显示正弦波上。做完这些之后，我觉得如果要是能够动态改变周期的个数，那么它的效果会更好。当我准备这么做的时候，我在别的语言中的编程经验使我觉得，这并不容易实现，但是结果却表明，这是整个程序中最容易的部分。我先创建了一个**JSlider**（其构造器参数分别是最左边的值、最右边的值和初始值；它还有其他的构造器），然后把它加入到**JApplet**中。接下来，我参考了JDK文档，发现它仅有的监听器是**addChangeListener**，它在滑块的变动足以产生新值的时候被触发。唯一能够处理此事件的方法显然就是**stateChanged()**，它提供了一个**ChangeEvent**对象，这样就可以追溯到变动源并找出新值。通过调用**sines**对象的**setCycles()**就可采用这个新值，**JPanel**也将被重绘。

通常，你会发现在Swing程序中遇到的问题，大部分都可以通过下列相似的过程得到解决，而且这个过程一般非常简单，甚至从未使用过组件也是如此。

如果要解决更复杂的问题，可以使用更高级的绘图库，包括第三方提供的JavaBeans组件或者Java 2D API。这些内容超出了本书的范围，不过，要是你的绘图代码确实变得过于复杂了，你就应该查找这些内容的相关资源。

练习21：(5) 修改**SineWave.java**，加入相应的**getter**和**setter**方法，使**SineDraw**成为一个JavaBean。

练习22：(7) 使用**SwingConsole**编写一个应用程序。它有三个滑块，每一个分别表示**java.awt.Color**类型的红、绿、蓝颜色值，窗体的其他部分是一个**JPanel**，用来显示由三个滑块所决定的颜色。加入一个不可编辑的文本域，显示当前的RGB值。 1363

练习23：(8) 以**SineWave.java**为参考创建一个程序，它可以在屏幕上显示旋转的正方形，并且有一个滑块可以控制旋转的速度，还有一个滑块可以控制正方形的尺寸。

练习24：(7) 还记得"绘图板"这个玩具吗？它有两个调节器，一个用来控制绘图点垂直方向的运动，一个用来控制水平方向的运动。以**SineWave.java**程序为基础，编写一个具有类似功能的程序。这里调节器可以使用滑块来实现。添加一个可以擦除整个图形的按钮。

练习25：(8) 在**SineWave.java**的基础上编写程序（一个使用**SwingConsole**类的应用程序），在观察窗口画一条动态正弦波，它可以像示波器那样向后滚动，使用一个线程来控制动画。动画的速度由**java.swing.JSlider**控件进行控制。

练习26：(5) 修改前一个练习，在程序里创建多个显示正弦波的面板。面板的数目可以通过HTML标记或命令行参数进行控制。

练习27：(5) 修改练习25，使用**java.swing.Timer**类来控制动画。注意它与**java.util.Timer**类的区别。

练习28：(7) 创建一个骰子类（只是一个类，没有GUI），然后创建五个骰子并重复地掷骰子。画出一条表示每次掷骰子的点数总和的曲线，然后在你掷骰子的次数越来越多时，动态地展开显示这条曲线。

22.8.16 对话框

对话框是从视窗弹出的另一个窗口。它的目的是处理一些具体问题，同时又不会使这些具体细节与原先窗口的内容混在一起。对话框通常应用于视窗编程环境中。

如果要编写一个对话框，就需要从**JDialog**继承，它只不过是另一种类型的**Window**，与**JFrame**类似。**JDialog**具有一个布局管理器（默认情况下为**BorderLayout**），并且要添加事件监听器来处理事件。下面是个简单的例子：

1364

```
//: gui/Dialogs.java
// Creating and using Dialog Boxes.
import javax.swing.*;
import java.awt.*;
import java.awt.event.*;
import static net.mindview.util.SwingConsole.*;

class MyDialog extends JDialog {
  public MyDialog(JFrame parent) {
    super(parent, "My dialog", true);
    setLayout(new FlowLayout());
    add(new JLabel("Here is my dialog"));
    JButton ok = new JButton("OK");
    ok.addActionListener(new ActionListener() {
      public void actionPerformed(ActionEvent e) {
        dispose(); // Closes the dialog
```

```
      }
    });
    add(ok);
    setSize(150,125);
  }
}

public class Dialogs extends JFrame {
  private JButton b1 = new JButton("Dialog Box");
  private MyDialog dlg = new MyDialog(null);
  public Dialogs() {
    b1.addActionListener(new ActionListener() {
      public void actionPerformed(ActionEvent e) {
        dlg.setVisible(true);
      }
    });
    add(b1);
  }
  public static void main(String[] args) {
    run(new Dialogs(), 125, 75);
  }
} ///:~
```

一旦创建了**JDialog**以后，必须调用**setVisible(true)**方法来显示和激活它。当对话框被关闭时，你必须通过调用**display()**来释放该对话框使用的资源。

下面的例子更加复杂；对话框由一个网格构成（使用**GridLayout**），并且添加了一种特殊按钮，它由**ToeButton**类定义。按钮将先在自己周围画一个边框，然后根据状态的不同，在中央显示“空白”，“x”或者“o”。开始时的按钮状态为“空白”，然后根据每一轮单击，变成“x”或者“o”。而且，当你在非“空白”的按钮上单击的时候，它将在“x”和“o”之间翻转，以提供一种有趣的三值翻转（tic-tac-toe）概念的变体。此外，通过改变在主应用视窗中的数字，可以为对话框设置任意的行数和列数。

1365

```
//: gui/TicTacToe.java
// Dialog boxes and creating your own components.
import javax.swing.*;
import java.awt.*;
import java.awt.event.*;
import static net.mindview.util.SwingConsole.*;

public class TicTacToe extends JFrame {
  private JTextField
    rows = new JTextField("3"),
    cols = new JTextField("3");
  private enum State { BLANK, XX, OO }
  static class ToeDialog extends JDialog {
    private State turn = State.XX; // Start with x's turn
    ToeDialog(int cellsWide, int cellsHigh) {
      setTitle("The game itself");
      setLayout(new GridLayout(cellsWide, cellsHigh));
      for(int i = 0; i < cellsWide * cellsHigh; i++)
        add(new ToeButton());
      setSize(cellsWide * 50, cellsHigh * 50);
      setDefaultCloseOperation(DISPOSE_ON_CLOSE);
    }
    class ToeButton extends JPanel {
      private State state = State.BLANK;
      public ToeButton() { addMouseListener(new ML()); }
      public void paintComponent(Graphics g) {
        super.paintComponent(g);
        int
          x1 = 0, y1 = 0,
          x2 = getSize().width - 1,
          y2 = getSize().height - 1;
```

```
        g.drawRect(x1, y1, x2, y2);
        x1 = x2/4;
        y1 = y2/4;
        int wide = x2/2, high = y2/2;
        if(state == State.XX) {
          g.drawLine(x1, y1, x1 + wide, y1 + high);
          g.drawLine(x1, y1 + high, x1 + wide, y1);    1366
        }
        if(state == State.OO)
          g.drawOval(x1, y1, x1 + wide/2, y1 + high/2);
      }
      class ML extends MouseAdapter {
        public void mousePressed(MouseEvent e) {
          if(state == State.BLANK) {
            state = turn;
            turn =
              (turn == State.XX ? State.OO : State.XX);
          }
          else
            state =
              (state == State.XX ? State.OO : State.XX);
          repaint();
        }
      }
    }
  }
  class BL implements ActionListener {
    public void actionPerformed(ActionEvent e) {
      JDialog d = new ToeDialog(
        new Integer(rows.getText()),
        new Integer(cols.getText()));
      d.setVisible(true);
    }
  }
  public TicTacToe() {
    JPanel p = new JPanel();
    p.setLayout(new GridLayout(2,2));
    p.add(new JLabel("Rows", JLabel.CENTER));
    p.add(rows);
    p.add(new JLabel("Columns", JLabel.CENTER));
    p.add(cols);
    add(p, BorderLayout.NORTH);
    JButton b = new JButton("go");
    b.addActionListener(new BL());
    add(b, BorderLayout.SOUTH);
  }
  public static void main(String[] args) {
    run(new TicTacToe(), 200, 200);
  }
} ///:~    1367
```

因为**static**关键字只能处于类的外层，所以内部类不能包含静态的数据或者嵌套类。

paintComponent()方法先在面板周围绘制正方形，然后在中间画“x”或“o”。这里充满了乏味的计算，但是却很直接明了。

MouseListener被用来捕获鼠标单击事件：首先，它检查面板上是否为空白，如果不是空白，就向父窗体查询现在是哪一轮，这样就得到了**ToeButton**的状态。通过内部类机制，**ToeButton**可以操作其外部类，更新当前的轮次；如果按钮已经显示为“x”或“o”，那么就翻转它。在这个计算中，读者可以看到第3章学习的if-else三元运算符的习惯用法。在状态改变之后，**ToeButton**将被重绘。

ToeDialog的构造器非常简单；它按你的要求向网格中添加数个按钮，然后调整窗体大小，使得每个按钮的长和宽均为50像素。

TicTacToe通过创建两个**JTextField**（用来输入按钮网格的行数和列数）和带有**ActionListener**的"go"按钮，完成整个程序的设置工作。当按钮被按下时，将获取**JTextField**里面的数据，因为它们是字符串，所以使用静态的**Integer.parseInt()**方法把它们转换成整数。

22.8.17 文件对话框

某些操作系统具有大量特殊的内置对话框，它们可以处理诸如选择字体、颜色、打印机等操作。基本上所有的图形操作系统都支持打开和保存文件，所以Java提供了**JFileChooser**，它封装了这些操作，使文件操作变得更加方便。

下面的程序演练了两个**JFileChooser**对话框，一个用来打开文件，一个用来保存文件。大多数代码读者现在应该都已经很熟悉了，所有有趣的行为都集中在处理两个按钮单击事件的动作监听器中：

1368

```
//: gui/FileChooserTest.java
// Demonstration of File dialog boxes.
import javax.swing.*;
import java.awt.*;
import java.awt.event.*;
import static net.mindview.util.SwingConsole.*;
public class FileChooserTest extends JFrame {
  private JTextField
    fileName = new JTextField(),
    dir = new JTextField();
  private JButton
    open = new JButton("Open"),
    save = new JButton("Save");
  public FileChooserTest() {
    JPanel p = new JPanel();
    open.addActionListener(new OpenL());
    p.add(open);
    save.addActionListener(new SaveL());
    p.add(save);
    add(p, BorderLayout.SOUTH);
    dir.setEditable(false);
    fileName.setEditable(false);
    p = new JPanel();
    p.setLayout(new GridLayout(2,1));
    p.add(fileName);
    p.add(dir);
    add(p, BorderLayout.NORTH);
  }
  class OpenL implements ActionListener {
    public void actionPerformed(ActionEvent e) {
      JFileChooser c = new JFileChooser();
      // Demonstrate "Open" dialog:
      int rVal = c.showOpenDialog(FileChooserTest.this);
      if(rVal == JFileChooser.APPROVE_OPTION) {
        fileName.setText(c.getSelectedFile().getName());
        dir.setText(c.getCurrentDirectory().toString());
      }
      if(rVal == JFileChooser.CANCEL_OPTION) {
        fileName.setText("You pressed cancel");
        dir.setText("");
      }
    }
  }
  class SaveL implements ActionListener {
    public void actionPerformed(ActionEvent e) {
      JFileChooser c = new JFileChooser();
      // Demonstrate "Save" dialog:
      int rVal = c.showSaveDialog(FileChooserTest.this);
      if(rVal == JFileChooser.APPROVE_OPTION) {
        fileName.setText(c.getSelectedFile().getName());
```

1369

```
        dir.setText(c.getCurrentDirectory().toString());
      }
      if(rVal == JFileChooser.CANCEL_OPTION) {
        fileName.setText("You pressed cancel");
        dir.setText("");
      }
    }
  }
  public static void main(String[] args) {
    run(new FileChooserTest(), 250, 150);
  }
} ///:~
```

注意**JFileChooser**的使用有很多种变化，包括使用过滤器来缩小可供选择的文件名范围等。

对于“打开文件”对话框，调用**showOpenDialog()**方法；对于“保存文件”对话框，调用**showSaveDialog()**。这些命令直到对话框关闭的时候才会返回。此时**JFileChooser**对象仍旧存在，所以能够从中读取数据。**getSelectedFile()**和**getCurrentDirectory()**这两种方法用来查询操作的返回结果。如果它们的返回为空，就表示用户已经取消操作并关闭了对话框。

练习29：(3) 在**javax.swing**的JDK文档中，查找**JColorChooser**。写一个程序，加入一个按钮，它可以弹出用来选择颜色的对话框。

22.8.18 Swing组件上的HTML

任何能接受文本的组件都可以接受HTML文本，且能根据HTML的规则来重新格式化文本。也就是说，可以很容易地在Swing组件上加入漂亮的文本。例如：

```
//: gui/HTMLButton.java
// Putting HTML text on Swing components.
import javax.swing.*;
import java.awt.*;
import java.awt.event.*;
import static net.mindview.util.SwingConsole.*;

public class HTMLButton extends JFrame {
  private JButton b = new JButton(
    "<html><b><font size=+2>" +                          1370
    "<center>Hello!<br><i>Press me now!");
  public HTMLButton() {
    b.addActionListener(new ActionListener() {
      public void actionPerformed(ActionEvent e) {
        add(new JLabel("<html>" +
          "<i><font size=+4>Kapow!"));
        // Force a re-layout to include the new label:
        validate();
      }
    });
    setLayout(new FlowLayout());
    add(b);
  }
  public static void main(String[] args) {
    run(new HTMLButton(), 200, 500);
  }
} ///:~
```

必须使文本以“<html>”标记开始，然后就可以使用普通的HTML标记了。注意，不会强制要求你添加普通的结束标记。

ActionListener将一个新的**JLabel**添加到窗体中，它也包含了HTML文本。不过，这个标签不是在构造过程中添加的，所以你必须调用容器的**validate()**方法来强制对组件进行重新布局（这样就能显示该新标签了）。

还可以在**JTabbedPane**、**JMenuItem**、**JToolTip**、**JRadioButton**以及**JCheckBox**中使用

HTML文本。

练习30：(3) 编写一个程序，展示在前一段文字中所列的所有组件上如何使用HTML文本。

22.8.19 滑块与进度条

滑块（已经在**SineWave.java**中使用过了）能令用户通过前后移动滑点来输入数据，在某些情况下这显得很直观（比如音量控制）。进度条能以从“空”到“满”的动态方式显示数据，这也能给用户以直观的感受。我最喜欢的例子是把滑块与进度条关联在一起，这样当你移动滑块的时候，进度条就可以跟着作相应的改变。下面的示例还展示了ProgressMonitor，这是一种功能更完备的弹出式对话框：

1371

```
//: gui/Progress.java
// Using sliders, progress bars and progress monitors.
import javax.swing.*;
import javax.swing.border.*;
import javax.swing.event.*;
import java.awt.*;
import static net.mindview.util.SwingConsole.*;

public class Progress extends JFrame {
  private JProgressBar pb = new JProgressBar();
  private ProgressMonitor pm = new ProgressMonitor(
    this, "Monitoring Progress", "Test", 0, 100);
  private JSlider sb =
    new JSlider(JSlider.HORIZONTAL, 0, 100, 60);
  public Progress() {
    setLayout(new GridLayout(2,1));
    add(pb);
    pm.setProgress(0);
    pm.setMillisToPopup(1000);
    sb.setValue(0);
    sb.setPaintTicks(true);
    sb.setMajorTickSpacing(20);
    sb.setMinorTickSpacing(5);
    sb.setBorder(new TitledBorder("Slide Me"));
    pb.setModel(sb.getModel()); // Share model
    add(sb);
    sb.addChangeListener(new ChangeListener() {
      public void stateChanged(ChangeEvent e) {
        pm.setProgress(sb.getValue());
      }
    });
  }
  public static void main(String[] args) {
    run(new Progress(), 300, 200);
  }
} ///:~
```

把两个组件联系到一起的关键在于让它们共享一个模型，就像下面这一行一样：

```
pb.setModel(sb.getModel());
```

当然，也可以使用监听器进行控制，不过在简单的情况下这种方法更直接。**ProgressMonitor**并没有模型，因此需要使用监听器方式。注意，**ProgressMonitor**只能向前移动，并且一旦移动到

1372 底就会关闭。

JProgressBar相当简单，而**JSlider**就有许多可选项，比如放置方向、大小标记等等。你应该能够注意到，添加一个带标题的边框是多么地直截了当。

练习31：(8) 编写一个“渐进的进度表示器”，当接近结束的时候，它的进度越来越慢。加入一些随机的行为，使它能够不时地表现出加速的效果。

练习32：(6) 修改**Progress.java**，不要共享模型（model），而是使用一个监听器来关联滑块

和进度条。

22.8.20 选择外观

“可插拔外观”使你的程序能够模仿不同的操作系统的外观。你甚至可以在程序运行期间动态改变程序的外观。不过，通常只会在以下二者中选择一个：要么选择“跨平台”的外观（即Swing的“金属”外观）；要么选择程序当前所在系统的外观，这样你的Java程序看起来就好像是为该系统专门设计的（在大多数情况下，这的确是最好的选择，而且可以避免误导用户）。实现这两种行为的代码都很简单，不过你要确保在创建任何可视组件之前先调用这些代码，这是因为组件是根据当前的外观而创建的，而且创建之后就不会改变（很少会在程序运行的时候改变程序的外观，这个过程相当复杂，这方面的内容可以参考专门研究Swing的书）。

实际上，如果要使用跨平台的“金属”外观（它是Swing程序的特征），那么什么都不用做，因为它是默认外观。不过要想使用当前操作系统的外观[⊖]，那么加入下列代码即可，一般把这些代码添加在**main()**的开头，至少也要在添加任何组件之前：

```
try {
  UIManager.setLookAndFeel(
    UIManager.getSystemLookAndFeelClassName());
} catch(Exception e) {
  throw new RuntimeException(e);
}
```

1373

在**catch**子句中你什么也不用做，因为一旦你的设置代码失败了，**UIManager**默认将设置成跨平台的外观。不过在调试的时候，异常非常有用，所以你也许希望通过**catch**子句看看所发生的问题。

下面的程序能通过命令行参数选择外观，这里选择了几种组件，演示了它们在选择不同的外观时的表现：

```
//: gui/LookAndFeel.java
// Selecting different looks & feels.
// {Args: motif}
import javax.swing.*;
import java.awt.*;
import static net.mindview.util.SwingConsole.*;

public class LookAndFeel extends JFrame {
  private String[] choices =
    "Eeny Meeny Minnie Mickey Moe Larry Curly".split(" ");
  private Component[] samples = {
    new JButton("JButton"),
    new JTextField("JTextField"),
    new JLabel("JLabel"),
    new JCheckBox("JCheckBox"),
    new JRadioButton("Radio"),
    new JComboBox(choices),
    new JList(choices),
  };
  public LookAndFeel() {
    super("Look And Feel");
    setLayout(new FlowLayout());
    for(Component component : samples)
      add(component);
  }
  private static void usageError() {
    System.out.println(
      "Usage:LookAndFeel [cross|system|motif]");
    System.exit(1);
```

⊖ 你可能会对Swing呈现机制是否能够恰当地处理你的操作环境产生一些争论。

```
    }
    public static void main(String[] args) {
1374  if(args.length == 0) usageError();
      if(args[0].equals("cross")) {
        try {
          UIManager.setLookAndFeel(UIManager.
            getCrossPlatformLookAndFeelClassName());
        } catch(Exception e) {
          e.printStackTrace();
        }
      } else if(args[0].equals("system")) {
        try {
          UIManager.setLookAndFeel(UIManager.
            getSystemLookAndFeelClassName());
        } catch(Exception e) {
          e.printStackTrace();
        }
      } else if(args[0].equals("motif")) {
        try {
          UIManager.setLookAndFeel("com.sun.java."+
            "swing.plaf.motif.MotifLookAndFeel");
        } catch(Exception e) {
          e.printStackTrace();
        }
      } else usageError();
      // Note the look & feel must be set before
      // any components are created.
      run(new LookAndFeel(), 300, 300);
    }
  } ///:~
```

可以观察到，一种选择是明确地使用字符串来指定外观，比如**MotifLookAndFeel**外观。而且，只有这个外观和默认的“金属”外观能够合法地在所有平台上使用；尽管有针对Windows和Macintosh外观的字符串，但它们只能在各自的平台上使用才合法（当在这些平台上调用**getSystemLookAndFeelClassName()**方法时，可以得到相应的字符串）。

自己编写一种外观也是可以的，比如，当你为某个公司编写框架代码时，他们要求有独特的外观。这是一项大工程，这远远超出了本书的范围。（事实上，你会发现这也超出了许多专业
1375 Swing书的范围！）

22.8.21 树、表格和剪贴板

你可以在www.MindView上的本章补充材料中找到关于这些主题的简介和示例。

22.9 JNLP与Java Web Start

出于安全目的，我们可以为applet签名，这在https://www.mindviewllc.com上的本章在线补充材料中进行了介绍。经过签名的applet功能强大，能够有效取代应用程序，不过它们只能在浏览器中运行。这就需要在客户机上运行浏览器，从而增加了额外的开销；同时，它也限制了applet的用户界面，常常带来视觉上的混乱。因为Web浏览器有自己的菜单和工具条，它们会显示在applet的上方[⊖]。

Java网络发布协议（Java Network Launch Protocol, JNLP）在保持applet优点的前提下，解决了这个问题。通过一个JNLP程序，你可以在客户机上下载和安装单机版的Java应用程序。你可以通过命令行、桌面图标，或者与你的JNLP实现一起安装的应用程序管理器来执行这个程序。应用程序甚至可以从其最初被下载的网站上运行。

JNLP应用程序可以在运行时从因特网上动态下载资源，并且能够在用户连接到因特网的情

⊖ Jeremy Meyer改进了本节。

况下，自动检查程序的版本。也就是说，它能把applet的所有优点和应用程序的优点结合起来。

与applet类似，客户机系统也会小心对待JNLP应用程序的。JNLP程序是基于Web的，很容易下载，但它也可能是恶意程序。鉴于此，JNLP应用程序遵循与applet一样的沙盒安全限制。与applet类似，它们也能被部署到签名的JAR文件中，这能让用户自行选择是否信任签名人。与applet不同的是，如果它们被部署到未签名的JAR文件中，它们通过JNLP API提供的服务仍然能够请求访问客户系统上的特定资源（在程序运行期间，用户必须同意此请求）。

因为JNLP描述的是一个协议，而不是实现；所以要使用JNLP，必须要有一个实现。Java Web Start（或者简称为JAWS），是由Sun免费提供的官方参考实现，并且作为Java SE5的一部分而发布的。如果把它用于开发，那么就要确保它的JAR文件（javaws.jar）处于类路径中；最简 1376 单的解决方案是将javaws.jar的常规Java安装路径jre/lib添加到类路径中。如果从Web服务器上部署你的JNLP应用程序，必须确保服务器能够识别MIME类型application/x-java-jnlp-file。如果你用的是最新版的Tomcat服务器（http://jakarta.apache.org/tomcat），那么它已经预先配置好了。如果你用的是别的服务器，就要参考一下用户指南。

创建一个JNLP应用程序并不困难。要先编写一个标准应用程序，然后把它打包到一个JAR文件中。这时，需要提供一个启动文件——它是一个简单的XML文件，用来告诉客户端系统下载和安装这个程序所需的所有信息。如果你不准备为JAR文件签名，那么对于你将要在客户机上访问的每种类型的资源，必须使用JNLP API提供的服务进行访问。

下面是**FileChooser Test.java**的一种变体，它使用了JNLP服务来打开对话框，所以这个类可以被打包进未经签名的JAR文件，然后作为JNLP应用程序部署。

```
//: gui/jnlp/JnlpFileChooser.java
// Opening files on a local machine with JNLP.
// {Requires: javax.jnlp.FileOpenService;
// You must have javaws.jar in your classpath}
// To create the jnlpfilechooser.jar file, do this:
// cd ..
// cd ..
// jar cvf gui/jnlp/jnlpfilechooser.jar gui/jnlp/*.class
package gui.jnlp;
import javax.jnlp.*;
import javax.swing.*;
import java.awt.*;
import java.awt.event.*;
import java.io.*;

public class JnlpFileChooser extends JFrame {
  private JTextField fileName = new JTextField();
  private JButton
    open = new JButton("Open"),
    save = new JButton("Save");
  private JEditorPane ep = new JEditorPane();
  private JScrollPane jsp = new JScrollPane();
  private FileContents fileContents;
  public JnlpFileChooser() {
    JPanel p = new JPanel();
    open.addActionListener(new OpenL());
    p.add(open);
    save.addActionListener(new SaveL());
    p.add(save);
    jsp.getViewport().add(ep);
    add(jsp, BorderLayout.CENTER);
    add(p, BorderLayout.SOUTH);
    fileName.setEditable(false);
    p = new JPanel();
    p.setLayout(new GridLayout(2,1));
```

1377

```
      p.add(fileName);
      add(p, BorderLayout.NORTH);
      ep.setContentType("text");
      save.setEnabled(false);
    }
    class OpenL implements ActionListener {
      public void actionPerformed(ActionEvent e) {
        FileOpenService fs = null;
        try {
          fs = (FileOpenService)ServiceManager.lookup(
            "javax.jnlp.FileOpenService");
        } catch(UnavailableServiceException use) {
          throw new RuntimeException(use);
        }
        if(fs != null) {
          try {
            fileContents = fs.openFileDialog(".",
              new String[]{"txt", "*"});
            if(fileContents == null)
              return;
            fileName.setText(fileContents.getName());
            ep.read(fileContents.getInputStream(), null);
          } catch(Exception exc) {
            throw new RuntimeException(exc);
          }
          save.setEnabled(true);
        }
      }
    }
    class SaveL implements ActionListener {
      public void actionPerformed(ActionEvent e) {
1378    FileSaveService fs = null;
        try {
          fs = (FileSaveService)ServiceManager.lookup(
            "javax.jnlp.FileSaveService");
        } catch(UnavailableServiceException use) {
          throw new RuntimeException(use);
        }
        if(fs != null) {
          try {
            fileContents = fs.saveFileDialog(".",
              new String[]{"txt"},
              new ByteArrayInputStream(
                ep.getText().getBytes()),
              fileContents.getName());
            if(fileContents == null)
              return;
            fileName.setText(fileContents.getName());
          } catch(Exception exc) {
            throw new RuntimeException(exc);
          }
        }
      }
    }
    public static void main(String[] args) {
      JnlpFileChooser fc = new JnlpFileChooser();
      fc.setSize(400, 300);
      fc.setVisible(true);
    }
  } ///:~
```

注意，**FileOpenService**和**FileCloseService**类是从**javax.jnlp**包导入的，在代码中没有一处是**JFileChooser**对话框所直接引用的。这里使用的两个服务必须使用**ServiceManager.lookup()**方法进行请求，客户系统上的资源只能通过此方法返回的对象进行访问。这里，客户系统中的文件通过JNLP提供的**FileContent**接口进行读写，任何通过诸如**File**或**FileReader**对象直接访问资源的企图都将导致抛出**SecurityException**异常，这与在未经签名的applet中执行这些操作得到的结果相似。如果你想用这些类，却不愿为JNLP的服务接口所限制，那么就必须对JAR文件签名。 1379

在**JnlpFile Chooser.java**中，被注释的**jar**命令将产生必需的JAR文件。下面有一个为上面的例子准备的合适的启动文件。

```
//:! gui/jnlp/filechooser.jnlp
<?xml version="1.0" encoding="UTF-8"?>
<jnlp spec = "1.0+"
  codebase="file:C:/AAA-TIJ4/code/gui/jnlp"
  href="filechooser.jnlp">
  <information>
    <title>FileChooser demo application</title>
    <vendor>Mindview Inc.</vendor>
    <description>
      Jnlp File chooser Application
    </description>
    <description kind="short">
      Demonstrates opening, reading and writing a text file
    </description>
    <icon href="mindview.gif"/>
    <offline-allowed/>
  </information>
  <resources>
    <j2se version="1.3+"
      href="http://java.sun.com/products/autodl/j2se"/>
    <jar href="jnlpfilechooser.jar" download="eager"/>
  </resources>
  <application-desc
    main-class="gui.jnlp.JnlpFileChooser"/>
</jnlp>
///:~
```

你会发现在（从https://www.mindviewllc.com处）下载的本书源代码文件中，这个被存为**file chooser. jnlp**的启动文件没有第一行和最后一行，并且与JAR文件在同一个目录中。你可以看到，这是一个XML文件，包含了一个“<jnlp>”标记。它有一些子元素，其涵义大多不言自明。

jnlp元素的**spec**属性可以告诉客户系统此JNLP程序所遵循的规范的版本。**codebase**属性指向可以找到启动文件和资源的URL。这里它指向的是本地机器上的目录，这是一个不错的测试程序的方法。注意，你需要将这个路径修改为表示你机器上的恰当目录，从而使得程序可以成功 1380
地加载它。**href**属性必须指定这个启动文件的名称。

information标记也有几个子元素，它们提供了有关应用程序的信息。这些信息将用于Java Web Start的管理控制台或者类似程序（它们可以安装JNLP程序，并且可以让用户从命令行运行程序，使其更快捷等等）。

resources标记与HTML文件中的applet标记功能很相似。**j2se**子元素指定程序运行时需要的j2se版本，**jar**子元素的**href**属性指定包含**.class**文件的JAR文件。**jar**元素还有一个**download**属性，它的值可以是“eager”或者“lazy”，这可以告诉JNLP的实现在程序运行之前，是否需要下载整个JAR文件。

application-desc属性能告诉JNLP实现，JAR文件中的哪个类是可执行的类，即指定程序的入口。

jnlp标记的另一个有用的子元素是**security**标记，这里并没有演示它。下面是一个**security**标记的例子：

```
<security>
   <all-permissions/>
<security/>
```

当把程序部署在一个已签名的JAR文件中时，就要使用security标记。上面的例子不需要这个标记，因为所有本地资源都是通过JNLP服务进行访问的。

还有其他一些标记可用，其细节部分可以参考规范http://java.sun.com/products/javawebstart/download-spec.html。

要想启动这个程序，你需要一个下载页面，它包含了一个链接到这个**.jnlp**文件的超文本链接。下面是这个页面的大致内容（没有第一行和最后一行）：

```
//:! gui/jnlp/filechooser.html
<html>
Follow the instructions in JnlpFileChooser.java to
build jnlpfilechooser.jar, then:
<a href="filechooser.jnlp">click here</a>
</html>
1381 ///:~
```

一旦程序下载完毕，就可以使用管理控制台对它进行配置。如果在Windows系统上使用Java Web Start，将提示你是否为程序创建一个快捷方式以供下次使用。这个行为是可以配置的。

这里只介绍了两种JNLP服务，当前版本的JNLP规范包含了七种服务。每个服务都被设计用来执行特定的任务，比如打印，以及和剪贴板有关的剪切和粘贴等。你可以在http://java.sun.com上找到更多的信息。

22.10 Swing与并发

当你用Swing编程时，就是在使用线程。在本章开头部分就曾经看到过，当时你学习到所有事物都应该通过**SwingUtilities.invokeLater()**提交Swing事件分发线程。但是，不用显式地创建**Thread**对象这一事实意味着多线程问题可能会让你大吃一惊，你必须牢记存在着一个Swing事件分发线程，它始终在那里，通过从事件队列中拉出每个事件并依次执行它们，来处理所有的Swing事件。牢记事件分发线程，将有助于确保你的应用免遭死锁和竞争条件的影响。

本节将讲述在使用Swing时所产生的多线程问题。

22.10.1 长期运行的任务

在使用图形化用户界面编程时最容易犯的错误之一，就是意外地使用了事件分发线程来运行长任务。下面是一个简单的示例：

```
//: gui/LongRunningTask.java
// A badly designed program.
import javax.swing.*;
import java.awt.*;
import java.awt.event.*;
import java.util.concurrent.*;
import static net.mindview.util.SwingConsole.*;

public class LongRunningTask extends JFrame {
  private JButton
1382    b1 = new JButton("Start Long Running Task"),
    b2 = new JButton("End Long Running Task");
  public LongRunningTask() {
    b1.addActionListener(new ActionListener() {
      public void actionPerformed(ActionEvent evt) {
        try {
          TimeUnit.SECONDS.sleep(3);
        } catch(InterruptedException e) {
          System.out.println("Task interrupted");
          return;
        }
        System.out.println("Task completed");
```

```
      }
    });
    b2.addActionListener(new ActionListener() {
      public void actionPerformed(ActionEvent evt) {
        // Interrupt yourself?
        Thread.currentThread().interrupt();
      }
    });
    setLayout(new FlowLayout());
    add(b1);
    add(b2);
  }
  public static void main(String[] args) {
    run(new LongRunningTask(), 200, 150);
  }
} ///:~
```

当按下**b1**时，事件分发线程会突然被占用去执行这个长期运行的任务。此时你会看到，这个按钮甚至不会马上弹起来，因为正常情况下会重绘屏幕的事件分发线程现在处于忙状态。并且你也不能做其他任何事，例如按下**b2**，因为这个程序在**b1**的任务完成，从而使得事件分发线程再次可用之前，是不会做出响应的。**b2**中的代码是一种有缺陷的尝试，试图通过中断事件分发线程来解决这个问题。

解决之道当然是在单独的线程中执行长期运行的任务，下面是使用了单线程的**Executor**，它会自动将待处理的任务排队，然后每次执行其中的一个：

1383

```
//: gui/InterruptableLongRunningTask.java
// Long-running tasks in threads.
import javax.swing.*;
import java.awt.*;
import java.awt.event.*;
import java.util.concurrent.*;
import static net.mindview.util.SwingConsole.*;

class Task implements Runnable {
  private static int counter = 0;
  private final int id = counter++;
  public void run() {
    System.out.println(this + " started");
    try {
      TimeUnit.SECONDS.sleep(3);
    } catch(InterruptedException e) {
      System.out.println(this + " interrupted");
      return;
    }
    System.out.println(this + " completed");
  }
  public String toString() { return "Task " + id; }
  public long id() { return id; }
};

public class InterruptableLongRunningTask extends JFrame {
  private JButton
    b1 = new JButton("Start Long Running Task"),
    b2 = new JButton("End Long Running Task");
  ExecutorService executor =
    Executors.newSingleThreadExecutor();
  public InterruptableLongRunningTask() {
    b1.addActionListener(new ActionListener() {
      public void actionPerformed(ActionEvent e) {
        Task task = new Task();
        executor.execute(task);
        System.out.println(task + " added to the queue");
      }
    });
```

```
    b2.addActionListener(new ActionListener() {
      public void actionPerformed(ActionEvent e) {
        executor.shutdownNow(); // Heavy-handed
      }
    });
    setLayout(new FlowLayout());
    add(b1);
    add(b2);
1384  }
  public static void main(String[] args) {
    run(new InterruptableLongRunningTask(), 200, 150);
  }
} ///:~
```

这个程序有了一些改进，但是当你按下**b2**时，它会在**ExecutorService**上调用**shutdownNow()**，从而会禁用它。如果你试图添加更多的任务，那么就会得到异常。因此，按下**b2**会使程序不起作用。我们想要的是在关闭当前任务（并放弃待处理任务）的同时，不会停止任何其他的事物，在第20章中描述的Java SE5的**Callable/Future**机制正是我们所需要的。我们将定义一个被称为**TaskManager**的新类，它包含多个元组，这些元组持有表示任务的**Callable**和从**Callable**中返回的**Future**。必须使用元组的原因是因为它使得我们可以跟踪最初的任务，这样就可以获取从**Future**中无法获得的额外信息。下面是示例：

```
//: net/mindview/util/TaskItem.java
// A Future and the Callable that produced it.
package net.mindview.util;
import java.util.concurrent.*;

public class TaskItem<R,C extends Callable<R>> {
  public final Future<R> future;
  public final C task;
  public TaskItem(Future<R> future, C task) {
    this.future = future;
    this.task = task;
  }
} ///:~
```

在**java.util.concurrent**类库中，默认情况下，经由**Future**是无法获得任务的，因为在你从**Future**获得结果时，任务不必仍旧留存。这里，我们通过把任务存储起来，强制它仍旧留存。

TaskManager被放到了**net.mindview.util**中，因此它可以当作通用使用工具来使用：

```
//: net/mindview/util/TaskManager.java
// Managing and executing a queue of tasks.
package net.mindview.util;
import java.util.concurrent.*;
1385 import java.util.*;
public class TaskManager<R,C extends Callable<R>>
extends ArrayList<TaskItem<R,C>> {
  private ExecutorService exec =
    Executors.newSingleThreadExecutor();
  public void add(C task) {
    add(new TaskItem<R,C>(exec.submit(task),task));
  }
  public List<R> getResults() {
    Iterator<TaskItem<R,C>> items = iterator();
    List<R> results = new ArrayList<R>();
    while(items.hasNext()) {
      TaskItem<R,C> item = items.next();
      if(item.future.isDone()) {
        try {
          results.add(item.future.get());
        } catch(Exception e) {
          throw new RuntimeException(e);
```

```
        }
        items.remove();
      }
    }
    return results;
  }
  public List<String> purge() {
    Iterator<TaskItem<R,C>> items = iterator();
    List<String> results = new ArrayList<String>();
    while(items.hasNext()) {
      TaskItem<R,C> item = items.next();
      // Leave completed tasks for results reporting:
      if(!item.future.isDone()) {
        results.add("Cancelling " + item.task);
        item.future.cancel(true); // May interrupt
        items.remove();
      }
    }
    return results;
  }
} ///:~
```

TaskManager是**TaskItem**的**ArrayList**，它还包含一个单线程的**Executor**，因此当你用一个**Callable**来调用**add()**时，它会提交该**Callable**，然后将产生的**Future**连同最初的任务一起存储起来。在这种方式中，如果需要用任务来执行某些事，你都会拥有一个指向该任务的引用。作为一个简单示例，在**purge()**中使用的是任务的**toString()**方法。 1386

现在，它可以用在我们的示例中去管理长期运行的任务了：

```
//: gui/InterruptableLongRunningCallable.java
// Using Callables for long-running tasks.
import javax.swing.*;
import java.awt.*;
import java.awt.event.*;
import java.util.concurrent.*;
import net.mindview.util.*;
import static net.mindview.util.SwingConsole.*;

class CallableTask extends Task
implements Callable<String> {
  public String call() {
    run();
    return "Return value of " + this;
  }
}

public class
InterruptableLongRunningCallable extends JFrame {
  private JButton
    b1 = new JButton("Start Long Running Task"),
    b2 = new JButton("End Long Running Task"),
    b3 = new JButton("Get results");
  private TaskManager<String,CallableTask> manager =
    new TaskManager<String,CallableTask>();
  public InterruptableLongRunningCallable() {
    b1.addActionListener(new ActionListener() {
      public void actionPerformed(ActionEvent e) {
        CallableTask task = new CallableTask();
        manager.add(task);
        System.out.println(task + " added to the queue");
      }
    });
    b2.addActionListener(new ActionListener() {
      public void actionPerformed(ActionEvent e) {
        for(String result : manager.purge())
          System.out.println(result);
```

```
      }
    });
1387    b3.addActionListener(new ActionListener() {
      public void actionPerformed(ActionEvent e) {
        // Sample call to a Task method:
        for(TaskItem<String,CallableTask> tt :
            manager)
          tt.task.id(); // No cast required
        for(String result : manager.getResults())
          System.out.println(result);
      }
    });
    setLayout(new FlowLayout());
    add(b1);
    add(b2);
    add(b3);
  }
  public static void main(String[] args) {
    run(new InterruptableLongRunningCallable(), 200, 150);
  }
} ///:~
```

正如你所看见的，**CallableTask**确实执行了与**Task**相同的操作，只是它返回了结果，在本例中返回的结果是一个标识该任务的**String**。

被称为**SwingWorker**（来自Sun的Web站点）的非Swing实用工具（不是标准Java发布版本的一部分）和Foxtrot（来自http://foxtrot.sourceforge.net）都是专门设计用来解决类似问题的。但是到本书撰写时为止，这些实用工具还没有做出修改从而能使它们利用Java SE5的**Callable/Future**机制。

为最终用户提供某种可视线索，以表示任务正在运行以及其执行进度，经常是一种非常重要的工具。这通常可以使用**JProgressBar**或**ProgressMonitor**来实现，下面的示例使用了**ProgressMonitor**：

```
//: gui/MonitoredLongRunningCallable.java
// Displaying task progress with ProgressMonitors.
import javax.swing.*;
import java.awt.*;
import java.awt.event.*;
import java.util.concurrent.*;
import net.mindview.util.*;
import static net.mindview.util.SwingConsole.*;

class MonitoredCallable implements Callable<String> {
1388  private static int counter = 0;
  private final int id = counter++;
  private final ProgressMonitor monitor;
  private final static int MAX = 8;
  public MonitoredCallable(ProgressMonitor monitor) {
    this.monitor = monitor;
    monitor.setNote(toString());
    monitor.setMaximum(MAX - 1);
    monitor.setMillisToPopup(500);
  }
  public String call() {
    System.out.println(this + " started");
    try {
      for(int i = 0; i < MAX; i++) {
        TimeUnit.MILLISECONDS.sleep(500);
        if(monitor.isCanceled())
          Thread.currentThread().interrupt();
        final int progress = i;
        SwingUtilities.invokeLater(
          new Runnable() {
```

```
              public void run() {
                monitor.setProgress(progress);
              }
            }
          );
        }
      } catch(InterruptedException e) {
        monitor.close();
        System.out.println(this + " interrupted");
        return "Result: " + this + " interrupted";
      }
      System.out.println(this + " completed");
      return "Result: " + this + " completed";
    }
    public String toString() { return "Task " + id; }
  };

  public class MonitoredLongRunningCallable extends JFrame {
    private JButton
      b1 = new JButton("Start Long Running Task"),
      b2 = new JButton("End Long Running Task"),
      b3 = new JButton("Get results");
    private TaskManager<String,MonitoredCallable> manager =
      new TaskManager<String,MonitoredCallable>();
    public MonitoredLongRunningCallable() {
      b1.addActionListener(new ActionListener() {
        public void actionPerformed(ActionEvent e) {
          MonitoredCallable task = new MonitoredCallable(
            new ProgressMonitor(
              MonitoredLongRunningCallable.this,
              "Long-Running Task", "", 0, 0)
          );
          manager.add(task);
          System.out.println(task + " added to the queue");
        }
      });
      b2.addActionListener(new ActionListener() {
        public void actionPerformed(ActionEvent e) {
          for(String result : manager.purge())
            System.out.println(result);
        }
      });
      b3.addActionListener(new ActionListener() {
        public void actionPerformed(ActionEvent e) {
          for(String result : manager.getResults())
            System.out.println(result);
        }
      });
      setLayout(new FlowLayout());
      add(b1);
      add(b2);
      add(b3);
    }
    public static void main(String[] args) {
      run(new MonitoredLongRunningCallable(), 200, 500);
    }
  } ///:~
```

1389

MonitoredCallable的构造器接收一个**ProgressMonitor**作为参数，并且其**call()**方法会每半秒钟更新一次该**ProgressMonitor**。注意，**MonitoredCallable**是一个单独的任务，因此不应该尝试着直接控制UI，这样就需要使用**SwingUtilities.invokeLater()**来向**monitor**提交进度变化信息。Sun的Swing教程（在http://java.sun.com上）展示了另一种可选的方式，即使用Swing的**Timer**，它可以检查任务的状态并更新监视器。

如果监视器的cancel按钮被按下，**monitor.isCanceled()**方法将返回**true**。这里，任务只是在

1390 其自身的线程上调用了**interrupt()**，这个方法将使任务进入**catch**子句，而**monitor**将在此由**close()**方法终结。

剩下的代码与之前代码是一样的，只是创建**ProgressMonitor**成为了**MonitoredLong-RunningCallable**构造器的一部分。

练习33：(6) 修改**InterruptableLongRunningCallable.java**，使其并行而不是按顺序地运行所有任务。

22.10.2 可视化线程机制

下面的例子使一个实现了**Runnable**接口的**Jpanel**类可以在其自身上绘制不同的颜色。程序设定为从命令行接受参数，以决定颜色块的数目和颜色变化的时间间隔（线程休眠的时间）。尝试用不同的值运行程序，你可能会发现一些在你的平台之上的多线程实现的有趣的、难以言表的特性：

```
//: gui/ColorBoxes.java
// A visual demonstration of threading.
import javax.swing.*;
import java.awt.*;
import java.util.concurrent.*;
import java.util.*;
import static net.mindview.util.SwingConsole.*;

class CBox extends JPanel implements Runnable {
  private int pause;
  private static Random rand = new Random();
  private Color color = new Color(0);
  public void paintComponent(Graphics g) {
    g.setColor(color);
    Dimension s = getSize();
    g.fillRect(0, 0, s.width, s.height);
  }
  public CBox(int pause) { this.pause = pause; }
  public void run() {
    try {
      while(!Thread.interrupted()) {
        color = new Color(rand.nextInt(0xFFFFFF));
        repaint(); // Asynchronously request a paint()
        TimeUnit.MILLISECONDS.sleep(pause);
1391      }
    } catch(InterruptedException e) {
      // Acceptable way to exit
    }
  }
}

public class ColorBoxes extends JFrame {
  private int grid = 12;
  private int pause = 50;
  private static ExecutorService exec =
    Executors.newCachedThreadPool();
  public void setUp() {
    setLayout(new GridLayout(grid, grid));
    for(int i = 0; i < grid * grid; i++) {
      CBox cb = new CBox(pause);
      add(cb);
      exec.execute(cb);
    }
  }
  public static void main(String[] args) {
    ColorBoxes boxes = new ColorBoxes();
    if(args.length > 0)
      boxes.grid = new Integer(args[0]);
    if(args.length > 1)
```

```
        boxes.pause = new Integer(args[1]);
      boxes.setUp();
      run(boxes, 500, 400);
    }
  } ///:~
```

ColorBoxes设置为使用**GridLayout**布局管理器，从而得到二维的网格单元。然后加入适当数目的**CBox**对象来填充网格，并为这些对象传入**pause**值。在**main()**中可以发现，**pause**和**grid**都有默认值，通过命令行传入的参数值可以修改这些值。

所有的工作由**CBox**完成。它从**JPanel**继承，并且实现了**Runnable**接口，所以每个**JPanel**同时也是一个独立任务。这些任务都是通过线程池**ExecutorService**来驱动的。

当前单元的颜色是**color**，这些颜色是通过使用**Color**构造器创建的，该构造器接受一个24位的数字，在本例中，这个数字是随机创建的。 1392

paintComponent()方法相当简单，它只是将颜色设置为**color**，并用这种颜色填充整个**JPanel**。

在**run()**方法中，可以看到一个无穷循环，它先把**cColor**设置成新的随机颜色，然后调用**repaint()**进行显示。接着调用**sleep()**使线程休眠一段时间，这个时间可以从命令行指定。

在**run()**中对**repaint()**的调用应该受到检查。初看起来，就像是我们在创建许多线程，其中每一个都强制进行绘制。看上去这违反了应该只向事件队列提交任务的原则，但是，这些线程并未实际修改共享资源。当它们调用**repaint()**时，并未强制在这一时刻立即进行绘制，而只是设置了一个“脏标志”，表示当下一次事件分发线程准备好重绘时，这个区域是重绘的备选元素之一。因此，这个程序不会引起Swing的多线程问题。

当事件分发线程实际执行**paint()**时，首先调用**paintComponent()**，然后是**paintBorder()**和**paintChildren()**。如果你需要在导出组件中覆盖**paint()**，就必须牢记调用基类版本的**paint()**，以使得它仍旧可以执行正确的行为。

这个设计很灵活，并且线程与每个**JPanel**都联系到了一起，所以你可以试着创建任意多的线程。（事实上，这个数目受你的JVM所能自如处理的线程数目的限制。）这个程序还能做一个有趣的基准测试，因为可以针对不同的JVM线程实现以及不同的平台，用它来演示这些实现的动态性能以及行为上的差异。

练习34：(4) 修改**ColorBoxes.java**，让数个闪烁点（星星）穿过画布，然后随机地变化这些“星星”的颜色。

22.11 可视化编程与JavaBean

到目前为止，读者已经看到了Java在编写可重用代码方面所具有的价值。类是“最可重用”的代码单元，因为它把性质（字段）和行为（方法）聚合成一个单元，所以它既可以被直接重用，也可以通过组合或继承得到重用。 1393

继承和多态是面向对象编程的关键部分，不过在大多数情况下，当把程序放在一起时，人们真正希望的是能够精确地满足需求的组件。人们希望把这些部件像电子工程师把芯片放在电路板上一样地集成到自己的设计中。看来，应该有某种方法能加速这种“模块化装配”形式的编程。

“可视化编程”是首先成功的方式，而且非常成功。首先是微软公司的Visual BASIC (VB)，接着是Borland公司的Delphi（JavaBeans的设计主要就是受到了它的启发），它属于第二代产品。伴随着这些编程工具，组件也以可视的形式表现，因为它们通常表现为一些诸如按钮或文本域的可视组件，所以这种可视化很有意义。实际上可视化表示通常就是组件在运行的程序中可被观察到的方式。所以可视化编程的部分过程就包括了从选用区选择组件，然后把它拖放到窗体上。在拖放的时候，应用程序构建集成开发环境（Integrated Development Environment, IDE）会帮着生成相应的代码，这些代码将在程序实际运行的时候创建相应的组件。

简单地把组件拖放到窗体上一般还不足以完成程序。通常，还必须改变组件的特征，比如颜色、文本、所连接的数据库等等。可以在设计时被修改的特征被称为*属性*。可以使用IDE构建器工具对组件的属性进行设置，在创建程序的时候，这些配置信息将被保存，这样就可以在程序运行的时候恢复这些信息。

现在读者可能已经习惯了这样的思想，即对象不仅仅包含了特征；它还包括一组行为。在设计时，可视化组件的行为可部分地由*事件*表示，意思是“这是可以在组件上发生的动作”。通常，通过为事件编写代码来决定当事件发生时该如何处理。

关键在于：IDE构建工具能够使用反射机制来动态地向组件查询，以找出组件具有的属性和
1394 支持的事件。一旦查询完毕，它将显示属性并且允许你进行修改（在你构建程序的时候会把状态保存起来），此外它还能显示事件。通常，需要在事件上做出类似于双击的操作，IDE构建工具会为你生成一个与此事件关联的代码体。这时你要做的就是编写事件发生时将要执行的代码。

所有这些加起来就是IDE构建工具能够帮你完成的大量工作。这样，你就能将精力集中于程序的外观和功能上，然后依赖IDE构建工具为你管理相关的细节。可视化编程工具如此成功的原因就在于，它们极大地加速了程序的构建过程（当然包括了用户界面部分，而且常常对程序其他部分的编写也有帮助）。

22.11.1 JavaBean是什么

在剥去层层包裹之后，组件只不过就是一段代码，通常以类的形式出现。对于组件来说，关键在于要具有“能够被IDE构建工具侦测其属性和事件”的能力。要编写一个VB组件，程序员不得不根据某些固定规则编写相当复杂的代码，以暴露出组件的属性和方法（数年之后这已经变得容易多了）。Delphi作为第二代可视化编程工具，语言本身就是围绕着可视化编程而设计的，所以编写可视化组件要容易很多。然而，通过引入JavaBean，Java把可视化组件的创建带到了最高的层次，因为Bean就是一个类。要编写一个Bean，你不必添加任何特殊代码或者使用任何特殊的语言功能。实际上你唯一要做的就是，对方法的名称做少许修改。通过方法的名称就能告诉应用程序构建工具，这是一个属性、一个事件，还是只是一个普通方法。

在JDK文档中，命名规则使用了错误的术语“设计模式”（design pattern）。这是不恰当的，因为设计模式（参考www.MindView.com网站上的《Thinking in Patterns (with Java)》）即使不与这些概念混在一起，其本身也具有足够的挑战性。这不是设计模式，这只是一个命名规则，而且非常简单：

1) 对于一个名称为**xxx**的属性，通常你要写两个方法：**getXxx()**和**setXxx()**。任何浏览这些方法的工具，都会把get或set后面的第一个字母自动转换为小写，以产生属性名。get方法返回的
1395 类型要与set方法里参数的类型相同。属性的名称与get和set所依据的类型毫无关系。

2) 对于布尔型属性，可以使用以上get和set的方式，不过也可以把get替换成is。

3) Bean的普通方法不必遵循以上的命名规则，不过它们必须是**public**的。

4) 对于事件，要使用Swing中处理监听器的方式。这与前面所见到的完全相同——**addBounceListener(BounceListener)** 和**removeBounceListener(BounceListener)**用来处理**BounceEvent**事件。大多数情况下，内置的事件和监听器就能够满足需求了，不过也可以自己编写事件和监听器接口。

我们可以使用这些规则编写一个简单的Bean：

```
//: frogbean/Frog.java
// A trivial JavaBean.
package frogbean;
import java.awt.*;
import java.awt.event.*;

class Spots {}

public class Frog {
  private int jumps;
  private Color color;
  private Spots spots;
  private boolean jmpr;
  public int getJumps() { return jumps; }
  public void setJumps(int newJumps) {
    jumps = newJumps;
  }
  public Color getColor() { return color; }
  public void setColor(Color newColor) {
    color = newColor;
  }
  public Spots getSpots() { return spots; }
  public void setSpots(Spots newSpots) {
    spots = newSpots;
  }
  public boolean isJumper() { return jmpr; }
  public void setJumper(boolean j) { jmpr = j; }
  public void addActionListener(ActionListener l) {
    //...
  }
  public void removeActionListener(ActionListener l) {
    // ...
  }
  public void addKeyListener(KeyListener l) {
    // ...
  }
  public void removeKeyListener(KeyListener l) {
    // ...
  }
  // An "ordinary" public method:
  public void croak() {
    System.out.println("Ribbet!");
  }
} ///:~
```

1396

首先，你可以发现这只是一个类。通常，所有的字段都是私有的，只能通过方法和属性进行访问。根据命名规则，Bean的属性是**jumps**、**color**、**spots**和**jumper**（注意属性名称第一个字母的大小写变化）。对于前三个属性，其名称与其内部标识符的名称相同，不过通过**jumper**你会发现，属性名称并不要求你为内部变量使用任何特定的标识符（或者，实际上甚至不需要有任何内部变量与属性对应）。

根据add和remove方法对相关监听器的命名可以看出，这个Bean所处理的事件是**ActionEvent**和**KeyEvent**。最后，你可以发现普通方法**croak()**也是Bean的一部分；这只是因为它是公共方法，而不是因为它遵循了任何命名规则。

22.11.2 使用Introspector抽取出BeanInfo

JavaBean模式的最关键部分之一，表现在当你从选用区拖动一个Bean，然后把它放置到窗体上的时候。IDE构建工具必须能够创建这个Bean（如果有默认构造器就可以创建），然后在不访问Bean的源代码的情况下抽取出所有必要信息，以创建属性和事件处理器的列表。 1397

部分解决方案在第14章就出现了：Java的反射机制能发现未知类的所有方法。对于解决JavaBean的这个问题，这是个完美的方案，你不用像其他可视化编程语言那样使用任何语言附加的关键字。实际上，Java语言里加入反射机制的主要原因之一就是为了支持JavaBean（尽管反射也支持对象序列化和远程方法调用）。所以，你也许会认为IDE构建工具的编写者将使用反射来抽取Bean的方法，然后在方法里面查找出Bean的属性和事件。

这当然是可行的，不过Java的设计者希望提供一个标准工具，不仅要使Bean用起来简单，而且对于创建更复杂的Bean也能够提供一个标准方法。这个工具就是Introspector（内省器）类，这个类最重要的就是静态的**getBeanInfo()**方法。向这个方法传递一个**Class**对象引用，它能够完全侦测这个类，然后返回一个**BeanInfo**对象，可以通过这个对象得到**Bean**的属性、方法和事件。

通常，你不用关心这些问题；也许能直接从货架上获得大多数想用的Bean，而不必知道底层的细节。你只需把Bean拖动到窗体上，配置它们的属性，然后为感兴趣的事件编写处理程序即可。不过，使用**Introspector**来显示Bean的信息是个值得学习的练习。下面就是这个工具：

```
//: gui/BeanDumper.java
// Introspecting a Bean.
import javax.swing.*;
import java.awt.*;
import java.awt.event.*;
import java.beans.*;
import java.lang.reflect.*;
import static net.mindview.util.SwingConsole.*;

public class BeanDumper extends JFrame {
  private JTextField query = new JTextField(20);
  private JTextArea results = new JTextArea();
  public void print(String s) { results.append(s + "\n"); }
  public void dump(Class<?> bean) {
    results.setText("");
    BeanInfo bi = null;
1398    try {
      bi = Introspector.getBeanInfo(bean, Object.class);
    } catch(IntrospectionException e) {
      print("Couldn't introspect " +  bean.getName());
      return;
    }
    for(PropertyDescriptor d: bi.getPropertyDescriptors()){
      Class<?> p = d.getPropertyType();
      if(p == null) continue;
      print("Property type:\n  " + p.getName() +
        "Property name:\n  " + d.getName());
      Method readMethod = d.getReadMethod();
      if(readMethod != null)
        print("Read method:\n  " + readMethod);
      Method writeMethod = d.getWriteMethod();
      if(writeMethod != null)
        print("Write method:\n  " + writeMethod);
      print("====================");
    }
    print("Public methods:");
    for(MethodDescriptor m : bi.getMethodDescriptors())
      print(m.getMethod().toString());
    print("======================");
    print("Event support:");
    for(EventSetDescriptor e: bi.getEventSetDescriptors()){
      print("Listener type:\n  " +
        e.getListenerType().getName());
      for(Method lm : e.getListenerMethods())
        print("Listener method:\n  " + lm.getName());
      for(MethodDescriptor lmd :
          e.getListenerMethodDescriptors() )
```

```
        print("Method descriptor:\n  " + lmd.getMethod());
      Method addListener= e.getAddListenerMethod();
      print("Add Listener Method:\n  " + addListener);
      Method removeListener = e.getRemoveListenerMethod();
      print("Remove Listener Method:\n  "+ removeListener);
      print("====================");
    }
  }
  class Dumper implements ActionListener {
    public void actionPerformed(ActionEvent e) {
      String name = query.getText();
      Class<?> c = null;
      try {
        c = Class.forName(name);
      } catch(ClassNotFoundException ex) {
        results.setText("Couldn't find " + name);
        return;
      }
      dump(c);
    }
  }
  public BeanDumper() {
    JPanel p = new JPanel();
    p.setLayout(new FlowLayout());
    p.add(new JLabel("Qualified bean name:"));
    p.add(query);
    add(BorderLayout.NORTH, p);
    add(new JScrollPane(results));
    Dumper dmpr = new Dumper();
    query.addActionListener(dmpr);
    query.setText("frogbean.Frog");
    // Force evaluation
    dmpr.actionPerformed(new ActionEvent(dmpr, 0, ""));
  }
  public static void main(String[] args) {
    run(new BeanDumper(), 600, 500);
  }
} ///:~
```

1399

BeanDumper.dump()方法执行了所有工作。首先，它试图创建一个**BeanInfo**对象，成功的话，就调用**BeanInfo**的方法得到有关其属性、方法和事件的信息。你会发现**Introspector.getBeanInfo()**方法有第二个参数，它用来告诉**Introspector**在哪个继承层次上停止查询。因为我们不关心来自**Object**的方法，所以这里的参数让**Introspector**在解析来自**Object**的所有方法前停止查询。

对于属性来说，**getPropertyDescriptors()**返回类型为**PropertyDescriptor**的数组，你可以针对每一个**PropertyDescriptor**都调用**getPropertyType()**来得到“通过属性方法设置和返回的对象”的类型。然后，针对每个属性，你可以通过**getName()**方法得到它的别名（从方法名中抽取），通过**getReadMethod()**方法得到读方法，通过**getWriteMethod()**方法得到写方法。后两个方法返回**Method**对象，它们能够用来在对象上调用相应的方法（这是反射的一部分）。 1400

对于公共方法（包括属性方法），**getMethodDescriptors()**方法返回类型为**MethodDescriptor**的数组。对于数组的每个元素，你可以得到相关联的**Method**对象，并显示它们的名称。

对于事件，**getEventSetDescriptors()**方法返回类型为**EventSetDescriptor**（或是别的什么）的数组。可以对数组中的每一个元素进行查询，以得到监听器的类型、监听器类的方法，以及添加和移除监听器的方法。**BeanDumper**程序显示了所有这些信息。

在启动之后，程序强制评估**frogbean.Frog**。下面是程序输出，这里移除了不必要的额外细节：

```
Property type:
  Color
```

```
Property name:
  color
Read method:
  public Color getColor()
Write method:
  public void setColor(Color)
====================
Property type:
  boolean
Property name:
  jumper
Read method:
  public boolean isJumper()
Write method:
  public void setJumper(boolean)
====================
Property type:
  int
Property name:
  jumps
Read method:
  public int getJumps()
Write method:
  public void setJumps(int)
====================
Property type:
  frogbean.Spots
Property name:
1401  spots
Read method:
  public frogbean.Spots getSpots()
Write method:
  public void setSpots(frogbean.Spots)
====================
Public methods:
public void setSpots(frogbean.Spots)
public void setColor(Color)
public void setJumps(int)
public boolean isJumper()
public frogbean.Spots getSpots()
public void croak()
public void addActionListener(ActionListener)
public void addKeyListener(KeyListener)
public Color getColor()
public void setJumper(boolean)
public int getJumps()
public void removeActionListener(ActionListener)
public void removeKeyListener(KeyListener)
======================
Event support:
Listener type:
  KeyListener
Listener method:
  keyPressed
Listener method:
  keyReleased
Listener method:
  keyTyped
Method descriptor:
  public abstract void keyPressed(KeyEvent)
Method descriptor:
  public abstract void keyReleased(KeyEvent)
Method descriptor:
  public abstract void keyTyped(KeyEvent)
Add Listener Method:
  public void addKeyListener(KeyListener)
Remove Listener Method:
```

```
  public void removeKeyListener(KeyListener)
====================
Listener type:
  ActionListener
Listener method:
  actionPerformed
Method descriptor:
  public abstract void actionPerformed(ActionEvent)
Add Listener Method:
  public void addActionListener(ActionListener)
Remove Listener Method:
  public void removeActionListener(ActionListener)
====================
```
1402

这里列出的是**Introspector**能够观察到的从你的Bean中产生的**BeanInfo**对象中的大多数信息。可以观察到属性的类型和名称相互独立。注意属性名称使用小写字母（唯一例外的情况是，属性名称以连续多个大写字母开头）。记住，你在这里看到的方法名称（比如读和写方法），是从**Method**对象中得到的，它可以用来在对象上调用相关联的方法。

公共方法列表中既包括了那些与属性或事件无关的方法，比如**croak()**，也包括了那些与属性或事件有关的方法。这些就是你可以通过编程在Bean上调用的所有方法，并且，为了让你的工作更容易，IDE构建工具可以在你编写方法调用的时候，显示这个列表。

最后，你可以发现所有事件都被完全地解析了出来，包括相关的监听器、它的方法，以及添加和移除监听器所用的方法。基本上，一旦你获得了**BeanInfo**对象，你就可以得到Bean的所有重要信息。你还能够调用Bean上的方法，甚至在除了对象以外（这里又是反射的功能）再没有其他任何信息的情况下，也能够这么做。

22.11.3 一个更复杂的Bean

下面的例子稍微复杂一些（虽然它并不是很重要）。它是一个**JPanel**，当鼠标移动的时候，可以在鼠标周围绘制小圆圈。当你按下鼠标，单词“Bang!”将出现在屏幕的中央，并且触发一个动作监听器。

你可以改变的属性包括：圆圈的大小，当按下鼠标时所显示的单词的颜色、大小和文本。**BangBean**类还具有**addActionListener()**和**removeActionListener()**，所以你可以自己编写监听器并与之关联，当用户在**BangBean**上单击的时候，你的监听器就会被触发。你应该能够识别它们支持的属性和事件：

1403

```
//: bangbean/BangBean.java
// A graphical Bean.
package bangbean;
import javax.swing.*;
import java.awt.*;
import java.awt.event.*;
import java.io.*;
import java.util.*;

public class
BangBean extends JPanel implements Serializable {
  private int xm, ym;
  private int cSize = 20; // Circle size
  private String text = "Bang!";
  private int fontSize = 48;
  private Color tColor = Color.RED;
  private ActionListener actionListener;
  public BangBean() {
    addMouseListener(new ML());
    addMouseMotionListener(new MML());
  }
```

```
    public int getCircleSize() { return cSize; }
    public void setCircleSize(int newSize) {
      cSize = newSize;
    }
    public String getBangText() { return text; }
    public void setBangText(String newText) {
      text = newText;
    }
    public int getFontSize() { return fontSize; }
    public void setFontSize(int newSize) {
      fontSize = newSize;
    }
    public Color getTextColor() { return tColor; }
    public void setTextColor(Color newColor) {
      tColor = newColor;
    }
    public void paintComponent(Graphics g) {
      super.paintComponent(g);
      g.setColor(Color.BLACK);
      g.drawOval(xm - cSize/2, ym - cSize/2, cSize, cSize);
    }
    // This is a unicast listener, which is
    // the simplest form of listener management:
1404    public void addActionListener(ActionListener l)
    throws TooManyListenersException {
      if(actionListener != null)
        throw new TooManyListenersException();
      actionListener = l;
    }
    public void removeActionListener(ActionListener l) {
      actionListener = null;
    }
    class ML extends MouseAdapter {
      public void mousePressed(MouseEvent e) {
        Graphics g = getGraphics();
        g.setColor(tColor);
        g.setFont(
          new Font("TimesRoman", Font.BOLD, fontSize));
        int width = g.getFontMetrics().stringWidth(text);
        g.drawString(text, (getSize().width - width) /2,
          getSize().height/2);
        g.dispose();
        // Call the listener's method:
        if(actionListener != null)
          actionListener.actionPerformed(
            new ActionEvent(BangBean.this,
              ActionEvent.ACTION_PERFORMED, null));
      }
    }
    class MML extends MouseMotionAdapter {
      public void mouseMoved(MouseEvent e) {
        xm = e.getX();
        ym = e.getY();
        repaint();
      }
    }
    public Dimension getPreferredSize() {
      return new Dimension(200, 200);
    }
  } ///:~
```

首先注意到的是，**BangBean**实现了**Serializable**接口。这就意味着IDE构建工具能够在程序设计者调整属性之后，通过对象序列化机制“保存”（pickle）**BangBean**的所有信息。在作为运行程序的组件创建这个Bean的时候，这些保存过的属性能够被恢复，这样你就得到了与设计时
1405 一致的Bean。

观察**addActionListener()**方法的特征签名，就会发现它可以抛出**TooManyListeners-Exception**异常。这表明它只支持单路的事件处理方式，即事件发生的时候它只能通知一个监听器。通常，你会使用支持多路方式的组件，这样一个事件可以通知给多个监听器。不过，这样会牵涉到线程问题，我们将在14.14.4节研究这个问题。同时，单路事件处理方式就可以回避这个问题。

当单击鼠标时，文字将显示在**BangBean**的中央，此时如果**actionListener**字段非空，它的**actionPerformed()**方法将被调用，调用之前要创建一个新的**ActionEvent**对象。当鼠标移动的时候，新的坐标将被捕获，并且重新绘制窗体（如你所见，擦除窗体上的任何文字）。

下面是测试Bean的**BangBeanTest**类：

```
//: bangbean/BangBeanTest.java
// {Timeout: 5} Abort after 5 seconds when testing
package bangbean;
import javax.swing.*;
import java.awt.*;
import java.awt.event.*;
import java.util.*;
import static net.mindview.util.SwingConsole.*;

public class BangBeanTest extends JFrame {
  private JTextField txt = new JTextField(20);
  // During testing, report actions:
  class BBL implements ActionListener {
    private int count = 0;
    public void actionPerformed(ActionEvent e) {
      txt.setText("BangBean action "+ count++);
    }
  }
  public BangBeanTest() {
    BangBean bb = new BangBean();
    try {
      bb.addActionListener(new BBL());
    } catch(TooManyListenersException e) {
      txt.setText("Too many listeners");
    }
    add(bb);
    add(BorderLayout.SOUTH, txt);
  }
  public static void main(String[] args) {
    run(new BangBeanTest(), 400, 500);
  }
} ///:~
```

1406

当Bean处于IDE中时，不必使用这个类，不过为你的每个Bean提供一种快速的测试方法会很有帮助。**BangBeanTest**将把一个**BangBean**对象放在applet内，给**BangBean**对象关联一个简单的**ActionListener**（动作监听器），当**ActionEvent**事件发生的时候，监听器能把事件计数显示到**JTextField**。当然，通常应用程序构建工具会帮助创建使用Bean的大部分代码。

当通过**BeanDumper**查询**BangBean**，或者把**BangBean**放置在支持Bean的开发环境中时，显示出的属性和动作将比上面代码中编写的要多许多。这是因为**BangBean**继承自**JPanel**，而**JPanel**也是一个Bean，所以你会看到所有的属性和事件。

练习35：(6) 在因特网上查找并下载几个免费的GUI构建工具，或者如果你有的话就使用商业产品，研究一下要把**BangBean**导入这个环境并使用它，需要哪些必要的步骤。

22.11.4 JavaBean与同步

当创建Bean的时候，必须要假设它可能会在多线程环境下运行。也就是说：

1) 尽可能地让Bean中的所有公共方法都是**synchronized**（同步）的。当然，这将导致**synchronized**的运行时开销（在近几个版本的JDK中，这个开销已经大大降低了）。如果这么做会有问题，那么对那些不会导致临界区域问题的方法，可以考虑不同步。但要记住，这些方法并非总是这么容易做出判断。进行同步的方法应该尽可能短（比如下面例子中的**getCircleSize()**方法），并且（或者）是"原子的"——原子性是指，在调用含有这一小段代码的方法时，对象不能被改变（但是回顾一下第21章，你认为是原子性的代码也许并不具有原子性）。不同步这样
1407 的方法也许不会对程序的执行速度有明显的效果。所以最好是同步Bean的所有公共方法，只有在确实会有明显效果并且你可以安全地移除时，才在一个方法上移除**synchronized**关键字。

2) 当一个多路事件触发了一组对该事件感兴趣的监听器时，你必须假定，在你遍历列表进行通知的同时，监听器可能会被添加或移除。

第一点很容易处理，但第二点就需要做更多的思考。前面版本的**BangBean.java**通过忽略**synchronized**关键字并使用单路事件处理方式，回避了并发问题。下面是修改后的版本，它可以在多线程环境下工作，而且使用了多路事件处理方式：

```
//: gui/BangBean2.java
// You should write your Beans this way so they
// can run in a multithreaded environment.
import javax.swing.*;
import java.awt.*;
import java.awt.event.*;
import java.io.*;
import java.util.*;
import static net.mindview.util.SwingConsole.*;

public class BangBean2 extends JPanel
implements Serializable {
  private int xm, ym;
  private int cSize = 20; // Circle size
  private String text = "Bang!";
  private int fontSize = 48;
  private Color tColor = Color.RED;
  private ArrayList<ActionListener> actionListeners =
    new ArrayList<ActionListener>();
  public BangBean2() {
    addMouseListener(new ML());
    addMouseMotionListener(new MM());
  }
  public synchronized int getCircleSize() { return cSize; }
  public synchronized void setCircleSize(int newSize) {
    cSize = newSize;
  }
  public synchronized String getBangText() { return text; }
  public synchronized void setBangText(String newText) {
    text = newText;
  }
  public synchronized int getFontSize(){ return fontSize; }
  public synchronized void setFontSize(int newSize) {
    fontSize = newSize;
  }
  public synchronized Color getTextColor(){ return tColor;}
  public synchronized void setTextColor(Color newColor) {
    tColor = newColor;
  }
  public void paintComponent(Graphics g) {
    super.paintComponent(g);
    g.setColor(Color.BLACK);
    g.drawOval(xm - cSize/2, ym - cSize/2, cSize, cSize);
  }
  // This is a multicast listener, which is more typically
```

1408

```
  // used than the unicast approach taken in BangBean.java:
  public synchronized void
  addActionListener(ActionListener l) {
    actionListeners.add(l);
  }
  public synchronized void
  removeActionListener(ActionListener l) {
    actionListeners.remove(l);
  }
  // Notice this isn't synchronized:
  public void notifyListeners() {
    ActionEvent a = new ActionEvent(BangBean2.this,
      ActionEvent.ACTION_PERFORMED, null);
    ArrayList<ActionListener> lv = null;
    // Make a shallow copy of the List in case
    // someone adds a listener while we're
    // calling listeners:
    synchronized(this) {
      lv = new ArrayList<ActionListener>(actionListeners);
    }
    // Call all the listener methods:
    for(ActionListener al : lv)
      al.actionPerformed(a);
  }
  class ML extends MouseAdapter {
    public void mousePressed(MouseEvent e) {
      Graphics g = getGraphics();
      g.setColor(tColor);
      g.setFont(
        new Font("TimesRoman", Font.BOLD, fontSize));                1409
      int width = g.getFontMetrics().stringWidth(text);
      g.drawString(text, (getSize().width - width) /2,
        getSize().height/2);
      g.dispose();
      notifyListeners();
    }
  }
  class MM extends MouseMotionAdapter {
    public void mouseMoved(MouseEvent e) {
      xm = e.getX();
      ym = e.getY();
      repaint();
    }
  }
  public static void main(String[] args) {
    BangBean2 bb2 = new BangBean2();
    bb2.addActionListener(new ActionListener() {
      public void actionPerformed(ActionEvent e) {
        System.out.println("ActionEvent" + e);
      }
    });
    bb2.addActionListener(new ActionListener() {
      public void actionPerformed(ActionEvent e) {
        System.out.println("BangBean2 action");
      }
    });
    bb2.addActionListener(new ActionListener() {
      public void actionPerformed(ActionEvent e) {
        System.out.println("More action");
      }
    });
    JFrame frame = new JFrame();
    frame.add(bb2);
    run(frame, 300, 300);
  }
} ///:~
```

给方法加上**synchronized**关键字很容易。不过要注意，在**addActionListener()**和**removeActionListener()**方法中，现在要从**ArrayList**添加或移除**ActionListener**，所以你可以添加任意多
1410 的监听器。

可以观察到**notifyListeners()**方法没有被同步。这个方法可以同时被多个线程调用。在调用**notifyListeners()**期间，也可能有别的线程在对**addActionListener()**或**removeActionListener()**进行调用，这将遍历**actionListeners**的这个ArrayList，所以就可能发生冲突。为了解决这个问题，先在一个同步子句里对**ArrayList**进行复制，可以通过使用ArrayList的构造器来实现，因为它会复制其参数中的元素，然后对复制的对象进行遍历。这样，就可以操作原来那个**ArrayList**而不会对**notifyListeners()**过程有影响了。

paintComponent()方法也没有被同步。判断是否同步覆盖后的方法并不像判断自己写的方法那么明显。在本例中表明，无论是否同步，**paintComponent()**方法看起来工作都正常。不过你必须考虑这些问题：

1) 这个方法会修改对象中"关键"变量的状态吗？要弄清楚变量是否"关键"，必须判断它们是否被程序中的其他线程读写。（在本例中，读写操作基本上是通过同步方法进行的，所以你检查这些就可以了。）在**paintComponent()**方法中，就没有进行任何修改操作。

2) 这个方法依赖于那些"关键"变量吗？如果有某个同步方法会修改此方法所使用的变量，那么你应该把这个方法也同步。根据这一点，你会发现**cSize**被同步方法所改变，所以**paintComponent()**方法应该被同步。不过，这里还可以问自己，"如果**cSize**在调用**paintComponent()**的过程中被改变，最坏的结果是什么？"要是觉得问题不大，这种改变只起瞬时作用，你就可以作出不同步**paintComponent()**方法的决定，以避免同步方法调用所产生的额外开销。

3) 第三个线索是查看基类版本的**paintComponent()**是否同步，在这里并没有被同步。这不是种严密的判断方法，只是一个线索。比如在本例中，由同步方法所改变的字段（比如**cSize**）
1411 已经混在**paintComponent()**的公式中了，在这种情况下它有可能会被改变。不过，请注意，同步不会继承；也就是说，如果基类方法是同步的，派生类中覆盖后的版本并非自动同步。

4) **paint()**和**paintComponent()**的执行必须尽可能快。要尽量把处理的开销移到方法外面，所以要是发现需要同步这些方法，那么你的设计可能就存在问题。

与**BangBeanTest**相比，**main()**里面的测试代码已经被修改过了，它通过添加额外的监听器，来演示**BangBean2**的多路事件处理能力。

22.11.5 把Bean打包

在把JavaBean加入到某个支持Bean的IDE之前，必须把它置于一个Bean容器中，Bean容器，也就是一个JAR文件，它里面包含了Bean的所有**.class**文件以及能表明"这是一个Bean"的"清单"（manifest）文件。清单文件是一个文本文件，它遵循特定的格式。对于**BangBean**，它的清单文件看起来像这样：

```
Manifest-Version: 1.0

Name: bangbean/BangBean.class
Java-Bean: True
```

第一行显示了清单文件格式的版本，目前Sun公司发布的是1.0。第二行（忽略空行）为**BangBean.class**文件命名，第三行表明"这是一个Bean"。没有第三行，程序构建工具将不能把类识别成Bean。

唯一需要技巧的部分是，要确保在"Name:"字段写上正确的路径。回过头看看前面的**BangBean.java**，就会发现它处于**bangbean**包中（也就是一个名为"bangbean"的子目录，它不

包括在classpath中)，清单文件的名称字段必须含有这个包信息。此外，必须把清单文件放在包的根目录的上层目录中，这里就是把清单文件放在“bangbean”目录的父目录中。然后需要在清单文件所在的目录下调用**jar**工具，如下所示：

```
jar cfm BangBean.jar BangBean.mf bangbean
```
1412

这里假定你要把生成的JAR文件命名为**BangBean.jar**，并且清单文件的名称为**BangBean.mf**。

你可能会奇怪：“当我编译完**BangBean.java**之后，生成的其他**.class**文件在哪呢？”其实，它们都在**bangbean**子目录下，上面**jar**命令行的最后一个参数就是bangbean目录名。当你把目录名传递给**jar**工具时，它将把整个目录打包进JAR文件（在本例中，包括了**BangBean.java**源文件，你也许不会选择在自己的Bean中包括源代码）。此外，如果你把刚才生成的JAR文件解包，就会发现里面并没有你指定的清单文件，**jar**工具创建了自己的清单文件（部分根据你提供的信息）**MANIFEST.MF**，这个文件放在“**META-INF**”（元信息）目录下。打开这个文件，就会看到**jar**为每个文件都添加了数字签名信息，如下所示：

```
Digest-Algorithms: SHA MD5
SHA-Digest: pDpEAG9NaeCx8aFtqPI4udSX/O0=
MD5-Digest: O4NcS1hE3Smnzlp2hj6qeg==
```

通常，你不必考虑这些，如果改变了程序，你只要修改原来的清单文件，然后重新调用**jar**工具来为Bean创建一个新的JAR文件即可。通过把相关信息加入清单文件，你还能把其他Bean也添加到这个JAR文件中。

要注意的一点是，你可能希望把每个Bean都放进专门的子目录中，因为在创建JAR文件的时候，你把子目录的名称传递给了**jar**工具，它将把子目录里面的所有文件都打包进JAR文件。可以看到**Frog**和**BangBean**都在它们各自的子目录中。

一旦把Bean正确地打包成JAR文件，就可以把它导入支持Bean的IDE中了。导入的方式根据不同的工具可能会有所不同，不过Sun公司在它们的“Bean Builder”里提供了一个免费使用的测试工具（可以从http://java.sun.com/beans下载）。只要把JAR文件复制到正确的目录下，就可以把你的Bean导入到Bean Builder中。

练习36：(4) 把**Frog.class**加入本章所示的清单文件，执行**jar**工具创建包含Frog和**BangBean**的JAR文件。然后从Sun下载并安装Bean Builder，或者使用现有的支持Bean的程序构建工具，把JAR文件导入开发环境测试这两个Bean。 1413

练习37：(5) 自己编写一个JavaBean，取名为**Valve**。它有两个属性：一个布尔型的on，一个整型的level。写一个清单文件，使用**jar**为你的Bean打包，在Bean Builder或者支持Bean的程序构建工具里面导入这个Bean，然后进行测试。

22.11.6 对Bean更高级的支持

你已经看到了制作一个Bean是多么简单，不过并不局限于目前所看到的功能。JavaBean架构提供的门槛很低，但也可以扩展到更复杂的情况。这些情形超出了本书的范围，不过这里可以做一些简要介绍。读者可以在java.sun.com/beans找到更多的细节。

你可以针对属性提供高级功能。前面的例子只演示了单一属性，但也可以使用数组来表示多重属性。这称为*索引属性*。只要提供恰当的方法（也就是根据命名规则给方法命名），**Introspector**将识别出索引属性，这样你的应用程序构建工具就可以正确工作。

属性可以被*绑定*，即它们能通过**PropertyChangeEvent**事件通知其他对象。这些被通知的对象可以根据Bean上的变化来决定如何改变自己。

属性可以被*约束*，即如果属性的改变是不可接受的，其他对象可以否决这个改变。这些对象也是通过**PropertyChangeEvent**事件得到通知的，而且能抛出**PropertyVetoException**异常来阻止属性的改变，然后恢复属性的旧值。

还可以改变Bean在设计阶段的表示方式：

1) 可以为自己的Bean提供一个自定义的属性表。对于所有其他Bean，将使用通常的属性表；但当你的Bean被选中的时候，将自动激活你提供的表。

2) 还可以为特定的属性提供自定义的编辑器，对于其他属性，将使用普通编辑器；但是当
1414 你的特殊属性被编辑的时候，将自动激活你提供的编辑器。

3) 可以为你的Bean提供一个自定义的**BeanInfo**类,它可以产生与默认情况下由**Introspector**所提供的信息不同的信息。

4) 还可以把每一个**FeatureDescriptor**里的“专家”模式打开或者关闭，这样就能够区分简单功能和复杂功能。

22.11.7 有关Bean的其他读物

有很多关于JavaBean的书籍，比如《*JavaBeans*》，Elliotte Rusty Harold著（IDG出版，1998）。

22.12 Swing的可替代选择

尽管Swing类库是Sun支持的GUI，但它决不是创建图形化用户界面的唯一方式。有两种重要的可替代选择，即用于Web之上的客户端GUI的使用MacroMedia的Flex编程系统的MacroMedia Flash，以及用于桌面应用的开源的Eclipse标准工具包（Standard Widget Toolkit，SWT）类库。

为什么要考虑可替代选择呢？对于Web客户端来说，你可以有相当强的理由，因为applet失败了。想想看，它们已经存在多久了（从Java诞生时就有了），那些关于applet的最初的虚假宣传和承诺又存在多久了，现在偶尔遇到使用applet的Web应用仍旧会仍然大吃一惊。甚至Sun都没有到处使用applet，下面是一个示例：

http://java.sun.com/developer/onlineTraining/new2java/javamap/intro.html

在Sun的网站上，Java特性的交互地图看起来很像是一个Java applet，但实际他们是用Flash实现它的。这好像是一种默认：applet没有获得成功。更重要的是，Flash Player在超过98%的计算平台上都安装了，因此它可以被认为是一种已经被接受了的标准。如你所见，Flex系统提供了非常强大的客户端编程环境，肯定比JavaScript更强大，并且它的外观通常要优于applet。如果你想要使用applet，那仍旧必须确保客户端会下载JRE，但是比较而言，Flash Player更小，下载起来更快。

对于桌面应用，使用Swing的一个问题是用户会注意到他们在使用完全不同的一种应用程序，
1415 因为Swing应用程序的外观与一般的桌面应用程序不同。用户通常不会对应用程序中的新外观感兴趣，他们只关注完成工作，并且喜欢应用程序的外观与他们所有其他的应用程序相同。SWT创建的应用程序看上去和本地应用程序一样，因为它的类库尽可能多地使用本地组件，这些应用程序运行起来比等效的Swing应用程序要快。

22.13 用Flex构建Flash Web客户端

因为轻量级的MacroMedia Flash虚拟机非常普遍，因此大多数人都可以使用基于Flash的界面，而无需安装任何东西，并且它的外观和行为在所有系统和平台之上都是相同的[⊖]。

通过使用Macromedia Flash，你可以为Java应用开发Flash用户界面。Flex由基于XML和脚本

⊖ Sean Neville创建了本节的核心材料。

的编程模型以及非常健壮的组件库构成，其中的编程模型与HTML和JavaScript的编程模型类似。你需要使用MXML语法来声明布局管理和工具控件，并且需要使用动态脚本机制来添加事件处理和服务调用代码，它们会将用户界面链接到Java类、数据模型和Web Services等上。Flex编译器接受MXML和脚本文件，然后将它们编译成字节码。客户端的Flash虚拟机的操作方式与Java虚拟机类似，因为它也会解释编译过的字节码。Flash字节码的格式被称为SWF，SWF文件是由Flex编译器产生的。

注意，在http://openlaszlo.org上有一个开源的Flex的可替换选择，它拥有与Flex相似的结构，对于某些应用，它可能会是更优的选择。还有一些其他的工具也可以用不同的方式来创建Flash应用。

22.13.1 Hello, Flex

请观察下面的MXML代码，它定义了一个用户界面（注意，第一行和最后一行并未出现在你下载的本书的代码包中）： 1416

```
//:! gui/flex/helloflex1.mxml
<?xml version="1.0" encoding="utf-8"?>
<mx:Application
  xmlns:mx="http://www.macromedia.com/2003/mxml"
  backgroundColor="#ffffff">
  <mx:Label id="output" text="Hello, Flex!" />
</mx:Application>
///:~
```

MXML文件是XML文档，因此它们以XML版本/编码指示开始的。最外边的MXML元素是**Application**元素，它是Flex用户界面最顶层的可视化和逻辑容器。你可以声明表示可视化控件的标签，例如上面的在Application元素内部的**Label**元素。控制总是被置于某个容器的内部，而容器在众多的机制中封装了布局管理器，因此容器将管理在其中的控件的布局。在最简单的情况中，例如上面的示例，**Application**将起到容器的作用。**Application**默认的布局管理器仅仅是将控件按照它们被声明的顺序，在界面上垂直向下地排列。

ActionScript是ECMAScript或JavaScript的某个版本，它看上去与Java很相似，并且除了支持动态脚本机制之外，还支持类和强类型。通过向本例中添加脚本，我们可以引入行为。在下面的示例中，MXML **Script**控件被用来直接将ActionScript放置到MXML文件中：

```
//:! gui/flex/helloflex2.mxml
<?xml version="1.0" encoding="utf-8"?>
<mx:Application
  xmlns:mx="http://www.macromedia.com/2003/mxml"
  backgroundColor="#ffffff">
  <mx:Script>
    <![CDATA[
    function updateOutput() {
      output.text = "Hello! " + input.text;
    }
    ]]>
  </mx:Script>
  <mx:TextInput id="input" width="200"
    change="updateOutput()" />
  <mx:Label id="output" text="Hello!" />
</mx:Application>
///:~
```

1417

TextInput控件接收用户的输入，而**Label**显示所键入的数据。注意，每个控件的**id**属性在脚本中都被当作变量名，从而变成可访问的了，因此脚本可以引用MXML标签的实例。在**TextInput**域中，你可以看到**change**属性连接到了**updateOutput()**函数上，使得无论发生了何种修改，这个函数都会被调用。

22.13.2 编译MXML

启动使用Flex之旅的最简单方式就是使用免费试用版，这可以从www.macromedia.com/software/flex/trial处下载⊖。Flex这个产品打包了大量的版本，从免费试用版到企业服务器版，并且Macromedia还为开发Flex应用程序提供了额外的工具。确切的打包机制在不断地变化，所以请检查Macromedia网站以了解具体信息。还应该注意的是，你可能需要修改在Flex安装的**bin**目录中**jvm.config**文件：

为了将MXML文件编译为Flash字节码，你有两个选择：

1）你可以将MXML文件放在Java Web应用程序中，与JSP和HTML同处一个WAR文件中，然后在游览器请求MXML文档的URL时，在运行时编译所请求的**.mxml**文件。

2）你可以用Flex命令行编译器**mxmlc**编译MXML文件。

第一个选择，即基于Web的运行时编译，除Flex之外，还需要一个Servlet容器（例如Apache Tomcat）。Servlet容器的WAR文件必须用Flex配置信息进行更新，例如添加到**web.xml**描述符中的Servlet映射，并且它还必须包括Flex的JAR文件——当你安装Flex时，这些步骤会自动得到处理。在WAR文件配置好之后，你就可以将MXML文件放到Web应用程序中，并且通过任何浏览器来请求这些文档的URL。Flex将在第一次被请求时编译该应用程序，这与JSP模型类似，其后
1418 将在HTML外壳中传递编译过且缓存的SWF。

第二种选择不需要服务器。当你在命令行中调用Flex的**mxmlc**编译器时，就会产生SWF文件，可以按照你的意愿部属它们。**mxmlc**可执行程序位于Flex安装的**bin**目录下，调用它时不提供任何参数可以将有效的命令行选项列出来。通常，你需要指定Flex客户端组件库的位置，来作为**-flexlib**命令行选项，但是在像前面看到的两个非常简单的示例中，Flex编译器将假设组件库的位置。因此可以像下面这样编译前面的两个示例：

```
mxmlc.exe helloflex1.mxml
mxmlc.exe helloflex2.mxml
```

这将产生一个**helloflex2.swf**文件，它可以在Flash中运行，或者与HTML一起置于任何HTTP服务器之上（一旦Flash被加载到Web浏览器中，你通常只需在SWF文件上双击就可以在浏览器中启动它）。

对于**helloflex2.swf**，你可以看到下面这个运行在Flash Player中的用户界面：

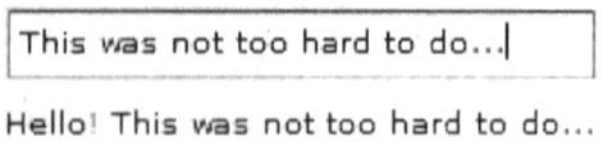

在更复杂的应用程序中，你可以通过引用在外部ActionScript文件中的函数，来将MXML和ActionScript分离开。在MXML中，可以使用下面用于**Script**控件的语法：

```
<mx:Script source="MyExternalScript.as" />
```

这行代码使得MXML控件可以引用位于名为MyExternalScript.as的文件中的函数，就好像这些函数位于MXML文件中一样。

22.13.3 MXML与ActionScript

MXML是ActionScript类的声明式快捷方式。无论你看到何种MXML标签，都有一个同名的ActionScript类与之对应。当Flex编译器解析MXML时，它首先将XML转换为ActionScript，并加

⊖ 注意，你必须下载Flex，而不是FlexBuilder。后者是IDE设计工具。

载所引用的ActionScript类，然后将这些ActionScript编译链接为SWF。 1419

你可以只用ActionScript而不使用任何MXML来编写完整的Flex应用程序。因此，MXML只是一种便利工具。诸如容器和控件这样的用户界面组件通常都是用MXML声明的，而像事件处理和其他客户端逻辑这样的逻辑则是通过ActionScript和Java处理的。

你可以创建自己的MXML控件，并通过编写ActionScript类来用MXML引用它们。你还可以将现有的MXML容器和控件组合到一个新的MXML文档中，这样它就可以在其他的MXML文档中作为一个标签来引用了。Macromedia的Web网站提供了具体实现这一功能的信息。

22.13.4 容器与控制

Flex组件库的可视化核心是一个容器集合，这些容器管理着布局，以及在容器中的控件数组。容器包括面板、垂直和水平箱体、瓦片、折叠夹、分格箱体以及网格等；控件是用户界面上的小部件，例如按钮、文本区域、滑块、日历和数据网格等等。

本节剩余部分将展示一个可以显示和排序音频文件列表的Flex应用程序。这个应用程序演示了容器、控件，以及如何从Flash连接到Java。

现在我们开始编写MXML文档，将一个**DataGrid**控件（更加复杂的Flex控件之一）放置到一个**Panel**容器中：

```
//:! gui/flex/songs.mxml
<?xml version="1.0" encoding="utf-8"?>
<mx:Application
  xmlns:mx="http://www.macromedia.com/2003/mxml"
  backgroundColor="#B9CAD2" pageTitle="Flex Song Manager"
  initialize="getSongs()">
  <mx:Script source="songScript.as" />
  <mx:Style source="songStyles.css"/>
  <mx:Panel id="songListPanel"
    titleStyleDeclaration="headerText"
    title="Flex MP3 Library">
    <mx:HBox verticalAlign="bottom">
      <mx:DataGrid id="songGrid"
        cellPress="selectSong(event)" rowCount="8">
        <mx:columns>
          <mx:Array>
            <mx:DataGridColumn columnName="name"
              headerText="Song Name" width="120" />
            <mx:DataGridColumn columnName="artist"
              headerText="Artist" width="180" />
            <mx:DataGridColumn columnName="album"
              headerText="Album" width="160" />
          </mx:Array>
        </mx:columns>
      </mx:DataGrid>
      <mx:VBox>
        <mx:HBox height="100" >
          <mx:Image id="albumImage" source=""
            height="80" width="100"
            mouseOverEffect="resizeBig"
            mouseOutEffect="resizeSmall" />
          <mx:TextArea id="songInfo"
            styleName="boldText" height="100%" width="120"
            vScrollPolicy="off" borderStyle="none" />
        </mx:HBox>
        <mx:MediaPlayback id="songPlayer"
          contentPath=""
          mediaType="MP3"
          height="70"
          width="230"
          controllerPolicy="on"
          autoPlay="false"
```
1420

```
        visible="false" />
      </mx:VBox>
    </mx:HBox>
    <mx:ControlBar horizontalAlign="right">
      <mx:Button id="refreshSongsButton"
        label="Refresh Songs" width="100"
        toolTip="Refresh Song List"
        click="songService.getSongs()" />
    </mx:ControlBar>
  </mx:Panel>
  <mx:Effect>
    <mx:Resize name="resizeBig" heightTo="100"
      duration="500"/>
    <mx:Resize name="resizeSmall" heightTo="80"
      duration="500"/>
  </mx:Effect>
  <mx:RemoteObject id="songService"
1421    source="gui.flex.SongService"
    result="onSongs(event.result)"
    fault="alert(event.fault.faultstring, 'Error')">
    <mx:method name="getSongs"/>
  </mx:RemoteObject>
</mx:Application>
///:~
```

DataGrid包含用于其列数组的嵌套标签。当你在某个控件上看到一个属性或嵌套元素时，应该知道它对应于底层ActionScript中的某个属性、事件或封装的对象。**DataGrid**有一个值为**songGrid**的**id**属性，因此ActionScript和MXML标签都可以通过将**songGrid**用作变量名来以编程方式引用这个网格。**DataGrid**所包含的属性比这里所展示的要多得多，完整地MXML控件和容器的API可以在http://livedocs.macromedia.com/flex/15/asdocs_en/index.html处找到。

DataGrid后面是一个包含一个**Image**的**VBox**，它可以显示专辑的封面以及歌曲信息；还包含一个可以播放MP3文件的**MediaPlayback**控件。这个示例以流的方式来播放文件的内容，这样可以减小编译后的SWF的尺寸。当你在Flex应用程序中嵌入图片、音频和视频文件而不是以流的方式来打开时，这些文件会成为编译后生成的SWF的一部分，并跟随你的用户界面内容一起传递，而不是在运行时以流的方式随需打开。

Flash Player包含内嵌的多媒体数字信号编解码器，可以用于播放和以流的方式打开各种格式的音频和视频文件。Flash和Flex都支持使用Web上最通用的图片格式，并且Flex还具有将可扩展矢量图（SVG）文件转换为可以内嵌在Flex客户端中的SWF资源的能力。

22.13.5 效果与样式

Flash Player使用向量来呈现图形，因此它可以在运行时执行极富表现力的转换。Flex效果可以让你浅尝这些动画类型。效果是指可以通过使用MXML语法而应用到控件和容器上的转换。

在MXML中展示的**Effect**标签会产生两个结果：第一个嵌套标签在鼠标滑过图片时动态地扩
1422 大图片，而第二个则是在鼠标离开图片时动态地缩小图片。这些效果被应用于**albumImage**对应的**Image**控件上的鼠标事件上。

Flex还为通用动画提供了效果，例如渐变、擦去和调整alpha通道。除了内建的效果，Flex还支持用于创新动画效果的Flash绘制API。对这个主题更深入的研究将涉及图形设计和动画，而这超出了本节的范围。

通过Flex对层叠样式表（Cascading Style Sheets，CSS）的支持，我们还可以进行样式标准化操作。如果你将一个CSS文件附着到MXML文件上，那么Flex控件将都遵循其中的样式。例如，**songStyles.css**包含下面的CSS声明：

```
//:! gui/flex/songStyles.css
.headerText {
  font-family: Arial, "_sans";
  font-size: 16;
  font-weight: bold;
}

.boldText {
  font-family: Arial, "_sans";
  font-size: 11;
  font-weight: bold;
}
///:~
```

这个文件通过MXML文件中的**Style**标签被导入到了歌曲类库应用程序中，并在其中得到了使用。在样式表被导入之后，它的声明就可以应用于MXML文件中的Flex控件了。作为示例，**id**为**songInfo**的**TextArea**控件使用了样式表的**boldText**声明。

22.13.6 事件

用户界面是一种状态机，它在状态发生变化时执行动作。在Flex中，这些变化是通过事件来管理的。Flex类库包含大量各种不同的控件，它们具有大量的事件，覆盖了鼠标移动和键盘点击的所有方面。

例如，**Button**的**click**属性表示在按钮控件上可用的事件。赋给**click**的值可以是一个函数或 1423
内联的少量脚本。例如，在MXML文件中，**ControlBar**持有可以刷新歌曲列表的**refreshSongsButton**。从标签就可以看出，当**click**事件发生时，**songService.getSongs()**将被调用。在本例中，**Button**的**click**事件引用了**RemoteObject**，它与Java方法相对应。

22.13.7 连接到Java

在MXML文件末尾的**RemoteObject**标签设置了到外部Java类**gui.flex.SongService**的连接。Flex客户端将使用这个Java类中的**getSongs()**方法来为**DataGrid**获取数据。为了实现这一点，它必须看起来像是一个服务——一个用户可以用来交换消息的端点。在**RemoteObject**标签中定义的服务有一个**source**属性，它指示的是**RemoteObject**的Java类，并且还指定了一个在Java方法返回时被调用的ActionScript回调函数**onSongs()**。嵌套的**method**标签声明了**getSongs()**方法，它可以使Java方法对Flex应用程序中的其他部分都是可访问的。

在Flex中所有的服务调用，都是通过事件调用这些回调函数而异步返回的。**RemoteObject**在错误事件中还会产生一个警告对话框构件。

现在可以使用ActionScript从Flash中调用**getSongs()**方法了：

```
songService.getSongs();
```

根据MXML的配置，这将调用**SongService**类中的**getSongs()**方法：

```
//: gui/flex/SongService.java
package gui.flex;
import java.util.*;

public class SongService {
  private List<Song> songs = new ArrayList<Song>();
  public SongService() { fillTestData(); }
  public List<Song> getSongs() { return songs; }
  public void addSong(Song song) { songs.add(song); }
  public void removeSong(Song song) { songs.remove(song); }
  private void fillTestData() {
    addSong(new Song("Chocolate", "Snow Patrol",
      "Final Straw", "sp-final-straw.jpg",
      "chocolate.mp3"));
    addSong(new Song("Concerto No. 2 in E", "Hilary Hahn",
```
1424

```
      "Bach: Violin Concertos", "hahn.jpg",
      "bachviolin2.mp3"));
    addSong(new Song("'Round Midnight", "Wes Montgomery",
      "The Artistry of Wes Montgomery",
      "wesmontgomery.jpg", "roundmidnight.mp3"));
  }
} ///:~
```

每个**Song**对象都只是一个数据容器：

```
//: gui/flex/Song.java
package gui.flex;

public class Song implements java.io.Serializable {
  private String name;
  private String artist;
  private String album;
  private String albumImageUrl;
  private String songMediaUrl;
  public Song() {}
  public Song(String name, String artist, String album,
  String albumImageUrl, String songMediaUrl) {
    this.name = name;
    this.artist = artist;
    this.album = album;
    this.albumImageUrl = albumImageUrl;
    this.songMediaUrl = songMediaUrl;
  }
  public void setAlbum(String album) { this.album = album;}
  public String getAlbum() { return album; }
  public void setAlbumImageUrl(String albumImageUrl) {
    this.albumImageUrl = albumImageUrl;
  }
  public String getAlbumImageUrl() { return albumImageUrl;}
  public void setArtist(String artist) {
    this.artist = artist;
  }
  public String getArtist() { return artist; }
  public void setName(String name) { this.name = name; }
  public String getName() { return name; }
  public void setSongMediaUrl(String songMediaUrl) {
1425    this.songMediaUrl = songMediaUrl;
  }
  public String getSongMediaUrl() { return songMediaUrl; }
} ///:~
```

当应用程序被初始化，或者按下**refreshSongsButton**时，**getSongs()**都将被调用，并且在返回后，ActionScript函数**onSongs(event,result)**将被调用以组装**songGrid**。

下面是ActionScript的列表，在MXML文件中用**Script**控件将其导入：

```
//: gui/flex/songScript.as
function getSongs() {
  songService.getSongs();
}

function selectSong(event) {
  var song = songGrid.getItemAt(event.itemIndex);
  showSongInfo(song);
}

function showSongInfo(song) {
  songInfo.text = song.name + newline;
  songInfo.text += song.artist + newline;
  songInfo.text += song.album + newline;
  albumImage.source = song.albumImageUrl;
  songPlayer.contentPath = song.songMediaUrl;
```

```
    songPlayer.visible = true;
  }

  function onSongs(songs) {
    songGrid.dataProvider = songs;
  } ///:~
```

为了处理对**DataGrid**单元格的选中操作，我们在MXML文件的**DataGrid**声明中添加了**cellPress**事件属性：

```
cellPress="selectSong(event)"
```

当用户在**DataGrid**中点击一首歌时，将会调用上面的ActionScript中的**selectSong()**。 1426

22.13.8 数据模型与数据绑定

控件可以直接调用服务，ActionScript事件回调使你在服务返回数据时，能够以编程方式更新可视化控件。尽管更新控件的脚本很直观，但是它可能会变得冗长而麻烦，又因为其功能很通用，所以Flex用数据绑定机制自动地处理这种行为。

在最简单的数据绑定形式中，控件可以直接引用数据而不需要用粘合代码把数据复制到控件中。当数据更新时，引用它的控件也会自动更新，而不需要任何程序员的干预。Flex基础设施会恰当地响应数据变化事件，并且更新所有绑定到该数据的控件。

下面是数据绑定语法的简单示例：

```
<mx:Slider id="mySlider"/>
<mx:Text text="{mySlider.value}"/>
```

为了执行数据绑定，你需要将引用置于花括号{}中。在花括号中的所有事物都被认为是由Flex计算的表达式。

第一个控件**Slider**部件的值由第二个控件**Text**域显示。当**Slider**变化时，**Text**域的**text**属性会被自动更新。通过这种方式，开发者不需要为了更新**Text**域而处理**Slider**变化事件。

某些控件，例如**Tree**控件和歌曲库应用程序中的**DataGrid**控件，会更加复杂。这些控件有一个**dataprovider**属性，可以使绑定到数据集更加容易。ActionScript的**onSongs()**函数展示了如何将**SongService.getSongs()**方法绑定到Flex的**DataGrid**的**dataprovider**上。正如在MXML文件的**RemoteObject**标签中所声明的，这个函数是在Java方法返回时ActionScript调用的回调。

更复杂的应用程序需要更复杂的数据建模，例如使用数据传输对象的企业应用系统，或者数据遵循复杂模式的基于消息机制的应用程序，都会鼓励我们进一步将数据源与控件解耦。在Flex开发中，我们通过声明“模型”对象来执行这种解耦，而这种对象是用于数据的通用 1427
MXML容器中的。模型不包含任何逻辑，它是在企业应用程序开发中的数据传输对象，或者其他编程语言的类似结构的镜像。通过使用模型，我们可以将控件数据绑定到模型上，同时可以让模型将它的属性绑定到服务的输入和输出上。这可以将数据源、服务与数据的可视化消费者解耦，从而促进对*模型－视图－控制器*（MVC）模式的使用。在更大更复杂的应用程序中，与由插入模型而带来的复杂性与清晰解耦的MVC应用程序的价值相比，这绝对是花小钱办大事。

除了Java对象，Flex还可以通过使用WebService和HttpService控件来分别访问基于SOAP的Web服务和更容易调用的HTTP服务。访问所有的服务都会受到安全授权的限制。

22.13.9 构建和部署

在使用前面的示例时，你在命令行中可以不提供**-flexlib**标签，但是为了编译这个程序，必须使用**-flexlib**标签指定**flex-config.xml**文件的位置。对我的安装来说，下面的命令是可以工作的，但是你必须将其修改为适应你自己的配置（命令是单行的，即中间被包装的那一行）：

```
//:! gui/flex/build-command.txt
mxmlc -flexlib C:/"Program
Files"/Macromedia/Flex/jrun4/servers/default/flex/WEB-
INF/flex songs.mxml
///:~
```

这条命令将把应用程序构建为一个可以用浏览器查看的SWF文件，但是本书的代码发布文件中没有包含任何MP3文件或JPG文件，因此当你运行这个应用程序时，除了框架之外不会看到任何东西。

另外，你必须配置服务器使得Flex应用程序可以成功地与Java文件对话。Flex试用包中包含一个JRun服务器，一旦你安装了Flex，就可以通过计算机菜单或者命令行来启动它：

1428

```
jrun -start default
```

你可以通过在Web浏览器中打开http://localhost:8700/samples，并查看各种示例来验证这个服务器是否成功启动了（这还是一种熟悉Flex能力的好方式）。

与在命令行编译应用程序不同，你可以通过服务器编译它。要实现这一点，需要将歌曲源文件、CSS样式表等放到**jrun4/servers/default/flex**目录下，并通过打开http://localhost:8700/flex/songs.mxml来在浏览器中访问它们。

要想成功运行这个Web应用，你必须同时配置Java端和Flex端。

Java：编译后的**Song.java**和**SongService.java**文件必须置于**WEB-INF/classes**目录中，这正是按照J2EE规范放置WAR类的地方。或者，你可以将这些文件建档，然后将产生的JAR文件放到**WEB-INF/lib**目录下。这些类必须位于匹配其Java包结构的目录中，如果使用JRun，那么它们就应该位于**jrun4/servers/default/flex/WEB-INF/classes/gui/flex/Song.class**和**jrun4/servers/default/flex/WEB-INF/classes/gui/flex/SongService.class**。你还需要使图片和MP3支持文件在Web应用中可用（对于JRun来说，**jrun4/servers/default/flex**是Web应用的根）。

Flex：为了安全性，除非你通过修改**flex-config.xml**文件来赋予权限，否则Flex将不能访问Java对象。对于JRun，这个文件位于**jrun4/servers/default/flex/WEB-INF/flex/flex-config.xml**。转到这个文件的**<remote-object>**项，查看其中的**<whitelist>**一节，你会看到下面的提示：

```
<!--
For security, the whitelist is locked down by default. Uncomment the
source element below to enable access to all classes during development.

We strongly recommend not allowing access to all source files in
production, since this exposes Java and Flex system classes.
<source>*</source>
-->
```

为了允许访问而去掉**<source>**项的注释，将使得**<source>*</source>**可以被读取。这个项和
1429 其他项的含义在Flex配置文档中都有所描述。

练习38：(3) 构建上面所示的“数据绑定语法的简单示例”。

练习39：(4) 本书提供的下载代码不包含**SongService.java**中所示的MP3和JPG文件。找一些MP3和JPG文件，修改**SongService.java**，使其包含这些文件的名字，下载Flex使用版并构建这个应用程序。

22.14 创建SWT应用

正如前面提到的，Swing采用的方式是将所有的UI组件逐个像素地构建，以便提供所有想要的组件，无论底层操作系统是否拥有这些组件。SWT采用了中间路线，如果操作系统提供本地组件，那么就使用这些本地组件，如果不提供就合成这些组件。其结果就是这种应用程序对用户而

言，感觉就像是本地应用程序一样，并且与等价的Swing程序相比，在性能上有明显的提高。另外，SWT与Swing相比，其编成模型要更简单一些，这是相当多的应用程序都希望具有的特性⊖。

因为SWT尽可能多地使用本地操作系统来完成工作，因此它可以自动地利用Swing可能无法利用的操作系统特性，例如，Windows具有“子像素呈现”机制，它可以使字体在LCD屏幕上更清楚地显示。甚至还可以用SWT创建applet。

本节并不打算对SWT做全面介绍，只是希望能够让你喜欢上它，并且看到SWT与Swing的对比。你会发现SWT有很多部件，它们都简单易用。你可以在www.eclipse.org网站提供的完整文档和许多示例中探究SWT的细节。还有大量关于用SWT编程的书籍，并且这方面的书还在层出不穷。 1430

22.14.1 安装SWT

SWT应用程序要求从Eclipse项目中下载并安装SWT类库。访问www.eclipse.org/downloads/并选择一个镜像。点击能链接到当前Eclipse构建的链接，并用以swt开头、包含你的平台名字（例如win32）在内的名字来定位压缩文件。在这个文件的内部能够找到**swt.jar**，最简单的安装**swt.jar**的方式就是将其放置到你的**jre/lib/ext**目录中（用这种方式你不必对类路径作任何修改）。当你解压缩SWT类库时，需要找到所需的额外文件，把它们安装到你的平台中恰当的位置上。例如，Win32发布中就包含DLL文件，它们需要被置于**java.library.path**（这通常与PATH环境变量相同，但是你可以通过运行**object/ShowProperties.java**来发现**java.library.path**的实际值）中的某处。一旦执行完这些动作，就应该能够透明地编译和执行SWT应用程序了，就好像它们无异于其他任何Java程序一样。SWT的文档在另外一个单独的下载中。

另一种可选方式是只安装Eclipse编辑器，它包含SWT和你可以通过Eclipse帮助系统去浏览的SWT文档。

22.14.2 Hello, SWT

让我们以最简单的“hello world”风格的应用程序开始：

```
//: swt/HelloSWT.java
// {Requires: org.eclipse.swt.widgets.Display; You must
// install the SWT library from http://www.eclipse.org }
import org.eclipse.swt.widgets.*;

public class HelloSWT {
  public static void main(String [] args) {
    Display display = new Display();
    Shell shell = new Shell(display);
    shell.setText("Hi there, SWT!"); // Title bar
    shell.open();
    while(!shell.isDisposed())
      if(!display.readAndDispatch())
        display.sleep();
    display.dispose();                                   1431
  }
} ///:~
```

如果下载了本书的源代码，你就会发现Requires注释最终使得Ant的**build.xml**成为了构建**swt**子目录的前提条件，所有导入**org.eclipse.swt**的文件都需要你从www.eclipse.org来安装SWT类库。

Display管理SWT和底层操作系统之间的连接，它是操作系统和SWT之间的桥的一部分。**Shell**是顶层主窗口，所有其他组件都构建于其中，当你调用**setText()**时，参数会变为窗口标题栏上的标签。

⊖ Chris Grindstaff对转译SWT示例和提供SWT方面贡献良多。

为了显示窗口以及这样的应用程序，你必须在**Shell**上调用**open()**。

尽管Swing对你隐藏了事件处理循环，但是SWT会强制你显式地编写它。在循环的顶部，检查**shell**是否已经被释放——注意，这给了你一个插入代码去执行清理动作的选择，但是这意味着**main()**线程将会是用户界面线程。在Swing中，后台会创建第二个事件分发线程，但是在SWT中，你的**main()**线程将处理UI。由于默认情况下只有一个线程而不是两个，因此这使得在某种程度上，你不太可能在用线程来处理UI时搞得一塌糊涂。

注意，你不必像使用Swing那样担心向用户界面线程提交任务，SWT不仅会替你仔细关照这一点，而且如果你试图在错误的线程中操作部件，那它还会抛出异常。但是，如果你需要产生其他线程去执行长期运行的操作，那么你仍旧需要按照使用Swing时的方式去提交变化。为了这一点，SWT提供了三个可以在**Display**对象上调用的方法：**asyncExec(Runnable)**、**syncExec(Runnable)**和**timerExec(int,Runnable)**。

在此处，你的**main()**线程的活动是在**Display**对象上调用**readAndDispatch()**（这意味每个应用程序只有一个**Display**对象）。如果在事件队列中存在更多的事件在等待处理，那么**readAndDispatch()**方法将返回**true**。在这种情况下，你希望立即再次调用它。然而，如果没有任何事件被悬挂，那么你可以调用**Display**对象的**sleep()**方法，以便在再次检查事件队列之前等
1432 待一小段时间。

一旦程序结束，你必须显式地调用**Display**对象上的**dispose()**方法。SWT经常要求你显式地释放资源，因为这些通常都是来自底层操作系统的资源，如果不释放可能会被耗尽。

为了证明**Shell**是主窗口，下面的程序将创建大量的**Shell**对象：

```
//: swt/ShellsAreMainWindows.java
import org.eclipse.swt.widgets.*;

public class ShellsAreMainWindows {
  static Shell[] shells = new Shell[10];
  public static void main(String [] args) {
    Display display = new Display();
    for(int i = 0; i < shells.length; i++) {
      shells[i] = new Shell(display);
      shells[i].setText("Shell #" + i);
      shells[i].open();
    }
    while(!shellsDisposed())
      if(!display.readAndDispatch())
        display.sleep();
    display.dispose();
  }
  static boolean shellsDisposed() {
    for(int i = 0; i < shells.length; i++)
      if(shells[i].isDisposed())
        return true;
    return false;
  }
} ///:~
```

当你运行它时，将获得10个主窗口。在以这种方式编写的程序中，如果关闭任何一个窗口，那么所有的窗口都会被关闭。

SWT也使用了布局管理器，虽然它与Swing使用的不同，但是思想一致。下面是稍微复杂一些的示例，它接收从**System.getProperties()**中获得的文本，并将其添加到**shell**中：

```
//: swt/DisplayProperties.java
import org.eclipse.swt.*;
import org.eclipse.swt.widgets.*;
import org.eclipse.swt.layout.*;
```
1433

```
import java.io.*;

public class DisplayProperties {
  public static void main(String [] args) {
    Display display = new Display();
    Shell shell = new Shell(display);
    shell.setText("Display Properties");
    shell.setLayout(new FillLayout());
    Text text = new Text(shell, SWT.WRAP | SWT.V_SCROLL);
    StringWriter props = new StringWriter();
    System.getProperties().list(new PrintWriter(props));
    text.setText(props.toString());
    shell.open();
    while(!shell.isDisposed())
      if(!display.readAndDispatch())
        display.sleep();
    display.dispose();
  }
} ///:~
```

在SWT中，所有部件必须都有一个具有泛化类型**Conposite**的父对象，并且必须在部件构造器中将这个父对象作为第一个参数来提供。在**Text**构造器中你就可以看到这一点，其中**shell**是第一个参数。实际上，所有构造器还都要接受一个标志参数，它使得你可以根据特定的部件所能接受的情况，提供任意数量的样式指示信息。多个样式指示信息是按位或在一起的，就像在本例中看到的那样。

在设置**Text()**对象时，我添加了样式标志，以使得它将文本包装起来，并且如果需要的话，它会自动地添加一个垂直滚动条。你会发现SWT是绝对是基于构造器的，各种部件都有大量的不通过构造器就很难或者根本不可能修改的属性，所以你应该总是查看部件构造器文档，了解可接受的标志。注意，某些构造器即便在文档中没有列出任何“可接受”的标志，它们也要求要有一个标志参数，这样就可以使得未来在做扩充时，不需要修改接口。

22.14.3 根除冗余代码

在继续学习之前请注意，有些事情是你在每个SWT应用程序中都会做的，这与Swing程序中的重复动作一样。对于SWT，你总是得创建**Display**，从**Display**中创建**Shell**，然后创建 1434
readAndDispatch()等等。当然，对于某些特殊情况，你可以不做这些，但是它非常普遍，绝对值得去根除这些重复代码，就像在**net.mindview.util.SwingConsole**中所作的那样。

我们需要强制每个应用程序遵循下面的接口：

```
//: swt/util/SWTApplication.java
package swt.util;
import org.eclipse.swt.widgets.*;

public interface SWTApplication {
  void createContents(Composite parent);
} ///:~
```

应用程序应该提交给了**Composite**对象（**Shell**是它的一个子类），并且应该用它在**createContents()**内部创建其所有的内容。**SWTConsole.run()**会在恰当的地方调用**createContents()**，根据用户传递给**run()**的参数来设置**shell**的尺寸，打开**shell**，然后运行事件循环，最终在程序退出时释放**shell**：

```
//: swt/util/SWTConsole.java
package swt.util;
import org.eclipse.swt.widgets.*;

public class SWTConsole {
  public static void
```

```
  run(SWTApplication swtApp, int width, int height) {
    Display display = new Display();
    Shell shell = new Shell(display);
    shell.setText(swtApp.getClass().getSimpleName());
    swtApp.createContents(shell);
    shell.setSize(width, height);
    shell.open();
    while(!shell.isDisposed()) {
      if(!display.readAndDispatch())
        display.sleep();
    }
    display.dispose();
  }
} ///:~
```

1435 这个类还会将标题栏设置为**SWTApplication**类的名字，并设置**Shell**的**width**和**height**。

我们可以创建一个**DisplayProperties.java**的变体，它可以用**SWTConsole**来显示机器环境：

```
//: swt/DisplayEnvironment.java
import swt.util.*;
import org.eclipse.swt.*;
import org.eclipse.swt.widgets.*;
import org.eclipse.swt.layout.*;
import java.util.*;

public class DisplayEnvironment implements SWTApplication {
  public void createContents(Composite parent) {
    parent.setLayout(new FillLayout());
    Text text = new Text(parent, SWT.WRAP | SWT.V_SCROLL);
    for(Map.Entry entry: System.getenv().entrySet()) {
      text.append(entry.getKey() + ": " +
        entry.getValue() + "\n");
    }
  }
  public static void main(String [] args) {
    SWTConsole.run(new DisplayEnvironment(), 800, 600);
  }
} ///:~
```

SWTConsole使得我们可以聚焦于应用程序中的有趣方面，而不是重复性的方面。

练习40：(4) 修改**DisplayProperties.java**，让其使用**SWTConsole**。

练习41：(4) 修改**DisplayEnvironment.java**，让其不使用**SWTConsole**。

22.14.4 菜单

为了演示基本的菜单，下面的程序将读入它自己的源代码，将其断开为单词，然后用这些单词组装菜单：

1436
```
//: swt/Menus.java
// Fun with menus.
import swt.util.*;
import org.eclipse.swt.*;
import org.eclipse.swt.widgets.*;
import java.util.*;
import net.mindview.util.*;
public class Menus implements SWTApplication {
  private static Shell shell;
  public void createContents(Composite parent) {
    shell = parent.getShell();
    Menu bar = new Menu(shell, SWT.BAR);
    shell.setMenuBar(bar);
    Set<String> words = new TreeSet<String>(
      new TextFile("Menus.java", "\\W+"));
    Iterator<String> it = words.iterator();
    while(it.next().matches("[0-9]+"))
```

```
      ; // Move past the numbers.
    MenuItem[] mItem = new MenuItem[7];
    for(int i = 0; i < mItem.length; i++) {
      mItem[i] = new MenuItem(bar, SWT.CASCADE);
      mItem[i].setText(it.next());
      Menu submenu = new Menu(shell, SWT.DROP_DOWN);
      mItem[i].setMenu(submenu);
    }
    int i = 0;
    while(it.hasNext()) {
      addItem(bar, it, mItem[i]);
      i = (i + 1) % mItem.length;
    }
  }
  static Listener listener = new Listener() {
    public void handleEvent(Event e) {
      System.out.println(e.toString());
    }
  };
  void
  addItem(Menu bar, Iterator<String> it, MenuItem mItem) {
    MenuItem item = new MenuItem(mItem.getMenu(),SWT.PUSH);
    item.addListener(SWT.Selection, listener);
    item.setText(it.next());
  }
  public static void main(String[] args) {
    SWTConsole.run(new Menus(), 600, 200);
  }
} ///:~
```

Menu必须置于某个**Shell**之上，并且**Composite**允许你用**getShell()**获取它的**shell**。**TextFile**来自**net.mindview.util**，并且在前面已经描述过。这里**TreeSet**是用单词填充的，因此它们将按照排序顺序地出现，其中最初的元素是数字，它们将被丢弃掉。通过使用单词流，先命名菜单条上的顶级菜单，然后创建子菜单，并用单词来填充它，直至没有更多的单词位置。 1437

在对选取菜单项的响应中，**Listener**直接打印了事件，因此你可以看到它包含什么类型的信息。当你运行这个程序时，将会看到部分信息包括菜单上的标签，因此可以根据这些信息来产生对不同菜单的响应，或者你可以为每个菜单都提供一个不同的监听器（对于国际化来说，这是一种更安全的方式）。

22.14.5 页签面板、按钮和事件

SWT有大量的控件集，它们被称为部件（widget）。可以浏览**org.eclipse.swt.widget**文档去查看基本部件，以及浏览**org.eclipse.swt.custom**文档去查看更奇特的部件。

为了演示各种基本部件，下面的程序在页签面板内部放置了大量的子示例。你还将看到如何创建**Composite**（大体与Swing的**JPanel**相同），以实现将一些部件放到其他的部件中。

```
//: swt/TabbedPane.java
// Placing SWT components in tabbed panes.
import swt.util.*;
import org.eclipse.swt.*;
import org.eclipse.swt.widgets.*;
import org.eclipse.swt.events.*;
import org.eclipse.swt.graphics.*;
import org.eclipse.swt.layout.*;
import org.eclipse.swt.browser.*;

public class TabbedPane implements SWTApplication {
  private static TabFolder folder;
  private static Shell shell;
  public void createContents(Composite parent) {
    shell = parent.getShell();
```

```
    parent.setLayout(new FillLayout());
    folder = new TabFolder(shell, SWT.BORDER);
    labelTab();
    directoryDialogTab();
    buttonTab();
1438    sliderTab();
    scribbleTab();
    browserTab();
  }
  public static void labelTab() {
    TabItem tab = new TabItem(folder, SWT.CLOSE);
    tab.setText("A Label"); // Text on the tab
    tab.setToolTipText("A simple label");
    Label label = new Label(folder, SWT.CENTER);
    label.setText("Label text");
    tab.setControl(label);
  }
  public static void directoryDialogTab() {
    TabItem tab = new TabItem(folder, SWT.CLOSE);
    tab.setText("Directory Dialog");
    tab.setToolTipText("Select a directory");
    final Button b = new Button(folder, SWT.PUSH);
    b.setText("Select a Directory");
    b.addListener(SWT.MouseDown, new Listener() {
        public void handleEvent(Event e) {
          DirectoryDialog dd = new DirectoryDialog(shell);
          String path = dd.open();
          if(path != null)
            b.setText(path);
        }
      });
    tab.setControl(b);
  }
  public static void buttonTab() {
    TabItem tab = new TabItem(folder, SWT.CLOSE);
    tab.setText("Buttons");
    tab.setToolTipText("Different kinds of Buttons");
    Composite composite = new Composite(folder, SWT.NONE);
    composite.setLayout(new GridLayout(4, true));
    for(int dir : new int[]{
        SWT.UP, SWT.RIGHT, SWT.LEFT, SWT.DOWN
      }) {
      Button b = new Button(composite, SWT.ARROW | dir);
      b.addListener(SWT.MouseDown, listener);
    }
    newButton(composite, SWT.CHECK, "Check button");
    newButton(composite, SWT.PUSH, "Push button");
    newButton(composite, SWT.RADIO, "Radio button");
    newButton(composite, SWT.TOGGLE, "Toggle button");
1439    newButton(composite, SWT.FLAT, "Flat button");
    tab.setControl(composite);
  }
  private static Listener listener = new Listener() {
      public void handleEvent(Event e) {
        MessageBox m = new MessageBox(shell, SWT.OK);
        m.setMessage(e.toString());
        m.open();
      }
    };
  private static void newButton(Composite composite,
    int type, String label) {
    Button b = new Button(composite, type);
    b.setText(label);
    b.addListener(SWT.MouseDown, listener);
  }
  public static void sliderTab() {
    TabItem tab = new TabItem(folder, SWT.CLOSE);
```

```
    tab.setText("Sliders and Progress bars");
    tab.setToolTipText("Tied Slider to ProgressBar");
    Composite composite = new Composite(folder, SWT.NONE);
    composite.setLayout(new GridLayout(2, true));
    final Slider slider =
      new Slider(composite, SWT.HORIZONTAL);
    final ProgressBar progress =
      new ProgressBar(composite, SWT.HORIZONTAL);
    slider.addSelectionListener(new SelectionAdapter() {
        public void widgetSelected(SelectionEvent event) {
          progress.setSelection(slider.getSelection());
        }
      });
    tab.setControl(composite);
  }
  public static void scribbleTab() {
    TabItem tab = new TabItem(folder, SWT.CLOSE);
    tab.setText("Scribble");
    tab.setToolTipText("Simple graphics: drawing");
    final Canvas canvas = new Canvas(folder, SWT.NONE);
    ScribbleMouseListener sml= new ScribbleMouseListener();
    canvas.addMouseListener(sml);
    canvas.addMouseMoveListener(sml);
    tab.setControl(canvas);
  }
  private static class ScribbleMouseListener
    extends MouseAdapter implements MouseMoveListener {
     private Point p = new Point(0, 0);
     public void mouseMove(MouseEvent e) {
       if((e.stateMask & SWT.BUTTON1) == 0)
         return;
       GC gc = new GC((Canvas)e.widget);
       gc.drawLine(p.x, p.y, e.x, e.y);
       gc.dispose();
       updatePoint(e);
     }
     public void mouseDown(MouseEvent e) { updatePoint(e); }
     private void updatePoint(MouseEvent e) {
       p.x = e.x;
       p.y = e.y;
     }
   }
   public static void browserTab() {
     TabItem tab = new TabItem(folder, SWT.CLOSE);
     tab.setText("A Browser");
     tab.setToolTipText("A Web browser");
     Browser browser = null;
     try {
       browser = new Browser(folder, SWT.NONE);
     } catch(SWTError e) {
       Label label = new Label(folder, SWT.BORDER);
       label.setText("Could not initialize browser");
       tab.setControl(label);
     }
     if(browser != null) {
       browser.setUrl("http://www.mindview.net");
       tab.setControl(browser);
     }
   }
   public static void main(String[] args) {
     SWTConsole.run(new TabbedPane(), 800, 600);
   }
} ///:~
```

1440

这里，**createContents()**设置了布局，然后调用了一些方法，每个方法都创建了一个不同的页签。在每个页签上的文本都是用**setText()**设置的（你还可以在页签上创建按钮和图形），并且

每个页签还都设置了它的工具提示文本。在每个方法的末尾，你将看到对**setControl()**的调用，
1441 这个方法将它创建的控件置于该特定页签的对话框空间内。

labelTab()演示了一个简单的文本标签。**directoryDialogTab()**持有一个按钮，该按钮可以打开一个标准的**DirectoryDialog**对象，因此用户可以选择一个目录。所产生的结果将设置为这个按钮的文本。

buttonTab()展示了不同的基本按钮。**sliderTab()**重复了本章早先的Swing示例，将一个滑块与进度条绑定在一起。

scribbleTab()是有关图形的一个有趣的示例，一个绘图程序就这样通过数量不多的代码行构建出来了。

最后，**browserTab()**展示了SWT的**Browser**组件的威力——在单个组件中的一个全功能的Web浏览器。

22.14.6 图形

下面是将Swing程序**SineWave.java**转译为SWT的版本：

```
//: swt/SineWave.java
// SWT translation of Swing SineWave.java.
import swt.util.*;
import org.eclipse.swt.*;
import org.eclipse.swt.widgets.*;
import org.eclipse.swt.events.*;
import org.eclipse.swt.layout.*;

class SineDraw extends Canvas {
  private static final int SCALEFACTOR = 200;
  private int cycles;
  private int points;
  private double[] sines;
  private int[] pts;
  public SineDraw(Composite parent, int style) {
    super(parent, style);
    addPaintListener(new PaintListener() {
      public void paintControl(PaintEvent e) {
        int maxWidth = getSize().x;
        double hstep = (double)maxWidth / (double)points;
        int maxHeight = getSize().y;
        pts = new int[points];
        for(int i = 0; i < points; i++)
          pts[i] = (int)((sines[i] * maxHeight / 2 * .95)
            + (maxHeight / 2));
        e.gc.setForeground(
1442      e.display.getSystemColor(SWT.COLOR_RED));
        for(int i = 1; i < points; i++) {
          int x1 = (int)((i - 1) * hstep);
          int x2 = (int)(i * hstep);
          int y1 = pts[i - 1];
          int y2 = pts[i];
          e.gc.drawLine(x1, y1, x2, y2);
        }
      }
    });
    setCycles(5);
  }
  public void setCycles(int newCycles) {
    cycles = newCycles;
    points = SCALEFACTOR * cycles * 2;
    sines = new double[points];
    for(int i = 0; i < points; i++) {
      double radians = (Math.PI / SCALEFACTOR) * i;
      sines[i] = Math.sin(radians);
```

```
    }
    redraw();
  }
}

public class SineWave implements SWTApplication {
  private SineDraw sines;
  private Slider slider;
  public void createContents(Composite parent) {
    parent.setLayout(new GridLayout(1, true));
    sines = new SineDraw(parent, SWT.NONE);
    sines.setLayoutData(
      new GridData(SWT.FILL, SWT.FILL, true, true));
    sines.setFocus();
    slider = new Slider(parent, SWT.HORIZONTAL);
    slider.setValues(5, 1, 30, 1, 1, 1);
    slider.setLayoutData(
      new GridData(SWT.FILL, SWT.DEFAULT, true, false));
    slider.addSelectionListener(new SelectionAdapter() {
      public void widgetSelected(SelectionEvent event) {
        sines.setCycles(slider.getSelection());
      }
    });
  }
  public static void main(String[] args) {
    SWTConsole.run(new SineWave(), 700, 400);                  1443
  }
} ///:~
```

与**JPanel**不同，在SWT中基本的绘图面是**Canvas**。

如果对这个版本的程序和Swing版本的程序进行比较，你就会看到**SineDraw**实际上是相同的。在SWT中，你可以从提交给**PaintListener**的事件对象中获取图形上下文**gc**，而在Swing中，**Graphics**对象被直接提交给了**paintComponent()**方法。但是用图形对象执行的行为是相同的，而且**setCycle()**是相同的。

createContents()所需的代码比Swing版的要稍微多一点，这是为了对控件布局以及设置滑块及其监听器，但是，基本的行为仍旧大体相同。

22.14.7 SWT中的并发

尽管AWT/Swing是单线程的，但是如果产生非确定性的程序，那么仍旧有可能违反这种单线程性。基本上，你不会想要用多线程来编写显示功能，因为如果这样的话，它们就会以令人惊讶的方式互相改写了。

SWT根本不允许这样——如果你试图用多个线程来编写显示功能，那么它就会抛出异常。这可以防止程序员新手因不注意而犯此类错误，从而在程序中引入难以发现的缺陷。

下面是Swing版本的**ColorBoxes.java**程序转移为SWT的版本：

```
//: swt/ColorBoxes.java
// SWT translation of Swing ColorBoxes.java.
import swt.util.*;
import org.eclipse.swt.*;
import org.eclipse.swt.widgets.*;
import org.eclipse.swt.events.*;
import org.eclipse.swt.graphics.*;
import org.eclipse.swt.layout.*;
import java.util.concurrent.*;
import java.util.*;
import net.mindview.util.*;

class CBox extends Canvas implements Runnable {
  class CBoxPaintListener implements PaintListener {          1444
```

```
    public void paintControl(PaintEvent e) {
      Color color = new Color(e.display, cColor);
      e.gc.setBackground(color);
      Point size = getSize();
      e.gc.fillRectangle(0, 0, size.x, size.y);
      color.dispose();
    }
  }
  private static Random rand = new Random();
  private static RGB newColor() {
    return new RGB(rand.nextInt(255),
      rand.nextInt(255), rand.nextInt(255));
  }
  private int pause;
  private RGB cColor = newColor();
  public CBox(Composite parent, int pause) {
    super(parent, SWT.NONE);
    this.pause = pause;
    addPaintListener(new CBoxPaintListener());
  }
  public void run() {
    try {
      while(!Thread.interrupted()) {
        cColor = newColor();
        getDisplay().asyncExec(new Runnable() {
          public void run() {
            try { redraw(); } catch(SWTException e) {}
            // SWTException is OK when the parent
            // is terminated from under us.
          }
        });
        TimeUnit.MILLISECONDS.sleep(pause);
      }
    } catch(InterruptedException e) {
      // Acceptable way to exit
    } catch(SWTException e) {
      // Acceptable way to exit: our parent
      // was terminated from under us.
    }
  }
}

public class ColorBoxes implements SWTApplication {
1445
  private int grid = 12;
  private int pause = 50;
  public void createContents(Composite parent) {
    GridLayout gridLayout = new GridLayout(grid, true);
    gridLayout.horizontalSpacing = 0;
    gridLayout.verticalSpacing = 0;
    parent.setLayout(gridLayout);
    ExecutorService exec = new DaemonThreadPoolExecutor();
    for(int i = 0; i < (grid * grid); i++) {
      final CBox cb = new CBox(parent, pause);
      cb.setLayoutData(new GridData(GridData.FILL_BOTH));
      exec.execute(cb);
    }
  }
  public static void main(String[] args) {
    ColorBoxes boxes = new ColorBoxes();
    if(args.length > 0)
      boxes.grid = new Integer(args[0]);
    if(args.length > 1)
      boxes.pause = new Integer(args[1]);
    SWTConsole.run(boxes, 500, 400);
  }
} ///:~
```

与前一个示例一样，绘制是通过创建带有**paintControl()**方法的**PaintListener**来控制的，这个方法将在SWT线程准备绘制你的组件时被调用。**PaintListener**是在**CBox**的构造器中注册的。

CBox的这个版本明显不同的地方在于**run()**方法，它不能只是直接调用**redraw()**，而是必须将**redraw()**提交给**Display**对象上的**asyncExec()**方法，这个方法大体上与**SwingUtilities.invokeLater()**相同。如果将其替换为对**redraw()**的直接调用，就会看到程序将停在那里。

在运行这个程序时，你会看到少量的可视化瑕疵，即水平线穿越箱体。这是因为SWT默认情况下不是双缓存的，但Swing是。试着并排运行Swing版本和SWT版本，你就会看得更清楚。你可以编写双缓存的SWT代码，在www.eclipse.org网站可以找到示例。

练习42：(4) 修改**swt/ColorBoxes.java**，使其以闪烁点（“星星”）穿越画布开始，然后随机地改变这些“星星”的颜色。 1446

22.14.8 SWT还是Swing

在如此短的介绍中很难了解全貌，但是你至少开始发现，在许多场合，SWT是一种比Swing更加简单的编写代码方式。但是采用SWT的GUI编程仍旧很复杂，因此你使用SWT的动机可能应该是：首先，为用户在使用你的应用系统时提供一种更加透明的体验（因为你的应用程序的感官与在用户平台上的其他应用程序相同）；其次，如果认为SWT提供的可响应性很重要。否则，Swing就可能是恰当的选择。

练习43：(6) 选择任何一个没有在本节转译的Swing示例，将其转译为SWT。（注意：这对于培训班来说，是一个很好的家庭作业练习，因为它的解决方案并不在解决方案指南中。）

22.15 总结

Java 的GUI类库在Java语言的生命周期中产生了翻天覆地的变化。Java 1.0的AWT被批评为一种差劲的设计，它允许人们编写可移植的程序，不过写出来的图形界面也是“在所有平台上都表现一般”。与其他为特定平台量身定做的应用开发工具相比，它限制很多，使用笨拙，让人难以接受。

随着Java 1.1引入了新的事件模型和JavaBean规范，新的时代开始了。在可视化IDE中可以很容易地通过拖放组件来生成程序。此外，事件模型和JavaBean的设计清楚地表明，设计者在易于编程和维护代码方面（Java 1.0的AWT里看不出这些）作了充分考虑。但是直到JFC/Swing出现，这种转变才算完成。随着Swing组件的引入，跨平台的GUI编程才成为大众化的技术。

IDE是真正革命性的进步。要是你希望得到更好的IDE构建工具，你就只能寄希望于提供商来满足你的要求。但是，Java作为一个开放的环境，它不仅允许IDE构建工具之间的竞争，而且鼓励这种竞争。对于那些“正规的”工具，它们必须支持JavaBean。这就意味着一个公平的竞争环境；如果有更好的工具，你不必拘泥于现有工具。你可以采用这个新工具提高生产率。对于GUI的IDE 1447
而言，这种新式的竞争环境以前从未出现过，结果也必将对程序员的生产率产生积极的影响。

本章的目的仅仅是向读者介绍GUI的功能，让大家能够入门，这样就可以在使用库的过程中体会到Swing的方便。目前所介绍的内容，对于设计一个比较好的用户界面可能已经足够了。不过，Swing、SWT和Flash/Flex还有很多内容；它们的设计目标是要成为一个功能完整的UI设计工具包。只要是你想到的，都有可能用它来实现。

22.15.1 资源

在www.galbraiths.org/presentations上的Ben Galbraith的在线演讲提供了一些对Swing和SWT的精彩介绍。

所选习题的答案都可以在名为The Thinking in Java Annotated Solution Guide的电子文档中找到，读者可以从https://www.mindviewllc.com处购买此文档。 1448

附录A 补充材料

本书还备有大量的补充材料，包括通过MindView网站提供的文集、讨论课和服务。

这份附录是对这些补充材料的说明，读者可以据此判断它们是否会对自己有帮助。

A.1 可下载的补充材料

本书的代码可以从https://www.mindviewllc.com下载，其中包括成功构建并执行本书中所有示例所必需的Ant构建文件和其他支持文件。

另外，部分有些部分已经被移入到电子版中。这些主题包括：

- 克隆对象
- 传递和返回对象
- 分析与设计
- 《Java编程思想第3版》的其他章节中一些相关性不大，不应该放到本书第4版中的部分。

A.2 Thinking in C：Foundations for Java

在https://www.mindviewllc.com，你将发现可以免费下载的《Thinking in C》。这是一个多媒体课件，由Chuck Allison创建，由MindView开发，可以给你关于Java语法所基于的C语法、操作
1449 符和函数的介绍。

注意，为了播放《Thinking in C》，你必须在系统上安装来自www.MacroMedia.com的Flash Player。

A.3 Thinking in Java讨论课

我的公司MindView有限公司提供为时5天的、亲身体验的、面向公众的室内培训讨论课，其内容基于本书的资料。它以前的名称是“Hand-on Java”讨论课，这是我们主要的初级讨论课，能够为学习更高级的讨论课打下基础。每次课程的内容是从各章精选出来的，课程之后是在指导下练习，这样学生就能够得到单独指导。读者可以从https://www.mindviewllc.com得到有关时间、地点、推荐书及其他详细信息。

A.4 “Hand-on Java”讨论课CD

“Hand-on Java”讨论课CD包含了“Thinking in Java”讨论课里的扩展内容，同时它也基于本书的资料。使用该材料，读者至少可以在不用舟车劳顿，并能够减少花费的情况下获得生动的培训经验。根据书中的每一章，它附带了音频讨论课和相应的幻灯片。我创建了这个讨论课，并叙述了光盘里的内容。这个资料是Flash格式的，因此它应该可以在任何支持Flash Player的平台上运行。“Hand-on Java”讨论课CD可以在https://www.mindviewllc.com购买，你还可以在这个网址找到这个产品的试用demo。

A.5 Thinking in Objects讨论课

这个讨论课从设计者的角度介绍了面向对象编程的思想。它探讨了开发和构建系统的过程，

主要关注于所谓的“敏捷方法”或者“轻量级方法学”，尤其是极限编程（XP）。我将对这些方法学作总体介绍，还将介绍类似“索引卡片”这样的小工具，“索引卡片”是在Beck 和Fowler所著的《Planning Extreme Programming》（Addison-Wesley, 2001）一书中介绍的计划编制技术，还有用于对象设计的CRC卡、结对编程、迭代计划、单元测试、自动构建、源代码控制，以及其他类似主题。这个课程还包括了一个采用XP方法的项目，将在一周内开发完成。 1450

如果你在启动一个项目，并且希望开始使用面向对象设计技术，那么我们可以用你的项目作为示例，在一周结束时产生一个第一稿的设计。

请访问https://www.mindviewllc.com得到有关时间、地点、推荐书及其他详细信息。

A.6 《Thinking in Enterprise Java》图书

本书从《Thinking in Java》中部分讲述高级主题的章节派生而来。它并不是《Thinking in Java》的第二卷，而是着眼于企业级程序设计中的高级主题。这本书现在可以从www.MindView.net（以某种形式，例如正处于撰写状态）免费下载。由于是一本单独的书，因此它的篇幅可以随着内容的需要而扩展。与《Thinking in Java》一样，它的目标是向读者提供一本易于理解、涵盖企业级编程技术的基础读物。并为读者学习更深入的主题做准备。

以下列出的是书中讨论的部分主题：

- 企业级程序设计介绍
- 使用Socket和Channel进行网络编程
- 远程方法调用（RMI）
- 连接到数据库
- 命名与目录服务
- Servlet
- Java服务器页面（JSP）
- 标签、JSP 片段和表示语言
- 自动产生用户界面
- 企业级Java Beans（EJB）
- 可扩展标记语言（XML）
- Web服务
- 自动测试

可以从https://www.mindviewllc.com网站上了解《Thinking in Enterprise Java》的进展情况。 1451

A.7 《Thinking in Patterns (with Java)》图书

面向对象设计领域的重大进步之一，就是“设计模式”运动的兴起，Gamma, Helm, Johnson & Vlissides著 (Addison-Wesley 1995)的《Design Patterns》一书对此有描述。这本书介绍了23种不同的解决方案，它们都专门针对某些特定类型的问题，并以C++语言表述。《设计模式》已经成为经典之作，它是面向对象程序员之间进行交流的通用词汇，这几乎就成了一种规定。《Thinking in Patterns》介绍了设计模式的基本概念，并附有Java范例。这本书并不希望成为《设计模式》的简单重复，而是希望从Java角度带来新的观点。它并不仅限于传统的23种模式，还包括了其他一些恰当的问题解决方案。

这本书脱胎于《Thinking in Java》第1版的最后一章，随着内容的不断发展，把它单独成书就显得合情合理。在编写这份附录的时候，《Thinking in Patterns》还在写作之中，但其中的素材已经无数次在“Objects & Patterns”讨论课的实践中使用过（它现在已经被划分为“Designing Objects & Systems”讨论课和“Thinking in Patterns”讨论课）。

在https://www.mindviewllc.com处，你可以发现有关这本书的更多内容。

A.8 Thinking in Patterns讨论课

本讨论课从“Objects & Patterns”讨论课衍生而来，Bill Venners和我在过去几年一直在开那个讨论课。但它的内容越来越多，所以我们将它分成两个：这一个和本附录前面说明的“Designing Objects & Systems”讨论课。

本讨论课严格遵循《Thinking in Patterns》一书里的资料和表述，所以要了解本讨论课的内容，最好是从https://www.mindviewllc.com下载这本书。

许多表述都是设计演化过程的实例，先从初始解决方案开始，然后通过演化过程，得到更恰当的设计。其中的最后一个案例（垃圾回收模拟）已经随着时间而演化，读者可以把这个演化过程作为一个原型，这样你的设计在开始的时候就对这类特定问题有了足够的思路，然后对
1452 这一类问题演化出灵活的方案。

- 极大增强设计的灵活度。
- 内置的可扩展性和可重用性。
- 使用模式语言进行设计之间的交流。

每次课程之后将有一些模式练习有待解决，这些练习将引导你编写代码，应用特定的模式，从而得到编程问题的解决方案。

《设计模式》中文版、英文版及双语版均已由机械工业出版社出版。

A.9 设计咨询与评审

1453～1454 我的公司还以提供咨询、辅导、设计评审和实现评审的方式，在项目的整个开发周期为你提供帮助，它对你的首个Java项目尤具价值。请访问https://www.mindviewllc.com以获得详细信息。

附录B 资　源

B.1 软件

从http://java.sun.com获得的JDK（Java开发工具包）。即使你选择了第三方开发环境，万一遇到了可能是编译器出错的情况，手头有一套JDK总是不错的。可以把JDK作为检验标准，因为如果JDK有错误，那么这个错误广为人知的机会也应该比较高。

从http://java.sun.com获得HTML格式的JDK文档。我所见过的介绍标准Java库的参考书不是内容过时，就是有所遗漏。尽管Sun的这份HTML文档有不少小错误，而且有时过于简陋，不过它至少列出了所有的类和方法。对使用在线资源而不是印刷书籍，人们开始可能会有些不习惯，不过克服这一点相当值得。先浏览一下HTML文档，至少你可以得到大概的印象。如果做不到这一点，就去找一本印刷书籍吧。

B.2 编辑器和IDE

在这个竞技场上有着健康的竞争。许多提供的产品都是免费的（不免费的也都有免费的试用版），因此最好的办法就是自己去试验它们，来看看哪个更适合你的需求。下面是其中的一些：

JEdit，Slava Pestov的免费编辑器，用Java编写的，因此你可以获得一个好处，就是可以看到一个桌面Java应用在运行。这个编辑器是典型的基于插件的软件，许多插件都是由活跃的社区编写的。可以从ww.jedit.org下载。

NetBeans，Sun的免费IDE，位于www.netbeans.org。设计用于拖曳式GUI构建、代码编辑、调试和其他目的。

Eclipse，IBM支持的开源项目之一。Eclipse平台还被设计成一个可扩展的基础，因此你可以在Eclipse之上构建自己单独的应用。这个项目创建了在第22章中描述的SWT。可以从www.Eclipes.org下载。 1455

IntelliJ IDEA，大量的Java程序员都非常喜欢的付费软件，许多程序员都声称，IDEA总是比Eclipse快一两步，可能是因为IntelliJ没有在同时创建IDE和开发平台，而是坚持专攻IDE。可以从www.jetbrains.com处下载免费试用版。

B.3 书籍

《Effective Java™》[㊀] Joshua Bloch著 (Addison-Wesley,2001)。希望订正Java集合类库问题的人手中必备的书籍，按照Scott Meyer的经典著作《Effective C++》的模式编写的。

《Core Java 2, 7th Edition, Volumes I&II》[㊁] Horstmann & Cornell著 (Prentice-Hall, 2005)。这两本书巨大且全面。每当我需要寻找某些答案时，就会想到它们。当你读完《Thinking in Java》且需要更进一步时，我推荐这两本书。

㊀ 本书中文版已由机械工业出版社出版。——编辑注

㊁ 本书中文版已由机械工业出版社出版。——编辑注

《The Java™ Class Libraries: An Annotated Reference》，Patrick Chan和Rosanna Lee 著(Addison-Wesley, 1997)。尽管内容有些过时，但这是你应该拥有的JDK参考书：详细的说明令其使用起来非常方便。这本书很庞大且昂贵，其中提供的示例品质并不能令我满意。不过你要是遇到某个疑难问题，这本书能提供比其他可供选择的书籍更深入（也更详细）的解答。但是，《Core Java 2》对许多类库构建有最新的覆盖。

《Design Patterns》[1]，Gamma、Helm、Johnson和Vlissides著（Addison-Wesley, 1995)。在程序设计领域发起设计模式运动的开山之作，在本书中很多地方都提到过。

《Refactoring to Patterns》[2] Joshua Kerievsky著(Addison-Wesley,2005)。将重构和设计模式联
1456 姻，这本书的最可取之处就是它展示了你可以如何通过引入模式来演化一个设计。

《The Art of UNIX Programming》Eric Raymond著(Addison-Wesley,2004)。尽管Java是跨平台的，但是Java在服务器上的流行使得对Unix/Linux有所了解变得很重要。Eric的书是对这种操作系统的历史和哲学的一个极优秀的介绍，并且，如果你只是想理解计算的某些根基性的知识，它也是一本令人着迷的读物。

B.3.1 分析与设计

《Extreme Programming Explained, 2nd Edition》，Kent Beck著（Addison-Wesley, 2005)。我总觉得应该会有与众不同、更好的软件开发过程，我认为XP已经很接近这个标准了。另一本对我有同样震撼的书是《Peopleware》(后面介绍)，它主要探讨环境和团队文化中的协作。《Extreme Programming Explained》探讨的是程序设计，它要推翻为众人所知的绝大多数方法，甚至是最新的“研究发现”。书中的叙述甚至非常激进，声称任何有关项目的全景描述只要没有花费你太多的时间，而且你愿意将它们丢掉，那么它们就是好的选择（你会注意到这本书的封面上没有“UML认证标志”)。我会以某家公司是否采用XP来决定是否为他们工作。这本书短小精悍，章节很短，读起来很轻松，而且能够激励你思考。你可以开始想象自己工作在这样的环境中，它会带给你全新的视野。

《UML Distilled, 2nd Edition》，Martin Fowler著（Addison-Wesley, 2000)。初次接触UML时大概会有畏难情绪，因为里面充满了各种图和细节。根据Fowler的说法，其实大部分内容都非必要，所以他直接讨论本质内容。对大多数项目来说，你只要把少数几种图作为工具就够了。Fowler关注的是拿出一份好的设计，而不是要得到这一份好设计所需要的全部制品。这是一本优秀、短小精悍、易于阅读的书籍；如果你需要理解UML，这本书是首选。

《Domain-Driven Design》，Eric Evans著（Addison-Wesley, 2004)。本书聚焦于设计阶段的主要制品：域模型。我发现本书是一种重要的手段，强调要帮助程序员保持正确的抽象级别。

《The Unified Software Development Process》[3]，Ivar Jacobsen、Grady Booch和James Rumbaugh
1457 著（Addison-Wesley, 1999)。我原本做好了不喜欢这本书的打算，此书似乎具有烦人的大学教科书才有的所有特征。但是我惊喜地发现，全书不仅脉络清晰，而且令人愉快。尽管书中有几个概念似乎作者也不甚明了。其中最好的一点是，整个过程非常具有实用价值。它不是XP（而且没有它们那样清晰的测试)，但它也是UML组成部分。即使你无法接受XP，但在大多数人已经认可了“UML 就是好”（且不论他们实际经验如何）的情况下，你也许会接受本书。我认为此书应当是推广UML的旗舰。当你读完Fowler的《UML Distilled》，还准备深入学习的话，可以选择这本书。

[1] 本书中文版、英文版影印及双语版已由机械工业出版社出版。——编辑注
[2] 本书英文影印版已由机械工业出版社出版。——编辑注
[3] 本书中文版已由机械工业出版社出版。——编辑注

在选择任何方法之前，先听听立场中立人士的看法会很有帮助。人们往往在尚未真正了解自己的需要，或尚未知道某种方法能为你做什么之前，就轻率地作出选择。“别人正在使用”，听起来似乎很有道理。不过，人们常有一种奇怪心理：如果他们想要相信某种方法真能解决问题，他们就会去尝试（这种实验态度很好），但如果不能解决问题，他们便可能加倍努力并开始大声宣称，他们发现了很伟大的东西（这种拒绝承认的态度不好）。这里的假设是，如果有一些人和你在同一艘船上，你就不会感到孤单，哪怕那艘船正驶向未知的地方（甚至正在下沉）。

我并不是在说所有方法学都没有前途，而是提醒你应该用某种理念来武装自己，这种理念能够帮助你坚持实验模式（“这种方法不可行，让我们试试其他方法”），并摆脱否认模式（“不，这其实不是问题。一切都是那么美好，我们不需要改变”）。我认为在你选择某种方法之前，应该先阅读下列几本书，它们会带给你这种理念。

《Software Creativity》，Robert L.Glass著（Prentice Hall, 1995）。在完整地从方法论角度进行讨论的书籍中，这是我见过最好的一本。本书集合了Glass 所撰写或获得（P.J. Plauger是其中一位作者）的许多小品文和论文，这些文章反映出他多年来对这个课题的思考和研究。这些文章十分有趣，而且长度适中；既非漫无目的，也不会让你感到无聊。作者也不是毫无根据，其中引用了数以百计的其他论文和研究报告。所有程序员和管理者在陷入方法论的泥沼前，都应该好好阅读这本书。

《Software Runaways: Monumental Software Disasters》，Robert L.Glass著（Prentice Hall, 1998）。 1458
这本书最出色的地方是，它直接把我们带到以前从未讨论过的软件开发的最前沿：有多少项目不仅失败了，而且是一败涂地。我发现大多数人仍然认为“这不可能发生在我身上”，或“这不会重演”，这种侥幸心理会使我们处于劣势。要把“任何事都可能出错”牢记在心，这样才能以更好的心态使事情向正确的方向发展。

《Peopleware, 2nd Edition》，Tom DeMarco和Timothy Lister著（Dorset House, 1999）。这是必读书。它不仅有趣，而且会动摇你的世界观，摧毁你不切实际的假设。虽然书中的背景是软件开发，但其讨论的内容适用于一般项目和团队。其重点放在人及人的需求，而不是技术和技术的需求上。作者所讨论的是如何建立一个让人们能够快乐工作并且有高生产率的环境，而不是讨论这些人应该遵守哪些规则才能成为称职的“机器零件”。我认为正是后一种态度造成了程序员在采用某种方法的时候先拍手叫好，然后并不做出任何改变。

《Secrets of Consulting: A Guide to Giving & Getting Advice Successfully》，Gerald M. Weinberg著（Dorset House, 1985）。一本很棒的书，我最喜欢的书籍之一。如果你准备当一名顾问，或者想与顾问合作愉快，请选择本书。书中的章节很短，里面有很多故事和轶闻，它们引导你如何付出最小的代价来看清问题的实质。也可以参考《More Secrets of Consulting》（2002年出版）或其他Weinberg写的作品。

《Complexity》，M. Mitchell Waldrop著（Simon & Schuster, 1992)。这本书记录了一群来自不同领域的科学家，聚集于新墨西哥州圣达菲（Santa Fe），一起讨论他们各自学科领域无法解决的现实问题（经济学里的股市问题，生物学里的生命起源问题，社会学里的人类行为问题，等等）。凭借跨物理、经济、化学、数学、计算机科学、社会学以及其他学科的方式，针对这些问题发展出一套学科交叉的解决方案。更重要的是，思考这类极复杂问题的另一种方式正在成形：抛弃“数学决定论”和“以方程式预测所有行为”的错误认知，迈向“先观察，找出模式，试着以任何可能的手段仿真”的方式。比如，书中记录了遗传算法的面世。我相信，这种思考方式对我们研究和管理日益复杂的软件项目十分有用。 1459

B.3.2 Python

《Learning Python, 2nd Edition》，Mark Lutz和David Ascher 著（O’Reilly, 2003)。一本针对

程序员的入门读物，也是我最喜欢的程序语言，和Java配合效果更好。本书还包括对Jython的介绍。使用Jython，可以将Java和Python整合进同一个程序（Jython解释器能产生Java字节码；所以不用加入任何特殊操作就可以达到目的）。这个语言的相关组织承诺将为我们带来最大的可能性。

B.3.3 我的作品

以下书籍并非目前都能找到，但是有些可以在二手书店看到。

《Computer Interfacing with Pascal & C》（1988年通过Eisys自己印刷。只能通过www.BruceEckel.com取得）。这是在CP/M为主流而DOS正在崛起的时代，一本带有电子学背景的入门书。我使用高级语言通过计算机并行端口进行控制，来驱动各种电子设备。本书内容改写自我最初（也是最好的）在《Micro Cornucopia》杂志上发表的专栏文章。编写这本书给我带来了极好的出版经验。

《Using C++》（Osborne/McGraw-Hill, 1989）。我的第一本C++书籍。本书已经绝版，被其第2版所取代，并改名为《C++ Inside & Out》。

《C++ Inside & Out》（Osborne/McGraw-Hill, 1993）。如上所述，本书实际上是《Using C++》的第2版。本书内容已经相当准确，但在1992年前后我以《Thinking in C++》取而代之。

《Thinking in C++, 1st Edition》㊀ (Prentice Hall, 1995)。本书赢得当年的《Software Development Magazine》颁布的Jolt大奖。

《Thinking in C++, 2nd Edition, Volume 1》㊁（Prentice Hall, 2000）。根据最终的语言规范进行了更新。

1460 《Thinking in C++, 2nd Edition, Volume 2》㊂，与Chuck Allison合著（Prentice Hall, 2003）。

《Black Belt C++: The Master's Collection》，Bruce Eckel主编（M&T Books, 1994）。本书已绝版，书中收录了许多C++杰出人物在"Software Development Conference"会议的演讲和文章，我是这个会议的主席。本书封面使我决定对自己以后所有书籍的封面设计进行控制。

《Thinking in Java, 1st Edition》㊃（Prentice Hall, 1998）。本书第1版赢得了《Software Development Magazine》的最佳产品奖、《Java Developer's Journal》的编辑推荐最佳书籍奖、《JavaWorld》的读者推荐最佳书籍奖。

《Thinking in Java, 2nd Edition》㊄（Prentice Hall, 2000）。这一版赢得了《JavaWorld》的编辑推荐最佳书籍奖。

《Thinking in Java, 3rd Edition》㊅（Prentice Hall, 2003）。这一版赢得当年的《Software
1461 Development Magazine》颁布的Jolt大奖，以及其他在封底上列出的奖项。

㊀ 本书中文版已由机械工业出版社出版。——编辑注

㊁ 本书中文版与英文版均已由机械工业出版社出版。——编辑注

㊂ 同㊀。

㊃ 同㊀。

㊄ 同㊀。

㊅ 同㊀。

索　引

索引中的页码为英文原书页码，与书中页边标注的页码一致。

!

&

.

@

[

^

|

+

<

=

>

A

B

C

D

E

F

G

H

I

J

K

L

M

N

O

P

Q

R

S

T

U

V

W

X

Y

Z

推荐阅读

Java编程思想（第4版）

作者：Bruce Eckel

ISBN：978-7-111-21382-6　定价：108.00元

Java并发编程实战

作者：Brian Goetz 等

ISBN：978-7-111-37004-8　定价：69.00元

Effective Java中文版（第2版）

作者：Joshua Bloch

ISBN：978-7-111-25583-3　定价：52.00元

深入理解Java虚拟机：JVM高级特性与最佳实践（第2版）

作者：周志明

ISBN：978-7-111-42190-0　定价：79.00元